电力版

2025
考试推荐用书

U0574761

注册公用设备工程师资格考试辅导教材

公共基础 精讲精练

给水排水
暖通空调及动力专业

刘 燕●主编

中国电力出版社
CHINA ELECTRIC POWER PRESS

内 容 提 要

注册公用设备（给水排水、暖通空调及动力专业）工程师资格考试已经实施十多年了，为有效指导考生复习和应考，本书主编特组织编写了本书。本书以注册公用设备工程师基础考试大纲为依据，以考试大纲中提供的参考书目为基础，集中了编者们深厚的专业知识和多年丰富的教学、辅导经验，使其具有较强的指导性和实用性。

本辅导教材力求简明扼要，联系实际，着重于对概念的理解和运用，特别是其中的例题结合考题的形式，突出重点概念的讲解。每章前附有考试大纲，每章后附有复习题及其答案与提示，可作为考生检验复习效果和准备考试之用。最后有一套模拟试卷可作为考前冲刺的练习。书中将2009~2024年（2015年未考）的考试真题穿插于全书之中，并进行了详细讲解，以供读者参考。

本书可与《2025注册公用设备工程师资格考试公共基础历年真题解析与模拟试卷　给水排水、暖通空调及动力专业》配套使用。

由于勘察设计注册工程师（包括公用设备、土木、电气、化工、环保、结构等）资格考试公共基础的考试大纲完全相同，因此本书不仅是参加注册公用设备（给水排水、暖通空调及动力专业）工程师公共基础考生的必备参考书，也同样适用于参加其他勘察设计注册工程师公共基础考试的考生学习使用。

图书在版编目（CIP）数据

2025注册公用设备工程师资格考试辅导教材. 公共基础精讲精练. 给水排水　暖通空调及动力专业 / 刘燕主编. -- 北京 : 中国电力出版社, 2025. 4. -- ISBN 978-7-5198-9880-9

Ⅰ. TU99

中国国家版本馆CIP数据核字第2025MC4437号

出版发行：中国电力出版社
地　　址：北京市东城区北京站西街19号（邮政编码100005）
网　　址：http://www.cepp.sgcc.com.cn
责任编辑：杨淑玲（010-63412602）
责任校对：黄　蓓　常燕昆　张晨荻　于　维
装帧设计：张俊霞
责任印制：杨晓东

印　　刷：北京雁林吉兆印刷有限公司
版　　次：2025年4月第一版
印　　次：2025年4月北京第一次印刷
开　　本：787毫米×1092毫米　16开本
印　　张：39
字　　数：970千字
定　　价：129.00元

编委会成员

主　编　刘　燕

参　编　(以编写章节为序)

李群高　魏京花　岳冠华　张　英　王文海

刘辛国　陈志新　姜　军　王建宾　章美芬

樊　瑜

各章编写人员名单如下：

第 1 章	数学	李群高
第 2 章	物理学	魏京花
第 3 章	化学	岳冠华
第 4 章	理论力学	刘　燕
第 5 章	材料力学	张　英
第 6 章	流体力学	王文海
第 7 章	电气与信息	刘辛国　陈志新
第 8 章	法律法规	姜　军　王建宾
第 9 章	工程经济	章美芬　樊　瑜

前　　言

自2005年起实施注册公用设备（给水排水、暖通空调及动力专业）工程师资格考试制度，是为适应社会主义市场经济体制，使工程设计管理体制和人事管理制度尽快与国际接轨的一项配套改革措施。注册公用设备（给水排水、暖通空调及动力专业）工程师资格必须通过全国统一考试取得。

为配合全国注册公用设备（给排水、暖通空调及动力专业）工程师资格考试，也为有效指导考生复习和应考，本书主编特组织编写了本书，本书以中华人民共和国建设部2009年公布的注册公用设备工程师基础考试大纲为依据，以考试大纲中提供的参考书目为基础，集中了编者们丰富的专业知识和多年教学、辅导经验，具有较强的指导性和实用性。本书包含了数学、物理学、化学、理论力学、材料力学、流体力学、电气与信息、法律法规和工程经济九门课程的基础知识。

本书自2005年出版以来，深受广大读者和考生的好评，已修订过多次。本次修订主要是将2009~2024年（2015年未考）考试真题编入了本书的例题、复习题和模拟试卷中，同时在内容上也根据历年考题中出现的频率进行了修改，做到重点突出。

本书的主要特点是：

（1）为方便考生了解考试内容，在每一章开始时附有该章的考试大纲。

（2）内容简明扼要，联系实际，着重于对概念的理解和运用。

（3）书中的例题和复习题参考历年考试真题（特别是考试大纲修改后的考试真题）的形式，注意突出重点概念的讲解。

（4）每章后均附有复习题以及复习题答案与提示，作为练习和检验复习效果之用。

（5）书后的一套模拟试卷可作为考生考前冲刺的训练。

由于勘察设计注册工程师（包括公用设备、土木、电气、化工、环保、结构等）资格考试公共基础部分的考试大纲完全相同，因此本辅导教材不仅是参加2025年注册公用设备（给水排水、暖通空调及动力专业）工程师公共基础考试人员的必备参考书，同样也适用于参加其他勘察设计注册工程师公共基础资格考试的考生学习使用。

由于时间仓促，在编写过程中难免有疏漏之处，恳请读者指正，有关本书的任何疑问、意见及建议，请加QQ（549525114）进行讨论。

编者

2025年3月

目　　录

第二篇 现代技术基础

第三篇 工程管理基础

第一篇　工程科学基础

第1章　数　　学

考试大纲

1.1　空间解析几何　向量的线性运算；向量的数量积、向量积及混合积；两向量垂直、平行的条件；直线方程；平面方程；平面与平面、直线与直线、平面与直线之间的位置关系；点到平面、直线的距离；球面、母线平行于坐标轴的柱面、旋转轴为坐标轴的旋转曲面的方程；常用的二次曲面方程；空间曲线在坐标面上的投影曲线方程。

1.2　微分学　函数的有界性、单调性、周期性和奇偶性；数列极限与函数极限的定义及其性质；无穷小和无穷大的概念及其关系；无穷小的性质及无穷小的比较；极限的四则运算；函数连续的概念；函数间断点及其类型；导数与微分的概念；导数的几何意义和物理意义；平面曲线的切线和法线；导数和微分的四则运算；高阶导数；微分中值定理；洛必达法则；函数单调性的判别；函数的极值；函数曲线的凹凸性、拐点；偏导数与全微分的概念；二阶偏导数；空间曲线的切线及法平面；曲面的切平面和法线；多元函数的极值和条件极值；多元函数的最大、最小值及其简单应用。

1.3　积分学　原函数与不定积分的概念；不定积分的基本性质；基本积分公式；定积分的基本概念和性质(包括定积分中值定理)；积分上限的函数及其导数；牛顿-莱布尼茨公式；不定积分和定积分的换元积分法与分部积分法；有理函数、三角函数的有理式和简单无理函数的积分；广义积分；二重积分与三重积分的概念、性质、计算和应用；两类曲线积分的概念、性质和计算；求平面图形的面积、平面曲线的弧长和旋转体的体积。

1.4　无穷级数　数项级数的敛散性概念；收敛级数的和；级数的基本性质与级数收敛的必要条件；几何级数与 p 级数及其收敛性；正项级数敛散性的判别法；交错级数敛散性判别；任意项级数的绝对收敛与条件收敛；幂级数及其收敛半径、收敛区间和收敛域；幂级数的和函数；函数的泰勒级数展开。

1.5　常微分方程　常微分方程的基本概念；变量可分离的微分方程；齐次微分方程；一阶线性微分方程；全微分方程；可降阶的高阶微分方程；线性微分方程解的性质及解的结构定理；二阶常系数齐次线性微分方程。

1.6　线性代数　行列式的性质及计算；行列式按行展开定理的应用；矩阵的运算；逆矩阵的概念、性质及求法；矩阵的初等变换和初等矩阵；矩阵的秩；等价矩阵的概念和性质；向量的线性表示；向量组的线性相关的和线性无关；线性方程组有解的判定；线性方程组求解；矩阵的特征值和特征向量的概念与性质；相似矩阵的概念和性质；矩阵的相似对角化；二次型及其矩阵表示；合同矩阵的概念和性质；二次型的秩；惯性定理；二次型及其矩阵的正定性。

1.7　概率与数理统计　随机事件与样本空间；事件的关系与运算；概率的基本性质；古典

概率;条件概率;概率的基本公式;事件的独立性;独立重复试验;随机变量;随机变量的分布函数;离散型随机变量的概率分布;连续型随机变量的概率密度;常见随机变量的分布;随机变量数学期望、方差、标准差及其性质;随机变量函数的数学期望;矩、协方差、相关系数及其性质;总体;个体;简单随机样本;统计量;样本均值;样本方差和样本矩;χ^2 分布;t 分布;F 分布;点估计的概念;估计量与估计值;矩估计法;最大似然估计法;估计量的评选标准;区间估计的概念;单个正态总体的均值和方差的区间估计;两个正态总体的均值差和方差比的区间估计;显著性检验;单个正态总体的均值和方差的假设检验。

1.1 空间解析几何

1.1.1 向量代数

1. 向量的概念

(1)向量的坐标。设向量 $\boldsymbol{a}$ 的起点为 $A(x_1,y_1,z_1)$,终点为 $B(x_2,y_2,z_2)$,则

$$\boldsymbol{a}=\boldsymbol{AB}=\{x_2-x_1,y_2-y_1,z_2-z_1\}=\{a_x,a_y,a_z\} \tag{1-1}$$

注意:a_x、a_y、a_z 是向量 $\boldsymbol{a}$ 的坐标,向量的坐标也是该向量在三坐标轴上的投影。

(2)向量的模(向量的大小)

$$|\boldsymbol{a}|=|\boldsymbol{AB}|=\sqrt{(x_2-x_1)^2+(y_2-y_1)^2+(z_2-z_1)^2}=\sqrt{a_x^2+a_y^2+a_z^2} \tag{1-2}$$

(3)向量的方向角与方向余弦(表示向量的方向)。向量 $\boldsymbol{a}$ 与 x 轴、y 轴、z 轴正向的夹角 α、β、γ 叫 $\boldsymbol{a}$ 的方向角($0\leqslant\alpha$、β、$\gamma\leqslant\pi$)。$\cos\alpha$、$\cos\beta$、$\cos\gamma$ 叫作 $\boldsymbol{a}$ 的方向余弦($\cos^2\alpha+\cos^2\beta+\cos^2\gamma=1$)

$$\cos\alpha=\frac{a_x}{|\boldsymbol{a}|},\quad \cos\beta=\frac{a_y}{|\boldsymbol{a}|},\quad \cos\gamma=\frac{a_z}{|\boldsymbol{a}|} \tag{1-3}$$

(4)几种特殊向量。

1)单位向量:模为 1 的向量。

与 $\boldsymbol{a}$ 同向的单位向量 $$\boldsymbol{a}^0=\frac{1}{|\boldsymbol{a}|}\boldsymbol{a} \tag{1-4}$$

基本单位向量:与 x 轴、y 轴、z 轴同方向的单位向量,记为 $\boldsymbol{i}(1,0,0)$,$\boldsymbol{j}(0,1,0)$,$\boldsymbol{k}(0,0,1)$。

2)负向量:与 $\boldsymbol{a}$ 模相同,方向相反的向量,记为 $-\boldsymbol{a}$。

3)零向量:模为 0,没有确定方向的向量,记为 $\boldsymbol{0}$。

(5) 两自由向量相等。$\boldsymbol{a}=\boldsymbol{b}\Leftrightarrow$模相等且方向相同(相等的自由向量视为同一个向量)。

(6)向量在轴上的投影。定义:设向量 $\boldsymbol{AB}$ 的起点 A 与终点 B 在轴 u 上的投影点分别为 A'和 B',则称轴 u 上的有向线段 $\boldsymbol{AB}$ 的值 $A'B'$叫向量 $\boldsymbol{AB}$ 在轴 u 上的投影,记作 $\mathrm{Prj}_u\boldsymbol{AB}=A'B'$,且

$$\mathrm{Prj}_u\boldsymbol{AB}=|\boldsymbol{AB}|\cos(\widehat{\boldsymbol{AB},u}) \tag{1-5}$$

2. 向量的运算

(1)向量的加减法。

1)两向量相加,其和仍为向量,平面向量遵循平行四边形法则或三角形法则。

2)坐标表达式

$$\boldsymbol{a}+\boldsymbol{b}=\{a_x+b_x, a_y+b_y, a_z+b_z\} \tag{1-6}$$

3)运算律

$$\boldsymbol{a}+\boldsymbol{b}=\boldsymbol{b}+\boldsymbol{a} \tag{1-7}$$

$$\boldsymbol{a}+(\boldsymbol{b}+\boldsymbol{c})=(\boldsymbol{a}+\boldsymbol{b})+\boldsymbol{c} \tag{1-8}$$

4)向量的减法

$$\boldsymbol{a}-\boldsymbol{b}=\boldsymbol{a}+(-\boldsymbol{b}) \tag{1-9}$$

(2)数乘向量。

1)定义:数 λ 与向量 $\boldsymbol{a}$ 的乘积为一向量,记作 $\lambda\boldsymbol{a}$,其模 $|\lambda\boldsymbol{a}|=|\lambda||\boldsymbol{a}|$,其方向,当 $\lambda>0$ 时,与 $\boldsymbol{a}$ 同向;$\lambda<0$ 时,与 $\boldsymbol{a}$ 反向。

$$0\cdot\boldsymbol{a}=\boldsymbol{0}, (-1)\cdot\boldsymbol{a}=-\boldsymbol{a} \tag{1-10}$$

2)坐标表达式

$$\lambda\boldsymbol{a}=\{\lambda a_x, \lambda a_y, \lambda a_z\} \tag{1-11}$$

3)运算律

$$\lambda(\mu\boldsymbol{a})=(\lambda\mu)\boldsymbol{a}=\mu(\lambda\boldsymbol{a}) \tag{1-12}$$

$$(\lambda+\mu)\boldsymbol{a}=\lambda\boldsymbol{a}+\mu\boldsymbol{a}, \lambda(\boldsymbol{a}+\boldsymbol{b})=\lambda\boldsymbol{a}+\lambda\boldsymbol{b} \tag{1-13}$$

(3)数量积(点积)。

1)定义:$\boldsymbol{a}\cdot\boldsymbol{b}=|\boldsymbol{a}||\boldsymbol{b}|\cos(\widehat{\boldsymbol{a},\boldsymbol{b}})$(运算结果为一数量)

等价定义
$$\boldsymbol{a}\cdot\boldsymbol{b}=|\boldsymbol{a}|\mathrm{Prj}_a\boldsymbol{b}=|\boldsymbol{b}|\mathrm{Prj}_b\boldsymbol{a} \tag{1-14}$$

2)坐标表达式

$$\boldsymbol{a}\cdot\boldsymbol{b}=a_xb_x+a_yb_y+a_zb_z \tag{1-15}$$

3)性质

$$\boldsymbol{a}\cdot\boldsymbol{a}=|\boldsymbol{a}|^2 \tag{1-16}$$

$$\boldsymbol{a}\perp\boldsymbol{b}\Leftrightarrow\boldsymbol{a}\cdot\boldsymbol{b}=0 \quad \Leftrightarrow a_xb_x+a_yb_y+a_zb_z=0 \tag{1-17}$$

4)两向量夹角的余弦公式

$$\cos(\widehat{\boldsymbol{a},\boldsymbol{b}})=\frac{\boldsymbol{a}\cdot\boldsymbol{b}}{|\boldsymbol{a}||\boldsymbol{b}|}=\frac{a_xb_x+a_yb_y+a_zb_z}{\sqrt{a_x^2+a_y^2+a_z^2}\cdot\sqrt{b_x^2+b_y^2+b_z^2}} \tag{1-18}$$

(4)向量积(叉积)。

1)定义:$\boldsymbol{c}=\boldsymbol{a}\times\boldsymbol{b}\begin{cases}\boldsymbol{c}\perp\boldsymbol{a}, \boldsymbol{c}\perp\boldsymbol{b}, \text{且符合右手规则} \\ |\boldsymbol{c}|=|\boldsymbol{a}||\boldsymbol{b}|\sin(\widehat{\boldsymbol{a},\boldsymbol{b}})\end{cases}$ (运算结果为一向量)

2)几何意义:$|\boldsymbol{a}\times\boldsymbol{b}|=|\boldsymbol{a}||\boldsymbol{b}|\sin(\widehat{\boldsymbol{a},\boldsymbol{b}})$,表示是以 $\boldsymbol{a}$、$\boldsymbol{b}$ 为邻边的平行四边形的面积。

3)坐标表达式

$$\boldsymbol{a}\times\boldsymbol{b}=\begin{vmatrix}\boldsymbol{i} & \boldsymbol{j} & \boldsymbol{k} \\ a_x & a_y & a_z \\ b_x & b_y & b_z\end{vmatrix}=(a_yb_z-a_zb_y)\boldsymbol{i}-(a_xb_z-a_zb_x)\boldsymbol{j}+(a_xb_y-a_yb_x)\boldsymbol{k} \tag{1-19}$$

4)性质

$$\boldsymbol{a}\times\boldsymbol{a}=\boldsymbol{0} \tag{1-20}$$

$$\boldsymbol{a}/\!/\boldsymbol{b}\Leftrightarrow\boldsymbol{a}\times\boldsymbol{b}=\boldsymbol{0}\Leftrightarrow\frac{a_x}{b_x}=\frac{a_y}{b_y}=\frac{a_z}{b_z} \tag{1-21}$$

$$\boldsymbol{a}\times\boldsymbol{b}\perp\boldsymbol{a}、\boldsymbol{a}\times\boldsymbol{b}\perp\boldsymbol{b} \tag{1-22}$$

（5）混合积。

1）定义：$(\boldsymbol{a}\times\boldsymbol{b})\boldsymbol{c}\doteq[\boldsymbol{abc}]$（运算结果为一数量）

2）计算：$[\boldsymbol{abc}]=\begin{vmatrix} a_x & a_y & a_z \\ b_x & b_y & b_z \\ c_x & c_y & c_z \end{vmatrix}$

3）性质：

$[\boldsymbol{abc}]=[\boldsymbol{bca}]=[\boldsymbol{cab}]$

三向量$\boldsymbol{a}$、$\boldsymbol{b}$、$\boldsymbol{c}$共面 $\Leftrightarrow$ $[\boldsymbol{abc}]=\begin{vmatrix} a_x & a_y & a_z \\ b_x & b_y & b_z \\ c_x & c_y & c_z \end{vmatrix}=0$

【例 1-1】 已知向量 $\boldsymbol{\alpha}=(2,1,-1)$，若向量 $\boldsymbol{\beta}$ 与 $\boldsymbol{\alpha}$ 平行，且 $\boldsymbol{\alpha}\cdot\boldsymbol{\beta}=3$，则 $\boldsymbol{\beta}$ 为（　　）。

A. $(2,1,-1)$　　B. $\left(\frac{3}{2},\frac{3}{4},-\frac{3}{4}\right)$　　C. $\left(1,\frac{1}{2},-\frac{1}{2}\right)$　　D. $\left(1,-\frac{1}{2},\frac{1}{2}\right)$

解：因 $\boldsymbol{\beta}$ 与 $\boldsymbol{\alpha}$ 平行，故 $\boldsymbol{\beta}=\lambda\boldsymbol{\alpha}$。由 $\boldsymbol{\alpha}\cdot\boldsymbol{\beta}=\boldsymbol{\alpha}\cdot\lambda\boldsymbol{\alpha}=\lambda(4+1+1)=3$，得 $\lambda=\frac{1}{2}$。因此 $\boldsymbol{\beta}=\left(1,\frac{1}{2},-\frac{1}{2}\right)$，故答案应选 C。

【例 1-2】 已知 $|\boldsymbol{a}|=2$，$|\boldsymbol{b}|=\sqrt{2}$，且 $\boldsymbol{a}\cdot\boldsymbol{b}=2$，则 $|\boldsymbol{a}\times\boldsymbol{b}|=$（　　）。

A. 2　　B. $2\sqrt{2}$　　C. $\sqrt{2}/2$　　D. 1

解： $|\boldsymbol{a}\times\boldsymbol{b}|=|\boldsymbol{a}||\boldsymbol{b}|\sin(\widehat{\boldsymbol{a},\boldsymbol{b}})$，而 $2=\boldsymbol{a}\cdot\boldsymbol{b}=|\boldsymbol{a}||\boldsymbol{b}|\cos(\widehat{\boldsymbol{a},\boldsymbol{b}})$，所以 $\cos(\widehat{\boldsymbol{a},\boldsymbol{b}})=\frac{2}{2\times\sqrt{2}}=\frac{\sqrt{2}}{2}$，而 $\sin(\widehat{\boldsymbol{a},\boldsymbol{b}})=\sqrt{1-\left(\frac{\sqrt{2}}{2}\right)^2}=\frac{\sqrt{2}}{2}$，所以 $|\boldsymbol{a}\times\boldsymbol{b}|=|\boldsymbol{a}||\boldsymbol{b}|\sin(\widehat{\boldsymbol{a},\boldsymbol{b}})=2$，故答案应选 A。

【例 1-3】 设 $\boldsymbol{\alpha}=\boldsymbol{i}+2\boldsymbol{j}+3\boldsymbol{k}$，$\boldsymbol{\beta}=\boldsymbol{i}-3\boldsymbol{j}-2\boldsymbol{k}$，与 $\boldsymbol{\alpha}$，$\boldsymbol{\beta}$ 都垂直的单位向量为（　　）。

A. $\pm(\boldsymbol{i}+\boldsymbol{j}-\boldsymbol{k})$　　B. $\pm\frac{1}{\sqrt{3}}(\boldsymbol{i}-\boldsymbol{j}+\boldsymbol{k})$　　C. $\pm\frac{1}{\sqrt{3}}(-\boldsymbol{i}+\boldsymbol{j}+\boldsymbol{k})$　　D. $\pm\frac{1}{\sqrt{3}}(\boldsymbol{i}+\boldsymbol{j}-\boldsymbol{k})$

解：由向量积的定义知，$\boldsymbol{\alpha}\times\boldsymbol{\beta}\perp\boldsymbol{\alpha}$ 且 $\boldsymbol{\alpha}\times\boldsymbol{\beta}\perp\boldsymbol{\beta}$。而 $\boldsymbol{\alpha}\times\boldsymbol{\beta}=\begin{vmatrix} \boldsymbol{i} & \boldsymbol{j} & \boldsymbol{k} \\ 1 & 2 & 3 \\ 1 & -3 & -2 \end{vmatrix}=5(\boldsymbol{i}+\boldsymbol{j}-\boldsymbol{k})$，单位化得 $\pm\frac{1}{\sqrt{3}}(\boldsymbol{i}+\boldsymbol{j}-\boldsymbol{k})$，故答案应选 D。

【例 1-4】 设向量 $\boldsymbol{\alpha}=(5,1,8)$，$\boldsymbol{\beta}=(3,2,7)$，若 $\lambda\boldsymbol{\alpha}+\boldsymbol{\beta}$ 与 Oz 轴垂直，则常数 λ 等于（　　）。

A. $\frac{7}{8}$　　B. $-\frac{7}{8}$　　C. $\frac{8}{7}$　　D. $-\frac{8}{7}$

解：因 $\lambda\boldsymbol{\alpha}+\boldsymbol{\beta}$ 与 Oz 轴垂直，即 $\lambda\boldsymbol{\alpha}+\boldsymbol{\beta}=(5\lambda+3,\lambda+2,8\lambda+7)\perp(0,0,1)$，其数量积为零，则有 $8\lambda+7=0$，解得 $\lambda=-\frac{7}{8}$，故答案应选 B。

1.1.2 平面

1. 平面方程

设平面过点(x_0,y_0,z_0)，法向量为$\boldsymbol{n}=\{A,B,C\}$。

（1）点法式方程

$$A(x-x_0)+B(y-y_0)+C(z-z_0)=0 \tag{1-23}$$

注意： 要求平面的方程，关键是利用已知条件，找出平面的法向量和某点坐标。

（2）一般方程

$$Ax+By+Cz+D=0(\boldsymbol{n}=\{A,B,C\}\text{为平面的法向量}) \tag{1-24}$$

当$D=0$时，平面过原点；

当$A=0(B=0,C=0)$时，平面平行于$x(y,z)$轴，这时若$D\neq 0$，平面不经过$x(y,z)$轴，若$D=0$，则平面经过$x(y,z)$轴；

当$A=B=0$时，平面平行于xOy面。

注意： 求平面的方程的另一常用方法是利用条件，写出平面一般式，再确定系数。

2. 两平面的夹角

设平面π_1、π_2的法向量为

$$\boldsymbol{n}_1=\{A_1,B_1,C_1\}\text{和}\boldsymbol{n}_2=\{A_2,B_2,C_2\} \tag{1-25}$$

$$\cos\theta=\frac{|\boldsymbol{n}_1\cdot\boldsymbol{n}_2|}{|\boldsymbol{n}_1||\boldsymbol{n}_2|}=\frac{|A_1A_2+B_1B_2+C_1C_2|}{\sqrt{A_1^2+B_1^2+C_1^2}\sqrt{A_2^2+B_2^2+C_2^2}}\quad\left(0\leqslant\theta\leqslant\frac{\pi}{2}\right) \tag{1-26}$$

$$\pi_1\perp\pi_2\Leftrightarrow\boldsymbol{n}_1\perp\boldsymbol{n}_2\Leftrightarrow A_1A_2+B_1B_2+C_1C_2=0$$

$$\pi_1/\!/\pi_2\Leftrightarrow\boldsymbol{n}_1/\!/\boldsymbol{n}_2\Leftrightarrow\frac{A_1}{A_2}=\frac{B_1}{B_2}=\frac{C_1}{C_2}$$

【例 1-5】 过点$M_1(0,-1,2)$和$M_2(1,0,1)$且平行于z轴的平面方程是（　　）。

A. $x-y=0$　　B. $\frac{x}{1}=\frac{y+1}{-1}=\frac{z-2}{0}$　　C. $x+y-1=0$　　D. $x-y-1=0$

解： 方法一，用排除法，将点$M_1(0,-1,2)$代入方程$x-y=0$不成立，排除选项A；$\frac{x}{1}=\frac{y+1}{-1}=\frac{z-2}{0}$是直线方程，排除选项B；再将点$M_1(0,-1,2)$代入方程$x+y-1=0$不成立，排除选项C，故答案应选D。

方法二，因平面平行于z轴，其法向量$\boldsymbol{n}\perp(0,0,1)$，又有$\boldsymbol{n}\perp\boldsymbol{M_1M_2}$，故$\boldsymbol{n}=\boldsymbol{M_1M_2}\times(0,0,1)=(1,-1,0)$，再利用平面的点法式方程，可得平面方程为$x-y-1=0$，故答案应选D。

【例 1-6】 下列平面中，平行且非重合于yOz坐标面的平面方程是（　　）。

A. $x+y+1=0$　　B. $z+1=0$

C. $y+1=0$　　D. $x+1=0$

解： 只有当方程 $Ax+By+Cz+D=0$ 中系数 $B=C=0$ 时，平面平行 yOz 坐标面，故答案应选 D。

【**例 1-7**】设平面 π 的方程为 $2x-2y+3=0$，以下选项中错误的是（　　）。

A. 平面 π 的法向量为 $\boldsymbol{i}-\boldsymbol{j}$

B. 平面 π 垂直于 z 轴

C. 平面 π 平行于 z 轴

D. 平面 π 与 xOy 面的交线为 $\dfrac{x}{1}=\dfrac{y-\frac{3}{2}}{1}, z=0$

解： 由所给平面 π 的方程知 $C=0$，平面 π 平行于 z 轴，不可能垂直于 z 轴，故答案应选 B。

1.1.3 直线

1. 直线方程

设直线过点(x_0,y_0,z_0)，方向向量为 $\boldsymbol{s}=\{m,n,p\}$。

（1）对称式方程

$$\frac{x-x_0}{m}=\frac{y-y_0}{n}=\frac{z-z_0}{p} \tag{1-27}$$

如果 m、n、p 中有一个为零，例如 $n=0$，这时直线方程为

$$\begin{cases}\dfrac{x-x_0}{m}=\dfrac{z-z_0}{p}\\ y=y_0\end{cases}$$

注意： 要求直线的方程，关键是利用已知条件，找出方向向量和一个点的坐标。

（2）参数式方程

$$\begin{cases}x=x_0+mt\\ y=y_0+nt \quad (-\infty<t<+\infty)\\ z=z_0+pt\end{cases} \tag{1-28}$$

（3）一般方程

$$\begin{cases}A_1x+B_1y+C_1z+D_1=0\\ A_2x+B_2y+C_2z+D_2=0\end{cases}\quad\text{（两个平面相交）} \tag{1-29}$$

方向向量

$$\boldsymbol{s}=\boldsymbol{n}_1\times\boldsymbol{n}_2=\begin{vmatrix}\boldsymbol{i} & \boldsymbol{j} & \boldsymbol{k}\\ A_1 & B_1 & C_1\\ A_2 & B_2 & C_2\end{vmatrix} \tag{1-30}$$

由上式求出直线的方向向量，再求出任一点的坐标，就可将直线的一般式化为对称式。

2. 两直线的夹角

设直线 L_1、L_2 的方向向量为 $\boldsymbol{s}_1=\{m_1,n_1,p_1\}$ 和 $\boldsymbol{s}_2=\{m_2,n_2,p_2\}$，则

$$\cos\theta=\frac{|\boldsymbol{s}_1\cdot\boldsymbol{s}_2|}{|\boldsymbol{s}_1||\boldsymbol{s}_2|}=\frac{|m_1m_2+n_1n_2+p_1p_2|}{\sqrt{m_1^2+n_1^2+p_1^2}\sqrt{m_2^2+n_2^2+p_2^2}}\quad\left(0\leqslant\theta\leqslant\frac{\pi}{2}\right) \tag{1-31}$$

$$L_1\perp L_2\Leftrightarrow \boldsymbol{s}_1\perp\boldsymbol{s}_2\Leftrightarrow m_1m_2+n_1n_2+p_1p_2=0$$

$$L_1 \,/\!/\, L_2 \Leftrightarrow \boldsymbol{s}_1 \,/\!/\, \boldsymbol{s}_2 \Leftrightarrow \frac{m_1}{m_2}=\frac{n_1}{n_2}=\frac{p_1}{p_2}$$

3. 直线与平面的夹角

设直线 L 的方向向量 $\boldsymbol{s}=\{m、n、p\}$，平面 π 的法向量为 $\boldsymbol{n}=\{A,B,C\}$。

直线 L 和它在平面 π 上的投影直线的夹角称为直线 L 和平面 π 的夹角。

$$\sin\varphi=\frac{|\boldsymbol{n}\cdot\boldsymbol{s}|}{|\boldsymbol{n}||\boldsymbol{s}|}=\frac{|Am+Bn+Cp|}{\sqrt{A^2+B^2+C^2}\sqrt{m^2+n^2+p^2}}\quad\left(0\leqslant\varphi\leqslant\frac{\pi}{2}\right)\tag{1-32}$$

$$L\perp\pi\Leftrightarrow\boldsymbol{s}\,/\!/\,\boldsymbol{n}\Leftrightarrow\frac{m}{A}=\frac{n}{B}=\frac{p}{C}$$

$$L\,/\!/\,\pi\Leftrightarrow\boldsymbol{s}\perp\boldsymbol{n}\Leftrightarrow Am+Bn+Cp=0$$

【例 1-8】设空间直线的标准方程为 $x=0,\frac{y}{1}=\frac{z}{2}$，则该直线过原点，且(　　)。

A. 垂直于 Ox 轴　　B. 垂直于 Oy 轴，但不平行 Ox 轴

C. 垂直于 Oz 轴，但不平行 Ox 轴　　D. 平行于 Ox 轴

解：直线的方向向量为 $\boldsymbol{s}=\{0,1,2\}$，因为 $\boldsymbol{s}\cdot\boldsymbol{i}=0$，故 $\boldsymbol{s}\perp\boldsymbol{i}$，从而直线垂直于 Ox 轴，故答案应选 A。

【例 1-9】设直线的方程为$\frac{x-1}{-2}=\frac{y+1}{-1}=\frac{z}{1}$，则直线(　　)。

A. 过点(1,-1,0)，方向向量为 $2\boldsymbol{i}+\boldsymbol{j}-\boldsymbol{k}$　　B. 过点(1,-1,0)，方向向量为 $2\boldsymbol{i}-\boldsymbol{j}+\boldsymbol{k}$

C. 过点(-1,1,0)，方向向量为 $-2\boldsymbol{i}-\boldsymbol{j}+\boldsymbol{k}$　　D. 过点(-1,1,0)，方向向量为 $2\boldsymbol{i}+\boldsymbol{j}-\boldsymbol{k}$

解：由所给直线的方程知，直线过点(1,-1,0)，方向向量为 $-2\boldsymbol{i}-\boldsymbol{j}+\boldsymbol{k}$ 或 $2\boldsymbol{i}+\boldsymbol{j}-\boldsymbol{k}$，故答案应选 A。

【例 1-10】过点(2,0,-1)且垂直于 xOy 坐标面的直线方程是(　　)。

A. $\frac{x-2}{1}=\frac{y}{0}=\frac{z+1}{0}$　　B. $\frac{x-2}{0}=\frac{y}{1}=\frac{z+1}{0}$　　C. $\frac{x-2}{0}=\frac{y}{0}=\frac{z+1}{1}$　　D. $\begin{cases}x=2\\z=-1\end{cases}$

解：与 xOy 坐标面垂直的直线的方向向量为(0,0,1)，又直线过点(2,0,-1)，所以该直线的对称式方程为$\frac{x-2}{0}=\frac{y}{0}=\frac{z+1}{1}$，故答案应选 C。

【例 1-11】设有直线 $L_1:\frac{x-1}{1}=\frac{y-3}{-2}=\frac{z+5}{1}$，与 $L_2:\begin{cases}x=3-t\\y=1-t\\z=1+2t\end{cases}$，则 L_1 与 L_2 的夹角 θ 等于(　　)。

A. $\frac{\pi}{2}$　　B. $\frac{\pi}{3}$　　C. $\frac{\pi}{4}$　　D. $\frac{\pi}{6}$

解：L_1 的方向向量 $\boldsymbol{s}_1=(1,-2,1)$，$L_2$ 的方向向量 $\boldsymbol{s}_2=(-1,-1,2)$，故

$$\cos\theta=\frac{1\times(-1)+(-2)\times(-1)+1\times2}{\sqrt{1^2+(-2)^2+1^2}\times\sqrt{(-1)^2+(-1)^2+2^2}}=\frac{1}{2}$$

所以 $\theta=\frac{\pi}{3}$，故答案应选 B。

【例 1-12】设有直线 $L:\begin{cases}x+3y+2z+1=0\\2x-y-10z+3=0\end{cases}$ 及平面 $\pi:4x-2y+z-2=0$，则直线 L(　　)。

A. 平行于 π　　B. 垂直于 π　　C. 在 π 上　　D. 与 π 斜交

解：直线 L 的方向向量为 $\boldsymbol{s}=\begin{vmatrix}\boldsymbol{i} & \boldsymbol{j} & \boldsymbol{k}\\1 & 3 & 2\\2 & -1 & -10\end{vmatrix}=-7(4\boldsymbol{i}-2\boldsymbol{j}+\boldsymbol{k})$，平面 π 的法向量为 $\boldsymbol{n}=4\boldsymbol{i}-2\boldsymbol{j}+\boldsymbol{k}$，对应坐标成比例，$\boldsymbol{n}/\!/\boldsymbol{s}$，故 L 垂直于 π，故答案应选 B。

1.1.4　曲面

1. 柱面

平行于定直线并沿定曲线 C 移动的直线 L 形成的曲面叫作柱面，定曲线 C 叫作柱面的准线，动直线 L 叫作柱面的母线。母线平行于 z 轴的柱面方程为 $F(x,y)=0$，其方程特点是缺 z 项，其他情况类似。

注意：在空间解析几何，方程中缺 x、y、z 中某个变量，就是柱面方程。

例如：$y=x^2$ 是准线在 xOy 面内，母线平行于 z 轴的抛物柱面；$x^2-z^2=1$ 是准线在 zOx 面内，母线平行于 y 轴的双曲柱面。

2. 旋转曲面

定义：平面曲线绕其平面上一定直线旋转一周所成的曲面叫旋转曲面，定直线叫旋转曲面的轴。

设 yOz 平面上曲线 C 的方程为 $f(y,z)=0$，该曲线绕 z 轴旋转一周所成的旋转曲面方程为

$$f(\pm\sqrt{x^2+y^2},z)=0$$

例如：xOy 面内的双曲线 $x^2-y^2=1$ 绕 y 轴旋转一周所生成旋转双曲面方程为 $x^2+z^2-y^2=1$。

3. 常用二次曲面

(1) 椭圆锥面　$$\frac{x^2}{a^2}+\frac{y^2}{b^2}=z^2 \tag{1-33}$$

(2) 椭球面　$$\frac{x^2}{a^2}+\frac{y^2}{b^2}+\frac{z^2}{c^2}=1 \tag{1-34}$$

(3) 单叶双曲面　$$\frac{x^2}{a^2}+\frac{y^2}{b^2}-\frac{z^2}{c^2}=1 \tag{1-35}$$

(4) 双叶双曲面　$$\frac{x^2}{a^2}-\frac{y^2}{b^2}-\frac{z^2}{c^2}=1 \tag{1-36}$$

(5) 椭圆抛物面　$$\frac{x^2}{2p}+\frac{y^2}{2q}=z\quad(p、q\text{ 同号}) \tag{1-37}$$

(6) 双曲抛物面　$$\frac{x^2}{2p}-\frac{y^2}{2q}=z\quad(p、q\text{ 同号}) \tag{1-38}$$

【例 1-13】yOz 坐标面上的曲线 $\begin{cases}y^2+z=1\\x=0\end{cases}$ 绕 Oz 轴旋转一周所生成的旋转曲面方程是(　　)。

A. $x^2+y^2+z=1$　　B. $x+y^2+z=1$

C. $y^2+\sqrt{x^2+z^2}=1$　　　　D. $y^2-\sqrt{x^2+z^2}=1$

解: 由于曲线是绕 Oz 轴旋转,因此旋转曲面的方程只需将 $y^2+z=1$ 中的 y 换成$\sqrt{x^2+y^2}$,可得 $x^2+y^2+z=1$。故答案应选 A。

【例 1-14】 旋转曲面 $x^2-y^2-z^2=1$ 是(　　)。

A. xOy 平面上的双曲线绕 x 轴旋转所得　　B. xOy 平面上的双曲线绕 z 轴旋转所得

C. xOy 平面上的椭圆绕 x 轴旋转所得　　D. xOy 平面上的椭圆绕 z 轴旋转所得

解: 曲面是 xOy 平面上的双曲线 $x^2-y^2=1$(或 $x^2-z^2=1$)绕 x 轴旋转所得,故答案应选 A。

【例 1-15】 下列方程中代表单叶双曲面的是(　　)。

A. $\frac{x^2}{2}+\frac{y^2}{3}-z^2=1$　　B. $\frac{x^2}{2}+\frac{y^2}{3}+z^2=1$　　C. $\frac{x^2}{2}-\frac{y^2}{3}-z^2=1$　　D. $\frac{x^2}{2}+\frac{y^2}{3}+z^2=0$

解: $\frac{x^2}{2}+\frac{y^2}{3}-z^2=1$ 表示单叶双曲面,$\frac{x^2}{2}+\frac{y^2}{3}+z^2=1$ 表示椭球面,$\frac{x^2}{2}-\frac{y^2}{3}-z^2=1$ 表示双叶双曲面,$\frac{x^2}{2}+\frac{y^2}{3}+z^2=0$ 表示原点,故答案应选 A。

1.1.5　空间曲线

1. 空间曲线的方程

空间曲线是两个曲面的交线,故必须用两个方程表示。

(1) 空间曲线的一般方程
$$\begin{cases}F(x,y,z)=0\\G(x,y,z)=0\end{cases}\tag{1-39}$$

(2) 空间曲线的参数方程
$$\begin{cases}x=x(t)\\y=y(t)\\z=z(t)\end{cases}\tag{1-40}$$

例如:螺旋线的参数方程
$$\begin{cases}x=a\cos\theta\\y=a\sin\theta\\z=b\theta\end{cases}\tag{1-41}$$

2. 空间曲线在坐标面上的投影

设空间曲线 C 的一般方程为
$$\begin{cases}F(x,y,z)=0\\G(x,y,z)=0\end{cases}\tag{1-42}$$

消去方程组中的变量 z,得到方程 $H(x,y)=0$,叫作曲线 C 关于 xOy 面的投影柱面,而方程
$$\begin{cases}H(x,y)=0\\z=0\end{cases}\tag{1-43}$$
为曲线 C 在 xOy 面上的投影曲线的方程。

【例 1-16】 曲面 $x^2+y^2+z^2=a^2$ 与 $x^2+y^2=2az$ $(a>0)$的交线是(　　)。

A. 双曲线　　B. 抛物线　　C. 圆　　D. 不存在

解: 方法一,将 $x^2+y^2=2az$ 代入 $x^2+y^2+z^2=a^2$,得 $z^2+2az=a^2$,整理得$(z+a)^2=2a^2$,解得 $z=(\sqrt{2}-1)a$ 和 $z=-(\sqrt{2}+1)a$,这是两个与 xOy 面平行的平面,因 $z=-(\sqrt{2}+1)a$ 与 $x^2+y^2=2az(a>0)$不相交,故舍去。联立 $x^2+y^2+z^2=a^2$ 和 $z=(\sqrt{2}-1)a$ 得所求交线的方程,这是一个圆心在{0,

$0,(\sqrt{2}-1)a\}$，半径为$\sqrt{2(\sqrt{2}-1)a}$的圆，故答案应选 C。

方法二，画出球面 $x^2+y^2+z^2=a^2$ 和旋转抛物面 $x^2+y^2=2az(a>0)$ 的图形（图 1-1），可看出是一个圆，故答案应选 C。

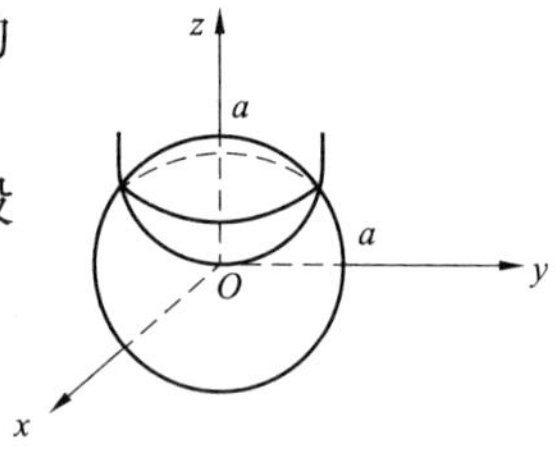

图 1-1 ［例 1-16］图

【例 1-17】球面 $x^2+y^2+z^2=9$ 与平面 $x+z=1$ 的交线在 xOy 坐标面上投影的方程是(　　)。

A. $x^2+y^2+(1-x)^2=9$　　　B. $\begin{cases}x^2+y^2+(1-x)^2=9\\ z=0\end{cases}$

C. $z^2+y^2+(1-z)^2=9$　　　D. $\begin{cases}(1-z)^2+y^2+z^2=9\\ x=0\end{cases}$

解：联立 $x^2+y^2+z^2=9$ 和 $x+z=1$ 消去 z，得投影柱面方程 $x^2+y^2+(1-x)^2=9$，故答案应选 B。

1.2　微分学

1.2.1　极限与函数的连续性

1. 极限的概念

函数极限：当 $x\to\infty$ 时，函数 $f(x)\to A$，记为$[\lim\limits_{x\to\infty}f(x)=A]$，$\lim\limits_{x\to\infty}f(x)=A\Leftrightarrow\lim\limits_{x\to-\infty}f(x)=A$ 且 $\lim\limits_{x\to+\infty}f(x)=A$。

当 $x\to x_0$ 时，函数 $f(x)\to A$，记为$[\lim\limits_{x\to x_0}f(x)=A]$，$\lim\limits_{x\to x_0}f(x)=A\Leftrightarrow f(x_0-0)=\lim\limits_{x\to x_0^-}f(x)=A$ 且 $f(x_0+0)=\lim\limits_{x\to x_0^+}f(x)=A$。

注意：这个结论常用于求分段函数在两段交接点处的极限。

2. 无穷小无穷大的概念与性质

(1) 无穷小定义：若 $\lim f(x)=0$，则称 $f(x)$ 为对应极限过程下的无穷小量。

无穷小与函数极限的关系：$\lim f(x)=A\Leftrightarrow f(x)=A+\alpha$，其中 $\lim\alpha=0$。

(2) 无穷大的定义：若 $\lim f(x)=\infty$，则称 $f(x)$ 为对应极限过程下的无穷大量。

无穷大与无穷小互为倒数关系。

(3) 无穷小的性质：有限个无穷小的和(积)仍为无穷小；有界量与无穷小的乘积仍是无穷小。

注意：这条性质在求极限中非常有用。

(4) 无穷小比较：如果当 $x\to x_0(x\to\infty)$ 时，α 和 β 都是无穷小，则

若 $\lim\dfrac{\alpha}{\beta}=0$，$\alpha$ 是 β 的高阶无穷小；

若 $\lim\dfrac{\alpha}{\beta}=C, C\neq 0$，$\alpha$ 和 β 是同阶无穷小；

若 $\lim\dfrac{\alpha}{\beta}=1$，$\alpha$ 和 β 是等价无穷小，记为 $\alpha\sim\beta$。

(5) 等价无穷小代换：如果当 $x\to x_0(x\to\infty)$ 时，$\alpha\sim\alpha',\beta\sim\beta'$，则

$$\lim\frac{\alpha}{\beta}=\lim\frac{\alpha'}{\beta'}\qquad(1\text{-}44)$$

当 $x\to 0$ 时,常用的等价无穷小有

$$\sin x \sim x,\ \tan x \sim x,\ 1-\cos x \sim \frac{1}{2}x^2,\ \ln(1+x) \sim x,\ e^x-1 \sim x$$

$$\arcsin x \sim x,\ \arctan x \sim x,\ (1+x)^\mu - 1 \sim \mu x,\ a^x - 1 \sim x\ln a$$

注意: 在求极限时,利用等价无穷小代换,可简化计算。

3. 求极限的几个重要结论

(1) 两个重要极限。

$$\lim_{x\to 0}\frac{\sin x}{x}=1\left(\lim_{x\to\infty}x\sin\frac{1}{x}=1\right) \tag{1-45}$$

$$\lim_{x\to\infty}\left(1+\frac{1}{x}\right)^x=e\left[\lim_{n\to\infty}\left(1+\frac{1}{n}\right)^n=e\right] \tag{1-46}$$

$$\lim_{x\to 0}(1+x)^{\frac{1}{x}}=e \tag{1-47}$$

(2) 有理式的极限。

设 $P_m(x)=a_mx^m+a_{m-1}x^{m-1}+\cdots+a_0$,$Q_n(x)=b_nx^n+b_{n-1}x^{n-1}+\cdots+b_0$,如果 $Q_n(x_0)\neq 0$,则

$$\lim_{x\to x_0}\frac{P_m(x)}{Q_n(x)}=\frac{P_m(x_0)}{Q_n(x_0)}$$

若 $Q_n(x_0)=0$ 且 $P_m(x_0)\neq 0$,则 $\lim\limits_{x\to x_0}\frac{P_m(x)}{Q_n(x)}=\infty$;若 $Q_n(x_0)=0$ 且 $P_m(x_0)=0$,则 $\lim\limits_{x\to x_0}\frac{P_m(x)}{Q_n(x)}$ 为未定式,可用洛必达法则或通过去零因子来求极限。当 $x\to\infty$ 时,有以下结论

$$\lim_{x\to\infty}\frac{P_m(x)}{Q_n(x)}=\begin{cases}0, & m<n\\ \infty, & m>n\\ \dfrac{a_m}{b_n}, & m=n\end{cases}$$

(3) 幂指函数的极限。

$$\lim f(x)=A>0,\lim g(x)=B\Rightarrow \lim f(x)^{g(x)}=\lim f(x)^{\lim g(x)}=A^B$$

(4) 洛必达法则。

洛必达法则:当 $x\to x_0(x\to\infty)$ 时,$f(x)\to 0$,$F(x)\to 0$[或 $f(x)\to\infty$,$F(x)\to\infty$]

1) 在点 x_0 某去心邻域内(或当 $|x|>N$ 时),$f'(x)$ 及 $F'(x)$ 都存在且 $F'(x)\neq 0$。

2) $\lim\frac{f'(x)}{F'(x)}$ 存在(或为无穷大),则

$$\lim\frac{f(x)}{F(x)}=\lim\frac{f'(x)}{F'(x)}$$

说明:①当 $\lim\frac{f'(x)}{F'(x)}$ 不存在时,$\lim\frac{f(x)}{F(x)}$ 仍可能存在,但不能用洛必达法则。②洛必达法则可反复使用。

注意: 如果 $\lim g(x)=0$,而 $\lim\frac{f(x)}{g(x)}$ 存在,则必有 $\lim f(x)=0$。

【例 1-18】设$f(x)=\dfrac{a^x+a^{-x}}{2}$($a>0$ 且 $a\neq 1$),则( )。

A. $f(x)$为偶函数,值域为$(-\infty,+\infty)$　　B. $f(x)$为偶函数,值域为$(1,+\infty)$

C. $f(x)$为奇函数,值域为$(-\infty,+\infty)$　　D. $f(x)$为奇函数,值域为$(1,+\infty)$

解: $f(-x)=\dfrac{a^{-x}+a^x}{2}=f(x)$,$f(x)$为偶函数,又$f(x)\geqslant 1$,$\lim\limits_{x\to\pm\infty}f(x)=+\infty$,值域为$(1,+\infty)$,故答案应选 B。

【例 1-19】求极限$\lim\limits_{x\to\infty}\dfrac{x+\sin x}{x}$时,下列各种解法中正确的是( )。

A. 用洛必达法则后,确定极限不存在

B. 因为$\lim\limits_{x\to\infty}\dfrac{\sin x}{x}$不存在,所以上述极限不存在

C. 原式$=\lim\limits_{x\to\infty}\left(1+\dfrac{\sin x}{x}\right)=1+0=1$

D. 因为不能用洛必达法则,故极限无法求出

解:因为$\lim\limits_{x\to\infty}\dfrac{\sin x}{x}=0$(无穷小与有界量的乘积),原式$=\lim\limits_{x\to\infty}\left(1+\dfrac{\sin x}{x}\right)=1+0=1$,故答案应选 C。

【例 1-20】下列极限计算中,错误的是( )。

A. $\lim\limits_{n\to\infty}\dfrac{2^n}{x}\sin\dfrac{x}{2^n}=1$　　B. $\lim\limits_{x\to\infty}\dfrac{\sin x}{x}=1$

C. $\lim\limits_{x\to 0}(1-x)^{\frac{1}{x}}=e^{-1}$　　D. $\lim\limits_{x\to\infty}\left(1+\dfrac{1}{x}\right)^{2x}=e^2$

解:利用重要极限 $\lim\limits_{n\to\infty}\dfrac{2^n}{x}\sin\dfrac{x}{2^n}=\lim\limits_{n\to\infty}\dfrac{\sin\dfrac{x}{2^n}}{\dfrac{x}{2^n}}=1$,$\lim\limits_{x\to 0}(1-x)^{\frac{1}{x}}=\lim\limits_{x\to 0}\left\{(1-x)^{\frac{1}{-x}}\right\}^{-1}=e^{-1}$,$\lim\limits_{x\to\infty}\left(1+\dfrac{1}{x}\right)^{2x}=\left\{\lim\limits_{x\to\infty}\left(1+\dfrac{1}{x}\right)^x\right\}^2=e^2$,而$\lim\limits_{x\to\infty}\dfrac{\sin x}{x}=0$,故答案应选 B。

【例 1-21】若$\lim\limits_{x\to\infty}\left(\dfrac{ax^2-3}{x^2+1}+bx+2\right)=\infty$,则 a 与 b 的值是( )。

A. $b\neq 0$,a 为任意实数　　B. $a\neq 0,b=0$　　C. $a=1,b=-8$　　D. $a=0,b=0$

解:利用有理式极限的结论,由$\lim\limits_{x\to\infty}\left(\dfrac{ax^2-3}{x^2+1}+bx+2\right)=\lim\limits_{x\to\infty}\dfrac{bx^3+(a+2)x^2+bx-1}{x^2+1}=\infty$,分子的幂次必须高于分母的幂次,则有 $b\neq 0$,a 为任意实数,故答案应选 A。

【例 1-22】函数$f(x)=\begin{cases}2x,0\leqslant x<1\\4-x,1\leqslant x\leqslant 3\end{cases}$,在 $x\to 1$ 时,$f(x)$的极限是( )。

A. 2　　B. 3　　C. 0　　D. 不存在

解:由$\lim\limits_{x\to 1^+}f(x)=3$,$\lim\limits_{x\to 1^-}f(x)=2$ 可知,在 $x\to 1$ 时,$f(x)$的左、右极限存在但不相等,故$f(x)$

的极限不存在,故答案应选 D。

【例 1-23】下列结论正确的是(　　)。

A. $\lim\limits_{x\to0}e^{\frac{1}{x}}$存在

B. $\lim\limits_{x\to0^-}e^{\frac{1}{x}}$存在

C. $\lim\limits_{x\to0^+}e^{\frac{1}{x}}$存在

D. $\lim\limits_{x\to0}e^{\frac{1}{x}}$存在,$\lim\limits_{x\to0^-}e^{\frac{1}{x}}$不存在,从而$\lim\limits_{x\to0^+}e^{\frac{1}{x}}$不存在

解: 当 $x\to0^-$时,$\frac{1}{x}\to-\infty$,所以$\lim\limits_{x\to0^-}e^{\frac{1}{x}}=0$,选项 B 正确。而当 $x\to0^+$时,$\frac{1}{x}\to+\infty$,$\lim\limits_{x\to0^-}e^{\frac{1}{x}}\to$ $+\infty$,故$\lim\limits_{x\to0}e^{\frac{1}{x}}$不存在,选项 A、C、D 都不正确,故答案应选 B。

【例 1-24】若 $\lim\limits_{x\to2}\frac{x^2+ax+b}{x^2-x-2}=2$, 则必有(　　)。

A. $a=2,b=8$　　B. $a=2,b=5$

C. $a=0,b=-8$　　D. $a=2,b=-8$

解: 当 $x\to2$, 分母极限为零,分子也必须为零,故有 $4+2a+b=0$;利用洛必达法则,

$$\lim_{x\to2}\frac{x^2+ax+b}{x^2-x-2}=\lim_{x\to2}\frac{2x+a}{2x-1}=\frac{4+a}{3}=2$$

所以 $a=2$, 代入 $4+2a+b=0$,得 $b=-8$, 故答案应选 D。

【例 1-25】极限 $\lim\limits_{x\to0}(1-3x)^{\frac{1}{x}}$ 的值为(　　)。

A. e　　B. 1　　C. e^{-3}　　D. e^3

解: $\lim\limits_{x\to0}(1-3x)^{\frac{1}{x}}=\lim\limits_{x\to0}(1-3x)^{\frac{1}{-3x}\times(-3)}=\left[\lim\limits_{x\to0}(1-3x)^{\frac{1}{-3x}}\right]^{-3}=e^{-3}$, 故答案应选 C。

【例 1-26】$x\to0$ 时,$\sqrt{1-x^2}-\sqrt{1+x^2}$与 x^k 是同阶无穷小,则常数 k 等于(　　)。

A. 1　　B. 2　　C. −1　　D. $\frac{1}{2}$

解: $\lim\limits_{x\to0}\frac{\sqrt{1-x^2}-\sqrt{1+x^2}}{x^k}=\lim\limits_{x\to0}\frac{(\sqrt{1-x^2}-\sqrt{1+x^2})(\sqrt{1-x^2}+\sqrt{1+x^2})}{x^k(\sqrt{1-x^2}+\sqrt{1+x^2})}$

$=\lim\limits_{x\to0}\frac{-2x^2}{x^k}\lim\limits_{x\to0}\frac{1}{(\sqrt{1-x^2}+\sqrt{1+x^2})}=-\lim\limits_{x\to0}\frac{x^2}{x^k}$

若要$-\lim\limits_{x\to0}\frac{x^2}{x^k}=C$,则必有 $k=2$,故答案应选 B。

【例 1-27】当 $x\to+\infty$时,下列函数为无穷大量的是(　　)。

A. $\frac{1}{2+x}$　　B. $x\cos x$　　C. $e^{3x}-1$　　D. $1-\arctan x$

解: 当 $x\to+\infty$时,$\frac{1}{2+x}\to0$;$x\cos x$ 在$(-\infty,+\infty)$内变化,没有固定趋势;$e^{3x}-1\to+\infty$;1−

$\arctan x \to 1-\frac{\pi}{2}$,答案选 C。

4. 函数的连续性

(1) 函数在点 $x=x_0$ 连续的定义 1:设函数 $f(x)$ 在点 x_0 的某邻域内有定义,若

$$\lim_{x \to x_0} f(x)=f(x_0)$$

则称 $f(x)$ 在点 x_0 连续。

函数在点 $x=x_0$ 连续的定义 2:设函数 $f(x)$ 在点 x_0 的某邻域内有定义,若

$$\lim_{\Delta x \to 0} \Delta y=0\ [\text{其中 } \Delta x=x-x_0, \Delta y=f(x)-f(x_0)]$$

则称 $f(x)$ 在点 x_0 连续。

若 $\lim\limits_{x \to x_0^+} f(x)=f(x_0)$ 或 $\lim\limits_{x \to x_0^-} f(x)=f(x_0)$,则称 $f(x)$ 在点 x_0 处右连续或左连续。

如果函数 $f(x)$ 在开区间内每一点都连续,则称 $f(x)$ 在该开区间内连续。如果函数 $f(x)$ 在闭区间内每一点都连续,且在端点右、左连续,则称 $f(x)$ 在该闭区间上连续。

(2) 重要结论:基本初等函数在定义域内连续;初等函数在定义区间内连续。

(3) 间断点及其类型:不连续的点即为间断点。间断点分为两类。

第一类:在该点左右极限都存在。如果左右极限相等(极限存在),称为可去间断点,这时改变或补充函数值,可使之连续;如果左右极限不相等,称为跳跃间断点。

第二类:在该点左右极限至少有一个不存在。如果左右极限中有一个为无穷大,称为无穷间断点;如果在该点函数值振荡变化,称为振荡间断点。

(4) 闭区间上连续函数的性质。

最大、最小值定理:若 $f(x)$ 在闭区间 $[a,b]$ 上连续,则 $f(x)$ 一定在 $[a,b]$ 上取得最大值和最小值。

零点定理:若 $f(x)$ 在闭区间 $[a,b]$ 上连续且 $f(a)f(b)<0$,则至少存在一点 $\xi \in (a,b)$,使得 $f(\xi)=0$。

介值定理:若 $f(x)$ 在闭区间 $[a,b]$ 上连续且 $f(a) \neq f(b)$,则对介于 $f(a)$ 和 $f(b)$ 中的任一值 c,至少存在一点 $\xi \in (a,b)$,使得 $f(\xi)=c$。

【例 1-28】 当 $x \neq 0$ 时,$f(x)=\frac{1-\sqrt{1-x}}{1-\sqrt[3]{1-x}}$,为了使 $f(x)$ 在点 $x=0$ 处连续,则应补充定义 $f(0)$ 应是(　　)。

A. $\frac{1}{2}$　　B. 1　　C. $\frac{3}{2}$　　D. $-3e^{-1}$

解:函数 $f(x)$ 在点 $x=0$ 处连续当且仅当 $\lim\limits_{x \to 0} f(x)=f(0)$,即

$$f(0)=\lim_{x \to 0} f(x)=\lim_{x \to 0}\frac{1-\sqrt{1-x}}{1-\sqrt[3]{1-x}}=\lim_{x \to 0}\frac{(1-x)^{\frac{1}{2}}-1}{(1-x)^{\frac{1}{3}}-1}=\lim_{x \to 0}\frac{-\frac{1}{2}x}{-\frac{1}{3}x}=\frac{3}{2}$$

故答案应选 C。

【例 1-29】 设 $f(x)=\frac{1-2e^{\frac{1}{x}}}{1+e^{\frac{1}{x}}}\arctan\frac{1}{x}$,则 $x=0$ 是 $f(x)$ 的(　　)。

A. 可去间断点　　B. 跳跃间断点　　C. 无穷间断点　　D. 振荡间断点

解: $x\to+0, \frac{1}{x}\to+\infty$; $x\to-0, \frac{1}{x}\to-\infty$。因此有 $\lim\limits_{x\to+0}\arctan\frac{1}{x}=\frac{\pi}{2}, \lim\limits_{x\to-0}\arctan\frac{1}{x}=-\frac{\pi}{2}$，则

$$\lim_{x\to+0}f(x)=\lim_{x\to+0}\frac{1-2e^{\frac{1}{x}}}{1+e^{\frac{1}{x}}}\arctan\frac{1}{x}=\lim_{x\to+0}\frac{e^{-\frac{1}{x}}-2}{e^{-\frac{1}{x}}+1}\arctan\frac{1}{x}=-\pi$$

$$\lim_{x\to-0}f(x)=\lim_{x\to-0}\frac{1-2e^{\frac{1}{x}}}{1+e^{\frac{1}{x}}}\arctan\frac{1}{x}=-\frac{\pi}{2}$$

故答案应选 B。

【例 1-30】 函数 $f(x)=\frac{x-x^2}{\sin\pi x}$ 可去间断点的个数为(　　)。

A. 1　　B. 2　　C. 3　　D. 无穷多个

解:函数 $f(x)$ 有无穷多个间断点 $x=0,\pm1,\pm2,\cdots$。当 $x\neq0,1$ 时，$f(x)=\frac{x-x^2}{\sin\pi x}$ 的分母为 0，分子是一个常数，故 $\lim\limits_{x\to k}\frac{x-x^2}{\sin\pi x}=\infty$ $(k=-1,\pm2,\cdots)$，而 $\lim\limits_{x\to0}\frac{x-x^2}{\sin\pi x}=\lim\limits_{x\to1}\frac{x-x^2}{\sin\pi x}=\frac{1}{\pi}$，故 $f(x)$ 有 2 个可去间断点，答案应选 B。

【例 1-31】 已知 $\lim\limits_{x\to0}\frac{f(x)}{x}=0$，且 $f(0)=1$，那么(　　)。

A. $f(x)$ 在 $x=0$ 处不连续　　B. $f(x)$ 在 $x=0$ 处连续

C. $\lim\limits_{x\to0}f(x)$ 不存在　　D. $\lim\limits_{x\to0}f(x)=1$

解: 由 $\lim\limits_{x\to0}\frac{f(x)}{x}=0$，而分母的极限为0，故必有 $\lim\limits_{x\to0}f(x)=0$，而 $f(0)=1$，所以 $f(x)$ 在 $x=0$ 处不连续，故应选 A。

【例 1-32】 下列命题正确的是(　　)。

A. 分段函数必存在间断点

B. 单调有界函数无第二类间断点

C. 在开区间上连续的函数，则在该区间必取得最大值和最小值

D. 在开区间上连续的函数一定有界

解:第二类间断点包括无穷间断点和震荡间断点，有界函数不可能有无穷间断点，单调函数不可能有震荡间断点，故单调有界函数无第二类间断点，应选 B。分段函数可以不存在间断点，闭区间上连续的函数在该区间必取得最大值和最小值，在闭区间上连续的函数一定有界，故其他三个选项都是错误的。

1.2.2　导数与微分

1. 导数

(1) 导数概念。

1) 导数定义:

$$f'(x_0)=\lim_{\Delta x\to0}\frac{\Delta y}{\Delta x}=\lim_{\Delta x\to0}\frac{f(x_0+\Delta x)-f(x_0)}{\Delta x}=\lim_{x\to x_0}\frac{f(x)-f(x_0)}{x-x_0} \tag{1-48}$$

左导数： $\lim\limits_{\Delta x\to 0^-}\dfrac{\Delta y}{\Delta x}=\lim\limits_{\Delta x\to 0^-}\dfrac{f(x_0+\Delta x)-f(x_0)}{\Delta x}=\lim\limits_{x\to x_0^-}\dfrac{f(x)-f(x_0)}{x-x_0}$

右导数： $\lim\limits_{\Delta x\to 0^+}\dfrac{\Delta y}{\Delta x}=\lim\limits_{\Delta x\to 0^+}\dfrac{f(x_0+\Delta x)-f(x_0)}{\Delta x}=\lim\limits_{x\to x_0^+}\dfrac{f(x)-f(x_0)}{x-x_0}$

$f'(x_0)$存在⇔左导数$f'_-(x_0)$与右导数$f'_+(x_0)$都存在且相等。

2）高阶导数：若函数 $y=f(x)$ 的导函数仍可导，则 $y'=f'(x)$ 的导数叫作函数 $y=f(x)$ 的二阶导数，记为 y''，$\dfrac{d^2y}{dx^2}$，$f''(x)$。类似可定义三阶及以上导数。

3）可导与连续的关系：可导⇒连续。

（2）导数计算。

1）导数基本公式：

$(C)'=0$ $(x^\mu)'=\mu x^{\mu-1}$ $(\sin x)'=\cos x$ $(\cos x)'=-\sin x$

$(\tan x)'=\sec^2 x$ $(\cot x)'=-\csc^2 x$ $(\sec x)'=\sec x\tan x$ $(\csc x)'=-\csc x\cot x$

$(a^x)'=a^x\ln a$ $(e^x)'=e^x$ $(\log_a x)'=\dfrac{1}{x\ln a}$ $(\ln x)'=\dfrac{1}{x}$

$(\arcsin x)'=\dfrac{1}{\sqrt{1-x^2}}$ $(\arccos x)'=-\dfrac{1}{\sqrt{1-x^2}}$

$(\arctan x)'=\dfrac{1}{1+x^2}$ $(\text{arccot}\, x)'=-\dfrac{1}{1+x^2}$

2）导数运算的基本法则：

①函数和、差、积、商的求导法则。设函数 $u(x)$ 和 $v(x)$ 可导，则

$$[u(x)\pm v(x)]'=u'(x)\pm v'(x) \tag{1-49}$$

$$[u(x)v(x)]'=u'(x)v(x)+u(x)v'(x) \tag{1-50}$$

$$[Cu(x)]'=Cu'(x) \tag{1-51}$$

$$\left[\frac{u(x)}{v(x)}\right]'=\frac{u'(x)v(x)-u(x)v'(x)}{v^2(x)} \tag{1-52}$$

②复合函数的求导法则。设 $u=\varphi(x)$ 在 x 处可导，$y=f(u)$ 在 $u=\varphi(x)$ 处可导，则 $y=f[\varphi(x)]$ 在 x 处可导，且有

$$\frac{dy}{dx}=\frac{dy}{du}\cdot\frac{du}{dx} \tag{1-53}$$

3）求高阶导数就是反复地求一阶导数。

4）隐函数求导法：对方程 $F(x,y)=0$ 两边关于自变量求导，将因变量的函数当复合函数对待，再解出 y'，或使用公式$\dfrac{dy}{dx}=-\dfrac{F_x}{F_y}$。

5）参数方程求导法：设$\begin{cases}x=\varphi(t)\\y=\psi(t)\end{cases}$，则

$$\frac{dy}{dt}=\frac{\psi'(t)}{\varphi'(t)},\frac{d^2y}{dx^2}=\frac{d}{dt}\left[\frac{\psi'(t)}{\varphi'(t)}\right]\Big/\varphi'(t) \tag{1-54}$$

6）分段函数在交界点处的导数要用导数定义求，一般要分别求左导数与右导数。

【例 1-33】若 $f(x)$ 在 $x=0$ 的某个邻域内连续，且 $f(x)=f(0)-3x+\alpha(x)$，又 $\lim\limits_{x\to0}\frac{\alpha(x)}{x}=0$，则 $f(x)$ 在点 $x=0$ 处的导数应是（　　）。

A. 0　　B. 1　　C. 3　　D. −3

解：由导数定义知，

$$f'(0)=\lim_{x\to0}\frac{f(x)-f(0)}{x-0}=\lim_{x\to0}\frac{f(0)-3x+\alpha(x)-f(0)}{x-0}=\lim_{x\to0}\frac{-3x+\alpha(x)}{x}=\lim_{x\to0}\left[-3+\frac{\alpha(x)}{x}\right]=-3$$

故答案应选 D。

【例 1-34】函数 $y=x\sqrt{a^2-x^2}$ 在点 x 的导数是（　　）。

A. $\frac{a^2-2x^2}{\sqrt{a^2-x^2}}$　　B. $\frac{1}{2\sqrt{a^2-x^2}}$　　C. $\frac{-x}{2\sqrt{a^2-x^2}}$　　D. $\sqrt{a^2-x^2}$

解：$y=x\sqrt{a^2-x^2}$，$y'=\sqrt{a^2-x^2}+x\frac{-2x}{2\sqrt{a^2-x^2}}=\frac{a^2-2x^2}{\sqrt{a^2-x^2}}$，故答案应选 A。

【例 1-35】若 $y=g(x)$ 由方程 $e^y+xy=e$ 确定，则 $y'(0)$ 等于（　　）。

A. $-\frac{y}{e^y}$　　B. $-\frac{y}{x+e^y}$　　C. 0　　D. $-\frac{1}{e}$

解：将 $x=0$ 代入 $e^y+xy=e$，解得 $y=1$。再对 $e^y+xy=e$ 两边关于 x 求导，得 $e^y y'+y+xy'=0$。将 $x=0,y=1$ 代入，得 $ey'(0)+1=0$，解得 $y'(0)=-\frac{1}{e}$。故答案应选 D。

【例 1-36】已知 $f(x)$ 是二阶可导的函数，$y=e^{2f(x)}$，则 $\frac{d^2y}{dx^2}$ 为（　　）。

A. $e^{2f(x)}$　　B. $e^{2f(x)}f''(x)$

C. $e^{2f(x)}[2f'(x)]$　　D. $2e^{2f(x)}\{2[f'(x)]^2+f''(x)\}$

解：$\frac{dy}{dx}=e^{2f(x)}[2f'(x)]$

$$\frac{d^2y}{dx^2}=e^{2f(x)}[2f'(x)][2f'(x)]+e^{2f(x)}[2f''(x)]=2e^{2f(x)}\{2[f'(x)]^2+f''(x)\}$$

故答案应选 D。

【例 1-37】若 $f\left(\frac{1}{x}\right)=\frac{x}{1+x}$，则 $f'(x)$ 等于（　　）。

A. $\frac{1}{x+1}$　　B. $-\frac{1}{x+1}$　　C. $-\frac{1}{(x+1)^2}$　　D. $\frac{1}{(x+1)^2}$

解：令 $t=\frac{1}{x}$，则 $f(t)=\frac{1}{t+1}$，所以 $f'(x)=\left(\frac{1}{x+1}\right)'=-\frac{1}{(x+1)^2}$，故答案应选 C。

【例 1-38】设函数 $f(x)=\begin{cases}e^{-x}+1, & x\leqslant0\\ ax+2, & x>0\end{cases}$，若 $f(x)$ 在 $x=0$ 可导，则 a 的值是（　　）。

A. 1　　B. 2　　C. 0　　D. −1

解：$f'_-(0)=\lim\limits_{x\to0}\frac{e^{-x}+1-2}{x}=\lim\limits_{x\to0}\frac{-e^{-x}}{1}=-1$，$f'_+(0)=\lim\limits_{x\to0}\frac{ax+2-2}{x}=\lim\limits_{x\to0}\frac{ax}{x}=a$

由 $f'_-(0)=f'_+(0)$，所以 $a=-1$，故答案应选 D。

【例 1-39】已知 $\begin{cases}x=t-\arctan t\\ y=\ln(1+t^2)\end{cases}$，则 $\dfrac{dy}{dx}\Big|_{t=1}$ 等于（　　）。

A. 1　　B. −1　　C. 2　　D. $\dfrac{1}{2}$

解： $\dfrac{dy}{dx}=\dfrac{\frac{dy}{dt}}{\frac{dx}{dt}}=\dfrac{\frac{2t}{1+t^2}}{\frac{t^2}{1+t^2}}=\dfrac{2}{t}$，$\dfrac{dy}{dx}\Big|_{t=1}=2$。故答案应选 C。

2. 微分

（1）微分概念。

1）定义：设函数 $y=f(x)$ 在区间 I 内有定义，$x_0\in I$，$x_0+\Delta x\in I$，若函数的增量

$$\Delta y=f(x_0+\Delta x)-f(x_0)=A\Delta x+O(\Delta x)\tag{1-55}$$

其中 A 是不依赖于 Δx 的常数，则称 $y=f(x)$ 在点 x_0 可微分，$A\Delta x$ 叫作 $y=f(x)$ 在点 x_0 相应自变量增量 Δx 的微分，记作 dy，即

$$dy=A\Delta x$$

函数 $y=f(x)$ 在点 x 的微分称为函数 $y=f(x)$ 的微分，记作 $df(x)$ 或 dy。

2）函数可微分的充要条件：（可微⇔可导）当函数 $y=f(x)$ 在点 x 可导时，在该点一定可微，且有

$$dy=f'(x)dx$$

这说明函数的微分等于该函数的导数乘上自变量微分，只要会求导数便会求微分。

（2）微分的运算法则和基本公式。

1）微分四则运算法则：设函数 $u(x)$ 和 $v(x)$ 可微，则

$$d[u(x)\pm v(x)]=du(x)\pm dv(x)\tag{1-56}$$

$$d[u(x)v(x)]=du(x)\cdot v(x)+u(x)dv(x),\ d[Cu(x)]=Cdu(x)\tag{1-57}$$

$$d\left[\frac{u(x)}{v(x)}\right]=\frac{v(x)du(x)-u(x)dv(x)}{v^2(x)}\tag{1-58}$$

2）复合函数的微分法则：设 $u=\varphi(x)$、$y=f(u)$ 均可微，则 $y=f[\varphi(x)]$ 也可微，且

$$dy=f'(u)\varphi'(x)dx=f'(u)du\text{（微分形式不变性）}$$

3）基本微分公式：

$d(C)=0$　　$d(x^\mu)=\mu x^{\mu-1}dx$　　$d(\sin x)=\cos x dx$　　$d(\cos x)=-\sin x dx$

$d(\tan x)=\sec^2 x dx$　　$d(\cot x)=-\csc^2 x dx$　　$d(\sec x)=\sec x\tan x dx$　　$d(\csc x)=-\csc x\cot x dx$

$d(a^x)=a^x\ln a dx$　　$d(e^x)=e^x dx$　　$d(\log_a x)=\dfrac{1}{x\ln a}dx$　　$d(\ln x)=\dfrac{1}{x}dx$

$d(\arcsin x)=\dfrac{dx}{\sqrt{1-x^2}}$　　$d(\arccos x)=-\dfrac{dx}{\sqrt{1-x^2}}$

$d(\arctan x)=\dfrac{dx}{1+x^2}$　　$d(\text{arccot} x)=-\dfrac{dx}{1+x^2}$

【例 1-40】设 $f'(x)=g(x)$，则 $df(\sin^2 x)=$（　　）。

A. $2g(x)\sin x\mathrm{d}x$　　B. $g(x)\sin 2x\mathrm{d}x$　　C. $g(\sin^2 x)\mathrm{d}x$　　D. $g(\sin^2 x)\sin 2x\mathrm{d}x$

解: $\mathrm{d}f(\sin^2 x)=f'(\sin^2 x)\mathrm{d}(\sin^2 x)=g(\sin^2 x)\cdot 2\sin x\mathrm{d}(\sin x)=g(\sin^2 x)\cdot 2\sin x\cos x\mathrm{d}x=g(\sin^2 x)\sin 2x\mathrm{d}x$，故答案应选 D。

【例 1-41】 函数 $y=\dfrac{x}{\sqrt{1-x^2}}$ 在 x 处的微分是(　　)。

A. $\dfrac{1}{(1-x^2)^{\frac{3}{2}}}\mathrm{d}x$　　B. $2\sqrt{1-x^2}\mathrm{d}x$　　C. $x\mathrm{d}x$　　D. $\dfrac{1}{1-x^2}\mathrm{d}x$

解: $\mathrm{d}y=y'\mathrm{d}x=\dfrac{1}{(1-x^2)^{\frac{3}{2}}}\mathrm{d}x$，故答案应选 A。

【例 1-42】 设可微函数 $y=y(x)$ 由方程 $\sin y+\mathrm{e}^x-xy^2=0$ 所确定，则微分 $\mathrm{d}y$ 等于(　　)。

A. $\dfrac{-y^2+\mathrm{e}^x}{\cos y-2xy}\mathrm{d}x$　　B. $\dfrac{y^2+\mathrm{e}^x}{\cos y-2xy}\mathrm{d}x$　　C. $\dfrac{y^2+\mathrm{e}^x}{\cos y+2xy}\mathrm{d}x$　　D. $\dfrac{y^2-\mathrm{e}^x}{\cos y-2xy}\mathrm{d}x$

解: 对方程 $\sin y+\mathrm{e}^x-xy^2=0$ 两边关于 x 求微分，得 $\cos y\mathrm{d}y+\mathrm{e}^x\mathrm{d}x-(y^2\mathrm{d}x+2xy\mathrm{d}y)=0$，解得 $\mathrm{d}y=\dfrac{y^2-\mathrm{e}^x}{\cos y-2xy}\mathrm{d}x$，故答案应选 D。

1.2.3 偏导数与全微分

1. 偏导数

(1) 二元函数偏导数的定义。

$$f_x(x_0,y_0)=\lim_{\Delta x\to 0}\frac{f(x_0+\Delta x,y_0)-f(x_0,y_0)}{\Delta x}\tag{1-59}$$

$$f_y(x_0,y_0)=\lim_{\Delta y\to 0}\frac{f(x_0,y_0+\Delta y)-f(x_0,y_0)}{\Delta y}\tag{1-60}$$

(2) 多元复合函数求偏导数法则。

设 $u=u(x,y)$，$v=v(x,y)$ 在 (x,y) 处具有偏导数，$z=f(u,v)$ 在对应点 (u,v) 具有连续偏导数，则复合函数 $z=f[u(x,y),v(x,y)]$ 在 (x,y) 点偏导数存在，且有

$$\frac{\partial z}{\partial x}=\frac{\partial z}{\partial u}\frac{\partial u}{\partial x}+\frac{\partial z}{\partial v}\frac{\partial v}{\partial x}\tag{1-61}$$

$$\frac{\partial z}{\partial y}=\frac{\partial z}{\partial u}\frac{\partial u}{\partial y}+\frac{\partial z}{\partial v}\frac{\partial v}{\partial y}\tag{1-62}$$

注意: 多元函数复合的情况比较复杂，不能用一个公式表达所有情况。复合函数求偏导的关键是：

(1) 分清复合层次，可用图解法表示出函数的复合层次。

(2) 分清每步对哪个变量求导，哪个是自变量，哪个是中间变量，固定了哪些变量。

(3) 对某自变量求导，应注意要经过各层次有关的中间变量而归结到该自变量。在每个层次中是求偏导数还是求全导数。

(3) 隐函数求偏导数。

设方程 $F(x,y,z)=0$ 确定了隐函数 $z=f(x,y)$，函数 $F(x,y,z)$ 具有连续偏导数，且 $F_z\neq 0$，则

$$\frac{\partial z}{\partial x}=-\frac{Fx}{Fz};\frac{\partial z}{\partial y}=-\frac{Fy}{Fz} \tag{1-63}$$

【例 1-43】设函数 $f(x,y)=\begin{cases}\frac{1}{xy}\sin(x^2y), xy\neq 0\\ 0, xy=0\end{cases}$，则 $f'_x(0,1)$ 等于(　　)。

A. 0　　B. 1　　C. 2　　D. −1

解：由二元函数导数定义知，$f'_x(0,1)=\lim\limits_{x\to 0}\frac{f(x,1)-f(0,0)}{x-0}=\lim\limits_{x\to 0}\frac{\frac{\sin x^2}{x}}{x}=\lim\limits_{x\to 0}\frac{\sin x^2}{x^2}=1$，故答案应案选应 B。

【例 1-44】设 $z=y\varphi\left(\frac{x}{y}\right)$，其中 $\varphi(u)$ 具有二阶连续导数，则 $\frac{\partial^2 z}{\partial x\partial y}$ 等于(　　)。

A. $\frac{1}{y}\varphi''\left(\frac{x}{y}\right)$　　B. $-\frac{1}{y^2}\varphi''\left(\frac{x}{y}\right)$　　C. 1　　D. $\varphi'\left(\frac{x}{y}\right)-\frac{1}{y}\varphi''\left(\frac{x}{y}\right)$

解：先将 y 当常数对待，对 $z=y\varphi\left(\frac{x}{y}\right)$ 关于 x 求导，得 $\frac{\partial z}{\partial x}=y\varphi'\left(\frac{x}{y}\right)\frac{1}{y}=\varphi'\left(\frac{x}{y}\right)$，再将 x 当常数对待，对 $\frac{\partial z}{\partial x}=\varphi'\left(\frac{x}{y}\right)$ 关于 y 求导，得 $\frac{\partial^2 z}{\partial x\partial y}=\frac{\partial}{\partial y}\varphi'\left(\frac{x}{y}\right)=-\frac{x}{y^2}\varphi''\left(\frac{x}{y}\right)$。故答案应选 B。

【例 1-45】设函数 $z=f^2(xy)$，其中 $f(u)$ 具有二阶导数，则 $\frac{\partial^2 z}{\partial x^2}=$(　　)。

A. $2y^3f'(xy)f''(xy)$　　B. $2y^2[f'(xy)+f''(xy)]$

C. $2y\{[f'(xy)]^2+f''(xy)\}$　　D. $2y^2\{[f'(xy)]^2+f(xy)f''(xy)\}$

解：将 y 当常数对待，关于 x 求导得 $\frac{\partial z}{\partial x}=2f(xy)f'(xy)y$，再将 y 当常数对待，对所得结果关于 x 求导，得

$$\frac{\partial^2 z}{\partial x^2}=2y[f'(xy)\cdot y\cdot f'(xy)+f(xy)\cdot f''(xy)\cdot y]=2y^2\{[f'(xy)]^2+f(xy)f''(xy)\}$$

故答案应选 D。

【例 1-46】已知函数 $f\left(xy,\frac{x}{y}\right)=x^2$，则 $\frac{\partial f(x,y)}{\partial x}+\frac{\partial f(x,y)}{\partial y}=$(　　)。

A. $2x+2y$　　B. $x+y$　　C. $2x-2y$　　D. $x-y$

解：令 $u=xy, v=\frac{x}{y}$，解得 $x^2=uv$，所以 $f(x,y)=xy$，$\frac{\partial f(x,y)}{\partial x}=y$，$\frac{\partial f(x,y)}{\partial y}=x$，$\frac{\partial f(x,y)}{\partial x}+\frac{\partial f(x,y)}{\partial y}=x+y$，故答案应选 B。

【例 1-47】函数 $z=z(x,y)$ 由方程 $xz-xy+\ln xyz=0$ 所确定，则 $\frac{\partial z}{\partial y}$ 等于(　　)。

A. $\frac{-xz}{xz+1}$　　B. $-x+\frac{1}{2}$　　C. $\frac{z(-xz+y)}{x(xz+1)}$　　D. $\frac{z(xy-1)}{y(xz+1)}$

解:方法 1:记 $F(x,y,z)=xz-xy+\ln xyz$,则 $F_y(x,y,z)=-x+\frac{1}{y}$,$F_z(x,y,z)=x+\frac{1}{z}$,$\frac{\partial z}{\partial y}=-\frac{F_y}{F_z}=-\frac{-x+\frac{1}{y}}{x+\frac{1}{z}}=\frac{z(xy-1)}{y(xz+1)}$,故答案应选 D。

方法 2:对方程两边关于 y 求偏导,$x\frac{\partial z}{\partial y}-x+\frac{1}{y}+\frac{1}{z}\frac{\partial z}{\partial y}=0$,解得$\frac{\partial z}{\partial y}=\frac{z(xy-1)}{y(xz+1)}$。

2. 全微分

(1) 如果 $z=f(x,y)$ 在点 (x,y) 可微,则偏导数必定存在,且全微分

$$dz=\frac{\partial z}{\partial x}dx+\frac{\partial z}{\partial y}dy \tag{1-64}$$

(2) 全微分与偏导数的关系:全微分存在⇒偏导数存在,偏导数连续⇒全微分存在,这两个结论反之都不成立。

【例 1-48】 $z=f(x,y)$ 在 $P_0(x_0,y_0)$ 处可微分,下面结论错误的是(　　)。

A. $z=f(x,y)$ 在 $P_0(x_0,y_0)$ 处连续

B. $f_x(x_0,y_0)$,$f_y(x_0,y_0)$ 存在

C. $f_x(x,y)$,$f_y(x,y)$ 在 $P_0(x_0,y_0)$ 处连续

D. $z=f(x,y)$ 在 $P_0(x_0,y_0)$ 处沿任一方向的方向导数都存在

解:$z=f(x,y)$ 在 $P_0(x_0,y_0)$ 处可微分,A、B、D 都成立,但 C 不一定成立,故答案应选 C。

【例 1-49】 设函数 $z=\left(\frac{y}{x}\right)^x$,则全微分$dz\big|_{\substack{x=1\\y=2}}=$(　　)。

A. $\ln2dx+\frac{1}{2}dy$　　B. $(\ln2+1)dx+\frac{1}{2}dy$

C. $2(\ln2-1)dx+dy$　　D. $\frac{1}{2}\ln2dx+2dy$

解:因 $z=\left(\frac{y}{x}\right)^x=e^{x\ln\left(\frac{y}{x}\right)}=e^{x(\ln y-\ln x)}$,所以

$z_x=e^{x(\ln y-\ln x)}[(\ln y-\ln x)-1]=e^{x\ln\left(\frac{y}{x}\right)}\left[\ln\left(\frac{y}{x}\right)-1\right]$,$z_y=e^{x\ln\left(\frac{y}{x}\right)}\left(\frac{x}{y}\right)$

而 $z_x(1,2)=2(\ln2-1)$,$z_y(1,2)=1$,所以$dz\big|_{\substack{x=1\\y=2}}=2(\ln2-1)dx+dy$,故答案应选 C。

【例 1-50】 设 $z=\frac{1}{x}e^{xy}$,则全微分 $dz\big|_{(1,-1)}$ 等于(　　)。

A. $e^{-1}(dx+dy)$　　B. $e^{-1}(-2dx+dy)$　　C. $e^{-1}(dx-dy)$　　D. $e^{-1}(dx+2dy)$

解:由于 $dz=\frac{\partial z}{\partial x}dx+\frac{\partial z}{\partial y}dy$,而$\frac{\partial z}{\partial x}=-\frac{1}{x^2}e^{xy}+\frac{y}{x}e^{xy}$,$\frac{\partial z}{\partial x}\big|_{(1,-1)}=-2e^{-1}$,因 A、C、D 三个选项中的系数都是 e^{-1},故排除 A、C、D 三个选项,答案应选 B。

【例 1-51】 设方程 $x^2+y^2+z^2=4z$,确定可微函数 $z=z(x,y)$,则全微分 dz 等于(　　)。

A. $\frac{1}{2-z}(y\mathrm{d}x+x\mathrm{d}y)$　　B. $\frac{1}{2-z}(x\mathrm{d}x+y\mathrm{d}y)$

C. $\frac{1}{2+z}(\mathrm{d}x+\mathrm{d}y)$　　D. $\frac{1}{2-z}(\mathrm{d}x-\mathrm{d}y)$

解：对方程 $x^2+y^2+z^2=4z$ 两边同时微分，得 $2x\mathrm{d}x+2y\mathrm{d}y+2z\mathrm{d}z=4\mathrm{d}z$，解出 $\mathrm{d}z=\frac{x}{2-z}\mathrm{d}x+\frac{y}{2-z}\mathrm{d}y=\frac{1}{2-z}(x\mathrm{d}x+y\mathrm{d}y)$，故答案应选 B。

1.2.4　导数与微分应用

1. 导数几何意义和物理意义

曲线 $y=f(x)$ 在点 $[x_0, f(x_0)]$ 的切线斜率 $k=f'(x_0)$，在点 $[x_0, f(x_0)]$ 的切线方程为

$$y-f(x_0)=f'(x_0)(x-x_0) \tag{1-65}$$

法线方程为

$$y-f(x_0)=-\frac{1}{f'(x_0)}(x-x_0) \tag{1-66}$$

注意：当 $f'(x_0)=\infty$ 时有切线 $x=x_0$，但无斜率，法线为 $y=f(x_0)$。

变速直线运动的位移为 $s=s(t)$，则速度 $v(t)=s'(t)$，加速度 $a(t)=s''(t)$。

2. 中值定理

(1) 罗尔定理：若函数 $f(x)$ 在 $[a,b]$ 上连续，在 (a,b) 内可导，$f(a)=f(b)$，则存在 $\xi\in(a,b)$，使 $f'(\xi)=0$。

(2) 拉格朗日中值定理（微分中值定理）：若 $f(x)$ 在 $[a,b]$ 上连续，在 (a,b) 内可导，则存在使 $\xi\in(a,b)$，使 $\frac{f(b)-f(a)}{b-a}=f'(\xi)$。

推论：如果在区间 I 上 $f'(x)=0$，则在区间 I 上，$f(x)=$ 常数。

3. 利用导数研究函数的性态

(1) 函数的单调性的判定：在区间 I 上，若 $f'(x)>0[f'(x)<0]$，则 $f(x)$ 在该区间上单调增加（单调减少）。

(2) 极值可疑点：函数 $y=f(x)$ 导数为零和导数不存在的点称为极值可疑点。

(3) 求函数的极值。

1) 第一判别法：设 $f'(x_0)=0$ [或 $f'(x_0)$ 不存在]，如果 $f'(x)$ 在点 x_0 左、右两侧变号，则 x_0 为极值点；且在 x_0 点两侧 $f'(x)$ 的符号由正变负（由负变正），则 $f(x_0)$ 为极大值（极小值）。

2) 第二判别法：设 $f'(x_0)=0$，$f''(x_0)\neq0$，若 $f''(x_0)<0[f''(x_0)>0]$，则 $f(x_0)$ 是极大值（极小值）。

注意：(1) 极值是局部性概念，表示局部范围最大或最小，与最值不同。

(2) 对于可导函数，极值只能在驻点处取得，但驻点不一定是极值点；极值也可能在导数不存在的连续点处取得。

（4）曲线的凹凸性与拐点。

1）定义：设 $f(x)$ 在 (a,b) 内连续，$\forall x_1、x_2\in(a,b)$，若 $f\left(\frac{x_1+x_2}{2}\right)>\frac{f(x_1)+f(x_2)}{2}$ [或 $f\left(\frac{x_1+x_2}{2}\right)<\frac{f(x_1)+f(x_2)}{2}$]，则称曲线 $y=f(x)$ 在 (a,b) 内是凸（或凹）的。

曲线 $y=f(x)$ 的凹弧与凸弧的分界点 $(x_0,f(x_0))$ 叫拐点。

2）判别法：在 (a,b) 内，若 $f''(x)>0$（或 <0），则曲线 $y=f(x)$ 在该区间上向下凹（向上凸）。

若 $f''(x_0)=0$ 或 $f''(x_0)$ 不存在，且在 x_0 点两侧 $f''(x)$ 变号，则 $(x_0,f(x_0))$ 为曲线 $y=f(x)$ 的拐点。

4. 利用导数求函数的最大值与最小值

（1）闭区间上连续函数的最大值与最小值求法：求区间内驻点或导数不存在的点及端点处的函数值，比较它们的大小，最大者为最大值，最小者为最小值。

（2）如果连续函数 $f(x)$ 在 $[a,b]$ 上单调，则最大值与最小值在端点处取得。

（3）如果 $f(x)$ 在某区间上（有限或无限）连续且仅有一个极值，若是极大（小）值，则为最大（小）值。

【例 1-52】 函数 $y=x^3-6x$ 上切线平行于 x 轴的点是（　　）。

A. $(0,0)$　　B. $(\sqrt{2},1)$

C. $(-\sqrt{2},4\sqrt{2})$ 和 $(\sqrt{2},-4\sqrt{2})$　　D. $(1,2)$ 和 $(-1,2)$

解： 由于导数 $f'(x_0)$ 表达曲线 $y=f(x)$ 在点 $(x_0,f(x_0))$ 处切线的斜率，故要求切线平行于 x 轴的点即是求导数为零的点，由 $y'=3x^2-6=0\Rightarrow x=\pm\sqrt{2}$，代入 $y=x^3-6x$，得 $y=\pm4\sqrt{2}$，所求点为 $(-\sqrt{2},4\sqrt{2})$ 和 $(\sqrt{2},-4\sqrt{2})$，故答案应选 C。

【例 1-53】 若 $x=1$ 是函数 $y=2x^2+ax+1$ 的驻点，则常数 a 等于（　　）。

A. 2　　B. -2　　C. 4　　D. -4

解： 驻点是导数为零的点，故有 $y'(1)=0$，而 $y'=4x+a$，由 $4+a=0$，得 $a=-4$。故答案应选 D。

【例 1-54】 方程 $x^3+x-1=0$（　　）。

A. 无实根　　B. 只有一个实根　　C. 有两个实根　　D. 有三个实根

解： 记 $f(x)=x^3+x-1$，则 $f'(x)=3x^2+1$，由于 $f'(x)>0$ $(-\infty<x<\infty)$，知 $f'(x)=0$ 没有实根。再由罗尔定理，$f(x)=0$ 的两根之间必有 $f'(x)=0$ 的一个根，故 $f(x)=0$ 至多有一个实根，又因 $f(0)=-1<0$，$f(1)=1>0$，$f(x)=0$ 在内有一个实根，所以 $x^3+x-1=0$ 有一个实根。故答案应选 B。

【例 1-55】 设 $y=f(x)$ 是 (a,b) 内的可导函数，$x,x+\Delta x$ 是 (a,b) 内的任意两点，则（　　）。

A. $\Delta y=f'(x)\Delta x$

B. 在 $x,x+\Delta x$ 之间恰好有一点 ξ，使 $\Delta y=f'(\xi)\Delta x$

C. 在 $x,x+\Delta x$ 之间至少有一点 ξ，使 $\Delta y=f'(\xi)\Delta x$

D. 在 $x,x+\Delta x$ 之间任意一点 ξ，均有 $\Delta y=f'(\xi)\Delta x$

解： 因 $y=f(x)$ 在 (a,b) 内可导，$x,x+\Delta x$ 是 (a,b) 内的任意两点，故 $f(x)$ 在 $[x,x+\Delta x]$ 上连

续，在$(x,x+\Delta x)$内可导，由拉格朗日中值定理，至少存在一点$\xi\in(x,x+\Delta x)$，使$f(x+\Delta x)-f(x)=f'(\xi)\Delta x$，即$\Delta y=f'(\xi)\Delta x$，故答案应选C。

【例1-56】设函数$f(x)$，$g(x)$在$[a,b]$ $(a<b)$上均可导，且恒正，若$f'(x)g(x)+f(x)g'(x)>0$，则当$x\in(a,b)$时，下列不等式中成立的是（　　）。

A. $\frac{f(x)}{g(x)}>\frac{f(a)}{g(a)}$　　B. $\frac{f(x)}{g(x)}>\frac{f(b)}{g(b)}$

C. $f(x)g(x)>f(a)g(a)$　　D. $f(x)g(x)>f(b)g(b)$

解：记$y=f(x)g(x)$，由于$y'=f'(x)g(x)+f(x)g'(x)>0$，故函数$y=f(x)g(x)$在$[a,b]$上单增，有$f(x)g(x)>f(a)g(a)$。故答案应选C。

【例1-57】设函数$f(x)$在$(-\infty,+\infty)$上是偶函数，且在$(0,+\infty)$内有$f'(x)>0$，$f''(x)>0$，则在$(-\infty,0)$内必有（　　）。

A. $f'(x)>0$，$f''(x)>0$　　B. $f'(x)<0$，$f''(x)>0$

C. $f'(x)>0$，$f''(x)<0$　　D. $f'(x)<0$，$f''(x)<0$

解：方法一，当$f(x)$在$(-\infty,+\infty)$上一阶导数和二阶导数存在时，若$f(x)$在$(-\infty,+\infty)$上是偶函数，则$f'(x)$在$(-\infty,+\infty)$上是奇函数，且$f''(x)$在$(-\infty,+\infty)$上是偶函数；再由在$(0,+\infty)$内有$f'(x)>0$，$f''(x)>0$，利用上述对称性，故在$(-\infty,0)$内必有$f'(x)<0$，$f''(x)>0$，应选B。

方法二，函数$f(x)$在$(-\infty,+\infty)$上是偶函数，其图形关于y对称，由于在$(0,+\infty)$内有$f'(x)>0$，$f''(x)>0$，$f(x)$单调增加，其图形为凹的；故在$(-\infty,0)$内，$f(x)$应单调减少，且图形仍为凹的，所以有$f'(x)<0$，$f''(x)>0$。

【例1-58】曲线$f(x)=x^4+4x^3+x+1$在$(-\infty,+\infty)$内的拐点个数是（　　）。

A. 0　　B. 1　　C. 2　　D. 3

解：$f'(x)=4x^3+12x^2+1$，$f''(x)=12x^2+24x$，由$f''(x)=12x^2+24x=0$，解得$x=0$和$x=-2$，经验证在这两个点的左、右两侧附近$f''(x)$的符号发生变化，故$f(x)$有两个拐点。答案应选C。

【例1-59】函数$y=f(x)$在点$x=x_0$处取得极小值，则必有（　　）。

A. $f'(x_0)=0$　　B. $f''(x_0)>0$

C. $f'(x_0)=0$且$f''(x_0)>0$　　D. $f'(x_0)=0$或导数不存在

解：$f'(x_0)=0$的点$x=x_0$是驻点，并不一定是极值点：$f'(x_0)=0$且$f''(x_0)>0$是$y=f(x)$在点$x=x_0$处取得极小值的充分条件，但不是必要的，故选项A、B、C都不正确；极值点必从驻点或导数不存在点取得，故答案应选D。

【例1-60】对于曲线$y=\frac{1}{5}x^5-\frac{1}{3}x^3$，下列各性态不正确的是（　　）。

A. 有3个极值点　　B. 有3个拐点

C. 有2个极值点　　D. 对称原点

解：$y'=x^2(x^2-1)$，$x=\pm1$是极值点，$y''=2x(2x^2-1)$，$x=0$，$x=\pm\frac{\sqrt{2}}{2}$是拐点的横坐标，故有3个拐点；函数$y=\frac{1}{5}x^5-\frac{1}{3}x^3$是奇函数，曲线关于原点对称，故答案应选A。

【例1-61】设函数$f(x)$在$(-\infty,+\infty)$内连续，其导函数$f'(x)$的图形如图1-2所示，则

$f(x)$ 有(　　)。

A. 一个极小值点和两个极大值点

B. 两个极小值点和两个极大值点

C. 两个极小值点和一个极大值点

D. 一个极小值点和三个极大值点

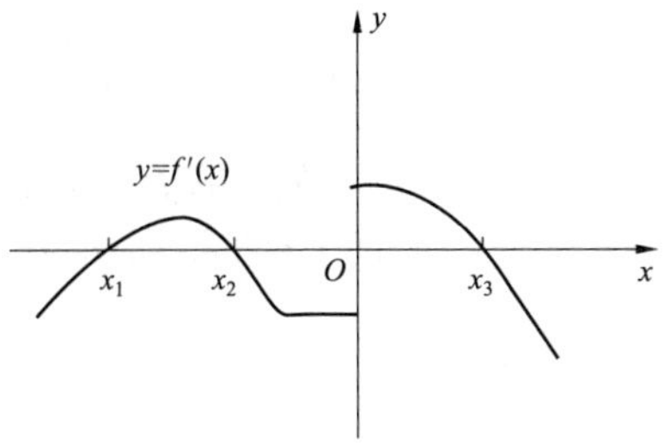

图 1-2 [例 1-61]图

解:由导函数 $f'(x)$ 的图形可知,函数 $f(x)$ 有三个驻点 x_1,x_2,x_3 和一个导数不存在点 $x=0$。在点 x_1 和 $x=0$ 左侧 $f'(x)<0$,函数 $f(x)$ 单调递减;在点 x_1 和 $x=0$ 右侧 $f'(x)>0$,函数 $f(x)$ 单调递增,所以这两个点是函数 $f(x)$ 的极小值点。同理可得,点 x_2 和 x_3 是函数 $f(x)$ 的极大值点,故答案应选 B。

5. 多元函数微分应用

(1) 二元函数极值的必要条件:可导函数 $f(x,y)$ 在 (x_0,y_0) 点有极值的必要条件是 $f'_x(x_0,y_0)=0$, $f'_y(x_0,y_0)=0$。

(2) 二元函数极值的充分条件:设函数 $f(x,y)$ 在 (x_0,y_0) 点某邻域内具有一阶、二阶连续偏导数,且 $f_x(x_0,y_0)=0$, $f_y(x_0,y_0)=0$, 令 $f_{xx}(x_0,y_0)=A$, $f_{xy}(x_0,y_0)=B$, $f_{yy}(x_0,y_0)=C$,则

1) $AC-B^2>0,\begin{cases}A<0,\ f(x_0,y_0)\text{为极大值}\\A>0,\ f(x_0,y_0)\text{为极小值}\end{cases}$。

2) $AC-B^2<0$, 则无极值。

3) $AC-B^2=0$, 该方法失效。

【例 1-62】 对于函数 $f(x,y)=xy$,原点$(0,0)$(　　)。

A. 不是驻点　　B. 是驻点但非极值点

C. 是驻点且为极小值点　　D. 是驻点且为极大值点

解:显然在原点$(0,0)$处,$f'_x=f'_y=0$,所以是驻点,而 $f''_{xx}=f''_{yy}=0$, $f''_{xy}=f''_{yx}=1$,所以 $AC-B^2<0$,故原点不是极值点,故答案应选 B。

【例 1-63】 下列各点中为二元函数 $z=x^3-y^3+3x^2+3y^2-9x$ 的极值点的是(　　)。

A. $(1,0)$　　B. $(1,2)$　　C. $(1,1)$　　D. $(-3,0)$

解:由 $\begin{cases}\dfrac{\partial z}{\partial x}=3x^2+6x-9=0\\ \dfrac{\partial z}{\partial y}=-3y^2+6y=0\end{cases}$ 解得四个驻点$(1,0)$、$(1,2)$、$(-3,0)$、$(-3,2)$,再求二阶偏导数 $\dfrac{\partial^2 z}{\partial x^2}=6x+6$, $\dfrac{\partial^2 z}{\partial x\partial y}=0$, $\dfrac{\partial^2 z}{\partial y^2}=-6y+6$,在点$(1,0)$处,$AC-B^2=12\times6>0$,是极值点。在点$(1,2)$处,$AC-B^2=12\times(-6)<0$,不是极值点。类似可知$(-3,0)$也不是极值点,点$(1,1)$不满足所给函数,也不是极值点。故答案应选 A。

【例 1-64】 若函数 $f(x,y)$ 在闭区域 D 上连续,下列关于极值点的陈述中正确的是(　　)。

A. $f(x,y)$ 的极值点一定是 $f(x,y)$ 的驻点

B. 如果 P_0 是 $f(x,y)$ 的极值点，则 P_0 点处 $B^2-AC<0\left(\text{其中 } A=\frac{\partial^2 f}{\partial x^2}, B=\frac{\partial^2 f}{\partial x\partial y}, C=\frac{\partial^2 f}{\partial y^2}\right)$

C. 如果 P_0 是可微函数 $f(x,y)$ 的极值点，则 P_0 点处 $\mathrm{d}f=0$

D. $f(x,y)$ 的最大值点一定是 $f(x,y)$ 的极大值点

解： 如果 P_0 是可微函数 $f(x,y)$ 的极值点，由极值存在的必要条件，在 P_0 点处有 $\frac{\partial f}{\partial x}=0$，$\frac{\partial f}{\partial y}=0$，故 $\mathrm{d}f=\frac{\partial f}{\partial x}\mathrm{d}x+\frac{\partial f}{\partial y}\mathrm{d}y=0$。故答案应选 C。

1.3 积分学

1.3.1 不定积分

1. 不定积分的概念与性质

(1) 原函数与不定积分定义：若 $F'(x)=f(x)$ 或 $[\mathrm{d}F(x)=f(x)\mathrm{d}x]$，则 $F(x)$ 为 $f(x)$ 的一个原函数。

函数 $f(x)$ 的原函数全体叫 $f(x)$ 的不定积分，记作 $\int f(x)\mathrm{d}x$，且有

$$\int f(x)\mathrm{d}x=F(x)+C \quad [F(x)\text{ 为 } f(x)\text{ 的一个原函数，} C \text{ 为任意常数}]$$

(2) 不定积分性质：

$$\frac{\mathrm{d}}{\mathrm{d}x}\int f(x)\mathrm{d}x=f(x)$$

$$\int f'(x)\mathrm{d}x=f(x)+C$$

$$\int kf(x)\mathrm{d}x=k\int f(x)\mathrm{d}x,(k\neq 0)$$

$$\int[f(x)\pm g(x)]\mathrm{d}x=\int f(x)\mathrm{d}x\pm\int g(x)\mathrm{d}x$$

【例 1-65】 若 $\int f(x)\mathrm{d}x=\ln x+C$，则 $\int f(\cos x)\cos x\mathrm{d}x$ 等于(　　)。(式中 C 为任意常数)

A. $\cos x+C$　　B. $x+C$　　C. $\sin x+C$　　D. $\ln\cos x+C$

解： 由 $\int f(x)\mathrm{d}x=\ln x+C$，知 $f(x)=(\ln x)'=\frac{1}{x}$，故 $f(\cos x)=\frac{1}{\cos x}$，所以

$$\int f(\cos x)\cos x\mathrm{d}x=\int\frac{1}{\cos x}\cos x\mathrm{d}x=\int\mathrm{d}x=x+C$$

故答案应选 B。

【例 1-66】 若 $\int xf(x)\mathrm{d}x=x\sin x-\int\sin x\mathrm{d}x$，则 $f(x)=$(　　)。

A. $\sin x$　　B. $\cos x$　　C. $\frac{\sin x}{x}$　　D. $\frac{\cos x}{x}$

解： $(x\sin x-\int\sin x\mathrm{d}x)'=xf(x)$，所以 $x\cos x=xf(x)$，$f(x)=\cos x$，故答案应选 B。

2. 基本积分公式

$\int k\mathrm{d}x=kx+C$　　　　$\int\mathrm{d}x=x+C$

$\int \frac{dx}{x} = \ln|x| + C$　　　$\int x^{\mu} dx = \frac{x^{\mu+1}}{\mu+1} + C(\mu \neq -1)$

$\int \frac{dx}{1+x^2} = \arctan x + C$　　　$\int \frac{dx}{\sqrt{1-x^2}} = \arcsin x + C$

$\int \cos x dx = \sin x + C$　　　$\int \sin x dx = -\cos x + C$

$\int e^x dx = e^x + C$　　　$\int a^x dx = \frac{a^x}{\ln a} + C(a > 0, a \neq 1)$

$\int \frac{dx}{\cos^2 x} = \int \sec^2 x dx = \tan x + C$　　　$\int \frac{dx}{\sin^2 x} = \int \csc^2 x dx = -\cot x + C$

$\int \sec x \tan x dx = \sec x + C$　　　$\int \csc x \cot x dx = -\csc x + C$

3. 不定积分的计算

（1）直接积分法。直接积分法就是利用不定积分的线性性质和基本积分公式求不定积分。有时还要利用代数和三角恒等式先做恒等变形，然后再使用积分公式。

（2）第一类换元积分法（凑微分法）

$$\int g(x)dx = \int f[\varphi(x)]\varphi'(x)dx = \int f[\varphi(x)]d\varphi(x)$$

$$= \int f(u)du = F(u) + C = F[\varphi(x)] + C$$

几种常用凑微分形式：

1) $\int f(ax+b)dx = \frac{1}{a}\int f(ax+b)d(ax+b)$

2) $\int x^{n-1}f(ax^n+b)dx = \frac{1}{an}\int f(ax^n+b)d(ax^n+b)$

3) $\int \frac{1}{x}f(\ln x)dx = \int f(\ln x)d(\ln x)$

4) $\int \cos x f(\sin)dx = \int f(\sin x)d(\sin x)$

5) $\int \sec^2 x f(\tan x)dx = \int f(\tan x)d(\tan x)$

6) $\int e^x f(e^x)dx = \int f(e^x)d(e^x)$

7) $\int \frac{1}{\sqrt{x}}f(\sqrt{x})dx = 2\int f(\sqrt{x})d\sqrt{x}$

8) $\int \frac{1}{1+x^2}f(\arctan x)dx = \int f(\arctan x)d(\arctan x)$

【例 1-67】 $\int \frac{\cos 2x}{\sin^2 x \cos^2 x} dx =$（　　）。

A. $\cot x - \tan x + C$　　　B. $\cot x + \tan x + C$

C. $-\cot x - \tan x + C$　　　D. $-\cot x + \tan x + C$

解：$\int \frac{\cos 2x}{\sin^2 x\cos^2 x}\mathrm{d}x = \int \frac{\cos^2 x - \sin^2 x}{\sin^2 x\cos^2 x}\mathrm{d}x = \int \frac{1}{\sin^2 x}\mathrm{d}x - \int \frac{1}{\cos^2 x}\mathrm{d}x = -\cot x - \tan x + C$，故答案应选 C。

【例 1-68】 $\int x\sqrt{3-x^2}\,\mathrm{d}x =$（　　）。

A. $-\frac{1}{\sqrt{3-x^2}}+C$　　B. $-\frac{1}{3}(3-x^2)^{\frac{3}{2}}+C$

C. $3-x^2+C$　　D. $(3-x^2)^2+C$

解：$\int x\sqrt{3-x^2}\,\mathrm{d}x = -\frac{1}{2}\int (3-x^2)^{\frac{1}{2}}\mathrm{d}(3-x^2) = -\frac{1}{3}(3-x^2)^{\frac{3}{2}}+C$，故答案应选 B。

【例 1-69】 若 $\int f(x)\mathrm{d}x = x^2\mathrm{e}^{-2x}+C$，则 $f(x)$ 为（　　）。

A. $2x(1-x)\mathrm{e}^{-2x}$　B. $2x(1+x)\mathrm{e}^{-2x}$　C. $2x\mathrm{e}^{-2x}$　D. $-4x^2\mathrm{e}^{-2x}$

解：因 $f(x)$ 的不定积分是 $f(x)$ 的原函数，故

$$f(x) = \left(\int f(x)\mathrm{d}x\right)' = (x^2\mathrm{e}^{-2x}+C)' = 2x\mathrm{e}^{-2x} + x^2\mathrm{e}^{-2x}(-2) = 2x(1-x)\mathrm{e}^{-2x}$$

故答案应选 A。

【例 1-70】 若 $\int f(x)\mathrm{d}x = F(x)+C$（$C$ 为任意常数），则 $\int \frac{1}{\sqrt{x}}f(\sqrt{x})\mathrm{d}x$ 等于（　　）。

A. $\frac{1}{2}F(\sqrt{x})+C$　　B. $2F(\sqrt{x})+C$

C. $F(x)+C$　　D. $\frac{F(\sqrt{x})}{\sqrt{x}}$

解：用第一类换元，积分法由于 $\frac{1}{\sqrt{x}}\mathrm{d}x = 2\mathrm{d}\sqrt{x}$，有 $\int \frac{1}{\sqrt{x}}f(\sqrt{x})\mathrm{d}x = 2\int f(\sqrt{x})\mathrm{d}\sqrt{x} = 2F(\sqrt{x})+C$，故答案应选 B。

（3）分部积分法。设 $u=u(x)$、$v=v(x)$ 具有连续导数，则

$$\int uv'\mathrm{d}x = uv - \int u'v\mathrm{d}x \quad 或 \quad \int u\mathrm{d}v = uv - \int v\mathrm{d}u$$

分部积分法常用于以下情形：

1）当被积函数是对数函数或反三角函数时，必须用分部积分法。

2）当被积函数是两种不同类型函数的乘积时，可考虑用分部积分法。

注意：在使用分部积分公式时，选择 u 和 v 是关键。

（1）被积函数是对数函数或反三角函数时，取 $u(x)$ 是被积函数，而 $\mathrm{d}v=\mathrm{d}x$。

（2）当被积函数是两种不同类型函数的乘积时，按“反、对、幂、指、三”的顺序，位于前面的选为 u，余下部分为 $\mathrm{d}v$。

说明：“反”代表反三角函数，“对”代表对数函数，“幂”代表幂函数，“指”代表指数函数，“三”代表三角函数。

【例 1-71】若$\sec^2 x$是$f(x)$的一个原函数,则$\int xf(x)\mathrm{d}x$等于(　　)。

A. $\tan x+C$　　B. $x\tan x-\ln|\cos x|+C$

C. $x\sec^2 x+\tan x+C$　　D. $x\sec^2 x-\tan x+C$

解: 因$\sec^2 x$是$f(x)$的一个原函数,故有$\int xf(x)\mathrm{d}x=\int x\mathrm{d}\sec^2 x$,利用分部积分公式$\int x\mathrm{d}\sec^2 x=x\sec^2 x-\int \sec^2 x\mathrm{d}x=x\sec^2 x-\tan x+C$,故答案应选 D。

【例 1-72】不定积分$\int xf''(x)\mathrm{d}x$等于(　　)。

A. $xf'(x)-f'(x)+C$　　B. $xf'(x)-f(x)+C$

C. $xf'(x)+f'(x)+C$　　D. $xf'(x)+f(x)+C$

解: $\int xf''(x)\mathrm{d}x=\int x\mathrm{d}f'(x)=xf'(x)-\int f'(x)\mathrm{d}x=xf'(x)-f(x)+C$,故答案应选 B。

1.3.2　定积分

1. 定积分的概念及性质

(1) 定积分的定义

$$\int_a^b f(x)\mathrm{d}x=\lim_{\lambda\to 0}\sum_{i=1}^{n} f(\xi_i)\Delta x_i \tag{1-67}$$

注意: (1) $\int_a^b f(x)\mathrm{d}x$是一个数值,它只与积分区间$[a,b]$及被积函数$f(x)$有关,而与积分变量的记号无关。

(2) 规定:① $\int_a^b f(x)\mathrm{d}x=-\int_b^a f(x)\mathrm{d}x$;② $\int_a^a f(x)\mathrm{d}x=0$。

(2) 定积分的几何意义。$\int_a^b f(x)\mathrm{d}x$的值等于由x轴、曲线$y=f(x)$及直线$x=a,x=b$所围曲边梯形面积的代数和。

(3) 定积分的性质。

1) $\int_a^b [f(x)\pm g(x)]\mathrm{d}x=\int_a^b f(x)\mathrm{d}x\pm\int_a^b g(x)\mathrm{d}x$

2) $\int_a^b kf(x)\mathrm{d}x=k\int_a^b f(x)\mathrm{d}x$($k$为常数)

3) $\int_a^b f(x)\mathrm{d}x=\int_a^c f(x)\mathrm{d}x+\int_c^b f(x)\mathrm{d}x$

4) $\int_a^b \mathrm{d}x=b-a$

5) 若在区间$[a,b]$上,$f(x)\leqslant g(x)$,则$\int_a^b f(x)\mathrm{d}x\leqslant\int_a^b g(x)\mathrm{d}x$。

推论: $\left|\int_a^b f(x)\mathrm{d}x\right|\leqslant\int_a^b |f(x)|\mathrm{d}x$。

6）估值定理。在$[a,b]$上，$m\leqslant f(x)\leqslant M$，则 $m(b-a)\leqslant\int_a^b f(x)\mathrm{d}x\leqslant M(b-a)$。

7）中值定理。如$f(x)$在$[a,b]$连续，则存在$\xi\in[a,b]$，使$\int_a^b f(x)\mathrm{d}x=f(\xi)(b-a)$。

2. 积分上限的函数及其性质

（1）积分上限的函数。定义：设$f(x)$在$[a,b]$上连续，$x\in[a,b]$，则称

$$\Phi(x)=\int_a^x f(t)\mathrm{d}t \quad (a\leqslant x\leqslant b)$$

为积分上限的函数。

（2）积分上限的函数的重要性质。如果$f(x)$在$[a,b]$上连续，则积分上限的函数$\Phi(x)=\int_a^x f(t)\mathrm{d}t$在$[a,b]$上可导，且

$$\Phi'(x)=\frac{\mathrm{d}}{\mathrm{d}x}\int_a^x f(t)\mathrm{d}t=f(x) \quad (a\leqslant x\leqslant b) \tag{1-68}$$

注意：（1）用变动积分限的定积分定义函数是一种表示函数的方法，要注意分清在$\int_a^x f(t)\mathrm{d}t$中两个变量x和t的不同作用。x是积分上限函数的自变量，它是积分区间$[a,x]$上的右端点。而t是积分变量，t在区间$[a,x]$上变化。如果遇到积分变量仍用x表示的情形，即记$\Phi(x)=\int_a^x f(x)\mathrm{d}x$，也一定要把作为积分上限的变量$x$与作为积分变量的$x$区别开，不要混淆。

（2）上述定理表明：积分上限的函数的导数$\Phi'(x)$等于被积函数$f(t)$在积分上限点处的函数值$f(x)$，因此$\int_a^x f(t)\mathrm{d}t$是连续函数$f(x)$的一个原函数，它揭示了定积分与原函数之间的关系。

（3）设$f(x)$在$[a,b]$上连续，则$\frac{\mathrm{d}}{\mathrm{d}x}\int_x^b f(t)\mathrm{d}t=\frac{\mathrm{d}}{\mathrm{d}x}\left[-\int_b^x f(x)\mathrm{d}t\right]=-f(x)$。

如果$g(x)$可微，则$\frac{\mathrm{d}}{\mathrm{d}x}\int_a^{g(x)} f(t)\mathrm{d}t=f[g(x)]g'(x)$；如果$u(x)$、$v(x)$可微，则$\frac{\mathrm{d}}{\mathrm{d}x}\int_{u(x)}^{v(x)} f(t)\mathrm{d}t=f[v(x)]v'(x)-f[u(x)]u'(x)$。

【**例 1-73**】$\int_{-2}^{2}\sqrt{4-x^2}\,\mathrm{d}x=$（　　）。

A. π　　B. 2π　　C. 3π　　D. $\frac{\pi}{2}$

解：由定积分的几何意义，可知$\int_{-2}^{2}\sqrt{4-x^2}\,\mathrm{d}x$等于半径为 2 的圆面积的一半，故答案应选 B。

【**例 1-74**】$\frac{\mathrm{d}}{\mathrm{d}x}\int_0^{\cos x}\sqrt{1-t^2}\,\mathrm{d}t=$（　　）。

A. $\sin x$　　B. $|\sin x|$　　C. $-\sin^2 x$　　D. $-\sin x|\sin x|$

解：$\frac{d}{dx}\int_0^{\cos x}\sqrt{1-t^2}\,dt=\sqrt{1-\cos^2 x}(-\sin x)=-\sin x|\sin x|$，故答案应选 D。

【例 1-75】 设函数$f(x)=\int_x^2\sqrt{5+t^2}\,dt$，则$f'(1)=$(　　)。

A. $2-\sqrt{6}$　　B. $2+\sqrt{6}$　　C. $\sqrt{6}$　　D. $-\sqrt{6}$

解：由$\frac{d}{dx}\int_a^x f(t)\,dt=f(x)$，$\frac{d}{dx}\int_x^a f(t)\,dt=-\frac{d}{dx}\int_a^x f(t)\,dt=-f(x)$，有$f'(x)=-\sqrt{5+x^2}$，所以$f'(1)=-\sqrt{6}$，故答案应选 D。

3. 定积分的计算

(1) 牛顿-莱布尼茨公式。设$f(x)$在$[a,b]$上连续，$F(x)$是$f(x)$的一个原函数，则

$$\int_a^b f(x)\,dx=F(x)\Big|_a^b=F(b)-F(a) \tag{1-69}$$

(2) 定积分的换元法。设$f(x)$在$[a,b]$上连续，如果函数$x=\varphi(t)$满足条件：①$x=\varphi(t)$在$[\alpha,\beta]$上单值且有连续导数；②当t在$[\alpha,\beta]$上变化时，$x=\varphi(t)$的值在$[a,b]$上变化，且$\varphi(\alpha)=a$，$\varphi(\beta)=b$，则

$$\int_a^b f(x)\,dx=\int_\alpha^\beta f[\varphi(t)]\varphi'(t)\,dt \tag{1-70}$$

注意：(1) 当用$x=\varphi(t)$做变量替换求定积分时，换元应立即换限。

(2) 当用$t=\psi(x)$引入新变量t时，一定要注意其反函数$x=\psi^{-1}(t)$的单值、可导等条件。

(3) 新变量t在$[\alpha,\beta]$上变化时，$\psi(t)$的值不能超出$[a,b]$。

(3) 定积分的分部积分法。设$u=u(x)$，$v=v(x)$在$[a,b]$上具有连续导数，则

$$\int_a^b uv'\,dx=[uv]_a^b-\int_a^b u'v\,dx \quad 或 \quad \int_a^b u\,dv=[uv]_a^b-\int_a^b v\,du$$

4. 几个重要结论

设$f(x)$为连续函数：

(1) 若$f(x)$为偶函数，则$\int_{-a}^a f(x)\,dx=2\int_0^a f(x)\,dx$。

(2) 若$f(x)$为奇函数，则$\int_{-a}^a f(x)\,dx=0$。

(3) 若$f(x)$是以T为周期的周期函数，则$\int_a^{a+T} f(x)\,dx=\int_0^T f(x)\,dx$（$a$为任意实数）。

(4) $\int_0^{\frac{\pi}{2}} f(\sin x)\,dx=\int_0^{\frac{\pi}{2}} f(\cos x)\,dx$。

(5) $\int_0^\pi xf(\sin x)\,dx=\frac{\pi}{2}\int_0^\pi f(\sin x)\,dx$。

(6) $\int_0^{\frac{\pi}{2}}\sin^n x\,dx=\int_0^{\frac{\pi}{2}}\cos^n x\,dx=\begin{cases}\frac{n-1}{n}\times\frac{n-3}{n-2}\times\cdots\times\frac{3}{4}\times\frac{1}{2}\times\frac{\pi}{2}(n\text{ 为正偶数})\\ \frac{n-1}{n}\times\frac{n-3}{n-2}\times\cdots\times\frac{2}{3}(n>1\text{ 为奇数})\end{cases}$。

【例 1-76】若 $\int_0^k (3x^2+2x)\mathrm{d}x=0\ (k\neq 0)$，则 $k=(\quad)$。

A. 1　　B. -1　　C. $\frac{3}{2}$　　D. $\frac{1}{2}$

解：由 $\int_0^k (3x^2+2x)\mathrm{d}x=k^3+k^2=0$，得 $k=-1(k\neq 0)$，故答案应选 B。

【例 1-77】定积分 $\int_{\frac{1}{\pi}}^{\frac{2}{\pi}} \frac{\sin\frac{1}{x}}{x^2}\mathrm{d}x$ 等于(　　)。

A. 0　　B. -1　　C. 1　　D. 2

解：因 $\frac{1}{x^2}\mathrm{d}x=-\mathrm{d}\left(\frac{1}{x}\right)$，用凑微分法有

$$\int_{\frac{1}{\pi}}^{\frac{2}{\pi}} \frac{\sin\frac{1}{x}}{x^2}\mathrm{d}x=-\int_{\frac{1}{\pi}}^{\frac{2}{\pi}}\sin\frac{1}{x}\mathrm{d}\left(\frac{1}{x}\right)=\cos\frac{1}{x}\Bigg|_{\frac{2}{\pi}}^{\frac{1}{\pi}}=\cos\frac{\pi}{2}-\cos\pi=0-(-1)=1$$

故答案应选 C。

【例 1-78】定积分 $\int_{-1}^{1}(x^3+|x|)\mathrm{e}^{x^2}\mathrm{d}x$ 的值等于(　　)。

A. 0　　B. e　　C. e−1　　D. 不存在

解：$\int_{-1}^{1}(x^3+|x|)\mathrm{e}^{x^2}\mathrm{d}x=\int_{-1}^{1}x^3\mathrm{e}^{x^2}\mathrm{d}x+\int_{-1}^{1}|x|\mathrm{e}^{x^2}\mathrm{d}x=0+2\int_0^1 x\mathrm{e}^{x^2}\mathrm{d}x=\int_0^1\mathrm{e}^{x^2}\mathrm{d}x^2=\mathrm{e}-1$，故答案应选 C。注：当 $f(x)$ 为奇函数时，$\int_{-a}^{a}f(x)\mathrm{d}x=0$，故有 $\int_{-1}^{1}x^3\mathrm{e}x^2\mathrm{d}x=0$。

【例 1-79】设函数 $f(x)$ 在 $[0,+\infty)$ 上连续，且 $f(x)=x\mathrm{e}^{-x}+\mathrm{e}^x\int_0^1 f(x)\mathrm{d}x$，则 $f(x)=(\quad)$。

A. $x\mathrm{e}^{-x}$　　B. $x\mathrm{e}^{-x}-\mathrm{e}^{x-1}$　　C. e^{x-1}　　D. $(x-1)\mathrm{e}^{-x}$

解：记 $a=\int_0^1 f(x)\mathrm{d}x$，$f(x)=x\mathrm{e}^{-x}+a\mathrm{e}^x$，两边积分，得 $a=1-\frac{2}{\mathrm{e}}+a(\mathrm{e}-1)$，$a=-\frac{1}{\mathrm{e}}$，$f(x)=x\mathrm{e}^{-x}-\frac{1}{\mathrm{e}}\mathrm{e}^x=x\mathrm{e}^{-x}-\mathrm{e}^{x-1}$，故答案应选 B。

【例 1-80】已知 $f(0)=1$，$f(2)=3$，$f'(2)=5$，则 $\int_0^2 xf''(x)\mathrm{d}x=(\quad)$。

A. 12　　B. 8　　C. 7　　D. 6

解：用分部积分法

$\int_0^2 xf''(x)\mathrm{d}x=\int_0^2 x\mathrm{d}f'(x)=xf'(x)\Big|_0^2-\int_0^2 f'(x)\mathrm{d}x=10-f(x)\Big|_0^2=10-(3-1)=8$，故答案应选 B。

1.3.3 广义积分

1. 无穷限的广义积分

定义：设函数 $f(x)$ 在区间 $[a,+\infty]$ 上连续，极限 $\lim\limits_{b\to+\infty}\int_a^b f(x)\mathrm{d}x\ (a<b)$ 存在，称此极限值为

$f(x)$在区间$[a,+\infty]$上的广义积分，记作

$$\int_a^{+\infty} f(x)\,\mathrm{d}x=\lim_{b\to+\infty}\int_a^b f(x)\,\mathrm{d}x(a<b) \tag{1-71}$$

此时称广义积分$\int_a^{+\infty} f(x)\,\mathrm{d}x$收敛，若$\lim\limits_{b\to+\infty}\int_a^b f(x)\,\mathrm{d}x(a<b)$不存在，则称$\int_a^{+\infty} f(x)\,\mathrm{d}x$发散。

类似定义：$\int_{-\infty}^b f(x)\,\mathrm{d}x=\lim\limits_{a\to-\infty}\int_a^b f(x)\,\mathrm{d}x(a<b)$

$$\int_{-\infty}^{+\infty} f(x)\,\mathrm{d}x=\int_{-\infty}^0 f(x)\,\mathrm{d}x+\int_0^{+\infty} f(x)\,\mathrm{d}x \tag{1-72}$$

【例 1-81】$\int_0^{+\infty} x\mathrm{e}^{-2x}\mathrm{d}x=$(　　)。

A. $-\frac{1}{4}$　　B. $\frac{1}{2}$　　C. $\frac{1}{4}$　　D. 4

解：$\int_0^{+\infty} x\mathrm{e}^{-2x}\mathrm{d}x=-\frac{1}{2}\int_0^{+\infty} x\mathrm{d}\mathrm{e}^{-2x}=-\frac{1}{2}x\mathrm{e}^{-2x}\Big|_0^{+\infty}+\frac{1}{2}\int_0^{+\infty}\mathrm{e}^{-2x}\mathrm{d}x=-\frac{1}{4}\mathrm{e}^{-2x}\Big|_0^{+\infty}=\frac{1}{4}$，故答案应选 C。

【例 1-82】广义积分$\int_{-2}^2\frac{1}{(1+x)^2}\mathrm{d}x$(　　)。

A. 值为$\frac{4}{3}$　　B. 值为$-\frac{4}{3}$

C. 值为$\frac{2}{3}$　　D. 发散

解：$\int_{-2}^2\frac{1}{(1+x)^2}\mathrm{d}x=\int_{-2}^{-1}\frac{1}{(1+x)^2}\mathrm{d}x+\int_{-1}^2\frac{1}{(1+x)^2}\mathrm{d}x$，而$\int_{-2}^{-1}\frac{1}{(1+x)^2}\mathrm{d}x=\left(-\frac{1}{1+x}\right)\Big|_{-2}^{-1}=\infty$，故广义积分$\int_{-2}^2\frac{1}{(1+x)^2}\mathrm{d}x$发散，答案应选 D。

2. 无界函数的广义积分

定义：设函数$f(x)$在区间$(a,b]$上连续，而在点a的右邻域内无界。取$\varepsilon>0$，如果极限

$$\lim_{\varepsilon\to+0}\int_{a+\varepsilon}^b f(x)\,\mathrm{d}x(a<b) \tag{1-73}$$

存在，称此极限值为$f(x)$在区间$[a,b]$上的广义积分，记作

$$\int_a^b f(x)\,\mathrm{d}x=\lim_{\varepsilon\to+0}\int_{a+\varepsilon}^b f(x)\,\mathrm{d}x(a<b) \tag{1-74}$$

此时称广义积分$\int_a^b f(x)\,\mathrm{d}x$收敛，若$\lim\limits_{\varepsilon\to+0}\int_{a+\varepsilon}^b f(x)\,\mathrm{d}x(a<b)$不存在，则称$\int_a^b f(x)\,\mathrm{d}x$发散。类似可定义右瑕点和中间瑕点的广义积分。由定义知，广义积分的计算可通过定积分以及极限来得到。

【例 1-83】下列广义积分中收敛的是(　　)。

A. $\int_0^1\frac{1}{x^2}\mathrm{d}x$　　B. $\int_0^2\frac{1}{\sqrt{2-x}}\mathrm{d}x$　　C. $\int_{-\infty}^0\mathrm{e}^{-x}\mathrm{d}x$　　D. $\int_1^{+\infty}\ln x\mathrm{d}x$

解：因为$\int_0^2\frac{1}{\sqrt{2-x}}\mathrm{d}x=-2\sqrt{2-x}\Big|_0^2=2\sqrt{2}$，该广义积分收敛，故答案应选 B。

$\int_0^1 \frac{1}{x^2}\mathrm{d}x = -\frac{1}{x}\Big|_0^1 = +\infty$，$\int_{-\infty}^0 \mathrm{e}^{-x}\mathrm{d}x = -\mathrm{e}^{-x}\Big|_{-\infty}^1 = +\infty$，$\int_1^{+\infty}\ln x\mathrm{d}x = +\infty$，选项 A、C、D 广义积分都发散。

1.3.4 重积分

1. 二重积分

(1) 二重积分的概念与性质。

1) 二重积分的定义：$\iint\limits_D f(x,y)\mathrm{d}\sigma = \lim\limits_{\lambda\to 0}\sum\limits_{i=1}^n f(\xi_i,\eta_i)\Delta\sigma_i$

注意：(1) 二重积分是一个数，它取决于被积函数 $f(x,y)$ 和积分区域 D，与积分变量的字母无关，即有 $\iint\limits_D f(x,y)\mathrm{d}\sigma = \iint\limits_D f(s,t)\mathrm{d}\sigma$。

(2) 如果 $f(x,y)$ 在 D 上连续，则 $\iint\limits_D f(x,y)\mathrm{d}\sigma$ 存在。

(3) 在直角坐标系下，面积元素 $\mathrm{d}\sigma = \mathrm{d}x\mathrm{d}y$。

2) 二重积分的性质。二重积分具有与定积分类似的七个性质(略)。

3) 二重积分的几何意义。$\iint\limits_D f(x,y)\mathrm{d}\sigma$ 在几何上表示以 D 为底，曲面 $z=f(x,y)$ 为顶的曲顶柱体的体积之代数和。

(2) 二重积分的计算法(化为两次定积分)。

1) 直角坐标系(有两种顺序)。

D 为 X-型域，即 $D:\begin{cases}a\leqslant x\leqslant b\\ \varphi_1(x)\leqslant y\leqslant\varphi_2(x)\end{cases}$，$\iint\limits_D f(x,y)\mathrm{d}\sigma = \int_a^b \mathrm{d}x\int_{\varphi_1(x)}^{\varphi_2(x)} f(x,y)\mathrm{d}y$

D 为 Y-型域，即 $D:\begin{cases}c\leqslant y\leqslant d\\ \psi_1(y)\leqslant x\leqslant\psi_2(x)\end{cases}$，$\iint\limits_D f(x,y)\mathrm{d}\sigma = \int_c^d \mathrm{d}y\int_{\psi_1(x)}^{\psi_2(x)} f(x,y)\mathrm{d}x$

注意：采用哪种积分顺序，要考虑积分区域(简便)和被积函数(能积)。

2) 极坐标系。在极坐标系下，有 $\begin{cases}x=r\cos\theta\\ y=r\sin\theta\end{cases}$，则

$$\iint\limits_D f(x,y)\mathrm{d}\sigma = \iint\limits_D f(r\cos\theta,r\sin\theta)r\mathrm{d}r\mathrm{d}\theta$$

极坐标下的二重积分也是化为两次积分，一般采用先对 r 后对 θ 的顺序。

注意：当积分区域为圆、环等图形，或被积函数含有 x^2+y^2 的因子时，可考虑用极坐标。

(3) 重要结论。

如果积分区域 D 关于 x 轴对称，被积函数关于 y 为奇(偶)函数，则积分为零(积分等于 D 位于 x 轴上半部分积分的 2 倍)。

如果积分区域 D 关于 y 轴对称，被积函数关于 x 为奇(偶)函数，则积分为零(积分等于 D 位于 y 轴右半部分积分的 2 倍)。

【例 1-84】若 D 是由 x 轴、y 轴及直线 $2x+y-2=0$ 所围成的闭区域，则二重积分 $\iint\limits_D dxdy$ 的值等于(　　)。

A. 1　　B. 2　　C. $\dfrac{1}{2}$　　D. -1

解: 画出积分区域 D 的图形(图 1-3)，这是一个直角边分别为 2 和 1 的直角三角形，由于二重积分 $\iint\limits_D dxdy$ 等于区域 D 的面积，故 $\iint\limits_D dxdy = \dfrac{1}{2}\times 2\times 1 = 1$，故答案应选 A。

【例 1-85】如图 1-4 所示，设 $f(x,y)$ 是连续函数，则 $\int_0^1 dx\int_0^x f(x,y)dy=$ (　　)。

A. $\int_0^x dy\int_0^1 f(x,y)dx$　　B. $\int_0^1 dy\int_0^x f(x,y)dx$

C. $\int_0^1 dy\int_0^1 f(x,y)dx$　　D. $\int_0^1 dy\int_y^1 f(x,y)dx$

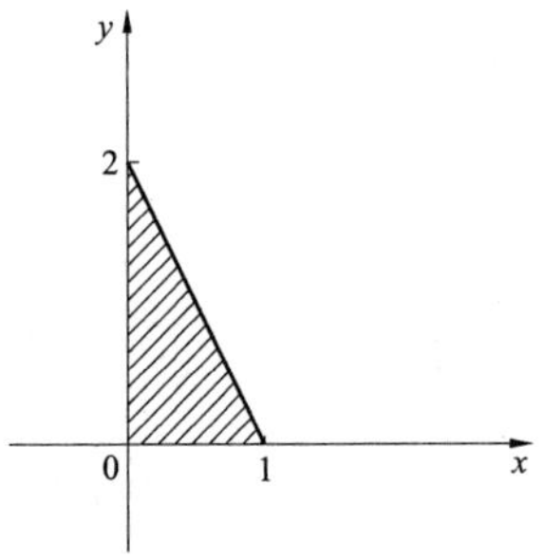

图 1-3 ［例 1-84］图

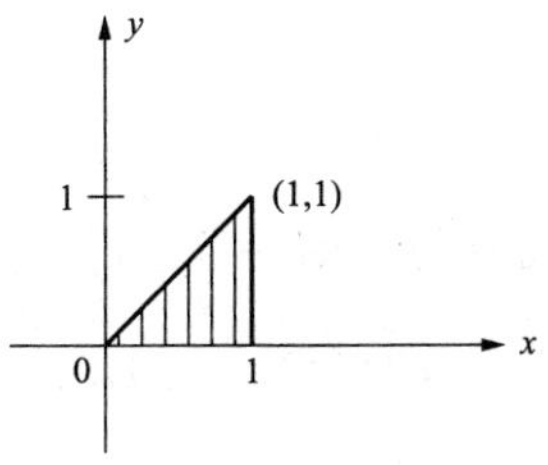

图 1-4 ［例 1-85］图

解: 由 $0<x<1, 0<y<x$，可画出积分区域 D 的图形(图 1-4)，将 D 看成 $Y-$ 型区域，则有 $D: y\leqslant x\leqslant 1, 0\leqslant y\leqslant 1$，所以 $\int_0^1 dx\int_0^x f(x,y)dy=\int_0^1 dy\int_y^1 f(x,y)dx$，故答案应选 D。

【例 1-86】设函数 $f(u)$ 连续，而区域 $D: x^2+y^2\leqslant 1$，且 $x>0$，则二重积分 $\iint\limits_D f(\sqrt{x^2+y^2})dxdy$ 等于(　　)。

A. $\pi\int_0^1 f(r)dr$　　B. $\pi\int_0^1 rf(r)dr$　　C. $\dfrac{\pi}{2}\int_0^1 f(r)dr$　　D. $\dfrac{\pi}{2}\int_0^1 rf(r)dr$

解: 在极坐标下有 $D: -\dfrac{\pi}{2}\leqslant\theta\leqslant\dfrac{\pi}{2}, 0\leqslant r\leqslant 1$，所以

$$\iint\limits_D f(\sqrt{x^2+y^2})dxdy=\iint\limits_D f(r)\,rdrd\theta=\int_{-\frac{\pi}{2}}^{\frac{\pi}{2}}d\theta\int_0^1 rf(r)dr=\pi\int_0^1 rf(r)dr$$

故答案应选 B。

【例 1-87】设 $f(x,y)$ 在 $D: 0\leqslant y\leqslant 1-x, 0\leqslant x\leqslant 1$ 且连续，将 $I=\iint\limits_D f(x,y)dx$ 写成极坐标系下的二次积分时，$I=$ (　　)。

A. $\int_0^{\frac{\pi}{2}} d\theta \int_0^1 f(r\cos\theta, r\sin\theta) r dr$

B. $\int_0^{\frac{\pi}{2}} d\theta \int_0^{\cos\theta+\sin\theta} f(r\cos\theta, r\sin\theta) r dr$

C. $\int_0^{\frac{\pi}{2}} d\theta \int_0^{\frac{1}{\cos\theta+\sin\theta}} f(r\cos\theta, r\sin\theta) r dr$

D. $\int_0^{\frac{\pi}{2}} d\theta \int_0^{1-\cos\theta} f(r\cos\theta, r\sin\theta) r dr$

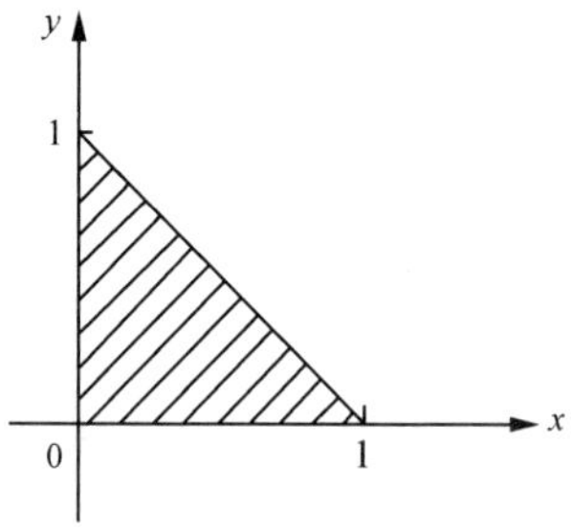

图 1-5 ［例 1-87］图

解:区域 D 的图形如图 1-5 所示,在极坐标系下区域 D 可表示为 $0 \leqslant \theta \leqslant \frac{\pi}{2}, 0 \leqslant r \leqslant \frac{1}{\cos\theta + \sin\theta}$,故答案应选 C。

【例 1-88】 若正方形区域 D: $|x| \leqslant 1$, $|y| \leqslant 1$,则二重积分 $\iint\limits_D (x^2 + y^2) dxdy$ 等于(　　)。

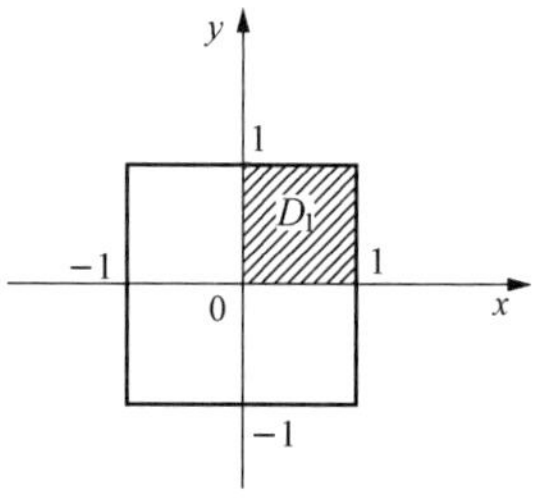

图 1-6 ［例 1-88］图

A. 4　　　B. $\frac{8}{3}$

C. 2　　　D. $\frac{2}{3}$

解: 记积分区域 D 位于第一象限部分为 D_1(图 1-6),有

$$\iint\limits_D (x^2 + y^2) dxdy = 4\iint\limits_{D_1} (x^2 + y^2) dxdy = 4\int_0^1 dx \int_0^1 (x^2 + y^2) dy = 4\int_0^1 \left(x^2 + \frac{1}{3}\right) dx = \frac{8}{3}$$

故答案应选 B。

【例 1-89】 若 D 是由 $x=0, y=0, x^2+y^2=1$ 所围成在第一象限的区域,则二重积分 $\iint\limits_D x^2 y dxdy$ 等于(　　)。

A. $-\frac{1}{15}$　　B. $\frac{1}{15}$　　C. $-\frac{1}{12}$　　D. $\frac{1}{12}$

解:积分区域 D 是单位圆位于第一象限部分,采用极坐标,有

$$\iint\limits_D x^2 y dxdy = \iint\limits_D r^2 \cos^2\theta r\sin\theta r dr d\theta = \int_0^{\frac{\pi}{2}} \cos^2\theta \sin\theta d\theta \int_0^1 r^4 dr$$

$$= -\int_0^{\frac{\pi}{2}} \cos^2\theta d\cos\theta \int_0^1 r^4 dr = -\frac{1}{3}\cos^3\theta \Big|_0^{\frac{\pi}{2}} \times \frac{r^5}{5}\Big|_0^1 = \frac{1}{15}$$

故答案应选 B。

2. 三重积分

(1) 三重积分的定义

$$\iiint\limits_\Omega f(x,y,z) dv = \lim_{\lambda \to 0} \sum_{i=1}^n f(\xi_i, \eta_i, \zeta_i) \Delta v_i \tag{1-75}$$

(2) 三重积分的计算。三重积分通过化为三次积分来计算,通常采用的有以下三种坐标系:

1）直角坐标系。在直角坐标系下，随着积分区域 Ω 的表示法不同，可将三重积分 $\iiint\limits_{\Omega} f(x,y,z)\,\mathrm{d}v$ 化为六种不同顺序的三次积分。例如：若将积分区域 Ω 投影到 xOy 平面上，设投影域 $D_{xy}: a\leqslant x\leqslant b,\ y_1(x)\leqslant y\leqslant y_2(x)$。在 D_{xy} 内任取一点 (x,y) 作与 z 轴平行的直线，该直线从曲面 $z=z_1(x,y)$ 进入 Ω，再从曲面 $z=z_2(x,y)$ 出 Ω，于是有 $z_1(x,y)\leqslant z\leqslant z_2(x,y)$，即积分区域 Ω 由不等式

$$a\leqslant x\leqslant b,\ y_1(x)\leqslant y\leqslant y_2(x),\ z_1(x,y)\leqslant z\leqslant z_2(x,y) \tag{1-76}$$

所确定，则有

$$\iiint\limits_{\Omega} f(x,y,z)\,\mathrm{d}v=\int_{x_1}^{x_2}\mathrm{d}x\int_{y_1(x)}^{y_2(x)}\mathrm{d}y\int_{z_1(x,y)}^{z_2(x,y)} f(x,y,z)\,\mathrm{d}z \tag{1-77}$$

类似可将三重积分化为其他顺序的三次积分。

2）柱坐标系。直角坐标与柱坐标的关系为 $\begin{cases}x=\rho\cos\theta(0\leqslant\theta\leqslant 2\pi)\\ y=\rho\sin\theta(0\leqslant\rho<+\infty)\\ z=z(-\infty<z<+\infty)\end{cases}$，体积元素 $\mathrm{d}v=\rho\mathrm{d}\rho\mathrm{d}\theta\mathrm{d}z$。首先将直角坐标下的三重积分化到柱坐标下，有

$$\iiint\limits_{\Omega} f(x,y,z)\,\mathrm{d}v=\iiint\limits_{\Omega} f(\rho\cos\theta,\rho\sin\theta,z)\rho\mathrm{d}\rho\mathrm{d}\theta\mathrm{d}z \tag{1-78}$$

在柱坐标系下计算三重积分一般采取的积分次序为先积 z，再积 ρ，最后积 θ。确定积分限的方法是：将积分区域 Ω 投影到 xOy 面上，按极坐标的方法确定 θ 和 ρ 的范围，最后确定 z 的范围。

说明：如果积分区域 Ω 为圆柱形域，则 Ω 在 xOy 平面上的投影是圆域、圆扇形域或圆环域，而被积函数为 $f(x^2+y^2,z)$ 时，用柱坐标计算三重积分比较方便。

3）球坐标系。直角坐标与球坐标的关系为 $\begin{cases}x=r\cos\theta\sin\varphi(0\leqslant\theta\leqslant 2\pi)\\ y=r\sin\theta\sin\varphi(0\leqslant\varphi\leqslant\pi)\\ z=r\cos\varphi(0\leqslant r<+\infty)\end{cases}$，体积元素 $\mathrm{d}v=r^2\sin\varphi\mathrm{d}r\mathrm{d}\varphi\mathrm{d}\theta$，首先将直角坐标下的三重积分化到球坐标下，有

$$\iiint\limits_{\Omega} f(x,y,z)\,\mathrm{d}v=\iiint\limits_{\Omega} f(r\sin\varphi\cos\theta,r\sin\varphi\sin\theta,r\cos\varphi)r^2\sin\varphi\mathrm{d}r\mathrm{d}\varphi\mathrm{d}\theta \tag{1-79}$$

在球坐标下计算三重积分一般采取的积分次序为先积 r，再积 φ，最后积 θ。

说明：如果积分区域 Ω 为球形域，或由圆锥面与球面所围成的区域，而被积函数为 $f(x^2+y^2+z^2)$ 时，用球坐标计算三重积分比较方便。

（3）重要结论。如果积分区域 Ω 关于 xOy 面对称，被积函数关于 z 为奇（偶）函数，则积分为零（积分等于 Ω 位于 xOy 面上半部分积分的 2 倍）。

如果 Ω 关于其他坐标平面对称，有类似结论。

【例 1-90】 已知 Ω 为 $x^2+y^2+z^2\leqslant 2z$，下列等式错误的是（　　）。

A. $\iiint\limits_{\Omega} x(y^2+z^2)\,\mathrm{d}v=0$　　B. $\iiint\limits_{\Omega} y(x^2+z^2)\,\mathrm{d}v=0$

C. $\iiint\limits_{\Omega} z(x^2+y^2)\,\mathrm{d}v=0$　　D. $\iiint\limits_{\Omega} (x+y)z^2\,\mathrm{d}v=0$

解： 由于积分区域 Ω 关于 yOz 面和 zOx 面都对称，而选项 A 中被积函数关于 x 为奇函数，选项 B 中被积函数关于 y 为奇函数，选项 D 中被积函数关于 x 和 y 都是奇函数，故选项

A、B、D 均正确，而选项 C 不为零，故答案应选 C。

【例 1-91】 计算由曲面 $z=\sqrt{x^2+y^2}$ 及 $z=x^2+y^2$ 所围成的立体体积的三次积分为(　　)。

A. $\int_0^{2\pi}\mathrm{d}\theta\int_0^1 r\mathrm{d}r\int_{r^2}^{r}\mathrm{d}z$　　　　B. $\int_0^{2\pi}\mathrm{d}\theta\int_0^1 r\mathrm{d}r\int_{r}^{1}\mathrm{d}z$

C. $\int_0^{2\pi}\mathrm{d}\theta\int_0^{\frac{\pi}{4}}\sin\varphi\mathrm{d}\varphi\int_0^1 r^2\mathrm{d}r$　　　　D. $\int_0^{2\pi}\mathrm{d}\theta\int_{\frac{\pi}{4}}^{\frac{\pi}{2}}\sin\varphi\mathrm{d}\varphi\int_0^1 r^2\mathrm{d}r$

解： 由曲面 $z=\sqrt{x^2+y^2}$ 及 $z=x^2+y^2$ 所围成的立体体积 $V=\iiint\limits_{\Omega}\mathrm{d}v$，其中 Ω(图 1-7) 为曲面 $z=\sqrt{x^2+y^2}$ 及 $z=x^2+y^2$ 所围成的区域，由于 Ω 在 xOy 面的投影区域是单位圆域 $x^2+y^2\leqslant 1$，所以 Ω 在柱坐标下可表示为 $0\leqslant\theta\leqslant 2\pi$，$0\leqslant r\leqslant 1$，$r^2\leqslant z\leqslant r$，化为柱坐标下的三重积分，则有

$$V=\iiint\limits_{\Omega}\mathrm{d}v=\iiint\limits_{\Omega}r\mathrm{d}r\mathrm{d}\theta\mathrm{d}z=\int_0^{2\pi}\mathrm{d}\theta\int_0^1 r\mathrm{d}r\int_{r^2}^{r}\mathrm{d}z$$

故答案应选 A。

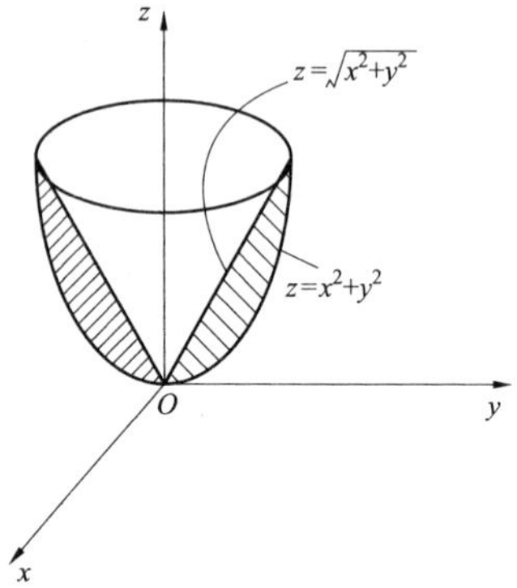

图 1-7　[例 1-91]图

1.3.5　平面曲线积分

1. 对弧长的曲线积分

(1) 定义

$$\int_L f(x,y)\mathrm{d}s=\lim_{\lambda\to 0}\sum_{i=1}^{n}f(\xi_i,\eta_i)\Delta s_i \tag{1-80}$$

说明：对弧长的曲线积分没有方向性，即 $\int_{AB}f(x,y)\mathrm{d}s=\int_{BA}f(x,y)\mathrm{d}s$。

(2) 计算(化为定积分)(下限<上限)。

1) L：参数方程 $\begin{cases}x=x(t)\\y=y(t)\end{cases}$　$(\alpha\leqslant t\leqslant\beta)$

$$\int_L f(x,y)\mathrm{d}s=\int_{\alpha}^{\beta}f[x(t),y(t)]\sqrt{[x'(t)]^2+[y'(t)]^2}\mathrm{d}t$$

2) L：直角坐标方程 $y=y(x)$ $(a\leqslant x\leqslant b)$ 或 $x=x(y)$ $(c\leqslant y\leqslant d)$

$$\int_L f(x,y)\mathrm{d}s=\int_a^b f[x,y(x)]\sqrt{1+y'^2(x)}\mathrm{d}x$$

$$\int_L f(x,y)\mathrm{d}s=\int_c^d f[x(y),y]\sqrt{1+x'^2(y)}\mathrm{d}y$$

【例 1-92】 设 L 为连接点(0,0)与点(1,1)的抛物线 $y=x^2$，则对弧长的曲线积分 $\int_L x\mathrm{d}s=$ (　　)。

A. $\frac{1}{12}(5\sqrt{5}-1)$　　B. $\frac{5\sqrt{5}}{12}$　　C. $\frac{2}{3}(5\sqrt{5}-1)$　　D. $\frac{10\sqrt{5}}{3}$

解： $\int_L x\mathrm{d}s=\int_0^1 x\sqrt{1+(2x)^2}\,\mathrm{d}x=\frac{1}{12}(5\sqrt{5}-1)$，故答案应选 A。

【例 1-93】 设 L 是从点 $A(0,1)$ 到点 $B(1,0)$ 的直线段，则对弧长的曲线积分 $\int_L\cos(x+y)\mathrm{d}s$

等于(　　)。

A. cos1　　　　B. 2cos1　　　　C. $\sqrt{2}\cos 1$　　　　D. $\sqrt{2}\sin 1$

解:直线段 L 的方程为 $y=1-x$ $(0\leqslant x\leqslant 1)$,使用第一类曲线积分化定积分公式,有

$$\int_L \cos(x+y)\,\mathrm{d}s=\int_0^1 \cos 1\sqrt{2}\,\mathrm{d}x=\sqrt{2}\cos 1$$

故答案应选 C。

2. 对坐标的曲线积分

(1) 定义
$$\int_L P(x,y)\,\mathrm{d}x=\lim_{\lambda\to 0}\sum_{i=1}^{n}P(\xi_i,\eta_i)\Delta x_i \tag{1-81}$$

$$\int_L Q(x,y)\,\mathrm{d}y=\lim_{\lambda\to 0}\sum_{i=1}^{n}Q(\xi_i,\eta_i)\Delta y_i \tag{1-82}$$

组合形式
$$\int_L P(x,y)\,\mathrm{d}x+Q(x,y)\,\mathrm{d}y=\int_L P(x,y)\,\mathrm{d}x+\int_L Q(x,y)\,\mathrm{d}y \tag{1-83}$$

说明:对坐标的曲线积分具有方向性,即有

$$\int_{L^+} P(x,y)\,\mathrm{d}x+Q(x,y)\,\mathrm{d}y=-\int_{L^-} P(x,y)\,\mathrm{d}x+Q(x,y)\,\mathrm{d}y \tag{1-84}$$

对坐标的曲线积分要注意起、终点。

(2) 计算法(化为定积分)。

1) $L=AB$:参数方程$\begin{cases}x=x(t)\\ y=y(t)\end{cases}$起点 A 对应 $t=\alpha$,终点 B 对应 $t=\beta$。

$$\int_L P(x,y)\,\mathrm{d}x+Q(x,y)\,\mathrm{d}y=\int_\alpha^\beta\{p[x(t),y(t)]x'(t)+Q[x(t),y(t)]y'(t)\}\,\mathrm{d}t \tag{1-85}$$

2) $L=AB$:直角坐标方程 $y=y(x)$ [或 $x=x(y)$] 起点 A 对应 $x=a$(或 $y=c$),终点 B 对应 $x=b$(或 $y=d$),则

$$\int_L P(x,y)\,\mathrm{d}x+Q(x,y)\,\mathrm{d}y=\int_a^b\{P[x,y(x)]+Q[x,y(x)]y'(x)\}\,\mathrm{d}x \tag{1-86}$$

$$\int_L P(x,y)\,\mathrm{d}x+Q(x,y)\,\mathrm{d}y=\int_c^d\{P[x(y),y]x'(y)+Q[x(y),y]\}\,\mathrm{d}y \tag{1-87}$$

> **注意**:对坐标的曲线积分与积分曲线的方向有关,化为定积分一定要注意起点对应下限,终点对应上限。

定理:设闭区域 D 由分段光滑的曲线 L 围成,函数 $P(x,y)$ 及 $Q(x,y)$ 在 D 上具有一阶连续偏导数,则有

$$\iint_D\left(\frac{\partial Q}{\partial x}-\frac{\partial P}{\partial y}\right)\mathrm{d}x\mathrm{d}y=\oint_L P\mathrm{d}x+Q\mathrm{d}y$$

其中 L 是 D 的取正向的边界曲线。

利用这个定理,当曲线是封闭曲线时,也可以将对坐标的曲线积分化为二重积分来计算。

【例 1-94】 设 L 为从点 $A(0,-2)$ 到点 $B(2,0)$ 的有向直线段,则对坐标的曲线积分 $\int_L \frac{1}{x-y}\mathrm{d}x+y\mathrm{d}y$ 等于(　　)。

A. 1　　　　B. -1　　　　C. 3　　　　D. -3

解:从点 $A(0,-2)$ 到点 $B(2,0)$ 的直线段的方程为 $y=x-2(0\leqslant x\leqslant 2)$，使用第二类曲线积分化定积分公式，有 $\int_L \frac{1}{x-y}dx+ydy=\int_0^2\frac{1}{x-(x-2)}dx+(x-2)dx=\int_0^2\left(x-\frac{3}{2}\right)dx=-1$，故答案应选 B。

【例 1-95】 设圆周曲线 L:$x^2+y^2=1$ 取逆时针方向，则对坐标的曲线积分 $\int_L \frac{ydx-xdy}{x^2+y^2}=$ (　　)。

A. 2π　　B. -2π　　C. π　　D. 0

解:圆周的参数方程为 $\begin{cases}x=\cos\theta\\ y=\sin\theta\end{cases}$，因取逆时针方向，所以起点 $\theta=0$，终点 $\theta=2\pi$，所以，$\int_L \frac{ydx-xdy}{x^2+y^2}=\int_0^{2\pi}\sin\theta d\cos\theta-\cos\theta d\sin\theta=-2\pi$，故答案应选 B。

【例 1-96】 设圆周曲线 L:$x^2+y^2=-2x$，取逆时针方向，则对坐标的曲线积分 $\int_L(x-y)dx+(x+y)dy$ 等于(　　)。

A. -4π　　B. -2π　　C. 0　　D. 2π

解:因 L 是半径为 1 的整个圆周，取逆时针方向，可以用格林公式，在这里 $P(x,y)=x-y$，$Q(x,y)=x+y$，有

$$\int_L(x-y)dx+(x+y)dy=\iint_D 2dxdy=2\times\pi\times 1^2=2\pi$$

故答案应选 D。

1.3.6 定积分应用

(1) 平面图形的面积。

由曲线 $y=f(x)$，x 轴及直线 $x=a$，$x=b(a<b)$ 所围成的图形面积为

$$A=\int_a^b|y|dx=\int_a^b|f(x)|dx \tag{1-88}$$

由曲线 $y=f_1(x)$，$y=f_2(x)$ 及直线 $x=a$，$x=b(a<b)$ 所围的平面图形面积为

$$A=\int_a^b|f_2(x)-f_1(x)|dx \tag{1-89}$$

(2) 旋转体的体积。

曲边梯形 $a\leqslant x\leqslant b$，$0\leqslant y\leqslant y(x)$ 绕 x 轴旋转所生成的旋转体的体积为

$$V_x=\pi\int_a^b y^2(x)dx \tag{1-90}$$

曲边梯形 $c\leqslant y\leqslant d$，$0\leqslant x\leqslant x(y)$ 绕 y 轴旋转所生成的旋转体的体积为

$$V_y=\pi\int_c^d x^2(y)dy \tag{1-91}$$

由不等式 $a\leqslant x\leqslant b$，$y_1(x)\leqslant y\leqslant y_2(x)$ 所确定的平面图形绕 x 轴旋转所成的立体体积为

$$V_x=\pi\int_a^b[y_2^2(x)-y_1^2(x)]dx \tag{1-92}$$

(3) 平面曲线的弧长。

若曲线弧 L 由方程 $y=f(x)(a\leqslant x\leqslant b)$ 给出，则 L 的弧长为

$$s=\int_a^b\sqrt{1+[f'(x)]^2}\,dx \tag{1-93}$$

若曲线弧 L 由参数方程 $\begin{cases}x=x(t)\\y=y(t)\end{cases}$ $(\alpha\leqslant t\leqslant\beta)$ 给出，则 L 的弧长为

$$s=\int_\alpha^\beta\sqrt{x'^2(t)+y'^2(t)}\,dt \tag{1-94}$$

【例 1-97】 曲线 $y=e^x$ 与该曲线过原点的切线及 y 轴所围图形的面积为(　　)。

A. $\int_0^1(e^x-ex)dx$

B. $\int_1^e(\ln y-y\ln y)dy$

C. $\int_1^e(e^x-xe^x)dx$

D. $\int_0^1(\ln y-y\ln y)dy$

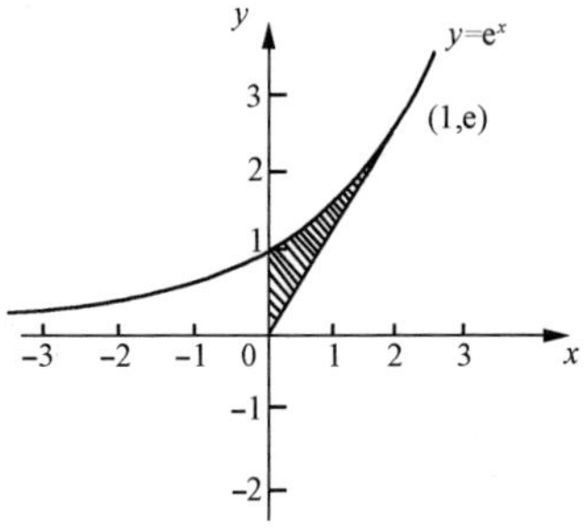

图 1-8　[例 1-97]图

解： 设切点为 (x_0,y_0)，过原点的切线方程为 $y=e^{x_0}x$，由于 $e^{x_0}=e^{x_0}x_0$，故 $x_0=1$。所以曲线 $y=e^x$ 过原点的切线方程为 $y=ex$，再由图 1-8 知所求面积为 $\int_0^1(e^x-ex)dx$，故答案应选 A。

【例 1-98】 在区间 $[0,2\pi]$ 上，曲线 $y=\sin x$ 与 $y=\cos x$ 之间所围图形的面积是(　　)。

A. $\int_{\frac{\pi}{4}}^{\pi}(\sin x-\cos x)dx$

B. $\int_{\frac{\pi}{4}}^{\frac{5\pi}{4}}(\sin x-\cos x)dx$

C. $\int_0^{2\pi}(\sin x-\cos x)dx$

D. $\int_0^{\frac{5\pi}{4}}(\sin x-\cos x)dx$

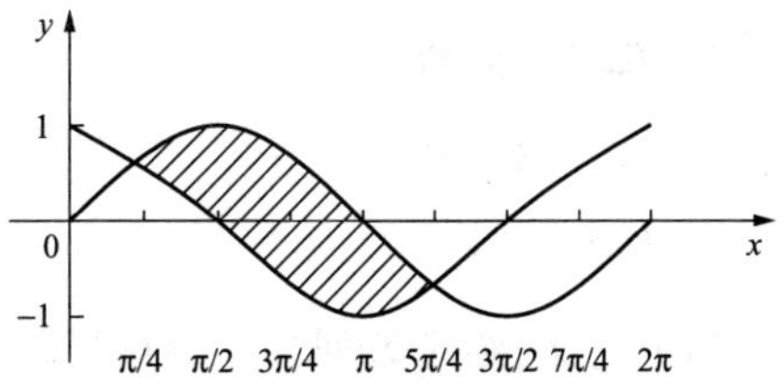

图 1-9　[例 1-98]图

解： 由图 1-9 可知，曲线 $y=\sin x$ 与 $y=\cos x$ 在 $\left[\frac{\pi}{4},\frac{5\pi}{4}\right]$ 上围成封闭图形，故答案应选 B。

【例 1-99】 抛物线 $y^2=4x$ 与直线 $x=3$ 围成图形绕 x 轴旋转一周形成立体的体积为(　　)。

A. 18　　B. 18π　　C. $\frac{243}{8}$　　D. $\frac{243}{8}\pi$

解： $V_x=\pi\int_a^b y^2(x)dx=\pi\int_0^3 4xdx=18\pi$，故答案应选 B。

【例 1-100】 圆周 $\rho=\cos\theta$，$\rho=2\cos\theta$ 及射线 $\theta=0$，$\theta=\frac{\pi}{4}$ 所围图形的面积 S 为(　　)。

A. $\frac{3}{8}(\pi+2)$　　B. $\frac{1}{16}(\pi+2)$　　C. $\frac{3}{16}(\pi+2)$　　D. $\frac{7}{8}\pi$

解:圆周 $\rho=\cos\theta,\rho=2\cos\theta$ 及射线 $\theta=0,\theta=\frac{\pi}{4}$所围图形如图 1-10 所示,所以

$$S=\iint_D d\sigma=\int_0^{\frac{\pi}{4}}d\theta\int_{\cos\theta}^{2\cos\theta}\rho d\rho=\frac{1}{2}\int_0^{\frac{\pi}{4}}(4\cos^2\theta-\cos^2\theta)\ d\theta=\frac{3}{2}\int_0^{\frac{\pi}{4}}\cos^2\theta d\theta$$

$$=\frac{3}{8}(2\theta+\sin2\theta)\Big|_0^{\frac{\pi}{4}}=\frac{3}{8}\left(\frac{\pi}{2}+1\right)=\frac{3}{16}(\pi+2)$$

故答案应选 C。

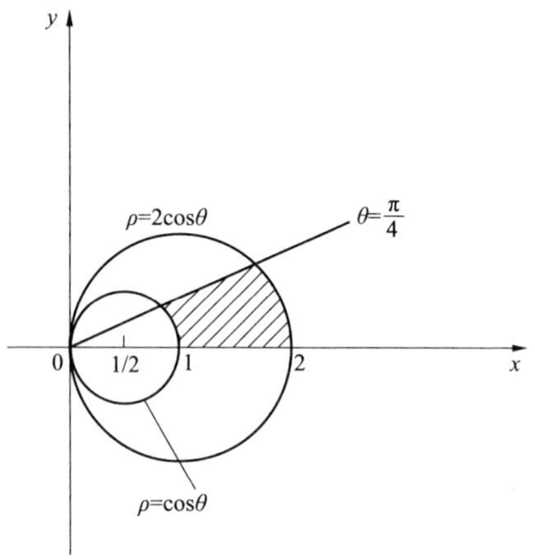

图 1-10 ［例 1-100］图

1.4 无穷级数

1.4.1 常数项级数

1. 基本概念

(1) 定义:给定数列$\{u_n\}$,称公式 $\sum\limits_{n=1}^{\infty}u_n=u_1+u_2+\cdots+u_n+\cdots$(Ⅰ)为常数项无穷级数(简称级数)。

(2) 收敛与发散:令 $S_n=\sum\limits_{i=1}^{n}u_i$(部分和),如果$\lim\limits_{n\to\infty}S_n=S$,则称级数(Ⅰ)收敛,其和为 S,如果$\lim\limits_{n\to\infty}S_n$ 不存在,则称级数(Ⅰ)发散。

(3) 绝对收敛与条件收敛:若 $\sum\limits_{n=1}^{\infty}|u_n|$收敛,则称级数 $\sum\limits_{n=1}^{\infty}u_n$ 绝对收敛;若 $\sum\limits_{n=1}^{\infty}u_n$ 收敛,但 $\sum\limits_{n=1}^{\infty}|u_n|$发散,则称级数 $\sum\limits_{n=1}^{\infty}u_n$ 条件收敛。

2. 基本性质

(1) $\sum\limits_{n=1}^{\infty}ku_n(k\neq0)$ 与 $\sum\limits_{n=1}^{\infty}u_n$ 具有相同敛散性。

(2) 设 $\sum\limits_{n=1}^{\infty}u_n=S,\sum\limits_{n=1}^{\infty}v_n=\sigma$,则 $\sum\limits_{n=1}^{\infty}(u_n\pm v_n)=S\pm\sigma$。若 $\sum\limits_{n=1}^{\infty}u_n$ 收敛,$\sum\limits_{n=1}^{\infty}v_n$ 发散,则 $\sum\limits_{n=1}^{\infty}(u_n\pm v_n)$发散。

(3) 在级数的任意位置加、减有限项不改变敛散性，但和会发生变化。

(4) 收敛级数加括号所得新级数仍收敛，且其和不变。加括号后的级数若发散，原级数一定发散，但加括号后的级数收敛，原级数可能收敛，也可能发散。

(5) 级数收敛必要条件：若 $\sum\limits_{n=1}^{\infty} u_n$ 收敛，则$\lim\limits_{n\to\infty} u_n = 0$。

3. 几个重要级数的收敛性

(1) 几何级数 $\sum\limits_{n=0}^{\infty} aq^n = a+aq+aq^2+\cdots+aq^n+\cdots$。$|q|<1$ 时收敛，$S=\dfrac{a}{1-q}$；$|q|\geqslant 1$ 时发散。

(2) 调和级数 $\sum\limits_{n=1}^{\infty} \dfrac{1}{n} = 1+\dfrac{1}{2}+\dfrac{1}{3}+\cdots+\dfrac{1}{n}+\cdots$ 发散。

(3) P-级数 $\sum\limits_{n=1}^{\infty} \dfrac{1}{n^p} = 1+\dfrac{1}{2^p}+\dfrac{1}{3^p}+\cdots+\dfrac{1}{n^p}+\cdots$。$P>1$ 时收敛，$P\leqslant 1$ 时发散。

(4) $\sum\limits_{n=1}^{\infty} (-1)^{n-1}\dfrac{1}{n} = 1-\dfrac{1}{2}+\dfrac{1}{3}+(-1)^{n-1}\dfrac{1}{n}+\cdots$ 收敛（条件收敛）。

4. 审敛法

(1) 正项级数审敛法。设 $\sum\limits_{n=1}^{\infty} u_n (u_n \geqslant 0)$ 为正项级数。

1) 比值法（根值法）

$$\lim_{n\to\infty}\frac{u_{n+1}}{u_n} = \rho\left(\lim_{n\to\infty}\sqrt[n]{u_n}=\rho\right) \Rightarrow \begin{cases}\rho<1,\text{级数收敛}\\ \rho>1,\text{级数发散}\\ \rho=1,\text{不能判定}\end{cases}$$

2) 比较法。设 $\sum\limits_{n=1}^{\infty} u_n$、$\sum\limits_{n=1}^{\infty} v_n$ 均为正项级数。①若 $\sum\limits_{n=1}^{\infty} v_n$ 收敛，且 $u_n \leqslant kv_n (k>0, n$ 从某项开始），则 $\sum\limits_{n=1}^{\infty} u_n$ 收敛。②若 $\sum\limits_{n=1}^{\infty} v_n$ 发散，且 $u_n \geqslant kv_n (k>0, n$ 从某项开始），则 $\sum\limits_{n=1}^{\infty} u_n$ 发散。比较法的极限形式，若$\lim\limits_{n\to\infty}\dfrac{u_n}{v_n}=l$，则：

当$0<l<+\infty$时，$\sum\limits_{n=1}^{\infty} v_n$ 与 $\sum\limits_{n=1}^{\infty} u_n$ 同敛散。

当$l=0$ 时，若 $\sum\limits_{n=1}^{\infty} v_n$ 收敛，则 $\sum\limits_{n=1}^{\infty} u_n$ 收敛。

当 $l=+\infty$时，若 $\sum\limits_{n=1}^{\infty} v_n$ 发散，则 $\sum\limits_{n=1}^{\infty} u_n$ 发散。

3) 基本定理：正项级数 $\sum\limits_{n=1}^{\infty} u_n$ 收敛$\Leftrightarrow$部分和数列$\{S_n\}$有界。

(2) 交错级数审敛法。交错级数 $\sum\limits_{n=1}^{\infty} (-1)^n u_n (u_n>0, n=1,2,\cdots)$ (Ⅱ)，若交错级数 (Ⅱ) 满足条件$\begin{cases}①u_n \geqslant u_{n+1} (n=1,2,\cdots)\\ ②\lim\limits_{n\to\infty} u_n = 0\ (n=1,2,\cdots)\end{cases}$，则该交错级数收敛，且其和 $S\leqslant u_1$，$|r_n|\leqslant u_{n+1}$。

(3) 任意项级数审敛法。

1) 绝对收敛定理：如果 $\sum\limits_{n=1}^{\infty} |u_n|$ 收敛，则 $\sum\limits_{n=1}^{\infty} u_n$ 收敛。

2）任意项级数的比值法。若$\lim\limits_{n\to\infty}\left|\dfrac{u_{n+1}}{u_n}\right|=l\Rightarrow\begin{cases}l<1, & \sum\limits_{n=1}^{\infty}u_n\text{ 绝对收敛}\\ l>1, & \sum\limits_{n=1}^{\infty}u_n\text{ 发散}\\ l=1, & \text{不能判定}\end{cases}$

3）利用收敛级数的性质及级数收敛的必要条件。

4）级数收敛定义。

【例 1-101】 若级数 $\sum\limits_{n=1}^{\infty}u_n$ 收敛，则下列级数中不收敛的是(　　)。

A. $\sum\limits_{n=1}^{\infty}ku_n$　　B. $\sum\limits_{n=1}^{\infty}u_{n+100}$　　C. $\sum\limits_{n=1}^{\infty}\left(u_{2n}+\dfrac{1}{2^n}\right)$　　D. $\sum\limits_{n=1}^{\infty}\dfrac{50}{u_n}$

解： 由级数 $\sum\limits_{n=1}^{\infty}u_n$ 收敛，利用收敛级数的性质知 $\sum\limits_{n=1}^{\infty}ku_n$ 和 $\sum\limits_{n=1}^{\infty}u_{n+100}$ 都收敛；再由 $\sum\limits_{n=1}^{\infty}u_{2n}$ 和 $\sum\limits_{n=1}^{\infty}\dfrac{1}{2^n}$ 收敛知 $\sum\limits_{n=1}^{\infty}\left(u_{2n}+\dfrac{1}{2^n}\right)$ 收敛。故答案应选 D。事实上，由级数 $\sum\limits_{n=1}^{\infty}u_n$ 收敛，有 $\lim\limits_{n\to\infty}u_n=0$，$\lim\limits_{n\to\infty}\dfrac{50}{u_n}=\infty$，故级数 $\sum\limits_{n=1}^{\infty}\dfrac{50}{u_n}$ 发散。

【例 1-102】 已知级数 $\sum\limits_{n=1}^{\infty}(u_{2n-1}-u_{2n})$ 是收敛的，则下列结果成立的是(　　)。

A. $\sum\limits_{n=1}^{\infty}u_n$ 必收敛　　B. $\sum\limits_{n=1}^{\infty}u_n$ 未必收敛

C. $\lim\limits_{n\to\infty}u_n=0$　　D. $\sum\limits_{n=1}^{\infty}u_n$ 发散

解： 由于级数 $\sum\limits_{n=1}^{\infty}(u_{2n-1}-u_{2n})$ 是由级数 $\sum\limits_{n=1}^{\infty}(-1)^{n-1}u_n$ 加括号而得，故由 $\sum\limits_{n=1}^{\infty}(u_{2n-1}-u_n)$ 收敛，无法得到 $\sum\limits_{n=1}^{\infty}(-1)^{n-1}u_n$ 收敛或发散的结论，从而也无法得到 $\sum\limits_{n=1}^{\infty}u_n$ 收敛或发散的结论，故答案应选 B。

【例 1-103】 级数 $\sum\limits_{n=1}^{+\infty}\dfrac{(-1)^n}{a_n}$ $(a_n>0)$ 满足下列什么条件时收敛？(　　)

A. $\lim\limits_{n\to\infty}a_n=+\infty$　　B. $\lim\limits_{n\to\infty}a_n=+\infty$

C. $\sum\limits_{n=1}^{\infty}a_n$ 发散　　D. a_n 单调增且 $\lim\limits_{n\to\infty}a_n=+\infty$

解： 当 a_n 单调增且 $\lim\limits_{n\to\infty}a_n=+\infty$ 时，有 $\dfrac{1}{a_n}$ 单调减且 $\lim\limits_{n\to\infty}\dfrac{1}{a_n}=0$，这时，交错级数 $\sum\limits_{n=1}^{+\infty}\dfrac{(-1)^n}{a_n}$ $(a_n>0)$ 收敛，故答案应选 D。

【例 1-104】 下列级数发散的是(　　)。

A. $\sum\limits_{n=1}^{\infty}\dfrac{n^2}{3n^4+1}$　　B. $\sum\limits_{n=2}^{\infty}\dfrac{1}{\sqrt[3]{n(n-1)}}$　　C. $\sum\limits_{n=1}^{\infty}\dfrac{(-1)^n}{\sqrt{n}}$　　D. $\sum\limits_{n=1}^{\infty}\dfrac{5}{3^n}$

解： 因 $\sum\limits_{n=2}^{\infty}\dfrac{1}{\sqrt[3]{n(n-1)}}=\sum\limits_{n=1}^{\infty}\dfrac{1}{\sqrt[3]{(n+1)n}}$，取 $\sum\limits_{n=1}^{\infty}\dfrac{1}{n^{\frac{2}{3}}}$，利用比较审敛法的极限形式，有

$$\lim_{n\to\infty}\frac{1}{\sqrt[3]{(n+1)n}}\Big/\frac{1}{n^{\frac{2}{3}}}=\lim_{n\to\infty}\frac{1}{\sqrt[3]{1+\frac{1}{n}}}=1$$

故 $\sum_{n=2}^{\infty}\frac{1}{\sqrt[n]{n(n-1)}}$ 与 $\sum_{n=1}^{\infty}\frac{1}{n^{\frac{2}{3}}}$ 有相同的剑散，而后者是 $p=\frac{2}{3}<1$ 的 p 级数，发散，所以 $\sum_{n=2}^{\infty}\frac{1}{\sqrt[3]{n(n-1)}}$ 发散，故答案应选 B。

【例 1-105】 级数 $\sum_{n=1}^{\infty}\left[\frac{10}{n(n+1)}-\frac{10}{3^n}\right]$ 的和是(　　)。

A. -5　　　　B. 5　　　　C. 4　　　　D. 3

解： $\sum_{n=1}^{\infty}\left[\frac{10}{n(n+1)}-\frac{10}{3^n}\right]=10\sum_{n=1}^{\infty}\frac{1}{n(n+1)}-10\sum_{n=1}^{\infty}\left(\frac{1}{3}\right)^n$，首先讨论级数 $\sum_{n=1}^{\infty}\frac{1}{n(n+1)}$，因为 $\frac{1}{n(n+1)}=\frac{1}{n}-\frac{1}{n+1}$，级数 $\sum_{n=1}^{\infty}\frac{1}{n(n+1)}$ 的前 n 项和 $S_n=\left(1-\frac{1}{2}\right)+\left(\frac{1}{2}-\frac{1}{3}\right)+\cdots+\left(\frac{1}{n}-\frac{1}{n+1}\right)=1-\frac{1}{n+1}$，而 $\sum_{n=1}^{\infty}\frac{1}{n(n+1)}=\lim_{n\to\infty}S_n=\lim_{n\to\infty}\left(1-\frac{1}{n+1}\right)=1$，故级数 $\sum_{n=1}^{\infty}\frac{1}{n(n+1)}$ 收敛，且和为 1。级数 $\sum_{n=1}^{\infty}\frac{1}{3^n}$ 是幂级数 $\sum_{n=1}^{\infty}x^n$ 当 $x=\frac{1}{3}$ 时的数项级数，当 $|x|<1$ 时，幂级数 $\sum_{n=1}^{\infty}x^n$ 收敛，且 $\sum_{n=1}^{\infty}x^n=\frac{x}{1-x}$，故 $\sum_{n=1}^{\infty}\frac{1}{3^n}=\frac{\frac{1}{3}}{1-\frac{1}{3}}=\frac{1}{2}$，所以 $\sum_{n=1}^{\infty}\left[\frac{10}{n(n+1)}-\frac{10}{3^n}\right]=10\times1-10\times\frac{1}{2}=5$，故答案应选 B。

1.4.2　幂级数

(1) 幂级数定义：称函数项级数 $\sum_{n=0}^{\infty}a_n(x-x_0)^n$ 为幂级数，当 $x_0=0$ 时，有

$$\sum_{n=0}^{\infty}a_nx^n=a_0+a_1x+a_2x^2+\cdots+a_nx^n+\cdots \tag{1-95}$$

(2) 幂级数的收敛性(阿贝尔定理)：如果幂级数 $\sum_{n=0}^{\infty}a_nx^n$ 当 $x=x_0(x_0\neq0)$ 收敛，则适合不等式 $|x|<|x_0|$ 的一切 x 使幂级数 $\sum_{n=0}^{\infty}a_nx^n$ 绝对收敛；如果幂级数 $\sum_{n=0}^{\infty}a_nx^n$ 当 $x=x_0$ 时发散，则适合不等式 $|x|>|x_0|$ 的一切 x 使幂级数 $\sum_{n=0}^{\infty}a_nx^n$ 发散。

(3) 收敛半径与收敛区间。

1) 收敛半径：如果幂级数 $\sum_{n=0}^{\infty}a_nx^n$ 当 $|x|<R$ 时绝对收敛，$|x|>R$ 时发散，则称正数 R 为其收敛半径。

规定：如果幂级数 $\sum_{n=0}^{\infty}a_nx^n$ 在 $(-\infty,+\infty)$ 内收敛，则 $R=+\infty$，如果幂级数 $\sum_{n=0}^{\infty}a_nx^n$ 仅在 $x=0$ 点收敛，则 $R=0$。

2）收敛半径 R 的求法：

①对标准幂级数 $\sum_{n=0}^{\infty} a_n x^n$，若 $\lim_{n\to\infty}\left|\frac{a_{n+1}}{a_n}\right|=\rho\left(\lim_{n\to\infty}\sqrt[n]{|a_n|}=\rho\right)$，则收敛半径

$$R=\begin{cases}\frac{1}{\rho},\rho\neq 0\\ +\infty,\rho=0\\ 0,\rho=+\infty\end{cases}$$

②对缺项幂级数 $\sum_{n=0}^{\infty} a_n x^{2n}$（或 $\sum_{n=0}^{\infty} a_n x^{2n+1}$）不能用①中方法，而必须看作一般的函数项级数，用比值法

$$\lim_{n\to\infty}\left|\frac{u_{n+1}(x)}{u_n(x)}\right|=\rho(x)\begin{cases}<1\Rightarrow|x|<R,绝对收敛\\ >1\Rightarrow|x|>R,发散\end{cases}$$

则 R 为收敛半径。

3）收敛域的求法：

①求收敛半径 R，则可得收敛区间。

②将 $x=\pm R$ 代入 $\sum_{n=0}^{\infty} a_n x^n$，讨论相应数项级数的收敛性，从而可得收敛域。

【例 1-106】 若级数 $\sum_{n=0}^{\infty} a_n(x-2)^n$ 在 $x=-2$ 处收敛，则此级数在 $x=5$ 处（　　）。

A. 发散　　B. 条件收敛　　C. 绝对收敛　　D. 收敛性不能确定

解： 由 $\sum_{n=0}^{\infty} a_n(x-2)^n$ 在 $x=-2$ 处收敛，令 $t=x-2$，由阿贝尔定理知级数 $\sum_{n=0}^{\infty} a_n t^n$ 在 $(-4,4)$ 内绝对收敛，当 $x=5$ 时，$t=3$ 在区间 $(-4,4)$ 内，故绝对收敛，故答案应选 C。

【例 1-107】 若幂级数 $\sum_{n=1}^{\infty} a_n(2x-1)^n$ 在 $x=2$ 处收敛，则该级数在 $x=\frac{1}{3}$ 处（　　）。

A. 发散　　B. 条件收敛　　C. 绝对收敛　　D. 敛散性不确定

解： 因 $\sum_{n=1}^{\infty} a_n(2\times 2-1)^n=\sum_{n=1}^{\infty} a_n 3^n$ 收敛，即幂级数 $\sum_{n=1}^{\infty} a_n y^n$ 在 $|y|<3$ 时绝对收敛。由此，当 $|2x-1|<3$，即 $-1<x<2$ 时，级数 $\sum_{n=1}^{\infty} a_n(2x-1)^n$ 绝对收敛，故答案应选 C。

【例 1-108】 若 $\lim_{n\to\infty}\left|\frac{C_n}{C_{n+1}}\right|=3$，则幂级数 $\sum_{n=0}^{\infty} C_n(x-1)^n$（　　）。

A. 必在 $|x|>3$ 时发散　　B. 必在 $|x|\leqslant 3$ 时发敛

C. 在 $x=-3$ 处的敛散性不能确定　　D. 其收敛半径为 3

解： 由条件知收敛半径为 3，故答案应选 D。

【例 1-109】 级数 $\sum_{n=1}^{\infty}\frac{(2x+1)^n}{n}$ 的收敛域是（　　）。

A. $(-1,1)$　　B. $[-1,1]$　　C. $[-1,0)$　　D. $(-1,0)$

解： 令 $t=2x+1$，则 $\sum_{n=1}^{\infty}\frac{(2x+1)^n}{n}=\sum_{n=1}^{\infty}\frac{t^n}{n}$，$\lim_{n\to\infty}\left|\frac{a_n}{a_{n+1}}\right|=\lim_{n\to\infty}\frac{\frac{1}{n}}{\frac{1}{n}+1}=1$。又在端点

$t=-1$ $\sum\limits_{n=1}^{\infty}\frac{(-1)^n}{n}$ 收敛；在端点 $t=1$，$\sum\limits_{n=1}^{\infty}\frac{1}{n}$ 发散，所以 $-1\leqslant 2x+1<1$，即 $-1\leqslant x<0$，故答案应选 C。

【例 1-110】 幂级数 $\sum\limits_{n=1}^{\infty}(-1)^{n-1}\frac{x^{2n-1}}{2n-1}$ 的收敛域是（　　）。

A. $[-1,1]$　　B. $(-1,1]$　　C. $[-1,1)$　　D. $(-1,1)$

解：由 $\lim\limits_{n\to\infty}\left|\frac{x^{2n+1}}{2n+1}\Big/\frac{x^{2n-1}}{2n-1}\right|=\lim\limits_{n\to\infty}\frac{2n-1}{2n+1}|x^2|=x^2<1$，有 $|x|<1$，又在端点处，交错级数 $\sum\limits_{n=1}^{\infty}(-1)^n\cdot\frac{1}{2n-1}$ 和 $\sum\limits_{n=1}^{\infty}(-1)^{n-1}\frac{1}{2n-1}$ 都收敛，故收敛域为 $[-1,1]$，故答案应选 A。

【例 1-111】 若幂级数 $\sum\limits_{n=1}^{\infty}a_n(x+2)^n$ 在 $x=0$ 处收敛，在 $x=-4$ 处发散，则幂级数 $\sum\limits_{n=1}^{\infty}a_n(x-1)^n$ 的收敛域是（　　）。

A. $(-1,3)$　　B. $[-1,3)$　　C. $(-1,3]$　　D. $[-1,3]$

解：由幂级数 $\sum\limits_{n=1}^{\infty}a_n(x+2)^n$ 在 $x=0$ 处收敛，在 $x=-4$ 处发散，知幂级数 $\sum\limits_{n=1}^{\infty}a_nt^n$ 在 $x=2$ 处收敛，在 $x=-2$ 处发散，而幂级数 $\sum\limits_{n=1}^{\infty}a_nt^n$ 的收敛区间关于原点对称，故知其收敛域为 $(-2,2]$。令 $t=x-1$，则幂级数 $\sum\limits_{n=1}^{\infty}a_n(x-1)^n$ 的收敛域是 $(-1,3]$。故答案应选 C。

（4）函数展开成幂级数。

1）泰勒级数：若 $f(x)$ 在点 x_0 处具有各阶导数，则幂级数 $\sum\limits_{n=0}^{\infty}\frac{f^{(n)}(x_0)}{n!}(x-x_0)^n$ 称为函数 $f(x)$ 在点 x_0 处的泰勒级数，特别当 $x_0=0$ 时，级数 $\sum\limits_{n=0}^{\infty}\frac{f^{(n)}(0)}{n!}x^n$ 称为函数 $f(x)$ 的麦克劳林级数。

2）函数展开成泰勒级数的充要条件：设 $f(x)$ 在点 x_0 的某邻域 $U(x_0,R)$ 内具有任意阶导数，则 $f(x)$ 在该邻域内能展开成泰勒级数的充要条件是

$$\lim_{n\to\infty}R_n(x)=0\text{，其中 }R_n(x)=\frac{f^{(n+1)}(\zeta)}{(n+1)!}(x-x_0)^{n+1}(\zeta\text{ 介于 }x\text{ 与 }x_0\text{ 之间})\qquad(1\text{-}96)$$

3）几个重要函数的麦克劳林展开式：

$$\frac{1}{1-x}=1+x+x^2+\cdots+x^n+\cdots=\sum_{n=0}^{\infty}x^n,(-1,1)\qquad(1\text{-}97)$$

$$e^x=1+x+\frac{x^2}{2!}+\cdots+\frac{x^n}{n!}+\cdots=\sum_{n=0}^{\infty}\frac{x^n}{n!},(-\infty,+\infty)\qquad(1\text{-}98)$$

$$\sin x=x-\frac{x^3}{3!}+\frac{x^5}{5!}-\cdots+(-1)^n\frac{x^{2n+1}}{(2n+1)!}+\cdots=\sum_{n=0}^{\infty}(-1)^n\frac{x^{2n+1}}{(2n+1)!},(-\infty,+\infty)\qquad(1\text{-}99)$$

$$\cos x=1-\frac{x^2}{2!}+\frac{x^4}{4!}-\cdots+(-1)^n\frac{x^{2n}}{(2n)!}+\cdots=\sum_{n=0}^{\infty}(-1)^n\frac{x^{2n}}{(2n)!},(-\infty,+\infty)\qquad(1\text{-}100)$$

$$\ln(1+x)=x-\frac{x^2}{2}+\frac{x^3}{3}-\cdots+(-1)^{n-1}\frac{x^n}{n}+\cdots=\sum_{n=1}^{\infty}(-1)^{n-1}\frac{x^n}{n},(-1,1] \quad (1\text{-}101)$$

$$(1+x)^m=1+mx+\frac{m(m-1)}{2!}x^2+\cdots+\frac{m(m-1)\cdots(m-n+1)}{n!}x^n+\cdots \quad (1\text{-}102)$$

【例 1-112】 函数$f(x)=a^x(a>0,a\neq1)$的麦克劳林展开式中的前三项是(　　)。

A. $1+x\ln a+\frac{x^2}{2}$　　B. $1+x\ln a+\frac{\ln a}{2}x^2$

C. $1+x\ln a+\frac{(\ln a)^2}{2}x^2$　　D. $1+\frac{x}{\ln a}+\frac{x^2}{2\ln a}$

解： 函数$f(x)$的麦克劳林展开式中的前三项是$f(0)+f'(0)x+\frac{f''(0)}{2!}x^2$，在这里$f(0)=1$，$f'(0)=\ln a$，$f''(0)=(\ln a)^2$，代入上式得 $1+x\ln a+\frac{(\ln a)^2}{2}x^2$，故答案应选 C。

【例 1-113】 函数$\frac{1}{3-x}$展开成$x-1$的幂级数是(　　)。

A. $\sum_{n=0}^{\infty}(-1)^n\frac{(x-1)^n}{2^{n+1}}$　　B. $\sum_{n=0}^{\infty}\frac{(x-1)^n}{2^{n+1}}$

C. $\sum_{n=0}^{\infty}\left(\frac{x-1}{2}\right)^n$　　D. $\sum_{n=0}^{\infty}(x-1)^n$

解： 利用$\frac{1}{x-1}=\sum_{n=0}^{\infty}x^n$，有$\frac{1}{3-x}=\frac{1}{2-(x-1)}=\frac{1}{2}\times\frac{1}{1-\frac{x-1}{2}}=\frac{1}{2}\sum_{n=0}^{\infty}\left(\frac{x-1}{2}\right)^n=\sum_{n=0}^{\infty}\frac{(x-1)^n}{2^{n+1}}$，故答案应选 B。

【例 1-114】 幂级数$\sum_{n=1}^{\infty}(2n-1)x^{n-1}$在$|x|<1$内的和函数是(　　)。

A. $\frac{1}{(1-x)^2}$　　B. $\frac{1+x}{(1-x)^2}$　　C. $\frac{x}{(1-x)^2}$　　D. $\frac{1-x}{(1-x)^2}$

解： $\sum_{n=1}^{\infty}(2n-1)x^{n-1}=2\sum_{n=1}^{\infty}nx^{n-1}-\sum_{n=1}^{\infty}x^{n-1}$，$\sum_{n=1}^{\infty}x^{n-1}=\sum_{n=0}^{\infty}x^n=\frac{1}{1-x}$。

记$f(x)=\sum_{n=1}^{\infty}nx^{n-1}$，对该式两边积分得$\int f(x)\mathrm{d}x=\int\sum_{n=1}^{\infty}nx^{n-1}\mathrm{d}x=\sum_{n=1}^{\infty}\int nx^{n-1}\mathrm{d}x=\sum_{n=1}^{\infty}x^n=\frac{x}{1-x}$，故$f(x)=\left(\frac{x}{1-x}\right)'=\frac{1}{(1-x)^2}$，所以$\sum_{n=1}^{\infty}(2n-1)x^{n-1}=2\sum_{n=1}^{\infty}nx^{n-1}-\sum_{n=1}^{\infty}x^{n-1}=\frac{2}{(1-x)^2}-\frac{1}{1-x}=\frac{1+x}{(1-x)^2}$。

故答案应选 B。

【例 1-115】 级数$\sum_{n=1}^{\infty}n\left(\frac{1}{2}\right)^{n-1}$的和是(　　)。

A. 1　　B. 2　　C. 3　　D. 4

解：记$f(x)=\sum_{n=0}^{\infty}x^n=\frac{1}{1-x}$（$|x|<1$），则$f'(x)=\sum_{n=1}^{\infty}nx^{n-1}=\frac{1}{(1-x)^2}$（$|x|<1$），而

$$f'\left(\frac{1}{2}\right)=\sum_{n=1}^{\infty}n\left(\frac{1}{2}\right)^{n-1}=\frac{1}{\left(1-\frac{1}{2}\right)^2}=4，故\sum_{n=1}^{\infty}n\left(\frac{1}{2}\right)^{n-1}=4，故答案应选 D。$$

1.5　常微分方程

1.5.1　微分方程的基本概念

（1）含有自变量、未知函数及其导数（或微分）的方程称为微分方程。如果在微分方程中，自变量的个数只有一个，则称它为常微分方程，简称微分方程。

（2）微分方程中出现的未知函数的导数的最高阶数，称为微分方程的阶数。

（3）满足微分方程的函数称为微分方程的解（显式或隐式）。

（4）含有任意常数，且任意常数的个数与微分方程的阶数相同的解称为微分方程的通解，不包含任意常数的解称为微分方程的特解。

（5）对 n 阶微分方程，条件

$$y\big|_{x=x_0}=y_0,y'\big|_{x=x_0}=y_1,\cdots,y^{(n-1)}\big|_{x=x_0}=y_{n-1}$$

称为初始条件，根据初始条件，可以在通解中确定出任意常数的值而得到一个特解。

【例 1-116】函数 $y=C_1C_2e^{-x}$（C_1,C_2 是任意常数）是微分方程 $y''-2y'-3y=0$ 的（　　）。

A. 通解　　B. 特解

C. 不是解　　D. 既不是通解又不是特解，而是解

解：令 $C=C_1C_2$，则 $y=Ce^{-x}$，只含一个独立的任意常数，又经验证，$y=Ce^{-x}$满足所给方程，故是解，但既不是通解又不是特解，故答案应选 D。

1.5.2　可分离变量方程

1. 分离变量的方程

形如$\frac{dy}{dx}=f(x)g(y)$［或$f_1(x)g_1(y)dx+f_2(x)g_2(y)dy=0$］的方程叫作可分离变量的方程。

解法：（1）分离变量：$\frac{1}{g(y)}dy=f(x)dx$。

（2）两端积分：$\int\frac{1}{g(y)}dy=\int f(x)dx+C$。

若$f(x)$，$g(y)$的原函数为 $F(x)$，$G(x)$，则方程的通解为 $G(y)=F(x)+C$（C 为常数）。

【例 1-117】微分方程$(1+2y)xdx-(1+x^2)dy=0$ 的通解是（　　）。

A. $\frac{1+x^2}{1+2y}=C$　　B. $(1+x^2)(1+2y)=C$

C. $(1+2y)^2=\frac{C}{1+x^2}$　　D. $(1+x^2)^2(1+2y)=C$

解：分离变量并两边积分，$\int\frac{x}{1+x^2}dx=\int\frac{1}{1+2y}dy$，得$(1+x^2)=C(1+2y)$，故答案应选 A。

【例 1-118】微分方程 $\cos y dx+(1+e^{-x})\sin y dy=0$ 满足初始条件 $y|_{x=0}=\frac{\pi}{3}$的特解是（　　）。

A. $\cos y=\frac{1}{4}(1+e^x)$　　B. $\cos y=(1+e^x)$

C. $\cos y=4(1+e^x)$　　D. $\cos^2 y=1+e^x$

解:分离变量并两边积分,$\int\frac{1}{1+e^{-x}}dx=-\int\frac{\sin y}{\cos y}dy$,计算得通解 $1+e^x=C\cos y$,再代入初始条件,$C=4$,故答案应选 A。

【**例 1-119**】设 $\int_0^x f(t)dt=2f(x)-4$,且 $f(0)=2$,则 $f(x)$ 是(　　)。

A. $e^{\frac{x}{2}}$　　B. $e^{\frac{x}{2}+1}$　　C. $2e^{\frac{x}{2}}$　　D. $\frac{1}{2}e^{\frac{x}{2}}$

解:对 $\int_0^x f(t)dt=2f(x)-4$ 两边关于 x 求导,得 $f(x)=2f'(x)$,这是可分离变量方程,求解得 $f(x)=Ce^{\frac{x}{2}}$,再由 $f(0)=2$,得 $C=2$,故答案应选 C。

2. 齐次方程

形如:$y'=\varphi\left(\frac{y}{x}\right)$ 的方程叫作齐次方程。

解法:变量替换,令 $u=\frac{y}{x}$,($y'=u+xu'$)化为可分离变量的一阶方程。

【**例 1-120**】微分方程 $\frac{dy}{dx}-\frac{y}{x}=\tan\frac{y}{x}$ 的通解是(　　)。

A. $\sin\frac{y}{x}=Cx$　　B. $\cos\frac{y}{x}=Cx$　　C. $\sin\frac{y}{x}=x+C$　　D. $Cx\sin\frac{y}{x}=1$

解:这是一阶齐次方程,令 $u=\frac{y}{x}$,原方程化为 $u+x\frac{du}{dx}-u=\tan u$,分离变量得 $\int\frac{\cos u}{\sin u}du=\int\frac{1}{x}dx$,两边积分得,$\sin u=Cx$,将 $u=\frac{x}{y}$ 代入,得 $\sin\frac{y}{x}=Cx$,故答案应选 A。

1.5.3 一阶线性微分方程

(1)定义:形如 $y'+P(x)y=Q(x)$ 的方程叫作一阶线性方程,若 $Q(x)=0$,叫作一阶齐次线性方程,若 $Q(x)\neq 0$,叫作一阶非齐次线性方程。

(2)通解结构:$y=y^*$(非齐次特解)$+\bar{y}$(对应齐次通解)

(3)求解方法。

1)公式法。

$$y=e^{-\int P(x)dx}\left[\int Q(x)e^{\int P(x)dx}dx+C\right] \tag{1-103}$$

2)常数变易法。先用分离变量法求出相应线性齐次方程 $y'+P(x)y=0$ 的通解 $\bar{y}$,再用常数变易法求非齐次方程的特解 y^*。

【**例 1-121**】微分方程 $(x+1)y'=xe^{-x}-y$ 的通解为(　　)。

A. $y=\frac{1}{x+1}-e^{-x}$　　B. $y=C(x+1)-e^{-x}$　　C. $y=\frac{C}{x+1}-e^{-x}$　　D. $y=(x+1)-e^{-x}$

解：将方程化为标准形式 $y'+\frac{1}{x+1}y=\frac{x+1}{x}e^{-x}$，这里 $P(x)=\frac{1}{x+1}$，$Q(x)=\frac{x+1}{x}e^{-x}$，代入公式 $y=e^{-\int p(x)dx}\left(\int Q(x)e^{\int p(x)dx}dx+C\right)$，有 $y=e^{-\int\frac{1}{x+1}dx}\left[\int\frac{x}{x+1}e^{-x}\cdot e^{\int\frac{1}{x+1}dx}dx+C\right]$，积分得

$$y=\frac{1}{x+1}\left[\int\frac{x}{x+1}e^{-x}(x+1)dx+C\right]=\frac{1}{x+1}[C-e^{-x}(x+1)]=\frac{C}{x+1}-e^{-x}$$

故答案应选 C。

【例 1-122】 微分方程 $y'+\frac{1}{x}y=2$ 满足初始条件 $y|_{x=1}=0$ 的特解是(　　)。

A. $x-\frac{1}{x}$　　B. $x+\frac{1}{x}$

C. $x+\frac{C}{x}$（C 为任意常数）　　D. $x+\frac{2}{x}$

解：先求对应齐次方程 $y'+\frac{1}{x}y=0$ 的通解，得 $\bar{y}=\frac{C}{x}$。令 $y=\frac{u(x)}{x}$ 代入 $y'+\frac{1}{x}y=2$，要求两边相等，可得 $u(x)=x^2+C$，非齐次微分方程通解为 $y=x+\frac{C}{x}$，再将初始条件 $y|_{x=1}=0$ 代入，得 $C=-1$，故答案应选 A。

1.5.4 可降阶微分方程

1. $y^{(n)}=f(x)$ 型

解法：积分 n 次，每次积分加一个任意常数。

2. $y''=f(x,y')$ 型

解法：变量替换，令 $P=y'$，所以 $y''=\frac{dP}{dx}$，化为一阶微分方程。

3. $y''=f(y,y')$ 型

解法：变量替换，令 $P=y'$，则 $y''=P\frac{dP}{dy}$，化为一阶微分方程。

【例 1-123】 微分方程 $y''=x+\sin x$ 的通解是(　　)。（C_1，C_2 为任意常数）

A. $\frac{1}{3}x^3+\sin x+C_1x+C_2$　　B. $\frac{1}{6}x^3-\sin x+C_1x+C_2$

C. $\frac{1}{2}x^2-\cos x+C_1x+C_2$　　D. $\frac{1}{2}x^2+\sin x-C_1x+C_2$

解：对 $y''=x+\sin x$ 两边积分两次，可得 $y=\frac{1}{6}x^3-\sin x+C_1x+C_2$，故答案应选 B。同样可采用检验的方式。

【例 1-124】 微分方程 $y''=y'^2$ 的通解是(　　)（C_1，C_2 为任意常数）。

A. $\ln x+C$　　B. $\ln(x+C)$　　C. $C_2+\ln|x+C_1|$　　D. $C_2-\ln|x+C_1|$

解：这是可降阶微分方程，令 $p=y'$，则 $\frac{dp}{dx}=p^2$，用分离变量法求解得，$-y'=\frac{1}{x+C_1}$，两边积分，可得 $y=C_2-\ln|x+C_1|$，故答案应选 D。本题也可采用检验的方式解得。

1.5.5 二阶线性微分方程

1. 二阶线性微分方程解的性质与结构

形如 $y''+P(x)y'+Q(x)y=f(x)$ 的方程叫作二阶线性方程。

当 $f(x)=0$ 时，$y''+P(x)y'+Q(x)y=0$ 叫作二阶齐次线性方程；当 $f(x)\neq 0$ 时，叫作二阶非齐次线性方程。

（1）二阶线性微分方程解的性质。

1）二阶齐次线性方程解的叠加性：若 y_1、y_2 为齐次方程的解，则 $y=C_1y_1+C_2y_2$（C_1、C_2 为任意常数）也是齐次方程的解。

2）若 y_1、y_2 为非齐次方程的解，则 y_1-y_2 是对应齐次方程的解。

3）若 y_1、y_2 为非齐次方程的解，则当 $C_1+C_2=1$ 时，$y=C_1y_1+C_2y_2$ 也是非齐次方程的解。

（2）二阶线性微分方程解的结构。

1）二阶齐次线性方程通解结构：若 y_1、y_2 是齐次方程的两个线性无关特解，则齐次线性方程的通解为

$$\bar{y}=C_1y_1+C_2y_2\ (C_1、C_2\ 为任意常数)$$

2）二阶非齐次线性方程的通解结构：若 y^* 是非齐次方程的一个特解，$\bar{y}$ 是对应齐次方程的通解，则非齐次线性方程的通解为

$$y=y^*+\bar{y}$$

2. 二阶常系数齐次线性方程解的求法

二阶常系数齐次线性方程 $y''+py'+qy=0$（p、q 为任意常数）的特征方程为

$$r^2+pr+q=0 \tag{1-104}$$

求解特征方程得两个根 r_1、r_2，微分方程通解。

（1）特征方程有不相等二实根 r_1、r_2

$$y=C_1e^{r_1x}+C_2e^{r_2x} \tag{1-105}$$

（2）特征方程有相等二实根 r

$$y=(C_1+C_2x)e^{rx} \tag{1-106}$$

（3）特征方程有共轭复根 $\alpha\pm j\beta$

$$y=e^{\alpha x}(C_1\cos\beta x+C_2\sin\beta x) \tag{1-107}$$

3. 二阶常系数非齐次线性方程解的求法

由于非齐次方程 $y''+py'+qy=f(x)$ 的通解等于对应齐次方程 $y''+py'+qy=0$ 的通解加上非齐次的一个特解，故求非齐次通解的关键是能否求出它的一个特解。对于方程右端不同的函数 $f(x)$，求特解的方法是不同的，这里重点介绍当 $f(x)=P_n(x)e^{\lambda x}$[$P_n(x)$ 是 n 次多项式]时，非齐次方程特解的求法。

第一步，求特征方程 $r^2+pr+q=0$ 的根，得 r_1、r_2。

第二步，写出特解 y^* 的形式。如果 λ 不是特征方程的根，则 $y^*=Q_n(x)e^{\lambda x}$[$Q_n(x)$ 是系数待定的 n 次多项式]；如果 λ 是特征方程的单根，则 $y^*=xQ_n(x)e^{\lambda x}$；如果 λ 是特征方程的重根，则 $y^*=x^2Q_n(x)e^{\lambda x}$。

第三步，将 y^* 的形式代入方程 $y''+py'+qy=f(x)$，要求两边相等，确定 $Q_n(x)$ 的系数，从而得到特解。

【例 1-125】若 $u_1(x)=e^{2x}$,$u_2(x)=xe^{2x}$,则它们满足的微分方程为(　　)。

A. $u''+4u'+4u=0$　　B. $u''-4u=0$

C. $u''+4u=0$　　D. $u''-4u'+4u=0$

解:由 $u_1(x)=e^{2x}$,$u_2(x)=xe^{2x}$ 是微分方程的解知,$r=2$ 是特征方程的二重根,特征方程为 $r^2-4r+4=0$,故答案应选 D。

【例 1-126】微分方程 $y''+2y=0$ 的通解是(　　)。

A. $y=A\sin\sqrt{2}x$　　B. $y=A\cos\sqrt{2}x$

C. $y=\sin\sqrt{2}x+B\cos\sqrt{2}x$　　D. $y=A\sin\sqrt{2}x+B\cos\sqrt{2}x$

解:这是二阶常系数线性齐次方程,特征方程为 $r^2+2=0$,$r=\pm\sqrt{2}i$,故答案应选 D。

【例 1-127】下列函数中不是方程 $y''-2y'+y=0$ 的解的函数是(　　)。

A. x^2e^x　　B. e^x　　C. xe^x　　D. $(x+2)e^x$

解:方程 $y''-2y'+y=0$ 的特征根为 $r_1=r_2=1$,e^x 和 xe^x 是两个线性无关解,显然选项 A 不是解,故答案应选 A。

【例 1-128】设有级数 $\sum\limits_{n=1}^{\infty}\frac{1}{1+a^n}(a>0)$,在下面结论中,错误的是(　　)。

A. $a>1$ 时级数收敛　　B. $a\leqslant1$ 时级数收敛

C. $a<1$ 时级数发散　　D. $a=1$ 时级数发散

解:当 $a<1$ 时,级数的一般项 $\frac{1}{1+a^n}\to1$;$a=1$ 时,级数的一般项 $\frac{1}{1+a^n}\to\frac{1}{2}$。两者都不趋近于 0,故 $a\leqslant1$ 时级数发散,选项 B 是错误的,故答案应选 B。

【例 1-129】微分方程 $y''-3y+2y=xe^x$ 的待定特解的形式是(　　)。

A. $y=(Ax^2+Bx)e^x$　　B. $y=(Ax+B)e^x$

C. $y=Ax^2e^x$　　D. $y=Axe^x$

解:特征方程为 $r^2-3r+2=0$,解得特征根为 $r_1=2$ 和 $r_2=1$。由于方程右端中 $\lambda=1$ 是特征方程的单根,而 $P(x)=x$ 是一次多项式,故所给微分方程的待定特解的形式应为 $x(Ax+B)e^x=(Ax^2+Bx)e^x$,故答案应选 A。

1.6 线性代数

1.6.1 行列式

1. n 阶行列式有关概念

(1) n 阶行列式

$$|\boldsymbol{A}|=\begin{vmatrix}a_{11}&a_{12}&\cdots&a_{1n}\\a_{21}&a_{22}&\cdots&a_{2n}\\\vdots&\vdots&&\vdots\\a_{n1}&a_{n2}&\cdots&a_{nn}\end{vmatrix}\xlongequal{\text{def}}\sum_{p_1p_2\cdots p_n}(-1)^{n(p_1p_2\cdots p_n)}a_{1p_1}a_{2p_2}\cdots a_{np_n}\tag{1-108}$$

由定义知:n 阶行列式是 $n!$ 项的代数和,每一项是取自不同行不同列的 n 个元素的乘积,符号由该项列标排列 $p_1,p_2,\cdots,p_n$ 的逆序数 $\tau(p_1,p_2,p_3,\cdots,p_n)$ 确定。

特别地,对二阶行列式与三阶行列式,可以采用对角线法则来计算,即

$$\begin{vmatrix} a_{11} & a_{12} \\ a_{21} & a_{22} \end{vmatrix} = a_{11}a_{22} - a_{12}a_{21}$$

$$\begin{vmatrix} a_{11} & a_{12} & a_{13} \\ a_{21} & a_{22} & a_{23} \\ a_{31} & a_{32} & a_{33} \end{vmatrix} = a_{11}a_{22}a_{33} + a_{12}a_{23}a_{31} + a_{13}a_{21}a_{32} - a_{13}a_{22}a_{31} - a_{12}a_{21}a_{33} - a_{11}a_{23}a_{32}$$

注意：计算 4 阶及以上的行列式时，不能用对角线法则。

（2）转置行列式：行列式的行列互换所得的行列式称为原行列式的转置行列式，即

$$|\boldsymbol{A}^{\mathrm{T}}| = \begin{vmatrix} a_{11} & a_{21} & \cdots & a_{n1} \\ a_{12} & a_{22} & \cdots & a_{n2} \\ \vdots & \vdots & & \vdots \\ a_{1n} & a_{2n} & \cdots & a_{nn} \end{vmatrix} \tag{1-109}$$

这里 $\boldsymbol{A}^{\mathrm{T}}$ 是 $\boldsymbol{A}$ 的转置矩阵。

（3）余子式与代数余子式。将 n 阶行列式中元素 a_{ij} 所在的第 i 行和第 j 列的元素划掉，剩余的元素按原位置次序所构成的 $n-1$ 阶行列式，称为元素 a_{ij} 的余子式，记为 M_{ij}，即

$$M_{ij} = \begin{vmatrix} a_{11} & \cdots & a_{1,j-1} & a_{1,j+1} & \cdots & a_{1n} \\ \vdots & & \vdots & \vdots & & \vdots \\ a_{i-1,j-1} & \cdots & a_{i-1,j-1} & a_{i-1,j+1} & \cdots & a_{i-1,n} \\ a_{i+1,1} & \cdots & a_{i+1,j-1} & a_{i+1,j+1} & \cdots & a_{i+1,n} \\ \vdots & & \vdots & \vdots & & \vdots \\ a_{n1} & \cdots & a_{n,j-1} & a_{n,j+1} & \cdots & a_{nn} \end{vmatrix} \tag{1-110}$$

而 $A_{ij} = (-1)^{i+j} M_{ij}$ 为元素 a_{ij} 的代数余子式。

2. 行列式的性质

性质 1：$|\boldsymbol{A}| = |\boldsymbol{A}^{\mathrm{T}}|$，即行列式与其转置行列式的值相等。

性质 2：两行（列）互换位置，行列式的值变号。

推论：两行（列）相同，行列式的值为零。

性质 3：某行（列）的公因子 k 可提到行列式符号外。

推论：某行（列）元素全为零，行列式的值为零。

性质 4：两行（列）对应元素成比例，行列式的值为零。

性质 5：如果某行（列）的所有元素都是两个数的和，则该行列式可以写成两个行列式的和，这两个行列式的这一行（列）的元素分别为对应元素的两个加数之一，其余各行（列）的元素与原行列式相同。

性质 6：某行（列）各元素的 k 倍加到另一行（列）的对应元素上，行列式的值不变。

3. 常用的结论

（1）
$$\begin{vmatrix} a_{11} & a_{12} & \cdots & a_{1n} \\ & a_{22} & \cdots & a_{2n} \\ & & \ddots & \vdots \\ & & & a_{nn} \end{vmatrix} = \begin{vmatrix} a_{11} & & & \\ a_{21} & a_{22} & & \\ \vdots & \vdots & \ddots & \\ a_{n1} & a_{n2} & \cdots & a_{nn} \end{vmatrix} = a_{11}a_{22}\cdots a_{nn} \tag{1-111}$$

即上(下)三角行列式等于其对角线上元素的乘积。

(2) $$\begin{vmatrix} a_{11} & \cdots & a_{1,n-1} & a_{1n} \\ a_{21} & \cdots & a_{2,n-1} & \\ \vdots & \iddots & & \\ a_{n1} & & & \end{vmatrix} = \begin{vmatrix} & & & a_{1n} \\ & & a_{2,n-1} & a_{2n} \\ & \iddots & \vdots & \vdots \\ a_{n1} & \cdots & a_{n,n-1} & a_{nn} \end{vmatrix} = (-1)^{\frac{n(n-1)}{2}} a_{1n}a_{2,n-1}\cdots a_{n1} \tag{1-112}$$

(3) 设 $\boldsymbol{A}$ 是 n 阶方阵,则 $|k\boldsymbol{A}|=k^n|\boldsymbol{A}|$。

(4) 设 $\boldsymbol{A},\boldsymbol{B}$ 都是 n 阶方阵,则 $|\boldsymbol{AB}|=|\boldsymbol{A}||\boldsymbol{B}|$。

由该公式可推得 $|\boldsymbol{A}^k|=|\boldsymbol{A}|^k$,及 $|\boldsymbol{AB}|=|\boldsymbol{BA}|$。

注意: $|\boldsymbol{A}+\boldsymbol{B}|\neq|\boldsymbol{A}|+|\boldsymbol{B}|$。

(5) 设 $\boldsymbol{A}=\begin{pmatrix} \boldsymbol{A}_1 & & & \\ & \boldsymbol{A}_2 & & \\ & & \ddots & \\ & & & \boldsymbol{A}_s \end{pmatrix}$ 是 n 阶分块对角阵,其中 $\boldsymbol{A}_i$ 是 $n_i(i=1,2,\cdots,s)$ 阶对角阵,且 $n_1+n_2+\cdots+n_s=n$,则 $|\boldsymbol{A}|=|\boldsymbol{A}_1||\boldsymbol{A}_2|\cdots|\boldsymbol{A}_s|$。

(6) 设 $\boldsymbol{A}=(a_{ij})_{n\times n}$,$\boldsymbol{A}_{ij}$ 为 a_{ij} 的代数余子式,则

$$a_{i1}\boldsymbol{A}_{j1}+a_{i2}\boldsymbol{A}_{j2}+\cdots+a_{in}\boldsymbol{A}_{jn}=\begin{cases}|\boldsymbol{A}|,i=j\\0,i\neq j\end{cases} \tag{1-113}$$

其中 $a_{i1}\boldsymbol{A}_{i1}+a_{i2}\boldsymbol{A}_{i2}+\cdots+a_{in}\boldsymbol{A}_{in}=|\boldsymbol{A}|$,称为按行展开公式

$$a_{1i}\boldsymbol{A}_{1j}+a_{2i}\boldsymbol{A}_{2j}+\cdots+a_{ni}\boldsymbol{A}_{nj}=\begin{cases}|\boldsymbol{A}|,i=j\\0,i\neq j\end{cases} \tag{1-114}$$

其中 $a_{1j}\boldsymbol{A}_{1j}+a_{2j}\boldsymbol{A}_{2j}+\cdots+a_{nj}\boldsymbol{A}_{nj}=|\boldsymbol{A}|$,称为按列展开公式。

【例 1-130】 设矩阵 $\boldsymbol{A}=\begin{pmatrix} a_1 & c_1 & d_1 \\ a_2 & c_2 & d_2 \\ a_3 & c_3 & d_3 \end{pmatrix}$,$\boldsymbol{B}=\begin{pmatrix} b_1 & c_1 & d_1 \\ b_2 & c_2 & d_2 \\ b_3 & c_3 & d_3 \end{pmatrix}$,且 $|\boldsymbol{A}|=1$,$|\boldsymbol{B}|=-1$,则行列式 $|\boldsymbol{A}-2\boldsymbol{B}|$ 为(　　)。

A. 1　　B. 2　　C. 3　　D. 4

解: $$|\boldsymbol{A}-2\boldsymbol{B}|=\begin{vmatrix} a_1-2b_1 & -c_1 & -d_1 \\ a_2-2b_2 & -c_2 & -d_2 \\ a_3-2b_3 & -c_3 & -d_3 \end{vmatrix}=\begin{vmatrix} a_1 & -c_1 & -d_1 \\ a_2 & -c_2 & -d_2 \\ a_3 & -c_3 & -d_3 \end{vmatrix}-2\begin{vmatrix} b_1 & -c_1 & -d_1 \\ b_2 & -c_2 & -d_2 \\ b_3 & -c_3 & -d_3 \end{vmatrix}=|\boldsymbol{A}|-2|\boldsymbol{B}|=3$$

故答案应选 C。

【例 1-131】 设行列式 $\begin{vmatrix} 2 & 1 & 3 & 4 \\ 1 & 0 & 2 & 0 \\ 1 & 5 & 2 & 1 \\ -1 & 1 & 5 & 2 \end{vmatrix}$,$A_{ij}$ 表示行列式元素 a_{ij} 的代数余子式,则 $A_{13}+4A_{33}+A_{43}$ 等于(　　)。

A. -2　　B. 2　　C. -1　　D. 1

解：$A_{13}=\begin{vmatrix}1&0&0\\1&5&1\\-1&1&2\end{vmatrix}=9,A_{33}=\begin{vmatrix}2&1&4\\1&0&0\\-1&1&2\end{vmatrix}=2,A_{43}=-\begin{vmatrix}2&1&4\\1&0&0\\1&5&1\end{vmatrix}=-19$

$A_{13}+4A_{33}+A_{43}=9+4\times2-19=-2$，故答案应选 A。

【例 1-132】 设 $\boldsymbol{A}$ 是 m 阶矩阵，$\boldsymbol{B}$ 是 n 阶矩阵，行列式$\begin{vmatrix}0&\boldsymbol{A}\\\boldsymbol{B}&0\end{vmatrix}$等于(　　)。

A. $-|\boldsymbol{A}||\boldsymbol{B}|$　　B. $|\boldsymbol{A}||\boldsymbol{B}|$　　C. $(-1)^{m+n}|\boldsymbol{A}||\boldsymbol{B}|$　　D. $(-1)^{mn}|\boldsymbol{A}||\boldsymbol{B}|$

解：从第 m 行开始，将行列式$\begin{vmatrix}0&\boldsymbol{A}\\\boldsymbol{B}&0\end{vmatrix}$的前 m 行逐次与后 n 行交换，共交换 mn 次，可得 $\begin{vmatrix}0&\boldsymbol{A}\\\boldsymbol{B}&0\end{vmatrix}=(-1)^{mn}\begin{vmatrix}\boldsymbol{B}&0\\0&\boldsymbol{A}\end{vmatrix}=(-1)^{mn}|\boldsymbol{A}||\boldsymbol{B}|$，故答案应选 D。

【例 1-133】 设 $\boldsymbol{a}_1,\boldsymbol{a}_2,\boldsymbol{a}_3$ 是三维列向量，$|\boldsymbol{A}|=|\boldsymbol{a}_1,\boldsymbol{a}_2,\boldsymbol{a}_3|$则与 $|\boldsymbol{A}|$相等的是(　　)。

A. $|\boldsymbol{a}_2,\boldsymbol{a}_1,\boldsymbol{a}_3|$　　B. $|-\boldsymbol{a}_2,-\boldsymbol{a}_3,-\boldsymbol{a}_1|$

C. $|\boldsymbol{a}_1+\boldsymbol{a}_2,\boldsymbol{a}_2+\boldsymbol{a}_3,\boldsymbol{a}_3+\boldsymbol{a}_1|$　　D. $|\boldsymbol{a}_1,\boldsymbol{a}_1+\boldsymbol{a}_2,\boldsymbol{a}_1+\boldsymbol{a}_2+\boldsymbol{a}_3|$

解：将$|\boldsymbol{a}_1,\boldsymbol{a}_1+\boldsymbol{a}_2,\boldsymbol{a}_1+\boldsymbol{a}_2+\boldsymbol{a}_3|$第一列的$-1$ 倍加到第二列、第三列，再将第二列的-1 倍加到第三列，$|\boldsymbol{a}_1,\boldsymbol{a}_1+\boldsymbol{a}_2,\boldsymbol{a}_1+\boldsymbol{a}_2+\boldsymbol{a}_3|=|\boldsymbol{a}_1,\boldsymbol{a}_2,\boldsymbol{a}_3|$，故答案应选 D。

【例 1-134】 设 $\boldsymbol{A},\boldsymbol{B}$ 为三阶方阵，且行列式$|\boldsymbol{A}|=1,|\boldsymbol{B}|=-2,\boldsymbol{A}^{\mathrm{T}}$ 为 $\boldsymbol{A}$ 的转置矩阵，则行列式$|-2\boldsymbol{A}^{\mathrm{T}}\boldsymbol{B}^{-1}|=$(　　)。

A. -1　　B. 1　　C. -4　　D. 4

解：因$|\boldsymbol{A}^{\mathrm{T}}|=|\boldsymbol{A}|=1,|\boldsymbol{B}^{-1}|=\dfrac{1}{|\boldsymbol{B}|}=\dfrac{1}{2}$，所以$|-2\boldsymbol{A}^{\mathrm{T}}\boldsymbol{B}^{-1}|=(-2)^3\times1\times\left(-\dfrac{1}{2}\right)=4$，故答案应选 D。

【例 1-135】 设 $\boldsymbol{A}$ 为 n 阶方阵，$\boldsymbol{B}$ 是只对调 A 的一、二列所得矩阵，若$|\boldsymbol{A}|\neq|\boldsymbol{B}|$，则下面结论中一定成立的是(　　)。

A. $|\boldsymbol{A}|$可能为零　　B. $|\boldsymbol{A}|\neq0$　　C. $|\boldsymbol{A}+\boldsymbol{B}|\neq0$　　D. $|\boldsymbol{A}-\boldsymbol{B}|\neq0$

解：因方阵 $\boldsymbol{B}$ 是对调方阵 $\boldsymbol{A}$ 的一、二列所得，所以$|\boldsymbol{B}|=-|\boldsymbol{A}|$，再由$|\boldsymbol{A}|\neq|\boldsymbol{B}|$，有$-|\boldsymbol{A}|\neq|\boldsymbol{A}|$，所以$|\boldsymbol{A}|\neq0$，故答案应选 B。

1.6.2　矩阵

1. 矩阵的概念

(1) 定义：$m\times n$ 个数排成的 m 行 n 列的表格。

$$\begin{bmatrix}a_{11}&a_{12}&\cdots&a_{1n}\\a_{21}&a_{22}&\cdots&a_{2n}\\\vdots&\vdots&&\vdots\\a_{m1}&a_{m2}&\cdots&a_{mn}\end{bmatrix}\tag{1-115}$$

称为 $m\times n$ 矩阵，简记为 $\boldsymbol{A}=(a_{ij})_{m\times n}$。数 a_{ij}称为矩阵 $\boldsymbol{A}$ 的第 i 行第 j 列元素。当 $m=n$ 时，称 $\boldsymbol{A}$ 为 n 阶方阵，称$-\boldsymbol{A}=(-a_{ij})_{m\times n}$为 $\boldsymbol{A}$ 的负矩阵。

(2) 矩阵的相等。同型矩阵：两个矩阵 $\boldsymbol{A}=(a_{ij})_{m\times n},\boldsymbol{B}=(b_{ij})_{s\times t}$，如果 $m=s,n=t$，则称 $\boldsymbol{A}$ 与 $\boldsymbol{B}$ 是同型矩阵。

矩阵相等：两个同型矩阵 $\boldsymbol{A}=(a_{ij})_{m\times n}$，$\boldsymbol{B}=(b_{ij})_{s\times t}$的对应元素都相等，即 $a_{ij}=b_{ij}(i=1,2,\cdots,n)$，则称 $\boldsymbol{A}$ 与 $\boldsymbol{B}$ 相等，记为 $\boldsymbol{A}=\boldsymbol{B}$。

2. 矩阵的运算

（1）矩阵线性运算及运算规律。

1）设 $\boldsymbol{A}=(a_{ij})_{m\times n}$，$\boldsymbol{B}=(b_{ij})_{m\times n}$，则 $\boldsymbol{A}$ 与 $\boldsymbol{B}$ 的和 $\boldsymbol{A}+\boldsymbol{B}=(a_{ij}+b_{ij})_{m\times n}$。

2）设 $\boldsymbol{A}=(a_{ij})_{m\times n}$，$k$ 是一个常数，数 k 与 $\boldsymbol{A}$ 的数乘 $k\boldsymbol{A}=(ka_{ij})_{m\times n}$。

3）运算规律。

①$\boldsymbol{A}+\boldsymbol{B}=\boldsymbol{B}+\boldsymbol{A},(\boldsymbol{A}+\boldsymbol{B})+\boldsymbol{C}=\boldsymbol{A}+(\boldsymbol{B}+\boldsymbol{C}),\boldsymbol{A}+0=\boldsymbol{A},\boldsymbol{A}+(-\boldsymbol{A})=0$

②$k(l\boldsymbol{A})=(kl)\boldsymbol{A},(k+l)\boldsymbol{A}=k\boldsymbol{A}+l\boldsymbol{A},k(\boldsymbol{A}+\boldsymbol{B})=k\boldsymbol{A}+k\boldsymbol{B},1\boldsymbol{A}=\boldsymbol{A}$

③$0\boldsymbol{A}=0,(-1)\boldsymbol{A}=-\boldsymbol{A}$

（2）矩阵乘法及运算规律。

1）定义：设 $\boldsymbol{A}=(a_{ij})_{m\times k}$，$\boldsymbol{B}=(b_{ij})_{k\times n}$，$\boldsymbol{A}$ 与 $\boldsymbol{B}$ 的乘积 $\boldsymbol{AB}=(c_{ij})_{m\times n}$，其中

$$c_{ij}=a_{i1}b_{1j}+a_{i2}b_{2j}+\cdots+a_{is}b_{sj}=\sum_{k=1}a_{ik}b_{kj}(i=1,2,\cdots,m;j=1,2,\cdots,n) \tag{1-116}$$

2）乘法运算规律。

①$\boldsymbol{AB}\neq\boldsymbol{BA}$

②$(\boldsymbol{AB})\boldsymbol{C}=\boldsymbol{A}(\boldsymbol{BC})$

$\boldsymbol{A}(\boldsymbol{B}+\boldsymbol{C})=\boldsymbol{AB}+\boldsymbol{AC}$

$(\boldsymbol{B}+\boldsymbol{C})\boldsymbol{A}=\boldsymbol{BA}+\boldsymbol{CA}$

$(k\boldsymbol{A})(l\boldsymbol{B})=(kl)\boldsymbol{AB}$

③$\boldsymbol{AE}=\boldsymbol{A}$

$\boldsymbol{EA}=\boldsymbol{A}$

$\boldsymbol{AO}=\boldsymbol{O}$

$\boldsymbol{OA}=\boldsymbol{O}$

3）方阵的幂及运算规律。$\boldsymbol{A}$ 为 n 阶方阵，称 $\boldsymbol{A}^n=\overbrace{\boldsymbol{A}\cdot\boldsymbol{A}\cdots\boldsymbol{A}}^{n个}$ 为 A 的 n 次幂，则有

$$\boldsymbol{A}^k\boldsymbol{A}^l=\boldsymbol{A}^{k+l},(\boldsymbol{A}^k)^l=\boldsymbol{A}^{kl},(\boldsymbol{A}^k)^{\mathrm{T}}=(\boldsymbol{A}^{\mathrm{T}})^k,(l\boldsymbol{A})^k=l^k\boldsymbol{A}^k$$

（3）转置矩阵及性质。

1）设 $\boldsymbol{A}=(a_{ij})_{m\times n}$，$\boldsymbol{A}$ 的转置矩阵 $\boldsymbol{A}^{\mathrm{T}}=(a_{ji})_{n\times m}$。

2）性质

$$(\boldsymbol{A}^{\mathrm{T}})^{\mathrm{T}}=\boldsymbol{A},(k\boldsymbol{A})^{\mathrm{T}}=k\boldsymbol{A}^{\mathrm{T}},(\boldsymbol{A}+\boldsymbol{B})^{\mathrm{T}}=\boldsymbol{A}^{\mathrm{T}}+\boldsymbol{B}^{\mathrm{T}},(\boldsymbol{AB})^{\mathrm{T}}=\boldsymbol{B}^{\mathrm{T}}\boldsymbol{A}^{\mathrm{T}} \tag{1-117}$$

（4）方阵的行列式。

1）由 n 阶方阵 $\boldsymbol{A}=(a_{ij})_{m\times n}$的元素构成的行列式 $\begin{vmatrix} a_{11} & a_{12} & \cdots & a_{1n} \\ a_{21} & a_{22} & \cdots & a_{2n} \\ \vdots & \vdots & & \vdots \\ a_{n1} & a_{n2} & \cdots & a_{nn} \end{vmatrix}$ 称为方阵 $\boldsymbol{A}$ 的行列式，记为$|\boldsymbol{A}|$或 $\det\boldsymbol{A}$。

2）性质：设 $\boldsymbol{A}$，$\boldsymbol{B}$ 都是 n 阶方阵，则

$|\boldsymbol{A}^{\mathrm{T}}|=|\boldsymbol{A}|,|k\boldsymbol{A}|=k^n|\boldsymbol{A}|,|\boldsymbol{AB}|=|\boldsymbol{A}||\boldsymbol{B}|,|\boldsymbol{A}^k|=|\boldsymbol{A}|^k,|\boldsymbol{A}^{-1}|=|\boldsymbol{A}|^{-1}$

（5）矩阵运算要重点注意的两点。

1）矩阵乘法不满足交换律，即 $\boldsymbol{AB} \neq \boldsymbol{BA}$，由此造成以下式子不成立

$$(\boldsymbol{A}+\boldsymbol{B})^2 \neq \boldsymbol{A}^2+2\boldsymbol{AB}+\boldsymbol{B}^2,(\boldsymbol{A}+\boldsymbol{B})(\boldsymbol{A}-\boldsymbol{B}) \neq \boldsymbol{A}^2-\boldsymbol{B}^2 \qquad (1\text{-}118)$$

$$(\boldsymbol{AB})^k \neq \boldsymbol{A}^k\boldsymbol{B}^k$$

2）矩阵运算不满足消去律，即由 $\boldsymbol{AB}=\boldsymbol{AC}$，且 $\boldsymbol{A} \neq 0$ 不能推出 $\boldsymbol{B}=\boldsymbol{C}$。只有当方阵 $\boldsymbol{A}$ 可逆时，该结论才能成立，由此造成以下结论不成立。

①由 $\boldsymbol{AB}=0$，且 $\boldsymbol{A} \neq 0$ 不能推出 $\boldsymbol{B}=0$。

②由 $\boldsymbol{A}^2=\boldsymbol{A}$，不能推出 $\boldsymbol{A}=\boldsymbol{E}$ 或 $\boldsymbol{A}=0$，当且仅当方阵 $\boldsymbol{A}$ 可逆时有 $\boldsymbol{A}=\boldsymbol{E}$；当且仅当方阵$\boldsymbol{A}-\boldsymbol{E}$ 可逆时有 $\boldsymbol{A}=0$。

③由 $\boldsymbol{A}^2=0$ 不能推出 $\boldsymbol{A}=0$，当 $\boldsymbol{A}$ 为对称阵（$\boldsymbol{A}^{\mathrm{T}}=\boldsymbol{A}$）时，命题才成立。

3. 几类特殊矩阵

（1）零矩阵：元素都是 0 的矩阵称为零矩阵，记为 $\boldsymbol{O}$。

（2）行（列）矩阵：$\boldsymbol{A}=(a_{11},a_{12},\cdots,a_{1n})$ 称为行矩阵，常称为行向量；$\boldsymbol{B}=\begin{bmatrix} b_{11} \\ b_{21} \\ \vdots \\ b_{m1} \end{bmatrix}$ 称为列矩阵，常称为列向量。

（3）单位矩阵

$$\boldsymbol{E}(\text{或 }\boldsymbol{I})=\begin{bmatrix} 1 & & & \\ & 1 & & \\ & & \ddots & \\ & & & 1 \end{bmatrix} \qquad (1\text{-}119)$$

（4）对角矩阵

$$\boldsymbol{\Lambda}=\begin{bmatrix} \lambda_1 & & & \\ & \lambda_2 & & \\ & & \ddots & \\ & & & \lambda_n \end{bmatrix} \qquad (1\text{-}120)$$

数量矩阵

$$a\boldsymbol{E}=\begin{bmatrix} a & & & \\ & a & & \\ & & \ddots & \\ & & & a \end{bmatrix} \qquad (1\text{-}121)$$

（5）上（下）三角矩阵：设 $\boldsymbol{A}=(a_{ij})_{n\times n}$，如果 $\boldsymbol{A}$ 满足 $a_{ij}=0(i>j)$，即

$$\boldsymbol{A}=\begin{bmatrix} a_{11} & a_{12} & \cdots & a_{1n} \\ & a_{22} & \cdots & a_{2n} \\ & & \ddots & \vdots \\ & & & a_{nn} \end{bmatrix} \qquad (1\text{-}122)$$

则称 $\boldsymbol{A}$ 为上三角矩阵。如果 $\boldsymbol{A}$ 满足 $a_{ij}=0(i<j)$，则称 $\boldsymbol{A}$ 为下三角矩阵。

(6) 对称矩阵：设$\boldsymbol{A}=(a_{ij})_{n\times n}$，如果$\boldsymbol{A}$满足$\boldsymbol{A}^{\mathrm{T}}=\boldsymbol{A}$，即$a_{ij}=a_{ji}(i,j=1,2,\cdots,n)$，则称$\boldsymbol{A}$为对称矩阵。

(7) 反对称矩阵：设$\boldsymbol{A}=(a_{ij})_{n\times n}$，如果$\boldsymbol{A}$满足$\boldsymbol{A}^{\mathrm{T}}=-\boldsymbol{A}$，即$a_{ij}=-a_{ji}(i=1,2,\cdots,n)$，则称$\boldsymbol{A}$为反对称矩阵。

(8) 非奇异矩阵：设$\boldsymbol{A}$为n阶方阵，如果$|\boldsymbol{A}|\neq 0$，则称$\boldsymbol{A}$为非奇异矩阵；如果$|\boldsymbol{A}|=0$则称A为奇异矩阵。

(9) 正交矩阵：设$\boldsymbol{A}$为n阶方阵，如果$\boldsymbol{A}^{\mathrm{T}}\boldsymbol{A}=\boldsymbol{A}\boldsymbol{A}^{\mathrm{T}}=\boldsymbol{E}$，则称$\boldsymbol{A}$为正交矩阵。

4. 矩阵的初等变换

(1) 初等变换。对矩阵进行的以下三种变换：①交换两行(列)；②以数$k(\neq 0)$乘某一行(列)的所有元素；③某一行(列)的所有元素加上另一行(列)对应元素的k倍，称为矩阵的初等行(列)变换。初等行(列)变换统称为初等变换。

(2) 初等矩阵。由单位矩阵E经过一次初等变换得到的矩阵称为初等矩阵，共3类：

1) $\boldsymbol{E}(i,j)$ ——交换$\boldsymbol{E}$的i,j行(列)所得的初等矩阵；用$\boldsymbol{E}(i,j)$左(右)乘$\boldsymbol{A}$，相当于将$\boldsymbol{A}$的第i行(列)和第j行(列)交换。

2) $\boldsymbol{E}[i(k)]$——$\boldsymbol{E}$的第i行(列)乘数$k(\neq 0)$所得的初等矩阵；用$\boldsymbol{E}[i(k)]$左(右)乘$\boldsymbol{A}$相当于将$\boldsymbol{A}$的第i行(列)乘以数k。

3) $\boldsymbol{E}[i,j(k)]$——将$\boldsymbol{E}$的i行(j列)加上j行(i列)的k倍所得的初等矩阵；用$\boldsymbol{E}[i,j(k)]$左(右)乘$\boldsymbol{A}$相当于在$\boldsymbol{A}$的i行(j列)上加上j行(i列)的k倍。

注意： 初等矩阵是可逆的，且逆矩阵是同类型的初等矩阵。

(3) 等价矩阵。如果矩阵$\boldsymbol{A}$经过有限次初等变换变成矩阵$\boldsymbol{B}$，则称矩阵$\boldsymbol{A}$与$\boldsymbol{B}$等价，记为$\boldsymbol{A}\sim\boldsymbol{B}$。

1) $\boldsymbol{A}\sim\boldsymbol{B}\Leftrightarrow\boldsymbol{A}$与$\boldsymbol{B}$同型且有相同的秩。

2) $\boldsymbol{A}\sim\boldsymbol{B}\Leftrightarrow$存在可逆矩阵$\boldsymbol{P},\boldsymbol{Q}$，使$\boldsymbol{PAQ}=\boldsymbol{B}$。

3) 可逆矩阵与单位矩阵等价。

5. 可逆矩阵与逆矩阵

(1) 伴随矩阵及性质。

1) 定义：设$\boldsymbol{A}=(a_{ij})_{n\times n}$，由$\boldsymbol{A}$的行列式$|\boldsymbol{A}|$的代数余子式构成的矩阵

$$\begin{bmatrix} A_{11} & A_{21} & \cdots & A_{n1} \\ A_{12} & A_{22} & \cdots & A_{n2} \\ \vdots & \vdots & & \vdots \\ A_{1n} & A_{2n} & \cdots & A_{nn} \end{bmatrix}$$

称为$\boldsymbol{A}$的伴随矩阵，记为$\boldsymbol{A}^*$。

注意： 二阶方阵的伴随矩阵具有“主对角线互换，副对角线变号”的规律。

2) 伴随矩阵的性质。

①$(k\boldsymbol{A})^*=k^{n-1}\boldsymbol{A}^*$，$(\boldsymbol{AB})^*=\boldsymbol{B}^*\boldsymbol{A}^*$，$(\boldsymbol{A}^k)^*=(\boldsymbol{A}^*)^k$，$(\boldsymbol{A}^{-1})^*=(\boldsymbol{A}^*)^{-1}$。

②$|\boldsymbol{A}^*|=|\boldsymbol{A}|^{n-1}$，$(\boldsymbol{A}^*)^*=|\boldsymbol{A}|^{n-2}\boldsymbol{A}$。

③$AA^*=A^*A=|A|E$（无论 A 是否可逆，该式总成立）。

④$A^*=|A|A^{-1}$（当 A 可逆时，常用该式推证 A^* 的有关结果）。

⑤$(A^*)^{-1}=\frac{1}{|A|}A$（该式用于求伴随矩阵的逆矩阵），$(A^*)^{-1}=(A^*)^*$。

⑥$r(A^*)=\begin{cases}n, r(A)=n\\1, r(A)=n-1\\0, r(A)<n-1\end{cases}$

（2）可逆矩阵与逆矩阵。

1）定义：设 A 是 n 阶方阵，如果存在 n 阶方阵 B，使 $AB=BA=E$，则称 A 是可逆矩阵，B 是 A 的逆矩阵。A 的逆矩阵唯一，记为 A^{-1}。

2）逆矩阵的性质。

①$(A^{-1})^{-1}=A$，$(kA)^{-1}=\frac{1}{k}A^{-1}(k\neq 0)$，$(AB)^{-1}=B^{-1}A^{-1}$，$(A^k)^{-1}=(A^{-1})^k$

②$(A^{\mathrm{T}})^{-1}=(A^{-1})^{\mathrm{T}}$，$|A^{-1}|=\frac{1}{|A|}$

③$\begin{pmatrix}A & 0\\0 & B\end{pmatrix}^{-1}=\begin{pmatrix}A^{-1} & 0\\0 & B^{-1}\end{pmatrix}$，$\begin{pmatrix}0 & A\\B & 0\end{pmatrix}^{-1}=\begin{pmatrix}0 & A^{-1}\\B^{-1} & 0\end{pmatrix}$

注意：$(A+B)^{-1}\neq A^{-1}+B^{-1}$。

3）矩阵可逆的充分必要条件。

定理：n 阶方阵 A 可逆的充分必要条件为 $|A|\neq 0$，且 $A^{-1}=\frac{1}{|A|}A^*$。其中 A^* 是 A 的伴随矩阵。

4）求逆矩阵的方法。

方法一：利用公式 $A^{-1}=\frac{1}{|A|}A^*$，主要用于低阶矩阵。

方法二：利用初等变换 $(A \vdots E)\xrightarrow{\text{初等行变换}}(E \vdots A^{-1})$。

【例 1-136】设 A 是 3 阶矩阵，矩阵 A 的第 1 行的 2 倍加到第 2 行，得矩阵 B，则以下选项中成立的是（　　）。

A. B 的第 1 行的−2 倍加到第 2 行得 A

B. B 的第 1 行的−2 倍加到第 2 列得 A

C. B 的第 2 行的−2 倍加到第 1 行得 A

D. B 的第 2 列的−2 倍加到第 1 列得 A

解：由于矩阵 B 是将矩阵 A 的第 1 行的 2 倍加到第 2 行而得到，即矩阵 B 是由矩阵 A 经过一次初等行变换而得到，要由矩阵 B 得到矩阵 A，只要对矩阵 B 作上述变换的逆变换则可，即将 B 的第 1 行的−2 倍加到第 2 行可得 A，故答案应选 A。

【例 1-137】设 $A=\begin{pmatrix}1 & 0 & 1\\0 & 1 & 2\\-2 & 0 & -3\end{pmatrix}$，则 $A^{-1}=$（　　）。

A. $\begin{pmatrix}3&0&1\\4&1&2\\2&0&1\end{pmatrix}$　　B. $\begin{pmatrix}3&0&1\\4&1&2\\-2&0&-1\end{pmatrix}$　　C. $\begin{pmatrix}-3&0&-1\\4&1&2\\-2&0&-1\end{pmatrix}$　　D. $\begin{pmatrix}3&0&1\\-4&-1&-2\\2&0&1\end{pmatrix}$

解：$\begin{pmatrix}1&0&1&1&0&0\\0&1&2&0&1&0\\-2&0&-3&0&0&1\end{pmatrix}\sim\begin{pmatrix}1&0&1&1&0&0\\0&1&2&0&1&0\\0&0&-1&2&0&1\end{pmatrix}\sim\begin{pmatrix}1&0&0&3&0&1\\0&1&0&4&1&2\\0&0&1&-2&0&-1\end{pmatrix}$，$\boldsymbol{A}^{-1}=$ $\begin{pmatrix}3&0&1\\4&1&2\\-2&0&-1\end{pmatrix}$，故答案应选 B。

【例 1-138】若矩阵 $\boldsymbol{A}=\begin{pmatrix}1&0&0\\0&-1&-1\\0&0&1\end{pmatrix}$，$\boldsymbol{I}=\begin{pmatrix}1&0&0\\0&1&0\\0&0&1\end{pmatrix}$，则矩阵 $(\boldsymbol{A}-2\boldsymbol{I})^{-1}(\boldsymbol{A}^2-4\boldsymbol{I})$ 为（　　）。

A. $\begin{pmatrix}3&0&0\\0&1&-1\\0&0&3\end{pmatrix}$　　B. $\begin{pmatrix}3&0&0\\0&1&0\\0&0&3\end{pmatrix}$　　C. $\begin{pmatrix}3&0&0\\0&1&1\\0&0&3\end{pmatrix}$　　D. $\begin{pmatrix}2&0&0\\0&-2&-2\\0&0&2\end{pmatrix}$

解：因 $(\boldsymbol{A}-2\boldsymbol{I})^{-1}(\boldsymbol{A}^2-4\boldsymbol{I})=(\boldsymbol{A}-2\boldsymbol{I})^{-1}(\boldsymbol{A}-2\boldsymbol{I})(\boldsymbol{A}+2\boldsymbol{I})=(\boldsymbol{A}+2\boldsymbol{I})$，而

$\boldsymbol{A}+2\boldsymbol{I}=\begin{pmatrix}1&0&0\\0&-1&-1\\0&0&1\end{pmatrix}+\begin{pmatrix}2&0&0\\0&2&0\\0&0&2\end{pmatrix}=\begin{pmatrix}3&0&0\\0&1&-1\\0&0&3\end{pmatrix}$，所以 $(\boldsymbol{A}-2\boldsymbol{I})^{-1}(\boldsymbol{A}^2-4\boldsymbol{I})=\begin{pmatrix}3&0&0\\0&1&-1\\0&0&3\end{pmatrix}$。

故答案应选 A。

【例 1-139】$\boldsymbol{A}$ 为 n 阶方阵（$n\geqslant 2$），且 $|\boldsymbol{A}|=a$，$\boldsymbol{A}^*$ 为 $\boldsymbol{A}$ 的伴随矩阵，则行列式 $|\boldsymbol{A}\boldsymbol{A}^*|$ 等于（　　）。

A. a^n　　B. a　　C. $|a|$　　D. $a\boldsymbol{I}$（$\boldsymbol{I}$ 为单位矩阵）

解：$\boldsymbol{A}^{-1}=\dfrac{1}{|\boldsymbol{A}|}\boldsymbol{A}^*\Rightarrow\boldsymbol{A}^*=|\boldsymbol{A}|\boldsymbol{A}^{-1}=a\boldsymbol{A}^{-1}$，所以 $|\boldsymbol{A}\boldsymbol{A}^*|=|\boldsymbol{A}a\boldsymbol{A}^{-1}|=|a\boldsymbol{A}\boldsymbol{A}^{-1}|=|a\boldsymbol{I}|=a^n|\boldsymbol{I}|=a^n$，故答案应选 A。

6. 矩阵的秩

（1）有关概念。

1）矩阵的子式：从 m×n 矩阵 $\boldsymbol{A}$ 种任取 k 行 k 列（$k\leqslant\min\{m,n\}$），由位于这些行列交叉处的 k^2 个元素按原顺序构成的 k 阶行列式称为 $\boldsymbol{A}$ 的 k 阶子式。

2）矩阵的秩：矩阵 $\boldsymbol{A}$ 的非零子式的最高阶数称为 $\boldsymbol{A}$ 的秩，记为 $r(\boldsymbol{A})$、$R(\boldsymbol{A})$ 或 rank$\boldsymbol{A}$。零矩阵的秩规定为 0。

3）满秩矩阵：设 $\boldsymbol{A}$ 是 $m\times n$ 矩阵，若 $r(\boldsymbol{A})=m$，称 $\boldsymbol{A}$ 为行满秩矩阵；若 $r(\boldsymbol{A})=n$，称 $\boldsymbol{A}$ 为列满秩矩阵；若 $\boldsymbol{A}$ 是 n 阶方阵，且 $r(\boldsymbol{A})=n$，称 $\boldsymbol{A}$ 为满秩矩阵（或非退化矩阵）；若 $r(\boldsymbol{A})<n$，称 $\boldsymbol{A}$ 为降秩矩阵（或退化矩阵）。

（2）求矩阵秩的方法：用初等行变换把矩阵 $\boldsymbol{A}$ 变成行阶梯形矩阵，这个阶梯形矩阵中非零的行的个数就是原矩阵 $\boldsymbol{A}$ 的秩。

（3）与矩阵的秩有关的重要结论。

1) $r(\boldsymbol{A})=r(\boldsymbol{A}^{\mathrm{T}})=r(\boldsymbol{A}^{\mathrm{T}}\boldsymbol{A})$

2) 若 $\boldsymbol{A}\neq 0$,则 $r(\boldsymbol{A})\geqslant 0$

3) $r(\boldsymbol{A}\pm\boldsymbol{B})\leqslant r(\boldsymbol{A})+r(\boldsymbol{B})$

4) $r(\boldsymbol{AB})\leqslant \min\{r(\boldsymbol{A}),r(\boldsymbol{B})\}$

5) 若 $\boldsymbol{A}$ 可逆,则 $r(\boldsymbol{AB})=r(\boldsymbol{B})$;若 $\boldsymbol{B}$ 可逆,则 $r(\boldsymbol{AB})=r(\boldsymbol{A})$

6) 若 $\boldsymbol{A}$ 为 $m\times n$ 矩阵,$\boldsymbol{B}$ 为 $n\times s$ 矩阵,若 $\boldsymbol{AB}=0$,则 $r(\boldsymbol{A})+r(\boldsymbol{B})\leqslant n$

7) 若 $\boldsymbol{A}+\boldsymbol{B}=k\boldsymbol{E}$,则 $r(\boldsymbol{A})+r(\boldsymbol{B})\geqslant n$(其中 $k\neq 0$ 为常数)

8) 设 $\boldsymbol{A}$ 是 n 阶矩阵,且 $\boldsymbol{A}^2=\boldsymbol{A}$,则 $r(\boldsymbol{A})+r(\boldsymbol{E}-\boldsymbol{A})=n$。

【例 1-140】已知矩阵 $\boldsymbol{A}=\begin{pmatrix}1&0&0\\0&1&2\\0&2&4\end{pmatrix}$,则 $\boldsymbol{A}$ 的秩 $r(\boldsymbol{A})=($　　$)$。

A. 0　　B. 1　　C. 2　　D. 3

解: $|\boldsymbol{A}|=0$,但 $\boldsymbol{A}$ 中有二阶子式不为零,$r(\boldsymbol{A})=2$,故答案应选 C。

【例 1-141】设 $\boldsymbol{A}=\begin{pmatrix}a_1b_1&a_1b_2&\cdots&a_1b_4\\a_2b_1&a_2b_2&\cdots&a_2b_4\\\vdots&\vdots&\vdots&\vdots\\a_nb_1&a_nb_2&\cdots&a_nb_n\end{pmatrix}$,其中 $a_i\neq 0,b_i\neq 0(i=1,2,\cdots,n)$,则矩阵 $\boldsymbol{A}$ 的秩等于(　　)。

A. n　　B. 0　　C. 1　　D. 2

解: 显然,矩阵 $\boldsymbol{A}$ 的所有行都与第一行成比例,故秩等于 1,故答案应选 C。

【例 1-142】设 $\boldsymbol{A}=\begin{pmatrix}1&-1&2\\2&1&1\\-1&1&-2\end{pmatrix}$,$\boldsymbol{B}=\begin{pmatrix}2&a&1\\0&3&a\\0&0&-1\end{pmatrix}$,则秩 $r(\boldsymbol{AB}-\boldsymbol{A})=($　　$)$。

A. 1　　B. 2　　C. 3　　D. 与 a 的取值有关

解: $\boldsymbol{AB}-\boldsymbol{A}=\boldsymbol{A}(\boldsymbol{B}-\boldsymbol{E})$,$\boldsymbol{B}-\boldsymbol{E}=\begin{pmatrix}1&a&1\\0&2&a\\0&0&-2\end{pmatrix}$ 是满秩矩阵,显然 $\boldsymbol{A}=\begin{pmatrix}1&-1&2\\2&1&1\\-1&1&-2\end{pmatrix}$ 的秩为 2,故 $r(\boldsymbol{AB}-\boldsymbol{A})=2$,故答案应选 B。

【例 1-143】设 $\boldsymbol{A},\boldsymbol{B}$ 均为 n 阶非零矩阵,且 $\boldsymbol{AB}=\boldsymbol{0}$,则 $r(\boldsymbol{A}),r(\boldsymbol{B})$ 满足(　　)。

A. 必有一个等于 0　　B. 都小于 n

C. 一个小于 n,一个等于 n　　D. 都等于 n

解: 由 $\boldsymbol{AB}=\boldsymbol{0}$,有 $r(\boldsymbol{A})+r(\boldsymbol{B})\leqslant n$;又 $\boldsymbol{A},\boldsymbol{B}$ 均为非零矩阵,$r(\boldsymbol{A})>0,r(\boldsymbol{B})>0$,故 $r(\boldsymbol{A}),r(\boldsymbol{B})$ 都小于 n,故答案应选 B。

【例 1-144】设 3 阶矩阵 $\boldsymbol{A}=\begin{pmatrix}1&1&a\\1&a&1\\a&1&1\end{pmatrix}$,已知 $\boldsymbol{A}$ 的伴随矩阵的秩为 1,则 $a=($　　$)$。

A. -2　　B. -1　　C. 1　　D. 2

解:由 A 的伴随矩阵的秩为 1 知 A 的行列式为零,由 $|A| = \begin{vmatrix} 1 & 1 & a \\ 1 & a & 1 \\ a & 1 & 1 \end{vmatrix} = \begin{vmatrix} a+2 & 1 & a \\ a+2 & a & 1 \\ a+2 & 1 & 1 \end{vmatrix} =$ $(a+2)\begin{vmatrix} 1 & 1 & a \\ 1 & a & 1 \\ 1 & 1 & 1 \end{vmatrix} = (a+2)\begin{vmatrix} 0 & 0 & a-1 \\ 0 & a-1 & 0 \\ 1 & 1 & 1 \end{vmatrix} = -(a+2)(a-1)^2 = 0$,得 $a=1, a=-2$。当 $a=1$ 时,A 二阶子式全为零,其伴随矩阵的秩不可能为 1,则 $a=-2$,故答案应选 A。

1.6.3 *n* 维向量的线性相关性

1. 基本概念

(1) n 维向量定义。数域 F 上的 n 个数 $a_1, a_2, \cdots, a_n$ 构成的有序数组 $(a_1, a_2, \cdots, a_n)^T$,称为数域 F 上的一个 n 维向量,其中 a_i 称为第 i 个分量,记作 $\boldsymbol{\alpha} = (a_1, a_2, \cdots, a_n)^T$。

(2) 向量组的线性组合。由 s 个 n 维向量 $\boldsymbol{\alpha}_1, \boldsymbol{\alpha}_2, \cdots, \boldsymbol{\alpha}_s$ 及 s 个数 $k_1, k_2, \cdots, k_s$ 构成的向量

$$k_1\boldsymbol{\alpha}_1 + k_2\boldsymbol{\alpha}_2 + \cdots + k_s\boldsymbol{\alpha}_s$$

称为向量组 $\boldsymbol{\alpha}_1, \boldsymbol{\alpha}_2, \cdots, \boldsymbol{\alpha}_s$ 的一个线性组合,数 $k_1, k_2, \cdots, k_s$ 称为组合系数。

(3) 一个向量由一个向量组线性表示。如果 n 维向量 $\boldsymbol{\beta}$ 能表示成向量组 $\boldsymbol{\alpha}_1, \boldsymbol{\alpha}_2, \cdots, \boldsymbol{\alpha}_s$ 的线性组合,即

$$\boldsymbol{\beta} = k_1\boldsymbol{\alpha}_1 + k_2\boldsymbol{\alpha}_2 + \cdots + k_s\boldsymbol{\alpha}_s$$

则称 $\boldsymbol{\beta}$ 可以由 $\boldsymbol{\alpha}_1, \boldsymbol{\alpha}_2, \cdots, \boldsymbol{\alpha}_s$ 线性表示,或称 $\boldsymbol{\beta}$ 是 $\boldsymbol{\alpha}_1, \boldsymbol{\alpha}_2, \cdots, \boldsymbol{\alpha}_s$ 的线性组合。

注意:(1) 零向量是任一组向量的线性组合。

(2) 向量组 $\boldsymbol{\alpha}_1, \boldsymbol{\alpha}_2, \cdots, \boldsymbol{\alpha}_s$ 中的任一向量 $\boldsymbol{\alpha}_j (1 \leqslant j \leqslant s)$ 都是此向量组的线性组合。

(3) 任一 n 维向量组 $\boldsymbol{\alpha} = (\boldsymbol{\alpha}_1, \boldsymbol{\alpha}_2, \cdots, \boldsymbol{\alpha}_n)^T$ 都是 n 维基本单位向量组 $\boldsymbol{\varepsilon}_1 = (1, 0, \cdots, 0), \boldsymbol{\varepsilon}_2 = (0, 1, \cdots, 0), \cdots, \boldsymbol{\varepsilon}_n = (0, 0, \cdots, 1)$ 的线性组合,且

$$\boldsymbol{\alpha} = a_1\boldsymbol{\varepsilon}_1 + a_2\boldsymbol{\varepsilon}_2 + \cdots + a_n\boldsymbol{\varepsilon}_n$$

(4) 向量组的线性相关、线性无关。对于 n 维向量组 $\boldsymbol{\alpha}_1, \boldsymbol{\alpha}_2, \cdots, \boldsymbol{\alpha}_s$,如果存在一组不全为零的数 $k_1, k_2, \cdots, k_s$,使得 $k_1\boldsymbol{\alpha}_1 + k_2\boldsymbol{\alpha}_2 + \cdots + k_s\boldsymbol{\alpha}_s = 0$,则称 $\boldsymbol{\alpha}_1, \boldsymbol{\alpha}_2, \cdots, \boldsymbol{\alpha}_s$ 线性相关;如果仅当 $k_1 = k_2 = \cdots = k_s = 0$ 时,才有 $k_1\boldsymbol{\alpha}_1 + k_2\boldsymbol{\alpha}_2 + \cdots + k_s\boldsymbol{\alpha}_s = 0$,或者说,只要 $k_1, k_2, \cdots, k_s$ 不全为零,必有 $k_1\boldsymbol{\alpha}_1 + k_2\boldsymbol{\alpha}_2 + \cdots + k_s\boldsymbol{\alpha}_s \neq 0$,则称 $\boldsymbol{\alpha}_1, \boldsymbol{\alpha}_2, \cdots, \boldsymbol{\alpha}_s$ 线性无关。

注意:(1) 单个非零向量线性无关。

(2) 两个向量线性相关⇔对应分量成比例。

(3) 含零向量的向量组一定线性相关。

(4) 基本单位向量组线性无关。

(5) 向量组的极大无关组。

设有向量组 $\boldsymbol{A}$,如果 $\boldsymbol{A}$ 中存在 r 个向量 $\boldsymbol{\alpha}_1, \boldsymbol{\alpha}_2, \cdots, \boldsymbol{\alpha}_r$,满足

1) $\boldsymbol{\alpha}_1, \boldsymbol{\alpha}_2, \cdots, \boldsymbol{\alpha}_r$ 线性无关。

2) $\boldsymbol{A}$ 中任一个向量都可由 $\boldsymbol{\alpha}_1, \boldsymbol{\alpha}_2, \cdots, \boldsymbol{\alpha}_r$ 线性表示,则称 $\boldsymbol{\alpha}_1, \boldsymbol{\alpha}_2, \cdots, \boldsymbol{\alpha}_r$ 是向量组 $\boldsymbol{A}$ 的极大无关组。一般一个向量组的极大无关组不是唯一的,但极大无关组所含向量的个数 r 是固定

的，并且向量组 $\boldsymbol{A}$ 中任意 r 个线性无关的向量都可构成一个极大无关组。

（6）向量组的秩。

向量组 $\boldsymbol{A}$ 的极大无关组所含向量的个数 r 就是该向量组的秩。一个矩阵的秩等于它的列向量组的秩，也等于它的行向量组的秩。

2. 重要结论

（1）向量组 $\boldsymbol{\alpha}_1,\boldsymbol{\alpha}_2,\cdots,\boldsymbol{\alpha}_m(m\geqslant 2)$ 线性相关的充分必要条件是其中至少有一个向量可由其余 $m-1$ 个向量线性表示。

（2）如果向量组 $\boldsymbol{\alpha}_1,\boldsymbol{\alpha}_2,\cdots,\boldsymbol{\alpha}_m$ 线性无关，而向量组 $\boldsymbol{\alpha}_1,\boldsymbol{\alpha}_2,\cdots,\boldsymbol{\alpha}_m,\boldsymbol{\beta}$ 线性相关，则 $\boldsymbol{\beta}$ 可由 $\boldsymbol{\alpha}_1,\boldsymbol{\alpha}_2,\cdots,\boldsymbol{\alpha}_m$ 线性表示，且表示式唯一。

（3）如果向量组 $\boldsymbol{\alpha}_1,\boldsymbol{\alpha}_2,\cdots,\boldsymbol{\alpha}_s$ 可由向量组 $\boldsymbol{\beta}_1,\boldsymbol{\beta}_2,\cdots,\boldsymbol{\beta}_t$ 线性表出，而且 $s>t$，则 $\boldsymbol{\alpha}_1,\boldsymbol{\alpha}_2,\cdots,\boldsymbol{\alpha}_s$ 线性相关。

（4）部分相关，整体相关；整体无关，部分无关。

（5）线性无关的向量组将分量延长后仍线性无关。

（6）向量组所含向量的个数大于维数则一定线性相关。

（7）如果向量组 $\boldsymbol{\alpha}_1,\boldsymbol{\alpha}_2,\cdots,\boldsymbol{\alpha}_s$ 线性无关，且它可由 $\boldsymbol{\beta}_1,\boldsymbol{\beta}_2,\cdots,\boldsymbol{\beta}_t$ 线性表示，则 $s\leqslant t$。

3. 线性相关与线性无关的判别

方法 1：设 $\boldsymbol{\alpha}_1,\boldsymbol{\alpha}_2,\cdots,\boldsymbol{\alpha}_m$ 是一个 n 维列向量组，构造 $n\times m$ 矩阵 $\boldsymbol{A}=(\boldsymbol{\alpha}_1,\boldsymbol{\alpha}_2,\cdots,\boldsymbol{\alpha}_m)$，向量组 $\boldsymbol{\alpha}_1,\boldsymbol{\alpha}_2,\cdots,\boldsymbol{\alpha}_m$ 线性相关$\Leftrightarrow r(\boldsymbol{A})<m$，向量组 $\boldsymbol{\alpha}_1,\boldsymbol{\alpha}_2,\cdots,\boldsymbol{\alpha}_m$ 线性无关$\Leftrightarrow R(\boldsymbol{A})=m$。

特别地，当 $m=n$ 时，向量组 $\boldsymbol{\alpha}_1,\boldsymbol{\alpha}_2,\cdots,\boldsymbol{\alpha}_m$ 线性相关$\Leftrightarrow|\boldsymbol{A}|=0$。

方法 2：假设有数 $k_1,k_2,\cdots,k_s$，使得

$$k_1\boldsymbol{\alpha}_1+k_2\boldsymbol{\alpha}_2+\cdots+k_s\boldsymbol{\alpha}_s=0$$

根据已知条件判断，若 $k_1,k_2,\cdots,k_s$ 至少有一个不为零，则 $\boldsymbol{\alpha}_1,\boldsymbol{\alpha}_2,\cdots,\boldsymbol{\alpha}_s$ 线性相关；若 $k_1,k_2,\cdots,k_s$ 全为零，则 $\boldsymbol{\alpha}_1,\boldsymbol{\alpha}_2,\cdots,\boldsymbol{\alpha}_s$ 线性无关。

【例 1-145】 设 $\boldsymbol{A}$ 为三阶方阵且 $|\boldsymbol{A}|=0$，则在 $\boldsymbol{A}$ 的行向量组中(　　)。

A. 必有一个行向量为零向量

B. 必存在两个行向量，其对应分量成比例

C. 任一个行向量都是其他两个行向量的线性组合

D. 至少有一个行向量是其他两个行向量的线性组合

解： 由 $|\boldsymbol{A}|=0$ 知 $\boldsymbol{A}$ 的行向量组线性相关，至少有一个行向量是其他两个行向量的线性组合，故答案应选 D。

【例 1-146】 n 维向量组 $\boldsymbol{\alpha}_1,\boldsymbol{\alpha}_2,\cdots,\boldsymbol{\alpha}_m$ 线性无关的充分条件(　　)。

A. $\boldsymbol{\alpha}_1,\boldsymbol{\alpha}_2,\cdots,\boldsymbol{\alpha}_m$ 都不是零向量

B. $\boldsymbol{\alpha}_1,\boldsymbol{\alpha}_2,\cdots,\boldsymbol{\alpha}_m$ 中任意两个向量都不成比例

C. $\boldsymbol{\alpha}_1,\boldsymbol{\alpha}_2,\cdots,\boldsymbol{\alpha}_m$ 中任一个向量都不能由其余向量线性表示

D. $m<n$

解： 若向量组 $\boldsymbol{\alpha}_1,\boldsymbol{\alpha}_2,\cdots,\boldsymbol{\alpha}_m$ 线性相关，则其中至少有一个向量可由其余向量线性表示；反之，$\boldsymbol{\alpha}_1,\boldsymbol{\alpha}_2,\cdots,\boldsymbol{\alpha}_m$ 中任一个向量都不能由其余向量线性表示，则该向量组线性无关，故答案应选 C。

【例 1-147】 设 $\boldsymbol{\alpha},\boldsymbol{\beta},\boldsymbol{\gamma},\boldsymbol{\delta}$ 是 n 维向量，已知 $\boldsymbol{\alpha},\boldsymbol{\beta}$ 线性无关，$\boldsymbol{\gamma}$ 可以由 $\boldsymbol{\alpha},\boldsymbol{\beta}$ 线性表示，$\boldsymbol{\delta}$ 不能

由 $\boldsymbol{\alpha},\boldsymbol{\beta}$ 线性表示，则以下选项正确的是(　　)。

A. $\boldsymbol{\alpha},\boldsymbol{\beta},\boldsymbol{\gamma},\boldsymbol{\delta}$ 线性无关　　B. $\boldsymbol{\alpha},\boldsymbol{\beta},\boldsymbol{\gamma}$ 线性无关

C. $\boldsymbol{\alpha},\boldsymbol{\beta},\boldsymbol{\delta}$ 线性相关　　D. $\boldsymbol{\alpha},\boldsymbol{\beta},\boldsymbol{\delta}$ 线性无关

解：$\boldsymbol{\gamma}$ 可以由 $\boldsymbol{\alpha},\boldsymbol{\beta}$ 线性表示，$\boldsymbol{\alpha},\boldsymbol{\beta},\boldsymbol{\gamma}$ 和 $\boldsymbol{\alpha},\boldsymbol{\beta},\boldsymbol{\gamma},\boldsymbol{\delta}$ 都是线性相关，由于 $\boldsymbol{\alpha},\boldsymbol{\beta}$ 线性无关，若 $\boldsymbol{\alpha},\boldsymbol{\beta},\boldsymbol{\delta}$ 线性相关，则 $\boldsymbol{\delta}$ 一定能由 $\boldsymbol{\alpha},\boldsymbol{\beta}$ 线性表示，矛盾，故答案应选 D。

【例 1-148】 已知向量组 $\boldsymbol{\alpha}_1=(3,2,-5)^{\mathrm{T}},\boldsymbol{\alpha}_2=(3,-1,3)^{\mathrm{T}},\boldsymbol{\alpha}_3=\left(1,-\frac{1}{3},1\right)^{\mathrm{T}},\boldsymbol{\alpha}_4=(6,-2,6)^{\mathrm{T}}$，则该向量组的一个极大无关组是(　　)。

A. $\boldsymbol{\alpha}_2,\boldsymbol{\alpha}_4$　　B. $\boldsymbol{\alpha}_3,\boldsymbol{\alpha}_4$　　C. $\boldsymbol{\alpha}_1,\boldsymbol{\alpha}_2$　　D. $\boldsymbol{\alpha}_2,\boldsymbol{\alpha}_3$

解：显然 $\boldsymbol{\alpha}_1,\boldsymbol{\alpha}_2$ 对应坐标不成比例，故线性无关。又 $\boldsymbol{\alpha}_3=0\boldsymbol{\alpha}_1+\frac{1}{3}\boldsymbol{\alpha}_2,\boldsymbol{\alpha}_4=0\boldsymbol{\alpha}_1+2\boldsymbol{\alpha}_2$，所以 $\boldsymbol{\alpha}_1,\boldsymbol{\alpha}_2$ 是一个极大无关组，故答案应选 C。

1.6.4　线性方程组

1. 线性方程组的概念

(1) 含有 n 个未知数 $x_1,x_2,\cdots,x_n$ 的 m 个一次方程的方程组

$$\begin{cases} a_{11}x_1+a_{12}x_2+\cdots+a_{1n}x_n=b_1 \\ a_{21}x_1+a_{22}x_2+\cdots+a_{2n}x_n=b_2 \\ \cdots\cdots \\ a_{m1}x_1+a_{m2}x_2+\cdots+a_{mn}x_n=b_m \end{cases} \tag{1-123}$$

称为 n 个未知数 m 个方程的线性方程组，简称线性方程组。如果 $b_1,b_2,\cdots,b_m$ 不全为零，则为非齐次线性方程组；如果 $b_1=b_2=\cdots=b_m=0$，即

$$\begin{cases} a_{11}x_1+a_{12}x_2+\cdots+a_{1n}x_n=0 \\ a_{21}x_1+a_{22}x_2+\cdots+a_{2n}x_n=0 \\ \cdots\cdots \\ a_{m1}x_1+a_{m2}x_2+\cdots+a_{mn}x_n=0 \end{cases} \tag{1-124}$$

则称为齐次线性方程组。

(2) 矩阵形式：记 $\boldsymbol{A}=\begin{bmatrix} a_{11} & a_{12} & \cdots & a_{1n} \\ a_{21} & a_{22} & \cdots & a_{2n} \\ \vdots & \vdots & & \vdots \\ a_{m1} & a_{m2} & \cdots & a_{mn} \end{bmatrix},\boldsymbol{x}=\begin{bmatrix} x_1 \\ x_2 \\ \vdots \\ x_n \end{bmatrix},\boldsymbol{b}=\begin{bmatrix} b_1 \\ b_2 \\ \vdots \\ b_m \end{bmatrix}$

则方程组(1-123)和方程组(1-124)可分别表示为 $\boldsymbol{Ax}=\boldsymbol{b}$ 和 $\boldsymbol{Ax}=\boldsymbol{0}$，并称 $\boldsymbol{A}$ 为方程组的系数矩阵，$\overline{\boldsymbol{A}}=(\boldsymbol{A}\quad\boldsymbol{b})$ 为方程组(1-123)的增广矩阵。

(3) 向量形式：记，$\boldsymbol{a}_j=\begin{pmatrix} a_{1j} \\ a_{2j} \\ \vdots \\ a_{mj} \end{pmatrix}$，$j=1,2,\cdots,n$

则方程组(1-123)可表示为 $x_1\boldsymbol{a}_1+x_2\boldsymbol{a}_2+\cdots+x_n\boldsymbol{a}_n=\boldsymbol{b}$（方程组的向量形式）。

注意：非齐次线性方程组有解的充分必要条件是其右端向量可由系数矩阵的列向量组线性表示。

方程组(1-124)可表示为 $x_1\boldsymbol{a}_1+x_2\boldsymbol{a}_2+\cdots+x_n\boldsymbol{a}_n=0$。

注意：齐次线性方程组有解的充分必要条件是其系数矩阵的列向量组线性相关。

2. 线性方程组解的判定条件

(1) 齐次线性方程组 $\boldsymbol{A}x=\boldsymbol{0}$ 有非零解(即有无穷多解)的充要条件是：

1) $r(\boldsymbol{A})<n$[只有零解的充要条件是 $r(\boldsymbol{A})=n$]。

2) 系数矩阵的列向量组线性相关。

3) 当 $\boldsymbol{A}$ 为方阵时,齐次线性方程组 $\boldsymbol{A}\boldsymbol{x}=\boldsymbol{0}$ 有非零解的充要条件是 $|\boldsymbol{A}|=0$。

(2) 非齐次线性方程组。

1) $\boldsymbol{A}\boldsymbol{x}=\boldsymbol{b}$ 有解的充要条件是 $r(\boldsymbol{A})=r(\overline{\boldsymbol{A}})$；当 $r(\boldsymbol{A})=r(\overline{\boldsymbol{A}})<n$ 时,$\boldsymbol{A}\boldsymbol{x}=\boldsymbol{b}$ 有无穷多解,当 $r(\boldsymbol{A})=r(\overline{\boldsymbol{A}})=n$ 时,$\boldsymbol{A}\boldsymbol{x}=\boldsymbol{b}$ 有唯一解。

2) 非齐次线性方程组 $\boldsymbol{A}\boldsymbol{x}=\boldsymbol{b}$ 有解的充要条件是 $\boldsymbol{b}$ 可由 $\boldsymbol{a}_1,\boldsymbol{a}_2,\cdots,\boldsymbol{a}_n$ 线性表示；若 $\boldsymbol{a}_1,\boldsymbol{a}_2,\cdots,\boldsymbol{a}_n$ 线性无关,有唯一解；若 $\boldsymbol{a}_1,\boldsymbol{a}_2,\cdots,\boldsymbol{a}_n$ 线性相关,有无穷多解。当 $\boldsymbol{A}$ 为方阵时,即 $m=n$,$\boldsymbol{A}\boldsymbol{x}=\boldsymbol{b}$ 有唯一解的充要条件为 $|\boldsymbol{A}|\neq0$(即 $\boldsymbol{A}$ 可逆),解为 $\boldsymbol{x}=\boldsymbol{A}^{-1}\boldsymbol{b}$。

3) Cramer 法则：当 $\boldsymbol{A}$ 为方阵时,若 $|\boldsymbol{A}|\neq0$,则线性方程组 $\boldsymbol{A}\boldsymbol{x}=\boldsymbol{b}$ 有唯一解。

$$x_1=\frac{D_1}{|\boldsymbol{A}|},x_2=\frac{D_2}{|\boldsymbol{A}|},\cdots,x_n=\frac{D_n}{|\boldsymbol{A}|}$$

其中

$$D_j=\begin{vmatrix} a_{11} & \cdots & a_{1,j-1} & b_1 & a_{1,j+1} & \cdots & a_{1n} \\ \vdots & & \vdots & \vdots & \vdots & & \vdots \\ a_{n1} & \cdots & a_{n,j-1} & b_n & a_{n,j+1} & \cdots & a_{nn} \end{vmatrix}(j=1,2,\cdots,n)$$

3. 线性方程组解的性质

(1) 若 $\boldsymbol{\xi}_1,\boldsymbol{\xi}_2$ 均为齐次线性方程组 $\boldsymbol{A}\boldsymbol{x}=\boldsymbol{0}$ 的解(向量),则 $k_1\boldsymbol{\xi}_1+k_2\boldsymbol{\xi}_2$ 仍然是 $\boldsymbol{A}\boldsymbol{x}=\boldsymbol{0}$ 的解,即齐次线性方程组解的全体构成线性空间。

(2) 若 $\boldsymbol{\xi}_1,\boldsymbol{\xi}_2$ 均为非齐次线性方程组 $\boldsymbol{A}\boldsymbol{x}=\boldsymbol{b}$ 的解(向量),则 $\boldsymbol{\xi}_1-\boldsymbol{\xi}_2$ 为对应的齐次线性方程组 $\boldsymbol{A}\boldsymbol{x}=\boldsymbol{0}$ 的解。

(3) 若 $\boldsymbol{\eta}^*$ 为非齐次线性方程组 $\boldsymbol{A}\boldsymbol{x}=\boldsymbol{b}$ 的一个解,$\boldsymbol{\xi}$ 为对应的齐次线性方程组 $\boldsymbol{A}\boldsymbol{x}=\boldsymbol{0}$ 的解,则 $\boldsymbol{\xi}+\boldsymbol{\eta}^*$ 是非齐次线性方程组 $\boldsymbol{A}\boldsymbol{x}=\boldsymbol{b}$ 的解。

(4) 若 $\boldsymbol{\eta}_1,\boldsymbol{\eta}_2,\cdots,\boldsymbol{\eta}_s$ 是 $\boldsymbol{A}\boldsymbol{x}=\boldsymbol{b}$ 的解, $k_1,k_2,\cdots,k_s$ 为常数,且 $k_1+k_2+\cdots+k_s=1$,则 $k_1\boldsymbol{\eta}_1+k_2\boldsymbol{\eta}_2+\cdots+k_s\boldsymbol{\eta}_s$仍是 $\boldsymbol{A}\boldsymbol{x}=\boldsymbol{b}$ 的解。

4. 线性方程组解的结构

(1) 齐次线性方程组的基础解系：若 $\boldsymbol{\xi}_1,\boldsymbol{\xi}_2,\cdots,\boldsymbol{\xi}_t$ 是齐次线性方程组 $\boldsymbol{A}\boldsymbol{x}=\boldsymbol{0}$ 的线性无关的解(向量),并且 $\boldsymbol{A}\boldsymbol{x}=\boldsymbol{0}$ 的任一解向量均可被 $\boldsymbol{\xi}_1,\boldsymbol{\xi}_2,\cdots,\boldsymbol{\xi}_t$ 线性表出,则称 $\boldsymbol{\xi}_1,\boldsymbol{\xi}_2,\cdots,\boldsymbol{\xi}_t$ 构成 $\boldsymbol{A}\boldsymbol{x}=\boldsymbol{0}$ 的一组基础解系。

注意：齐次线性方程组的基础解系不唯一,但基础解系所含解向量的个数是固定的。

（2）如果齐次线性方程组 $\boldsymbol{Ax}=\boldsymbol{0}$ 的系数矩阵的秩为 r，则它的基础解系含 $n-r$ 个解向量，且通解为

$$\boldsymbol{x}=k_1\boldsymbol{\xi}_1+k_2\boldsymbol{\xi}_2+\cdots+k_{n-r}\boldsymbol{\xi}_{n-r}$$

其中，$\boldsymbol{\xi}_1,\boldsymbol{\xi}_2,\cdots,\boldsymbol{\xi}_{n-r}$ 为 $\boldsymbol{Ax}=\boldsymbol{0}$ 的一组基础解系，$k_1,k_2,\cdots,k_{n-r}$ 为任意常数。

注意： 要求 $\boldsymbol{Ax}=0$ 的通解，只要求出一组基础解系则可。

（3）非齐次线性方程组 $\boldsymbol{Ax}=\boldsymbol{b}$ 的任一解，均可表示为 $\boldsymbol{Ax}=\boldsymbol{b}$ 的一个特解与对应的齐次线性方程组 $\boldsymbol{Ax}=\boldsymbol{0}$ 的某个解之和。

（4）若 $\boldsymbol{Ax}=\boldsymbol{b}$ 有无穷多解，则其通解为

$$\boldsymbol{x}=\eta^*+k_1\boldsymbol{\xi}_1+k_2\boldsymbol{\xi}_2+\cdots+k_{n-r}\boldsymbol{\xi}_{n-r}$$

其中，$\boldsymbol{\xi}_1,\boldsymbol{\xi}_2,\cdots,\boldsymbol{\xi}_{n-r}$ 为 $\boldsymbol{Ax}=\boldsymbol{0}$ 的一组基础解系，$k_1,k_2,\cdots,k_{n-r}$ 为任意常数。

5. 线性方程组求解的方法

（1）解齐次线性方程组 $\boldsymbol{Ax}=\boldsymbol{0}$ 的方法：对系数矩阵 $\boldsymbol{A}$ 作初等行变换，化成行最简形，得到同解方程组，对自由未知量取任意值，就可得到全部解。将同解方程组写成向量形式，还可得到基础解系。

注意： 如果齐次线性方程组 $\boldsymbol{Ax}=\boldsymbol{0}$ 的系数矩阵的秩为 r，则它有 $n-r$ 个自由未知量。

（2）解非齐次线性方程组 $\boldsymbol{Ax}=\boldsymbol{b}$ 的方法：对增广矩阵 $\overline{\boldsymbol{A}}=(\boldsymbol{A}\quad\boldsymbol{b})$ 作初等行变换，化成行最简形，得到同解方程组，对自由未知量取任意值，就可得到全部解。将同解方程组写成向量形式，还可得到对应齐次的基础解系和非齐次的一个特解。

【例 1-149】 设 $\boldsymbol{A}$ 为 $m\times n$ 矩阵，齐次线性方程组 $\boldsymbol{Ax}=\boldsymbol{0}$ 仅有零解的充分必要条件是（　　）。

A. $\boldsymbol{A}$ 的行向量组线性无关　　B. $\boldsymbol{A}$ 的行向量组线性相关

C. $\boldsymbol{A}$ 的列向量组线性相关　　D. $\boldsymbol{A}$ 的列向量组线性无关

解： 齐次线性方程组 $\boldsymbol{Ax}=\boldsymbol{0}$ 仅有零解的充分必要条件是 $r(\boldsymbol{A})=n$，而 $r(\boldsymbol{A})=n$ 等价于 $\boldsymbol{A}$ 的列向量组线性无关，故答案应选 D。

【例 1-150】 设 n 维向量组 $\boldsymbol{a}_1,\boldsymbol{a}_2,\boldsymbol{a}_3$ 是线性方程组 $\boldsymbol{Ax}=\boldsymbol{0}$ 的一个基础解系，则下列向量组也是 $\boldsymbol{A}x=\boldsymbol{0}$ 的基础解系的是（　　）。

A. $\boldsymbol{a}_1,\boldsymbol{a}_2-\boldsymbol{a}_3$　　B. $\boldsymbol{a}_1+\boldsymbol{a}_2,\boldsymbol{a}_2+\boldsymbol{a}_3,\boldsymbol{a}_3+\boldsymbol{a}_1$

C. $\boldsymbol{a}_1+\boldsymbol{a}_2,\boldsymbol{a}_2+\boldsymbol{a}_3,\boldsymbol{a}_1-\boldsymbol{a}_3$　　D. $\boldsymbol{a}_1,\boldsymbol{a}_1+\boldsymbol{a}_2,\boldsymbol{a}_2+\boldsymbol{a}_3,\boldsymbol{a}_3+\boldsymbol{a}_1,\boldsymbol{a}_1+\boldsymbol{a}_2+\boldsymbol{a}_3$

解： 由向量组 $\boldsymbol{a}_1,\boldsymbol{a}_2,\boldsymbol{a}_3$ 是线性方程组 $\boldsymbol{Ax}=\boldsymbol{0}$ 的一个基础解系，故知向量组 $\boldsymbol{a}_1,\boldsymbol{a}_2,\boldsymbol{a}_3$ 线性无关，且方程组 $\boldsymbol{Ax}=\boldsymbol{0}$ 的基础解系含三个解向量，于是可以排除选项 A 和 D。令

$$k_1(\boldsymbol{a}_1+\boldsymbol{a}_2)+k_2(\boldsymbol{a}_2+\boldsymbol{a}_3)+k_3(\boldsymbol{a}_3+\boldsymbol{a}_1)=0$$

整理得

$$(k_1+k_3)\boldsymbol{a}_1+(k_1+k_2)\boldsymbol{a}_2+(k_2+k_3)\boldsymbol{a}_3=0$$

因 $\boldsymbol{a}_1,\boldsymbol{a}_2,\boldsymbol{a}_3$ 线性无关，得 $(k_1+k_3)=(k_1+k_2)=(k_2+k_3)=0$，解得 $k_1=k_2=k_3=0$，所以向量组 $\boldsymbol{a}_1+\boldsymbol{a}_2,\boldsymbol{a}_2+\boldsymbol{a}_3,\boldsymbol{a}_3+\boldsymbol{a}_1$ 线性无关，再由齐次线性方程组任两个解的线性组合还是该方程组的解，故向量组 $\boldsymbol{a}_1+\boldsymbol{a}_2,\boldsymbol{a}_2+\boldsymbol{a}_3,\boldsymbol{a}_3+\boldsymbol{a}_1$ 是 $\boldsymbol{A}x=0$ 的基础解系，故答案应选 B。

【例 1-151】设 $\boldsymbol{A}$ 为矩阵，$\boldsymbol{\alpha}_1=\begin{pmatrix}1\\0\\2\end{pmatrix},\boldsymbol{\alpha}_2=\begin{pmatrix}0\\1\\-1\end{pmatrix}$ 都是齐次线性方程组 $\boldsymbol{Ax}=\boldsymbol{0}$ 的解，则矩阵 $\boldsymbol{A}$ 为(　　)。

A. $\begin{pmatrix}0&1&-1\\4&-2&-2\\0&1&1\end{pmatrix}$　　B. $\begin{pmatrix}2&0&-1\\0&1&1\end{pmatrix}$　　C. $\begin{pmatrix}-1&0&2\\0&1&-1\end{pmatrix}$　　D. $(-2\quad 1\quad 1)$

解：由于 $\boldsymbol{\alpha}_1=\begin{pmatrix}1\\0\\2\end{pmatrix},\boldsymbol{\alpha}_2=\begin{pmatrix}0\\1\\-1\end{pmatrix}$ 线性无关，故 $r(\boldsymbol{A})=1$，显然选项 A 中矩阵秩为 3，选项 B 和选项 C 中矩阵秩都为 2，故答案应选 D。

【例 1-152】设 $\boldsymbol{B}$ 是 3 阶非零矩阵，已知 $\boldsymbol{B}$ 的每一列都是方程组 $\begin{cases}x_1+2x_2-2x_3=0\\2x_1-x_2+tx_3=0\\3x_1+x_2-x_3=0\end{cases}$ 的解，则 t 等于(　　)。

A. 0　　B. 2　　C. -1　　D. 1

解：由条件知，齐次方程组有非零解，故系数行列式等于零，$\begin{vmatrix}1&2&-2\\2&-1&t\\3&1&-1\end{vmatrix}=0$，得 $t=1$，故答案应选 D。

【例 1-153】设 $\boldsymbol{\alpha}_1,\boldsymbol{\alpha}_2,\boldsymbol{\alpha}_3$ 是四元非齐次线性方程组 $\boldsymbol{Ax}=\boldsymbol{b}$ 的三个解向量，且 $r(\boldsymbol{A})=3$，$\boldsymbol{\alpha}_1=(1,2,3,4)^{\mathrm{T}},\boldsymbol{\alpha}_2+\boldsymbol{\alpha}_3=(0,1,2,3)^{\mathrm{T}}$，$C$ 表示任意常数，则线性方程组 $\boldsymbol{Ax}=\boldsymbol{b}$ 的通解为(　　)。

A. $\begin{pmatrix}1\\2\\3\\4\end{pmatrix}+C\begin{pmatrix}1\\1\\1\\1\end{pmatrix}$　　B. $\begin{pmatrix}1\\2\\3\\4\end{pmatrix}+C\begin{pmatrix}0\\1\\2\\3\end{pmatrix}$　　C. $\begin{pmatrix}1\\2\\3\\4\end{pmatrix}+C\begin{pmatrix}2\\3\\4\\5\end{pmatrix}$　　D. $\begin{pmatrix}1\\2\\3\\4\end{pmatrix}+C\begin{pmatrix}3\\4\\5\\6\end{pmatrix}$

解：由于 $r(\boldsymbol{A})=3$，故线性方程组 $\boldsymbol{Ax}=\boldsymbol{b}$ 解空间的维数为 $4-r(\boldsymbol{A})=1$，又由

$\boldsymbol{A\alpha}_1=\boldsymbol{b},\boldsymbol{A\alpha}_2=\boldsymbol{b},\boldsymbol{A\alpha}_3=\boldsymbol{b}$ 知，$\boldsymbol{A}\left(\boldsymbol{\alpha}_1-\dfrac{\boldsymbol{\alpha}_2+\boldsymbol{\alpha}_3}{2}\right)=0$。

于是 $2\left(\boldsymbol{\alpha}_1-\dfrac{\boldsymbol{\alpha}_2+\boldsymbol{\alpha}_3}{2}\right)=(2,3,4,5)^{\mathrm{T}}$ 是 $\boldsymbol{Ax}=\boldsymbol{0}$ 的解，故根据 $\boldsymbol{Ax}=\boldsymbol{b}$ 的解的结构理论知，$\boldsymbol{Ax}=\boldsymbol{b}$ 的通解为 C 选项。

【例 1-154】设 $\boldsymbol{\beta}_1$、$\boldsymbol{\beta}_2$ 是线性方程组 $\boldsymbol{Ax}=\boldsymbol{b}$ 的两个不同的解，$\boldsymbol{\alpha}_1$、$\boldsymbol{\alpha}_2$ 是导出组 $\boldsymbol{Ax}=\boldsymbol{0}$ 的基础解系，k_1,k_2 是任意常数，则 $\boldsymbol{Ax}=\boldsymbol{b}$ 的通解是(　　)。

A. $\dfrac{\boldsymbol{\beta}_1-\boldsymbol{\beta}_2}{2}+k_1\boldsymbol{\alpha}_1+k_2(\boldsymbol{\alpha}_1-\boldsymbol{\alpha}_2)$　　B. $\boldsymbol{\alpha}_1+k_1(\boldsymbol{\beta}_1-\boldsymbol{\beta}_2)+k_2(\boldsymbol{\alpha}_1-\boldsymbol{\alpha}_2)$

C. $\dfrac{\boldsymbol{\beta}_1+\boldsymbol{\beta}_2}{2}+k_1\boldsymbol{\alpha}_1+k_2(\boldsymbol{\alpha}_1-\boldsymbol{\alpha}_2)$　　D. $\dfrac{\boldsymbol{\beta}_1+\boldsymbol{\beta}_2}{2}+k_1\boldsymbol{\alpha}_1+k_2(\boldsymbol{\beta}_1-\boldsymbol{\beta}_2)$

解:$Ax=b$ 的通解是其导出组 $Ax=0$ 的通解加上 $Ax=b$ 的一个特解而得到,α_1和($\alpha_1-\alpha_2$)是 $Ax=0$ 的两个线性无关的特解,构成它的基础解系,$\frac{\beta_1+\beta_2}{2}$仍是 $Ax=b$ 的特解,故$\frac{\beta_1+\beta_2}{2}+k_1\alpha_1+k_2(\alpha_1-\alpha_2)$是 $Ax=b$ 的通解,故答案应选 C。

1.6.5 矩阵的特征值与特征向量

1. 矩阵的特征值与特征向量

(1) 定义:设 A 是 n 阶方阵,如果存在数 λ 和 n 维非零向量 x,使得

$$Ax=\lambda x \tag{1-125}$$

成立,则称 λ 为 A 的特征值,x 是 A 对应特征值 λ 的特征向量。由于式(1-125)等价于

$$(\lambda E-A)x=0 \tag{1-126}$$

而式(1-126)有非零解的充要条件是它的系数行列式$|\lambda E-A|=0$,称行列式$|\lambda E-A|$为 A 的特征多项式,$|\lambda E-A|=0$ 称为 A 的特征方程,它的根就是的 A 的特征值;称矩阵 $\lambda E-A$ 为 A 的特征矩阵,以它为系数矩阵的方程组$(\lambda E-A)x=0$ 一定有非零解,其解就是 A 对应特征值 λ 的特征向量。

注意:(1) 方阵 A 的特征值可能是实数,也可能是复数。

(2) 如果 x 是 A 对应特征值 λ 的特征向量,则 x 一定是非零向量,且对任意非零常数 $k\neq0$,kx 仍是 A 对应特征值 λ 的特征向量。

(3) 如果 x_1,x_2 是 A 对应特征值 λ 的特征向量,且当 $k_1x_1+k_2x_2\neq0$ 时,$k_1x_1+k_2x_2$ 仍是 A 对应特征值 λ 的特征向量。

(4) 如果 x_1,x_2 是 A 对应于不同特征值特征向量,则 x_1+x_2 不是 A 的特征向量。

(2) 特征值与特征向量的求法。

1) 求特征方程$|\lambda E-A|=0$ 的根,得 A 的特征值。

2) 将每一个特征值 λ_i 代入方程组$(\lambda E-A)x=0$,求解方程组$(\lambda_i E-A)x=0$,得对应特征向量。

注意:若$|A|=0$,则 $\lambda=0$ 为 A 的特征值,且 $Ax=0$ 的基础解系为对应于 $\lambda=0$ 的特征向量。

(3) 重要结论。

1) 设 λ 为 A 的特征值,则矩阵 $kA,aA+bE,A^2,A^m,A^{-1},A^*$ 分别有特征值 $k\lambda,a\lambda+b,\lambda^2,\lambda^m,\frac{1}{\lambda},\frac{|A|}{\lambda}$,且特征向量相同。

2) 若 λ_i 是 A 的 r_i 重特征值,A 对应特征值 λ_i 有 s_i 个线性无关的特征向量,则 $1\leqslant s_i\leqslant r_i$。

3) 如果 $\lambda_1,\lambda_2,\cdots,\lambda_t$ 是矩阵 A 的互不相同的特征值,其对应的特征向量分别是 $x_1,x_2,\cdots,x_t$,则 $x_1,x_2,\cdots,x_t$ 线性无关。

4) 设 $A=(a_{ij})_{n\times n}$的 n 个特征值为 $\lambda_1,\lambda_2,\cdots,\lambda_n$,则

$$\lambda_1+\lambda_2+\cdots+\lambda_n=a_{11}+a_{22}+\cdots+a_{nn},\lambda_1\lambda_2\cdots\lambda_n=|A|$$

5）若 $r(\boldsymbol{A})=1$，则 $\boldsymbol{A}=(a_{ij})_{n\times n}$ 的 n 个特征值为 $\lambda_1=a_{11}+a_{22}+\cdots+a_{nn}$，$\lambda_2=\lambda_3=\cdots=\lambda_n=0$。

【例 1-155】已知矩阵 $\boldsymbol{A}=\begin{pmatrix}5&-3&2\\6&-4&4\\4&-4&a\end{pmatrix}$ 的两个特征值为 $\lambda_1=1$，$\lambda_2=3$，则常数 a 和另一特征值 λ_3 为(　　)。

A. $a=1,\lambda_3=-2$　　B. $a=5,\lambda_3=2$

C. $a=-1,\lambda_3=0$　　D. $a=-5,\lambda_3=-8$

解：由于矩阵 $\boldsymbol{A}$ 特征值之和等于 $\boldsymbol{A}$ 对角线元素之和，且 $\boldsymbol{A}$ 的特征值的乘积等于 $\boldsymbol{A}$ 的行列式。于是有 $1+3+\lambda_3=5-4+a$ 和 $1\cdot3\cdot\lambda=|\boldsymbol{A}|$，即 $\lambda_3=-3+a$ 和 $3\lambda_3=-2a+16$，解得 $a=5,\lambda_3=2$，故答案应选 B。

【例 1-156】已知 $\lambda=2$ 是三阶矩阵 $\boldsymbol{A}$ 的一个特征值，$\boldsymbol{\alpha}_1,\boldsymbol{\alpha}_2$ 是 $\boldsymbol{A}$ 的属于 $\lambda=2$ 的特征向量。若 $\boldsymbol{\alpha}_1=(1,2,0)^{\mathrm{T}}$，$\boldsymbol{\alpha}_2=(1,0,1)^{\mathrm{T}}$，向量 $\boldsymbol{\beta}=(-1,2,-2)^{\mathrm{T}}$，则 $\boldsymbol{A\beta}=$(　　)。

A. $(2,2,1)^{\mathrm{T}}$　　B. $(-1,2,-2)^{\mathrm{T}}$　　C. $(-2,4,-4)^{\mathrm{T}}$　　D. $(-2,-4,4)$

解：$\boldsymbol{\beta}=\boldsymbol{\alpha}_1-2\boldsymbol{\alpha}_2$，$\boldsymbol{A\beta}=\boldsymbol{A\alpha}_1-2\boldsymbol{A\alpha}_2=2\boldsymbol{\alpha}_1-4\boldsymbol{\alpha}_2=(-2,4,-4)^{\mathrm{T}}$，故答案应选 C。

【例 1-157】已知二阶实对称矩阵 $\boldsymbol{A}$ 的一个特征值为 1，而 $\boldsymbol{A}$ 对应于该特征值的特征向量为 $\begin{pmatrix}1\\-1\end{pmatrix}$。若 $|\boldsymbol{A}|=-1$，则 $\boldsymbol{A}$ 的另一个特征值及其对应的特征向量是(　　)。

A. $\begin{cases}\lambda=1\\x=(1,1)^{\mathrm{T}}\end{cases}$　　B. $\begin{cases}\lambda=-1\\x=(1,1)^{\mathrm{T}}\end{cases}$　　C. $\begin{cases}\lambda=-1\\x=(-1,1)^{\mathrm{T}}\end{cases}$　　D. $\begin{cases}\lambda=1\\x=(1,-1)^{\mathrm{T}}\end{cases}$

解：$\boldsymbol{A}$ 的特征值的乘积等于 $\boldsymbol{A}$ 的行列式，故 $\boldsymbol{A}$ 的另一个特征值为-1，于是排除 A 和 D 选项，又根据实对称阵不同特征对应的特征向量正交，排除 C 选项，故答案应选 B。

【例 1-158】已知矩阵 $\boldsymbol{A}=\begin{pmatrix}0&0&1\\x&1&y\\1&0&0\end{pmatrix}$ 有三个线性无关的特征向量，则下列关系式正确的是(　　)。

A. $x+y=0$　　B. $x+y\neq0$　　C. $x+y=1$　　D. $x=y=1$

解：先求矩阵 $\boldsymbol{A}=\begin{pmatrix}0&0&1\\x&1&y\\1&0&0\end{pmatrix}$ 的特征值，因 $|\boldsymbol{A}-\lambda\boldsymbol{I}|=\begin{vmatrix}-\lambda&0&1\\x&1-\lambda&y\\1&0&-\lambda\end{vmatrix}=-(1-\lambda)^2(1+\lambda)$，由 $-(1-\lambda)^2(1+\lambda)=0$，解得 $\lambda_1=\lambda_2=1$，$\lambda_3=-1$，知矩阵有三个实特征值，其中 $\lambda=1$ 是二重特征值，因其有两个线性无关特征向量，故齐次方程组 $(\boldsymbol{A}-\boldsymbol{I})x=0$ 有两个线性无关的解，于是有 $r(\boldsymbol{A}-\boldsymbol{I})=1$，对 $(\boldsymbol{A}-\boldsymbol{I})$ 作初等行变换，得

$$(\boldsymbol{A}-\boldsymbol{I})=\begin{pmatrix}-1&0&1\\x&0&y\\1&0&-1\end{pmatrix}\sim\begin{pmatrix}-1&0&1\\x&0&y\\0&0&0\end{pmatrix}\sim\begin{pmatrix}-1&0&1\\0&0&y+x\\0&0&0\end{pmatrix}$$

由 $r(\boldsymbol{A}-\boldsymbol{I})=1$，知 $x+y=0$，故答案应选 B。

2. 相似矩阵及矩阵的对角化

(1) 相似矩阵的概念与性质。

1）定义：设 $\boldsymbol{A},\boldsymbol{B}$ 为两个 n 阶方阵，如果存在一个可逆矩阵 $\boldsymbol{P}$ 使得

$$P^{-1}AP=B$$

成立,则称矩阵 $\boldsymbol{A}$ 与 $\boldsymbol{B}$ 相似,记为 $\boldsymbol{A}\sim\boldsymbol{B}$。

2) 性质:如果 $\boldsymbol{A}\sim\boldsymbol{B}$,则有

①$\boldsymbol{A}^{\mathrm{T}}\sim\boldsymbol{B}^{\mathrm{T}}$,$\boldsymbol{A}^{-1}\sim\boldsymbol{B}^{-1}$,$\boldsymbol{A}^{k}\sim\boldsymbol{B}^{k}$($k$ 为正整数)。

②$|\lambda\boldsymbol{E}-\boldsymbol{A}|=|\lambda\boldsymbol{E}-\boldsymbol{B}|$,从而 $\boldsymbol{A}$,$\boldsymbol{B}$ 有相同的特征值。

③$|\boldsymbol{A}|=|\boldsymbol{B}|$,从而 $\boldsymbol{A}$,$\boldsymbol{B}$ 同时可逆或不可逆。

④$\boldsymbol{A}$ 与 $\boldsymbol{B}$ 有相同的秩。

⑤$\boldsymbol{A}$ 与 $\boldsymbol{B}$ 有相同的迹。

注意: 若 $|\lambda\boldsymbol{E}-\boldsymbol{A}|=|\lambda\boldsymbol{E}-\boldsymbol{B}|$,$\boldsymbol{A}$ 与 $\boldsymbol{B}$ 不一定相似。

(2) 实对称矩阵的性质。

1) 实对称矩阵 $\boldsymbol{A}$ 的特征值都是实数,特征向量为实向量。

2) 实对称矩阵 $\boldsymbol{A}$ 属于不同特征值的特征向量正交。

3) 若 λ_i 是实对称矩阵 $\boldsymbol{A}$ 的 r_i 重特征值,则 $\boldsymbol{A}$ 对应特征值 λ_i 恰有 r_i 个线性无关的特征向量,或 $r(\boldsymbol{A}-\lambda_i\boldsymbol{E})=n-r_i$,从而 $\boldsymbol{A}$ 有 n 个线性无关的特征向量,与对角阵相似,且存在正交矩阵 $\boldsymbol{P}$ 使得 $\boldsymbol{P}^{-1}\boldsymbol{AP}=\boldsymbol{P}^{\mathrm{T}}\boldsymbol{AP}=\mathrm{diag}(\lambda_1,\lambda_2,\cdots,\lambda_n)$,其中 $\lambda_1,\lambda_2,\cdots,\lambda_n$ 为 $\boldsymbol{A}$ 的特征值。

(3) 矩阵可相似对角化的充要条件。

1) 设 $\boldsymbol{A}$ 是 n 阶方阵,若 $\boldsymbol{A}$ 与对角阵 $\boldsymbol{\Lambda}$ 相似,则称 $\boldsymbol{A}$ 可以相似对角化,并称 $\boldsymbol{\Lambda}$ 是 $\boldsymbol{A}$ 的相似标准形。

2) $\boldsymbol{A}$ 可相似对角化充要条件。

①$\boldsymbol{A}$ 可相似对角化$\Leftrightarrow$$\boldsymbol{A}$ 有 n 个线性无关的特征向量。

②$\boldsymbol{A}$ 可相似对角化$\Leftrightarrow$对 $\boldsymbol{A}$ 任一 r_i 重特征值 λ_i,恰有 r_i 个线性无关的特征向量与之对应,或 $r(\boldsymbol{A}-\lambda_i\boldsymbol{E})=n-r_i$。

3) 若 $\boldsymbol{A}$ 有 n 个互不相同的特征值,则 $\boldsymbol{A}$ 可相似对角化。

【例 1-159】 设矩阵 $\boldsymbol{A}=\begin{pmatrix}2&0&0\\0&a&2\\0&2&3\end{pmatrix}$ 相似于矩阵 $\boldsymbol{B}=\begin{pmatrix}1&0&0\\0&2&0\\0&0&b\end{pmatrix}$,则 a,b 的值应是(　　)。

A. $a=1,b=1$　　B. $a=-1,b=2$　　C. $a=5,b=3$　　D. $a=3,b=5$

解: 因相似矩阵有相同的行列式,即 $\begin{vmatrix}2&0&0\\0&a&2\\0&2&3\end{vmatrix}=\begin{vmatrix}1&0&0\\0&2&0\\0&0&b\end{vmatrix}\Rightarrow 6a-8=2b$,再由相似矩阵有相同的迹,则有 $2+a+3=1+2+b\Rightarrow 2+a=b$,联立方程组求解得

$$\begin{cases}6a-8=2b\\2+a=b\end{cases}\Rightarrow a=3,b=5$$

故答案应选 D。

【例 1-160】 设 $\boldsymbol{A}=\begin{pmatrix}1&x&1\\x&1&y\\1&y&1\end{pmatrix}$,$\boldsymbol{B}=\begin{pmatrix}0&0&0\\0&1&0\\0&0&2\end{pmatrix}$,且 $\boldsymbol{A}$ 与 $\boldsymbol{B}$ 相似,则下列结论中成立的是(　　)。

A. $x=y=0$　　B. $x=0,y=1$　　C. $x=1,y=0$　　D. $x=y=1$

解:方阵 $\boldsymbol{B}$ 是对角阵,其对角线上的元素 0,1,2 是 $\boldsymbol{B}$ 的特征值,又 $\boldsymbol{A}$ 与 $\boldsymbol{B}$ 相似,$\boldsymbol{A}$ 与 $\boldsymbol{B}$ 有相同的特征值,故 $|\boldsymbol{A}|=0$。经计算 $|\boldsymbol{A}|=-(x-y)^2$,由 $-(x-y)^2=0$,得 $x=y$。再因 $\boldsymbol{A}$ 有两个非零特征值,所以其秩 $R(\boldsymbol{A})=2$,当 $x=y=1$ 时,方阵 $\boldsymbol{A}$ 的秩为 1,故 $x=y=0$。故答案应选 A。

1.6.6　二次型

1. 基本概念

(1) 定义:含有 n 个变量 $x_1,x_2,\cdots,x_n$ 的二次齐次函数(即每项都是二次的多项式)

$$f(x_1,x_2,\cdots,x_n)=a_{11}x_1^2+2a_{12}x_1x_2+2a_{13}x_1x_3+\cdots+2a_{1n}x_1x_n+a_{22}x_2^2+2a_{23}x_2x_3+\cdots+2a_{2n}x_2x_n+\cdots+a_{nn}x_n^2$$

称为 n 元的二次型,如果 a_{ij} 均为实数称为实二次型。

(2) 矩阵表示:如果记 $\boldsymbol{A}=(a_{ij})_{n\times n}$ 其中规定 $a_{ij}=a_{ji}(i,j=1,2,\cdots,n)$,则二次型可表为

$$f(x_1,x_2,\cdots,x_n)=\sum_{i=1}^{n}\sum_{j=1}^{n}a_{ij}x_ix_j=\boldsymbol{x}^{\mathrm{T}}\boldsymbol{A}\boldsymbol{x}$$

称为二次型的矩阵表示,其中 $\boldsymbol{x}=(x_1,x_2,\cdots,x_n)^{\mathrm{T}}$,$\boldsymbol{A}=(a_{ij})_{n\times n}$ 并且 $\boldsymbol{A}^{\mathrm{T}}=\boldsymbol{A}$,即 $\boldsymbol{A}$ 为对称矩阵,称 $\boldsymbol{A}$ 为二次型矩阵,称 $r(\boldsymbol{A})$ 为二次型 f 的秩,记为 $r(f)$。

(3) 合同矩阵:设 $\boldsymbol{A},\boldsymbol{B}$ 为两个 n 阶实对称矩阵,如果存在一个可逆矩阵 $\boldsymbol{C}$ 使得

$$\boldsymbol{C}^{\mathrm{T}}\boldsymbol{A}\boldsymbol{C}=\boldsymbol{B}$$

成立,则称矩阵 $\boldsymbol{A}$ 与 $\boldsymbol{B}$ 合同,记为 $\boldsymbol{A}\cong\boldsymbol{B}$。

2. 二次型的标准形和规范形

如果二次型中只含有变量的平方项,所有混合项 $x_ix_j(i\neq j)$ 的系数全是零,即

$$f=\boldsymbol{x}^{\mathrm{T}}\boldsymbol{A}\boldsymbol{x}=d_1x_1^2+d_2x_2^2+\cdots+d_nx_n^2$$

这样的二次型称为标准形。在标准形中,如果平方项的系数 d_j 为 1、-1 或 0,即 $f=\boldsymbol{x}^{\mathrm{T}}\boldsymbol{A}\boldsymbol{x}=x_1^2+x_2^2+\cdots+x_p^2-x_{p+1}^2-\cdots-x_r^2$,则称其为二次型的规范形。

其中,r 为 $\boldsymbol{A}$ 的秩,p 为正惯性指数,$r-p$ 为负惯性指数。

注意: 任一实二次型 f 都可经合同变换化为规范形,且规范性是唯一的。

3. 化二次型为标准形的方法

(1) 配方法。通过配方和变量代换,将二次型化为标准形。标准形的矩阵与原矩阵合同,但对角线上的数不一定是特征值。

【例 1-161】 若对称矩阵 $\boldsymbol{A}$ 与矩阵 $\boldsymbol{B}=\begin{pmatrix}1&0&0\\0&0&2\\0&2&0\end{pmatrix}$ 合同,则二次型 $f(x_1,x_2,x_3)=\boldsymbol{X}^{\mathrm{T}}\boldsymbol{A}\boldsymbol{X}$ 的标准形是(　　)。

A. $f=y_1^2+2y_2^2-2y_3^2$　　B. $f=2y_1^2-2y_2^2-y_3^2$

C. $f=y_1^2-y_2^2-2y_3^2$　　D. $f=-y_1^2+y_2^2-2y_3^2$

解:因矩阵 $\boldsymbol{A}$ 与矩阵 $\boldsymbol{B}=\begin{pmatrix}1&0&0\\0&0&2\\0&2&0\end{pmatrix}$ 合同,故 $f=\boldsymbol{X}^{\mathrm{T}}\boldsymbol{A}\boldsymbol{X}$ 和 $f=\boldsymbol{X}^{\mathrm{T}}\boldsymbol{B}\boldsymbol{X}$ 有相同的标准形。由于

$$f=X^{\mathrm{T}}BX=(x_1,x_2,x_3)\begin{pmatrix}1&0&0\\0&0&2\\0&2&0\end{pmatrix}\begin{pmatrix}x_1\\x_2\\x_3\end{pmatrix}=x_1^2+4x_2x_3$$

$$=x_1^2+2\left(x_2+\frac{1}{2}x_3\right)^2-2\left(x_2-\frac{1}{2}x_3\right)^2$$

令$\begin{cases}y_1=x_1\\y_2=x_2+\dfrac{1}{2}x_1\\y_2=x_2-\dfrac{1}{2}x_1\end{cases}$，则 $f=y_1^2+2y_2^2-2y_3^2$，故答案应选 A。

（2）正交变换法。

定理：任给二次型 $f(x_1,x_2,\cdots,x_n)=X^{\mathrm{T}}AX$，总有正交变换 $X=PY$，使 f 化为标准形

$$f=\lambda_1y_1^2+\lambda_2y_2^2+\cdots+\lambda_ny_n^2$$

其中，$\lambda_1,\lambda_2,\cdots,\lambda_n$ 是 f 的矩阵 $A=(a_{ij})$ 的特征值。

这种方法是先求出矩阵 $A=(a_{ij})$ 的全部特征值 $\lambda_1,\lambda_2,\cdots,\lambda_n$（注：因 A 是对称阵，其特征值都是实数），则

$$f=\lambda_1y_1^2+\lambda_2y_2^2+\cdots+\lambda_ny_n^2$$

就是标准形，而 $\lambda_1,\lambda_2,\cdots,\lambda_n$ 对应的特征向量 $\boldsymbol{\xi}_1,\boldsymbol{\xi}_2,\cdots,\boldsymbol{\xi}_n$，就构成正交变换矩阵 $P=P(\boldsymbol{\xi}_1,\boldsymbol{\xi}_2,\cdots,\boldsymbol{\xi}_n)$。用这种方法求得的标准形，其矩阵 $B=\begin{pmatrix}\lambda_1&&&\\&\lambda_2&&\\&&\ddots&\\&&&\lambda_n\end{pmatrix}$ 与原矩阵 $A=(a_{ij})$ 不仅是合同的而且是相似的。

下面用例 1-162 的另一种解法说明这种方法。

解：因矩阵 A 与 B 合同，故有相同的标准形，由

$$|\lambda E-B|=\begin{vmatrix}\lambda-1&0&0\\0&\lambda&-2\\0&-2&\lambda\end{vmatrix}=(\lambda-1)(\lambda^2-4)=0$$

得 $\lambda_1=1,\lambda_2=2,\lambda_3=-2$，故有 $f=y_1^2+2y_2^2-2y_3^2$。

4. 二次型的正定性及正定矩阵

（1）定义。如果实二次型 $f(x_1,\cdots,x_n)=x^{\mathrm{T}}Ax$，对任意一组不全为零的实数 $x=(x_1,\cdots,x_n)$，都有 $f(x_1,\cdots,x_n)=x^{\mathrm{T}}Ax>0$，则称该二次型为正定二次型，正定二次型的矩阵 A 为正定矩阵。

注意：合同变换不改变二次型的正定性。

（2）二次型正定的判别法。实二次型 $f(x_1,\cdots,x_n)=x^{\mathrm{T}}Ax$ 正定 $\Leftrightarrow$ 正惯性指数为 $n\Leftrightarrow A$ 的特征值全大于零 $\Leftrightarrow A$ 的所有顺序主子式全大于零 $\Leftrightarrow$ 存在可逆阵 P，使 $A=P^{\mathrm{T}}P\Leftrightarrow$ 存在正交阵 P，使

$$P^{T}AP=P^{-1}AP=\begin{pmatrix}\lambda_1 & & & \\ & \lambda_2 & & \\ & & \ddots & \\ & & & \lambda_n\end{pmatrix}$$

其中 $\lambda_i>0(i=1,2,\cdots,n)$ 为 A 的特征值。

【例 1-162】 矩阵 $A=\begin{pmatrix}1 & -1 & 0\\ -1 & 3 & 0\\ 0 & 0 & 0\end{pmatrix}$ 所对应的二次型的标准形是(　　)。

A. $f=y_1^2-3y_2^2$　　B. $f=y_1^2-2y_2^2$　　C. $f=y_1^2+2y_2^2$　　D. $f=y_1^2-y_2^2$

解: 矩阵 A 对应的二次型为 $f=x_1^2-2x_1x_2+3x_2^2$,配方可得

$$f=x_1^2-2x_1x_2+3x_2^2=(x_1-x_2)^2+2x_2^2$$

令 $y_1=x_1-x_2,y_2=x_2$,则 $f=y_1^2+2y_2^2$ 即为矩阵 A 对应的二次型的标准形,故答案应选 C。

【例 1-163】 要使得二次型 $f(x_1,x_2,x_3)=x_1^2+2tx_1x_2+x_2^2-2x_1x_3+2x_2x_3+2x_3^2$ 为正定的,则 t 的取值条件是(　　)。

A. $-1<t<1$　　B. $-1<t<0$　　C. $t>0$　　D. $t<-1$

解: 所给二次型的矩阵 $A=\begin{pmatrix}1 & t & -1\\ t & 1 & 1\\ -1 & 1 & 2\end{pmatrix}$,若要二次型正定,则 A 的各阶主子式大于零,由 $|A|>0$,得 $-1<t<0$;再由 $\begin{vmatrix}1 & t\\ t & 1\end{vmatrix}>0$,有 $1-t^2>0,-1<t<1$,所以 $-1<t<0$,故答案应选 B。

【例 1-164】 设二次型 $f(x_1,x_2,x_3,x_4)=x_1^2+tx_2^2+3x_3^2+2x_1x_2$,要使 f 的秩为 2,则参数 t 的值等于(　　)。

A. 3　　B. 2　　C. 1　　D. 0

解: 二次型的矩阵为 $A=\begin{pmatrix}1 & 1 & 0\\ 1 & t & 0\\ 0 & 0 & 3\end{pmatrix}$,由于二次型的秩为 2,即矩阵 A 的秩为 2,所以 $|A|=3(t-1)=0$,得 $t=1$,故答案应选 C。

1.7 概率与数理统计

1.7.1 随机事件的概率

自然和社会中的现象分为两类,确定性现象和不确定现象,不确定现象又分为以下两种:

(1) 个别现象:原则上不能在相同条件下重复试验或观察的不确定现象。

(2) 随机现象:可以进行大量重复试验或观察,且其结果呈现出某种规律性的不确定现象。

概率统计是研究随机现象的一门学科。

1. 随机事件

(1) 随机试验和样本空间。

1) 随机试验。具有以下 3 个特点实验称为随机试验:①试验的可能结果不止一个,并且能实现明确全部可能的结果。②进行试验前不能确定哪一个结果会出现。③在相同条件下可重

复进行。

通常将随机试验记为 E,简称为试验。

例如:

E_1:抛一枚硬币,观察正面 H、反面 T 出现的情况。

E_2:将一枚硬币连抛两次,观察正面 H、反面 T 出现的情况。

E_3:将一枚硬币连抛两次,观察正面 H 出现的次数。

E_4:在某一批产品中任选一件,检验其是否合格。

E_5:在一大批电视机中任意抽取一台,测试其寿命。

2)样本空间。随机试验可能出现的每一个结果称为样本点(基本事件),样本点的全体构成的集合称为该试验的样本空间,通常记为 Ω。

前面提到的 5 个试验所对应的样本空间分别为:

$\Omega_1=\{H,T\}$

$\Omega_2=\{HH,HT,TH,TT\}$

$\Omega_3=\{0,1,2\}$

$\Omega_4=\{$合格,不合格$\}$

$\Omega_5=\{t \mid t\geqslant 0\}$

(2) 随机事件。样本空间的任一子集 $A\subset\Omega$ 称为随机事件,常用字母 $A,B,\cdots$表示。只含单个样本点的集合称为基本事件,空集$\varnothing$为不可能事件,Ω 为必然事件。

(3) 随机事件间的关系和运算。

1) 事件的包含。若事件 A 发生必然导致事件 B 发生,则称事件 B 包含事件 A,记作 $A\subset B$ 或 $B\supset A$。

2) 事件相等。若事件 A 和事件 B 相互包含,即 $A\supset B,B\supset A$,则称这两个事件相等,记作 $A=B$。

3) 事件的和(并)。称"两个事件 A 与 B 中至少有一个发生"这一事件 C 为事件 A 与事件 B 的和(或并),记作 $C=A\cup B$(或 $C=A+B$)。

注意: 事件的和可推广到有限个或可列个事件。

性质:①$A\subset A\cup B$, $B\subset A\cup B$; ②$A\cap(A\cup B)=A$, $B\cap(A\cup B)=B$; ③$A\cup A=A$。

4) 事件的积(交)。称"两个事件 A 与 B 同时发生"这一事件 D 为事件 A 和事件 B 的积(交),记作 $D=A\cap B$(或 $D=AB$)。

注意: 事件的积可推广到有限个或可列个事件。

性质:①$A\cap B\subset A$, $A\cap B\subset B$; ②$(A\cap B)\cup A=A$,$(A\cap B)\cup B=B$; ③$A\cap A=A$。

5) 事件的差。称"事件 A 发生而事件 B 不发生"这一事件 E 为事件 A 和事件 B 的差,记作 $E=A-B$。

性质:①$A-B\subset A$; ②$(A-B)\cup A=A$,$(A-B)\cup B=A\cup B$; ③$(A-B)\cap A=A-B$,$(A-B)\cap B=\varnothing$; ④$A-B=A\overline{B}$。

6) 互不相容(或互斥)事件。若事件 A 与事件 B 不可能同时发生,即满足 $AB=\varnothing$,则称事

件 A 与 B 互不相容(或互斥)。若事件组 $A_1, A_2, \cdots, A_n$ 中任意两个都是互不相容(或互斥)的，则称该事件组为互不相容(或互斥)事件组。

注意： 基本事件是两两互不相容的。

7）对立事件。“事件 A 不发生”的事件称为事件 A 的对立事件(或逆事件)，记为 $\overline{A}$。

性质：① $\overline{A}=\Omega-A$；② $A\overline{A}=\varnothing$。

注意： 对立事件一定是互不相容的，但互不相容事件不一定是对立事件。

(4) 运算律。

交换律：$A\cup B=B\cup A, A\cap B=B\cap A$

结合律：$A\cap(B\cap C)=(A\cap B)\cap C$

分配律：$A\cap(B\cup C)=(A\cap B)\cup(A\cap C)$

对偶原理：$\overline{A\cup B}=\overline{A}\cap\overline{B}, \overline{A\cap B}=\overline{A}\cup\overline{B}$(这个结论可推广到任意有限个事件的情形)。

注意： 在实际中，经常利用简单事件的运算和关系表达复杂事件，这部分是概率论的基础。

【例 1-165】 设 A,B,C 为三个事件，则“A,B,C 中至少有一个不发生”这一事件可表为(　　)。

A. $AB+AC+BC$　　B. $A+B+C$　　C. $AB\overline{C}+A\overline{B}C+\overline{A}BC$　　D. $\overline{A}+\overline{B}+\overline{C}$

解： 由于不发生可由对立事件来表示，则“A,B,C 中至少有一个不发生”等价于“$\overline{A},\overline{B},\overline{C}$ 中至少有一个发生”，故答案应选 D。

【例 1-166】 重复进行一项试验，事件 A 表示“第一次失败且第二次成功”，则事件 $\overline{A}$ 表示(　　)。

A. 两次均失败　　B. 第一次成功且第二次失败

C. 第一次成功或第二次失败　　D. 两次均失败

解： 用 $B_i(i=1,2)$ 表示第 i 次成功，则 $A=\overline{B_1}B_2$，利用德摩根定律，$\overline{A}=\overline{\overline{B_1}B_2}=\overline{\overline{B_1}}\cup\overline{B_2}=B_1\cup\overline{B_2}$，故答案应选 C。

2. 随机事件的概率

(1) 概率定义。频率：在相同的条件下，进行了 n 次试验，如果事件 A 在这 n 次重复试验中出现了 n_A 次，则称比值 $\frac{n_A}{n}$ 为事件 A 发生的频率，记为 $f_n(A)$，即

$$f_n(A)=\frac{n_A}{n} \tag{1-127}$$

频率具有随机波动性和稳定性，频率的稳定值称为**概率**。这个定义称为概率的统计定义。

概率的公理化定义：设 Ω 是随机试验 E 的样本空间，对于 E 的每一事件 A 赋予一个实数 $P(A)$，如果 $P(A)$ 满足下列条件：

1）对于任一事件 A，有 $0 \leqslant P(A) \leqslant 1$。

2）对于 Ω，有 $P(\Omega)=1$。

3）对于两两互不相容事件 $A_1, A_2, \cdots$，有可列可加性，即

$P(A_1 \cup A_2 \cup \cdots)=P(A_1)+P(A_2)+\cdots$，则称 $P(A)$ 为事件 A 的概率。

（2）概率的基本性质。

1）$P(\Omega)=1, P(\varnothing)=0$。

2）若 $A_iA_j=\varnothing(i \neq j, i,j=1,2,\cdots,n)$，则 $P(A_1 \cup A_2 \cup \cdots \cup A_n)=P(A_1)+P(A_2)+\cdots+P(A_n)$。

3）$P(A \cup B)=P(A)+P(B)-P(AB)$。

4）若 $B \subseteq A$，则 $P(A-B)=P(A)-P(B)$。

5）$P(\bar{A})=1-P(A)$。

6）对任一事件 $A, P(A)<1$。

（3）古典概型（等可能概型）。

1）古典概型的定义。若随机试验 E 具有以下特点：①试验的样本空间 S 只有有限个（n 个）元素；②试验中每个基本事件发生的可能性相同。则称试验 E 为等可能概型，也称为古典概型。

2）计算公式。若 Ω 是试验 E 的样本空间，A 为 E 的事件，且包含 m 个基本事件，则事件 A 的概率 $P(A)$ 为

$$P(A)=m/n=A\text{ 包含的基本事件的个数}/\text{基本事件的总数}$$

注意：要求一个古典概型的随机事件的概率，关键是求出样本空间所含基本事件（元素）个数和该事件所含基本事件（元素）个数，这里经常用到排列组合的知识。

【例 1-167】 设 $P(A)+P(B)=1$，则（　　）。

A. $P(A \cup B)=1$　　B. $P(A \cap B)=0$

C. $P(\bar{A} \cap \bar{B})=P(A \cap B)$　　D. $P(\bar{A} \cap \bar{B})=P(A \cup B)$

解：由加法法则知选项 A 和选项 B 一般不成立，又

$$P(\bar{A} \cap \bar{B})=1-P(A \cup B)=1-[P(A)+P(B)-P(A \cap B)]=P(A \cap B)$$

故答案应选 C。

【例 1-168】 若 $P(A)=0.8, P(A\bar{B})=0.2$，则 $P(\bar{A} \cup \bar{B})$ 等于（　　）。

A. 0.4　　B. 0.6　　C. 0.5　　D. 0.3

解：$P(A\bar{B})=P(A-B)=P(A)-P(AB)$，所以 $P(AB)=P(A)-P(A\bar{B})=0.8-0.2=0.6$，

$P(\bar{A} \cup \bar{B})=P(\overline{AB})=1-P(AB)=1-0.6=0.4$，故答案应选 A。

【例 1-169】 袋中有 5 个大小相同的球，其中 3 个是白球，2 个是红球，一次随机地取出 3 个球，其中恰有 2 个是白球的概率是（　　）。

A. $\left(\frac{3}{5}\right)^2 \frac{2}{5}$　　B. $C_5^3\left(\frac{3}{5}\right)^2 \frac{1}{5}$　　C. $\left(\frac{3}{5}\right)^2$　　D. $\frac{C_3^2 C_2^1}{C_5^3}$

解：从袋中随机地取出 3 个球的不同取法共有 C_5^3 种，恰有 2 个是白球的取法有 $C_3^2C_2^1$ 种，故答案应选 D。

【例 1-170】 设事件 A, B 互不相容，且 $P(A)=p, P(B)=q$，则 $P(\bar{A}\,\bar{B})$ 等于（　　）。

A. $1-p$　　B. $1-q$　　C. $1-(p+q)$　　D. $1+p+q$

解:由德摩根定律,$P(\overline{A}\,\overline{B})=P(\overline{A\cup B})=1-P(A\cup B)$,再由事件 A、B 互不相容,得 $P(A\cup B)=P(A)+P(B)=p+q$,则 $P(\overline{A}\,\overline{B})=1-(p+q)$,故答案应选 C。

3. 条件概率

(1)条件概率定义。设 A,B 为随机试验 E 的两个事件,$P(A)>0$,则称 $P(B|A)=\dfrac{P(AB)}{P(A)}$ 为事件 A 发生的条件下,事件 B 发生的条件概率。

一般计算条件概率可以有两种方法:一是将 A 看成样本空间,在缩减后的样本空间中计算;二是在原样本空间中由条件概率定义计算。

【例 1-171】袋子里有 5 个白球,3 个黄球,4 个黑球,从中随机地抽取 1 只,已知它不是黑球,则它是黄球的概率是(　　)。

A. $\dfrac{1}{8}$　　B. $\dfrac{3}{8}$　　C. $\dfrac{5}{8}$　　D. $\dfrac{7}{8}$

解:用事件 A 表示抽取的是黄球,用事件 B 表示抽取的不是黑球,则 $P(B)=\dfrac{8}{12}$,$P(AB)=\dfrac{3}{12}$,在事件 B 发生的条件下,事件 A 发生的概率为 $P(A|B)=\dfrac{P(AB)}{P(B)}=\dfrac{\frac{3}{12}}{\frac{8}{12}}=\dfrac{3}{8}$,故答案应选 B。

(2) 乘法定理:设 $P(A)>0$,则有 $P(AB)=P(A)P(B|A)$ 或 $P(AB)=P(B)P(A|B)$,$P(B)>0$。乘法定理通常用于求积事件的概率。

【例 1-172】设 A,B 为两个事件,且 $P(A)=\dfrac{1}{3}$,$P(B)=\dfrac{1}{4}$,$P(B|A)=\dfrac{1}{6}$,则 $P(A|B)$ 等于(　　)。

A. $\dfrac{1}{9}$　　B. $\dfrac{2}{9}$　　C. $\dfrac{1}{3}$　　D. $\dfrac{4}{9}$

解:由 $P(AB)=P(A|B)P(B)=P(B|A)P(A)$,得 $P(A|B)=\dfrac{P(B|A)P(A)}{P(B)}=\dfrac{\frac{1}{3}\times\frac{1}{6}}{\frac{1}{4}}=\dfrac{2}{9}$,故答案应选 B。

【例 1-173】设 A 与 B 是互不相容的事件,$P(A)>0$, $P(B)>0$,则下列式子一定成立的是(　　)。

A. $P(A)=1-P(B)$　　B. $P(A|B)=0$

C. $P(A|\bar{B})=1$　　D. $P(\overline{AB})=0$

解: 因为 A 与 B 互不相容,$P(AB)=0$,所以 $P(A|B)=\dfrac{P(AB)}{P(B)}=0$,选项 B 成立。其他三个选项都不一定成立,故答案应选 B。

【例 1-174】设 A,B 是两事件,若 $P(A)=\frac{1}{4}$, $P(B|A)\frac{1}{3}=$,$P(A|B)=\frac{1}{2}$,则 $P(A\cup B)$ 等于(　　)。

A. $\frac{3}{4}$　　B. $\frac{3}{5}$　　C. $\frac{1}{2}$　　D. $\frac{1}{3}$

解:$P(AB)=P(A)P(B|A)=\frac{1}{4}\times\frac{1}{3}=\frac{1}{12}$,又 $P(AB)=P(B)P(A|B)=\frac{1}{2}P(B)$,得 $P(B)=2P(AB)=2\times\frac{1}{12}=\frac{1}{6}$,$P(A\cup B)=P(A)+P(B)-P(AB)=\frac{1}{4}+\frac{1}{6}-\frac{1}{12}=\frac{1}{3}$。

故答案应选 D。

4. 事件的独立性

设 A,B 是试验 E 的二事件,$P(A)>0$,一般有 $P(B|A)\neq P(B)$,但当 $P(B|A)=P(B)$ 时,说明事件 A 的发生对事件 B 发生的概率没有影响,这时称事件 B 与事件 A 独立。由 $P(B|A)=P(B)$,可得 $P(AB)=P(A)P(B)$,于是有如下定义:

(1) 定义。设 A、B 是随机试验 E 的两个事件,如果 $P(AB)=P(A)P(B)$ 成立,则称事件 A 与事件 B 相互独立。一般地,设 $A_1,A_2,\cdots,A_n$ 是随机试验 E 的 n 个事件,如果满足等式

$$P(A_iA_j)=P(A_i)P(A_j)\ (1\leqslant i\leqslant j\leqslant n)$$

$$P(A_iA_jA_k)=P(A_i)P(A_j)P(A_k)\ (1\leqslant i<j<k\leqslant n)$$

$$\cdots\cdots$$

$$P(A_1A_2\cdots A_n)=P(A_1)P(A_2)\cdots P(A_n)$$

则称 $A_1,A_2,\cdots,A_n$ 相互独立。

(2) 性质。

1) 若事件 A 与事件 B 相互独立,则 A 与 $\overline{B}$,$\overline{A}$ 与 B,$\overline{A}$ 与 $\overline{B}$ 也分别相互独立。一般地,如果 n 个事件 $A_1,A_2,\cdots,A_n$ 相互独立,则将其中任何 $m(1\leqslant m\leqslant n)$ 个事件改为相应的对立事件,形成的新的 n 个事件仍然相互独立。

2) 如果 n 个事件 $A_1,A_2,\cdots,A_n$ 相互独立,则有

$$P(\bigcup_{i=1}^{n}A_i)=1-\prod_{i=1}^{n}P(\overline{A_i})=1-\prod_{i=1}^{n}[1-P(A_i)]$$

5. 伯努利概型

独立试验序列:称多个或无穷多个试验为一个试验序列,如果其中各试验的结果是相互独立的,则称为独立实验序列。

伯努利试验:如果一个试验只有两种可能结果,则称该试验为伯努利试验。

n 重伯努利试验:由一个伯努利试验独立重复 n 次形成的试验序列称为 n 重伯努利试验。

伯努利定理:在一次试验中,事件 A 发生的概率为 $p(0<p<1)$,则在 n 重伯努利试验中,事件 A 发生 k 次的概率为

$$b(k;n,p)=C_n^kp^kq^{n-k}$$

其中 $q=1-p$。

定理:在伯努利试验序列中,设每次试验中事件 A 发生的概率为 p,“事件 A 在第 k 次试验中才首次发生”($k\geqslant1$)这一事件的概率为

$$g(k,p)=q^{k-1}p$$

【例 1-175】三个人独立地去破译一份密码,每人能独立译出这份密码的概率分别为$\frac{1}{5}$,$\frac{1}{3}$,$\frac{1}{4}$,则这份密码被译出的概率为(　　)。

A. $\frac{1}{3}$　　B. $\frac{1}{2}$　　C. $\frac{2}{5}$　　D. $\frac{3}{5}$

解:设第 i 人译出密码的事件为 $A_i(i=1,2,3)$,则这份密码被译出的事件为 $A_1+A_2+A_3$,再由 A_1,A_2,A_3 相互独立,故

$$P(A_1+A_2+A_3)=1-\prod_{i=1}^{3}P(\overline{A_i})=1-\left(1-\frac{1}{5}\right)\left(1-\frac{1}{3}\right)\left(1-\frac{1}{4}\right)=1-\frac{2}{5}=\frac{3}{5}$$

故答案应选 D。

【例 1-176】设事件 A 与 B 相互独立,且 $P(A)=\frac{1}{2}$, $P(B)=\frac{1}{3}$,则 $P(B|A\cup\overline{B})$等于(　　)。

A. $\frac{5}{6}$　　B. $\frac{1}{6}$　　C. $\frac{1}{3}$　　D. $\frac{1}{5}$

解: 由条件概率定义,$P(B|A\cup\overline{B})=\frac{P[(A\cup\overline{B})B]}{P(A\cup\overline{B})}=\frac{P(AB)}{P(A)+P(\overline{B})-P(A\overline{B})}$,又由 A 与 B 相互独立,知 A 与 $\overline{B}$ 相互独立,则 $P(AB)=P(A)P(B)=\frac{1}{2}\times\frac{1}{3}=\frac{1}{6}$,$P(A\overline{B})=P(A)P(\overline{B})=\frac{1}{2}\times\left(1-\frac{1}{3}\right)=\frac{1}{3}$,所以 $P(B|A\cup\overline{B})=\frac{\frac{1}{6}}{\frac{1}{2}+\frac{2}{3}-\frac{1}{3}}=\frac{1}{5}$,故答案应选 D。

【例 1-177】设 $P(A)=a$,$P(B)=0.3$,$P(\overline{A}\cup B)=0.7$,若事件 A 与事件 B 相互独立,则 $a=$(　　)。

A. $\frac{7}{3}$　　B. $\frac{3}{7}$　　C. $\frac{2}{5}$　　D. $\frac{5}{2}$

解:由概率的加法定理知

$$\begin{aligned}P(\overline{A}\cup B)&=P(\overline{A})+P(B)-P(\overline{A}B)=P(\overline{A})+P(B)-[P(B)-P(AB)]\\&=1-P(A)+P(AB)\end{aligned}$$

由此可得 $0.7=1-a+P(AB)$。

由 A 与 B 相互独立,则有 $P(AB)=P(A)P(B)$,代入上式右端,可得 $0.7=1-a+0.3a$,解得 $a=\frac{3}{7}$,故答案应选 B。

【例 1-178】10 张奖券中含有 3 张中奖的奖券,每人购买一张,则前 5 个购买者中恰有 2 人中奖的概率是(　　)。

A. 4.9×0.3^3　　B. 0.9×0.7^3　　C. $C_{10}^{5}0.3^2\times0.7^3$　　D. $0.7^3\times0.3^2$

解:中奖的概率 $p=0.3$,该问题是 5 重伯努利试验,前 5 个购买者中恰有 2 人中奖的概率

为 $C_5^2 0.3^2\times0.7^3=0.9\times0.7^3$，故答案应选 B。

1.7.2 一维随机变量及其分布

随机变量的引入，使概率论的研究由个别随机事件扩大为随机变量所表征的随机现象的研究。

1. 随机变量概念

(1) 随机变量。设随机试验的样本空间为 $\Omega=\{e\}$，$X=X(e)$ 是定义在样本空间 S 上的实值单值函数。称 $X=X(e)$ 为随机变量。随机变量常用大写字母 X,Y,Z 等表示。

随机变量的取值随试验的结果而定，而试验的各个结果出现有一定概率，因而随机变量依一定的概率取值。

(2) 分布函数：事件"$X\leqslant x$"的概率与 x 有关，将它作为 x 的函数，即

$$P\{X\leqslant x\}=F(x),(-\infty<x<+\infty) \tag{1-128}$$

称为随机变量 X 的分布函数。

(3) 分布函数的性质。

1) $0\leqslant F(x)\leqslant 1$。

2) 对于任意 $x_1<x_2$，有 $F(x_1)\leqslant F(x_2)$。

3) $\lim\limits_{x\to-\infty}F(x)=0$，$\lim\limits_{x\to+\infty}F(x)=1$。

4) $P\{x_1<X\leqslant x_2\}=F(x_2)-F(x_1)$。

5) 右连续 $F(x_0+0)=\lim\limits_{x\to-x_0+0}F(x)=F(x_0)$。

【例 1-179】 设随机变量 X 的分布函数为 $F(x)=\begin{cases}0, x\leqslant 0\\ Ax^2, 0<x<1\\ 1, x\geqslant 1\end{cases}$，则有(   )。

A. $A=1,P\{X=1\}=0,P\{X=0\}=0$

B. $A=\dfrac{1}{2},P\{X=1\}=\dfrac{1}{2},P\{X=0\}=0$

C. $0\leqslant A\leqslant 1,P\{X=1\}>0,P\{X=0\}>0$

D. $0\leqslant A\leqslant 1,P\{X=1\}=1-A,P\{X=0\}=0$

解：本题考查分布函数的性质。首先 $F(-\infty)=0,F(+\infty)=1$ 总是满足的；要保证单调性，要求 $0\leqslant A\leqslant 1$；显然 $F(x)$ 处处右连续；由于 $F(x)$ 在 $x=0$ 连续，故 $P\{X=0\}=0$，而 $P\{X=1\}=F(1)-F(1-0)=1-\lim\limits_{x\to1^-}Ax=1-A$，故答案应选 D。

2. 离散型随机变量

(1) 定义。若随机变量 X 的全部可能取到的值为有限个或可数个，则称 X 为离散型随机变量，它的全部可能取的值可用一个数列 $\{x_k\}$(有限的或无限的)表示。

(2) 离散型随机变量的分布律。

1) 设离散型随机变量 X 所有可能取值为 $x_k(k=1,2,\cdots)$，X 取各个可能值的概率为

$$P\{X=x_k\}=p_k(k=1,2,\cdots)$$

称为随机变量 X 的分布律。

2) X 的分布律也常用 x_k 与 p_k 的对应表给出，见表 1-1。

表 1-1　X 的分布律

X	x_1	x_2	$\cdots$	x_n	$\cdots$
$P\{X=x_k\}$	p_1	p_2	$\cdots$	p_n	$\cdots$

显然有 $p_1+p_2+\cdots+p_n+\cdots=1, p_i>0(i=1,2,\cdots)$。

(3) 离散型随机变量的分布函数

$$F(x)=P\{X\leqslant x\}=\sum_{x_k\leqslant x}p_k$$

(4) 常见的离散型随机变量的分布有以下几种:

1) (0-1)分布，记为 $X\sim(0-1)$,分布律 $P\{X=k\}=p^k(1-p)^{1-k}(k=0,1,\ 0<p<1)$。

2) 二项分布,记为 $X\sim B(n,p)$,分布律 $P(X=k)=C_n^kp^k(1-p)^{n-k}(k=0,1,\cdots,n,\ 0<p<1)$。

3) 泊松分布,记为 $X\sim P(\lambda)$,分布律 $P(X=k)=\dfrac{\lambda^k e^{-\lambda}}{k!}(k=0,1,\cdots,\lambda>0)$。

泊松定理　设 $\lambda>0$ 是一常数,n 是任意正整数,设 $np_n=\lambda$,则对于任一固定的非负整数 k,有 $\lim\limits_{n\to\infty}C_n^kp_n^k(1-p_n)^{n-k}=\dfrac{\lambda^k e^{-\lambda}}{k!}$。

当 n 很大且 p 很小时,二项分布可以用泊松分布近似代替,即

$$C_n^kp^k(1-p)^{n-k}\approx\frac{\lambda^k e^{-\lambda}}{k!}(\text{其中 }\lambda=np)$$

【例 1-180】设随机变量 X 的概率分布为

$$P\{X=k\}=\frac{a}{k(k+1)}(k=1,2,\cdots)$$

则 $a=(\quad)$。

A. -1　　B. 1　　C. $-\dfrac{1}{2}$　　D. $\dfrac{1}{2}$

解:本题是求概率分布中的参数,往往利用概率分布的性质,由 $P\{X=k\}\geqslant0,\Rightarrow a\geqslant0$,又由 $\sum\limits_{k=1}^{\infty}\dfrac{a}{k(k+1)}=1$,而 $\sum\limits_{k=1}^{\infty}\dfrac{a}{k(k+1)}=a\sum\limits_{k=1}^{\infty}\dfrac{1}{k(k+1)}=a\sum\limits_{k=1}^{\infty}\left(\dfrac{1}{k}-\dfrac{1}{k+1}\right)=a\lim\limits_{n\to\infty}\left(1-\dfrac{1}{n+1}\right)=a$,所以 $a=1$,故答案应选 B。

【例 1-181】一个袋中有 5 个乒乓球,编号为 1,2,3,4,5,从其中同时取 3 个,以 X 表示取出的 3 个球中的最大号码,试求 X 的概率分布。

解: X 的所有可能取值为 3,4,5,则

$$P(X=3)=\frac{C_3^3}{C_5^3}=\frac{1}{10}=0.1$$

$$P(X=4)=\frac{C_3^2}{C_5^3}=\frac{3}{10}=0.3$$

$$P(X=5)=\frac{C_4^2}{C_5^3}=\frac{6}{10}=0.6$$

3. 连续型随机变量

(1) 定义。设 X 是随机变量,它的分布函数为 $F(x)=P\{X\leqslant x\}$,若存在一非负函数 $f(x)$,使对于任意实数 x 都有

$$F(x)=\int_{-\infty}^{x}f(t)\,dt \tag{1-129}$$

则称 X 为连续型随机变量，并称 $f(x)$ 为随机变量 X 的概率密度（或称分布密度或密度函数）。

（2）概率密度函数 $f(x)$ 的性质。

1）$f(x)\geqslant 0$。

2）$\int_{-\infty}^{+\infty} f(x)\,\mathrm{d}x = 1$。

3）$P\{a<X\leqslant b\} = F(b) - F(a) = \int_a^b f(x)\,\mathrm{d}x$。

4）$F(x) = \int_{-\infty}^{x} f(t)\,\mathrm{d}t$ 是 x 的连续函数，在 $f(x)$ 的连续点处，$f'(x)=f(x)$。

（3）常见的连续型随机变量的分布。

1）均匀分布，记为 $X\sim U(a,b)$，概率密度为 $f(x)=\begin{cases}\dfrac{1}{b-a}, a\leqslant x\leqslant b\\ 0,其他\end{cases}$，相应的分布函数为

$$F(x)=\begin{cases}0, x<a\\ \dfrac{x-a}{b-a}, a\leqslant x\leqslant b\\ 1, x>b\end{cases}。$$

2）指数分布，记为 $X\sim E(\theta)$，概率密度为 $f(x)=\begin{cases}\dfrac{1}{\theta}\mathrm{e}^{-\frac{X}{\theta}}, x\geqslant 0\\ 0,其他\end{cases}$，相应的分布函数为 $F(x)=\begin{cases}1-\mathrm{e}^{-\frac{X}{\theta}}, x\geqslant 0\\ 0, x<0\end{cases}$。

3）正态分布，记为 $X\sim N(\mu,\sigma^2)$，概率密度为 $f(x)=\dfrac{1}{\sigma\sqrt{2\pi}}\mathrm{e}^{-\frac{(x-\mu)^2}{2\sigma^2}}(-\infty<X<+\infty)$，相应的分布函数为 $F(x)=\dfrac{1}{\sigma\sqrt{2\pi}}\int_{-\infty}^{x}\mathrm{e}^{-\frac{(x-\mu)^2}{2\sigma^2}}\mathrm{d}t$。

当 $\mu=0,\sigma=1$ 时，即 $X\sim N(0,1)$ 时，称 X 服从标准正态分布。这时分别用 $\varphi(x)$ 和 $\Phi(x)$ 表示 X 的密度函数和分布函数，即 $\varphi(x)=\dfrac{1}{\sqrt{2\pi}}\mathrm{e}^{-\frac{x^2}{2}}$，$\Phi(x)=\dfrac{1}{\sqrt{2\pi}}\int_{-\infty}^{x}\mathrm{e}^{-\frac{x^2}{2}}\mathrm{d}t$。具有性质：$\Phi(-x)=1-\Phi(x)$。

一般正态分布 $X\sim N(\mu,\sigma^2)$ 的分布函数 $F(x)$ 与标准正态分布的分布函数 $\Phi(x)$ 有关系为 $F(x)=\Phi\left(\dfrac{x-\mu}{\sigma}\right)$。

【例 1-182】设 $\varphi(x)$ 为连续性随机变量的密度函数，则下列结论中一定正确的是（　　）。

A. $0\leqslant\varphi(x)\leqslant 1$　　B. $\varphi(x)$ 在定义域内单调不减

C. $\int_{-\infty}^{+\infty}\varphi(x)\,\mathrm{d}x = 1$　　D. $\lim\limits_{x\to+\infty}\varphi(x)=1$

解：由密度函数的性质知答案应选 C。

【例 1-183】设随机变量 X 的概率密度为 $f(x)=\begin{cases}2x, 0<x<1\\ 0,其他\end{cases}$，用 Y 表示对 X 的 3 次独立重

复观察中事件$\left\{X\leqslant\frac{1}{2}\right\}$出现的次数，则 $P\{Y=2\}=($　　$)$。

A. $\frac{3}{64}$　　B. $\frac{9}{64}$　　C. $\frac{3}{16}$　　D. $\frac{9}{16}$

解：$P\left\{X\leqslant\frac{1}{2}\right\}=\int_0^{\frac{1}{2}}f(x)\mathrm{d}x=2\int_0^{\frac{1}{2}}x\mathrm{d}x=\frac{1}{4}$，随机变量 Y 服从 $n=3,p=\frac{1}{4}$ 的二项分布，所以 $P\{Y=2\}=C_3^2\times\left(\frac{1}{4}\right)^2\times\frac{3}{4}=\frac{9}{64}$，故答案应选 B。

1.7.3　二维随机变量及其分布

1. 二维随机变量的概念

(1)定义：设 E 是一个随机试验，X 和是 Y 定义在样本空间 $S=\{e\}$ 上的随机变量，称向量(X,Y)为二维随机变量。

(2)二维随机变量的分布函数：设(X,Y)是二维随机变量，对于任意实数 x,y，二元函数 $F(x,y)=P\{(X\leqslant x)\cap(Y\leqslant y)\}\overset{\text{记成}}{=}P(X\leqslant x,Y\leqslant y)$称为二维随机变量$(X,Y)$的分布函数，或称为随机变量 X 和 Y 的联合分布函数。

2. 二维离散型随机变量及分布律

(1)若二维随机变量(X,Y)全部可能取到的不相同的值为有限对或可数无限多对，则称(X,Y)为离散型随机变量。

(2)若二维离散型随机变量(X,Y)所有可能取的值为(x_i,y_i)，$i,j=1,2,\cdots$，取每对值的概率为 p_{ij}，$i,j=1,2,\cdots$，则称 $P\{X=x_i,Y=y_j\}=p_{ij}i,j=1,2,\cdots$为随机变量$(X,Y)$的分布律，或称为随机变量 X 和 Y 的联合分布律。其中 $p_{ij}\geqslant0$ 且 $\sum_{i=1}^{\infty}\sum_{j=1}^{\infty}p_{ij}=1$。常用表 1-2 表示 X 和 Y 的联合分布律。

表 1-2　　X 和 Y 的联合分布律

Y	X				
	x_1	x_2	$\cdots$	x_i	$\cdots$
y_1	p_{11}	p_{21}	$\cdots$	p_{i1}	$\cdots$
y_2	p_{12}	p_{22}	$\cdots$	p_{i2}	$\cdots$
$\vdots$	$\vdots$	$\vdots$		$\vdots$	
y_j	p_{1j}	p_{2j}	$\cdots$	p_{ij}	$\cdots$
$\vdots$	$\vdots$	$\vdots$		$\vdots$	

3. 二维连续型随机变量及概率密度

(1)如果对于二维随机变量(X,Y)的分布函数为 $F(x,y)$，存在非负函数 $f(x,y)$，使对于任意实数 x,y 有

$$F(x,y)=\int_{-\infty}^{y}\int_{-\infty}^{x}f(u,v)\mathrm{d}u\mathrm{d}v$$

则称(X,Y)为连续型的二维随机变量，其中 $f(x,y)$为二维随机变量(X,Y)的概率密度函数，或称为随机变量 X 和 Y 的联合概率密度。

(2)概率密度函数$f(x,y)$的性质：

1)$f(x,y)\geqslant 0$。

2)$\int_{-\infty}^{+\infty}\int_{-\infty}^{+\infty}f(x,y)\mathrm{d}x\mathrm{d}y=1$。

3)设G是平面xOy上的区域,点(X,Y)落在G内的概率为

$$P\{(X,Y)\in G\}=\iint_G f(x,y)\mathrm{d}x\mathrm{d}y$$

4)若$f(x,y)$在点(x,y)连续,则有

$$\frac{\partial^2F(x,y)}{\partial x\partial y}=f(x,y)$$

【例 1-184】设随机变量(X,Y)的联合分布律见表 1-3。

表 1-3　　(X,Y)的联合分布律

Y	X	
	x_1	x_2
y_1	$\frac{1}{4}$	a
y_2	$\frac{1}{4}$	$\frac{1}{6}$

则a的值等于(　　)。

A. $\frac{1}{3}$　　B. $\frac{2}{3}$　　C. $\frac{1}{4}$　　D. $\frac{3}{4}$

解：因随机变量取所有值的概率总和为 1,故有$\frac{1}{4}+\frac{1}{4}+\frac{1}{6}+a=1$,得$a=\frac{1}{3}$,故答案应选A。

【例 1-185】设二维随机变量(X,Y)的概率密度为$f(x,y)=\begin{cases}e^{-2ax+by},\text{不是指数}\\0,\text{其他}\end{cases}$,则常数$a$、$b$应满足的条件是(　　)。

A. $ab=-\frac{1}{2}$,且$a>0,b<0$　　B. $ab=\frac{1}{2}$,且$a>0,b>0$

C. $ab=-\frac{1}{2}$,且$a<0,b>0$　　D. $ab=\frac{1}{2}$,且$a<0,b<0$

解：由概率密度的性质$\int_{-\infty}^{\infty}\int_{-\infty}^{\infty}f(x,y)\mathrm{d}x\mathrm{d}y=1$,而

$$\int_{-\infty}^{\infty}\int_{-\infty}^{\infty}f(x,y)\mathrm{d}x\mathrm{d}y=\int_0^{\infty}\int_0^{\infty}e^{-2ax+by}\mathrm{d}x\mathrm{d}y=\int_0^{\infty}e^{-2ax}\mathrm{d}x\int_0^{\infty}e^{by}\mathrm{d}y=-\frac{1}{2ab}(a>0,b<0)$$

于是有$-\frac{1}{2ab}=1(a>0,b<0)$,即$ab=-\frac{1}{2}$,且$a>0,b<0$,故答案应选 A。

4. 边缘分布

二维随机变量(X,Y)作为一个整体,具有分布函数$F(x,y)$,而X和Y都是随机变量,各自也有分布函数,分别记为$F_X(x)$,$F_Y(y)$,称为二维随机变量(X,Y)关于X和关于Y的边缘分布

函数，并且有

$$F_X(x)=F(x,\infty),F_Y(y)=F(\infty,y)$$

当(X,Y)是离散型随机变量时，称 X 的分布律

$$P\{X=x_i\}=\sum_{j=1}^{\infty}p_{ij}\overset{\text{记成}}{=}p_{i\cdot}(i=1,2,\cdots)$$

为(X,Y)关于 X 的边缘分布律，称 Y 的分布律

$$P\{Y=y_j\}=\sum_{i=1}^{\infty}p_{ij}\overset{\text{记成}}{=}p_{\cdot j}(j=1,2,\cdots)$$

为(X,Y)关于 Y 的边缘分布律。

当(X,Y)是连续型随机变量时，其概率密度为$f(x,y)$，这时 X 和 Y 都是连续性随机变量，概率密度分别为

$$f_X(x)=\int_{-\infty}^{+\infty}f(x,y)\mathrm{d}y$$

$$f_Y(y)=\int_{-\infty}^{+\infty}f(x,y)\mathrm{d}x$$

分别称$f_X(x)$，$f_Y(y)$为(X,Y)关于 X 和关于 Y 的边缘概率密度。

5. 相互独立的随机变量

设 $F(x,y)$ 及 $F_X(x)$，$F_Y(y)$分别是二维随机变量(X,Y)的分布函数及边缘分布函数，若对于所有 x,y 有

$$F(x,y)=F_X(x)F_Y(y)$$

则称随机变量 X 和 Y 是相互独立的。

当(X,Y)是连续型随机变量时，X 和 Y 相互独立的充要条件是等式

$$f(x,y)=f_X(x)f_Y(y)$$

几乎处处成立。

当(X,Y)是离散型随机变量时，X 和 Y 相互独立的充要条件是对于(X,Y)的所有可能取的值(x_i,y_j)有

$$P\{X=x_i,Y=y_j\}=P\{X=x_i\}P\{Y=y_j\}$$

【例 1-186】若二维随机变量(X,Y)的分布律见表 1-4。

表 1-4　(X,Y) 的分布律

Y	X		
	1	2	3
1	$\frac{1}{6}$	$\frac{1}{9}$	$\frac{1}{18}$
2	$\frac{1}{3}$	β	α

且 X 与 Y 相互独立，则 α，β 取值为(　　)。

A. $\alpha=\frac{1}{6},\beta=\frac{1}{6}$　　B. $\alpha=0,\beta=\frac{1}{3}$　　C. $\alpha=\frac{2}{9},\beta=\frac{1}{9}$　　D. $\alpha=\frac{1}{9},\beta=\frac{2}{9}$

解：$P\{Y=1\}=\frac{1}{6}+\frac{1}{9}+\frac{1}{18}=\frac{1}{3}$，$P\{X=2\}=\frac{1}{9}+\beta$，$P\{X=3\}=\frac{1}{18}+\alpha$。因 X 与 Y 相互独立，有 $P\{X=2,Y=1\}=P\{X=2\}P\{Y=1\}$，即$\frac{1}{9}=\frac{1}{3}\times\left(\frac{1}{9}+\beta\right)$，则 $\beta=\frac{2}{9}$。再由 $P\{X=3,Y=1\}=P\{X=3\}P\{Y=1\}$，即$\frac{1}{18}=\frac{1}{3}\times\left(\frac{1}{18}+\alpha\right)$，则 $\alpha=\frac{1}{9}$。故答案应选 D。

【例 1-187】 设连续型随机变量 (X,Y) 的概率密度为 $f(x,y)=\begin{cases}4x^2, 0<x<1, 0<y<x\\0, 其他\end{cases}$，则 X 的边缘概率密度为(　　)。

A. $f_X(x)=\begin{cases}4x^3, 0<x<1\\0, 其他\end{cases}$　　B. $f_X(x)=\begin{cases}3x^3, 0<x<1\\0, 其他\end{cases}$

C. $f_X(x)=\begin{cases}x^3, 0<x<1\\0, 其他\end{cases}$　　D. $f_X(x)=2x^3$

解：由边缘概率密度定义知

$$f_X(x)=\int_{-\infty}^{+\infty}f(x,y)\mathrm{d}y=\begin{cases}\int_0^x 4x^2\mathrm{d}y, 0<x<1\\0, 其他\end{cases}=\begin{cases}4x^3, 0<x<1\\0, 其他\end{cases}$$

故答案应选 A。

1.7.4　随机变量的数字特征

1. 数学期望

(1) 定义。设离散型随机变量 X 的分布律为

$$P\{X=x_k\}=p_k(k=1,2,\cdots) \tag{1-130}$$

则称和式

$$\sum_k x_k p_k = x_1p_1+x_2p_2+\cdots+x_np_n \tag{1-131}$$

或
$$\sum_k x_k p_k = x_1p_1+x_2p_2+\cdots+x_kp_k+\cdots \text{(要求级数绝对收敛)}$$

为随机变量 X 的数学期望(简称期望)，记作 $E(X)$。

设连续型随机变量 X 的概率密度为 $f(x)$，若积分 $\int_{-\infty}^{+\infty}xf(x)\mathrm{d}x$ 绝对收敛，则称积分 $\int_{-\infty}^{+\infty}xf(x)\mathrm{d}x$ 的值为随机变量 X 的数学期望，记作 $E(X)$。

> **注意**：数学期望反映了随机变量取值的平均值，表现为具体问题中的平均长度、平均时间、平均成绩、期望利润、期望成本等。

(2) 性质：

1) $E(C)=C$(C 为常数)。

2) $E(CX)=CE(X)$。

3) $E(X+Y)=E(X)+E(Y)$。

4) $E(XY)=E(X)E(Y)$ (要求 X,Y 相互独立)。

2. 随机变量函数的数学期望

设 X 是一个随机变量，$g(x)$ 是任意实函数，则 $Y=g(X)$ 也是一个随机变量，称为随机变量 X 的函数。

若 X 为离散型随机变量，概率分布为

$$P\{X=x_k\}=p_k(k=1,2,\cdots)$$

且级数 $\sum_{k=1}^{\infty} g(x_k)p_k$ 绝对收敛，则 $Y=g(X)$ 的数学期望存在，有

$$E(Y)=Eg(X)=\sum_{k=1}^{\infty} g(x_k)p_k$$

若 X 为连续型随机变量，密度函数为 $f(x)$，且广义积分 $\int_{-\infty}^{+\infty} f(x)g(x)\mathrm{d}x$ 绝对收敛，则 $Y=g(X)$ 的数学期望存在，有

$$E(Y)=Eg(X)=\int_{-\infty}^{+\infty} f(x)g(x)\mathrm{d}x$$

3. 方差

(1) 定义。随机变量 $Y=[X-E(X)]^2$ 的数学期望 $E(Y)=E\{[X-E(X)]^2\}$ 称为随机变量 X 的方差，记为

$$D(X)=E\{[X-E(X)]^2\} \tag{1-132}$$

方差 $D(X)$ 也记作 σ^2，并称 σ 为标准差。

注意： 方差反映了随机变量取值的波动程度。

(2) 方差的计算。若 X 为离散型，分布律为 $P\{X=x_k\}=p_k$，$E(X)=a$，则

$$D(X)=\sum_k (x_l-a)^2 p_k \tag{1-133}$$

当 k 为无限大时，要求级数收敛。

若 X 为连续型，概率密度为 $f(x)$，$E(X)=a$，则

$$D(X)=\int_{-\infty}^{+\infty} (x-a)^2 f(x)\mathrm{d}x \tag{1-134}$$

要求广义积分收敛。方差还可用下面公式计算

$$D(X)=E(X^2)-[E(X)]^2 \tag{1-135}$$

(3) 方差的性质：

1) $D(C)=0$。

2) $D(CX)=C^2D(X)$。

3) $D(X+Y)=D(X)+D(Y)+2E\{[X-E(X)][Y-E(Y)]\}$。

若 X,Y 相互独立，则有

$$D(X+Y)=D(X)+D(Y)$$

4. 矩

设 X 是随机变量，则 $\alpha_k=E(X^k)(k=1,2,\cdots)$ 称为 X 的 k 阶原点矩。

如果 $E(X)$ 存在，则 $\mu_k=E\{[X-E(X)]^k\}(k=1,2,\cdots)$ 称为 X 的 k 阶中心矩。

5. 几种常见分布的数学期望与方差

(1) $X\sim(0-1)$：$E(X)=p$，$D(X)=p(1-p)$。

(2) $X\sim B(n,p)$: $E(X)=np$, $D(X)=np(1-p)$。

(3) $X\sim P(\lambda)$: $E(X)=\lambda$, $D(X)=\lambda$。

(4) $X\sim U(a,b)$: $E(X)=(a+b)/2$, $D(X)=(b-a)^2/12$。

(5) $X\sim E(\theta)$: $E(X)=\theta$, $D(X)=\theta^2$。

(6) $X\sim N(\mu,\sigma^2)$: $E(X)=\mu$, $D(X)=\sigma^2$。

【例 1-188】 已知 X 服从二项分布,且 $E(X)=2.4$, $D(X)=1.44$,则二项分布的参数为(　　)。

A. $n=4,p=0.6$　　B. $n=6,p=0.4$　　C. $n=8,p=0.3$　　D. $n=24,p=0.1$

解: 由 $E(X)=2.4=np$, $D(X)=1.44=np(1-p)$,解得 $n=6,p=0.4$,故答案应选 B。

【例 1-189】 设随机变量 X 服从泊松分布 $P(3)$,则 X 的方差和数学期望之比 $\dfrac{D(X)}{E(X)}$ 等于(　　)。

A. 3　　B. $\dfrac{1}{3}$　　C. 1　　D. 9

解: 因 $X\sim P(3)$,则 $E(X)=D(X)=3$,所以 $\dfrac{D(X)}{E(X)}=\dfrac{3}{3}=1$,故答案应选 C。

【例 1-190】 X 的分布函数 $F(x)$,而 $F(x)=\begin{cases}0,x<0\\x^3,0\leqslant x<1\\1,x\geqslant 1\end{cases}$,则 $E(X)$ 等于(　　)。

A. 0.7　　B. 0.75　　C. 0.6　　D. 0.8

解: 对分布函数 $F(X)$ 求导得 X 的密度函数 $f(x)=\begin{cases}3x^2,0<x<1\\0,其他\end{cases}$, $E(X)=\int_{-\infty}^{+\infty}xf(x)\mathrm{d}x=\int_0^1 3x^3\mathrm{d}x=\dfrac{3}{4}$,故答案应选 B。

【例 1-191】 设随机变量 X 的概率密度为 $f(x)=\begin{cases}\dfrac{3}{8}x^2,0<x<2\\0,其他\end{cases}$,则 $Y=\dfrac{1}{X}$ 的数学期望是(　　)。

A. $\dfrac{3}{4}$　　B. $\dfrac{1}{2}$　　C. $\dfrac{2}{3}$　　D. $\dfrac{1}{4}$

解: $E(Y)=\int_{-\infty}^{+\infty}\dfrac{1}{x}f(x)\mathrm{d}x=\dfrac{3}{8}\int_0^2 x\,\mathrm{d}x=\dfrac{3}{4}$,故答案应选 A。

【例 1-192】 若随机变量 Z 与 Y 相互独立,且 Z 在区间[0,2]上服从均匀分布,Y 服从参数为 3 的指数分布,则数学期整 $E(ZY)$ 等于(　　)。

A. $\dfrac{4}{3}$　　B. 1　　C. $\dfrac{2}{3}$　　D. 3

解: 由条件知 $E(Z)=1$, $E(Y)=3$,又 Z 与 Y 相互独立,$E(ZY)=E(Z)\cdot E(Y)=1\times 3=3$,故答案应选 D。

【例 1-193】 设随机变量 X 的数学期望 $E(X)$ 为一非负值,且 $E\left(\dfrac{X^2}{2}-1\right)=2$, $D\left(\dfrac{X}{2}-1\right)=\dfrac{1}{2}$,

则 $E(X)$ 等于(　　)。

A. 1　　　B. 2　　　C. 3　　　D. 4

解：由数学期望和方差的性质，有

$2=E\left(\frac{X^2}{2}-1\right)=\frac{1}{2}E(X^2)-1\Rightarrow E(X^2)=6$，又 $\frac{1}{2}=D\left(\frac{X}{2}-1\right)=\frac{1}{4}D(X)\Rightarrow D(X)=2$，再由 $D(X)=E(X^2)-E^2(X)$，得 $E(X)=\sqrt{E(X^2)-D(X)}=\sqrt{6-2}=2$，故答案应选 B。

1.7.5　数理统计的基本概念

1. 基本概念

(1) 总体和个体。具有一定的共同属性的研究对象全体称为总体，总体的每一个别成员称为个体。如果选定总体的某项数量指标 X，则数量指标 X 的分布称为总体的分布。

(2) 简单随机样本。在相同的条件下，对总体 X 进行 n 次重复的、独立的观察，得到 n 个结果 $X_1,X_2,\cdots,X_n$，称随机变量 $X_1,X_2,\cdots,X_n$ 为来自总体 X 的简单随机样本，它具有两个性质：①$X_1,X_2,\cdots,X_n$ 都与总体具有相同的分布；②$X_1,X_2,\cdots,X_n$ 相互独立。

(3) 统计量。设 $X_1,X_2,\cdots,X_n$ 为总体 X 的样本，$g(x_1,x_2,\cdots,x_n)$ 是连续函数且其中不含任何未知参数，则称 $g(X_1,X_2,\cdots,X_n)$ 为统计量。统计量是进行统计推断的工具。

(4) 常用统计量。设 $X_1,X_2,\cdots,X_n$ 是取自总体 X 的一个样本，有

1) 样本均值　$\overline{X}=\frac{1}{n}\sum_{i=1}^{n}X_i$

2) 样本方差　$S^2=\frac{1}{n-1}\sum_{i=1}^{n}(X_i-\overline{X})^2=\frac{1}{n-1}\left[\sum_{i=1}^{n}X_i^2-n(\overline{X})^2\right]$

3) 样本标准差　$S=\sqrt{\frac{1}{n-1}\sum_{i=1}^{n}(X_i-\overline{X})^2}$

4) 样本 k 阶(原点)矩　$A_k=\frac{1}{n}\sum_{i=1}^{n}X_i^k(k=1,2,\cdots)$

5) 样本 k 阶中心距　$B_k=\frac{1}{n}\sum_{i=1}^{n}(X_i-\overline{X})^k(k=1,2,\cdots)$

2. 几种常用的统计分布

统计量是样本的函数，它作为一个随机变量，也有自己的分布，常用统计分布有：

(1) χ^2 分布。设 $X_1,X_2,\cdots,X_n$ 是来自总体 $N(0,1)$ 的样本，则称统计量

$$\chi^2=X_1^2+X_2^2+\cdots+X_n^2 \tag{1-136}$$

服从自由度为 n 的 χ^2 分布，记为 $\chi^2\sim\chi^2(n)$。

1) $\chi^2(n)$ 分布的数学期望与方差分别为

$$E[\chi^2(n)]=n,D[\chi^2(n)]=2n$$

2) $\chi^2(n)$ 分布具有可加性：若 $\chi_i^2\sim\chi^2(n_i)(i=1,2,\cdots,k)$ 且相互独立，则

$$\chi^2=\sum_{i=1}^{k}\chi_i^2\sim\chi^2\left(\sum_{i=1}^{k}n_i\right) \tag{1-137}$$

(2) t 分布。设 $X\sim N(0,1)$，$Y\sim\chi^2(n)$，且 X,Y 独立，则称随机变量 $t=\frac{X}{\sqrt{\frac{Y}{n}}}$，服从自由度为

n 的 t 分布，记为 $t \sim t(n)$。

1）设 $t_\alpha(n)$ 为 t 分布的上 α 分位点，则 $t_{1-\alpha}(n) = -t_\alpha(n)$。

2）当 n 充分大时，可用标准正态分布作为 $t(n)$ 分布的近似，当 $n>45$ 时，$t_\alpha(n) \approx z_\alpha$，其中 z_α 是标准正态分布的上 α 分位点。

（3）F 分布。设 $X \sim \chi^2(n_1)$，$Y \sim \chi^2(n_2)$ 且 X 与 Y 相互独立，则称随机变量 $F = \dfrac{X/n_1}{Y/n_2}$ 服从第一自由度 n_1、第二自由度 n_2 的 F 分布，记为 $F \sim F(n_1, n_2)$。

若 $F \sim F(n_1, n_2)$，则 $\dfrac{1}{F} \sim F(n_2, n_1)$，由此可得

$$F_{1-\alpha}(n_1, n_2) = \frac{1}{F_\alpha(n_2, n_1)} \tag{1-138}$$

【例 1-194】设随机变量 X 和 Y 都服从 $N(0,1)$ 分布，则下列叙述中正确的是（　　）。

A. $X+Y$ 服从正态分布

B. $X^2+Y^2 \sim \chi^2$ 分布

C. X^2 和 Y^2 都 $\sim \chi^2$ 分布

D. $\dfrac{X^2}{Y^2} \sim F$ 分布

解：当 $X \sim N(0,1)$ 时，有 $X^2 \sim \chi^2$ 和 $Y^2 \sim X^2$，故 C 选项正确。由于题中没有给出 X 和 Y 相互独立，B 选项不一定成立，故答案应选 C。

3. 抽样分布

（1）单正态总体抽样分布。设 $(X_1, X_2, \cdots, X_n)$ 是取自正态总体 $N(\mu, \sigma^2)$ 的样本，$\overline{X}$ 与 S^2 分别为样本均值与样本方差，则有：

1）$\overline{X} \sim N\left(\mu, \dfrac{\sigma^2}{n}\right)$，或 $\dfrac{\overline{X} - \mu}{\sigma/\sqrt{n}} \sim N(0,1)$。

2）$\dfrac{(n-1)S^2}{\sigma^2} \sim \chi^2(n-1)$。

3）$\overline{X}$ 与 S^2 相互独立。

4）$\dfrac{\overline{X} - \mu}{S/\sqrt{n}} \sim t(n-1)$。

（2）双正态总体抽样分布。设 $(X_1, X_2, \cdots, X_n)$ 和 $(Y_1, Y_2, \cdots, Y_n)$ 分别是取自正态总体 $N(\mu_1, \sigma_1^2)$ 和 $N(\mu_2, \sigma_2^2)$ 的样本，$\overline{X}, \overline{Y}$ 分别为样本均值，S_1^2, S_2^2 分别为样本方差，则有

1）
$$F = \left(\frac{\sigma_2}{\sigma_1}\right) \cdot \frac{S_1^2}{S_2^2} \sim F(n_1 - 1, n_2 - 1) \tag{1-139}$$

2）当 $\sigma_1^2 = \sigma_2^2 = \sigma^2$ 时

$$T = \frac{(\overline{X} - \overline{Y}) - (\mu_1 - \mu_2)}{S\sqrt{\dfrac{1}{n_1} + \dfrac{1}{n_2}}} \sim t(n_1 + n_2 - 2) \tag{1-140}$$

$$S^2 = \frac{(n_1 - 1)S_1^2 + (n_2 - 1)S_2^2}{n_1 + n_2 - 2} \tag{1-141}$$

【例 1-195】 设 $X_1, X_2, \cdots, X_n$ 是总体 $X \sim N(0,1)$ 的样本，$\overline{X} = \frac{1}{n}\sum_{i=1}^{n} X_i$，$S^2 = \frac{1}{n-1} \times \sum_{i=1}^{n}(X_i - \overline{X})^2$，则正确的是(　　)。

A. $n\overline{X} \sim N(0,1)$　　B. $\overline{X} \sim N(0,1)$　　C. $\sum_{i=1}^{n} X_i^2 \sim \chi^2(n)$　　D. $\frac{\overline{X}}{S} \sim t(n-1)$

解： 由于 $X \sim N(0,1)$，故 $\overline{X} \sim N\left(0,\frac{1}{n}\right)$，$n\overline{X} \sim N(0,n)$，$\overline{X}\Big/\sqrt{\frac{1}{n}} \sim N(0,1)$，$\frac{\overline{X}\Big/\sqrt{\frac{1}{n}}}{S} = \frac{\sqrt{n}\overline{X}}{S} \sim t(n-1)$，故选项 A、B、D 均不正确，选项 C 是正确的。事实上，$X_i \sim N(0,1)$ 且相互独立，$\sum_{i=1}^{n} X_i^2 \sim \chi^2(n)$。

【例 1-196】 设$(X_1, X_2, \cdots, X_{10})$是抽自正态总体 $N(\mu,\sigma^2)$的一个容量为 10 的样本，其中 $-\infty < \mu < +\infty, \sigma^2 > 0$，记 $\overline{X}_9 = \frac{1}{9}\sum_{i=1}^{9} X_i$ 则$\overline{X}_9 - X_{10}$ 所服从的分布是(　　)。

A. $N\left(0,\frac{10}{9}\sigma^2\right)$　　B. $N\left(0,\frac{8}{9}\sigma^2\right)$　　C. $N(0,\sigma^2)$　　D. $N\left(0,\frac{11}{9}\sigma^2\right)$

解： $\overline{X}_9 \sim N\left(\mu,\frac{1}{9}\sigma^2\right)$，$\overline{X}_9 - X_{10} \sim N\left(\mu-\mu,\frac{1}{9}\sigma^2+\sigma^2\right) = N\left(0,\frac{10}{9}\sigma^2\right)$，故答案应选 A。

【例 1-197】 设 $X_1, X_2, \cdots, X_n$ 是来自总体 $N(\mu,\sigma^2)$的样本，$\overline{X}$ 是 $X_1, X_2, \cdots, X_n$ 的样本均值，则 $\sum_{i=1}^{n}\frac{(X_i - \overline{X})^2}{\sigma^2}$ 服从的分布是(　　)。

A. $F(n)$　　B. $t(n)$　　C. $\chi^2(n)$　　D. $\chi^2(n-1)$

解： 因 $\sum_{i=1}^{n}\frac{(X_i - \overline{X})^2}{\sigma^2} = \frac{(n-1)S^2}{\sigma^2} \sim \chi^2(n-1)$，故答案应选 D。

1.7.6 参数估计的点估计

根据总体 X 的一个样本来估计参数的真值称为参数的点估计。

1. 估计量

根据总体 X 的一个样本 $X_1, X_2, \cdots, X_n$ 构造的用其观察值来估计参数 θ 真值的统计量 $\hat{\theta}(X_1, X_2, \cdots, X_n)$ 称为估计量，且$\hat{\theta}(x_1, x_2, \cdots, x_n)$称为估计值。

2. 矩估计法

用样本矩作为相应的总体矩来求出估计量的方法。其思想是：如果总体中有 k 个未知参数，可以用前 k 阶样本矩估计相应的前 k 阶总体矩，然后利用未知参数与总体矩的函数关系，求出参数的估计量。

3. 极大似然估计法

设总体 X 的密度函数为 $p(x,\theta)$，其中 θ 为未知参数，$X_1, X_2, \cdots, X_n$ 是取自总体 X 的样本，

$x_1, x_2, \cdots, x_n$ 为一组样本观测值，则总体 X 的联合密度函数称为似然函数，记作 $L = \prod_{i=1}^{n} p(x_i, \theta)$，取对数 $\ln L = \sum_{i=1}^{n} \ln p(x_i, \theta)$，由 $\frac{\mathrm{d}\ln L}{\mathrm{d}\theta} = 0$，求得似然函数 L 的极大值 $\hat{\theta}$，即为未知参数 θ 的极大似然估计。其思想是：在已知总体 X 概率分布时，对总体进行 n 次观测，得到一个样本，选取概率最大的 θ 值 $\hat{\theta}$ 作为未知参数 θ 的真值的估计是最合理的。

【例 1-198】 设总体 X 的概率密度为 $f(x) = \begin{cases} (\theta+1)x^{\theta}, 0<x<1 \\ 0, 其他 \end{cases}$，其中 $\theta>-1$ 是未知参数，$X_1, X_2, \cdots, X_n$ 是来自总体 X 的样本，则 θ 的矩估计量是(　　)。

A. $\overline{X}$　　B. $\frac{2\overline{X}-1}{1-\overline{X}}$　　C. $2\overline{X}$　　D. $\overline{X}-1$

解： $\overline{X} = \int_0^1 (\theta + 1)x^{\theta+1}\mathrm{d}x = \frac{\theta + 1}{\theta + 2}x^{\theta+2}\Big|_0^1 = \frac{\theta + 1}{\theta + 2}$，$\theta + 1 = \overline{X}\theta + 2\overline{X}$，$1 - 2\overline{X} = (\overline{X} - 1)\theta$，$\hat{\theta} = \frac{2\overline{X} - 1}{1 - \overline{X}}$，故答案应选 B。

【例 1-199】 设总体 X 的概率分布见表 1-5。

表 1-5　　**X 的概率分布**

X	0	1	2	3
P	θ^2	$2\theta(1-\theta)$	θ^2	$1-2\theta$

其中 $\theta\left(0<\theta<\frac{1}{2}\right)$ 是未知参数，利用样本值 3, 1, 3, 0, 3, 1, 2, 3，所得 θ 的矩估计值是(　　)。

A. $\frac{1}{4}$　　B. $\frac{1}{2}$　　C. 2　　D. 0

解： $\overline{X} = 0\theta^2 + 1\times 2\theta(1-\theta) + 2\theta^2 + 3(1-2\theta) = 3-4\theta$，$\theta = \frac{3-\overline{X}}{4}$，利用样本值 $\overline{X} = 2$，故 $\theta = \frac{1}{4}$，故答案应选 A。

【例 1-200】 设总体 X 的概率密度为 $f(x;\theta) = \begin{cases} \mathrm{e}^{-(x-\theta)}, x\geqslant\theta \\ 0, x<\theta \end{cases}$，$X_1, X_2, \cdots, X_n$ 是来自总体 X 的样本，则参数 θ 的最大似然估计量是(　　)。

A. $n\overline{X}$　　B. $\min(X_1, X_2, \cdots, X_n)$

C. $\max(X_1, X_2, \cdots, X_n)$　　D. $\overline{X}-1$

解： 似然函数为 $L(\theta) = \prod_{i=1}^{n} \mathrm{e}^{-(x_i-\theta)} = \mathrm{e}^{n\theta - \sum_{i=1}^{n} x_i}$，$x_i \geqslant \theta$，$\ln L = n\theta - \sum_{i=1}^{n} x_i$，由于似然方程 $\frac{\mathrm{d}\ln L}{\mathrm{d}\theta} = n = 0$ 无解，而 $\ln L = n\theta - \sum_{i=1}^{n} x_i$ 关于 θ 单调递增，要使 $\ln L$ 达到最大，θ 应最大，$\theta \leqslant x_i (i = 1, 2, \cdots,$

n)，故 θ 的最大值为 $\min(X_1,X_2,\cdots,X_n)$，故答案应选 B。

【例 1-201】 设总体 X 服从均匀分布 $U(1,\theta)$，$\overline{X}=\frac{1}{n}\sum_{i=1}^{n}X_i$，则 θ 的矩估计量为(　　)。

A. $\overline{X}$　　B. $2\overline{X}$　　C. $2\overline{X}-1$　　D. $2\overline{X}+1$

解： 随机变量 X 的数学期望为 $\frac{\theta+1}{2}$，有 $E(X)=\frac{\theta+1}{2}$。由 $\overline{X}=\frac{\theta+1}{2}$，解得 $\theta=2\overline{X}-1$，故答案应选 C。

4. 估计量的评选标准

(1) 无偏性。设 $\hat{\theta}=\hat{\theta}(X_1,X_2,\cdots,X_n)$，$E(\hat{\theta})$ 存在，且 $E(\hat{\theta})=\theta$，则称值 $\hat{\theta}$ 是 θ 的无偏估计量。否则称为有偏估计量。

(2) 有效性。设 $\hat{\theta}_1$ 和 $\hat{\theta}_2$ 均为参数 θ 的无偏估计量，如果 $D(\hat{\theta}_1)<D(\hat{\theta}_2)$，则称估计量 $\hat{\theta}_1$ 比 $\hat{\theta}_2$ 有效。

(3) 一致性(相合性)。设 $\hat{\theta}$ 为 θ 的估计量，$\hat{\theta}$ 与样本容量 n 有关，记为 $\hat{\theta}=\hat{\theta}_n$，对于任意给定的 $\varepsilon>0$，都有 $\lim\limits_{n\to\infty}P\{|\hat{\theta}_n-\theta|<\varepsilon\}=1$，则称 $\hat{\theta}$ 为参数 θ 的一致估计量。

【例 1-202】 设总体 $X\sim N(0,\sigma^2)$，$X_1,X_2,\cdots,X_n$ 是来自总体的样本，$\hat{\sigma}^2=\frac{1}{n}\sum_{i=1}^{n}X_i^2$，则下面结论正确的是(　　)。

A. $\hat{\sigma}^2$ 不是 σ^2 的无偏估计量　　B. $\hat{\sigma}^2$ 是 σ^2 的无偏估计量

C. $\hat{\sigma}^2$ 不一定是 σ^2 的无偏估计量　　D. $\hat{\sigma}^2$ 不是 σ^2 的估计量

解： $E(X_i)=0$，$D(X_i)=\sigma^2$，

$$E(\hat{\sigma}^2)=E\left[\frac{1}{n}\sum_{i=1}^{n}X_i^2\right]=\frac{1}{n}\sum_{i=1}^{n}E(X_i^2)=\frac{1}{n}\sum_{i=1}^{n}\{D(X_i)+[E(X_i)]^2\}=\frac{1}{n}\sum_{i=1}^{n}\sigma^2=\sigma^2$$

故答案应选 B。

【例 1-203】 设 $\hat{\theta}$ 是参数 θ 的一个无偏估计量，又方程 $D(\hat{\theta})>0$，下面结论正确的是(　　)。

A. $(\hat{\theta})^2$ 是 θ^2 的无偏估计量

B. $(\hat{\theta})^2$ 不是 θ^2 的无偏估计量

C. 不能确定 $(\hat{\theta})^2$ 是不是 θ^2 的无偏估计量

D. $(\hat{\theta})^2$ 不是 θ^2 的估计量

解： 因 $\hat{\theta}$ 是参数 θ 的一个无偏估计量，故 $E(\hat{\theta})=\theta$，而 $E[(\hat{\theta})^2]=D(\hat{\theta})+[E(\hat{\theta})^2]=D(\hat{\theta})+\theta^2$，又 $D(\hat{\theta})>0$，故 $E[(\hat{\theta})^2]>\theta^2$，所以 $(\hat{\theta})^2$ 不是 θ^2 的无偏估计量，故答案应选 B。

1.7.7　假设检验

1. 假设检验的基本概念

(1) 假设检验：在总体的分布函数完全未知或只知其形式、但不知其参数的情况下，对总体的未知参数提出某种假设，然后利用样本所提供的信息，根据概率论的原理对假设做出“接

受”还是“拒绝”的判断，这一类统计推断问题统称为假设检验。

(2)两类错误：在根据样本做推断时，由于样本的随机性，难免会做出错误的决定，当原假设 H_0 为真时，而做出拒绝 H_0 的判断，称为犯第一类错误；当原假设 H_0 不真时，而做出接受 H_0 的判断，称为犯第二类错误。

(3)显著性检验：控制犯第一类错误的概率不大于一个较小的数 $\alpha(0<\alpha<1)$，而不考虑犯第二类错误的概率的检验，称为显著性检验，称 $\alpha(0<\alpha<1)$ 为显著性水平。

(4) 假设检验的基本步骤。

1) 建立原假设 H_0。

2) 根据检验对象，构造合适的统计量。

3) 求出在假设 H_0 成立的条件下，该统计量服从的概率分布。

4) 选择显著性水平 α，确定临界值。

5) 根据样本值计算统计量的观察值，由此做出接受或拒绝 H_0 的结论。

2. 单个正态总体的假设检验

设总体 $X\sim N(\mu,\sigma^2)$。

(1) 关于均值 μ 的检验，见表 1-6。

表 1-6　　均值 μ 的检验

名称	H_0	H_1	统计量	拒绝域
μ 检验法 (σ^2 已知)	$\mu=\mu_0$ $\mu\leqslant\mu_0$ $\mu\geqslant\mu_0$	$\mu\neq\mu_0$ $\mu>\mu_0$ $\mu<\mu_0$	$U=\dfrac{\overline{X}-\mu_0}{\sigma/\sqrt{n}}\sim N(0,1)$	$\lvert U\rvert>z_{\alpha/2}$ $U>z_\alpha$ $U<-z_\alpha$
t 检验法 (σ^2 未知)	$\mu=\mu_0$ $\mu\leqslant\mu_0$ $\mu\geqslant\mu_0$	$\mu\neq\mu_0$ $\mu>\mu_0$ $\mu<\mu_0$	$T=\dfrac{\overline{X}-\mu_0}{S_n/\sqrt{n}}\sim t(n-1)$	$\lvert T\rvert>t_{\alpha/2}(n-1)$ $T>t_\alpha(n-1)$ $T<-t_\alpha(n-1)$

(2) 关于方差 σ^2 的检验，见表 1-7。

表 1-7　　方差 σ^2 的检验

名称	H_0	H_1	统计量	拒绝域
χ^2 检验法 (μ 已知)	$\sigma^2=\sigma_0^2$ $\sigma^2\leqslant\sigma_0^2$ $\sigma^2\geqslant\sigma_0^2$	$\sigma^2\neq\sigma_0^2$ $\sigma^2>\sigma_0^2$ $\sigma^2<\sigma_0^2$	$k^2=\dfrac{\sum_{i=1}^{n}(X_i-\mu)^2}{\sigma_0^2}\sim\chi^2(n)$	$k^2>x_{\alpha/2}^2(n)$ 或 $k^2<x_{1-\alpha/2}^2(n)$ $k^2>x_\alpha^2(n)$ $k^2<x_{1-\alpha}^2(n)$
χ^2 检验法 (μ 未知)	$\sigma^2=\sigma_0^2$ $\sigma^2\leqslant\sigma_0^2$ $\sigma^2\geqslant\sigma_0^2$	$\sigma^2\neq\sigma_0^2$ $\sigma^2>\sigma_0^2$ $\sigma^2<\sigma_0^2$	$k^2=\dfrac{(n-1)S_n^2}{\sigma^2}\sim\chi^2(n-1)$	$k^2>x_{\alpha/2}^2(n-1)$ 或 $k^2<x_{1-\alpha/2}^2(n-1)$ $k^2>x_\alpha^2(n-1)$ $k^2<x_{1-\alpha}^2(n-1)$

3. 两个正态总体的假设检验

设总体 $X\sim N(\mu_1,\sigma_1^2)$，样本容量为 n_1；$Y\sim N(\mu_2,\sigma_2^2)$，样本容量为 n_2。

（1）两个正态总体均值的检验，见表 1-8。

表 1-8　两个正态总体均值的检验

名称	H_0	H_1	统计量	拒绝域
μ 检验法（σ_1^2,σ_2^2 已知）	$\mu_1=\mu_2$ $\mu_1\leqslant\mu_2$ $\mu_1\geqslant\mu_2$	$\mu_1\neq\mu_2$ $\mu_1>\mu_2$ $\mu_1<\mu_2$	$U=\dfrac{\overline{X}-\overline{Y}-(\mu_1-\mu_2)}{\sqrt{\dfrac{\sigma_1^2}{n_1}+\dfrac{\sigma_2^2}{n_2}}}$	$\lvert U\rvert>z_{\alpha/2}$ $U>z_\alpha$ $U<-z_\alpha$
t 检验法（$\sigma_1^2=\sigma_2^2=\sigma^2$ 未知）	$\mu_1=\mu_2$ $\mu_1\leqslant\mu_2$ $\mu_1\geqslant\mu_2$	$\mu_1\neq\mu_2$ $\mu_1>\mu_2$ $\mu_1<\mu_2$	$T=\dfrac{\overline{X}-\overline{Y}-(\mu_1-\mu_2)}{S_w\sqrt{\dfrac{1}{n_1}+\dfrac{1}{n_2}}}$	$\lvert T\rvert>t_{\alpha/2}(n_1+n_2-2)$ $T>t_\alpha(n_1+n_2-2)$ $T<-t_\alpha(n_1+n_2-2)$

（2）两个正态总体方差的检验，见表 1-9。

表 1-9　两个正态总体方差的检验

名称	H_0	H_1	统计量	拒绝域
F 检验法（μ_1,μ_2 已知）	$\sigma_1^2=\sigma_2^2$ $\sigma_1^2\leqslant\sigma_2^2$ $\sigma_1^2\geqslant\sigma_2^2$	$\sigma_1^2\neq\sigma_2^2$ $\sigma_1^2>\sigma_2^2$ $\sigma_1^2<\sigma_2^2$	$F=\dfrac{n_1\sum\limits_{i=1}^{n_1}(x_i-\mu_1)^2}{n_2\sum\limits_{j=1}^{n_2}(y_i-\mu_2)^2}$	$F>F_{\frac{\alpha}{2}}(n_1,n_2)$ 或 $F<F_{1-\frac{\alpha}{2}}(n_1,n_2)$ $F>F_{1-\alpha}(n_1,n_2)$ $F<F_\alpha(n_1,n_2)$
F 检验法（μ_1,μ_2 未知）	$\sigma_1^2=\sigma_2^2$ $\sigma_1^2\leqslant\sigma_2^2$ $\sigma_1^2\geqslant\sigma_2^2$	$\sigma_1^2\neq\sigma_2^2$ $\sigma_1^2>\sigma_2^2$ $\sigma_1^2<\sigma_2^2$	$F=\dfrac{S_1^2}{S_2^2}$	$F>F_{\frac{\alpha}{2}}(n_1-1,n_2-1)$ 或 $F<F_{1-\frac{\alpha}{2}}(n_1-1,n_2-1)$ $F>F_{1-\alpha}(n_1-1,n_2-1)$ $F<F_\alpha(n_1-1,n_2-1)$

【例 1-204】 设 $x_1,x_2,\cdots,x_n$ 是来自总体 $N(\mu,\sigma^2)$ 的样本，μ、σ^2 未知，$\bar{x}=\dfrac{1}{n}\sum\limits_{i=1}^{n}x_i$，$Q^2=\sum\limits_{i=1}^{n}(x_i-\bar{x})^2$，$Q>0$，则检验假设 $H_0:\mu=0$ 时应选取的统计量是（　　）。

A. $\sqrt{n(n-1)}\dfrac{\bar{x}}{Q}$　　B. $\sqrt{n}\dfrac{\bar{x}}{Q}$　　C. $\sqrt{n-1}\dfrac{\bar{x}}{Q}$　　D. $\sqrt{n}\dfrac{\bar{x}}{Q^2}$

解：在 σ^2 未知时，检验假设 $H_0:\mu=\mu_0$，应选取的统计量为 $t=\dfrac{\overline{X}-\mu_0}{S/\sqrt{n}}=\sqrt{n(n-1)}\dfrac{\overline{X}-\mu_0}{Q}$，所以检验假设 $H_0:\mu=\mu_0$ 时，应选取的统计量为 $\sqrt{n(n-1)}\dfrac{\bar{x}}{Q}$，故答案应选 A。

【例 1-205】 设总体 $X\sim N(\mu,\sigma^2)$，μ 为未知参数，样本 $X_1,X_2,\cdots,X_n$ 的方差为 S^2，对假设检

验 $H_0: \sigma \geqslant 2, H_1: \sigma < 2$,水平为 α 的拒绝域是(　　)。

A. $\chi^2 \leqslant \chi^2_{1-\alpha/2}(n-1)$　　B. $\chi^2 \leqslant \chi^2_{1-\alpha}(n-1)$　　C. $\chi^2 \leqslant \chi^2_{1-\alpha/2}(n)$　D. $\chi^2 \leqslant \chi^2_{1-\alpha}(n)$

解: 由表 1-8 知,答案应选 B。

复 习 题

1-1　已知 $|\boldsymbol{a}|=1, |\boldsymbol{b}|=\sqrt{2}$,且 $(\widehat{\boldsymbol{a},\boldsymbol{b}})=\dfrac{\pi}{4}$,则 $|\boldsymbol{a}+\boldsymbol{b}|=$(　　)。

A. 1　　B. $1+\sqrt{2}$　　C. 2　　D. $\sqrt{5}$

1-2　设 $\boldsymbol{\alpha},\boldsymbol{\beta},\boldsymbol{\gamma}$ 都是非零向量,$\boldsymbol{\alpha}\cdot\boldsymbol{\beta}=\boldsymbol{\alpha}\cdot\boldsymbol{\gamma}$,则(　　)。

A. $\boldsymbol{\beta}=\boldsymbol{\gamma}$　　B. $\boldsymbol{\alpha}/\!/\boldsymbol{\beta}$ 且 $\boldsymbol{\alpha}/\!/\boldsymbol{\gamma}$　　C. $\boldsymbol{\alpha}/\!/(\boldsymbol{\beta}-\boldsymbol{\gamma})$　　D. $\boldsymbol{\alpha}\perp(\boldsymbol{\beta}-\boldsymbol{\gamma})$

1-3　设 $\boldsymbol{\alpha}=\boldsymbol{i}+\boldsymbol{k}, \boldsymbol{\beta}=-\boldsymbol{j}+\boldsymbol{k}$,与 $\boldsymbol{\alpha},\boldsymbol{\beta}$ 都垂直的单位向量为(　　)。

A. $\pm(\boldsymbol{i}+\boldsymbol{j}-\boldsymbol{k})$　　B. $\pm\dfrac{1}{\sqrt{3}}(\boldsymbol{i}-\boldsymbol{j}-\boldsymbol{k})$

C. $\pm\dfrac{1}{\sqrt{3}}(-\boldsymbol{i}+\boldsymbol{j}+\boldsymbol{k})$　　D. $\pm\dfrac{1}{\sqrt{3}}(\boldsymbol{i}+\boldsymbol{j}-\boldsymbol{k})$

1-4　设向量 $\boldsymbol{\alpha}=(5,1,8), \boldsymbol{\beta}=(3,2,7)$,若 $\lambda\boldsymbol{\alpha}+\boldsymbol{\beta}$ 与 Oz 轴垂直,则常数 λ 等于(　　)。

A. $\dfrac{7}{8}$　　B. $-\dfrac{7}{8}$　　C. $\dfrac{8}{7}$　　D. $-\dfrac{8}{7}$

1-5　设 $\boldsymbol{\alpha}=-\boldsymbol{i}+3\boldsymbol{j}+\boldsymbol{k}, \boldsymbol{\beta}=\boldsymbol{i}+\boldsymbol{j}+t\boldsymbol{k}$,已知 $\boldsymbol{\alpha}\times\boldsymbol{\beta}=-4\boldsymbol{i}-4\boldsymbol{k}$,则 t 等于(　　)。

A. 1　　B. 0　　C. -1　　D. -2

1-6　设平面 π 的方程为 $x+z-3=0$,以下选项中错误的是(　　)。

A. 平面 π 垂直于 zOx 面　　B. 平面 π 垂直于 y 轴

C. 平面 π 的法向量为 $\boldsymbol{i}+\boldsymbol{k}$　　D. 平面 π 平行于 y 轴

1-7　设有直线 $\dfrac{x}{1}=\dfrac{y}{0}=\dfrac{z}{-3}$,则该直线必定(　　)。

A. 过原点且平行于 Oy 轴　　B. 过原点且垂直于 Oy 轴

C. 不过原点,但垂直于 Oy 轴　　D. 不过原点,但不平行于 Oy 轴

1-8　过点 $M_1(0,-1,2)$ 和 $M_2(1,0,1)$ 且平行于 z 轴的平面方程是(　　)。

A. $x-y=0$　　B. $\dfrac{x}{1}=\dfrac{y+1}{-1}=\dfrac{2-2}{0}$　　C. $x+y-1=0$　　D. $x-y-1=0$

1-9　设直线的方程为 $\dfrac{x-1}{-2}=\dfrac{y+1}{-1}=\dfrac{z}{1}$,则直线(　　)。

A. 过点 $(1,-1,0)$,方向向量为 $2\boldsymbol{i}+\boldsymbol{j}-\boldsymbol{k}$　　B. 过点 $(1,-1,0)$,方向向量为 $2\boldsymbol{i}-\boldsymbol{j}+\boldsymbol{k}$

C. 过点 $(-1,1,0)$,方向向量为 $-2\boldsymbol{i}-\boldsymbol{j}+\boldsymbol{k}$　　D. 过点 $(-1,1,0)$,方向向量为 $2\boldsymbol{i}+\boldsymbol{j}-\boldsymbol{k}$

1-10　设直线的方程为 $\begin{cases}x=-2t\\y=t-2\\z=3t+1\end{cases}$,则直线(　　)。

A. 过点 $(0,-2,1)$,方向向量为 $2\boldsymbol{i}-\boldsymbol{j}-3\boldsymbol{k}$

B. 过点(0,-2,1),方向向量为$-2\boldsymbol{i}-\boldsymbol{j}+3\boldsymbol{k}$

C. 过点(0,2,-1),方向向量为 $2\boldsymbol{i}+\boldsymbol{j}-3\boldsymbol{k}$

D. 过点(0,2,-1),方向向量为$-2\boldsymbol{i}+\boldsymbol{j}+3\boldsymbol{k}$

1-11　直线$\frac{x+3}{-2}=\frac{y+4}{-7}=\frac{z}{3}$与平面 $4x-2y-2z=3$ 的关系是(　　)。

A. 平行,但直线不在平面上　　B. 直线在平面上

C. 垂直相交　　D. 相交但不垂直

1-12　方程 $16x^2+4y^2-z^2=64$ 表示(　　)。

A. 锥面　　B. 单叶双曲面　　C. 双叶双曲面　　D. 椭圆抛物面

1-13　下列方程中代表双叶双曲面的是(　　)。

A. $2x^2+\frac{y^2}{3}+z^2=1$　　B. $\frac{x^2}{2}-3y^2+z^2=1$

C. $\frac{x^2}{2}-\frac{y^2}{3}-z^2=1$　　D. $\frac{x^2}{2}+\frac{y^2}{3}=z$

1-14　将抛物线$\begin{cases}y=2x^2+1\\z=0\end{cases}$,绕 y 轴旋转一周所生成的旋转曲面方程是(　　)。

A. $\pm\sqrt{y^2+z^2}=2x^2+1$　　B. $y=2x^2+1$

C. $y=2(x^2+z^2)+1$　　D. $y^2+z^2=2x^2+1$

1-15　曲面 $z=x^2+y^2$ 与平面 $x-z=1$ 的交线在 yOz 坐标面上投影的方程是(　　)。

A. $z=(z+1)^2+y^2$　　B. $\begin{cases}z=(z+1)^2+y^2\\x=0\end{cases}$

C. $x-1=x^2+y^2$　　D. $\begin{cases}x-1=x^2+y^2\\z=0\end{cases}$

1-16　设$f(x)=\frac{a^x+a^{-x}}{2}$,则(　　)。

A. $f(x)$为偶函数,值域为$(-\infty,+\infty)$

B. $f(x)$为偶函数,值域为$(1,+\infty)$

C. $f(x)$为奇函数,值域为$(-\infty,+\infty)$

D. $f(x)$为奇函数,值域为$(1,+\infty)$

1-17　函数$f(x)=\begin{cases}2x,0\leqslant x<1\\4-x,1\leqslant x\leqslant 3\end{cases}$, 在 $x\to 1$ 时, $f(x)$的极限是(　　)。

A. 2　　B. 3　　C. 0　　D. 不存在

1-18　曲线 $y=\mathrm{e}^{-\frac{1}{x^2}}$的渐近线方程是(　　)。

A. $y=0$　　B. $y=1$　　C. $x=0$　　D. $x=1$

1-19　若$\lim\limits_{x\to 0}\frac{f(x)}{\sin^2 x}=2$,则当 $x\to 0$ 时,不一定成立的是(　　)。

A. $f(x)$是有极限的函数　　B. $f(x)$是有界函数

C. $f(x)$是无穷小量　　　　D. $f(x)$是与 x^2 同阶的无穷小

1-20　设$f(x)=x\cos\frac{2}{x}+x^2$，则 $x=0$ 是$f(x)$的(　　)。

A. 连续点　　B. 可去间断点　　C. 无穷间断点　　D. 振荡间断点

1-21　设函数 $y=f(x)$满足 $\lim\limits_{x\to x_0}f'(x)=\infty$，且曲线 $y=f(x)$在 $x=x_0$ 处有切线，则此切线(　　)。

A. 与 Ox 轴平行　　　　B. 与 Oy 轴平行

C. 与直线 $y=-x$ 平行　　　　D. 与直线 $y=x$ 平行

1-22　设函数$f(x)=\begin{cases}x^2, x\leqslant 1\\ ax+b, x>1\end{cases}$在 $x=1$ 处可导，则必有(　　)。

A. $a=-2, b=1$　　B. $a=-1, b=2$　　C. $a=2, b=-1$　　D. $a=1, b=-2$

1-23　函数 $y=\cos^2\frac{1}{x}$在 x 处的导数$\frac{dy}{dx}$是(　　)。

A. $-\sin\frac{2}{x}$　　B. $-\frac{2}{x^2}\cos\frac{1}{x}$　　C. $\frac{1}{x^2}\sin\frac{2}{x}$　　D. $-\frac{1}{x^2}\sin\frac{2}{x}$

1-24　设$\frac{d}{dx}f(x)=g(x)$，$h(x)=x^2$，则$\frac{d}{dx}f[h(x)]=$(　　)。

A. $g(x^2)$　　B. $2xg(x)$　　C. $x^2g(x^2)$　　D. $2xg(x^2)$

1-25　已知 a 是大于零的常数，$f(x)=\ln(1+a^{-2x})$，则$f'(0)$的值应是(　　)。

A. $-\ln a$　　B. $\ln a$　　C. $\frac{1}{2}\ln a$　　D. $\frac{1}{2}$

1-26　已知$\begin{cases}x=\frac{1-t^2}{1+t^2},\\ y=\frac{2t}{1+t^2}\end{cases}$，则$\frac{dy}{dx}$为(　　)。

A. $\frac{t^2-1}{2t}$　　B. $\frac{1-t^2}{2t}$　　C. $\frac{x^2-1}{2x}$　　D. $\frac{2t}{t^2-1}$

1-27　设可微函数 $y=y(x)$，由方程 $\sin y+e^x-xy^2=0$ 所确定，则微分 dy 等于(　　)。

A. $\frac{-y^2+e^x}{\cos y-2xy}dx$　　B. $\frac{y^2+e^x}{\cos y-2xy}dx$　　C. $\frac{y^2+e^x}{\cos y+2xy}dx$　　D. $\frac{y^2-e^x}{\cos y-2xy}dx$

1-28　若函数 $y=f(x)$在点 x_0 处有不等于 0 的导数，并且其反函数在点 $y_0(y_0=f(x_0))$处连续，则导数 $g'(y_0)$等于(　　)。

A. $\frac{1}{f(x_0)}$　　B. $\frac{1}{f(y_0)}$　　C. $\frac{1}{f'(x_0)}$　　D. $\frac{1}{f'(y_0)}$

1-29　已知$f(x)$ 是二阶可导的函数，$y=f(\sin^2x)$，则$\frac{d^2y}{dx^2}$为(　　)。

A. $2\cos 2xf'(\sin^2x)+\sin^2 2xf''(\sin^2x)$

B. $2\cos xf'(\sin^2x)+4\cos^2xf''(\sin^2x)$

C. $2\cos x f'(\sin^2 x) + 4\sin^2 x f''(\sin^2 x)$

D. $\sin 2x f'(\sin^2 x)$

1-30　对于二元函数 $z=f(x,y)$，下列有关偏导数与全微分关系中正确的命题是（　　）。

A. 偏导数存在，则全微分存在　　B. 偏导数连续，则全微分必存在

C. 全微分存在，则偏导数必连续　　D. 全微分存在，而偏导数不一定存在

1-31　设 $u=\arccos\sqrt{1-xy}$，则 $u_x=$（　　）。

A. $\dfrac{y}{\sqrt{1-xy}}$　　B. $\dfrac{y}{\sqrt{1-(1-xy)^2}}$　　C. $\dfrac{y\sin\sqrt{1-xy}}{\sqrt{1-(1-xy)^2}}$　　D. $\dfrac{y}{2\sqrt{xy(1-xy)}}$

1-32　设 $z=\dfrac{1}{x}e^{xy}$，则全微分 $dz|_{(1,-1)}=$（　　）。

A. $e^{-1}(dx+dy)$　　B. $e^{-1}(-2dx+dy)$　　C. $e^{-1}(dx-dy)$　　D. $e^{-1}(dx+2dy)$

1-33　设函数 $z=f^2(xy)$，其中 $f(u)$ 具有二阶导数，则 $\dfrac{\partial^2 z}{\partial x^2}=$（　　）。

A. $2y^3 f'(xy)f''(xy)$　　B. $2y^2[f'(xy)+f''(xy)]$

C. $2y\{[f'(xy)]^2+f''(xy)\}$　　D. $2y^2\{[f'(xy)]^2+f(xy)f''(xy)\}$

1-34　已知 $2\sin(x+2y-3z)=x+2y-3z$，则 $\dfrac{\partial z}{\partial x}+\dfrac{\partial z}{\partial y}=$（　　）。

A. -1　　B. 1　　C. $\dfrac{1}{3}$　　D. $\dfrac{2}{3}$

1-35　设 $f(x,y)=\ln\left(x+\dfrac{y}{2x}\right)$，则 $f_y(1,0)=$（　　）。

A. 1　　B. $\dfrac{1}{2}$　　C. 2　　D. 0

1-36　设 $z=f(x^2+y^2)$，则 $dz=$（　　）。

A. $2x+2y$　　B. $2f'(x^2+y^2)(xdx+ydy)$

C. $f'(x^2+y^2)dx$　　D. $2xdx+2ydy$

1-37　设曲线 $y=\ln(1+x^2)$，M 是曲线上的点，若曲线在 M 点的切线平行于已知直线 $y-x+1=0$，则 M 点的坐标是（　　）。

A. $(-2,\ln 5)$　　B. $(-1,\ln 2)$　　C. $(1,\ln 2)$　　D. $(2,\ln 5)$

1-38　当 $x\to+\infty$ 时，下列函数为无穷大量的是（　　）。

A. $\dfrac{1}{2+x}$　　B. $x\cos x$　　C. $e^{3x}-1$　　D. $1-\arctan x$

1-39　设函数 $f(x)$ 在 $(-\infty,+\infty)$ 上是奇函数，且在 $(0,+\infty)$ 内有 $f(x)<0$，$f'(x)>0$，则在 $(-\infty,+\infty)$ 内必有（　　）。

A. $f(x)$ 单调递增　　B. $f(x)$ 单调递减　　C. 非增非减　　D. 无法确定

1-40　设 $f(x)$ 处处连续，且在 $x=x_1$ 处有 $f'(x_1)=0$，在 $x=x_2$ 处不可导，那么（　　）。

A. $x=x_1$ 及 $x=x_2$ 都必不是 $f(x)$ 的极值点

B. 只有 $x=x_1$ 是 $f(x)$ 的极值点

C. $x=x_1$ 及 $x=x_2$ 都有可能是$f(x)$的极值点

D. 只有 $x=x_2$ 是$f(x)$的极值点

1-41　设$f(x)=x^3+ax^2+bx$ 在 $x=1$ 处有极小值-2,则必(　　)。

A. $a=-4,b=1$　　B. $A=4,b=-7$　　C. $a=0,b=-3$　　D. $a=b=1$

1-42　设$f(x)$是$(-a,a)$是连续的偶函数,且当 $0<x<a$ 时,$f(x)<f(0)$,则有结论(　　)。

A. $f(0)$是$f(x)$在$(-a,a)$的极大值,但不是最大值

B. $f(0)$是$f(x)$在$(-a,a)$的最小值

C. $f(0)$是$f(x)$在$(-a,a)$的极大值,也是最大值

D. $f(0)$是曲线 $y=f(x)$的拐点的纵坐标

1-43　设$f(x)$在$(-a,a)$是连续的奇函数,且当 $0<x<a$ 时,$f(x)$是单调增且曲线为凹的,则下列结论不成立的是(　　)。

A. $f(x)$在$(-a,a)$是单调增　　B. 当$-a<x<0$ 时,$f(x)$的曲线是凸的

C. $f(0)$是$f(x)$的极小值　　D. $f(0)$是曲线 $y=f(x)$的拐点的纵坐标

1-44　曲线$f(x)=x^4+4x^3+x+1$ 在$(-\infty,+\infty)$上的拐点个数是(　　)。

A. 0　　B. 1　　C. 2　　D. 3

1-45　函数 $z=f(x,y)$在点(x_0,y_0)的某邻域内连续且有一阶及二阶连续偏导数,又(x_0,y_0)是驻点,令$f_{xx}(x_0,y_0)=A$,$f_{xy}(x_0,y_0)=B$,$f_{yy}(x_0,y_0)=C$,则$f(x,y)$在(x_0,y_0)处取得极值的条件为(　　)。

A. $B^2-AC>0$　　B. $B^2-AC=0$　　C. $B^2-AC<0$　　D. A、B、C 任何关系

1-46　下列各点中为二元函数 $z=x^3-y^3+3x^2+3y^2-9x$ 的极值点的是(　　)。

A. $(1,0)$　　B. $(1,2)$　　C. $(1,1)$　　D. $(-3,0)$

1-47　下列函数中,不是 $e^{2x}-e^{-2x}$ 的原函数的是(　　)。

A. $\frac{1}{2}(e^{2x}+e^{-2x})$　　B. $\frac{1}{2}(e^x+e^{-x})^2$　　C. $\frac{1}{2}(e^x-e^{-x})^2$　　D. $\frac{1}{2}(e^{2x}-e^{-2x})$

1-48　若$f(x)$的一个原函数是 $\sin^2 2x$,则 $\int f''(x)\mathrm{d}x=$(　　)。

A. $4\cos4x+C$　　B. $2\cos^2 2x+C$　　C. $4\cos2x+C$　　D. $8\cos4x+C$

1-49　设$f'(\ln x)=1+x$,则$f(x)=$(　　)。

A. $\frac{\ln x}{2}(2+\ln x)+C$　　B. $x+\frac{1}{2}x^2+C$

C. $x+e^x+C$　　D. $e^x+\frac{1}{2}e^{2x}+C$

1-50　$\int\frac{\cos2x}{\cos x-\sin x}\mathrm{d}x=$(　　)。

A. $\cos x-\sin x+C$　　B. $\sin x+\cos x+C$　　C. $\sin x-\cos x+C$　　D. $-\cos x+\sin x+C$

1-51　设 $F(x)$是$f(x)$的一个原函数,则 $\int\frac{f(\sqrt{x})}{\sqrt{x}}\mathrm{d}x=$(　　)。

A. $\frac{1}{2}F(\sqrt{x})+C$　　B. $-2F(\sqrt{x})+C$　　C. $2F(\sqrt{x})+C$　　D. $-\frac{1}{2}F(\sqrt{x})+C$

1-52　若 $\int f(x)\mathrm{d}x = x^3 + C$，则 $\int f(\cos x)\sin x\mathrm{d}x = ($　　$)$。（式中 C 为任意常数）

A. $-\cos^3 x+C$　　B. $\sin^3 x+C$　　C. $\cos^3 x+C$　　D. $\frac{1}{3}\cos^3 x+C$

1-53　不定积分 $\int x\ln 2x\mathrm{d}x = ($　　$)$。（式中 C 为任意常数）

A. $\frac{x^2}{4}(2\ln 2x+1)+C$　　B. $\frac{x^2}{4}(\ln 2x-1)+C$

C. $\frac{x^2}{4}(2\ln 2x-1)+C$　　D. $\frac{x^2}{4}(\ln 2x+1)+C$

1-54　设 $f(x)$ 的原函数为 $x^2\sin x$，则不定积分 $\int xf'(x)\mathrm{d}x =($　　$)$。

A. $x^3\sin x-x^2\cos x-2x\sin x+C$　　B. $3x^2\sin x+x^3\cos x+C$

C. $x^3\sin x+x^2\cos x+2x\sin x+C$　　D. $x^2\sin x+x^3\cos x+C$

1-55　若 $f(x)$ 为可导函数，且已知 $f(0)=0$，$f'(0)=2$，则 $\lim\limits_{x\to 0}\frac{\int_0^x f(t)\mathrm{d}t}{x^2}$ 之值为(　　)。

A. 0　　B. 1　　C. 2　　D. 不存在

1-56　$\int_{-1}^{1} x\sqrt{x^2+1}\,\mathrm{d}x$ 等于(　　)。

A. 0　　B. $\frac{2}{3}\sqrt{8}$　　C. π　　D. 2

1-57　设函数 $f(x)$ 在 $[0,+\infty)$ 上连续，且 $f(x)= \ln x + x\int_1^2 f(x)\mathrm{d}x$ 满足，则 $f(x)$ 是(　　)。

A. $\ln x$　　B. $\ln x + 2(1-2\ln 2)x$

C. $\ln x - 2(1-2\ln 2)x$　　D. $\ln x + (1-2\ln 2)x$

1-58　设 $I = \int_0^{\frac{\pi}{2}} \frac{1}{3+2\cos^2 x}\mathrm{d}x$，则下列关系式中正确的是(　　)。

A. $\frac{\pi}{10}\leqslant I\leqslant\frac{\pi}{6}$　　B. $\frac{1}{5}\leqslant I\leqslant\frac{1}{3}$　　C. $I=\frac{\pi}{6}$　　D. $I=\frac{\pi}{10}$

1-59　下列广义积分中收敛的是(　　)。

A. $\int_0^{+\infty}\frac{1}{\sqrt{x}}\mathrm{d}x$　　B. $\int_0^1\frac{1}{\sqrt{1-x}}\mathrm{d}x$　　C. $\int_0^{+\infty}\mathrm{e}^{2x}\mathrm{d}x$　　D. $\int_0^1\frac{1}{1-x}\mathrm{d}x$

1-60　将 $I = \iint\limits_D \mathrm{e}^{-x^2-y^2}\mathrm{d}\sigma$（其中 $D: x^2+y^2\leqslant 1$）化为极坐标系下的二次积分，其形式为(　　)。

A. $I=\int_0^{2\pi}\mathrm{d}\theta\int_0^1\mathrm{e}^{-r^2}\mathrm{d}r$　　B. $I=4\int_0^{\frac{\pi}{2}}\mathrm{d}\theta\int_0^1\mathrm{e}^{-r^2}\mathrm{d}r$

C. $I=2\int_0^{\frac{\pi}{2}}\mathrm{d}\theta\int_0^1 \mathrm{e}^{-r^2}r\mathrm{d}r$　　D. $I=\int_0^{2\pi}\mathrm{d}\theta\int_0^1 \mathrm{e}^{-r^2}r\mathrm{d}r$

1-61　$I=\int_0^{\mathrm{e}}\mathrm{d}x\int_0^{\ln x}f(x,y)\mathrm{d}y$，交换积分次序得[其中$f(x,y)$是连续函数]（　　）。

A. $I=\int_0^{\mathrm{e}}\mathrm{d}y\int_0^{\ln x}f(x,y)\mathrm{d}x$　　B. $I=\int_{\mathrm{e}^y}^{\mathrm{e}}\mathrm{d}y\int_0^1 f(x,y)\mathrm{d}x$

C. $I=\int_0^{\ln x}\mathrm{d}y\int_1^{\mathrm{e}}f(x,y)\mathrm{d}x$　　D. $I=\int_0^1\mathrm{d}y\int_{\mathrm{e}^y}^{\mathrm{e}}f(x,y)\mathrm{d}x$

1-62　$I=\iint\limits_D xy\mathrm{d}\sigma$，$D$：$y^2=x$ 及 $y=x-2$ 所围，则化为二次积分后的结果为（　　）。

A. $I=\int_0^4\mathrm{d}x\int_{y+2}^{y^2}xy\mathrm{d}y$　　B. $I=\int_{-1}^2\mathrm{d}y\int_{y^2}^{y+2}xy\mathrm{d}x$

C. $I=\int_0^1\mathrm{d}x\int_{-\sqrt{x}}^{\sqrt{x}}xy\mathrm{d}y+\int_1^4\mathrm{d}x\int_{x-2}^{x}xy\mathrm{d}y$　　D. $I=\int_{-1}^2\mathrm{d}x\int_{y^2}^{y+2}xy\mathrm{d}y$

1-63　设函数$f(x,y)$在$x^2+y^2\leqslant 1$上连续，使$\iint\limits_{x^2+y^2\leqslant 1}f(x,y)\mathrm{d}x\mathrm{d}y=4\int_0^1\mathrm{d}x\int_0^{\sqrt{1-x^2}}f(x,y)\mathrm{d}y$成立的充分条件是（　　）。

A. $f(-x,y)=f(x,y)$，$f(x,-y)=-f(x,y)$

B. $f(-x,y)=f(x,y)$，$f(x,-y)=f(x,y)$

C. $f(-x,y)=-f(x,y)$，$f(x,-y)=-f(x,y)$

D. $f(-x,y)=-f(x,y)$，$f(x,-y)=f(x,y)$

1-64　圆周$\rho=1$，$\rho=2\cos\theta$及射线$\theta=0$，$\theta=\frac{\pi}{3}$所围图形的面积S为（　　）。

A. $\frac{3}{4}\pi$　　B. $\frac{\pi}{2}$　　C. $\frac{\pi}{6}+\frac{\sqrt{3}}{4}$　　D. $\frac{7}{8}\pi$

1-65　球体$x^2+y^2+z^2\leqslant 4a^2$与柱体$x^2+y^2\leqslant 2ax$的公共部分的体积$V=$（　　）。

A. $4\int_0^{\frac{\pi}{2}}\mathrm{d}\theta\int_0^{2a\cos\theta}\sqrt{4a^2-r^2}\,\mathrm{d}r$　　B. $8\int_0^{\frac{\pi}{2}}\mathrm{d}\theta\int_0^{2a\cos\theta}\sqrt{4a^2-r^2}\,r\mathrm{d}r$

C. $4\int_0^{\frac{\pi}{2}}\mathrm{d}\theta\int_0^{2a\cos\theta}\sqrt{4a^2-r^2}\,r\mathrm{d}r$　　D. $\int_{-\frac{\pi}{2}}^{\frac{\pi}{2}}\mathrm{d}\theta\int_0^{2a\cos\theta}\sqrt{4a^2-r^2}\,r\mathrm{d}r$

1-66　计算$I=\iiint\limits_{\Omega}z\mathrm{d}v$，其中$\Omega$为$z=x^2+y^2$，$z=2$所围成的立体，则正确的解法是（　　）。

A. $I=\int_0^{2\pi}\mathrm{d}\theta\int_0^2 r\mathrm{d}r\int_0^1 z\mathrm{d}z$　　B. $I=\int_0^{2\pi}\mathrm{d}\theta\int_0^{\sqrt{2}}r\mathrm{d}r\int_{r^2}^2 z\mathrm{d}z$

C. $I=\int_0^{2\pi}\mathrm{d}\theta\int_0^{\sqrt{2}}z\mathrm{d}z\int_{r^2}^1 r\mathrm{d}r$　　D. $I=\int_0^1\mathrm{d}z\int_0^{\pi}\mathrm{d}\theta\int_0^z zr\mathrm{d}r$

1-67　设空间区域Ω_1：$x^2+y^2+z^2\leqslant R^2$，$z\geqslant 0$；Ω_2：$x^2+y^2+z^2\leqslant R^2$，$x\geqslant 0$，$y\geqslant 0$，$z\geqslant 0$，则（　　）。

A. $\iiint\limits_{\Omega_1}x\mathrm{d}v=4\iiint\limits_{\Omega_2}x\mathrm{d}v$　　B. $\iiint\limits_{\Omega_1}y\mathrm{d}v=4\iiint\limits_{\Omega_2}y\mathrm{d}v$

C. $\iiint\limits_{\Omega_1} z\mathrm{d}v = 4\iiint\limits_{\Omega_2} z\mathrm{d}v$　　D. $\iiint\limits_{\Omega_1} xyz\mathrm{d}v = 4\iiint\limits_{\Omega_2} xyz\mathrm{d}v$

1-68　设 L 是从 $A(1,0)$ 到 $B(-1,2)$ 的直线段，则曲线积分 $\int_L (x+y)\mathrm{d}s =$ (　　)。

A. $-2\sqrt{2}$　　B. $2\sqrt{2}$　　C. 2　　D. 0

1-69　设 AEB 是由点 $A(-1,0)$ 沿上半圆 $y=\sqrt{1-x^2}$，经点 $E(0,1)$ 到点 $B(1,0)$，则曲线积分 $I=\int_{AEB} y^3\mathrm{d}x =$ (　　)。

A. 0　　B. $2\int_{BE} y^3\mathrm{d}x$　　C. $2\int_{EB} y^3\mathrm{d}x$　　D. $2\int_{EA} y^3\mathrm{d}x$

1-70　曲线 $y=\sin x$ 在 $[-\pi,\pi]$ 上与 x 轴所围成的图形的面积为(　　)。

A. 2　　B. 0　　C. 4　　D. 6

1-71　曲线 $y=\dfrac{x^2}{2}$，$x^2+y^2=8$ 所围图形面积(上半平面部分)为(　　)。

A. $\int_{-2}^{2}\left(\sqrt{8-x^2}-\dfrac{x^2}{2}\right)\mathrm{d}x$　　B. $\int_{-2}^{2}\left(\dfrac{x^2}{2}-\sqrt{8-x^2}\right)\mathrm{d}x$

C. $\int_{-1}^{1}\left(\sqrt{8-x^2}-\dfrac{x^2}{2}\right)\mathrm{d}x$　　D. $\int_{-1}^{1}\left(\dfrac{x^2}{2}-\sqrt{8-x^2}\right)\mathrm{d}x$

1-72　抛物线 $y^2=4x$ 及直线 $x=3$ 围成图形绕 x 轴旋转一周形成立体的体积为(　　)。

A. 18　　B. 18π　　C. $\dfrac{243}{8}$　　D. $\dfrac{243}{8}\pi$

1-73　曲线 $y=\dfrac{2}{3}x^{\frac{3}{2}}$ 上位于 x 从 0 到 1 的一段弧长是(　　)。

A. $\dfrac{2}{3}(\sqrt[3]{4}-1)$　　B. $\dfrac{4}{3}\sqrt{2}$　　C. $\dfrac{2}{3}(2\sqrt{2}-1)$　　D. $\dfrac{4}{15}$

1-74　对正项级数 $\sum\limits_{n=1}^{\infty} a_n$，则 $\lim\limits_{n\to\infty}\dfrac{a_{n+1}}{a_n}=q<1$ 是此正项级数收敛的(　　)。

A. 充分条件，但非必要条件　　B. 必要条件，但非充分条件

C. 充分必要条件　　D. 既非充分条件，又非必要条件

1-75　若 $a_n \geqslant 0$，$S_n = a_1 + a_2 + \cdots + a_n$，则数列 $\{S_n\}$ 有界是级数 $\sum\limits_{n=1}^{\infty} a_n$ 收敛的(　　)。

A. 充分条件，但非必要条件　　B. 必要条件，但非充分条件

C. 充分必要条件　　D. 既非充分条件，又非必要条件

1-76　若级数 $\sum\limits_{n=1}^{\infty} a_n^2$ 收敛，则级数 $\sum\limits_{n=1}^{\infty} a_n$ (　　)。

A. 必绝对收敛　　B. 必条件收敛

C. 必发散　　D. 可能收敛，也可能发散

1-77　级数 $\sum\limits_{n=1}^{\infty}\dfrac{(-1)^{n-1}}{n^{2p}}$ (　　)。

A. 当$p>\frac{1}{2}$时，绝对收敛

B. 当$p>\frac{1}{2}$时，条件收敛

C. 当$0<p\leqslant\frac{1}{2}$时，绝对收敛

D. 当$0<p\leqslant\frac{1}{2}$时，发散

1-78 下列各级数发散的是(　　)。

A. $\sum_{n=1}^{\infty}\sin\frac{1}{n^2}$

B. $\sum_{n=1}^{\infty}\frac{1}{\ln(n+1)}$

C. $\sum_{n=1}^{\infty}\frac{(-1)^n}{\sqrt[3]{n^2}}$

D. $\sum_{n=1}^{\infty}2\left(\frac{3}{5}\right)^n$

1-79 幂级数$\sum_{n=0}^{\infty}\frac{(x-5)^n}{\sqrt{n}}$的收敛域为(　　)。

A. $[-1,1)$　　B. $[4,6)$　　C. $[4,6]$　　D. $(4,6]$

1-80 若级数$\sum_{n=1}^{\infty}a_n(x-2)^n$在$x=-2$处收敛，则此级数在$x=5$处(　　)。

A. 发散

B. 条件收敛

C. 绝对收敛

D. 收敛性不能确定

1-81 若$\lim_{n\to\infty}\left|\frac{C_n}{C_{n+1}}\right|=3$，则幂级数$\sum_{n=0}^{\infty}C_n(x-1)^n$(　　)。

A. 必在$|x|>3$时发散

B. 必在$|x|\leqslant3$时发敛

C. 在$x=-3$处的敛散性不定

D. 其收敛半径为3

1-82 若幂级数$\sum_{n=0}^{\infty}C_nx^n$在$x=-2$处收敛，在$x=3$处发散，则该级数(　　)。

A. 必在$x=-3$处发散

B. 必在$x=2$处收敛

C. 必在$|x|>3$时发散

D. 其收敛区间为$[-2,3)$

1-83 函数$\frac{1}{2x-1}$展开成$(x-1)$的幂级数是(　　)。

A. $\sum_{n=0}^{\infty}(x-1)^n$

B. $\sum_{n=0}^{\infty}2^n(x-1)^n$

C. $\sum_{n=0}^{\infty}\frac{(x-1)^n}{2^n}$

D. $\sum_{n=0}^{\infty}(-1)^n2^n(x-1)^n$

1-84 将$f(x)=\frac{1}{2-x}$展开为x的幂级数，其收敛域为(　　)。

A. $(-1,1)$　　B. $(-2,2)$　　C. $\left(-\frac{1}{2},\frac{1}{2}\right)$　　D. $(-\infty,+\infty)$

1-85 幂级数$x^2-\frac{1}{2}x^3+\frac{1}{3}x^4-\cdots+\frac{(-1)^{n+1}}{n}x^{n+1}+\cdots(-1<x\leqslant1)$的和是(　　)。

A. $x\sin x$　　B. $\frac{x^2}{1+x^2}$　　C. $x\ln(1-x)$　　D. $x\ln(1+x)$

1-86 下列级数发散的是(　　)。

A. $\sum_{n=1}^{\infty} \frac{n^2}{3n^4+1}$　　B. $\sum_{n=2}^{\infty} \frac{1}{\sqrt[3]{n(n-1)}}$　　C. $\sum_{n=1}^{\infty} \frac{(-1)^n}{\sqrt{n}}$　　D. $\sum_{n=1}^{\infty} \frac{5}{3^n}$

1-87　若幂级数 $\sum_{n=1}^{\infty} a_n(x+2)^n$ 在 $x=0$ 处收敛，在 $x=-4$ 处发散，则幂级数 $\sum_{n=1}^{\infty} a_n(x-1)^n$ 的收敛域是(　　)。

A. $(-1,3)$　　B. $[-1,3)$　　C. $(-1,3]$　　D. $[-1,3]$

1-88　函数 $y=3e^{2x}$ 是微分方程 $\frac{d^2y}{dx^2}-4y=0$ 的(　　)。

A. 通解　　B. 特解

C. 是解，但既非通解也非特解　　D. 不是解

1-89　微分方程 $(3+2y)x\mathrm{d}x+(1+x^2)\mathrm{d}y=0$ 的通解是(　　)。

A. $1+x^2=Cy$　　B. $(3+2y)=C(1+x^2)$

C. $(1+x^2)(3+2y)=C$　　D. $(3+2y)^2=\frac{C}{1+x^2}$

1-90　微分方程 $\cos x\sin y\mathrm{d}y=\cos y\sin x\mathrm{d}x$ 满足条件 $y|_{x=0}=\frac{\pi}{4}$ 的特解是(　　)。

A. $\cos y=\sqrt{2}\cos x$　　B. $\cos y=\frac{\sqrt{2}}{2}\cos y$　　C. $\cos y\cos x=\frac{\sqrt{2}}{2}$　　D. $\cos y=\frac{1}{2}\cos x$

1-91　设 $\int_0^x f(t)\mathrm{d}t=f(x)-x$，且 $f(0)=0$，则 $f(x)$ 是(　　)。

A. $e^{-x}-1$　　B. $-e^{-x}-1$　　C. e^x-1　　D. e^x+1

1-92　微分方程 $y[\ln y-\ln x]\mathrm{d}x=x\mathrm{d}y$ 的通解是(　　)。

A. $\ln\frac{y}{x}=Cx+1$　　B. $xy=C\left(x-\frac{y}{2}\right)$　　C. $xy=C$　　D. $y=\frac{C}{\ln\left(x-\frac{y}{2}\right)}$

1-93　微分方程 $y'+\frac{1}{x}y=2$ 满足初始条件 $y|_{x=1}=0$ 的特解是(　　)。

A. $y=x-\frac{1}{x}$　　B. $y=x+\frac{1}{x}$

C. $y=x+\frac{C}{x}$，C 为任意常数　　D. $y=x+\frac{2}{x}$

1-94　微分方程 $yy''-2(y')^2=0$ 的通解是(　　)。

A. $\frac{1}{C-x}$　　B. $\frac{1}{1-Cx}$　　C. $\frac{1}{C_1-C_2x}$　　D. $\frac{1}{C_1+C_2x}$

1-95　$xy''=(1+2x^2)y'$ 的通解是(　　)。

A. $y=C_1e^{x^2}$　　B. $y=C_1e^{x^2}+C_2x$

C. $y=C_1e^{x^2}+C_2$　　D. $y=C_1xe^{x^2}+C_2$

1-96　微分方程 $y''-6y'+9y=0$ 在初始条件 $y'|_{x=0}=2, y|_{x=0}=0$ 下的特解为(　　)。

A. $\frac{1}{2}xe^{2x}+C$　　B. $\frac{1}{2}xe^{3x}+C$　　C. $2x$　　D. $2xe^{3x}$

1-97　微分方程 $y''+2y=0$ 的通解是(　　)。

A. $y=A\sin\sqrt{2}x$　　B. $y=A\cos\sqrt{2}x$

C. $y=\sin\sqrt{2}x+B\cos\sqrt{2}x$　　D. $y=A\sin\sqrt{2}x+B\cos\sqrt{2}x$

1-98　已知 e^{3x} 和 e^{-3x} 是方程 $y''+py'+q=0$（p 和 q 是常数）的两个特解，则该微分方程是(　　)。

A. $y''+9y'=0$　　B. $y''-9y'=0$　　C. $y''+9y=0$　　D. $y''-9y=0$

1-99　行列式 $\begin{vmatrix} 0 & -2 & -2 \\ 2 & 0 & 3 \\ 2 & -3 & 3 \end{vmatrix}=$(　　)。

A. 12　　B. −6　　C. −12　　D. 0

1-100　设 $\boldsymbol{a}_1,\boldsymbol{a}_2,\boldsymbol{a}_3$ 是三维列向量，$|\boldsymbol{A}|=|\boldsymbol{a}_1,\boldsymbol{a}_2,\boldsymbol{a}_3|$，则与 $|\boldsymbol{A}|$ 相等的是(　　)。

A. $|\boldsymbol{a}_2,\boldsymbol{a}_1,\boldsymbol{a}_3|$　　B. $|-\boldsymbol{a}_2,-\boldsymbol{a}_3,-\boldsymbol{a}_1|$

C. $|\boldsymbol{a}_1+\boldsymbol{a}_2,\boldsymbol{a}_2+\boldsymbol{a}_3,\boldsymbol{a}_3+\boldsymbol{a}_1|$　　D. $|\boldsymbol{a}_1,\boldsymbol{a}_1+\boldsymbol{a}_2,\boldsymbol{a}_1+\boldsymbol{a}_2+\boldsymbol{a}_3|$

1-101　设 $\boldsymbol{D}=\begin{vmatrix} 1 & 5 & 7 & 8 \\ 1 & 1 & 1 & 1 \\ 2 & 0 & 3 & 6 \\ 1 & 2 & 3 & 4 \end{vmatrix}$，求 $A_{41}+A_{42}+A_{43}+A_{44}=$(　　)，其中 A_{4j} 为元素 $a_{4j}(j=1,2,3,4)$ 的代数余子式。

A. 2　　B. −5　　C. 0　　D. 5

1-102　设 $\boldsymbol{A}$ 为 n 阶可逆方阵，则(　　)不成立。

A. $\boldsymbol{A}^{\mathrm{T}}$ 可逆　　B. $\boldsymbol{A}^2$ 可逆　　C. $-2\boldsymbol{A}$ 可逆　　D. $\boldsymbol{A}+\boldsymbol{E}$ 可逆

1-103　设 $\boldsymbol{A}$ 是 n 阶矩阵，矩阵 $\boldsymbol{A}$ 的第 1 列的 2 倍加到第 2 列，得矩阵 $\boldsymbol{B}$，则以下选项中成立的是(　　)。

A. $\boldsymbol{B}$ 的第 1 列的−2 倍加到第 2 列得 $\boldsymbol{A}$

B. $\boldsymbol{B}$ 的第 1 行的−2 倍加到第 2 行得 $\boldsymbol{A}$

C. $\boldsymbol{B}$ 的第 2 行的−2 倍加到第 1 行得 $\boldsymbol{A}$

D. $\boldsymbol{B}$ 的第 2 列的−2 倍加到第 1 列得 $\boldsymbol{A}$

1-104　设矩阵 $\boldsymbol{A}_{4\times3}$，且其秩 $r(\boldsymbol{A})=2$，而 $\boldsymbol{A}=\begin{pmatrix} 1 & 0 & 2 \\ 0 & 2 & 1 \\ -1 & 0 & 3 \end{pmatrix}$，则秩 $r(\boldsymbol{AB})$ 等于(　　)。

A. 1　　B. 2　　C. 3　　D. 4

1-105　设 $\boldsymbol{A},\boldsymbol{B}$ 均为 n 阶非零矩阵，且 $\boldsymbol{AB}=\boldsymbol{0}$，则 $r(\boldsymbol{A}),r(\boldsymbol{B})$ 满足(　　)。

A. 必有一个等于 0　　B. 都小于 n

C. 一个小于 n，一个等于 n　　D. 都等于 n

1-106　设 $\boldsymbol{A}$ 是 5×6 矩阵，则(　　)正确。

A. 若 $\boldsymbol{A}$ 中所有 5 阶子式均为 0，则秩 $r(\boldsymbol{A})=4$

B. 若秩 $r(\boldsymbol{A})=4$,则 $\boldsymbol{A}$ 中 5 阶子式均为 0

C. 若秩 $r(\boldsymbol{A})=4$,则 $\boldsymbol{A}$ 中 4 阶子式均非 0

D. 若 $\boldsymbol{A}$ 中存在不为 0 的 4 阶子式,则秩 $r(\boldsymbol{A})=4$

1-107　若向量组 $\boldsymbol{\alpha},\boldsymbol{\beta},\boldsymbol{\gamma}$ 线性无关,$\boldsymbol{\alpha},\boldsymbol{\beta},\boldsymbol{\delta}$ 线性相关,则(　　)。

A. $\boldsymbol{\alpha}$ 必可由 $\boldsymbol{\beta},\boldsymbol{\gamma},\boldsymbol{\delta}$ 线性表示　　B. $\boldsymbol{\beta}$ 必不可由 $\boldsymbol{\alpha},\boldsymbol{\gamma},\boldsymbol{\delta}$ 线性表示

C. $\boldsymbol{\delta}$ 必可由 $\boldsymbol{\alpha},\boldsymbol{\beta},\boldsymbol{\gamma}$ 线性表示　　D. $\boldsymbol{\delta}$ 必不可由 $\boldsymbol{\alpha},\boldsymbol{\gamma},\boldsymbol{\beta}$ 线性表示

1-108　设 $\boldsymbol{A}$ 为 $m\times n$ 的非零矩阵,$\boldsymbol{B}$ 为 $n\times l$ 的非零矩阵,满足 $\boldsymbol{AB}=\boldsymbol{0}$,以下选项中不一定成立的是(　　)。

A. $\boldsymbol{A}$ 的行向量组线性相关　　B. $\boldsymbol{A}$ 的列向量组线性相关

C. $\boldsymbol{B}$ 的行向量组线性相关　　D. $r(\boldsymbol{A})+r(\boldsymbol{B})\leqslant n$

1-109　设 $\boldsymbol{B}$ 是 3 阶非零矩阵,已知 $\boldsymbol{B}$ 的每一列都是方程组 $\begin{cases}x_1+2x_2-2x_3=0\\2x_1-x_2+tx_3=0\\3x_1+x_2-x_3=0\end{cases}$ 的解,则 $t=$(　　)。

A. 0　　B. 2　　C. -1　　D. 1

1-110　设 $\boldsymbol{\alpha}_1,\boldsymbol{\alpha}_2,\boldsymbol{\alpha}_3$ 是四元非齐次线性方程组 $\boldsymbol{Ax}=\boldsymbol{b}$ 的三个解向量,且 $r(\boldsymbol{A})=3$,$\boldsymbol{\alpha}_1=(1,2,3,4)^{\mathrm{T}}$,$\boldsymbol{\alpha}_2+\boldsymbol{\alpha}_3=(0,1,2,3)^{\mathrm{T}}$,$C$ 表示任意常数,则线性方程组 $\boldsymbol{Ax}=\boldsymbol{b}$ 的通解 $\boldsymbol{x}$ 为(　　)。

A. $\begin{pmatrix}1\\2\\3\\4\end{pmatrix}+C\begin{pmatrix}1\\1\\1\\1\end{pmatrix}$　　B. $\begin{pmatrix}1\\2\\3\\4\end{pmatrix}+C\begin{pmatrix}0\\1\\2\\3\end{pmatrix}$　　C. $\begin{pmatrix}1\\2\\3\\4\end{pmatrix}+C\begin{pmatrix}2\\3\\4\\5\end{pmatrix}$　　D. $\begin{pmatrix}1\\2\\3\\4\end{pmatrix}+C\begin{pmatrix}3\\4\\5\\6\end{pmatrix}$

1-111　设 $\lambda=2$ 是非奇异矩阵 $\boldsymbol{A}$ 的特征值,则矩阵 $\left(\frac{1}{3}\boldsymbol{A}^2\right)^{-1}$ 有一特征值等于(　　)。

A. $\frac{4}{3}$　　B. $\frac{3}{4}$　　C. $\frac{1}{2}$　　D. $\frac{1}{4}$

1-112　设 $\boldsymbol{A}$ 为 n 阶可逆矩阵,$\boldsymbol{\lambda}$ 是 $\boldsymbol{A}$ 的一个特征值,则 $\boldsymbol{A}$ 的伴随矩阵 $\boldsymbol{A}^*$ 的特征值之一是(　　)。

A. $\boldsymbol{\lambda}^{-1}|\boldsymbol{A}|$　　B. $\lambda^{-1}|\boldsymbol{A}|$　　C. $\lambda|\boldsymbol{A}|$　　D. $\lambda|\boldsymbol{A}|^n$

1-113　若 $\boldsymbol{A}\sim\boldsymbol{B}$,则有(　　)。

A. $\lambda\boldsymbol{E}-\boldsymbol{A}=\lambda\boldsymbol{E}-\boldsymbol{B}$

B. $|\boldsymbol{A}|=|\boldsymbol{B}|$

C. 对于相同的特征值 λ,矩阵 $\boldsymbol{A}$ 与 $\boldsymbol{B}$ 有相同的特征向量

D. $\boldsymbol{A}$ 与 $\boldsymbol{B}$ 均与同一个对角矩阵相似

1-114　已知三维列向量 $\boldsymbol{\alpha},\boldsymbol{\beta}$ 满足 $\boldsymbol{\beta}^{\mathrm{T}}\boldsymbol{\alpha}=2$,设 3 阶矩阵 $\boldsymbol{A}=\boldsymbol{\alpha}\boldsymbol{\beta}^{\mathrm{T}}$,则(　　)。

A. $\boldsymbol{\beta}$ 是 $\boldsymbol{A}$ 的属于特征值 0 的特征向量

B. $\boldsymbol{\alpha}$ 是 $\boldsymbol{A}$ 的属于特征值 0 的特征向量

C. $\boldsymbol{\beta}$ 是 $\boldsymbol{A}$ 的属于特征值 2 的特征向量

D. $\boldsymbol{\alpha}$ 是 $\boldsymbol{A}$ 的属于特征值 2 的特征向量

1-115　设 $\boldsymbol{A}$ 是 3 阶实对称矩阵,$\boldsymbol{P}$ 是 3 阶可逆矩阵,$\boldsymbol{B}=\boldsymbol{P}^{-1}\boldsymbol{AP}$,已知 $\boldsymbol{\beta}$ 是 $\boldsymbol{A}$ 的属于特征值

3 的特征向量,则 $\boldsymbol{B}$ 的属于特征值 3 的特征向量是(　　)。

A. $\boldsymbol{P\beta}$　　B. $\boldsymbol{P}^{-1}\boldsymbol{\beta}$　　C. $\frac{1}{3}\boldsymbol{P}^{-1}\boldsymbol{\beta}$　　D. $(\boldsymbol{P}^{-1})^{\mathrm{T}}\boldsymbol{\beta}$

1-116　设三阶方阵 $\boldsymbol{A}$ 的特征值 $\lambda_1=1$,对应的特征向量 $\boldsymbol{\alpha}_1$;特征值 $\lambda_2=\lambda_3=-2$,对应两个线性无关特征向量 $\boldsymbol{\alpha}_2,\boldsymbol{\alpha}_3$,令 $\boldsymbol{P}=(\boldsymbol{\alpha}_3,\boldsymbol{\alpha}_2,\boldsymbol{\alpha}_1)$,则 $\boldsymbol{P}^{-1}\boldsymbol{AP}=$(　　)。

A. $\begin{bmatrix}1&0&0\\0&-2&0\\0&0&-2\end{bmatrix}$　　B. $\begin{bmatrix}-2&&\\&1&\\&&-2\end{bmatrix}$　　C. $\begin{bmatrix}-2&&\\&-2&\\&&1\end{bmatrix}$　　D. $\begin{bmatrix}-1&0\\-1&-4\end{bmatrix}$

1-117　设 $\boldsymbol{A}=\begin{bmatrix}1&-1&1\\2&4&x\\-3&-3&5\end{bmatrix}$,$\boldsymbol{A}$ 有特征值 $\lambda_1=6$,$\lambda=2$(二重),且 $\boldsymbol{A}$ 有三个线性无关的特征向量,则 x 为(　　)。

A. 2　　B. −2　　C. 4　　D. −4

1-118　设 $\boldsymbol{A}=\begin{pmatrix}0&1\\1&2\end{pmatrix}$,与 $\boldsymbol{A}$ 合同的矩阵是(　　)。

A. $\begin{pmatrix}0&-1\\-1&2\end{pmatrix}$　　B. $\begin{pmatrix}0&1\\1&-2\end{pmatrix}$　　C. $\begin{pmatrix}0&1\\-1&2\end{pmatrix}$　　D. $\begin{pmatrix}0&-1\\1&2\end{pmatrix}$

1-119　二次型 $f(x_1,x_2,x_3)=(\lambda-1)x_1^2+\lambda x_2^2+(\lambda+1)x_3^2$,当满足(　　)时,是正定二次型。

A. $\lambda>-1$　　B. $\lambda>0$　　C. $\lambda>1$　　D. $\lambda\geqslant1$

1-120　n 阶实对称矩阵 $\boldsymbol{A}$ 为正定矩阵,则下列不成立的是(　　)。

A. 所有 k 级子式为正($k=1,2,\cdots,n$)　　B. $\boldsymbol{A}$ 的所有特征值非负

C. $\boldsymbol{A}^{-1}$为正定矩阵　　D. 秩($\boldsymbol{A}$)$=n$

1-121　甲、乙、丙三人各射一次靶,事件 A 表示“甲中靶”,事件 B 表示“乙中靶”,事件 C 表示“丙中靶”,则“三人中至多两人中靶”可表示为(　　)。

A. $\overline{A}BC+AB\overline{C}+A\overline{B}C$　　B. $\overline{ABC}$

C. $AB+AC+BC$　　D. $\overline{A\cup B\cup C}$

1-122　当下列哪项成立时,事件 A 与 B 为对立事件(　　)。

A. $AB=\varnothing$　　B. $A+B=\Omega$　　C. $\overline{A}+\overline{B}=\Omega$　　D. $AB=\varnothing$ 且 $A+B=\Omega$

1-123　将 3 个不同的球随机地放入 5 个不同的杯子中,则杯中球的最大个数为 2 的概率是(　　)。

A. $\frac{1}{25}$　　B. $\frac{4}{25}$　　C. $\frac{9}{25}$　　D. $\frac{12}{25}$

1-124　设 A,B 是 2 个互不相容的事件,$P(A)>0$,$P(B)>0$,则(　　)一定成立。

A. $P(A)=1-P(B)$　　B. $P(A|B)=0$　　C. $P(A|\overline{B})=1$　　D. $P(\overline{AB})=0$

1-125　若 $P(A)=0.5$,$P(B)=0.4$,$P(\overline{A}B)=0.3$,则 $P(A\cup B)$ 等于(　　)。

A. 0.6　　B. 0.7　　C. 0.8　　D. 0.9

1-126　设事件 A 与 B 相互独立,且 $P(A)=\frac{1}{2}$,$P(B)=\frac{1}{4}$,则 $P(B|A\cup\overline{B})=$(　　)。

A. $\frac{1}{9}$　　B. $\frac{1}{8}$　　C. $\frac{1}{10}$　　D. $\frac{1}{7}$

1-127　袋中共有 5 个球,其中 3 个新球,2 个旧球,每次取 1 个,无放回的取 2 次,则第二次取到新球的概率是(　　)。

A. $\frac{3}{5}$　　B. $\frac{3}{4}$　　C. $\frac{2}{4}$　　D. $\frac{3}{10}$

1-128　设有一箱产品由三家工厂生产,第一家工厂生产总量的$\frac{1}{2}$,其他两厂各生产总量的$\frac{1}{4}$;又知各厂次品率分别为 2%、2%、4%。现从此箱中任取一件产品,则取到正品的概率是(　　)。

A. 0.85　　B. 0.765　　C. 0.975　　D. 0.95

1-129　10 张奖券中有 3 张中奖的奖券,两个人先后随机地各买一张,若已知第二人中奖,则第一人中奖的概率是(　　)。

A. $\frac{2}{9}$　　B. $\frac{3}{10}$　　C. $\frac{7}{15}$　　D. $\frac{1}{15}$

1-130　设随机变量 X 的概率密度为 $f(x)=\begin{cases}\frac{1}{x}, x\geqslant \mathrm{e}\\ 0,其他\end{cases}$,则 $P(1\leqslant X\leqslant 4)=$(　　)。

A. 2ln2　　B. 2ln2−1　　C. ln2　　D. ln2−1

1-131　设随机变量 X 的分布密度为 $f(x)=\begin{cases}4x^3, x<0<1\\ 0,其他\end{cases}$,则使 $P(X>a)=P(X<a)$ 成立的常数 $a=$(　　)。

A. $\frac{1}{\sqrt[4]{2}}$　　B. $\sqrt[4]{2}$　　C. $\frac{1}{2}$　　D. $1-\frac{1}{\sqrt[4]{2}}$

1-132　设随机变量 $X\sim N(0,\sigma^2)$,则对任何实数 λ 都有(　　)。

A. $P(X\leqslant\lambda)=P(X\geqslant\lambda)$　　B. $P(X\geqslant\lambda)=P(X\leqslant-\lambda)$

C. $\lambda X\sim N(0,\lambda\sigma^2)$　　D. $X-\lambda\sim N(\lambda,\sigma^2-\lambda^2)$

1-133　设随机变量 X 的概率密度为 $f(x)=\begin{cases}\frac{1}{4}x^3, 0<x<2\\ 0,其他\end{cases}$,则 $Y=\frac{1}{X^2}$的数学期望是(　　)。

A. 1　　B. $\frac{1}{2}$　　C. 2　　D. $\frac{1}{4}$

1-134　设 X 的密度函数 $f(x)=\begin{cases}x, 0\leqslant x<1\\ 2-x, 1\leqslant x<2\\ 0,其他\end{cases}$,则 $D(X)$ 等于(　　)。

A. 1　　B. $\frac{1}{6}$　　C. $\frac{7}{6}$　　D. 6

1-135　设随机变量 X 与 Y 相互独立,方差分别为 6 和 3,则 $D(2X-Y)=$(　　)。

A. 9　　B. 15　　C. 21　　D. 27

1-136　设离散型随机变量 X 的分布律为见表 1-10,则数学期望 $E(X^2)$ 等于(　　)。

表 1-10　　　　　　　　　　　　　　　**X 的分布律**

X	-1	0	1	2
P	0.4	0.3	0.2	0.1

A. 0　　　B. 1　　　C. 2　　　D. 3

1-137　设总体 X 的概率分布见表 1-11。

表 1-11　　　　　　　　　　　　　　　**X 的概率分布**

X	0	1	2	3
P	θ^2	$2\theta(1-\theta)$	θ^2	$1-2\theta$

其中 $\theta\left(0<\theta<\frac{1}{2}\right)$ 是未知参数，利用样本值 3，1，3，0，3，1，2，3，所得 θ 的矩估计值是(　　)。

A. $\frac{1}{4}$　　　B. $\frac{1}{2}$　　　C. 2　　　D. 0

1-138　设总体 X 的概率密度为 $f(x)=\begin{cases}(\theta+1)x^{\theta},0<x<1\\0,其他\end{cases}$，其中 $\theta>-1$ 是未知参数，X_1，X_2，…，X_n 是来自总体 X 的样本，则 θ 的矩估计量是(　　)。

A. $\overline{X}$　　　B. $\frac{2\overline{X}-1}{1-\overline{X}}$　　　C. $2\overline{X}$　　　D. $\overline{X}-1$

1-139　设射手在向同一目标的 80 次射击中，命中 75 次，则参数的最大似然估计值为(　　)。

A. $\frac{15}{16}$　　　B. 0　　　C. $\frac{1}{2}$　　　D. 1

1-140　设 $X_1,X_2,\cdots,X_n$ 是来自正态总体 $N(\mu,\sigma^2)$ 的简单随机样本，若 $c\sum\limits_{i=1}^{n-1}(X_{i+1}-X_i)^2$ 是参数 σ^2 的无偏估计，则 $c=$(　　)。

A. $\frac{1}{2n}$　　　B. $2n$　　　C. $\frac{1}{2(n-1)}$　　　D. $2(n-1)$

1-141　某工厂所生产的某种细纱支数服从正态分布 $N(\mu_0,\sigma_0^2)$，μ_0,σ_0^2 为已知，现从某日生产的一批产品中，随机抽 16 缕进行支数测量，求得子样均值及方差为 A,B 要检验纱的均匀度是否变劣，则提出假设(　　)。

A. $H_0:\mu=\mu_0;H_1:\mu\neq\mu_0$　　　B. $H_0:\mu=\mu_0;H_1:\mu>\mu_0$

C. $H_0:\sigma=\sigma_0^2;H_1:\sigma>\sigma_0^2$　　　D. $H_0:\sigma=\sigma_0^2;H_1:\sigma\neq\sigma_0^2$

复习题答案与提示

1-1 D　提示：$|\boldsymbol{a}+\boldsymbol{b}|^2=(\boldsymbol{a}+\boldsymbol{b},\boldsymbol{a}+\boldsymbol{b})=|\boldsymbol{a}|^2+|\boldsymbol{b}|^2+2|\boldsymbol{a}||\boldsymbol{b}|\cos(\widehat{\boldsymbol{a},\boldsymbol{b}})$。

1-2 D　提示：由 $\boldsymbol{\alpha}\cdot\boldsymbol{\beta}=\boldsymbol{\alpha}\cdot\boldsymbol{\gamma},\boldsymbol{\alpha}\cdot(\boldsymbol{\beta}-\boldsymbol{\gamma})=\boldsymbol{0}$(两向量垂直的充分必要条件是数量积为零，零向量与任何向量都垂直)，所以 $\boldsymbol{\alpha}\perp(\boldsymbol{\beta}-\boldsymbol{\gamma})$，故答案应选 D。

1-3 B　提示：作向量 α,β 的向量积，再单位化则可。由于 $\alpha\times\beta=\begin{vmatrix} \boldsymbol{i} & \boldsymbol{j} & \boldsymbol{k} \\ 1 & 0 & 1 \\ 0 & -1 & 1 \end{vmatrix}=(\boldsymbol{i}-\boldsymbol{j}-\boldsymbol{k})$，单位化得 $\pm\frac{1}{\sqrt{3}}(\boldsymbol{i}-\boldsymbol{j}-\boldsymbol{k})$，故答案应选 B。

1-4 B　提示：因 $\lambda\boldsymbol{\alpha}+\boldsymbol{\beta}=(5\lambda+3,\lambda+2,8\lambda+7)$ 垂直于向量 $(0,0,1)$，其数量积为 0，则有 $8\lambda+7=0$，得 $\lambda=-\frac{7}{8}$，故答案应选 B。

1-5 C　提示：$\boldsymbol{\alpha}\times\boldsymbol{\beta}=\begin{vmatrix} \boldsymbol{i} & \boldsymbol{j} & \boldsymbol{k} \\ -1 & 3 & 1 \\ 1 & 1 & t \end{vmatrix}=(3t-1)\boldsymbol{i}+(1+t)\boldsymbol{j}-4\boldsymbol{k}=-4i-4k$，得 $t=-1$，故答案应选 C。

1-6 B　提示：由所给平面 $\boldsymbol{\pi}$ 的方程知，平面 $\boldsymbol{\pi}$ 平行于 y 轴，不可能垂直于 y 轴，故答案应选 B。

1-7 B　提示：由直线的对称式方程 $\frac{x}{1}=\frac{y}{0}=\frac{z}{-3}$ 可知，该直线过原点 $(0,0,0)$，方向向量为 $(1,0,-3)$，与 Oy 轴垂直，故答案应选 B。

1-8 D　提示：解法 1，用排除法。首先排除 B 选项，将点 M_1 代入 $x-y=0$ 不成立，排除 A，再将点 M_1 代入 $x+y-1=0$ 也不成立，排除 C，故答案应选 D。

解法 2，所求平面平行 z 轴，其法向量 $\boldsymbol{n}\perp(0,0,1)$，又有 $\boldsymbol{n}\perp\overline{M_1M_2}$，故 $\boldsymbol{n}=\overline{M_1M_2}\times(0,0,1)=(1,-1,0)$，利用平面动点法式方程，可得平面方程为 $x-y-1=0$，故答案应选 D。

1-9 A　提示：由所给直线的方程知，直线过点 $(1,-1,0)$，方向向量为 $-2\boldsymbol{i}-\boldsymbol{j}+\boldsymbol{k}$ 或 $2\boldsymbol{i}+\boldsymbol{j}-\boldsymbol{k}$，故答案应选 A。

1-10 A　将直线的方程化为对称式得 $\frac{x-0}{-2}=\frac{y+2}{1}=\frac{z-1}{3}$，直线过点 $(0,-2,1)$，方向向量为 $-2\boldsymbol{i}+\boldsymbol{j}+3\boldsymbol{k}$ 或 $2\boldsymbol{i}-\boldsymbol{j}-3\boldsymbol{k}$，故答案应选 A。

1-11 A　提示：直线方向向量与平面法向量垂直，且直线上点不在平面内，故答案应选 A。

1-12 B　提示：化为标准形 $\frac{x^2}{\left(\frac{8}{4}\right)^2}+\frac{y^2}{\left(\frac{8}{2}\right)^2}-\frac{z^2}{8^2}=1$，该图形为单叶双曲面，故答案应选 B。

1-13 C　提示：$\frac{x^2}{2}-3y^2+z^2=1$ 表示单叶双曲面，$2x^2+\frac{y^2}{3}+z^2=1$ 表示椭球面，$\frac{x^2}{2}-\frac{y^2}{3}-z^2=1$ 表示双叶双曲面，$\frac{x^2}{2}+\frac{y^2}{3}=z$ 表示椭圆抛物面，故答案应选 C。

1-14 C　提示：由于是绕 y 轴旋转一周，旋转曲面方程应为 $y=2(\pm\sqrt{x^2+z^2})^2+1=2(x^2+z^2)+1$，故答案应选 C。

1-15 B　提示：联立 $z=x^2+y^2$ 和 $x-z=1$ 消去 x，得投影柱面方程，$z=(z+1)^2+y^2$，故答案应选 B。

1-16 B　提示　$f(-x)=\frac{a^{-x}+a^{x}}{2}=f(x)$，$f(x)$ 为偶函数，又 $f(x)\geqslant1$，$\lim\limits_{x\to\pm\infty}f(x)=+\infty$，值域为

$(1,+\infty)$,故答案应选 B。

1-17 D　提示:由 $\lim\limits_{x\to1^+}f(x)=3$,$\lim\limits_{x\to1^-}f(x)=2$ 知,在 $x\to1$ 时,$f(x)$ 的极限不存在,故答案应选 D。

1-18 B　提示:因 $\lim\limits_{x\to\infty}e^{-\frac{1}{x^2}}=1$,则渐近线为 $y=1$,故答案应选 B。

1-19 B　提示:由 $\lim\limits_{x\to0}\dfrac{f(x)}{\sin^2x}=2$ 知,必有 $\lim\limits_{x\to a}f(x)=0$,故 A 和 C 成立,同时 D 也成立。$\lim\limits_{x\to a}f(x)=0$ 只能说明 $f(x)$ 在 $x=0$ 的某邻域内有界,并不一定是有界函数,故答案应选 B。

1-20 B　提示:$f(x)$ 在 $x=0$ 极限存在,但在 $x=0$ 无定义,故答案应选 B。

1-21 B　提示:因 $\lim\limits_{x\to x_0}f'(x)=\infty$,所以在点 x_0 处曲线 $y=f(x)$ 的切线垂直于 x 轴,即平行于 y 轴,故答案应选 B。

1-22 C　提示:由于 $f(x)$ 在 $x=1$ 连续,$f(1+0)=f(1-0)\Rightarrow a+b=1$。而 $f'_-(1)=\lim\limits_{x\to1}\dfrac{x^2-1}{x-1}=2$,$f'_+(1)=\lim\limits_{x\to0}\dfrac{ax+b-1}{x-1}\lim\limits_{x\to0}\dfrac{ax+1-a-1}{x-1}=a$,所以 $a=2,b=-1$ 时,$f(x)$ 在 $x=1$ 可导,故答案应选 C。

1-23 C　提示:由复合函数求导规则,$\dfrac{dy}{dx}=2\cos\dfrac{1}{x}\left(-\sin\dfrac{1}{x}\right)\cdot\left(-\dfrac{1}{x^2}\right)=\dfrac{1}{x^2}\sin\dfrac{2}{x}$,故答案应选 C。

1-24 D　提示:$\dfrac{d}{dx}f[h(x)]=f'[h(x)]h'(x)$。

1-25 A　提示:$f'(x)=-\dfrac{2a^{-2x}\ln a}{1+a^{-2x}}$,$f'(0)=-\dfrac{2\ln a}{2}=-\ln a$,故答案应选 A。

1-26 A　提示:利用参数方程求导公式。

1-27 D　提示:对方程 $\sin y+e^x-xy^2=0$ 两边关于 x 求微分,得 $\cos y\cdot dy+e^xdx-(y^2dx+2xydy)=0$,解得 $dy=\dfrac{y^2-e^x}{\cos y-2xy}dx$,故答案应选 D。

1-28 C　提示:因函数 $y=f(x)$ 在点 x_0 处有不等于 0 的导数,且其反函数 $x=g(y)$ 在点 y_0 处连续,故函数 $x=g(y)$ 在点 y_0 处可导,且 $g'(y_0)=\dfrac{1}{f'(x_0)}$,故答案应选 C。

1-29 A　提示:$\dfrac{dy}{dx}=\sin2xf'(\sin^2x)$,$\dfrac{d^2y}{dx^2}=2\cos2xf'(\sin^2x)+\sin2xf''(\sin^2x)2\sin x\cos x=2\cos2xf'(\sin^2x)+\sin^22xf''(\sin^2x)$,故答案应选 A。

1-30 B　提示:对于二元函数,全微分存在,偏导数一定存在;但偏导数存在,全微分不一定存在;只有当偏导数连续时,全微分一定存在,故答案应选 B。

1-31 D　提示:$u_x=-\dfrac{1}{\sqrt{1-(1-xy)}}\cdot\dfrac{-y}{2\sqrt{1-xy}}=\dfrac{y}{2\sqrt{xy(1-xy)}}$,故答案应选 D。

1-32 B　提示:由于 $dz=\dfrac{\partial z}{\partial x}dx+\dfrac{\partial z}{\partial y}dy$,而 $\dfrac{\partial z}{\partial x}=-\dfrac{1}{x^2}e^{xy}+\dfrac{y}{x}e^{xy}$,$\left.\dfrac{\partial z}{\partial x}\right|_{(1,-1)}=-2e^{-1}$,直接排除 A、C、D 三个选项,故答案应选 B。

1-33 D　提示：$\frac{\partial z}{\partial x}=2f(xy)f''(xy)\cdot y$，$\frac{\partial z}{\partial x^2}=2y[f'(xy)\cdot y\cdot f'(xy)+f(xy)\cdot f''(xy)\cdot y]=2y^2\{[f'(xy)]^2+f(xy)f''(xy)\}$

故答案应选 D。

1-34 B　提示：记 $F(x,y,z)=2\sin(x+2y-3z)-x-2y+3z$，则 $F_x(x,y,z)=2\cos(x+2y-3z)-1$，$F_y(x,y,z)=4\cos(x+2y-3z)-2$，$F_z(x,y,z)=-6\cos(x+2y-3z)+3$，所以 $\frac{\partial z}{\partial x}=-\frac{F_x}{F_z}=-\frac{2\cos(x+2y-3z)-1}{-6\cos(x+2y-3z)+3}=\frac{1}{3}$，$\frac{\partial z}{\partial x}=-\frac{F_x}{F_z}=-\frac{4\cos(x+2y-3z)-2}{-6\cos(x+2y-3z)+3}=\frac{2}{3}$，$\frac{\partial z}{\partial x}+\frac{\partial z}{\partial y}=\frac{1}{3}+\frac{2}{3}=1$，故答案应选 B。

1-35 B　提示：$f_y(1,0)=\left.\frac{\frac{1}{2x}}{x+\frac{y}{2x}}\right|_{\substack{x=1\\y=0}}=\frac{1}{2}$，故答案应选 B。

1-36 B　提示：利用 $\mathrm{d}z=\frac{\partial z}{\partial x}\mathrm{d}x+\frac{\partial z}{\partial y}\mathrm{d}y$，由于 $\frac{\partial z}{\partial x}=2xf'(x^2+y^2)$，$\frac{\partial z}{\partial y}=2yf'(x^2+y^2)$，所以 $\mathrm{d}z=2f'(x^2+y^2)(x\mathrm{d}x+y\mathrm{d}y)$，故答案应选 B。

1-37 C　提示：设 $M(x_0,y_0)$，已知直线的斜率为 $k=1$，$y'=\frac{2x}{1+x^2}$，由 $1=y'|_{x=x_0}=\frac{2x_0}{1+x_0^2}$，解得 $x_0=1$，于是 $y_0=\ln 2$，故答案应选 C。

1-38 C　提示：因 $\lim\limits_{x\to+\infty}\frac{1}{2+x}=0$；$\lim\limits_{x\to+\infty}x\cos x$ 在区间 $(-\infty,+\infty)$ 内变化，没有固定趋势；$\lim\limits_{x\to+\infty}\mathrm{e}^{3x}-1=+\infty$，$\lim\limits_{x\to+\infty}(1-\arctan x)=1-\frac{\pi}{2}$，故答案应选 C。

1-39 A　提示：$f(x)$ 在 $(-\infty,+\infty)$ 上是奇函数，$f'(x)$ 在 $(-\infty,+\infty)$ 上是偶函数，由于在 $(0,+\infty)$ 内有 $f'(x)>0$，故在 $(-\infty,0)$ 内有 $f'(x)>0$，$f(x)$ 在 $(-\infty,+\infty)$ 上是单调递增，故答案应选 A。

1-40 C　提示：驻点和导数不存在点都是极值可疑点。

1-41 C　提示：$f'(x)=3x^2+2ax+b$，$f'(1)=3+2a+b=0$；又 $f(1)=1+a+b=-2$，解出 a,b 则可。

1-42 C　提示：因为 $f(x)$ 在 $(-a,a)$ 是连续的偶函数，故当 $-a<x<0$ 时，仍有 $f(x)<f(0)$，由极值和最值定义知，故答案应选 C。

1-43 C　提示：$f(x)$ 在 $(-a,a)$ 是连续的奇函数，其图形关于原点对称，故在 $(-a,0)$ 内，$f(x)$ 单调递增且曲线为凸，所以 A、B、D 都是正确的，故答案应选 C。

1-44 C　提示：$f'(x)=4x^3+12x^2+1$，$f''(x)=12x^2+24x$，由 $f''(x)=12x^2+24x=0$，解得 $x=0$，$x=-2$。经验证在这两个点的左、右两侧附近，$f''(x)$ 符号发生变化，故都是拐点，故答案应选 C。

1-45 C　提示：利用多元函数极值判定条件。

1-46 A 提示：由$\begin{cases}\dfrac{\partial z}{\partial x}=3x^2-6x-9=0\\ \dfrac{\partial z}{\partial y}=-3y^2+6y=0\end{cases}$解得四个驻点(1,0)、(1,2)、(-3,0)、(-3,2)，再求二阶偏导数$\dfrac{\partial^2 z}{\partial x^2}=6x-6$，$\dfrac{\partial^2 z}{\partial x\partial y}=0$，$\dfrac{\partial^2 z}{\partial y^2}=-6y+6$，在点(1,0)处，$AC-B^2=12\times 6>0$，是极值点。在点(1,2)处，$AC-B^2=12\times(-6)<0$，不是极值点。类似可知(-3,0)也不是极值点，点(1,1)不满足所给函数，也不是极值点，故答案应选A。

1-47 D 提示：逐项检验则可。

1-48 D 提示：$\int f''(x)\mathrm{d}x=\int \mathrm{d}f'(x)=f'(x)+C$，$f(x)=(\sin^2 2x)'=4\sin 2x\cos 2x=2\sin 4x$，$f'(x)=(2\sin 4x)'=8\cos 4x$，故答案应选D。

1-49 C 提示：令$t=\ln x$，$x=\mathrm{e}^t$，$f'(t)=1+\mathrm{e}^t$，所以$f(x)=\int(1+\mathrm{e}^x)\mathrm{d}x=x+\mathrm{e}^x+C$。

1-50 C 提示：$\int\dfrac{\cos 2x}{\cos x-\sin x}\mathrm{d}x=\int\dfrac{\cos^2 x-\sin^2 x}{\cos x-\sin x}\mathrm{d}x=\int(\cos x+\sin x)\mathrm{d}x=\sin x-\cos x+C$，故答案应选C。

1-51 C 提示：$\int\dfrac{f(\sqrt{x})}{\sqrt{x}}\mathrm{d}x=2\int f(\sqrt{x})\mathrm{d}\sqrt{x}=2F(\sqrt{x})+C$。

1-52 A 提示：用第一类换元。$\int f(\cos x)\sin x\mathrm{d}x=-\int f(\cos x)\mathrm{d}\cos x=-\cos^3 x+C$，故答案应选A。

1-53 C 提示：用分部积分法，$\int x\ln 2x\mathrm{d}x=\dfrac{1}{2}\int\ln 2x\mathrm{d}x^2=\dfrac{1}{2}\left[x^2\ln 2x-\int x\mathrm{d}x\right]=\dfrac{1}{2}\left[x^2\ln 2x-\dfrac{1}{2}x^2\right]+C=\dfrac{x^2}{4}(2\ln 2x-1)+C$，故答案应选C。

1-54 D 提示：$f(x)=(x^2\sin x)'=2x\sin x+x^2\cos x$，$\int xf'(x)\mathrm{d}x=\int x\mathrm{d}f(x)=xf(x)-\int f(x)\mathrm{d}x$。

1-55 B 提示：这是$\dfrac{0}{0}$未定式，利用$\dfrac{\mathrm{d}}{\mathrm{d}x}\int_0^x f(t)\mathrm{d}t=f(x)$，再两次使用洛必达法则。

1-56 A 提示：被积函数是奇函数，积分区间关于原点对称。

1-57 B 提示：记$a=\int_1^2 f(x)\mathrm{d}x$，$f(x)=\ln x+ax$，两边在[1,2]上积分得，$a=2\ln 2-1+\dfrac{3}{2}a$，$a=2(1-2\ln 2)$，$f(x)=\ln x+2(1-2\ln 2)x$，故答案应选B。

1-58 A 提示：在区间$\left[0,\dfrac{\pi}{2}\right]$上，$0\leqslant\cos^2 x\leqslant 1$，$\dfrac{1}{5}\leqslant\dfrac{1}{3+2\cos^2 x}\leqslant\dfrac{1}{3}$，由定积分性质知，$\dfrac{1}{5}\left(\dfrac{\pi}{2}-0\right)\leqslant\int_0^{\frac{\pi}{2}}\dfrac{1}{3+2\cos^2 x}\mathrm{d}x\leqslant\dfrac{1}{3}\left(\dfrac{\pi}{2}-0\right)$，即$\dfrac{\pi}{10}\leqslant\int_0^{\frac{\pi}{2}}\dfrac{1}{3+2\cos^2 x}\mathrm{d}x\leqslant\dfrac{\pi}{6}$，故答案应选A。

1-59 B　提示：因为 $\int_0^1 \frac{1}{\sqrt{1-x}} dx = -2\sqrt{1-x}\Big|_0^1 = 2$，其他三项积分都不收敛。

1-60 D　提示：利用直角坐标化极坐标公式 $\iint_D e^{-x^2-y^2} d\sigma = \int_0^{2\pi} d\theta \int_0^1 r e^{-r^2} dr$，故答案应选 D。

1-61 D　提示：先画出积分区域图形，$0 \leqslant y \leqslant 1, e^y \leqslant x \leqslant e$。

1-62 B　提示：画出积分区域图形，将积分区域看成 Y 型，$-1 \leqslant y \leqslant 2, y^2 \leqslant x \leqslant y+2$。

1-63 B　提示：要求 $f(x,y)$ 关于 x 和 y 都是偶函数。

1-64 C　提示：$S = \iint_D d\sigma = \int_0^{\frac{\pi}{3}} d\theta \int_1^{2\cos\theta} \rho d\rho = \frac{1}{2}\int_0^{\frac{\pi}{3}} (4\cos^2\theta - 1) d\theta = 2\int_0^{\frac{\pi}{3}} \cos^2\theta d\theta - \frac{\pi}{6} = \frac{1}{2}(2\theta + \sin 2\theta)\Big|_0^{\frac{\pi}{3}} - \frac{\pi}{6} = \frac{\pi}{6} + \frac{\sqrt{3}}{4}$，故答案应选 C。

1-65 B　提示：该立体关于三个坐标面对称，位于第一卦限部分是曲顶柱体，利用二重积分几何意义，并使用极坐标。

1-66 B　提示：在柱坐标下计算 $I = \iiint_\Omega z dv = \int_0^{2\pi} d\theta \int_0^{\sqrt{2}} r dr \int_{r^2}^2 z dz$，故答案应选 B。

1-67 C　提示：利用积分区域的对称性及被积函数的奇偶性。

1-68 B　提示：L 的方程为 $x+y=1$。

1-69 C　提示：积分曲线关于 y 轴对称，被积函数不含 x，即关于 x 为偶函数。

1-70 C　提示：利用定积分几何意义，面积为 $A = \int_{-\pi}^{\pi} |\sin x| dx$。

1-71 A　提示：画出两条曲线的图形，再利用定积分几何意义。

1-72 B　提示：$V = \pi \int_0^3 (2\sqrt{x})^2 dx$。

1-73 C　提示：$S = \int_0^1 \sqrt{1 + (y')^2} dx = \int_0^1 \sqrt{1+x} dx$。

1-74 A　提示：利用比值判别法。

1-75 C　提示：利用级数收敛定义。

1-76 D　提示：$\sum_{n=0}^{\infty} \frac{1}{n^2}$ 收敛，但 $\sum_{n=0}^{\infty} \frac{1}{n}$ 发散；而 $\sum_{n=0}^{\infty} \frac{1}{n^4}$ 收敛，$\sum_{n=0}^{\infty} \frac{1}{n^2}$ 也收敛。

1-77 A　提示：$\sum_{n=1}^{\infty} \left| \frac{(-1)^{n-1}}{n^{2p}} \right| = \sum_{n=1}^{\infty} \frac{1}{n^{2p}}$，利用 p 级数有关结论，当 $2p>1$ 时收敛。

1-78 B　提示：$\frac{1}{\ln(n+1)} > \frac{1}{n+1}$。

1-79 B　提示：令 $t=x-5$，化为麦克劳林级数，求收敛半径，再讨论端点的敛散性。

1-80 C　提示：利用阿贝尔定理，级数在 $(-2,6)$ 内绝对收敛。

1-81 D　提示：令 $t=x-1$。

1-82 C　提示：利用阿贝尔定理。

1-83 D　提示：$\frac{1}{2x-1} = \frac{1}{1+2(x-1)}$，再利用 $\frac{1}{1+x} = \sum_{n=0}^{\infty} (-1)^n x^n$。

1-84 B 提示：$\frac{1}{1-x}=\sum_{n=0}^{\infty}x^n$ 在$(-1,1)$内收敛，而$f(x)=\frac{1}{2-x}=\frac{1}{2}\times\frac{1}{1-\frac{x}{2}}$，由$\left|\frac{x}{2}\right|<1$，$x\in(-2,2)$。

1-85 D 提示：$\ln(1+x)=x-\frac{1}{2}x^2+\frac{1}{3}x^3-\cdots+\frac{(-1)^{n+1}}{n}x^n+\cdots(-1<x\leqslant 1)$，$x^2-\frac{1}{2}x^3+\frac{1}{3}x^4-\cdots+\frac{(-1)^{n+1}}{n}x^{n+1}+\cdots=x\left[x-\frac{1}{2}x^2+\frac{1}{3}x^3-\cdots+\frac{(-1)^{n+1}}{n}x^n+\cdots\right]=x\ln(1+x)$。

1-86 B 提示：因$\sum_{n=2}^{\infty}\frac{1}{\sqrt[3]{n(n-1)}}=\sum_{n=1}^{\infty}\frac{1}{\sqrt[3]{(n+1)n}}$，取$\sum_{n=1}^{\infty}\frac{1}{n^{\frac{2}{3}}}$，利用比较审敛法的极限形式，有

$$\lim_{n\to\infty}\frac{1}{\sqrt[3]{(n+1)n}}\Big/\frac{1}{n^{\frac{2}{3}}}=\lim_{n\to\infty}\frac{1}{\sqrt[3]{1+\frac{1}{n}}}=1$$

故$\sum_{n=2}^{\infty}\frac{1}{\sqrt[3]{n(n+1)}}$与$\sum_{n=1}^{\infty}\frac{1}{n^{\frac{2}{3}}}$有相同的敛散性，而后者是$p=\frac{2}{3}<1$的$p$级数，发散，故答案应选B。

1-87 C 提示：由条件知幂级数$\sum_{n=1}^{\infty}a_nx^n$在$x=2$收敛，在$x=-2$处发散，由于该幂级的收敛区间关于原点对称，故知其收敛域为$(-2,2]$。令$x=t-1$，则幂级数$\sum_{n=1}^{\infty}a_n(t-1)^n$的收敛域为$(-1,3]$，故答案应选C。

1-88 B 提示：代入检验。

1-89 C 提示：分离变量得$\int\frac{x}{1+x^2}dx=-\int\frac{1}{3+2y}dy$，两边积分得，$(1+x^2)\times(3+2y)=C$，可知答案应选C。

1-90 B 提示：这是可分离变量方程，分离变量得$\frac{\sin x}{\cos x}dx=\frac{\sin y}{\cos y}dy$，两边积得通解$\cos x=C\cos y$，再代入初始条件，$C=\sqrt{2}$，故答案应选B。

1-91 C 提示：对$\int_0^x f(t)dt=f(x)-x$两边关于x求导，得$f(x)=f'(x)-1$，这是一阶线性微分方程。求解得$f(x)=Ce^x-1$，再由$f(0)=0$，得$C=1$，故答案应选C。

1-92 A 提示：原方程可化为$y\ln\frac{y}{x}=x\frac{dy}{dx}$，这是一阶齐次方程，令$u=\frac{y}{x}$，得$u+x\frac{du}{dx}=u\ln u$，分离变量得$\int\frac{1}{u(\ln u-1)}du=\int\frac{1}{x}dx$，两边积分得$\ln u-1=Cx$，将$u=\frac{x}{y}$代入，整理可得$\ln\frac{y}{x}=Cx+1$，故答案应选A。

1-93 A 提示：这是一阶线性非齐次微分方程，求得通解为$x+\frac{C}{x}$，将初始条件$y\big|_{x=1}=0$代

入,$C=-1$,故答案应选 A。

1-94 D　提示:这是不显含 x 可降阶微分方程,令 $y'=p(y)$,则 $y''=p\dfrac{dp}{dy}$,原方程化为 $y\dfrac{dp}{dy}=2p$,用分离变量法求解得 $y'=C'_1y^2$,再用分离变量法求解可得 $y=\dfrac{1}{C_2x+C_1}$,故答案应选 D。本题也可采用检验的方法求得。

1-95 C　提示:这是不显含 y 可降阶微分方程,令 $y'=p(x)$,则 $y''=\dfrac{dp}{dx}$,原方程化为 $x\dfrac{dp}{dx}=(1+2x^2)p$,用分离变量法求解得 $y'=C'_1xe^{x^2}$,两边积分,可得 $y=C_1e^{x^2}+C_2$。本题也可采用检验的方法求得。

1-96 D　提示:显然 A 和 B 不是特解,C 不满足方程。

1-97 D　提示:这是二阶常系数线性齐次方程,特征方程为 $r^2+2=0$,$r=\pm\sqrt{2}i$,故应选 D。

1-98 D　提示:因 e^{3x} 和 e^{-3x} 是方程 $y''+py'+q=0$ 的两个特解,$r=\pm3$ 是方程的特征根,特征方程为 $r^2-9=0$。

1-99 A　提示:利用行列式性质或行列式展开定理计算。

1-100 D　提示:将 $|\boldsymbol{a}_1,\boldsymbol{a}_1+\boldsymbol{a}_2,\boldsymbol{a}_1+\boldsymbol{a}_2+\boldsymbol{a}_3|$ 第一列的 -1 倍加到第二列、第三列,再将第二列的 -1 倍加到第三列,$|\boldsymbol{a}_1,\boldsymbol{a}_1+\boldsymbol{a}_2,\boldsymbol{a}_1+\boldsymbol{a}_2+\boldsymbol{a}_3|=|\boldsymbol{a}_1,\boldsymbol{a}_2,\boldsymbol{a}_3|$,故答案应选 D。

1-101 C　提示:根据行列式或按一行(一列)展开公式,有 $A_{41}+A_{42}+A_{43}+A_{44}=1\cdot A_{41}+1\cdot A_{42}+1\cdot A_{43}+1\cdot A_{44}=\begin{vmatrix}1&5&7&8\\1&1&1&1\\2&0&3&4\\1&1&1&1\end{vmatrix}=0$,故答案应选 C。

1-102 D　提示:因 $\boldsymbol{A}$ 可逆,则 $|\boldsymbol{A}|\neq0$,而 $|\boldsymbol{A}^T|=|\boldsymbol{A}|\neq0$,$|\boldsymbol{A}^2|=|\boldsymbol{A}|^2\neq0$,$|-2\boldsymbol{A}|=(-2)^n|\boldsymbol{A}|\neq0$,故答案应选 D。

1-103 A　提示:$\boldsymbol{B}$ 的第 1 行的 -2 倍加到第 2 行得 $\boldsymbol{A}$,故答案应选 A。

1-104 B　提示:因矩阵 $\boldsymbol{B}$ 的行列式 $|\boldsymbol{B}|=\begin{vmatrix}1&0&2\\0&2&1\\-1&0&3\end{vmatrix}=\begin{vmatrix}1&0&2\\0&2&1\\0&0&5\end{vmatrix}=10\neq0$,所以矩阵 $\boldsymbol{B}$ 可逆,于是 $r(\boldsymbol{AB})=r(\boldsymbol{A})=2$,故答案应选 B。

1-105 B　提示:$\boldsymbol{AB}=\boldsymbol{O}\Rightarrow r(\boldsymbol{A})+r(\boldsymbol{B})=n$,又 A,B 均为 n 阶非零矩阵。

1-106 B　提示:矩阵的秩是该矩阵最高阶非零子式的阶数。

1-107 C　提示:因为 $\boldsymbol{\alpha},\boldsymbol{\beta},\boldsymbol{\gamma}$ 线性无关,所以 $\boldsymbol{\alpha},\boldsymbol{\beta}$ 线性无关,又已知 $\boldsymbol{\alpha},\boldsymbol{\beta},\boldsymbol{\delta}$ 线性相关,于是 $\boldsymbol{\delta}$ 可由 $\boldsymbol{\alpha},\boldsymbol{\beta}$ 线性表示,$\boldsymbol{\delta}=k_1\boldsymbol{\alpha}+k_2\boldsymbol{\beta}$,从而有 $\boldsymbol{\delta}=k_1\boldsymbol{\alpha}+k_2\boldsymbol{\beta}+0\boldsymbol{\gamma}$,即 $\boldsymbol{\delta}$ 可由 $\boldsymbol{\alpha},\boldsymbol{\beta},\boldsymbol{\gamma}$ 线性表示。

1-108 A　提示:由 $\boldsymbol{AB}=0$,有 $r(\boldsymbol{A})+r(\boldsymbol{B})\leqslant n$;再由 $\boldsymbol{AB}=\boldsymbol{0}$,知方程组 $\boldsymbol{Ax}=\boldsymbol{0}$ 有非零解,故 $r(\boldsymbol{A})<n$,即 $\boldsymbol{A}$ 的列向量组线性相关;同理由 $(\boldsymbol{AB})^T=\boldsymbol{B}^T\boldsymbol{A}^T=0$,知矩阵 $\boldsymbol{B}$ 的行向量组线性相关;故 $\boldsymbol{A}$ 的行向量组线性相关不一定成立,故答案应选 A。

1-109 D　提示:由条件知,齐次方程组有非零解,故系数行列式等于零,$\begin{vmatrix}1&2&-2\\2&-1&t\\3&1&-1\end{vmatrix}=0$,

得 $t=1$,故答案应选 D。

1-110 C　提示:由于 $r(\boldsymbol{A})=3$,故线性方程组 $\boldsymbol{Ax}=\boldsymbol{0}$ 解空间的维数为 $4-r(\boldsymbol{A})=1$。又由 $\boldsymbol{A\alpha}_1=\boldsymbol{b},\boldsymbol{A\alpha}_2=\boldsymbol{b},\boldsymbol{A\alpha}_3=\boldsymbol{b}$ 知,$\boldsymbol{A}\left(\boldsymbol{\alpha}_1-\dfrac{\boldsymbol{\alpha}_2+\boldsymbol{\alpha}_3}{2}\right)=0$。于是 $2\times\left(\boldsymbol{\alpha}_1-\dfrac{\boldsymbol{\alpha}_2+\boldsymbol{\alpha}_3}{2}\right)=(2,3,4,5)^{\mathrm{T}}$ 是 $\boldsymbol{Ax}=\boldsymbol{0}$ 的解,根据 $\boldsymbol{Ax}=\boldsymbol{b}$ 的解的结构知,$\boldsymbol{Ax}=\boldsymbol{b}$ 的通解为选项 C。

1-111 B　提示:$\boldsymbol{A}^2$ 有一个特征值 $2^2=4$,$\dfrac{1}{3}\boldsymbol{A}^2$ 有一特征值 $\dfrac{4}{3}$,$\left(\dfrac{1}{3}\boldsymbol{A}^2\right)^{-1}$ 有一特征值 $\left(\dfrac{4}{3}\right)^{-1}=\dfrac{3}{4}$,故答案应选 B。

1-112 B　提示:由 $\boldsymbol{AA}^*=|\boldsymbol{A}|\boldsymbol{E}$ 知,$\boldsymbol{A}^*=|\boldsymbol{A}|\boldsymbol{A}^{-1}$,故 $\boldsymbol{A}^*$ 有一特征值 $\dfrac{1}{\lambda}|\boldsymbol{A}|=\lambda^{-1}|\boldsymbol{A}|$,故答案应选 B。

1-113 B　提示:$\boldsymbol{A}\sim\boldsymbol{B}$,则存在可逆矩阵 $\boldsymbol{P}$,使 $\boldsymbol{B}=\boldsymbol{P}^{-1}\boldsymbol{AP}$,从而 $|\boldsymbol{B}|=|\boldsymbol{P}^{-1}||\boldsymbol{A}||\boldsymbol{P}|=|\boldsymbol{A}|$,故选项 B 为正确答案。选项 A、C 一般不成立,$\boldsymbol{A}$ 或 $\boldsymbol{B}$ 不一定可以与对角矩阵相似,故选项 D 也是错误的。

1-114 D　提示:$\boldsymbol{A\alpha}=\boldsymbol{\alpha\beta}^{\mathrm{T}}\boldsymbol{\alpha}=2\boldsymbol{\alpha}$。

1-115 B　提示:由 $\boldsymbol{\beta}$ 是 $\boldsymbol{A}$ 的属于特征值 3 的特征向量,有 $\boldsymbol{A\beta}=3\boldsymbol{\beta}$;再由 $\boldsymbol{B}=\boldsymbol{P}^{-1}\boldsymbol{AP}$,$\boldsymbol{BP}^{-1}\boldsymbol{\beta}=\boldsymbol{P}^{-1}\boldsymbol{APP}^{-1}\boldsymbol{\beta}=3\boldsymbol{P}^{-1}\boldsymbol{\beta}$,故向量 $\boldsymbol{P}^{-1}\boldsymbol{\beta}$ 是矩阵 $\boldsymbol{B}$ 的属于特征值 3 的特征向量。

1-116 C　提示:方阵 $\boldsymbol{A}$ 有 3 个线性无关特征向量,故可与对角阵相似,$\boldsymbol{AP}=\boldsymbol{A}[\boldsymbol{\alpha}_3,\boldsymbol{\alpha}_2,\boldsymbol{\alpha}_1]=[\boldsymbol{A\alpha}_3,\boldsymbol{A\alpha}_2,\boldsymbol{A\alpha}_1]=[\boldsymbol{\alpha}_3,\boldsymbol{\alpha}_2,\boldsymbol{\alpha}_1]\begin{bmatrix}-2&&\\&-2&\\&&1\end{bmatrix}\Rightarrow\boldsymbol{P}^{-1}\boldsymbol{AP}=\begin{bmatrix}-2&&\\&-2&\\&&1\end{bmatrix}$,注意化为对角矩阵时,特征值与特征向量的对应关系。

1-117 B　提示:$\boldsymbol{A}$ 有三个线性无关的特征向量,说明存在可逆矩阵 $\boldsymbol{P}$,使得 $\boldsymbol{P}^{-1}\boldsymbol{AP}=\begin{bmatrix}6&&\\&2&\\&&2\end{bmatrix}$,于是 $|\boldsymbol{A}|=24$,得 $x=-2$。或直接由 $|\lambda\boldsymbol{E}-\boldsymbol{A}|=(\lambda-6)(\lambda-2)^2$ 也可解得 $x=-2$。

1-118 A　提示:利用合同矩阵的定义取 $\boldsymbol{C}=\begin{pmatrix}-1&0\\0&1\end{pmatrix}$,则 $\boldsymbol{C}=\boldsymbol{C}^{\mathrm{T}}$,而 $\boldsymbol{C}^{\mathrm{T}}\boldsymbol{AC}=\begin{pmatrix}0&-1\\-1&2\end{pmatrix}$。

1-119 C　提示:二次型 $f(x_1,x_2,x_3)$ 正定的充分必要条件是它的标准形的系数全为正,故 $\lambda-1>0$,$\lambda>0$ 且 $\lambda+1>0$,所以 $\lambda>1$,故答案应选 C。

1-120 A　提示:显然选项 B、D 成立,若 $\boldsymbol{A}$ 的特征值为 $\lambda_1,\lambda_2,\cdots,\lambda_n$,则 $\boldsymbol{A}^{-1}$ 的特征值为 $\dfrac{1}{\lambda_1},\dfrac{1}{\lambda_2},\cdots,\dfrac{1}{\lambda_n}$,当 $\lambda_i>0$ 时,有 $\dfrac{1}{\lambda_i}>0(i=1,2,\cdots,n)$,即 $\boldsymbol{A}^{-1}$ 为正定矩阵。

1-121 B　提示:"三人中至多两人中靶"是"三个人都中靶"的逆事件,故答案应选 B。

1-122 D　提示:由对立事件定义,知 $AB=\varnothing$ 且 $A+B=\Omega$ 时,A 与 B 为对立事件。

1-123 D　提示:将 3 个球随机地放入 5 个杯子中,各种不同的放法有 5^3 种,杯中球的最大个数为 2 的不同放法有 $C_3^2\times5\times4=60$ 种,则杯中球的最大个数为 2 的概率是 $\dfrac{60}{5^3}=\dfrac{12}{25}$。

1-124 B　提示：利用互不相容定义及条件概率定义。

1-125 C　提示：$P(\overline{A}B)=P(B-A)=P(B)-P(AB)$，所以 $P(AB)=P(B)-P(\overline{B}A)=0.4-0.3=0.1$，$P(A\cup B)=P(A)+P(B)-P(AB)=0.5+0.4-0.1=0.8$。

1-126 D　提示：由条件概率定义

$$P(B|A\cup\overline{B})=\frac{P[(A\cup\overline{B})B]}{P(A\cup\overline{B})}=\frac{P(AB)}{P(A)+P(\overline{B})-P(A\overline{B})}$$

又由 A 与 B 相互独立，知 A 与 $\overline{B}$ 相互独立，则

$$P(AB)=P(A)P(B)=\frac{1}{2}\times\frac{1}{4}=\frac{1}{8},P(A\overline{B})=P(A)P(\overline{B})=\frac{1}{2}\times\left(1-\frac{1}{4}\right)=\frac{3}{8}$$

所以 $P(B|A\cup\overline{B})=\dfrac{\frac{1}{8}}{\frac{1}{2}+\frac{3}{4}-\frac{3}{8}}=\dfrac{1}{7}$。

1-127 A　提示：用 $A_i(i=1,2)$ 表示“第 i 取到新球”，则由全概率公式 $P(A_2)=P(A_1)\times P(A_2|A_1)+P(\overline{A_1})P(A_2|\overline{A}_1)=\frac{3}{5}\times\frac{2}{4}+\frac{2}{5}\times\frac{3}{4}=\frac{3}{5}$，故答案应选 A。

1-128 C　提示：用 $A_i(i=1,2,3)$ 表示“产品是第 i 家工厂生产”，用 A 表示“取到正品”，则由全概率公式，$P(A)=P(A_1)P(A|A_1)+P(A_2)P(A|A_2)+P(A_3)P(A|A_3)=\frac{1}{2}\times0.98+\frac{1}{4}\times0.98+\frac{1}{4}\times0.96=0.975$，故答案应选 C。

1-129 A　提示：用 $A_i(i=1,2)$ 表示“第 i 个人中奖”，由于 $P(A_1)=\frac{3}{10}$，$P(A_2|A_1)=\frac{2}{9}$，$P(\overline{A}_1)=\frac{7}{10}$，$P(A_2|\overline{A}_1)=\frac{3}{9}$，则由贝叶斯公式，$P(A_1|A_2)=\dfrac{\frac{3}{10}\times\frac{2}{9}}{\frac{3}{10}\times\frac{2}{9}+\frac{7}{10}\times\frac{3}{9}}=\dfrac{2}{9}$，故答案应选 A。

1-130 B　提示：$P(1\leqslant X\leqslant4)=\int_1^4 f(x)\mathrm{d}x=\int_e^4\frac{1}{x}\mathrm{d}x=\ln x\Big|_e^4=\ln4-\ln e=2\ln2-1$，故答案应选 B。

1-131 A　提示：$P(X>a)=\int_a^{+\infty}f(x)\mathrm{d}x$，　$P(X<a)=\int_{+\infty}^a f(x)\mathrm{d}x$，则有 $\int_a^1 4x^3\mathrm{d}x=\int_0^a 4x^3\mathrm{d}x\Rightarrow1-a^4=a^4\Rightarrow a=\frac{1}{\sqrt[4]{2}}$，故答案应选 A。

1-132 B　提示：由于有 $X\sim N(\mu,\sigma^2)$，则 $aX+b\sim N[a\mu+b,(a\sigma)^2]$；故 $\lambda X\sim N(0,\lambda^2\sigma^2)$，$X-\lambda\sim N(-\lambda,\sigma^2)$，因 $P(X\geqslant\lambda)=1-P(X\leqslant\lambda)$，故选项 A 不成立。或利用标准正态分布的对称性，可知选项 B 成立。

1-133 B　提示：$E(Y)=\int_{-\infty}^{+\infty}\frac{1}{x^2}f(x)\mathrm{d}x=\frac{1}{4}\int_0^2 x\mathrm{d}x=\frac{1}{2}$，故答案应选 B。

1-134 B 提示：$E(X)=\int_{-\infty}^{+\infty}xf(x)\mathrm{d}x=\int_0^1 x^2\mathrm{d}x+\int_1^2 x(2-x)\mathrm{d}x=1$，$E(X^2)=\int_{-\infty}^{+\infty}x^2f(x)\mathrm{d}x=\int_0^1 x^3\mathrm{d}x+\int_1^2 x^2(2-x)\mathrm{d}x=\frac{7}{6}$，$D(X)=EX^2-(EX)^2=\frac{7}{6}-1=\frac{1}{6}$，故答案应选 B。

1-135 D 提示：由 X 与 Y 相互独立，$D(2X-Y)=4DX+DY=27$，故答案应选 D。

1-136 B 提示：$E(X)=(-1)\times0.4+0\times0.3+1\times0.2+2\times0.1=-0.4+0.2+0.2=0$，而 $D(X)=(-1)^2\times0.4+0^2\times0.3+1^2\times0.2+2^2\times0.1=0.4+0.2+0.4=1$，$E(X^2)=D(X)+[E(X)]^2=1+0^2=1$，故答案应选 B。

1-137 A 提示：$\overline{X}=0\times\theta^2+1\times2\theta(1-\theta)+2\times\theta^2+3\times(1-2\theta)=3-4\theta$，$\theta=\frac{3-\overline{X}}{4}$，利用样本值 $\overline{X}=2$，故 $\theta=\frac{1}{4}$，故答案应选 A。

1-138 B 提示：$\overline{X}=\int_0^1(\theta+1)x^{\theta+1}\mathrm{d}x=\frac{\theta+1}{\theta+2}x^{\theta+2}\Big|_0^1=\frac{\theta+1}{\theta+2}$，$\theta+1=\overline{X}\theta+2\overline{X}$，$1-2\overline{X}=(\overline{X}-1)\theta$，$\hat{\theta}=\frac{2\overline{X}-1}{1-\overline{X}}$，故答案应选 B。

1-139 A 提示：记 $X=\begin{cases}1, & \text{射击命中目标}\\0, & \text{射击没有命中目标}\end{cases}$，则 X 服从两点分布。

$P(X=x)=p^x(1-p)^{1-x}$，$x=0,1$，似然函数 $L(p)=\prod\limits_{i=1}^{n}p^{x_i}(1-p)^{1-x_i}=p^{\sum\limits_{i=1}^{n}x_i}(1-p)^{n-\sum\limits_{i=1}^{n}x_i}$。

$\ln L=\left(\sum\limits_{i=1}^{n}x_i\right)\ln p+\left(n-\sum\limits_{i=1}^{n}x_i\right)\ln(1-p)$，似然方程 $\frac{\mathrm{d}\ln L}{\mathrm{d}p}=\frac{\sum\limits_{i=1}^{n}x_i}{p}-\frac{n-\sum\limits_{i=1}^{n}x_i}{1-p}=0$。求解可得极大似然估计值为 $\hat{p}=\bar{x}=\frac{75}{80}=\frac{15}{16}$，故答案应选 A。

1-140 C 提示：由于 $X_1,X_2,\cdots,X_n$ 是来自正态总体 $N(\mu,\sigma^2)$ 的简单随机样本，故 $X_1,X_2,\cdots,X_n$ 两两相互独立，有

$$EX_{i+1}X_i=EX_{i+1}\cdot EX_i=(EX)^2=\mu^2$$

$$EX_{i+1}^2=EX_i^2=EX^2=DX+(EX)^2=\sigma^2+\mu^2$$

$$\sigma^2=E\left[c\sum_{i=1}^{n-1}(X_{i+1}-X_i)^2\right]=cE\left[\sum_{i=1}^{n-1}(X_{i+1}^2+X_i^2-2X_{i+1}X_i)\right]$$

$$=c\sum_{i=1}^{n-1}(EX_{i+1}^2+EX_i^2-2EX_{i+1}X_i)=c\sum_{i=1}^{n-1}(\mu^2+\sigma^2+\mu^2+\sigma^2-2\mu)=2(n-1)\sigma^2c$$

则 $c=\frac{1}{2(n-1)}$，故答案应选 C。

1-141 C 提示：因为要检验均匀度，故检验总体方差不超过 σ_0^2。

第2章 物 理 学

考试大纲

2.1 热学 气体状态参量;平衡态;理想气体状态方程;理想气体的压力和温度的统计解释;能量按自由度均分原理;理想气体内能;平均碰撞次数和平均自由程;麦克斯韦速率分布律;功;热量;内能;热力学第一定律及其对理想气体等值过程和绝热过程的应用;气体的摩尔热容;循环过程;卡诺循环;净功;制冷系数;热机效率;热力学第二定律及其统计意义;可逆过程和不可逆过程。

2.2 波动学 机械波的产生和传播;简谐波表达式;描述波的特征量;波阵面;波前;波线;波的能量;能流;能流密度;波的衍射;波的干涉;驻波;声波;声强级;多普勒效应。

2.3 光学 相干光的获得;杨氏双缝干涉;光程;光程差;薄膜干涉;迈克尔逊干涉仪;惠更斯-菲涅耳原理;单缝衍射;光学仪器分辨本领;衍射光栅与光谱分析;X 射线衍射;自然光和偏振光;布儒斯特定律;马吕斯定律;双折射现象。

2.1 热学

2.1.1 复习指导

热学含有两部分内容:气体分子运动论和热力学。

气体分子运动论主要是研究宏观热现象的本质,对大量分子运用统计平均方法揭示压强、温度、内能的微观本质,进而讨论三个统计规律,即分子平均动能按自由度均分的统计规律,分子速率分布的统计规律,分子碰撞的统计规律。

其中,理想气体状态方程,气体的压强和温度公式及其推导,理想气体的内能,麦克斯韦分子速率分布为重点。本部分内容公式较多,但切不可死记公式,必须弄清公式的来龙去脉和公式的物理意义。

热力学部分的核心是热力学第一定律和热力学第二定律,尤以热力学第一定律及其在各等值过程、绝热过程中的应用为重点。此外,对循环过程(包括卡诺循环)热机效率也应予以足够的重视。

热力学部分习题主要是根据热力学第一定律来计算理想气体的几种典型过程的功、热量、内能变化以及循环过程的效率等问题。解题前应首先弄清系统状态变化所经历的过程是什么过程(等温、等压、等容、绝热)以及这一过程的特点。因为功、热量都是过程量,其值与过程的性质有关。

2.1.2 气体状态参量 平衡态

在分子物理学和热力学中,一般把所研究的由大量分子、原子组成的宏观物体(如气体、液体、固体)称为热力学系统,简称系统。把与热力学系统相互作用的环境称为外界。

对于一定量气体,其宏观状态可用气体的体积 V、压强 p 和热力学温度 T 来描述,叫作气体的状态参量。分述如下:

(1) 体积(V):气体所占的体积,即气体所能达到的空间。在密闭容器中,气体的体积就是容器的容积。体积的单位为立方米、米^3(m^3),$1m^3=1000dm^3=1000L$。

(2) 压强(p):气体作用在容器器壁单位面积上的正压力,是大量气体分子不断碰撞器壁的宏观表现。压强的国际单位为帕斯卡(Pa),即牛顿/米^2(N/m^2),压强的另一个常用单位为大气压,$1atm=1.013\times10^5Pa$。

(3) 温度(T):表示物体冷热程度的物理量。温度的数值表示法叫温标,常用的有热力学温标和摄氏温标两种。热力学温标的单位为开尔文(K);摄氏温标的单位为摄氏度(℃)。两种温标确定的热力学温度 T 与摄氏温度 t 的关系为

$$T=273.15+t \text{ 或 } T\approx 273+t$$

系统的状态参量不随时间变化的状态,称系统处于平衡态(又称静态)。

当系统和外界有能量交换时,系统的状态就会发生变化。系统从一个状态变化到另一个状态所经历的过程称为状态变化过程,简称过程。如果在过程所经历的所有中间状态都无限接近平衡状态,这个过程称准静态过程或平衡过程。

2.1.3 理想气体状态方程

可以设想有这样一种气体,它在任何情况下都遵守玻意耳-马略特定律、盖·吕萨克定律、查理定律和阿伏伽德罗定律,这种气体称为理想气体。理想气体的三个状态参量 p、V、T 之间的关系即为理想气体状态方程,它有以下三种表达形式

$$\frac{pV}{T}=\text{恒量} \tag{2-1a}$$

$$pV=\frac{m}{M}RT \tag{2-1b}$$

$$p=nkT \tag{2-1c}$$

式中 m——气体的质量;

M——气体的摩尔质量;

R——普适气体恒量,且 $R=8.31J/(mol\cdot K)$;

n——单位体积内的分子数,称为分子数密度;

k——玻耳兹曼常数,$k=1.38\times10^{-23}J/K$。

压强 $p_0=1atm$($1atm=1.01\times10^5Pa$),温度 $T=273.15K$,1mol 任何理想气体体积均为 22.4L,这一状态称为理想气体的标准状态。

【**例 2-1**】容积为 V 的容器内装满被测的气体,首先测得其压强为 p_1,温度为 T,并称出容器连同气体的质量为 m_1;然后放出一部分气体,使压强降到 p_2,温度不变,再称出连同气体的质量 m_2,由此求得气体的摩尔质量为( )。

A. $\frac{RT}{V}\cdot\frac{m_1-m_2}{p_1-p_2}$ B. $\frac{RT}{V}\cdot\frac{p_1-p_2}{m_1-m_2}$ C. $\frac{RT}{V}\cdot\frac{m_1-m_2}{p_1+p_2}$ D. $\frac{RT}{V}\cdot\frac{m_1+m_2}{p_1-p_2}$

解:根据理想气体的状态方程 $pV=\frac{M}{\mu}RT$,可列出两个等式

$$p_1V=\frac{m_1-m_{\text{瓶子}}}{\mu}RT$$

$$p_2V=\frac{m_2-m_{\text{瓶子}}}{\mu}RT$$

两式相减,可得气体的摩尔质量 $\mu=\frac{RT}{V}\cdot\frac{m_1-m_2}{p_1-p_2}$。

故答案应选 A。

2.1.4 理想气体的压强和温度的统计解释

1. 理想气体的微观图景

从微观图景来看,理想气体是由数目巨大的运动着的分子组成。各运动着的分子之间,以及分子与容器壁之间会发生频繁的碰撞,使每个分子的运动速率和方向发生频繁的变化。这样,气体分子在某一时刻位于容器中哪一位置、具有什么速度都有一定的偶然性,因此,无序性是气体分子热运动的基本特征。但大量的偶然、无序的分子运动中却包含着一种规律性——统计规律性。

2. 理想气体分子模型

(1) 分子本身大小与分子间平均距离相比可以忽略不计,分子可以看作质点。

(2) 分子间相互作用力可忽略不计。

(3) 气体分子间的碰撞以及气体分子与器壁间的碰撞可看作完全弹性碰撞。

3. 压强的统计解释

理想气体对容器壁产生的压强,是大量分子不断撞击容器器壁的结果。根据完全弹性碰撞理论以及处于平衡态时理想气体的压强特征——对容器各面施加的压强相等,可推导出一个重要的压强公式

$$p=\frac{2}{3}n\overline{\omega} \tag{2-2}$$

式中:n 为分子数密度;$\overline{\omega}$ 为分子的平均平动动能,它等于全体分子的平动动能之和除以全体分子总数 N,即

$$\overline{\omega}=\left(\frac{1}{2}mv_1^2+\frac{1}{2}mv_2^2+\cdots+\frac{1}{2}mv_N^2\right)\Big/N=\frac{1}{2}m\overline{v^2}$$

注:上式中 m 为分子的质量,各分子间的频繁碰撞使每个分子的速率 $v_1,v_2,\cdots,v_N$ 在不断地变化,但$\overline{v^2}$及 $\overline{\omega}$ 并不随时间变化,这是大量做热运动分子统计规律性的表现。所谓统计规律性是指,一个特定的分子,例如编号为 i 的分子,它的平动动能 $\omega_i=\frac{1}{2}mv_i^2$ 是随机变化的,而大量分子的平均平动动能 $\overline{\omega}$ 却表现出不变的规律性——统计规律性。

4. 温度的统计解释

根据理想气体状态方程(2-1c)及压强公式(2-2)得

$$\begin{cases}p=nkT\\ p=\frac{2}{3}n\overline{\omega}\end{cases}$$

消去 p 得

$$\overline{\omega}=\frac{3}{2}kT \tag{2-3}$$

这就是理想气体分子的平均平动动能与温度的关系式,式(2-3)表明,气体的温度越高,分子的平均平动动能越大,分子的热运动的程度越激烈。也可以说,温度是表征大量分子热运动

激烈程度的宏观物理量。

2.1.5 能量按自由度均分原理

1. 气体分子的自由度

决定某一物体在空间的位置所需的独立坐标数称为该物体的自由度,通常把构成气体分子的每一个原子看成一质点,且各原子之间的距离固定不变(称刚性分子,即视为刚体)。

单原子分子可视为自由质点,只有平动,其自由度 $i=3$。

刚性双原子分子具有 3 个平动自由度,2 个转动自由度,总自由度 $i=5$。

刚性三原子以上分子通常有 3 个平动自由度,3 个转动自由度,总自由度 $i=6$。

2. 能量按自由度均分原理

气体处于平衡态时,分子任何一个自由度的平均能量都相等,均为$\frac{1}{2}kT$,这就是能量按自由度均分原理。

据此,单原子分子的平均动能(平均平动动能+平均转动动能)

$$\bar{\varepsilon} = 3 \times \frac{1}{2}kT$$

刚性双原子分子的平均动能

$$\bar{\varepsilon} = \frac{3}{2}kT + kT = \frac{5}{2}kT$$

刚性三原子分子的平均动能

$$\bar{\varepsilon} = \frac{3}{2}kT + \frac{3}{2}kT = 3kT$$

若分子的自由度为 i,则其平均动能为

$$\bar{\varepsilon} = \frac{i}{2}kT$$

2.1.6 理想气体内能

气体分子热运动的动能以及分子与分子之间的势能构成气体内部的总能量,称为气体的内能。对于理想气体,由于不计分子间的相互作用,因而分子间无势能。这样,理想气体的内能就是气体内所有分子的动能之和。

如前所述,一个分子的平均总能量为$\frac{i}{2}kT$,1mol 理想气体有 N_0 个分子,所以 1mol 理想气体的内能为

$$E = \frac{i}{2}kTN_0 = \frac{i}{2}RT$$

式中,$kN_0=R$,$N_0=6.03\times10^{23}\text{mol}^{-1}$(阿伏伽德罗常数)。

质量为 m(kg)的理想气体的内能为

$$E = \frac{m}{M} \cdot \frac{i}{2}RT \tag{2-4}$$

式中 M——气体的摩尔质量。

式(2-4)表明:对于给定的理想气体,其内能取决于气体的热力学温度 T,即理想气体的内

能是温度的单值函数。

【例 2-2】 温度、压强均相同的氦气和氧气，它们分子的平均动能 $\overline{\varepsilon}$ 和平均平动动能 $\overline{w}$ 有如下关系(　　)。

A. $\overline{\varepsilon}$ 和 $\overline{w}$ 都相等　　B. $\overline{\varepsilon}$ 相等，$\overline{w}$ 不相等

C. $\overline{w}$ 相等，$\overline{\varepsilon}$ 不相等　　D. $\overline{\varepsilon}$ 和 $\overline{w}$ 都不相等

解： 温度是分子的平均平动动能的量度，$\overline{\omega}=\frac{3}{2}kT$，温度相等，两种气体分子的平均平动动能相等。而分子的平均动能 $\overline{\varepsilon}=\frac{i}{2}kT$，氦气和氧气两种气体分子的自由度不同，$i_{氦气}=3$，$i_{氧气}=5$，故 A、B、D 三个选项不正确，答案应选 C。

【例 2-3】 两种摩尔质量不同的理想气体，它们压强相同，温度相同，体积不同，则它们的(　　)。

A. 单位体积内的分子数不同

B. 单位体积内的气体的质量相同

C. 单位体积内的气体分子的总平均平动动能相同

D. 单位体积内的气体的内能相同

解： (1) 由 $p=nkT$，n 即单位体积内的分子数，今压强相同，温度相同，则 n 相同，排除 A 选项。

(2) 由 $pV=\frac{m}{M}RT$ 单位体积内气体的质量 $\frac{m}{V}=\frac{pM}{RT}$，今压强相同，温度相同，而摩尔质量 M 不同，故 $\frac{m}{V}$ 不同，排除 B 选项。

(3) 由 $\overline{\omega}_{平动}=\frac{3}{2}kT$ 知，单位体积内的气体分子的总平均平动动能相同，选项 C 正确。

(4) 由 $E=\frac{i}{2}\cdot\frac{m}{M}RT=\frac{i}{2}pV$，$\frac{E}{V}=\frac{i}{2}p$，两种气体自由度 i 可能不同，故 $\frac{E}{V}$ 不一定相同，排除 D 选项。

答案应选 C。

2.1.7　麦克斯韦速率分布定律

1. 麦克斯韦速率分布函数

处于平衡状态下的气体，个别分子的运动完全是偶然的；然而对大量分子的整体，在平衡态下，分子的速率分布服从确定的统计规律——麦克斯韦速率分布定律。

设 N 为气体的总分子数，$\mathrm{d}N$ 为在速率区间 $v\sim v+\mathrm{d}v$ 内的分子数，则 $\frac{\mathrm{d}N}{N}$ 就是在这一区间内的分子数占总分子数的百分率，$\frac{\mathrm{d}N}{N\mathrm{d}v}$ 为在某单位速率区间（指速率在 v 值附近的单位区间）内的分子数占总分子数的百分率。

在平衡状态下，忽略气体分子之间的相互作用，麦克斯韦从理论上确定了分布在速率 v 附近单位速率区间内的分子数占总分子数的百分比为

$$\frac{dN}{Ndv}=f(v)=4\pi\left(\frac{m}{2\pi kT}\right)^{3/2}e^{-\frac{mv^2}{2kT}}v^2 \tag{2-5}$$

式中　T——气体的温度；

m——分子的质量；

k——玻耳兹曼常数。

函数$f(v)$定量地反映出给定气体的分子在温度T时按速率分布的具体情况，$f(v)$就称为分子速率分布函数。

2. 麦克斯韦速率分布曲线

根据麦克斯韦的速率分布函数$f(v)$，可以作如图2-1所示的$f(v)$-v曲线，叫作麦克斯韦速率分布曲线。

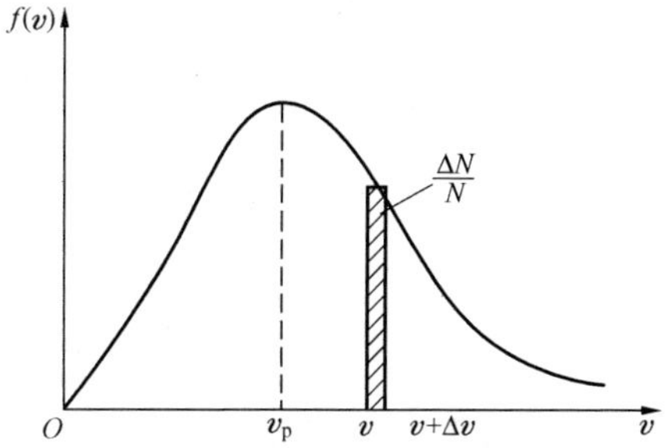

图 2-1　麦克斯韦速率分布曲线

(1) 小矩形面积(以斜线表示)的意义。小矩形面积为$f(v)\,dv=\frac{dN}{Ndv}dv=\frac{dN}{N}$，表示分布在$v_i\to v_i+dv$区间内分子数占总分子数的百分率。

(2) 整个曲线下面积的意义

$$\int_0^{\infty}f(v)\,dv=\int_0^N\frac{dN}{N}=\frac{1}{N}\int_0^N dN=\frac{N}{N}=1 \tag{2-6}$$

式(2-6)表示速率在0→∞之间气体的分子总数与总分子数之比为1，即

$$\int_0^{\infty}f(v)\,dv=1 \tag{2-7}$$

式(2-7)称归一化条件，这是分布函数$f(v)$必须满足的条件。

3. 速率的三个统计平均值

(1) 最可几速率(最概然速率)。$f(v)$曲线极大值处相对应的速率值v_p称为最可几速率(最概然速率)，它说明在一定温度下，速率与v_p相近的气体分子的百分率最大。所以，v_p表示在相同的速率区间内，气体分子速率在v_p附近的概率最大。应该注意，v_p不是速率的极大值。可以证明

$$v_p=\sqrt{\frac{2kT}{m}}\approx 1.41\sqrt{\frac{RT}{M}}$$

(2) 平均速率。若一定量气体的分子数为N，则所有分子速率的算术平均值叫作平均速率。

$$\bar{v}=\sqrt{\frac{8kT}{\pi m}}\approx 1.60\sqrt{\frac{RT}{M}}$$

(3) 方均根速率

$$\sqrt{\bar{v}^2}=\sqrt{\frac{3kT}{m}}\approx 1.73\sqrt{\frac{RT}{M}}$$

注意： 最概然速率、平均速率、方均根速率都与$\sqrt{T}$成正比，与$\sqrt{M}$成反比，即

$$v_p\propto\sqrt{\frac{T}{M}},\ \bar{v}\propto\sqrt{\frac{T}{M}},\ \sqrt{\bar{v^2}}\propto\sqrt{\frac{T}{M}}$$

4. 速率分布曲线与温度 T 的关系

对一定量理想气体，不同温度有不同形状的速率分布曲线(图 2-2)。温度越高，速率大的分子增多，v_p 向速率增大的方向偏移，所以曲线将拉宽。由归一化条件可知，曲线下总面积恒等于 1。于是，曲线高度降低，变得平坦。

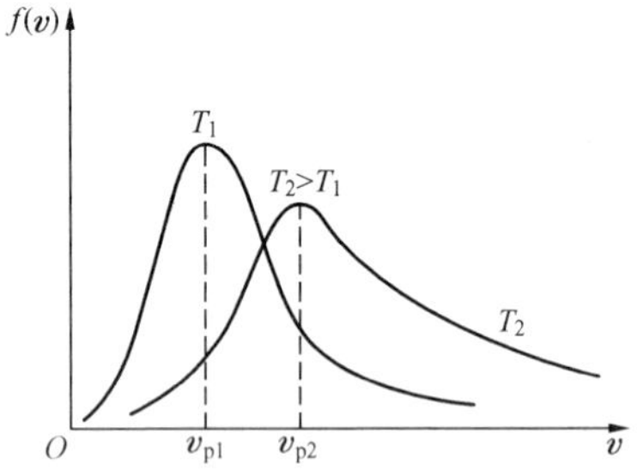

图 2-2　速率分布曲线

【例 2-4】 某理想气体分子在温度 T_1 时的方均根速率等于温度 T_2 时的最概然速率，则该二温度之比 $\frac{T_2}{T_1}$ 等于(　　)。

A. $\frac{3}{2}$　　B. $\frac{2}{3}$　　C. $\sqrt{\frac{3}{2}}$　　D. $\sqrt{\frac{2}{3}}$

解： 气体分子运动的最概然速率 $v_p=\sqrt{\frac{2RT}{M}}$，方均根速率 $\sqrt{\overline{v^2}}=\sqrt{\frac{3RT}{M}}$，$\sqrt{\frac{3RT_1}{M}}=\sqrt{\frac{2RT_2}{M}}$，所以 $\frac{T_2}{T_1}=\frac{3}{2}$，故答案应选 A。

【例 2-5】 如图 2-3 所示给出温度为 T_1 与 T_2 的某气体分子的麦克斯韦速率分布曲线，则(　　)。

A. $T_1=T_2$　　B. $T_1=\frac{1}{2}T_2$

C. $T_1=2T_2$　　D. $T_1=\frac{1}{4}T_2$

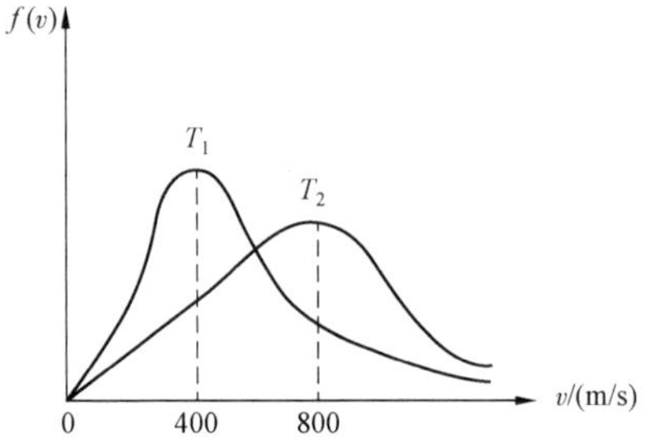

图 2-3　[例 2-5]图

解： 由 $v_p\propto\sqrt{\frac{RT}{M}}$，得 $\frac{\sqrt{T_1}}{\sqrt{T_2}}=\frac{400}{800}$，即 $\frac{T_1}{T_2}=\frac{1}{4}$，故答案应选 D。

2.1.8　平均碰撞次数和平均自由程

一个分子在任意连续两次碰撞之间所经历的路程叫作自由程。对个别分子来说，自由程时长时短，是不确定的；但对大量分子，则遵从完全确定的统计分布规律。

一个气体分子在连续两次碰撞间所可能经历的各段自由程的平均值叫平均自由程，用 $\overline{\lambda}$ 表示；单位时间内分子通过的平均路程叫平均速率，用 $\bar{v}$ 表示；单位时间内分子所受到的其他分子的平均碰撞次数叫作平均碰撞次数，用 $\overline{Z}$ 表示。

对于平均碰撞次数和平均自由程，有

$$\begin{cases}\overline{Z}=\sqrt{2}\pi d^2\bar{v}n\\ \overline{\lambda}=\frac{\bar{v}}{\overline{Z}}=\frac{1}{\sqrt{2}\pi d^2 n}=\frac{kT}{\sqrt{2}\pi d^2 p}\end{cases}\tag{2-8}$$

式中　n——单位体积中的分子数；

d——分子的有效直径。

由式(2-8)可知,当温度一定时,平均自由程与压强成反比。

【例 2-6】 设分子的有效直径为 d,单位体积内分子数为 n,则气体分子的平均自由程 $\overline{\lambda}$ 为(　　)。

A. $\dfrac{1}{\sqrt{2}\pi d^2 n}$　　B. $\sqrt{2}\pi d^2 n$　　C. $\dfrac{n}{\sqrt{2}\pi d^2}$　　D. $\dfrac{\sqrt{2}\pi d^2}{n}$

解: 根据分子的平均碰撞频率公式 $\overline{Z}=\sqrt{2}\pi d^2 n\bar{v}$,平均自由程 $\overline{\lambda}=\dfrac{\bar{v}}{\bar{z}}=\dfrac{1}{\sqrt{2}\pi d^2 n}$,故答案应选 A。

2.1.9 内能、功和热量

(1) 内能:热力学系统在一定状态下具有一定的能量,叫作热力学系统的内能。实验表明,内能的改变量只决定于始末两个状态,而与所经历的过程无关,即内能是状态的单值函数。对于理想气体,其内能只是系统中所有分子热运动的各种动能之和,内能完全决定于气体的热力学温度 T。设理想气体质量为 m,气体的摩尔质量为 M,则其内能为

$$E=\frac{m}{M}\cdot\frac{i}{2}RT$$

当它的温度从 T_1 变到 T_2 时,其内能的增量为

$$\Delta E=\frac{m}{M}\cdot\frac{i}{2}R(T_2-T_1)=\frac{m}{M}\cdot\frac{i}{2}R\Delta T$$

上式表明:对于给定的理想气体,内能的增量只与系统的起始和终了状态有关,与系统所经历的过程无关。

(2) 功:功是力学概念,其定义是力 $\boldsymbol{F}$ 和力的作用点位移 $\mathrm{d}\boldsymbol{r}$ 的点积,即 $\mathrm{d}A=\boldsymbol{F}\cdot\mathrm{d}\boldsymbol{r}$。在热力学系统中,功的定义为

$$A=\int_{V_1}^{V_2}p\mathrm{d}V$$

当过程用($p-V$)图上一条曲线表示时(图 2-4),功 A 即表示曲边梯形的面积。可见,若以不同的曲线(代表不同的变化过程)连接相同的初态(V_1),终态(V_2),功 A 不同。这就是说,功与过程有关,注意,若 $V_2>V_1$,气体体积随过程膨胀,气体对外做正功($A>0$),反之,若 $V_2<V_1$,气体被压缩,气体对外做负功。还要注意,功 A 的表达式只对准静态过程成立,对非准静态过程不成立,如气体向真空膨胀,对外不做功 $A=0$。

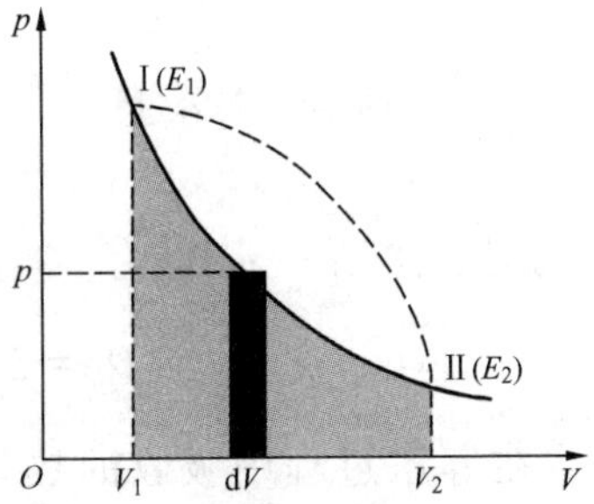

图 2-4　$p-V$ 图

(3) 热量:当热力学系统与外界接触时,将通过分子间的相互作用来传递能量。传热过程中传递能量的多少称为热量。系统吸入或放出的热量一般也随过程的不同而异,即热量与过程有关。

2.1.10 热力学第一定律

从改变系统的内能看，做功和传热是等效的，只是做功是通过宏观位移来完成的，而传热则是通过微观分子运动来完成的。

当系统状态发生变化时，通常做功与传热同时发生。设有一系统，外界对系统传递的热量为 Q，系数从内能为 E_1 的状态改变到内能为 E_2 的状态，同时系统对外做功为 A，则

$$Q = E_2 - E_1 + A = \Delta E + A$$

这便是热力学第一定律的数学表达式，它是包括热现象在内的能量守恒和转换定律。热力学第一定律说明：外界对系统传递的热量，一部分使系统的内能增加，另一部分用于系统对外做功。

系统从外界吸收热量时 Q 为正，向外界放出热量时 Q 为负；系统对外界做功时 A 为正，外界对系统做功时 A 为负；系统内能增加时 (E_2-E_1) 为正，内能减少时 (E_2-E_1) 为负。

对于状态微小变化过程，热力学第一定律的数学表达式为

$$\mathrm{d}Q = \mathrm{d}E + \mathrm{d}A$$

2.1.11 热力学第一定律在理想气体等效过程和绝热过程中的应用

设系统从状态Ⅰ(p_1, V_1, T_1)变到状态Ⅱ(p_2, V_2, T_2)，下面应用热力学第一定律，分别讨论等容过程、等压过程、等温过程以及绝热过程中的功、热量和内能。

（1）等容过程（图 2-5）。等容过程的特征是气体的容积保持不变，即 V 为恒量，$\mathrm{d}V=0$。气体对外不做功。根据热力学第一定律，气体吸收的热量全部用于改变系统的内能，即

$$Q_V = \Delta E = \frac{m}{M} \cdot \frac{i}{2} R(T_2 - T_1)$$

（2）等压过程（图 2-6）。等压过程的特征是气体压强保持不变，即 p 为恒量，$\mathrm{d}p=0$。

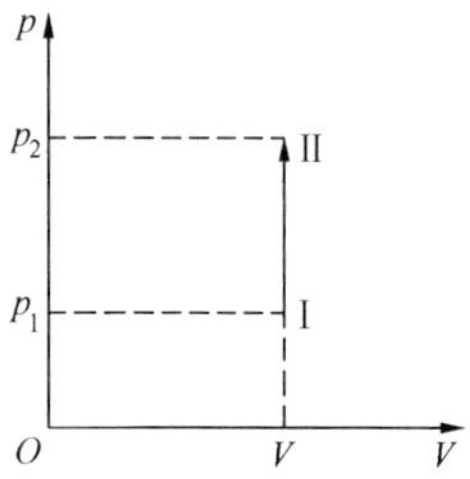

图 2-5　等容过程

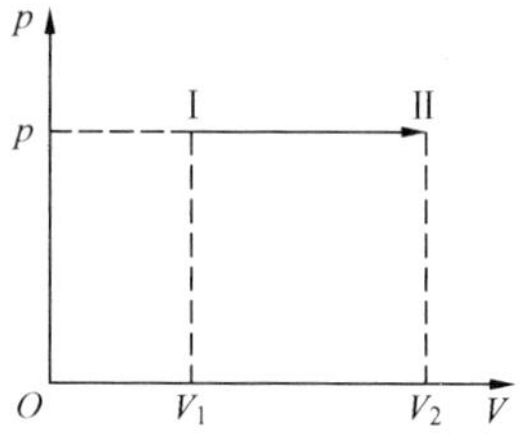

图 2-6　等压过程

根据热力学第一定律，有

$$Q_p = \Delta E + A = \frac{m}{M}\left(\frac{i}{2} + 1\right) R(T_2 - T_1)$$

即气体在等压过程中吸收的热量，一部分转化为内能的增量 ΔE，一部分转为对外做的功 $\frac{m}{M}R(T_2-T_1)$。

（3）等温过程（图 2-7）：等温过程的特征是系统保持温度不变，即 T 为恒量，$\mathrm{d}T=0$，系统内能不变。根据热力学第一定律，系统吸收的热量全部用于对外界做功，即

$$Q_{\mathrm{T}} = \frac{m}{M} RT \ln \frac{V_2}{V_1}$$

(4) 绝热过程:绝热过程的特征是系统在整个过程中与外界无热量交换,即 $dQ=0$。由热力学第一律可得

$$A = -\Delta E = -\frac{i}{2}\cdot\frac{m}{M}R(T_2 - T_1) \tag{2-9}$$

式(2-9)表明,气体对外做功是以系统自身内能的减少为代价的。

根据热力学第一定律和理想气体状态方程,可推导出以下绝热过程方程

$$\begin{cases} pV^{\gamma} = \text{恒量} \\ V^{\gamma-1}T = \text{恒量} \\ p^{\gamma-1}T^{-\gamma} = \text{恒量} \end{cases}$$

式中　γ——比热[容]比(绝热系数)。

绝热过程在 p-V 图上的过程曲线为绝热线,它比等温线更陡,如图 2-8 所示。

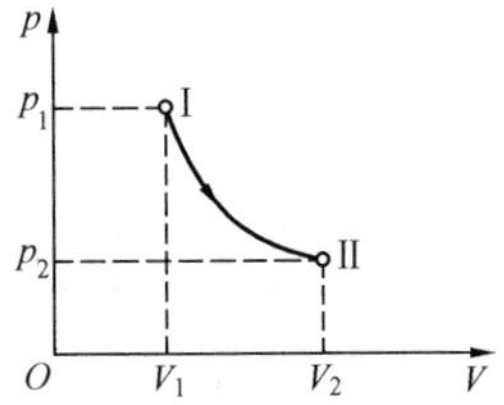

图 2-7　等温过程

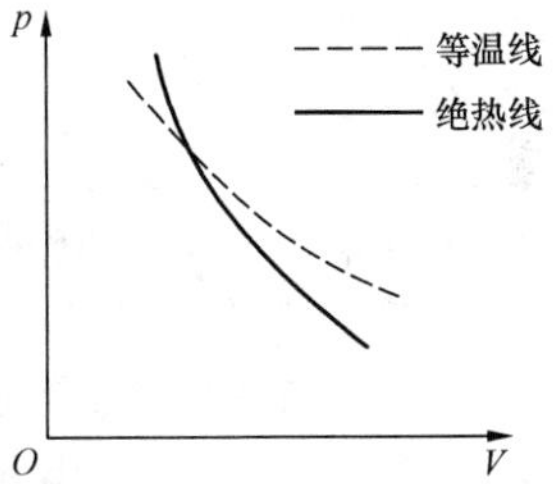

图 2-8　绝热过程

2.1.12　气体摩尔热容

(1) 热容定义:一系统每升高单位温度所吸收的热量,称为系统的热容,即

$$C = dQ/dT$$

当系统为 1mol 时,它的热容称摩尔热容,单位为 J/(mol·K)。

(2) 摩尔定容热容 $C_{V,m}$ 与摩尔定压热容 $C_{p,m}$:1mol 系统在等容过程中,每升高单位温度所吸收的热量,称为摩尔定容热容量 $C_{V,m}$。1mol 系统在等压过程中,每升高单位温度所吸收的热量,称为摩尔定压热容量 $C_{p,m}$,即

$$C_{V,m} = \left.\frac{dQ}{dT}\right|_{V=\text{恒量}},\ C_{p,m} = \left.\frac{dQ}{dT}\right|_{p=\text{恒量}}$$

对于 1mol 理想气体,由式 $Q_V = \frac{m}{M}\frac{i}{2}R(T_2-T_1)$ 及 $Q_p = \frac{m}{M}\left(\frac{i}{2}+1\right)R(T_2-T_1)$ 可得

$$C_{V,m} = \frac{Q}{T_2 - T_1} = \frac{i}{2}R$$

$$C_{p,m} = \frac{Q}{T_2 - T_1} = \left(\frac{i}{2} + 1\right)R$$

由此可知

$$C_{p,m} = C_{V,m} + R$$

(3) 比热[容]比:摩尔定压热容 $C_{p,m}$ 与摩尔定容热容 $C_{V,m}$ 的比值叫作比热[容]比,记为 γ,有

$$\gamma = \frac{C_{p,m}}{C_{V,m}} = \frac{i+2}{i}$$

【例 2-7】对于室温下的双原子分子理想气体，在等压膨胀的情况下，系统对外做功 A 与吸收热量 Q 之比 A/Q 等于(　　)。

A. 2/3　　B. 1/2　　C. 2/5　　D. 2/7

解：双原子分子理想气体自由度 $i=5$，等压膨胀 $A=p(V_2-V_1)=\frac{m}{M}R(T_2-T_1)$，吸收热量 $Q=\frac{m}{M}C_P\Delta T=\frac{m}{M}\cdot\frac{7}{2}R(T_2-T_1)$，则 $A/Q=2/7$，故答案应选 D。

【例 2-8】一定量的理想气体对外做了 500J 的功，如果过程是绝热的，气体内能的增量为(　　)。

A. 0　　B. 500J　　C. -500J　　D. 250J

解：由热力学第一定律 $Q=A+\Delta E$，可知绝热过程做功等于内能增量的负值，即

$$\Delta E=-A=-500\text{J}$$

故答案应选 C。

> **注意**：热量 Q 和功 A 都与过程有关，解题前应首先弄清气体经历的是什么过程。

【例 2-9】一定量的某种理想气体由初始态经等温膨胀变化到末态时，压强为 p_1；若由相同的初始态经绝热膨胀变化到末态时，压强为 p_2；若二过程末态体积相同，则(　　)。

A. $p_1=p_2$　　B. $p_1>p_2$

C. $p_1<p_2$　　D. $p_1=2p_2$

解：气体从同一状态出发做相同体积的等温膨胀或绝热膨胀，如图 2-9 所示。绝热线比等温线陡，$p_1>p_2$，故答案应选 B。

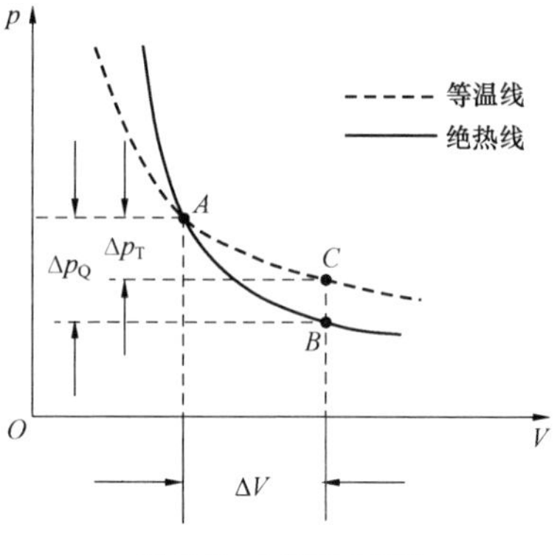

图 2-9 ［例 2-9］图

【例 2-10】一定量的单原子分子理想气体，分别经历等压膨胀过程和等体升温过程，若两过程中的温度变化 ΔT 相同，则两过程中气体吸收能量之比 $\frac{Q_p}{Q_V}$ 为(　　)。

A. 1/2　　B. 2/1　　C. 3/5　　D. 5/3

解：等压过程吸收热量 $Q_p=\frac{m}{M}C_p\Delta T$，等体过程吸收热量 $Q_V=\frac{m}{M}C_V\Delta T$，单原子分子，自由度 $i=3$，$C_V=\frac{i}{2}R$，$C_p=C_V+R$，$\frac{Q_p}{Q_V}=C_p/C_V=\frac{3/2R+R}{3/2R}=\frac{5}{3}$，故答案应选 D。

2.1.13 循环过程和卡诺循环

1. 循环过程及效率

物质系统经历一系列的变化过程又回到初始状态，这样的周而复始的变化过程称为循环过程，简称循环。循环过程在图中可用一条闭合曲线来表示。循环的重要特征是经历一个循环后，系统内能不变。

系统变化沿闭合曲线顺时针方向进行的循环称为正循环,沿逆时针方向进行的循环称为逆循环。热机循环都是正循环,制冷机是逆循环。

如图 2-10 所示的正循环,可以看作为由 ABC 过程与 CDA 过程组成。在 ABC 过程中,系统对外做正功 A_1;在 CDA 过程中,系统对外做负功 A_2。整个循环过程的净功为 $A=A_1-A_2$,即闭合环曲线所围的面积。

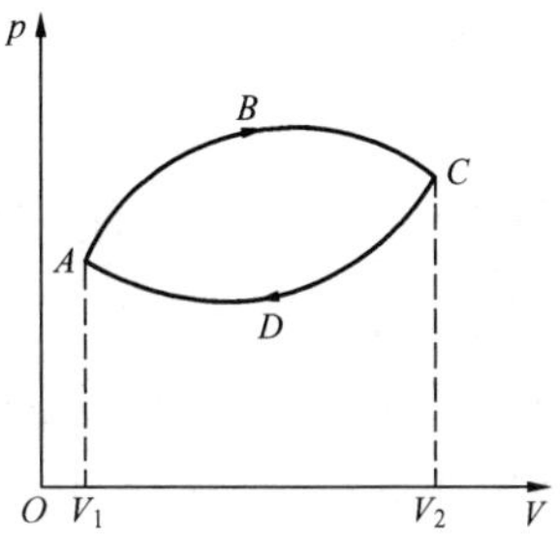

图 2-10　正循环的 p-V 图

因经循环过程后系统内能不变,$\Delta E=0$,若用 Q_1 表示整个循环过程中系统所吸收的热量,用 Q_2 表示整个循环过程中系统所放出的热量,则根据热力学第一定律有

$$A = Q_1 - Q_2$$

为衡量热机将吸收的热量转化为有用功的能力,定义热机的效率为

$$\eta = \frac{A}{Q_1} = 1 - \frac{Q_2}{Q_1}$$

2. 卡诺循环及效率

卡诺循环是在两个温度恒定的热源(一个高温热源 T_1 和一个低温热源 T_2)之间工作的循环过程,由两个等温过程和两个绝热过程组成,如图 2-11(a)所示。

可以证明卡诺循环的效率为

$$\eta = 1 - \frac{Q_2}{Q_1} = 1 - \frac{T_2}{T_1}$$

上式表示,以理想气体为工质的卡诺循环的效率只由两热源的温度 T_1 和 T_2 决定。

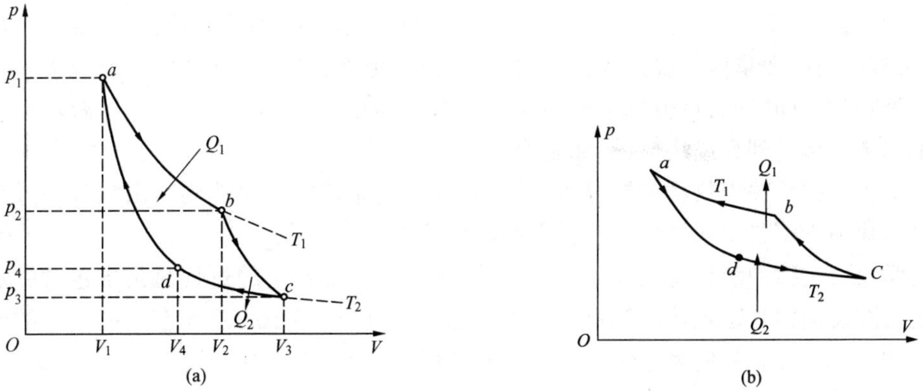

图 2-11　卡诺机循环

(a) 卡诺热机循环;(b) 卡诺循环(制冷机)示意图

卡诺循环是无摩擦的准静态的理想循环。

【例 2-11】设高温热源的热力学温度是低温热源的热力学温度的 n 倍,则理想气体在一次卡诺循环中,传给低温热源的热量是从高温热源吸取的热量的(　　)。

A. n 倍　　B. $n-1$ 倍　　C. $\frac{1}{n}$倍　　D. $\frac{n+1}{n}$倍

解： $\eta_{卡诺}=1-\frac{T_2}{T_1}=1-\frac{Q_2}{Q_1}$，因为$\frac{T_1}{T_2}=n$，所以$\frac{Q_{低}}{Q_{高}}=\frac{Q_2}{Q_1}=\frac{T_2}{T_1}=\frac{1}{n}$，故答案应选 C。

3. 制冷机及制冷系数

现在，我们再讨论卡诺逆循环，理想气体以 a 为起点，与热机相反方向沿闭合曲线 $adcba$ 所做的循环过程[图 2-11(b)]是制冷过程。

显然，气体将从低温热源吸取热量 Q_2，又接受外界对气体所做的功 A，向高温热源传递热量 $Q_1=A+Q_2$。

从低温热源吸取热量 Q_2 的结果，将使低温热源(低温物体)温度降得更低，这就是制冷机的原理。制冷机的功效常用制冷系数衡量，即

$$w=\frac{Q_2}{A}=\frac{Q_2}{Q_1-Q_2}$$

卡诺制冷机的制冷系数为

$$w_{卡诺}=\frac{T_2}{T_1-T_2}$$

2.1.14 热力学第二定律及其统计意义

热力学第二定律有以下两种典型表述：

(1) 开尔文表述。不可能制成一种循环动作的热机，只从一个热源吸取热量，使之完全变为有用功，而其他物体不发生任何变化。

(2) 克劳修斯表述。热量不能自动地从低温物体传向高温物体。

仅从一个热源吸热并使之全部变成功的热机，叫作第二类永动机。这种永动机，不违背热力学第一定律，但违背热力学第二定律，故终不能制成。

应当指出，热力学第二定律的开尔文表述中指的是"循环工作的热机"，如果工作物质进行的不是循环过程，而是像等温过程这样的单一过程，那么，是可以把从一个热源吸收的热量全部用来做功的。同样的，克劳修斯表述中指的是"不能自动的"，若依靠外界做功是可以使热量由低温物体传递到高温物体的，如制冷机。

开尔文表述的是关于热功转换过程中的不可逆性，克劳修斯表述则指出热传导过程中的不可逆性。热力学第二定律指出自然界中的过程是有方向性的。

热力学第二定律的统计意义在于：它揭示了孤立系统中发生的过程总是由包含微观状态数目少的宏观态向包含微观状态数目多的宏观态进行，由概率小的宏观态向概率大的宏观态进行。一切实际过程总是向无序性增大的方向进行。

2.1.15 可逆过程和不可逆过程

在系统状态变化过程中，如果逆过程能重复正过程的每一状态，而且不引起其他变化，这样的过程叫作可逆过程；反之，在不引起其他变化的条件下，不能使逆过程重复正过程的每一状态，或者虽然能重复正过程的每一状态但必然引起其他变化，这样的过程叫作不可逆过程。

热功转换过程是不可逆的：功可以完全变成热；但在不引起其他任何变化和不产生其他影响的条件下，热不能完全变成功。热传递过程是不可逆的：热量可以自动地从高温物体传到低温物体；但在不引起其他任何变化和不产生其他任何影响的条件下，热量是不可以自动地从低

温物体传到高温物体的。

在热力学中,过程的可逆与否和系统所经历的中间状态是否平衡密切相关。只有过程进行得无限缓慢,没有摩擦等引起的机械能耗散,由一系列无限接近平衡态的中间状态所组成的准静态过程,才是可逆过程。

2.2 波动学

2.2.1 复习指导

这一节主要讨论机械波的产生、描述、能量和干涉,其中平面简谐波的波动方程和波的干涉为本节重点。

理解波动方程时要特别注意理解建立波动方程的思路,要从三个不同角度,即 x=常量,t=常量以及 x 和 t 都是变量这三个方面去理解波动方程的物理意义。

学习波的干涉时,要注意掌握相干条件并运用相位差或波程差的概念分析相干波叠加后振幅极大极小问题。

此外,由于机械振动是产生机械波的根源,因此有必要复习机械振动的有关概念:谐振动方程、相位、同方向同频率谐振动的合成。

2.2.2 机械波的产生与传播

振动状态的传播过程称为波动。波动可分为两大类:机械振动在媒质中的传播过程称为机械波,变化的电磁场在空间的传播过程称为电磁波。波动是一种普遍的重要的运动形式。值得注意的是,波动只是振动状态的传播,媒质中各质点并不随波逐流,各质点只以交变的振动速度在各自的平衡位置附近振动。

产生机械波有如下两个条件:①要有做机械振动的波源(振源);②要有传播机械振动的媒质。

1. 横波和纵波

如果在波动中,质点的振动方向和波的传播方向互相垂直,这种波称为横波(如手捏长绳一端上下抖动时,绳上形成的波为横波);如果质点的振动方向和波的传播方向平行,这种波叫纵波(如空气中传播的声波就是纵波)。

2. 波阵面和波线

波在传播过程中,同一时刻波到达的各点所连成的曲面称为波阵面。在同一波阵面上,媒质中各质点的振动相位相同,所以也称同相面。波阵面中最前面的一个称为波前,波的传播方向称为波线,在各向同性均匀媒质中传播的波,波线垂直于波阵面。

按波阵面形状可将机械波分为平面波和球面波,如图 2-12 所示。

3. 描述波的物理量及其相互联系

波长(λ)——波线上振动状态(相位)完全相同的相邻两点之间的距离。

周期(T)——一个完整波形通过波线上一点所需的时间。显然,也就是该点完成一次全振动的时间,所以波的周期等于振动周期。

频率(ν)——单位时间通过波线上一点的完整波形的数目,即 $\nu=1/T$,所以波

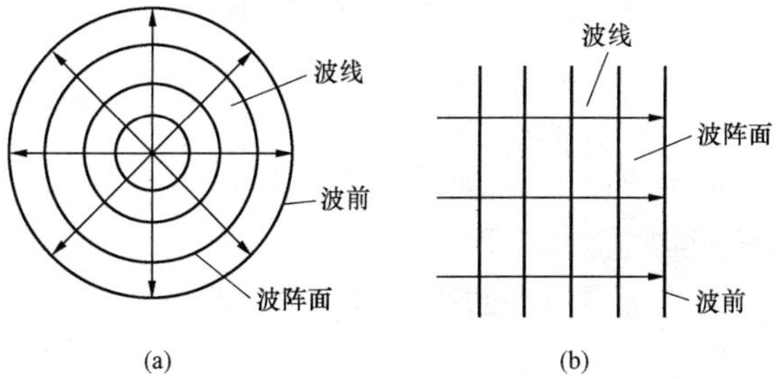

图 2-12 平面波和球面波的波形

(a)球面波波形;(b)平面波波形

的频率等于振动的频率。也就是说,波的频率由波源决定,与媒质无关。

波速(u)——振动状态在媒质中的传播速度,或者说,波形在媒质中的移动速度。波速取决于媒质的性质。

在弹性固体中,横波与纵波的速度分别是

$$u = \sqrt{G/\rho}\ (横波)$$

$$u = \sqrt{Y/\rho}\ (纵波)$$

式中:G、Y 为媒质的切变弹性模量和杨氏弹性模量;ρ 为媒质密度。

在气体和液体中,不能传播横波,因为它们的切变弹性模量为零。而纵波在气体和液体中的传播速度为

$$u = \sqrt{B/\rho}\ (纵波)$$

式中,B 为媒质容变弹性模量。

显然,波速 $$u=\frac{\lambda}{T}$$

即 $$u=\lambda\nu$$

2.2.3 简谐波的表达式

1. 平面简谐波的波动方程

描述媒质中各质点的位移随着各质点的平衡位置、时间而变化的函数,称为波的波动方程。简谐振动在弹性媒质中的传播形成简谐波。

(1) 设在无吸收的均匀媒质中,有一平面简谐波沿 x 轴正向以波速 u 传播,在 Ox 轴上各质点都以 x 轴为平衡位置做简谐振动,如图 2-13 所示,其位移方向与 x 轴垂直(横波),A 为振幅,ω 为角频率,设 O 点振动初相位为零,则在坐标原点处的质点的振动方程为

$$y_0 = A\cos\omega t$$

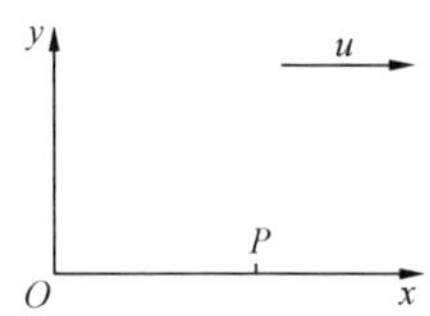

图 2-13 平面简谐波

其中,y_0 为 $x=0$ 处质点在 t 时刻偏离平衡位置的位移。

设 P 为波线上一任意点,与原点 O 的距离为 x,从 O 点传到 P 点需时间$\frac{x}{u}$,当 O 处质点的相位为 ωt 时,P 处质点的相位为 $\omega\left(t-\frac{x}{u}\right)$。即 O 点的相位比 P 点超前了 $\omega t-\left[\omega\left(t-\frac{x}{u}\right)\right]=\omega\,\frac{x}{u}$。当 O 处质点的位移为 $A\cos\omega t$ 时,P 处质点的位移为 $A\cos\omega\left(t-\frac{x}{u}\right)$。

这样,P 点处质点的振动方程为

$$y = A\cos\omega\left(t - \frac{x}{u}\right) \qquad (2\text{-}10a)$$

因为 P 点是任意的,故上式对 x 轴上任一点都适用。所以,这就是沿 x 轴正方向传播的平面简谐波的波动方程。

若坐标原点处的质点的振动方程为

$$y_0 = A\cos(\omega t + \varphi_0)$$

则波动方程为

$$y = A\cos\left[\omega\left(t - \frac{x}{u}\right) + \varphi_0\right] \tag{2-10b}$$

由于 $\omega=2\pi\nu$，$\nu=\frac{1}{T}$，$u=\frac{\lambda}{T}$，上述波动方程也可写成下面的形式

$$y = A\cos\left[2\pi\left(\nu t - \frac{x}{\lambda}\right) + \varphi_0\right]$$

$$y = A\cos\left[2\pi\left(\frac{t}{T} - \frac{x}{\lambda}\right) + \varphi_0\right]$$

$$y = A\cos\left(\omega t - \frac{2\pi x}{\lambda} + \varphi_0\right)$$

（2）若平面简谐波沿 x 轴负向以波速 u 传播，则波动方程为

$$y = A\cos\left[\omega\left(t + \frac{x}{u}\right) + \varphi_0\right]$$

2. 波动方程的物理意义

（1）若给定位置 x（x=常量），波动方程表示距原点为 x 处的质点在不同时刻的位移，即表示 x 处质点的振动方程，$y=f(t)$。

（2）若给定时间 t（t=常量），波动方程表示 t 时刻各质点的位移，即 t 时刻的波形方程，$y=f(x)$。

【例 2-12】已知平面简谐波的方程为 $y=A\cos(Bt-Cx)$，式中，A、B、C 为正常数，此波的波长和波速分别为(　　)。

A. $\frac{B}{C},\frac{2\pi}{C}$　　B. $\frac{2\pi}{C},\frac{B}{C}$　　C. $\frac{\pi}{C},\frac{2B}{C}$　　D. $\frac{2\pi}{C},\frac{C}{B}$

解：此题考核知识点为波动方程基本关系。

$y=A\cos(Bt-Cx)=A\cos B\left(t-\frac{x}{B/C}\right)$，$u=\frac{B}{C}$，$\omega=B$，$T=\frac{2\pi}{\omega}=\frac{2\pi}{B}$，$\lambda=u\cdot T=\frac{B}{C}\cdot\frac{2\pi}{B}=\frac{2\pi}{C}$

故答案应选 B。

> **注意：**只要知道原点处质点的振动方程，又知道波速（包括传播方向），就可以写出波动方程。

【例 2-13】一平面简谐波的表达式为 $y=0.1\cos(3\pi t-\pi x+\pi)$（SI），则(　　)。

A. 原点 O 处质元振幅为−0.1m　　B. 波长为 3m

C. 相距 1/4 波长的两点相位差为 $\pi/2$　　D. 波速为 9m/s

解：该平面简谐波振幅为 0.1m，选项 A 不正确。$y=0.1\cos(3\pi t-\pi x+\pi)=0.1\cos3\pi\times\left(t-\frac{x}{3}+\frac{1}{3}\right)$，$\omega=3\pi$，$u=3\text{m/s}$，选项 D 不正确。$\lambda=u\times T=u\frac{2\pi}{\omega}=3\times\frac{2\pi}{3\pi}=2\text{m}$，选项 B 不正确。相距一个波长的两点相位差为 2π，相距 1/4 波长的两点相位差为 $\pi/2$，选项 C 正确，故答案应选 C。

【例 2-14】一平面谐波的表达式为 $y=0.05\cos(20\pi t+4\pi x)$（SI），$k=0,\pm1,\pm2,\cdots$，则 $t=0.5\text{s}$ 时各波峰所处位置为(　　)m。

A. $\frac{2k-10}{4}$　　B. $\frac{k+10}{4}$　　C. $\frac{2k-9}{4}$　　D. $\frac{k+9}{4}$

解:所谓波峰即 $y=+0.05\text{m}$,即要求 $\cos(20\pi t+4\pi x)=1$。已知 $t=0.5\text{s}$,代入波动方程,有 $10\pi+4\pi x=2k\pi$,得 $x=\frac{2k\pi-10\pi}{4\pi}=\frac{2k-10}{4}$,故答案应选 A。

2.2.4 波的能量

1. 波动能量

波动传播时,媒质由近及远地一层接着一层地振动,即能量是逐层地传播出来的。波动的传播过程就是能量的传播过程,这是波动的一个重要特征。

在媒质中任取一体积为 ΔV、质量为 $\Delta m=\rho\Delta V$ 的体积元,设波动方程为

$$y=A\cos\omega\left(t-\frac{x}{u}\right)$$

则当波动传播到这个体积元时,此体积元将具有动能 W_k 为

$$W_k=\frac{1}{2}\Delta mv^2=\frac{1}{2}\rho\Delta V\left(\frac{\partial y}{\partial t}\right)^2=\frac{1}{2}\rho A^2\omega^2\sin^2\left[\omega\left(t-\frac{x}{u}\right)\right]\Delta V$$

可以证明,质元的弹性形变势能 $W_p=W_k$,所以在质元(或体元)内总机械能 W 为

$$W=W_k+W_p=\rho A^2\omega^2\sin^2\left[\omega\left(t-\frac{x}{u}\right)\right]\Delta V$$

注意:(1) 由于 $\sin^2\left[\omega\left(t-\frac{x}{u}\right)\right]=\sin^2\left[\frac{2\pi}{T}\left(t-\frac{x}{u}\right)\right]$ 随时间 t 在 0~1 之间变化。当 ΔV 中机械能增加时,说明上一个邻近体积元传给它能量;当 ΔV 中机械能减少时,说明它的能量传给下一个邻近体积元,这正符合能量传播途径。

(2) 当体积元处在平衡位置时($y=0$),体积元 ΔV 中动能与势能同时达到最大值;当体积元处在最大位移时($y=A$),体积元 ΔV 中动能与势能同时达到最小值。

总之,波动的能量与简谐振动的能量有显著的不同,在简谐振动系统中,动能和势能互相转化,系统的总机械能守恒,但在波动中,动能和势能是同相位的,同时达到最大值,又同时达到最小值,对任意体积元来说,机械能不守恒,沿着波传播方向,该体积元不断地从后面的媒质获得能量,又不断地把能量传给前面的媒质,能量随着波动行进,从媒质的这一部分传向另一部分。所以,波动是能量传递的一种形式。

【例 2-15】当一平面简谐机械波在弹性媒质中传播时,下述各结论哪个是正确的?(　　)

A. 媒质质元的振动动能增大时,其弹性势能减小,总机械能守恒

B. 媒质质元的振动动能和弹性势能都做周期性变化,但二者的相位不相同

C. 媒质质元的振动动能和弹性势能的相位在任意时刻都相同,但二者的数值不相等

D. 媒质质元在平衡位置处弹性势能最大

解:由波动的能量特征可知,媒质质元的振动动能和弹性势能都做周期性变化,是同相的,同时达到最大、最小,并且数值相等,媒质质元的总机械能不守恒。媒质质元在平衡位置处速率最大,振动动能最大,弹性势能亦最大,故答案应选 D。

【例 2-16】一平面简谐波的波动方程为 $y=2\times10^{-2}\cos2\pi\left(10t-\frac{x}{5}\right)$（SI），对 $x=2.5\text{m}$ 处的质元，在 $t=0.25\text{s}$ 时，它的(　　)。

A.动能最大，势能最大　　B.动能最大，势能最小

C.动能最小，势能最大　　D.动能最小，势能最小

解：简谐波在弹性媒质中传播时媒质质元的能量不守恒，任一质元 $W_p=W_k$，平衡位置时动能及势能均为最大，最大位移处动能及势能均为零。将 $x=2.5\text{m}$，$t=0.25\text{s}$ 代入波动方程 $y=2\times10^{-2}\cos2\pi\left(10\times0.25-\frac{2.5}{5}\right)\text{m}=0.02\text{m}$ 为波峰位置，动能及势能均为零，故答案应选 D。

2. 能量密度、能流密度

媒质中单位体积的波动能量，称为波的能量密度 w（单位为 J/m^3），有

$$w=\frac{W}{\Delta V}=\rho A^2\omega^2\sin^2\omega\left(t-\frac{x}{u}\right)$$

能量密度在一个周期内的平均值，称为波的平均能量密度 $\overline{w}$，有

$$\overline{w}=\frac{1}{2}\rho A^2\omega^2$$

单位时间内通过媒质中某面积的能量，称为通过该面积的能流。设在媒质中垂直于波速 u 取面积 S，则平均能流为

$$\overline{P}=\overline{w}uS$$

通过垂直于波动传播方向的单位面积的平均能流，称为能流密度或波的强度，记为 I，单位为 W/m^2，有

$$I=\frac{1}{2}\rho uA^2\omega^2$$

【例 2-17】在波的传播过程中，若保持其他条件不变，仅使振幅增加一倍，则波的强度增加到(　　)。

A. 1 倍　　B. 2 倍　　C. 3 倍　　D. 4 倍

解：此题考核知识点为波的强度公式。$I=\frac{1}{2}\rho uA^2\omega^2$，保持其他条件不变，仅使振幅增加 1 倍，则波的强度增加到原来的 4 倍，故答案应选 D。

2.2.5 波的干涉、驻波

1. 波的干涉现象

两列频率相同、振动方向相同、位相差恒定的波叫相干波，满足上述条件的波源叫相干波源。在相干波相遇叠加的区域内，有些点振动始终加强，有些点振动始终减弱或完全抵消。这种现象，称为波的干涉现象。

2. 干涉条件

设两相干波源 S_1 及 S_2 的振动方程为

$$y_1=A_1\cos(\omega t+\varphi_{01})$$
$$y_2=A_2\cos(\omega t+\varphi_{02})$$

由两波源发出的两列平面简谐波在媒质中经 r_1、r_2 的波程分别传到 P 点相遇（图 2-14）。

在 P 点引起的分振动分别为

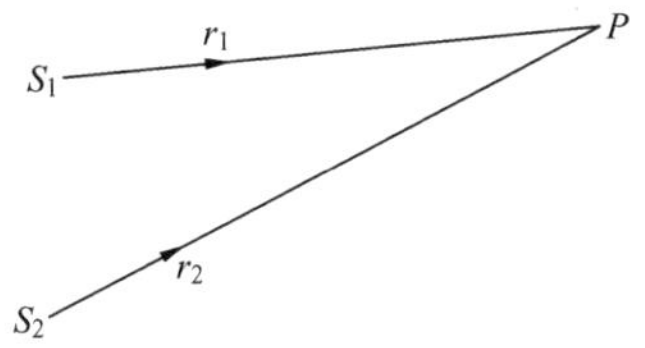

图 2-14　波的干涉

$$y_{1P}=A_1\cos\left(\omega t-\frac{2\pi r_1}{\lambda}+\varphi_{01}\right)$$

$$y_{2P}=A_2\cos\left(\omega t-\frac{2\pi r_2}{\lambda}+\varphi_{02}\right)$$

P 点的合振动方程为

$$y_P=y_{1P}+y_{2P}=A\cos(\omega t+\varphi) \tag{2-11}$$

其中

$$A=\sqrt{A_1^2+A_2^2+2A_1A_2\cos\left[\varphi_{02}-\varphi_{01}-\frac{2\pi(r_2-r_1)}{\lambda}\right]}$$

由式(2-11)可看出，当两分振动在 P 点的相位差 $\Delta\varphi=\varphi_{02}-\varphi_{01}-2\pi(r_2-r_1)/\lambda$ 为 2π 的整数倍时，合振幅最大，$A=A_1+A_2$；当 $\Delta\varphi$ 为 π 的奇数倍时，合振幅最小，$A=|A_1-A_2|$，即

$$\Delta\varphi=\pm 2k\pi(k=0,1,2,\cdots)\text{（干涉加强条件）}$$

$$\Delta\varphi=\pm(2k+1)\pi(k=0,1,2,\cdots)\text{（干涉减弱条件）}$$

【例 2-18】 两列相干波，其表达式分别为 $y_1=2A\cos2\pi\left(\nu t-\frac{x}{2}\right)$ 和 $y_2=A\cos2\pi\left(\nu t+\frac{x}{2}\right)$，在叠加后形成的合成波中，波中质元的振幅范围是（　　）。

A. $A\sim0$　　B. $3A\sim0$　　C. $3A\sim-A$　　D. $3A\sim A$

解：两列振幅不相同的相干波，在同一直线上沿相反方向传播，叠加的合成波振幅为

$$A^2=A_1^2+A_2^2+2A_1A_2\cos\Delta\varphi$$

当 $\cos\Delta\varphi=1$ 时，合振幅最大，$A'=A_1+A_2=3A$；

当 $\cos\Delta\varphi=-1$ 时，合振幅最小，$A'=|A_1-A_2|=A$。

此题注意振幅没有负值，要取绝对值。故答案应选 D。

3. 驻波

两列振幅相同的相干波，在同一直线上沿相反方向传播，叠加的结果即为驻波。设有两列相干波，其波动方程分别为

$$y_1=A\cos2\pi\left(\nu t-\frac{x}{\lambda}\right)$$

$$y_2=A\cos2\pi\left(\nu t+\frac{x}{\lambda}\right)$$

叠加后形成的驻波的波动方程为

$$y=y_1+y_2=\left(2A\cos2\pi\frac{x}{\lambda}\right)\cos2\pi\nu t$$

在 $x=k\frac{\lambda}{2}$（k 为整数）处的各质点，有最大振幅 $2A$，这些点称为驻波的波腹；在 $x=(2k+1)\frac{\lambda}{4}$（$k$ 为整数）处的各质点，振幅为零，即始终静止不动，这些点称为驻波的波节。

驻波被波节分成若干长度为$\frac{\lambda}{2}$的小段，每小段上各质点的相位相同，相邻两段上的各质点

的相位相反，即各质点的振动状态（相位）不是逐点传播的，所以这种波称为驻波。相邻两波节（波腹）之间的距离为半个波长 $\frac{\lambda}{2}$。

【例 2-19】在弦线上有一简谐波，$y_1=2.0\times10^{-2}\cos\left[100\pi\left(t+\frac{x}{20}\right)-\frac{\pi}{3}\right]$（SI），为了在此弦线上形成驻波，且在 $x=0$ 处为一波腹，此弦线上还应有一简谐波，其表达式为（　　）。

A. $y_2=2.0\times10^{-2}\cos\left[100\pi\left(t-\frac{x}{20}\right)+\frac{\pi}{3}\right]$（SI）

B. $y_2=2.0\times10^{-2}\cos\left[100\pi\left(t-\frac{x}{20}\right)+\frac{4\pi}{3}\right]$（SI）

C. $y_2=2.0\times10^{-2}\cos\left[100\pi\left(t-\frac{x}{20}\right)-\frac{\pi}{3}\right]$（SI）

D. $y_2=2.0\times10^{-2}\cos\left[100\pi\left(t-\frac{x}{20}\right)-\frac{4\pi}{3}\right]$（SI）

解：驻波是由振幅、频率和传播速度都相同的两列相干波在同一直线上沿相反方向传播时叠加而成的一种特殊形式的干涉现象。设另一简谐波的表达式为 $y_2=2.0\times10^{-2}\times\cos\left[100\pi\left(t-\frac{x}{20}\right)+\varphi\right]$（SI），则驻波方程为

$$y=y_1+y_2=2.0\times10^{-2}\cos\left[100\pi\left(t+\frac{x}{20}\right)-\frac{\pi}{3}\right]+2.0\times10^{-2}\cos\left[100\pi\left(t-\frac{x}{20}\right)+\varphi\right]$$

$$=4.0\times10^{-2}\cos\left[100\pi t+\frac{1}{2}\left(\varphi-\frac{\pi}{3}\right)\right]\cos\left[5\pi x-\frac{1}{2}\left(\varphi+\frac{\pi}{3}\right)\right]$$

因为 $x=0$ 处为波腹，所以 $\cos\left[-\frac{1}{2}\left(\varphi+\frac{\pi}{3}\right)\right]=\pm1$，则 $-\frac{1}{2}\left(\varphi+\frac{\pi}{3}\right)=k\pi$。

当 $k=0$ 时，$\varphi=-\frac{\pi}{3}$；当 $k=1$ 时，$\varphi=\frac{5\pi}{3}$。故答案应选 C。

2.2.6 声波、声强、声强级

在弹性媒质中，如果波源所激起的纵波频率，在 20～20 000Hz 之间，就能引起人的听觉。在这一频率范围内的振动称为声振动，由声振动所激起的纵波称为声波。频率高于 20 000Hz 的机械波称为超声波，频率低于 20Hz 的机械波称为次声波。声波的波速取决于媒质的性质，常温下空气中的声速约为 340m/s。

声波的能流密度叫作声强。但是，能够引起人们听觉的声强变化范围太大（$10^{-12}\sim1\text{W/m}^2$），为了比较介质中各点声波的强弱，通常使用声强级，即以 $I_0=10^{-12}\text{W/m}^2$ 为测定标准，若声波的声强为 I，则声强级为

$$L_I=\lg\frac{I}{I_0}$$

声强级 L_I 的单位为 B（贝尔），也可使用贝尔的十分之一，即 dB（分贝）为单位。

2.2.7 多普勒效应

当声源与观察者相对于媒质静止时，观察者接收到的频率和声源发出的频率是相同的。

如果声源或观察者相对传播的媒质运动，或两者均相对媒质运动时，观察者接收到的频率

和声源的频率就不同,这种现象称为多普勒效应。

设声源和观察者在同一直线上运动,声源的频率为 ν,声源相对于媒质的运动速度为 v_s,观察者相对于媒质的运动速度为 v_0,声在媒质中的传播速度为 u,则观察者接收到的频率 ν' 为

$$\nu' = \frac{u \pm v_0}{u \pm v_s}\nu \tag{2-12}$$

式(2-12)中,观察者向着波源运动时,v_0 前取正号,远离时取负号;波源向着观察者运动时,v_s 前取负号,远离时取正号。

总之,不论是波源运动,还是观察者运动,或者两者同时运动,只要两者互相接近,接收到的频率就高于原来波源的频率;两者互相远离,接收到的频率就低于原来波源的频率。

【例 2-20】一列火车驶过车站时,站台边上观察者测得火车鸣笛声频率的变化情况(与火车固有的鸣笛声频率相比)为(   )。

A. 始终变高　　　　B. 始终变低

C. 先升高,后降低　　　　D. 先降低,后升高

解:多普勒效应:观察者和波源相互靠近,接收到的频率就高于原来波源的频率,反之,两者相互远离,则接收到的频率就低于原波源频率。今"火车驶过车站",故站台上观察者测得火车鸣笛声频率是"先升高(火车向站台驶来),后降低(火车驶过站台远离站台而去)",故答案应选 C。

2.3 光学

2.3.1 复习指导

光学(波动光学)含有三部分内容:光的干涉、光的衍射、光的偏振。

光的干涉是波动光学的基础,在光的衍射、偏振中都要用到它。

在光的干涉中,以分波阵面干涉(双缝)和分振幅干涉(薄膜、劈尖)为重点。但不管是分波阵面干涉还是分振幅干涉,最重要的是要善于分析光路,掌握好光程的概念及垂直入射的情况下光程差的计算。此外在光程差的计算中,应注意因界面反射条件不同而产生的附加光程差 $\lambda/2$(半波损失)。

光的衍射以夫琅禾费单缝衍射和衍射光栅为重点。要特别注意不要把单缝衍射暗纹公式 $a\sin\varphi=k\lambda$ 与双缝干涉明纹公式 $\delta=k\lambda$ 相混淆,二者形式相似而结果相反,前者表示单缝边缘光线的光程差,后者是两束相干光的光程差。

此外,式中 k 是一可变的整数,具体可取哪些值视问题的条件而定。

在光的偏振中,马吕斯定律和布儒斯特定律为重点。理解马吕斯定律应注意,定律中的光强 I_0 为入射偏振片前的偏振光的光强,而自然光通过偏振片后光强减半。

2.3.2 概述

以光的波动性为基础,研究光的传播及其规律问题的学说称为波动光学。光波是原子内部发出的电磁波,是电磁量 $\boldsymbol{E}$、$\boldsymbol{H}$ 的扰动在空间的传播。它不依赖于空间是否存在媒质,光在真空中的传播速度为 $c=3.0\times10^8\text{m/s}$,在媒质中的传播速度为 $u=c/n$(n 为媒质的折射率)。光波是横波,其中 $\boldsymbol{E}$、$\boldsymbol{H}$ 矢量的振动方向与光波的传播方向总是垂直的(图 2-15)。

由于对人眼和光学仪器起作用的主要是由矢量 $\boldsymbol{E}$,故称 $\boldsymbol{E}$ 为光矢量。

1. 相干光的获得

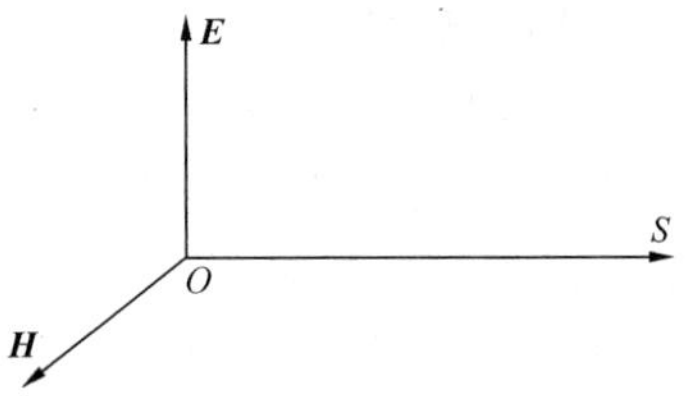

图 2-15　光波振动方向与传播方向关系示意图

（1）光的相干条件。相干光必须同时满足三个条件，即频率相同、光振动的方向相同、相遇点相位差恒定。

（2）光源发光特点。普通光源发光实质上是发光体中的大量原子（或分子）所辐射的一种电磁波，其特点是：

1）各个原子（或分子）辐射彼此独立，因而光振动的方向、频率和位相各不相同。

2）每个原子（或分子）辐射是间断的，持续时间为 10^{-8}s，且前后两次辐射彼此独立，互不相关。

所以从两个光源或从同一光源不同部分发出的光不满足相干光的条件，即为非相干光；此外，就是同一原子前后两次发的光也是不相干的。

（3）相干光的获得。基本思想：将一束光分成两束光，让它们经过不同路径相遇，这样分出的两束光频率相同、振动方向相同、相位差恒定，满足相干光的条件。

获得相干光的方法：杨氏双缝实验、菲涅尔双镜实验、洛埃镜等。

2. 光程、光程差

设两束相干光在真空中传播，λ 为真空中光波波长，则它们在同一处叠加时，相位差 $\Delta\varphi=\varphi_1-\varphi_2$ 与光传播的几何路程差 r_1-r_2 有如下关系

$$\Delta\varphi=\frac{2\pi(r_1-r_2)}{\lambda}$$

当两束光分别通过不同介质时，由于同一频率的光在不同介质中的传播速度不同，因而波长也不同，上式作如下变化：

在折射率为 n 的媒质中，媒质中的光速 u 是真空光速 c 的 $1/n$，媒质中的波长 λ' 也是真空中波长 λ 的 $1/n$，即

$$u=\frac{c}{n},\ \lambda'=\frac{\lambda}{n}$$

若两相干光分别在折射率为 n_1、n_2 的媒质中传播的几何路程为 r_1、r_2，则相位差为

$$\Delta\varphi=\frac{2\pi(n_1r_1-n_2r_2)}{\lambda}=\frac{2\pi\delta}{\lambda}$$

式中：n_1r_1，n_2r_2 为光程；$\delta=n_1r_1-n_2r_2$ 称为光程差。

光波在媒质中所经历的几何路程 r 与媒质的折射率 n 的乘积，称为光程。

于是，相干条件为

$$\Delta\varphi=\frac{2\pi\delta}{\lambda}=\begin{cases}2k\pi,\text{加强}\\2(k+1)\pi,\text{减弱}\end{cases}\quad(k=0,\pm1,\pm2,\cdots)$$

用光程差表示此相干条件，有：

（1）当 $\delta=k\lambda\,(k=0,\pm1,\pm2,\cdots)$ 时，光强加强。

（2）当 $\delta=(2k+1)\dfrac{\lambda}{2}\,(k=0,\pm1,\pm2,\cdots)$ 时，光强减弱。

注意： 光程、光程差在不同问题中要具体计算。

3. 杨氏双缝干涉

如图 2-16(a)所示,单色光从狭缝 S 发出的光波波阵面到达离 S 等距离的双缝 S_1、S_2 后,再从 S_1 和 S_2 发出的光就是同一波阵面分出的两束相干光,它们在空间叠加就形成干涉现象。这就是采用分波阵面方法得到的相干光束。如果在双缝前放一屏幕,则屏幕将出现一系列稳定的明暗相间的条纹,即干涉条纹。这些条纹与狭缝平行,条纹间的距离彼此相等。

如图 2-16(b)所示,设从双缝 S_1 和 S_2 发出的两列波分别经 r_1 和 r_2 传到前方屏幕上 P 点相遇,则 P 点产生干涉条纹的明暗条件由光程差决定

$$\delta=r_1-r_2=\begin{cases}k\lambda,\text{明纹}\\(2k+1)\dfrac{\lambda}{2},\text{暗纹}\end{cases}(k=0,\pm1,\pm2,\cdots)$$

双缝 S_1、S_2 之间的距离为 d,双缝至前方屏幕的距离为 D,因 $d \ll D$,所以有

$$\delta=r_2-r_1\approx d\sin\theta,\text{又}\ \sin\theta\approx\tan\theta=\frac{x}{D}$$

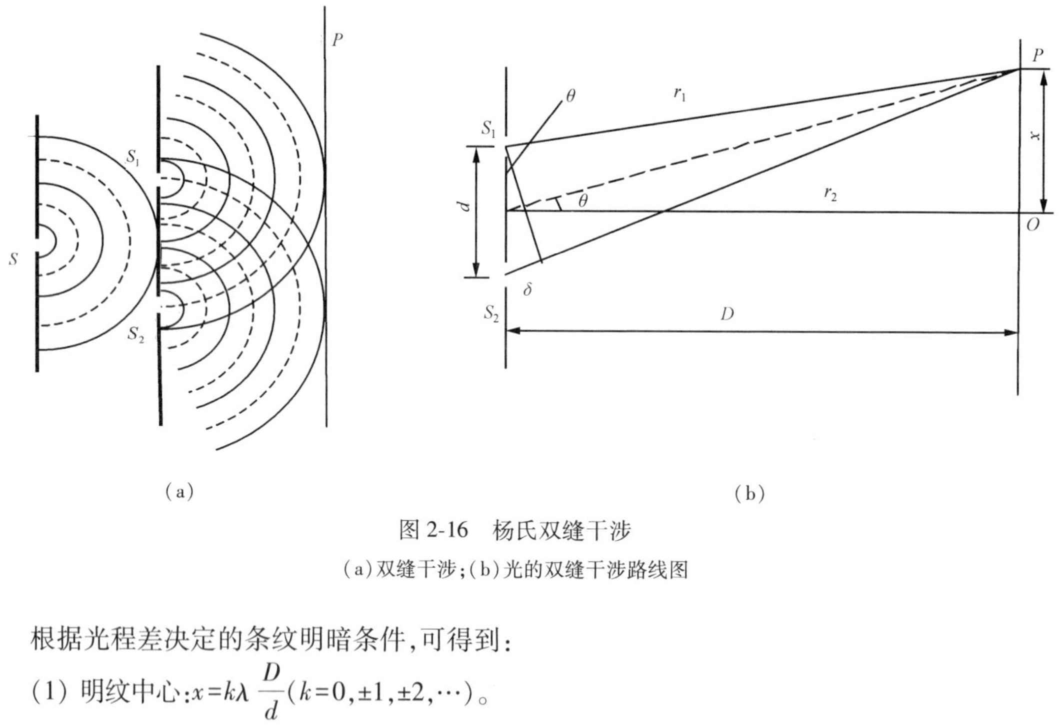

图 2-16　杨氏双缝干涉

(a)双缝干涉;(b)光的双缝干涉路线图

根据光程差决定的条纹明暗条件,可得到:

(1) 明纹中心:$x=k\lambda\dfrac{D}{d}(k=0,\pm1,\pm2,\cdots)$。

(2) 暗纹中心:$x=(2k+1)\dfrac{\lambda}{2}\dfrac{D}{d}(k=0,\pm1,\pm2,\cdots)$。

明纹中 $k=0$ 对应于 O 点处的为中央明纹,相邻明纹(暗纹)的间距为

$$\Delta x=\lambda\frac{D}{d}\tag{2-13}$$

式(2-13)表明:条纹等间距明暗交替分布;波长较短的单色光(如紫光),其条纹间距较小,条纹较密;波长较长的单色光(如红光),其条纹间距较大,条纹较稀。

若以白光入射,在屏幕上只有中央明纹呈白色。而中央明纹的两侧,干涉条纹将按波长从中间向两侧对称排列,形成彩色条纹。红色在最外侧。

【**例 2-21**】如图 2-17 所示，在双缝装置实验中，入射光的波长为 λ，用玻璃纸遮住双缝中的一条缝。若玻璃纸中光程比相同厚度的空气的光程大 2.5λ。则屏上原来的明纹处将有何种变化？（　　）

A. 仍为明纹　　B. 变为暗条纹

C. 既非明纹也非暗纹　　D. 无法确定是明纹还是暗纹

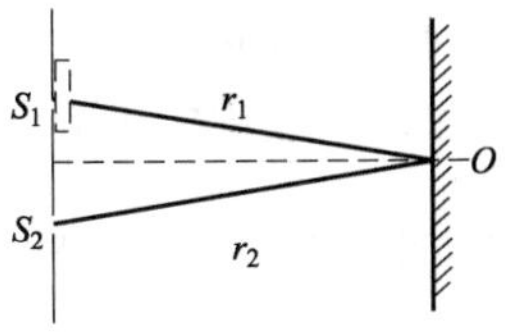

图 2-17　［例 2-21］图

解：如图 2-17 所示，考察 O 处的明纹怎样变化。

（1）玻璃纸未遮住时，光程差 $\delta = r_1 - r_2 = 0$，O 处为零级明纹。

（2）玻璃纸遮住后，光程差 $\delta' = \dfrac{5}{2}\lambda$。

根据干涉条件知 $\delta' = \dfrac{5}{2}\lambda = (2\times2+1)\dfrac{\lambda}{2}$，$O$ 处变为暗纹，故答案应选 B。

4. 薄膜干涉

（1）半波损失：光从光疏媒质射向光密媒质而在界面上反射时，反射光存在着相位的突变，这相当于增加（或减少）半个波长的附加光程差，称为半波损失。

（2）厚度均匀的薄膜干涉（等倾干涉）：有一定宽度的光源，称为扩展光源。扩展光源照射到肥皂膜、油膜上，薄膜表面呈现美丽的彩色。这就是扩展光源（如阳光）所产生的干涉现象。

图 2-18 为厚度均匀，折射率为 n_2 的薄膜，置于折射率为 n_1 的媒质中，一单色光经薄膜上下表面 r 反射后得到 1 和 2 两条光线，它们相互平行，并且是相干的。由反射、折射定律和半波损失理论可得到两光束的光程差为

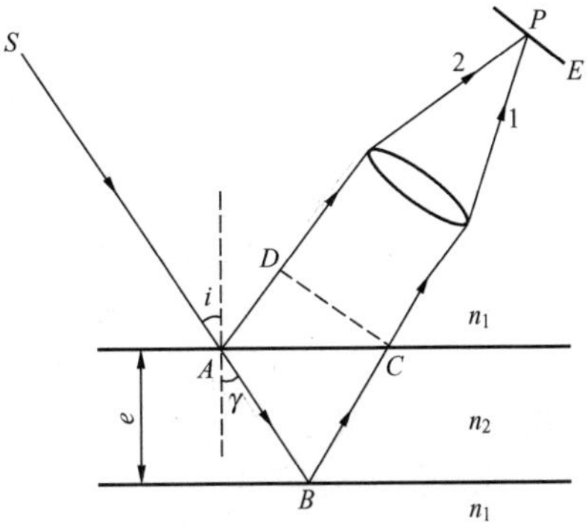

图 2-18　薄膜干涉示意图

$$\delta = 2n_2 e\cos\gamma + \frac{\lambda}{2}$$

当光垂直入射时，$i=0$，$\gamma=0$，则

$$\delta = 2n_2 e + \frac{\lambda}{2} = \begin{cases} 2k\dfrac{\lambda}{2}\ (k=1,2,\cdots) \\ \quad \text{干涉相长(明纹)} \\ (2k+1)\dfrac{\lambda}{2}\ (k=0,1,2,\cdots) \\ \quad \text{干涉相消(暗纹)} \end{cases}$$

式中的 $\lambda/2$ 为半波损失，因为不论 $n_1 < n_2$，还是 $n_1 > n_2$，1 与 2 两条光线之一总有半波损失出现，这样在计算光程差时必须计及这个半波损失。

【**例 2-22**】如图 2-19 所示在玻璃（折射率 $n_3 = 1.60$）表面镀一层 MgF_2（折射率 $n_2 = 1.38$）薄膜作为增透膜，为了使波长为 500nm（$1\text{nm} = 10^{-9}\text{m}$）的光从空气（$n_1 = 1.00$）正入射时尽可能少反射，$MgF_2$ 薄膜的最小厚度应是（　　）。

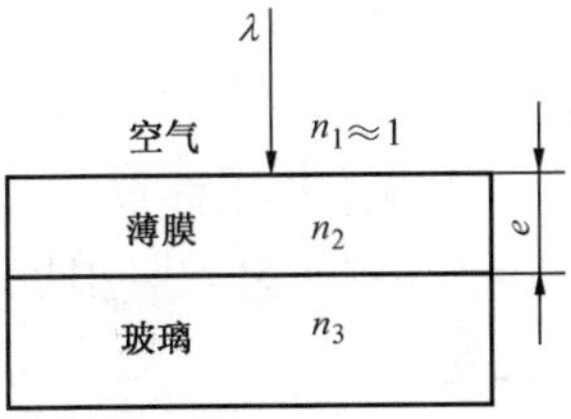

图 2-19　［例 2-22］图

A. 78.1nm　　　　B. 90.6nm　　　　C. 125nm　　　　D. 181nm

解:此题考核知识点为光的干涉。薄膜上、下两束反射光的光程差 $\delta=2n_2e$,增透膜要求反射光相消,$\delta=2n_2e=(2k+1)\dfrac{\lambda}{2}$,$k=0$时,膜有最小厚度,$e=\dfrac{\lambda}{4n_2}=\dfrac{500}{4\times1.38}\text{nm}=90.6\text{nm}$,故答案应选 B。

(3) 劈尖干涉(等厚干涉):如图 2-20 所示,两块平玻璃片,一端互相叠合,另一端夹一直径很小的细丝。这样,两玻璃片之间形成劈尖状的空气薄膜,称为空气劈尖。两玻璃的交线称为棱边。单色光源发出的光经透镜折射后形成平行光束垂直入射到空气劈尖上,自劈尖上、下表面反射的光相互干涉,其光程差为

$$\delta = 2ne + \frac{\lambda}{2}$$

式中　n——空气折射率。

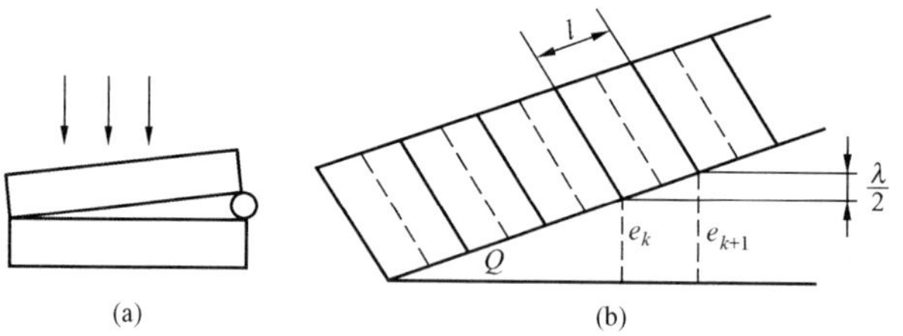

图 2-20　劈尖干涉

(a)装置图;(b)劈尖干涉示意图

考虑到 $n\approx1$,于是干涉条件为

明纹: $$\delta = 2e + \frac{\lambda}{2} = k\lambda\ (k = 1,2,\cdots)$$

暗纹: $$\delta = 2e + \frac{\lambda}{2} = (2k+1)\frac{\lambda}{2}(k = 1,2,\cdots)$$

显然,同一明纹(暗纹)对应相同厚度的空气层,故称等厚干涉。

相邻两明(暗)纹对应的空气层厚度差为

$$e_{k+1} - e_k = \frac{\lambda}{2}$$

设劈尖的夹角为 θ,则相邻两明(暗)纹之间距 l 应满足关系式

$$l\sin\theta = e_{k+1} - e_k = \lambda/2 \text{ 或 } l\theta = \lambda/2$$

即 $$l=\frac{\lambda}{2\sin\theta}\approx\frac{\lambda}{2\theta}$$

5. 迈克尔逊干涉仪

迈克尔逊干涉仪是根据干涉原理制成的近代精密仪器,可用来测量谱线的波长和其他微小的长度。

迈克尔逊干涉仪的构造略图如图 2-21 所示。M_1 和 M_2 是两面平面反射镜,M_1 固定,M_2 用螺旋控制,可做微小移动。G_1 和 G_2 是两块材料相同、厚薄均匀而且相等的平行玻璃片。在

G_1 的一个表面上镀有半透明的薄银层(图 2-21 中用粗线标出),一半反射,一半透明。G_1、G_2 与 M_1、M_2 倾斜成 45°。

光线射在 G_1 上,折入 G_1 的光线,一部分在薄银层上反射,向 M_2 传播,如图 2-21 中所示光线 2,经 M_2 反射的,再穿过 G_1 向 E 处传播,如图 2-21 中所示光线 2′;另一部分穿过薄银层及 G_2,向 M_1 传播,如图 2-21 中所示光线 1,经 M_1 反射后,再穿过 G_2,经薄银层反射,也向 E 处传播,如图 2-21 中所示光线 1′。显然,光线 1′和 2′是两条相干光线,在 E 处可以看到干涉条纹。装置 G_2 的目的是使光线 1 和 2 分别三次穿过等厚的玻璃片,避免两束光线在玻璃中经过的路程不等而引起较大的光程差。

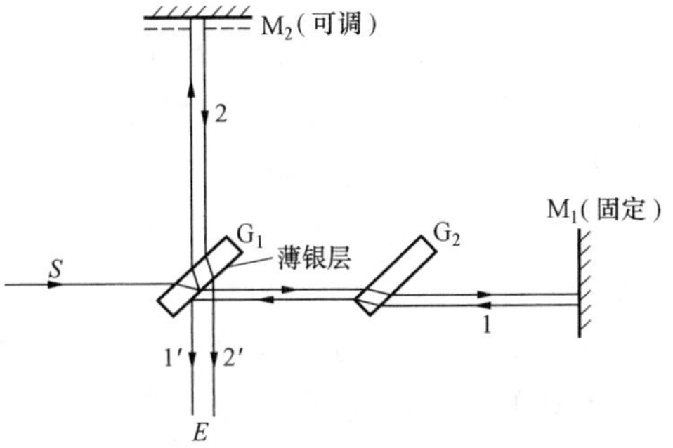

图 2-21　迈克尔逊干涉仪示意图

当 M_1 和 M_2 垂直时,产生等倾干涉纹,当 M_1 和 M_2 不垂直时,产生等厚干涉纹。

当移动 M_2 时,光程差改变,干涉条纹也移动。若 M_2 移动 $\frac{\lambda}{2}$ 的距离,则会看到干涉条纹移动 1 条;若条纹移动 ΔN 条,则 M_2 移动的距离 $\Delta d=\Delta N\frac{\lambda}{2}$。

【例 2-23】在迈克尔干涉仪的一只光路中,放入一片折射率为 n 的透明介质薄膜后,测出两束光的光程差的改变量为一个 λ,则薄膜的厚度是(　　)。

A. $\frac{\lambda}{2}$　　B. $\frac{\lambda}{2n}$　　C. $\frac{\lambda}{n}$　　D. $\frac{\lambda}{2(n-1)}$

解:加入透明介质薄膜,光程差 $\delta=2nd-2d=2(n-1)d=\lambda$,所以 $d=\frac{\lambda}{2(n-1)}$,故答案应选 D。

2.3.3　光的衍射

光沿直线传播是建立几何光学的基本依据,在通常情况下,光表现出直线传播的性质。但是,当光通过很窄的单缝时,却表现出与直线传播不同的现象,一部分光线绕过单缝的边缘到达偏离直线传播的区域在屏上出现明、暗相间的条纹,这种现象称为光的衍射现象。衍射现象显示了光的波动特性。

1. 惠更斯-菲涅耳原理

惠更斯原理:媒质中波动传播到的各点都可以看作是发射子波的波源,而在其后的任意时刻,这些子波的包络就是新的波前。

菲涅耳在惠更斯原理的基础上进一步假定,从同一波阵面上各点所发出的子波,经传播而在空间某点相遇时,也可相互叠加而产生干涉现象。这个经过发展了的惠更斯原理称为惠更斯-菲涅耳原理。它指出在衍射波场中出现衍射条纹的明暗,实质上是子波干涉的结果。

【例 2-24】根据惠更斯-菲涅尔原理,若已知光在某时刻的波阵面为 S,则 S 的前面某点 P 的光强度决定于波阵面 S 上所有面积发出的子波各自传到 P 点的(　　)。

A. 振动振幅之和　　B. 光强之和

C. 振动振幅之和的平方　　　　　　　　　　D. 振动的相干叠加

解:波阵面上每一个面元都可以看成是新的振动中心,它们发出次波,在空间某一点 P 的光振动是所有这些子波在该点的相干叠加,故正确选项为 D。

2. 夫琅禾费单缝衍射

平行光线的衍射现象叫夫琅禾费衍射。采用菲涅尔"半波带法"可以说明衍射图样的形成。

如图 2-22(a)所示,AB 是宽度为 α 的单缝(其长度远远大于宽度),真空中波长为 λ 的平行单色垂直照射狭缝,在单缝的右边,只有位于单缝所在处的波阵面 AB 上各点的子波向各个方向传播。考虑各子波以 φ 方向传播的平行光线,由于透镜 L 的会聚作用,这些光线就会聚于焦平面上的 P 点。φ 不同,P 点位置就不同,但都在主焦平面上。这样在主焦平面上就可以看到单缝夫琅禾费衍射图样,φ 称为衍射角。

由于 AB 面各点发出的光线到达 P 点的光程不相等,故到达 P 点的位相也不相同。过 A 点作 AC 平面与 BC 垂直,从 AC 上各点到达 P 点的光线光程是相等的,如图 2-22(b)所示,可知从单缝边缘 A、B 沿角方向发出的两条光线的光程差为

$$\delta = BC = a\sin\varphi$$

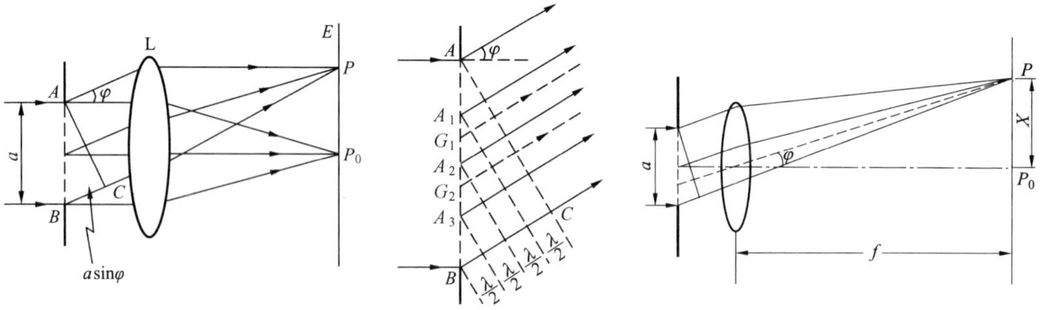

图 2-22　单缝衍射

如图 2-22(b)所示,作一系列平行于 AC 的平面,使相邻两平面间距为 $\frac{\lambda}{2}$(即半波长),这些平面将单缝处的波阵面 AB 分成了 $AA_1, A_1A_2, A_2A_3, \cdots$ 整数个半波带。两个相邻半波带上,任何两个对应点(如 A_1A_2 上的 G_1 点与 A_2B 上的 G_2 点)所发出的光线到达 P 点的光程差为 $\frac{\lambda}{2}$,即其相位差为 π。因此,任何相邻两波带所发出的光线在 P 点将完全相互抵消。

由上可知,若 BC 为半波长的偶数倍,即对应于某给定角度 φ,单缝处波阵面可分成偶数个半波带时,所有波带的作用成对地相互抵消,则 P 点处是暗点;若 BC 为半波长的奇数倍,即单缝处波阵面可分成奇数个半波带时,相互抵消的结果,只留下一个半波带的作用,则 P 处为亮点。

上述诸结论可用数学方式表述如下

$$a\sin\varphi = \begin{cases} \pm k\lambda, \text{暗纹} \\ \pm(2k+1)\dfrac{\lambda}{2}, \text{明纹} \end{cases} \quad (k = 1, 2, 3, \cdots)$$

当 $\varphi = 0$,有 $a\sin\varphi = 0$(中央明纹中心)。

式中 k 为衍射级，中央明纹是零级明纹，因所有光线到达中央明纹中心 P_0 点的光程相同，光程差为零[参看图 2-22(a)]，故中央明纹处光强最大。其余明暗条纹以中央明纹为中心两边对称分布，依次是第一级($k=1$)、第二级($k=2$)……

中央明纹的宽度由紧邻中央明纹两侧的暗纹($k=1$)决定。如图 2-22(c)通常衍射角 φ 很小。故 $x \approx \varphi f$，由暗纹条件 $a\sin\varphi = 1 \times \lambda$，得 $\varphi \approx \dfrac{\lambda}{a}$。第一级暗纹距中心 P_0 的距离为 $x_1 = \varphi f = \dfrac{\lambda}{a} f$。

所以中央明纹的宽度 $\Delta x(\text{中央}) = 2x_1 = \dfrac{2\lambda f}{a}$。

【例 2-25】在单缝衍射中，对于第二级暗条纹，每个半波带面积为 S_2，对于第三级暗条纹，每个半波带面积为 S_3 等于(　　)。

A. $\dfrac{2}{3}S_2$　　B. $\dfrac{3}{2}S_2$　　C. S_2　　D. $\dfrac{1}{2}S_2$

解：如图 2-23 所示，由菲涅尔半波带法，在单缝衍射中，缝宽 b 一定，由暗条纹条件，得 $b\sin\varphi = 2k \cdot \dfrac{\lambda}{2}$。对于第二级暗条纹，每个半波带面积为 S_2，它有 4 个半波带，对于第三级暗条纹，每个半波带面积为 S_3，第三级暗纹对应 6 个半波带，$4S_2 = 6S_3$，所以 $S_3 = \dfrac{2}{3}S_2$，故正确的答案是 A。

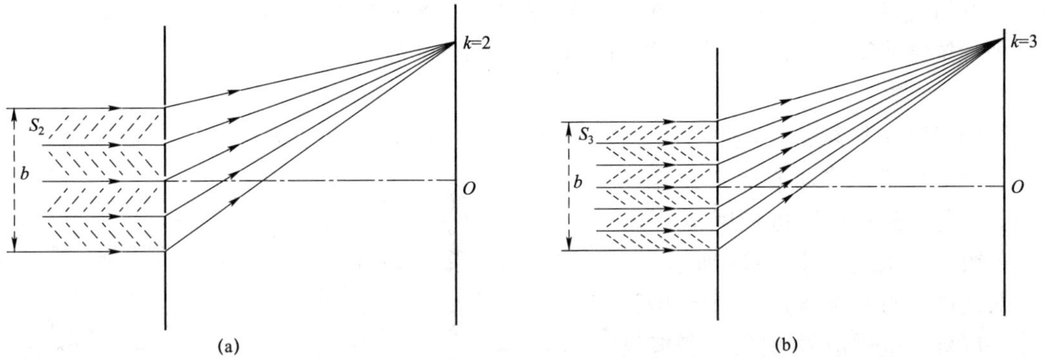

图 2-23　单缝衍射

(a)第二级暗条纹；(b)第三级暗条纹

3. 光学仪器的分辨率

单色平行光垂直入射在小圆孔上，会产生衍射现象，经凸透镜会聚，在位于透镜焦平面的屏幕上出现明暗交替的环纹，中心光斑称为爱里斑，如图 2-24(a)所示。

若入射光波长为 λ，圆孔直径为 D，透镜焦距为 f，爱里斑直径为 d，如图 2-24(a)所示，爱里斑对透镜光心张角 2θ 为

$$2\theta = \frac{d}{f} = 2.44\frac{\lambda}{D}$$

光学仪器中的透镜、光阑都相当于一个透光的小圆孔，从几何光学的观点来看，每一物点通过光学仪器成像为一像点。但由于衍射的作用，像点已不是一个几何的点，而是有一定大小

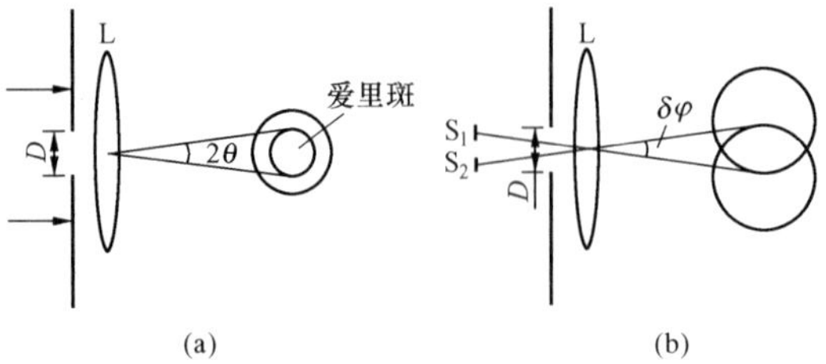

图 2-24　光学仪器分辨率
(a)爱里斑示意图;(b)最小分辨角

的爱里斑。若两个点光源 S_1 和 S_2 相距很近,其相对应的两个爱里斑就会互相重叠甚至无法分辨出是两个物点,如图 2-24(b)所示。

对一个光学仪器来说,如果一个点光源的衍射图样的中央最亮处(爱里斑中心)恰好与另一个点光源的衍射图样的第一个最暗处相重合,如图 2-24(b)所示,这时两个点光源恰好能被仪器分辨(该条件称瑞利准则)。此时,两个点光源的衍射图样的中央最亮处(两个爱里斑的中心)之间的距离为爱里斑的半径,两个点光源对透镜光心的张角为

$$\delta_{\varphi}=1.22\frac{\lambda}{D}$$

式中,δ_{φ} 为最小分辨角。

分辨角 δ_{φ} 越小,说明光学仪器的分辨率越高,常取 $1/\delta_{\varphi}$ 表示光学仪器的分辨本领 R。

$$R=D/1.22\lambda$$

4. 衍射光栅

单缝衍射形成的明条纹尚不够理想,为使明纹本身既窄又亮且相邻明纹分得很开,通常都使用衍射光栅。例如我们在玻璃片上刻画出许多等距离、等宽度的平行直线,刻痕处不透光,而两刻痕间可以透光,相当于一个单缝,这样就构成了透射式平面衍射光栅。由大量等宽等间距的平行狭缝所组成的光学元件称衍射光栅。光栅和棱镜一样是一种分光装置,主要用来形成光谱。

缝的宽度 a 和刻痕(不透光)的宽度 b 之和,即 $a+b$ 称为光栅常数。

一束平行单色光垂直照射在光栅上,光线经过透镜 L 后将在屏幕 E 上呈现各级衍射条纹,如图 2-25 所示。

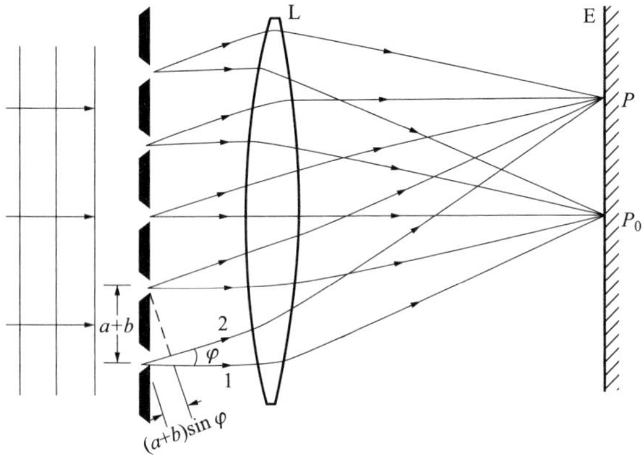

图 2-25　衍射光栅

对光栅中每一条透光缝,由于衍射都将在屏幕上呈现衍射图样,而各缝发出的衍射光都是相干光,所以缝与缝之间的光波相互干涉,光栅衍射条纹是衍射和干涉的总效果。

当衍射角 φ 适合条件 $(a+b)\sin\varphi=\pm k\lambda\ (k=0,1,2,\cdots)$ 时,形成明条纹。显然,光栅上狭缝的条数越多,条纹就越明亮,该明条纹称为光栅的衍射条纹。上式称为光栅公式,式中整数 k 表示明条纹的级数。

一般来说。当 φ 角满足上式时,是合成光强为最大的必要条件,这些明条纹,细窄而明亮,称为主极大。可以证明,各主极大明条纹之间充满大量的暗条纹,当光栅狭缝数很大时,在主极大明条纹之间实际上形成一片黑暗的背景。

光栅的多缝干涉会受到单缝衍射的调制,当多缝干涉的明纹位置与单缝衍射的暗纹位置

重合，就会产生缺级现象。

【例 2-26】在光栅光谱中，假如所有偶数级次的主极大都恰好在透射光栅衍射的暗纹方向上，因而出现缺级现象，那么此光栅每个透光缝宽度 a 和相邻两缝间不透光部分宽度 b 的关系为（　　）。

A. $a=2b$　　B. $b=3a$　　C. $a=b$　　D. $b=2a$

解：光栅衍射是单缝衍射和多缝干涉的和效果，当多缝干涉明纹与单缝衍射暗纹方向相同，将出现缺级现象。

单缝衍射暗纹条件：$a\sin\varphi=k\lambda$

光栅衍射明纹条件：$(a+b)\sin\varphi=k'\lambda$

$\dfrac{a\sin\varphi}{(a+b)\sin\varphi}=\dfrac{k\lambda}{k'\lambda}=\dfrac{1}{2},\dfrac{2}{4},\dfrac{3}{6},\cdots$，则 $2a=a+b$，$a=b$，故答案应选 C。

5. 光谱分析

由式 $(a+b)\sin\varphi=\pm k\lambda$，可知，在给定光栅常数情况下，衍射角 φ 的大小和入射光的波长有关，白光通过光栅后，各单色光将产生相应的各自分开的条纹，形成光栅的衍射光谱。中央明纹（零级）仍为白色，而在中央条纹两侧，对称地排列着第一级第二级等光谱，如图 2-26 所示。

由于不同元素（或化合物）各有自己特定的光谱，所以由谱线的成分可以分析出发光物质所含的元素和化合物，还可以从谱线的强度定量地分析出元素的含量，这种分析方法叫作光谱分析。

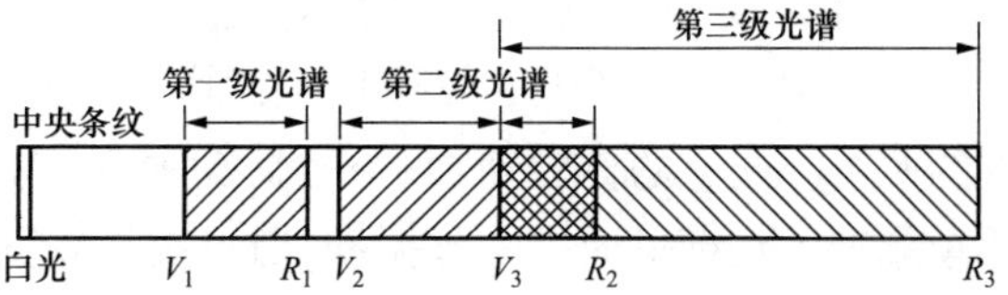

图 2-26　衍射光谱

【例 2-27】用每厘米有 5000 条栅纹的衍射光栅，观察钠光谱线（$\lambda=590$nm），当光线垂直入射时，最多能看到第几级条纹？

解：由光栅公式

$$(a+b)\sin\varphi=\pm k\lambda$$

得

$$k=\frac{a+b}{\lambda}\sin\varphi$$

由题意“最多能看到”，$\sin90°=1$。

又因为每厘米既有 5000 条栅纹，所以栅纹间隔即光栅常数为

$$a+b=\frac{1\times10^{-2}}{5000}\text{m}=2\times10^{-6}\text{m}$$

将上值及 $\lambda=590\text{nm}=590\times10^{-9}\text{m}$ 代入 k 式，并设 $\sin\varphi=1$

$$k=\frac{2\times10^{-6}}{5.9\times10^{-7}}\approx3\text{（注意：}k\text{ 只能取整数）}$$

6. X 射线衍射

X 射线又叫伦琴射线，它是波长极短的电磁波，也具有干涉、衍射现象。

若一束平行单色 X 射线，以掠射角 φ 射向晶体，晶体中各原子都成为向各方向散射子波的波源，各层间的散射线相互叠加产生干涉现象。

如图 2-27 所示，设各原子层之间的距离为 d（称为晶格常数），则被相邻上、下两原子层散

射的 X 射线的光程差满足

$$2d\sin\varphi = k\lambda\ (k = 0,1,2,3,\cdots) \tag{2-14}$$

时，各原子层的反射线都相互加强，光强极大。式(2-14)即为布拉格公式。

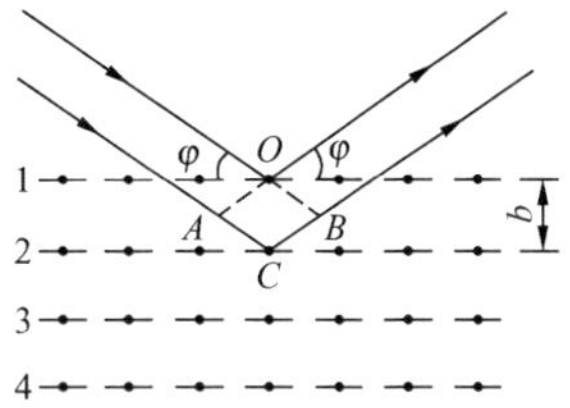

图 2-27　X 射线衍射

2.3.4　光的偏振

1. 自然光和偏振光

光波是原子内部发出的电磁波，光振动矢量 $\boldsymbol{E}$ 与光传播的方向垂直。由于原子、分子发光的间歇性和独立性，不同的原子或分子在同一时刻发出的光波，其频率、振动方向、相位都不同。所以，光在与传播方向垂直的平面上，没有一个方向较其他方向更占优势。具有这种特征的光，称为自然光，如图 2-28(a)所示。自然光的光振动矢量 $\boldsymbol{E}$，在所有可能的方向上，振幅都可看作完全相等。

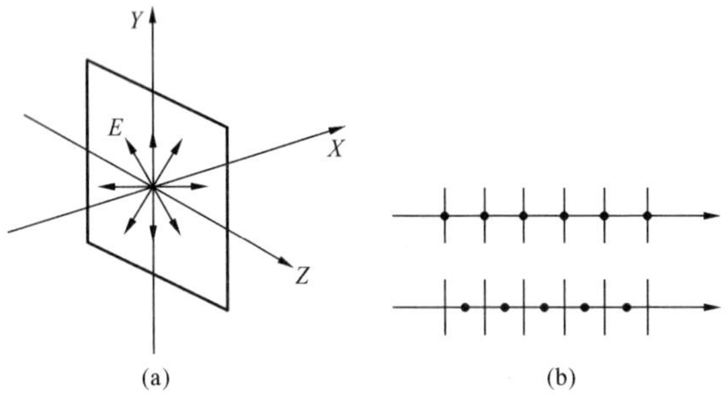

图 2-28　自然光示意图及表示方法

(a) 自然光示意图；(b) 自然光的表示方法

光振动矢量 $\boldsymbol{E}$ 在一固定平面内只沿一固定方向振动称为线偏振光或平面偏振光。

自然光的光振动矢量 $\boldsymbol{E}$，可分解为相互垂直的两个方向上的分振动，两个分振动独立且振幅相等，如图 2-28(b)所示，与传播方向垂直的短线表示在纸平面内的分振动，黑点表示垂直于纸平面的分振动。对于自然光，黑点和短线均等分布。

线偏振光传播方向与振动方向构成的平面叫振动面。由于线偏振光的 $\boldsymbol{E}$ 总在振动面内，故线偏振光又称为平面偏振光(全偏振光)，如图 2-29(a)(b)所示。

若光振动矢量 $\boldsymbol{E}$ 可取任意方向，但在各方向上的振幅不同，这种光叫部分偏振光，如图 2-29(c)(d)所示。

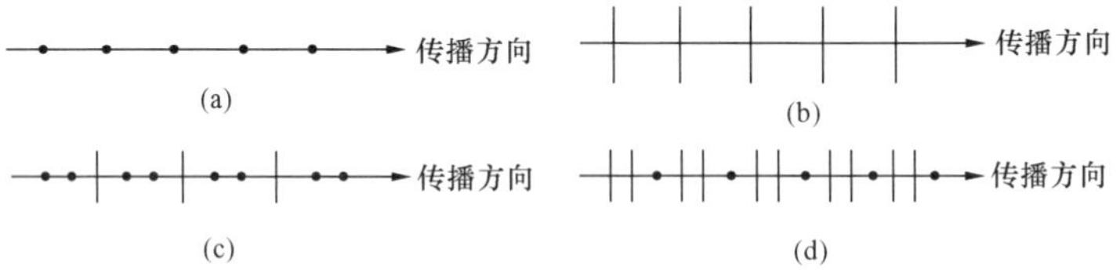

图 2-29　全偏振光和部分偏振光示意图

(a)全偏振光(E 矢量振动方向垂直纸面)；(b)全偏振光(E 矢量振动方向在纸面内)；(c)部分偏振光(垂直纸面的光振动较强)；(d)部分偏振光(在纸面内的光振动较强)

2. 起偏和检偏及马吕斯定律

(1) 偏振片的起偏和检偏：使自然光转变成振光称为起偏，能使自然光变成偏振光的装置叫起偏振器。

现在广泛应用的偏振片，是利用某种具有二向色性的物质的透明薄片制成的。当自然光通过偏振片上的晶体薄层时，某一方向的光振动被吸收，而让与该方向垂直的光振动通过，从而获得偏振光。

偏振片也可用来检验光的偏振性,即起偏振器也可作为检偏振器使用,如图 2-30 所示,让一束线偏振光射到偏振片 B 上,以光线传播方向为轴旋转偏振片,就会看到通过偏振片的线偏振光的光强由最亮逐渐变到黑暗;继续旋转,又由黑暗逐渐变到最亮。如果让自然光射到偏振片上,则无此现象。因此,偏振片 B 就是一个检偏振器,可以检查入射光是否为线偏振光。

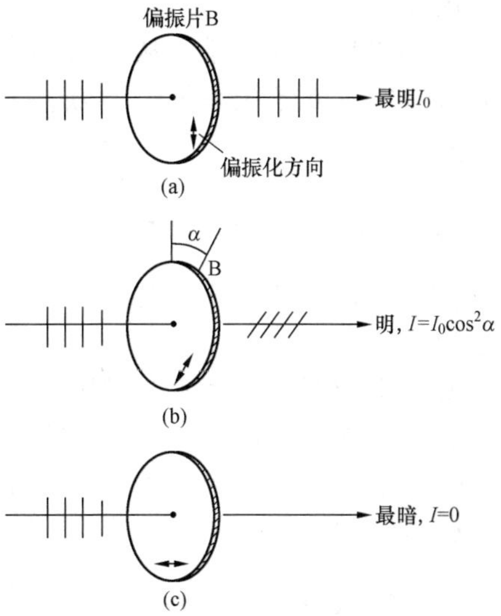

图 2-30　线偏振光透过检偏器后光强的变化

(a) $\alpha=0$;(b) $0<\alpha<90°$;(c) $\alpha=90°$

(2) 马吕斯定律:如图 2-30 所示,线偏振光投射到偏振片上后,只有与偏振片偏振化方向相同的光振动才能通过偏振片。

若入射线偏振光的光强为 I_0,线偏振光振动方向与检偏器偏振化方向之间的夹角为 α,透过检偏器后,透射光强(不计检偏器对光的吸收)为 I,则

$$I = I_0\cos^2\alpha \qquad (2\text{-}15)$$

式(2-15)即为马吕斯定律。

当 $\alpha=0°$或 $\alpha=180°$时,$I=I$,透射光强最大;当$\alpha=90°$ 或 $\alpha=270°$时,$I=0°$,透射光强最小。注意,自然光通过偏振片后光强减半。

3. 布儒斯特定律

当自然光入射到折射率分别为 n_1 和 n_2 的两种介质的分界面上时,反射光和折射光都是部分偏振光。如图 2-31(a)所示,i 为入射角,γ 为折射角。在分界面上反射的反射光为垂直于入射面的光振动较强的部分偏振光,折射光为平行于入射面的光振动较强的部分偏振光。

入射角 i 改变时,反射光的偏振化程度也随之改变,当入射角增大至某一特定值 i_0 时,反射光为垂直入射面的线偏振光,折射光仍为部分偏振光,如图2-31(b)所示,其中 i_0 称为布儒斯特角。

$$i_0 = \arctan\frac{n_2}{n_1}$$

上式即为布儒斯特定律的数学表达式,式中 n_1、n_2 为介质的折射率。

根据折射定律,入射角 i_0 与折射角 γ_0 的关系为

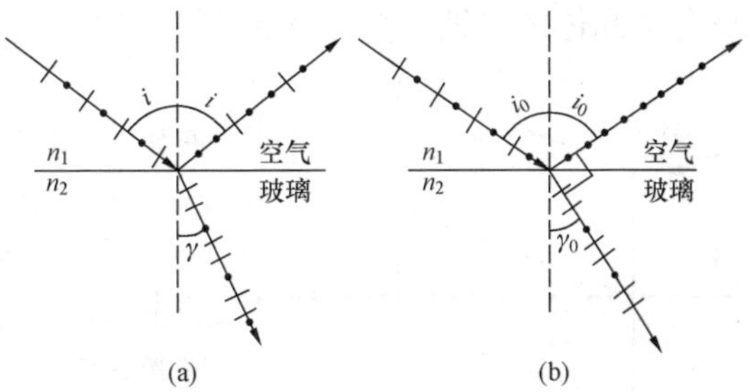

图 2-31　反射和折射时的偏振现象

(a)自然光经反射和折射后产生部分偏振光;

(b)入射角为布儒斯特角时反射光为线偏振光

$$i_0 + \gamma_0 = \pi/2$$

【例 2-28】 P_1、P_2 为偏振化方向相互平行的两个偏振片,光强为 I_0 的自然光依次垂直入射到 P_1、P_2 上,则通过 P_2 的光强为(　　)。

A. I_0　　B. $2I_0$　　C. $I_0/2$　　D. $I_0/4$

解:根据马吕斯定律,自然光通过偏振片 P_1 光强衰减一半,即 $I=\frac{1}{2}I_0\cos^2 0°=\frac{1}{2}I_0$,故答

案应选 C。

【例 2-29】一束自然光从空气投射到玻璃板表面上，当折射角为 30°时，反射光为完全偏振光，则此玻璃的折射率为(　　)。

A. 2　　B. 3　　C. $\sqrt{2}$　　D. $\sqrt{3}$

解：由布儒斯特定律折射角为 30°时，入射角为 60°。$\tan 60° = \frac{n_2}{n_1} = \sqrt{3}$，故答案应选 D。

【例 2-30】在双缝干涉实验中，用单色自然光，在屏上形成干涉条纹。若在两缝后放一个偏振片，则(　　)。

A. 干涉条纹的间距不变，但明纹的亮度加强

B. 干涉条纹的间距不变，但明纹的亮度减弱

C. 干涉条纹的间距变窄，且明纹的亮度减弱

D. 无干涉条纹

解：此题考核知识点为光的干涉与偏振。双缝干涉条纹间距 $\Delta x = \frac{D}{d}\lambda$，加偏振片不改变波长，故干涉条纹的间距不变，而自然光通过偏振片光强衰减为原来的一半，故明纹的亮度减弱，故答案应选 B。

4. 光的双折射现象

当一束光线进入各向异性的晶体后，沿不同方向折射而分裂成两束光线，这样的现象称为双折射现象。其中一束遵守光的折射光律，称为寻常光线，通常用 o 表示，简称 o 光，另一束不遵守光的折射定律，称为非常光线，通常用 e 表示，简称 e 光。

产生双折射现象的原因在于寻常光线和非常光线在晶体中具有不同的传播速度，寻常光线在晶体中各方向上的传播速度相同，而非常光线的传播速度却随着方向而改变。

在晶体内部有一确定的方向，沿这一方向，寻常光线和非常光线的传播速度相等，这一方向就称为晶体的光轴。光轴表示晶体内的一个方向，在晶体内任何一条与上述光轴方向平行的直线都是光轴。只具有一个光轴方向的晶体，称为单位轴晶体，如方解石、石英等；具有两个光轴方向的晶体，称为双轴晶体，如云母、硫黄等。

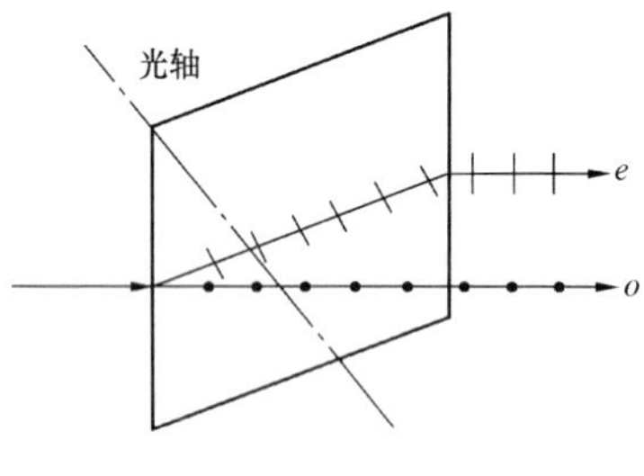

图 2-32　光的双折射

通过光轴并与任一天然晶面相正交的面，称为该晶体的主截面；晶体中任一已知光线和光轴所组成的平面，称为这光线的主平面。寻常光线和非常光线都是线偏振光，寻常光线的振动方向垂直于其主平面，而非常光线的振动方向包含在其主平面内，如图 2-32 所示。

复　习　题

2-1　一个容器内储有 1mol 氢气和 1mol 氦气，若两种气体各自对器壁产生的压强分别为 p_1 和 p_2，则两者的大小关系是(　　)。

A. $p_1 > p_2$　　B. $p_1 < p_2$　　C. $p_1 = p_2$　　D. 不确定的

2-2　若理想气体的体积为 V，压强为 p，温度为 T，一个分子的质量为 m，k 为玻耳兹曼常数，R 为摩尔气体常量，则该理想气体的分子数为(　　)。

A. pV/m　　B. $pV/(kT)$　　C. $pV/(RT)$　　D. $pV/(mT)$

2-3　两瓶理想气体 A 和 B，A 为 1mol 氧气（O_2），B 为 1mol 甲烷（CH_4），它们的内能相同。那么它们分子的平均平动动能之比 $\overline{\omega}_A:\overline{\omega}_B$ =（　　）。

A. 1 : 1　　B. 2 : 3　　C. 4 : 5　　D. 6 : 5

2-4　在标准状况下，当氢气和氦气的压强与体积都相等时，氢气和氦气的内能之比为（　　）。

A. $\frac{5}{3}$　　B. $\frac{3}{5}$　　C. $\frac{1}{2}$　　D. $\frac{3}{2}$

2-5　温度、压强相同的氦气和氧气，它们分子的平均平动动能 $\overline{\omega}$ 和平均动能 $\overline{\varepsilon}$ 有如下关系（　　）。

A. $\overline{\omega}$ 和 $\overline{\varepsilon}$ 都相等　　B. $\overline{\varepsilon}$ 不相等，$\overline{\omega}$ 相等

C. $\overline{\varepsilon}$ 相等，而 $\overline{\omega}$ 不相等　　D. $\overline{\omega}$ 和 $\overline{\varepsilon}$ 都不相等

2-6　一容器内储有某种理想气体，如果容器漏气，则容器内气体分子的平均平动动能和气体内能的变化情况是（　　）。

A. 分子的平均平动动能和气体的内能都减少

B. 分子的平均平动动能不变，但气体的内能减少

C. 分子的平均平动动能减少，但气体的内能不变

D. 分子的平均平动动能和气体的内能都不变

2-7　在麦克斯韦速率分布律中，速率分布函数 $f(v)$ 的物理意义可理解为（　　）。

A. 具有速率 v 的分子占总分子数的百分比

B. 速率分布在 v 附近的单位速率区间中的分子数占总分子数的百分比

C. 具有速率 v 的分子数

D. 速率分布在 v 附近的单位速率区间中的分子数

2-8　具有相同温度的氧气和氢气的分子平均速率之比 $\frac{\overline{v}_{O_2}}{\overline{v}_{H_2}}$ 为（　　）。

A. 1　　B. $\frac{1}{2}$　　C. $\frac{1}{3}$　　D. $\frac{1}{4}$

2-9　麦克斯韦速率分布曲线如图 2-33 所示，图中 A、B 两部分面积相等，则该图表示的是（　　）。

A. v_0 为最可几速率（最概然速率）

B. v_0 为平均速率

C. v_0 为方均根速率

D. 速率大于和小于 v_0 的分子数各占一半

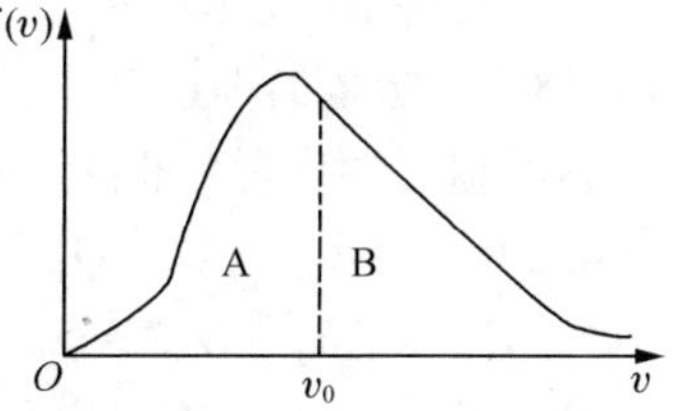

图 2-33　题 2-9 图

2-10　如图 2-34 所示的两条 $f(v)-v$ 曲线分别表示氢气和氧气在同一温度下的麦克斯韦速率分布曲线，由图上数据可得，氧气（O_2）分子的最可几速率（最概然速率）为（　　）m/s。

A. 2000　　B. 1500　　C. 1000　　D. 800　　E. 500

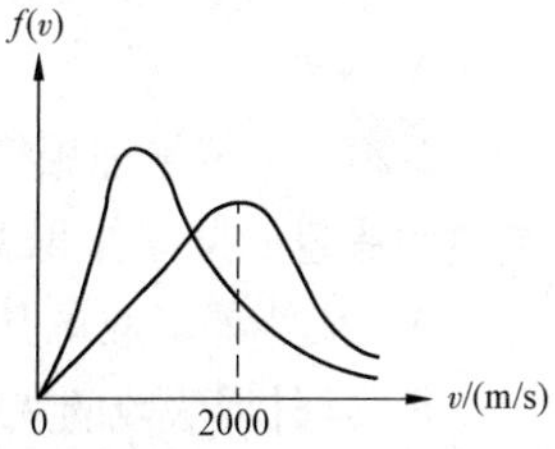

图 2-34　题 2-10 图

2-11　三个容器 A、B、C 中装有同种理想气体，它们的分子数密度之比为 $n_A:n_B:n_C=4:2:1$，而分子的方均根速率之比为 $\sqrt{\overline{v_A^2}}$:

$\sqrt{\overline{v_B^2}}:\sqrt{\overline{v_C^2}}=1:2:4$，则其压强之比 $p_A:p_B:p_C$ 为(　　)。

A. 1:2:4　　B. 4:2:1　　C. 1:4:16　　D. 1:4:8

2-12　一密闭容器中盛有 1mol 氦气(视为理想气体)，容器中分子无规则运动的平均自由程仅决定于(　　)。

A. 压强 p　　B. 体积 V　　C. 温度 T　　D. 平均碰撞频率 $\overline{Z}$

2-13　一定量理想气体，从状态 A 开始，分别经历等压、等温、绝热三种过程(AB、AC、AD)，其容积由 V_1 都膨胀到 $2V_1$，其中(　　)。

A. 气体内能增加的是等压过程，气体内能减少的是等温过程

B. 气体内能增加的是绝热过程，气体内能减少的是等压过程

C. 气体内能增加的是等压过程，气体内能减少的是绝热过程

D. 气体内能增加的是绝热过程，气体内能减少的是等温过程

2-14　设一理想气体系统的摩尔定压热容为 $C_{p,\mathrm{m}}$，摩尔定容热容为 $C_{V,\mathrm{m}}$，R 表示摩尔气体常数，i 表示该气体分子的自由度，则(　　)。

A. $C_{V,\mathrm{m}}-C_{p,\mathrm{m}}=R$　　B. $C_{p,\mathrm{m}}-C_{V,\mathrm{m}}=R$

C. $C_{p,\mathrm{m}}-C_{V,\mathrm{m}}=2R$　　D. $\dfrac{C_{p,\mathrm{m}}}{C_{V,\mathrm{m}}}=\dfrac{i}{i+2}$

2-15　一定量的理想气体，由一平衡态(p_1,V_1,T_1)变化到另一平衡态(p_2,V_2,T_2)，若 $V_2>V_1$，但 $T_2=T_1$，无论气体经历怎样的过程(　　)。

A. 气体对外做的功一定为正值　　B. 气体对外做的功一定为负值

C. 气体的内能一定增加　　D. 气体的内能保持不变

2-16　相同质量的氢气与氧气分别装在两个容积相同的封闭容器内，温度相同，氢气与氧气压强之比为(　　)。

A. 1/16　　B. 16/1　　C. 1/8　　D. 8/1

2-17　气体做等压膨胀，则(　　)。

A. 温度升高，气体对外做正功　　B. 温度升高，气体对外做负功

C. 温度降低，气体对外做正功　　D. 温度降低，气体对外做负功

2-18　一定量的理想气体，经过等体过程，温度增量 ΔT，内能变化 ΔE_1，吸收热量 Q_1；若经过等压过程，温度增量也为 ΔT，内能变化 ΔE_2，吸收热量 Q_2，则一定是(　　)。

A. $\Delta E_2=\Delta E_1$，$Q_2>Q_1$　　B. $\Delta E_2=\Delta E_1$，$Q_2<Q_1$

C. $\Delta E_2>\Delta E_1$，$Q_2>Q_1$　　D. $\Delta E_2<\Delta E_1$，$Q_2<Q_1$

2-19　一个气缸内有一定量的单原子分子理想气体，在压缩过程中外界做功 209J，此过程中气体的内能增加 120J，则外界传给气体的热量为(　　)J。

A. −89　　B. 89　　C. 329　　D. 0

2-20　一定量理想气体先经等温压缩到给定体积 V，此过程中外界对气体做功 $|A_1|$；后又经绝热膨胀返回原来体积 V，此过程中气体对外做功 $|A_2|$。则整个过程中气体(　　)。

A. 从外界吸收的热量 $Q=|A_1|$，内能增加了 $|A_2|$

B. 从外界吸收的热量 $Q=-|A_1|$，内能增加了 $-|A_2|$

C. 从外界吸收的热量 $Q=|A_2|$，内能增加了 $|A_1|$

D. 从外界吸收的热量 $Q = -|A_2|$，内能增加了 $-|A_1|$

2-21　如图 2-35 所示，一定量的理想气体经历 acb 过程时吸热 500J，则经历 $acbda$ 过程时，吸热为(　　)J。

A. −1600　　B. −1200　　C. −900　　D. −700

2-22　一定量的理想气体，由初态 a 经历 acb 过程到达终态 b(图 2-36)，已知 a、b 两状态处于同一条绝热线上，则(　　)。

A. 内能增量为正，对外做功为正，系统吸热为正

B. 内能增量为负，对外做功为正，系统吸热为正

C. 内能增量为负，对外做功为正，系统吸热为负

D. 不能判断

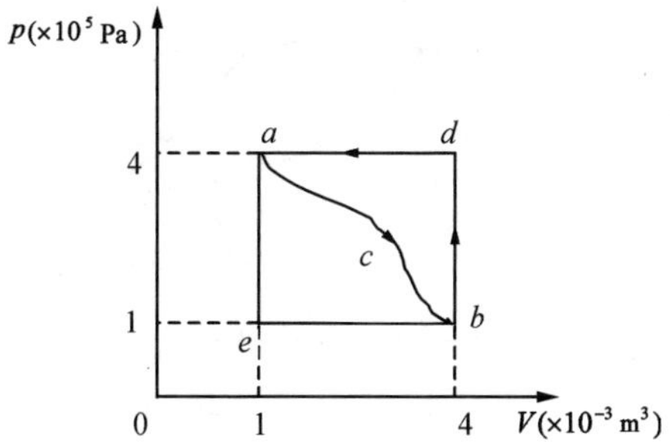

图 2-35　题 2-21 图

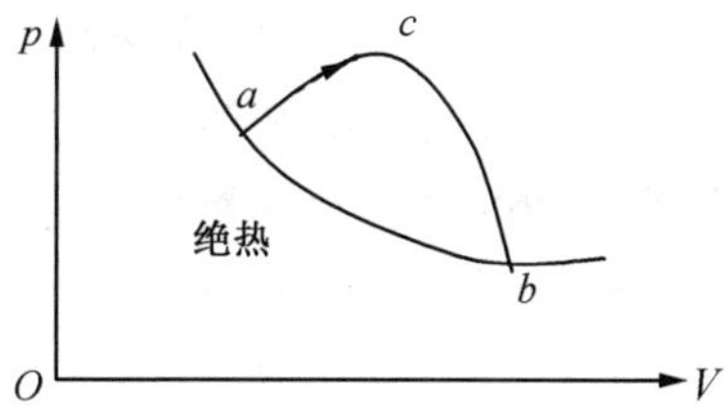

图 2-36　题 2-22 图

2-23　如图 2-37 所示，一绝热密闭的容器，用隔板分成相等的两部分，左边盛有一定量的理想气体，压强为 p_0，右边为真空，今将隔板抽去，气体自由膨胀，当气体达到平衡时，气体的压强是(　　)。

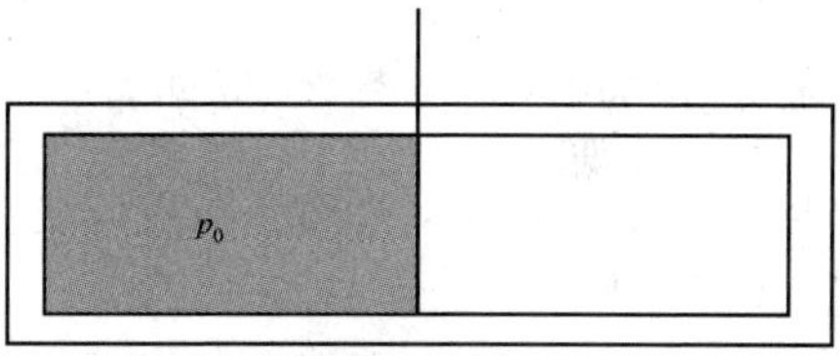

图 2-37　题 2-23 图

A. $\dfrac{p_0}{2}$　　B. p_0　　C. $\dfrac{p_0}{2^\gamma}$　　D. $2^\gamma p_0\left(\gamma = \dfrac{c_p}{c_V}\right)$

2-24　一定量的理想气体沿 $a \to b \to c$ 变化时做功 $A_{abc} = 610J$，气体在 a，c 两状态的内能差 $E_a - E_c = 500J$。如图 2-38 所示，设气体循环一周所做净功为 $|A|$，bc 过程向外放热为 Q，则(　　)。

A. $|A| = 110J, Q = -500J$

B. $|A| = 500J, Q = 110J$

C. $|A| = 610J, Q = -500J$

D. $|A| = 110J, Q = 0J$

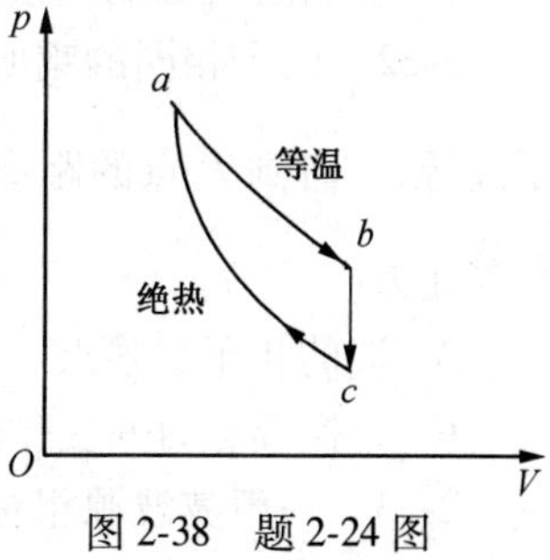

图 2-38　题 2-24 图

2-25　在标准状态下，即压强 $p_0 = 1atm(1atm = 1.01\times10^5 Pa)$，温度 $T = 273.15K$，1mol 任何理想气体的体积均为(　　)。

A. 22.4L　　B. 2.24L　　C. 224L　　D. 0.224L

2-26 理想气体经过等温膨胀过程,其平均自由程 $\overline{\lambda}$ 和平均碰撞次数 $\overline{Z}$ 的变化是(　　)。

A. $\overline{\lambda}$ 变大,$\overline{Z}$变大　　B. $\overline{\lambda}$ 变大,$\overline{Z}$ 变小

C. $\overline{\lambda}$ 变小,$\overline{Z}$ 变大　　D. $\overline{\lambda}$ 变小,$\overline{Z}$ 变小

2-27 在一热力学过程中,系统内能的减少量全部成为传给外界的热量,此过程一定是(　　)。

A. 等体升温过程　　B. 等体降温过程

C. 等压膨胀过程　　D. 等压压缩过程

2-28 理想气体卡诺循环过程的两条绝热线下的面积大小(图 2-39 中阴影部分)分别为 S_1 和 S_2,则二者的大小关系是(　　)。

A. $S_1>S_2$　　B. $S_1=S_2$

C. $S_1<S_2$　　D. 无法确定

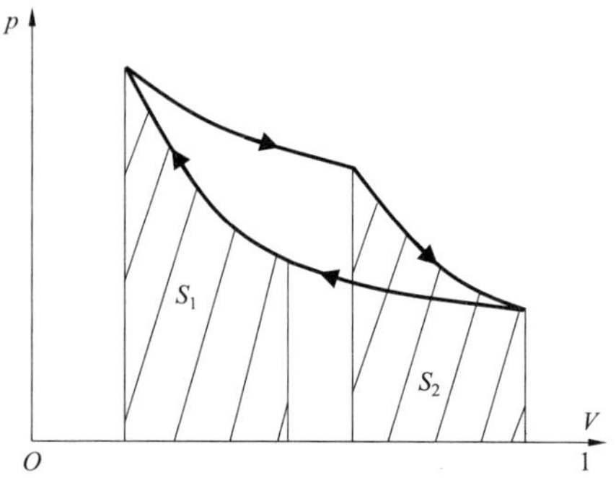

图 2-39　题 2-28 图

2-29 一热机在一次循环中吸热 1.68×10^2J,向冷源放热 1.26×10^2J,该热机效率为(　　)。

A. 25%　　B. 40%

C. 60%　　D. 75%

2-30 若一平面简谐波的波动方程为 $y=A\cos(Bt-Cx)$,式中 A、B、C 为正值恒量,则(　　)。

A. 波速为 C　　B. 周期为$\frac{1}{B}$　　C. 波长为$\frac{2\pi}{C}$　　D. 角频率为$\frac{2\pi}{B}$

2-31 图 2-40 为一平面简谐机械波在 t 时刻的波形曲线,若此时 A 点处媒质质元的振动动能在增大,则(　　)。

A. A 点处质元的弹性势能在减小

B. 波沿 x 轴负方向传播

C. B 点处质元振动动能在减小

D. 各点的波的能量密度都不随时间变化

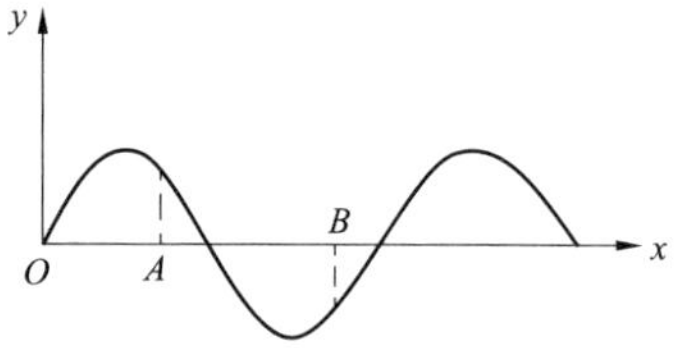

图 2-40　题 2-31 图

2-32 两个相同的喇叭接在同一播音器上,它们是相干波源,二者到 P 点的距离之差为$\frac{\lambda}{2}$(λ 是声波波长),则 P 点处为(　　)。

A. 波的相干加强点　　B. 波的相干减弱点

C. 合振幅随时间变化的点　　D. 合振幅无法确定的点

2-33 一声波波源相对媒质不动,发出的声波频率是 ν_0。设以观察者的运动速度为波速的$\frac{1}{2}$,当观察者远离波源运动时,他接收到的声波频率是(　　)。

A. ν_0　　B. $2\nu_0$　　C. $\frac{1}{2}\nu_0$　　D. $\frac{3}{2}\nu_0$

2-34　当一束单色光通过折射率不同的两种媒质时，光的(　　)。

A. 频率不变，波长不变　　B. 频率不变，波长改变

C. 频率改变，波长不变　　D. 频率改变，波长改变

2-35　在单缝衍射中，若单缝处的波面恰好被分成偶数个半波带，在相邻半波带上任何两个对应点所发出的光，在暗条纹处的相位差为(　　)。

A. π　　B. 2π　　C. $\pi/2$　　D. $3\pi/2$

2-36　一束平行单色光垂直入射在光栅上，当光栅常数($a+b$)为下列哪种情况时(a 代表每条缝的宽度)，$k=3,6,9,\cdots$级次的主极大均不出现？(　　)

A. $a+b=2a$　　B. $a+b=3a$　　C. $a+b=4a$　　D. $a+b=6a$

2-37　一平面简谐波沿 x 轴正向传播，已知 $x=-5\text{m}$ 处质点的振动方程为 $y=A\cos\pi t$，波速为 $u=4\text{m/s}$，则波动方程为(　　)。

A. $y=A\cos\pi[t-(x-5)/4]$　　B. $y=A\cos\pi[t-(x+5)/4]$

C. $y=A\cos\pi[t+(x+5)/4]$　　D. $y=A\cos\pi[t+(x-5)/4]$

2-38　一振幅为 A，周期为 T，波长 λ 的平面简谐波沿 x 轴负向传播，在 $x=\lambda/2$ 处，$t=T/4$ 时，振动相位为 π，则此平面简谐波的波动方程为(　　)。

A. $y=A\cos\left(\frac{2\pi t}{T}-\frac{2\pi x}{\lambda}-\frac{\pi}{2}\right)$　　B. $y=A\cos\left(\frac{2\pi t}{T}+\frac{2\pi x}{\lambda}+\frac{\pi}{2}\right)$

C. $y=A\cos\left(\frac{2\pi t}{T}+\frac{2\pi x}{\lambda}-\frac{\pi}{2}\right)$　　D. $y=A\cos\left(\frac{2\pi t}{T}-\frac{2\pi x}{\lambda}+\pi\right)$

2-39　一平面谐波沿 x 轴正方向传播，振幅 $A=0.02\text{m}$，周期 $T=0.5\text{s}$，波长 $\lambda=100\text{m}$，原点处质元的初相位 $\varphi=0$，则波动方程的表达式为(　　)。

A. $y=0.02\cos2\pi\left(\frac{t}{2}-0.01x\right)$ (SI)　　B. $y=0.02\cos2\pi(2t-0.01x)$ (SI)

C. $y=0.02\cos2\pi\left(\frac{t}{2}-100x\right)$ (SI)　　D. $y=0.02\cos2\pi(2t-100x)$ (SI)

2-40　一平面谐波的波动方程为 $y=2\times10^{-2}\cos2\pi\left(10t-\frac{x}{5}\right)$ (SI)。$t=0.25\text{s}$ 时处于平衡位置，且与坐标原点 $x=0$ 最近的质元位置是(　　)。

A. $\pm5\text{m}$　　B. 5m　　C. $\pm1.25\text{m}$　　D. 1.25m

2-41　在简谐波传播过程中，沿传播方向相距 $\frac{\lambda}{2}$(λ 为波长)的两点的振动速度必定(　　)。

A. 大小相同，而方向相反　　B. 大小和方向均相同

C. 大小不同，方向相同　　D. 大小不同，而方向相反

2-42　图 2-41 为一平面简谐机械波在 t 时刻的波形曲线，若此时 A 点处媒质质元的弹性势能在减小，则(　　)。

A. A 点处质元的振动动能在减小

B. A 点处质元的振动动能在增加

C. B 点处质元的振动动能在增加

D. B 点处质元正向平衡位置处运动

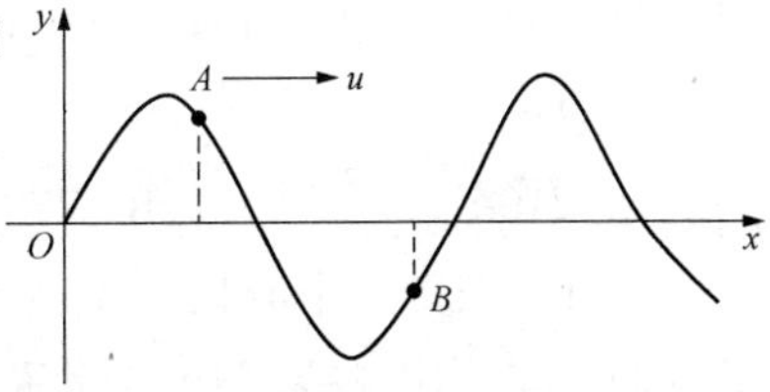

图 2-41　题 2-42 图

2-43　当机械波在媒质中传播，一媒质质元的最大形变量发生在(　　)。

A. 媒质质元离开其平衡位置的最大位移处

B. 媒质质元离开其平衡位置的$\frac{\sqrt{2}}{2}A$处(A为振幅)

C. 媒质质元离开其平衡位置的$\frac{A}{2}$处

D. 媒质质元在其平衡位置处

2-44　一平面简谐机械波在媒质中传播时，若一媒质质元在t时刻波的能量是10J，则在$(t+T)$(T为波的周期)时刻该媒质质元的振动动能是(　　)。

A. 15J　　B. 10J　　C. 5J　　D. 0

2-45　一平面简谐波在弹性介质中传播，在介质质元从最大位移处回到平衡位置的过程中，(　　)。

A. 它的势能转换为动能

B. 它的动能转换为势能

C. 它从相邻一段介质元获得能量，其能量逐渐增加

D. 它把自己的能量传给相邻的一段介质元，其能量逐渐减少

2-46　横波以波速u沿x轴负方向传播，t时刻波形曲线如图2-42所示，则该时刻(　　)。

A. A点振动速度大于零

B. B点静止

C. C点相下运动

D. D点振动速度小于0

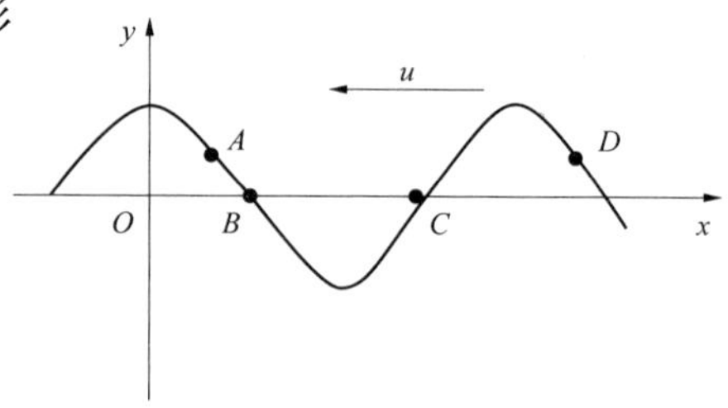

图2-42　题2-46图

2-47　两列相干平面简谐波振幅都是4cm，两波源相距30cm，相位差为π，在波源连线的中垂线上任意一点P，两列波叠加后的合振幅为(　　)cm。

A. 8　　B. 16　　C. 30　　D. 0

2-48　在驻波中，两个相邻波节间各质点的振动(　　)。

A. 振幅相同，相位相同　　B. 振幅不同，相位相同

C. 振幅相同，相位不同　　D. 振幅不同，相位不同

2-49　在波长为λ的驻波中两个相邻波节之间的距离为(　　)。

A. λ　　B. $\lambda/2$　　C. $3\lambda/4$　　D. $\lambda/4$

2-50　一警车以$v_s=25\text{m/s}$的速度在静止的空气中追赶一辆速度$v_R=15\text{m/s}$的客车，若警车警笛声的频率为800Hz，空气中声速$u=330\text{m/s}$，则客车上人听到的警笛声波的频率是(　　)Hz。

A. 710　　B. 777　　C. 905　　D. 826

2-51　在真空中波长为λ的单色光，在折射率为n的透明介质中从A沿某路径传播到B，若A、B两点相位差为3π，则此路径AB的光程为(　　)。

A. 1.5λ　　B. $1.5n\lambda$　　C. 3λ　　D. $1.5\lambda/n$

2-52　在真空中波长为 λ 的单色光，在折射率为 n 的均匀透明介质中，从 A 点沿某一路径传播到 B 点，如图 2-43 所示，设路径的长度 l。A、B 两点光振动相位差记为 $\Delta\varphi$，则(　　)。

A. $l=3\lambda/2, \Delta\varphi=3\pi$　　B. $l=3\lambda/(2n), \Delta\varphi=3n\pi$

C. $l=3\lambda/(2n), \Delta\varphi=3\pi$　　D. $l=3n\lambda/2, \Delta\varphi=3n\pi$

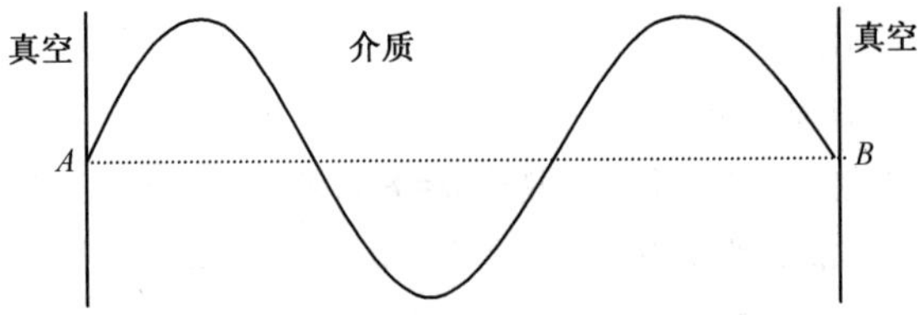

图 2-43　题 2-52 图

2-53　在双缝干涉实验中，设缝是水平的，若双缝所在的平板稍微向上平移，其他条件不变，则屏上的干涉条纹(　　)。

A. 向下平移，且间距不变　　B. 向上平移，且间距不变

C. 不移动，但间距改变　　D. 向上平移，且间距改变

2-54　在双缝干涉实验中，用透明的云母片遮住上面的一条缝，则(　　)。

A. 干涉图样不变　　B. 干涉图样下移

C. 干涉图样上移　　D. 不产生干涉条纹

2-55　在空气中用波长为 λ 的单色光进行双缝干涉实验，观测到相邻明条纹间的间距为 1.33mm，当把实验装置放入水中(水的折射率为 $n=1.33$)时，则相邻明条纹的间距变为(　　)mm。

A. 1.33　　B. 2.66　　C. 1　　D. 2

2-56　一束波长为 λ 的单色光由空气垂直入射到折射率为 n 的透明薄膜上，透明薄膜放在空气中，要使反射光得到干涉加强，则薄膜最小的厚度为(　　)。

A. $\lambda/4$　　B. $\lambda/4n$

C. $\lambda/2$　　D. $\lambda/2n$

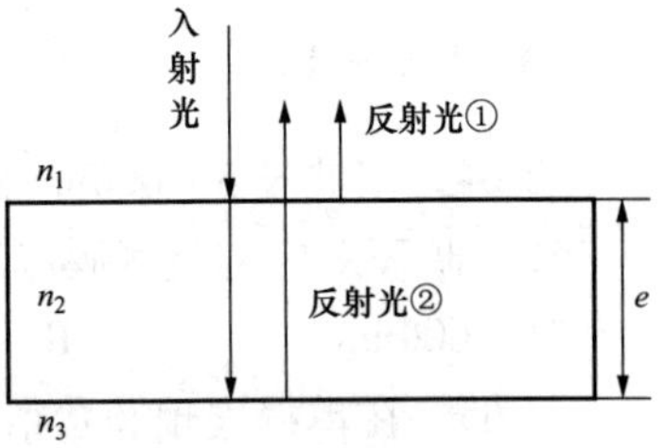

图 2-44　题 2-57 图

2-57　波长为 λ 的单色平行光垂直入射到薄膜上，已知折射率 $n_1<n_2<n_3$，如图 2-44 所示，则从薄膜上、下表面反射的光束①与②的光程差 $\delta=$(　　)。

A. $2n_2e$　　B. $2n_2e+\dfrac{\lambda}{2}$　　C. $2n_2e+\lambda$　　D. $2n_2e+\dfrac{\lambda}{2n_2}$

2-58　两块平玻璃构成空气劈尖，左边为棱边，用单色平行光垂直入射，当劈尖的劈角增大时，各级干涉条纹将(　　)。

A. 向右移，且条纹的间距变大　　B. 向右移，且条纹的间距变小

C. 向左移，且条纹的间距变小　　D. 向左移，且条纹的间距变大

2-59　两块平玻璃构成空气劈尖，左边为棱边，用单色平行光垂直入射，若上面的平玻璃慢慢地向上平移，则干涉条纹(　　)。

A. 向棱边方向平移，条纹间隔变小　　B. 向棱边方向平移，条纹间隔变大

C. 向棱边方向平移,条纹间隔不变　　　　D. 向远离棱边的方向平移,条纹间隔变小

2-60　用波长为 λ 的单色光垂直照射到空气劈尖上,如图 2-45 所示,从反射光中观察干涉条纹,距顶点为 L 处是暗条纹,使劈尖角 θ 连续变大,直到该点处再次出现暗条纹为止,劈尖角的改变量 $\Delta\theta$ 是(　　)。

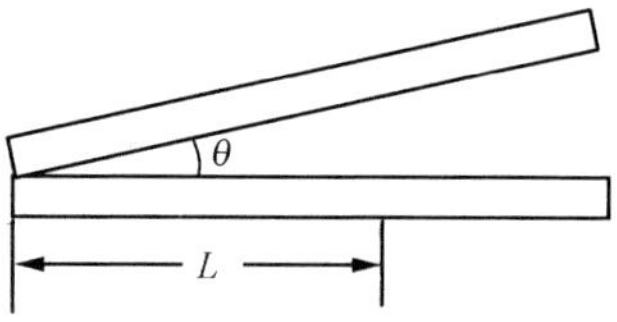

图 2-45　题 2-60 图

A. $\lambda/(2L)$　　B. λ

C. $2\lambda/L$　　D. $\lambda/(4L)$

2-61　有一玻璃劈尖,置于空气中,劈尖角 $\theta=8\times10^{-5}$rad(弧度),用波长 $\lambda=589$nm 的单色光垂直照射此劈尖,测得相邻干涉条纹间距 $l=2.4$mm,此玻璃的折射率为(　　)。

A. 2.86　　B. 1.53　　C. 15.3　　D. 28.6

2-62　用劈尖干涉法可检测工件表面缺陷,当波长为 λ 的单色平行光垂直入射时,若观察到的干涉条纹如图 2-46 所示,每一条纹弯曲部分的顶点恰好与其左边条纹的直线部分的连线相切,则工件表面与条纹弯曲处对应的部分应(　　)。

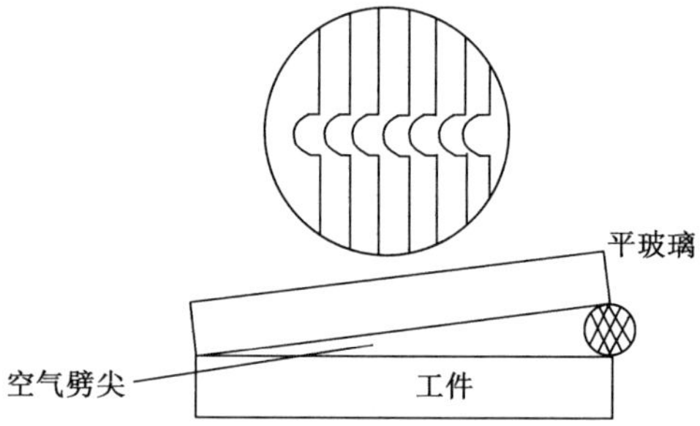

图 2-46　题 2-62 图

A. 凸起,且高度为 $\lambda/4$

B. 凸起,且高度为 $\lambda/2$

C. 凹陷,且深度为 $\lambda/2$

D. 凹陷,且深度为 $\lambda/4$

2-63　在迈克耳逊干涉仪的一条光路中,放入一折射率为 n,厚度为 d 的透明薄片,放入后,这条光路的光程改变了(　　)。

A. $2(n-1)d$　　B. $2nd$　　C. $2(n-1)d+\frac{1}{2}\lambda$　　D. nd

2-64　用波长 $\lambda=600$nm 的单色光垂直照射牛顿环装置时,从中央向外数第四个(不计中央暗斑)暗环对应的空气膜厚度为(　　)。

A. 600nm　　B. 1200nm　　C. 1800nm　　D. 2400nm

2-65　在单缝夫琅和费衍射实验中,波长为 λ 的单色光垂直入射到单缝上,对应于衍射角 $\Phi=30°$ 方向上,若单缝处波阵面可分为 3 个半波带,则缝宽 $a=$(　　)。

A. λ　　B. 1.5λ　　C. 2λ　　D. 3λ

2-66　在单缝的夫琅和费衍射实验中,若将缝宽缩小一半,原来第三级暗纹处将是(　　)。

A. 第一级明纹　　B. 第一级暗纹　　C. 第二级明纹　　D. 第二级暗纹

2-67　在正常照度下,人眼的最小分辨角(对黄绿色光)$\theta_0=2.3\times10^{-4}$rad。两物点放在明视距离 25cm 处,要想能分辨两物点,则两物点应相距(　　)cm。

A. 0.005 8　　B. 0.011 6　　C. 25　　D. 20

2-68　一衍射光栅对某一定波长的垂直入射光,在屏幕上只能出现零级和一级主极大,欲使屏幕上出现更高级次的主极大,应该(　　)。

A. 换一个光栅常数较小的光栅　　B. 换一个光栅常数较大的光栅

C. 将光栅向靠近屏幕的方向移动　　　　D. 将光栅向远离屏幕的方向移动

2-69　波长 $\lambda=550\text{nm}(1\text{nm}=10^{-9}\text{m})$ 的单色光垂直入射于光栅常数 $2\times10^{-4}\text{cm}$ 的平面衍射光栅上，可能观察到的光谱线的最大级次为（　　）。

A. 2　　B. 3　　C. 4　　D. 5

2-70　某单色光垂直入射到一个每一毫米有 800 条刻痕线的光栅上，如果第一级谱线的衍射角为 30°，则入射光的波长应为（　　）。

A. 0.625μm　　B. 1.25μm　　C. 2.5μm　　D. 5μm

2-71　使一光强为 I_0 的平面偏振光先后通过两个偏振片 P_1 和 P_2，P_1 和 P_2 的偏振化方向与原入射光光矢量振动方向的夹角分别是 α 和 90°，则通过这两个偏振片后的光强是（　　）。

A. $\frac{1}{2}I_0(\cos\alpha)^2$　　B. 0　　C. $\frac{1}{4}I_0\sin^2(2\alpha)$　　D. $\frac{1}{4}I_0(\sin\alpha)^2$

2-72　一束光是自然光和线偏振光的混合光，让它垂直通过一偏振片，若以此入射光束为轴旋转偏振片，测得透射光强最大值是最小值的 5 倍，那么入射光束中自然光与线偏振光的光强比值为（　　）。

A. 1∶2　　B. 1∶5　　C. 1∶3　　D. 2∶3

2-73　自然光以布儒斯特角由空气入射到一玻璃表面上，反射光是（　　）。

A. 在入射面内振动的完全偏振光

B. 平行于入射面的振动占优势的部分偏振光

C. 垂直于入射面振动的完全偏振光

D. 垂直于入射面的振动占优势的部分偏振光

2-74　一束自然光从空气投射到玻璃板表面上，当折射角为 30°时，反射光为完全偏振光，则此玻璃的折射率为（　　）。

A. $\frac{\sqrt{3}}{2}$　　B. $\frac{1}{2}$　　C. $\frac{\sqrt{3}}{3}$　　D. $\sqrt{3}$

2-75　*ABCD* 为一块方解石的一个截面，*AB* 为垂直于纸面的晶体平面与纸面的交线，光轴方向在纸面内且与 *AB* 成一锐角 θ，如图 2-47 所示，一束平行的单色自然光垂直于 *AB* 端面入射，在方解石内折射光分解为 o 光和 e 光，o 光和 e 光的（　　）。

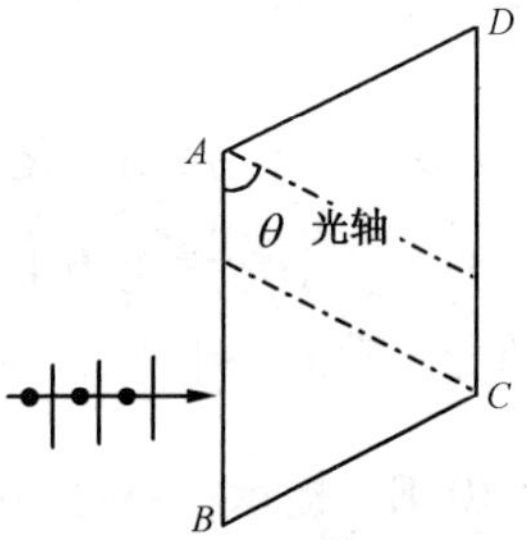

图 2-47　题 2-75 图

A. 传播方向相同，电场强度的振动方向互相垂直

B. 传播方向相同，电场强度的振动方向不互相垂直

C. 传播方向不同，电场强度的振动方向互相垂直

D. 传播方向不同，电场强度的振动方向不互相垂直

复习题答案与提示

2-1 C　提示：由 $pV=\frac{m}{M}RT$，今两气体共存于同一容器中，$V_1=V_2$，$T_1=T_2$ 且 $\frac{m}{M}=1\text{mol}$，故 $p_1=p_2$。

2-2 B　提示：$p = nkT$，$n = N$(分子数)/V(体积)。

2-3 D　提示：由 $E(O_2)=\frac{5}{2}RT_A$ 及 $E(CH_4)=\frac{6}{2}RT_B$，今 $\frac{5}{2}RT_A = 3RT_B$，由此得 $\frac{T_A}{T_B}=\frac{6}{5}$。因分子的平均平动动能 $\overline{\omega}=\frac{3}{2}kT$，故 $\frac{\overline{\omega}_A}{\overline{\omega}_B}=\frac{\frac{3}{2}kT_A}{\frac{3}{2}kT_B}=\frac{6}{5}$。

2-4 A　提示：由 $E=\frac{m}{M}\cdot\frac{i}{2}RT=\frac{i}{2}pV$，注意到氢为双原子分子，氦为单原子分子，即 $i(H_2)=5$，$i(He)=3$，又 $p(H_2)=p(He)$，$V(H_2)=V(He)$，故 $\frac{E(H_2)}{E(He)}=\frac{i(H_2)}{i(He)}=\frac{5}{3}$。

2-5 B　提示：①由 $\overline{\omega}=\frac{3}{2}kT$，若温度相同，则分子的平均平动动能相同。②分子的平均动能=平均(平动动能+转动动能) $\overline{\varepsilon}=\frac{i}{2}kT$。$i$ 为分子自由度，今 $i(He)=3$，$i(N_2)=5$，故氦分子和氮分子的平均动能 $\overline{\varepsilon}$ 不同。

2-6 B　提示：$\overline{\omega}=\frac{3}{2}kT$，$E=\frac{m}{M}\frac{i}{2}RT$，漏气即 m 减少，则内能减少。

2-7 B　提示：麦克斯韦速率分布函数的定义。

2-8 D　提示：气体分子运动的平均速率 $\bar{v}=\sqrt{\frac{8RT}{\pi M}}$，氧气的摩尔质量 $M_{O_2}=32\text{g}$，氢气的摩尔质量 $M_{H_2}=2\text{g}$，故相同温度的氧气和氢气的分子平均速率之比 $\frac{\bar{v}_{O_2}}{\bar{v}_{H_2}}=\sqrt{\frac{M_{H_2}}{M_{O_2}}}=\sqrt{\frac{2}{32}}=\frac{1}{4}$。

2-9 D　提示：按归一化条件 $\int_0^{\infty}f(v)\,\mathrm{d}v=1=$ 曲线下总面积，即速率在 $0\sim\infty$ 之间的气体分子数与总分子数之比为 1(100%)，A、B 两部分面积相等，即速率在 $0\sim v_0$ 之间的气体分子数占总分子数的一半。

2-10 E　提示：最概然速率 $v_p\propto\sqrt{\frac{RT}{\mu}}$，由于 $\mu(H_2)<\mu(O_2)$，同一温度下 $v_p(H_2)>v_p(O_2)$，由图知 $v_p(H_2)=2000\text{m/s}$，又 $\frac{v_p(O_2)}{v_p(H_2)}=\frac{\sqrt{\mu(H_2)}}{\sqrt{\mu(O_2)}}=\frac{1}{4}$，故 $v_p(O_2)=500\text{m/s}$。

2-11 A　提示：由 $p=nkT$，$n_A:n_B:n_C=4:2:1$，又 $\sqrt{\overline{v^2}}\propto\sqrt{\frac{RT}{M}}$，$\sqrt{\overline{v_A^2}}:\sqrt{\overline{v_B^2}}:\sqrt{\overline{v_C^2}}=1:2:4=\sqrt{T_A}:\sqrt{T_B}:\sqrt{T_C}$，$T_A:T_B:T_C=1:4:16$，故 $p_A:p_B:p_C=n_AT_A:n_BT_B:n_CT_C=4:8:16=1:2:4$。

2-12 B　提示：分子无规则运动的平均自由程公式 $\lambda=\frac{\bar{\nu}}{\bar{z}}=\frac{1}{\sqrt{2}\pi d^2 n}$，气体定了，$d$ 就定了，所以容器中分子无规则运动的平均自由程仅决定于 n，即单位体积的分子数，此题给定 1mol 氦气，分子总数定了，故取决于体积。

2-13 C　提示：画 $p-V$ 图 2-48 注意到等温过程内能不变，绝热膨胀过程内能减少，而等压膨胀过程内能增加。

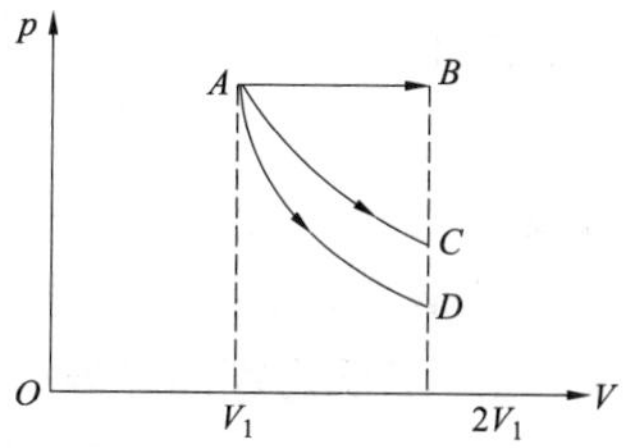

图 2-48　题 2-13 解图

2-14 B　提示：由摩尔定压热容为 $C_{p,\mathrm{m}}$ 与摩尔定容热容为 $C_{V,\mathrm{m}}$ 的关系 $C_{p,\mathrm{m}}=C_{V,\mathrm{m}}+R$ 得到。

2-15 D　提示：理想气体的功和热量是过程量，内能是状态量，内能是温度的单值函数。此题给出 $T_2=T_1$，无论气体经历怎样的过程，气体的内能保持不变。而因为不知气体变化过程，故无法判断功的正负。

2-16 B　提示：相同质量的氢气与氧气分别装在两个容积相同的封闭容器内，温度相同，摩尔质量不同，摩尔数不等，由理想气体状态方程，得 $\frac{p_{H_2}V}{p_{O_2}V}=\frac{\frac{m}{M_{H_2}}RT}{\frac{m}{M_{O_2}}RT}=\frac{32}{2}=16$。

2-17 A　提示：画等压膨胀 $p-V$ 图，由图 2-49 知 $V_2>V_1$，故气体对外做正功，由等温线知 $T_2>T_1$，温度升高。

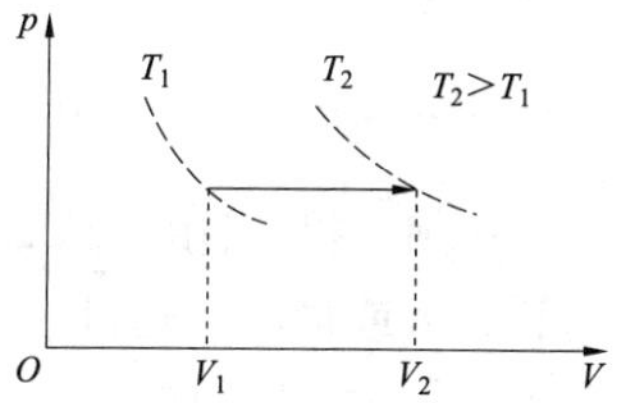

图 2-49　题 2-17 解图

2-18 A　提示：$Q_1=Q_V=\Delta E_1=\frac{m}{M}\cdot\frac{i}{2}R\Delta T, Q_2=Q_p=\Delta E_2+A=\frac{m}{M}\cdot\frac{i}{2}R\Delta T+A$，显然 $\Delta E_2=\Delta E_1=\frac{m}{M}\cdot\frac{i}{2}R\Delta T$，$Q_2>Q_1$。

2-19 A　提示：根据热力学第一定律 $Q=\Delta E+A$，注意到"在压缩过程中外界做功 209J"，即系统对外做功 $A=-209\mathrm{J}$。又 $\Delta E=120\mathrm{J}$，故 $Q=120\mathrm{J}+(-209)\mathrm{J}=-89\mathrm{J}$，即系统对外放热 89J，也就是说外界传给气体的热量为-89J。

2-20 B　提示：根据热力学第一定律 $Q=A+\Delta E$，①等温过程内能不变 $\Delta E=0$，而等温压缩过程则对外界放热（从外界吸热为负值），即从外界吸收的热量 $Q_\mathrm{T}=A_\mathrm{T}=-|A_1|$。②绝热过程不吸热不放热。$Q_{绝热}=0=|A_2|+\Delta E$，由此得 $\Delta E=-|A_2|$。

2-21 D　提示：$Q_{acbda}=A_{acbda}=A_{acb}+A_{da}$，又 $E_b=E_a$，故 $Q_{acb}=E_b-E_a+A_{acb}=A_{acb}=500\mathrm{J}$，$A_{da}=-1200\mathrm{J}$。

2-22 B　提示：$Q_{acb}=E_b-E_a+A_{acb}$，式中 $A_{acb}>0$，而 $E_b-E_a=-|A_{ab绝热}|<0$，比较 acb 曲线下面积 S_{acb} 与 ab 绝热曲线下面积 $S_{ab绝热}$，知：$S_{acb}>S_{ab绝热}$，故 $Q_{acb}=E_b-E_a+A_{acb}>0$。

2-23 A　提示：气体向真空膨胀相当于气体向真空扩散，气体不做功，绝热情况下温度不变。由 $p_0V_0=p_1V_1$，$V_1=2V_0$，故 $p_1=\frac{p_0}{2}$。

2-24 A　提示：由于 $|A|=A_{abca}=A_{abc}+A_{ca}$，又绝热过程 $A_{ca}=E_c-E_a=-500\mathrm{J}$，故 $|A|=A_{abc}+A_{ca}=610\mathrm{J}-500\mathrm{J}=110\mathrm{J}$，又 bc 为等体过程，$Q_V=Q_{bc}=E_c-E_b=E_c-E_a=-500\mathrm{J}$。

2-25 A　提示：由理想气体状态方程 $pV=\frac{m}{M}RT$，可以得到理想气体的标准体积（摩尔体积），即在标准状态下（压强 $p_0=1\mathrm{atm}$，温度 $T=273.15\mathrm{K}$），1md 任何理想气体的体积均为 22.4L。

2-26 B　提示：$\bar{\lambda}=\frac{\bar{v}}{\bar{Z}}=\frac{kT}{\sqrt{2}\pi d^2 p}$，$\bar{v}=1.6\sqrt{\frac{RT}{M}}$。等温膨胀过程温度不变，压强降低，$\bar{\lambda}$ 增大，而温度不变，$\bar{v}$ 不变，故 $\bar{Z}$ 变小。

2-27 B　提示：由热力学第一定律，有 $Q=\Delta E+W$，$W=0$，做功为零的过程为等体过程，内能减少，温度降低为等体降温过程。

2-28 B　提示：卡诺正循环由两个准静态等温过程和两个准静态绝热过程组成，如图2-38所示。

由热力学第一定律，$Q=\triangle E+W$，绝热过程 $Q=0$，两个绝热过程高低温热源温度相同，温差相等，内能差相同。一个过程为绝热膨胀，另一个过程为绝热压缩，$W_2=-W_1$，一个内能增大，一个内能减小，$\Delta E_2=-\Delta E_1$。热力学的功等于曲线下的面积，故 $S_1=S_2$。

2-29 A　提示：热机效率 $\eta=1-\frac{Q_2}{Q_1}=1-\frac{1.26\times10^2}{1.68\times10^2}=25\%$。

2-30 C　提示：此题考核知识点为波动方程基本关系。

$y=A\cos(Bt-Cx)=A\cos B\left(t-\frac{x}{B/C}\right)$，$u=\frac{B}{C}$，$\omega=B$，　$T=\frac{2\pi}{\omega}=\frac{2\pi}{B}$，$\lambda=u\cdot T=\frac{B}{C}\cdot\frac{2\pi}{B}=\frac{2\pi}{C}$。

2-31 B　提示：由波动的能量特征得知，质点波动的动能与势能是同相的，动能与势能同时达到最大或最小。题目给出 A 点处媒质质元的振动动能在增大，则 A 点处媒质质元的振动势能也在增大，故选项 A 不正确；同样由于 A 点处媒质质元的振动动能在增大，由此判定 A 点向平衡位置运动，波沿 x 负向传播，故选项 B 正确；此时 B 点向上运动，振动动能在增加，故选项 C 不正确；波的能量密度是随时间做周期性变化的，$w=\frac{\Delta W}{\Delta V}=\rho\omega^2A^2\sin^2\left[\omega\left(t-\frac{x}{u}\right)\right]$，选项 D 不正确。

2-32 B　提示：由波动的干涉特征得知，同一播音器初相差为零，则 $\Delta\varphi=\alpha_2-\alpha_1-\frac{2\pi(r_2-r_1)}{\lambda}=-\frac{2\pi\frac{\lambda}{2}}{\lambda}=\pi$。

相位差为 π 的奇数倍，为干涉相消点。

2-33 C　提示：注意波源不动，$v_S=0$，观察者远离波源运动，v_0 前取负号。设波速为 u，则 $\nu'=\frac{u-v_0}{u}\nu_0=\frac{u-\frac{1}{2}u}{u}\nu_0=\frac{1}{2}\nu_0$。

2-34 B　提示：一束单色光通过折射率不同的两种媒质时，光的频率不变，波速改变，波长 $\lambda=uT=\frac{u}{\nu}$。

2-35 A　提示：在单缝衍射中，若单缝处的波面恰好被分成偶数个半波带，屏上出现暗条纹。相邻半波带上任何两个对应点所发出的光，在暗条纹处的光程差为 $\lambda/2$，相位差为 π。

2-36 B　提示：光栅衍射是单缝衍射和多缝干涉的和效果，当多缝干涉明纹与单缝衍射暗纹方向相同，将出现缺级现象。

单缝衍射暗纹条件：$a\sin\varphi=k\lambda$

光栅衍射明纹条件：$(a+b)\sin\varphi=k'\lambda$，$\dfrac{a\sin\varphi}{(a+b)\sin\varphi}=\dfrac{k\lambda}{k'\lambda}=\dfrac{1}{3},\dfrac{2}{6},\dfrac{3}{9},\cdots$，则 $a+b=3a$。

2-37 B　提示：如果以 $x=-5\text{m}$ 处为原点，则波动方程为 $y=A\cos\pi\left(t-\dfrac{x}{u}\right)$，令 $x=5$，得 $x=0$ 处振动方程 $y=A\cos\pi\left(t-\dfrac{5}{4}\right)=A\cos\left(\pi t-\dfrac{5\pi}{4}\right)$，由此写出波动方程 $y=A\cos\left[\pi\left(t-\dfrac{x}{4}\right)-\dfrac{5\pi}{4}\right]=A\cos\left[\pi\left(t-\dfrac{x+5}{4}\right)\right]$。

2-38 C　提示：波动方程另一形式为 $y=A\cos\left[2\pi\left(\dfrac{t}{T}+\dfrac{x}{\lambda}\right)+\varphi_0\right]$，式中 $\left[2\pi\left(\dfrac{t}{T}+\dfrac{x}{\lambda}\right)+\varphi_0\right]$ 为 t 时刻振动相位。

$x=\lambda/2$，$t=T/4$，$\varphi=\pi$，即 $\varphi=\pi=2\pi\left(\dfrac{T/4}{T}+\dfrac{\lambda/2}{\lambda}\right)+\varphi_0$，求出初相位 $\varphi_0=-\dfrac{\pi}{2}$，故 $y=A\cos\left[2\pi\left(\dfrac{t}{T}+\dfrac{x}{\lambda}\right)-\dfrac{\pi}{2}\right]$。

2-39 B　提示：当初相位 $\varphi=0$ 时，波动方程的表达式为 $y=A\cos\omega\left(t-\dfrac{x}{u}\right)$，利用 $\omega=2\pi\nu$，$\nu=\dfrac{1}{T}$，$u=\lambda\nu$，波动方程的表达式也可写为 $y=A\cos2\pi\left(\dfrac{t}{T}-\dfrac{x}{\lambda}\right)$，故波动方程表达式为 $y=0.02\cos2\pi\left(\dfrac{t}{0.5}-\dfrac{x}{100}\right)=0.02\cos2\pi(2t-0.01x)$。

2-40 C　提示：处于平衡位置，则 $y=0=2\times10^{-2}\cos2\pi\left(10t-\dfrac{x}{5}\right)$，则

$$\cos\left(20\pi\times0.25-\frac{2\pi x}{5}\right)=\cos\left(5\pi-\frac{2\pi x}{5}\right)=\cos\left(\pi-\frac{2\pi x}{5}\right)=0$$

所以 $\pi-\dfrac{2\pi x}{5}=(2k+1)\dfrac{\pi}{2}$，$\dfrac{2x}{5}=\dfrac{1}{2}-k$，$x=0$，$k=\dfrac{1}{2}$。取 $k=0$，$x=1.25\text{m}$；$k=1$，$x=-1.25\text{m}$。

2-41 A　提示：在波的传播方向相距为半波长的奇数倍的两点振动速度必定大小相同，方向相反，相距为半波长的偶数倍的两点振动速度必定大小相同，方向相同。

2-42 A　提示：此题考核知识点为波的能量特征：波动的动能与势能是同相的，同时达到最大最小。题目指明 A 点处媒质质元的弹性势能在减小，则其振动动能也在减小，如图 2-50 所示，此时 B 点正向负最大位移处运动，振动动能在减小。

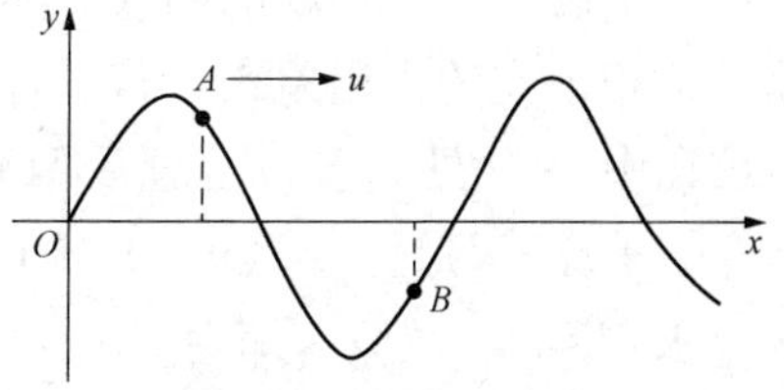

图 2-50　题 2-42 解图

2-43 D　提示：机械波在媒质中传播，一媒质

质元的最大形变量发生在平衡位置,此位置动能最大,势能也最大,总机械能也最大。

2-44 C　提示:波的能量 $W = W_{\mathrm{p}} + W_{\mathrm{k}}$,又 $W_{\mathrm{p}} = W_{\mathrm{k}}$ 。

2-45 C　提示: $W_{\mathrm{p}} = W_{\mathrm{k}}$ 。

2-46 D　提示:如图 2-51 所示,横波以波速 u 沿 x 轴负方向传播。A 点振动速度小于零,B 点相下运动,C 点相上运动,D 点向下运动振动速度小于 0。

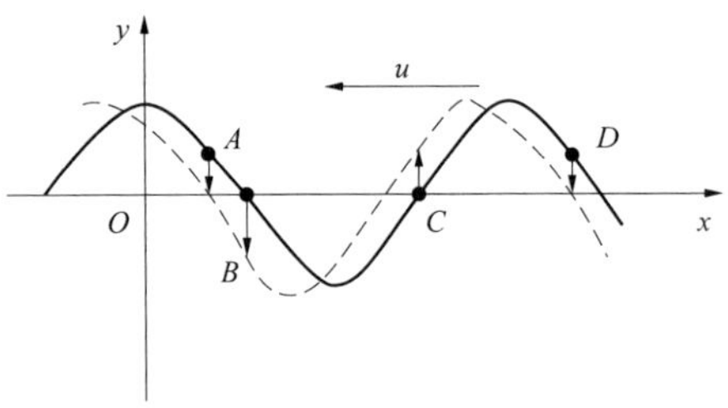

图 2-51　题 2-46 解图

2-47 D　提示:如图 2-52 所示,根据简谐振动合成理论, $\Delta\varphi = \varphi_{02} - \varphi_{01} - \dfrac{2\pi(r_2 - r_1)}{\lambda}$ 为 2π 的整数倍时,合振幅最大, $\Delta\varphi = \varphi_{02} - \varphi_{01} - \dfrac{2\pi(r_2 - r_1)}{\lambda}$ 为 π 的奇数倍时,合振幅最小。本题中, $\varphi_{02} - \varphi_{01} = \pi$, $r_2 - r_1 = 0$, 故 $\Delta\varphi = \pi$,合振幅 $A = | A_1 - A_2 | = 0$。

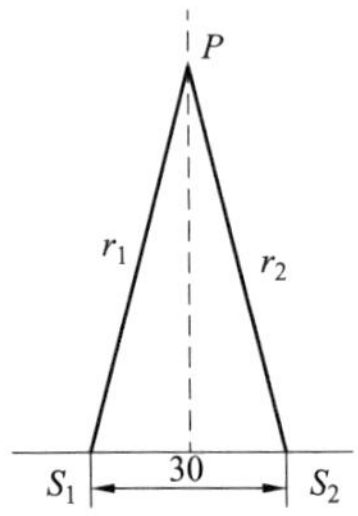

图 2-52　题 2-47 解图

2-48 B　提示:驻波两波节之间各质点振动振幅不同,相位相同。

2-49 B　提示:驻波相邻两波节(腹)之间的距离为半个波长。

2-50 D　提示: $\nu' = \dfrac{(330 - 15)\nu}{(330 - 25)}$ 。

2-51 A　提示: $\Delta\varphi = \dfrac{2\pi\delta}{\lambda}$ (δ 为光程差)。

2-52 C　提示:注意,在折射率为 n 的媒质中,单色光的波长为真空中波长的 $\dfrac{1}{n}$ 。本题中,由图知 $l = \dfrac{3}{2}\lambda_{\text{媒质}} = \dfrac{3\lambda}{2n}$ (λ 为真空中波长),又相位差 $\Delta\varphi = \dfrac{2\pi\delta}{\lambda}$,式中 δ 为光程差。而本题中 $\delta = nl = n \times \dfrac{3\lambda}{2n}$,于是 $\Delta\varphi = \dfrac{2\pi \times \dfrac{3\lambda}{2}}{\lambda} = 3\pi$。

2-53 B　提示:由双缝干涉相邻明纹(暗纹)的间距公式, $\Delta x = \dfrac{D}{a}\lambda$,若双缝所在的平板稍微向上平移,中央明纹与其他条纹整体向上稍做平移,其他条件不变,则屏上的干涉条纹间距不变。

2-54 C　提示:考虑覆盖上面一条缝后,零级明纹向哪一方向移动。根据双缝的干涉条件 $\delta = \pm k\lambda\,(k = 0,1,2,\cdots)$,所谓零级明纹即 $k = 0$ 时($\delta = 0$)两束相干光在屏幕上形成的明纹。如图 2-53 所示,未覆盖前两束相干光的光程差 $\delta = r_2 - r_1 = 0(r_1 = r_2)$,零级明纹在中央 O 处。覆盖上缝后两束相干光的光程差 $\delta' = (nd + r_1 - d) - r_2 = (n - 1)d + r_1 - r_2 \neq 0$,而零级明纹要求 $\delta' = 0$, 故只有缩短 r_1 使 $\delta' = (n - 1)d + r'_1 - r'_2 = 0$,即零级明纹上移至 O'处,各级条纹也相应上移。

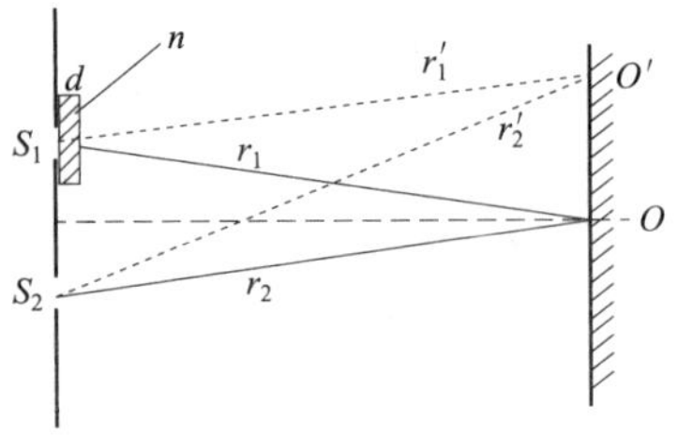

图 2-53　题 2-54 解图

2-55 C　提示：双峰干涉时，条纹间距 Δx（空气）$= \lambda \dfrac{D}{d} = 1.33\text{mm}$。

此光在水中的波长为 Δx（水）$= \lambda_{水}\dfrac{D}{d}$，又 $\lambda_{水} = \dfrac{\lambda}{n} = \dfrac{\lambda}{1.33}$。

故 Δx（水）$= \lambda_{水}\dfrac{D}{d} = \dfrac{\lambda}{1.33}\cdot\dfrac{D}{d} = 1\text{mm}$，即条纹间距变为 1mm。

2-56 B　提示 $2ne + \dfrac{\lambda}{2} = \lambda\ (k = 1)$，式中 $\dfrac{\lambda}{2}$ 为附加光程差（半波损失）。

2-57 A　提示：考察两束光都有半波损失，故不引起附加光程差，$\delta = 2n_2 e$。

2-58 C　提示：根据等厚干涉条件 $\delta = 2ne + \dfrac{\lambda}{2} = k\lambda\ (k = 1,2,\cdots)$ 明纹；$\delta = 2ne + \dfrac{\lambda}{2} = (2k+1)\dfrac{\lambda}{2}\ (k = 1,2,\cdots)$ 暗纹。对空气劈尖，$n \approx 1$，相邻两明（暗）纹对应的空气层厚度差为 $e_{k+1} - e_k = \dfrac{\lambda}{2}$。如图 2-54 所示，相邻两明（暗）纹间距 $l = \dfrac{\lambda}{2\sin\theta} \approx \dfrac{\lambda}{2\theta}$，若劈角 θ 增大，l 将减小。

2-59 C　提示：由图 2-55 可知，当上面平玻璃向上平移时，各级干涉条纹向棱边方向平移。又条纹间距 $l = \dfrac{\lambda}{2\sin\theta} \approx \dfrac{\lambda}{2\theta}$，$\theta$ 角不变，条纹间隔不变。

2-60 A　提示：如图 2-56 所示，$\theta \approx e/L$，$\Delta\theta = \Delta e/L$，又 $\Delta e = e_{k+1} - e_k = \lambda/2$。

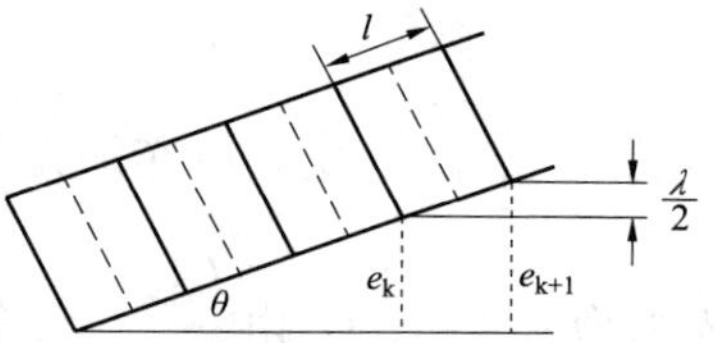

图 2-54　题 2-58 解图

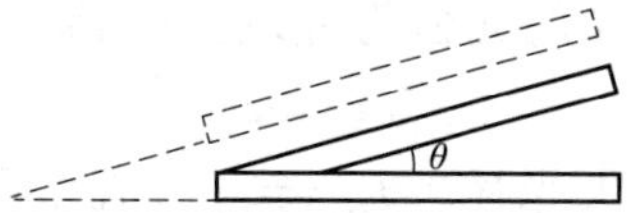

图 2-55　题 2-59 解图

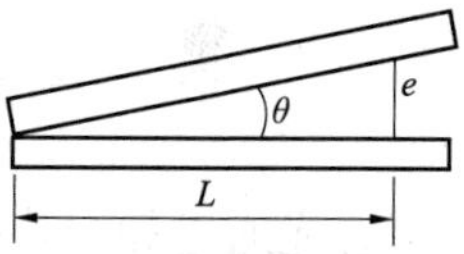

图 2-56　题 2-60 解图

2-61 B　提示：玻璃劈尖相邻干涉条纹间距公式 $l = \dfrac{\lambda}{2n\theta}$，此玻璃的折射率为 $n = \dfrac{\lambda}{2l\theta} = 1.53$。

2-62 C　提示：劈尖干涉中，同一明纹（暗纹）对应相同厚度的空气层，本题中，每一条纹（k 级）弯曲部分的顶点恰好与其左边条纹（$k-1$ 级）的直线部分的连线相切，说明 $k-1$ 级条纹弯曲处对应的空气层厚度与右边 k 级条纹对应的空气层厚度 e_k 相同，如图 2-57 所示，工件有凹陷部分。凹陷深度即相邻两明纹对应的空气层厚度差 $\Delta e = e_k - e_{k-1} = \dfrac{\lambda}{2}$。

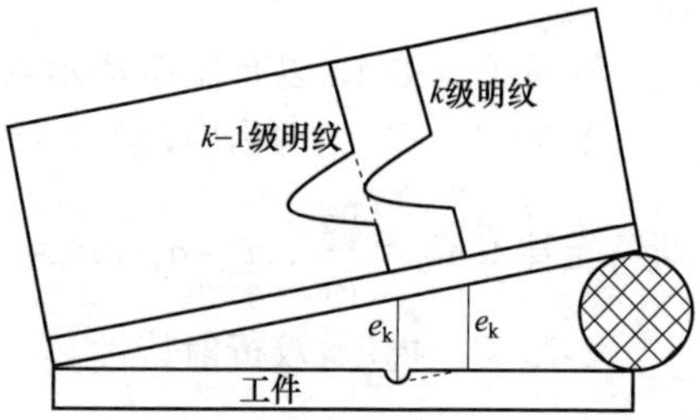

图 2-57　题 2-62 解图

2-63 A　提示：未放透明薄片前，光走过的光程为 $2d$，在虚线处放入透明薄片后，光走过的光程为 $2nd$，光程改变了 $2nd-2d$。

2-64 B　提示：如图 2-58 所示。牛顿环为等厚干涉，球面与下平板玻璃上表面两反射光

光程差为 $\delta=2d+\frac{\lambda}{2}=(2k+1)\cdot\frac{\lambda}{2}$（暗纹条件），$k=4$，$d=2\lambda=1200\text{nm}$，故正确选项为 B。

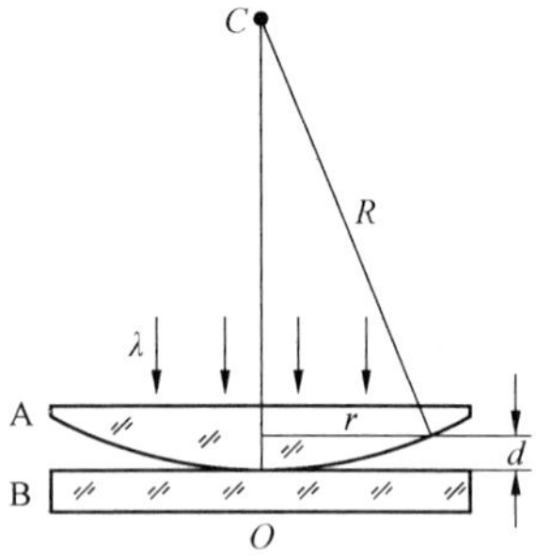

图 2-58　题 2-64 解图

2-65 D　提示：$a\sin\varphi=(2k+1)\frac{\lambda}{2}$，$a\sin 30°=3\times\frac{\lambda}{2}$，故 $a=3\lambda$。

2-66 A　提示：单缝夫琅和费衍射条纹的暗纹条件为 $a\sin\varphi=k\lambda$，明纹条件为 $a\sin\varphi=(2k+1)\frac{\lambda}{2}$，又 $k=3$，即 $a\sin\varphi=3\lambda$。若缝宽缩小一半，即 $\frac{a}{2}\sin\varphi=\frac{3\lambda}{2}=(2k'+1)\frac{\lambda}{2}$，$k'=1$。

2-67 A　提示：$\theta_0\approx\Delta x/25$。

2-68 B　提示：$(a+b)\sin\varphi=\pm k\lambda$，$k=0,1,2,\cdots$

2-69 B　提示：$(a+b)\sin\varphi=\pm k\lambda$，$k=0,1,2,\cdots$，令 $\varphi=90°$，$k=\frac{2000}{550}\approx 3$(取整数)。

2-70 A　提示：$a+b=\frac{10^{-3}}{800}\text{m}$，由 $(a+b)\sin\varphi=k\lambda$，$\frac{10^{-3}}{800}\sin 30°=\lambda$，即 $\lambda=6.25\times 10^{-7}\text{m}=0.625\mu\text{m}$。

2-71 C　提示：$I=I_0\cos^2\alpha\cos^2\left(\frac{\pi}{2}-\alpha\right)=I_0\cos^2\alpha\sin^2\alpha=\frac{1}{4}I_0\sin^2(2\alpha)$，此题注意入射光 I_0 为平面偏振光。

2-72 A　提示：设自然光的光强为 I_0，通过偏振片后光强为 $\frac{1}{2}I_0$，设线偏振光的光强为 I_P。混合光通过偏振片后最大光强为 $I_{max}=\frac{I_0}{2}+I_P$，最小光强为 $I_{min}=\frac{1}{2}I_0$，由 $\frac{I_{max}}{I_{min}}=5$，解出 $\frac{I_0}{I_P}=\frac{1}{2}$。

2-73 C　提示：以布儒斯特角入射的反射光是垂直于入射面的完全偏振光。

2-74 D　提示：因为“反射光为完全偏振光”，说明入射角为起偏角 i_0，且 $i_0=60°$，由布儒斯特定律 $\tan i_0=\frac{n_2}{n_1}$，$n_2=n_1\tan i_o=1\times\tan 60°=\sqrt{3}$。

2-75 C　提示：双折射特性。

第3章　化　　学

考试大纲

3.1　物质的结构和物质状态　原子结构的近代概念；原子轨道和电子云；原子核外电子分布；原子和离子的电子结构；原子结构和元素周期律；元素周期表；周期族；元素性质及氧化物及其酸碱性；离子键的特征；共价键的特征和类型；杂化轨道与分子空间构型；分子结构式；键的极性和分子的极性；分子间力与氢键；晶体与非晶体；晶体类型与物质性质。

3.2　溶液　溶液的浓度；非电解质稀溶液通性；渗透压；弱电解质溶液的解离平衡；分压定律；解离常数；同离子效应；缓冲溶液；水的离子积及溶液的 pH 值；盐类的水解及溶液的酸碱性；溶度积常数；溶度积规则。

3.3　化学反应速率及化学平衡　反应热与热化学方程式；化学反应速率；温度和反应物浓度对反应速率的影响；活化能的物理意义；催化剂；化学反应方向的判断；化学平衡的特征；化学平衡移动原理。

3.4　氧化还原反应与电化学　氧化还原的概念；氧化剂与还原剂；氧化还原电对；氧化还原反应方程式的配平；原电池的组成和符号；电极反应与电池反应；标准电极电势；电极电势的影响因素及应用；金属腐蚀与防护。

3.5　有机化学　有机物特点、分类及命名；官能团及分子构造式；同分异构；有机物的重要反应；加成、取代、消除、氧化、催化加氢、聚合反应、加聚与缩聚；基本有机物的结构、基本性质及用途；烷烃、烯烃、炔烃、芳香烃、卤代烃、醇、苯酚、醛和酮、羧酸、酯；合成材料；高分子化合物、塑料、合成橡胶、合成纤维、工程塑料。

3.1　物质的结构和物质状态

3.1.1　原子结构的近代概念

原子是由带正电荷的原子核和带负电性的电子组成。物质发生变化，原子核并没有发生变化，而核外电子运动状态发生变化。因此研究核外电子运动，可以了解物质发生变化的本质。

1. 核外电子的运动特性

量子力学是研究核外电子的运动状态的基本理论，量子力学认为核外电子的运动具有能量的量子化和波粒二象性。

（1）能量的量子化。原子核外电子只能处于一些不连续的能量状态中，原子吸收和辐射的能量是一份一份的，不连续的，因此原子光谱是不连续的线状光谱。

量子：每一小份不连续的能量的基本单位叫量子。

（2）波粒二象性。电子具有粒子性，因为电子具有质量和动量。电子的衍射试验证明了微观粒子的波动性，且电子等微观粒子波是一种具有统计性的概率波。

2. 核外电子运动规律的描述

由于微观粒子运动状态具有波的特性，在量子力学中用波函数 Ψ 来描述核外电子的运动状态，以代替经典力学中的原子轨道概念。

(1) 波函数 Ψ。用空间坐标来描述波的数学函数式,以表征原子中核外电子的运动状态。一个确定的波函数 Ψ 称为一个原子轨道。

(2) 四个量子数。波函数 Ψ 由 n、l、m 三个量子数决定,三个量子数取值相互制约。

1) 主量子数 n。

n 的取值:$n=1,2,3,4,\cdots,\infty$。

意义:①电子能量的高低;②电子离核的远近。n 越大,表示电子能量越高,离核越远。

$n=1,2,3,4,\cdots,\infty$, 对应于电子层 K,L,M,N,…。

由于核外电子的能量是不连续的、量子化的,n 只能取正的自然整数。具有相同 n 值的原子轨道称为处于同一电子层。

2) 角量子数 l。

l 的取值:受 n 的限制,$l=0,1,2,\cdots,n-1$ (共 n 个)。

意义:①确定原子轨道的形状;②电子亚层,与 n 共同确定原子轨道的能量。

l 的取值:	0	1	2	3	…
电子亚层:	s	p	d	f	…
轨道形状:	球形	双球形	梅花形	复杂	…

其角度分布图如图 3-1 所示。

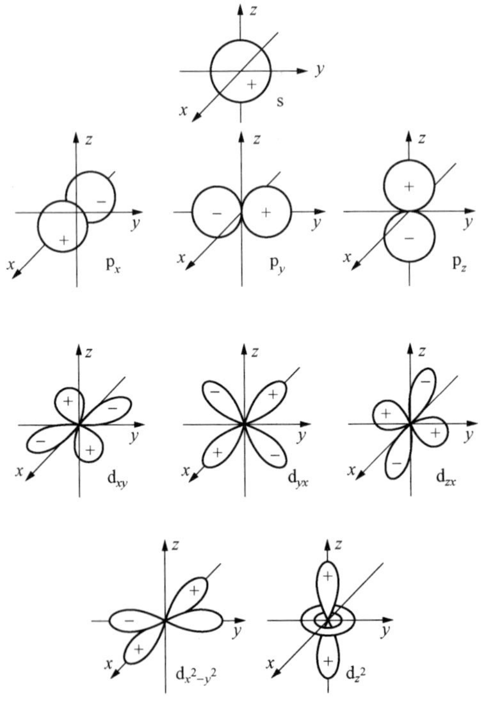

图 3-1 s、p、d 原子轨道角度分布示意图

3) 磁量子数 m。

m 的取值:受 l 的限制, $m=0,\pm1,\pm2,\cdots,\pm l$(共 $2l+1$ 个)。

意义:①原子轨道的空间取向;②确定亚层中原子轨道的数目。

$l=0$, $m=0$, s 轨道空间取向为 1;

$l=1$, $m=0,\pm1$, p 轨道空间取向为 3;

$l=2$,　　$m=0,\pm1,\pm2$,　　　　　d 轨道空间取向为 5；

……

n、l、m 取值一定时，就对应一个确定的波函数，表示为 $\Psi(n,l,m)$。例如，$\Psi(1,0,0)$ 代表基态氢原子的波函数。

n，l 相同的轨道能量相同，称为等价轨道。

s 轨道有 1 个轨道，即 $\Psi(n,0,0)$，表示为：□。

p 轨道有 3 个等价轨道，即 $\Psi(n,1,-1)$，$\Psi(n,1,0)$，$\Psi(n,1,+1)$，表示为：□□□。

d 轨道有 5 个等价轨道，即 $\Psi(n,2,-2)$，$\Psi(n,2,-1)$，$\Psi(n,2,0)$，$\Psi(n,2,+1)$，$\Psi(n,2,+2)$，表示为：□□□□□。

……

注意：n、l、m 的取值只有符合以上的取值规律，$\Psi(n,l,m)$ 才能确定一个存在的波函数，一个存在的波函数才能表示电子的一个合理的原子轨道。

n、l、m 取值与对应的波函数：

$n=1,\ l=0, m=0,\ \Psi(1,0,0)$　　　　1 个波函数

$$n=2,\ l=\begin{cases}0, m=0, & \Psi(2,0,0)\\ 1, m=0,\pm1, & \Psi(2,1,0),\Psi(2,1,1),\Psi(2,1,-1)\end{cases}$$　　　　4 个波函数

$$n=3,\ l=\begin{cases}0, m=0, & \Psi(3,0,0)\\ 1, m=0,\pm1, & \Psi(3,1,0),\Psi(3,1,1),\Psi(3,1,-1)\\ 2, m=0,\pm1,\pm2, & \Psi(3,2,0),\Psi(3,2,1),\Psi(3,2,-1)\\ & \Psi(3,2,2),\Psi(3,2,-2)\end{cases}$$　　　　9 个波函数

$n=4$　　　　16 个波函数

……

一个电子层内，波函数 Ψ 的数量为 n^2 个，即每个电子层内原子轨道的数目为 n^2 个。

在一个确定的原子轨道中，电子自身还有两种不同的运动状态，这由第四个量子数 m_s 确定。

4）自旋量子数 m_s。

$$m_s \text{ 的取值：} m_s=\begin{cases}+\dfrac{1}{2}\\ -\dfrac{1}{2}\end{cases}$$

意义：代表电子自身两种不同的运动状态（习惯以顺、逆自旋两个方向形容这两种不同的运动状态，可用↑↑表示自旋平行，↑↓表示自旋反平行）。

n,l,m,m_s 四个量子数确定电子的一个完整的运动状态，以 $\Psi(n,l,m,m_s)$ 表示。

【例 3-1】判断下列波函数，哪一个可能存在？（　　）

A. $\Psi\left(2,1,-1,-\dfrac{1}{2}\right)$　B. $\Psi\left(3,0,1,+\dfrac{1}{2}\right)$　C. $\Psi\left(4,-3,2,+\dfrac{1}{2}\right)$　D. $\Psi\left(2,2,-2,-\dfrac{1}{2}\right)$

解：选项 B 中当 $l=0$ 时，m 只能取 0，不可能取 1；选项 C 中 l 不可能取负值，选项 D 中 $n=l=2$ 是错误的，当 $n=2$ 时，l 只能取 0，1，根据量子数的取值规律，只有选项 A 正确，故答案应选 A。

【**例 3-2**】用来描述原子轨道空间伸展方向的量子数是(　　)。

A. n　　　　B. l　　　　C. m　　　　D. m_s

解:根据量子数代表的含义。磁量子数 m 代表:①原子轨道的空间取向;②确定亚层中原子轨道的数目。因此描述原子轨空间伸展方向的量子数是 m,故答案应选 C。

【**例 3-3**】用来描述原子轨道形状的量子数是(　　)。

A. n　　　　B. l　　　　C. m　　　　D. m_s

解:根据量子数代表的含义。角量子数 l 代表:①确定原子轨道的形状;②电子亚层。因此用来描述原子轨道形状的量子数是 l,故答案应选 B。

电子波是一种具有统计性的概率波,$|\Psi|^2$ 则表示在空间某点单位体积内电子出现的概率即概率密度。

(3) 电子云。电子云是概率密度的形象化描述,用黑点的疏密形象描述原子核外电子出现的概率密度($|\Psi|^2$)的分布规律。黑点较密的地方,表示电子出现的概率密度较大,单位体积内电子出现的机会较多。s 电子云是球形对称的, p 电子云是双球形, d 电子云是梅花形,电子云角度分布图与原子轨道的角度分布图很相似,但要瘦小,没有正、负之分。

3. 原子核外电子分布三原则

(1) 泡利不相容原理。一个原子中不可能有 4 个量子数完全相同的 2 个电子。

由此可得出:一个原子轨道中最多能容纳自旋方向相反的 2 个电子。表示为:[↑↓]

由此可知,s 轨道最多容纳 2 个电子,表示为 s^2:[↑↓]

p 轨道最多容纳 6 个电子,表示为 p^6:[↑↓|↑↓|↑↓]

d 轨道最多容纳 10 个电子,表示为 d^{10}:[↑↓|↑↓|↑↓|↑↓|↑↓]

……

根据每层有 n^2 个轨道,每个轨道最多能容纳 2 个电子,由此可得出每一个电子层最大容量为 $2n^2$ 个电子。

【**例 3-4**】主量子数 $n=3$ 的原子轨道最多能容纳的电子总数是(　　)。

A. 10　　　　B. 8　　　　C. 18　　　　D. 32

解:每个原子轨道是由 n、l、m 三个量子数确定,当 n、l、m 取值确定,一个原子轨道确定,表示为 $\Psi(n,l,m)$,三个量子数取值规律为:

主量子数 n 的取值:$n=1,2,3,4,\cdots,\infty$。

角量子数 l 的取值:$l=0,1,2,\cdots,n-1$。

磁量子数 m 的取值:$m=0,\pm1,\pm2,\cdots,\pm l$。

按照这个取值规律,每一个电子层会有 n^2 个原子轨道,按照泡利不相容原理,每个原子轨道中最多能容纳自旋方向相反的 2 个电子,因此每一层最多容纳的电子数为 $2n^2$ 个,所以,$n=3$ 的电子层原子轨道数目为 $3^2=9$ 个,最多容纳的电子数为 $2\times9=18$ 个,因此正确答案是 C。

(2) 最低能量原理。电子总是尽先占据能量最低的轨道。多电子原子轨道的能级高低取决于主量子数 n 和角量子数 l:

1) 当角量子数 l 相同时,n 越大,能量越高。如 $E_{1s}<E_{2s}<E_{3s}<E_{4s}<\cdots$

2) 当主量子数 n 相同时,l 越大,能量越高。如 $E_{4s}<E_{4p}<E_{4d}<E_{4f}<\cdots$

3) 当主量子数 n 和角量子数 l 都不同时,可以发生能级交错的现象。如 $E_{4s}<E_{3d}$; $E_{5s}<$

E_{4d}；$E_{6s}<E_{4f}<E_{5d}<\cdots$

根据光谱的试验数据，得到原子轨道近似能级图如下：

高
7s…
6s　4f　5d　6p
5s　4d　5p
4s　3d　4p
3s　3p
2s　2p
1s
低 → 高

电子在核外轨道上排布时，依据轨道近似能级图由低到高依次排布。

故电子的填充顺序为 1s→2s→2p→3s→3p→4s→3d→4p→5s→4d→5p→…

(3) 洪特规则。在 n 和 l 值相同的等价轨道中，电子总是尽可能分占各个轨道且自旋平行。

如 $2p^3$：3 个电子在 p 轨道的三个等价轨道上的分布应为：|↑|↑|↑|

洪特规则特例：当电子的分布处于全充满、半充满或全空时，比较稳定。全充满：p^6 或 d^{10} 或 f^{14}。半充满：p^3 或 d^5 或 f^7。全空：p^0 或 d^0 或 f^0。

【例 3-5】 写出 24 号、29 号元素的核外电子分布式。

解：$_{24}Cr$：$1s^22s^22p^63s^23p^63d^54s^1$，符合半充满比较稳定。

$_{29}Cu$：$1s^22s^22p^63s^23p^63d^{10}4s^1$，符合全充满比较稳定。

> **注意：** 符合洪特规则的特例元素并不是很多，$_{24}Cr$、$_{42}Mo$ 属于半满稳定特例，$_{29}Cu$、$_{47}Ag$、$_{75}Au$ 属于全满稳定特例。

【例 3-6】 多电子原子中同一电子层原子轨道能级(量)最高的亚层是(　　)。

A. s 亚层　　B. p 亚层　　C. d 亚层　　D. f 亚层

解： 一个原子轨道能级高低是由 n、l 共同确定，当 l 相同时，n 越大，能级越高；当 n 相同时，l 越大能级越高，因此，在同一电子层，原子轨道能级 f>d>p>s。故答案应选 D。

【例 3-7】 某原子序数为 15 的元素，其基态原子的核外电子分布中，未成对电子数为(　　)。

A. 0　　B. 1　　C. 2　　D. 3

解： 原子序数为 15 的元素核外电子分布式为 $1s^22s^22p^63s^23p^3$，根据洪特规则，$3p^3$ 上的电子分布为 |↑|↑|↑|

因此，有 3 个未成对电子，故答案应选 D。

(4) 核外电子分布式(表 3-1)。

表 3-1　核外电子分布式

原子的核外电子分布式	原子的外层电子分布式(价电子构型)	离子的核外电子分布式	离子的外层电子分布式
$_{11}Na$　$1s^22s^22p^63s^1$	$3s^1$	Na^+：$1s^22s^22p^6$	$2s^22p^6$
$_{16}S$　$1s^22s^22p^63s^23p^4$	$3s^23p^4$	S^{2-}：$1s^22s^22p^63s^23p^6$	$3s^23p^6$

续表

原子的核外电子分布式	原子的外层电子分布式(价电子构型)	离子的核外电子分布式	离子的外层电子分布式
$_{26}Fe$ $1s^22s^22p^63s^23p^63d^64s^2$	$3d^64s^2$	Fe^{3+}: $1s^22s^22p^63s^23p^63d^5$	$3s^23p^63d^5$
$_{24}Cr$ $1s^22s^22p^63s^23p^63d^54s^1$	$3d^54s^1$	$_{24}Cr^{3+}$: $1s^22s^22p^63s^23p^63d^3$	$3s^23p^63d^3$
$_{29}Cu$ $1s^22s^22p^63s^23p^63d^{10}4s^1$	$3d^{10}4s^1$	$_{29}Cu^{2+}$: $1s^22s^22p^63s^23p^63d^9$	$3s^23p^63d^9$

注意:对于主族元素,原子的价电子构型即最外层电子构型;但对于过渡区元素,原子的价电子构型不仅包括最外层的 s 电子,还包括次外层的 d 电子。

【例 3-8】 某元素的+2 价离子的外层电子分布式为 $3s^23p^63d^6$,该元素是(　　)。

A. Mn　　B. Cr　　C. Fe　　D. Co

解: $_{26}Fe^{2+}$的电子分布式为 $1s^22s^22p^63s^23p^63d^6$,因此 Fe^{2+} 的外层电子分布式为 $3s^23p^63d^6$,故答案应选 C。

3.1.2 原子结构和元素周期律

1. 元素周期表(表 3-2)

(1) 元素周期表的组成:元素周期表是元素周期系的体现,元素周期表由周期和族组成。

(2) 每周期元素的数目=相应能级组所能容纳的最多电子数。

表 3-2　　元素周期表

周　期	能　级　组	元　素　数　目
1	$1s^2$	2
2	$2s^2$ $2p^6$	8
3	$3s^2$ $3p^6$	8
4	$4s^2$ $3d^{10}$ $4p^6$	18
5	$5s^2$ $4d^{10}$ $5p^6$	18
6	$6s^2$ $4f^{14}$ $5d^{10}$ $6p^6$	32
7	$7s^2$ $5f^{14}$ $6d^{10}\cdots$	未完成

2. 周期和族

(1) 元素周期数=元素电子层数 n。根据元素的核外电子分布式,其电子层数即等于该元素的周期号数。如$_{26}Fe$: $1s^22s^22p^6 3s^23p^63d^64s^2$, $n=4$, Fe 元素位于第 4 周期。

(2) 族数:

1) 主族的族号=最外层电子数。

ⅠA: ns^1

ⅡA: ns^2

ⅢA-ⅦA: $ns^2np^{1\sim5}$

2) ⅠB, ⅡB 的族号=最外层 s 电子数。

ⅠB: $(n-1)d^{10}ns^1$

Ⅱ B：$(n-1)d^{10}ns^2$

3）ⅢB-ⅦB 族的族号=$(n-1)d+ns$ 电子数。

ⅢB-ⅦB：$(n-1)d^{1\sim5}ns^2$，有特例。

4）Ⅷ族$(n-1)d+ns$ 电子数=8，9，10。

$(n-1)d^6ns^2$；$(n-1)d^7ns^2$；$(n-1)d^8ns^2$，有特例。

5）零族的最外层电子数=2 或 8。

按照以上规律，根据元素的外层电子构型（价电子构型）即可判断元素在周期表中的位置；同样根据元素在周期表中的位置（哪一周期、哪一族）就可写出元素的外层电子分布式和电子分布式。

【例 3-9】有一元素在周期表中属于第 4 周期第Ⅵ主族，试写出该元素原子的电子分布式和外层电子分布式。

解：根据该元素在周期表中的位置可直接写出该元素的外层电子分布式 $4s^24p^4$（$n=4$，最外层电子数为 6），再根据外层电子分布式推出完整的电子分布式，即

$$1s^22s^22p^63s^23p^63d^{10}4s^24p^4$$

【例 3-10】已知锝的外层电子分布式 $4d^55s^2$，指出该元素在周期表中所属的周期数和族数。

解：最高 $n=5$，为第 5 周期元素；ns 电子+$(n-1)d$ 电子数=2+5=7，族号为ⅦB。

（3）元素在周期表中的分区。根据原子的外层电子构型可将元素分成 5 个区，见表 3-3。

表 3-3　　元素在周期表中的分区

族　　数	ⅠA，ⅡA	ⅢB-ⅦB，Ⅷ	ⅠB，ⅡB	ⅢA-ⅦA	0
外层电子构型	ns^{1-2}	$(n-1)d^{1-8}ns^2$	$(n-1)d^{10}ns^{1-2}$	ns^2np^{1-6}	ns^2 或 ns^2np^6
分区	s 区	d 区	ds 区	p 区	p 区
族	主族	副族+Ⅷ=过渡元素		主族	零族

注：f 区=镧系+锕系元素。

注意：通常最后一个电子排在什么轨道上，该元素属于什么区。

【例 3-11】试分别指出 34 号硒元素和 43 号锝元素在周期表中所属的分区。

解：34 号的元素外层电子分布式为 $4s^24p^4$，因为最后一个电子排在 p 轨道上，得知该元素属 p 区。43 号锝元素的外层电子分布式 $4d^55s^2$，最后一个电子排在 d 轨道上，得知该元素属 d 区。

【例 3-12】47 号元素 Ag 的基态价层电子结构为 $4d^{10}5s^1$，它在周期表中的位置为（　　）。

A. ds 区　　B. s 区　　C. d 区　　D. p 区

解：Ag 元素为 IB 元素，属于 ds 区，故答案应选 A。

3. 元素性质及氧化物及其水合物的酸碱性。

（1）原子半径。

1）同一周期：从左→右，原子半径逐渐减少，非金属性增强。

金属性减弱,非金属性增强 →
原子半径减小

2）同一族:同一主族元素:从上→下,原子半径逐渐增大,金属性增强。同一副族元素,自上而下原子半径变化幅度小,第五、六周期元素原子半径非常接近,原因是镧系收缩。

原子半径增大	电子层数增多	↓	金属性增强	非金属性减弱

镧系收缩:镧系后第五、六周期元素原子半径非常接近,性质很相似。

如:Zr 和 Hf、Nb 和 Ta、Mo 和 W,由于镧系收缩,性质非常相似,难以分离。

（2）元素的电离能:基态的气态原子失去一个电子形成+1 价气态离子时所吸收的能量,称为第一电离能,单位:kJ/mol。用于衡量单个原子失去电子的难易程度。

第一电离能越小,原子越容易失去电子,该原子的金属性越强。

> **注意:** 同一周期,从左→右,非金属性增强,电离能增大。同一主族,自上而下电离能逐渐减少。

（3）元素的电子亲和能:基态的气态原子获得一个电子形成-1 价气态离子时所放出的能量,称为第一和亲能,单位:kJ/mol。用于衡量单个原子获得电子的难易程度。

电子亲和能越大,原子越容易获得电子,元素的非金属越强。

（4）元素电负性:用于衡量原子在分子中吸引电子的能力。

电负性越大,吸引电子的能力大,元素的非金属性越强;电负性越小,元素的金属性越强。

> **注意:** 同一周期,自左向右,电负性值增大,非金属性增强。同一族,自上向下电负性逐渐减少,金属性增强。

指定氟的电负性为 4.0,可求出其他元素的相对电负性。金属元素的电负性值小于 2.0（除铂系和金）,非金属元素的电负性值大于 2.0(除 Si 为 1.8 外)。

（5）元素的氧化值:主族元素和绝大部分副族元素(除Ⅷ族除外),最高氧化值等于价电子数,等于该元素所属的族号数。副族元素除了最外层电子,次外层的 d 电子也参加化学反应,因此常有变价。

> **注意:** 根据一个元素的最高氧化值,可以得知价电子数,进而判断元素在周期表中的位置。

3.1.3 氧化物及其水合物的酸碱性递变规律

（1）同周期元素最高价态的氧化物及其水合物,从左到右酸性递增,碱性递减。

以第三周期为例:

Na_2O,	MgO,	Al_2O_3,	SiO_2,	P_2O_5,	SO_3,	Cl_2O_7
NaOH,	$Mg(OH)_2$,	$Al(OH)_3$,	H_2SiO_3,	H_3PO_4,	H_2SO_4,	$HClO_4$
强碱,	中强碱,	两性,	弱酸,	中强酸,	强酸,	最强酸

→

酸性增强,碱性减弱

(2)同族元素相同价态的氧化物及其水化物,自上而下酸性减弱,碱性增强。

N_2O_3	HNO_2	中强酸
P_2O_3	H_3PO_3	中强酸
As_2O_3	H_3AsO_3	两性偏酸
Sb_2O_3	$Sb(OH)_3$	两性偏碱
Bi_2O_3	$Bi(OH)_3$	碱性

(3)同一元素,不同价态的氧化物及其水合物,高价态的酸性比低价态的酸性强。如:

CrO	Cr_2O_3	CrO_3
$Cr(OH)_2$	$Cr(OH)_3$	H_2CrO_4
碱性	两性	酸性

→

酸性增强

【例 3-13】下列元素,电负性最大的是(　　)。

A. F　　B. Cl　　C. Br　　D. I

解:同一主族,元素电负性自上而下变小,此四种元素为卤素元素,同为第ⅦA,因此电负性 F>Cl>Br>I,故答案应选 A。

【例 3-14】下列物质中酸性最弱的是(　　)。

A. H_3AsO_3　　B. H_3AsO_4　　C. H_3PO_4　　D. $HBrO_4$

解:根据氧化物及其水合物的酸碱性规律,同一族,相同价态的氧化物的水合物的酸性,自上而下依次减弱,故酸性 $H_3PO_4>H_3AsO_4$;同一周期,相同价态的氧化物的水合物的酸性,自左到右依次增强,故酸性 $HBrO_4>H_3AsO_4$;同一元素不同价态的氧化物的水合物的酸性,高价态大于低价态,故 $H_3AsO_4>H_3AsO_3$,因此 H_3AsO_3 最弱,故答案应选 A。

【例 3-15】下列物质中,酸性最强的是(　　)。

A. NH_3　　B. HVO_3　　C. HNO_3　　D. H_2SiO_3

解:NH_3 为弱碱,呈碱性,根据 V(ⅤB)、Si(ⅣA)、N(ⅤA)在周期表中的位置,酸性大小顺序为 $HNO_3>H_2SiO_3>HVO_3$,HNO_3 酸性最强,故答案应选 C。

3.1.4 化学键和分子结构

1. 化学键

化学键:分子或晶体中相邻的原子(离子)之间的强烈的相互作用。化学键分为金属键、离子键和共价键。

(1) 金属键:金属原子外层价电子游离成为自由电子后,靠自由电子的运动将金属离子或原子联系在一起的作用,称为金属键。

金属键的本质:金属离子与自由电子之间的库仑引力。

(2) 离子键:电负性很小的金属原子和电负性很大的非金属原子相互靠近时,金属原子失电子形成正离子,非金属原子得到电子形成负离子,由正、负离子靠静电引力形成的化学键。

离子键的本质：正、负离子之间的静电引力。

1）离子的外层电子构型。

①2 电子构型：其外层电子构型为 $1s^2$，如 Li^+、Be^{2+}。

②8 电子构型：其外层电子构型为 ns^2np^6，如 K^+、Na^+、Ca^{2+}、Mg^{2+}、Sr^{2+}、Ba^{2+}、Al^{3+}等。

③18 电子构型：其外层电子构型为 $ns^2np^6nd^{10}$，如 Cu^+、Ag^+、Zn^{2+}、Cd^{2+}、Hg^{2+}等。

④9－17 电子构型：其外层电子构型为 $ns^2np^6nd^{1\sim9}$，如 Fe^{2+}、Fe^{3+}、Mn^{2+}、Ni^{2+}、Cu^{2+}、Au^{3+}等。

⑤18+2 电子构型：其外层电子构型为 $(n-1)s^2(n-1)p^6(n-1)d^{10}ns^2$，如 Pb^{2+}、Sn^{2+}、Bi^{3+}等。

【例 3-16】 Ca^{2+}电子构型是（　　）。

A. 18　　B. 8　　C. 18+2　　D. 9−17

解：Ca 是 20 号元素，其核外电子分布式：$1s^22s^22p^63s^23p^64s^2$。

Ca^{2+}电子分布式：$1s^22s^22p^63s^23p^6$。

价电子层上有 8 个电子，属于 8 电子构型，故正确答案为 B。

2）离子的极化与变形性。

极化作用：离子使异号离子极化而变形的作用。

离子变形性：被异号离子极化而发生电子云变形的性质。

影响离子极化的因素：

①电子构型相同，半径接近，电荷越高，离子极化作用越强。

②电子构型相同，电荷相等，半径越小，离子极化作用越强。

③半径和电荷相同，电子构型 18+2（18）>9−17>8

【例 3-17】 在 Li^+、Na^+、K^+、Rb^+中，极化力最大的是（　　）。

A. Li^+　　B. Na^+　　C. K^+　　D. Rb^+

解：4 个元素属于第一主族，电荷数相同，同一主族元素，自上而下随着分子量增大，原子半径增大，离子极化力减小，故 Li^+极化力最大，故答案应选 A。

（3）共价键：分子内原子间通过共用电子对（电子云重叠）所形成的化学键。可用价键理论来说明共价键的形成。

1）价键理论：价键理论认为典型的共价键是在非金属单质或电负性相差不大的原子之间通过电子的相互配对而形成。原子中一个未成对电子只能和另一个原子中自旋相反的一个电子配对成键，且成键时原子轨道的重叠要对称性匹配，并实现最大限度的重叠。

2）共价键的特性。

共价键具有饱和性：共价键的数目取决于成键原子所拥有的未成对电子的数目。

共价键具有方向性：原子轨道重叠要符合对称性原则并满足最大重叠条件。

3）根据重叠的方式不同，共价键分为：

σ 键：原子轨道沿两核连线，以“头碰头”方式重叠，如图 3-2（a）所示。

例如：H_2 中 H—H 键属于 s—s σ 键；HCl 分子中 H—Cl 键属于 s—p_xσ 键；Cl_2 分子中 Cl—Cl 键属于 p_x—p_xσ 键。

π 键：原子轨道沿两核连线以“肩并肩”方式进行重叠，如图 3-2（b）和（c）所示。

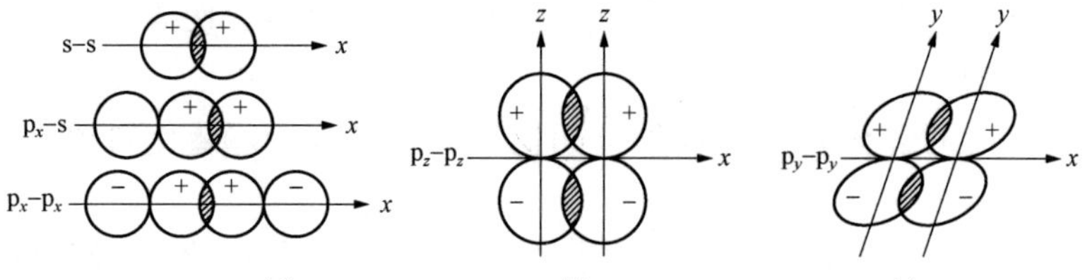

图 3-2　σ 键和 π 键示意图

(a) σ 键;(b)和(c) π 键

例如:

　　双键:σ+π　　　—C═C—:　　　　p_x—p_xσ 键;p_y—p_yπ 键。

　　三键:σ+π+π　N_2 中 N≡N :　　　p_x—p_xσ 键;p_y—p_yπ 键;p_z—p_zπ 键。

【例 3-18】下列物质的化学键中,只存在 σ 键的是(　　)。

A. PH_3　　B. $H_2C{=}CH_2$　　C. CO_2　　D. C_2H_2

解:乙烯 $H_2C{=}CH_2$、二氧化碳 O═C═O、乙炔 HC≡CH 三个分子中含有双键和叁键,既存在 σ 键又存在 π 键,PH_3 分子中只含有单键,只存在 σ 键,故答案应选 A。

2. 键的极性和分子的极性

极性分子和非极性分子用电偶极矩 μ 来区别。

(1) 电偶极矩 $\mu=ql$,式中,q 为正负电荷中心所带电量,l 为正负电荷中心之间的距离。

(2) 极性分子:正负电荷中心不重合的分子。其电偶极矩大于零,即 $\mu>0$,如 H_2O、HX、SO_2、H_2S、HCN 等,其 $\mu>0$,为极性分子。

(3) 非极性分子:正负电荷中心重合的分子。其电偶极矩等于零,即 $\mu=0$,如 CH_4、CCl_4、CO_2、CS_2、N_2、H_2 等,其 $\mu=0$,为非极性分子。

(4) 分子极性与键的极性的关系。

1) 对于双原子分子:分子的极性与键的极性一致,即键是极性的,其分子也是极性的,且键的极性越大,分子的极性越强,如极性 HF>HCl>HBr>HI;若键是非极性的,其分子也是非极性的,如 N_2、H_2、O_2 等。

2) 对于多原子分子:分子的极性与键的极性不一定一致,分子的极性不仅取决于键的极性,而且与分子的空间构型有关。结构对称的分子,键的极性可相互抵消,分子为非极性分子。如 CH_4、CCl_4、CO_2、CS_2 等分子,由于分子空间结构对称,其分子为非极性分子。

注意:同种元素组成的分子电荷分布均匀,分子为非极性分子,不同种元素组成的分子,结构对称的分子为非极性分子,结构不对称的分子为极性分子。

【例 3-19】下列分子中,偶极矩不为零的是(　　)。

A. NF_3　　B. BF_3　　C. $BeCl_2$　　D. CO_2

解:非极性分子偶极矩为零,极性分子偶极矩不为零。NF_3 分子构型为三角锥形,分子结构不对称,为极性分子;BF_3 分子构型为平面正三角形,分子结构对称,为非极性分子;$BeCl_2$、分子构型为直线形,分子结构对称,为非极性分子;CO_2分子构型为直线形,分子结构对称,为非极性分子,可见只有 NF_3分子为极性分子,偶极矩不为零,故答案应选 A。

3. 分子空间构型

杂化轨道是理论上解释分子的各种空间构型的基本理论。杂化轨道理论要点有以下几点:

(1) 原子在形成分子时,能级相近的原子轨道可相互混杂即杂化,杂化后的轨道称为杂化轨道。

(2) 有几个轨道参加杂化,便形成几个杂化轨道,即杂化轨道数目等于参加杂化的轨道数目。

(3) 杂化轨道比未杂化的轨道成键能力更强,形成的分子更稳定。

杂化轨道类型见表 3-4。

表 3-4　　杂化轨道类型

杂化轨道类型	sp 杂化	sp^2 杂化	sp^3 杂化	sp^3 杂化(不等性)	
参加杂化的轨道	一个 s+一个 p	一个 s+两个 p	一个 s+三个 p	一个 s+三个 p	
空间构型	直线形	平面正三角形	正四面体	三角锥形	V 字形
典型实例	$BeCl_2$,BeH_2,$HgCl_2$,$ZnCl_2$,$CdCl_2$,CO_2,CS_2,C_2H_2	BCl_3,BF_3,BBr_3(B,Al,Ga 等 IIIA 元素的卤化物)C_2H_4	CH_4,SiH_4,CCl_4,$SiCl_4$	NH_3,NF_3,PH_3,PCl_3,AsH_3,SbH_3	H_2O,H_2S,OF_2
分子的极性	非极性	非极性	非极性	极性	极性

【例 3-20】下列分子中键有极性,分子也有极性的是(　　)。

A. CCl_4　　B. CO_2　　C. BF_3　　D. NH_3

解: 所有分子中键均为极性,但 CCl_4、CO_2、BF_3 分子结构对称,偶极距为零,为非极性分子。NH_3 为不对称的三角锥形,偶极距不为零,分子为极性分子,故答案应选 D。

【例 3-21】PCl_3 分子的空间几何构型和中心原子杂化类型分别是(　　)。

A. 正四面体,sp^3 杂化　　B. 三角锥形,不等性 sp^3 杂化

C. 正方形,dsp^2 杂化　　D. 正三角形、sp^3 杂化

解: 中心原子 P 以不等性 sp^3 杂化轨道与三个 Cl 原子成键,形成的分子空间构型是三角锥形,故答案应选 B。

【例 3-22】下列(　　)分子的空间构型是平面三角形。

A. CS_2　　B. BF_3　　C. NH_3　　D. PCl_3

解: CS_2 为对称的直线形,NH_3、PCl_3 为三角锥形,只有 BF_3 为平面正三角形,故答案应选 B。

4. 分子间力与氢键

(1) 分子间力。分子间力的类型:

1) 色散力:瞬时偶极和瞬时偶极之间产生的吸引力,色散力普遍存在于一切分子之间。

瞬时偶极:由于分子在某瞬间正负电荷中心不重合所产生的一种偶极。

2）诱导力：由固有偶极和诱导偶极之间所产生的吸引力。

诱导偶极：由于分子受外界电场包括极性分子固有偶极场的影响所产生的一种偶极。

3）取向力：由固有偶极之间所产生的吸引力。

分子间力是色散力、诱导力和取向力的总称，即分子间力=色散力+诱导力+取向力。

不同类型分子之间，作用力类型不同。

非极性分子与非极性分子间之间只有色散力。

非极性分子与极性分子之间具有色散力和诱导力。

极性分子与极性分子之间具有色散力、诱导力和取向力。

分子间力也叫范德华力，其中色散力最普遍，也最重要。同类型分子中，色散力与摩尔质量成正比，故可近似认为分子间力与摩尔质量成正比。例如，分子间力 $I_2>Br_2>Cl_2>F_2$。

分子间力比一般化学键弱得多，没有方向性和饱和性。

【例 3-23】下列各组分子间，只存在色散力的有（　　）。

A. N_2 和 NH_3　　B. Cl_2 和 CCl_4　　C. CO 和 CO_2　　D. H_2S 和 SO_2

解：非极性分子之间只有色散力，N_2、Cl_2、CCl_4、CO_2 为非极性分子；NH_3、CO、H_2S、SO_2 为极性分子。因此只有 Cl_2 和 CCl_4 分子之间只存在色散力，故答案应选 B。

【例 3-24】在 CO 和 N_2 分子之间存在的分子间力有（　　）。

A. 取向力、诱导力和色散力　　B. 氢键

C. 色散力　　D. 色散力、诱导力

解：CO 是极性分子，N_2 是非极性分子，非极性分子与极性分子之间具有色散力、诱导力，故答案应选 D。

（2）氢键。

1）氢键：氢原子除能和电负性较大，半径较小的 X 原子（如 F、O、N）形成强的极性共价键外，还能吸引另一个电负性较大，半径较小的 Y 原子（如 F、O、N）中的孤电子云对形成氢键。

X—H…Y　　　X、Y 为电负性较大的原子（如 F、O、N）

2）氢键和分子间力的强度、数量级相同，但具有方向性和饱和性。

3）分子中含有 F—H 键、O—H 键或 N—H 键的分子能形成氢键。如 HF、H_2O、NH_3、无机含氧酸（HNO_3、H_2SO_4、H_3BO_3 等）、有机羧酸（—COOH）、醇（—OH）、胺（—NH_2）、蛋白质等分子之间都存在氢键。而乙醛（H_3C—CHO）和丙酮（$H_3C—\underset{\underset{O}{\|}}{C}—CH_3$）等醛、酮及醚等分子之间则不能形成氢键。

【例 3-25】下列物质中，同种分子间不存在氢键的是（　　）。

A. HI　　B. HF　　C. NH_3　　D. C_2H_5OH

解：分子内含有 N—H、O—H、F—H 键的分子，同种分子间存在氢键，含有氢键的常见物质 HF、H_2O、NH_3、无机含氧酸（HNO_3、H_2SO_4、H_3BO_3等）、有机羧酸（—COOH）、醇（—OH）、胺（NH_2）、蛋白质等分子之间都存在氢键。因此，HF、NH_3、C_2H_5OH 自身分子间存在氢键，只有 HI 不存在氢键，故答案应选 A。

（3）分子间力对物质性质的影响。

1）物质的熔点和沸点：分子之间作用力越大，其熔点和沸点就越高。

同类型的单质和化合物,其熔点和沸点一般随摩尔质量的增加而增大。因为分子间的色散力随摩尔质量的增加而增大。因氢键的形成能加强分子间的作用力,因此含有氢键的物质比不含氢键的物质熔点和沸点要高。例如:

	HF	HCl	HBr	HI
沸点/℃	20	-85	-57	-36

因 HF 分子间存在氢键,其熔点和沸点比同类型的氢化物要高,出现反常现象。同理 H_2O、NH_3 在同族氢化物中,沸点也出现反常现象。

2）物质的溶解性:“相似者相溶”,即极性溶质易溶于极性溶剂,非极性(或弱极性)溶质易溶于非极性(或弱极性)溶剂。溶质和溶剂的极性越相近,越易互溶。例如,碘易溶于苯或四氯化碳,而难溶于水。

3.1.5 物质状态

1. 晶体的基本类型和性质

(1) 离子晶体。

1）晶格结点上的微粒:正、负离子。

2）微粒间作用力:离子键即正、负离子之间的静电引力。其作用力随离子电荷的增多和半径的减少而增强。

3）晶体中不存在独立的简单分子。例如 NaCl 晶体,表示 $Na^+ : Cl^- = 1 : 1$。

4）晶体的特性:熔点高、硬度大;延展性差;一般易溶于极性溶剂;熔融态或水溶液均易导电。

在相同类型的典型离子晶体中,离子的电荷越多,半径越小,晶体的熔点越高,硬度越大。

离子电荷与半径的规律如下:

①在同一周期中,自左而右随着正离子电荷数的增多,离子半径逐渐减少。例如半径:$Na^+ > Mg^{2+}$;$K^+ > Ca^{2+} > Sc^{3+}$。

②同一元素,随着正离子电荷数的增多,离子半径减少。例如半径:$Fe^{2+} > Fe^{3+}$。

③在同一族中,自上而下离子半径逐渐增大。例如半径:$I^- > Br^- > Cl^- > F^-$。

根据离子电荷与半径的规律,可判断离子键的强弱,从而可判断离子晶体熔点和硬度的大小(表 3-5 和表 3-6)。

表 3-5　电荷数不同、离子半径相同情况下熔点和硬度对比

离子晶体	正、负离子半径/nm	正、负离子电荷数	熔点/℃	硬度
NaF	0.23	+1,-1	993	2.3
CaO	0.231	+2,-2	2614	4.5

表 3-6　电荷数相同、离子半径不同情况下熔点和硬度对比

离子晶体	正离子半径/nm	正、负离子电荷数	熔点/℃	硬度
CaO	0.099	+2,+2	2614	4.5
MgO	0.066	+2,+2	2852	5.5~6.5

(2) 原子晶体。

1）晶格结点上的微粒：原子。

2）微粒间作用力：共价键。

3）晶体中不存在独立的简单分子。例如方石英（SiO_2）晶体，表示 Si∶O＝1∶2。

4）晶体的特性：熔点高、硬度大；延展性差；一般溶剂中不溶；是电的绝缘体或半导体。常见的原子晶体有金刚石（C）和可作半导体材料的单晶硅（Si）、锗（Ge）、砷化镓（GaAs）以及碳化硅（SiC）和方石英（SiO_2）。

（3）分子晶体。

1）晶格结点上的微粒：极性分子或非极性分子。

2）微粒间作用力：分子间力（还有氢键）。在同类型的分子中，分子间力随相对分子质量的增大而增大。

3）晶体中存在独立的简单分子。例如 CO_2 晶体，结点上为 CO_2 分子。

4）晶体的特性：熔点低、硬度小（随相对分子质量的增大而增大）；延展性差；其溶解性遵循"相似者相溶"，极性分子易溶于水、冰醋酸等，非极性分子易溶于有机溶剂，如碘、萘等，熔融态不导电。

（4）金属晶体。

1）晶格结点上的微粒：原子或正离子。

2）微粒间作用力：金属键。

3）晶体中不存在独立的简单分子。

4）晶体的特性：是电和热的良导体，熔点较高、硬度较大；优良的变形性和金属光泽。

注意：当各种晶体放在一起，通常熔点、硬度高低顺序为：原子晶体＞离子晶体＞分子晶体。

【例 3-26】下列物质中，熔点由低到高排列的顺序应该是（　　）。

A. $NH_3 < PH_3 < SiO_2 < CaO$　　B. $PH_3 < NH_3 < CaO < SiO_2$

C. $NH_3 < CaO < PH_3 < SiO_2$　　D. $NH_3 < PH_3 < CaO < SiO_2$

解：SiO_2 为原子晶体，CaO 为离子晶体，NH_3、PH_3 为分子晶体，通常原子晶体熔点最高，离子晶体次之，分子晶体最低，而 NH_3 分子之间由于氢键的存在，熔点比 PH_3 高。因此 $PH_3 < NH_3 < CaO < SiO_2$，故答案应选 B。

2. 过渡型的晶体

（1）链状结构晶体。如石棉，链与链之间的作用力为弱的静电引力；链内的作用力为强的共价键，有纤维性。

（2）层状结构晶体。如石墨六边形层状，层与层之间的作用力是弱的分子间力，可作润滑剂。同层的碳原子以 sp^2 杂化形成共价键，每个原子与另外 3 个碳原子相连，每 6 个碳原子在同一层面形成六边形的环，伸展形成无数六边形的层状结构。另外，每个碳原子的 p 轨道与周围的 3 个碳上的 p 轨道重叠形成共轭大 π 键，每个碳上有一个未成对电子在大 π 键内自由游动，因此，石墨是热和电的良导体。

3. 理想气体

（1）理想气体状态方程

$$pV = nRT, \quad pV = \frac{m}{M}RT \tag{3-1}$$

式中　p——压力，Pa（1atm＝1.01×10^{5}Pa；1atm＝760mmHg）；

V——体积，m^3（1m^3＝10^{3}L）；

T——热力学温度，K；

n——摩尔数，mol；

R——气体常数，R＝8.314J/（K·mol）；

m——质量，g；

M——摩尔质量，g/mol。

（2）分压定律。

1）分压：气体混合物中每一种气体的压力，等于该气体单独占有与混合气体相同体积时所产生的压力。

2）道尔顿分压定律：适于各组分互不反应的理想气体。

①气体混合物总压力等于混合物中各组分气体分压的总和

$$p_{总}=p_A+p_B+\cdots$$

【例 3-27】将 5.0dm^3 压力为 200kPa 的 O_2 与 15.0dm^3 压力为 100kPa 的 H_2，在等温下混合在 20dm^3 的密闭容器中，混合后的总压力为（　　）kPa。

A. 120　　B. 125　　C. 180　　D. 300

解：混合后各组分的分压为

$$p(O_2)=200\text{kPa}\times5.0/20=50\text{kPa}$$

$$p(H_2)=100\text{kPa}\times15/20=75\text{kPa}$$

混合后的总压力为

$$p_{总}=p(O_2)+p(H_2)=50\text{kPa}+75\text{kPa}=125\text{kPa}$$

故答案应选 B。

②混合气体中某组分气体的分压，等于总压力乘以该组分气体的摩尔分数 χ_i。

$$p_i=\frac{n_i}{n_{总}}p_{总}=\chi_i p_{总}$$

分压定律可用来计算混合气体中组分气体的分压、摩尔数或在给定条件下的体积。

【例 3-28】某一温度下，一容器中含有 2.0mol O_2，3.0mol N_2 及 1.0mol Ar，如果混合气体的总压力为 12kPa，则 $p(O_2)$＝（　　）kPa。

A. 4　　B. 2　　C. 3　　D. 6

解：$p(O_2)=p_{总}\times$摩尔分数$=p_{总}\times$体积分数＝12kPa×2/6＝4kPa，故答案应选 A。

3.2　溶液

3.2.1　溶液浓度

（1）质量分数(%)$=\dfrac{溶质的质量(g)}{溶液的质量(g)}\times100\%$

（2）物质的量浓度 $c=\dfrac{溶质的物质的量(mol)}{溶液的体积(dm^3)}$（mol/dm^3）

（3）质量摩尔浓度 $m=\dfrac{溶质的物质的量(mol)}{溶剂的质量(kg)}$（mol/kg）

（4）摩尔分数 $x=\frac{溶质(或溶剂)的物质的量(mol)}{溶质的物质的量(mol)+溶剂的物质的量(mol)}$

注意：$1L=1dm^3$，$1mL=1cm^3$，$1mol/L=1mol/dm^3$。

【例 3-29】现有 100mL 硫酸，测得其质量分数为 98%，密度为 1.84g/mL，其物质的量浓度为(　　)。

A. 18.4mol/L　　B. 18.8mol/L　　C. 18.0mol/L　　D. 1.84mol/L

解：物质的量浓度 $c=\frac{100\times1.84\times98\%}{98\times0.1}mol/L=18.4mol/L$，故答案应选 A。

3.2.2　稀溶液的通性

1. 溶液的蒸汽压下降

（1）蒸汽压(饱和蒸汽压)p^o：在一定温度下，液体和它的蒸汽处于平衡时，蒸汽所具有的压力。

试验证明：难挥发的非电解质稀溶液的蒸汽压总是低于纯溶剂的蒸汽压，其差值称为溶液的蒸汽压下降(Δp)。

（2）拉乌尔定律：在一定温度下，难挥发的非电解质稀溶液的蒸汽压下降(Δp)和溶质(B)的摩尔分数成正比，而与溶质的本性无关。

$$\Delta p = \frac{n_B}{n_A + n_B}p^o$$

【例 3-30】一封闭钟罩中放一杯纯水和一杯糖水，静止足够长时间发现(　　)。

A. 糖水增多而纯水减少　　B. 糖水溢出而纯水消失

C. 纯水增多而糖水减少　　D. 纯水溢出而糖水消失

解：因为糖水溶液蒸汽气压低于纯水，在一个密闭系统中，为了保持平衡，纯水会不断蒸发减少，糖水会不断增多以降低浓度，直到纯水消失，糖水溢出，故答案应选 B。

【例 3-31】溶剂形成溶液后，其蒸汽压(　　)。

A. 一定降低　　B. 一定升高　　C. 不会变化　　D. 无法判断

解：因为蒸汽压下降是难挥发溶液的性质，当溶质是比溶剂更容易挥发的物质时，加入溶质反而会使蒸汽压升高，故答案应选 D。

2. 溶液的沸点上升和凝固点下降

（1）沸点：液相的蒸汽压等于外界压力时的温度，用 T_b 表示。

（2）凝固点：液相蒸汽压和固相蒸汽压相等时的温度，用 T_f 表示。

（3）汽化热：恒温恒压下，液态物质吸热汽化成气态，所吸收的热量称为汽化热。

试验证明：溶液的沸点总是高于纯溶剂的沸点；溶液的凝固点总是低于纯溶剂的凝固点。

利用凝固点下降的原理，冬天可在水箱中加入乙二醇作为防冻剂。

（4）拉乌尔定律：难挥发非电解质稀溶液的沸点上升 ΔT_b 和凝固点下降 ΔT_f 与溶液的质量摩尔浓度 m 成正比，而与溶质的本性无关。

$$\Delta T_b = K_b m \qquad \Delta T_f = K_f m$$

式中　ΔT_b——稀溶液的沸点上升值；

ΔT_f——稀溶液的凝固点下降值；

K_b——溶剂的摩尔沸点上升常数；

K_f——溶剂的摩尔凝固点下降常数。

拉乌尔定律可用来计算溶液的沸点、凝固点或溶质的摩尔质量。

3. 渗透压

(1) 半透膜：只允许溶剂分子透过，而不允许溶质分子（或离子）透过的膜称半透膜，如动物的肠衣、细胞膜、膀胱膜等。

(2) 渗透现象：溶剂透过半透膜而浸入溶液的现象。

若在溶液的液面上施加一定的压力，则可阻止溶剂的渗透。为了使渗透停止必须向溶液液面施加一定的压力。

(3) 渗透压(π)：为维持被半透膜所隔开的溶液与纯溶剂之间的渗透平衡而需要的额外压力。

(4) 渗透压的规律：当温度一定时，稀溶液的渗透压和溶液的摩尔浓度 c 成正比；当浓度一定时，稀溶液的渗透压 π 和温度 T 成正比。

$$\pi V = nRT \qquad \pi = cRT$$

渗透压的规律可用来计算溶液的渗透压和溶质的摩尔质量。

溶液的蒸汽压下降、沸点上升、凝固点下降和渗透压这些性质，与溶质的本性无关，只与溶液中溶质的粒子数有关，称为溶液的依数性。

4. 说明

电解质溶液或者浓度较大的溶液也与非电解质稀溶液一样具有溶液蒸汽压下降、沸点上升、凝固点下降和渗透压等依数性。但是，稀溶液定律所表达的这些依数性与溶液浓度的定量关系不适用于浓溶液和电解质溶液。对于电解质稀溶液，蒸汽压下降、沸点上升、凝固点下降和渗透压的数值都比同浓度的非电解质稀溶液的相应数值要大。

(1) 对同浓度的溶液来说，沸点高低或渗透压大小顺序为：

A_2B 或 AB_2 型强电解质溶液＞AB 型强电解质溶液＞弱电解质溶液＞非电解质溶液。

(2) 对同浓度的溶液来说，蒸汽压或凝固点的顺序正好与上面的相反：

A_2B 或 AB_2 型强电解质溶液＜AB 型强电解质溶液＜弱电解质溶液＜非电解质溶液。

【例 3-32】将质量摩尔浓度均为 0.10mol/kg 的 $BaCl_2$、HCl、HAc，蔗糖水溶液的离子数、蒸汽压、沸点、凝固点和渗透压按从大到小次序排序。

解：按从大到小次序排序如下：

粒子数：$BaCl_2$→HCl → HAc → 蔗糖

蒸汽压：蔗糖 → HAc → HCl → $BaCl_2$

沸　点：$BaCl_2$→ HCl → HAc → 蔗糖

凝固点：蔗糖→ HAc → HCl → $BaCl_2$

渗透压：$BaCl_2$→ HCl → HAc → 蔗糖

【例 3-33】下列物质的水溶液凝固点最低的是（　　）。

A. 0.1mol/L KCl　　B. 0.1mol/L KNO_3

C. 0.1mol/L NaCl　　D. 0.1mol/L K_2SO_4

解：溶液粒子数越多，依数性越大。对于同浓度的溶液，粒子数越多，凝固点下降越多，溶液的凝固点越低，选项 A、B、C 一分子均可解离出 2 个离子，而选项 D 一分子可解离出 3 个离子，选项 D 溶液凝固点下降最多，因此溶液凝固点最低，故答案应选 D。

【例 3-34】定性比较下列四种溶液(浓度都是 0.1mol/kg)的沸点,沸点最高的是(　　)。

A. $Al_3(SO_4)_3$　　B. $MgSO_4$　　C. $CaCl_2$　　D. CH_3CH_3OH

解: 沸点的高低顺序为 $Al_3(SO_4)_3 > CaCl_2 > MgSO_4 > CH_3CH_3OH$,故答案应选 A。

3.2.3 弱电解质溶液的解离平衡

1. 水的电离平衡

$$H_2O(l) \rightleftharpoons H^+(aq) + OH^-(aq)$$

(1) 水的离子积:$K_w^\ominus = c(H^+)c(OH^-)$,25℃,$K_w^\ominus = 1.0\times10^{-14}$。

(2) pH 值:$pH = -\lg[c(H^+)]$, $pOH = -\lg[c(OH^-)]$, $pH + pOH = 14$。

【例 3-35】在 1000cm^3 纯水(25℃)中加入 0.1cm^3 1mol/dm^3 NaOH 溶液,则此溶液的 pH 值为(　　)。

A. 1.0　　B. 4.0　　C. 10.0　　D. 13.0

解: 加入 NaOH 溶液后

$$c(OH^-) = \frac{0.1}{1000} mol/dm^3 = 1.0\times10^{-4} mol/dm^3$$

$pOH = 4$,$pH = 14 - 4 = 10$,故答案应选 C。

【例 3-36】将 pH=13.0 的强碱溶液与 pH=1.0 的强酸溶液以等体积混合,混合后溶液的 pH 值为(　　)。

A. 12.0　　B. 10.0　　C. 7.0　　D. 6.5

解: pH=13.0 的强碱溶液 $c(H^+) = 1.0\times10^{-13} mol/dm^3$,$c(OH^-) = 1.0\times10^{-1} mol/dm^3$;pH=1.0 的强酸溶液 $c(H^+) = 1.0\times10^{-1} mol/dm^3$,两者以等体积混合后,$H^+$ 与 OH^- 完全反应生成 H_2O,因此溶液呈中性,pH=7,故答案应选 C。

2. 酸碱质子理论

(1) 酸:凡能给出 H^+ 的物质称为酸。

(2) 碱:凡能接受 H^+ 的物质称为碱。

一个酸给出质子变为其共轭碱,一个碱得到质子变为其共轭酸。

$$\underset{共轭酸}{HA} \rightleftharpoons H^+ + \underset{共轭碱}{A^+}$$

共轭酸碱对

例如,共轭酸碱对 HAc-NaAc、HF-NH_4F、NH_4Cl-NH_3、H_2CO_3-HCO_3^-、HCO_3^--CO_3^{2-}、$H_2PO_4^-$-HPO_4^{2-} 等。

有的物质既可作为酸给出质子,又可作为碱得到质子,因此具有两性,如 HCO_3^-、$H_2PO_4^-$、HPO_4^{2-} 等。

3. 一元弱酸的解离平衡

如 $HAc(aq) \rightleftharpoons H^+(aq) + Ac^-(aq)$

弱酸的解离常数 $K_a^\ominus = \dfrac{c^{eq}(H^+)c^{eq}(Ac^-)}{c^{eq}(HAc)}$,$K_a^\ominus$ 越大则酸性越强。$K_a^\ominus$ 只与温度有关,在一定温度下,$K_a^\ominus$ 为一常数,不随浓度变化而变。

若弱酸比较弱,$K_a^\ominus < 10^{-4}$,则 $c^{eq}(H^+) \approx \sqrt{K_a^\ominus c_{酸}}$;

解离度 $\alpha = \dfrac{已解离的溶质量}{解离前溶质的总量}\times100\%$,$c^{eq}(H^+) = c\alpha$;

$$HAc(aq) \rightleftharpoons H^+(aq) + Ac^-(aq)$$

平衡浓度/(mol/dm^3)　　$c-c\alpha$　　$c\alpha$　　$c\alpha$

若弱酸比较弱，$K_a^\ominus \approx c\alpha^2$，$\alpha \approx \sqrt{\dfrac{K_a^\ominus}{c_{酸}}}$。

注意：(1)酸的浓度越稀即 $c_{酸}$ 越小，酸的解离度 α 越大，但解离常数不变。

(2)稀释虽然增加了解离度，但由于体积增大，总浓度却减少，一般解离度增大的程度比浓度减少的程度要小得多，因此总的来说，溶液稀释后 H^+ 浓度降低。

【例 3-37】某一元弱酸，浓度为 0.1mol/dm^3，该溶液的 pH=5.15，该一元弱酸的 $K_a^\ominus$ 值是(　　)。

A. 5×10^{-10}　　B. 4×10^{-10}　　C. 4×10^{-9}　　D. 5×10^{-9}

解：$c_a=0.1mol/dm^3$，pH=5.15，$-\lg c(H^+)=5.15$，$c(H^+)=7.08\times10^{-6}$，

$c(H^+)=\sqrt{K_a^\ominus c}$，$(7.08\times10^{-6})^2=K_a^\ominus\times0.1$，$K_a^\ominus=5.0\times10^{-10}$，故答案应选 A。

4. 一元弱碱的解离平衡

如：$NH_3(aq)+H_2O(l) \rightleftharpoons NH_4^+(aq)+OH^-(aq)$

弱碱的解离常数 $K_b^\ominus=\dfrac{c^{eq}(NH_4^+)c^{eq}(OH^-)}{c^{eq}(NH_3)}$，$K_b^\ominus$ 越大，说明碱的碱性越强。

若弱碱比较弱，$K_b^\ominus<10^{-4}$，则 $c^{eq}(OH^-)\approx\sqrt{K_b^\ominus c_{碱}}$，$c^{eq}(H^+)=\dfrac{K_w^\ominus}{c^{eq}(OH^-)}$。

【例 3-38】已知 $K_b^\ominus(NH_3)=1.77\times10^{-5}$，用广泛 pH 试纸测定 0.1$mol/dm^3$ 氨水溶液的 pH 值约为(　　)。

A. 13　　B. 12　　C. 14　　D. 11

解：0.1mol/L 氨水溶液，$c(OH^-)=\sqrt{cK_b^\ominus}=\sqrt{0.1\times1.77\times10^{-5}}\ mol/dm^3=1.33\times10^{-3}\ mol/dm^3$，pOH=2.9，pH=14-pOH=11.1≈11，故答案应选 D。

5. 共轭酸碱对的解离常数的关系

$$K_a^\ominus K_b^\ominus=K_w^\ominus$$

$$HAc \rightleftharpoons Ac^-+H^+,K_a^\ominus;$$

$$Ac^-+H_2O \rightleftharpoons HAc+OH^-,K_b^\ominus$$

$$K_b^\ominus=\frac{K_w^\ominus}{K_a^\ominus}$$

$$NH_3+H_2O \rightleftharpoons NH_4{}^++OH^-,K_b^\ominus$$

$$NH_4^++H_2O \rightleftharpoons NH_3H_2O+H^+,K_a^\ominus;$$

$$K_a^\ominus=\frac{K_w^\ominus}{K_b^\ominus}$$

【例 3-39】已知 $K_a^\ominus(HOAc)=1.8\times10^{-5}$，0.1mol/L NaOAc 水溶液 pH 值是(　　)。

A. 2.87　　B. 11.13　　C. 5.13　　D. 8.88

解：NaOAc 是 HOAc 的共轭碱，一元碱 $c(OH^{-1})=\sqrt{K_b^\ominus\times c}$，又

$$K_b^{\ominus}=\frac{K_w^{\ominus}}{K_a^{\ominus}}=\frac{1.0\times10^{-14}}{1.8\times10^{-5}}=5.6\times10^{-10}$$

$$c(OH^-)=\sqrt{K_b^{\ominus}\times0.1}=\sqrt{5.6\times10^{-10}\times0.1}\,mol/L=7.5\times10^{-6}mol/L$$

$$pOH=-\lg c(OH^-)=-\lg(7.5\times10^{-6})=6-\lg7.5=5.12,pH=14-pOH=14-5.12=8.88$$

故答案应选 D。

6. 多元弱酸碱解离平衡

多元弱酸碱的二级解离往往比一级解离弱得多,可近似按一级解离处理,如

$$H_2S(aq)\rightleftharpoons H^+(aq)+HS^-(aq),K_{a1}^{\ominus}=9.1\times10^{-8}$$

$$HS^-(aq)\rightleftharpoons H^+(aq)+S^{2-}(aq),K_{a2}^{\ominus}=1.1\times10^{-12}$$

$K_{a1}^{\ominus}\gg K_{a2}^{\ominus}$,忽略二级解离,按一级解离处理

$$c^{eq}(H^+)\approx\sqrt{K_{a1}^{\ominus}c_{酸}}$$

$$K_{a2}^{\ominus}=\frac{c(H^+)c(S^{2-})}{c(HS^-)}$$

因 $c^{eq}(H^+)\approx c^{eq}(HS^-)$,根据二级解离平衡,故 $c^{eq}(S^{2-})\approx K_{a2}^{\ominus}$。

【例 3-40】已知 H_2S 的 $K_{a1}^{\ominus}=9.1\times10^{-8}$,$K_{a2}^{\ominus}=1.1\times10^{-12}$,则 0.1mol/dm^3 H_2S 溶液的 pH 值为(　　)。

A. 4.03　　B. 5.97　　C. 6.48　　D. 3.97

解: $c^{eq}(H^+)\approx\sqrt{K_{a1}^{\ominus}c_{酸}}=\sqrt{0.1\times9.1\times10^{-8}}\,mol/dm^3=9.44\times10^{-5}\,mol/dm^3$,$pH=-\lg c^{eq}(H^+)=-\lg(9.44\times10^{-5})=4.03$。故答案应选 A。

7. 盐类水解平衡及溶液的酸碱性

(1) 强碱弱酸盐的水解。强碱弱酸盐水解生成弱酸和强碱,溶液呈碱性。

例如 NaAc 水解:$Ac^-+H_2O\rightleftharpoons HAc+OH^-$,水解常数 $K_h^{\ominus}=\frac{K_w^{\ominus}}{K_a^{\ominus}}$。

(2) 强酸弱碱盐的水解。强酸弱碱盐水解生成弱碱和强酸,溶液呈酸性。

例如 NH_4Cl 水解:$NH_4^++H_2O\rightleftharpoons NH_3\cdot H_2O+H^+$,水解常数 $K_h^{\ominus}=\frac{K_w^{\ominus}}{K_b^{\ominus}}$。

(3) 弱酸弱碱盐水解。水解生成弱酸和弱碱,溶液酸碱性取决于弱酸 $K_a^{\ominus}$ 和弱碱 $K_b^{\ominus}$ 相对强弱大小。

如 NH_4Ac 水解 $NH_4Ac+H_2O\rightleftharpoons NH_3\cdot H_2O+HAc$,因为氨水的 $K_b^{\ominus}$ 与 HAc 的 $K_a^{\ominus}$近似相同,溶液呈中性。

(4) 强酸强碱盐水解,溶液呈中性,如 NaCl 溶液,pH=7。

8. 缓冲溶液

(1) 同离子效应。在弱电解质溶液中,加入与弱电解质具有相同离子的强电解质,使弱电解质的解离度降低,这种现象叫作同离子效应。

在弱酸的溶液中,加入该酸的共轭碱,或在弱碱的溶液中加入该碱的共轭酸,则弱酸或弱碱解离度降低。

例如:在 HAc 溶液中加入 NaAc,使 HAc 解离平衡向左移动,即

$$HAc(aq) \rightleftharpoons H^+(aq) + Ac^-(aq)$$

加入 NaAc,Ac^-浓度增大,平衡左移,从而使 HAc 解离度 α 降低(解离常数 $K_a^\ominus$ 不变),H^+浓度降低,溶液 pH 值升高。

同理,在氨水溶液中加入氯化铵,增加 NH_4^+ 浓度,使氨水解离度降低, OH^-降低,溶液 pH 值降低。

【例 3-41】在 0.1L 0.2mol/L HOAc 溶液中,加入 10g NaOAc 固体,溶液的 pH 变化为(　　)。

A. 降低　　　　B. 升高　　　　C. 不变　　　　D. 无法判断

解:在 HOAc 溶液中加入 NaOAc,HOAc 的解离度下降,H^+浓度下降,pH 值升高,正确答案为 B。

(2)缓冲溶液。由弱酸及其共轭碱(如弱酸与弱酸盐)或弱碱及其共轭酸(如弱碱与弱碱盐)所组成的溶液,能抵抗外加少量强酸、强碱或稍加稀释而使本身溶液 pH 值基本保持不变,这种对酸和碱具有缓冲作用的溶液称缓冲溶液。

说明:缓冲溶液的缓冲能力是有限的,当加入大量的酸碱时,溶液的 pH 值将发生变化。

(3)缓冲溶液种类。一对共轭酸碱对可组成缓冲溶液,通常称为缓冲对。常用的缓冲对有以下几种:

1)弱酸-弱酸盐:如 HAc-NaAc,$HF-NH_4F$;过量的弱酸和强碱,如过量的 HAc 和 NaOH 混合,反应后,过剩的 HAc 和生成的 NaAc 组成缓冲溶液。

2)弱碱-弱碱盐:如 NH_3-NH_4Cl;过量的弱碱和强酸,如过量的 $NH_3 \cdot H_2O$ 和 HCl 混合,反应后,过剩的 NH_3 和生成的 NH_4Cl 组成缓冲溶液。

3)多元酸-酸式盐,多元酸的两种不同的酸式盐,如 $H_2CO_3-NaHCO_3$;$NaHCO_3-Na_2CO_3$;$NaH_2PO_4-Na_2HPO_4$。

注意:过量的弱酸和强碱组成的溶液,表面看弱酸和强碱不是缓冲对,但弱酸和强碱反应后过剩的弱酸和生成的盐组成缓冲溶液。如过量的 HAc 和 NaOH 混合,反应后,过剩的 HAc 和生成的 NaAc 组成缓冲溶液。同理,过量的弱碱和强酸组成缓冲溶液。

【例 3-42】在某温度时,下列体系属于缓冲溶液的是(　　)。

A. 0.100mol/dm^3 的 NH_4Cl 溶液

B. 0.100mol/dm^3 的 NaAc 溶液

C. 0.400mol/dm^3 的 HCl 与 0.200mol/dm^3 $NH_3 \cdot H_2O$ 等体积混合的溶液

D. 0.400mol/dm^3 的 $NH_3 \cdot H_2O$ 与 0.200mol/dm^3 HCl 等体积混合的溶液

解:共轭酸碱对可组成缓冲溶液。选项 A 中 NH_4Cl 为一元弱酸;选项 B 中 NaAc 为一元弱碱;选项 C 中,HCl 与 NH_3 反应完全后,HCl 过量,故为 HCl 和生成的 NH_4Cl 的混合溶液;选项 D 中 HCl 与 NH_3 反应完全后,NH_3 过量,过量的 $NH_3 \cdot H_2O$ 与生成的 NH_4Cl 组成缓冲溶液。故答案应选 D。

【例 3-43】下列溶液混合,对酸碱都有缓冲能力的溶液是(　　)。

A. 100ml 0.2mol/L HOAc 和 100ml 0.1mol/L NaOH 混合

B. 100ml 0.1mol/L HOAc 和 100ml 0.1mol/L NaOH 混合

C. 100ml 0.2mol/L HOAc 和 100ml 0.2mol/L NaOH 混合

D. 100ml 0.2mol/L HCl 和 100ml 0.1mol/L NH_3H_2O 混合

解:选项 A 反应后,剩余的 HOAc 与生成的 NaOAc 组成缓冲溶液;选项 B 与选项 C 均是 HOAc 与 NaOH 量相同,反应后为 NaOAc 溶液;选项 D 是 HCl 过量,HCl 与 NH_3H_2O 反应后的溶液为剩余的 HCl 和生成的 NH_4Cl 混合溶液,不是缓冲溶液,因此正确答案为 A。

(4) 缓冲溶液 pH 值计算

$$\underset{\text{共轭酸}}{HA} \rightleftharpoons H^+ + \underset{\text{共轭碱}}{A^-}$$

对于弱酸及其共轭碱组成缓冲溶液,如 HAc-NaAc。

$$c^{eq}(H^+)=K_a^\ominus\frac{c(\text{共轭酸})}{c(\text{共轭碱})}=K_a^\ominus\frac{c_a}{c_b}$$

$$pH=pK_a^\ominus-\lg\frac{c(\text{共轭酸})}{c(\text{共轭碱})}=pK_a^\ominus-\lg\frac{c_a}{c_b}$$

对于弱碱及其共轭酸组成缓冲溶液,如 NH_3-NH_4Cl。

$$c^{ep}(OH)^-=K_b^\ominus\frac{c(\text{共轭碱})}{c(\text{共轭酸})}=K_b^\ominus\frac{c_b}{c_a}$$

$$pOH=pK_b^\ominus-\lg\frac{c(\text{共轭碱})}{c(\text{共轭酸})}=pK_b^\ominus-\lg\frac{c_b}{c_a}$$

其中,$pK_a^\ominus=-\lg K_a^\ominus$,$pK_b^\ominus=-\lg K_b^\ominus$。

注意:公式中共轭酸碱的浓度,为共轭酸碱对混合后形成缓冲溶液后的浓度。

【例 3-44】 将 $100cm^3$ $0.20mol/dm^3$ HAc 和 $50cm^3$ $0.20mol/dm^3$ NaAc 混合,求混合后溶液的 pH 值。已知 HAc 的解离常数 $K_a^\ominus=1.76\times10^{-5}$。

解:混合后

$$c_{HAc}=\frac{100\times0.20}{150}mol/dm^3=0.133mol/dm^3,\ c_{NaAc}=\frac{50\times0.20}{150}mol/dm^3=0.067mol/dm^3$$

$$pH=pK_a^\ominus-\lg\frac{c_{HAc}}{c_{NaAc}}=-\lg1.76\times10^{-5}-\lg\frac{0.133}{0.067}=4.75-0.30=4.45$$

【例 3-45】 将 $100dm^3$ $0.20mol/dm^3$ NH_3 和 $50dm^3$ $0.20mol/dm^3$ NH_4Cl 混合,求混合后溶液 pH 值。已知 NH_3 的解离常数 $K_b^\ominus=1.76\times10^{-5}$。

解:混合后

$$c_{NH_3}=\frac{100\times0.20}{150}mol/L=0.133mol/dm^3,\ c_{NH_4Cl}=\frac{50\times0.20}{150}mol/dm^3=0.067mol/dm^3$$

$$pOH=pK_b^\ominus-\lg\frac{c_{NH_3}}{c_{NH_4Cl}}=-\lg1.76\times10^{-5}-\lg\frac{0.133}{0.067}=4.45,\ pH=14-pOH=14-4.45=9.55$$

【例 3-46】 各物质浓度均为 $0.1mol/dm^3$ 的下列水溶液中,其 pH 值最小的是( )。
[已知 $K_b^\ominus(NH_3)=1.77\times10^{-5}$,$K_a^\ominus(CH_3COOH)=1.77\times10^{-5}$]

A. NH_4Cl　　B. NH_3　　C. CH_3COOH　　D. $CH_3COOH+CH_3COONa$

解：NH_3 溶液呈碱性，NH_4Cl 溶液为酸性，其 $K_a^\ominus=\frac{K_w^\ominus}{1.77\times10^{-5}}=\frac{1.0\times10^{-14}}{1.77\times10^{-5}}=5.6\times10^{-10}$，可见 $K_a^\ominus(NH_4Cl)<K_a^\ominus(CH_3COOH)$，即酸性 $CH_3COOH>NH_4Cl$，在 CH_3COOH 中加入 CH_3COONa，由于同离子效应，使 CH_3COOH 解离度降低，酸性减弱，因此酸性 $CH_3COOH>CH_3COOH+CH_3COONa$，因此在四种溶液中，$CH_3COOH$ 酸性最大，即 pH 值最小，故答案应选 C。

（5）缓冲溶液的配制。当组成缓冲溶液的共轭酸碱对的浓度相当时，即当 $c_a=c_b$ 时，缓冲溶液缓冲能力最大，此时 $pH=pK_a^\ominus$。

选择缓冲溶液的原则：配制一定 pH 值的缓冲溶液，选择缓冲对时，应使共轭酸的 $pK_a^\ominus$ 与配制溶液的 pH 值相等或接近，即 $pH=pK_a^\ominus$。

例如：配制 pH=5 左右的缓冲溶液，可选 HAc-NaAc 混合溶液（$pK_{HAc}^\ominus=4.74$）；

配制 pH=9 左右的缓冲溶液，可选 NH_3-NH_4Cl 混合溶液（$pK_{NH_4^+}^\ominus=9.26$）；

配制 pH=7 左右的缓冲溶液，可选 $NaH_2PO_4-Na_2HPO_4$ 混合溶液（$pK_{a2}^\ominus=7.20$）。

一般认为，当缓冲对的浓度比在 0.1~10 才具有缓冲作用，缓冲溶液的缓冲范围 $pH=pK_a^\ominus\pm1$。

【例 3-47】配制 pH=9 的缓冲溶液，应选下列何种弱酸（或弱碱）和它们的共轭碱（或共轭酸）来配制（　　）。

A. $K_b^\ominus=9.1\times10^{-9}$　　B. $K_b^\ominus=1.8\times10^{-5}$

C. $K_a^\ominus=1.8\times10^{-5}$　　D. $K_a^\ominus=1.8\times10^{-4}$

解：共轭酸碱对的解离常数的关系为 $K_a^\ominus K_b^\ominus=K_w^\ominus$。

A. $K_a^\ominus=\frac{K_w^\ominus}{K_b^\ominus}=\frac{10^{-14}}{9.1\times10^{-9}}=1.1\times10^{-6}$，$pK_a^\ominus=-\lg1.1\times10^{-6}=5.96$

B. $K_a^\ominus=\frac{K_w^\ominus}{K_b^\ominus}=\frac{10^{-14}}{1.8\times10^{-5}}=5.6\times10^{-10}$，$pK_a^\ominus=-\lg5.6\times10^{-10}=9.25$

C. $pK_a^\ominus=-\lg1.8\times10^{-5}=4.74$

D. $pK_a^\ominus=-\lg1.8\times10^{-4}=3.74$

故应选 B。

3.2.4　难溶电解质的多相解离平衡

1. 溶度积常数

难溶电解质在溶液中，当沉淀和溶解的速率相等时，达到沉淀溶解平衡，如

$$Mg(OH)_2(s)\rightleftharpoons Mg^{2+}(aq)+2OH^-(aq)$$

沉淀溶解平衡的平衡常数称为溶度积（常数），以 $K_s^\ominus$ 表示。

写成一般通式为 $A_nB_m(s)\rightleftharpoons nA^{m+}(aq)+mB^{n-}(aq)$。

（1）溶度积（常数）：$K_s^\ominus(A_nB_m)=[c^{eq}(A^{m+})]^n[c^{eq}(B^{n-})]^m$，$c^{eq}(A^{m+})$ 为 A^{m+} 的平衡浓度，$c^{eq}(B^{n-})$ 为 B^{n-} 的平衡浓度。

溶度积 $K_s^\ominus$ 在一定温度下为一常数。

如 $AgCl(s)\rightleftharpoons Ag^+(aq)+Cl^-(aq)$。

25℃，$K_s^\ominus(AgCl)=[c^{eq}(Ag^+)]\cdot[c^{eq}(Cl^-)]=1.77\times10^{-10}$

$K_s^\ominus(CaF_2)=c^{eq}(Ca^{2+})\cdot[c^{eq}(F^-)]^2=3.4\times10^{-11}$

$K_s^\ominus[Mg(OH)_2]=c^{eq}(Mg^{2+})\cdot[c^{eq}(OH^-)]^2=1.8\times10^{-11}$

（2）溶解度与溶度积 $K_s^\ominus$ 的关系。

1）溶解度 s：每立方分米水溶液中含溶质的摩尔数，mol/dm^3（mol/L）。

2）溶解度 s 与溶度积 $K_s^\ominus$ 的关系：对于 AB 型沉淀，如 AgCl、AgBr、AgI、$CaCO_3$、$CaSO_4$ 等，有

$$CaCO_3(s) \rightleftharpoons Ca^{2+}(aq) + CO_3^{2-}(aq)$$

平衡浓度（mol/dm^3）　　s　　s

$$K_s^\ominus(CaCO_3) = s^2,\ s = \sqrt{K_s^\ominus}$$

对于 A_2B 或 AB_2 型沉淀，如 Ag_2CrO_4、$Mg(OH)_2$ 等，有

$$Ag_2CrO_4(s) \rightleftharpoons 2Ag^+(aq) + CrO_4{}^{2-}(aq)$$

平衡浓度（mol/dm^3）　　$2s$　　s

$$K_s^\ominus(Ag_2CrO_4) = (2s)^2 s = 4s^3,\ s = \sqrt[3]{\frac{K_s^\ominus}{4}}$$

对同一种类型的沉淀，溶度积 $K_s^\ominus$ 越大，溶解度 s 越大；对不同类型的沉淀，要通过计算溶解度 s，再比较溶解度的大小。不能简单地说，$K_s^\ominus$ 越大，溶解度 s 越大。

【例 3-48】 25℃时，AgCl、Ag_2CrO_4 的溶度积分别为 1.77×10^{-10}、1.12×10^{-12}，则其溶解度哪个较大？（　　）

解： AgCl 溶解度为 $s = \sqrt{K_s^\ominus} = \sqrt{1.77\times10^{-10}}\ \text{mol/dm}^3 = 1.33\times10^{-5}\ \text{mol/dm}^3$。

Ag_2CrO_4 的溶解度为 $s = \sqrt[3]{\frac{K_s^\ominus}{4}} = \sqrt[3]{\frac{1.12\times10^{-12}}{4}}\ \text{mol/dm}^3 = 6.54\times10^{-4}\ \text{mol/dm}^3$。

虽然 $K_s^\ominus(AgCl) > K_s^\ominus(Ag_2CrO_4)$，但从计算结果可见溶解度大小为 $Ag_2CrO_4 > AgCl$。

2. 溶度积规则

对一给定的难溶电解质，沉淀能否生成或溶解，可以从离子浓度以计量系数为指数的乘积即反应商 Q 与 K_s 的比较来判断。

$$Q = [c(A^{m+})]^n [c(B^{n-})]^m$$

$$K_s^\ominus(A_nB_m) = [c^{eq}(A^{m+})]^n [c^{eq}(B^{n-})]^m$$

注意： Q 表达式中浓度为任意状态溶液离子浓度，如起始浓度，而 $K_s^\ominus$ 表达式中浓度为平衡浓度。

若：$Q < K_s^\ominus$，不饱和溶液，无沉淀析出或沉淀将溶解；

$Q = K_s^\ominus$，饱和溶液，沉淀和溶解达到平衡；

$Q > K_s^\ominus$，过饱和溶液，有沉淀析出。

如在 FeS 的饱和溶液中，$Q = K_s^\ominus$，加入盐酸后，由于 $S^{2-} + 2H^+ \rightleftharpoons H_2S(g)$，降低 S^{2-} 浓度，使 $Q < K_s^\ominus$，以致 FeS 沉淀溶解。

注意：（1）若有多种沉淀，先满足 $Q = K_s^\ominus$ 者先沉淀，出现分步沉淀现象。

（2）沉淀完全（离子浓度小于 10^{-6}）不等于离子全部沉淀。

【例 3-49】 已知 $K_s^\ominus(AgCl) = 1.77\times10^{-7}$，$K_s^\ominus(AgI) = 8.3\times10^{-17}$，在具有相同氯离子和碘离子的溶液中，加入 $AgNO_3$，则发生的现象是（　　）。

A. Cl^-先沉淀　　　　B. I^-先沉淀

C. Cl^-、I^-同时沉淀　　　　D. 不能确定

解： 因为 AgCl、AgI 同属 AB 型沉淀，且 $K_s^\ominus(AgI) < K_s^\ominus(AgCl)$，$K_s^\ominus$越小，离子浓度的乘积越容易达到溶度积常数，因此 I^-先沉淀，故答案应选 B。

3. 同离子效应

在难溶电解质溶液中，加入与难溶电解质具有相同离子的易溶电解质，可使难溶电解质溶解度降低，这种现象叫作同离子效应。

例如，在 AgCl 溶液中，加入 NaCl，使 AgCl 溶解度下降。

【例 3-50】 难溶电解质 $BaCO_3$ 在下列系统中溶解度最大的是（　　）。

A. $0.1mol/dm^3$ 的 HAc 溶液　　　　B. 纯水

C. $0.1mol/dm^3$ 的 $BaCl_2$ 溶液　　　　D. $0.1mol/dm^3$ Na_2CO_3 溶液

解： $BaCO_3$ 的沉淀溶解平衡为

$$BaCO_3(s) \rightleftharpoons Ba^{2+}(aq) + CO_3^{2-}(aq)$$

$BaCl_2$、Na_2CO_3 溶液，由于同离子效应，使平衡向左移动，$BaCO_3$ 溶解度比在水中减少，A 项中 HAc 解离的 H^+离子，与 CO_3^{2-} 反应，生成 H_2CO_3，H_2CO_3 分解成 CO_2 从溶液中析出，从而使平衡向右即溶解的方向移动，导致 $BaCO_3$ 的溶解度增大，故答案应选 A。

3.3　化学反应速率及化学平衡

3.3.1　反应热与热化学方程式

1. 反应热

在不做体积功的条件下，化学反应的生成物与反应物温度相同时，反应过程中吸收或放出的热量，简称反应热，以符号 q 表示。

2. 热化学反应方程式的写法

(1) 热化学反应方程式。表明化学反应方程式和反应热(q)关系的方程式。

(2) 热化学反应方程式的书写。

1) 标明温度和压力：$T=298.15K$，$p=100kPa$，可省略。

2) 标明物质聚集状态：气态(g)；液态(l)；固态(s)；溶液(aq)。

3) 配平反应方程式：物质前面的计量系数代表物质的量，可为分数。

4) 标明反应热：$q<0$，放热；$q>0$，吸热，单位：kJ/mol。

例：$C(s) + O_2(g) = CO_2(g)$；$q = -393.5kJ/mol$

3. 等容反应热(q_V)

在等容、不做非体积功的条件下，$\Delta U = q_V$，即反应中系统内能的变化量(ΔU)在数值上等于等容热效应 q_V。

4. 焓(H)

热力学系统的状态函数，定义式：$H \equiv U + pV$。

5. 等压反应热(q_p)

在等压，不做非体积功的条件下，$\Delta H = q_p$，即反应的焓变 ΔH 在数值上等于其等压热效应。

因此，若反应在等压条件下，可用反应的焓变 ΔH 表示反应热效应。通常都是在常压条件

下讨论反应的热效应，因此可用焓变表示反应热。

$$\Delta H<0\text{，放热；}\Delta H>0\text{，吸热}$$

6. 反应热效应的理论计算

（1）盖斯（Hess）定律。在恒容或恒压条件下，化学反应的反应热只与反应的始态和终态有关，而与变化的途径无关。

推论：热化学方程式相加减，相应的反应热随之相加减。

即若反应（3）= 反应（1）±反应（2），则 $\Delta H_3=\Delta H_1\pm\Delta H_2$。

① $C(s)+O_2(g)\text{══}CO_2(g)$；$\Delta H_1=-393.5\text{kJ/mol}$

② $CO(g)+1/2O_2(g)\text{══}CO_2(g)$；$\Delta H_2=-283.0\text{kJ/mol}$

则反应①-②，得反应③ $C(s)+1/2O_2(g)\text{══}CO(g)$，故

$$\Delta H_3=\Delta H_1-\Delta H_2=[(-393.5)-(-283.0)]=-110.5\text{kJ/mol}$$

注意：（1）方程式乘以系数，相应反应热也应乘以该系数，如

$$2C(s)+2O_2(g)\text{══}2CO_2(g)\ ;\ \Delta H=-787\text{kJ/mol}$$

因此，若反应（3）= 2（1）± 3（2），则 $\Delta H_3=2\Delta H_1\pm3\Delta H_2$

（2）正逆反应的反应热绝对值相等，符号相反，如

$$CO_2(g)\text{══}C(s)+O_2(g)\ ;\ \Delta H=393.5\text{kJ/mol}$$

（2）反应的标准摩尔焓变 $\Delta_r H_m^\ominus$ 的计算。

1）标准条件。对于不同状态的物质，其标准的含义不同。

气态物质：指气体混合物中，各气态物质的分压均为标准压力 $p^\ominus$，$p^\ominus=100\text{kPa}$。

溶液中水合离子或水合分子：指水合离子或水合分子的有效浓度为标准浓度 $c^\ominus$，$c^\ominus=1\text{mol/dm}^3$。

液体或固体：指在标准压力下的纯液体或纯固体。

2）标准状态。反应中的各物质均处于标准条件下称该反应处于标准状态。以“⊖”表示。

3）物质的标准摩尔生成焓。在标准状态下由指定单质生成单位物质量（1mol）的纯物质时反应的焓变称该物质标准摩尔生成焓。以 $\Delta_f H_m^\ominus$ 表示，常温条件下表示为 $\Delta_f H_m^\ominus(298.15\text{K})$，单位 kJ/mol。

指定单质是指单质中的最稳定态。如 C 的同素异构体有 C（石墨）和 C（金钢石），其中 C（石墨）是 C 的最稳定态。

规定：指定单质标准摩尔生成焓为零，$\Delta_f H_m^\ominus$（单质）= 0，如 $\Delta_f H_m^\ominus(H_2,g)=0$，$\Delta_f H_m^\ominus(O_2,g)=0$。

（3）反应的标准摩尔焓变 $\Delta_r H_m^\ominus$ 的计算。

对于反应：$aA+bB\text{══}gG+dD$

$\Delta_r H_m^\ominus(298.15\text{K})=\{g\Delta_f H_m^\ominus(G,298.15\text{K})+d\Delta_f H_m^\ominus(D,298.15\text{K})\}-\{a\Delta_f H_m^\ominus(A,298.15\text{K})+b\Delta_f H_m^\ominus(B,298.15\text{K})\}$，单位为 kJ/mol。

【例 3-51】 在 298K、100kPa 下，反应 $2H_2(g)+O_2(g)=2H_2O(L)$ 的 $\Delta_r H_m^\ominus=-572\text{kJ/mol}$，则 $H_2O(L)$ 的 $\Delta_f H_m^\ominus$ 是（　　）。

A. 572kJ/mol　　B. −572kJ/mol　　C. 286kJ/mol　　D. −286kJ/mol

解：根据物质的标准摩尔生成焓（$\Delta_f H_m^\ominus$）定义，标准状态下，由指定单质生成单位物质量

(1mol)的纯物质时反应的焓变。

反应 $H_2(g)+1/2O_2(g)=H_2O(L)$ 的热效应 $\Delta_r H_m^\ominus$ 即为 $\Delta_f H_m^\ominus(H_2O)$。

$2H_2(g)+O_2(g)=2H_2O(L)$　①　$\Delta_r H_{m1}^\ominus=-572$ kJ/mol

$H_2(g)+1/2O_2(g)=H_2O(L)$　②　$\Delta_r H_{m2}^\ominus=\Delta_f H_m^\ominus(H_2O)$

②=1/2①，$\Delta_r H_{m2}^\ominus=1/2\Delta_r H_{m1}^\ominus=-286$kJ/mol，即 $\Delta_f H_m^\ominus(H_2O)=-286$kJ/mol，故正确答案为 D。

【例 3-52】 已知 HCl(g)的 $\Delta_f H_m^\ominus=-92$kJ/mol，则反应 $H_2(g)+Cl_2(g)\longrightarrow 2HCl(g)$ 的 $\Delta_r H_m^\ominus$ 为(　　)。

A. 92kJ/mol　　B. −92kJ/molC. −184kJ/molD. 46kJ/mol

解：根据反应热效应的计算公式可知，反应 $H_2(g)+Cl_2(g)\longrightarrow 2HCl$ 的热效应为

$\Delta_r H_m^\ominus(298.15K)=\{2\Delta_f H_m^\ominus(HCl,g,298.15K)\}-\{\Delta_f H_m^\ominus(H_2,g,298.15K)+\Delta_f H_m^\ominus(Cl_2,g,298.15K)\}$

已知 $\Delta_f H_m^\ominus(HCl,g,298.15K)=-92$kJ/mol，根据物质的标准摩尔生成焓定义，稳定态单质的标准摩尔生成焓为零，即

$$\Delta_f H_m^\ominus(H_2,g,298.15K)=\Delta_f H_m^\ominus(Cl_2,g,298.15K)=0$$

将数据代入计算式，则 $\Delta_r H_m^\ominus(298.15K)=2\times(-92kJ/mol)=-184kJ/mol$，因此答案为 C。

【例 3-53】 已知：①$C(s)+O_2(g)$ ══ $CO_2(g)$，$\Delta_r H_m^\ominus(298.15)=-393.5$kJ/mol；

②$H_2(g)+1/2O_2(g)$ ══ $H_2O(l)$，$\Delta_r H_m^\ominus(298.15)=-285.8$kJ/mol；

③$CH_4(g)+2O_2(g)$ ══ $CO_2(g)+2H_2O(l)$，$\Delta_r H_m^\ominus(298.15)=-890.4$kJ/mol。

则甲烷的标准摩尔生成焓 $\Delta_f H_m^\ominus(298.15,CH_4,g)$ 为(　　)kJ/mol。

A. 74.7　　B. −74.7　　C. 211.1　　D. −211.1

解：甲烷的标准摩尔生成反应为

④$C(s)+2H_2(g)=CH_4(g)$，$\Delta_f H_m^\ominus(298.15,CH_4,g)$

由于④=①+2②−③，故

$\Delta_f H_m^\ominus(298.15,CH_4,g)=(-393.5)kJ/mol+2\times(-285.8)kJ/mol-(-890.4)kJ/mol=-74.7kJ/mol$

故答案应选 B。

> **注意**：反应的焓变基本不随温度而变，即 $\Delta H(T)\approx\Delta H(298.15K)$。
> 如 $\Delta H(500K)\approx\Delta H(298.15K)$。

3.3.2 化学反应速率

1. 化学反应速率的表示

化学反应速率(反应速率)　　$v=\nu_B^{-1}\dfrac{dc(B)}{dt}$

式中　ν_B——物质 B 的化学计量数，反应物取负值，生成物取正值；

$\dfrac{dc(B)}{dt}$——反应随时间变化引起的物质 B 浓度的变化率。

对于反应：$aA+bB$ ══ $gG+dD$

反应速率：$v=-\frac{1}{a}\times\frac{dc(A)}{dt}=-\frac{1}{b}\times\frac{dc(B)}{dt}=+\frac{1}{g}\times\frac{dc(G)}{dt}=+\frac{1}{d}\times\frac{dc(D)}{dt}$

例如反应：$N_2+3H_2=2NH_3$

反应速率：$v=-\frac{dc(N_2)}{dt}=-\frac{1}{3}\times\frac{dc(H_2)}{dt}=+\frac{1}{2}\times\frac{dc(NH_3)}{dt}$

化学反应速率大小首先取决于反应物本性，对一给定的反应，反应速率 v 与反应物浓度（压力）、温度、催化剂等因素有关。

2. 浓度的影响和反应级数

（1）质量作用定律：在一定温度下，对于元反应，反应速率与反应物浓度（以反应方程式中相应物质的化学计量数为指数）的乘积成正比。

（2）元反应：即一步完成的反应，又称基元反应或简单反应。

（3）反应速率方程式：

对于元反应：　　$aA + bB = gG + dD$

速率方程式：　　$v=\kappa[c(A)]^a[c(B)]^b$

式中　κ——速率常数，在一定温度和催化剂下，为一常数，κ 值越大，反应速率越大。对同一反应，κ 与浓度或压力无关，只随反应的温度和催化剂而变。κ 是一个量纲不定的常数，反应速率常数 κ 的量纲与反应级数 $n(n=a+b)$ 有关，反应级数不同，反应速率常数 κ 的量纲也不同。

例如，$C_2H_5Cl = C_2H_4 + HCl$　；$v=\kappa c(C_2H_5Cl)$；n=1，一级反应

$NO_2 + CO = NO + CO_2$　；$v=\kappa[c(NO_2)][c(CO)]$；n=2，二级反应

$2NO + O_2 = 2NO_2$　；$v=\kappa[c(NO)]^2[c(O_2)]$；n=3，三级反应

（4）非元反应：即两个或两个以上元反应构成。

反应：$aA+bB=gG+dD$

速率方程式：$v=\kappa[c(A)]^x[c(B)]^y$

式中　n=x+y，x、y 由试验来确定。

例如，在 1073K 时，反应：$2NO + 2H_2 = N_2 + 2H_2O$

经试验确定该反应由两个元反应组成

$2NO + H_2 = N_2 + H_2O_2$（慢）

$H_2O_2 + H_2 = 2H_2O$（快）

总反应速率由慢速步决定。故总反应速率方程式为

$$v=\kappa[c(NO)]^2[c(H_2)]$$

故该反应为三级反应。

因此，对于非元反应，反应级数不能根据反应方程式决定，而应通过试验确定。

注意：在书写反应速率方程式时，反应中液态和固态纯物质的浓度作为常数“1”。

如对于元反应：$aA(s) + bB(g) = gG(g) + dD(g)$

$$v=\kappa[c(B)]^b$$

【例 3-54】对于反应速率常数 k,下列描述正确的是(　　)。

A. 是一个无量纲的常数　　　　　　　　B. 是一个量纲为 $mol \cdot L^{-1} \cdot s^{-1}$的常数

C. 是一个量纲不定的常数　　　　　　　D. 是一个量纲为 $mol^2 \cdot L^{-1} \cdot s^{-1}$的常数

解:化学反应速率方程式:$\upsilon = k[c(A)]^x[c(B)]^y$

反应级数:n=x+y,反应速率 υ 的量纲为 $mol \cdot L^{-1} \cdot s^{-1}$,反应速率常数 k 的量纲与反应级数 n 有关,反应级数不同,反应速率常数 k 的量纲也不同,故正确答案为 C。

3. 温度对反应速率的影响

对大多数反应,温度升高,反应速率增大。温度是通过影响反应速率常数而影响反应速率的。阿仑尼乌斯根据试验得出反应速率常数与温度的定量关系。

(1) 阿仑尼乌斯公式

$$\kappa = Ze^{-\frac{E_a}{RT}}; \quad \ln\kappa = -\frac{E_a}{RT} + \ln Z \tag{3-2}$$

式中　κ——速率常数;

Z——指前因子,对于一定的反应,Z 为一常数,可通过试验确定;

E_a——化学反应的活化能,当催化剂选定,E_a 为一常数,可通过试验确定。

(2) 温度对反应速率的影响。由阿仑尼乌斯公式可见:

1) 温度升高 $T\uparrow$;速率常数升高 $\kappa\uparrow$($\kappa_{正}\uparrow$,$\kappa_{逆}\uparrow$);反应速率升高 $v\uparrow$。

2) 活化能越低 $E_a\downarrow$,反应速率越高 $v\uparrow$。

【例 3-55】下列关于化学反应速率常数 κ 的说法正确的是(　　)。

A. κ 值较大的反应,其反应速率在任何条件下都大

B. 通常一个反应的温度越高,其 κ 值越大

C. 一个反应的 κ 值大小与反应物的性质无关

D. 通常一个反应的浓度越大,其 κ 值越大

解:对于速率常数 κ 值较大的反应,当外界条件改变时(如反应浓度降低),反应速率也可能减少,因此反应速率在任何条件下都大是不正确的;根据阿仑尼乌斯公式,反应的温度越高,反应速率常数 κ 越大,因此选项 B 正确;反应速率常数 κ 是反应的特征常数即与反应物的性质有关,故选项 C 错误;对于一个确定的反应,速率常数 κ 只与温度和催化剂有关,与反应物的浓度和压力无关,选项 D 错误。故答案应选 B。

4. 活化能与催化剂

(1) 活化能对反应速率的影响。由阿仑尼乌斯公式可看出,活化能越低 $E_a\downarrow$,速率常数越高 $\kappa\uparrow$,反应速率越高 $v\uparrow$。

(2) 活化能:活化络合物(或活化分子即能发生反应的分子)的平均能量与反应物分子平均能量之差,即反应发生所必需的最低能量,以表示 E_a。

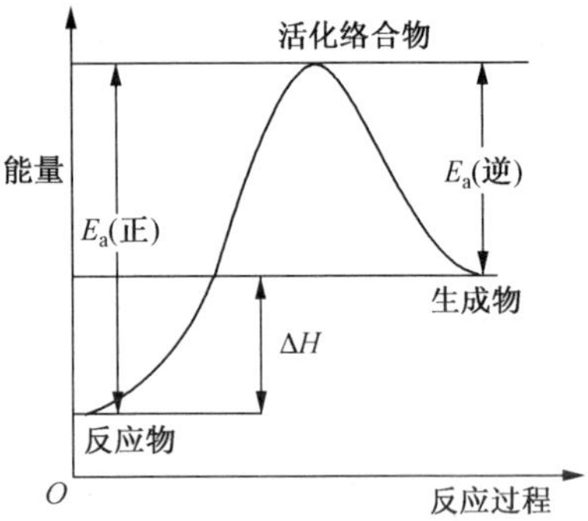

图 3-3　活化能与反应热效应的关系

(3) 活化能与反应热效应的关系(图 3-3)

$$E_a(正) - E_a(逆) \approx \Delta H$$

式中　E_a(正)——正反应活化能;

E_a(逆)——逆反应活化能。

若 E_a(正)$>E_a$(逆),$\Delta H>0$,反应吸热;若 E_a(正)$<E_a$(逆),$\Delta H<0$,反应放热。

(4) 催化剂:改变反应历程,降低反应活化能,加快反应速率。而本身组成、质量及化学性质在反应前后保持不变。

5. 从活化分子、活化能的观点解释加快反应速率的方法

从活化分子、活化能的观点来看,增加活化分子总数可加快反应速率。

活化分子总数=分子总数×活化分子数(%)

(1) 增大浓度。活化分子百分数一定,浓度增大,增加单位体积内分子总数,增加活化分子总数,从而加快反应速率。

(2) 升高温度。分子总数不变,升高温度使更多分子获得能量而成为活化分子,活化分子百分数显著增加,增加活化分子总数,从而加快反应速率。

(3) 催化剂。降低反应的活化能,活化分子百分数显著增加,增加活化分子总数,从而加快反应速率($v_{正}\uparrow$,$v_{逆}\uparrow$)。

【例 3-56】升高温度可以增加反应速率,主要是因为(　　)。

A. 增加了反应物压力　　B. 增加了活化分子百分数

C. 降低了反应的活化能　　D. 使平衡向吸热方向移动

解:升高温度增加反应速率的主要原因是升高温度使更多分子获得能量而成为活化分子,活化分子百分数增加,故答案应选 B。

【例 3-57】下列叙述正确的是(　　)。

A. 质量作用定律适用于任何化学反应

B. 反应速率常数取决于反应温度、反应物种类及反应物的浓度

C. 反应活化能越大,反应速率越快

D. 催化剂只改变反应速率而不会影响化学平衡状态

解:根据质量作用定律,在一定温度下,对于元反应反应速率与反应物浓度(以反应方程式中相应物质的化学计量数为指数)的乘积成正比。质量作用定律只适用于简单的元反应,因此选项 A 错误。速率常数 k 取决于反应物性质、温度及催化剂,与反应物浓度、压力无关,选项 B 错误。根据阿仑尼乌斯公式,活化能 E_a 越低,速率常数 k 升高,反应速率 v 越高,选项 C 错误。催化剂同时加快正逆反应速率,缩短达到平衡的时间,但不能使平衡发生移动,因此选项 D 正确。

3.3.3 化学反应方向判断

1. 熵及反应的熵变

(1) 熵。熵是系统内物质微观粒子的混乱度(或无序度)的量度,符号 S。熵是状态函数,熵值越大,系统混乱度越大。

(2) 热力学第三定律。在绝对零度时,一切纯物质的完美晶体的熵值为零,即 $S(0K)=0$。

(3) 物质的标准摩尔熵。单位物质量的纯物质在标准状态下的规定熵叫作该物质的标准摩尔熵,以 $S_m^{\ominus}$ 表示,单位 J/(mol·K)。

(4) 物质熵值的大小,有如下规律:

1) 对同一物质而言,气态时的熵大于液态时,而液态时的熵又大于固态,即 $S_g>S_l>S_s$,如 $S_m^{\ominus}(H_2O,g,298.15K)>S_m^{\ominus}(H_2O,l,298.15K)>S_m(H_2O,s,298.15K)$。

2) 同一物质,聚集状态相同时,熵值随温度升高而增大,即 $S_{高温}>S_{低温}$,如 $S_m^{\ominus}(Fe,s,500K)>S_m^{\ominus}(Fe,s,298.15K)$。

3）当温度和聚集状态相同时，结构较复杂（内部微观粒子较多）的物质的熵值大于结构简单的，即 S(复杂分子) > S(简单分子)，如 $S_m^\ominus(C_2H_6, g, 298.15K) > S_m^\ominus(CH_4, g, 298.15K)$。

（5）反应的标准摩尔熵变 $\Delta_r S_m^\ominus$。对于反应：$aA + bB = gG + dD$

$$\Delta_r S_m^\ominus(298.15K) = [gS_m^\ominus(G, 298.15K) + dS_m^\ominus(D, 298.15K)] - [aS_m^\ominus(A, 298.15K) + bS_m^\ominus(B, 298.15K)]$$，单位 J/(K·mol)

注意：反应的熵变基本不随温度而变，即 $\Delta S(T) \approx \Delta S(298.15K)$。

2. 化学反应方向（自发性）的判断

（1）吉布斯函数。$G=H-TS$，为一复合状态函数。

（2）吉布斯函数变。$\Delta G=\Delta H-T\Delta S$，此公式称作吉布斯等温方程式。

（3）反应方向（自发性）的判断。

对于恒温、恒压不做非体积功的一般反应，其自发性的判断标准为：

$\Delta G<0$，反应正向自发；

$\Delta G=0$，平衡状态；

$\Delta G>0$，反应逆向自发，正向非自发。

考虑 ΔH 和 ΔS 两个因素的影响，分为以下四种情况：

1）$\Delta H<0$，$\Delta S>0$；$\Delta G<0$，反应在任何温度下均能正向自发。

2）$\Delta H>0$，$\Delta S<0$；$\Delta G>0$，反应在任何温度下均正向非自发。

3）$\Delta H>0$，$\Delta S>0$；升高至某温度时，ΔG 由正值变为负值，反应高温正向自发，低温正向非自发。

4）$\Delta H<0$，$\Delta S<0$；降低至某温度时，ΔG 由正值变为负值，反应低温时正向自发，高温正向非自发。

（4）反应自发进行的临界温度为 $T_C=\dfrac{\Delta H}{\Delta S}$。

【例 3-58】已知反应 $N_2(g)+3H_2(g) = 2NH_3(g)$，$\Delta_r H_m<0$，$\Delta_r S_m<0$，则该反应为（　　）。

A. 低温易自发，高温不易自发　　B. 高温易自发，低温不易自发

C. 任何温度都易自发　　D. 任何温度都不易自发

解：根据 $\Delta_r G_m=\Delta_r H_m-T\Delta_r S_m$，当 $\Delta_r H_m<0$，$\Delta_r S_m<0$，低温趋向于 $\Delta_r G_m<0$，反应正向自发；高温趋向于 $\Delta_r G_m>0$，反应正向非自发。

因此当 $\Delta_r H_m<0$，$\Delta_r S_m<0$，低温易自发，高温不易自发，故答案应选 A。

【例 3-59】某化学反应在任何温度下都可以自发进行，反应需要满足的条件是（　　）。

A. $\Delta_r H_m<0$，$\Delta_r S_m>0$　　B. $\Delta_r H_m>0$，$\Delta_r S_m<0$

C. $\Delta_r H_m<0$，$\Delta_r S_m<0$　　D. $\Delta_r H_m>0$，$\Delta_r S_m>0$

解：根据吉布斯等温方程式 $\Delta_r G_m=\Delta_r H_m-T\Delta_r S_m$，当 $\Delta_r H_m<0$，$\Delta_r S_m>0$，在任何温度下，$\Delta_r G_m<0$，都可以正向自发进行，故答案应选 A。

3.3.4 化学平衡

1. 化学平衡的特征

（1）当正、逆两方向反应速率相等时，即 $v_{正}=v_{逆}$ 系统达到平衡状态。

（2）生成物和反应物的浓度（或压力）不再随时间变化。

（3）化学平衡是有条件的、相对的、暂时的动态平衡，条件改变，平衡会发生移动。

2. 标准平衡常数 $K^\ominus$

（1）当反应达到平衡时，生成物相对浓度（或相对压力）以计量系数为指数的乘积与反应物相对浓度（或相对压力）以计量系数为指数的乘积的比值为一常数，此常数称为反应在该温度下的标准平衡常数，以 $K^\ominus$ 表示。$K^\ominus$ 代表反应进行的程度，$K^\ominus$ 越大，表示反应进行得越彻底。

【例 3-60】 对于一个处于平衡状态的化学反应，以下描述正确的是（　　）。

A. 平衡混合物中各物质的浓度都相等

B. 混合物的组成不随时间而改变

C. 平衡状态状态下正逆反应速率都为零

D. 反应的活化能为零

解： 达到平衡时，$v_{正}=v_{逆}$，生成物和反应物浓度（或压力）不再发生变化（恒定），可见选项 A、C 是错误的，选项 B 是正确的，活化能是反应发生必需的最小能量，活化能不可能为零，选项 D 是错误的，故答案应选 B。

（2）$K^\ominus$ 的表达式。

对于气体反应：$a\mathrm{A(g)}+b\mathrm{B(g)} \rightleftharpoons g\mathrm{G(g)}+d\mathrm{D(g)}$

$$K^\ominus=\frac{[p^{eq}(\mathrm{G})/p^\ominus]^g[p^{eq}(\mathrm{D})/p^\ominus]^d}{[p^{eq}(\mathrm{A})/p^\ominus]^a[p^{eq}(\mathrm{B})/p^\ominus]^b}$$

对于溶液中的反应：$a\mathrm{A(aq)}+b\mathrm{B(aq)} \rightleftharpoons g\mathrm{G(aq)}+d\mathrm{D(aq)}$

$$K^\ominus=\frac{[c^{eq}(\mathrm{G})/c^\ominus]^g[c^{eq}(\mathrm{D})/c^\ominus]^d}{[c^{eq}(\mathrm{A})/c^\ominus]^a[c^{eq}(\mathrm{B})/c^\ominus]^b}$$

式中：$p^\ominus=100\mathrm{kPa}$；$c^\ominus=1\mathrm{mol/dm^3}$，为了表达方便，$c^\ominus$ 有时可以忽略。

说明：

1）对于一个确定的反应，$K^\ominus$ 只是温度的函数，温度一定，$K^\ominus$ 为一常数，不随浓度或压力而变。

2）化学反应中的液态和固态纯物质，作为常数“1”不代入平衡常数表达式，如

$$\mathrm{CaCO_3(s)} \rightleftharpoons \mathrm{CaO(s)+CO_2(g)}$$

$$K^\ominus=p^{eq}(\mathrm{CO_2})/p^\ominus$$

3）$K^\ominus$ 的表达式与反应方程式的书写方式有关，例

$$\mathrm{N_2+3H_2=\!=\!=2NH_3};\ K_1^\ominus$$

$$\frac{1}{2}\mathrm{N_2}+\frac{3}{2}\mathrm{H_2=\!=\!=NH_3};\ K_2^\ominus$$

$$\mathrm{2NH_3=\!=\!=N_2+3H_2};\ K_3^\ominus$$

$$K_1^\ominus=[K_2^\ominus]^2=\frac{1}{K_3^\ominus}$$

【例 3-61】 通常情况下，$K_a^\ominus$、$K_b^\ominus$、$K^\ominus$、$K_{sp}^\ominus$ 它们的共同特性是（　　）。

A. 与有关气体分压有关　　B. 与温度有关

C. 与催化剂种类有关　　D. 与反应物浓度有关

解： $K^\ominus$ 为化学反应的平衡常数，只是温度的函数，在一定温度下为一常数。$K_a^\ominus$ 为酸的解离常数；$K_b^\ominus$ 为碱的解离常数；$K_{sp}^\ominus$ 为难溶电解质的溶度积常数；$K_a^\ominus$、$K_b^\ominus$、$K_{sp}^\ominus$ 都是平衡常数，故都与温度有关。故答案应选 B。

【例 3-62】反应 $A(s)+B(g) \rightleftharpoons 2C(g)$ 在体系中达到平衡,如果保持温度不变,提高体系的总压力(减小体积),平衡向左移动,则 $K^\ominus$ 的变化是(　　)。

A. 增大　　B. 减少　　C. 不变　　D. 无法判断

解:标准平衡常数 $K^\ominus$ 是化学反应的特性常数,仅取决于反应的本性和温度,它不随物质的初始浓度(或分压)变化而改变。一定的反应,只要温度一定,平衡常数就是定值,其他条件改变不会影响它的值,故答案应选 C。

3. 多重平衡规则

如果某个反应可以表示为两个或更多个反应的总和,则总反应的平衡常数等于各反应平衡常数的乘积,可表示为

$$反应(3)=反应(1)+反应(2)；\ K_3^\ominus=K_1^\ominus K_2^\ominus$$

$$反应(3)=反应(1)-反应(2)；\ K_3^\ominus=K_1^\ominus/K_2^\ominus$$

【例 3-63】已知:(1)$C(s)+CO_2(g) \rightleftharpoons 2CO(g)$,$K_1^\ominus$;

(2)$CO(g)+Cl_2(g) \rightleftharpoons COCl_2(g)$,$K_2^\ominus$;

则反应(3)$2COCl_2(g) \rightleftharpoons C(s)+CO_2(g)+2Cl_2(g)$ 的平衡常数为(　　)。

A. $K_1^\ominus \cdot (K_2^\ominus)^2$　　B. $(K_1^\ominus)^2 \cdot K_2^\ominus$　　C. $1/K_1^\ominus \cdot (K_2^\ominus)^2$　　D. $1/(K_1^\ominus)^2 \cdot K_2^\ominus$

解:因为(3)=-[(1)+2(2)],答案为 C。

4. 平衡中的有关计算

(1) 转化率:

$$\alpha=\frac{某反应物已转化的量}{反应物起始时的量}\times 100\%$$

$$=\frac{某反应物起始浓度-某反应物平衡浓度}{某反应物的起始浓度}\times 100\%$$

(2) 有关平衡的计算。

1) 已知初始浓度和转化率,通过化学平衡可求平衡常数。

2) 已知平衡常数和初始浓度,通过化学平衡可求平衡浓度和转化率。

【例 3-64】在一定温度下,将1.0mol $N_2O_4(g)$ 放入一密闭容器中,当反应 $N_2O_4(g) \rightleftharpoons 2NO_2(g)$ 达到平衡时,容器内有 0.8mol $NO_2(g)$,气体总压力为 100.0kPa,则该反应的 $K^\ominus$ 为(　　)。

A. 0.76　　B. 1.3　　C. 0.67　　D. 4.0

解:

	$N_2O_4(g)$	$\rightleftharpoons$	$2NO_2(g)$
反应前物质的量/mol	1.0		0
反应变化的物质量/mol	0.4		0.8
平衡时物质的量/mol	0.6		0.8
平衡时的摩尔分数 x	0.6/1.4		0.8/1.4
平衡分压为	$0.6/1.4\times p_{总}=42.86\text{kPa}$;		$0.8/1.4\times p_{总}=57.14\text{kPa}$

$$K^\ominus=\frac{(p_{NO_2}^{eq}/p^\ominus)^2}{p_{N_2O_4}^{eq}/p^\ominus}=\frac{(57.14/100)^2}{42.86/100}=0.76$$

故答案应选 A。

5. 温度对标准平衡常数的影响

(1) 标准平衡常数 $K^\ominus$ 与 $\Delta_r G_m^\ominus$ 的关系

$$\ln K^\ominus=\frac{-\Delta_r G_m^\ominus}{RT}$$

（2）温度对平衡常数的影响

$$\ln K^{\ominus}=\frac{-\Delta_r G_m^{\ominus}}{RT}=\frac{-\Delta_r H_m^{\ominus}}{RT}+\frac{\Delta_r S_m^{\ominus}}{R}$$

可见，温度对平衡常数的影响与反应的热效应有关。

1）对于吸热反应，$\Delta_r H_m^{\ominus}>0$，随温度升高，平衡常数增大，即 $T\uparrow$，$K^{\ominus}\uparrow$。

2）对于放热反应，$\Delta_r H_m^{\ominus}<0$，随温度升高，平衡常数减少，即 $T\uparrow$，$K^{\ominus}\downarrow$。

3.3.5 化学平衡移动的原理

1. 化学平衡的移动

因条件的改变使化学反应从原来的平衡状态转变到新的平衡状态的过程叫化学平衡的移动。

2. 吕·查德里原理

假如改变平衡系统的条件之一，如浓度、压力或温度，平衡就向能减弱这个改变的方向移动。

（1）浓度对化学平衡的影响。在其他条件不变的情况下，增大反应物的浓度或减少生成物的浓度，都可以使平衡向正反应的方向移动；增大生成物的浓度或减少反应物的浓度，都可以使平衡向逆反应的方向移动。

（2）压力对化学平衡的影响。在其他条件不变的情况下，增大总压力（或减少反应容器的体积）会使化学平衡向着气体分子数减小的方向移动；减小总压力（或增大反应容器的体积），会使平衡向着气体分子数增大的方向移动。若反应前后，气体分子数相等，则压力的变化对平衡的移动没有影响。

如反应 $CO(g)+H_2O(g)\!=\!=\!=H_2(g)+CO_2(g)$，增大或减少总压力，平衡是不发生移动的。

（3）温度对化学平衡的影响。在其他条件不变的情况下，升高温度，会使化学平衡向着吸热反应的方向移动；降低温度，会使化学平衡向着放热反应的方向移动。

注意：催化剂能同样倍数的加快正逆反应速率，故不能使平衡发生移动。

【例 3-65】在合成氨的平衡系统中，已知反应 $N_{2(g)}+3H_{2(g)}\rightleftharpoons 2NH_{3(g)}$，$\Delta H=-92.22\text{kJ/mol}$，为了使平衡向右移动，提高氨的产量，下列措施无效的是（　　）。

A. 升压　　B. 降温　　C. 加入催化剂　　D. 液化分离氨

解：反应正向为气体分子数减少的反应，升高压力平衡正向移动；反应正向为放热反应，降低温度平衡正向移动；催化剂对平衡没有影响，加入催化剂不会提高氨的产量；及时将生成的 $NH_{3(g)}$ 液化分离，生成物的浓度减少，平衡正向移动，可以提高氨的产量。故答案应选 C。

【例 3-66】在一定条件下，已建立平衡的某可逆反应，当改变反应条件使化学平衡向正反应方向移动时，下列有关叙述正确的是（　　）。

A. 生成物的体积分数一定增加　　B. 生成物的产量一定增加

C. 反应物浓度一定降低　　D. 使用了合适的催化剂

解：使化学平衡向正反应方向移动的因素有浓度、压力、温度，无论哪种因素使化学平衡向正反应方向移动，生成物的产量一定增加，故答案应选 B。

【例 3-67】某企业生产一产品，反应的平衡转化率为 65%，为提高生产效率，研制新的催化剂，同样温度下，使用催化剂后，其平衡转化率（　　）。

A. 大于 65%　　B. 小于 65%　　C. 等于 65%　　D. 达到 100%

解:催化剂能加快反应速率,缩短达到平衡的时间,但不能使平衡发生移动,因此使用新的催化剂后,平衡不移动,转化率不变,故答案应选 C。

【例 3-68】密闭容器中进行如下反应:$A(s)+B(g) \rightleftharpoons c(g)$。体系达到平衡后,保持温度不变,将容器体积缩小到原来的 1/2,则 $c(g)$ 的浓度将为原来的(　　)。

A. 1 倍　　B. 0.5 倍　　C. 2/3 倍　　D. 2 倍

解:温度不变,平衡常数则是定值。容器体积缩小,虽然压力增大,但由于反应前后气体分子数相同,平衡不发生移动,容器体积缩小到原来的 1/2 时,体积减半,浓度加倍,故答案应选 D。

3. 利用反应商判断反应移动的方向

(1) 反应商。反应在任意状态(或起始状态)时,生成物相对浓度(或相对压力)以计量系数为指数的乘积与反应物相对浓度(或相对压力)以计量系数为指数的乘积的比值称为反应商,用 Q 表示。

对于气体反应: $aA(g)+bB(g) \rightleftharpoons gG(g)+dD(g)$

$$Q_P=\frac{[p(G)/p^{\ominus}]^g[p(D)/p^{\ominus}]^d}{[p(A)/p^{\ominus}]^a[p(B)/p^{\ominus}]^b}$$

称为压力商。

对于溶液中的反应:$aA(aq)+bB(aq) \rightleftharpoons gG(aq)+dD(aq)$

$$Q_C=\frac{[c(G)/c^{\ominus}]^g[c(D)/c^{\ominus}]^d}{[c(A)/c^{\ominus}]^a[c(B)/c^{\ominus}]^b}$$

称为浓度商。

注意:Q 与 $K^{\ominus}$ 区别:Q 表达式中的量为任意态时的分压或浓度,而 $K^{\ominus}$ 表达式中的量为平衡态时的分压或浓度。

(2) 反应方向(即平衡移动)判断。

当 $Q<K^{\ominus}$ 时,平衡向正反应方向移动;

当 $Q=K^{\ominus}$ 时平衡不移动;

当 $Q>K^{\ominus}$ 时平衡向逆反应方向移动。

【例 3-69】已知 298K 时,反应 $N_2O_4(g) \rightleftharpoons 2NO_2(g)$ 的 $K^{\ominus}=0.1132$,在 298K 时,如 $p(N_2O_4)=p(NO_2)=100kPa$,则上述反应进行的方向为(　　)。

A. 反应向正向进行　　B. 反应向逆向进行

C. 反应处于平衡状态　　D. 无法判断

解: $p^{\ominus}=100kPa$

反应 $N_2O_4(g) = 2NO_2(g)$ 进行到 $p(N_2O_4)=p(NO_2)=100kPa$ 时的反应商

$$Q=\frac{[p(NO_2)/p^{\ominus}]^2}{p(N_2O_4)/p^{\ominus}}=\frac{\left(\frac{100}{100}\right)^2}{\frac{100}{100}}=1>0.1132$$

由于 $Q>K^{\ominus}$,反应逆向进行,故答案应选 B。

3.4 氧化还原反应与电化学

3.4.1 氧化还原反应的概念

1. 氧化反应

物质失去电子的反应称氧化反应即化合价升高的过程,例如

$$Zn - 2e^- \longequal Zn^{2+}$$

2. 还原反应

物质得到电子的反应称还原反应即化合价降低的过程,例如

$$Cu^{2+} + 2e^- \longequal Cu$$

3. 氧化还原电对

氧化态/还原态,例如 Zn^{2+}/Zn、Cu^{2+}/Cu。

4. 氧化剂

得到电子(化合价降低)的物质是氧化剂,例如 Cu^{2+}。

5. 还原剂

失去电子(化合价升高)的物质是还原剂,例如 Zn。

6. 氧化还原反应

有电子转移即元素化合价有变化的反应,例如

$$Zn + Cu^{2+} \longequal Zn^{2+} + Cu$$

氧化还原反应由氧化和还原两个半反应组成。

7. 歧化反应

在同一反应中,同一物质,既可作为氧化剂(元素化合价降低),又可作为还原剂(元素化合价升高),此反应称为歧化反应。卤素单质 Cl_2、Br_2、I_2在碱性溶液中可发生歧化反应。

如反应 $3I_2+6OH^- \longequal IO_3^-+5I^-+3H_2O$ 中,单质 I_2 既是氧化剂又是还原剂。

8. 氧化还原反应方程式的配平

氧化还原反应方程式的配平有离子-电子法和化合价升降法,下面是离子-电子法的配平步骤:

(1) 用离子式写出参加氧化还原反应的反应物和产物,如 $MnO_4^-+Fe^{2+} \longrightarrow Mn^{2+}+Fe^{3+}$。

(2) 写出氧化还原反应的两个半反应:氧化剂得到电子被还原——还原反应

$$MnO_4^-+e^- \longrightarrow Mn^{2+}$$

还原剂失去电子被氧化——氧化反应

$$Fe^{2+}-e^- \longrightarrow Fe^{3+}$$

(3) 配平半反应式。使两边的各种元素原子总数和电荷总数均相等

$$MnO_4^-+8H^++5e^- \longequal Mn^{2+}+4H_2O \quad ①$$

$$Fe^{2+}-e^- \longequal Fe^{3+} \quad ②$$

注意:在配平含氧酸根的半反应时,如两边的氧原子数不相等,一般在酸性介质中,多氧的一边加 H^+,在少氧的一边加 H_2O;在碱性介质中则少氧的一边加 OH^-,在多氧的一边加 H_2O。

(4) 根据氧化剂和还原剂得失电子总数相等的原则，确定各半反应式的系数，并合并之，写出配平的离子方程式和分子方程式。

①+5×②

得

$$MnO_4^- + 5Fe^{2+} + 8H^+ = Mn^{2+} + 5Fe^{3+} + 4H_2O$$

3.4.2 原电池

1. 原电池的组成及电极反应

(1) 原电池。将化学能转化为电能的装置。例如铜锌原电池，如图3-4所示。

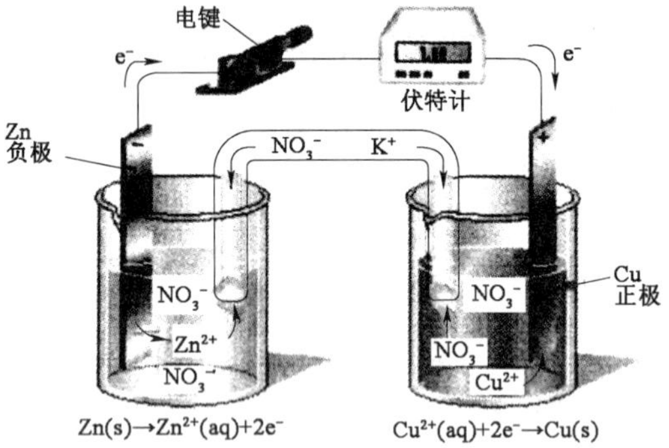

$Zn-Zn(NO_3)_2$ 半电池；$Cu-Cu(NO_3)_2$ 半电池

图 3-4 铜锌原电池

盐桥是一倒插的U形管，内含 KNO_3 饱和溶液的琼脂溶胶。盐桥中的 K^+ 和 NO_3^- 可分别流向 $Zn-Zn(NO_3)_2$ 半电池和 $Cu-Cu(NO_3)_2$ 半电池，保持两边溶液的电中性，使电池反应继续进行。

盐桥的作用是补充电荷、维持电荷平衡，沟通线路。

> **注意：** 盐桥中的电解质不参与电池反应，电子不通过盐桥流动。

(2) 原电池的电极反应（半反应）及电池反应（总反应）。在原电池中，电流由正极流向负极，电子流则由负极流向正极。因此负极给出电子，发生氧化反应；正极得到电子，发生还原反应。正、负极上发生的反应称为电极反应或原电池的半反应。两个半反应合成原电池的总反应。

例如，铜锌原电池：

负极发生氧化反应： $Zn-2e^- = Zn^{2+}$

正极发生还原反应： $Cu^{2+}+2e^- = Cu$

原电池的总反应： $Zn + Cu^{2+} = Zn^{2+} + Cu$

(3) 组成原电池的电极归纳起来分为四类：

1) 金属-金属离子电极，例如：$Zn \mid Zn^{2+}(c)$。

2) 非金属-非金属离子电极，例如：$Pt \mid H_2(p) \mid H^+(c)$。

3) 金属离子电极，例如：$Pt \mid Fe^{3+}(c_1), Fe^{2+}(c_2)$。

4) 金属-金属难溶盐电极，例如：$Ag, AgCl(s) \mid Cl^-(c)$。

> **注意：** (1) 非金属电极及离子电极，必须外加一个能导电而本身并不参加反应的惰性电极[如铂(Pt)、石墨(C)]作辅助电极。
>
> (2) 不同价态离子之间无相界，用(,)隔开。H^+ 离子或 OH^- 离子参与了氧化还原反应，也应写入半电池中。

2. 原电池的图式

(−)B | B+(C) ¦¦ A+(C) | A (+)。“(−)”代表负极，习惯上写在左边；“(+)”代表正极，习惯上写在右边；“|”代表相界面，如固、液两相之间；气、液两相之间；气、固两相之间；“¦¦”代表盐桥。如，铜锌原电池图式为 $(-)Zn \mid Zn^{2+}(c_1) ¦¦ Cu^{2+}(c_2) \mid Cu(+)$。又如，反应

$5Fe^{2+} + 8H^+ + MnO_4^- \xlongequal{} Mn^{2+} + 5Fe^{3+} + 4H_2O$,设计为原电池,原电池图式为

$$(-)Pt|Fe^{3+},Fe^{2+} \parallel MnO_4^-,Mn^{2+},H^+|Pt(+)$$

3.4.3 电极电势

1. 电极电势

金属(或非金属)与溶液中自身离子达到平衡时产生的电势称为电极的电极电势,以 φ 表示。

2. 标准电极电势

(1) 标准氢电极。规定在任何温度下标准氢电极的电极电势为零,即 $\varphi^{\ominus}(H^+/H_2)=0V$,标准氢电极为 $Pt \mid H_2(100kPa) \mid H^+(1mol/dm^3)$。

氢电极的电极反应为 $H_2(g)-2e^- \xlongequal{} 2H^+(aq)$。

(2) 标准电极电势 $\varphi^{\ominus}$。电极处在标准状态(气体分压为 100kPa,离子浓度为 $1mol/dm^3$)时相对于标准氢电极的电极电势,以 $\varphi^{\ominus}$ 表示。将待测电极与标准氢电极组成原电池,可求待测电极的标准电极电势。$\varphi^{\ominus}$ 在一定温度下为一常数,应用时可查表得到。

注意:(1) $\varphi^{\ominus}$ 电极电势代数值是反映物质得失电子倾向的大小,与物质的数量无关。因此,$\varphi^{\ominus}$ 不随电极反应计量系数的改变而变化。

(2) $\varphi^{\ominus}$ 代数值与半反应的方向无关。例:

$Cu^{2+}+2e^- \xlongequal{} Cu$, $\varphi^{\ominus}=+0.34V$; $Cu-2e^- \xlongequal{} Cu^{2+}$, $\varphi^{\ominus}=+0.34V$

(3) 原电池电动势:$E=\varphi(+)-\varphi(-)$。原电池标准电动势:$E^{\ominus}=\varphi^{\ominus}(+)-\varphi^{\ominus}(-)$。

电极电势 φ 高的电极作正极,电极电势 φ 低的电极作负极,$E>0$,原电池正常工作,电流从正极流向负极。

(4) 参比电极。由于标准氢电极要求氢气纯度高、压力稳定,并且铂在溶液中易吸附其他组分而失去活性。因此,实际上常使用易于制备、电极电势稳定的甘汞电极或氯化银电极做电极电势的对比参考,称为参比电极。

氯化银参比电极:$Ag|AgCl|Cl^-(c)$

甘汞电极:$Pt|Hg|Hg_2Cl_2|Cl^-(c)$

3. 电动势的能斯特方程

原电池反应: $aA + bB \xlongequal{} gG + dD$,298K 时

$$E=E^{\ominus}-\frac{0.05917}{n}\lg\frac{[c(G)/c^{\ominus}]^g[c(D)/c^{\ominus}]^d}{[c(A)/c^{\ominus}]^a[c(B)/c^{\ominus}]^b}$$

其中,$c^{\ominus}=1mol/dm^3$,可省略。

$$E^{\ominus}=\varphi^{\ominus}(+)-\varphi^{\ominus}(-)$$

随反应的进行,生成物浓度不断增大,反应物浓度不断减小,因此原电池的电动势将不断减小。

【例 3-70】 求反应 $Ni(s)+Cu^{2+}(1.0mol/dm^3) \xlongequal{} Ni^{2+}+(0.1mol/dm^3)+Cu(s)$ 组成的电池电动势。$\varphi^{\ominus}(Cu^{2+}/Cu)=0.3419V$;$\varphi^{\ominus}(Ni^{2+}/Ni)=-0.257V$。

解: 负极:$Ni(s)-2e^- \xlongequal{} Ni^{2+}(aq)$

正极:$Cu^{2+}(aq)+2e^- \xlongequal{} Cu(s)$

$$E = [\varphi^\ominus(Cu^{2+}/Cu) - \varphi^\ominus(Ni^{2+}/Ni)] - \frac{0.059}{2}\lg\frac{c(Ni^{2+})}{c(Cu^{2+})}$$

$$= [0.34-(-0.26)]\ V - \frac{0.059}{2}\lg\frac{0.10}{1.0}V = 0.63V$$

4. 电极电势的能斯特方程

对任意给定的电极：a(氧化态)+ne^-=b(还原态)

$$\varphi = \varphi^\ominus + \frac{RT}{nF}\ln\frac{[c(\text{氧化态})/c^\ominus]^a}{[c(\text{还原态})/c^\ominus]^b}$$

在 T=298.15K 时，$$\varphi = \varphi^\ominus + \frac{0.05917}{n}\lg\frac{[c(\text{氧化态})/c^\ominus]^a}{[c(\text{还原态})/c^\ominus]^b}$$

其中，$c^\ominus = 1mol/dm^3$，可省略。

如 $$Fe^{3+}(aq) + e^- = Fe^{2+}(aq)$$

$$\varphi = \varphi^\ominus(Fe^{3+}/Fe^{2+}) + 0.05917\lg\frac{c(Fe^{3+})}{c(Fe^{2+})}$$

注意：(1) 参加电极反应的物质若是纯物质或纯液体，则该物质的浓度作为常数 1。

$$Cu^{2+}(aq) + 2e^- \longrightarrow Cu(s)$$

$$\varphi = \varphi^\ominus(Cu^{2+}/Cu) + \frac{0.05917}{2}\lg c(Cu^{2+})$$

(2) 若电极反应中某物质是气体，则用相对分压$\frac{p}{p^\ominus}$代替相对浓度$\frac{c}{c^\ominus}$。

如氢电极，电极反应为 $2H^+(aq) + 2e^- \longrightarrow H_2(g)$，其能斯特方程为

$$\varphi(H^+/H_2) = \varphi^\ominus(H^+/H_2) + \frac{0.05917}{2}\lg\frac{[c(H^+)]^2}{p(H_2)/p^\ominus}$$

其中，$p^\ominus = 100kPa$，不可省略。

(3) 对于有 H^+或 OH^-参加的电极反应，其浓度及其计量系数也应写入能斯特方程。如电极反应：$MnO_4^- + 8H^+ + 5e^- \longrightarrow Mn^{2+} + 4H_2O$，其能斯特方程为

$$\varphi(MnO_4^-/Mn^{2+}) = \varphi^\ominus(MnO_4^-/Mn^{2+}) + \frac{0.05917}{5}\lg\frac{[c(MnO_4^-)][c(H^+)]^8}{c(Mn^{2+})}$$

可见，随 H^+浓度增加，pH 降低，电极电势升高，且溶液 pH 值对含氧酸盐的电极电势影响很大。

(4) 根据电极电势的能斯特方程，求出正、负极的电极电势，再据 $E = \varphi_{(+)} - \varphi_{(-)}$，进一步可求出原电池电动势。

【例 3-71】已知 $E^\ominus(Fe^{3+}/Fe^{2+}) = 0.771V$，$E^\ominus(Fe^{2+}/Fe) = -0.44V$，$K_s^\ominus[Fe(OH)_3] = 2.79\times10^{-39}$，$K_s^\ominus[Fe(OH)_2] = 4.87\times10^{-17}$，有如下原电池

$$(-)Fe|Fe^{2+}(1.0mol/L) \,\|\, Fe^{3+}(1.0mol/L),\ Fe^{2+}(1.0mol/L)\ |Pt(+)$$

如向两个半电池中均加入 NaOH，最终均使出 $c(OH^-) = 1.0mol/L$，则原电池电动势的变化是(　　)。

A. 变大　　　　B. 变小　　　　C. 不变　　　　D. 无法判断

解:对应电池(-)Fe|Fe^{2+}(1.0mol/L) ¦¦ Fe^{3+}(1.0mol/L), Fe^{2+}(1.0mol/L) |Pt(+),该电池电动势半反应:

负极:$Fe - 2e^- = Fe^{2+}$,$\varphi^\ominus(Fe^{2+}/Fe) = -0.44V$

正极:$2Fe^{3+} + 2e^- = 2Fe^{2+}$,$\varphi^\ominus(Fe^{3+}/Fe^{2+}) = 0.771V$

此时,电池电动势为 $E^\ominus = \varphi^\ominus(+) - \varphi^\ominus(-) = 0.771V - (-0.44)V = 1.21V$

如向两个半电池中均加入 NaOH 后,发生下列反应

$$Fe^{2+} + 2OH^- = Fe(OH)_2;Fe^{3+} + 3OH^- = Fe(OH)_3$$

其中,$Fe(OH)_3$和 $Fe(OH)_2$为固体沉淀。

$$K_s^\ominus[Fe(OH)_2] = c^{eq}(Fe^{2+})[c^{eq}(OH^-)]^2 = 4.87\times10^{-17};$$

$$c(Fe^{2+}) = \frac{K_s^\ominus[Fe(OH)_2]}{[c(OH^-)]^2}$$

$$K_s^\ominus[Fe(OH)_3] = c^{eq}(Fe^{3+})[c^{eq}(OH^-)]^3 = 2.79\times10^{-39};$$

$$c(Fe^{3+}) = \frac{K_s^\ominus[Fe(OH)_3]}{[c(OH^-)]^3}$$

加入 NaOH 后,$c(OH^-) = 1.0mol/L$,计算此时正负电极的电极电势。

负极:

$$\begin{aligned}\varphi(-) &= \varphi^\ominus + \frac{1}{2}\lg c(Fe^{2+})\\ &= \varphi^\ominus + \frac{0.059}{2}\lg\frac{K_s^\ominus[Fe(OH)_2]}{[c(OH^-)]^2}\\ &= -0.44V + \frac{0.059}{2}\lg\frac{4.87\times10^{-17}}{1}V = -0.92V\end{aligned}$$

正极:

$$\begin{aligned}\varphi(+) &= \varphi^\ominus + 0.059\lg\frac{c(Fe^{3+})}{c(Fe^{2+})}\\ &= \varphi^\ominus + 0.059\lg\frac{K_s^\ominus[Fe(OH)_3]/[c(OH^-)]^3}{K_s^\ominus[Fe(OH)_2]/[c(OH^-)]^2}\\ &= 0.771V + 0.059\lg\frac{2.79\times10^{-39}}{4.87\times10^{-17}}V = -0.54V\end{aligned}$$

原电池电动势:$E = \varphi(+) - \varphi(-) = (-0.54V) - (-0.92V) = 0.38V$

可见加入 NaOH 后,原电池电动势变小,故答案应选 B。

【例 3-72】 当 pH=10 时,氢电极的电极电势是(　　)V。

A. -0.59　　　　B. -0.30

C. 0.30　　　　D. 0.59

解:$p(H_2) = p^\ominus = 100kPa$,pH=10,$c(H^+) = 10^{-10}mol/dm^3$,$\varphi^\ominus(H^+/H_2) = 0.0000V$,代入氢电极能斯特方程计算。

$$\varphi(H^+/H_2) = \varphi^\ominus(H^+/H_2) + \frac{0.059}{2}\lg\frac{c^2(H^+)}{P(H_2)/P^\ominus} = 0.0000V + \frac{0.059}{2}\lg\frac{(10^{-10})^2}{100/100}V = -0.59V。$$

故答案应选 A。

【例 3-73】 有原电池 (-)Zn|ZnSO$_4$(c_1) ‖ CuSO$_4$(c_2)|Cu(+),如向铜半电池中通入硫化氢,则原电池的电动势变化趋势为(   )。

A. 变大　　B. 变小

C. 不变　　D. 无法判断

解: 对于这个原电池,锌半电池作为原电池负极,铜半电池作为原电池正极。铜半电池电极反应为 $Cu^{2+}+2e^{-}=Cu(s)$,其电极电势为 $\varphi(+)=\varphi^{\ominus}+\frac{0.059\ 17}{2}\lg c(Cu^{2+})$。

当铜半电池中通入硫化氢后,发生如下反应:$Cu^{2+}+H_2S=CuS(s)+2H^{+}$。由于 Cu^{2+} 生成 CuS 沉淀,Cu^{2+} 浓度降低,因此正极电极电势减少,此时原电池电动势随之减少。故答案应选 B。

【例 3-74】 已知 $E^{\ominus}(Cu^{2+}/Cu)=0.34V$,现测得 $E(Cu^{2+}/Cu)=0.30V$,说明该电极中 $c(Cu^{2+})$ 为(   )。

A. $c(Cu^{2+})>0.1mol/L$　　B. $c(Cu^{2+})<0.1mol/L$

C. $c(Cu^{2+})=0.1mol/L$　　D. 不确定

解: 铜电极的电极反应为 $Cu^{2+}+2e^{-1}=Cu$。

当 $c(Cu^{2+})=0.1mol/L$ 时,$\varphi(Cu^{2+}/Cu)=0.34+\frac{0.059}{2}\lg 0.1=0.34V-0.029\ 5V=0.310\ 5V$。

现测得 $E(Cu^{2+}/Cu)=0.30V<\varphi(Cu^{2+}/Cu)=0.310\ 5V$,由此可见,$c(Cu^{2+})<0.1mol/L$,故答案应选 B。

【例 3-75】 已知 $E^{\ominus}(ClO_3^-/Cl^-)=1.45V$,现测得 $E(ClO_3^-/Cl^-)=1.41V$,并测得 $c(ClO_3^-)=c(Cl^-)=1mol/L$,可判断电极中(   )。

A. pH=0　　B. pH>0　　C. pH<0　　D. 无法确定

解: $ClO_3^-+6H^++6e^-=Cl^-+3H_2O$,$\varphi=\varphi^{\ominus}+\frac{0.059}{6}\lg\frac{c(ClO_3^-)\,c(H^+)^6}{c(Cl^-)}$。

已知 $c(ClO_3^-)=c(Cl^-)=1mol/L$,则 $pH=-\lg c(H^+)$。

$\varphi=\varphi^{\ominus}+0.059\lg c(H^+)=\varphi^{\ominus}-0.059pH$,则 $\varphi-\varphi^{\ominus}=-0.059pH$。

$E^{\ominus}(ClO_3^-/Cl^-)=\varphi^{\ominus}=1.45V$,$E(ClO_3^-/Cl^-)=\varphi=1.41V$,则 $\varphi-\varphi^{\ominus}<0$,pH>0。

故答案应选 B。

【例 3-76】 关于电对的电极电势,下列叙述错误的是(   )。

A. 电对中如氧化型物质浓度增大时,则电对的电极电势增大

B. 电对中如氧化型物质生成沉淀时,则电对的电极电势减少

C. 有 H^+ 和 OH^- 离子参与的电极反应,溶液酸性越强,则电对电极电势越大

D. 电对的电极电势与温度没有关系

解: 根据氧化还原电对的电极电势能斯特方程式:

$$\varphi=\varphi^{\ominus}+\frac{RT}{nF}\ln\frac{[c(\text{氧化态})/c^{\ominus}]^{a}}{[c(\text{还原态})/c^{\ominus}]^{b}}$$

电对的电极电势与温度有关系,选项 D 是错误的;氧化型物质浓度增大时,则电对的电极电势增大;氧化型物质生成沉淀,氧化型物质浓度减少,则电对的电极电势减少;对于有 H^+ 或

OH^-参加的电极反应，溶液的酸性越强，电对的电极电势越大，选项 A、B、C 都是正确的。

3.4.4 电极电势的应用

1. 比较氧化剂、还原剂的相对强弱

电极电势代数值越大，表明电对中氧化态物质氧化性越强，对应还原态物质还原性越弱；电极电势代数值越小，表明电对中还原态物质还原性越强，对应氧化态物质氧化性越弱。

已知 $\varphi^\ominus(MnO_4^-/Mn^{2+})=1.507V$，$\varphi^\ominus(Br_2/Br^-)=1.066V$，$\varphi^\ominus(I_2/I^-)=0.5355V$。则氧化性强弱顺序为 $MnO_4^- > Br_2 > I_2$，还原性强弱顺序为 $I^- > Br^- > Mn^{2+}$。

【例 3-77】 已知 $\varphi^\ominus(Cu^{2+}/Cu)=+0.3419V$，$\varphi^\ominus(Fe^{3+}/Fe^{2+})=+0.771V$，$\varphi^\ominus(Sn^{4+}/Sn^{2+})=+0.151V$，$\varphi^\ominus(I_2/I^-)=+0.5355V$。其还原态还原性由强到弱的顺序为（　　）。

A. $Cu > I^- > Fe^{2+} > Sn^{2+}$　　B. $I^- > Fe^{2+} > Sn^{2+} > Cu$

C. $Sn^{2+} > Cu > I^- > Fe^{2+}$　　D. $Fe^{2+} > Sn^{2+} > I^- > Cu$

解： $\varphi^\ominus$越小，其还原态还原性越强。电极电势大小顺序为 $\varphi^\ominus(Sn^{4+}/Sn^{2+}) < \varphi^\ominus(Cu^{2+}/Cu) < \varphi^\ominus(I_2/I^-) < \varphi^\ominus(Fe^{3+}/Fe^{2+})$，因此还原性强弱顺序为 $Sn^{2+} > Cu > I^- > Fe^{2+}$，故答案应选 C。

2. 判断氧化还原反应进行的方向

$E>0$：反应正向自发进行；

$E=0$：反应平衡；

$E<0$：反应逆向自发进行。

电极电势代数值大的电对中氧化态物质作氧化剂，电极电势代数值小的电对中还原态物质作还原剂，此时 $E>0$，反应正向自发进行。

$\varphi^\ominus(Sn^{2+}/Sn)=-0.1375V$；$\varphi^\ominus(Pb^{2+}/Pb)=-0.1262V$。在标准状态下，反应方向为 $Sn+Pb^{2+} \longrightarrow Sn^{2+}+Pb$。同样，若已知反应的方向，可判断氧化还原电对电极电位的高低。

已知在标准状态下，下列反应能正向自发进行

$$2Fe^{3+} + Sn^{2+} = 2Fe^{2+} + Sn^{4+}$$

$$Cl_2 + Fe^{2+} = 2Cl^- + Fe^{3+}$$

则电极电位高低顺序为 $\varphi^\ominus(Cl_2/Cl^-) > \varphi^\ominus(Fe^{3+}/Fe^{2+}) > \varphi^\ominus(Sn^{4+}/Sn^{2+})$。

【例 3-78】 下列物质与 H_2O_2 水溶液相遇时，能使 H_2O_2 显还原性的是（　　）。

[已知：$\varphi^\ominus(MnO_4^-/Mn^{2+})=1.507V$，$\varphi^\ominus(Sn^{4+}/Sn^{2+})=0.151V$，$\varphi^\ominus(Fe^{3+}/Fe^{2+})=0.771V$，$\varphi^\ominus(O_2/H_2O_2)=0.695V$，$\varphi^\ominus(H_2O_2/H_2O)=1.776V$，$\varphi^\ominus(O_2/OH^-)=0.401V$]

A. $KMnO_4$（酸性）　B. $SnCl_2$　　C. Fe^{2+}　　D. NaOH

解： 电极电位的大小顺序为 $\varphi^\ominus(H_2O_2/H_2O) > \varphi^\ominus(MnO_4^-/Mn^{2+}) > \varphi^\ominus(O_2/H_2O_2) > \varphi^\ominus(Fe^{3+}/Fe^{2+}) > \varphi^\ominus(O_2/OH^-) > \varphi^\ominus(Sn^{4+}/Sn^{2+})$，可见 MnO_4^- 作为氧化剂可氧化 O_2/H_2O_2 电对中还原态 H_2O_2，即 $KMnO_4$ 可使 H_2O_2 显还原性。而在 H_2O_2/H_2O 电对中，H_2O_2是氧化态，故答案应选 A。

3. 计算氧化还原反应进行的程度

氧化还原反应进行的程度可用标准平衡常数 $K^\ominus$来表示。在 298.15K 时，

$$\lg K^\ominus = \frac{nE^\ominus}{0.05917};\ E^\ominus = \varphi^\ominus_{(+)} - \varphi^\ominus_{(-)}\ (n\ 为反应得失电子的摩尔数)$$

【例 3-79】反应 $3A^{2+}+2B \xlongequal{} 3A+2B^{3+}$ 组成原电池时，其标准电动势为 1.8V，改变系统浓度后，其电动势变为 1.5V，则此时该反应在 25℃的 $\lg K^{\ominus}=$(　　)。

A. $\dfrac{3\times1.8}{0.0592}$　　B. $\dfrac{3\times1.5}{0.0592}$　　C. $\dfrac{6\times1.5}{0.0592}$　　D. $\dfrac{6\times1.8}{0.0592}$

解：标准电动势和平衡常数是不随浓度变化而变化，因为温度不变，所以 $E^{\ominus}$ 和 $K^{\ominus}$ 均不变，反应 $n=6$，$\lg K^{\ominus}=\dfrac{nE^{\ominus}}{0.0592}=\dfrac{6\times1.8}{0.0592}$，故答案应选 D。

3.4.5　标准电势图及其应用

(1)一种元素具有多种氧化态时，可以构成多个氧化还原电对。通常将元素的各种氧化态，按氧化数由高到低，从左到右依次排列，每两种氧化态之间标出相应电对的标准电极电势，所构成的图形称为元素的标准电势图。

(2)元素电势图的主要应用。

1) 利用元素电势图求未知电对的标准电极电势 $\varphi^{\ominus}$。

$$\underbrace{A \xrightarrow[n_1]{\varphi_1^{\ominus}} B \xrightarrow[n_2]{\varphi_2^{\ominus}} C}_{\varphi^{\ominus}(A/C)}$$

$$\varphi^{\ominus}(A/C)=\frac{n_1\varphi_1^{\ominus}+n_2\varphi_2^{\ominus}}{n_1+n_2}$$

2) 判断歧化反应能否发生。

$$A \xrightarrow{\varphi^{\ominus}(左)} B \xrightarrow{\varphi^{\ominus}(右)} C$$

如果 $\varphi^{\ominus}(右)>\varphi^{\ominus}(左)$，则在 B/C，A/B 两电对中，B 物质既是较强的氧化剂，又是较强的还原剂，则歧化反应 $B \xlongequal{} A+C$ 一定可以发生。

如果 $\varphi^{\ominus}(右)<\varphi^{\ominus}(左)$，则 A 和 C 可发生逆歧化反应即

$$A+C \xlongequal{} B$$

【例 3-80】已知 $Fe^{3+} \xrightarrow{+0.771V} Fe^{2+} \xrightarrow{-0.44V} Fe$，则 $\varphi^{\ominus}(Fe^{3+}/Fe)=$(　　)。

A. 0.331V　　B. 1.211V　　C. −0.036V　　D. 0.110V

解：$\varphi^{\ominus}(Fe^{3+}/Fe)=\dfrac{0.771+2\times(-0.44)}{1+2}V=-0.03633V$，故答案应选 C。

3.4.6　金属的腐蚀及防护

1. 金属的腐蚀

当金属与周围介质接触时，由于发生化学作用或电化学作用而引起的破坏作用。

2. 金属腐蚀的分类

(1) 化学腐蚀。金属与干燥的腐蚀性气体或有机物发生的化学反应引起的腐蚀称化学腐蚀。化学腐蚀发生在非电解质溶液中或干燥的气体中，在腐蚀过程中不产生电流。如高温时，钢铁的氧化脱皮；金属石油管道的腐蚀。

(2) 电化学腐蚀。由电化学作用(形成腐蚀电池)而引起的腐蚀叫作电化学腐蚀。

在腐蚀电池中，发生氧化反应的负极习惯上称为阳极；发生还原反应的正极习惯上称为阴

极。金属作为腐蚀电池的阳极而被氧化腐蚀。

电化学腐蚀分为以下几种：

1）析氢腐蚀：在酸性较强的溶液中，阴极反应主要以 H^+ 离子得电子还原成 H_2 而引起的腐蚀称析氢腐蚀。电极反应为

阳极：$Fe-2e^- = Fe^{2+}$；阴极：$2H^+ + 2e^- = H_2\uparrow$

2）吸氧腐蚀：在弱酸性或中性条件下，阴极以 O_2 得电子生成 OH^- 离子所引起的腐蚀称吸氧腐蚀。电极反应为

阳极：$Fe-2e^- = Fe^{2+}$；阴极：$O_2 + 2H_2O + 4e^- = 4OH^-$

吸氧腐蚀比析氢腐蚀更为普遍。一般金属在大气中，甚至在中性或酸性不太强的水膜中的腐蚀主要是吸氧腐蚀。

3）差异充气腐蚀：金属表面因氧气浓度分布不均匀而引起的电化学腐蚀称差异充气腐蚀，是吸氧腐蚀的一种。例如埋入地下的管道、船在海水表面的腐蚀都是由于面上面下氧气浓度分布不均匀而引起的差异充气腐蚀。

阳极（Fe）：$Fe-2e^- = Fe^{2+}$（氧气浓度较小的部分——腐蚀电池的负极）。

阴极（Fe）：$O_2+2H_2O+4e^- = 4OH^-$（氧气浓度较大的部分——腐蚀电池的正极）。

3. 金属腐蚀的防止

（1）改变金属的内部结构，例如把铬、镍加入普通钢中制成不锈钢。

（2）保护层法，例如在金属表面涂漆、电镀或用化学方法形成致密而耐腐蚀的氧化膜等。如白口铁（镀锌铁）。马口铁（镀锡铁）。

（3）缓蚀剂法。在腐蚀介质中，加入能防止或延缓腐蚀过程的物质即缓蚀剂。

（4）阴极保护法。将被保护的金属作为腐蚀电池或电解池的阴极而不受腐蚀的方法称阴极保护法。

1）牺牲阳极保护法。将较活泼金属（如 Zn、Al）或其合金连接在被保护的金属上，较活泼金属作为腐蚀电池的阳极而被腐蚀，被保护的金属与电源的正极相连作为阴极而达到保护的目的。一般常用的牺牲阳极材料有铝合金、镁合金、锌合金等，常用于保护海轮外壳、锅炉和海底设备。

2）外加电流法。在外加直流电的作用下，用废钢或石墨等作为阳极，将被保护的金属与电源的正极相连作为电解池的阴极而被保护。

【例 3-81】为保护海水中的钢铁设备，下列哪些金属可作牺牲阳极（　　）。

A. Pb　　B. Cu　　C. Na　　D. Zn

解：将较活泼金属连接在被保护的金属上，作为腐蚀电池的阳极而被腐蚀，被保护的金属作为阴极而达到保护的目的，题中 Na 为最活泼金属，可与水直接发生化学反应，Zn 较活泼，不与水直接发生化学反应，故应选 D。

3.5　有机化学

3.5.1　有机物的特点及分类

1. 有机物的特点

有机物一般是含碳的化合物，除了碳外，最多的元素是氢，其次是氧、氮、硫、磷和卤素，因

此有机物被称作碳氢化合物及其衍生物。

2. 有机化合物的分类

（1）按碳架分类。

1）链状化合物：如丁烷（$CH_3—CH_2—CH_2—CH_3$）、丙烯（$CH_3—CH=CH_2$）。

2）碳环化合物：碳环化合物可分为脂环族化合物（如环丙烷）和芳香族化合物（如甲苯）。

3）杂环化合物：分子中的环由碳原子和其他元素原子（如 N，O，S）构成，如吡啶（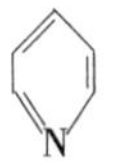）。

（2）按官能团分类。官能团是决定化合物主要性质的原子、基团或特征结构。

如，双键（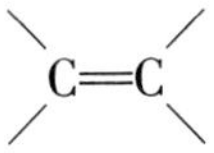）、三键（ —C≡C— ）、羟基（ —OH ）、醛基（ $-\overset{\overset{O}{\|}}{C}-H$ ）、羰基（ $-\overset{\overset{O}{\|}}{C}-$ ）、羧基（ $-\overset{\overset{O}{\|}}{C}-OH$ ）、氨基（$—NH_2$）、硝基（$—NO_2$）、卤素（—X）、氰基（—CN）等。

3.5.2 烃及烃的衍生物的分类及结构特征

1. 烃的分类及结构特征

（1）烃。分子中只含有碳和氢两种元素的有机物即碳氢化合物。

（2）烃的分类及结构特征（表 3-7）。

表 3-7　　　烃的分类及结构特征

类别		通式及例子	结构特征
链烃	烷烃	通式 C_nH_{2n+2}，甲烷 CH_4	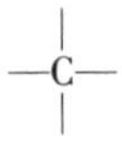
	烯烃	通式 C_nH_{2n}，乙烯 C_2H_4	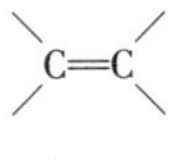
	炔烃	通式 C_nH_{2n-2}，乙炔 C_2H_2	—C≡C—
环烃	环烷烃	通式 C_nH_{2n}，环丙烷 C_3H_6	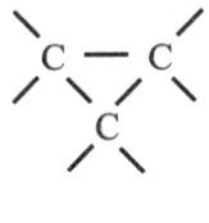
	苯	苯 C_6H_6	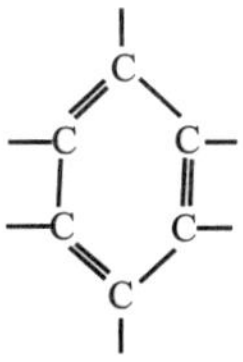

2. 烃的衍生物的分类及结构特征(表 3-8)

表 3-8　　　　烃的衍生物的分类及结构特征

类　别	举　例		官能团
卤代烃	一卤甲烷	CH_3X	—X(F、Cl、Br、I)
醇	乙醇	C_2H_5OH	—OH
酚	苯酚	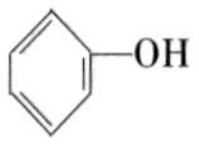	—OH
醛	甲醛	HCHO	$-\overset{O}{\overset{\|}{C}}-H$
酮	丙酮	CH_3COCH_3	$-\overset{O}{\overset{\|}{C}}-$
羧酸	乙酸	CH_3COOH	$-\overset{O}{\overset{\|}{C}}-OH$
醚	乙醚	$C_2H_5OC_2H_5$	$-\overset{\|}{\underset{\|}{C}}-O-\overset{\|}{\underset{\|}{C}}-$
酯	乙酸乙酯	$CH_3COOC_2H_5$	$-\overset{O}{\overset{\|}{C}}-O-$
胺	乙胺	$C_2H_5NH_2$	$—NH_2$
腈	乙腈	CH_3CN	—CN

【例 3-82】化合物对羟基苯甲酸乙酯,其结构简式为

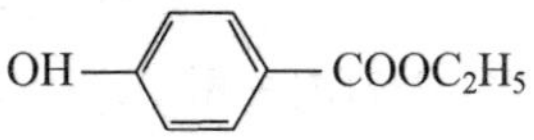

它是一种常用的化妆品防霉剂,下列叙述正确的是(　　)。

A. 它属于醇类化合物

B. 它既是醇类化合物,又属于酯类化合物

C. 它属于醚类化合物

D. 它既是酚类化合物,同时还属于酯类化合物

解:对羟基苯甲酸乙酯是对羟基苯甲酸与乙醇发生酯化反应的产物,含有酯基$-\overset{O}{\overset{\|}{C}}-O-$,属于酯类化合物。另外,羟基直接连在苯环上,含有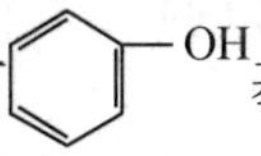基团的化合物为酚,因此该化合物也属于酚类,故答案应选 D。

【例 3-83】下列物质中,不属于醇类物质的是(　　)。

A. C_6H_5OH　　B. 甘油　　C. $C_6H_5CH_2OH$　　D. C_4H_9OH

解:C_6H_5OH 中-OH 直接与苯环相连,是苯酚,不属于醇类。选项 B 是丙三醇,选项 C 是

苯甲醇，选项 D 是丁醇，故答案应选 A。

【例 3-84】下列关于烯烃叙述正确的是(　　)。

A. 分子中所有原子处于同一平面的烃是烯烃

B. 含有碳碳双键的有机物是烯烃

C. 能使溴水褪色的有机物是烯烃

D. 分子式是 C_4H_8 的链烃一定是烯烃

解：所有原子在同一平面的烃不一定是烯烃，如乙炔和苯，选项 A 错误；烯烃通常是指单烯烃，含有碳碳双键的有机物不一定是烯烃，如 1,3-丁二烯、苯乙烯，选项 B 错误；能使溴水褪色的有机物很多，含不饱和键的有机物如炔、醛都能使溴水褪色，选项 C 错误；烯烃的分子通式为 C_nH_{2n}，分子中只含有一个双键的链烃，另外环烷烃的通式也与烯烃相同，为 C_nH_{2n}，因此烯烃是分子式为 C_4H_8 的链烃，故答案应选 D。

【例 3-85】下列化合物属于酚烃的是(　　)。

A. $CH_3CH_2CH_2\ OH$

B. 

C. 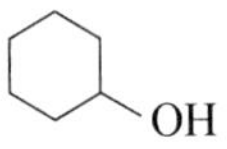

D. 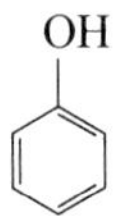

解：—OH 直接连在苯环上烃为酚烃。选项 A 是丙醇；选项 B 分子虽然含有苯环，但—OH 没有直接连在苯环上，而是连在甲基上，选项 B 是苯甲醇；选项 C 的分子不含有苯环，选项 C 是环己醇；选项 D 分子—OH 直接连在苯环上，为苯酚，故答案应选 D。

3. 同系物

结构相似，分子组成上相差一个或若干个"CH_2"原子团的一系列化合物。

【例 3-86】下列物质中与乙醇互为同系物的是(　　)。

A. $CH_2{=}CHCH_2OH$

B. 甘油

C. 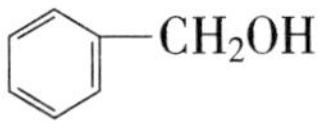

D. $CH_3CH_2CH_2CH_2OH$

解：乙醇 CH_3CH_2OH，A 为乙烯醇，B 为丙三醇，C 为苯甲醇，D 为丁醇，丁醇与乙醇均为烷基醇，相差两个"CH_2"原子团，故答案应选 D。

4. 同分异构体

具有相同分子式而结构不同的化合物互为同分异构体。

(1)同类物质(含有相同的官能团)。

如 $CH_3CH_2CH_2Cl$，$CH_3CHClCH_3$，分子式均为 C_3H_7Cl。

(2)不同类的物质(所含官能团不同)。

如 CH_3CH_2OH 和 CH_3OCH_3，分子式均为 C_2H_6O。

【例 3-87】分子式为 C_4H_9Cl 的同分异构体有几种？(　　)

A. 4　　B. 3　　C. 2　　D. 1

解：C_4H_9Cl 有 4 种同分异构体，结构式分别为 $CH_3—CH_2—CH_2—CH_2Cl$，

$CH_3—CH_2—\underset{}{\overset{Cl}{\overset{|}{C}}}H—CH_3$，$CH_3—\overset{CH_3}{\overset{|}{C}}H—CH_2Cl$，$CH_3—\underset{\underset{Cl}{|}}{\overset{CH_3}{\overset{|}{C}}}—CH_3$。因此答案应选 A。

5. 顺反异构体。

顺式异构体:两个相同原子或基团在双键同一侧。反式异构体:两个相同原子或基团分别在双键两侧。

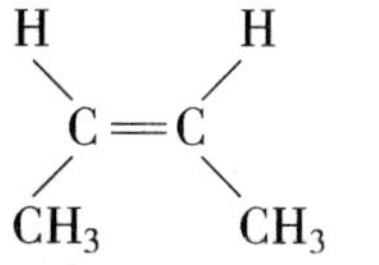

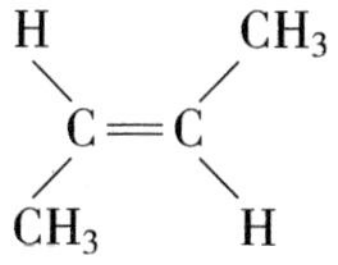

$$
\begin{array}{cc}
\underset{CH_3}{\overset{H}{\diagdown}}C=C\underset{CH_3}{\overset{H}{\diagup}} & \underset{CH_3}{\overset{H}{\diagdown}}C=C\underset{H}{\overset{CH_3}{\diagup}} \\
\text{顺-2-丁烯} & \text{反-2-丁烯}
\end{array}
$$

顺反异构体产生的条件:

(1) 分子由于双键不能自由旋转。

(2) 双键上同一碳上不能有相同的基团。

【例 3-88】下述化合物中,没有顺、反异构体的是(   )。

A. $CHCl=CHCl$

B. $CH_3CH=CHCH_2Cl$

C. $CH_2=CHCH_2CH_3$

D. $CHF=CClBr$

解:A、B、D 双键的 2 个碳原子上连接的都是不同的原子或基团,只有 C 的双键左边的碳原子上连接这 2 个相同的 H 原子,因此不能产生顺反异构体,故答案应选 C。

3.5.3　有机化合物的命名

1. 链烃及其衍生物的命名原则

(1) 选择主链。

1)饱和烃:选最长的碳链为主链。

2)不饱和烃:选含有不饱和键的最长碳链为主链。

3)链烃衍生物:选含有官能团的最长的碳链为主链。主链碳原子数目用甲、乙、丙、丁、戊、己、庚、辛、壬、癸、十一、十二……表示,称某烷、某烯、某醇、某醛、某酸等。

支链、卤原子、硝基则视为取代基。

(2)主链编号:从距官能团、不饱和键、取代基和支链最近的一端 C 原子开始,用阿拉伯数字 1,2,3,…编号。

(3)写出全称:将取代基的位置编号、数目、名称写在前面,以主链为母体,母体化合物的名称写在后面。

有 n 个取代基时,简单地写在前,复杂地写在后。相同的取代基和官能团的数目,用二、三、…表示。

例如:

$$
\overset{①}{C}H_3-\overset{②}{C}H_2-\overset{③}{C}H-\overset{④}{C}H-\overset{⑤}{C}H_2-\overset{⑥}{C}H_2-\overset{⑦}{C}H_3
$$

$$
\begin{array}{cc}
 & | \qquad\qquad | \\
 & CH_2 \quad CH_3 \\
 & | \\
 & CH_3
\end{array}
$$

4-甲基-3-乙基庚烷

$$
\overset{⑦}{C}H_3-\overset{⑥}{C}H_2-\overset{⑤}{C}H-\overset{④}{C}H=\overset{③}{C}-CH_3
$$

$$
\begin{array}{cc}
 | \qquad\qquad\quad | \\
 CH_3 \qquad \overset{②}{C}H_2-\overset{①}{C}H_3
\end{array}
$$

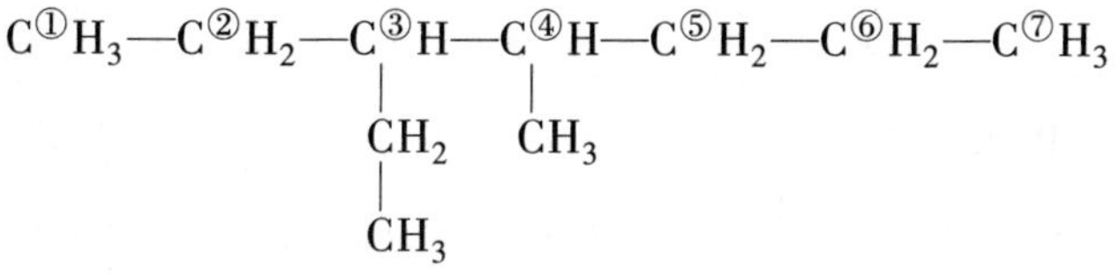

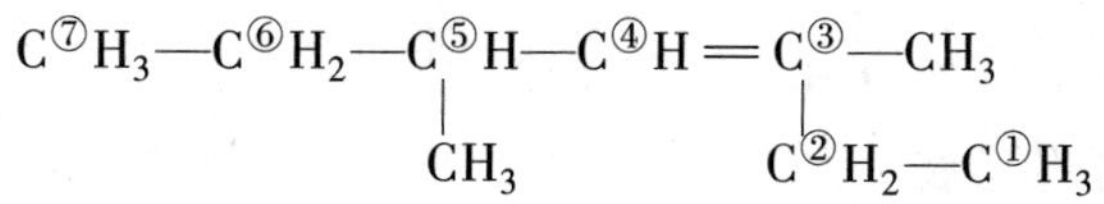

3,5-二甲基-3-庚烯

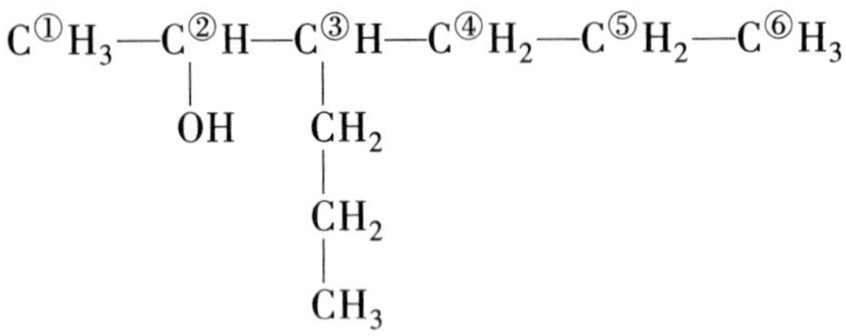

3-丙基-2-己醇

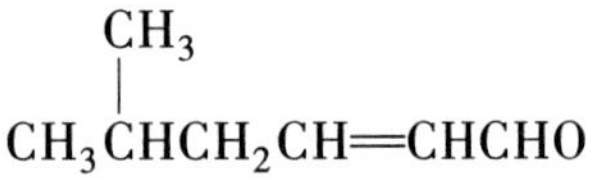

5-甲基-2-己烯醛

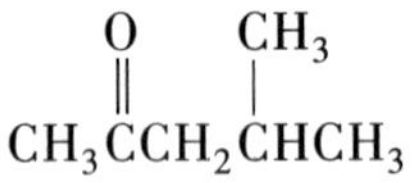

4-甲基-2-戊酮

2. 酯类化合物命名

酸和醇起反应生成的一类化合物叫作酯。酯的一般通式为 RCOOR′,其中 R 和 R′可以相同,也可以不相同。酯类化合物是根据生成酯的酸和醇的名称来命名,称作“某酸某酯”,如

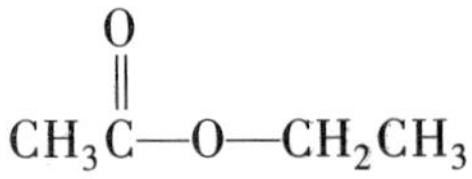

乙酸乙酯

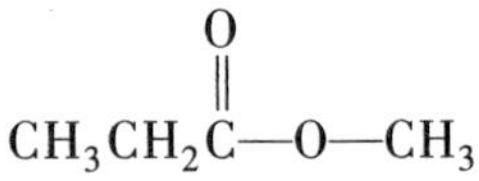

丙酸甲酯

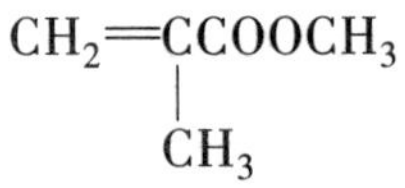

甲基丙烯酸甲酯

3. 醚类化合物命名:某醚(对称)或某某醚(不对称)

如:甲醚 CH_3—O—CH_3; 乙醚 CH_3CH_2—O—CH_2CH_3;甲乙醚 CH_3—O—CH_2CH_3。

【例 3-89】按照系统命名法,下列有机化合物命名正确的是(　　)。

A. 3-甲基丁烷　　B. 2-乙基丁烷

C. 2,2-二甲基戊烷　　D. 1,1,3-三甲基戊烷

解:A 选项 3-甲基丁烷: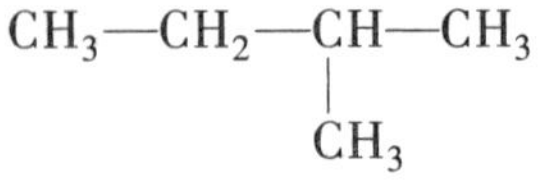

正确命名:2-甲基丁烷。

B 选项 2-乙基丁烷: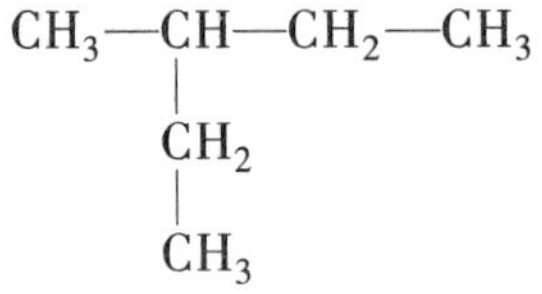

正确命名:3-甲基戊烷。

C 选项 2,2-二甲基戊烷: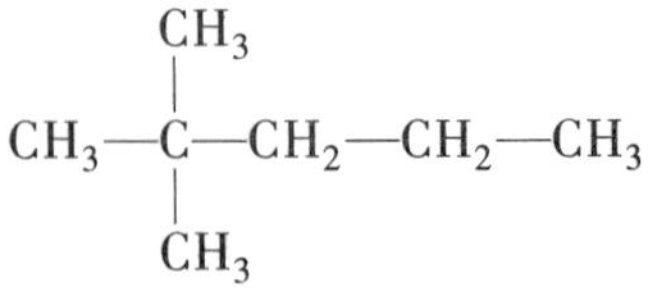

正确命名:2,2-二甲基戊烷。

D 选项 1,1,3-三甲基戊烷: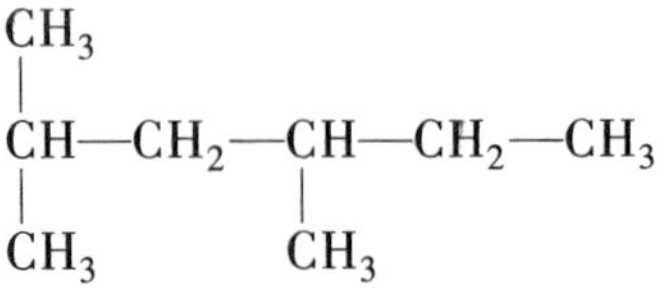

正确命名:2,4-二甲基己烷。

故答案应选 C。

【例 3-90】 某不饱和烃催化加氢反应后,得到$(CH_3)_2CHCH_2CH_3$,该不饱和烃为(　　)。

A. 1-戊炔　　　　　B. 3-甲基-1-丁炔　　　　C. 2-戊炔　　　　D. 1,2-戊二烯

解:3-甲基-1-丁炔结构式为

$$CH_3-\underset{\underset{CH_3}{|}}{CH}-C\equiv CH$$

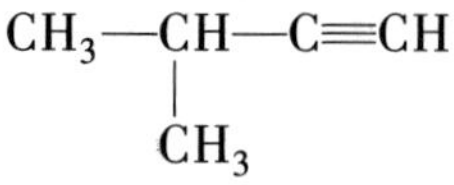

与氢加成以后,叁键断开加上氢原子变为

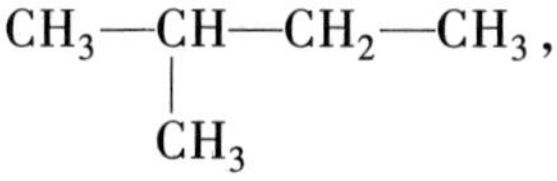

$$CH_3-\underset{\underset{CH_3}{|}}{CH}-CH_2-CH_3,即(CH_3)_2CHCH_2CH_3$$

故答案应选 B。

4. 芳烃及其衍生物的命名原则

(1) 苯环上连接简单烃基、硝基(—NO_2)、卤素(—X)时,以苯环为母体。

词头(取代基)+词尾(母体化合物),例如

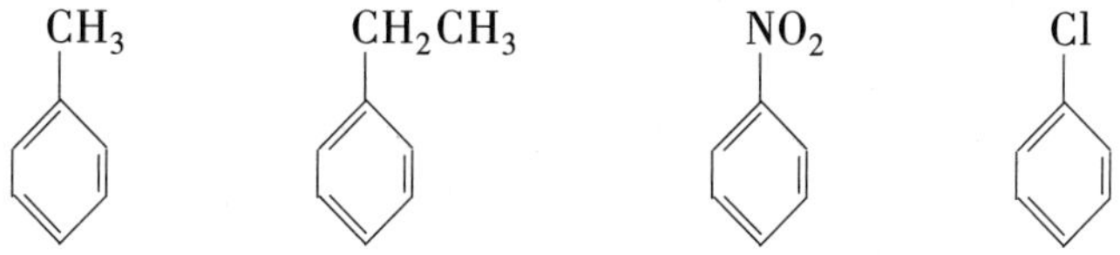

甲苯　　　　　　　乙苯　　　　　　　硝基苯　　　　　　氯苯

(2) 苯环上连接复杂烃基、不饱和烃基、氨基(—NH_2)、羟基(—OH)、醛基(—CHO)、羧基(—COOH)、磺酸基(—SO_3H)时,以苯基为取代基,例如

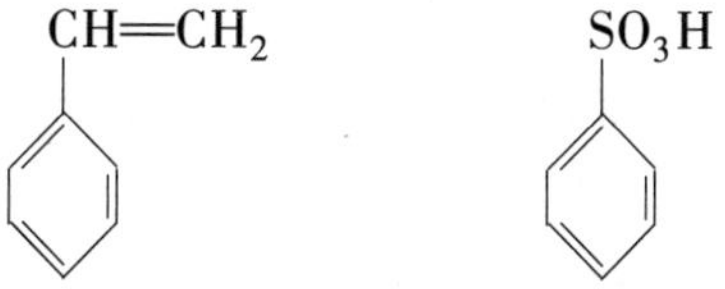

苯乙烯　　　　　　　　苯磺酸

3.5.4 有机物的重要化学反应

1. 氧化反应

氧化反应指在分子中加入氧或在分子中去掉氢的反应。

完全氧化:完全燃烧生成二氧化碳和水等。

部分氧化:生成其他含氧的有机化合物。

(1) 不饱和烃的氧化。

1) 双键的部分氧化。

①在一般氧化剂(O_2 或冷稀碱性 $KMnO_4$ 溶液)作用下可使 C—C π 键断裂,例如

$$CH_2=CH_2 + O_2 \xrightarrow[220\sim280℃]{Ag} \underset{O}{CH_2-CH_2}$$

$$CH_2=CH_2 + KMnO_4 \xrightarrow[碱性溶液]{室温} \underset{\underset{OH}{|}}{CH_2}-\underset{\underset{OH}{|}}{CH_2} + MnO_2$$

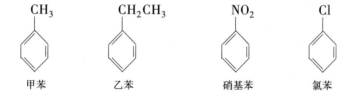

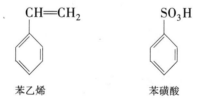

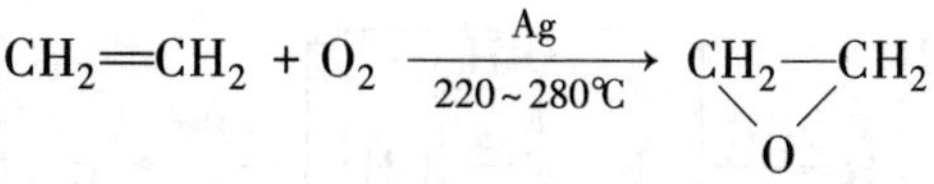

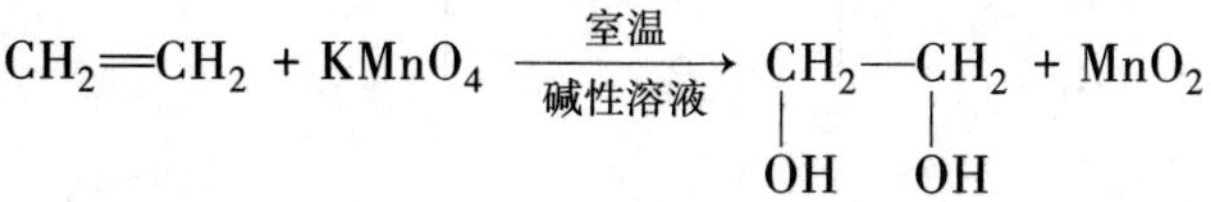

②在强氧化剂(酸性 $KMnO_4$ 溶液或酸性 $K_2Cr_2O_7$ 溶液)作用下可使 C—C 键中 σ 键及 π 键均断裂,例如

$$R—CH=CH_2 \xrightarrow[\text{酸性溶液}]{KMnO_4} RCOOH + HCOOH$$

$$\xrightarrow[]{[O]} CO_2 + H_2O$$

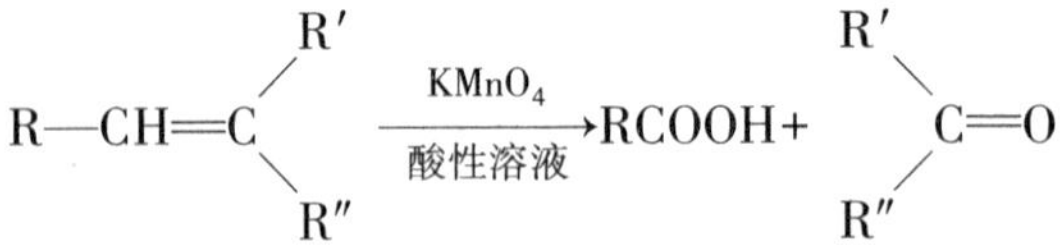

2)叁键的部分氧化:一般 σ 键及 π 键均断裂,例如

$$R—C\equiv C—R' \xrightarrow[\text{酸性溶液}]{KMnO_4} RCOOH + R'COOH$$

(2)芳烃的氧化。苯环不易被氧化,被氧化的是烷基取代基,不论烷基长短,一般都被氧化成羧基,例如

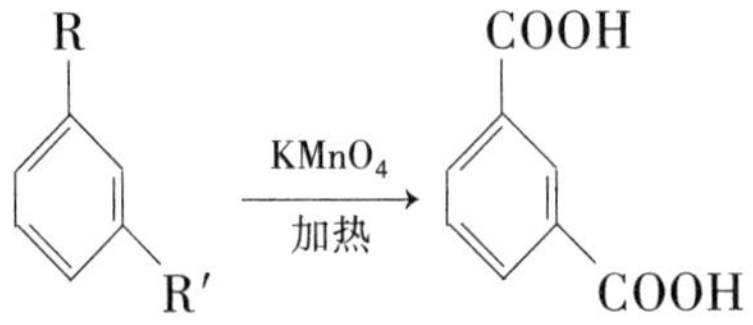

(3)醇的氧化。不同的醇其被氧化能力和产物不同,被氧化的能力:伯醇>仲醇>叔醇。

伯醇 $R—CH_2—OH$;仲醇 $R—CH—OH$;叔醇 $R—C—OH$

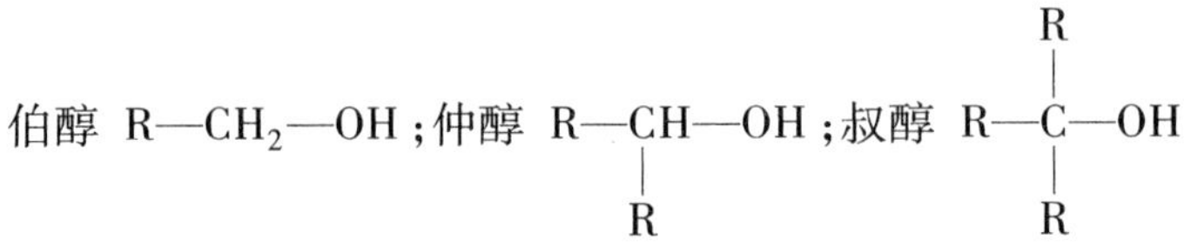

1)伯醇被氧化生成醛,进一步氧化生成羧酸。

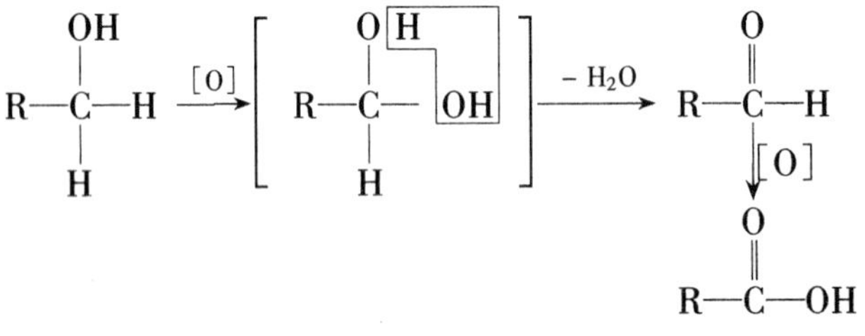

2)仲醇被氧化生成酮。

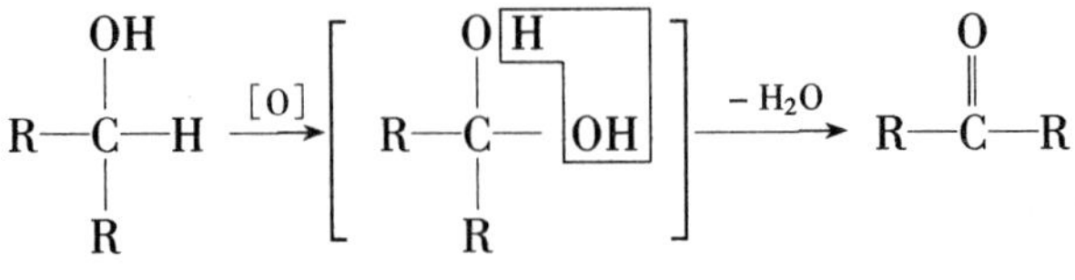

3）叔醇不易被氧化。

（4）醛的氧化。醛易被氧化，可被一些弱氧化剂氧化成羧酸，即银镜反应。

被氧化的能力：醛>酮。可用这一性质鉴别醛、酮。

鉴别反应：

1）多伦试剂（$AgNO_3$ 的氨水溶液）：可以被醛还原产生黑色 Ag 的沉淀，称作银镜反应。

$$RCHO+2[Ag(NH_3)_2]OH \xrightarrow{\text{加热}} RCOONH_4+\underset{\text{黑}}{2Ag}\downarrow+3NH_3+H_2O$$

2）斐林试剂（$CuSO_4$ 溶液和酒石酸甲钠的碱性溶液）：可以被醛还原产生红色的 Cu_2O 沉淀。

$$RCHO+2Cu(OH)_2+NaOH \xrightarrow{\text{加热}} RCOONa+\underset{\text{红}}{Cu_2O}\downarrow+3H_2O$$

而酮则不能发生以上 2 个反应。

注意：银镜反应是醛的特征反应，但甲酸和甲酸，如甲酸乙酯，由于分子中也含有醛基，也能发生银镜反应。

2. 取代反应

有机化合物中氢原子被其他原子或原子团代替的化学反应。

烷烃和芳烃在光、热或催化剂的作用下易发生取代反应。

（1）烷烃的取代反应，例如

$$CH_4+Cl_2 \xrightarrow{\text{日光}} CH_3Cl+HCl$$

$$CH_3Cl+Cl_2 \xrightarrow{\text{日光}} CH_2Cl_2+HCl$$

$$CH_2Cl_2+Cl_2 \xrightarrow{\text{日光}} CHCl_3+HCl$$

$$CHCl_3+Cl \xrightarrow{\text{日光}} CCl_4+HCl$$

（2）芳烃的取代反应。苯可发生氯化、硝化、磺化、烷基化等取代反应，分别生成氯苯、硝基苯、苯磺酸、烷基苯，例如

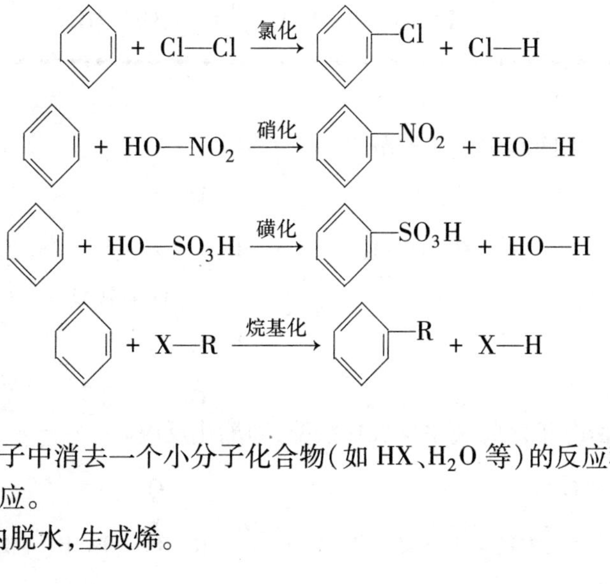

3. 消去反应

从有机化合物分子中消去一个小分子化合物（如 HX、H_2O 等）的反应称为消去反应。

（1）醇的消去反应。

1）醇发生分子内脱水，生成烯。

$$R-\overset{\overset{H}{|}}{\underset{[\underset{H}{|}]}{C}}-\overset{\overset{H}{|}}{\underset{[\underset{OH}{|}]}{C}}-H \longrightarrow R-\overset{\overset{H}{|}}{C}=\overset{\overset{H}{|}}{C}-H + H_2O$$

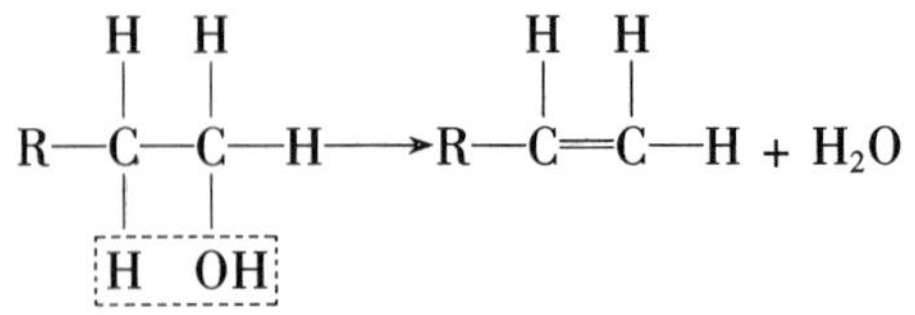

注意：仲醇分子内产生消去反应时，主要在含氢较少的碳原子上脱去氢。

$$CH_3-\underset{\underset{OH}{|}}{CH}-CH_2-CH_3 \xrightarrow[\text{加热}]{KOH-C_2H_5OH} \begin{cases} CH_3-CH=CH-CH_3（主）\\ CH_2=CH-CH_2-CH_3（次）\end{cases}$$

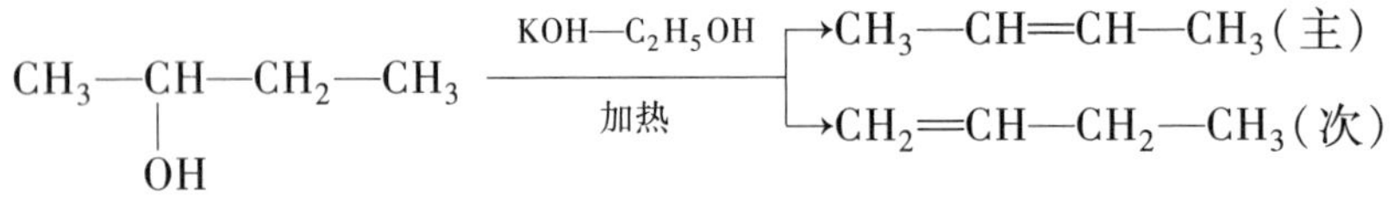

2）醇与 HX 发生分子间脱水生成卤代烃。

$$R-OH + HX \longrightarrow R-X + H_2O$$

该反应速度：叔醇＞仲醇＞伯醇，可用卢卡斯试剂（HCl+ZnCl$_2$）与醇作用，产生卤代烃出现浑浊的速度来鉴别三种醇。

3）两种醇之间发生分子间脱水生成醚。

$$R-[CH + H]-OR \longrightarrow R-O-R + H_2O$$

（2）卤代烃的消去反应。卤代烃与 KOH（或 NaOH）的乙醇溶液共热发生消去反应。例如：

$$R-\overset{\overset{H}{|}}{\underset{[\underset{H}{|}]}{C}}-\overset{\overset{H}{|}}{\underset{[\underset{Cl}{|}]}{C}}-H \longrightarrow R-\overset{\overset{H}{|}}{C}=\overset{\overset{H}{|}}{C}-H + HCl$$

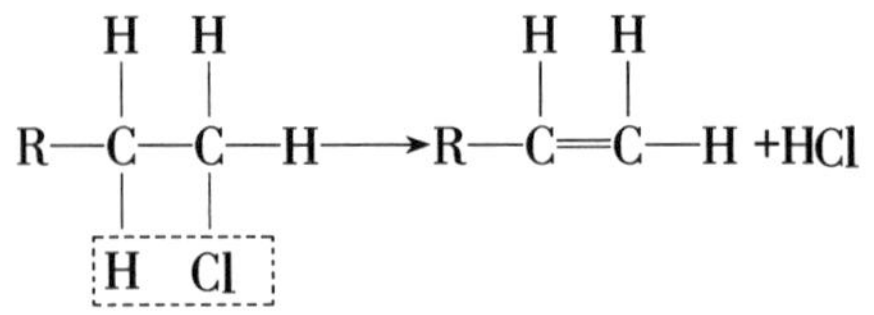

注意：卤代烃+NaOH+乙醇共热，发生消去反应；卤代烃+NaOH 共热，发生水解反应，例如：

$$CH_3CH_2Cl+H_2O \xrightarrow[\triangle]{NaOH} C_2H_5OH+HBr$$

（3）羧酸的脱水反应。

1）两个羧酸分子之间脱水生成酸酐。

$$\begin{matrix} R-\overset{\overset{O}{\|}}{C}-[O-H] \\ R-\overset{\overset{O}{}}{\underset{\underset{O}{\|}}{C}}-[O-H] \end{matrix} \xrightarrow[\text{加热}]{P_2O_5} \begin{matrix} R-\overset{\overset{O}{\|}}{C} \\ \quad\quad O + H_2O \\ R-\overset{}{\underset{\underset{O}{\|}}{C}} \end{matrix}$$

2）羧酸分子与醇分子之间脱水生成羧酸酯，即酯化反应。

$$R-\overset{\overset{O}{\|}}{C}-[OH + H]-O-R' \xrightarrow{\text{浓 }H_2SO_4} R-\overset{\overset{O}{\|}}{C}-O-R' + H_2O$$

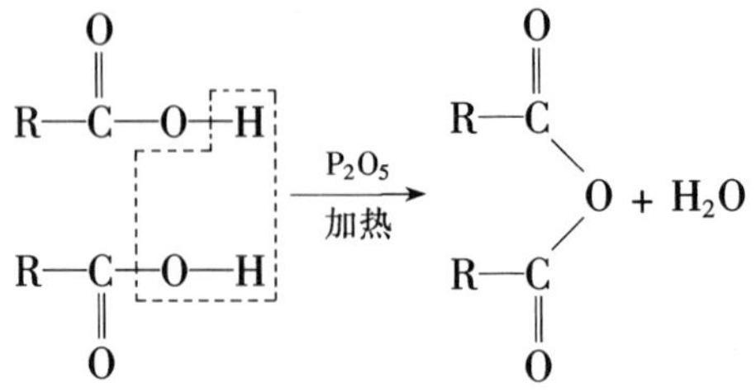

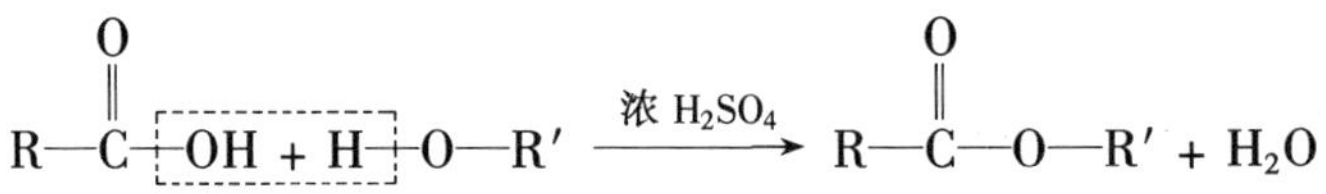

3）羧酸分子与 NH_3 分子之间脱水生成酰胺。

$$R-\overset{\overset{\displaystyle O}{\|}}{C}-OH + NH_3 \longrightarrow R-\overset{\overset{\displaystyle O}{\|}}{C}-ONH_4 \xrightarrow[-H_2O]{加热} R-\overset{\overset{\displaystyle O}{\|}}{C}-NH_2$$

4．加成反应

不饱和键的 π 键断裂,两个一价的原子或原子团加到不饱和键的两个碳原子上的反应。

（1）不饱和烃的加成。

1）烯烃的加成。

①结构对称烯烃和结构对称的化合物加成。

$$R-CH{=}CH_2 + Br_2 \longrightarrow R-\underset{\underset{\displaystyle Br}{|}}{CH}-\underset{\underset{\displaystyle Br}{|}}{CH_2}$$

$$R-CH{=}CH_2 + H_2 \longrightarrow R-\underset{\underset{\displaystyle H}{|}}{CH}-\underset{\underset{\displaystyle H}{|}}{CH_2}$$

②结构不对称烯烃和结构不对称的化合物（如水、氯化氢等）加成时,后者带正电的部分（如氢原子）主要加到含氢较多的碳原子上（马氏规律）。

$$CH_2{-}CH{=}CH_2 + H-OH \longrightarrow CH_3-\underset{\underset{\displaystyle OH}{|}}{CH}-CH_3$$

$$R-CH{=}CH_2 + HCl \longrightarrow R-\underset{\underset{\displaystyle Cl}{|}}{CH}-\underset{\underset{\displaystyle H}{|}}{CH_2}$$

2）炔烃的加成。

$$H-C{\equiv}C-H + H-OH \longrightarrow CH_2CHO ,（乙醛）$$

$$HC{\equiv}CH + HCl \longrightarrow CH_2{=}\underset{\underset{\displaystyle Cl}{|}}{CH} ,（氯乙烯:合成聚氯乙烯塑料的单体）$$

$$HC{\equiv}CH + HCN \longrightarrow CH_2{=}\underset{\underset{\displaystyle CN}{|}}{CH} （丙烯腈:合成聚丙烯腈的单体）$$

（2）羰基的加成。醛和酮中的羰基（$\diagdown C{=}O$）中的 π 键易断裂,发生加成反应。

1）羰基和结构对称的化合物加成。

$$\underset{\underset{\displaystyle H}{|}}{\overset{\overset{\displaystyle R}{|}}{C}}{=}O + H_2 \longrightarrow RCH_2OH$$

$$\underset{\underset{\displaystyle R'}{|}}{\overset{\overset{\displaystyle R}{|}}{C}}{=}O + H_2 \longrightarrow \underset{\underset{\displaystyle R'}{|}}{\overset{\overset{\displaystyle R}{|}}{C}}HOH$$

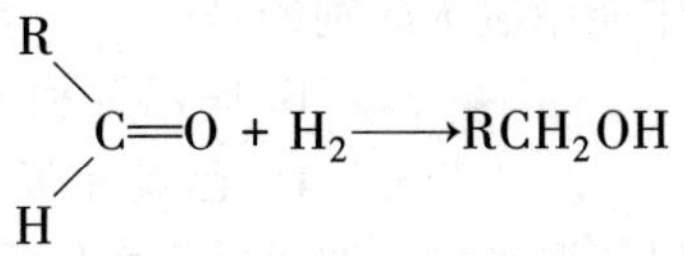

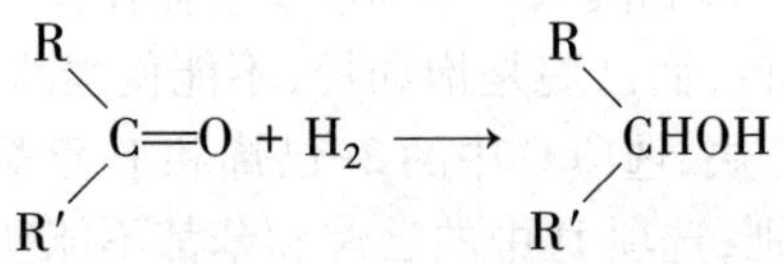

2）羰基和结构不对称的化合物加成时,后者带负电的部分加到羰基碳原子上;带正电的部分加到羰基氧原子上。

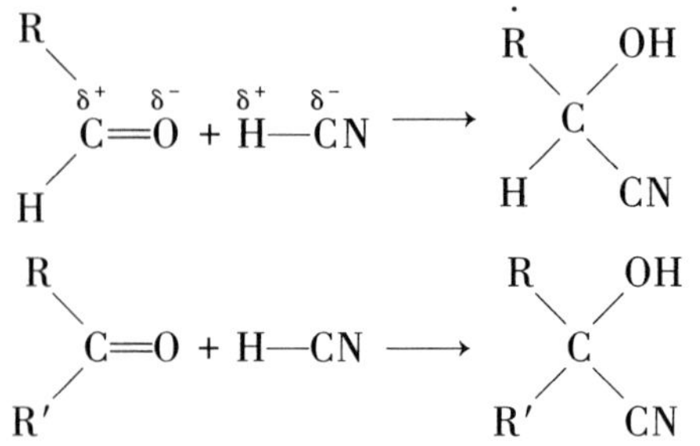

注意： 羧酸、羧酸酯不能发生加成反应。

5. 催化加氢

在催化剂的作用下，不饱和化合物与还原剂氢的加成反应。

碳—碳不饱和键的加氢反应：碳—碳双键或三键，加氢成为饱和键。苯也可以发生催化加氢反应生成环己烷，常用催化剂为钯、铂、镍等。

$$CH_2=CH_2 \xrightarrow[\text{催化剂}]{H_2} CH_3—CH_3$$

【例 3-91】 将苯与甲苯进行比较，下列叙述不正确的是(　　)。

A. 都能在空气中燃烧　　B. 都能发生取代反应

C. 都属于芳烃　　D. 都能使 $KMnO_4$ 酸性溶液褪色

解： 苯与甲苯都是芳烃，在空气中可以燃烧，苯环可以发生取代反应，但苯不能被 $KMnO_4$ 氧化，而甲苯可以被 $KMnO_4$ 氧化，生成苯甲酸，故答案应选 D。

【例 3-92】 下列化合物在一定条件下，既能发生消去反应又能发生水解反应的是(　　)。

A. 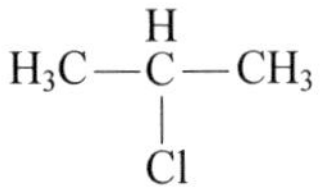　　B. CH_3Cl

C. 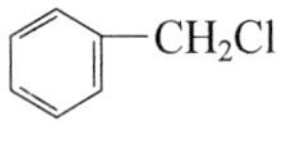　　D. 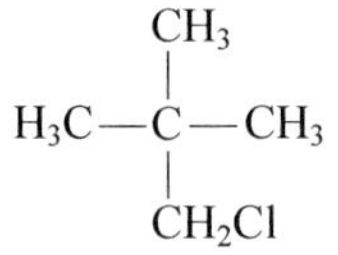

解： 卤代烃在碱性醇溶液中加热可以发生消去反应生成烯，也可以在碱性溶液中发生水解反应生成醇。选项 A 发生消去反应生成丙烯，水解生成丙醇；选项 B、C、D 只能发生水解反应，不能发生消去反应，故答案应选 A。

【例 3-93】 下列各组化合物中能用溴水区别的是(　　)。

A. 1-己烯和己烷　　B. 1-己烯和 1-己炔

C. 2-己烯和 1-己烯　　D. 己烷和苯

解： 含有不饱和键的物质可以和溴水发生加成反应而使溴水褪色。选项 A 中的 1-己烯含有不饱和双键，可以使溴水褪色，而己烷是饱和烃，不能使溴水褪色，可以利用此性质进行鉴别；选项 B 中的 1-己烯和 1-己炔、选项 C 中的 2-己烯和 1-己烯均含有不饱和键，都可以使溴水褪色，不能用此性质进行鉴别；选项 D 中的己烷和苯都不能使溴水褪色，不能用此性质进行鉴别，因此只有选项 A 能用溴水进行区别，故答案应选 A。

【例 3-94】 尼泊金酯是国家允许使用的食品防腐剂，它是对羟基苯甲酸与醇形成的酯类化合物。尼泊金丁酯的结构式为(　　)。

A. 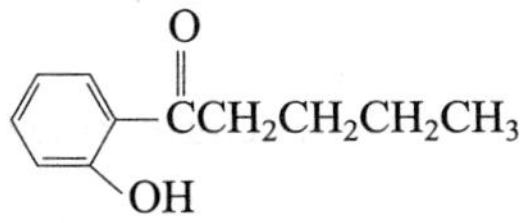　　B. 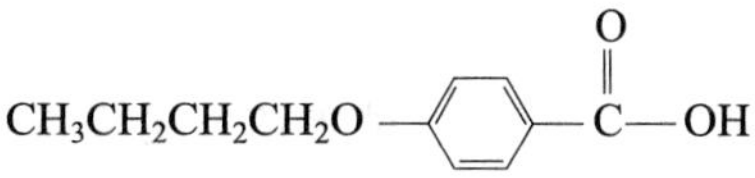

C. 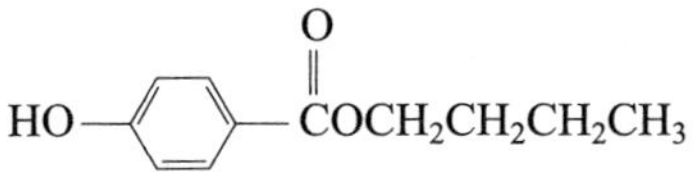　　D. 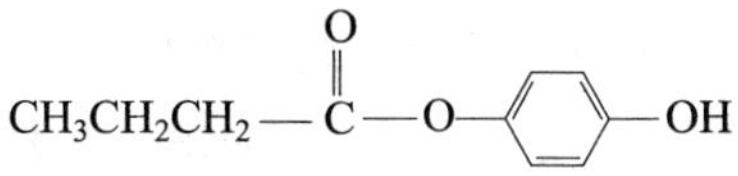

解:尼泊金丁酯是对羟基苯甲酸与丁醇通过酯化反应缩合去掉一分子水形成的产物。

对羟基苯甲酸: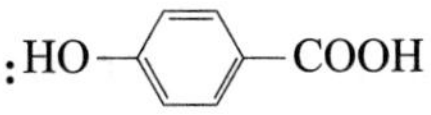

正丁醇:$CH_3CH_2CH_2CH_2OH$

反应产物为: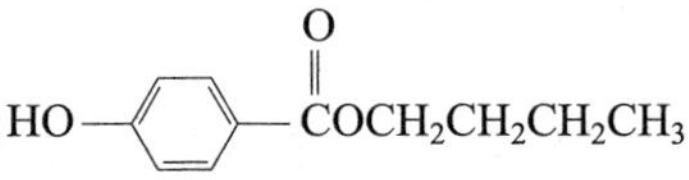

故答案应选 C。

【**例 3-95**】已知柠檬醛的结构式为

$$\begin{array}{c} \quad CH_3 \qquad\qquad\qquad\qquad CH_3 \\ \quad | \qquad\qquad\qquad\qquad\quad | \\ CH_3C{=}CHCH_2CH_2{-}C{=}CHCHO \end{array}$$

判断下列说法不正确的是(　　)。

A. 它可使 $KMnO_4$ 溶液褪色

B. 它可与银氨溶液发生银镜反应

C. 它可使溴水褪色

D. 它在催化剂的作用下加氢,最后产物的分子式是 $C_{10}H_{20}O$

解: 该分子含双键,能使溴水和 $KMnO_4$ 溶液褪色,含醛基可与银氨溶液发生银镜反应,与氢发生加成反应分子结构为

$$\begin{array}{c} \quad CH_3 \qquad\qquad\qquad CH_3 \\ \quad | \qquad\qquad\qquad\quad | \\ CH_3CHCH_2CH_2CH_2CHCH_2CH_2{-}OH \end{array}$$

即分子式为 $C_{10}H_{22}O$,因此选项 D 是错误的,故答案应选 D。

3.5.5　聚合反应

1. 高分子化合物

相对分子质量较大(一般在 10^5 以上),由一个或若干个简单结构单元重复连接而成的聚合物(也称高聚物)。

(1) 链节是聚合物中重复的结构单元。

(2) 聚合度是分子中所含的链节数。

(3) 单体是产生高分子化合物结构单元的低分子化合物。如氯乙烯是聚氯乙烯的单体。

2. 聚合反应

由低分子有机物(单体)相互连接形成高分子化合物的过程。

聚合反应分为加聚反应和缩聚反应。

（1）加聚反应是由一种或多种含不饱和键的单体通过加成反应，相互结合成高分子化合物的反应。

1）均聚反应：仅由一种单体聚合而成，其分子链中只包含一种单体构成的链节，这种聚合反应称均聚反应。生成的聚合物称均聚物。

常见的均聚反应是由乙烯类单体变为乙烯类高分子化合物，其通式为

$$n\mathrm{CH_2}\!=\!\mathrm{CH} \longrightarrow \left[\!\!\begin{array}{c}\mathrm{CH_2}\!-\!\mathrm{CH}\\ |\\ \mathrm{X}\end{array}\!\!\right]_n$$

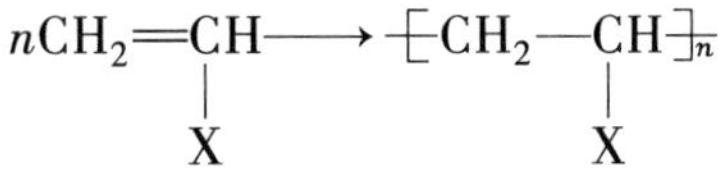

如聚乙烯、聚氯乙烯、聚苯乙烯等聚合物的制得。有些环状化合物，链易被打开，发生聚合反应。如

尼龙—6：由己内酰胺 $\mathrm{HN\!-\!(CH_2)_5\!-\!CO}$ 单体聚合而成。

2）共聚反应：由两种或两种以上单体同时进行聚合，则生成的聚合物含有多种单体构成的链节，这种聚合反应称为共聚反应。生成的聚合物称共聚物。如：

ABS 工程塑料：由丙烯腈（$\mathrm{CH_2}\!=\!\mathrm{CH\!-\!CN}$）、丁二烯（$\mathrm{CH_2}\!=\!\mathrm{CH\!-\!CH}\!=\!\mathrm{CH_2}$）、苯乙烯（$\mathrm{C_6H_6\!-\!CH}\!=\!\mathrm{CH_2}$）三种不同单体共聚而成。

共聚物往往可兼具两种或两种以上均聚物的一些优异性能，因此通过共聚方法可以改善产品的性能。

（2）缩聚反应。指由具有两个或两个以上官能团的一种或多种单体相互缩合生成高聚物，同时有低分子物质（如水、卤化氢、氨、醇等）析出的反应，如尼龙-66 是由己二酸[$\mathrm{HCOO\!-\!(CH_2)_4\!-\!COOH}$]和己二胺[$\mathrm{H_2N\!-\!(CH_2)_6\!-\!NH_2}$]两种单体缩合而成。尼龙-66 易溶于甲酸等极性溶剂。

缩聚物中留有官能团的结构特征，多为杂链聚合物。如尼龙、涤纶、环氧树脂、酚醛树脂等都是通过缩聚反应制得的。

> **注意**：通常只有含有不饱和键化合物或环状化合物能发生加聚反应；能发生缩聚反应的化合物，要含有两个或两个以上官能团，这是判断反应类型的重要依据。

【例 3-96】 丙烯在一定条件下发生加聚反应的产物是（　　）。

A. $\left[\!\!\begin{array}{c}\mathrm{C}\!=\!\mathrm{C}\!-\!\mathrm{CH_3}\\ \mathrm{H_2}\quad\mathrm{H}\end{array}\!\!\right]_n$

B. $\left[\!\!\begin{array}{c}\mathrm{H_2}\ \ \mathrm{H}\ \ \mathrm{H_2}\\ \mathrm{C}\!-\!\mathrm{C}\!-\!\mathrm{C}\\ \end{array}\!\!\right]_n$

C. $\left[\!\!\begin{array}{c}\mathrm{H_2}\ \ \mathrm{H}\\ \mathrm{C}\!-\!\mathrm{C}\\ |\\ \mathrm{CH_3}\end{array}\!\!\right]_n$

D. $\left[\!\!\begin{array}{c}\mathrm{C}\!=\!\mathrm{C}\\ \mathrm{H}\quad |\\ \quad\ \mathrm{CH_3}\end{array}\!\!\right]_n$

解：丙烯 $\mathrm{CH_2}\!=\!\mathrm{CH\!-\!CH_3}$。发生加聚反应时，无数个单体双键打开，首尾相连，反应产物为聚丙烯，结构式为 $\left[\!\!\begin{array}{c}\mathrm{H_2}\ \ \mathrm{H}\\ \mathrm{C}\!-\!\mathrm{C}\\ |\\ \mathrm{CH_3}\end{array}\!\!\right]_n$，故答案应选 C。

【例 3-97】 某高聚物分子的一部分为

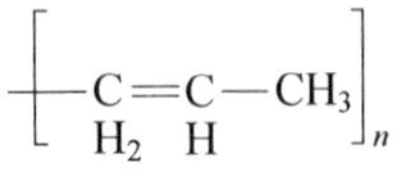

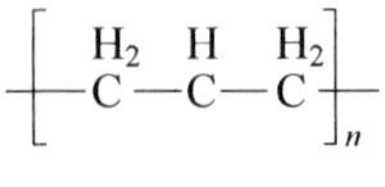

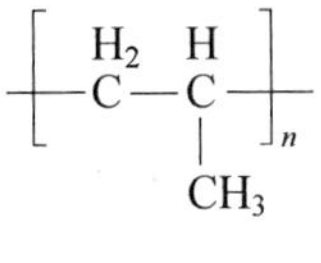

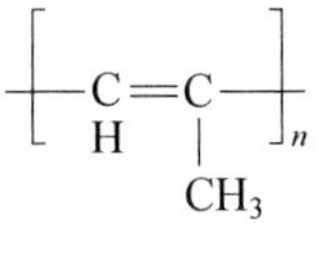

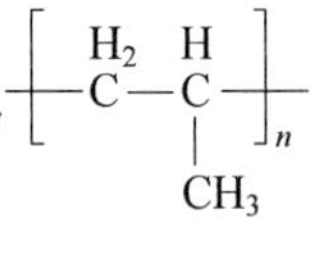

$$\cdots CH_2 - \overset{\overset{\displaystyle H}{|}}{\underset{\underset{\displaystyle COOCH_3}{|}}{C}} - CH_2 - \overset{\overset{\displaystyle H}{|}}{\underset{\underset{\displaystyle COOCH_3}{|}}{C}} - CH_2 - \overset{\overset{\displaystyle H}{|}}{\underset{\underset{\displaystyle COOCH_3}{|}}{C}} \cdots$$

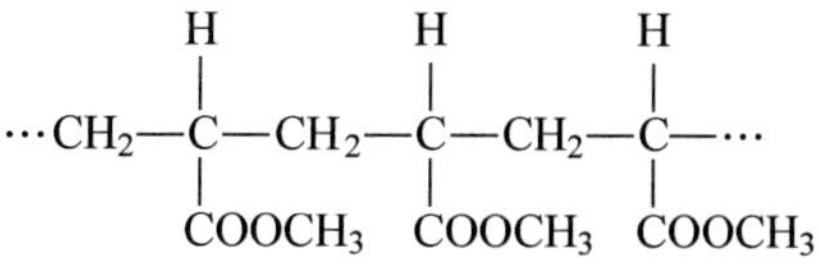

在下列叙述中正确的是(　　　)。

A. 它是缩聚反应的产物

B. 它的链节为 $-\overset{\overset{\displaystyle CH_3}{|}}{\underset{\underset{\displaystyle H}{|}}{C}} - \overset{\overset{\displaystyle H}{|}}{\underset{\underset{\displaystyle COOCH_3}{|}}{C}} -$

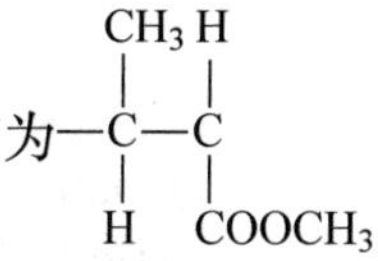

C. 它的单体为 $CH_2{=}CHCOOCH_3$ 和 $CH_2{=}CH_2$

D. 它的单体为 $CH_2{=}CHCOOCH_3$

解：该高聚物为聚丙烯酸甲酯,其分子式为

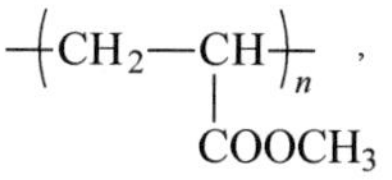

$$\begin{array}{c} {\left[\!\!\begin{array}{c} CH_2 - CH \\ {}\overset{|}{COOCH_3} \end{array}\!\!\right]}_n \end{array},$$

因此其合成单体为丙烯酸甲酯为

$$CH_2{=}\overset{\overset{\displaystyle H}{|}}{\underset{\underset{\displaystyle COOCH_3}{|}}{C}}$$

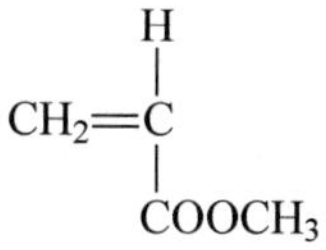

即 $CH_2{=}CHCOOCH_3$

丙烯酸甲酯通过加聚反应合成聚丙烯酸甲酯,故答案应选 D。

3.5.6 高分子材料

（1）塑料:塑料分为热塑性塑料和热固性塑料(表 3-9)。

1)热塑性塑料为线性结构,受热时会软化熔融具有热塑性,可以反复加热成各种形状,也能溶于适当的有机溶剂。

2)热固性塑料为体型结构,具有热固性,一旦成型不再溶于溶剂,加热也不再软化、熔融,只能一次性加热成型,不能反复加热塑造成型。

表 3-9　　　　　　　　　几种常见塑料的单体、结构式、性质及用途

名称	单体	结　构　式	性质	用途
聚乙烯 （PE）	乙烯	$\left[\!\!\begin{array}{c}CH_2{-}CH_2\end{array}\!\!\right]_n$	化学性质非常稳定,耐酸、碱、耐溶剂性能好,吸水性低,无毒,受热易老化	制造食品包装袋,各种饮水瓶、容器、玩具等,还可制各种管材、电线绝缘层
聚氯乙烯 （PVC）	氯乙烯	$\left[\!\!\begin{array}{c}CH_2{-}\underset{\underset{\displaystyle Cl}{|}}{CH}\end{array}\!\!\right]_n$	绝缘性好,耐酸碱,难燃,具有自熄性,100 ~ 120℃易分解出氯化氢,热稳定性差	制造水槽,下水管;制造箱、包、沙发、桌布、窗帘、雨伞、包装袋、还可做凉鞋,拖鞋及布鞋底

续表

名称	单体	结构式	性质	用途
聚苯乙烯（PS）	苯乙烯	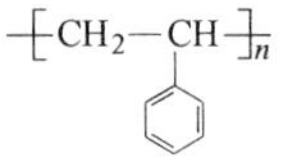	电绝缘性能好，透光性好，耐水、耐化学腐蚀，无毒	电绝缘性能好，透光性好，耐水、耐化学腐蚀，无毒
聚四氟乙烯（塑料王）	四氟乙烯	$-[CF_2-CF_2]_n-$	耐酸碱、耐腐蚀，化学稳定性好；耐寒、耐磨，绝缘性好。缺点是刚性差	可作为高温条件下化工设备的精密零件，无油润滑条件下作轴承、活塞，还可作电容器、电缆绝缘材料
ABS 工程塑料	丙烯腈（$CH_2=CH-CN$）、丁二烯（$CH_2=CH-CH=CH_2$）、苯乙烯（$C_6H_6-CH=CH_2$）	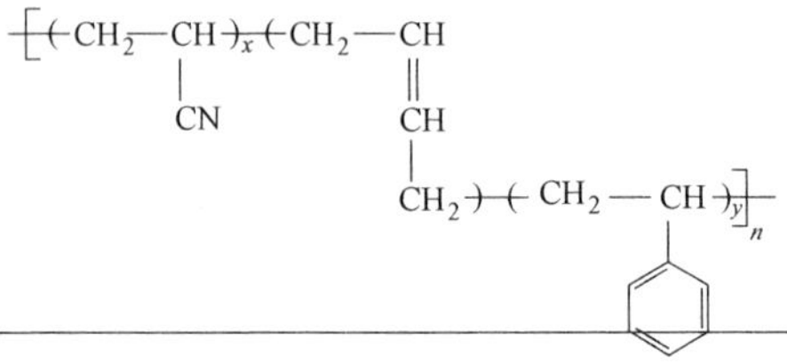	无毒、无味，易溶于酮、醛、酯等有机溶剂。耐磨性、抗冲击性能好	用于家用电器、箱包、装饰板材、汽车飞机等的零部件
聚甲基丙烯酸甲酯（有机玻璃，PMMA）	甲基丙烯酸甲酯	$-[CH_2-\overset{\displaystyle CH_3}{\underset{\displaystyle COOCH_3}{C}}]_n-$	其透明性在现有高聚物中是最好的，缺点是耐磨性差，硬度较低，易溶于有机溶剂等	广泛用于航空、医疗、仪器等领域

（2）橡胶：具有显著高弹性的一类高分子化合物称为橡胶。橡胶分为以下几种：

1）天然橡胶主要取自热带的橡胶树，其主要成分为聚异戊二烯，有顺式与反式两种构型。其中顺式-1,4-聚异戊二烯在天然橡胶中占 98%。

2）合成橡胶是由 1,3-丁二烯及其衍生物加聚而成。如：

丁苯橡胶：由 1,3-丁二烯和苯乙烯共聚而成。

顺丁橡胶：由 1,3-丁二烯加聚生成顺式-1,4-聚丁二烯。

丁腈橡胶：由 1,3-丁二烯和丙烯腈共聚而成（表 3-10）。

表 3-10　几种常见橡胶的单体、结构式、性质及用途

名称	单体	结构式	性质	用途
丁苯橡胶	1,3-丁二烯、苯乙烯	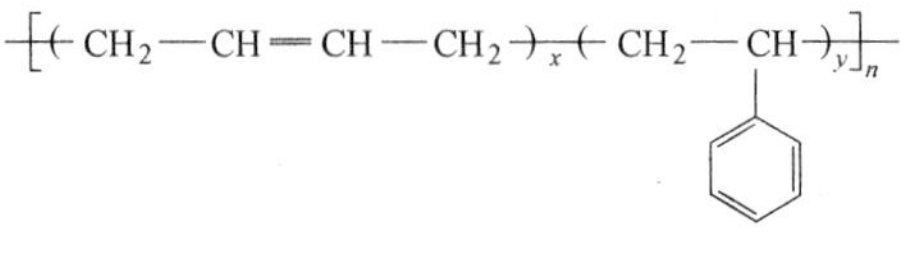	耐水，耐老化性能，特别是耐磨性和气密性好。缺点是不耐油和有机溶剂，抗撕强度小	为合成橡胶中最大的品种（约占 50%），广泛用于制造汽车轮胎，传动带等；与天然橡胶共混可作密封材料和电绝缘材料

续表

名称	单体	结构式	性质	用途
氯丁橡胶（万能橡胶）	2 氯代 1,3-丁二烯	$\left[CH_2-\underset{\underset{Cl}{\mid}}{C}=CH-CH_2\right]_n$	耐油，耐氧化，耐燃，耐酸碱，耐老化，耐曲挠性及气密性都很好；缺点是密度较大，耐寒和弹性较差	制造运输带、防毒面具，电缆外皮、轮胎、胶黏剂等
顺丁橡胶	1,3-丁二烯	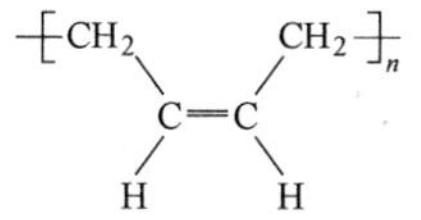	弹性、耐老化性和耐低温性、耐磨性，都超过天然橡胶；缺点是抗撕裂能力差，易出现裂纹	为合成橡胶的第二大品种（约占15%），大约 60% 以上用于制造轮胎
丁腈橡胶	1,3-丁二烯、丙烯腈	$\left[(CH_2-CH=CH-CH_2)_x(CH_2-\underset{\underset{CN}{\mid}}{CH})_y\right]_n$	耐油性好，拉伸强度大，耐热性好；缺点是电绝缘性、耐寒性差，塑性低、难加工	用作机械上的垫圈以及制备收音机和汽车等需要耐油的零件

（3）纤维：凡能保持长度比本身直径大 100 倍以上的均匀线条或丝状的高分子材料叫作纤维。如尼龙-6（单体：己内酰胺）、尼龙-66、聚氯乙烯纤维、聚丙烯纤维（表 3-11）。

表 3-11　几种主要合成纤维的单体、结构式、性质及用途

名称	单体	结构式	性质	用途
聚己内酰胺纤维（尼龙 6）	己内酰胺	$\left[NH(CH_2)_5CO\right]_n$	强韧耐磨、弹性高、质量轻，染色性好，较不易起皱，抗疲劳性好。吸湿率为 3.5%~5.0%，在合成纤维中是较大的，吸汗性适当，但容易走样	约一半作衣料用，一半用于工业生产。在工业生产应用中，约 1/3 是做轮胎帘子线。尼龙-66 的耐热性比尼龙-6 高，做轮胎帘子线很受欢迎
聚己二酸己二胺纤维（尼龙 66）	己二酸 $HCOO-(CH_2)_4-COOH$、己二胺 $H_2N-(CH_2)_6-NH_2$	$\left[NH(CH_2)_6NHCO(CH_2)_4CO\right]_n$		
聚氯乙烯纤维（氯纶）	氯乙烯	$\left[CH_2-\underset{\underset{Cl}{\mid}}{CH}\right]_n$	它的抗拉强度与蚕丝、棉花相当，润湿时也完全不变。最大的优点是难燃性和自熄性。缺点是耐热性低染色不好	几乎都不做衣料用，作过滤网等工业产品约占 50%，室内装饰用占 40%

续表

名称	单体	结构式	性质	用途
聚丙烯纤维(丙纶)	丙烯	$\left[CH_2-\underset{\displaystyle CH_3}{\underset{\vert}{CH}} \right]_n$	纤维中最轻的,强度好,润湿时强度不降。耐热性较低,不吸湿	30%左右作室内装饰用,30%左右作被褥用棉,医疗用少于10%,其余一半用于工业,且大多数做绳索
聚丙烯腈纤维(腈纶,俗名人造毛)	丙烯腈	$\left[CH_2-\underset{\displaystyle CN}{\underset{\vert}{CH}} \right]_n$	具有与羊毛相似的特点,质轻,保温性和体积膨大性优良。强韧而富有弹性,软化温度高。吸水率低。缺点是强度不如尼龙和涤纶	大约70%做衣料用,用于工业生产的只占5%左右

复　习　题

3-1　下列叙述中正确的是(　　)。

A. 氢原子核外只有一个电子,也只能有一个原子轨道

B. 主量子数 $n=2$ 时,只有 2s 和 2p 这两个轨道

C. $n=2,l=1,m=0$ 的原子轨道为 $2p_z$ 轨道

D. 2p 轨道是双球形的,2p 电子沿“∞”字轨道运动

3-2　钴的价电子构型是 $3d^7 4s^2$,钴原子外层轨道中未成对电子数是(　　)。

A. 1　　B. 2　　C. 3　　D. 4

3-3　在某个多电子原子中,分别可用下列各组量子数表示相关电子的运动状态,其中能量最高的电子是(　　)。

A. $2,0,0,-\frac{1}{2}$　　B. $2,1,0,-\frac{1}{2}$　　C. $3,2,0,-\frac{1}{2}$　　D. $3,1,0,+\frac{1}{2}$

3-4　表示 3d 的诸量子数为(　　)。

A. $n=3,l=1,m=+1,m_S=-1/2$　　B. $n=3,l=2,m=+1,m_S=+1/2$

C. $n=3,l=0,m=+1,m_S=-1/2$　　D. $n=3,l=3,m=+1,m_S=+1/2$

3-5　下列电子构型中,(　　)不属于原子的基态。

A. $1s^2 2s^2 2p^6 3s^2 3p^6 4s^1$　　B. $1s^2 2s^2 3s^2 3s^2 3p^6 3d^1 4s^1$

C. $1s^2 2s^2 2p^6 3s^2 3p^6 3d^5 4s^1$　　D. $1s^2 2s^2 2p^6 3s^2 3p^6 3d^{10} 4s^1$

3-6　某第 4 周期元素,当该元素原子失去一个电子成为+1 价离子时,该离子的价层电子排布式为 $3d^{10}$,则该元素的原子序数为(　　)。

A. 19　　B. 24　　C. 29　　D. 36

3-7　原子序数为 25 的元素,其+2 价离子的外层电子分布为(　　)。

A. $3d^34s^2$　　B. $3d^5$　　C. $3s^23p^63d^5$　　D. $3s^23p^63d^34s^2$

3-8　在 Li^+、Na^+、K^+、Rb^+中，极化力最大的是(　　)。

A. Li^+　　B. Na^+　　C. K^+　　D. Rb^+

3-9　电子构型为$4d^{10}5s^1$的元素在周期表中属于(　　)。

A. 第四周期第ⅦB　　B. 第五周期第 IB

C. 第六周期第ⅦB　　D. 镧系元素

3-10　属于第四周期的某一元素的原子，失去 3 个电子后，在角量子数为 2 的外层轨道上电子恰好处于半充满状态，该元素为(　　)。

A. Mn　　B. Co　　C. Ni　　D. Fe

3-11　下列元素中第一电离能最小的是(　　)。

A. H　　B. Li　　C. Na　　D. K

3-12　在 NaCl、$MgCl_2$、$AlCl_3$、$SiCl_4$四种晶体中，离子极化作用最强的是(　　)。

A. NaCl　　B. $MgCl_2$　　C. $AlCl_3$　　D. $SiCl_4$

3-13　在下列物质的分子中，中心原子采用 sp 杂化轨道成键，分子空间构型是直线形的是(　　)。

A. $BeCl_2$　　B. BF_3　　C. SO_2　　D. NH_3

3-14　下列各组物质中，两种分子之间存在的分子间力只含有色散力的是(　　)。

A. 氢气和氦气　　B. 二氧化碳和二氧化硫气体

C. 氢气和溴化氢气体　　D. 一氧化碳和氧气

3-15　多电子原子在无外场作用下，描述原子轨道能量高低的量子数是(　　)。

A. n　　B. n,l　　C. n,l,m　　D. n,l,m,m_s

3-16　下列各物质的化学键中，只存在 σ 键的是(　　)。

A. C_2H_2　　B. H_2O　　C. CO_2　　D. CH_3COOH

3-17　下列分子间含有氢键的为(　　)。

A. CH_2Br　　B. NH_3　　C. CH_4　　D. CH_3Cl

3-18　下列化合物中，沸点最高的为(　　)。

A. H_2O　　B. H_2S　　C. H_2Se　　D. H_2Te

3-19　下列分子中，极性最大的是(　　)。

A. CH_4　　B. H_2O　　C. H_2S　　D. F_2

3-20　下列分子空间构型为 V 形的为(　　)。

A. CO_2　　B. BF_3　　C. $BeCl_2$　　D. H_2S

3-21　在 HF、HCl、HBr、HI 中，按熔、沸点由高到低顺序排列正确的是(　　)。

A. HF＞HCl＞HBr＞HI　　B. HI＞HBr＞HCl＞HF

C. HCl＞HBr＞HI＞HF　　D. HF＞HI＞HBr＞HCl

3-22　下列物质中熔点最高的是(　　)。

A. $AlCl_3$　　B. $SiCl_4$　　C. SiO_2　　D. H_2O

3-23　下列化合物中哪种能形成分子间氢键？(　　)

A. H_2S　　B. HI　　C. CH_4　　D. HF

3-24　下列各物质分子间只存在色散力的是(　　)。

A. SiH_4　　B. NH_3　　C. H_2O　　D. HCl

3-25　在下列分子中,电偶极矩不为零的分子是(　　)。

A. BF_3　　B. NF_3　　C. CF_4　　D. SiF_4

3-26　下列晶体中,熔点最高的是(　　)。

A. NaCl　　B. 冰　　C. SiC　　D. Cu

3-27　下列化学键中,主要以原子轨道重叠成键的是(　　)。

A. 共价键　　B. 离子键　　C. 金属键　　D. 氢键

3-28　下列各组元素原子半径由小到大排序错误的是(　　)。

A. Li＜Na＜K　　B. Al＜Mg＜Na　　C. C＜Si＜Al　　D. P＜As＜Se

3-29　下类水溶液渗透压最高的是(　　)。

A. 0.1mol/L C_2H_5OH　　B. 0.1mol/L NaCl

C. 0.1mol/L HAc　　D. 0.1mol/L Na_2SO_4

3-30　对于 HCl 气体溶解于水的过程,下列说法正确的是(　　)。

A. 这仅是一个物理变化的过程

B. 这仅是一个化学变化的过程

C. 此过程既有物理变化,又有化学变化

D. 此过程中溶质的性质发生了变化,而溶剂的性质未发生变化

3-31　定性比较下列四种溶液(浓度都是 0.1mol/kg)的沸点,沸点高的是(　　)。

A. $Al_3(SO_4)_3$　　B. $MgSO_4$　　C. $CaCl_2$　　D. CH_3CH_2OH

3-32　体系和环境之间只有能量交换,而没有物质交换,这种体系在热力学上称为(　　)。

A. 绝热体系　　B. 循环体系　　C. 孤立体系　　D. 封闭体系

3-33　已知铁的相对原子质量为 56,测得 100mL 某溶液中含有 112mg 铁,则溶液中铁的浓度为(　　)。

A. 2mol/L　　B. 0.2mol/L　　C. 0.02mol/L　　D. 0.002mol/L

3-34　在(　　)溶液中,$SrCO_3$ 的溶解度最大。

A. 0.1mol/L 的 HAc　　B. 1mol/L 的 $SrSO_4$

C. 纯水　　D. 1mol/L 的 Na_2CO_3

3-35　0.1mol/L 某一弱酸溶液,室温时 pH=3.0,此弱酸的 K_a 等于(　　)。

A. 1.1×10^{-3}　　B. 1.0×10^{-5}　　C. 1.0×10^{-4}　　D. 1.0×10^{-6}

3-36　在氨水中加入一些 NH_4Cl 晶体,会使(　　)。

A. NH_3 水的解离常数增大　　B. NH_3 水的解离度 α 增大

C. 溶液的 pH 值增大　　D. 溶液的 pH 值降低

3-37　下列溶液混合,属于缓冲溶液的是(　　)。

A. 50mL、0.2mol/L CH_3COOH 和 50mL、0.1mol/L NaOH 混合

B. 50mL、0.1mol/L CH_3COOH 和 50mL、0.1mol/L NaOH 混合

C. 50mL、0.1mol/L CH_3COOH 和 50mL、0.2mol/L NaOH 混合

D. 50mL、0.2mol/L HCl 和 50mL、0.1mol/L NH_3H_2O 混合

3-38　欲配制 500mL 的 pH = 5.0 的缓冲溶液,应选择下列哪种混合溶液较为合适?(　　)

A. HAc-NaAc($K_a^{\ominus}=1.75\times10^{-5}$)　　B. $NH_3\cdot H_2O$-NH_4Cl($K_b^{\ominus}=1.74\times10^{-5}$)

C. NaH_2PO_4-Na_2HPO_4($K_{a2}^{\ominus}=6.31\times10^{-8}$)　　D. $NaHCO_3$-Na_2CO_3($K_{a2}^{\ominus}=4.68\times10^{-11}$)

3-39　已知一元弱酸 HX 的解离常数为 $K_a^{\ominus}=1\times10^{-4}$，若在浓度为 0.05mol/L HX 溶液中，加入 KX 固体，使 KX 浓度为 0.50mol/L，则该溶液 H^+浓度近似为(　　)。

A. 10^{-3}mol/L　　B. 2×10^{-5}mol/L　　C. 10^{-5}mol/L　　D. 10^{-8}mol/L

3-40　在 100mL 的 0.14mol/L HAc 溶液中，加入 100mL 的 0.10mol/L NaAc 溶液，则该溶液的 pH 值是(计算误差±0.01pH 单位)(　　)。

A. 9.40　　B. 4.75　　C. 4.60　　D. 9.25

注：HAc 的 $pK_a^{\ominus}=4.75$。

3-41　已知 $K_b^{\ominus}(NH_3)=1.77\times10^{-5}$，将 0.2mol/L 的 $NH_3\cdot H_2O$ 溶液和 0.2mol/L 的 HCl 溶液等体积混合，其混合溶液的 pH 值为(　　)。

A. 5.12　　B. 8.87　　C. 1.63　　D. 9.73

3-42　浓度均为 0.1mol/L 的 NH_4Cl，NaCl，NaAc，Na_3PO_4，其 pH 由小到大的顺序为(　　)。

A. NH_4Cl，NaCl，NaAc，Na_3PO_4　　B. Na_3PO_4，NaAc，NaCl，NH_4Cl

C. NH_4Cl，NaCl，Na_3PO_4，NaAc　　D. NaAc，Na_3PO_4，NaCl，NH_4Cl

3-43　已知 $K^{\ominus}(NH_3)=1.77\times10^{-5}$，浓度为 0.1 mol/L 的 $NH_3\cdot H_2O$ 和 NH_4Cl 混合溶液的 pH 为(　　)。

A. 4.74　　B. 9.26　　C. 5.74　　D. 8.26

3-44　将浓度为 0.1 mol/L 的 HAc 溶液冲稀一倍，下列叙述正确的是(　　)。

A. HAc 解离度增大　　B. 溶液中有关离子浓度增大

C. HAc 解离常数增大　　D. 溶液的 pH 值降低

3-45　pH=2 的溶液的 $c(OH^-)$是 pH=4 的溶液中的 $c(OH^-)$的倍数是(　　)。

A. 2　　B. 0.5　　C. 0.01　　D. 100

3-46　难溶电解质 CaF_2 饱和溶液的浓度是 2.0×10^{-4}mol/L，它的溶度积是(　　)。

A. 8.0×10^{-8}　　B. 4.0×10^{-8}　　C. 3.2×10^{-11}　　D. 8.0×10^{-12}

3-47　向 $NH_3\cdot H_2O$ 溶液中加入下列少许固体，使 $NH_3\cdot H_2O$ 解离度减小的是(　　)。

A. $NaNO_3$　　B. NaCl　　C. NaOH　　D. Na_2SO_4

3-48　在 $BaSO_4$饱和溶液中，加入 $NaSO_4$，溶液中 $c(Ba^{2+})$的变化是(　　)。

A. 增大　　B. 减少　　C. 不变　　D. 不能确定

3-49　在已经产生了 AgCl 沉淀的溶液中，能使沉淀溶解的方法是(　　)。

A. 加入 HCl 溶液　　B. 加入 $AgNO_3$ 溶液

C. 加入浓氨水　　D. 加入 NaCl 溶液

3-50　$Ag_2C_2O_4$ 的溶度积 1.0×10^{-11}，其饱和溶液中 Ag^+离子浓度为(　　)mol/L。

A. 2.15×10^{-4}　　B. 1.36×10^{-4}　　C. 4.30×10^{-4}　　D. 2.72×10^{-4}

3-51　在含有 Cl^-和 CrO_4^{2-}的混合溶液中(浓度均为 0.1mol/L)，逐滴加入 $AgNO_3$溶液，开始生成白色 AgCl 沉淀，然后析出砖红色的 Ag_2CrO_4沉淀，这种现象称作(　　)。

A. 同离子效应　　B. 沉淀的转化

C. 分步沉淀　　D. 沉淀的溶解

3-52　ds 区元素包括(　　)。

A. 锕系元素　　B. 非金属元素　　C. ⅢB—ⅦB 元素　D. ⅠB、ⅡB 元素

3-53　已知某元素+3 价离子的电子分布式为 $1s^22s^22p^63s^23p^63d^5$，该元素在周期表中属于哪一周期、哪一族?(　　)

A. 五、VB　　B. 六、ⅢB　　C. 四、Ⅷ　　D. 三、VA

3-54　某元素位于第五周期 IVB 族，则此元素(　　)。

A. 原子的价层电子构型为 $5s^25p^2$　　B. 原子的价层电子构型为 $4d^25s^2$

C. 原子的价层电子构型为 $4s^24p^2$　　D. 原子的价层电子构型为 $5d^26s^2$

3-55　某元素的最高氧化值为+6，其氧化物的水化物为强酸，而原子半径是同族中最小的，该元素是(　　)。

A. Mn　　B. Cr　　C. Mo　　D. S

3-56　34 号元素最外层的电子构型为(　　)。

A. $3s^23p^4$　　B. $4s^24p^5$　　C. $4s^24p^2$　　D. $4s^24p^4$

3-57　下列含氧酸中，酸性最强的是(　　)。

A. $HClO_2$　　B. HClO　　C. HBrO　　D. HIO

3-58　某元素位于第 4 周期 IB，则该元素原子外层电子排布式是(　　)。

A. $3d^94s^2$　　B. $3d^{10}4s^2$　　C. $3d^{10}4s^1$　　D. $3d^{10}5s^1$

3-59　下列物质中酸性比 H_2GeO_3 弱的有(　　)。

A. H_3AsO_4　　B. H_2SiO_3　　C. H_3GaO_3　　D. H_3PO_4

3-60　某元素正二价离子(M^{2+})的电子构型是 $3s^23p^6$，该元素在周期表中的位置是(　　)。

A. 第三周期，Ⅷ族　　B. 第三周期，ⅥA 族

C. 第四周期，ⅡA 族　　D. 第四周期，Ⅷ族

3-61　下列各反应热效应等于 $CO_2(g)$ 的 $\Delta_f H_m^\ominus$ 的是(　　)。

A. C(金刚石)$+O_2 \rightarrow CO_2(g)$　　B. 2C(金刚石)$+2O_2 \rightarrow 2CO_2(g)$

C. C(石墨)$+O_2 \rightarrow CO_2(g)$　　D. 2C(石墨)$+2O_2 \rightarrow 2CO_2(g)$

3-62　在温度为 298.15K，压力为 101.325kPa 下，乙炔、乙烷、氢气和氧气反应的热化学方程式为(　　)。

$2C_2H_2(g)+5O_2(g) = 4CO_2(g)+2H_2O$ ①　　$\Delta_r H_m^\ominus = -2598kJ/mol$

$2C_2H_6(g)+7O_2(g) = 4CO_2(g)+6H_2O$ ②　　$\Delta_r H_m^\ominus = -3118kJ/mol$

$H_2(g)+1/2O_2(g) = H_2O$ ③　　$\Delta_r H_m^\ominus = -285.8kJ/mol$

根据以上热化学方程式，计算下列反应的标准摩尔焓变 $\Delta_r H_m^\ominus =$(　　)kJ/mol。

$C_2H_2(g)+2H_2(g) = C_2H_6(g)$ ④

A. 311.6　　B. −311.6　　C. 623.2　　D. −623.2

3-63　对于反应 $N_2(g)+O_2(g) = 2NO(g)$，$\Delta H = +90kJ/mol$，$\Delta S = +12J/(K\cdot mol)$，下列哪种情况是正确的?(　　)

A. 任何温度下均自发　　B. 任何温度下均非自发

C. 低温下非自发，高温下自发　　D. 低温下自发，高温下非自发

3-64　化学反应：$Zn(s)+O_2(g) \longrightarrow ZnO(s)$。其熵变 $\Delta_r S_m^\ominus$ 为(　　)。

A. 零　　B. 小于零　　C. 等于零　　D. 无法确定

3-65　反应 $C(s)+O_2(g)$ ══ $CO_2(g)$，$\Delta H<0$，欲加快正反应速率，下列措施无用的是（　　）。

A. 增大 O_2 的分压　B. 升温　C. 使用催化剂　D. 增加 C 的浓度

3-66　催化剂加快反应进行的原因在于它（　　）。

A. 提高反应活化能　B. 降低反应活化能

C. 使平衡发生移动　D. 提高反应分子总数

3-67　298K 时，反应 $A(g)+B(g)$ ══ $2C(g)+D(g)$ 的 $K^{\ominus}=2$，若 A、B、C、D 的起始压分别为 100kPa、200kPa、33.5kPa、67kPa，则 298K 时反应（　　）。

A. 正向自发　B. 逆向自发　C. 处于平衡态　D. 不能确定

3-68　某基元反应 $2A(g)+B(g)$ ══ $C(g)$，将 2mol A(g) 和 1mol B(g) 放在 1L 容器中混合，问反应开始的反应速率是 A、B 都消耗一半时反应速率的（　　）倍。

A. 0.25　B. 4　C. 8　D. 1

3-69　已知在一定温度下，反应 $C(g)$ ══ $A(g)+B(g)$，$\Delta_r H_m^{\ominus}>0$，则下列叙述中正确的是（　　）。

A. 随着反应的不断进行，生成物的含量逐渐增加，反应物的含量逐渐减少，因此平衡常数一定减小

B. 加入催化剂，反应速度加快，平衡向正反应方向移动

C. 升高温度，反应速度加快，平衡向正反应方向移动

D. 增加压力，反应速度加快，平衡向正反应方向移动

3-70　一密闭容器中，有 A、B、C 三种气体建立了化学平衡，它们的反应是 $A(g)+B(g) \longrightarrow C(g)$，相同温度下，体积缩小 2/3，则平衡常数 $K^{\ominus}$ 为原来的（　　）。

A. 3 倍　B. 2 倍　C. 9 倍　D. 不变

3-71　反应 $A(g)+B(g) \rightleftharpoons 2C(g)$ 达平衡后，如果升高总压，则平衡移动的方向是（　　）。

A. 向右　B. 向左　C. 不移动　D. 无法判断

3-72　对于一个化学反应，下列各组中关系正确的是（　　）。

A. $\Delta_r G_m^{\ominus}>0, K^{\ominus}<1$　B. $\Delta_r G_m^{\ominus}>0, K^{\ominus}>1$

C. $\Delta_r G_m^{\ominus}<0, K^{\ominus}=1$　D. $\Delta_r G_m^{\ominus}<0, K^{\ominus}<1$

3-73　反应 $A(s)+B(g) \rightleftharpoons C(g)$ 的 $\Delta H<0$，欲增大其平衡常数，可采取的措施是（　　）。

A. 增大 B 的分压　B. 降低反应温度

C. 使用催化剂　D. 减少 C 的分压

3-74　某温度下，密闭容器进行如下反应，$2A(g)+B(g) \rightleftharpoons 2C(g)$；开始 $p(A)=p(B)=300kPa$，$p(C)=0kPa$，平衡时 $p(C)=100kPa$；在此温度下反应的标准平衡常数是（　　）。

A. 0.1　B. 0.4　C. 0.001　D. 0.002

3-75　在下列平衡系统中 $PCl_5(g) \rightleftharpoons PCl_3(g)+Cl_2(g)$，$\Delta_r H_m^{\ominus}>0$，欲增大生成物 Cl_2 平衡时的浓度，需采取下列哪个措施？（　　）

A. 升高温度　B. 降低温度　C. 加大 PCl_3 浓度　D. 加大压力

3-76　已知反应 $NO(g)+CO(g) \rightleftharpoons \frac{1}{2}N_2(g)+CO_2(g)$ 的 $\Delta_r H_m^{\ominus}=-373.2kJ/mol$，有利于有毒气体 NO 和 CO 最大转化率的措施是（　　）。

A. 低温低压　　B. 低温高压

C. 高温高压　　D. 高温低压

3-77　金属钠在氯气中燃烧生成氯化钠晶体,其反应的熵是(　　)。

A. 增大　　B. 减少　　C. 不变　　D. 无法判断

3-78　某反应在 298K 及标准状态下不能自发进行,当温度升高到一定值时,反应能自发进行,符合此条件的是(　　)。

A. $\Delta_r H^\ominus > 0, \Delta_r S^\ominus > 0$　　B. $\Delta_r H^\ominus < 0, \Delta_r S^\ominus < 0$

C. $\Delta_r H^\ominus < 0, \Delta_r S^\ominus > 0$　　D. $\Delta_r H^\ominus > 0, \Delta_r S^\ominus < 0$

3-79　在一个容器中,反应 $2NO_2(g) \rightleftharpoons 2NO(g) + O_2(g)$,恒温条件下达到平衡后,若加入一定的 Ar 气体保持总压力不变,平衡将会(　　)。

A. 向正反应方向移动　　B. 向逆反应方向移动

C. 没有变化　　D. 不能判断

3-80　在 21.8℃时,反应 $NH_4HS(s) \rightleftharpoons NH_3(g) + H_2S(g)$ 的标准平衡常数为 $K^\ominus = 0.070$,则平衡混合气体的总压为(　　)kPa。

A. 7.0　　B. 26　　C. 53　　D. 0.26

3-81　在一定温度下,反应 $2CO(g) + O_2(g) \rightleftharpoons 2CO_2(g)$ 的 K_p 与 K_c 之间的关系正确的是(　　)。

A. $K_p = K_c$　　B. $K_p = K_c \times (RT)$　　C. $K_p = K_c / (RT)$　　D. $K_p = 1/K_c$

3-82　反应 $PCl_3(g) + Cl_2(g) \rightleftharpoons PCl_5(g)$,在 298K 时,$K^\ominus = 0.767$,此温度下平衡时,如 $p(PCl_5) = p(PCl_3)$,则 $p(Cl_2) = $(　　)。

A. 130.38kPa　　B. 0.767kPa　　C. 7607kPa　　D. 7.67×10^{-3} kPa

3-83　已知 $\varphi^\ominus(Ag^+/Ag) = 0.8V$,某原电池的两个半电池都由 $AgNO_3$ 溶液和银丝组成,其中一个半电池的 $c(Ag^+) = 1.0mol/L$,另一半电池的 $c(Ag^+) = 0.1mol/L$,将二者连通后,其电动势为(　　)。

A. 0V　　B. 0.059V　　C. 0.80V　　D. 无法判断

3-84　有原电池 $(-)Zn \mid ZnSO_4(c_1) \parallel CuSO_4(c_2) \mid Cu(+)$,如果提高 $ZnSO_4$ 浓度 c_1 数值,则原电池的电动势变化为(　　)。

A. 变大　　B. 变小　　C. 不变　　D. 无法判断

3-85　对于电池的符号为 $(-)Pt \mid Sn^{4+}, Sn^{2+} \parallel Fe^{3+}, Fe^{2+} \mid Pt(+)$,则此电池反应的产物为(　　)。

A. Fe^{3+}, Sn^{2+}　　B. Sn^{4+}, Fe^{2+}　　C. Sn^{4+}, Fe^{3+}　　D. Sn^{2+}, Fe^{2+}

3-86　在铜锌原电池中,将铜电极的 $c(H^+)$ 由 1mol/L 增加到 2mol/L,则铜电极的电极电势(　　)。

A. 变大　　B. 变小　　C. 无变化　　D. 无法确定

3-87　下列电池反应 $Ni(s) + Cu^{2+}(aq) \rightleftharpoons Ni^{2+}(1.0mol/L) + Cu(s)$,已知电对 Ni^{2+}/Ni 的 $\varphi^\ominus$ 为 $-0.257V$,则电对 Cu^{2+}/Cu 的 $\varphi^\ominus$ 为 $+0.342V$,当电池电动势为零时,Cu^{2+} 离子浓度应为(　　)mol/L。

A. 5.05×10^{-27}　　B. 4.95×10^{-21}　　C. 7.10×10^{-14}　　D. 7.56×10^{-11}

3-88 已知$K^{\ominus}(HOAc)=1.8\times10^{-5}$,$K^{\ominus}(HCN)=6.2\times10^{-10}$,下列电对标准电极电势最小的是(　　)。

A. $E^{\ominus}_{H^+/H_2}$　　B. $E^{\ominus}_{H_2O/H_2}$　　C. $E^{\ominus}_{HOAc/H_2}$　　D. $E^{\ominus}_{HCN/H_2}$

3-89 由反应$Fe(s)+2Ag^+(aq)=Fe^{2+}(aq)+2Ag(s)$组成原电池,若仅将$Ag^+$浓度减小到原来浓度的1/10,则电池电动势会(　　)V。

A. 增大0.059　　B. 减小0.059　　C. 减小0.118　　D. 增大0.118

3-90 向原电池$(-)Ag|AgCl|Cl^-\,\|\,Ag^+|Ag(+)$的负极中加入NaCl,则原电池的电动势变化是(　　)。

A. 变大　　B. 变小　　C. 不变　　D. 不能确定

3-91 两个电极组成原电池,下列叙述正确的是(　　)。

A. 做正电极的电极电势$E_{(+)}$值必须大于0

B. 做负电极的电极电势$E_{(+)}$值必须小于0

C. 必须是$E^{\ominus}_{(+)}>E^{\ominus}_{(-)}$

D. 电极电势E值大的是正极,E值小的是负极

3-92 下列反应能自发进行:$2Fe^{3+}+Cu \rightleftharpoons 2Fe^{2+}+Cu^{2+}$,$Cu^{2+}+Fe \rightleftharpoons Fe^{2+}+Cu$
由此比较a. $\varphi^{\ominus}(Fe^{3+}/Fe^{2+})$、b. $\varphi^{\ominus}(Cu^{2+}/Cu)$、c. $\varphi^{\ominus}(Fe^{2+}/Fe)$的代数值大小顺序为(　　)。

A. c>b>a　　B. b>a>c　　C. a>c>b　　D. a>b>c

3-93 在酸性介质中,反应 $MnO_4^- + SO_3^{2-} + H^+ \rightleftharpoons Mn^{2+} + SO_4^{2-}$;配平后 H^+的系数为(　　)。

A. 8　　B. 6　　C. 0　　D. 5

3-94 已知 $\varphi^{\ominus}(Sn^{4+}/Sn^{2+})=0.15V$, $\varphi^{\ominus}(Cu^{2+}/Cu)=0.34V$, $\varphi^{\ominus}(Fe^{3+}/Fe^{2+})=0.77V$, $\varphi^{\ominus}(Cl_2/Cl^-)=1.36V$,在标准状态下能自发进行的反应是(　　)。

A. $Cl_2+Sn^{2+}\longrightarrow 2Cl^-+Sn^{4+}$　　B. $2Fe^{2+}+Cu^{2+}\longrightarrow 2Fe^{3+}+Cu$

C. $2Fe^{2+}+Sn^{4+}\longrightarrow 2Fe^{3+}+Sn^{2+}$　　D. $2Fe^{2+}+Sn^{2+}\longrightarrow 2Fe^{3+}+Sn^{4+}$

3-95 元素的标准电极电势图如下:

A. $Cu^{2+}\xrightarrow{0.159}Cu^+\xrightarrow{0.52}Cu$

B. $Au^{3+}\xrightarrow{1.36}Au^+\xrightarrow{1.83}Au$

C. $Fe^{3+}\xrightarrow{0.771}Fe^{2+}\xrightarrow{-0.44}Fe$

D. $MnO_4^-\xrightarrow{1.51}Mn^{2+}\xrightarrow{-1.18}Mn$

在空气存在的条件下,下列离子在水溶液中最稳定的是(　　)。

A. Cu^{2+}　　B. Au^+　　C. Fe^{2+}　　D. Mn^{2+}

3-96 已知: $Fe^{3+}+e^-=Fe^{2+}$, $\varphi^{\ominus}=0.77V$; $Cu^{2+}+2e^-=Cu$, $\varphi^{\ominus}=0.34V$; $Fe^{2+}+2e^-=Fe$, $\varphi^{\ominus}=-0.44V$; $Al^{3+}+3e^-=Al$, $\varphi^{\ominus}=-1.66V$。则最强的还原剂是(　　)。

A. Al^{3+}　　B. Fe^{2+}　　C. Fe　　D. Al

3-97 已知$E^{\ominus}(Fe^{3+}/Fe^{2+})=0.77V$,$E^{\ominus}(MnO_4^-/Mn^{2+})=1.51V$,当同时提高两电对酸度时,两电对电极电势数值的变化是(　　)。

A. $E^{\ominus}(Fe^{3+}/Fe^{2+})$变小,$E^{\ominus}(MnO_4^-/Mn^{2+})$变大

B. $E^{\ominus}(Fe^{3+}/Fe^{2+})$变大，$E^{\ominus}(MnO_4^-/Mn^{2+})$变大

C. $E^{\ominus}(Fe^{3+}/Fe^{2+})$不变，$E^{\ominus}(MnO_4^-/Mn^{2+})$变大

D. $E^{\ominus}(Fe^{3+}/Fe^{2+})$不变，$E^{\ominus}(MnO_4^-/Mn^{2+})$不变

3-98　已知下列电对的标准电极电位 $E^{\ominus}(ClO_4^-/Cl^-) = 1.39V$；$E^{\ominus}(ClO_3^-/Cl^-) = 1.45V$；$E^{\ominus}(HClO/Cl^-) = 1.49V$；$E^{\ominus}(Cl_2/Cl^-) = 1.36V$；则下列物质中，氧化性最强的是（　　）。

A. ClO_4^-　　B. ClO_3^-　　C. HClO　　D. Cl_2

3-99　$KMnO_4$中 Mn 的氧化数是（　　）。

A. +4　　B. +5　　C. +6　　D. +7

3-100　下列说法错误的是（　　）。

A. 金属腐蚀分为化学腐蚀和电化学腐蚀　B. 金属在干燥的空气中主要发生化学腐蚀

C. 金属在潮湿的空气中主要发生析氢腐蚀　D. 金属在潮湿的空气中主要发生吸氧腐蚀

3-101　下列有机物中只有 2 种一氯代物的是（　　）。

A. 丙烷　　B. 异戊烷　　C. 新戊烷　　D. 2，3-二甲基戊烷

3-102　下列物质中，不属于羧酸类有机物的是（　　）。

A. 己二酸　　B. 苯甲酸　　C. 硬脂酸　　D. 石碳酸

3-103 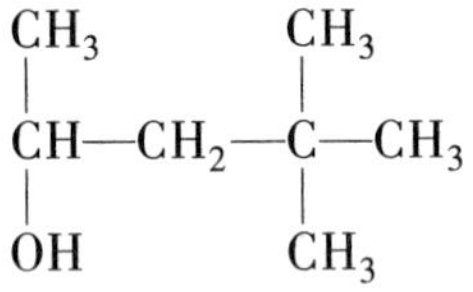 的正确命名是（　　）。

A. 4，4-二甲基-2-戊醇　　B. 2，2-二甲基-4-戊醇

C. 2-羟基-4，4-二甲基-戊烷　　D. 2，2-二甲基-4-羟基戊烷

3-104　2-甲基-3-戊醇脱水的主要产物是（　　）。

A. 2-甲基-1-戊烯　　B. 2-甲基戊烷

C. 2-甲基-2-戊烯　　D. 2-甲基-3-戊烯

3-105　分子式 C_6H_{14}的各种异构体中，含有 3 个甲基，并能在自由基氯代反应中生成 4 种一氯代物的分子结构简式为（　　）。

A. $(CH_3)_2CHCH_2CH_2CH_3$　　B. $(CH_3)_2CHCH(CH_3)_2$

C. $CH_3CH_2CH_2CH_2CH_2CH_3$　　D. $CH_3CH_2CH(CH_3)CH_2CH_3$

3-106　下列有机物中，对于可能处于同一平面上的最多原子数目的判断，正确的是（　　）。

A. 丙烷最多有 6 个原子处在同一个平面上

B. 丙烯最多有 9 个原子处在同一个平面上

C. 苯乙烯（$C_6H_5CH=CH_2$）最多有 16 个原子处在同一个平面上

D. $CH_3CH=CH\ \ C\equiv C\ \ CH_3$ 最多有 12 个原子处在同一个平面上

3-107　人造象牙的主要成分是$\left[CH_2—O\right]_n$，它是经过加聚反应制得的，合成此高原物的单体是（　　）。

A. $(CH_3)_2O$　　B. CH_2CHO　　C. HCHO　　D. HCOOH

3-108　下列各物质在一定条件下，可以制得较纯净 1，2-二氯乙烷的是（　　）。

A. 乙烯通入浓盐　　B. 乙烷与氯气混合

C. 乙烯与氯气混合　　　　　　　　　　D. 乙烯与氯化氢气体混合

3-109　下列有机物中，既能发生加成反应和酯化反应，又能发生氧化反应的化合物(　　)。

A. $CH_3CH=CHCOOH$　　　　　　　B. $CH_3CH=CHCOOC_2H_5$

C. $CH_3CH_2CH_2CH_2OH$　　　　　D. $HOCH_2CH_2CH_2CH_2OH$

3-110　人造羊毛的结构简式为 $\left[CH_2—\underset{\displaystyle CN}{\underset{|}{CH}}\right]_n$，它属于(　　)。

①共价化合物；②无机化合物；③有机物；④高分子化合物；⑤离子化合物

A. ②④⑤　　B. ①④⑤　　C. ①③④　　D. ③④⑤

3-111　下列物质使溴水褪色的是(　　)。

A. 乙醇　　B. 硬脂酸甘油酯　　C. 溴乙烷　　D. 乙烯

3-112　下述化合物中，没有顺、反异构体的是(　　)。

A. $CHCl=CHCl$　　　　　　　　B. $CH_3CH=CHCH_2Cl$

C. $CH_2=CHCH_2CH_3$　　　　　　D. $CHF=CClBr$

3-113　按系统命名法，下列有机化合物命名正确的是(　　)。

A. 2-乙基丁烷　　　　　　　　B. 2,2-二甲基丁烷

C. 3,3-二甲基丁烷　　　　　　D. 2,3,3-三甲基丁烷

3-114　某中性有机物，在酸性条件下可以发生水解，生成分子量相同的 A 和 B。A 是中性物质，B 可以与碳酸钠反应发出气体，则该有机物是(　　)。

A. $CH_3COOC_3H_7$　　　　　　B. $CH_3COOC_2H_5$

C. CH_3COONa　　　　　　　D. CH_3CH_2Br

3-115　某卤代烷烃 $C_5H_{11}Cl$ 发生消除反应时，可以得到两种烯烃，该卤代烷的结构简式可能为(　　)。

A. $CH_3—\underset{\displaystyle CH_2Cl}{\underset{|}{CH}}—CH_2CH_3$　　　　B. $CH_3CH_2CH_2\underset{\displaystyle Cl}{\underset{|}{CH}}CH_3$

C. $CH_3CH_2\underset{\displaystyle Cl}{\underset{|}{CH}}CH_2CH_3$　　　　D. $CH_3CH_2CH_2CH_2CH_2Cl$

3-116　烯烃在一定条件下发生氧化反应时，C=C 双键发生断裂，RCH=CHR′ 可以氧化成 RCHO 和 R′CHO。在该条件下，下列烯烃分别氧化后，产物中可能有乙醛的是(　　)。

A. $CH_3CH=CH(CH_2)_2CH_3$　　　　B. $CH_2=CH(CH_2)_3CH_3$

C. $(CH_3)_2C=CHCH=CHCH_2CH_3$　　D. $CH_3CH_2CH=CHCH_2CH_3$

3-117　下列各组物质只用水就能鉴别的是(　　)。

A. 苯，乙酸，四氯化碳　　　　B. 乙醇，乙醛，乙酸

C. 乙醛，乙二醇，硝基苯　　　D. 甲醇，乙醇，甘油

3-118　下列物质中，两个氢原子的化学性质不同的是(　　)。

A. 乙炔　　B. 甲酸　　C. 甲醛　　D. 乙二酸

3-119　某液体烃与溴水发生加成反应生成 2,3-二溴-2-甲基丁烷，该液体烃是(　　)。

A. 2-丁烯　　　　　　　　　　B. 2-甲基-1-丁烯

C. 3-甲基-1-丁烯　　　　　　　　　D. 2-甲基-2-丁烯

3-120　下列物质中与乙醇互为同系物的是(　　)。

A. $CH_2{=}CHCH_2OH$　　　　　　　B. 甘油

C. 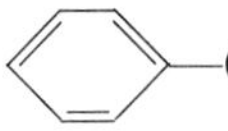$—CH_2OH$　　　　D. $CH_3CH_2CH_2CH_2OH$

3-121　下列有机物不属于烃的衍生物的是(　　)。

A. $CH_2{=}CHCl$　　B. $CH_2{=}CH_2$　　C. CCl_4　　D. $CH_3CH_2NO_2$

3-122　下列物质在一定条件下不能发生银镜反应的是(　　)。

A. 甲醛　　B. 丁醛　　C. 甲酸甲酯　　D. 乙酸乙酯

3-123　下列物质一定不是天然高分子的是(　　)。

A. 蔗糖　　B. 塑料　　C. 橡胶　　D. 纤维素

3-124　$H_2C{=}HC—CH{=}CH_2$分子中所含化学键共有(　　)。

A. 4 个 σ 键,2 个 Π 键　　　　　B. 9 个 σ 键,2 个 Π 键

C. 7 个 σ 键,4 个 Π 键　　　　　D. 5 个 σ 键,4 个 Π 键

3-125　分子式 C_5H_{12}各种异构体中,所含甲基数和它的一氯代物的数目与下列情况相符的是(　　)。

A. 2 个甲基,能生成 4 种一氯代物　　B. 3 个甲基,能生成 5 种一氯代物

C. 3 个甲基,能生成 4 种一氯代物　　D. 4 个甲基,能生成 4 种一氯代物

3-126　在下列有机物中,经催化加氢反应后,不能生成 2-甲基戊烷的是(　　)。

A. $CH_2{=}C(CH_3)CH_2CH_2CH_3$　　　B. $(CH_3)_2CHCH_2CH{=}CH_2$

C. $CH_3C(CH_3){=}CHCH_2CH_3$　　　D. $CH_3CH_2CH(CH_3)CH{=}CH_2$

3-127　以下是分子式为 $C_5H_{12}O$ 的有机物,其中能被氧化为含相同碳原子数的醛的化合物是(　　)。

① $CH_2(OH)CH_2CH_2CH_2CH_3$　　② $CH_3CH(OH)CH_2CH_2CH_3$

③ $CH_3CH_2CH(OH)CH_2CH_3$　　④ $CH_3CH(CH_2OH)CH_2CH_3$

A. ①②　　B. ③④　　C. ①④　　D. 只有①

3-128　结构简式为$(CH_3)_2CHCH(CH_3)CH_2CH_3$的有机物的正确命名为(　　)。

A. 2-甲基-3-乙基戊烷　　　　　B. 2,3-二甲基戊烷

C. 3,4-二甲基戊烷　　　　　　D. 1,2-二甲基戊烷

3-129　以石油化工为基础的现代三大合成材料是(　　)。

①医药;②合成纤维;③合成氨;④塑料;⑤合成橡胶;⑥合成洗涤剂;⑦合成尿素

A. ②⑤⑦　　B. ①④⑥　　C. ②④⑤　　D. ①③⑦

复习题答案与提示

3-1 C　提示:基态氢原子核外电子处在 1s 轨道,激发态氢原子核外电子可处在更高能量

轨道；当 $n=2$ 时，有一个 2s 和三个 2p 轨道；$2p_z$ 轨道对应的量子数为 $n=2,l=1,m=0$；量子力学中的原子轨道不再是宏观质点运动的轨道概念，它是核外电子运动的一定空间范围，是电子出现概率最多的区域，2p 轨道函数的形状为双球形，指的是电子出现概率最大的区域是三个不同方向的“哑铃形”，并不代表其沿“∞”字轨道运动。

3-2 C　提示：根据洪特规则，钴的价电子 $3d^7 4s^2$ 的排布方式为：

↑↓	↑↓	↑	↑	↑		↑↓

由此可以看出，未成对电子数是 3。

3-3 C　提示：轨道能量首先取决于 n，当 n 相同时，取决于 l。

3-4 B　提示：$l=2$ 对应的轨道为 d 轨道。

3-5 B　提示：根据轨道近似能级图，A 是正确的，C、D 满足了半满、全满也是正确的，B 的 4s 轨道没有填满，电子填充到能级较高的 3d 轨道上，属于激发态。

3-6 C　提示：元素原子失去一个电子成为+1 价离子时，该离子的价层电子排布式为 $3d^{10}$，说明其原子的外层电子排布式为：$3d^{10}4s^1$，故为第四周期 IB 的 29 号 Cu。

3-7 C　提示：25 号元素的+2 价离子的电子分布式为 $1s^2 2s^2 2p^6 3s^2 3p^6 3d^5$，故其外层电子分布式为 $3s^2 3p^6 3d^5$。

3-8 A　提示：影响离子极化作用的主要因素有离子的构型、离子的电荷、离子的半径。当离子壳层的电子构型相同，半径相近，电荷高的阳离子有较强的极化作用；当电荷离子的构型相同，电荷相等，半径越小，离子的极化作用越大。Li^+、Na^+、K^+、Rb^+ 四种离子均属于 IA 元素，电荷及电子构型相同，半径依次增大，因此离子极化作用大小顺序为 $Li^+ > Na^+ > K^+ > Rb^+$。

3-9 B　提示：价电子构型为 $4d^{10}5s^1$，该元素 $n=5$，表示位于第五周期，价电子构型符合 $(n-1)d^{10}ns^1$，属于 IB。

3-10 D　提示：根据题意，该元素的电子排布式为 $1s^2 2s^2 2p^6 3s^2 3p^6 3d^6 4s^2$，26 号元素为 Fe。

3-11 D　提示：根据元素周期律，同一周期从左到右第一电离能依次增大；同一族从上到下，第一电离能依次减少。H、Li、Na、K 为 IA 元素，自上而下电离能减小，故 K 第一电离能最小，故答案应选 D。

3-12 D　提示：影响离子极化能力因素有离子半径、电荷及电子构型。当电子构型相同时，离子半径越小，电荷越高离子极化作用越强。

Na^+、Mg^{2+}、Al^{3+}、Si^{4+} 电子构型相同，半径依次减小，电荷依次增高，因此离子极化作用大小顺序为 $Si^{4+} > Al^{3+} > Mg^{2+} > Na^+$，故答案应选 D。

3-13 A　提示：见杂化轨道类型。中心原子 Be 采用 sp 杂化与 Cl 原子成键。

3-14 A　提示：非极性分子与非极性分子间之间只有色散力；非极性分子与极性分子之间具有色散力和诱导力；极性分子与极性分子之间具有色散力、诱导力和取向力。

由上可见，非极性分子之间只存在色散力，题中氢气、氧气、氦气、二氧化碳为非极性分子，二氧化硫和溴化氢为极性分子，可见氢气和氦气分子之间只有色散力。

3-15 B　提示：原子轨道能量高低首先取决于主量子数 n（电子层），在同一个电子层内，原子轨道能量高低取决于角量子数 l（亚层），一个原子轨道能量高低由 n、l 共同决定。

3-16 B　提示：C_2H_2 分子中含有三键，CO_2、CH_3COOH 分子中均含有双键，只有 H_2O 分子

中只含有单键即σ键。

3-17 B　提示：含 N—H、O—H、F—H 键的物质含氢键。

3-18 A　提示：分子间力随着分子量的增加而增大，但 H_2O 分子之间由于氢键的存在，因此出现了反常，分子量最低，但沸点最高。

3-19 B　提示：CH_4、F_2 均为非极性分子，由于 H—O 键的极性比 H—S 键的极性大，且二者分子构型相同，故 H_2O 的分子极性大于 H_2S 分子。

3-20 D　提示：CO_2 为直线形、BF_3 为平面三角形、$BeCl_2$ 为直线形、H_2S 为 V 形。

3-21 D　提示：由于分子间力是随着分子量增大而增大，因此熔、沸点也是随着分子量增大而增大，但由于 HF 分子除了范德华力外，还含有氢键，氢键的存在使其熔、沸点出现反常现象。故最终熔、沸点由高到低的顺序为 HF＞HI＞HBr＞HCl，故答案是 D。

3-22 C　提示：SiO_2 原子晶体、$SiCl_4$、H_2O 分子晶体、$AlCl_3$ 介于离子晶体与分子晶体之间。

3-23 D　提示：分子中含 F—H，O—H，N—H 键的分子能形成氢键，故选 HF，答案为 D。

3-24 A　提示：SiH_4 为非极性分子，非极性分子之间只存在色散力，而 NH_3、H_2O、HCl 三种分子都为极性分子，极性分子之间不仅存在色散力，还存在诱导力和取向力。

3-25 B　提示：BF_3 为平面正三角形，非极性分子；CF_4、SiF_4 为正四面体，非极性分子，NF_3 为三角锥形，极性分子。

3-26 C　提示：NaCl 为离子晶体，冰为分子晶体，SiC 为原子晶体，Cu 为金属晶体，其熔点高低顺序为 SiC＞Cu＞NaCl＞冰，因此熔点最高为 SiC。

3-27 A　提示：离子键本质是正、负离子之间的静电引力。金属键的本质是金属离子与自由电子之间的库仑引力。共价键是分子内原子间通过共用电子对所形成的化学键，电子在配对成键形成共价型分子时，原子轨道发生重叠。氢键是一种特殊的分子间力，不属于化学键。

3-28 D　提示：在元素周期表中，同一周期自左向右原子半径逐渐减小，同一主族自上向下原子半径逐渐增大，根据各元素在周期表中的位置，原子半径排序 A、B、C 均正确，D 选项中，Se 位于 As 右边，故原子半径应为 Se＜As。

3-29 D　提示：对同浓度的溶液，渗透压和沸点的高低顺序为

A_2B 或 AB_2 型强电解质溶液＞AB 型强电解质溶液＞弱电解质溶液＞非电解质溶液

3-30 C　提示：HCl 气体溶解于水的过程是一个气态变液态的物理变化过程，同时 HCl 溶于水中后发生化学解离 $HCl \rightleftharpoons H^+ + Cl^-$，由于 HCl 的融入，溶剂水的解离平衡也会发生移动，溶液由中性变为酸性，因此答案 C 是正确的。

3-31 A　提示：溶液粒子数越多，沸点越高，A 溶液含粒子数最多。

3-32 D　提示：根据系统与环境之间的物质和能量交换情况，系统分为三种：①开放系统：系统和环境之间既有物质交换，又有能量交换。②封闭系统：系统和环境之间没有物质交换，只有能量交换。③孤立体系：系统和环境之间既没有物质交换，又没有能量交换。因此正确答案是 D。

3-33 C　提示：已知 $M(\text{Fe}) = 56\text{g/mol}$；$m = 112\text{mg} = 0.112\text{g}$；$V = 100\text{mL} = 0.1\text{L}$。

溶液中铁的物质量浓度

$$c = \frac{n(\text{Fe})}{V} = \frac{m(\text{g})/M(\text{Fe})}{V(\text{L})} = \frac{0.112/56}{0.1}\text{mol/L} = 0.02\text{mol/L}$$

3-34 A　提示：$SrCO_3$ 的沉淀溶解平衡为

$$SrCO_3(s) \rightleftharpoons Sr^{2+}(aq) + CO_3^{2-}(aq)$$

$SrSO_4$、Na_2CO_3 溶液，由于同离子效应，溶解度比在水中减少，A 项中 HAc 解离的 H^+ 离子，与 $CO_3{}^{2-}$ 反应，生成 H_2CO_3，从而使平衡向溶解的方向移动，溶解度增大。

3-35 B 提示：对于一元弱酸，$c(H^+) \approx \sqrt{K_a c_a}$。

已知 $c_a = 0.1mol/L$，pH=3.0，$c(H^+) = 1.0\times10^{-3}mol/L$，将 c_a、$c(H^+)$ 代入公式即可求弱酸的 $K_a = 1.0 \times 10^{-5}$，故答案应选 B。

3-36 D 提示：NH_3 水中，加入 NH_4Cl，使 NH_3 解离度降低，则 OH^- 浓度减少，溶液 pH 值降低。

3-37 A 提示：缓冲溶液是由共轭酸碱对（缓冲对）组成，CH_3COOH 和 NaOH 混合发生反应，A 溶液反应后实际由剩余 CH_3COOH 和生成的 CH_3COONa 组成，CH_3COOH 与 CH_3COONa 是一对缓冲对；B 中 CH_3COOH 和 NaOH 完全反应全部生成 CH_3COONa；C 中 CH_3COOH 和 NaOH 完全反应 NaOH 过量，反应后实际为生成 CH_3COONa 和剩的 NaOH，CH_3COONa 和 NaOH 非缓冲对；D 中 HCl 和 NH_3H_2O 混合反应后，溶液实际由过剩的 HCl 和生成的 NH_4Cl 组成，HCl 和 NH_4Cl 非缓冲对。故答案 A 正确。

3-38 A 提示：选择缓冲溶液的原则是 $pH = pK_a^\ominus$；HAc－NaAc $pK_a^\ominus = 4.75$；$NH_3 \cdot H_2O$－NH_4Cl，$K_a^\ominus = 1.0\times10^{-14}/K_b^\ominus = 1.0\times10^{-14}/1.74\times10^{-5} = 5.75\times10^{-10}$，$pK_a^\ominus = 9.24$；$NaH_2PO_4$－$Na_2HPO_4$，$pK_{a2}^\ominus = 7.20$；$NaHCO_3$－$Na_2CO_3$，$pK_{a2}^\ominus = 10.33$，可见 HAc－NaAc 电对 $pK_a^\ominus = 4.75$，与 pH=5.0 最接近。

3-39 C 提示：根据缓冲溶液 H^+ 浓度近似计算公式，即

$$c(H^+) = K_a^\ominus \times \frac{c(HX)}{c(KX)} = 1\times10^{-4} \times \frac{0.05}{0.50} mol/L = 1.0\times10^{-5} mol/L$$

3-40 C 提示：混合后，[HAc]=0.07mo1/L，[NaAc]=0.05mo1/L。

3-41 A 提示：$NH_3 \cdot H_2O + HCl \rightleftharpoons NH_4Cl + H_2O$。

0.2mol/L 的 $NH_3 \cdot H_2O$ 溶液和 0.2mol/L 的 HCl 溶液等体积混合后，$NH_3 \cdot H_2O$ 与 HCl 完全反应，生成的 NH_4Cl 浓度为 0.1mol/L。NH_4Cl 解离出的氢离子浓度为 $c(H^+) \approx \sqrt{K_a^\ominus c}$，其中，

$$K_a^\ominus = \frac{K_w^\ominus}{K_b^\ominus} = \frac{1.0\times10^{-14}}{1.77\times10^{5}} = 5.65\times10^{-10}, c = 0.1mol/L$$

$$c(H^+) \approx \sqrt{K_a^\ominus c} = \sqrt{5.65\times10^{-10}\times0.1} = 7.52\times10^{-6}, pH = -lg7.52\times10^{-6} = 5.12$$

3-42 A 提示：NH_4Cl 是强酸弱碱盐，其溶液呈酸性，NaCl 是强碱强酸盐，其溶液呈中性，NaAc，Na_3PO_4 是强碱弱酸盐，其溶液呈碱性，且其共轭酸醋酸 HAc（$K_a^\ominus = 1.76\times10^{-5}$）酸性比磷酸氢根 HPO_4^{2-}（$K_{a3}^\ominus = 2.2\times10^{-13}$）强，因此酸性 NaAc 比 Na_3PO_4 强，故这四种物质酸性由强到弱的顺序是 NH_4Cl，NaCl，NaAc，Na_3PO_4，故其 pH 由小到大的顺序也为 NH_4Cl，NaCl，NaAc，Na_3PO_4，因此是答案 A。

3-43 B 提示：$NH_3 \cdot H_2O$ 和 NH_4Cl 混合形成缓冲溶液。

$$c(OH^{-1}) = K_b^\ominus \cdot \frac{c(NH_3)}{c(NH_4^+)}; pOH = pK_b^\ominus - lg\frac{c(NH_3)}{c(NH_4^+)}; pK_b^\ominus = -lgK_b^\ominus$$

$c(NH_3) = c(NH_4Cl) = 0.1mol/L$，代入公式，计算可得

$$pOH = pK_b^\ominus = -\lg(1.77\times10^{-5}) = 4.75, pH = 14 - pOH = 9.25$$

3-44 A 提示：根据解离度公式 $\alpha=\sqrt{\dfrac{K_a^\ominus}{c}}$，其中温度不变，酸的解离常数 $K_a^\ominus$ 不变，因此随着酸的浓度降低，酸的解离度增大，由于浓度减少，溶液中有关离子浓度减少，氢离子浓度也减少，溶液 pH 值升高。

3-45 C 提示：$pH+pOH=14$，$pH=-\lg c(H^+)$；$pOH=-\lg c(OH^-)$。

$pH=2$，$pOH=12$，则 $c(OH^-)=10^{-12}mol/dm^3$；

$pH=4$，$pOH=10$，则 $c(OH^-)=10^{-10}mol/dm^3$；

$pH=2$ 的溶液的 $c(OH^-)$ 是 $pH=4$ 的溶液中的 $c(OH^-)$ 的 0.01 倍，故答案应选 C。

3-46 C 提示：$c(Ca^{2+})=2.0\times10^{-4}mol/dm^3$，$c(F^-)=4.0\times10^{-4}mol/dm^3$，$K_s^\ominus=c(Ca^{2+})\times[c(F^-)]^2=2.0\times10^{-4}\times(4.0\times10^{-4})^2=3.2\times10^{-11}$。

3-47 C 提示：在 $NH_3\cdot H_2O$ 溶液中存在下列解离平衡

$$NH_3(aq)+H_2O(l)\rightleftharpoons NH_4^+(aq)+OH^-(aq)$$

在 $NH_3\cdot H_2O$ 溶液中加入含 NH_4^+ 和 OH^- 的物质，均能使解离平衡向左移动，从而使 $NH_3\cdot H_2O$ 解离度减小，即发生同离子效应。由此可见上述物质只有 NaOH 能产生同离子效应。

3-48 B 提示：在 $BaSO_4$ 饱和溶液中，$Q=K_s^\ominus(BaSO_4)=c^{eq}(Ba^{2+})\cdot c^{eq}(SO_4^{2-})$，$K_s^\ominus(BaSO_4)$ 在一定温度下为一定值，当加入 $NaSO_4$ 时，$c(SO_4^{2-})$ 增大，溶液中 $c(Ba^{2+})$ 必然下降，所以答案应选 B。

3-49 C 提示：由于 NH_3 与 Ag^+ 形成稳定的 $Ag(NH_3)_2^+$，降低 Ag^+ 的浓度，使 AgCl 的沉淀溶解平衡向溶解方向移动。

3-50 D 提示：$Ag_2C_2O_4$ 的溶解度为 $s=\sqrt[3]{\dfrac{K_s^\ominus}{4}}=\sqrt[3]{\dfrac{1.0\times10^{-11}}{4}}mol/L=1.36\times10^{-4}mol/L$，$c(Ag^+)=2s=2.72\times10^{-4}mol/L$。

3-51 C 提示：根据溶度积规则。$Q>K_s^\ominus$ 过饱和溶液，有沉淀析出；$Q=K_s^\ominus$ 饱和溶液；$Q<K_s^\ominus$ 不饱和溶液，无沉淀析。

当满足 $Q\geqslant K_s^\ominus$ 时有沉淀生成，因此根据沉淀的溶度积常数不同生成沉淀的顺序不同，出现分步沉淀现象。

3-52 D 提示：ds 区元素的价电子构型为 $(n-1)d^{10}ns^{1-2}$，包括ⅠB、ⅡB 元素。

3-53 C 提示：根据离子电子排布式得原子电子排布式，原子价电子构型为 $3d^64s^2$，$6+2=8$。

3-54 B 提示：$n=5$ 即第五周期，$(n-1)d$ 电子数 $+ns$ 电子数 $=4$，即ⅣB 族。

3-55 B 提示：Mn 价电子构型 $3d^54s^2$；Cr 价电子构型 $3d^54s^1$；Mo 价电子构型 $4d^55s^1$；S 价电子构型 $3s^23p^4$。最高氧化值为+6，说明价电子构型上共有 6 个电子，而原子半径是同族中最小的，又说明该元素位于同族中的最上方。只有 Cr 符合条件。

3-56 D 提示：34 号元素为 Se。

3-57 A 提示：同一族，相同价态的氧化物的水合物的酸性，自上而下依次减弱，故酸性 HClO＞HBrO＞HIO；同一元素不同价态的氧化物的水合物的酸性，高价态大于低价态，故 $HClO_2$＞HClO，因此酸性 $HClO_2$＞HClO＞HBrO＞HIO。

3-58 C 提示：第 4 周期 IB 元素的外层电子构型为 $(n-1)d^{10}ns^1$，第 4 周期元素 $n=4$，因

此其外层电子排布式为 $3d^{10}4s^1$。

3-59 C　提示：根据氧化物及其水合物的酸碱性规律，同一周期，相同价态的氧化物的水合物的酸性，自左到右依次增强；同一族，相同价态的氧化物的水合物的酸性，自上而下依次减弱。五种元素在周期表中的位置见表 3-12。

表 3-12　　五种元素在周期表中的位置

周期	族		
	ⅢA	ⅣA	ⅤA
三		Si	P
四	Ga	Ge	As

故酸性 $H_3AsO_4 > H_2GeO_3 > H_3GaO_3$，故酸性 $H_3PO_4 > H_3AsO_4$、$H_2SiO_3 > H_2GeO_3$。可见，只有 H_3GaO_3 酸性比 H_2GeO_3 弱。

3-60 C　提示：某元素正二价离子（M^{2+}）的电子构型是 $3s^23p^6$，则该元素原子的价电子构型是 $4s^2$，故该元素应该是第四周期，IIA 族元素。

3-61 C　提示：根据物质的标准摩尔生成焓的定义，在标准状态下，由指定单质生成单位物质量某物质的焓变称为该物质的标准摩尔生成焓，指定单质是指物质的最稳定态，碳 C 的最稳定态是 C（石墨），由石墨和氧气反应生成 1mol 的二氧化碳反应的焓变即是二氧化碳的标准摩尔生成焓，故反应 C 正确。

3-62 B　提示：反应(4)= 1/2{①-②} +2③，则 $\Delta H_4 = 1/2(\Delta H_1 - \Delta H_2) + 2\Delta H_3 = 1/2[(-2598) - (-3118)]$ kJ/mol+2(−285.8)kJ/mol = −311.6kJ/mol。

3-63 C　提示：$\Delta H>0$，$\Delta S>0$，$\Delta G=\Delta H-T\Delta S$，低温下非自发，高温下自发。

3-64 B　提示：熵（S）是系统内物质微观粒子的混乱度（或无序度）的量度。气态物质的熵值较固态物质要大。该方程式反应物中有气态物质，而生成物中只有固态物质，可见反应是向着熵值减少的方向进行，因此反应的熵变 $\Delta_r S_m^{\ominus}$ 小于零。

3-65 D　提示：由于 C 在反应中为固态，其浓度的改变对反应速率没有影响，而增大 O_2 的分压、升温、使用催化剂都能增加反应速率。

3-66 B　提示：催化剂的作用即是降低反应的活化能，提高活化分子的百分数，加快反应的进行。

3-67 A　提示：$Q = \dfrac{(p_C/p^{\ominus})^2(p_D/p^{\ominus})}{(p_A/p^{\ominus})(p_B/p^{\ominus})} = \dfrac{(33.5/100)^2 \times (67/100)}{(100/100)\times(200/100)} = 0.038$，可见 $Q<K^{\ominus}$，$\Delta G<0$，反应正向自发进行。

3-68 C　提示：反应速率方程式为 $v=k[c(A)]^2[c(B)]$，$v_{初}=k\times 2^2\times 1=4k$，反应一半时，$v_{初}=k\times 1^2\times 0.5=0.5k$。

3-69 C　提示：若反应温度不变，当反应达到平衡以后，平衡常数是不变的；催化剂能同样倍数的加快正逆反应速率，故不能使平衡发生移动；该反应正向为吸热反应，升高温度，平衡将向正反应方向移动；该反应正向气体分子数增加，增加压力，平衡将向气体分子数减少的反方向移动，因此只有 C 是正确的。

3-70 D　平衡常数 $K^{\ominus}$ 只与温度有关，与浓度、压力无关。

3-71 C　提示：反应 A(g)+B(g)$\rightleftharpoons$2C(g)，其反应物与生成物气体分子数相等，改变总压力对平衡没有影响，平衡不移动。

3-72 A　提示：根据公式 $\ln K^\ominus=\dfrac{-\Delta_r G_m^\ominus}{RT}$，当 $\Delta_r G_m^\ominus>0$ 时，$\ln K^\ominus<0$，$K^\ominus<1$。

3-73 B　提示：对于放热反应 $\ln K^\ominus=\dfrac{-\Delta_r H_m^\ominus}{RT}+\dfrac{\Delta_r S_m^\ominus}{R}$，随着温度 T 的升高，平衡常数减少，随着温度 T 的降低，平衡常数增大。

3-74 A　提示：2A(g)+B(g)$\rightleftharpoons$ 2C(g)。

	2A(g)	B(g)	2C(g)
开始：	300	300	0
平衡：	200	250	100

标准平衡常数：$K^\ominus=\dfrac{[p(C)/p^\ominus]^2}{[p(A)/p^\ominus]^2\cdot[p(B)/p^\ominus]}=\dfrac{[100/100]^2}{[200/100]^2[250/100]}=0.1$。

3-75 A　提示：升高温度平衡向着吸热的方向移动。

3-76 B　提示：降温平衡向放热方向移动。升压，平衡向气体分子数减少的方向移动。

3-77 B　提示：$Na(s)+\dfrac{1}{2}Cl_2(g)=\!=\!=NaCl(s)$。

反应物有气体，生成物没有气体只有固体，可见反应正向混乱度减少，反应的熵值减少，熵变为负值。

3-78 A　提示：该反应 298K 及标准状态下不能自发进行，当温度升高到一定值时，反应能自发进行，属于低温正向非自发，高温正向自发，根据吉布斯等温方程式 $\Delta G=\Delta H-T\Delta S$，当 $\Delta_r H^\ominus>0$，$\Delta_r S^\ominus>0$ 时，低温正向非自发，高温正向自发，故答案应选 A。

3-79 A　提示：平衡系统中加入一定的 Ar 气体而保持总压力不变，Ar 是惰性气体，不参加反应，但平衡系统的总物质量 n 增大，根据分压定律，$p_i=\dfrac{n_i}{n}p_{总}$，反应方程式中各物质的分压减少，因此平衡向着气体分子数增大的方向（正向）移动，故答案应选 A。

3-80 C　提示：$p(NH_3)=p(H_2S)=p_i$，$K^\ominus=(p_i/100)\cdot(p_i/100)=0.070$，$p_{总}=2p_i$。

3-81 C　提示：
$$K_p=\frac{[p(CO_2)]^2}{[p(O_2)][p(CO)]^2}=\frac{[c(CO_2)RT]^2}{[c(O_2)RT][c(CO)RT]^2}$$
$$=\frac{[c(CO_2)]^2}{[c(O_2)RT][c(CO)]^2}=\frac{K_c}{RT}$$

3-82 A　提示：根据平衡常数的表达式，反应 $PCl_3(g)+Cl_2(g)\rightleftharpoons PCl_5(g)$ 的平衡常数为
$$K^\ominus=\frac{p^{eq}(PCl_5)/p^\ominus}{p^{eq}(PCl_3)/p^\ominus\cdot p^{eq}(Cl_2)/p^\ominus}=\frac{p^{eq}(PCl_5)\cdot p^\ominus}{p^{eq}(PCl_3)\cdot p^{eq}(Cl_2)}=\frac{p^\ominus}{p^{eq}(Cl_2)}$$
$$p^{eq}(Cl_2)=\frac{p^\ominus}{K^\ominus}=\frac{100}{0.767}\text{kPa}=130.38\text{kPa}$$

3-83 B　提示：$\varphi(+)=\varphi^\ominus(Ag^+/Ag)=0.8V$；

$\varphi(-)=\varphi^\ominus(Ag^+/Ag)+0.059\lg c(Ag^+)=0.8V+0.059\lg 0.1V=0.8V-0.059V$；

$E=\varphi(+)-\varphi(-)=0.8V-(0.8-0.059)V=0.059V$。

3-84 B　提示:原电池电动势

$$E=\varphi^{\ominus}(+)-\varphi^{\ominus}(-)$$

$$\varphi^{\ominus}(+)=\varphi^{\ominus}(Cu^{2+}/Cu)$$

$$\varphi^{\ominus}(-)=\varphi^{\ominus}(Zn^{2+}/Zn)$$

$$Zn-2e^{-}=\!=\!=Zn^{2+}$$

$$\varphi(-)=\varphi^{\ominus}+\frac{1}{2}\lg c(Zn^{2+})$$

提高 $ZnSO_4$浓度,Zn^{2+}浓度增大,$\varphi(-)$增大,原电池电动势 E 将减小。

3-85 B　提示:负极的反应为 $Sn^{2+}-2e^{-}=\!=\!=Sn^{4+}$;正极的反应为 $Fe^{3+}+e^{-}=\!=\!=Fe^{2+}$。因此反应产物为 Sn^{4+}和 Fe^{2+}。

3-86 C　提示:H^{+}浓度的增加对铜电极的电极电势没有影响,因此答案是 C。

3-87 B　提示:$E=\{\varphi^{\ominus}(Cu^{2+}/Cu)-\varphi^{\ominus}(Ni^{2+}/Ni)\}-\frac{0.059}{2}\lg\frac{c(Ni^{2+})}{c(Cu^{2+})}=0$。

3-88 B　提示:氢电极的电极反应为 $2H^{+}(aq)+2e^{-}=\!=\!=H_2(g)$,随着氢离子浓度的增加(减少),氢电极的电极电势增大(降低)。

$E^{\ominus}_{H^{+}/H_2}$,标准氢电极为 $Pt|H_2(100kPa)|H^{+}(1mol/dm^3)$,即 $c(H^{+})=1mol/dm^3$;

$E^{\ominus}_{H_2O/H_2}$,H_2O 是中性,$pH=7$,$c(H^{+})=1.0\times10^{-7}mol/dm^3$;

$E^{\ominus}_{HOAc/H_2}$与 $E^{\ominus}_{HCN/H_2}$,HOAc 与 HCN 为弱酸,$pH<7$,$c(H^{+})>1.0\times10^{-7}mol/dm^3$;

$K^{\ominus}(HOAc)=1.8\times10^{-5}$,$K^{\ominus}(HCN)=6.2\times10^{-10}$,$K^{\ominus}(HOAc)>K^{\ominus}(HCN)$,HOAc 酸性比 HCN 强;酸性越强,氢离子浓度越大,电极电势越大,因此 $E^{\ominus}_{H^{+}/H_2}>E^{\ominus}_{HOAc/H_2}>E^{\ominus}_{HCN/H_2}>E^{\ominus}_{H_2O/H_2}$。

3-89 B　提示:$\varphi(+)=\varphi(Ag^{+}/Ag)=\varphi^{\ominus}(Ag^{+}/Ag)+0.059\lg c(Ag^{+})$。

3-90 A　提示:原电池的负极为氯化银电极,其电极反应为

$$AgCl(s)+e^{-}=\!=\!=Ag(S)+Cl^{-}(aq)$$

$\varphi(AgCl/Ag)=\varphi^{\ominus}(AgCl/Ag)+0.059\lg\frac{1}{c(Cl^{-})}=\varphi^{\ominus}(AgCl/Ag)-0.059\lg c(Cl^{-})$,若在负极中加入 NaCl,$Cl^{-}$离子浓度增大,$\varphi(AgCl/Ag)$减少,负极电极电势减小,则原电池电动增大,故选答案 A。

3-91 D　提示:一个正常工作的原电池,其电动势一定要大于零,因此电极电势 E 值大的做正极,E 值小的做负极,才能保证原电池电动势是正值。

3-92 D　提示:若反应能自发进行,则 $\varphi^{\ominus}_{氧化剂}>\varphi^{\ominus}_{还原剂}$。

3-93 B　提示:反应配平后 $2MnO_4^{2-}+5SO_3^{2-}+6H^{+}=\!=\!=2Mn^{2+}+5SO_4^{2-}+3H_2O$。

3-94 A　提示:由于 $\varphi^{\ominus}(Cl_2/Cl^{-})>\varphi^{\ominus}(Sn^{4+}/Sn^{2+})$,因此 Cl_2 作氧化剂,Sn^{2+}作还原剂,反应正向进行。

3-95 A　提示:Cu^{2+}离子是氧化态,具有氧化性,不易被空气中氧氧化,而在溶液中稳定存在。Fe^{2+}易被空气中的氧氧化,Mn^{2+}在水溶液中易缓慢水解氧化发生沉淀,而不稳定,Au^{+}具有强氧化性,易和空气中的还原性物质发生反应,也不稳定。

3-96 D　提示:电极电势代数值越小,其还原态还原性越强,Al^{3+}/Al 电对的电极电势最小,因此其还原态 Al 的还原性最强。

3-97 C　提示:电对 Fe^{3+}/Fe^{2+}对应的半反应 $Fe^{3+}+e^-=Fe^{2+}$,电极反应无 H^+参与,故该电对的电极电势不受溶液 pH 的影响,酸度提高,Fe^{3+}/Fe^{2+}电对电极电势不变;电对 MnO_4^-/Mn^{2+}对应的半反应为 $MnO_4^-+8H^++5e^-$ ══ $Mn^{2+}+4H_2O$,电极反应中有 H^+参与,其电极电势计算公式

$$\varphi(MnO_4^-/Mn^{2+})+\varphi^\ominus(MnO_4^-/Mn^{2+})+\frac{0.059\,17}{5}\lg\frac{[c(MnO_4^-)][c(H^+)]^8}{c(Mn^{2+})}$$

由公式可见,电极电势随着 H^+浓度增加而变大,即酸度提高,$MnO_4{}^-/Mn^{2+}$电对电极电势变大,故答案选 C。

3-98 C　提示:电极电势代数值越大,其氧化态氧化性越强,对应还原态的还原性越弱;电极电势代数值越小,其还原态的还原性越强,对应氧化态的氧化性越弱。电极电位高低顺序:

$E^\ominus(HClO/Cl^-)>E^\ominus(ClO_3^-/Cl^-)>E^\ominus(ClO_4^-/Cl^-)>E^\ominus(Cl_2/Cl^-)$,因此氧化性最强的物质是 HClO。

3-99 D　提示:$KMnO_4$为中性分子,$KMnO_4$中 K 的氧化数为+1,O 的氧化数为-2,4 个 O 总的氧化数为-8,可见 Mn 的氧化数应是+7。

3-100 C　提示:因为金属在潮湿的空气中发生的主要是吸氧腐蚀。

3-101 A　提示:丙烷的结构简式为 $CH_3-CH_2-CH_3$,只有 2 种一氯代物,即 1-氯丙烷和 2-氯丙烷;异戊烷的结构简式为 $CH_3-CH(CH_3)-CH_2-CH_3$,可以在 4 个位置发生取代反应,生成 4 种一氯代物;新戊烷的结构式为 $C(CH_3)_4$,只有 1 个位置可以发生取代反应,生成 1 种一氯代物;2,3-二甲基戊烷结构式为 $CH_3CH(CH_3)CH(CH_3)CH_2CH_3$,可以在 6 个位置发生取代反应,生成 6 种一氯代物,可见只有丙烷只能生成 2 种一氯代物。

3-102 D　提示:苯酚俗称石碳酸,因此不是羧酸类有机物。

3-103 A　提示:参照链烃衍生物的命名原则。

3-104 C　提示: 2-甲基-3-戊醇结构式为

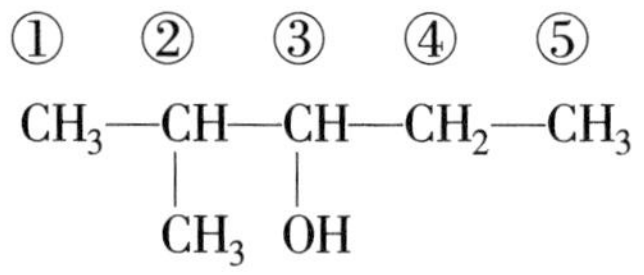

因为仲醇分子内发生消去反应时,主要在含氢较少的碳原子上脱去氢,故脱去②号碳上氢。

3-105 D　提示:C_6H_{14}的各种异构体结构和甲基数量

A. 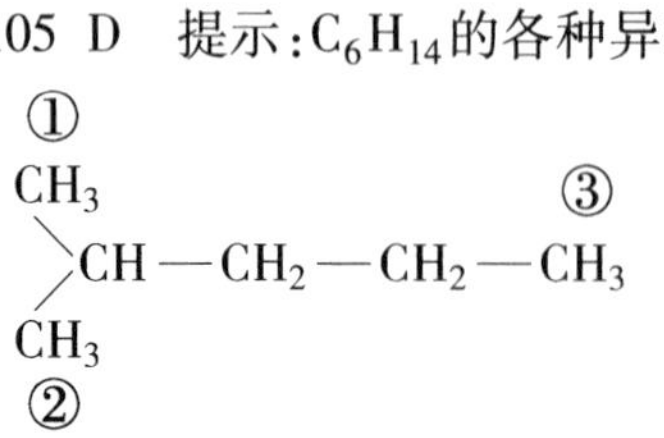

B. 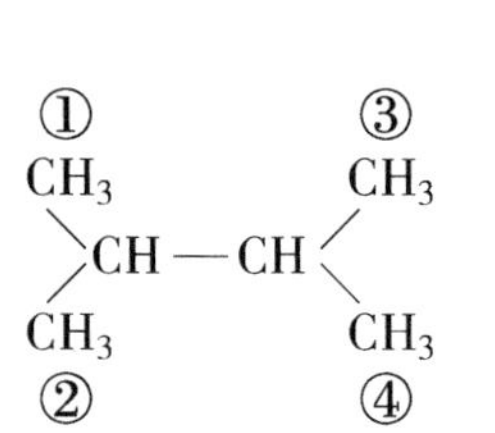

C. 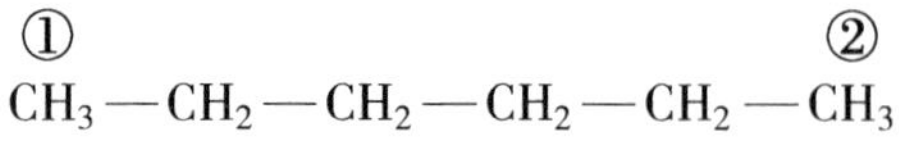

D. 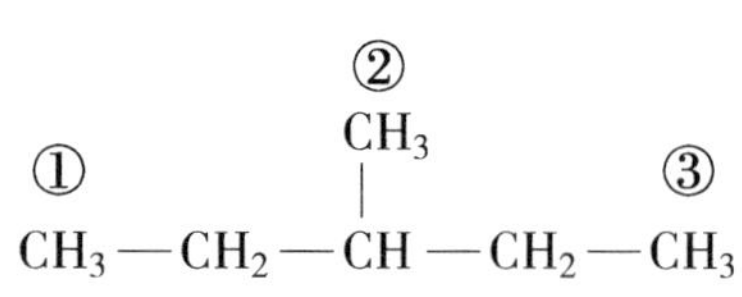

选项 A 和 D 有 3 个甲基,选项 A 能生成 5 种一氯取代物,选项 D 能生成 4 种一氯取代物,因此只有选项 D 含有 3 个甲基,并能生成 4 种一氯代物。

3-106 C　提示：A 中丙烷 $CH_3CH_2CH_3$ 的每一个 C 原子，采取 sp^3 杂化成键，因此不可能有 6 个原子在同一个平面。B 中丙烯 $CH_3CH=CH_2$ 中双键碳，采取 sp^2 杂化轨道成键，键角 120°，但 3 号碳，采取 sp^3 杂化成键，因此不可能有 9 个原子在同一平面。C 中苯乙烯（$C_6H_5—CH=CH_2$）中苯环 6 个碳原子的电子都以 sp^2 杂化轨道成键，键角 120°，又各以 1 个 sp^2 杂化轨道分别跟氢原子的 1s 轨道进行重叠，形成 6 个碳氢的 σ 键，所有 6 个碳原子和 6 个氢原子都是在同一个平面上相互连接起来，另外苯环上的取代基也是双键，采取 sp^2 杂化轨道成键，键角 120°，因此苯乙烯中所有 16 个原子都有可能处在同一个平面上。D 中 $CH_3—CH=CH—C\equiv C—CH_3$ 中两端的碳，采取 sp^3 杂化成键，不可能有 12 个碳在同一个平面。故答案应选 C。

3-107 C　提示：甲醛 HCHO 的结构式为 $H—C=O$，作为单体发生加聚反应时，$C=O$ 双键打开，聚合形成聚甲醛，即 $\text{⁅}CH_2—O\text{⁆}_n$。

3-108 C　提示：乙烯与氯气发生加成反应，生成 1,2-二氯乙烷。

3-109 A　提示：$CH_3—CH=CHCOOH$ 中含有双键，可发生加成和氧化反应，含有羧基—COOH，可发生酯化反应，而 B 可发生加成反应，但不能发生酯化反应，C、D 项可发生酯化反应，但不能发生加成反应。

3-110 C　提示：该物质为聚丙烯腈，属于共价化合物、有机物、高分子化合物。

3-111 D　提示：含有不饱和键的有机物可以和溴水发生反应使溴水褪色，因此乙烯可使溴水褪色，乙醇、硬脂酸甘油酯、溴乙烷这三种物质，不含不饱和键，因此不能使溴水褪色。

3-112 C　提示：顺式异构体：两个相同原子或基团在双键同一侧的为顺式异构体，反式异构体：两个相同原子或基团分别在双键两侧的为反式异构体。

顺反异构体产生的条件：(1) 分子由于双键不能自由旋转；(2) 双键上同一碳上不能有相同的基团。由此可见只有选项 C 不符合条件(2)。

3-113 B　提示：根据有机化合物的命名原则，2-乙基丁烷的正确名称为 3-甲基戊烷；3,3-二甲基丁烷正确名称为 2,2-二甲基丁烷；2,3,3-三甲基丁烷正确名称为 2,2,3-三甲基丁烷，只有 B 的命名是正确的。

3-114 A　提示：$CH_3COOC_3H_7$ 发生水解生成丙醇 C_3H_7OH 和乙酸 CH_3COOH，A 是丙醇，B 是乙酸。

3-115 B　提示：选项 A，发生消除反应后得到的产物为 $CH_3—C(=CH_2)—CH_2CH_3$；

选项 B，发生消除反应后可以得到 2 种产物为 $CH_3CH_2CH_2CH=CH_3$ 和 $CH_3CH_2CH=CHCH_3$；

选项 C，发生消除反应后得到的产物为 $CH_3CH=CHCH_2CH_3$；

选项 D，发生消除反应后得到的产物为 $CH_3CH_2CH_2—CH=CH_3$。

可见只有选项 B 发生消除反应后能得到 2 种产物。

3-116 A　提示：双键被氧化断裂后，只有 A 可以生成乙醛。

3-117 A　提示：乙酸溶于水，苯不溶于水但密度比水小，四氯化碳不溶于水但密度比水大。

3-118 B　提示：乙炔 $CH\equiv CH$，甲酸 HCOOH，甲醛 HCHO，乙二酸 HOOC—COOH，选项 B 的两个 H 原子，一个连在 C 原子上，一个连在 O 原子上，性质不同，其他分子的 H 原子位置完全一样，性质相同，故答案应选 B。

3-119 D　提示：2-甲基-2-丁烯，其结构式为 $CH_3—C(CH_3)=CH—CH_3$，与溴水发生加

成反应，双键加成以后生成 $CH_3—CBr(CH_3)—CBr—CH_3$，即为 2,3-二溴-2-甲基丁烷。

3-120 D　提示：同系物指结构相似，分子组成上相差一个或若干个“CH_2”原子团的一系列化合物，A 为乙烯醇，B 甘油为丙三醇，C 为苯甲醇，D 为丁醇，丁醇与乙醇均为烷基醇，相差两个“CH_2”原子团。

3-121 B　提示：烃的衍生物指烃分子中的氢原子被其他原子或原子团所取代而生成的一系列化合物，$CH_2═CH_2$ 是烃而不是烃的衍生物。

3-122 D　提示：银镜反应是醛基的特征反应，甲醛、丁醛肯定能发生银镜反应，甲酸甲酯结构式为 $HCOOCH_3$，虽然是酯类化合物，但分子中含有一个隐形的醛基，因此也能发生银镜反应，但乙酸乙酯不含醛基，因此不能发生银镜反应。

3-123 A　提示：高分子化合物简称高分子，一般是由一种或者几种单体聚合而成相对分子质量高达几千到几百万的化合物。塑料、橡胶、纤维素均是高分子材料，而蔗糖是由一分子葡萄糖（多羟基醛）和一分子果糖（多羟基酮）脱去一分子水缩合而成的有机物，分子式为 $C_{12}H_{22}O_{11}$，不是高分子材料。

3-124 B　提示：$H_2C═HC—CH═CH_2$ 为 1,3-丁二烯，其结构式为

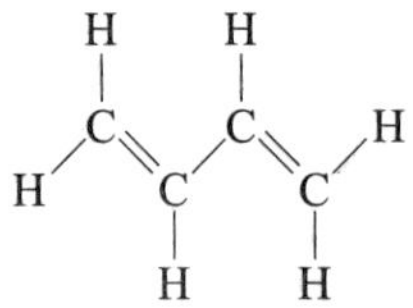

分子中有 7 个单键，2 个双键，单键都是 σ 键，双键中有一个是 σ 键，另一个是 Л 键，因此该有机化合物中共有 9 个 σ 键，2 个 Л 键，故答案应选 B。

3-125 C　提示：2 个甲基的 C_5H_{12}，结构式为 $\overset{①}{CH_3}—\overset{②}{CH_2}—\overset{③}{CH_2}—\overset{②}{CH_2}—\overset{①}{CH_3}$，有 3 个位置可以发生取代反应生成 3 种一氯代物。3 个甲基的 C_5H_{12}，结构式为 $\overset{①}{CH_3}—\underset{\underset{\underset{①}{CH_3}}{|}}{\overset{②}{CH}}—\overset{③}{CH_2}—\overset{④}{CH_3}$，有 4 个位置可以发生取代反应，发生 4 种一氯代物。4 个甲基的 C_5H_{12}，结构式为 $\overset{①}{CH_3}—\underset{\underset{\underset{①}{CH_3}}{|}}{\overset{\overset{\overset{①}{CH_3}}{|}}{C}}—\overset{①}{CH_3}$，只有 1 个位置可以发生取代反应，生成 1 种一氯代物，故答案应选 C。

3-126 D　提示：选项 A 加氢后生成 $CH_3—\underset{\underset{CH_3}{|}}{C}HCH_2CH_2CH_3$；

选项 B 加氢后生成 $(CH_3)_2CHCH_2CH_2CH_3$；

选项 C 加氢后生成 $CH_3\underset{\underset{CH_3}{|}}{C}H—CH_2CH_2CH_3$，可见产物均为 2-甲基戊烷；

选项 D 加氢后生成 $CH_3CH_2\underset{\underset{CH_3}{|}}{C}HCH_2—CH_3$，产物为 3-甲基戊烷。

故答案应选 D。

3-127 C　提示:同一个碳原子连有氢原子和氢氧根,且碳原子在链首或链尾的醇可以被氧化成醛,因此①④可以氧化成醛,故答案应选 C。

3-128 B　提示:$(CH_3)_2CHCH(CH_3)CH_2CH_3$的结构式为

$$\begin{array}{l} CH_3-\underset{\displaystyle CH_3}{\underset{|}{CH}}-\underset{\displaystyle CH_3}{\underset{|}{CH}}-CH_2-CH_3 \end{array}$$

按照系统命名法,该化合物名为 2,3-二甲基戊烷。

3-129 C　提示:现代三大合成材料是指高分子聚合物,合成纤维、塑料、合成橡胶这三类物质都是聚合物,属于高分子材料;而医药中的药品是有机物或无机物,氨是无机物,洗涤剂、尿素是有机物,都不是聚合物。

第4章 理论力学

考试大纲

4.1 静力学 平衡;刚体;力;约束及约束力;受力图;力矩;力偶及力偶矩;力系的等效和简化;力的平移定理;平面力系的简化;主矢;主矩;平面力系的平衡条件和平衡方程式;物体系统(含平面静定桁架)的平衡;摩擦力;摩擦定律;摩擦角;摩擦自锁。

4.2 运动学 点的运动方程;轨迹;速度;加速度;切向加速度和法向加速度;平动和绕定轴转动;角速度;角加速度;刚体内任一点的速度和加速度。

4.3 动力学 牛顿定律;质点的直线振动;自由振动微分方程;固有频率;周期;振幅;衰减振动;受迫振动;受迫振动频率;幅频特性;共振;动力学普遍定理;动量;质心;动量定理及质心运动定理;动量及质心运动守恒;动量矩;动量矩定理;动量矩守恒;刚体定轴转动微分方程;转动惯量;回转半径;平行轴定理;功;动能;势能;动能定理及机械能守恒;达朗贝尔原理;惯性力;刚体做平动和绕定轴转动(转轴垂直于刚体的对称面)时惯性力系的简化;动静法。

理论力学是研究物体机械运动规律的科学,包括静力学、运动学、动力学三部分内容。

4.1 静力学

静力学研究物体在力作用下的平衡规律,主要包括物体的受力分析、力系的等效简化、力系的平衡条件及其应用。

4.1.1 静力学的基本概念及基本原理

1. 基本概念

(1)力的概念。

1)定义。力是物体间相互的机械作用,这种作用将使物体的运动状态发生变化——**运动效应**,或使物体的形状发生变化——**变形效应**。力的量纲为牛顿(N)。力的作用效果取决于**力的三要素**:力的大小、方向、作用点。

2)平行四边形法则

力是**矢量**,满足矢量的运算法则。两共点力的合力可由这两个力为边构成的平行四边形的对角线确定[图4-1(a)]。或者说,合力矢等于此二力的几何和,即

$$\boldsymbol{F}_{\mathrm{R}}=\boldsymbol{F}_1+\boldsymbol{F}_2 \tag{4-1}$$

显然,求$\boldsymbol{F}_{\mathrm{R}}$时,只需画出平行四边形的一半就够了,即以力矢$\boldsymbol{F}_1$的尾端$B$作为力矢$\boldsymbol{F}_2$的起点,连接$AC$所得矢量$AC$即为合力$\boldsymbol{F}_{\mathrm{R}}$。如图4-1(b)所示,三角形$ABC$称为力三角形。这种求合力的方法称为力的三角形法则。

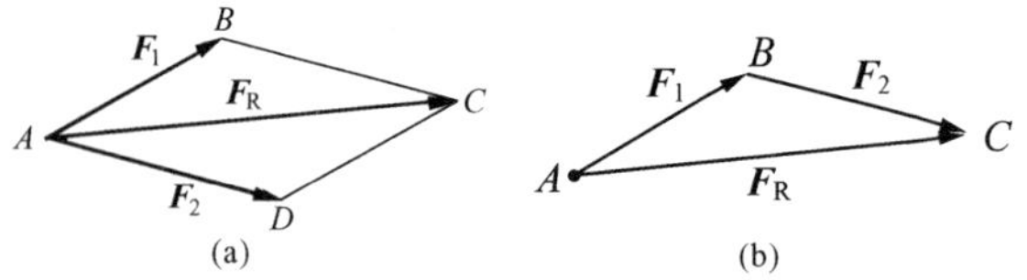

图4-1 力的平行四边形法则

多个共点力的合成可采用力的多边形规则:若有汇交于点A的四个力$\boldsymbol{F}_1$、$\boldsymbol{F}_2$、$\boldsymbol{F}_3$、$\boldsymbol{F}_4$,如图4-2(a)所示,求合力时可任取一点a,先作力三角形求出$\boldsymbol{F}_1$与

$\boldsymbol{F}_2$ 的合力 $\boldsymbol{F}_{R1}$，再作力三角形求出 $\boldsymbol{F}_{R1}$ 与 $\boldsymbol{F}_3$ 的合力 $\boldsymbol{F}_{R2}$，最后作力三角形合成 $\boldsymbol{F}_{R2}$ 与 $\boldsymbol{F}_4$ 即得合力 $\boldsymbol{F}_R$，如图 4-2(b)所示。多边形 *abcde* 称为此汇交力系的力多边形，而封闭边 *ae* 则表示此汇交力系合力 $\boldsymbol{F}_R$ 的大小和方向，显然 $\boldsymbol{F}_R$ 的作用线必过汇交点 A。利用力多边形法简化力系时，求 $\boldsymbol{F}_{R1}$ 和 $\boldsymbol{F}_{R2}$ 的中间过程可略去，只需将组成力多边形的各分力首尾相连，而合力则由第一个分力的起点指向最后一个分力的终点(矢端)即可。根据矢量相加的交换率，任意变换各分力矢的作图次序，可得形状不同的力多边形，但其合力矢仍然不变，如图 4-2(c)所示。

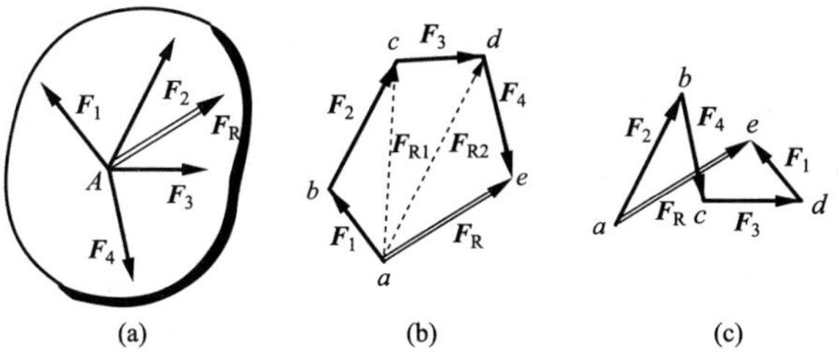

图 4-2　力的多边形规则

【**例 4-1**】如图 4-3(a)所示，将大小为 100N 的力 $\boldsymbol{F}$ 沿 x、y 方向分解，若 $\boldsymbol{F}$ 在 x 轴上的投影为 50N，而沿 x 方向的分力的大小为 200N，则 $\boldsymbol{F}$ 在 y 轴上的投影为(　　)。

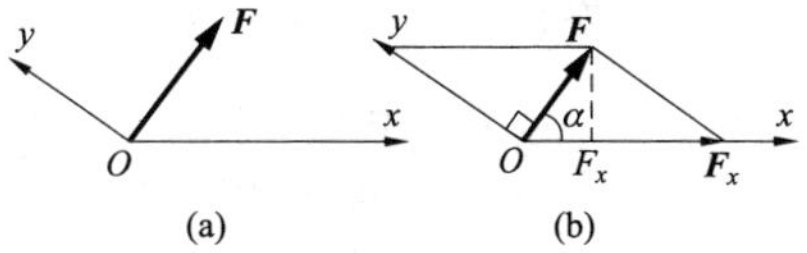

图 4-3　[例 4-1]图

A. 0　　B. 50N　　C. 200N　　D. 100N

解：根据力的投影公式，$F_x = F\cos\alpha$，故 $\alpha = 60°$。而分力 $\boldsymbol{F}_x$ 的大小是力 $\boldsymbol{F}$ 大小的 2 倍，故力 $\boldsymbol{F}$ 与 y 轴垂直[图 4-3(b)]，故答案应选 A。

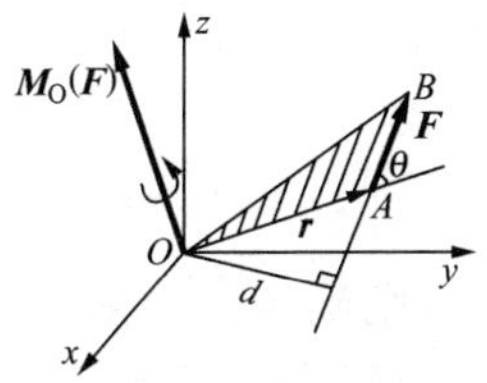

图 4-4　力对点之矩

3) 力对点之矩：力使物体绕某支点(或矩心)转动的效果可用力对点之矩度量。设力 $\boldsymbol{F}$ 作用于刚体上的 A 点，如图 4-4 所示，用 $\boldsymbol{r}$ 表示空间任意点 O 到 A 点的矢径，于是，力 $\boldsymbol{F}$ 对 O 点的力矩定义为矢径 $\boldsymbol{r}$ 与力矢 $\boldsymbol{F}$ 的矢量积，记为 $\boldsymbol{M}_O(\boldsymbol{F})$。即

$$\boldsymbol{M}_O(\boldsymbol{F}) = \boldsymbol{r}\times\boldsymbol{F} \tag{4-2}$$

式(4-2)中点 O 称作力矩中心，简称矩心。力 $\boldsymbol{F}$ 使刚体绕 O 点转动效果的强弱取决于：①力矩的大小；②力矩的转向；③力和矢径所组成平面的方位。因此，力矩是一个矢量，矢量的模即力矩的大小为

$$|\boldsymbol{M}_O(\boldsymbol{F})| = |\boldsymbol{r}\times\boldsymbol{F}| = rF\sin\theta = Fd \tag{4-3}$$

矢量的方向与 OAB 平面的法线 n 一致，按右手螺旋定则来确定。力矩的单位为 N·m 或 kN·m。

4) 力对轴之矩。如图 4-5 所示，力 $\boldsymbol{F}$ 对任意轴 z 的矩用 $M_z(\boldsymbol{F})$ 表示，称为力对轴之矩，其值为

$$M_z(\boldsymbol{F}) = M_O(\boldsymbol{F}_{xy}) = \pm F_{xy}d \tag{4-4}$$

力对轴的矩是力使刚体绕某轴转动效果的度量，是代数量。其正负号按右手螺旋定则确定。从力对轴之矩的定义可得其性质：①当力沿其作用线移动时，力对轴之矩不变。②当力的作用线与某轴平行(如与 z 轴平行，则 $\boldsymbol{F}_{xy} = 0$)或相交($d = 0$)时，力对该轴之矩为零。

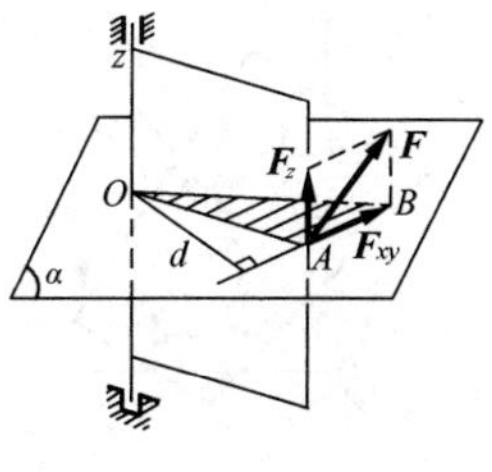

图 4-5　力对轴之矩

5）力矩关系定理。力对任意点的矩矢在通过该点的任一轴上的投影，等于此力对该轴的矩，即

$$[\boldsymbol{M}_O(\boldsymbol{F})]_z = M_z(\boldsymbol{F}) \tag{4-5}$$

6）合力矩定理。汇交力系的合力对某点（或某轴）之矩等于力系中各分力对同一点（或同一轴）之矩的矢量和（或代数和），即

$$\boldsymbol{M}_O(\boldsymbol{F}_R) = \sum \boldsymbol{M}_O(\boldsymbol{F}_i) \tag{4-6a}$$

或

$$M_z(\boldsymbol{F}_R) = \sum M_z(\boldsymbol{F}_i) \tag{4-6b}$$

【例 4-2】 支架受力 $\boldsymbol{F}$ 作用，如图 4-6 所示，图中 l_1、l_2、l_3 与 α 角均为已知，求 $\boldsymbol{M}_O(\boldsymbol{F})$。

解： 若直接由力 $\boldsymbol{F}$ 对 O 点取矩，即 $|\boldsymbol{M}_O(\boldsymbol{F})| = Fd$，其中 d 为力臂。显然，在图示情形下，确定 d 的过程比较复杂。

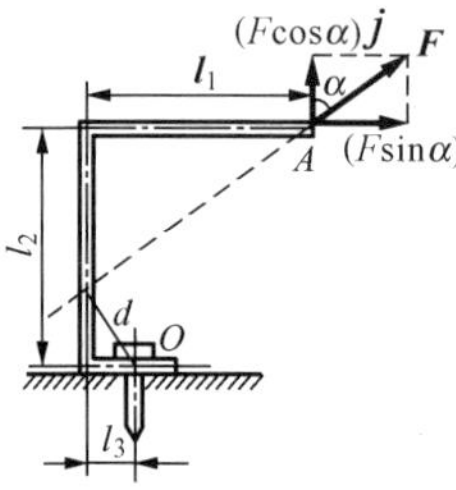

图 4-6 ［例 4-2］图

若先将力 $\boldsymbol{F}$ 分解为两个分力 $\boldsymbol{F}_x = (F\sin\alpha)\boldsymbol{i}$ 和 $\boldsymbol{F}_y = (F\cos\alpha)\boldsymbol{j}$，再应用合力矩定理，则较为方便。于是，有

$$\begin{aligned}\boldsymbol{M}_O(\boldsymbol{F}) &= \boldsymbol{M}_O(\boldsymbol{F}_x) + \boldsymbol{M}_O(\boldsymbol{F}_y)\\ &= -(F\sin\alpha)l_2\boldsymbol{k} + (F\cos\alpha)(l_1 - l_3)\boldsymbol{k}\\ &= F[(l_1 - l_3)\cos\alpha - l_2\sin\alpha]\boldsymbol{k}\end{aligned}$$

显然，根据这一结果，还可算得力 $\boldsymbol{F}$ 对 O 点的力臂为

$$d = |(l_1 - l_3)\cos\alpha - l_2\sin\alpha|$$

（2）力偶的概念。大小相等、方向相反、作用线互相平行但不重合的两个力所组成的力系，称为力偶。力偶与力同是力学中的基本元素。力偶没有合力，故只能使物体产生转动并将改变其转动状态。力偶对物体的转动效果取决于力偶矩矢 $\boldsymbol{M}$。$\boldsymbol{M}$ 定义为组成力偶的两个力对任一点之矩的矢量和（图 4-7），即

$$\boldsymbol{M} = \boldsymbol{M}_O(\boldsymbol{F}) + \boldsymbol{M}_O(\boldsymbol{F}') = \boldsymbol{r}_A \times \boldsymbol{F} + \boldsymbol{r}_B \times \boldsymbol{F}' = \boldsymbol{r}_{BA} \times \boldsymbol{F} \tag{4-7}$$

力偶矩矢与矩心 O 无关。力偶的三要素为：①力偶矩的大小；②力偶的转向；③力偶作用面的方位。力偶矩矢的大小为

$$|\boldsymbol{M}| = Fd \tag{4-8}$$

式中：d 为力偶中两个力之间的垂直距离，称为力偶臂。方向按右手螺旋法则确定。力偶的作用效果仅取决于力偶矩矢，故只要保持力偶矩矢不变，力偶可在其作用面内任意移动和转动，或同时改变力偶中力的大小和力偶臂的长短，或在平行平面内移动，都不改变力偶对同一刚体的作用效果。

（3）刚体的概念。在物体受力以后的变形对其运动和平衡的影响小到可以忽略不计的情况下，便可把物体抽象成为不变形的力学模型——刚体。

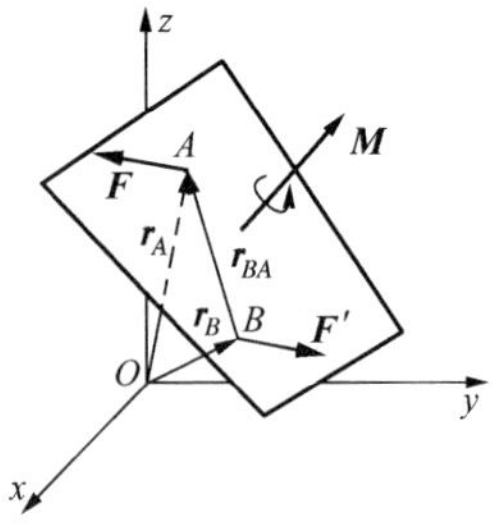

图 4-7 力偶矩矢量

（4）平衡的概念。平衡是指物体相对惯性参考系静止或做匀速直线平行移动的状态。

2. 基本原理

（1）二力平衡原理。不计自重的刚体在二力作用下平衡的必要和充分条件是：二力沿着同一作用线，大小相等，方向相反。仅受两个力作用且处于平衡状态的物体，称为二力体，又称二力构件。

（2）加减平衡力系原理。在作用于刚体的力系中，加上或减去

任意一个平衡力系,不改变原力系对刚体的作用效应。

推论Ⅰ:力的可传性。作用于刚体上的力可沿其作用线滑移至刚体内任意点而不改变力对刚体的作用效应。

推论Ⅱ:三力平衡汇交定理。作用于刚体上的三个力,若构成平衡力系,且其中两个力的作用线汇交于一点,则三个力必在同一平面内,而且第三个力的作用线一定通过汇交点。

【例 4-3】作用在一个刚体上的两个力 $\boldsymbol{F}_1$、$\boldsymbol{F}_2$,满足 $\boldsymbol{F}_1=-\boldsymbol{F}_2$ 的条件,则该二力可能是(　　)。

A. 作用力和反作用力或一对平衡的力

B. 一对平衡的力或一个力偶

C. 一对平衡的力或一个力和一个力偶

D. 作用力和反作用力或一个力偶

解:因为作用力和反作用力分别作用在两个不同的刚体上,故选项 A、D 是错误的;而当 $\boldsymbol{F}_1=-\boldsymbol{F}_2$时,两个力不可能合成为一个力,选项 C 也不正确,故答案应选 B。

注意:作用力与反作用力、一对平衡的力和一个力偶中的两个力均可用矢量表达式 $\boldsymbol{F}_1=-\boldsymbol{F}_2$表示,一定要分清三者的不同之处。

3. 约束与约束力

阻碍物体运动的限制条件称为约束,约束对被约束物体的机械作用称为约束力。工程中常见的几种类型约束的性质以及相应约束力的确定方法列于表 4-1 中。

表 4-1　　几种典型约束的性质及相应约束力的确定方法

约束的类型	约束的性质	约束力的确定
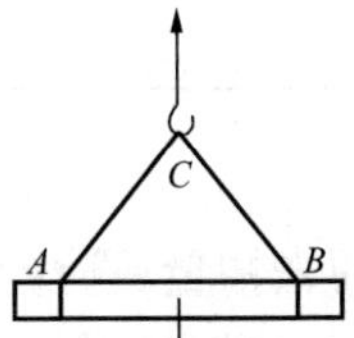 柔体约束:绳索、胶带、链条等	柔体约束只能限制物体沿着柔体的中心线伸长方向的运动,而不能限制物体其他方向的运动	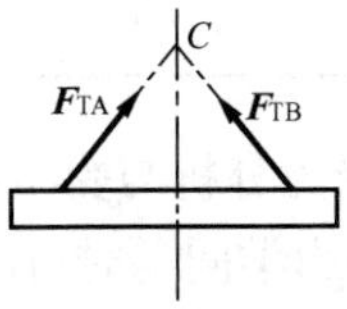 约束力必定沿柔体的中心线,且背离被约束的物体
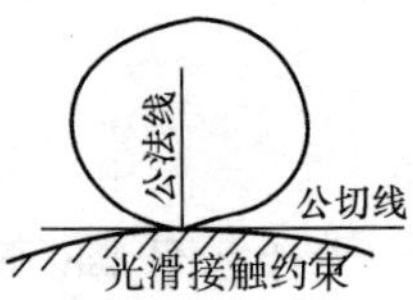	光滑接触约束只能限制物体沿接触面的公法线指向支撑面的运动,而不能限制物体沿接触面或离开支撑面的运动	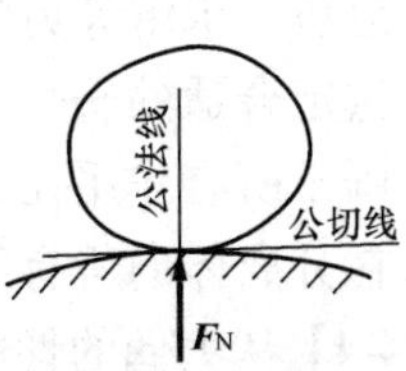 光滑接触面的约束力通过接触点,沿接触面的公法线并指向被约束的物体

续表

约束的类型	约束的性质	约束力的确定
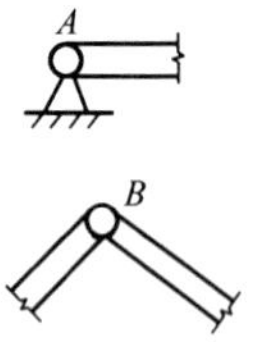 圆柱铰链与固定铰链支座	铰链约束只能限制物体在垂直于销钉轴线的平面内任意方向的运动,而不能限制物体绕销钉的转动	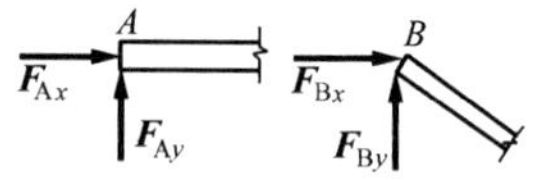 约束力作用在垂直于销钉轴线平面内,通过销钉中心,而方向待定
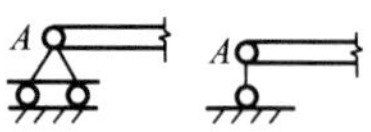 可动铰支座(辊轴支座)	可动铰支座不能限制物体绕销钉的转动和沿支撑面的运动,而只能限制物体在支撑面垂直方向的运动	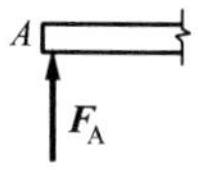 可动铰支座的约束力通过销钉中心且垂直于支撑面,指向待定
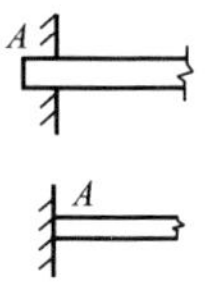 固定端约束	固定端约束既能限制物体移动,又能限制物体绕固定端转动	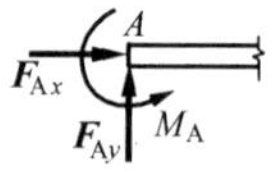 约束力可表示为两个互相垂直的分力和一个约束力偶,指向均待定

4. 受力分析与受力图

分析力学问题时,往往必须首先根据问题的性质、已知量和所要求的未知量,选择某一物体(或几个物体组成的系统)作为研究对象,并假想地将所研究的物体从与之接触或连接的物体中分离出来,即解除其所受的约束而代之以相应的约束力。解除约束后的物体,称为**分离体**。分析作用在分离体上的全部主动力和约束力,画出分离体的受力简图,即**受力图**,这一过程即为受力分析。

受力分析是求解静力学和动力学问题的重要基础。具体步骤如下:

(1) 选定合适的研究对象,确定分离体。

(2) 画出所有作用在分离体上的主动力(一般皆为已知力)。

(3) 在分离体的所有约束处,根据约束的性质画出约束力。

【例 4-4】 从力偶的性质知,力偶无合力,故一个力不能与力偶平衡。为什么图 4-8 所示的轮子上作用的力偶矩 $M=PR$ 的力偶似乎与重物的重力 $\boldsymbol{P}$ 相平衡?这种说法错在哪里?

解: 并非是力偶 M 与力 $\boldsymbol{P}$ 平衡,而是轮心 O 处的固定铰链支座作用在轮上的约束力与力

P 构成一个力偶矩为 M_0 的力偶，M_0 的大小与 M 相等，转向与 M 转向相反，与 M 相平衡。

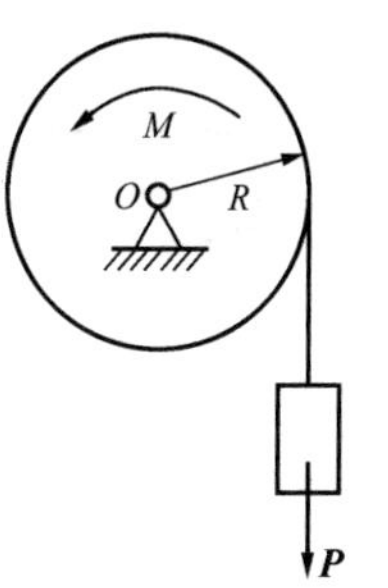

图 4-8 [例 4-4]图

【例 4-5】 图 4-9(a)所示三铰刚架中，若将作用于构件 BC 上的力 $\boldsymbol{F}$ 沿其作用线移至构件 AC 上，则 A、B、C 处约束力的大小(　　)。

A. 都不变

B. 都改变

C. 只有 C 处改变

D. 只有 C 处不改变

解:若力 $\boldsymbol{F}$ 作用于构件 BC 上，则 AC 为二力构件，满足二力平衡条件，BC 满足三力平衡条件，受力图如图 4-9(b)所示。

对 BC 列平衡方程：$\sum F_x=0, F-F_B\sin\varphi-F'_C\sin\alpha=0, \sum F_y=0, F'_C\cos\alpha-F_B\cos\varphi=0$

解得：$F'_C=\dfrac{F}{\sin\alpha+\cos\alpha\tan\varphi}=F_A, F_B=\dfrac{F}{\tan\alpha\cos\varphi+\sin\varphi}$

若力 $\boldsymbol{F}$ 移至构件 AC 上，则 BC 为二力构件，而 AC 满足三力平衡条件，受力图如图 4-9(c)所示。

对 AC 列平衡方程：$\sum F_x=0, F-F_A\sin\varphi-F'_C\sin\alpha=0, \sum F_y=0, F_A\cos\varphi-F'_C\cos\alpha=0$

解得：$F'_C=\dfrac{F}{\sin\alpha+\cos\alpha\tan\varphi}=F_B, F_A=\dfrac{F}{\tan\alpha\cos\varphi+\sin\varphi}$

由此可见，两种情况下，只有 C 处约束力的大小没有改变，而 A、B 处约束力的大小都发生了改变，故答案应选 D。

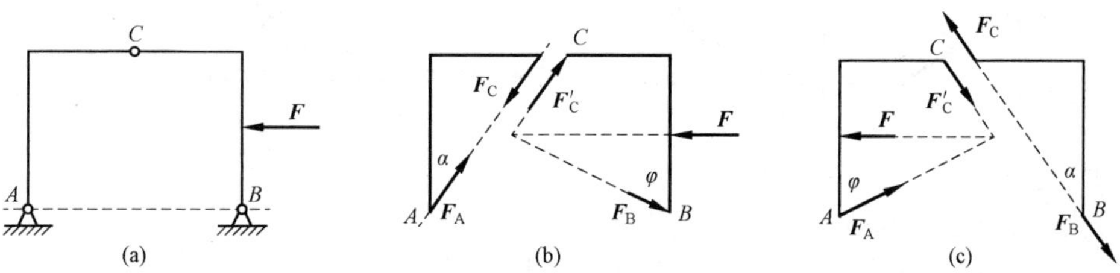

图 4-9 [例 4-5]图

【例 4-6】 在图 4-10(a)所示结构中，如果将作用于构件 AC 上的力偶 M 搬移到构件 BC 上，则根据力偶的性质(力偶可在其作用面内任意移动和转动，不改变力偶对同一刚体的作用效果)，A、B、C 三处的约束力(　　)。

A. 都不变

B. A、B 处约束力不变，C 处约束力改变

C. 都改变

D. A、B 处约束力改变，C 处约束力不变

解:若力偶 M 作用于构件 AC 上，则 BC 为二力构件，AC 满足力偶的平衡条件，受力图如图 4-10(b)所示；若力偶 M 作用于构件 BC 上，则 AC 为二力构件，BC 满足力偶的平衡条件，受力图如图 4-10(c)所示。从图中看出，两种情况下 A、B、C 三处约束力的方向都发生了变化，这与力偶的性质并不矛盾，因为力偶在其作用面内移动后(从构件 AC 移至构件 BC)，并未改变其使系统整体(ABC)产生顺时针转动趋势的作用效果，故答案应选 C。

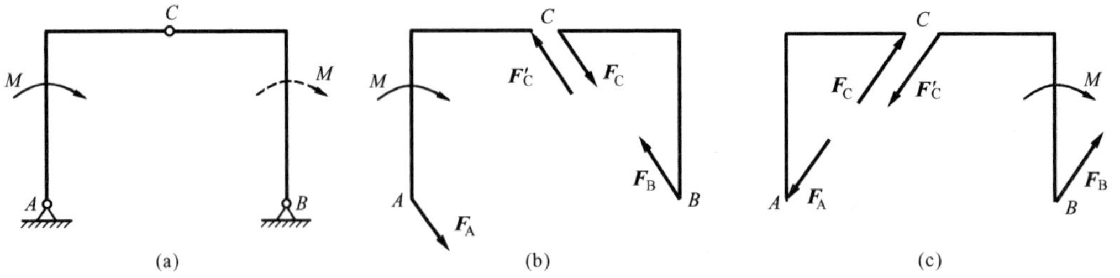

图 4-10 [例 4-6]图

【**例 4-7**】试确定图 4-11(a)、(b)所示系统中 A、B 处约束力的方向。

解：在图 4-11(a)系统中，BC 为二力杆，根据二力平衡原理，B 处约束力 $\boldsymbol{F}_B$ 必沿杆 BC 方向；因为系统整体受三个力作用，由三力平衡汇交定理，A 处约束力 $\boldsymbol{F}_A$ 与力 $\boldsymbol{F}_B$、$\boldsymbol{F}$ 汇交于一点［图 4-11(c)］。

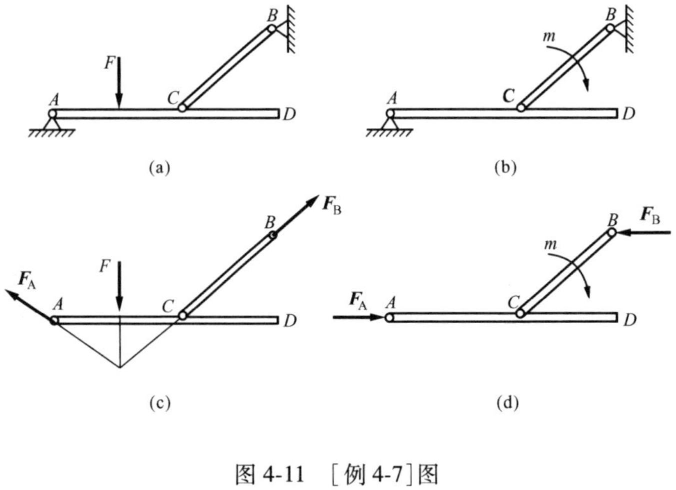

图 4-11 [例 4-7]图

在图 4-11(b)所示系统中，AD 为二力杆(只在 A、C 处受力)，根据二力平衡原理，A 处约束力 $\boldsymbol{F}_A$ 必沿杆 AC 方向；由力偶的性质(力偶只能与力偶平衡)，B 处约束力 $\boldsymbol{F}_B$ 应与力 $\boldsymbol{F}_A$ 组成一力偶，与 m 平衡，其受力图如图 4-11(d)所示。

4.1.2 力系的简化

将作用在物体上的一个力系用另一个与其对物体作用效果相同的力系来代替，则这两个力系互为等效力系。若用一个简单力系等效地替换一个复杂力系，则称为力系的简化。

1. 力的平移定理

作用在刚体上的力可以向任意点 O 平移，但必须同时附加一个力偶，这一附加力偶的力偶矩等于平移前的力对平移点 O 之矩。

2. 任意力系的简化

考察作用在刚体上的任意力系($\boldsymbol{F}_1, \boldsymbol{F}_2, \cdots, \boldsymbol{F}_n$)，如图 4-12(a)所示。若在刚体上任取一点 O

(简化中心)，应用力的平移定理，将力系中各力 $\boldsymbol{F}_1,\boldsymbol{F}_2,\cdots,\boldsymbol{F}_n$ 逐个向简化中心平移，最后得到汇交于 O 点的，由 $\boldsymbol{F}_1',\boldsymbol{F}_2',\cdots,\boldsymbol{F}_n'$ 组成的汇交力系，以及由所有附加力偶 $\boldsymbol{M}_1,\boldsymbol{M}_2,\cdots,\boldsymbol{M}_n$ 组成的力偶系，如图 4-12(b)所示。

平移后得到的汇交力系和力偶系，可以分别合成一个作用于 O 点的合力 $\boldsymbol{F}_R'$，以及合力偶 $\boldsymbol{M}_O$，如图 4-12(c)所示。其中

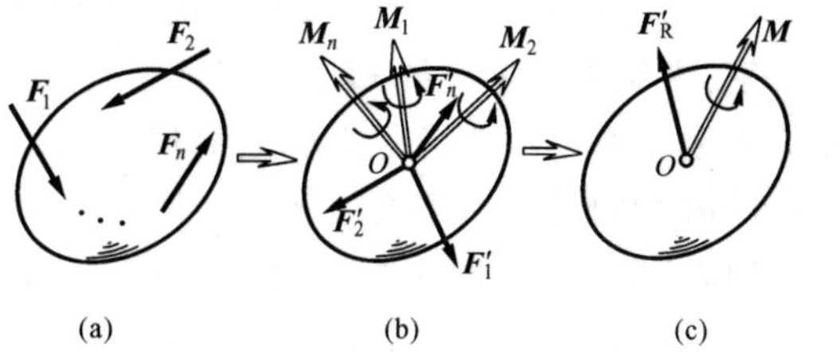

图 4-12　任意力系的简化

$$\left.\begin{aligned}\boldsymbol{F}_R' &= \sum_{i=1}^{n}\boldsymbol{F}_i\\ \boldsymbol{M}_O &= \sum_{i=1}^{n}\boldsymbol{M}_i = \sum_{i=1}^{n}\boldsymbol{M}_O(\boldsymbol{F}_i)\end{aligned}\right\}\quad(4\text{-}9)$$

任意力系中所有各力的矢量和 $\boldsymbol{F}_R'$，称为该力系的主矢；而诸力对于任选简化中心 O 之矩的矢量和 $\boldsymbol{M}_O$，称为该力系对简化中心的主矩。

上述结果表明：任意力系向任选一点 O 简化，可得一个力和一个力偶，这个力等于该力系的主矢，作用线通过简化中心，并与简化中心的选择无关；简化所得力偶的力偶矩矢等于该力系对简化中心 O 的主矩，且与简化中心的选择有关。

3. 任意力系的简化结果(表 4-2)

表 4-2　　任意力系的简化结果

$\boldsymbol{F}_R'$(主矢)	$\boldsymbol{M}_O$(主矩)		最后结果	说　明
$\boldsymbol{F}_R'\neq 0$	$\boldsymbol{M}_O\neq 0$	$\boldsymbol{F}_R'\perp\boldsymbol{M}_O$	合力	合力作用线到简化中心 O 的距离为 $d=\dfrac{\lvert\boldsymbol{M}_O\rvert}{F_R'}$
		$\boldsymbol{F}_R'/\!/\boldsymbol{M}_O$	力螺旋	力螺旋的中心轴通过简化中心
		$\boldsymbol{F}_R'$与 $\boldsymbol{M}_O$ 成 φ 角	力螺旋	力螺旋的中心轴到简化中心 O 的距离为 $d=\dfrac{\lvert\boldsymbol{M}_O\rvert\sin\varphi}{F_R'}$
	$\boldsymbol{M}_O=0$		合力	合力作用线通过简化中心
$\boldsymbol{F}_R'=0$	$\boldsymbol{M}_O\neq 0$		合力偶	此时主矩与简化中心无关
	$\boldsymbol{M}_O=0$		平衡	—

【例 4-8】　在图 4-13 所示边长为 a 的正方形物块 $OABC$ 上作用一平面力系，已知：力 $F_1=F_2=F_3=10\text{N}$，$a=1\text{m}$，力偶的转向如图 4-13 所示，力偶矩的大小为 $M_1=M_2=10\text{N}\cdot\text{m}$。则力系向 O 点简化的主矢、主矩为(　　)。

A. $F_R=30\text{N}$(方向铅垂向上)，$M_O=10\text{N}\cdot\text{m}$(↷)

B. $F_R=30\text{N}$(方向铅垂向上)，$M_O=10\text{N}\cdot\text{m}$(↶)

C. $F_R=50\text{N}$(方向铅垂向上)，$M_O=30\text{N}\cdot\text{m}$(↷)

D. $F_R=10N$(方向铅垂向上)，$M_O=10N\cdot m$(逆时针)

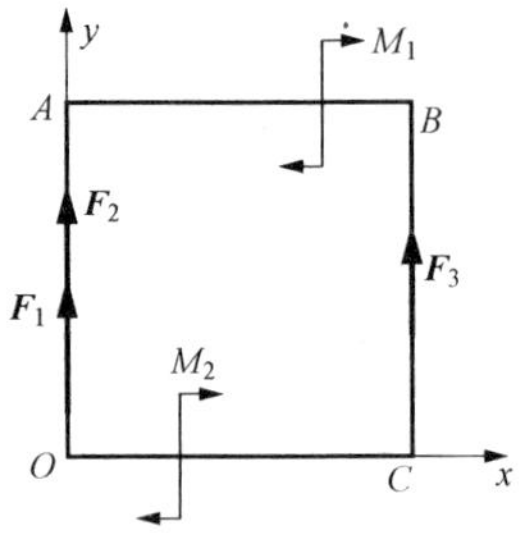

图 4-13 ［例 4-8］图

解：主矢 $\boldsymbol{F}_R=\boldsymbol{F}_1+\boldsymbol{F}_2+\boldsymbol{F}_3=30\boldsymbol{j}N$ 为三力的矢量和；对 O 点的主矩为各力向 O 点取矩及外力偶矩的代数和，即 $M_O=F_3a-M_1-M_2=-10N\cdot m$(顺时针)，故答案应选 A。

【例 4-9】 设一平面力系，各力在 x 轴上的投影 $\sum F_x=0$，各力对 A 和 B 点的矩分别为 $\sum M_A(\boldsymbol{F})=0$，$\sum M_B(\boldsymbol{F})=400kN\cdot m$(以逆时针为正)。若 A、B 两点距离为 20m，则该力系简化的最后结果为(　　)。

A. 平衡　　B. 一力和一力偶

C. 一合力偶　　D. 一合力

解：根据力系简化最后结果分析，对于平面力系，若主矢为零，力系简化的最后结果为合力偶；若主矢不为零，无论主矩是否为零，力系简化的最后结果均为合力。该题中力系向 A 点简化的矩为零，而向 B 点简化的矩不为零，因此主矢不为零，其简化的最后结果为一合力，故答案应选 D。

注意：平面任意力系若不平衡，简化的最后结果只可能是合力或合力偶。

4.1.3　力系的平衡

力系平衡的充分必要条件是：力系的主矢与主矩同时等于零。

1. 平面力系的平衡

(1) 平面力系的平衡方程。根据平衡条件 $\boldsymbol{F}'_R=0$，$\boldsymbol{M}_O=0$，可得平面任意力系和平面特殊力系的几种不同形式的平衡方程(表 4-3)。

表 4-3　平面力系的平衡方程

类　型	平面任意力系	平面汇交力系	平面平行力系 (取 y 轴与各力作用线平行)	平面力偶系
平衡条件	主矢、主矩同时为零 $\boldsymbol{F}'_R=0$，$M_O=0$	合力为零 $\boldsymbol{F}_R=0$	主矢、主矩同时为零 $\boldsymbol{F}'_R=0$ $M_O=0$	合力偶矩为零 $\boldsymbol{M}=0$
基本形式平衡方程	$\sum F_x=0$ $\sum F_y=0$ $\sum m_O(\boldsymbol{F})=0$	$\sum F_x=0$ $\sum F_y=0$	$\sum F_y=0$ $\sum m_O(\boldsymbol{F})=0$	$\sum m=0$
二力矩形式平衡方程	$\sum F_x=0$(或 $\sum F_y=0$) $\sum m_A(\boldsymbol{F})=0$ $\sum m_B(\boldsymbol{F})=0$ A、B 两点连线不垂直于 x 轴(或 y 轴)	$\sum m_A(\boldsymbol{F})=0$ $\sum m_B(\boldsymbol{F})=0$ A、B 两点与力系的汇交点不在同一直线上	$\sum m_A(\boldsymbol{F})=0$ $\sum m_B(\boldsymbol{F})=0$ A、B 两点连线不与各力平行	无

续表

类　型	平面任意力系	平面汇交力系	平面平行力系（取 y 轴与各力作用线平行）	平面力偶系
三力矩形式平衡方程	$\sum m_A(\boldsymbol{F})=0$ $\sum m_B(\boldsymbol{F})=0$ $\sum m_C(\boldsymbol{F})=0$ A、B、C 三点不在同一直线上	无	无	无

【例 4-10】三角形板 ABC 受平面力系作用如图 4-14 所示。欲求未知力 $\boldsymbol{F}_{NA}$、$\boldsymbol{F}_{NB}$ 和 $\boldsymbol{F}_{NC}$，独立的平衡方程组是(　　)。

A. $\sum M_C(\boldsymbol{F})=0, \sum M_D(\boldsymbol{F})=0, \sum M_B(\boldsymbol{F})=0$

B. $\sum F_y=0, \sum M_A(\boldsymbol{F})=0, \sum M_B(\boldsymbol{F})=0$

C. $\sum F_x=0, \sum M_A(\boldsymbol{F})=0, \sum M_B(\boldsymbol{F})=0$

D. $\sum F_x=0, \sum M_A(\boldsymbol{F})=0, \sum M_C(\boldsymbol{F})=0$

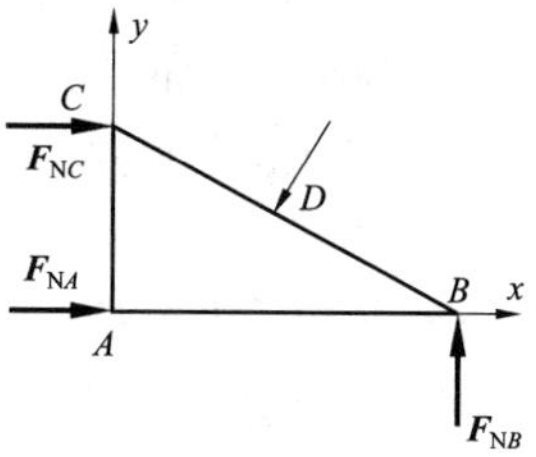

图 4-14　[例 4-10]图

解：根据平面任意力系独立平衡方程组的条件，三个平衡方程中，A 选项不满足三个矩心不共线的三矩式要求，B、D 选项不满足两矩心连线不垂直于投影轴的二矩式要求。故答案应选 C。

【例 4-11】各力交于 O 点的平面汇交力系的平衡方程若写成一矩式：$\sum F_x=0$（或 $\sum F_y=0$），$\sum m_A(\boldsymbol{F})=0$，则必须附加条件(　　)。

A. O、A 两点连线垂直于 x 轴（或 y 轴）　B. A 点与 O 点重合

C. O、A 两点连线不垂直于 x 轴（或 y 轴）　D. A 点可任选

解：若力系满足方程 $\sum m_A(\boldsymbol{F})=0$，则存在两种可能：①合力 $\boldsymbol{F}_R=0$，力系平衡；②合力 $\boldsymbol{F}_R\neq 0$，其作用线过 O、A 两点连线。当 O、A 两点连线不垂直于 x 轴（或 y 轴）时，满足方程 $\sum F_x=0$（或 $\sum F_y=0$）的力系，一定是平衡力系。第二种可能性不再存在，故答案应选 C。

> **注意：**独立的平衡方程一定要满足平衡条件。

【例 4-12】重力为 $\boldsymbol{W}$ 的圆球置于光滑的斜槽内，如图 4-15 所示。右侧斜面 B 处对球的约束力 $\boldsymbol{F}_{NB}$ 的大小为(　　)。

A. $F_{NB}=\dfrac{W}{2\cos\theta}$　　B. $F_{NB}=\dfrac{W}{\cos\theta}$

C. $F_{NB}=W\cos\theta$　　D. $F_{NB}=\dfrac{W}{2}\cos\theta$

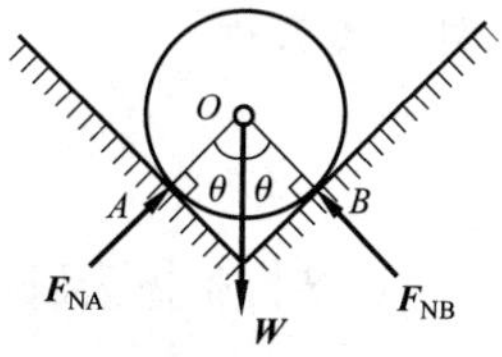

图 4-15　[例 4-12]图

解：以圆球为研究对象，沿 OA、OB 方向有约束力 F_{NA} 和 F_{NB}，由对称性可知两约束力大小相等，对圆球列铅垂方向的平衡方程

$$\sum F_y=0, F_{NA}\cos\theta+F_{NB}\cos\theta-W=0, F_{NB}=\frac{W}{2\cos\theta}$$

故答案应选 A。

(2) 物体系统的平衡。由两个或两个以上的物体(构件)通过一定的约束方式连接在一起而组成的系统,称为物体系统,简称物系。

当物系整体平衡时,系统中每一个物体也都平衡。系统内各物体间相互的作用力,称为内力;系统以外的物体作用于系统的力,称为外力。

通常情况下,每一个处于平衡状态的物体在平面力系作用下,具有三个独立的平衡方程,若物体系统由 n 个物体组成,则系统便具有 $3n$ 个独立的平衡方程(在特殊力系作用下,物系中独立的平衡方程数目可由表 4-3 确定),可解$3n$个未知量。若物系中实际存在的未知量数目为 k,则当 $k=3n$ 时,应用全部独立的平衡方程就可求得全部未知量,此类问题称为静定问题;当 $k>3n$ 时,应用全部独立的平衡方程不能求出全部未知量,此类问题称为静不定问题或超静定问题。

求解物体系统平衡问题的方法及步骤:

1) 判断物系的静定性。只有肯定了所给物系是静定的,才着手求解。

2) 选取研究对象。尽可能通过整体平衡,求得某些未知约束力,再根据具体所要求的未知量,选择合适的局部或单个物体作为研究对象。

3) 进行受力分析。根据约束的性质及作用与反作用定律,严格区分施力体与受力体,内力与外力(只分析所选研究对象受到的外力),画出研究对象的受力图。

4) 建立平衡方程,求解未知量。

【例 4-13】 在图 4-16(a)所示结构中,已知 q, L,则固定端 B 处约束力的值为(　　)。(设力偶逆时针转向为正)

A. $F_{Bx}=qL, F_{By}=qL, M_B=-\dfrac{3}{2}qL^2$

B. $F_{Bx}=-qL, F_{By}=qL, M_B=\dfrac{3}{2}qL^2$

C. $F_{Bx}=qL, F_{By}=-qL, M_B=\dfrac{3}{2}qL^2$

D. $F_{Bx}=-qL, F_{By}=-qL, M_B=\dfrac{3}{2}qL^2$

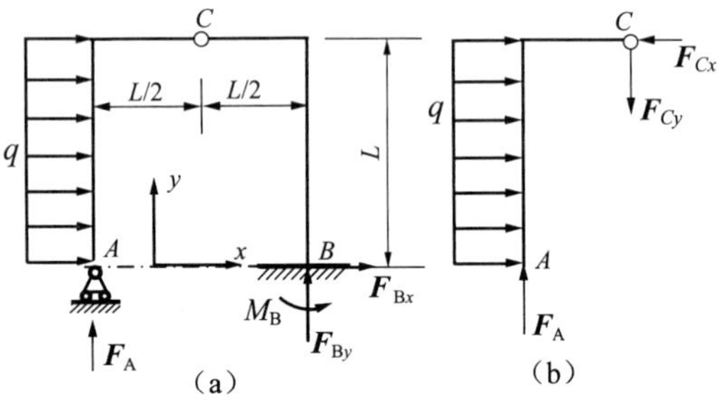

图 4-16 [例 4-13]图

解:选 AC 为研究对象受力如图 4-16(b)所示,列平衡方程

$$\sum m_C(\boldsymbol{F})=0, qL\cdot\frac{L}{2}-F_A\cdot\frac{L}{2}=0, F_A=qL$$

再选结构整体为研究对象受力如图 4-16(a)所示,列平衡方程

$$\sum F_x=0, F_{Bx}+qL=0, F_{Bx}=-qL$$

$$\sum F_y=0, F_A+F_{By}=0, F_{By}=-qL$$

$$\sum m_B(\boldsymbol{F})=0, M_B-qL\cdot\frac{L}{2}-F_A\cdot L=0, M_B=\frac{3}{2}qL^2$$

【例 4-14】 图 4-17(a)所示水平梁 AB 由铰 A 与杆 BD 支撑。在梁上 O 处用小轴安装滑轮。轮上跨过软绳。绳一端水平地系于墙上,另端悬挂重力为 W 的物块。构件均不计自重。铰 A 的约束力大小为(　　)。

A. $F_{Ax}=\frac{5}{4}W, F_{Ay}=\frac{3}{4}W$　　B. $F_{Ax}=W, F_{Ay}=\frac{1}{2}W$

C. $F_{Ax}=\frac{3}{4}W, F_{Ay}=\frac{1}{4}W$　　D. $F_{Ax}=\frac{1}{2}W, F_{Ay}=W$

解:取杆 AB 及滑轮为研究对象,受力如图 4-17(b)所示。

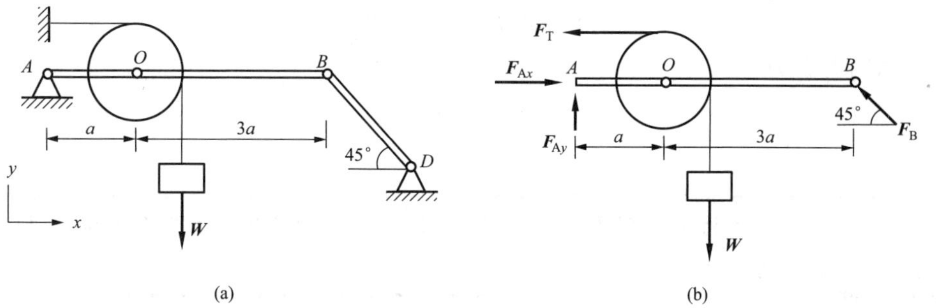

图 4-17　[例 4-14]图

列平衡方程

$$\sum m_A(F)=0, F_B\cos45°4a+F_Tr-W(a+r)=0$$

因为 $F_T=W, F_B\cos45°=\frac{W}{4}$,则

$$\sum F_x=0, F_{Ax}-F_T-F_B\cos45°=0, F_{Ax}=\frac{5}{4}W$$

$$\sum F_y=0, F_{Ay}-W+F_B\sin45°=0, F_{Ay}=\frac{3}{4}W$$

故答案应选 A。

【例 4-15】在图 4-18(a)所示结构中,C 处为铰链连接,各构件的自重略去不计,在直角杆 BEC 上作用有矩为 M 的力偶,尺寸如图所示。试求支座 A 的约束力。

解:选择研究对象,受力分析。

先取直角杆 BEC 为研究对象,受力如图 4-18(b)所示。由于力偶必须由力偶来平衡,故 $\boldsymbol{F}_C$ 与 $\boldsymbol{F}_B$ 等值、反向并组成一力偶(平面力偶系)。

再取丁字杆 ADC 为研究对象,受力如图 4-18(c)所示(平面汇交力系)。

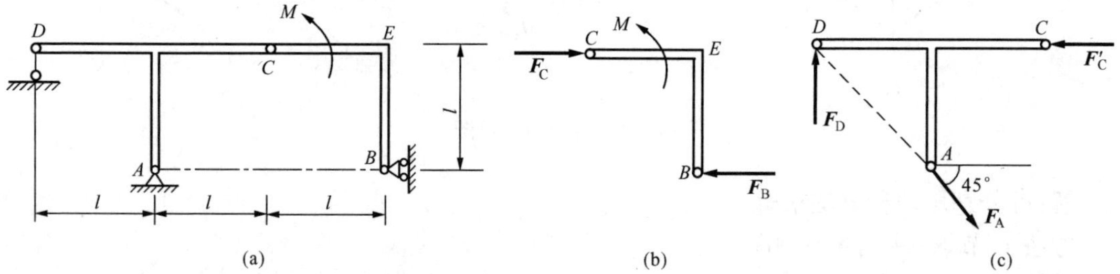

图 4-18　[例 4-15]图

应用平衡方程,求解所要求的未知量。

对 BCE 杆,由力偶系的平衡方程

$$\sum M=0, M-F_{C}l=0$$

得

$$F_{C}=\frac{M}{l}$$

对 ADC 杆,由平面汇交力系的平衡方程

$$\sum F_x=0, F_{A}\cos45^\circ-F'_{C}=0$$

得支座 A 的约束力为

$$F_{A}=\frac{\sqrt{2}M}{l}$$

注意:解物体系统的平衡问题时要尽量利用结构的对称性,力偶的性质以及二力平衡,三力汇交的条件。

2. 平面静定桁架

桁架是一种由若干直杆在两端彼此用铰链连接而成的杆系结构,其特点是受力后几何形状不变。若桁架所有的杆件都在同一平面内,称其为平面桁架,各杆间的铰接点称作节点;各杆自重不计,所受载荷均作用于节点上,或平均分配在杆件两端的节点上。所以桁架中的各杆均为二力杆。

平面静定桁架的内力计算方法:

节点法——利用平面汇交力系的平衡方程,选取各节点为研究对象,计算桁架中各杆之内力;常用于结构的设计计算。

截面法——利用平面一般力系的平衡方程,用假想平面截取其中一部分桁架为研究对象,计算桁架中指定杆件之内力;常用于结构的校核计算。

【例 4-16】五根等长的细直杆铰接成图 4-19(a)所示桁架结构。若 $p_A=p_C=p$,且垂直 BD,则杆 BD 内力的大小 F_{BD}为(　　)。

A. $-p$(压)　　B. $-\sqrt{3}p$(压)　　C. $-\sqrt{3}p/3$(压)　　D. $-\sqrt{3}p/2$(压)

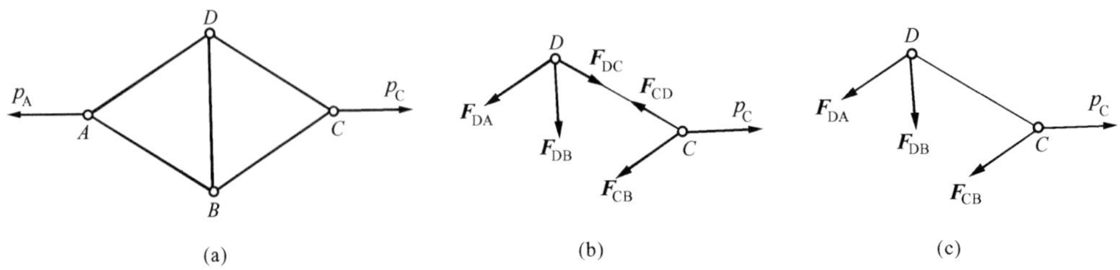

图 4-19　[例 4-16]图

解:可分别用两种方法求解。

方法 1:节点法[图 4-19(b)]。

1) 选 C 节点,列平衡方程:

$$\sum F_y=0, F_{CD}=F_{CB}$$

$$\sum F_x=0, p_C-2F_{CD}\cos30^\circ=0$$

2）选 D 节点，列平衡方程：

$$\sum F_x=0, F_{DC}=F_{DA}$$
$$\sum F_y=0, F_{DB}+2F_{DC}\cos60°=0$$

解得 $F_{DB}=-\frac{\sqrt{3}p}{3}$（压）。

方法 2：截面法[图 4-19（c）]。

设 y 轴与 BC 垂直，则

$$\sum F_y=0, p_C\cos60°+F_{DB}\cos30°=0, F_{DB}=-\frac{\sqrt{3}p}{3}（压）$$

故答案应选 C。

【例 4-17】不经计算，通过直接判定得出图 4-20 所示桁架中内力为零的杆数为（　　）根。

A. 2　　B. 3　　C. 4　　D. 5

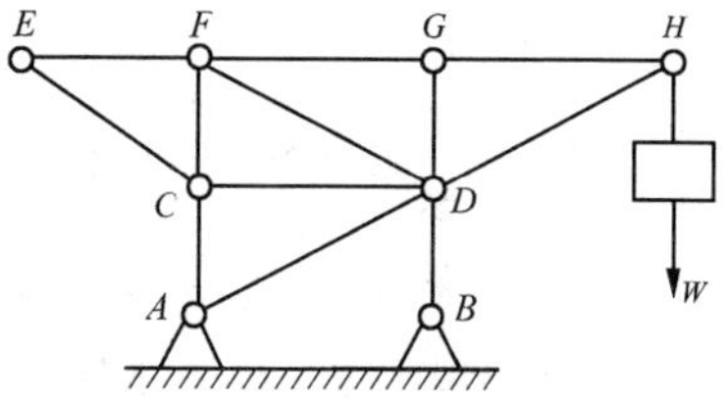

图 4-20 ［例 4-17］图

解：根据节点法，由节点 E 的平衡，可判断出杆 EC、EF 为零杆，再由节点 C 和 G，可判断出杆 CD、GD 为零杆；由系统的整体平衡可知：支座 A 处只有铅垂方向的约束力，故通过分析节点 A，可判断出杆 AD 为零杆。

注意：判断零件时，首先分析无外载荷作用的两杆节点和其中两杆在同一直线上的三杆节点。

3. 滑动摩擦

在主动力作用下，当两物体接触处有相对滑动或有相对滑动趋势时，在接触处的公切面内将受到一定的阻力阻碍其相对滑动，这种现象称为滑动摩擦。

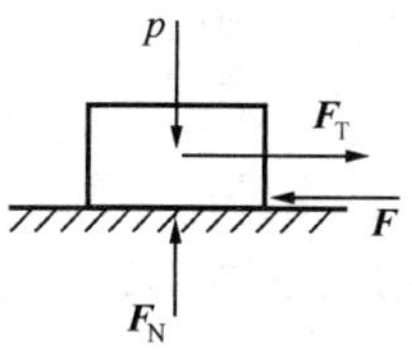

图 4-21 滑动摩擦

（1）各种摩擦力的计算公式。图 4-21 中所示力 $\boldsymbol{p}$、$\boldsymbol{F}_T$ 为主动力，摩擦力 $\boldsymbol{F}$ 可根据物体的运动状态分为三类，其计算公式见表 4-4。

（2）摩擦曲线。摩擦力 $\boldsymbol{F}$ 与主动力 $\boldsymbol{F}_T$ 之间的关系以及物体的运动状态，可用图 4-22 所示的摩擦曲线来表示。

表 4-4　　摩擦力计算公式一览表

类别	静摩擦力（$\boldsymbol{F}_s$）	最大静摩擦力（$\boldsymbol{F}_{max}$）	动摩擦力（$\boldsymbol{F}_d$）
产生条件	物体接触面之间有相对滑动趋势，但物体仍保持静止	物体接触面之间有相对滑动趋势，但物体处于要滑而未滑的临界平衡状态	物体接触面之间开始相对滑动
方向	与相对滑动趋势方向相反	同左	与相对滑动方向相反
大小	$0\leqslant F_s\leqslant F_{max}$ F_s 值由平衡方程确定 $F_s=F_T$	$F_{max}=f_sF_N$ 式中：F_N 为接触面的法向约束力（也称法向正压力）；f_s 称作静滑动摩擦因数，其值可从工程手册中查找	$F_d=f_dF_N$ 式中：F_N 为接触面法向反力；f_d 为动滑动摩擦因数

(3) 摩擦角与自锁。静摩擦力 $\boldsymbol{F}_s$ 与法向约束力 $\boldsymbol{F}_N$ 的合力 $\boldsymbol{F}_{RA}$ 称为**全约束力**,其作用线与接触面的公法线成一偏角 φ[图 4-23(a)]。当物块处于平衡的临界状态时,静摩擦力达到最大值 $\boldsymbol{F}_{max}$,偏角 φ 也达到最大值 φ_f[图 4-23(b)]。全约束力与法线间夹角的最大值 φ_f 称为摩擦角。由图可得

$$\tan\varphi_f=\frac{F_{max}}{F_N}=\frac{f_sF_N}{F_N}=f_s \tag{4-10}$$

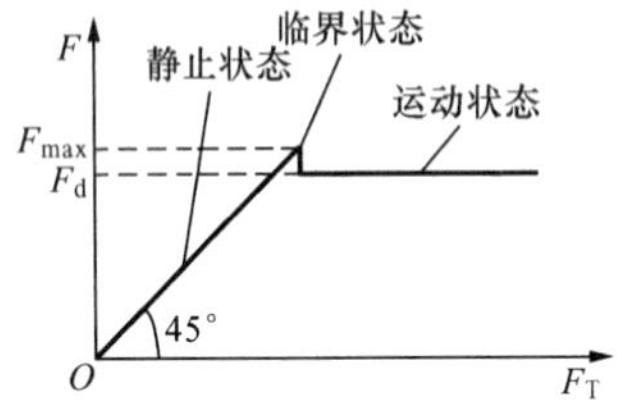

图 4-22　摩擦曲线

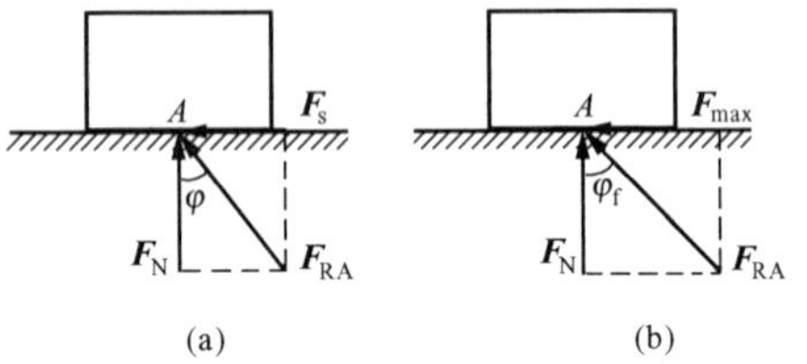

图 4-23　摩擦角

即摩擦角的正切等于静摩擦因数。

因静摩擦力 $\boldsymbol{F}_s$ 总是小于或等于最大静摩擦力 $\boldsymbol{F}_{max}$,故全约束力与支承面法线间的夹角 φ 总是小于或等于摩擦角 φ_f,其变化范围为

$$0\leqslant\varphi\leqslant\varphi_f \tag{4-11}$$

如图 4-24(a)所示,若设作用于物块上主动力的合力 $\boldsymbol{F}_R$ 与接触面法线的夹角为 θ,全约束力 $\boldsymbol{F}_{RA}$ 与接触面法线间的夹角为 φ,则当 $\boldsymbol{F}_R$ 的作用线在摩擦角之内($\theta<\varphi_f$)时,无论这个力怎样大,都会产生与之满足二力平衡条件的全约束力 $\boldsymbol{F}_{RA}$($\varphi=\theta<\varphi_f$),使物块保持静止,这种现象称为自锁现象。

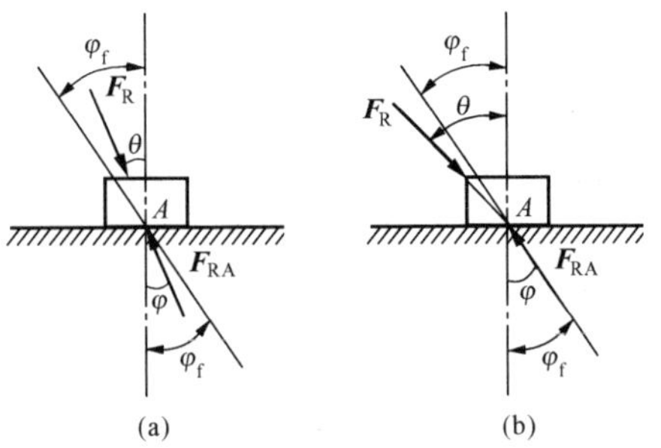

图 4-24　自锁现象

反之,如图 4-24(b)所示,当 $\boldsymbol{F}_R$ 的作用线在摩擦角之外($\theta>\varphi_f$)时,无论这个力怎样小,物块一定会滑动。$\theta=\varphi_f$ 时,物块处于临界平衡状态。

(4) 考虑滑动摩擦时物体系统的平衡。考虑摩擦时平衡问题的特点是在受力分析时必须考虑摩擦力。考虑摩擦力后,物体系统除满足力系的平衡条件(平衡方程)外,还需满足物理条件

$$F_s\leqslant f_sF_N \quad 或 \quad \theta\leqslant\varphi_f$$

【例 4-18】 已知,图 4-25 所示重物重力的大小 $P=100\text{N}$,用 $F=500\text{N}$ 的压力压在一铅直面上,其摩擦因数 $f_s=0.3$,则重物受到的摩擦力为(　　)。

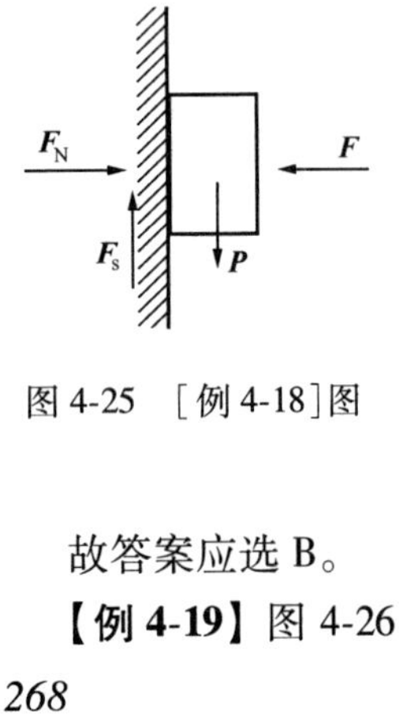

图 4-25　[例 4-18]图

A. $F_s=f_sF_N=150\text{N}$　　B. $F_s=P=100\text{N}$

C. $F_s=F=500\text{N}$　　D. $F_s=f_sP=30\text{N}$

解: $F_{max}=f_sF_N=150\text{N}>P$,所以此时摩擦力 $\boldsymbol{F}_s$ 未达到最大值,它不能用摩擦定律来求,而只能用平衡方程求

$$\sum F_y=0:F_s-P=0,得\ F_s=P=100\text{N}$$

故答案应选 B。

【例 4-19】 图 4-26(a)所示结构中,已知:B 处光滑,杆 AC 与墙间的静摩擦因数 $f_s=1$,

$\theta=60°$，$BC=2AB$，杆自重不计。试问在垂直于杆 AC 的力 $\boldsymbol{F}$ 作用下，杆能否平衡？为什么？

解：本例已知静摩擦因数以及外加力方向，求保持静止的条件，因此需用平衡方程与物理条件联合求解，现用解析法与几何法分别求解。

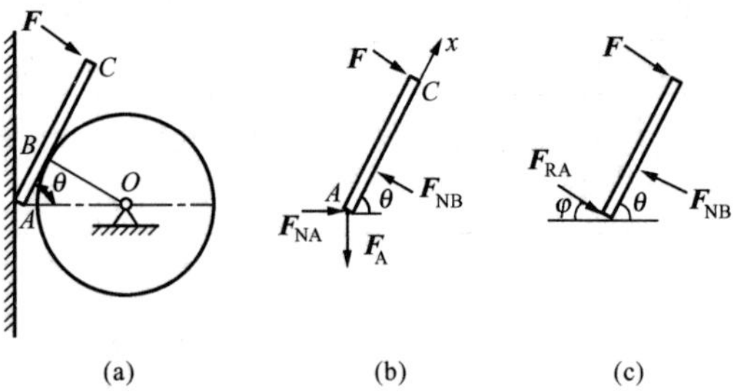

图 4-26 ［例 4-19］图

（1）解析法。以杆 AC 为研究对象，其受力图如图4-26（b）所示。注意到，杆在 A 处有摩擦，B 处光滑。应用平面力系平衡方程和 A 处摩擦力的物理方程，有

$$\sum F_x=0, F_{NA}\cos 60°-F_A\sin 60°=0 \tag{a}$$

$$F_A\leqslant f_s F_{NA} \tag{b}$$

由式（a）得

$$\frac{F_A}{F_{NA}}=\frac{\cos 60°}{\sin 60°}=\cot 60°=0.577 \tag{c}$$

由式（b）得

$$\frac{F_A}{F_{NA}}\leqslant f_s=1 \tag{d}$$

比较式（c）和式（d），满足平衡条件，所以系统平衡。

（2）几何法。因为杆 AC 在 C、B 两处的力均垂直于杆，故杆若平衡，A 处的全反力 $\boldsymbol{F}_{RA}$ 必与杆垂直［图4-26（c）］，其中 $\boldsymbol{F}_{RA}=\boldsymbol{F}_A+\boldsymbol{F}_{NA}$。由于 $\boldsymbol{F}_{RA}$ 与 $\boldsymbol{F}_{NA}$ 的夹角 $\varphi=30°$，而 A 处的摩擦角为

$$\varphi_f=\arctan f_s=\arctan 1=45°$$

由此可得

$$\varphi<\varphi_f$$

满足自锁条件，所以系统平衡。

注意：若已知条件为摩擦角而非摩擦因数时，尽量用自锁条件求解摩擦问题。

4.2 运动学

运动学是用几何学的观点来研究物体的运动规律，即物体运动的描述（其在空间的位置随时间变化的规律）、运动的速度和加速度，而不涉及引起物体运动的物理原因。

4.2.1 点的运动学

点的运动学主要研究点相对于某一参考系的运动量随时间的变化规律，包括点的运动方程的建立、运动轨迹的描述、速度和加速度的确定。

1. 描述点的运动的基本方法与基本公式

描述点的运动常用的基本方法有矢量法、直角坐标法、自然法。现将这三种方法及应用范围归纳于表 4-5 中。

表 4-5　　研究点的运动的基本方法

方法	矢量法	直角坐标法	自然法
特点与用途	简明、直观，常用于理论推导	便于代数及微积分运算，常用于轨迹未知的情况	速度、切向加速度、法向加速度的算式简单、物理意义明确。常用于轨迹已知的情况
参考系	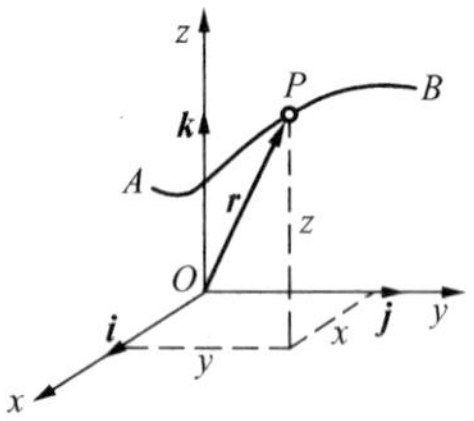		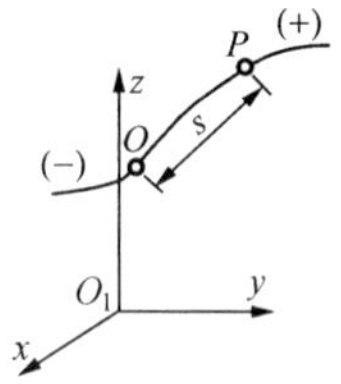
	以参考体上任一固定点 O 为参考点	以直角坐标系的三个坐标轴为参考坐标轴	在轨迹上任选一点 O 为参考点
运动方程	$\boldsymbol{r}=\boldsymbol{r}(t)$	$x=f_1(t),y=f_2(t),z=f_3(t)$	$s=f(t)$
轨迹	矢径 $\boldsymbol{r}$ 的矢端曲线	从上式中消去时间“t”即可得轨迹方程：$F_1(x,y)=0,F_2(y,z)=0$	事先已知

用上述三种方法描述的点的速度、加速度的计算公式见表 4-6。

表 4-6　　速度、加速度的计算公式

方法	速度	加速度分量	全加速度	备注
矢量法	$\boldsymbol{v}=\dfrac{\mathrm{d}\boldsymbol{r}}{\mathrm{d}t}$		$\boldsymbol{a}=\dfrac{\mathrm{d}\boldsymbol{v}}{\mathrm{d}t}=\dfrac{\mathrm{d}^2\boldsymbol{r}}{\mathrm{d}t^2}$	
直角坐标法	$v_x=\dfrac{\mathrm{d}x}{\mathrm{d}t},v_y=\dfrac{\mathrm{d}y}{\mathrm{d}t},v_z=\dfrac{\mathrm{d}z}{\mathrm{d}t}$ $v=\sqrt{v_x^2+v_y^2+v_z^2}$ $\cos(v,\boldsymbol{i})=\dfrac{v_x}{v},\cos(v,\boldsymbol{j})=\dfrac{v_y}{v}$ $\cos(v,\boldsymbol{k})=\dfrac{v_z}{v}$	$a_x=\dfrac{\mathrm{d}v_x}{\mathrm{d}t}=\dfrac{\mathrm{d}^2x}{\mathrm{d}t^2}$ $a_y=\dfrac{\mathrm{d}v_x}{\mathrm{d}t}=\dfrac{\mathrm{d}^2y}{\mathrm{d}t^2}$ $a_z=\dfrac{\mathrm{d}v_z}{\mathrm{d}t}=\dfrac{\mathrm{d}^2z}{\mathrm{d}t^2}$	$a=\sqrt{a_x^2+a_y^2+a_z^2}$ $\cos(\boldsymbol{a},\boldsymbol{i})=\dfrac{a_x}{a}$ $\cos(\boldsymbol{a},\boldsymbol{j})=\dfrac{a_y}{a}$ $\cos(\boldsymbol{a},\boldsymbol{k})=\dfrac{a_z}{a}$	
自然法	$v=\dfrac{\mathrm{d}s}{\mathrm{d}t}$ 或 $\boldsymbol{v}=\dfrac{\mathrm{d}s}{\mathrm{d}t}\boldsymbol{\tau}$	$a_t=\dfrac{\mathrm{d}v}{\mathrm{d}t}=\dfrac{\mathrm{d}^2s}{\mathrm{d}t^2}$ 沿切线方向 $a_n=\dfrac{v^2}{\rho}=\dfrac{\left(\dfrac{\mathrm{d}s}{\mathrm{d}t}\right)^2}{\rho}$ 恒指向曲率中心	$a=\sqrt{a_t^2+a_n^2},\tan\beta=\dfrac{\lvert a_t\rvert}{a_n}$ β 为 $\boldsymbol{a}$ 与法线轴 $\boldsymbol{n}$ 正向间的夹角	加速度恒指向曲线凹的一侧

2. 三种基本方法之间的相互关系（表 4-7）

表 4-7　　三种基本方法之间的相互关系

运动方程	速度	加速度
$\boldsymbol{r}=x\boldsymbol{i}+y\boldsymbol{j}+z\boldsymbol{k}$	$\boldsymbol{v}=v_x\boldsymbol{i}+v_y\boldsymbol{j}+v_z\boldsymbol{k}=\dfrac{\mathrm{d}s}{\mathrm{d}t}\boldsymbol{\tau}$ $v=\dfrac{\mathrm{d}s}{\mathrm{d}t}=\sqrt{v_x^2+v_y^2+v_z^2}$	$\boldsymbol{a}=a_x\boldsymbol{i}+a_y\boldsymbol{j}+a_z\boldsymbol{k}=\dfrac{\mathrm{d}^2s}{\mathrm{d}t^2}\boldsymbol{\tau}+\dfrac{\left(\dfrac{\mathrm{d}s}{\mathrm{d}t}\right)^2}{\rho}\boldsymbol{n}$ $a=\sqrt{a_x^2+a_y^2+a_z^2}=\sqrt{\left(\dfrac{\mathrm{d}^2s}{\mathrm{d}t^2}\right)^2+\dfrac{\left(\dfrac{\mathrm{d}s}{\mathrm{d}t}\right)^4}{\rho^2}}$

【例 4-20】 图 4-27 所示点 P 沿螺线自外向内运动。它走过的弧长与时间的一次方成正比。关于该点的运动,有以下 4 种答案,则(　　)是正确的。

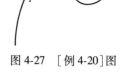

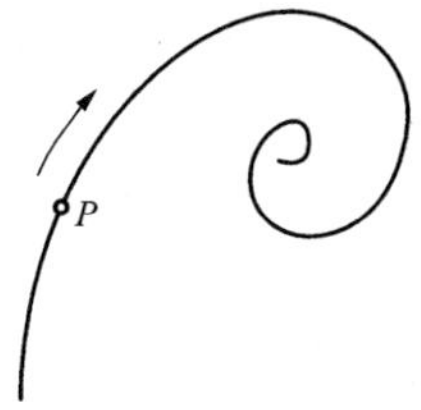

图 4-27 [例 4-20]图

A. 速度越来越快　　B. 速度越来越慢

C. 加速度越来越大　　D. 加速度越来越小

解: 因为运动轨迹的弧长与时间的一次方成正比,所以有

$$s = kt$$

其中 k 为比例常数。对时间求一次导数后得到点的速度

$$v = \frac{\mathrm{d}s}{\mathrm{d}t} = k$$

可见该点做匀速运动。但这只是指速度的大小。由于运动的轨迹为曲线,速度的方向不断改变。所以,还需要做加速度分析。于是有

$$a_{\mathrm{t}} = \frac{\mathrm{d}v}{\mathrm{d}t} = 0, a_{\mathrm{n}} = \frac{v^2}{\rho}$$

总加速度

$$a = \sqrt{a_{\mathrm{t}}^2 + a_{\mathrm{n}}^2} = a_{\mathrm{n}} = \frac{v^2}{\rho}$$

当点由外向内运动时,运动轨迹的曲率半径 ρ 逐渐变小,所以加速度 a 越来越大,故答案应选 C。

【例 4-21】 已知动点的运动方程为 $x=2t, y=t^2-t$,则其轨迹方程为(　　)。

A. $y=t^2-t$　　B. $x=2t$　　C. $x^2-2x-4y=0$　　D. $x^2+2x+4y=0$

解: 将运动方程中的参数 t 消去,即 $t=\frac{x}{2}$,代入 y 方向的运动方程,得 $y=\left(\frac{x}{2}\right)^2-\frac{x}{2}$,经整理后有轨迹方程为 $x^2-2x-4y=0$。

【例 4-22】 某点按 $x=t^3-12t+2$ 的规律沿直线轨迹运动(其中 t 以 s 计,x 以 m 计),则 $t=3$s 时点经过的路程为(　　)。

A. 23m　　B. 21m　　C. −7m　　D. −14m

解: 当 $t=0$ 时,$x=2$m,点在运动过程中其速度 $v=\frac{\mathrm{d}x}{\mathrm{d}t}=3t^2-12$,即当 $0<t<2$s 时,点的运动方向是 x 轴的负方向,当 $t=2$s 时,点的速度为零,此时 $x=-14$m,$t>2$s 时,点的运动方向是 x 轴的正方向,$t=3$s 时,$x=-7$m。所以点经过的路程是 2m+14m+7m=23m,故答案应选 A。

注意: 计算动点所经路程时,一定要了解该点在要求的时间内运动方向有无变化。

4.2.2 刚体的基本运动

刚体的基本运动包括刚体的平行移动和刚体的定轴转动两种简单的运动形式。

1. 刚体的平行移动

(1) 定义。刚体运动时,其上任意直线始终平行于其初始位置,刚体的这种运动称为平行移动,简称平移。

(2) 平移刚体的运动分析。若在平移刚体内任选两点 A、B(图 4-28),其矢径分别为 $\boldsymbol{r}_A$ 和

$\boldsymbol{r}_B$,则两条矢端曲线就是这两点的轨迹。根据图中的几何关系,有

$$\boldsymbol{r}_A = \boldsymbol{r}_B + \boldsymbol{r}_{AB}$$

且 $\boldsymbol{r}_{AB}$ 为常矢量,则

$$\frac{d\boldsymbol{r}_A}{dt} = \frac{d\boldsymbol{r}_B}{dt}, 即\ \boldsymbol{v}_A = \boldsymbol{v}_B \tag{4-12}$$

类似地,有

$$\frac{d\boldsymbol{v}_A}{dt} = \frac{d\boldsymbol{v}_B}{dt}, 即\ \boldsymbol{a}_A = \boldsymbol{a}_B \tag{4-13}$$

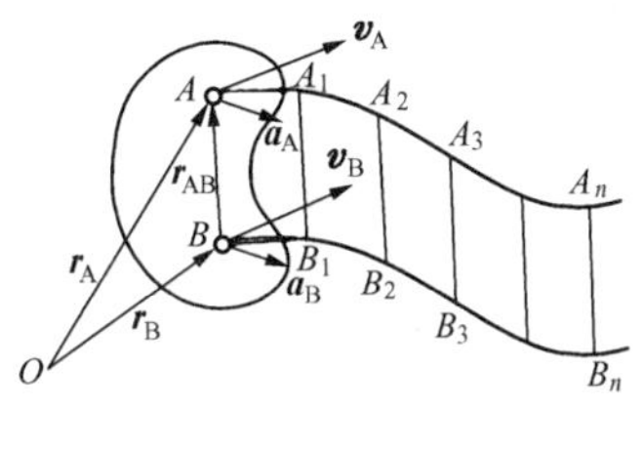

图 4-28　平移刚体的运动分析

式(4-12)和式(4-13)表明:刚体平移时,其上各点的运动轨迹形状相同;同一瞬时,刚体上各点的速度、加速度均相同。因此平移时,可以用刚体上任一点(例如质心)的运动表示刚体的运动。于是,研究平移刚体的运动可归结为研究点的运动。

2. 刚体绕定轴转动

(1) 定义。刚体运动时,若其上(或其扩展部分)有一条直线始终保持不动,则称这种运动为绕定轴转动,简称转动。这条固定的直线称为转轴(图 4-29)。轴线上各点的速度和加速度均恒为零,其他各点均围绕轴线做圆周运动。

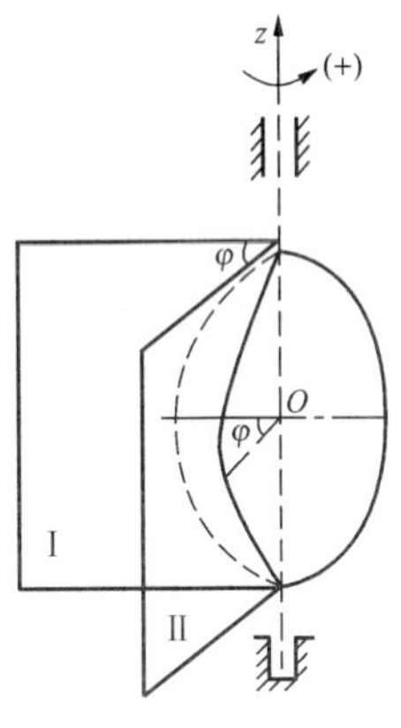

图 4-29　刚体绕定轴转动

(2) 转动刚体的运动分析。

1) 转动方程。图 4-29 所示绕定轴 z 转动的刚体,设通过转轴 z 所作的平面 Ⅰ 固定不动(称为定平面),平面 Ⅱ 与刚体固连、随刚体一起转动(称为动平面)。任一瞬时刚体的位置,可由动平面 Ⅱ 与定平面 Ⅰ 的夹角 φ 确定,φ 称为转角,单位是弧度(rad),为代数量。当刚体转动时,φ 随时间 t 变化,它是时间的单值连续函数,即

$$\varphi = f(t) \tag{4-14}$$

式(4-14)称为刚体的转动方程,它反映了刚体绕定轴转动的规律。

2) 角速度。刚体的转角对时间的一阶导数,称为角速度,用于度量刚体转动的快慢和转动方向,用字母 ω 表示,即

$$\omega = \frac{d\varphi}{dt} = \varphi \tag{4-15}$$

角速度的单位是弧度/秒(rad/s)。在工程中很多情况还用转速 n(r/min)来表示刚体转动的快慢。此时,ω 与 n 之间的换算关系为

$$\omega = \frac{2n\pi}{60} = \frac{n\pi}{30} \tag{4-16}$$

3) 角加速度。刚体的角速度对时间的一阶导数,称为角加速度,用于度量角速度的快慢和转动方向,用字母 α 表示,即

$$\alpha = \frac{d\omega}{dt} = \frac{d^2\varphi}{dt^2} \tag{4-17}$$

角加速度的单位为弧度/秒^2(rad/s^2)。角速度和角加速度都是描述刚体整体运动的物理量。

4）定轴转动刚体上各点的速度和加速度。在转动刚体上任取一点 M，设其到转轴 O 的垂直距离为 r，如图 4-30 所示。显然，M 点的运动是以 O 为圆心、r 为半径的圆周运动。若转动刚体的角速度为 ω，角加速度为 α，弧坐标原点为 O'，则当刚体转过角度 φ 时，点 M 的弧坐标为

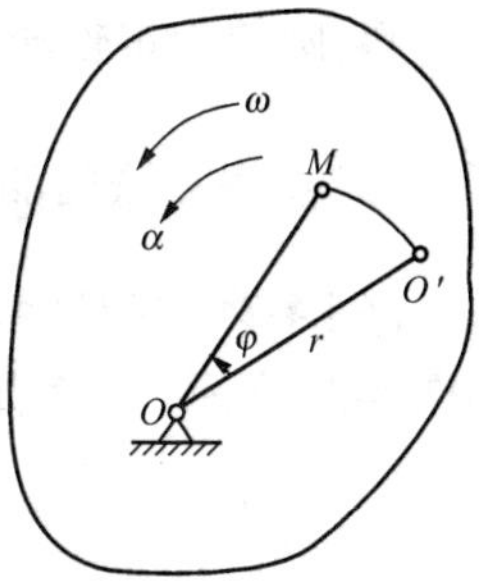

图 4-30　转动刚体上 M 点的运动分析

$$s = r\varphi \tag{4-18}$$

点 M 速度的大小为

$$v = \frac{ds}{dt} = \frac{d}{dt}(r\varphi) = r\frac{d\varphi}{dt} = r\omega \tag{4-19}$$

点 M 的切向加速度和法向加速度的大小分别为

$$a_t = \frac{dv}{dt} = \frac{d}{dt}(r\omega) = r\frac{d\omega}{dt} = r\alpha \tag{4-20}$$

$$a_n = \frac{v^2}{\rho} = \frac{(r\omega)^2}{r} = r\omega^2 \tag{4-21}$$

所以刚体上任一点 M 的加速度为

$$\begin{cases} a = \sqrt{a_t^2 + a_n^2} = r\sqrt{\alpha^2 + \omega^4} \\ \text{方向}:\tan\theta = \dfrac{|a_t|}{a_n} = \dfrac{|\alpha|}{\omega^2} \end{cases} \tag{4-22}$$

式中，θ 为加速度 $\boldsymbol{a}$ 与法向加速度的夹角。

由式(4-19)与式(4-22)可得以下结论：

①在任意瞬时，转动刚体内各点的速度、切向加速度、法向加速度和全加速度的大小与各点的转动半径成正比。

②在任意瞬时，转动刚体内各点的速度方向与各点的转动半径垂直；各点的全加速度的方向与各点转动半径的夹角全部相同。所以，刚体内任一条通过且垂直于轴的直线上各点的速度和加速度呈线性分布，如图 4-31 所示。

【例 4-23】 如图 4-32 所示，圆轮上绕一细绳，绳端悬挂物块。物块的速度为 v、加速度为 a。圆轮与绳的直线段相切的点为 P，圆轮上该点速度与加速度的大小分别为（　　）。

A. $v_P = v, a_P > a$　　B. $v_P > v, a_P < a$　　C. $v_P = v, a_P < a$　　D. $v_P > v, a_P > a$

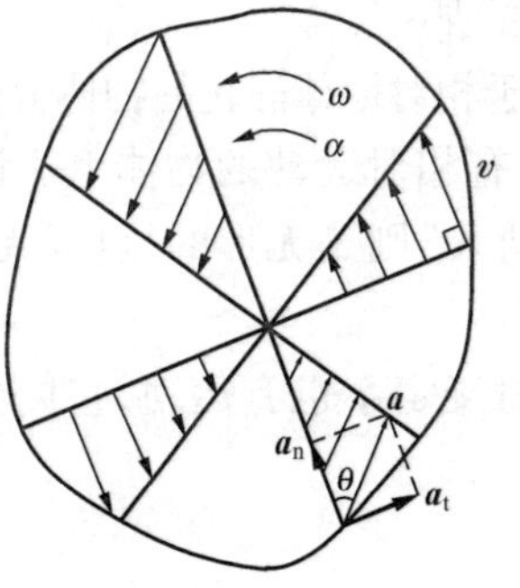

图 4-31　转动刚体上各点速度加速度分布

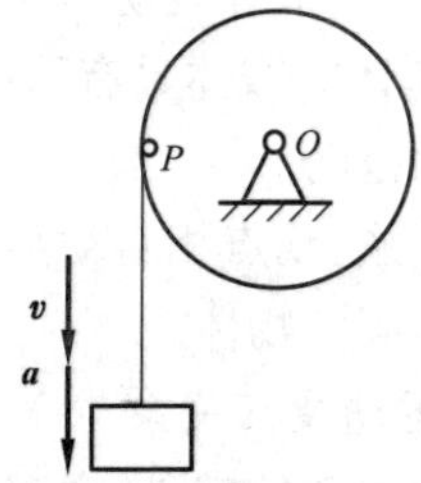

图 4-32　［例 4-23］图

解:圆轮为定轴转动刚体,其轮缘上 P 点的速度、切向加速度应与物块的速度、加速度相等,而 P 点还有法向加速度,即 $a_P=\sqrt{a^2+\frac{v^4}{R^2}}>a$,故答案应选 A。

【例 4-24】杆 $OA=l$,绕固定轴 O 转动,某瞬时杆端 A 点的加速度 $\boldsymbol{a}$ 如图 4-33 所示,则该瞬时杆 OA 的角速度及角加速度为(　　)。

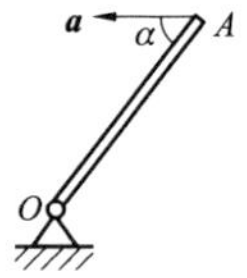

图 4-33 ［例 4-24］图

A. $0,\frac{a}{l}$　　B. $\sqrt{\frac{a\cos\alpha}{l}},\frac{a\sin\alpha}{l}$

C. $\sqrt{\frac{a}{l}},0$　　D. $0,\sqrt{\frac{a}{l}}$

解:根据定轴转动刚体上一点加速度与转动角速度、角加速度的关系:$a_n=\omega^2 l$,$a_t=\alpha l$,而题中 $a_n=a\cos\alpha$,$a_t=a\sin\alpha$,代入上述公式可得 $\omega=\sqrt{\frac{a\cos\alpha}{l}}$,$\alpha=\frac{a\sin\alpha}{l}$,故答案应选 B。

【例 4-25】一定轴转动刚体,其运动方程为 $\varphi=a-\frac{1}{2}bt^2$,其中 a、b 均为常数,则知该刚体做(　　)。

A. 匀加速转动　　B. 匀减速转动

C. 匀速转动　　D. 减速转动

解:根据角速度和角加速度的定义,$\omega=\frac{\mathrm{d}\varphi}{\mathrm{d}t}=-bt$,$\alpha=\frac{\mathrm{d}\varphi}{\mathrm{d}t}=\frac{\mathrm{d}\varphi}{\mathrm{d}t^2}=-b$,因为角加速度与角速度同为负号,且为常量,所以刚体做匀加速转动,故答案应选 A。

> **注意**:分析此题时很容易因为角加速度为负,错判 B 为正确答案。刚体做定轴转动时,只要角速度与角加速度同符号,则刚体加速转动,反之 ω 与 α 异号时,刚体减速转动。

4.2.3 点的合成运动

当一点 M 相对于某一参考系运动,而此参考系本身又相对于惯性参考系做非惯性运动时,点 M 的运动便可由两种运动组合而成,称为点的合成运动或点的复合运动。

1. 动点、动系与定系的基本概念

动点:即研究对象,可能是单独的点,也可能是刚体上的某一点。

定系:工程上一般指固结于地球表面的坐标系,或固结于相对地球静止的物体上的参考系。

动系:相对定系有运动的参考系。一般固结在与地面有相对运动的物体上。该物体称作"载体"或参考体。载体是有形的,其尺寸是有限的,而"动系"则是无形的,可以无限大,其运动属刚体运动范畴。

三者的关系:动点相对动系和定系都有运动,动系相对于定系也有运动,它们分别属于或固结于三个不同的物体。

2. 三种运动及其关系

(1) 三种运动的定义、观察点(参考体)、观察对象(研究对象)和运动性质(表 4-8)。

表 4-8　　　　　　　　　　三种运动的定义、观察点、观察对象和运动性质

类　型	定　　义	观察对象	观察点	运动性质
绝对运动	动点相对于定系的运动	动点	定系	点的运动(直线或曲线)
相对运动	动点相对于动系的运动	动点	动系	点的运动(直线或曲线)
牵连运动	动系相对于定系的运动	动系	定系	刚体的运动(平移、转动或平面运动)

(2) 三种运动间的关系(图 4-34)。

3. 速度合成定理、加速度合成定理(表 4-9)

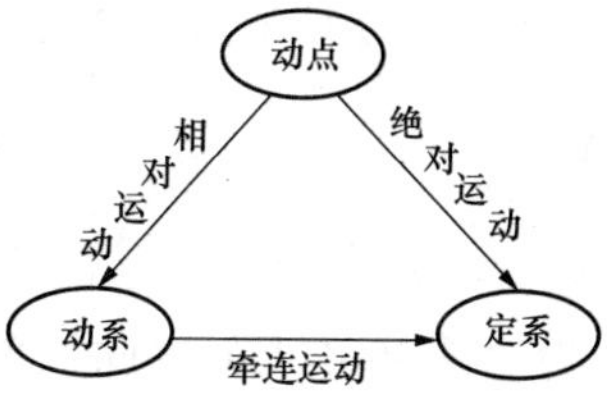

图 4-34　三种运动间的关系

【例 4-26】 曲柄 OA 在图 4-35(a)所示瞬时以 ω 的角速度绕轴 O 转动,并带动直角曲杆 O_1BC 在图示平面内运动。若取套筒 A 为动点,杆 O_1BC 为动系,则牵连速度大小为(　　),杆 O_1BC 的角速度为(　　)。

A. ω　　B. $\sqrt{2}l\omega$　　C. 2ω　　D. $\dfrac{\sqrt{2}}{2}l\omega$

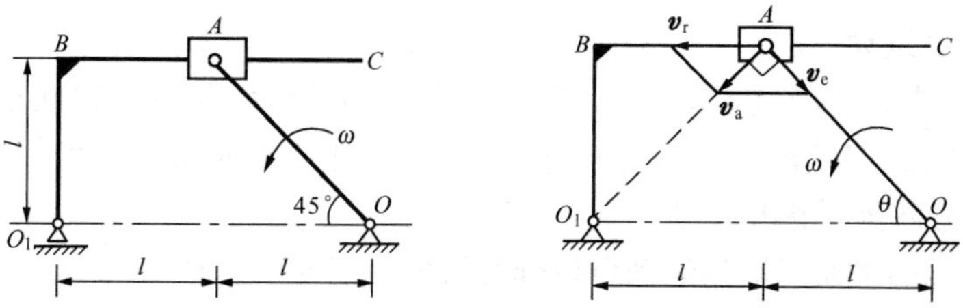

(a)　　　　　　　　　　(b)

图 4-35　[例 4-26]图

表 4-9　　　　　　　　　　速度及加速度合成定理

定　义	表　达　式	备　注
速度合成定理: 每一瞬时,动点的绝对速度(v_a)为牵连速度(v_e)与相对速度(v_r)的矢量和	$v_a=v_e+v_r$ 式中　v_a——动点的绝对速度,即为动点相对定系的速度; v_e——动点的牵连速度,即为指定瞬时动系上与动点相重合之点(牵连点)的速度; v_r——动点的相对速度,即为动点相对动系的速度	任何形式的牵连运动均适用
加速度合成定理: 每一瞬时,动点的绝对加速度($\boldsymbol{a}_a$)等于牵连加速度($\boldsymbol{a}_e$)、相对加速度($\boldsymbol{a}_r$)和科氏加速度($\boldsymbol{a}_C$)的矢量和	$\boldsymbol{a}_a=\boldsymbol{a}_e+\boldsymbol{a}_r+\boldsymbol{a}_C$ 式中　$\boldsymbol{a}_a$——动点的绝对加速度,即为动点相对定系的加速度; $\boldsymbol{a}_e$——动点的牵连加速度,即为指定瞬时动系上与动点相重合之点的加速度; $\boldsymbol{a}_r$——动点的相对加速度,即为动点相对动系的加速度; $\boldsymbol{a}_C$——动点的科氏加速度,是牵连运动与相对运动相互影响所形成的加速度	$\boldsymbol{a}_C=2\boldsymbol{\omega}\times v_r$ 大小:$\|\boldsymbol{a}_C\|=2\omega v_r\sin\theta$。 (其中 ω 为动系的转动角速度;θ 为 v_r 与 $\boldsymbol{\omega}$ 间的夹角) 方向:按右手定则,当 $\boldsymbol{\omega}\perp v_r$ 时,$\boldsymbol{a}_C$ 的方向可由 v_r 顺着 ω 的转向转 90°得到。 注意:在特殊情况下:①当牵连运动为平移时,$\omega=0$,所以 $\boldsymbol{a}_C=0$;②当相对速度 $v_r=0$ 或 $v_r/\!/\boldsymbol{\omega}$ 时,$\boldsymbol{a}_C=0$

解：以滑块 A 为动点，动系固结在直角曲杆 O_1BC 上，速度分析图如图 4-35(b)所示，则有

$$v_a = \sqrt{2}l\omega ; v_a = v_e = \sqrt{2}l\omega$$

$\omega_{O_1BC} = \dfrac{v_e}{O_1A} = \omega$（顺时针）故答案应选 B，A。

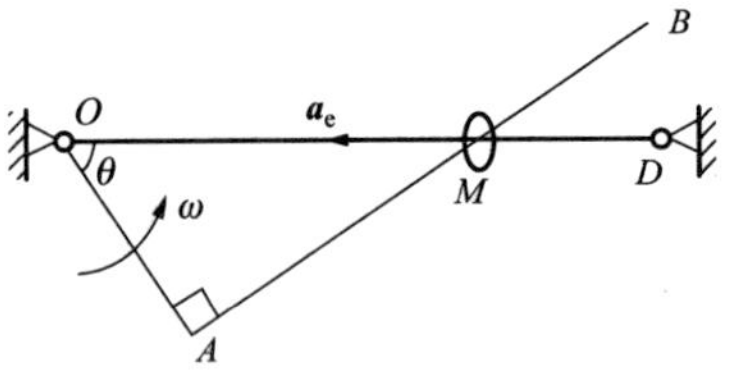

图 4-36 ［例 4-27］图

【例 4-27】已知直角弯杆 OAB 以匀角速度 ω 绕 O 轴转动，并带动小环 M 沿 OD 杆运动，如图 4-36 所示。已知 $OA=l$，取小环 M 为动点，OAB 杆为动系，当 $\theta=60°$ 时，M 点牵连加速度的大小为（　　）。

A. $\dfrac{1}{2}l\omega^2$　　B. $l\omega^2$　　C. $\sqrt{3}l\omega^2$　　D. $2l\omega^2$

解：动系绕 O 轴做匀角速度转动，牵连点在 M 处，因此牵连加速度的大小 $a_e = OM\cdot\omega^2 = 2l\omega^2$，为动系上 M 点的法向加速度，并指向 O 轴（图 4-36），故答案应选 D。

注意：牵连点的概念非常重要，牵连点应该是某瞬时动系上与动点相重合的点。

4.2.4 刚体的平面运动

刚体内任意一点在运动过程中始终与某一固定平面的距离保持不变的运动称为刚体的平面运动。根据这种运动的特点，可将刚体的平面运动简化为平面图形在其自身平面内的运动。

1. 平面运动分解为平移和转动

如图 4-37 所示的平面图形的运动可以分解为随基点 A 的平移与绕基点的转动；平移部分与基点的选择有关，而转动部分与基点的选择无关。平面图形的运动是绝对运动，随基点的平移是牵连运动，绕基点的转动是相对运动，三者都是刚体的运动如图 4-38 和图 4-39 所示。牵连平移的速度、加速度随基点选取的不同而不同；相对转动的角速度、角加速度与基点的选择无关，既是相对于平移动坐标系的角速度、角加速度，又是相对于定坐标系的角速度、角加速度，称为平面图形的角速度和角加速度，其运动方程为

$$\begin{cases} x_A = f_1(t) \\ y_A = f_2(t) \\ \varphi = f_3(t) \end{cases} \tag{4-23}$$

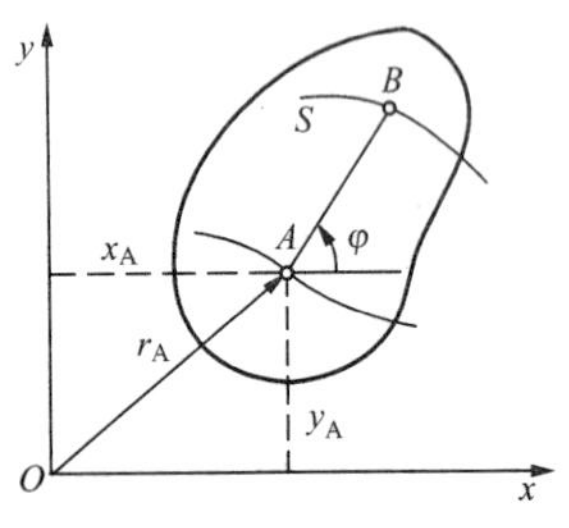

图 4-37 做平面运动的平面图形

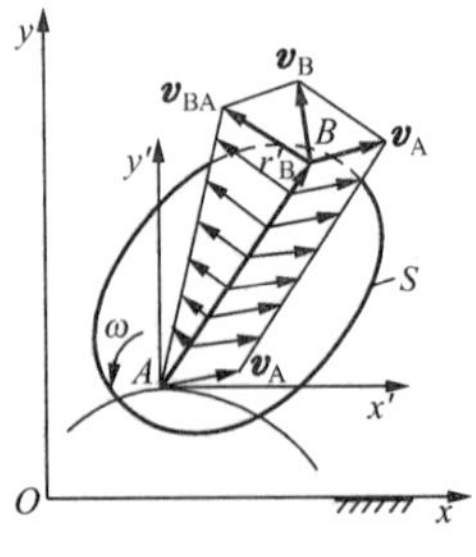

图 4-38 平面图形上点的速度分析

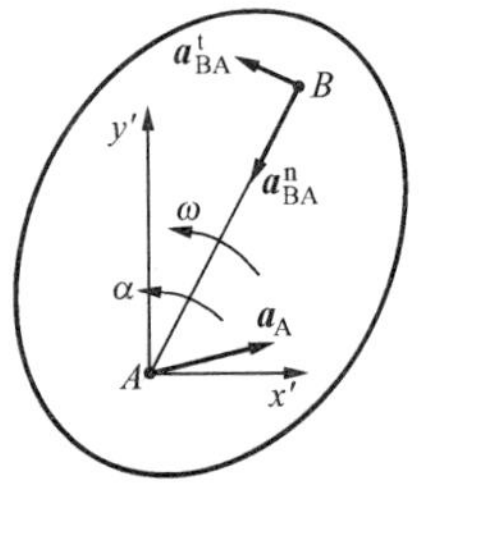

图 4-39 基点法确定加速度

2. 平面图形内各点的速度、加速度

求平面图形内各点速度、加速度的方法和公式见表 4-10。

表 4-10　　平面运动刚体上点的速度、加速度

方法	速　　度	加　速　度	说　　明
基点法	速度合成定理：$v_B=v_A+v_{BA}$ 式中，$v_{BA}\perp AB$，$v_{BA}=\omega_{AB}r'_B$（图 4-37），r'_B为平面图形上 B 点到基点 A 的距离；ω_{AB}为平面图形的瞬时角速度	加速度合成定理：$\boldsymbol{a}_B=\boldsymbol{a}_A+\boldsymbol{a}^t_{BA}+\boldsymbol{a}^n_{BA}$（图 4-38）	两个定理均为矢量关系式，要利用矢量关系图求解
投影法	$[v_B]_{AB}=[v_A]_{AB}$ 平面运动刚体上任意两点的速度在其连线上的投影相等		此方法只能求平面图形上两点速度的关系，无法求出平面图形的角速度
瞬心法	$v_C=AC\cdot\omega$，且 $v_C\perp AC$ 点 A 为瞬时速度中心，即 $v_A=0$		某瞬时速度瞬心的速度为零，但其加速度不等于零

3. 速度瞬心位置的确定

应用瞬心法解题时，首先需要确定速度瞬心的位置（表 4-11），再以瞬心为瞬时轴，应用转动刚体上各点速度的公式进行计算。

表 4-11　　速度瞬心位置的确定

序号	已知状态	瞬心 C 的位置及图例
1	沿固定面（平面或曲面）做纯滚动	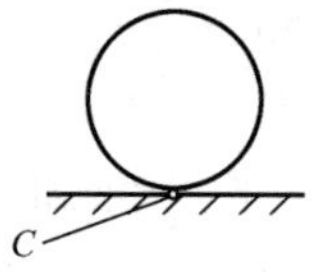 二物接触点
2	已知两点速度方位（v_A 与 v_B 不平行）	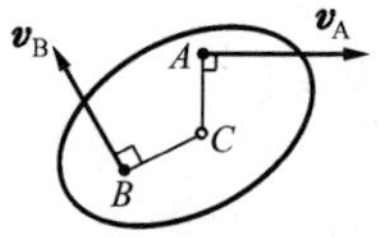
3	已知 $v_A/\!/v_B$ 且反向，$v_A\perp AB$ 且 $v_A\neq v_B$	$\frac{AC}{BC}=\frac{v_A}{v_B}$ 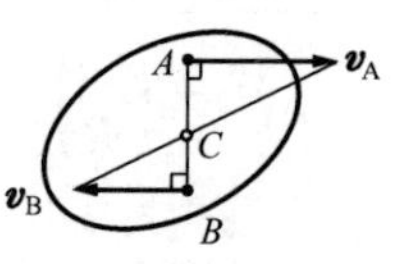
4	已知 $v_A/\!/v_B$ 且同向，v_A 与 AB 不垂直	瞬时平动 $v_A=v_B$ 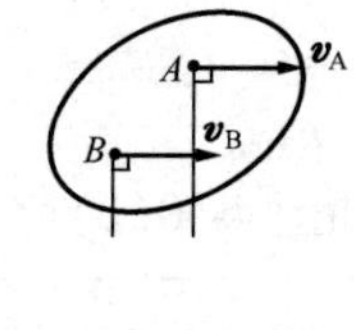
5	已知 v_A 及图形的角速度 ω	$d=v_A/\omega$ 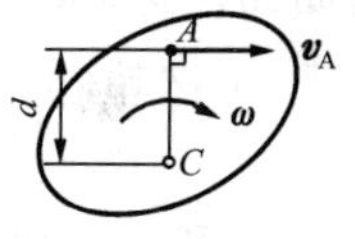
6	已知 $v_A/\!/v_B$ 且同向，$v_A\perp AB$ 且 $v_A\neq v_B$	$\frac{AC}{BC}=\frac{v_A}{v_B}$ 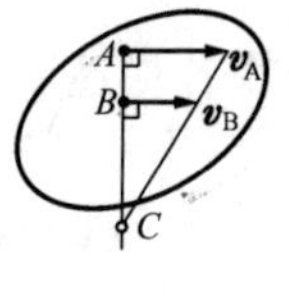
7	已知 $v_A/\!/v_B$ 且同向，$v_A\perp AB$	瞬时平动 $v_A=v_B$ 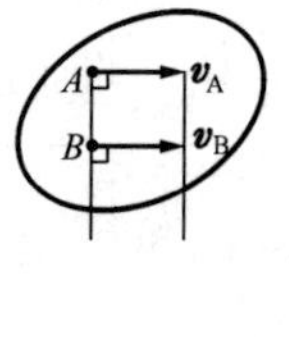

【例 4-28】半径为 R 的车轮沿平直地面无滑动地滚动。某瞬时，车轮轴心点 O 的加速度为 $\boldsymbol{a}_O$，速度为 v_O，如图 4-40(a)所示。求此刻车轮最高点 A 与最低点 M 的加速度。

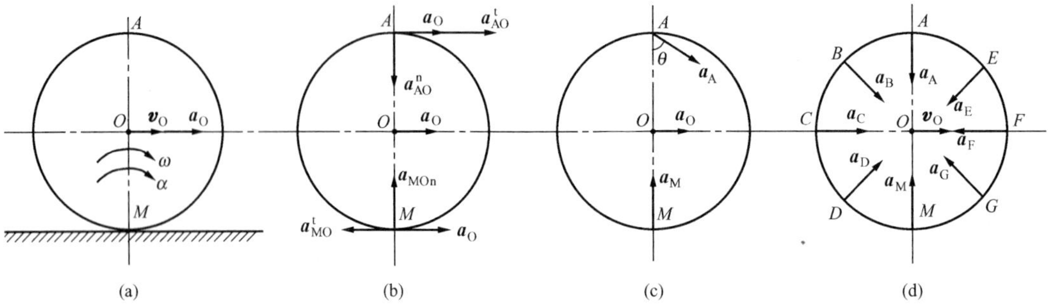

图 4-40 [例 4-28]图

解： 车轮沿平直地面做无滑动滚动，即为平面运动，与地面接触点 M 为轮的瞬心。该瞬时轮的角速度为

$$\omega = \frac{v_O}{OM} = \frac{v_O}{R} \tag{a}$$

为求角加速度，可将式(a)对时间求一次导数，得

$$\alpha = \frac{d\omega}{dt} = \frac{\frac{dv_O}{dt}}{R} = \frac{a_O}{R} \tag{b}$$

其转向如图 4-40(a)所示。由于轴心 O 的加速度及角速度、角加速度均已知，若求 M、A 点的加速度，可选轮心 O 为基点，点 A 的加速度为

$$\boldsymbol{a}_A = \boldsymbol{a}_O + \boldsymbol{a}_{AOt} + \boldsymbol{a}_{AOn} \tag{c}$$

式中，$\boldsymbol{a}_{AOt}$和 $\boldsymbol{a}_{AOn}$的大小分别为

$$a_{AOt} = R\alpha = R\frac{a_O}{R} = a_O \tag{d}$$

$$a_{AOn} = R\omega^2 = R\left(\frac{v_O}{R}\right)^2 = \frac{v_O^2}{R} \tag{e}$$

式(c)中各加速度的方向如图 4-40(b)所示。按矢量合成，A 点加速度的大小为

$$a_A = \sqrt{(a_O + a_{AOt})^2 + a_{AOn}^2} = \sqrt{(a_O + a_O)^2 + \left(\frac{v_O^2}{R}\right)^2} = \sqrt{4a_O^2 + \frac{v_O^4}{R^2}} \tag{f}$$

方向由 $\boldsymbol{a}_A$ 与 $\boldsymbol{a}_{AOn}$的夹角 θ 通过下式确定

$$\theta = \arctan\frac{2a_O R}{v_O^2} \tag{g}$$

而 M 点的加速度仍可由加速度合成公式得

$$\boldsymbol{a}_M = \boldsymbol{a}_O + \boldsymbol{a}_{MOt} + \boldsymbol{a}_{MOn} \tag{h}$$

式中，$\boldsymbol{a}_{MOt}$和 $\boldsymbol{a}_{MOn}$的大小分别同式(d)、式(e)，方向如图 4-40(b)所示。M 点加速度的大小为

$$a_M = \sqrt{(a_O - a_{MOt})^2 + a_{MOn}^2} = \sqrt{(a_O - a_O)^2 + \left(\frac{v_O^2}{R}\right)^2} = \frac{v_O^2}{R} \tag{i}$$

A、M 两点加速度的方向如图 4-40(c)所示。

本例的结果表明,平面运动刚体的瞬心 M 速度为零,但加速度不为零。这也正是瞬时转动和定轴转动的根本区别。

若轮心 O 做等速运动,$a_O=0$,则轮缘上各点的加速度分布如图 4-40(d)所示,即大小均相等,且指向轮心。

【例 4-29】 图 4-41 所示机构中,三杆长度相同,且 $AC /\!/ BD$,则 AB 杆的运动形式为(　　)。

A. 定轴转动　　　　B. 平行移动

C. 平面运动　　　　D. 以 O 为圆心的圆周运动

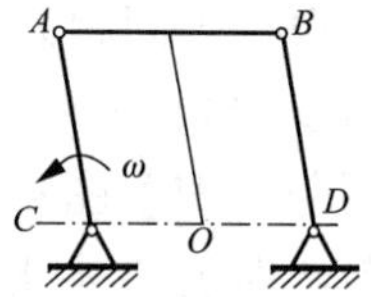

图 4-41　[例 4-29]图

解: 因为 A、B 两点的速度方向相同,大小相等,根据刚体做平行移动时的特性,可做判断,故答案应选 B。

【例 4-30】 图 4-42 所示机构中,曲柄 OA 以匀角速度 ω 绕 O 轴转动,滚轮 B 沿水平面做纯滚动。已知 $OA=l$,$AB=2l$,滚轮半径为 r。在图示位置时,OA 铅直,滚轮 B 的角速度为(　　)。

A. $\frac{l}{r}\omega$　　B. $\frac{r}{l}\omega$　　C. $\frac{\sqrt{3}}{r}l\omega$　　D. $\frac{2l}{r}l\omega$

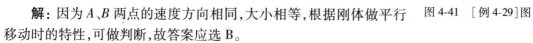

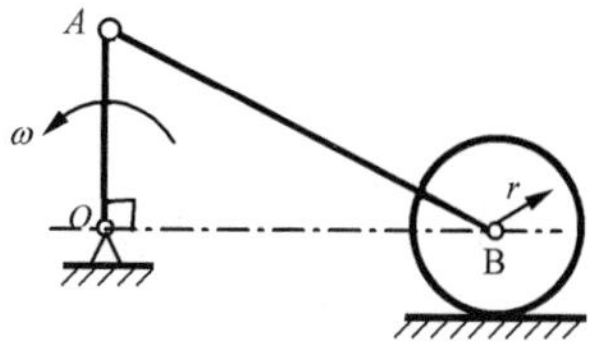

图 4-42　[例 4-30]图

解: 因为点 A、B 的速度均为水平向左,故杆 AB 瞬时平移,且有 $v_A=v_B=l\omega$。滚轮 B 沿水平面做纯滚动,其速度瞬心在滚轮 B 与水平面的接触点处,故滚轮 B 的角速度为 $\omega_B=\frac{v_B}{r}=\frac{l}{r}\omega$,故答案应选 A。

4.3　动力学

动力学所研究的是物体的运动与其所受力之间的关系。

4.3.1　动力学基本定律及质点运动微分方程

1. 动力学基本定律

动力学的全部理论都是建立在动力学基本定律基础之上的。而动力学基本定律就是牛顿运动定律,或称牛顿三定律。其中最重要的是牛顿第二定律,即质量为 m 的质点在合力 $\boldsymbol{F}_R$ 的作用下所产生的加速度 $\boldsymbol{a}$ 满足下列关系式

$$\boldsymbol{F}_R = m\boldsymbol{a} \tag{4-24}$$

式(4-24)称为动力学基本方程。

2. 质点运动微分方程

若将式(4-24)中的加速度表示为矢径对时间的二阶导数,便得质点运动微分方程为

$$m\frac{d^2\boldsymbol{r}}{dt^2} = \boldsymbol{F}_R \tag{4-25}$$

将式(4-25)投影到固定的直角坐标轴上,得到直角坐标形式的质点运动微分方程

$$m\frac{d^2x}{dt^2} = F_{Rx},\ m\frac{d^2y}{dt^2} = F_{Ry},\ m\frac{d^2z}{dt^2} = F_{Rz} \tag{4-26}$$

将式(4-25)投影到质点轨迹的自然轴系上,得到质点自然形式的运动微分方程

$$m\frac{\mathrm{d}^2 s}{\mathrm{d}t^2}=F_{\mathrm{Rt}},m\frac{\left(\frac{\mathrm{d}s}{\mathrm{d}t}\right)^2}{\rho}=F_{\mathrm{Rn}},0=F_{\mathrm{Rb}} \tag{4-27}$$

应用式(4-26)和式(4-27)可求解质点动力学的两类问题。第一类问题是:已知质点的运动,求作用于该质点的力。第二类问题是:已知作用于质点的力,求该质点的运动。由式(4-25)可知,第一类问题只需进行微分运算,而第二类问题则需要解微分方程(进行积分运算),借已知的运动初始条件确定积分常数后,才能完全确定质点的运动。

【例 4-31】图 4-43 所示圆锥摆由一质量为 m 的质点系于长 l 的绳上构成。绳的一端固定于 O 点,质点在水平面内做圆周运动。绳与铅垂线成 θ 角,求质点的速度 v 及绳的拉力 $\boldsymbol{F}_{\mathrm{T}}$。

解:质点运动轨迹已知,应用式(4-27),有

$$m\frac{\left(\frac{\mathrm{d}s}{\mathrm{d}t}\right)^2}{\rho}=F_{\mathrm{Rn}},m\frac{v^2}{l\sin\theta}=F_{\mathrm{T}}\sin\theta$$

$$0=F_{\mathrm{Rb}},0=F_{\mathrm{T}}\cos\theta-mg$$

由上述两个方程可解得

$$F_{\mathrm{T}}=\frac{mg}{\cos\theta},v=\sqrt{gl\sin\theta\tan\theta}$$

其方向如图 4-43 所示。

【例 4-32】放在弹簧平台上的物块 A,重力为 $\boldsymbol{W}$,做上下往复运动,当经过图 4-44 所示位置 1、0、2 时(0 为静平衡位置),平台对 A 的约束力分别为 $\boldsymbol{P}_1$、$\boldsymbol{P}_2$、$\boldsymbol{P}_3$,它们之间大小的关系为(　　)。

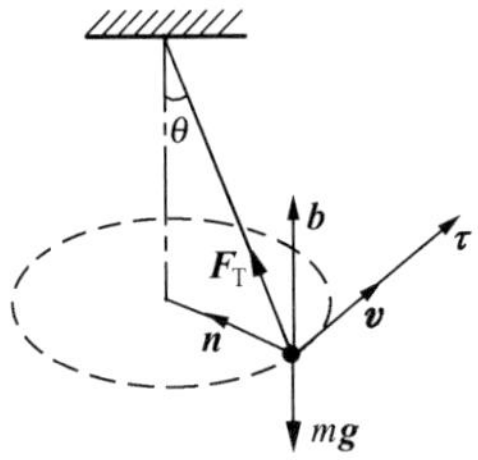

图 4-43　[例 4-31]图

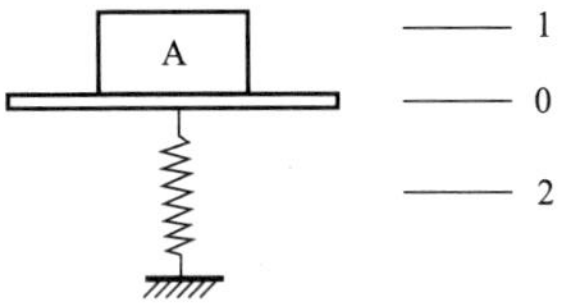

图 4-44　[例 4-32]图

A. $P_1=P_2=W=P_3$　　　B. $P_1>P_2=W>P_3$

C. $P_1<P_2=W<P_3$　　　D. $P_1<P_3=W>P_2$

解:物块 A 在位置 1 时,其加速度向下,应用牛顿第二定律,$\frac{W}{g}a=W-P_1$,则 $P_1=W\left(1-\frac{a}{g}\right)$;而在静平衡位置 0 时,物块 A 的加速度为零,即 $P_2=W$;同理,物块 A 在位置 2 时,其加速度向上,故 $P_3=W\left(1+\frac{a}{g}\right)$,故答案应选 C。

【例 4-33】质量为 40kg 的物块 A 沿桌子表面由一绳拖曳,如图 4-45 所示。该绳另一端跨过桌角的无摩擦、无质量的滑轮后,又系住另一质量为 12kg 的物块 B。如果物块 A 与桌面间

的摩擦系数是 0.15,则绳中张力的大小近似是(　　)。

A. 6N

B. 12N

C. 104N

D. 52N

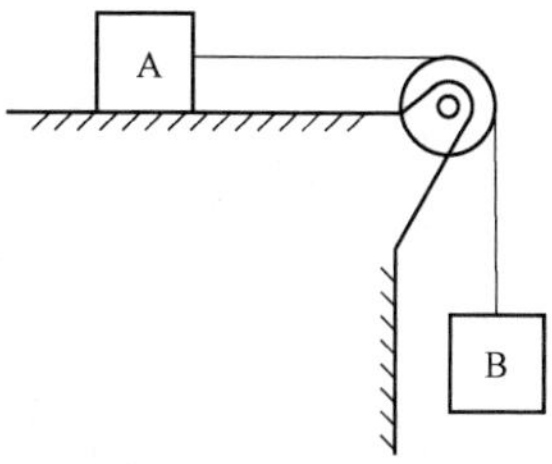

图 4-45　[例 4-33]图

解:物块 A 与 B 有相同的加速度 $\boldsymbol{a}$,设绳中张力为 $\boldsymbol{F}_T$,A 与桌面间的摩擦力为 $\boldsymbol{F}$,分别列出 A 与 B 的运动微分方程,$m_A a = F_T - F$,$m_B a = m_B g - F_T$,取 $g = 9.8\text{m/s}^2$,将数值代入并求解,得 $F_T = 104\text{N}$。

故答案应选 C。

4.3.2　动力学普遍定理

由有限个或无限个质点通过约束联系在一起的系统,称为质点系。工程实际中的机械和结构物以及刚体均为质点系。对于质点系,没有必要研究其中每个质点的运动。

动力学普遍定理(包括动量定理、动量矩定理、动能定理)建立了表明质点系整体运动的物理量(如动量、动量矩、动能)与表明力作用效果的量(如冲量、力、力矩、力的功)之间的关系。应用动力学普遍定理能够有效地解决质点系的动力学问题。

1. 动力学普遍定理中各物理量的概念及定义

(1) 质心。质心为质点系的质量中心,其位置可通过下列公式确定

$$x_C = \frac{\sum m_i x_i}{\sum m_i} = \frac{\sum m_i x_i}{m}, y_C = \frac{\sum m_i y_i}{\sum m_i} = \frac{\sum m_i y_i}{m}, z_C = \frac{\sum m_i z_i}{\sum m_i} = \frac{\sum m_i z_i}{m} \tag{4-28}$$

若令质点系质心的矢径为 $\boldsymbol{r}_C = x_C\boldsymbol{i} + y_C\boldsymbol{j} + z_C\boldsymbol{k}$;第 i 个质点的矢径为 $\boldsymbol{r}_i = x_i\boldsymbol{i} + y_i\boldsymbol{j} + z_i\boldsymbol{k}$,则质点系质心坐标的公式还可表示为

$$\boldsymbol{r}_C = \frac{\sum m_i \boldsymbol{r}_i}{\sum m_i} = \frac{\sum m_i \boldsymbol{r}_i}{m} \tag{4-29}$$

(2) 转动惯量。转动惯量的定义、计算公式及常用质量为m的简单形体的转动惯量见表 4-12 和表 4-13。

(3) 动力学普遍定理中各基本物理量(如动量、动量矩、动能、冲量、功、势能等)的概念、定义及表达式见表 4-14。

表 4-12　　转动惯量的定义及计算公式

名　称	定　　义	计算公式
转动惯量	刚体内各质点的质量与质点到轴的垂直距离二次方的乘积之和,是刚体转动惯性的度量	$J_z = \sum_{i=1}^{n} m_i r_i^2$
	刚体的质量与回转半径二次方的乘积	$J_z = m\rho_z^2$
平行移轴定理	刚体对任一轴的转动惯量等于其对通过质心并与该轴平行的轴的转动惯量,加上刚体质量与两轴间距离平方的乘积	$J_z = J_{Cz} + md^2$

表 4-13　　常用简单均质物体的转动惯量及回转半径

物体形状	简　图	转动惯量	回转半径
细直杆	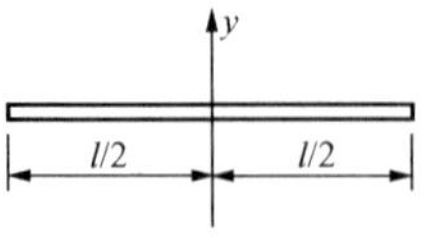	$J_y=\frac{1}{12}ml^2$	$\rho_y=\frac{1}{\sqrt{12}}l$
细圆环	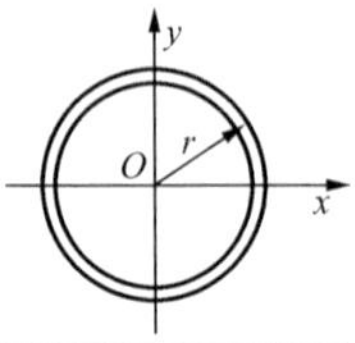	$J_x=J_y=\frac{1}{2}mr^2$ $J_z=J_O=mr^2$	$\rho_x=\rho_y=\frac{1}{\sqrt{2}}r$ $\rho_z=r$
薄圆盘	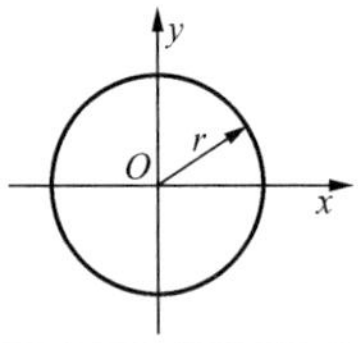	$J_x=J_y=\frac{1}{4}mr^2$ $J_z=J_O=\frac{1}{2}mr^2$	$\rho_x=\rho_y=\frac{1}{2}r$ $\rho_z=\frac{1}{\sqrt{2}}r$

表 4-14　　动力学普遍定理中各物理量的概念、定义及表达式

物理量		概念及定义	表达式		量纲及单位
			质点	质点系	
动量		物体的质量与其速度的乘积，是物体机械运动强弱的一种度量	mv	$\boldsymbol{p}=\sum m_i v_i=mv_C$	MLT^{-1} kg·m/s
冲量		力与其作用时间的乘积，用以度量作用于物体的力在一段时间内对其运动所产生的累计效应	$\boldsymbol{I}=\int_{t_1}^{t_2}\boldsymbol{F}dt$	$\boldsymbol{I}=\sum\int_{t_1}^{t_2}\boldsymbol{F}_i dt=\sum\boldsymbol{I}_i$	MLT^{-1} kg·m/s
动量矩	质点	质点的动量对任选固定点 O 之矩，用以度量质点绕该点运动的强弱	$\boldsymbol{M}_O(mv)=\boldsymbol{r}\times mv$ $[\boldsymbol{M}_O(mv)]_z=M_z(mv)$		ML^2T^{-1} kg·m²/s 或 N·m·s
	质系	质点系中所有各质点的动量对于任选固定点 O 之矩的矢量和	$\boldsymbol{L}_O=\sum\boldsymbol{M}_O(m_iv_i)=\sum r_i\times m_iv_i$		
	平移刚体	刚体的动量对于任选固定点 O 之矩	$\boldsymbol{L}_O=\boldsymbol{M}_O(mv_C)=\boldsymbol{r}_C\times mv_C$		
	转动刚体	刚体的转动惯量与角速度的乘积	$L_z=J_z\omega$		
动能	质点	质点的质量与速度二次方的乘积之半，是由于物体的运动而具有的能量	$T=\frac{1}{2}mv^2$		ML^2T^{-2} J 或 N·m 或 kg·m²/s²
	质系	质点系中所有各质点动能之和	$T=\sum\frac{1}{2}m_iv_i^2$		
	平移刚体	刚体的质量与质心速度的二次方之半	$T=\frac{1}{2}mv_C^2$		
	转动刚体	刚体的转动惯量与角速度的二次方之半	$T=\frac{1}{2}J_z\omega^2$		
	平面运动刚体	随质心平移的动能与绕质心转动的动能之和	$T=\frac{1}{2}mv_C^2+\frac{1}{2}J_C\omega^2$		

续表

物理量	概念及定义	表达式 质点	表达式 质点系	量纲及单位
功	力在其作用点的运动路程中对物体作用的累积效应。功是能量变化的度量	$W_{12}=\int_{M_1}^{M_2}\boldsymbol{F}\mathrm{d}\boldsymbol{r}=\int_{M_1}^{M_2}(F_x\mathrm{d}x+F_y\mathrm{d}y+F_z\mathrm{d}z)$		$\mathrm{ML^2T^{-2}}$ J 或 N·m 或 $\mathrm{kg\cdot m^2/s^2}$
	重力的功只与质点起、止位置有关	$W_{12}=mg(z_1-z_2)$		
	弹性力的功只与质点起、止位置的变形量有关	$W_{12}=\frac{k}{2}(\delta_1^2-\delta_2^2)$		
	定轴转动刚体上作用力的功 若 $m_z(\boldsymbol{F})=$ 常量,则表达式见右栏	$W_{12}=\int_{\varphi_1}^{\varphi_2}m_z(\boldsymbol{F})\mathrm{d}\varphi$ $W_{12}=m_z(\boldsymbol{F})(\varphi_2-\varphi_1)$		
势能	质点从某位置至零势点由势力所做的功	$V=\int_{M}^{M_0}\boldsymbol{F}\mathrm{d}\boldsymbol{r}$		$\mathrm{ML^2T^{-2}}$ J 或 N·m 或 $\mathrm{kg\cdot m^2/s^2}$
	重力势能(空间直角坐标系原点为零势点)	$V=mgz_C$		
	弹性力势能(弹簧原长为零势点)	$V=\frac{1}{2}k\delta^2$		

2. 动力学普遍定理

动力学普遍定理(包括动量定理、质心运动定理,对固定点和相对质心的动量矩定理、动能定理)及相应的守恒定理的表达式及适用范围见表 4-15。

表 4-15　　动力学普遍定理的表达式及适用范围

定理	表达式		守恒情况	说明
动量定理	质点	$\frac{d}{dt}(mv)=\boldsymbol{F}$	若 $\sum\boldsymbol{F}^{(e)}=0$;则 $\boldsymbol{p}=$ 恒量 若 $\sum F_x^{(e)}=0$;则 $p_x=$ 恒量	主要阐明了刚体做平移或质系随质心平移部分的运动规律。常用于研究平移部分、质心的运动及约束力的求解
	质系	$\frac{\mathrm{d}}{\mathrm{d}t}\boldsymbol{p}=\sum\boldsymbol{F}^{(e)}$	若 $\sum\boldsymbol{F}^{(e)}=0$,则 $v_C=$ 恒量;当 $v_{C0}=0$ 时,$\boldsymbol{r}_C=$ 恒量,即质心位置不变。 若 $\sum\boldsymbol{F}_x^{(e)}=0$,则 $\boldsymbol{v}_{Cx}=$ 恒量;当 $\boldsymbol{v}_{Cx0}=0$ 时,$x_C=$ 恒量,即质心 x 坐标不变	
	质心运动定理	$m\boldsymbol{a}_C=\sum\boldsymbol{F}^{(e)}$		

续表

定理		表达式		守恒情况	说明
动量矩定理	质点	$\frac{d}{dt}\boldsymbol{M}_O(mv)=\boldsymbol{M}_O(\boldsymbol{F})$ $\frac{d}{dt}M_z(mv)=M_z(\boldsymbol{F})$		若 $\boldsymbol{M}_O(\boldsymbol{F})=0$；则 $\boldsymbol{M}_O(mv)=$ 恒量 若 $M_z(\boldsymbol{F})=0$；则 $M_z(mv)=$ 恒量	主要阐明了刚体做定轴转动或质系绕质心转动部分的运动规律。常用于研究定轴转动及绕质心的转动部分的运动
	质系	$\frac{d\boldsymbol{L}_O}{dt}=\boldsymbol{M}_O^{(e)}=\sum \boldsymbol{M}_O[\boldsymbol{F}^{(e)}]$ $\frac{dL_z}{dt}=M_z^{(e)}=\sum M_z[\boldsymbol{F}^{(e)}]$ 注：矩心 O 可以是任意固定点，也可是质心		若 $\sum \boldsymbol{M}_O[\boldsymbol{F}^{(e)}]=0$；则 $\boldsymbol{L}_O=$ 恒量 若 $\sum M_z[\boldsymbol{F}^{(e)}]=0$；则 $L_z=$ 恒量	
	定轴转动刚体	$J_z\alpha=\sum M_z[\boldsymbol{F}^{(e)}]$		若 $\sum M_z[\boldsymbol{F}^{(e)}]=0$；则 $\alpha=0$；$\omega=$ 恒量，刚体绕 z 轴做匀角速度转动 若 $\sum M_z[\boldsymbol{F}^{(e)}]=$ 恒量；则 $\alpha=$ 恒量，刚体绕 z 轴做匀度速度转动	
	平面运动刚体	$m\boldsymbol{a}_C=\sum \boldsymbol{F}^{(e)}$ $J_C\alpha=\sum M_C[\boldsymbol{F}^{(e)}]$			
动能定理		微分形式	积分形式	若质点或质系只在有势力作用下运动，则机械能守恒 $E=T+V=$ 常值	由于能量的概念更为广泛，所以此定理能阐明平移、转动、平面运动等运动规律，故常用于解各物体有关的运动量（v、a、ω、α）
	质点	$d\left(\frac{1}{2}mv^2\right)=\delta W$	$\frac{1}{2}mv_2^2-\frac{1}{2}mv_1^2=W_{12}$		
	质系	$dT=\sum \delta W_i$	$T_2-T_1=\sum W_{12i}$		

【例 4-34】图 4-46 所示丁字杆 OABD 的 OA 及 BD 段质量均为 m，且 AD = AB = OA/2 = l/2，已知丁字杆在图示位置的角速度为 ω，求此瞬时丁字杆的动量，对 O 轴的动量矩及动能。

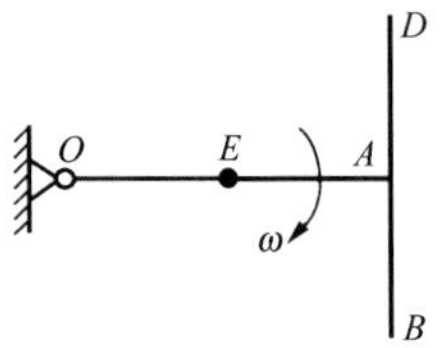

图 4-46 ［例 4-34］图

解：丁字杆做定轴转动，按照定义可求：

（1）动量。根据公式 $\boldsymbol{p}=\sum m_i\boldsymbol{v}_i=\sum \boldsymbol{p}_i=m\boldsymbol{v}_C$，可将丁字杆分为 OA 和 BD 两部分，则整体的动量大小为

$$p=p_{OA}+p_{BD}=mv_E+mv_A=m\frac{l}{2}\omega+ml\omega=\frac{3}{2}ml\omega\text{（方向铅垂直向下）}$$

也可求出丁字杆质心 C 的位置，即

$$x_C=\frac{m\frac{l}{2}+ml}{2m}=\frac{3}{4}l$$

丁字杆的动量为

$$p=2mv_C=2m\times\frac{3}{4}l\omega=\frac{3}{2}ml\omega$$

（2）对 O 轴的动量矩

$$L_O=J_O\omega$$

其中转动惯量 J_O 为

$$J_O=\frac{1}{3}ml^2+\frac{1}{12}ml^2+ml^2=\frac{17}{12}ml^2$$

所以对 O 轴的动量矩为

$$L_O=\frac{17}{12}ml^2\omega$$

（3）动能

$$T=\frac{1}{2}J_O\omega^2=\frac{17}{24}ml^2\omega^2$$

注意: 求解刚体的动量时，主要是求出刚体质心的速度；而求解刚体的动量矩和动能时，则首先需要判断刚体的运动形式，再应用相应的公式求解。

【例 4-35】 图 4-47 所示两个质量 m 和半径 r 相同的均质圆盘，放在光滑水平面上，在圆盘的不同位置上，各作用一水平力 $\boldsymbol{F}$ 和 $\boldsymbol{F}'$，使圆盘由静止开始运动，设 $\boldsymbol{F}=\boldsymbol{F}'$，试问哪个圆盘的质心运动得快？哪个圆盘的动能大？

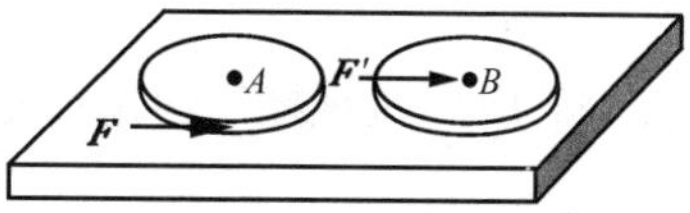

图 4-47 [例 4-35]图

解: 设圆盘 A、B 质心的加速度分别为 $\boldsymbol{a}_A$ 和 $\boldsymbol{a}_B$，两圆盘的角加速度分别为 α_A 和 α_B。

（1）比较动量。根据质心运动定理，有

$$m\boldsymbol{a}_A=\boldsymbol{F},\quad m\boldsymbol{a}_B=\boldsymbol{F}'$$

因为 $\boldsymbol{F}=\boldsymbol{F}'$，所以 $a_A=a_B$，由上式积分可得经过时间 t 时质心的速度为

$$v_A=v_B=Ft/m$$

此时两圆盘的动量相等，即

$$p_A=mv_A=mv_B=p_B$$

所以两圆盘质心的运动相同。

（2）比较两圆盘的动能。根据相对质心的动量矩定理，有

$$J_A\alpha_A=rF,\quad J_B\alpha_B=0$$

由上式积分可得经过时间 t 时圆盘的角速度为

$$\omega_A=\frac{Frt}{J_A}=\frac{2Ft}{mr}=\frac{2}{r}v_A,\quad \omega_B=0$$

由上述分析可知，圆盘 A 做平面运动，圆盘 B 做平行移动，二者的动能分别为

$$T_A=\frac{1}{2}mv_A^2+\frac{1}{2}J_A\omega_A^2=\frac{3}{2}mv_A^2,\quad T_B=\frac{1}{2}mv_B^2$$

所以圆盘 A 的动能大，是圆盘 B 的动能的 3 倍。

注意: 根据质心运动定理，刚体质心的运动，仅与外力的主矢有关，与其作用的位置无关。

【例 4-36】 为使 $m=10\text{kg}$、$l=120\text{cm}$ 的均质细杆（图 4-48）刚好能达到水平位置（$\theta=90°$），杆在初始铅垂位置（$\theta=0°$）时的初角速度 ω_0 应为多少？设各处摩擦忽略不计。弹簧在初始位置时未发生变形，且其刚度 $k=200\text{N/m}$。

解：以杆 OA 为研究对象，其上作用的重力和弹性力是有势力，轴承 O 处的约束力不做功，所以杆的机械能守恒。

(1) 计算始末位置的动能。杆在初始铅垂位置的角速度为 ω_0，而在末了水平位置时角速度为零，所以始末位置的动能分别为

$$T_1=\frac{1}{2}J_O\omega_0^2=\frac{1}{2}\times\frac{1}{3}ml^2\omega_0^2=\frac{1}{6}\times10\times1.2^2\omega_0^2,\quad T_2=0$$

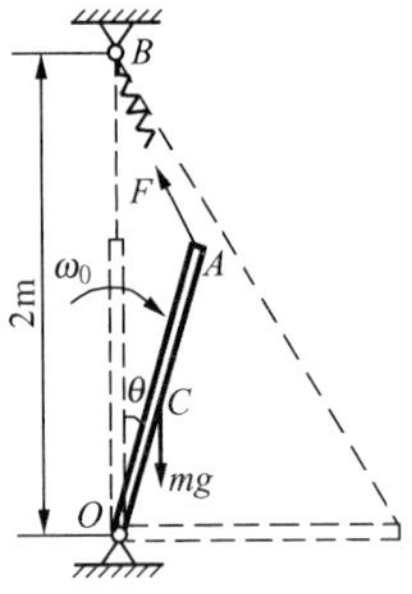

图 4-48 [例 4-36]图

(2) 计算始末位置的势能。设水平位置为杆重力势能的零位置，则始末位置的重力势能分别为

$$V_1'=\frac{l}{2}mg=\frac{1.2}{2}\times10\times9.8\text{J}=58.8\text{J},V_2'=0\text{J}$$

设初始铅垂位置弹簧自然长度为弹性力势能的零位置，则始末位置的弹性力势能分别为

$$V_1''=0\quad V_2''=\frac{1}{2}k(\delta_2^2-\delta_1^2)$$

式中，$\delta_1=0$，$\delta_2=[\sqrt{2^2+1.2^2}-(2-1.2)]\text{m}=1.532\text{m}$，代入上式，得

$$V_2''=\frac{200}{2}\times(1.532^2-0^2)\text{J}=234.7\text{J}$$

(3) 应用机械能守恒定律求杆的初角速度

$$T_1+V_1'+V_1''=T_2+V_2'+V_2''$$

$$\frac{1}{6}\times10\times1.2^2\omega_0^2+58.8+0=0+0+234.7$$

由此式解得杆的初角速度为

$$\omega_0=\sqrt{\frac{6\times(234.7-58.8)}{10\times1.2^2}}\text{rad/s}=8.56\text{rad/s}(\text{顺时针})$$

注意：在计算弹性力所做的功时，要注意公式中的 δ_1、δ_2 分别表示弹簧始、末位置的变形量，而非弹簧的长度。

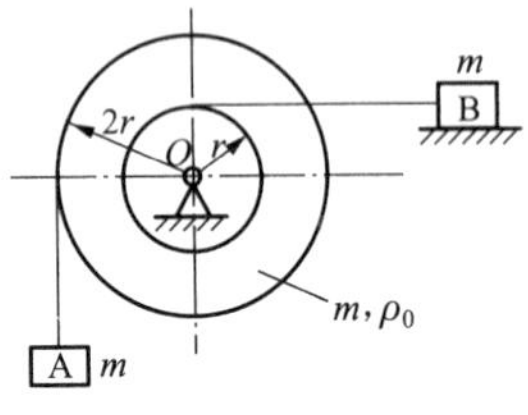

图 4-49 [例 4-37]图

【例 4-37】 两重物 A、B 的质量均为 m，分别系在两软绳上。此两绳又分别绕在半径各为 r 与 $2r$ 并固结一起的两圆轮上。两圆轮构成的鼓轮的质量亦为 m，对轴 O 的回转半径为 ρ_0。重物 A 铅垂悬挂，重物 B 置于光滑平面上，如图 4-49 所示。当系统在重物 A 重力作用下运动时，鼓轮的角加速度为(　　)。

A. $\alpha=\dfrac{2gr}{5r^2+\rho_0^2}$　B. $\alpha=\dfrac{2gr}{3r^2+\rho_0^2}$　C. $\alpha=\dfrac{2gr}{\rho_0^2}$　D. $\alpha=\dfrac{gr}{5r^2+\rho_0^2}$

解：应用动能定理 $T_2-T_1=W_{12}$。若设重物 A 下降 h 时鼓轮的角速度为 ω_O，则系统的动能为

$$T_2=\frac{1}{2}mv_A^2+\frac{1}{2}mv_B^2+\frac{1}{2}J_O\omega_O^2,T_1=\text{常量}$$

其中

$$v_A=2r\omega_O;\ v_B=r\omega_O;J_O=m\rho_0^2$$

力所做的功为

$$W_{12}=mgh$$

代入动能定理

$$\frac{5}{2}mr^2\omega_0^2+\frac{1}{2}m\rho_0^2\omega_0^2-T_1=mgh$$

将上式的等号两边同时对时间 t 求导数,可得

$$5mr^2\omega_0\alpha+m\rho_0^2\omega_0\alpha=mg\frac{\mathrm{d}h}{\mathrm{d}t}$$

式中,$\frac{\mathrm{d}h}{\mathrm{d}t}=v_A=2r\omega_0$,则鼓轮的角加速度为

$$\alpha=\frac{2gr}{5r^2+\rho_0^2}$$

故答案应选 A。

注意: 在计算鼓轮对轴 O 的转动惯量时,要注意回转半径 ρ_0 的定义。

【例 4-38】 质量为 m,长为 $2l$ 的均质细杆初始位于水平位置,如图 4-50 所示。A 端脱落后,杆绕轴 B 转动,当杆转到铅垂位置时,AB 杆 B 处的约束力大小为(　　)。

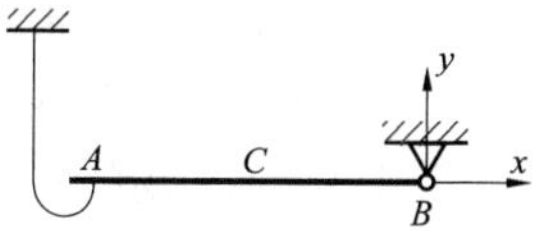

图 4-50　[例 4-38]图

A. $F_{Bx}=0;F_{By}=0$　　B. $F_{Bx}=0,F_{By}=\frac{mg}{4}$

C. $F_{Bx}=l,F_{By}=mg$　　D. $F_{Bx}=0,F_{By}=\frac{5mg}{2}$

解: 根据动能定理,当杆转动到铅垂位置时,有$\frac{1}{2}J_B\omega^2=mgl$,其中 $J_B=\frac{1}{3}m(2l)^2=\frac{4}{3}ml^2$,故杆的 $\omega^2=\frac{3g}{2l}$,$\alpha=0$;则质心 C 的加速度 $a_{Cy}=l\omega^2$,$a_{Cx}=0$。根据质心运动定理 $ml\omega^2=F_{By}-mg$,则 $F_{By}=ml\omega^2+mg=ml\cdot\frac{3g}{2l}+mg=\frac{5}{2}mg$,$F_{Bx}=0$,故答案应选 D。

4.3.3　达朗贝尔原理

达朗贝尔原理提供了研究非自由质点系动力学问题的一种普遍方法,即通过引入惯性力,将动力学问题在形式上转化为静力学问题,用静力学中求解平衡问题的方法求解动力学问题,故亦称动静法。

1. 惯性力的概念

当质点受到力的作用而要改变其运动状态时,由于质点具有保持原有运动状态不变的惯性,将会体现出一种抵抗能力,这种抵抗力,就是质点给予施力物体的反作用力,而这个反作用力称为惯性力,用 $\boldsymbol{F}_I$ 表示。质点惯性力的大小等于质点的质量与加速度的乘积,方向与质点加速度方向相反,即

$$\boldsymbol{F}_I=-m\boldsymbol{a} \tag{4-30}$$

需要特别指出的是,质点的惯性力是质点对改变其运动状态的一种抵抗,它并不作用于质点上,而是作用在使质点改变运动状态的施力物体上,但由于惯性力反映了质点本身的惯性特

征，所以其大小、方向又由质点的质量和加速度来度量。

2. 刚体惯性力系的简化

对于刚体，可以将其细分而作为无穷多个质点的集合。如果我们研究刚体整体的运动，可以运用静力学中所述力系简化的方法，将刚体无穷多质点上虚加的惯性力向一点简化，并利用简化的结果来等效原来的惯性力系。其简化结果见表 4-16。

表 4-16　　刚体惯性力系的简化结果

刚体的运动形式	表达式	备注	
平移刚体	$\boldsymbol{F}_I=-m\boldsymbol{a}_C \quad M_{IC}=0$	惯性力合力的作用点在质心，适用于任意形状的刚体	
定轴转动刚体	$\boldsymbol{F}_I=-m\boldsymbol{a}_C \quad M_O=-J_O\alpha$	惯性力的作用点在转动轴 O 处	只适用于转动轴垂直于质量对称平面的刚体
	$\boldsymbol{F}_I=-m\boldsymbol{a}_C \quad M_{IC}=-J_C\alpha$	惯性力的作用点在质心 C 处	
平面运动刚体	$\boldsymbol{F}_I=-m\boldsymbol{a}_C \quad M_{IC}=-J_C\alpha$	惯性力的作用点在质心 C 处	

3. 达朗贝尔原理

当质点（系）上施加了恰当的惯性力后，从形式上看，质点（系）运动的任一瞬时，作用于质点上的主动力、约束力，以及质点的惯性力构成一平衡力系。这就是质点（系）的达朗贝尔原理。应用该原理求解动力学问题的方法，称为动静法。达朗贝尔原理的方程见表 4-17。

表 4-17　　达朗贝尔原理基本方程

方法	方程	备注
质点的达朗贝尔原理	$\boldsymbol{F}+\boldsymbol{F}_N+\boldsymbol{F}_I=0$	由牛顿第二定律推出，只具有平衡方程的形式，而没有平衡的实质。特别适用于已知质点（系）的运动求约束力的情形。对质点系的动静法，只需考虑外力的作用
质点系的达朗贝尔原理	$\sum_{i=1}^{n}\boldsymbol{F}_i+\sum_{i=1}^{n}\boldsymbol{F}_{Ni}+\sum_{i=1}^{n}\boldsymbol{F}_{Ii}=0$ $\sum_{i=1}^{n}\boldsymbol{M}_O(\boldsymbol{F}_i)+\sum_{i=1}^{n}\boldsymbol{M}_O(\boldsymbol{F}_{Ni})+\sum_{i=1}^{n}\boldsymbol{M}_O(\boldsymbol{F}_{Ii})=0$	

4. 附加动约束力

通常把系统静止时外界对系统的约束力称为静约束力，而当系统运动时外界对系统的约束力称为动约束力。附加动约束力为动约束力与静约束力的差值。

在达朗贝尔原理中，惯性力就是用来表示系统运动状态时的特性，因此附加动约束力决定于惯性力系，只求附加动约束力时，可以不考虑惯性力以外的其他主动力。

【例 4-39】 图 4-51 所示均质圆盘做定轴转动，其中图（a）、图（c）的转动角速度为常量，而图（b）、图（d）的角速度不为常量。则（　　）的惯性力系简化结果为平衡力系。

A. 图（a）　　B. 图（b）　　C. 图（c）　　D. 图（d）

解： 根据定轴转动刚体惯性力系的简化结果，上述圆盘的惯性力系均可简化为作用于质心的一个力 $\boldsymbol{F}_I$ 和一力偶矩为 M_{IC} 的力偶，且

$$\boldsymbol{F}_I=-m\boldsymbol{a}_C, M_{IC}=-J_C\alpha$$

在图 4-51（c）中，$a_C=0$，$\alpha=0$；故 $\boldsymbol{F}_I=0$，$M_{IC}=0$，惯性力系成为平衡力系，故答案应选 C。

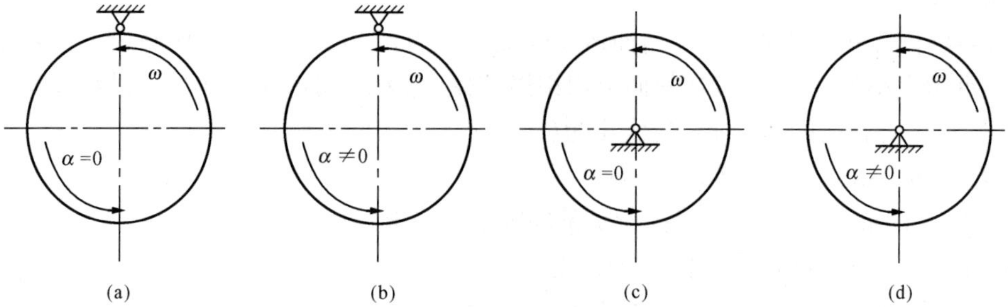

图 4-51 ［例 4-39］图

【**例 4-40**】质量为 m、长为 l 的均质细杆 OA，在水平位置用铰链支座 O 和铅直细绳 AB 连接，如图 4-52(a)所示。求细绳被剪断瞬时杆的角加速度与支座 O 处的约束力。

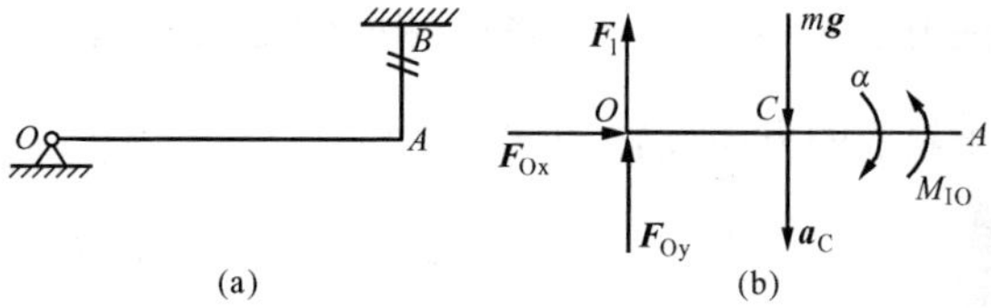

图 4-52 ［例 4-40］图

解:（1）运动与受力分析。

如图 4-52(b)所示，绳被剪断瞬时，杆 OA 在重力作用下以角加速度 α 绕 O 轴做定轴转动，质心的加速度 $a_C = l\alpha/2$，而此瞬时角速度 $\omega = 0$。可按定轴转动刚体惯性力系的简化结果，将惯性力系向轴 O 处简化，此外杆还受到重力、O 处约束力作用。

（2）确定惯性力。惯性力的大小可表示为

$$F_I = ma_C = \frac{1}{2}ml\alpha,\ M_{IC} = J_O\alpha = \frac{1}{3}ml^2\alpha$$

（3）列平衡方程

$$\sum M_O(\boldsymbol{F}) = 0,\ M_{IO} - mg\,\frac{l}{2} = 0,\ \alpha = \frac{3g}{2l}$$

$$\sum F_x = 0,\ F_{Ox} = 0$$

$$\sum F_y = 0,\ F_{Oy} + F_I - mg = 0,\ F_{Oy} = \frac{1}{4}mg$$

【**例 4-41**】质量为 m，半径为 R 的均质圆轮，绕垂直于图面的水平轴 O 转动，在力偶 M 的作用下，其角速度为 ω，在图 4-53 所示瞬时，轮心 C 在最低位置，此时轴承 O 施加于轮的附加动反力为（　　）。

A. $\dfrac{mR\omega}{2}$（铅垂向上）　　B. $\dfrac{mR\omega}{2}$（铅垂向下）

C. $\dfrac{mR\omega^2}{2}$（铅垂向上）　　D. $mR\omega^2$（铅垂向上）

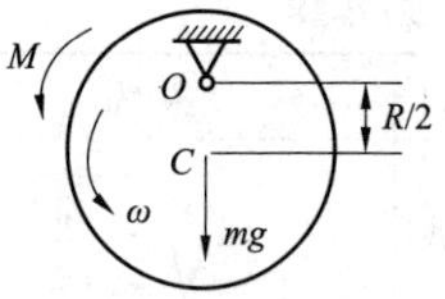

图 4-53 ［例 4-41］图

解:施加于轮的附加动反力是由惯性力引起的约束力，其大小与惯性力大小相同，为 ma_C，其中，$a_C = \dfrac{1}{2}R\omega^2$，方向与惯性力方向相反。

故答案应选 C。

【例 4-42】 三角形物块沿水平地面运动的加速度为 $\boldsymbol{a}$，方向如图 4-54(a)所示。物块倾斜角为 α。重力大小为 W 的小球在斜面上用细绳拉住，绳另端固定在斜面上。设物块运动中绳不松软，则小球对斜面的压力 $\boldsymbol{F}_N$ 的大小为(　　)。

A. $\boldsymbol{F}_N < W\cos\alpha$　　B. $\boldsymbol{F}_N > W\cos\alpha$

C. $\boldsymbol{F}_N = W\cos\alpha$　　D. 只根据所给条件则不能确定

解： 在小球与三角形物块以同一加速度 $\boldsymbol{a}$ 沿水平方向运动时，应用达朗贝尔原理，在小球上加一水平向右的惯性力 $\boldsymbol{F}_I$，使其处于形式上的平衡状态，受力如图 4-54(b)所示，且惯性力的大小 $F_I = \frac{W}{g}a$，将小球所受之力沿垂直于斜面的方向投影，可得

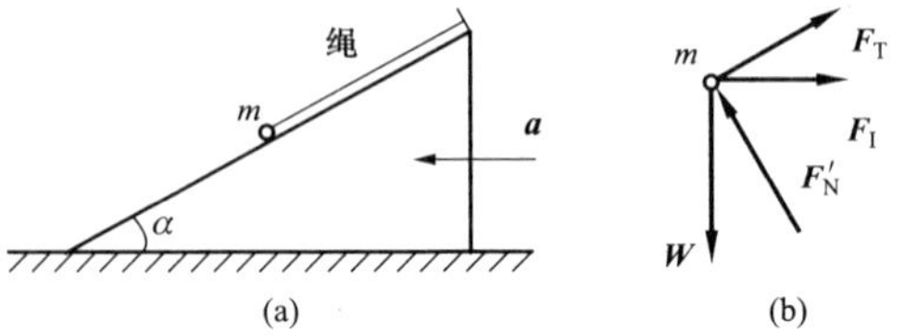

图 4-54　[例 4-42]图

$$F'_N = W\cos\alpha + F_I\sin\alpha = W\cos\alpha + \frac{W}{g}a\sin\alpha$$

式中，$\boldsymbol{F}'_N$ 为斜面作用于小球之上的力，其大小与小球对斜面的压力 $\boldsymbol{F}_N$ 相等，故答案应选 B。

4.3.4　质点的直线振动

物体在某一位置附近作往复运动，这种运动称为振动。常见的振动有钟摆的运动、汽缸中活塞的运动等。

1. 自由振动微分方程

质量块受初始扰动，仅在恢复力作用下产生的振动称为自由振动。考察图 4-55 所示的弹簧振子，设物块的质量为 m，弹簧的刚度为 k，由牛顿定律

$$m\frac{d^2x}{dt^2} = -kx$$

令 $\omega_0^2 = \frac{k}{m}$，则有

$$\frac{d^2x}{dt^2} + \omega_0^2 x = 0 \tag{4-31}$$

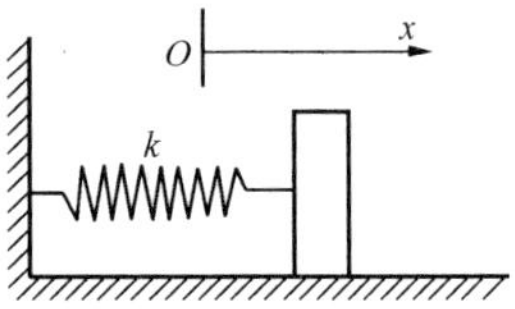

图 4-55　单自由度系统自由振动模型

此式称为无阻尼自由振动微分方程的标准形式。其解为

$$x = A\sin(\omega_0 t + \varphi) \tag{4-32}$$

2. 振动周期、固有频率和振幅

若初始 $t=0$ 时，$x=x_0$，$v=v_0$，则式(4-32)中各参数的物理意义及计算公式列于表 4-18 中。

表 4-18　　自由振动的参数

项目	振幅	初相角	固有圆频率	周期
公式	$A=\sqrt{x_0^2+\frac{v_0^2}{\omega_0^2}}$	$\varphi=\arctan\frac{\omega_0 x_0}{v_0}$	$\omega_0=\sqrt{\frac{k}{m}}$	$T=\frac{2\pi}{\omega_0}$
定义	相对于振动中心的最大位移	初相角决定质点运动的起始位置	2π 秒内的振动次数	振动一次所需要的时间

3. 求固有频率的方法

(1) 列微分方程。化振动微分方程为标准公式(4-31)后,取位移坐标 x 前的系数,即为固有频率 ω_0 的二次方。

(2) 利用弹簧的静变形 δ_{st}。在静平衡位置,刚度为 k 的弹簧产生的弹性力与物块的重力 mg 相等,即 $k\delta_{st}=mg$,将其代入表 4-18 中固有圆频率的表达式,有

$$\omega_0=\sqrt{\frac{k}{m}}=\sqrt{\frac{mg}{m\delta_{st}}}=\sqrt{\frac{g}{\delta_{st}}} \tag{4-33}$$

(3) 等效弹簧刚度。图 4-56(a)为两个弹簧并联的模型;图 4-56(b)为弹簧串联模型,这两种模型均可简化为图 4-56(c)所示弹簧—质量系统。

弹簧并联 $$k=k_1+k_2 \tag{4-34}$$

系统的固有频率为 $\omega_0=\sqrt{\frac{k}{m}}=\sqrt{\frac{k_1+k_2}{m}}$

弹簧串联 $$k=\frac{k_1k_2}{k_1+k_2} \tag{4-35}$$

系统的固有频率为

$$\omega_0=\sqrt{\frac{k}{m}}=\sqrt{\frac{k_1k_2}{m(k_1+k_2)}}$$

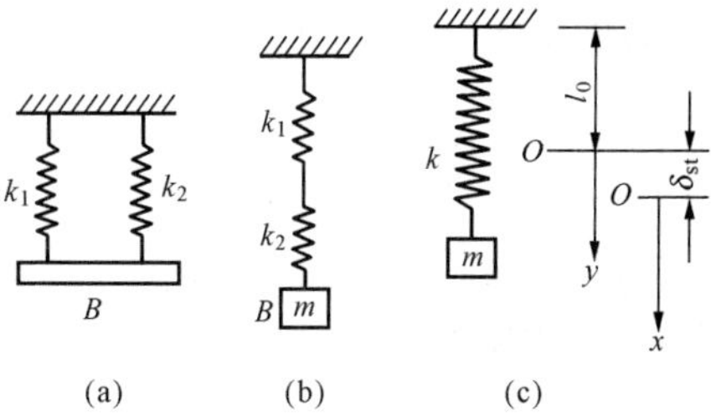

图 4-56 弹簧的并联和串联模型

(4) 能量法。因为自由振动系统为保守系统,故运动过程中,系统的机械能守恒。若设系统的静平衡位置(振动中心)为零势能位置,则在此位置,物块的速度达到最大,系统具有最大动能,势能为零;当物块偏离振动中心极端位置时,位移最大,速度为零,系统具有最大势能,动能为零。因此在这两个位置机械能守恒,有

$$T_{max}=V_{max} \tag{4-36}$$

根据式(4-32),可得

$$T_{max}=\frac{1}{2}m\dot{x}_{max}^2=\frac{1}{2}mA^2\omega_0^2,\quad V_{max}=\frac{1}{2}kx_{max}^2=\frac{1}{2}kA^2$$

将上述两式代入式(4-36),有

$$\omega_0=\sqrt{\frac{k}{m}}$$

所得结果与表 4-18 中固有频率的公式相同。

4. 衰减振动

振动中的阻力,习惯上称为阻尼。这里仅考虑阻力的大小与运动速度成正比,阻力的方向与速度矢量的方向相反这种类型的阻力,即

$$\boldsymbol{F}_d=-c\boldsymbol{v} \tag{4-37}$$

图 4-57 所示为弹簧振子的有阻尼自由振动的力学模型,根据牛顿定律

$$m\frac{d^2x}{dt^2}=-kx-c\frac{dx}{dt}$$

令 $n=\frac{c}{2m}$,上述方程可以整理成

$$\frac{d^2x}{dt^2}+2n\frac{dx}{dt}+\omega_0^2x=0 \tag{4-38}$$

对于不同的 n 值,上述方程的解有如下三种不同形式:

(1) 弱阻尼状态(或欠阻尼状态)。此时,$n<\omega_0$,方程(4-38)的解为

$$x=Ae^{-nt}\sin(\sqrt{\omega_0^2-n^2}\,t+\varphi) \tag{4-39}$$

式中,A、φ 为积分常数,由初始条件决定。图 4-58 所示为振子的位移与时间的关系。此时振子的运动是一种振幅按指数规律衰减的振动。图中振幅的包络线的表达式为 Ae^{-nt},相邻的两个振幅之比称为减缩系数,记作 η,则

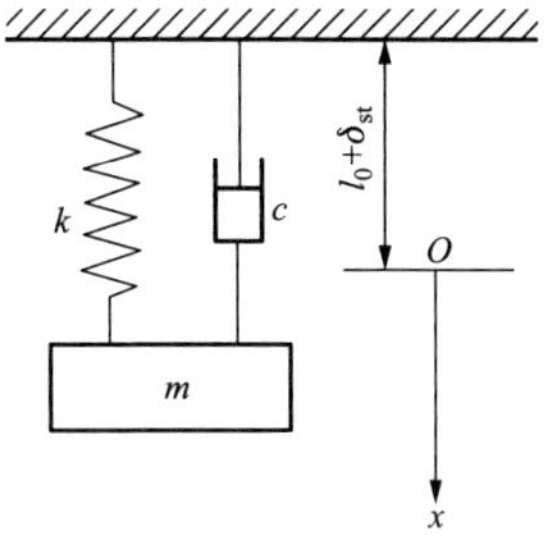

图 4-57 弹簧振子的有阻尼自由振动模型

$$\eta=\frac{A_m}{A_{m+1}}=\frac{Ae^{-nt_m}}{Ae^{-n(t_m+T_d)}}=e^{nT_d} \tag{4-40}$$

式中,$T_d=\frac{2\pi}{\omega_d}=\frac{2\pi}{\sqrt{\omega_0^2-n^2}}$为阻尼振动的周期。为应用方便,常引入对数减缩率,记作 Λ,则

$$\Lambda=\ln\left(\frac{A_m}{A_{m+1}}\right)=nT_d \tag{4-41}$$

(2) 过阻尼状态。此时 $n>\omega_n$,方程(4-38)的解为

$$x=C_1e^{\lambda_1t}+C_2e^{\lambda_2t} \tag{4-42}$$

式中,C_1、C_2 为积分常数,由初始条件决定。此时已不能振动,系统缓慢回到平衡状态。

(3) 临界阻尼状态。此时 $n=\omega_n$,方程(4-38)的解为

$$x=e^{-nt}(C_1+C_2t) \tag{4-43}$$

系统也不能振动,较快地回到平衡位置。

5. 受迫振动

受迫振动是系统在外界激励下所产生的振动。如图 4-59 所示为强迫振动的力学模型。系统在激振力 F 作用下发生振动。

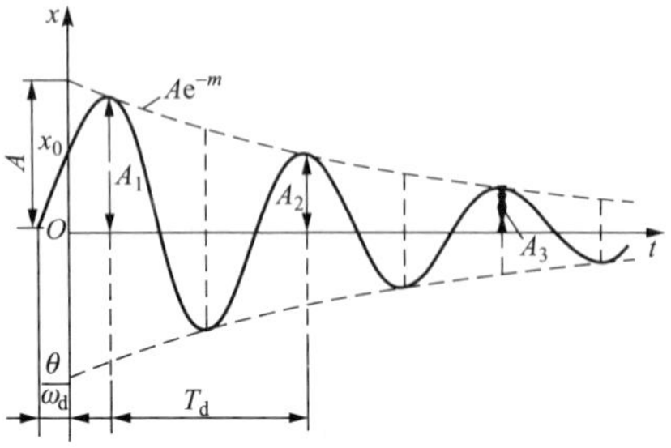

图 4-58 弱阻尼状态振子的位移与时间的关系

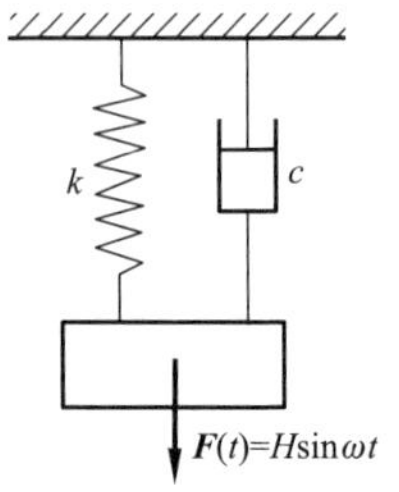

图 4-59 弹簧振子的强迫振动模型

外激振力一般为时间的函数,最简单的形式是简谐激振力

$$F=H\sin\omega t \tag{4-44}$$

对质点应用牛顿第二定律,有

$$m\frac{d^2x}{dt^2}=-kx-c\frac{dx}{dt}+H\sin\omega t$$

令 $h=\dfrac{H}{m}$,上述方程变为

$$\frac{d^2x}{dt}+2n\frac{dx}{dt}+\omega_0^2x=h\sin\omega t \tag{4-45}$$

这一方程称为有阻尼受迫振动微分方程的标准形式,若其中第二项(即阻尼项)为零,则为无阻尼受迫振动。方程(4-45)的通解为

$$x=Ae^{-nt}\sin(\sqrt{\omega_0^2-n^2}\,t+\varphi)+B\sin(\omega t-\varepsilon) \tag{4-46}$$

式中:A 和 φ 为积分常数,由运动初始条件确定;B 为受迫振动的振幅;ε 为受迫振动的相位差,可由下列公式表示

$$B=\frac{h}{\sqrt{(\omega_0^2-\omega^2)^2+4n^2\omega^2}} \tag{4-47}$$

$$\tan\varepsilon=\frac{2n\omega}{\omega_0^2-\omega^2} \tag{4-48}$$

可见有阻尼受迫振动的解由两部分组成,第一部分是衰减振动,第二部分是受迫振动。通常将第一部分称为瞬态过程,第二部分称为稳态过程,稳态过程是研究的重点。

共振:受迫振动的振幅达到极大值的现象称为共振。

在稳态过程中,受迫振动的一个重要特征是振幅、相位差的取值与激振力的频率、系统的自由振动固有频率和阻尼有关。其关系曲线如图 4-60 和图 4-61 所示。采用量纲为 1 的形式,图 4-60 中横轴表示频率比 $s=\dfrac{\omega}{\omega_0}$,纵轴表示振幅比 $\beta=\dfrac{B}{B_0}\left(B_0=\dfrac{H}{k}\right)$,阻尼的改变用阻尼比 $\zeta=\dfrac{n}{\omega_0}$ 的改变来表示。

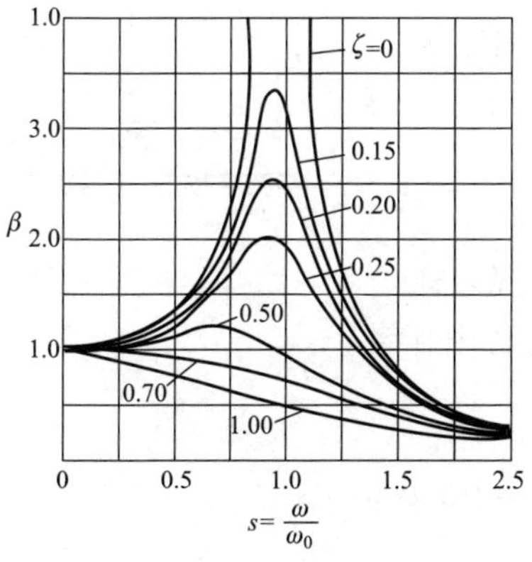

图 4-60 幅频特性曲线

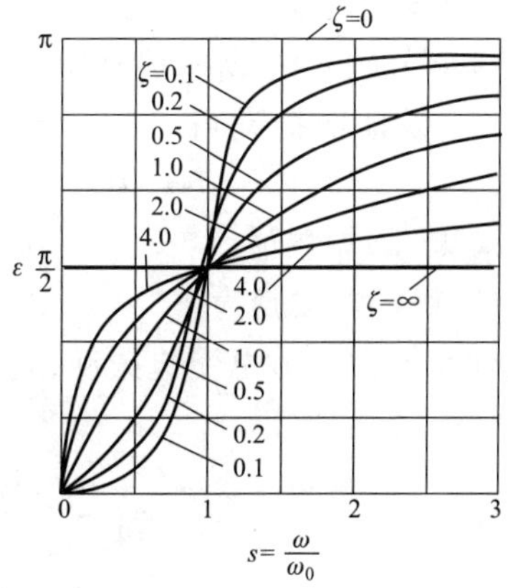

图 4-61 相频特性曲线

将式(4-47)对 ω 求一次导数并令其等于零,可以发现,此时振幅 B 有极大值,即共振固有圆频率 ω_r 为

$$\omega_r=\sqrt{\omega_0^2-2n^2} \tag{4-49}$$

当阻尼为零时，共振固有圆频率为

$$\omega_r=\omega_0 \tag{4-50}$$

即无阻尼强迫振动时，只要激振力频率与自由振动频率相等，便发生共振，由式(4-47)可知，此时的振幅 B 为无穷大。

共振是受迫振动中常见的现象，共振时，振幅随时间的增加不断增大，有时会引起系统的破坏，应设法避免；利用共振也可制造各种设备，如超声波发生器、核磁共振仪等，造福于人类。实际问题中，由于阻尼的存在，振幅不会无限增大。

【例 4-43】 单摆做微幅摆动的周期与质量 m 和摆长 l 的关系是(　　)。

A. $\dfrac{1}{2\pi}\sqrt{\dfrac{g}{l}}$　　B. $\dfrac{1}{2\pi}\sqrt{\dfrac{l}{g}}$　　C. $2\pi\sqrt{\dfrac{g}{l}}$　　D. $2\pi\sqrt{\dfrac{l}{g}}$

解：单摆的运动微分方程为 $ml\dfrac{d^2\varphi}{dt^2}=-mg\sin\varphi$，因为是微幅摆动，$\sin\varphi\approx\varphi$，则有$\dfrac{d^2\varphi}{dt^2}+\dfrac{g}{l}\varphi=0$，所以单摆的圆频率为 $\omega=\sqrt{\dfrac{g}{l}}$，而周期 $T=\dfrac{2\pi}{\omega}=2\pi\sqrt{\dfrac{l}{g}}$，故答案应选 D。

【例 4-44】 弹簧—物块直线振动系统位于铅垂面内，如图 4-62 所示。弹簧刚度系数为 k，物块质量为 m。若已知物块的运动微分方程为 $m\dfrac{d^2x}{dt^2}+kx=0$，则描述运动坐标 Ox 的坐标原点应为(　　)。

A. 弹簧悬挂处之点 O_1

B. 弹簧原长 l_0 处之点 O_2

C. 弹簧由物块重力引起静伸长 δ_{st}之点 O_3

D. 任意点皆可

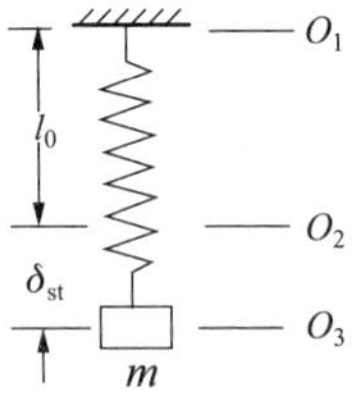

图 4-62　[例 4-44]图

解：列振动微分方程时，把坐标原点设在物体静平衡的位置处，列出的方程才是齐次微分方程，故正确答案是 C。

【例 4-45】 图 4-63 所示振动系统中 $m=200$kg，弹簧刚度 $k=10\ 000$N/m，设地面振动可表示为 $y=0.1\sin10t$（y 以 cm、t 以 s 计）。则(　　)。

A. 装置(a)振幅最大　　B. 装置(b)振幅最大

C. 装置(c)振幅最大　　D. 三种装置振动情况一样

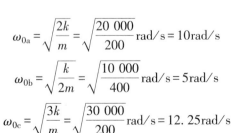

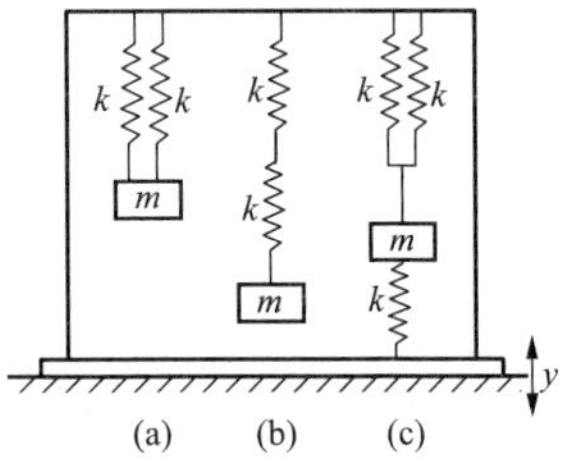

图 4-63　[例 4-45]图

解：此系统为无阻尼受迫振动，装置(a)(b)(c)的自由振动频率分别为

$$\omega_{0a}=\sqrt{\frac{2k}{m}}=\sqrt{\frac{20\ 000}{200}}\text{rad/s}=10\text{rad/s}$$

$$\omega_{0b}=\sqrt{\frac{k}{2m}}=\sqrt{\frac{10\ 000}{400}}\text{rad/s}=5\text{rad/s}$$

$$\omega_{0c}=\sqrt{\frac{3k}{m}}=\sqrt{\frac{30\ 000}{200}}\text{rad/s}=12.25\text{rad/s}$$

由于外加激振 y 的频率为 10rad/s，与 ω_{0a} 相等，故装置(a)会发生共振，从理论上讲振幅将无穷大，故答案应选 A。

【例 4-46】如图 4-64 所示系统中，四个弹簧均未受力，已知m=50kg，$k_1=9800\text{N/m}$，$k_2=k_3=4900\text{N/m}$，$k_4=19\,600\text{N/m}$。则此系统的固有圆频率为(　　)。

A. 19.8rad/s　　B. 22.1rad/s

C. 14.1rad/s　　D. 9.9rad/s

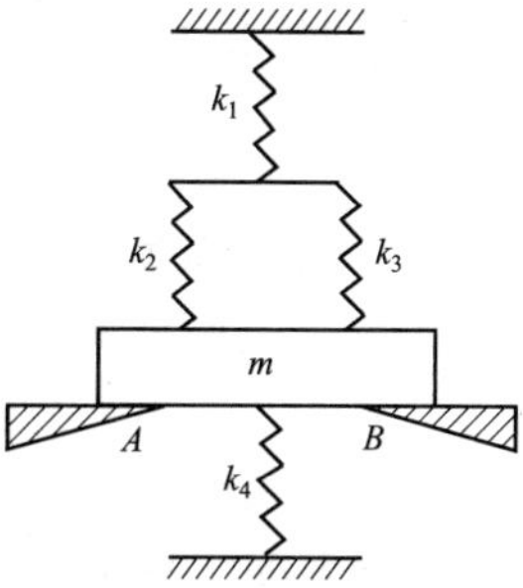

图 4-64 [例 4-46]图

解：依据系统固有圆频率的公式 $\omega_0=\sqrt{\dfrac{k}{m}}$。系统中 k_2 和 k_3 并联，等效弹簧刚度 $k_{23}=k_2+k_3$，k_1 和 k_{23} 串联，所以 $\dfrac{1}{k_{123}}=\dfrac{1}{k_1}+\dfrac{1}{k_2+k_3}$，$k_4$ 和 k_{123} 并联，故系统总的等效弹簧刚度为 $k=k_4+\left(\dfrac{1}{k_1}+\dfrac{1}{k_2+k_3}\right)^{-1}=19\,600\text{N/m}+4900\text{N/m}=24\,500\text{N/m}$，将其代入固有圆频率的公式，可得 $\omega_0=22.1\text{rad/s}$，故答案应选 B。

复　习　题

4-1　设力 $\boldsymbol{F}$ 在 x 轴上的投影为 F，则该力在与 x 轴共面的其他任一轴上的投影(　　)。

A. 一定不等于 0　　B. 不一定等于 0　　C. 一定等于 0　　D. 等于 F

4-2　图 4-65 所示结构由直杆 AC、DE 和直角弯杆 BCD 所组成，自重不计，受载荷 $\boldsymbol{F}$ 与 $M=Fa$ 作用。则 A 处约束力的作用线与 x 轴正向所成的夹角为(　　)。

A. 135°　　B. 90°

C. 0°　　D. 45°

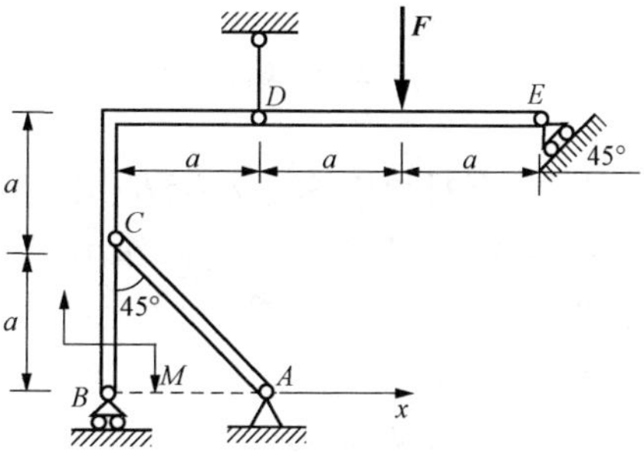

图 4-65　题 4-2 图

4-3　图 4-66 所示平面力系中，已知 $q=10\text{kN/m}$，$M=20\text{kN}\cdot\text{m}$，$a=2\text{m}$。则该主动力系对 B 点的合力矩为(　　)。

A. $M_B=0$　　B. $M_B=20\text{kN}\cdot\text{m}$(↶)

C. $M_B=40\text{kN}\cdot\text{m}$(↶)　　D. $M_B=40\text{kN}\cdot\text{m}$(↷)

4-4　结构如图 4-67 所示，杆 DE 的点 H 由水平闸拉住，其上的锁钉 C 置于杆 AB 的光滑

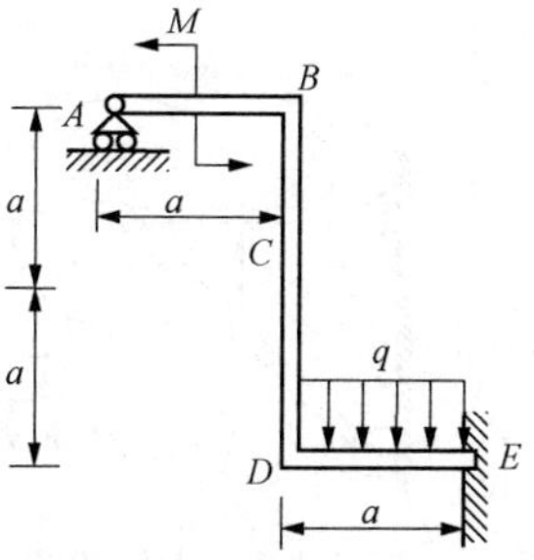

图 4-66　题 4-3 图

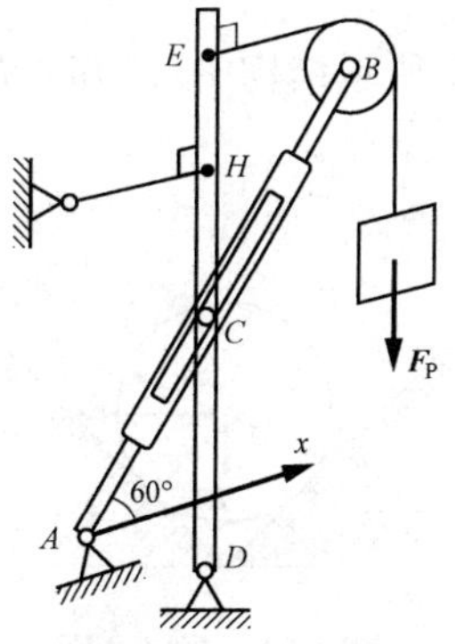

图 4-67　题 4-4 图

直槽中,各杆自重均不计,已知 $F_P = 10kN$。锁钉 C 处约束力的作用线与 x 轴正向所成的夹角为(　　)。

A. 0°　　B. 90°　　C. 60°　　D. 150°

4-5　图 4-68 所示等边三角板 ABC,边长为 a,沿其边缘作用大小均为 F 的力 $\boldsymbol{F}_1$、$\boldsymbol{F}_2$、$\boldsymbol{F}_3$,方向如图所示,则此力系简化为(　　)。

A. 平衡　　B. 一力和一力偶

C. 一合力偶　　D. 一合力

4-6　在图 4-69 所示平面力系中,已知:$F_1 = 10N$, $F_2 = 40N$, $F_3 = 40N$, $M = 30N \cdot m$,则该力系向 O 点简化的结果为(　　)。

A. 平衡　　B. 一力和一力偶　　C. 一合力偶　　D. 一合力

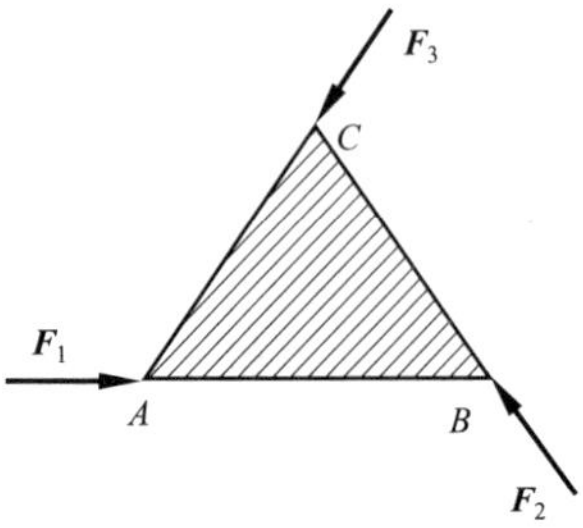

图 4-68　题 4-5 图

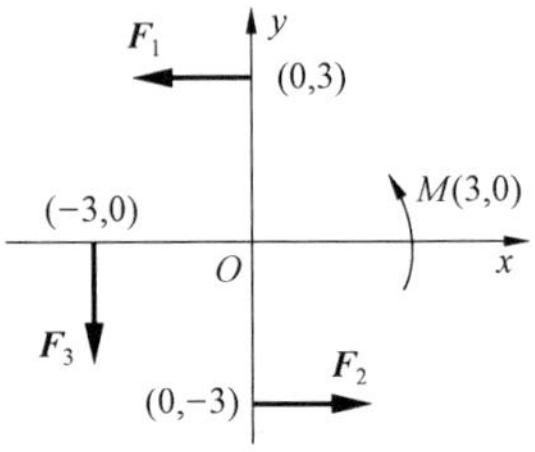

图 4-69　题 4-6 图

4-7　三杆 AB、AC 及 DEH 用铰链连接如图 4-70 所示。已知:$AD = BD = 0.5m$,E 端受一力偶作用,其矩 $M = 1kN \cdot m$。则支座 C 的约束力为(　　)。

A. $F_C = 0$

B. $F_C = 2kN$(水平向右)

C. $F_C = 2kN$(水平向左)

D. $F_C = 1kN$(水平向右)

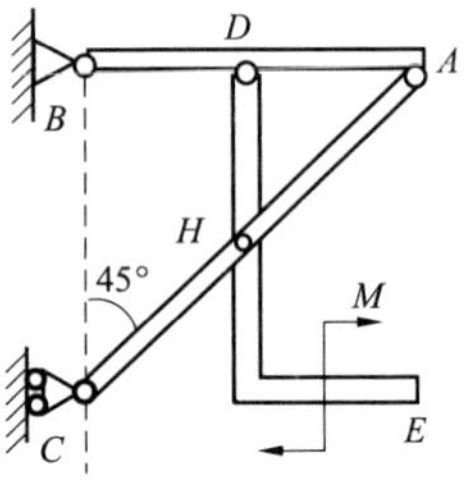

图 4-70　题 4-7 图

4-8　均质圆柱体重力为 $\boldsymbol{P}$,直径为 D,置于两光滑的斜面上。设有图 4-71 所示方向力 $\boldsymbol{F}$ 作用,当圆柱不移动时,接触面 2 处的约束力 $\boldsymbol{F}_{N2}$ 的大小为(　　)。

A. $F_{N2} = \frac{\sqrt{2}}{2}(P - F)$　　B. $F_{N2} = \frac{\sqrt{2}}{2}F$　　C. $F_{N2} = \frac{\sqrt{2}}{2}P$　　D. $F_{N2} = \frac{\sqrt{2}}{2}(P + F)$

4-9　在图 4-72 所示结构中,已知 $AB = AC = 2r$,物重 F_p 其余自重不计,则支座 A 的约束力为(　　)。

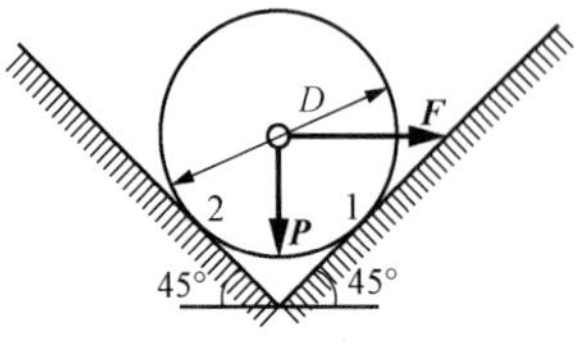

图 4-71　题 4-8 图

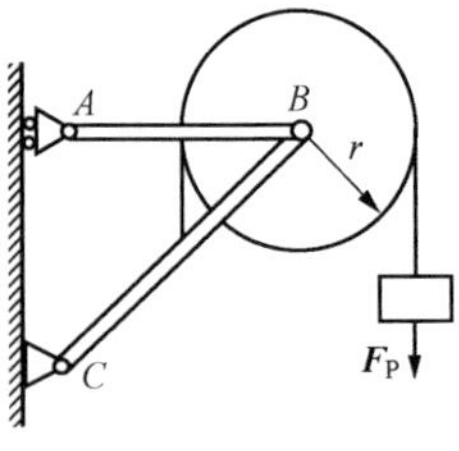

图 4-72　题 4-9 图

A. $F_A=0$　　B. $F_A=\frac{1}{2}F_P(\leftarrow)$　　C. $F_A=\frac{1}{2}\cdot 3F_P(\rightarrow)$　　D. $F_A=\frac{1}{2}\cdot 3F_P(\leftarrow)$

4-10　已知杆 AB 和杆 CD 的自重不计，且在 C 处光滑接触，若作用在杆 AB 上的力偶的矩为 m_1，则欲使系统保持平衡，作用在 CD 杆上的力偶矩 m_2，转向如图 4-73 所示，其矩的大小为(　　)。

A. $m_2=m_1$　　B. $m_2=2m_1$　　C. $m_2=\frac{4m_1}{3}$　　D. $m_2=\sqrt{3}m_1$

4-11　三铰拱上作用有大小相等、转向相反的两个力偶，其力偶矩大小为 M，如图 4-74 所示。略去自重，则支座 A 的约束力大小为(　　)。

A. $F_{Ax}=0;F_{Ay}=\frac{M}{2a}$　　B. $F_{Ax}=\frac{M}{2a},F_{Ay}=0$

C. $F_{Ax}=\frac{M}{a},F_{Ay}=0$　　D. $F_{Ax}=\frac{M}{2a},F_{Ay}=M$

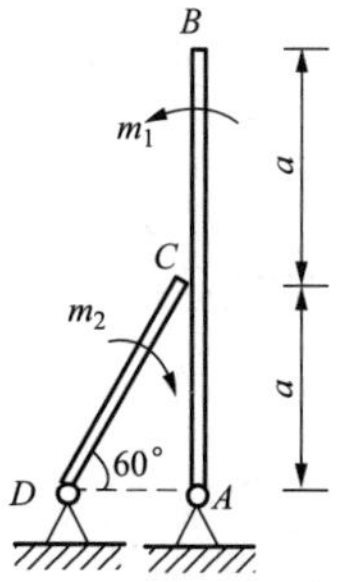

图 4-73　题 4-10 图

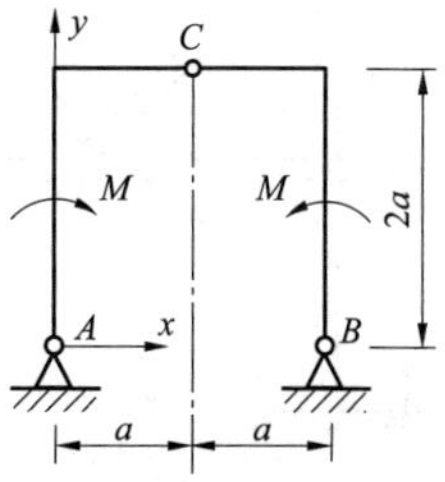

图 4-74　题 4-11 图

4-12　曲杆自重不计，其上作用一力偶矩为 M 的力偶，则图 4-75(a) 中 B 处约束力比图 4-75(b) 中 B 处约束力(　　)。

A. 大　　B. 小

C. 相等　　D. 无法判断

4-13　均质圆盘重 F_p，半径为 r，置于光滑墙和水平梁 AE 的末端 E 点上，如图 4-76 所示，梁 AE 自重不计，已知：q，$AB=6\text{m}$，$BE=2\text{m}$，$\alpha=45°$，摩擦不计，则圆盘 D 处的约束力为(　　)。

A. $F_D=\sqrt{2}F_P(\leftarrow)$　　B. $F_D=F_P(\leftarrow)$

C. $F_D=\frac{1}{\sqrt{2}}F_P(\rightarrow)$　　D. $F_D=\sqrt{2}F_P(\rightarrow)$

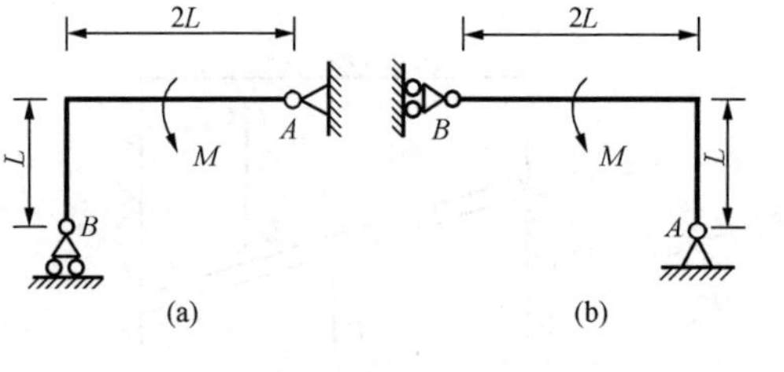

图 4-75　题 4-12 图

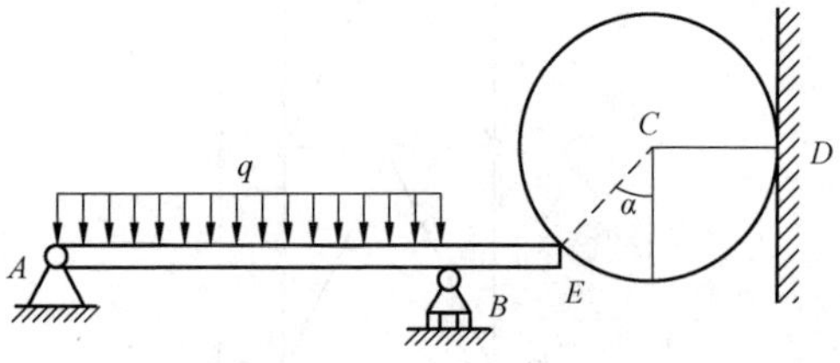

图 4-76　题 4-13 图

4-14　图 4-77 所示承重装置，B、C、D、E 处均为光滑铰链连接，各杆和滑轮的重量略去不计，已知 a、r 及 $\boldsymbol{F}_{\mathrm{P}}$。则固定端 A 的约束力偶为(　　)。

A. $M_{\mathrm{A}}=F_{\mathrm{P}}\left(\dfrac{a}{2}+r\right)$（顺时针）　　B. $M_{\mathrm{A}}=F_{\mathrm{P}}\left(\dfrac{a}{2}+r\right)$（逆时针）

C. $M_{\mathrm{A}}=F_{\mathrm{P}}r$（逆时针）　　D. $M_{\mathrm{A}}=\dfrac{a}{2}F_{\mathrm{P}}$（顺时针）

4-15　判断图 4-78 所示桁架结构中，内力为零的杆数是(　　)。

A. 2 根杆　　B. 3 根杆　　C. 4 根杆　　D. 5 根杆

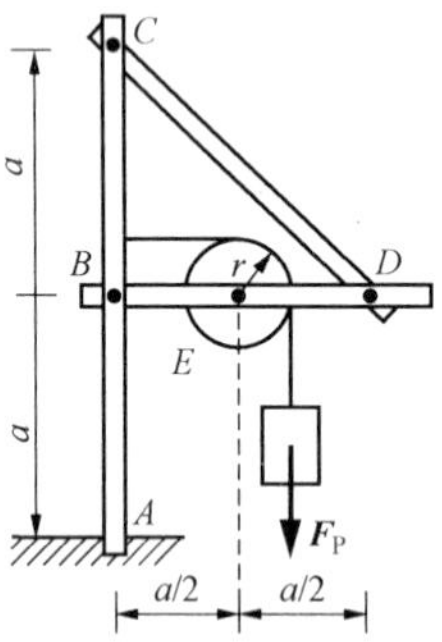

图 4-77　题 4-14 图

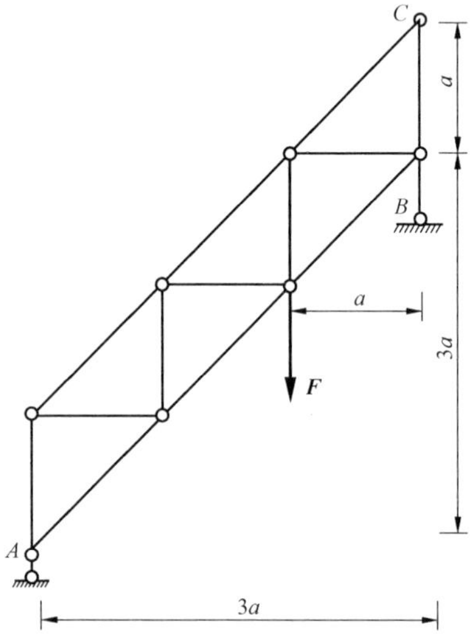

图 4-78　题 4-15 图

4-16　判断图 4-79 所示桁架结构中，内力为零的杆数是(　　)。

A. 3 根杆　　B. 4 根杆　　C. 5 根杆　　D. 6 根杆

4-17　均质杆 AB 重力为 $\boldsymbol{F}$，用铅垂绳 CD 吊在天花板上如图 4-80 所示，A、B 两端分别靠在光滑的铅垂墙面上，则 A、B 两端约束力的大小是(　　)。

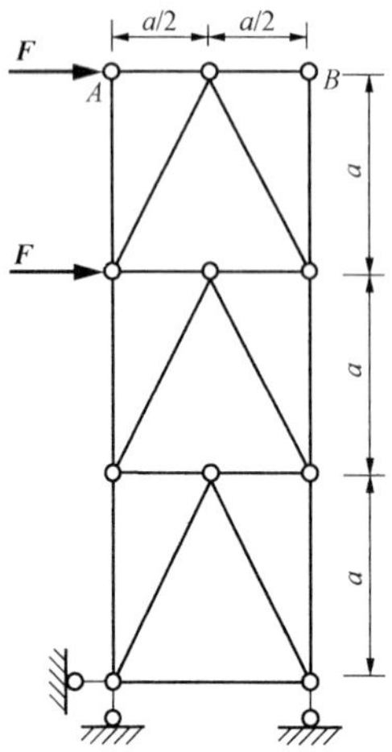

图 4-79　题 4-16 图

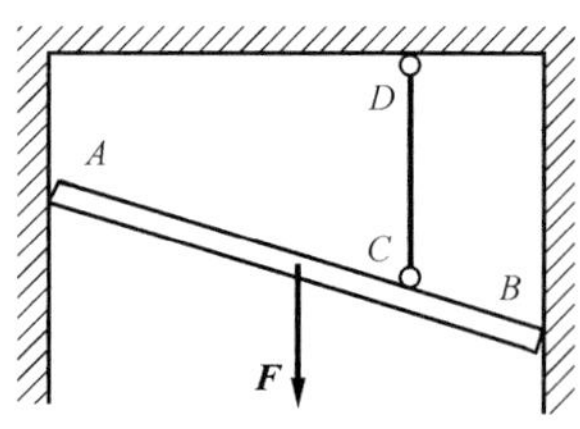

图 4-80　题 4-17 图

A. A、B 两点约束力相等　　B. B 点约束力大于 A 点约束力

C. A 点约束力大于 B 点约束力　　D. 无法判断

4-18　杆 AF、BE、EF、CD 相互铰接并支承如图 4-81 所示。今在 AF 杆上作用一力偶（$\boldsymbol{P}$，$\boldsymbol{P}'$），若不计各杆自重，则 A 处约束力的方向为（　　）。

A. 过 A 点平行力 $\boldsymbol{P}$　　B. 过 A 点平行 BG 连线

C. 沿 AG 连线　　D. 沿 AH 直线

4-19　图 4-82 所示平面结构，各杆自重不计，已知：$q=10\text{kN/m}$，$F_P=20\text{kN}$，$F=30\text{kN}$，$L_1=2\text{m}$，$L_2=5\text{m}$，B、C 处为铰链连接，则 BC 杆的内力为（　　）。

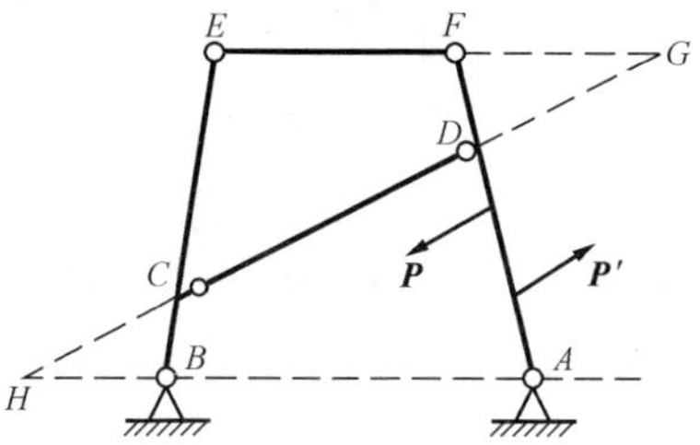

图 4-81　题 4-18 图

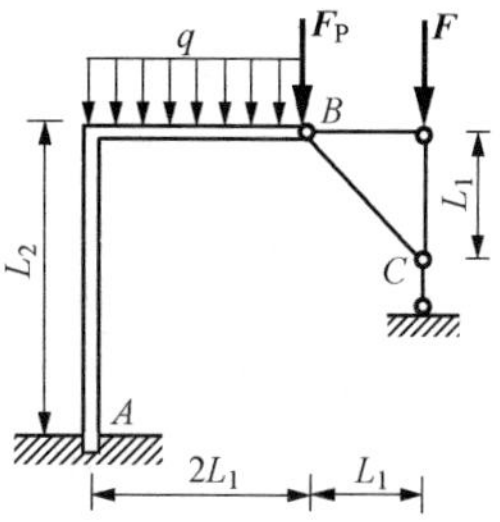

图 4-82　题 4-19 图

A. $F_{BC}=-30\text{kN}$　　B. $F_{BC}=30\text{kN}$　　C. $F_{BC}=10\text{kN}$　　D. $F_{BC}=0$

4-20　杆 AB 的 A 端置于光滑水平面上，AB 与水平面夹角为 30°，杆重力大小为 P，如图 4-83 所示。B 处有摩擦，则杆 AB 平衡时，B 处的摩擦力与 x 方向的夹角为（　　）。

A. 90°　　B. 30°　　C. 60°　　D. 45°

4-21　重力大小为 W 的物块能在倾斜角为 α 的粗糙斜面上下滑，为了维持物块在斜面上平衡，在物块上作用向左的水平力 $\boldsymbol{F}_Q$（图 4-84）。在求解力 $\boldsymbol{F}_Q$ 的大小时，物块与斜面间的摩擦力 $\boldsymbol{F}$ 的方向为（　　）。

A. $\boldsymbol{F}$ 只能沿斜面向上　　B. $\boldsymbol{F}$ 只能沿斜面向下

C. $\boldsymbol{F}$ 既可能沿斜面向上，也可能向下　　D. $\boldsymbol{F}=0$

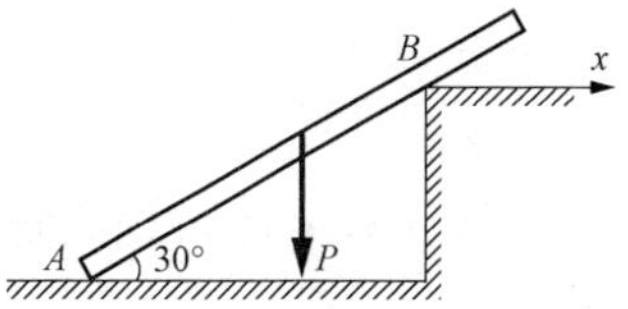

图 4-83　题 4-20 图

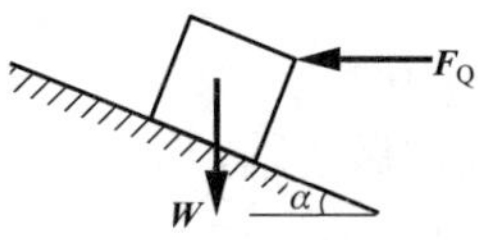

图 4-84　题 4-21 图

4-22　重力大小为 W 的物块自由地置于倾角为 α 的斜面上如图 4-85 所示。且 $\sin\alpha=\dfrac{3}{5}$，$\cos\alpha=\dfrac{4}{5}$。物块上作用一水平力 $\boldsymbol{F}$，且 $F=W$。若物块与斜面间的静摩擦系数 $f=0.2$，则该物块的状态为（　　）。

A. 静止状态　　B. 临界平衡状态

C. 滑动状态　　D. 条件不足，不能确定

4-23　图 4-86 所示物块 A 重力的大小 $W=10\text{N}$，被用大小为 $F_P=50\text{N}$ 的水平力挤压在粗糙的铅垂墙面 B 上，且处于平衡。块与墙间的摩擦系数 $f=0.3$。A 与 B 间的摩擦力大小为(　　)。

A. $F=15\text{N}$　　B. $F=10\text{N}$

C. $F=3\text{N}$　　D. 只依据所给条件则无法确定

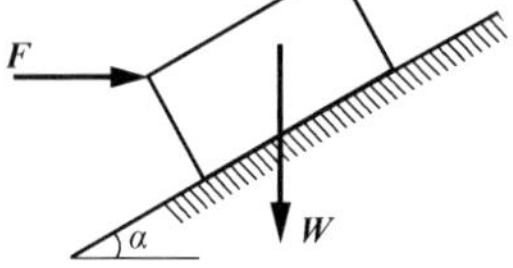

图 4-85　题 4-22 图

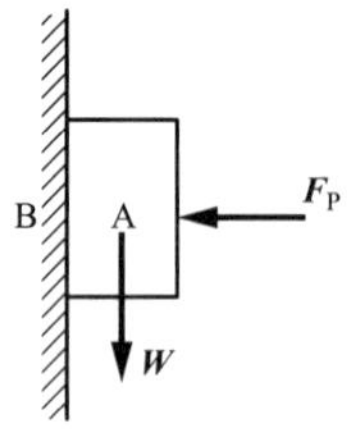

图 4-86　题 4-23 图

4-24　点 P 沿如图 4-87 所示轨迹已知的平面曲线运动时，其速度大小不变，加速度 a 应为(　　)。

A. $a_n=a\neq0$，$a_t=0$（a_n：法向加速度，a_t：切向加速度）

B. $a_n=0$，$a_t=a\neq0$

C. $a_n\neq0$，$a_t\neq0$，$a_t+a_n=a$

D. $a=0$

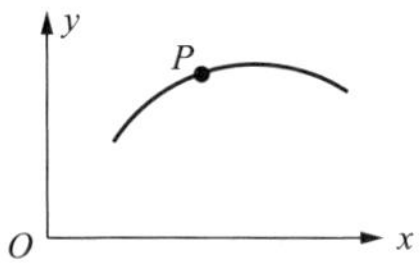

图 4-87　题 4-24 图

4-25　点在平面 xOy 内的运动方程 $\begin{cases}x=3\cos t\\ y=3-5\sin t\end{cases}$，式中 t 为时间。点的运动轨迹应为(　　)。

A. 直线　　B. 圆　　C. 正弦曲线　　D. 椭圆

4-26　汽车匀加速运动，在 10s 内，速度由 0m/s 增加到 5m/s。则汽车在此时间内行驶距离为(　　)。

A. 25m　　B. 50m　　C. 75m　　D. 100m

4-27　点的运动由关系式 $S=t^4-3t^3+2t^2-8$ 决定（S 以 m 计，t 以 s 计）。则 $t=2\text{s}$ 时的速度和加速度为(　　)。

A. -4m/s，16m/s^2　　B. 4m/s，12m/s^2

C. 4m/s，16m/s^2　　D. 4m/s，-16m/s^2

4-28　物体做定轴转动的转动方程为 $\varphi=4t-3t^2$（φ 以 rad 计，t 以 s 计），则此物体内转动半径 $r=0.5\text{m}$ 的一点，在 $t=1\text{s}$ 时的速度和切向加速度的大小为(　　)。

A. -2m/s，-20m/s^2　　B. -1m/s，-3m/s^2

C. -2m/s，-8.54m/s^2　　D. 0m/s，-20.2m/s^2

4-29　四连杆机构如图 4-88 所示，已知曲柄 O_1A 长为 r，且 $O_1A=O_2B$，$O_1O_2=AB=2b$，角速度为 ω、角加速度为 α，则杆 AB 的中点 M 的速度、法向和切向加速度的大小为(　　)。

A. $v_M=b\omega$，$a_{Mn}=b\omega^2$，$a_{Mt}=b\alpha$

B. $v_M=b\omega$，$a_{Mn}=r\omega^2$，$a_{Mt}=r\alpha$

C. $v_M=r\omega$，$a_{Mn}=r\omega^2$，$a_{Mt}=r\alpha$

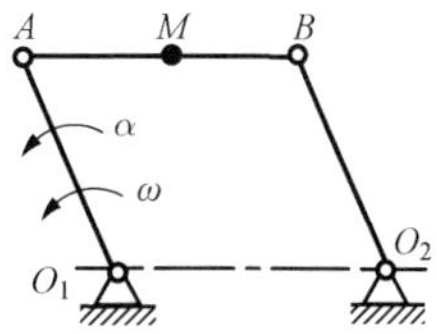

图 4-88　题 4-29 图

D. $v_M = r\omega$, $\alpha_{Mn} = b\omega^2$, $\alpha_{Mt} = b\alpha$

4-30　图 4-89 所示机构中，曲柄 $OA = r$，以常角速度 ω 转动。则滑动构件 BC 的速度、加速度的表达式为(　　)。

A. $r\omega\sin\omega t$, $r\omega\cos\omega t$　　B. $r\omega\cos\omega t$, $r\omega^2\sin\omega t$

C. $r\sin\omega t$, $r\omega\cos\omega t$　　D. $r\omega\sin\omega t$, $r\omega^2\cos\omega t$

4-31　直角刚杆 OAB 在图 4-90 所示瞬时角速度 $\omega = 2\text{rad/s}$，角加速度 $\alpha = 5\text{rad/s}^2$，若 $OA = 40\text{cm}$，$AB = 30\text{cm}$，则 B 点的速度大小、法向加速度的大小和切向加速度的大小为(　　)。

A. 100cm/s，200cm/s^2，250cm/s^2　　B. 80cm/s，160cm/s^2，200cm/s^2

C. 60cm/s，120cm/s^2，150cm/s^2　　D. 100cm/s，200cm/s^2，200cm/s^2

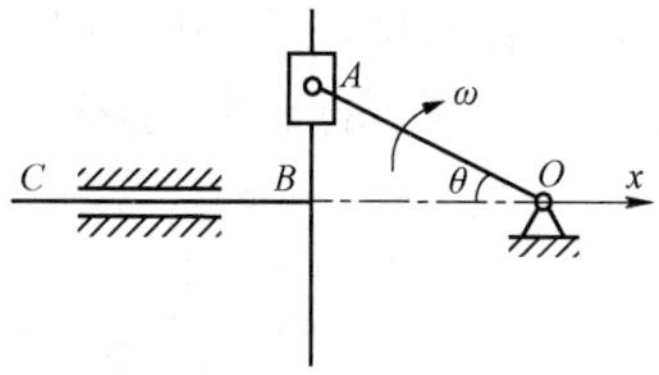

图 4-89　题 4-30 图

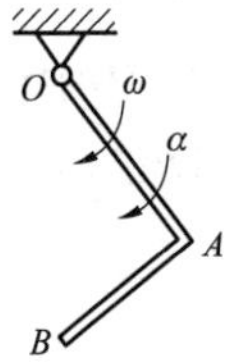

图 4-90　题 4-31 图

4-32　设物块 A 为质点，其重力大小 $W = 10\text{N}$，静止在一个可绕 y 轴转动的平面上，如图 4-91 所示。绳长 $l = 2\text{m}$，取重力加速度 $g = 10\text{m/s}^2$。当平面与物块以常角速度 2rad/s 转动时，则绳中的张力是(　　)。

A. 11N　　B. 8.66N　　C. 5.00N　　D. 9.51N

4-33　一绳缠绕在半径为 r 的鼓轮上，绳端系一重物 M，重物 M 以速度 $\boldsymbol{v}$ 和加速度 a 向下运动(图 4-92)，则绳上两点 A、D 和轮缘上两点 B、C 的加速度是(　　)。

A. A、B 两点的加速度相同，C、A 两点的加速度相同

B. A、B 两点的加速度不相同，C、D 两点的加速度不相同

C. A、B 两点的加速度相同，C、D 两点的加速度不相同

D. A、B 两点的加速度不相同，C、D 两点的加速度相同

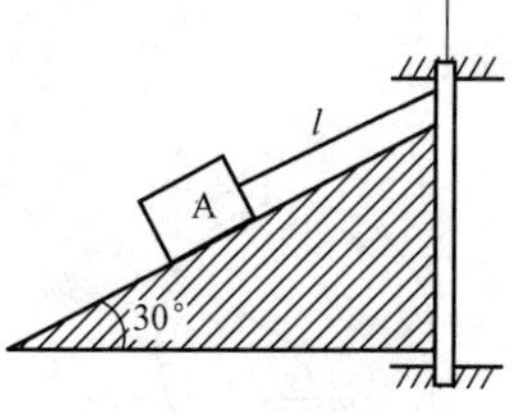

图 4-91　题 4-32 图

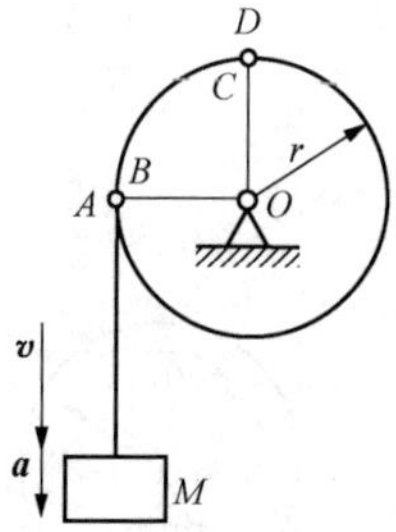

图 4-92　题 4-33 图

4-34　汽车重力大小为 $W = 2800\text{N}$，并以匀速 $v = 10\text{m/s}$ 的行驶速度驶入刚性洼地底部(图 4-93)，洼地底部的曲率半径 $\rho = 5\text{m}$，取重力加速度 $g = 10\text{m/s}^2$，则在此处地面给汽车约束力的大小为(　　)。

A. 5600N　　B. 2800N

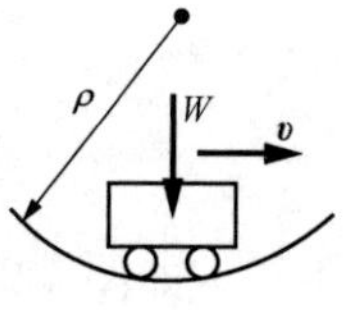

图 4-93　题 4-34 图

C. 3360N　　D. 8400N

4-35　质量为 m 的小物块在匀速转动的圆桌上，与转轴的距离为 r（图 4-94）。设物块与圆桌之间的摩擦系数为 μ，为使物块与桌面之间不产生相对滑动，物块的最大速度为（　　）。

A. $\sqrt{\mu g}$　　B. $2\sqrt{\mu gr}$　　C. $\sqrt{\mu gr}$　　D. $\sqrt{\mu r}$

4-36　重 10N 的物块沿水平面滑行 4m，如果摩擦系数是 0.3，则重力及摩擦力各做的功是（　　）。

A. 40N·m，40N·m　　B. 0，40N·m

C. 0，12N·m　　D. 40N·m，12N·m

4-37　如图 4-95 所示圆环以角速度 ω 绕铅直轴 AC 自由转动，圆环的半径为 R，对转轴 z 的转动惯量为 I，在圆环中的 A 点放一质量为 m 的小球，设由于微小的干扰，小球离开 A 点。忽略一切摩擦，则当小球达到 B 点时，圆环的角速度为（　　）。

A. $\dfrac{mR^2\omega}{I+mR^2}$　　B. $\dfrac{I\omega}{I+mR^2}$　　C. ω　　D. $\dfrac{2I\omega}{I+mR^2}$

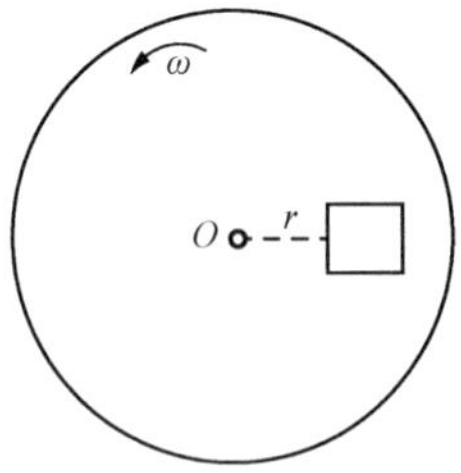

图 4-94　题 4-35 图

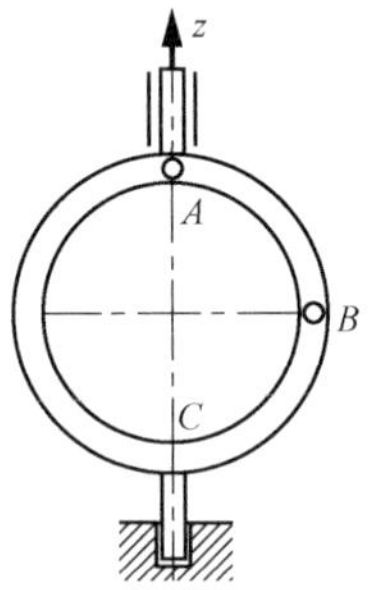

图 4-95　题 4-37 图

4-38　质量 m_1 与半径 r 均相同的三个均质滑轮，在绳端作用有力或挂有重物，如图 4-96 所示。已知均质滑轮的质量为 $m_1=2\text{kN}\cdot\text{s}^2/\text{m}$，重物的质量分别为 $m_2=0.2\text{kN}\cdot\text{s}^2/\text{m}$，$m_3=0.1\text{kN}\cdot\text{s}^2/\text{m}$，重力加速度按 $g=10\text{m/s}^2$ 计算，则各轮转动的角加速度 α 间的关系是（　　）。

A. $\alpha_1=\alpha_3>\alpha_2$　　B. $\alpha_1<\alpha_2<\alpha_3$

C. $\alpha_1>\alpha_3>\alpha_2$　　D. $\alpha_1\neq\alpha_2=\alpha_3$

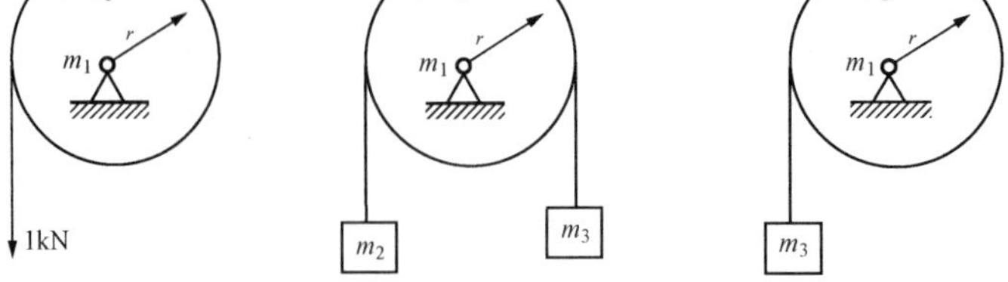

图 4-96　题 4-38 图

4-39　如图 4-97 所示，两重物 M_1 和 M_2 的质量分别为 m_1 和 m_2，两重物系在不计质量的软绳上，绳绕过均质定滑轮，滑轮半径为 r，质量为 M，则此滑轮系统对转轴 O 之动量矩为（　　）。

A. $L_O=\left(m_1+m_2-\dfrac{1}{2}M\right)rv(\downarrow)$

B. $L_O=\left(m_1-m_2-\dfrac{1}{2}M\right)rv(\downarrow)$

C. $L_O=\left(m_1+m_2+\dfrac{1}{2}M\right)rv(\downarrow)$

D. $L_O=\left(m_1+m_2+\dfrac{1}{2}M\right)rv(\uparrow)$

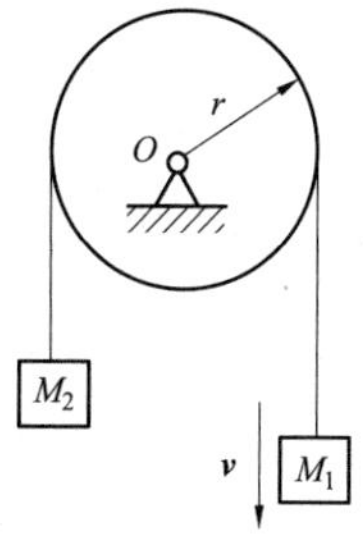

图 4-97　题 4-39 图

4-40　均质圆柱体半径为 R，质量为 m，绕关于对纸面垂直的固定水平轴自由转动，初瞬时($\theta=0$)静止，如图 4-98 所示，则圆柱体在任意位置 θ 时的角速度是(　　)。

A. $\sqrt{\dfrac{4g(1-\sin\theta)}{3R}}$　　B. $\sqrt{\dfrac{4g(1-\cos\theta)}{3R}}$　　C. $\sqrt{\dfrac{2g(1-\cos\theta)}{3R}}$　　D. $\sqrt{\dfrac{g(1-\cos\theta)}{2R}}$

4-41　图 4-99 所示质量为 m，半径为 r 的定滑轮 O 上绕有细绳，依靠摩擦使绳在轮上不打滑，并带动滑轮转动。绳的两端均系质量 m 的物块 A 与 B。块 B 放置的光滑斜面倾斜角为 α，$0<\alpha<\dfrac{\pi}{2}$。假设定滑轮 O 的轴承光滑，当系统在两物块的重力作用下运动时，B 与 O 间，A 与 O 间的绳力 $\boldsymbol{F}_{T1}$ 和 $\boldsymbol{F}_{T2}$ 的大小有关系(　　)。

A. $F_{T1}=F_{T2}$　　B. $F_{T1}<F_{T2}$

C. $F_{T1}>F_{T2}$　　D. 只依据已知条件则不能确定

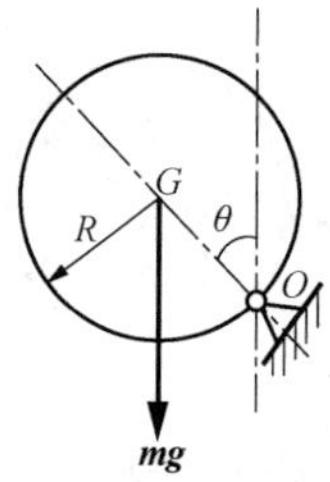

图 4-98　题 4-40 图

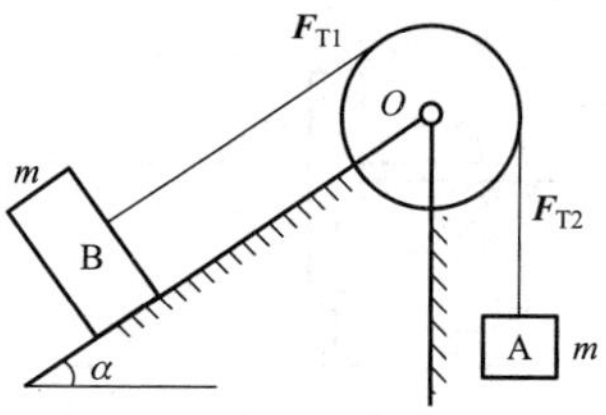

图 4-99　题 4-41 图

4-42　均质细杆 OA，质量为 m，长 l。在如图 4-100 所示水平位置静止释放，释放瞬时轴承 O 施加于杆 OA 的附加动反力为(　　)。

A. $3mg\uparrow$　　B. $3mg\downarrow$　　C. $\dfrac{3}{4}mg\uparrow$　　D. $\dfrac{3}{4}mg\downarrow$

4-43　如图 4-101 所示，忽略质量的细杆 $OC=l$，其端部固结均质圆盘。杆上点 C 为圆盘圆心，盘质量为 m，半径为 r，系统以角速度 ω 绕轴 O 转动，则系统的动能是(　　)。

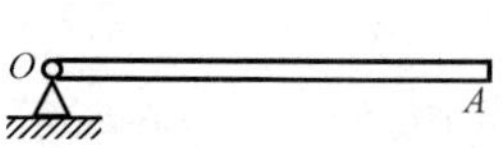

图 4-100　题 4-42 图

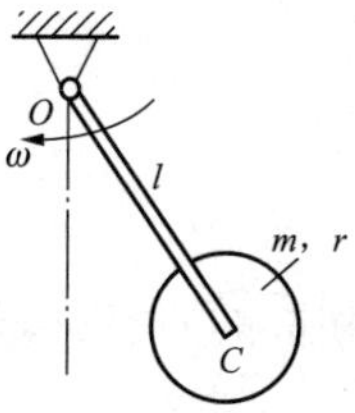

图 4-101　题 4-43 图

A. $T=\frac{1}{2}m(l\omega)^2$　　B. $T=\frac{1}{2}m[(l+r)\omega]^2$

C. $T=\frac{1}{2}\left(\frac{1}{2}mr^2\right)\omega^2$　　D. $T=\frac{1}{2}\left(\frac{1}{2}mr^2+ml^2\right)\omega^2$

4-44　均质直杆 OA 的质量为 m，长为 l，以匀角速度 ω 绕 O 轴转动如图 4-102 所示。此时将 OA 杆的惯性力系向 O 点简化，其惯性力主矢和惯性力主矩的大小分别为(　　)。

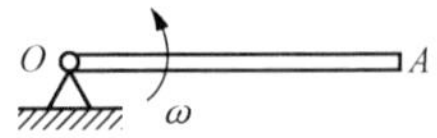

图 4-102　题 4-44 图

A. 0,0　　B. $\frac{1}{2}ml\omega^2,\frac{1}{3}ml^2\omega^2$

C. $ml\omega^2,\frac{1}{2}ml^2\omega^2$　　D. $\frac{1}{2}ml\omega^2,0$

4-45　均质圆轮重 P，安装在水平转轴中点，转轴垂直于圆轮对称平面，转动匀角速度为 ω，如图 4-103 所示。若安装时偏心距为 e，当轮心 C 运动到最低位置时，A、B 轴承约束力的大小为(　　)。

A. $\frac{P}{2}\left(1-\frac{e\omega^2}{g}\right),\frac{P}{2}\left(1-\frac{e\omega^2}{g}\right)$　　B. $\frac{P}{2}\left(1+\frac{e\omega^2}{g}\right),\frac{P}{2}\left(1+\frac{e\omega^2}{g}\right)$

C. $\frac{P}{2},\frac{P}{2}$　　D. $\frac{P}{2g}e\omega^2,\frac{P}{2g}e\omega^2$

4-46　均质圆盘质量为 m，半径为 R，在铅垂平面内绕 O 轴转动，图 4-103 所示瞬时角速度为 ω，则其对 O 轴的动量矩和动能大小分别为(　　)。

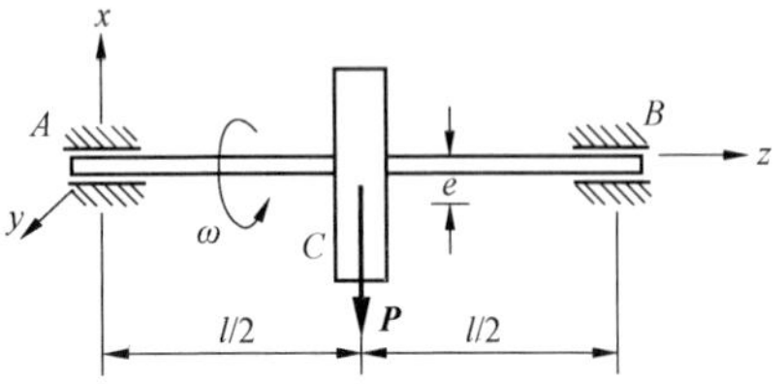

图 4-103　题 4-45 图

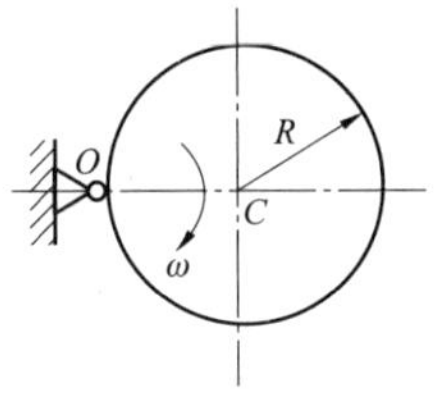

图 4-104　题 4-46 图

A. $mR\omega,\frac{1}{4}mR\omega$　　B. $\frac{1}{2}mR\omega,\frac{1}{2}mR\omega$

C. $\frac{1}{2}mR^2\omega,\frac{1}{2}mR^2\omega^2$　　D. $\frac{3}{2}mR^2\omega,\frac{3}{4}mR^2\omega^2$

4-47　均质细杆 OA，质量为 m，长为 l。在如图 4-105 所示水平位置静止释放，当运动到铅直位置时，OA 杆的角速度大小为(　　)。

A. 0　　B. $\sqrt{\frac{3g}{l}}$

C. $\sqrt{\frac{3g}{2l}}$　　D. $\sqrt{\frac{g}{3l}}$

4-48　重力大小为 W 的质点，由长为 l 的绳子连接，如图 4-106 所示，则单摆运动的固有频率为(　　)。

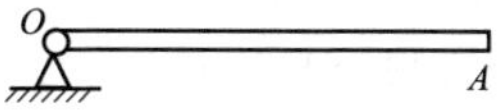

图 4-105　题 4-47 图

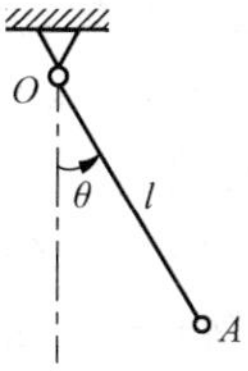

图 4-106　题 4-48 图

A. $\sqrt{\dfrac{g}{2l}}$　　B. $\sqrt{\dfrac{W}{l}}$　　C. $\sqrt{\dfrac{g}{l}}$　　D. $\sqrt{\dfrac{2g}{l}}$

4-49　5kg 质量块振动,其自由振动规律是 $x=X\sin\omega_{n}t$,如果振动的圆频率为 30rad/s,则此系统的刚度系数为(　　)。

A. 2500N/m　　B. 4500N/m　　C. 180N/m　　D. 150N/m

4-50　如图 4-107 所示,弹簧一物块直线振动系统中,物块质量 m 两根弹簧的刚度系数各为 k_1 与 k_2。若用一根等效弹簧代替这两根弹簧,则其刚度系数 k 为(　　)。

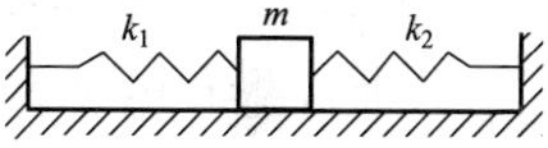

图 4-107　题 4-50 图

A. $k=\dfrac{k_1k_2}{k_1+k_2}$　　B. $k=\dfrac{2k_1k_2}{k_1+k_2}$

C. $k=\dfrac{k_1+k_2}{2}$　　D. $k=k_1+k_2$

4-51　如图 4-108 所示,两系统均做自由振动,其中图(a)系统的周期和图(b)系统的周期为(　　)。

A. $2\pi\sqrt{m/k}$,$2\pi\sqrt{m/k}$　　B. $2\pi\sqrt{2m/k}$,$2\pi\sqrt{m/2k}$

C. $2\pi\sqrt{m/2k}$,$2\pi\sqrt{2m/k}$　　D. $2\pi\sqrt{4m/k}$,$2\pi\sqrt{4m/k}$

4-52　一弹簧质量系统,置于光滑的斜面上如图 4-109 所示,斜面的倾角 α 可以在 0°~90°间改变,则随 α 的增大系统振动的固有频率(　　)。

A. 增大　　B. 减小　　C. 不变　　D. 不能确定

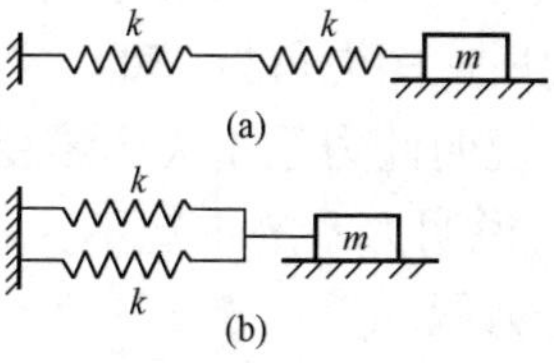

图 4-108　题 4-51 图

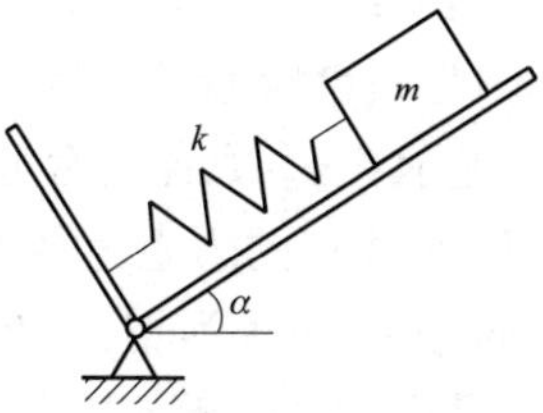

图 4-109　题 4-52 图

4-53　图 4-110 所示两系统均做自由振动,其固有圆频率分别为(　　)。

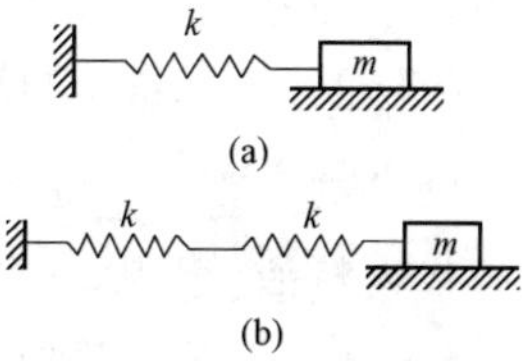

图 4-110　题 4-53 图

A. $\sqrt{\dfrac{2k}{m}}$,$\sqrt{\dfrac{k}{2m}}$　　B. $\sqrt{\dfrac{k}{m}}$,$\sqrt{\dfrac{m}{2k}}$

C. $\sqrt{\dfrac{k}{2m}}$,$\sqrt{\dfrac{k}{m}}$　　D. $\sqrt{\dfrac{k}{m}}$,$\sqrt{\dfrac{k}{2m}}$

4-54　一无阻尼弹簧-质量系统受简谐激振力作用，当激振频率为 $\omega_1=6\text{rad/s}$ 时，系统发生共振。给质量块增加 1kg 的质量后重新实验，测得共振频率为 $\omega_2=5.86\text{rad/s}$，则原系统的质量及弹簧刚度系数是(　　)。

A. 19.68kg，623.55N/m　　　　B. 20.68kg，623.55N/m

C. 21.68kg，744.53N/m　　　　D. 20.68kg，744.53N/m

复习题答案与提示

4-1 B　提示：根据力的投影公式，$F_x=F\cos\alpha$，当 $\alpha=0$ 时，$F_x=F$，即力 $\boldsymbol{F}$ 与 x 轴平行，故只有当力 $\boldsymbol{F}$ 在与 x 轴垂直的 y 轴（$\alpha=90°$）上投影为 0 外，在其余与 x 轴共面轴上的投影均不为 0。

4-2 D　提示：首先分析杆 DE，E 处为活动铰链支座，约束力垂直于支撑面如图 4-111(a)所示，杆 DE 的铰链 D 处的约束力可按三力汇交原理确定；其次分析铰链 D，D 处铰接了杆 DE、直角弯杆 BCD 和连杆，连杆的约束力 F_D 沿杆为铅垂方向，杆 DE 作用在铰链 D 上的力为 $F'_{D右}$，按照铰链 D 的平衡，其受力图如图 4-111(b)所示；最后分析直杆 AC 和直角弯杆 BCD，直杆 AC 为二力杆，A 处约束力沿杆方向，根据力偶的平衡，由 F_A 与 $F'_{D左}$ 组成的逆时针转向力偶与顺时针转向的主动力偶 M 组成平衡力系，故 A 处约束力的指向如图 4-111(c)所示。

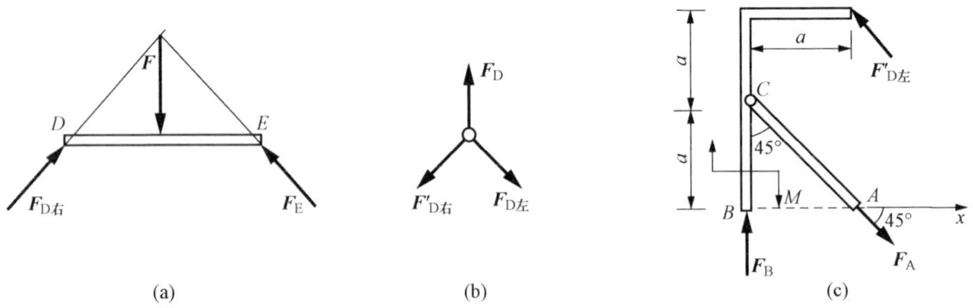

图 4-111　题 4-2 解图

4-3 A　提示：将主动力系对 B 点取矩求代数和，$M_B=M-qa^2/2=20-10\times2^2/2=0$。

4-4 D　提示：锁钉 C 处为光滑接触约束，约束力应垂直于 AB 光滑直槽，由于 F_P 的作用，直槽的左上侧与锁钉接触，故其约束力的作用线与 x 轴正向所成的夹角为 150°。

4-5 C　提示：三个力合成后可形成自行封闭的三角形，说明此力系主矢为零；将三力对 A 点取矩，$\boldsymbol{F}_1$、$\boldsymbol{F}_3$ 对 A 点的力矩为零，$\boldsymbol{F}_2$ 对 A 点的力矩不为零，说明力系的主矩不为零。根据力系简化结果的分析，主矢为零，主矩不为零，力系简化为一合力偶。

4-6 B　提示：主矢：$\boldsymbol{F}_R=\boldsymbol{F}_1+\boldsymbol{F}_2+\boldsymbol{F}_3=(40-10)\boldsymbol{i}-40\boldsymbol{j}=30\boldsymbol{i}-40\boldsymbol{j}$(N)

主矩：$M_O=M+F_1\times3+F_2\times3+F_3\times3=300\text{N}\cdot\text{m}$，经简化，主矢和主矩均不为零。

4-7 D　提示：以整体为研究对象，其受力如图 4-112 所示。

列平衡方程：$\sum M_B=0,\ F_C\cdot1-M=0$

代入数值，得 $F_C=1\text{kN}$（水平向右）。

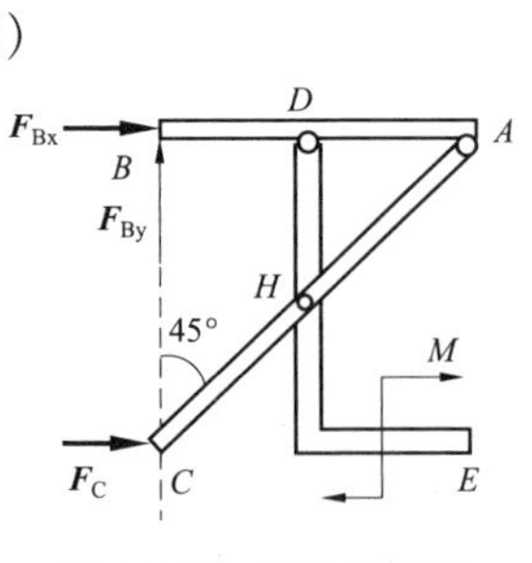

图 4-112　题 4-7 解图

4-8 A　提示：以圆柱体为研究对象，沿 1、2 接触点的法线方向有约束力 $\boldsymbol{F}_{N1}$ 和 $\boldsymbol{F}_{N2}$，受力如图 4-113 所示；对圆柱体列 $\boldsymbol{F}_{N2}$ 方向

的平衡方程

$$\sum F_2=0, F_{N2}-P\cos45°+F\sin45°=0, F_{N2}=\frac{\sqrt{2}}{2}(P-F)$$

4-9 D　提示：取整体为研究对象，受力如图 4-114 所示，列平衡方程

$$\sum m_C(F)=0, F_A\cdot 2r-F_P\cdot 3r=0, F_A=\frac{3}{2}F_P$$

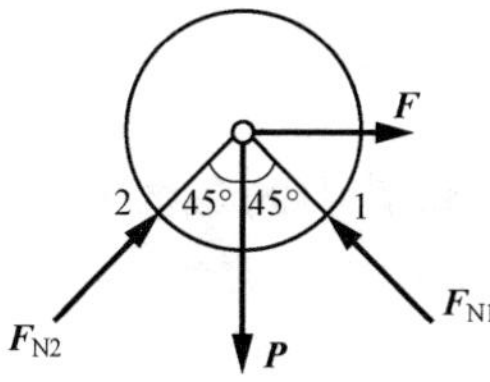

图 4-113　题 4-8 解图

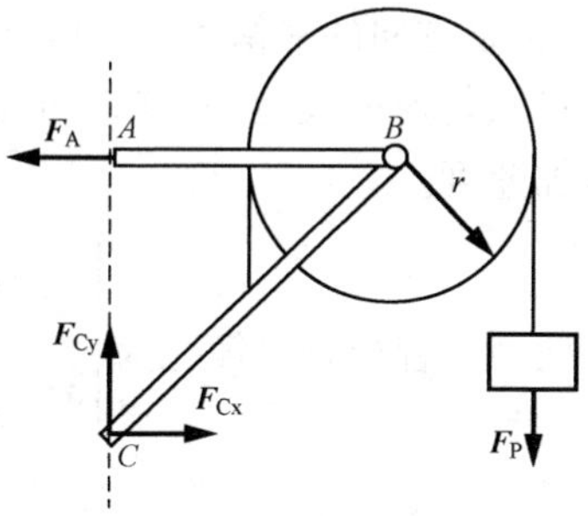

图 4-114　题 4-9 解图

4-10 A　提示：作用在 AB 杆 C 处的约束力为水平方向，根据力偶的性质，A、D 处约束力应满足二力平衡原理。

4-11 B　提示：根据受力分析，A、B、C 处的约束力均为水平方向，分别考虑 AC、BC 的平衡，采用力偶的平衡方程即可。

4-12 B　提示：根据力偶的性质，A、B 处约束力应组成一力偶。

4-13 B　提示：取圆盘为研究对象，受力如图 4-115 所示，对 E 点取矩列平衡方程：

$\sum M_E=0, F_D r\cos\alpha-F_P r\sin\alpha=0$，解得 $F_D=F_P$ 方向如图 4-115 所示。

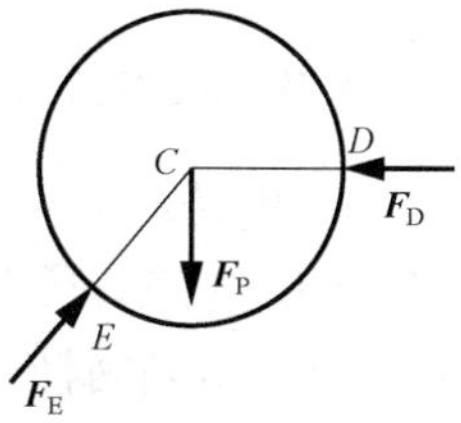

图 4-115　题 4-13 图

4-14 B　提示：对系统整体列平衡方程

$$\sum M_A(F)=0, M_A-F_P\left(\frac{a}{2}+r\right)=0，得\ M_A=F_P\left(\frac{a}{2}+r\right)（逆时针）$$

4-15 B　提示：分析两杆节点 C，由于两杆不在同一条直线上，节点上又没有载荷作用，故两杆均为零杆；分析节点 A，此处的约束是活动铰链支座，其约束力铅垂向上，与 A 节点上的竖直杆共线，则另一根斜杆为零杆。

4-16 A　提示：分析节点 A 的平衡，可知铅垂杆为零杆，再分析节点 B 的平衡，节点连接的两根杆均为零杆，故内力为零的杆数是 3 根。

4-17 A　提示：A、B 处为光滑约束，其约束力均为水平并组成一力偶，与力 $\boldsymbol{F}$ 和 CD 绳索约束力组成的力偶平衡。

4-18 B　提示：BE 杆可用三力平衡汇交定理得到 B 处约束力过 G 点；对结构整体，根据力偶的性质，A、B 处约束力应组成一力偶与$(\boldsymbol{P},\boldsymbol{P}')$平衡。

4-19 D　提示：分析节点 C 的平衡，可知 BC 杆为零杆。

4-20 B　提示：在重力作用下，杆 A 端有向左侧滑动的趋势，故 B 处摩擦力应沿杆指向右上方向。

4-21 C　提示：维持物块平衡的力 $\boldsymbol{F}_Q$ 可在一个范围内，求 $\boldsymbol{F}_{Qmax}$ 时摩擦力 $\boldsymbol{F}$ 向下，求 $\boldsymbol{F}_{Qmin}$ 时摩擦力 $\boldsymbol{F}$ 向上。

4-22 A　提示：如图 4-116 所示，若物块平衡沿斜面方向，则有 $F_f = F\cos\alpha - W\sin\alpha = 0.2F$，而最大静摩擦力 $F_{fmax} = f \cdot F_N = f(\sin\alpha + W\cos\alpha) = 0.28F$，又因为 $F_{fmin} > F_f$，所以物块静止。

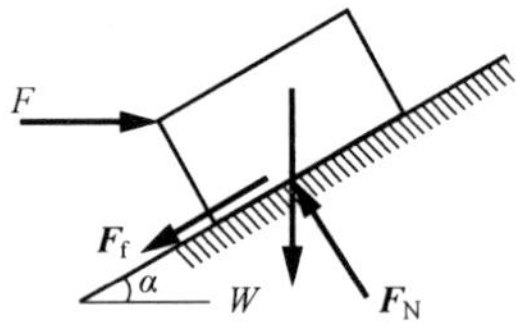

图 4-116　题 4-22 解图

4-23 B　提示：最大静滑动摩擦力 $F_{max} = F_P f = 15\text{kN}$，大于 W，此时摩擦力的大小用铅垂方向的平衡条件来确定。

4-24 A　提示：点做匀速曲线运动，其切向加速度为零，法向加速度不为零，即为全加速度。

4-25 D　提示：两个方程分别可简化为 $\begin{cases} \dfrac{x}{3} = \cos t \\ \dfrac{3-y}{5} = \sin t \end{cases}$，将其中的参数 t 消去，即两个方程平方相加，可得到轨迹方程 $\dfrac{x^2}{3^2} + \dfrac{(3-y)^2}{5^2} = 1$。

4-26 A　提示：当 $t = 10\text{s}$ 时，$v_t = v_0 + at = 10a = 5\text{m/s}$，故汽车的加速度 $a = 0.5\text{m/s}^2$，则有 $s = \dfrac{1}{2}at^2 = \dfrac{1}{2} \times 0.5\text{m/s}^2 \times (10\text{s})^2 = 25\text{m}$。

4-27 C　提示：当 $t = 2\text{s}$ 时，点的速度 $v = \dfrac{\mathrm{d}S}{\mathrm{d}t} = 4t^3 - 9t^2 + 4t = 4\text{m/s}$，点的加速度 $a = \dfrac{\mathrm{d}^2 S}{\mathrm{d}t^2} = 12t^2 - 18t + 4 = 16\text{m/s}^2$。

4-28 B　提示：物体的角速度及角加速度分别为 $\omega = \dfrac{\mathrm{d}\varphi}{\mathrm{d}t} = 4 - 6t$，$\alpha = \dfrac{\mathrm{d}^2\varphi}{\mathrm{d}t^2} = -6\text{rad/s}^2$。则 $t = 1\text{s}$ 时，物体内转动半径 $r = 0.5\text{m}$，点的速度 $v = \omega r = -1\text{m/s}$，切向加速度 $a_t = a_r = -3\text{m/s}^2$。

4-29 C　提示：因为点 A、B 两点的速度、加速度方向相同，大小相等，根据刚体做平行移动时的特性，可判断杆 AB 的运动形式为平行移动，因此，平行移动刚体上 M 点和 A 点有相同的速度和加速度，即 $v_M = v_A = r\omega$，$a_{Mn} = a_{An} = r\omega^2$，$a_{Mt} = a_{At} = r\alpha$。

4-30 D　提示：构件 BC 是平行移动刚体，根据其运动特性，构件上各点有相同的速度和加速度，用其上一点 B 的运动即可描述整个构件的运动，点 B 的运动方程为 $x_B = -r\cos\theta = -r\cos\omega t$，则其速度 $v_{BC} = \dfrac{\mathrm{d}x_B}{\mathrm{d}t} = r\omega\sin\omega t$，加速度的表达式为 $a_{BC} = \dfrac{\mathrm{d}^2 x_B}{\mathrm{d}t^2} = r\omega^2\cos\omega t$。

4-31 A　提示：根据定轴转动刚体上一点速度、加速度与转动角速度、角加速度的关系：$v_B = OB \cdot \omega$，$a_{Bt} = OB \cdot \alpha$，$a_{Bn} = OB \cdot \omega^2$。

4-32 A　提示：物块围绕 y 轴做匀速圆周运动，其加速度为指向 y 轴的法向加速度 $\boldsymbol{a}_n$，其运动及受力分析如图 4-117 所示。根据质点运动微分方程 $m\boldsymbol{a} = \boldsymbol{F}$，将方程沿着斜面方向投影，得 $\dfrac{W}{g}a_n\cos 30° = F_T - W\sin 30°$。将 $a_n = \omega^2 l\cos 30°$ 代入上式，解得 $F_T = 6\text{N} + 5\text{N} = 11\text{N}$。

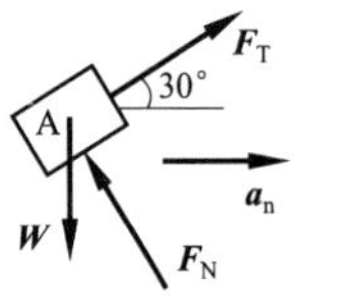

图 4-117　题 4-32 解图

4-33 D　提示：绳上 A 点的加速度大小为 a（该点速度方向在下一

瞬时无变化，故只有铅垂方向的加速度），而轮缘上各点的加速度大小为$\sqrt{a^2+\left(\frac{v^2}{r}\right)^2}$，绳上 D 点随轮缘 C 点一起运动，所以两点加速度相同。

4-34 D 提示：汽车运动到洼地底部时加速度的大小为 $a=a_n=\frac{v^2}{\rho}$，其运动及受力如图 4-118 所示，按照牛顿第二定律，在铅垂方向有 $ma=F_N-W$，F_N 为地面给汽车的合约束力，则 $F_N=\frac{W}{g}\times\frac{v^2}{\rho}+W=\frac{2800}{10}\times\frac{10^2}{5}\text{N}+2800\text{N}=8400\text{N}$。

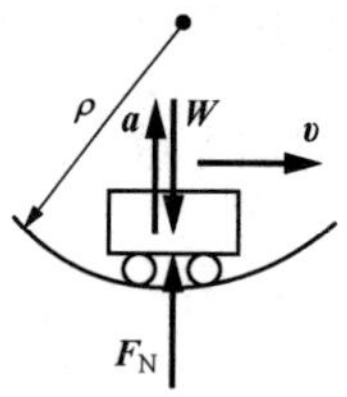

图 4-118 题 4-34 解图

4-35 C 提示：物块与桌面之间最大的摩擦力 $F=\mu mg$，根据牛顿第二定律 $ma=F$，$m\frac{v^2}{r}=F=\mu mg$，$v=\sqrt{\mu gr}$。

4-36 C 提示：重力与水平位移相垂直，故做功为零，摩擦力 $F=10\text{N}\times0.3=3\text{N}$，所做的功 $W=3\text{N}\times4\text{m}=12\text{N}\cdot\text{m}$。

4-37 B 提示：系统在转动中对转动轴 z 的动量矩守恒，即 $I\omega=(I+mR^2)\omega_t$（设 ω_t 为小球达到 B 点时圆环的角速度），则 $\omega_t=\frac{I\omega}{I+mR^2}$。

4-38 C 提示：根据动量矩定理：$Ja_1=1\times r$；$J\alpha_2+m_2r^2\alpha_2+m_3r^2\alpha_2=(m_2g-m_3g)r=1\times r$；$J\alpha_3+m_3r^2\alpha_3=m_3gr=1\times r$，则 $\alpha_1=\frac{1\times r}{J}$，$\alpha_2=\frac{1\times r}{J+m_2r^2+m_3r^2}$，$\alpha_3=\frac{1\times r}{J+m_3r^2}$。

4-39 C 提示：根据动量矩定义和公式 $L_O=M_O(m_1v)+M_O(m_2v)+J_{O轮}\omega$。

4-40 B 提示：根据公式 $T_2-T_1=W_{12}$，其中 $T_1=0$，$T_2=\frac{1}{2}J_O\omega^2$，$W_{12}=mg(R-R\cos\theta)$ 代入公式 $\frac{1}{2}\left(\frac{1}{2}mR^2+mR^2\right)\omega^2-0=mg(R-R\cos\theta)$，解得 $\omega=\sqrt{\frac{4g(1-\cos\theta)}{3R}}$。

4-41 B 提示：在右侧物体重力作用下，滑轮顺时针方向转动，故轮上作用的合力矩应有 $(F_{T2}-F_{T1})r>0$。

4-42 D 提示：如图 4-119 所示杆释放瞬时，其角速度为零，根据动量矩定理：$J_O\alpha=mg\frac{l}{2}$，$\frac{1}{3}ml^2\alpha=mg\frac{l}{2}$，$\alpha=\frac{3g}{2l}$；施加于杆 OA 的附加动反力为 $ma_C=m\frac{3g}{2l}\cdot\frac{l}{2}=\frac{3}{4}mg$，方向与质心加速度 a_C 方向相反。

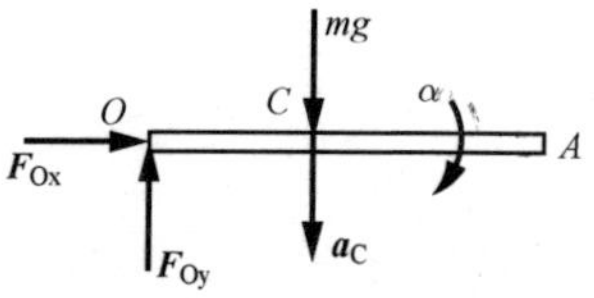

图 4-119 题 4-42 解图

4-43 D 提示：圆盘绕轴 O 做定轴转动，其动能应为 $T=\frac{1}{2}J_O\omega^2$，且 $J_O=J_C+ml^2$。

4-44 D 提示：根据定轴转动刚体惯性力系的简化结果分析，匀角速度转动（$\alpha=0$）刚体的惯性力主矢和主矩的大小分别为 $\boldsymbol{F}_I=ma_C=\frac{1}{2}ml\omega^2$，$M_{IO}=J_O\alpha=0$。

4-45 B　提示：当轮心运动到最低位置时，质心 C 的加速度为 $e\omega^2$（法向加速度），方向向上（指向转动轴），根据达朗贝尔原理，在轮心处加上向下的惯性力 $\frac{P}{g}e\omega^2$，则系统在惯性力和重力作用下可视为平衡系统，在 xz 平面内，圆轮在 AB 轴的中间，A、B 轴承约束力相等分别为惯性力加上重力的一半，即 $\frac{P}{2}+\frac{P}{2g}e\omega^2$。

4-46 D　提示：根据定轴转动刚体动量矩和动能的公式 $L_O=J_O\omega$，$T=\frac{1}{2}J_O\omega^2$。

4-47 B　提示：根据动能定理，知 $T_2-T_1=W_{12}$。杆初始水平位置和运动到铅直位置时的动能分别为 $T_1=0$，$T_2=\frac{1}{2}\times\frac{1}{3}ml^2\omega^2$，运动过程中重力所做的功 $W_{12}=mg\frac{1}{2}l$，代入动能定理，可得 $\frac{1}{6}ml^2\omega^2-0=\frac{l}{2}mg$，则 $\omega=\sqrt{\frac{3g}{l}}$。

4-48 C　提示：根据单摆运动的固有频率公式 $\omega_n=\sqrt{\frac{g}{l}}$。

4-49 B　提示：根据公式 $\omega_n^2=k/m$，$k=m\omega_n^2=5\times30^2\text{N/m}=4500\text{N/m}$。

4-50 D　提示：系统为并联弹簧，其等效的弹簧刚度应为两弹簧刚度之和。

4-51 B　提示：按弹簧的串、并联计算其等效的弹簧刚度。

4-52 C　提示：质点振动的固有频率与倾角无关。

4-53 D　提示：根据单自由度质点直线振动固有频率的公式，图（a）系统：$\omega_a=\sqrt{\frac{k}{m}}$，图（b）系统：等效的弹簧刚度为 $\frac{k}{2}$，$\omega_b=\sqrt{\frac{k}{2m}}$。

4-54 D　提示：当激振频率与系统的固有频率相等时，系统发生共振，即

$$\omega_0=\sqrt{\frac{k}{m}}=\omega_1=6\text{rad/s},\sqrt{\frac{k}{1+m}}=\omega_2=5.86\text{rad/s}$$

联立求解，可得 $m=20.68\text{kg}$，$k=744.53\text{N/m}$。

第5章　材料力学

考试大纲

5.1　材料在拉伸、压缩时的力学性能　低碳钢；铸铁拉伸；压缩实验的应力—应变曲线；力学性能指标。

5.2　拉伸和压缩　轴力和轴力图；杆件横截面和斜截面上的应力；强度条件；胡克定律；变形计算。

5.3　剪切和挤压　剪切和挤压的实用计算；剪切面；挤压面；剪切强度；挤压强度。

5.4　扭转　扭矩和扭矩图；圆轴扭转切应力；切应力互等定理；剪切胡克定律；圆轴扭转的强度条件；扭转角计算及刚度条件。

5.5　截面几何性质　静矩和形心；惯性矩和惯性积；平行轴公式；形心主轴及形心主惯性矩概念。

5.6　弯曲　梁的内力方程；剪力图和弯矩图；分布载荷、剪力、弯矩之间的微分关系；正应力强度条件；切应力强度条件；梁的合理截面；弯曲中心概念；求梁变形的积分法——叠加法。

5.7　应力状态　平面应力状态分析的解析法和应力圆法；主应力和最大切应力；广义胡克定律；四个常用的强度理论。

5.8　组合变形　拉/压—弯组合；弯—扭组合情况下杆件的强度校核；斜弯曲。

5.9　压杆稳定　压杆的临界载荷；欧拉公式；柔度；临界应力总图；压杆的稳定校核。

5.1　材料在拉伸、压缩时的力学性能

力学性能：材料在受力作用时，在变形与强度方面表现出来的性能。

低碳钢：含碳量在0.3%以下的碳钢。

1. 低碳钢的拉伸特点

低碳钢的拉伸过程分为四个阶段，第一阶段称为弹性阶段，在这一阶段力 F 与变形 Δl 保持直线关系。第二阶段称为流动阶段或屈服阶段，荷载保持在某一数值附近上下波动，而变形继续增加，在这一阶段试件表面可看到与轴线大约成45°方向的条纹称为滑移线。第三阶段称为强化阶段，经过流动阶段后力 F 与变形 Δl 又恢复了曲线的上升趋势。第四阶段称为破坏阶段，这一阶段中荷载达到最大值，试件断裂前发生颈缩现象。

2. 低碳钢拉伸时的应力应变曲线（图5-1）及其特点

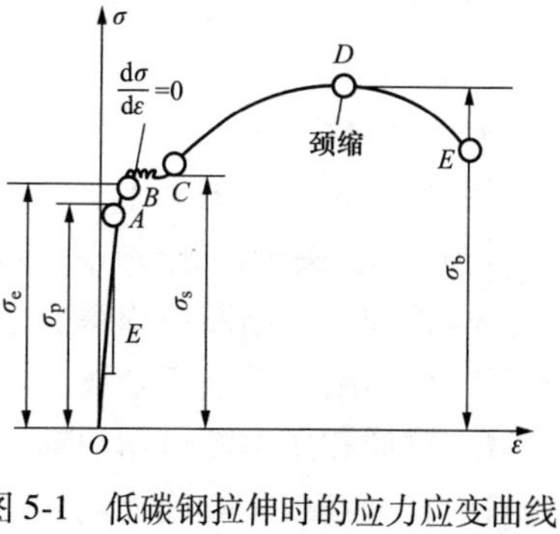

图5-1　低碳钢拉伸时的应力应变曲线

比例极限：A 点的应力 σ_b，直线的最高点，当应力的数值小于比例极限时 σ 与 ε 成正比。在这一段可得到材料的弹性模量，$\tan\alpha=\sigma/\varepsilon=E$。弹性极限：$B$ 点应力 σ_e，弹性阶段的最大值，由于 A 点应力和 B 点应力相差不大，一般认为，$\sigma_e=\sigma_p$。流动阶段：C 点应力 σ_s，应力达到流动阶段时，构件已失去了正常工作的能力，所以，σ_s 是衡量塑性材

料强度的指标。强度极限：D 点的应力 σ_b，应力的最大值，衡量脆性材料强度指标。

3. 延伸率

$$\delta=\frac{l_1-l}{l}\times100\% \tag{5-1}$$

其中，l_1 为试件拉断以后，将断口对在一起后，试件的长度；l 为试件原长。

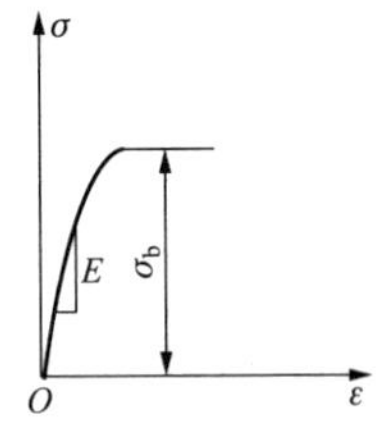

图 5-2　铸铁拉伸图

4. 铸铁的拉伸图(图 5-2)

特点：

(1) $\sigma-\varepsilon$ 曲线无明显的直线部分。

(2) 无屈服现象和颈缩现象，较小拉力突然拉断。

(3) 延伸率极小。

5. 低碳钢压缩试验

压缩曲线在弹性阶段和流动阶段与拉伸时相同，极限应力 σ_s 弹性模量 E 均与拉伸时相同。由于经过流动阶段后，试件产生很大的塑性变形，得不到强度极限。

6. 铸铁压缩试验

特点：

(1) 曲线形状与拉伸时相似。

(2) 抗压强度比抗拉强度高 4~5 倍。

(3) 在较小的变形下突然破坏，破坏断面与轴线成 45°~55°角。

7. 两类材料力学性能比较

塑性材料破坏前变形大，有流动阶段。承受冲击的能力好。拉压时弹性模量 E、流动极限 σ_s 均相同。

脆性材料破坏前变形小，没有明显的流动阶段。承受冲击的能力不好。抗拉强度低，抗压强度高。所以，塑性材料适合做承拉构件，脆性材料适合做承压构件。

8. 衡量材料力学性能的指标

(1) 比例极限：σ_p 应力和应变成线性关系的应力最大值。

(2) 屈服极限：σ_s 衡量塑性材料强度的指标。

(3) 强度极限：σ_b 衡量脆性材料强度的指标。

(4) 弹性模量：E 衡量材料弹性性能的指标。

(5) 延伸率：δ 衡量材料塑性性能的指标。

【例 5-1】 材料力学中的各向同性假设认为，材料内部各点沿不同方向具有相同的(　　)。

A. 力学性质　　B. 外力　　C. 变形　　D. 位移

解： 由材料力学的基本假设，材料各个方向具有相同的力学性质，故答案选 A。

【例 5-2】 关于铸铁件在拉伸和压缩实验中的破坏现象，下面说法中正确的是(　　)。

A. 拉伸和压缩断口均垂直于轴线

B. 拉伸断口垂直于轴线，压缩断口与轴线大约成 45°

C. 拉伸和压缩断口均与轴线大约成 45°

D. 拉伸断口与轴线大约 45°，压缩断口垂直于轴线

解:根据铸铁试件在拉伸和压缩实验中的破坏现象可知,拉伸时断口垂直于轴线,压缩时断口与轴线大约成45°,故答案应选B。

5.2 拉伸和压缩

5.2.1 轴向拉伸与压缩的概念

1. 力学模型

轴向拉压杆的力学模型如图5-3所示。

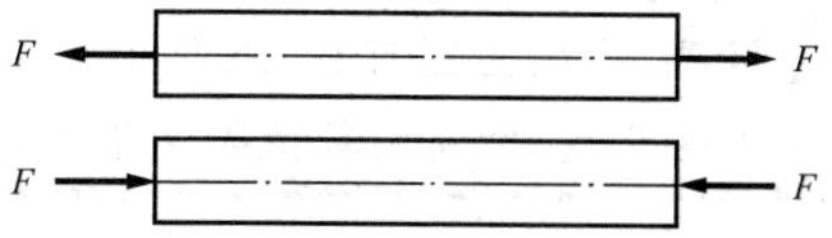

图5-3 轴向拉压杆的力学模型

2. 受力特点

作用在杆两端外力的合力大小相等、方向相反,作用线与杆的轴线相重合。

3. 变形特点

沿杆轴线方向的伸长或缩短。

5.2.2 轴向拉伸与压缩杆件的内力

1. 内力

在外力的作用下存在于构件内部各个质点间的相互作用力,构件各部分之间的相互作用。

2. 轴力

轴向拉压杆横截面上的内力,其作用线与杆轴线重合,称为轴力。规定拉伸时所产生的内力为正的轴力,压缩时所产生的内力为负的轴力。

3. 截面法确定内力

截面法(图5-4)确定内力的步骤为:

(1) 要求某截面的内力时,就假想的用该截面将杆截成左、右两部分,取其中一部分为研究对象,移去另一部分(截开)。

(2) 用内力表示移去部分对留下部分的作用(代替)。

(3) 根据静力平衡条件建立平衡方程,用已知的外力确定未知的内力(平衡)。

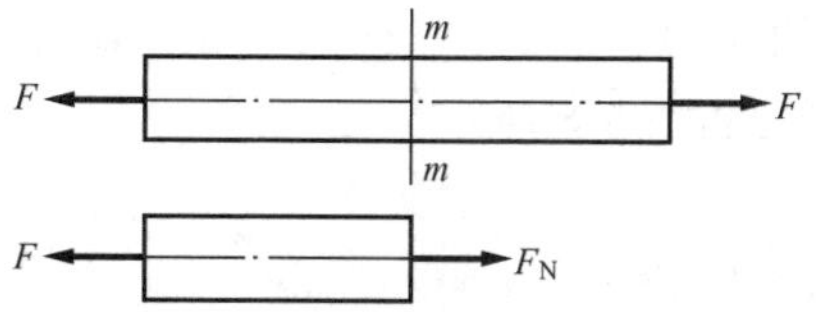

图5-4 截面法示意图

4. 简易法求轴力

$$F_N = \sum F_{(截面一侧所有外力)} \tag{5-2}$$

符号规定:背离截面的所有外力均产生正值的轴力,指向截面的矢量均产生负值的轴力。

注意:截面法和简易法的区别。

5. 轴力图

为了表示轴力沿杆轴线的变化规律,用沿杆长度方向坐标 x 表示截面的位置,以垂直于杆轴的坐标 F_N,表示相应截面上轴力的大小,把正值的轴力画在 x 轴的上侧。

【例5-3】 如图5-5(a)杆的轴力图所示,则相应截面的轴力为(　　)kN。

A. $F_{N1}=-6$　　B. $F_{N2}=-18$　　C. $F_{N2}=4$　　D. $F_{N2}=-12$

解:由截面法或简易法可分别求出[图 5-5(b)]。

$F_{N1}=6kN$

$F_{N2}=-12kN$

$F_{N3}=-4kN$

所以正确答案选 D。

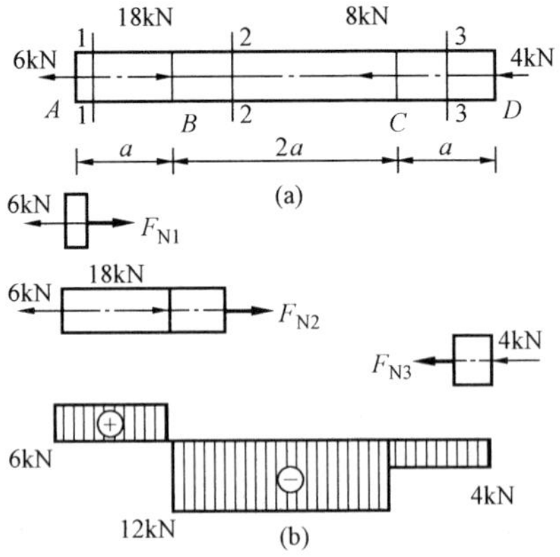

图 5-5　[例 5-3]图

注意:由轴力图可见,在集中力作用截面,轴力图发生突变,突变的数值等于集中力的数值。

【例 5-4】已知图 5-6 所示等直杆的轴力图(图中集中荷载单位为 kN,分布荷载单位为 kN/m),则该杆相应的荷载为(　　)。

解:从轴力图看,轴力在截面 C 有突变,突变值为 45kN,在截面 C 处应有一个 45kN 的集中力,排除 B、C 选项,又因轴力图为两段斜直线,所以必有沿轴线的分布荷载,故排除 A,答案应选 D。

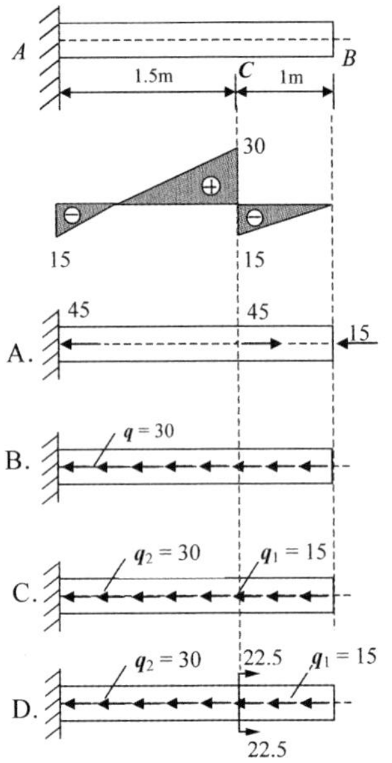

图 5-6　[例 5-4]图

6. 轴向拉压杆横截面上的应力

沿杆横截面应力均匀分布,由于应力与横截面垂直,称为正应力(图 5-7)。

正应力计算公式

$$\sigma=\frac{F_N}{A} \tag{5-3}$$

式中　A——横截面面积(m^2);

F_N——轴力(N);

σ——正应力(Pa、MPa、GPa)。

7. 轴向拉压杆斜截面上的应力

斜截面上的应力均匀分布,如图 5-8 所示。

斜截面总应力

$$p_\alpha=\sigma_0\cos\alpha \tag{5-4}$$

斜截面正应力

$$\sigma_\alpha=p_\alpha\cos\alpha=\sigma_0\cos^2\alpha \tag{5-5}$$

斜截面切应力

$$\tau_\alpha=\frac{\sigma_0}{2}\sin2\alpha \tag{5-6}$$

上述式中　σ_0——横截面上的正应力;

α——由横截面外法线逆时针转到斜截面外法线 n 上为正;

σ_α——拉应力为正,压应力为负;

τ_α——切应力矢量绕截面内侧任意点有顺时针旋转趋势为正,反之为负。

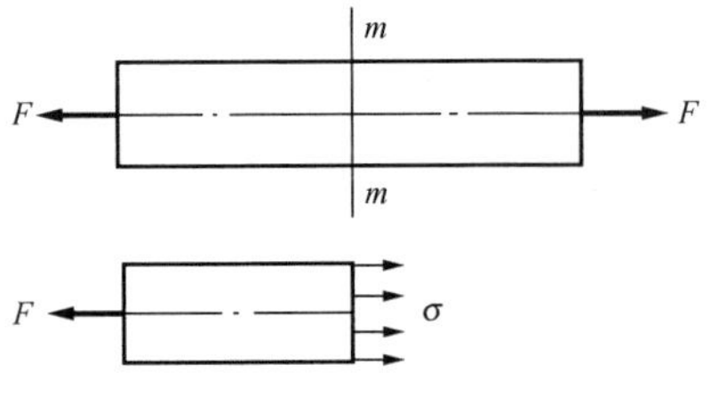

图 5-7　应力沿截面分布规律

轴向拉压杆件的最大正应力发生在杆的横截面上，其值为

$$\sigma_{\max}=\sigma_0 \tag{5-7}$$

极值最大的切应力发生在与杆轴线成45°的斜截面上，且最大切应力是最大正应力的一半。

$$\tau_{\max}=\frac{\sigma_0}{2} \tag{5-8}$$

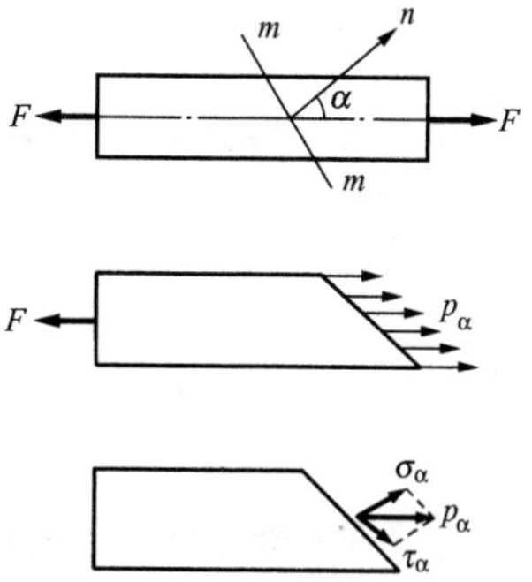

图 5-8　斜截面应力

【例 5-5】等直杆受力如图 5-9 所示，其横截面面积 $A=100\text{mm}^2$，则给定横截面 $m—m$ 上正应力为(　　)MPa。

A. 50(压应力)　　B. 40(压应力)

C. 90(压应力)　　D. 90(拉应力)

解：首先用简易法求出 $m—m$ 截面右侧杆的轴力。

$$F=13\text{kN}-4\text{kN}=9\text{kN}$$

$$\sigma=\frac{F_{\text{N}}}{A}=\frac{9\times10^3}{100\times10^{-6}}\text{Pa}=90\text{MPa}$$

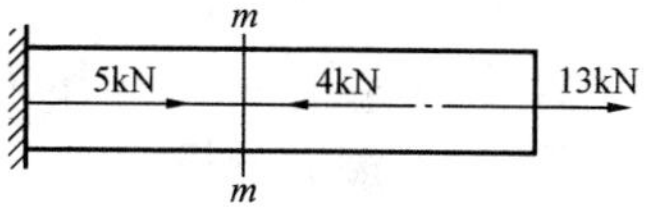

图 5-9　[例 5-5]图

故答案应选 D。

【例 5-6】等截面直杆受轴向拉力 F 作用发生拉伸变形，如图 5-10 所示。已知横截面面积为 A，以下给出的横截面上的正应力和 45°斜截面上的正应力为(　　)。

A. $\dfrac{F}{A},\dfrac{F}{2A}$　　B. $\dfrac{F}{A},\dfrac{F}{\sqrt{2}A}$

C. $\dfrac{F}{2A},\dfrac{F}{2A}$　　D. $\dfrac{F}{A},\dfrac{\sqrt{2}F}{A}$

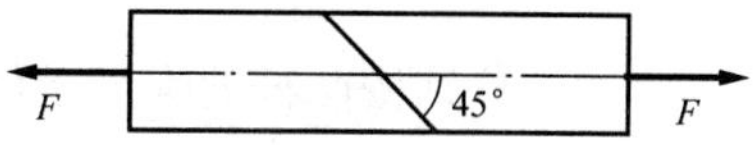

图 5-10　[例 5-6]图

解：横截面上的正应力 $\sigma=\dfrac{F}{A}$，斜截面上的正应力 $\sigma_{45^\circ}=\sigma\cos^2 45^\circ=\dfrac{F}{2A}$，故答案应选 A。

5.2.3　强度条件

1. 强度条件

(1) 极限应力。引起材料发生破坏的应力，用 σ_0 表示。

(2) 安全因数。大于 1 的系数。

(3) 许用应力。规定出杆件能安全工作的应力最大值。

$$[\sigma]=\frac{\sigma_0}{n} \tag{5-9}$$

(4) 工作应力。构件在荷载的作用下产生的应力用 σ 表示。

(5) 强度条件的建立。

$$\sigma_{\max}=\frac{F_{\text{Nmax}}}{A}\leqslant[\sigma] \tag{5-10}$$

2. 强度条件应用

强度计算的三类问题：

(1) 强度校核。已知 F、A、$[\sigma]$，最大工作应力与许用应力比较。

$$\sigma_{max}=\frac{F_{Nmax}}{A}\leqslant[\sigma]$$

(2) 设计截面。已知 F、$[\sigma]$，则

$$A\geqslant\frac{F_{Nmax}}{[\sigma]}$$

(3) 确定许用荷载。已知 A、$[\sigma]$，则

$$F_{Nmax}\leqslant A[\sigma]$$

再根据平衡条件确定荷载$[F]$。

【例 5-7】 图 5-11 所示为一三角拖架，AB 为钢杆$[\sigma_1]=40\text{MPa}$，$A_1=14\text{cm}^2$，BC 为木杆$[\sigma_2]=10\text{MPa}$，$A_2=100\text{cm}^2$，ABC 连接处均可视为铰接，从强度方面计算竖向荷载 F 的最大许用值为(　　)。

A. $F=50\text{kN}$　　B. $F=32.3\text{kN}$　　C. $F=82.3\text{kN}$　　D. $F=22.3\text{kN}$

解：(1) 静力分析。

$\sum F_Y=0$：　$-F-F_{N2}\sin30°=0$

$F_{N2}=-2F$(压)

$\sum F_X=0$：　$-F_{N1}-F_{N2}\cos30°=0$

$F_{N1}=\sqrt{3}F$(拉)

$F_{N2}=-2F$(压)

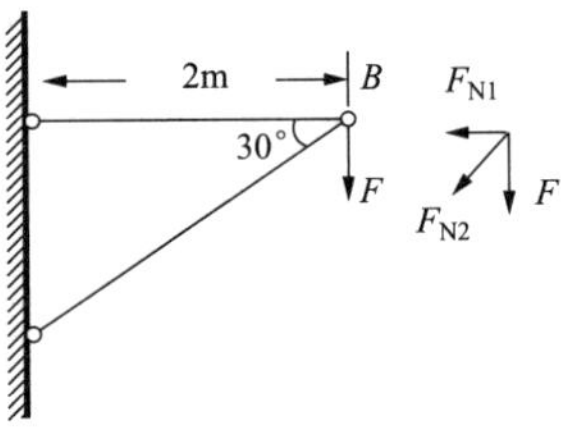

图 5-11　[例 5-7]图

(2) 分别按两杆的强度条件计算荷载 F。

钢杆：$\sigma_1=\dfrac{F_{N1}}{A_1}\leqslant[\sigma_1]$，$F\leqslant32.3\text{kN}$

木杆：$\sigma_2=\dfrac{F_{N2}}{A_2}\leqslant[\sigma_2]$，$F\leqslant50\text{kN}$

因为要同时满足两杆的强度，所以$[F]=32.3\text{kN}$，故答案应选 B。

注意：结构上荷载的许可值和两杆强度有关，在力 F 的作用下，两根杆必须满足各自的强度条件。

5.2.4 轴向拉压杆的变形、胡克定律

1. 轴向拉压杆的变形(图 5-12)

杆件在轴向拉伸时，轴向伸长，横向缩短；在轴向压缩时，轴向缩短，横向伸长。

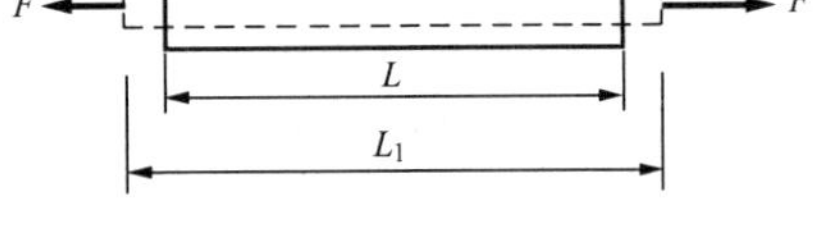

图 5-12　轴向拉压杆的变形

轴向变形为

$$\Delta L=L_1-L \tag{5-11}$$

轴向线应变

$$\varepsilon=\frac{\Delta L}{L} \tag{5-12}$$

2. 胡克定律

弹性范围应力与应变成正比

$$\sigma = E\varepsilon \tag{5-13}$$

式中 E——材料的弹性模量。

用轴力和杆的变形表示的胡克定律为

$$\Delta L = \frac{F_N L}{EA} \tag{5-14}$$

式中 EA——杆的拉伸刚度。

横向应变

$$\varepsilon' = -\mu\varepsilon \tag{5-15}$$

式中 μ——泊松比小于 1 的系数。

【例 5-8】 如图 5-13(a)所示，钢质圆杆的直径 $d=10$mm，$F=5.0$kN，弹性模量 $E=210$GPa。试求杆内最大应变和杆端 D 的位移。

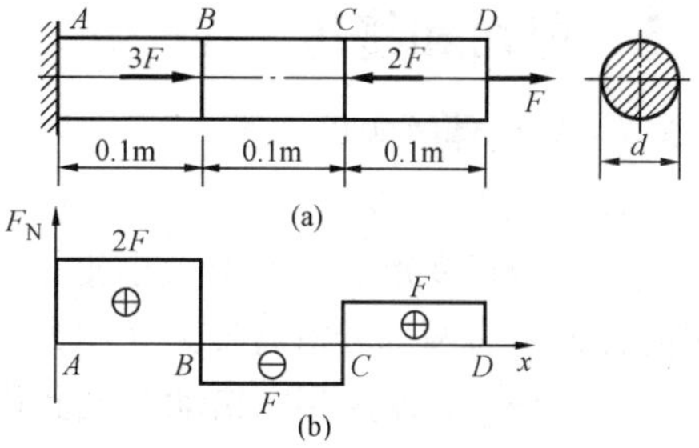

图 5-13 [例 5-8]图

解： 杆的轴力图如图 5-13(b)所示。

$$\varepsilon_{max} = \frac{\sigma_{max}}{E} = \frac{F_{Nmax}}{EA} = \frac{2F}{EA} = 6.06 \times 10^{-4}$$

$$\Delta l = \Delta l_{AB} + \Delta l_{BC} + \Delta l_{CD} = \frac{2Fl}{EA} + \frac{-Fl}{EA} + \frac{Fl}{EA}$$

$$= \frac{2Fl}{EA} = 6.06 \times 10^{-5}\text{m}$$

注意： 杆端 D 的位移等于杆的伸长量。

【例 5-9】 横截面面积为 A 的圆杆受轴向拉力作用，在其他条件不变时，若将其横截面改为面积仍为 A 的空心圆截面，则杆的(　　)。

A. 内力、应力、轴向变形均增大

B. 内力、应力、轴向变形均减小

C. 内力、应力、轴向变形均不变

D. 内力、应力不变、轴向变形增大

解： 由横截面内力(轴力) $F_N = \sum F_{截面一侧的外力}$，应力 $\sigma = \frac{F_N}{A}$，变形 $\Delta l = \frac{F_N l}{EA}$ 可知，都与截面形状无关，因此内力、应力、轴向变形均不变，故答案应选 C。

【例 5-10】 图 5-14(a)所示桁架，在节点 C 处沿水平方向受力 F 作用。各杆的抗拉刚度相等。若节点 C 的铅垂位移以 V_C 表示，BC 杆的轴力以 F_{NBC} 表示，则(　　)。

A. $F_{NBC}=0, V_C=0$

B. $F_{NBC}=0, V_C\neq 0$

C. $F_{NBC}\neq 0, V_C=0$

D. $F_{NBC}\neq 0, V_C\neq 0$

解： 由节点 C 的平衡可知 BC 杆轴力等于零，变形也等于零，但由于 AC 杆伸长，所以 C 点在 AC 杆伸长后到达 C' 点，有向下的位移[图 5-14(b)]，故答案应选 B。

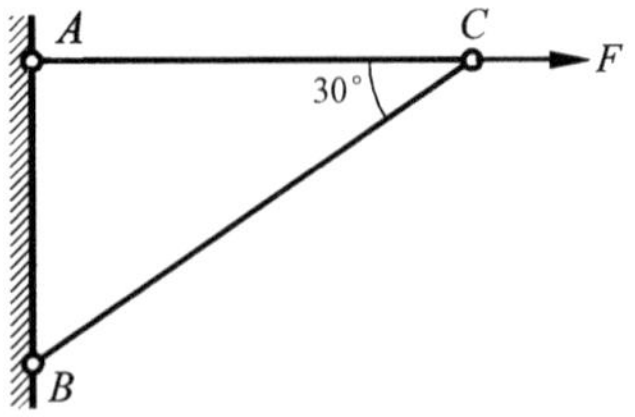

(a)

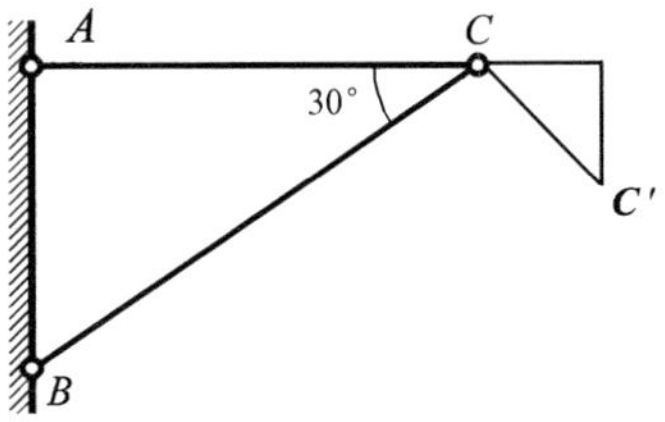

(b)

图 5-14 [例 5-10]图

注意:节点 C 的位移由两杆变形后所作垂线的交点的位置得到。

5.3 剪切和挤压

5.3.1 连接件的实用计算

1. 剪切的概念

(1) 剪切变形。由两个大小相等、方向相反、作用线垂直于杆轴线且距离很近的一对力将引起杆的左右两部分沿着外力作用方向发生相对错动的变形,如图 5-15 所示。

1) 受剪面:发生相对错动的截面称为受剪面或剪切面。

2) 剪力与切应力:构件在剪切时,受剪面上的内力 F_s 称为剪力,与此相应的应力τ称为切应力。

(2) 挤压。连接件和被连接件在接触表面上有相互压紧的现象称为挤压。

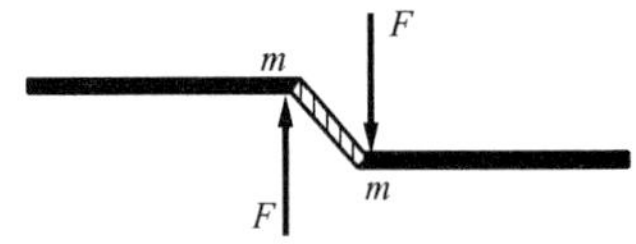

图 5-15 剪切变形

1) 挤压面:相互发生挤压的表面,用 A_{bs}表示。

2) 挤压力:受挤压处的压力,用 F_{bs}表示。

3) 挤压应力:挤压面上的应力,用 σ_{bs}表示。

2. 连接件的实用计算

连接件的强度计算包括:

(1) 剪切强度(对铆钉)。

(2) 挤压强度(板和铆钉挤压面相同)。

(3) 板的拉伸强度。

【例 5-11】 板宽 70mm,主板厚 $t=20$mm,采用 $d=20$mm 的铆钉,板材许用应力$[\sigma]=120$MPa,许用挤压应力$[\sigma_{bs}]=200$MPa,铆钉许用切应力$[\tau]=100$MPa,板承受轴向拉力 $F=100$kN,如图 5-16 所示。求每侧所需铆钉的个数。

解:设每侧需要 n 个铆钉。

(1) 根据切应力强度条件确定铆钉个数。

剪切面积

$$A_{\delta}=\frac{\pi d^2}{4}$$

由剪切强度条件$\frac{F_s}{A_s} \leqslant [\tau]$，可得 $n=1.59$，所以采用两个铆钉。

（2）根据挤压强度条件校核。由于一般 $2t_1 \geqslant t$ 所以只校核中间面积即可。

$$F_{bs}=\frac{F}{2}$$

$$A_{bs}=dt$$

$$\sigma_{bs}=\frac{F_{bs}}{A_{bs}}=125\text{MPa} \leqslant [\sigma_{bs}]$$

（3）校核板的拉伸强度。确定危险截面，画板的轴力图。由轴力图得到危险截面是2—2截面。

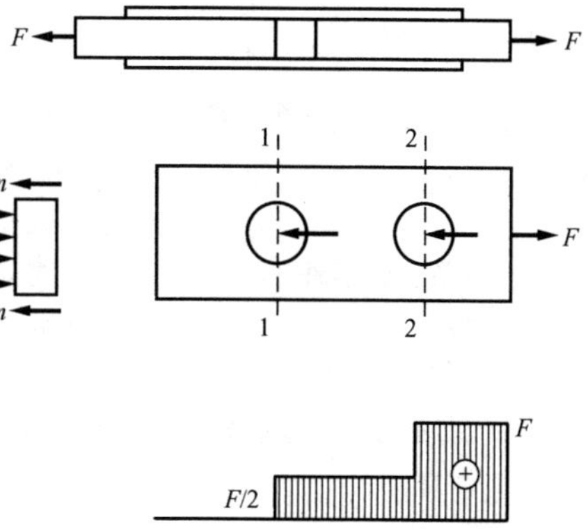

图 5-16 ［例 5-11］受力分析

$$F_N=FA=(70-20)\times 20\times 10^{-6}\text{mm}^2$$

$$\sigma=100\text{MPa}<[\sigma]$$

所以每侧应选两个铆钉。

> **注意**：每侧所需铆钉的个数和铆钉的剪切强度、挤压强度及板危险面上的拉伸强度有关，所以要从这三个方面去考虑。另外，计算铆钉的剪切强度和挤压强度时必须将铆钉的剪切面和挤压面悬露出来。

【例 5-12】如图 5-17(a)所示简支梁两端由铰链约束，已知铰链轴的许用切应力为$[\tau]$，梁中间受集中力 F 作用，则铰链轴的合理直径 d(　　)。

A. $d^2 \geqslant \frac{4F}{\pi[\tau]}$　　B. $d^2 \geqslant \frac{2F}{\pi[\tau]}$

C. $d^2 \geqslant \frac{F}{\pi[\tau]}$　　D. $d^2 \geqslant \frac{F}{2\pi[\tau]}$

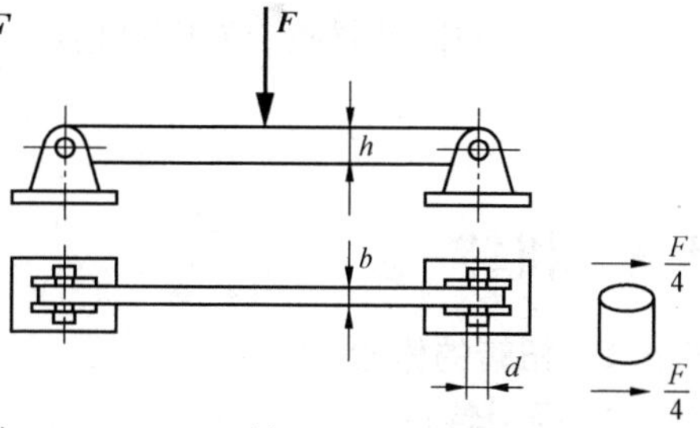

图 5-17 ［例 5-12］图

解：力 F 作用下，每个支座受力为$\frac{F}{2}$，每个铰链轴有两个剪切面，如图 5-17(b)所示，每个面上切应力$\tau=\frac{\frac{F}{4}}{\frac{\pi d^2}{4}} \leqslant [\tau]$，有 $d^2 \geqslant \frac{F}{\pi[\tau]}$，故答案应选 C。

【例 5-13】图 5-18 所示销钉的剪切面积和挤压面积正确的是(　　)。

A. $A_s=\frac{\pi d^2}{4}, A_{bs}=\frac{\pi(D^2-d^2)}{4}$

B. $A_s=\frac{\pi(D^2-d^2)}{4}, A_{bs}=\frac{\pi(D^2-d^2)}{4}$

C. $A_s=\pi dh, A_{bs}=\frac{\pi(D^2-d^2)}{4}$

D. $A_s=\pi dh, A_{bs}=\frac{d^2}{4}$

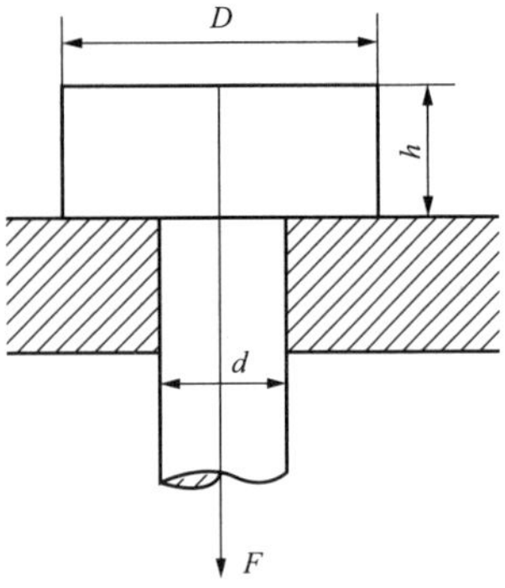

图 5-18 [例 5-13]图

解:剪切面积上的切应力应与截面相切,挤压面积上的挤压应力应与挤压面垂直,故答案应选 C。

注意:连接件的强度计算关键是找出哪个是剪切面、哪个是挤压面、有几个剪切面、几个挤压面。

5.3.2 切应力互等定理、剪切胡克定律

1. 纯剪切

单元体六个相互垂直的平面上,只作用有切应力没有正应力,称为纯剪切应力状态(图 5-19)。

2. 切应力互等定理

在相互垂直的两个平面上,切应力是同时存在的,它们大小相等,方向同时指向两截面交线或同时背离这一交线。

$$\tau_1=-\tau_2$$

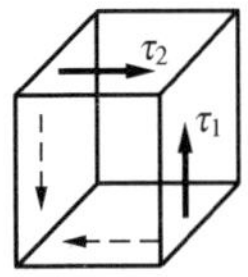

图 5-19 纯剪切应力状态

3. 剪切胡克定律

通过实验得到,单元体受剪后,也将发生变形,这一变形叫剪切变形,用 γ 表示。

在弹性范围内,切应力和切应变之间的关系——剪切胡克定律

$$\tau=G\gamma \tag{5-16}$$

式中 G——切变弹性模量,量纲同 E。

对于各向同性材料,拉压弹性模量 E、切变模量 G 与泊松比 μ 之间只有两个是独立常数

$$G=\frac{E}{2(1+\mu)} \tag{5-17}$$

5.4 扭转

5.4.1 扭转的概念

1. 受力特点

(1) 杆两端分别作用有两个大小相等、方向相反的力偶(图 5-20)。

(2) 这两个力偶的作用平面垂直于杆的轴线。

2. 变形特点

杆的两任意横截面绕杆轴线的相对转动。

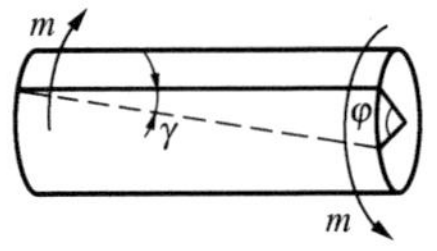

图 5-20 圆杆的扭转

5.4.2 外力偶矩的计算

功率、转速与外力偶之间的关系

$$m=9550\,\frac{P}{n} \tag{5-18}$$

式中 P——传递功率(kW);

n——转速(r/s)。

5.4.3 扭矩和扭矩图

扭矩是杆在扭转时横截面上的内力偶矩,用 T 表示,如图 5-21 所示,其值用截面法确定。

1. 扭矩的符号规定

采用右手螺旋定则：用右手四指表示扭矩的螺旋方向，大拇指表示扭矩的矢量，则当扭矩矢量背离截面时扭矩为正，反之为负。

2. 扭矩图

为了表示扭矩沿杆件轴线各截面的变化规律，通常用 x 表示轴上截面的位置，与 x 轴垂直的轴表示相应截面的扭矩，把正值的扭矩画在 x 轴的上方。

3. 简易法求扭矩

任意截面的扭矩，在数值上等于截面一侧（左侧或右侧）所有外力偶矩的代数和，即

$$T=\sum m_i（截面一侧外力偶矩） \tag{5-19}$$

正负号规定：背离截面的外力偶矩矢量产生正值的扭矩。

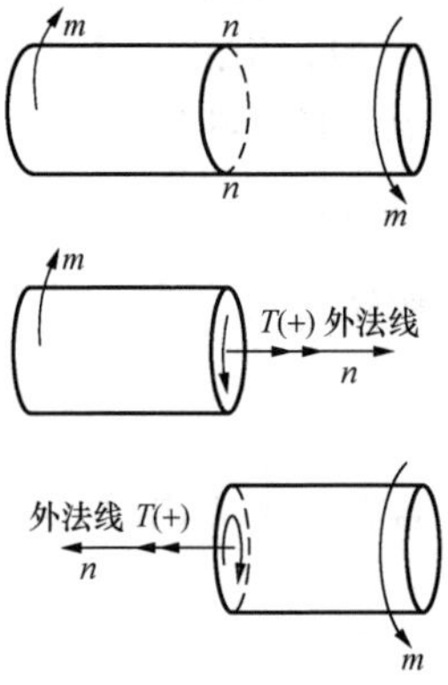

图 5-21　扭矩图

5.4.4　圆杆在扭转时的应力和强度条件

1. 横截面上的切应力

（1）切应力分布规律。沿半径线性分布，截面上任一点的切应力 τ_ρ 与该点到圆心的距离成正比，在所有距圆心等距离远处，切应力均相等，如图 5-22 所示。

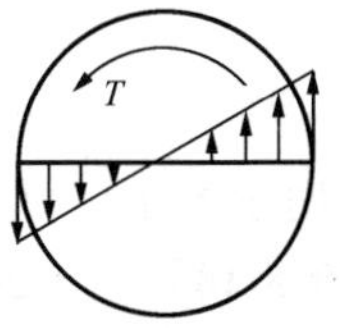

图 5-22　圆杆扭转时横截面上的切应力

（2）切应力计算公式

$$\tau_\rho=\frac{T\rho}{I_p} \tag{5-20}$$

$$\tau_{max}=\frac{T}{W_t} \tag{5-21}$$

（3）极惯性矩及扭转截面系数的计算。

1）实心圆截面。

极惯性矩
$$I_p=\frac{\pi d^4}{32} \tag{5-22}$$

扭转截面系数
$$W_t=\frac{\pi d^3}{16} \tag{5-23}$$

2）空心圆截面。

极惯性矩
$$I_p=\frac{\pi D^4}{32}(1-\alpha^4) \tag{5-24}$$

扭转截面系数
$$W_t=\frac{\pi D^3}{16}(1-\alpha^4) \tag{5-25}$$

式中，$\alpha=\dfrac{d}{D}$（图 5-23）。

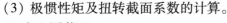

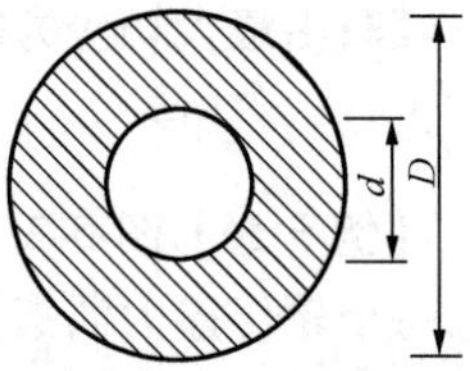

图 5-23　空心圆截面

2. 圆轴扭转时的强度条件

$$\tau_{max}=\frac{T_{max}}{W_t}\leqslant[\tau] \tag{5-26}$$

利用强度条件可对构件进行强度校核、设计截面和确定许用荷载。

5.4.5 圆杆扭转时的变形

1. 扭转角的计算

单位长度扭转角

$$\theta=\frac{d\varphi}{dx}=\frac{T}{GI_p} \tag{5-27}$$

扭转角

$$\varphi=\int_L \frac{T}{GI_p}dx \tag{5-28}$$

若在长度 L 内，T、G、I_p 均为常量时

$$\varphi=\frac{TL}{GI_p} \tag{5-29}$$

式中 GI_p——扭转刚度；

$\frac{GI_p}{L}$——单位刚度。

2. 圆轴扭转时的刚度条件

圆杆扭转时的最大单位长度转角不得超过规定的许可值，即

$$\theta_{max}=\frac{T_{max}}{GI_p}\times\frac{180°}{\pi}\leqslant[\theta](°/m) \tag{5-30}$$

利用刚度条件可进行三个方面的计算，包括刚度校核、设计截面、确定许用荷载。

【例 5-14】 图 5-24 所示圆轴抗扭截面模量为 W_t，切变模量为 G，扭转变形后，圆轴表面 A 点处截取的单元体互相垂直的相邻边线改变了 γ 角，则圆轴承受的扭矩 T 为(　　)。

A. $T=G\gamma W_t$　　B. $T=\frac{G\gamma}{W_t}$

C. $T=\frac{\gamma}{G}W_t$　　D. $T=\frac{W_t}{G\gamma}$

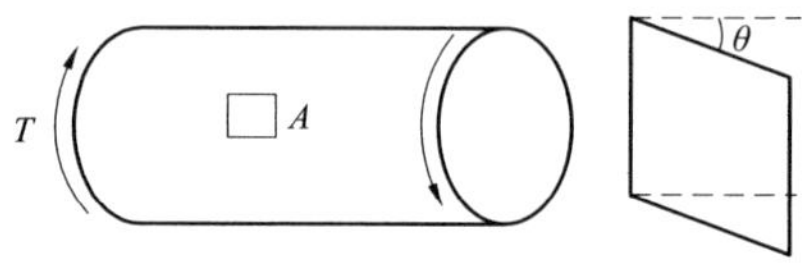

图 5-24 ［例 5-14］图

解：因切应力 $\tau=G\gamma=\frac{T}{W_t}$，则有，$T=G\gamma W_t$，故答案应选 A。

【例 5-15】 受扭实心等直圆轴，当直径增大一倍时，其最大切应力τ_{2max}和两端相对扭转角 φ_2 与原来的τ_{1max}和 φ_1 的比值为(　　)。

A. $\tau_{2max}:\tau_{1max}=1:2$，$\varphi_2:\varphi_1=1:4$　　B. $\tau_{2max}:\tau_{1max}=1:4$，$\varphi_2:\varphi_1=1:8$

C. $\tau_{2max}:\tau_{1max}=1:8$，$\varphi_2:\varphi_1=1:16$　　D. $\tau_{2max}:\tau_{1max}=1:4$，$\varphi_2:\varphi_1=1:16$

解：由最大切应力的计算公式，$\tau_{max}=\frac{T_{max}}{W_t}$，相对扭转角的计算公式 $\varphi=\frac{Tl}{GI_p}$，故答案应选 C。

【例 5-16】 图 5-25 所示等截面圆轴上装有四个皮带轮，每个轮传递力偶矩如图所示，为提高承载能力，方案最合理的是(　　)。

A. 将轮 A 与轮 C 对调

B. 将轮 B 与轮 C 对调

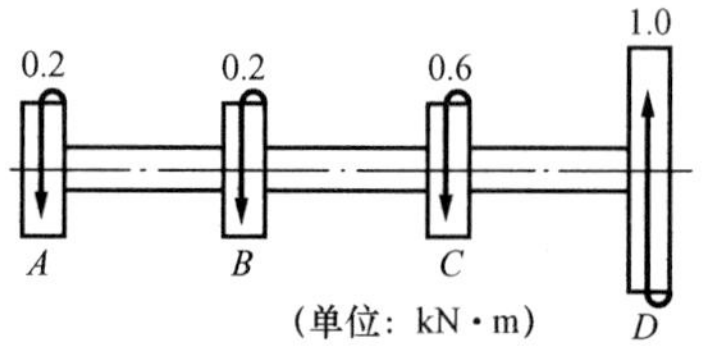

图 5-25 ［例 5-16］图

C. 将轮 B 与轮 D 对调

D. 将轮 C 与轮 D 对调

解:最佳方案是减小轴上的最大扭矩,现在轴的最大扭矩是 1kN · m,如果将 C、D 两轮对调,轴上的最大扭矩变成 0.6kN · m,减小了最大扭矩,即提高了承载能力,故答案应选 D。

注意:扭转的问题只考虑圆形截面杆的强度和刚度问题,记住圆形截面的极惯性矩和扭转截面系数。

5.5 截面几何性质

5.5.1 静矩与形心

以图 5-26 所示截面图形为例。

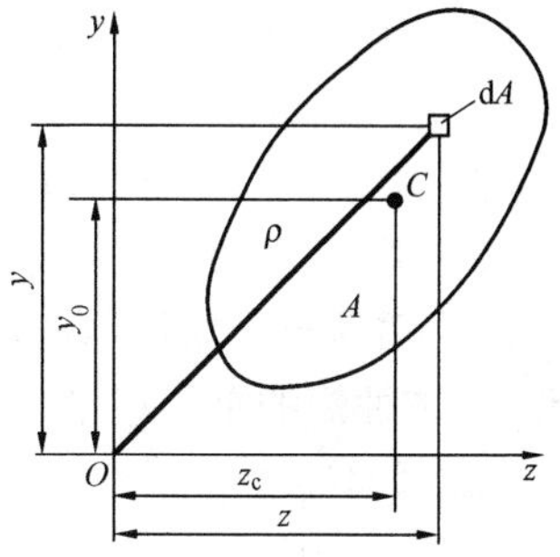

图 5-26 截面图形

1. 静面矩(也叫面积矩,简称静矩)

$$S_y = \int_A z\mathrm{d}A \tag{5-31a}$$

$$S_z = \int_A y\mathrm{d}A \tag{5-31b}$$

(1) 截面对某个轴的静矩,等于截面的面积与截面的形心到该轴垂直距离的乘积

$$S_y = Az_c \tag{5-32a}$$

$$S_z = Ay_c \tag{5-32b}$$

(2) 同一截面对于不同轴的静矩是不同的,静矩的数值可能为正、为负或为零。

(3) 静矩的量纲是[长度]^3。国际单位制:m^3。

(4) 由几个简单图形组合的截面,对于某轴的静矩应等于各个简单图形对该轴静矩的代数和。

$$S_y = \sum A_i z_{ci} \tag{5-33a}$$

$$S_z = \sum A_i y_{ci} \tag{5-33b}$$

2. 形心

$$y_c = (\sum A_i y_{ci})/(\sum A_i) \tag{5-34a}$$

$$z_c = (\sum A_i z_{ci})/(\sum A_i) \tag{5-34b}$$

5.5.2 惯性矩、惯性半径、极惯性矩、惯性积

1. 惯性矩

$$I_y = \int_A z^2\mathrm{d}A \tag{5-35a}$$

$$I_z = \int_A y^2\mathrm{d}A \tag{5-35b}$$

2. 惯性半径

$$i_y = \sqrt{\frac{I_y}{A}} \tag{5-36a}$$

$$i_z = \sqrt{\frac{I_z}{A}} \tag{5-36b}$$

3. 极惯性矩

$$I_p = \int_A \rho^2\mathrm{d}A \tag{5-37}$$

4. 惯性积

$$I_{yz}=\int_A yz\mathrm{d}A \tag{5-38}$$

5. 特性

（1）同一截面对不同轴的惯性矩、惯性积不同。

（2）惯性矩、极惯性矩永远为正，惯性积可正、可负、可为零。

（3）任何截面图形对通过其形心的对称轴及与此对称轴垂直轴的惯性积为零。

（4）对直角坐标原点的极惯性矩等于图形对于两坐标轴惯性矩之和，即

$$I_p=I_y+I_z \tag{5-39}$$

（5）组合截面惯性矩等于各分截面对此轴惯性矩之和。

（6）惯性矩、惯性积量纲：[长度]^4。

惯性半径的量纲：[长度]。

5.5.3 惯性矩的平行移轴公式

如图 5-27 所示，惯性矩的平行移轴公式为

$$\begin{cases} I_z=I_{z0}+a^2A \\ I_y=I_{y0}+b^2A \end{cases} \tag{5-40}$$

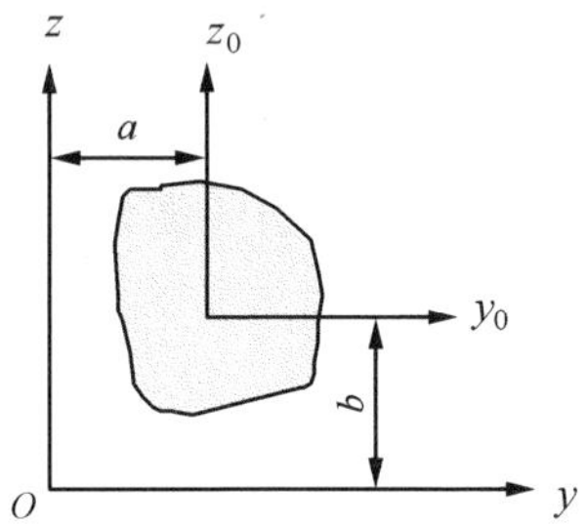

图 5-27　惯性矩平行移轴

5.5.4 惯性主轴和主惯性矩

1. 主惯性轴（主轴）

有对称轴的截面，对称轴及与此对称轴垂直的轴组成的坐标轴即为主惯性轴。

2. 形心主轴

当两主轴过截面形心时即为形心主轴，截面对主惯性轴的惯性积 $I_{yz}=0$。

【例 5-17】 图 5-28 所示截面 z_2 轴过半圆底边，则截面对 z_1、z_2 轴的惯性矩关系为（　　）。

A. $I_{z_1}=I_{z_2}$　　B. $I_{z_1}>I_{z_2}$

C. $I_{z_1}<I_{z_2}$　　D. 不能确定

解：由惯性矩的平行移轴公式可知，过截面形心轴的惯性矩最小，此图形截面的形心应在 z_1、z_2 轴之间且形心到 z_2 轴的距离较近，所以截面对 z_2 轴的惯性矩较 z_1 轴的惯性矩小，故答案应选 B。

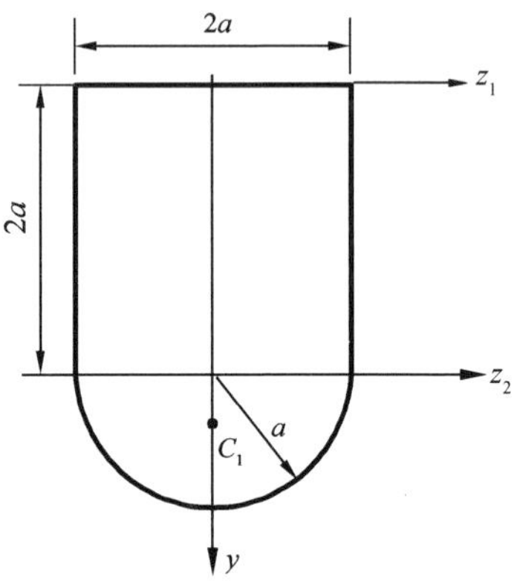

图 5-28　[例 5-17]图

【例 5-18】 如图 5-29（a）所示，O 为直角三角形 ABD 斜边上的中点，y、z 轴为过中点 O 且分别平行于两条直角边的两根轴，关于惯性积和惯性矩正确的是（　　）。

A. $I_{yz}>0$　　B. $I_{yz}<0$

C. $I_{yz}=0$　　D. $I_y=I_z$

解：做辅助线连接 OB[图 5-29（b）]，三角形 ABD 对 y、z 轴的惯性积等于三角形 AOB 和 BOD 对 y、z 轴的惯性积的和。y 轴是三角形 AOB 的对称轴，惯性积等于零，z 轴是三角形 BOD 的对称轴，惯性积也等于零。因此整个三角形面积 ABD 对 y、z 轴的惯性积等于零，故答案应选 C。

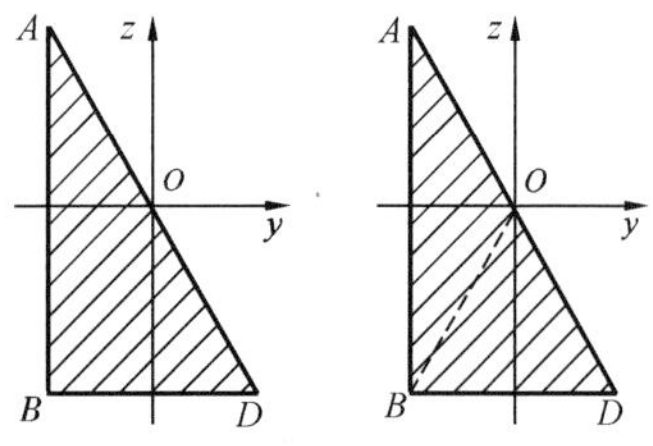

(a)　　(b)

图 5-29　[例 5-18]图

5.6 弯曲

5.6.1 平面弯曲的概念

1. 弯曲变形

作用在杆上的外力都垂直于杆的轴线,直杆的轴线由原来的直线变为曲线。

2. 挠曲线

弯曲变形后的轴线。

3. 横向力

作用于杆上垂直于杆轴线的外力。

4. 梁

以发生弯曲变形为主的杆。

5. 平面弯曲的特点

(1) 受力特点。

1) 作用于梁上的力垂直于梁的轴线。

2) 力或力偶的作用平面在梁的纵向对称平面内。

(2) 变形特点。梁的轴线在其纵向对称平面内变成一条平面曲线。

6. 梁产生平面弯曲的条件

(1) 截面。要求截面至少有一个对称轴,如 T 形截面,全梁至少有一个纵向对称平面。

(2) 荷载。所有外力都在这个对称平面内。

5.6.2 梁的内力

1. 剪力与弯矩

(1) 梁弯曲时横截面上的内力有两种,如图 5-30 所示。

1) 平行(或相切)于横截面上的内力即剪力 F_s。

2) 位于梁纵向对称平面内的内力偶即弯矩 M。

(2) 剪力弯矩的正负号规定。

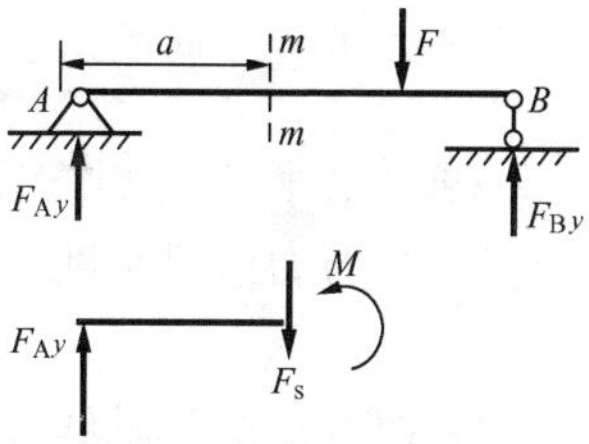

图 5-30 梁的内力

弯矩:使梁段上弯曲变形的形状上凹下凸时为正值的弯矩。

剪力:截面左段相对于右段有向上的错动趋势时,则截面上产生正值的剪力。

(3) 求剪力和弯矩的简易法。

1) 剪力:$F_s = \sum F_Y$(截面一侧的外力)。

2) 弯矩:$M = \sum m$(截面一侧的力和力偶对截面形心之矩)。

3) 正负号规定。

剪力:截面左段梁上,向上的外力产生正值的剪力,截面右段梁上,向下的外力产生正值的剪力。

弯矩:无论截面的哪一侧,向上的外力均产生正值的弯矩。

当梁上有外力偶时:

截面左侧梁上的外力偶,顺时针时产生正值的弯矩。

截面右侧梁上的外力偶,逆时针时产生正值的弯矩。

【例 5-19】如图 5-31 所示，求梁指定截面 $A_{右}$、$B_{左}$、$B_{右}$ 的剪力和弯矩。

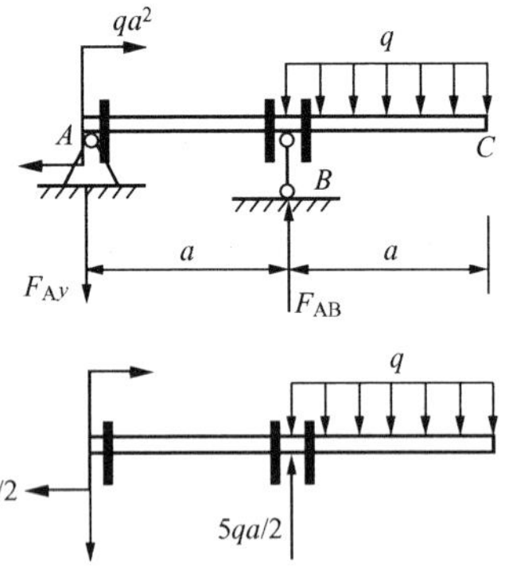

图 5-31 ［例 5-19］图

解：(1) 求支座约束力。

$$F_{Ay}=3qa/2, F_{By}=5qa/2$$

(2) 求内力。

A 右截面：$\sum F_y=0, F_{s1}=-3qa/2$

$\sum M=0, M_1=qa^2$

B 左截面：$\sum F_y=0, F_{s2}=-3qa/2$

$\sum M=0, M_2=-qa^2/2$

B 截面右侧：$\sum F_y=0, F_{s3}=qa$

$\sum M=0, M_3=-qa^2/2$

【例 5-20】如图 5-32 所示外伸梁，A 截面的剪力为（　　）。

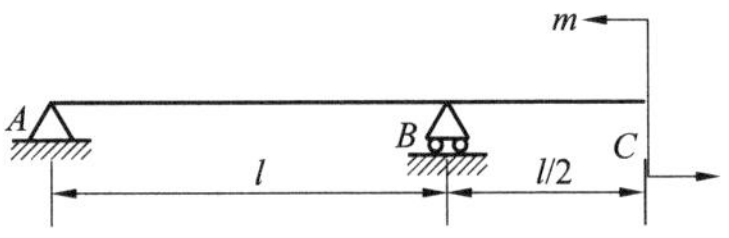

图 5-32 ［例 5-20］图

A. 0　　B. $3/2ml$

C. m/l　　D. $-m/l$

解：A 截面的剪力等于 A 端竖向约束反力，因此 A 截面的剪力为 $F_s=m/l$，故答案应选 C。

注意：用简易法求截面的内力时，截面上的剪力和弯矩与截面一侧的外力有关，注意内力正负号的规定。

2. 剪力方程与弯矩方程

(1) 把剪力沿梁轴线变化的规律表示为截面位置 x 的函数称为剪力方程

$$F_s=F_s(x)$$

(2) 把弯矩沿梁轴线变化的规律表示为截面位置 x 的函数称为弯矩方程

$$M=M(x)$$

3. 剪力图与弯矩图

用图形表示剪力和弯矩随截面位置 x 的变化规律——剪力图和弯矩图。正值的剪力画在 x 轴的上方，正值的弯矩画在 x 轴的下方。

4. 弯矩、剪力与分布荷载集度间的关系

(1) 微分关系。

弯矩方程对 x 的一阶导数等于剪力方程：$$\frac{dM}{dx}=F_s \tag{5-41}$$

剪力方程对 x 的一阶导数等于分布荷载集度：$$\frac{dF_s}{dx}=q \tag{5-42}$$

弯矩方程对 x 的二阶导数等于分布荷载集度：$$\frac{d^2M}{dx^2}=q \tag{5-43}$$

(2) 微分关系的应用。利用微分关系可画出剪力图和弯矩图，也可检查已画出的内力图的正确性。

1) 若在梁的某一段内无分布荷载，$q(x)=0$，剪力 F_s = 常量，剪力图必为一条水平线，弯矩图为一条斜直线。

2）若梁的某段作用有均布荷载，$q(x)$= 常量，剪力是 x 的一次函数，剪力图必为一条斜直线。弯矩是 x 的二次函数，弯矩图必为一条抛物线。

3）若分布荷载向上则 $q(x)>0$，剪力图递增，弯矩图上凸。若分布荷载向下，则$q(x)<0$，剪力图递减，弯矩图下凸。

4）在集中力作用处，剪力图有突变，突变值等于集中力的大小，弯矩图有折角。在集中力偶作用处，弯矩图有突变，突变值等于集中力偶的数值，剪力图不变。

5）若梁的某一截面上，剪力等于零，即 $dM/dx=0$，则在这一截面上，弯矩图取得极值。

6）最大弯矩不但发生在剪力等于零的截面，也有可能发生在集中力作用处、集中力偶作用处或悬臂梁的固定端，具体情况见表 5-1。

表 5-1　　弯矩、剪力与分布荷载集度间的关系

	无外力段	均布载荷段	集中力	集中力偶
外力	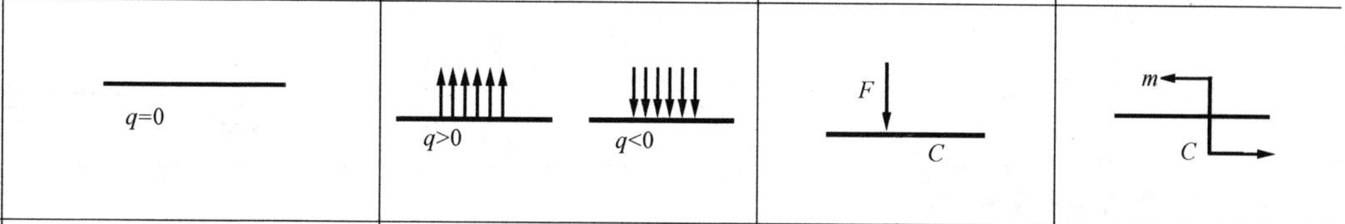			
	水平直线	斜直线	自左向右突变	无变化
F_s 图特征	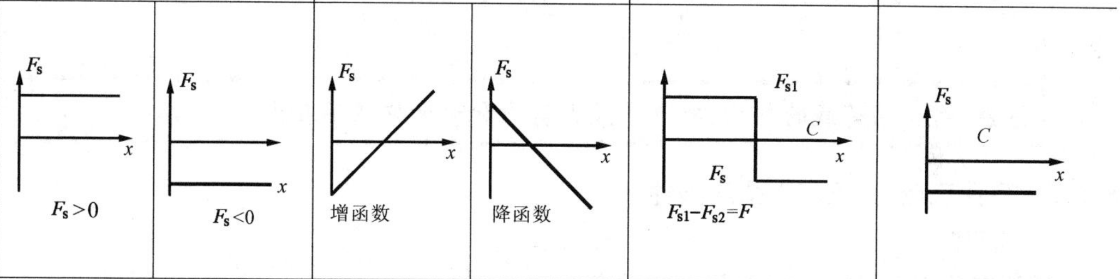			
	斜直线	曲线	自左向右折角	自左向右突变
M 图特征	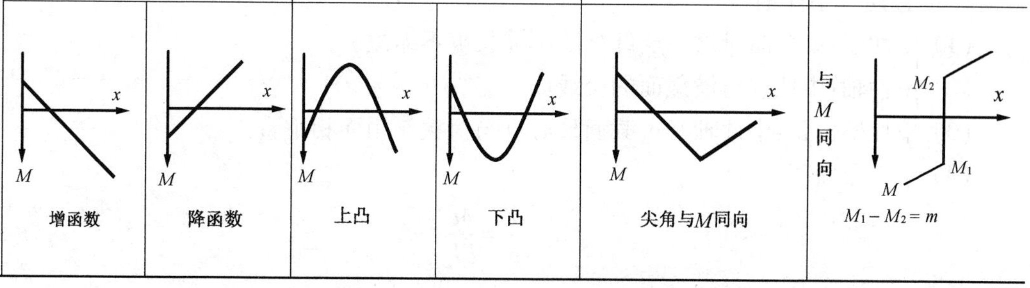			

【**例 5-21**】利用微分关系画内力图。

解：(1)求支反力。

$$F_{AY}=18\text{kN}$$
$$F_{BY}=14\text{kN}$$

(2) 画剪力图、弯矩图。分段、确定图形形状、找控制点，如图 5-33 所示。

注意：微分关系画内力图的关键是分段、确定图形形状、找控制点。以上三点都是与梁上荷载的作用情况有关。确定各段梁内力线形的形状时，如果是抛物线还需确定图形的凹凸性。

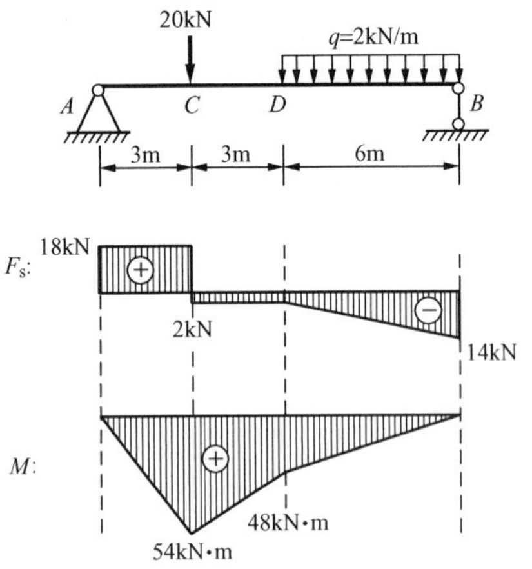

图 5-33 ［例 5-21］图

【例 5-22】简支梁长为 l，如图 5-34 所示，一集中力 F 在梁上任意移动时，梁上的最大剪力和最大弯矩是（　　）。

A. $F_{\max}\leqslant F, M_{\max}\leqslant\frac{Fl}{4}$

B. $F_{\max}\leqslant\frac{F}{2}, M_{\max}\leqslant\frac{Fl}{4}$

C. $F_{\max}\leqslant F, M_{\max}\leqslant\frac{Fl}{2}$

D. $F_{\max}\leqslant\frac{F}{2}, M_{\max}\leqslant\frac{Fl}{2}$

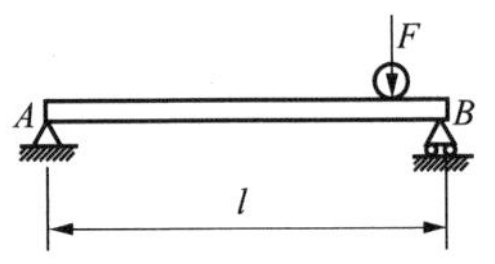

图 5-34 ［例 5-22］图

解：最大剪力是荷载在支座处，最大弯矩是荷载在跨中处，故答案应选 A。

注意：对于动荷载的作用，要考虑最大剪力和最大弯矩不在同一截面。

5.6.3 弯曲正应力、正应力强度条件

1. 纯弯曲

梁的横截面上只有弯矩无剪力时的弯曲。

2. 中性层与中性轴

（1）中性层：梁弯曲时这一层纤维既不伸长也不缩短。

（2）中性轴：中性层与横截面的交线。

（3）中性轴位置：中性轴必过截面形心且与荷载作用面相垂直。

（4）中性层曲率

$$\frac{1}{\rho}=\frac{M}{EI_z} \tag{5-44}$$

式中　EI_z——梁的弯曲刚度。

3. 平面弯曲梁横截面上的正应力

（1）正应力分布规律。任意点的应力与该点到中性轴的距离成正比，在距中性轴为 y 的同一高度上各点处的正应力相等。以中性轴为界，一侧为拉应力，另一侧为压应力，在中性轴上正应力等于零（图 5-35）。

(2) 正应力计算公式

$$\sigma=\frac{My}{I_z} \tag{5-45}$$

最大正应力

$$\sigma_{max}=\frac{M_{max}y_{max}}{I_z}=\frac{M_{max}}{W_z} \tag{5-46}$$

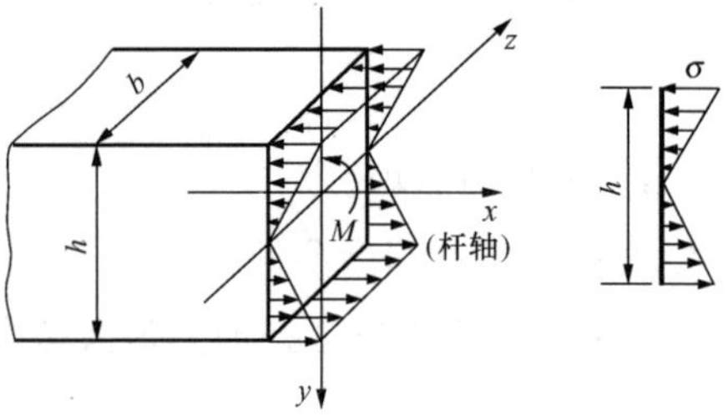

图 5-35　弯曲正应力分布规律

式中　W_z——弯曲截面系数；

M_{max}——梁的最大弯矩；

I_z——截面对中性轴的惯性矩；

y_{max}——截面上下边缘到中性轴的距离。

(3) 正应力计算公式的使用范围。

1) 适用于平面弯曲的梁。

2) 适用于弹性弯曲的梁。

3) 适用于纯弯曲或细长梁。

4) 适用其他截面形状的梁，但要求横截面要有一个垂直对称轴。

4. 梁的正应力强度条件

与中性轴对称截面

$$\sigma_{max}=\frac{M_{max}}{W_z}\leqslant[\sigma] \tag{5-47}$$

与中性轴不对称截面

$$\sigma_{max}^{+}=\frac{My_{max}^{+}}{I_z}\leqslant[\sigma_t] \tag{5-48}$$

$$\sigma_{max}^{-}=\frac{My_{max}^{-}}{I_z}\leqslant[\sigma_c] \tag{5-49}$$

式中　$[\sigma_t]$——材料的许用拉应力；

$[\sigma_c]$——材料的许用压应力；

y_{max}^{+}、y_{max}^{-}——最大拉应力 σ_{max}^{+} 和最大压应力 σ_{max}^{-} 所在截面边缘到中性轴的距离。

5.6.4　弯曲切应力、弯曲切应力强度条件

1. 假设

(1) 横截面上各点处的切应力方向平行于剪力 F_s 的方向。

(2) 切应力 τ 沿截面宽度均匀分布，距中性轴等距离的点切应力相等。

2. 切应力计算公式

$$\tau=\frac{F_sS_z^*}{I_zb} \tag{5-50}$$

式中　F_s——横截面上的剪力；

S_z^*——横截面矩中性轴为 y 处横线一侧的部分面积对中性轴的静矩；

I_z——整个截面对中性轴的惯性矩；

b——所求切应力点处截面宽度。

3. 矩形截面的最大切应力

$$\tau_{\max}=\frac{3}{2}\frac{F_s}{bh}=\frac{3}{2}\frac{F_s}{A} \tag{5-51}$$

式中　A——截面面积。

4. 弯曲切应力强度条件

梁的最大切应力发生在剪力最大截面的中性轴上，即

$$\tau_{\max}=\frac{F_{s\max}S_{z\max}^{*}}{I_z b}\leqslant[\tau] \tag{5-52}$$

式中　$F_{s\max}$——全梁的最大剪力；

$S_{z\max}^{*}$——中性轴一侧面积对中性轴的静矩。

利用切应力强度条件可进行三个方面的强度计算，对于细长梁控制梁强度的主要因素是弯曲正应力。

5.6.5　梁的合理截面形状

1. 根据弯曲截面系数来选择

应选截面面积较小，弯曲截面系数较大为好。

2. 根据应力分布规律选择

工字形、箱形截面。

3. 根据材料特性选择

应使最大拉应力和最大压应力同时达到材料的许用应力。

(1) 对于抗拉压性能相同的材料，采用对称于中性轴的截面形状。

(2) 对于抗拉压性能不相同的材料，选截面使中性轴偏于强度较弱的一边（即受拉侧）。

4. 移动支座，将简支梁改为外伸梁

5. 利用超静定结构，将静定梁改为超静定梁

【例 5-23】梁的横截面形状如图 5-36 所示，则横截面对 z 轴的弯曲截面系数 W_z 为(　　)。

A. $\frac{1}{12}(BH^3-bh^3)$　　B. $\frac{1}{6}(BH^2-bh^2)$

C. $\frac{1}{6H}(BH^3-bh^3)$　　D. $\frac{1}{6h}(BH^3-bh^3)$

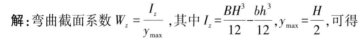

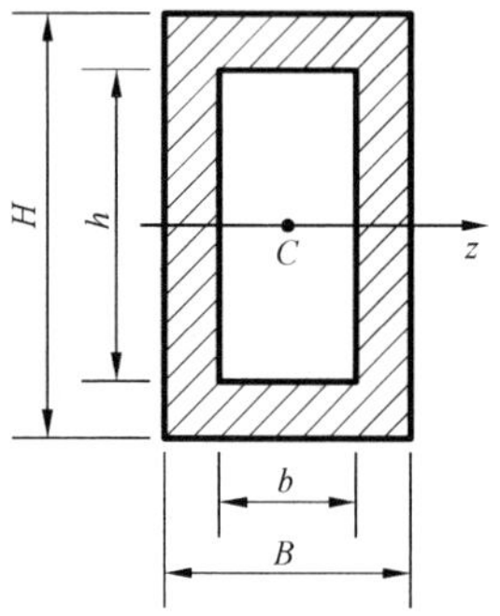

图 5-36　[例 5-23]图

解：弯曲截面系数 $W_z=\frac{I_z}{y_{\max}}$，其中 $I_z=\frac{BH^3}{12}-\frac{bh^3}{12}$，$y_{\max}=\frac{H}{2}$，可得 $W_z=\frac{1}{6H}(BH^3-bh^3)$，故答案应选 C。

> **注意：**弯曲截面系数不能用负面积法去考虑。

5.6.6　弯曲中心的概念

梁要发生平面弯曲，要求梁的横截面至少有一个对称轴，全梁至少有一个纵向对称平面。所有横向力都作用在这个对称平面内。对于非对称薄壁截面梁，为使梁只发生弯曲不扭转，梁上的横向外力所在的纵向平面就必须通过某一点，这一点称为弯曲中心或剪切中心。

弯曲中心的位置取决于截面的几何形状和大小，弯曲中心的位置有如下特点(表 5-2)：

(1) 具有对称轴或反对称轴的截面，其弯曲中心与形心重合。

(2) 有一个对称轴的截面，其弯曲中心必在此对称轴上。

(3) 若薄壁截面的中心线是由相交于一点的若干直线所组成，则此交点就是截面的弯曲中心。

表 5-2　几种薄壁截面的弯心位置

项次	1	2	3	4	5	6
截面形状	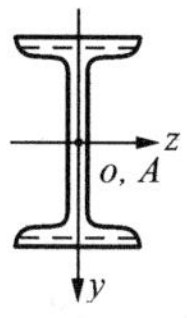	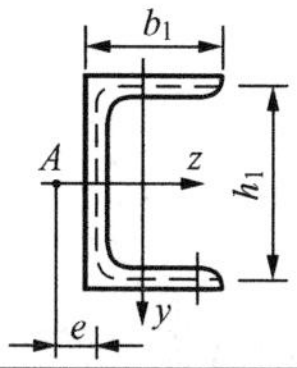	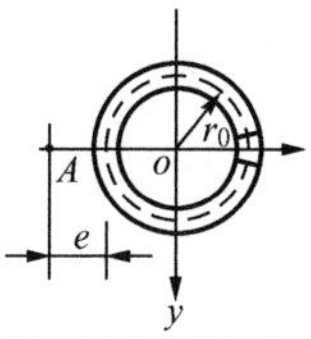	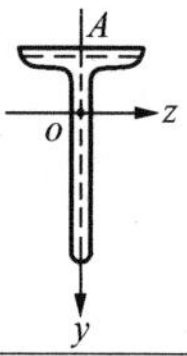	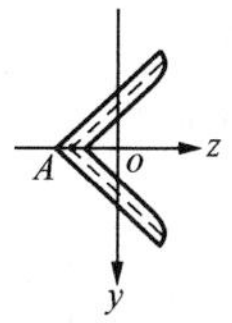	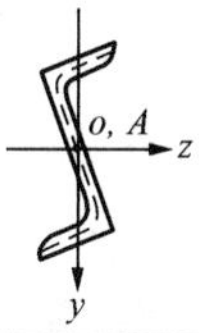
弯心 A 的位置	与形心重合	$e=\dfrac{b_1^2h_1^22t}{4I_z}$	$e=r_0$	在两个狭长矩形中线的交点		与形心重合

【例 5-24】就正应力强度而言，以下哪个图所示的梁的加载方式最好？(　　)

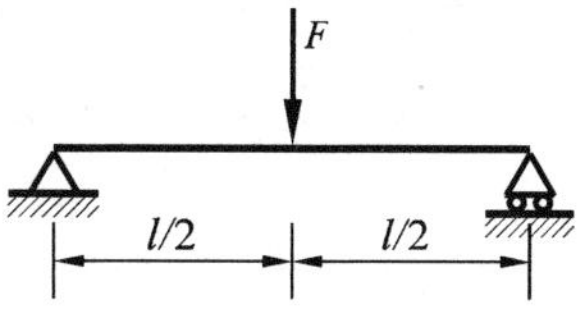

A

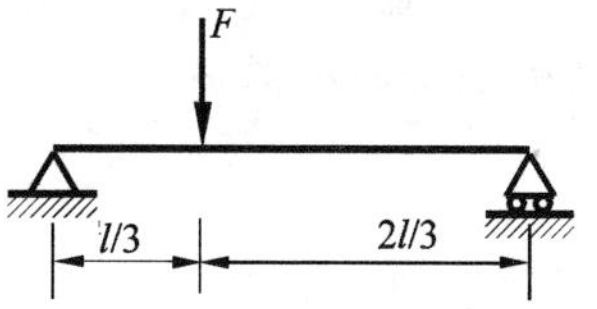

B

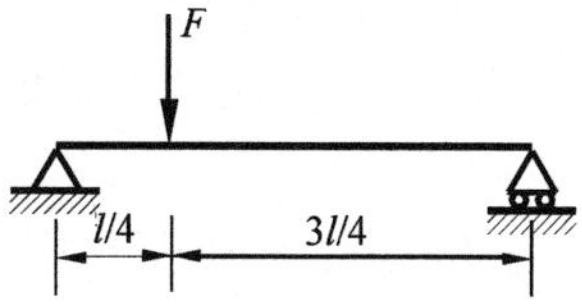

C

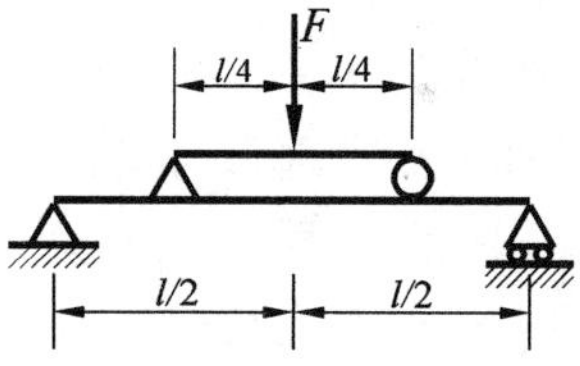

D

解：梁的弯曲正应力的最大值与梁的最大弯矩有关，由弯矩图可知选项 D 的最大弯矩较小，故答案应选 D。

【例 5-25】如图 5-37 所示悬臂梁 AB 由三根相同的矩形截面杆胶合而成。胶合面的切应力是(　　)。

A. $\dfrac{F}{2ab}$　　B. $\dfrac{F}{3ab}$　　C. $\dfrac{3F}{4ab}$　　D. $\dfrac{4F}{9ab}$

解：由切应力互等定理，相互垂直面上的切应力大小相等。其横截面切应力计算公式为$\tau=\dfrac{Fs_z^*}{I_zb}$，其中，$F$ 是截面上的剪力，$s_Z^*=a\times b\times a$ 是胶合面一侧面积对 z 轴的静矩，$I_Z=\dfrac{bh^3}{12}$是整个截面对 z 轴的惯性矩，b 是所求切应力处的截面宽度。代入切应力计算公式，$\tau=\dfrac{4F}{9ab}$，故答案应选 D。

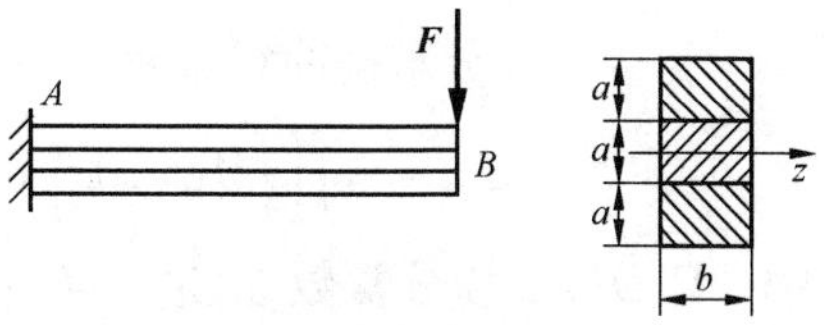

图 5-37　[例 5-25]图

【例 5-26】图 5-38 所示圆截面简支梁直径为 d，梁中点承受集中力 F，则梁的最大弯曲正应力是(　　)。

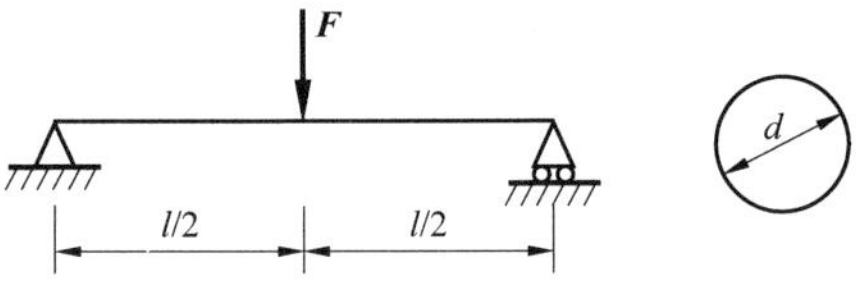

图 5-38 ［例 5-26］题

A. $\sigma_{\max}=\dfrac{8FL}{\pi d^3}$

B. $\sigma_{\max}=\dfrac{16FL}{\pi d^3}$

C. $\sigma_{\max}=\dfrac{32FL}{\pi d^3}$

D. $\sigma_{\max}=\dfrac{64FL}{\pi d^3}$

解：梁的最大弯矩在梁的跨中处，其大小为 $M_{\text{amax}}=\dfrac{Fl}{4}$，圆截面的弯曲截面系数 $W_z=\dfrac{\pi d^3}{32}$，代入公式，弯曲正应力强度 $\sigma_{\max}=\dfrac{M}{W_z}$，$\sigma_{\max}=\dfrac{8FL}{\pi d^3}$，故答案应选 A。

注意：对于有对称轴的截面梁，要发生平面弯曲，所有横向力都必须作用在这个对称轴所组成的纵向对称平面内。

5.6.7 梁的位移

以图 5-39 所示梁的位移为例。

1. 挠度与转角

梁的轴线将由原来的水平直线变成一条平面曲线，称此连续光滑的曲线为梁的挠曲线。

(1) 挠度。截面形心沿垂直与梁轴线发生的线位移，向下的挠度为正值的挠度。挠度沿梁轴线的变化规律用挠曲方程 $y=f(x)$ 表示。

(2) 转角。每一横截面绕其中性轴转过的角度，用 θ 表示，且顺时针的转角为正。

2. 梁的挠曲线近似微分方程式

在弹性范围、小变形的情况下，挠曲线的近似微分方程为

$$\frac{d^2y}{dx^2}=-\frac{M(x)}{EI_z} \tag{5-53}$$

3. 积分法计算梁的位移

(1) 积分一次求转角

$$EI_zy'=-\int M(x)\,dx+C$$

(2) 二次积分求挠曲线方程

$$EI_zy=-\int\left[\int M(x)\,dx\right]dx+Cx+D$$

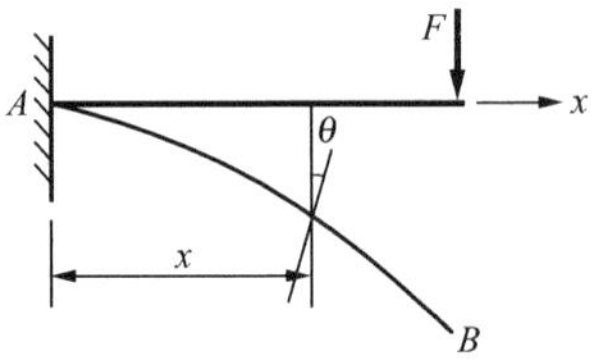

图 5-39 梁的位移

式中　C、D——积分常数，由边界条件与挠曲线的连续光滑条件确定。

4. 叠加法计算梁的位移

当梁的材料服从胡克定律，而且梁的变形较小，其跨度的改变可略去不计。梁上同时受几个载荷作用时的位移等于各荷载单独作用引起位移的代数和。

梁在简单荷载作用下的挠度、转角见表 5-3。

表 5-3　　　　　　　　　　　　几种常用梁在简单荷载作用下的变形

序号	支承和荷载作用情况	梁端转角	最大挠度
1	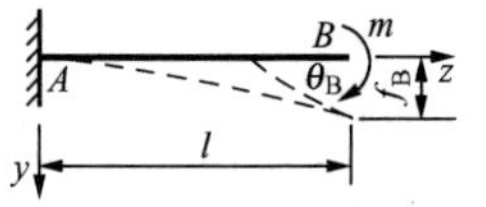	$\theta_B=\frac{ml}{EI}$	$f_B=\frac{ml^2}{2EI}$
2	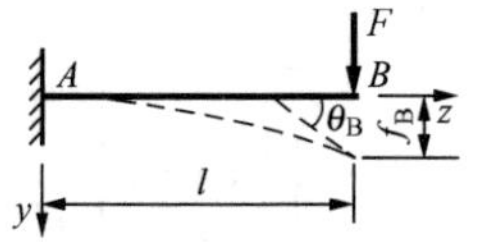	$\theta_B=\frac{Fl^2}{2EI}$	$f_B=\frac{Fl^3}{3EI}$
3	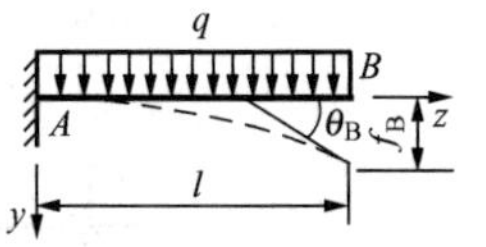	$\theta_B=\frac{ql^3}{6EI}$	$f_B=\frac{ql^4}{8EI}$
4	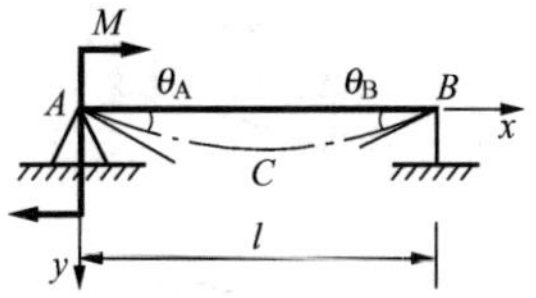	$\theta_A=\frac{Ml}{3EI}$ $\theta_B=-\frac{Ml}{6EI}$	$x=\frac{l}{2}$处 $f_C=\frac{Ml^2}{16EI}$
5	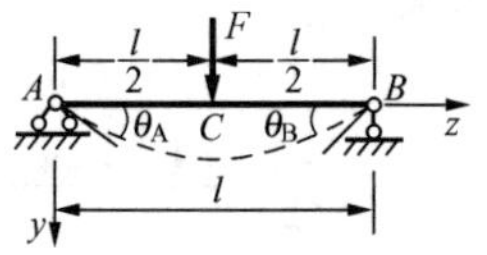	$\theta_A=-\theta_B=\frac{Fl^2}{16EI}$	$x=\frac{l}{2}$处 $f_C=\frac{Fl^3}{48EI}$
6	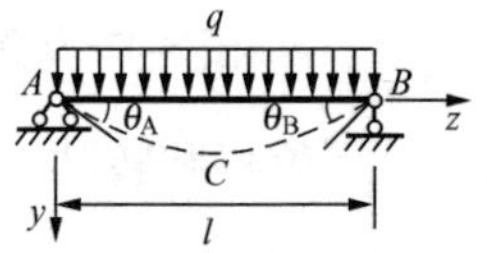	$\theta_A=-\theta_B=\frac{ql^3}{24EI}$	$x=\frac{l}{2}$处 $f_C=\frac{5ql^4}{384EI}$

【例 5-27】材料相同的两矩形截面梁如图 5-40 所示，其中(b)梁是用两根高 0.5h、宽 b 的矩形截面梁叠合而成，且叠合面间无摩擦，则结论正确的是(　　)。

A. 两梁的强度和刚度均不相同　　B. 两梁的强度和刚度均相同

C. 两梁的强度相同，刚度不同　　D. 两梁的强度不同，刚度相同

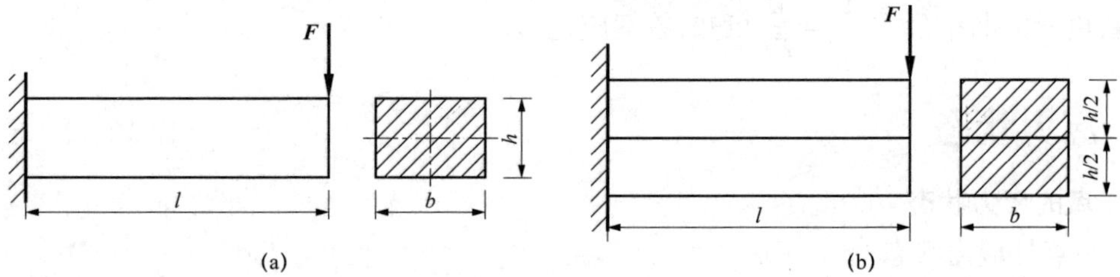

图 5-40　[例 5-27]图

解:图 5-40(a)梁的强度,$\sigma_{\max}=\dfrac{M_{\max}}{W_z}=\dfrac{Fl}{\dfrac{bh^2}{6}}=\dfrac{6Fl}{bh^2}$;梁的刚度,$y_{\max}=\dfrac{Fl^3}{3EI_{(a)}}=\dfrac{Fl^3}{3E\dfrac{bh^3}{12}}=\dfrac{4Fl^3}{Ebh^3}$。图 5-40(b)梁的强度,$\sigma_{\max}=\dfrac{M_{\max}}{W_z}=\dfrac{\dfrac{Fl}{2}}{\dfrac{b\left(\dfrac{h}{2}\right)^2}{6}}=\dfrac{12Fl}{bh^2}$;梁的刚度,$y_{\max}=\dfrac{\dfrac{F}{2}l^3}{3EI_{(b)}}=\dfrac{\dfrac{F}{2}l^3}{3E\dfrac{b\left(\dfrac{h}{2}\right)^3}{12}}=\dfrac{16Fl^3}{Ebh^3}$,故答案应选 A。

【例 5-28】 外伸梁 ABC 受载荷如图 5-41 所示,求悬臂点 A 的挠度。

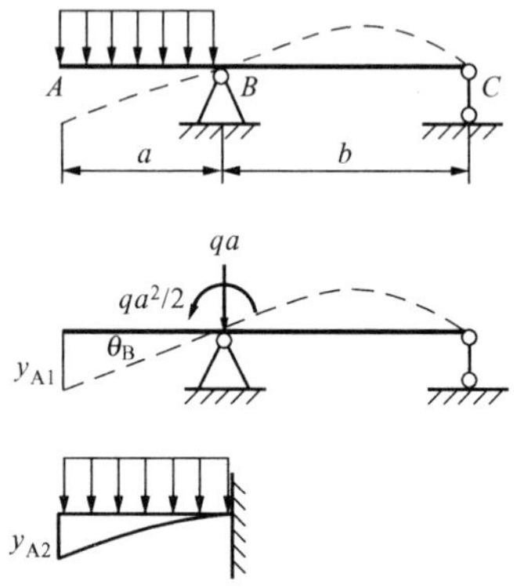

图 5-41 [例 5-28]图

解:简支梁:

(1) 转角。$\theta_B=\dfrac{-qa^2b}{6EI_2}$

(2) 位移。截面 B 的转动,带动 AB 段一起做刚体转动,从而使 A 端产生位移

$$y_{A1}=\theta_B\times a=qa^3b/6EI$$

悬臂梁:查表得 $y_{A2}=qa^4/8EI$。

总位移:$y_A=y_{A1}+y_{A2}$

$y_A=qa^3(4b+3a)/24EI$

【例 5-29】 用积分法计算如图 5-42 所示梁的挠度,其边界条件和连续条件是(　　)。

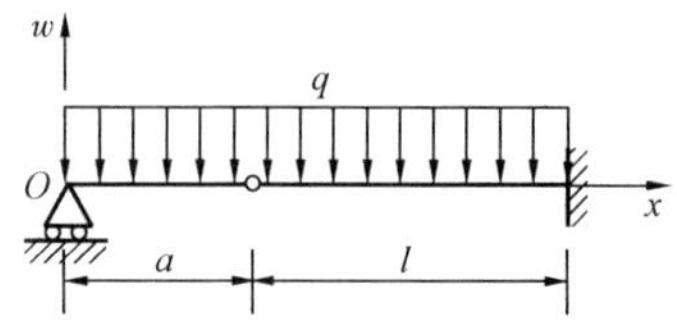

图 5-42 [例 5-29]图

A. $x=0,\omega_1=0;x=a+l,\omega_2=0;x=a,\omega_1=\omega_2,\omega'_1=\omega'_2$

B. $x=0,\omega_1=0;x=a+l,\omega'_2=0;x=a,\omega_1=\omega_2,\omega'_1=\omega'_2$

C. $x=0,\omega_1=0;x=a+l,\omega_2=0,\omega'_2=0;x=a,\omega_1=\omega_2$

D. $x=0,\omega_1=0;x=a+l,\omega_2=0,\omega'_2=0;x=a,\omega'_1=\omega'_2$

解:可动铰支座限制梁的上下位移,固定铰支座限制梁的上下位移和转动。中间铰链处左右位移相等,而转角不同,故答案应选 C。

注意:积分常数的确定通过边界条件和光滑连续条件,边界条件在梁的支座处,光滑连续条件在两段梁分段处得到。

【例 5-30】 在等直梁平面弯曲的挠曲线上,曲率最大值发生在下面哪项的截面上?(　　)

A. 挠度最大　　B. 转角最大　　C. 弯矩最大　　D. 剪力最大

解:由梁的曲率公式 $\dfrac{1}{\rho}=\dfrac{M}{EI}$ 可知,答案应选 C。

5.7 应力状态

5.7.1 点的应力状态

1. 一点处应力状态

一点处的应力状态,可用一点在三个相互垂直的截面上的应力来描述,通常是用围绕该点取出一个微小正六面体，单元体的表面就是应力的作用面。由于单元体微小，可以认为单元体各表面上的应力是均匀分布的，而且一对平行表面上的应力情况是相同的。例如，图 5-43(a)所示悬臂梁 A 点应力状态的表示方法如图 5-43(b)或图 5-43(c)所示。

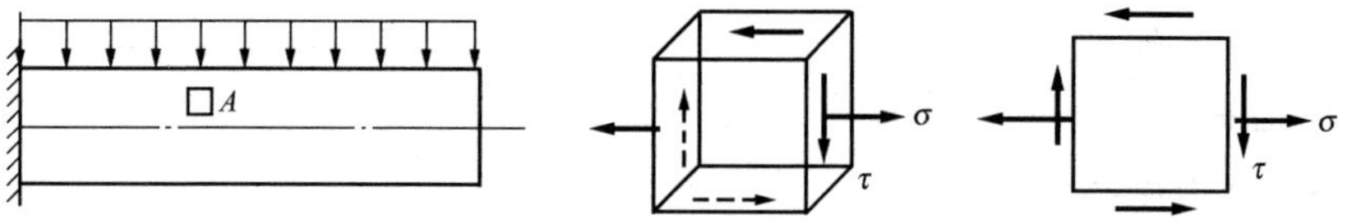

(a) (b) (c)

图 5-43　应力状态

2. 主平面

单元体上切应力等于零的平面。

3. 主应力

主平面上的正应力。

4. 主应力的表示方法

对于任意点，总可以找到三个相互垂直的平面组成的主单元体，三个主平面上的主应力用 σ_1、σ_2、σ_3 表示，按代数值大小排列 $\sigma_1 \geqslant \sigma_2 \geqslant \sigma_3$。单元体属于什么应力状态就是要看单元体有几个主应力不等于零。

5.7.2　平面应力状态

1. 斜截面应力

(1) 解析法。根据单元体各面上的已知应力来确定任意斜截面上的应力。由于单元体前后两平面上没有应力，可将该单元体用平面图形来表示如图 5-43(c)所示。已知 x 面(法线平行 x 轴的面)上的应力 σ_x 及 τ_{xy}，y 面(法线平行于 y 轴的面)上有应力 σ_y 及 τ_{yx}。根据切应力互等定理 $\tau_{xy}=\tau_{yx}$，并用 σ_α 和 τ_α 分别表示 α 面上的正应力及切应力如图 5-44 所示，则斜截面上的应力分别为

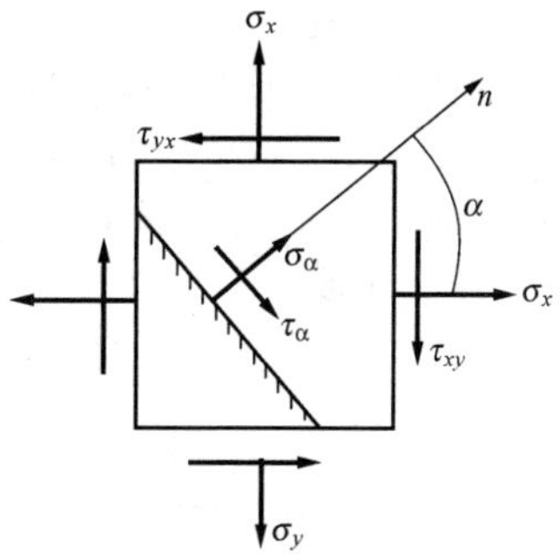

图 5-44　斜截面应力

$$\begin{cases}\sigma_\alpha=\dfrac{\sigma_x+\sigma_y}{2}+\dfrac{\sigma_x-\sigma_y}{2}\cos 2\alpha-\tau_{xy}\sin 2\alpha\\ \tau_\alpha=\dfrac{\sigma_x-\sigma_y}{2}\sin 2\alpha+\tau_{xy}\cos 2\alpha\end{cases} \tag{5-54}$$

式中，正负号规定，正应力以拉为正，压为负。切应力矢量绕单元体内侧任意点有顺时针旋转趋势为正。α 由横截面外法线 x 逆时针转到斜截面外法线 n 上为正，反之为负。

(2) 图解法——应力圆。二向应力状态分析也可以采用图解的方法。图解法的优点是简明直观，当采用适当比例尺时，其精度能满足工程实际的要求。图解法也称为确定一点应力状态的几何方法。

几种对应关系：

点面对应——应力圆上某一点的坐标值对应着单元体某一方向面上的正应力和切应力；

转向对应——应力圆半径旋转方向与单元体法线旋转方向一致；

2 倍角对应——应力圆半径转过的角度是单元体法线旋转角度的 2 倍。

2. 主应力、主平面

正应力极值在两个相互垂直的平面上，从图 5-45 可见，正应力极值就是主应力。

主平面$\tau=0$，与应力圆上和横轴交点对应的面。

$$\sigma_{\substack{\max\\ \min}}=\frac{\sigma_x+\sigma_y}{2}\pm\sqrt{\left(\frac{\sigma_x-\sigma_y}{2}\right)^2+\tau_{xy}^2} \qquad (5\text{-}55)$$

3. 最大切应力

对应应力圆上的最高点的面上切应力最大，称为面内最大切应力。

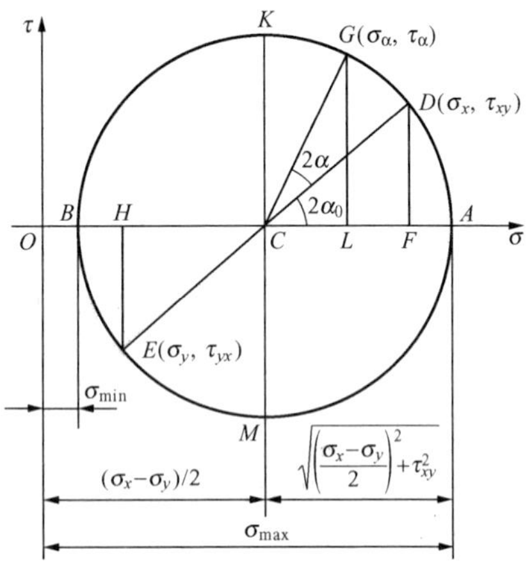

图 5-45　应力圆

$$\tau_{\substack{\max\\ \min}}=\pm\sqrt{\left(\frac{\sigma_x-\sigma_y}{2}\right)^2+\tau_{xy}^2} \qquad (5\text{-}56)$$

5.7.3　三向应力状态简介

三向应力状态——三个主应力均不为零的应力状态。特例：三个应力中至少有一个主应力及其方向是已知的。表示与三个主平面斜交的任意斜截面上应力 σ 和τ的点，必位于三个应力圆所围成的阴影范围以内。根据以上分析可知，图 5-46 所示的空间应力状态下，该点处的最大正应力（代数值）应等于最大的应力圆上 A 点的横坐标 σ_1，即 $\sigma_{\max}=\sigma_1$，而最大切应力则等于最大应力圆上 B 点的纵坐标（图 5-47），即该圆的半径。

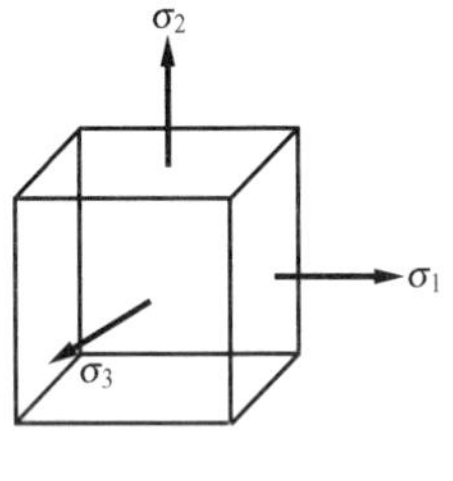

图 5-46　三向应力状态

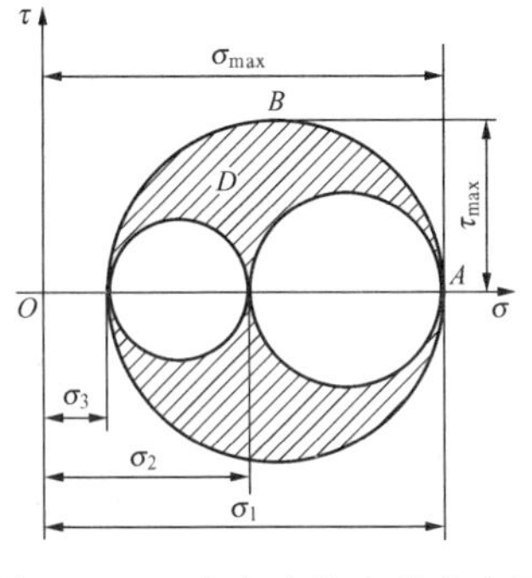

图 5-47　三向应力状态的应力圆

5.7.4　广义胡克定律

在三向应力状态下，主单元体同时受到主应力 σ_1、σ_2 及 σ_3 作用如图 5-46 所示，我们把沿单元体主应力方向的线应变称为主应变，习惯上分别用 ε_1、ε_2 及 ε_3 来表示。对于连续均质各向同性线弹性材料，可以将这种应力状态，视为三个单向应力状态叠加来求主应变，这种关系称为广义胡克定律。

$$\begin{cases}\varepsilon_1=\dfrac{1}{E}[\sigma_1-\nu(\sigma_2+\sigma_3)]\\ \varepsilon_2=\dfrac{1}{E}[\sigma_2-\nu(\sigma_1+\sigma_3)]\\ \varepsilon_3=\dfrac{1}{E}[\sigma_3-\nu(\sigma_1+\sigma_2)]\end{cases} \tag{5-57}$$

式(5-56)、式(5-57)用于只有主应力作用的情况，若单元体不是主单元体，则单元体各面上将作用有正应力 σ_x、σ_y、σ_z 和切应力$\tau_{xy}=\tau_{yx}$、$\tau_{yz}=\tau_{zy}$、$\tau_{zx}=\tau_{xz}$。单元体除了沿 x、y 及 z 方向产生线应变 ε_x、ε_y 及 ε_z 外，还在三个坐标面 xy、yz、zx 内产生切应变 γ_{xy}、γ_{yz}及 γ_{zx}。对于连续均质各向同性线弹性材料，正应力不会引起切应变，切应力也不会引起线应变，而且切应力引起的切应变互不耦联。于是，线应变可以按推导式的方法求得，而切应变可以利用剪切胡克定律为

$$\begin{cases}\varepsilon_x=\dfrac{1}{E}[\sigma_x-\nu(\sigma_y+\sigma_z)],\gamma_{xy}=\dfrac{\tau_{xy}}{G}\\ \varepsilon_y=\dfrac{1}{E}[\sigma_y-\nu(\sigma_x+\sigma_z)],\gamma_{yz}=\dfrac{\tau_{yz}}{G}\\ \varepsilon_z=\dfrac{1}{E}[\sigma_z-\nu(\sigma_x+\sigma_y)],\gamma_{zx}=\dfrac{\tau_{zx}}{G}\end{cases} \tag{5-58}$$

5.7.5 强度理论

1. 强度理论概述

强度理论是用来解释材料在各种不同应力状态下破坏的原因，建立材料在各种不同应力状态下强度条件的一般表达式。材料在常温静载下的拉伸实验是建立强度理论的重要依据，从实验的结果来看，可以把材料的“破坏”归纳为两种：塑性屈服（或流动）和脆性断裂。脆性断裂，即材料未经过明显的塑性变形而发生断裂，如铸铁、高碳钢等脆性材料在单向拉伸、纯剪等应力状态下会出现这种破坏形式。塑性屈服是指经过弹性变形后虽未断裂但发生很大的塑性变形，影响构件正常安全的工作，像低碳钢、铜、铝等塑性材料在单向拉压、纯剪切或在（σ、τ）组合应力状态下，都会出现这类“破坏”形式。

2. 几个基本强度理论

（1）最大拉应力理论

$$\sigma_1\leqslant[\sigma] \tag{5-59}$$

这一理论与均质脆性材料（例如铸铁、玻璃、石膏等）的实验结果相吻合。例如，铸铁等脆性材料制成的构件，不论在单向拉伸、扭转，或双向拉应力状态下。其脆性破坏都是发生在最大拉应力所在的截面上。

（2）最大切应力理论

$$\sigma_1-\sigma_3\leqslant[\sigma] \tag{5-60}$$

这一理论能够较为满意地解释塑性材料出现屈服的现象，比如低碳钢拉伸时，在与轴线成45°角的斜截面上出现滑移线，而最大切应力也发生在这些截面上。

（3）最大形状改变比能理论

$$\sqrt{\frac{1}{2}[(\sigma_1-\sigma_2)^2+(\sigma_2-\sigma_3)^2+(\sigma_3-\sigma_1)^2]}\leqslant[\sigma] \tag{5-61}$$

该理论是从应变比能角度来研究材料强度的，因而可以全面反映各个主应力的影响。

3. 强度理论应用

对于以上三个强度理论的应用，一般说脆性材料如铸铁、混凝土等用最大拉应力强度理论，因为在通常情况下它们属脆性断裂破坏。对塑性材料如低碳钢等用最大切应力和最大形状改变比能强度理论，在通常情况下它们属塑性屈服。另外，无论是塑性材料还是脆性材料，在三向拉应力状态下都采用最大拉应力强度理论，而在三向压应力状态下都采用最大切应力或者最大形状改变比能强度理论。

4. 相当应力

从式(5-62)~式(5-64)来看，可用一个统一的形式表示，σ_r 称为相当应力。强度理论的相当应力分别为

$$\sigma_{r1}=\sigma_1 \tag{5-62}$$

$$\sigma_{r3}=\sigma_1-\sigma_3 \tag{5-63}$$

$$\sigma_{r4}=\sqrt{\frac{1}{2}[(\sigma_1-\sigma_2)^2+(\sigma_2-\sigma_3)^2+(\sigma_3-\sigma_1)^2]} \tag{5-64}$$

5. 强度理论用于二向应力状态

在二向应力状态下，且 $\sigma_y=0$，如图 5-48 所示，则

$$\sigma_{r3}=\sqrt{\sigma_x^2+4\tau_{xy}^2} \tag{5-65}$$

$$\sigma_{r4}=\sqrt{\sigma_x^2+3\tau_{xy}^2} \tag{5-66}$$

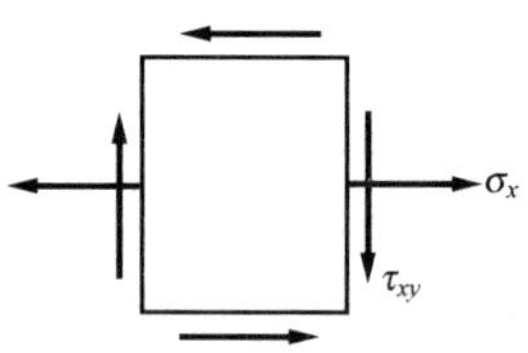

图 5-48 二向应力状态

6. 对于处于复杂应力状态的杆件进行强度校核的步骤

(1) 内力分析画出内力图结合考虑几何性质确定危险点及危险截面。

(2) 画出危险面上应力分布图确定危险点的应力状态。

(3) 计算危险点的各应力分量。

(4) 求主应力。

(5) 选择强度理论计算相当应力，最后进行强度校核。

(6) 对于薄壁截面梁往往对 σ_{max} 点、τ_{max} 点及翼缘与腹板交界点进行强度校核称为全面或主应力校核。

【例 5-31】 单元体应力状态如图 5-49 所示，第一主应力 σ_1 与 x 轴的夹角是(　　)。

A. $\alpha=\frac{\pi}{4}$　　B. $\alpha=-\frac{\pi}{4}$

C. $\alpha=\frac{\pi}{2}$　　D. $\alpha=-\frac{\pi}{2}$

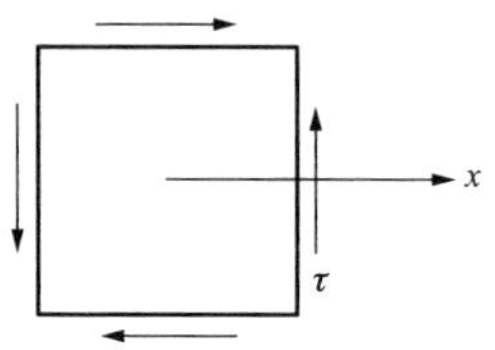

图 5-49 ［例 5-31］图

解： 由极值应力的计算公式，可求出三个主应力，由 α 角的正负号规定及解析法或应力圆法可知第一主应力 σ_1 与 x 轴的夹角是 $\alpha=\frac{\pi}{4}$，故答案应选 A。

【例 5-32】 图 5-50 所示受力杆件中，已知 $F=20\text{kN}$，$M_e=0.8\text{kN}\cdot\text{m}$，直径 $d=40\text{mm}$。试求外表面上点 A 的主应力。

解：$\sigma_x=\dfrac{F}{\dfrac{\pi d^2}{4}}=\dfrac{20\times10^3}{1256\times10^{-6}}\text{Pa}=15.9\text{MPa}$

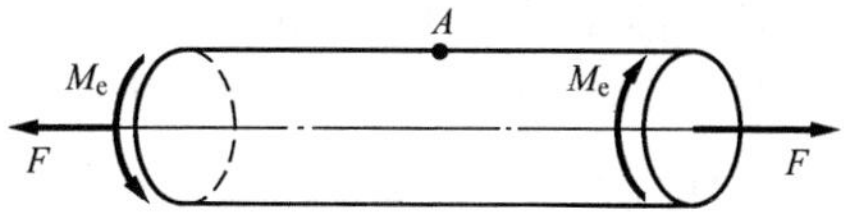

图 5-50 [例 5-32]图

$\tau=\dfrac{16M_e}{\pi d^3}=\dfrac{800\times16}{3.14\times6.4\times10^{-5}}\text{Pa}=63.7\text{MPa}$

$$\sigma_{\min}^{\max}=\frac{\sigma_x+\sigma_y}{2}\pm\sqrt{\left(\frac{\sigma_x+\sigma_y}{2}\right)^2+\tau_{xy}^2}$$

$$=\frac{15.9}{2}\text{MPa}\pm\sqrt{\left(\frac{15.9}{2}\right)^2+63.7^2}\text{MPa}=7.95\text{MPa}\pm64.2\text{MPa}=\begin{matrix}72.15\\-56.25\end{matrix}\text{MPa}$$

$\sigma_1=72.15\text{MPa},\sigma_2=0,\sigma_3=-56.25\text{MPa}$

注意：主应力所在平面上只有正应力没有切应力，这样的平面叫主平面。

【例 5-33】 图 5-51 所示圆轴直径 d，材料弹性模量 E 和泊松比 ν 及扭转力偶矩 M_e 均已知。试求表面点 A 沿水平线成45°方向的线应变 ε_{45°。

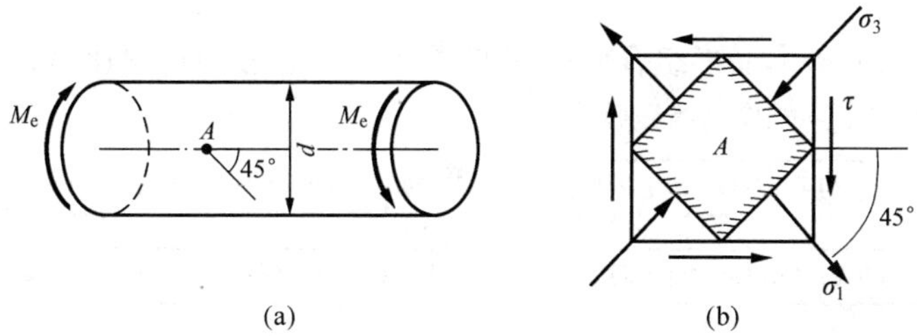

图 5-51 [例 5-33]图

解：$\tau=\dfrac{M}{\dfrac{\pi d^3}{16}}=\dfrac{16M_e}{\pi d^3}$

$\sigma_{-45^\circ}=\dfrac{16M_e}{\pi d^3},\sigma_{45^\circ}=-\dfrac{16M_e}{\pi d^3}$

$\varepsilon_{45^\circ}=\dfrac{1}{E}(\sigma_{-45^\circ}-\nu\sigma_{45^\circ})=\dfrac{16M_e}{E\pi d^3}(1+\nu)$

【例 5-34】 梁的受力情况如图 5-52 所示，与梁上各点 A、B、C、D 相对应的单元体中，错误的是(　　)。

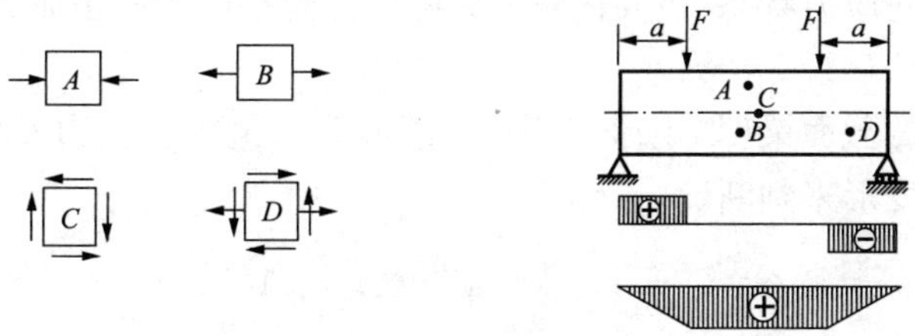

图 5-52 [例 5-34]图

解:由梁的剪力图可知点 A、B、C 三点所在截面处没有剪力,因此这三个单元体上的切应力一定等于零,点 A 在中性轴上方单元体受压,点 B 在中性轴下方单元体受拉。点 D 所在截面上既有剪力又有弯矩,再看点 D 既不在截面的中性轴上又不在截面的上下边缘处,应该既有正应力又有切应力。最后再看点 D 在中性轴下方单元体受拉,根据剪力可知,单元体左侧面上的切应力向下,由切应力互等定理得到其他面上切应力的方向。故答案应选 C。

注意:单元体的应力状态决定于这一点所在截面上的内力和应力在这一截面上的分布规律。由这一点在截面上的位置得到单元体的应力情况。

【例 5-35】 对于平面应力状态,以下说法正确的是(　　)。

A. 主应力就是最大正应力　　B. 主平面上无切应力

C. 最大切应力作用的平面上正应力必为 0　　D. 主应力必不为 0

解:由解析法或图解法都可得到,正应力极值所在的平面上切应力等于零,而正应力的极值就是主应力,故答案应选 B。

5.8 组合变形

由两种或两种以上基本变形组合而成的变形。在小变形和材料服从胡克定律的前提下,组合变形问题的解题思路如图 5-53 所示。

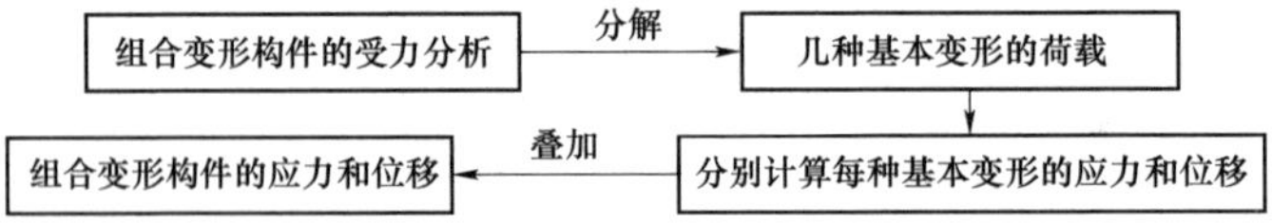

图 5-53　组合变形问题的解题思路

5.8.1 斜弯曲

斜弯曲是两个平面弯曲的组合(图 5-54)。

1. 受力特点

(1) 外力的作用线通过截面形心。

(2) 外力不在梁的纵向对称平面内。

2. 变形特点

梁的挠曲线不在外力的作用平面内。所以斜弯曲实际上就是两个方向上平面弯曲的组合。

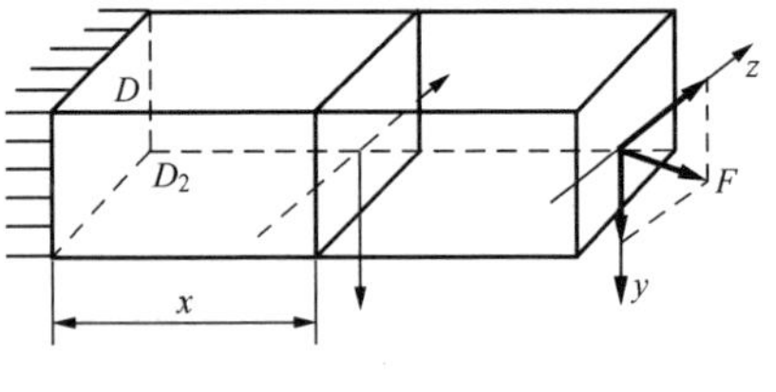

图 5-54　斜弯曲

3. 应力

危险点应力为单向应力状态,最大正应力为两个方向平面弯曲正应力的代数和。

4. 强度条件

(1) 对于有棱角的截面梁(如矩形、工字形、槽形等),最大正应力发生在截面棱角处。正应力的正负号由梁的变形来判断。

$$\sigma_{max}=\frac{M_{ymax}}{W_y}+\frac{M_{zmax}}{W_z}\leqslant[\sigma] \tag{5-67}$$

(2) 对于圆截面梁,因为圆截面任意一对过形心的轴都是形心主轴且 $I_y=I_z$ 所以只要外力过形心,只发生平面弯曲且外力与变形在同一平面内。

$$\sigma_{\max}=\frac{M_{\max}}{W}=\frac{32\sqrt{M_y^2+W_z^2}}{\pi d^3}\leqslant[\sigma] \tag{5-68}$$

注意：对于斜弯曲的问题，对梁进行强度校核时，一般不考虑切应力的影响。

5. 斜弯曲的变形

按叠加原理 $$f=\sqrt{f_y^2+f_z^2} \tag{5-69}$$

5.8.2 拉(压)弯组和变形

在外力的作用下，构件同时发生弯曲和拉伸(或压缩)变形的情况称为弯曲和拉伸(压缩)的组合变形。如图 5-55 所示，烟囱受自重和风力同时作用下所发生的变形。

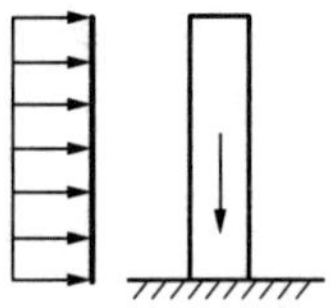

图 5-55 弯曲和压缩的组合变形

1. 应力

由于不考虑弯曲切应力，横截面各点都是单向应力状态，按代数值叠加

$$\sigma=\frac{F_N}{A}\pm\frac{M_y}{W_y}\pm\frac{M_z}{W_z} \tag{5-70}$$

2. 强度计算

$$\sigma_{\max}^{+}\leqslant[\sigma_t] \qquad \sigma_{\max}^{-}\leqslant[\sigma_c] \tag{5-71}$$

5.8.3 弯扭组合变形

杆件同时发生扭转和弯曲的基本变形，称为弯曲和扭转的组合变形如图 5-56 所示，BC 杆既发生弯曲又发生扭转变形，弯扭组合变形只用于圆截面杆件。危险点在横截面边上下边缘上，属于复杂应力状态，用强度理论进行强度计算得

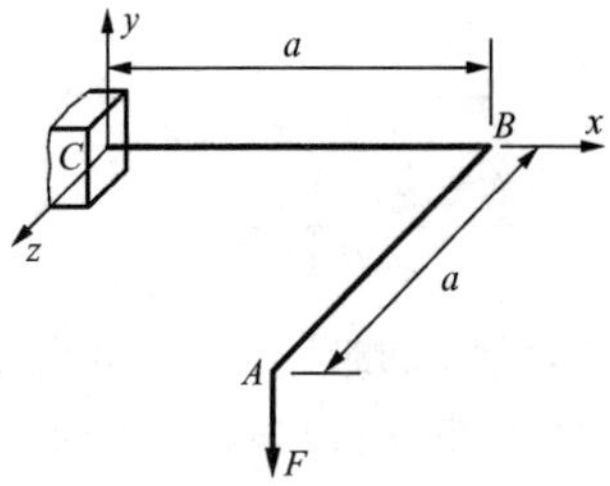

图 5-56 弯扭组合变形

$$\sigma_{r3}=\frac{\sqrt{M^2+T^2}}{W}\leqslant[\sigma] \tag{5-72}$$

$$\sigma_{r4}=\frac{\sqrt{M^2+0.75T^2}}{W}\leqslant[\sigma] \tag{5-73}$$

式中 M——危险截面上的弯矩；

T——危险截面上的扭矩；

W——弯曲截面系数。

【例 5-36】 矩形截面悬臂梁的尺寸如图 5-57 所示，承受水平集中力 $F=0.2\text{kN}$，铅直均布载荷 $q=0.6\text{kN/m}$，弹性模量 $E=1\times10^4\text{MPa}$。试求梁的最大正应力和最大挠度。

解：危险截面在固定端处

$M_y=0.2\text{kN}\cdot\text{m}$，$M_z=0.3\text{kN}\cdot\text{m}$

$W_y=432\times10^{-6}\text{m}^3$，$W_z=648\times10^{-6}\text{m}^3$

$I_y=25.92\times10^{-6}\text{m}^4$，$I_z=58.32\times10^{-6}\text{m}^4$

$$\sigma_{\max}=\frac{M_y}{W_y}+\frac{M_z}{W_z}=0.92\text{MPa}$$

$$y_{\max}=\sqrt{\left(\frac{ql^4}{8EI_z}\right)^2+\left(\frac{Fl^3}{3EI_y}\right)^2}=0.288\text{mm}$$

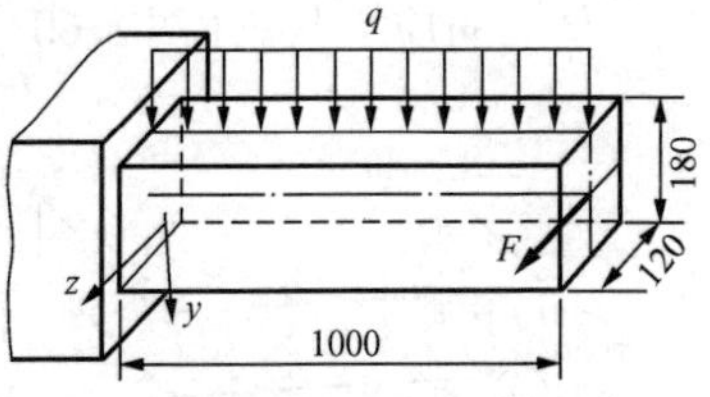

图 5-57 [例 5-36]图

【例 5-37】具有切槽的正方形木杆，受力如图 5-58 所示。试求：(1) 截面 $m—m$ 上的最大拉应力 σ_{tmax} 与最大压应力 σ_{cmax}。(2) 此 σ_{tmax} 是截面削弱前 σ_t 值的几倍？

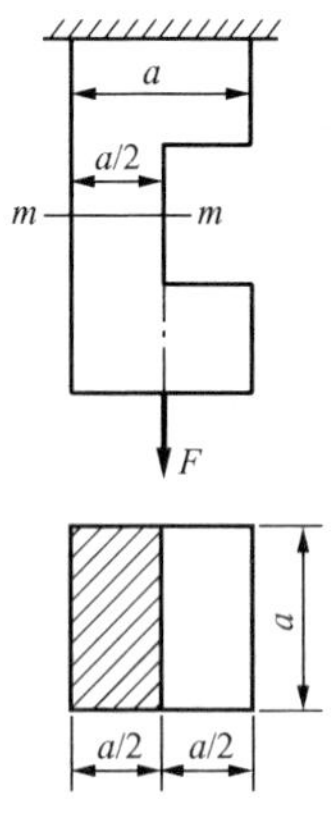

图 5-58 [例 5-37]图

解：内力 $F_N=F, M=\dfrac{Fa}{4}$。

(1) 最大应力

$$\sigma_{tmax}=\frac{F}{A}+\frac{M}{W}=\frac{8F}{a^2}$$

$$\sigma_{cmax}=\frac{F}{A}-\frac{M}{W}=-\frac{4F}{a^2}$$

(2) 拉应力之比

$$\frac{\sigma_{tmax}}{\sigma_t}=8$$

【例 5-38】图 5-59 所示圆截面悬臂梁的直径为 d，梁的自由端承受作用在两个相互垂直平面内的弯矩 M_y、M_z，则该梁的最大正应力为(　　)。

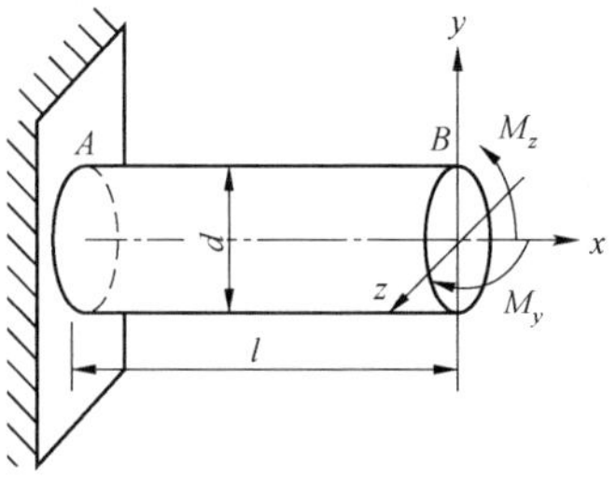

图 5-59 [例 5-38]图

A. $\dfrac{32M_y}{\pi d^3}$　　B. $\dfrac{32M_z}{\pi d^3}$

C. $\dfrac{32(M_y+M_z)}{\pi d^3}$　　D. $\dfrac{32}{\pi d^3}\sqrt{M_y^2+M_z^2}$

解：圆截面杆有两个垂直平面内的弯矩，由于 M_y、M_z，作用在梁的两个对称平面内，梁只发生平面弯曲，所以该截面的最大正应力等于截面上两个方向上弯矩合成除以弯曲截面系数，即 $\sigma_{max}=\dfrac{\sqrt{M_y^2+M_z^2}}{w}=\dfrac{32}{\pi d^3}\sqrt{M_y^2+M_z^2}$，故答案应选 D。

【例 5-39】折杆受力如图 5-60(a)所示，以下结论中错误的是(　　)。

A. 点 B 和点 D 处于纯剪切状态

B. 点 A 和点 C 处为二向应力状态，两点处 $\sigma_1>0, \sigma_2=0, \sigma_3<0$

C. 按照第三强度理论，点 A 及点 C 比点 B 及点 D 危险

D. 点 A 及点 C 的最大主应力 σ_1 数值相等

解：折杆水平段为弯扭组合变形，固定端处是危险截面，B、D 两点纯剪切应力状态，点 A 及点 C 是二向应力状态(图 5-60)，两点的主应力不同，故答案应选 D。

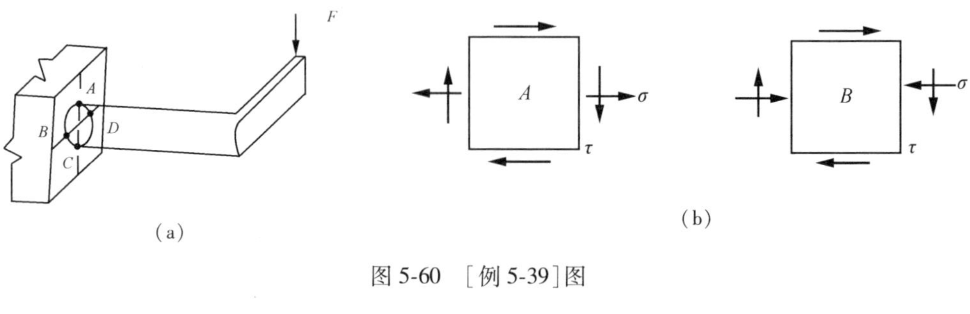

图 5-60 [例 5-39]图

【例 5-40】如图 5-61 所示 T 形截面杆，一端固定一端自由，自由端的集中力 F 作用再截面的左下角点，并与杆件的轴线平行。该杆发生的变形为(　　)。

A. 绕 y 和 z 轴的双向弯曲

B. 轴向拉伸和绕 y、z 轴的双向弯曲

C. 轴向拉伸和绕 z 轴弯曲

D. 轴向拉伸和绕 y 轴弯曲

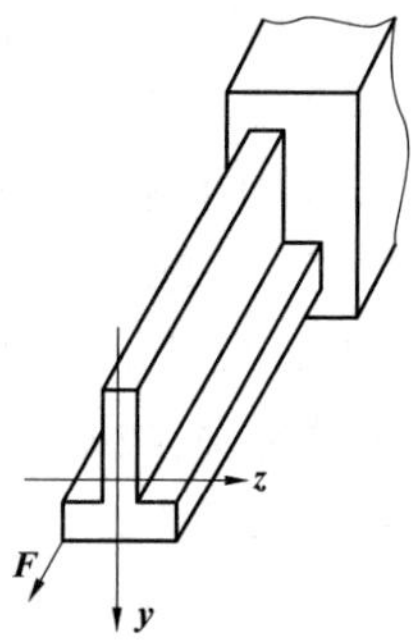

图 5-61 ［例 5-40］图

解：将力 F 移动至形心处，同时受到两个方向上的弯矩和轴向拉伸作用，故答案应选 B。

【例 5-41】如图 5-62 所示圆轴，在自由端圆周边界承受竖直向下的集中力 F，按第三强度理论，危险截面的相当应力 σ_{r3} 为(　　)。

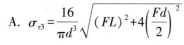

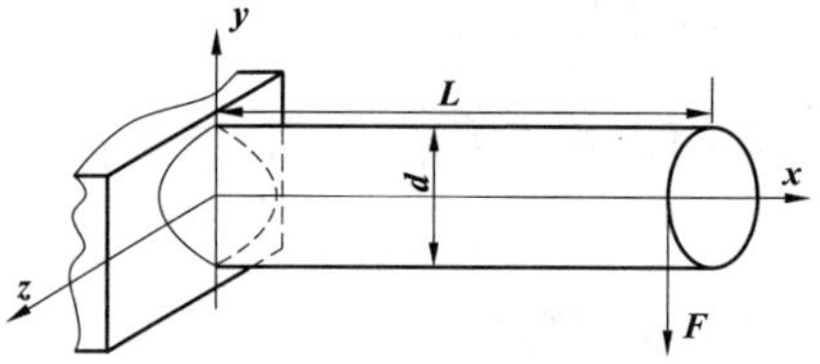

图 5-62 ［例 5-41］图

A. $\sigma_{r3}=\dfrac{16}{\pi d^3}\sqrt{(FL)^2+4\left(\dfrac{Fd}{2}\right)^2}$

B. $\sigma_{r3}=\dfrac{16}{\pi d^3}\sqrt{(FL)^2+\left(\dfrac{Fd}{2}\right)^2}$

C. $\sigma_{r3}=\dfrac{32}{\pi d^3}\sqrt{(FL)^2+4\left(\dfrac{Fd}{2}\right)^2}$

D. $\sigma_{r3}=\dfrac{32}{\pi d^3}\sqrt{(FL)^2+\left(\dfrac{Fd}{2}\right)^2}$

解：提示：直接将公式 $\sigma_{r3}=\dfrac{\sqrt{M^2+T^2}}{\omega}$（第三组公式）代入，可知答案应选 D。

注意：分清楚三种组合变形计算方法的区别。

5.9 压杆稳定

5.9.1 压杆稳定的临界力、欧拉公式

压杆的稳定性是压杆保持原有平衡形态的能力，压杆从原来的直线平衡状态过渡到曲线平衡状态的这种现象，称为丧失稳定，简称失稳。

临界压力 F_{cr} 就是压杆保持稳定平衡状态的极限荷载。所以压杆稳定性的计算，关键在于确定临界压力。

$$F_{cr}=\frac{\pi^2 EI}{(\mu l)^2} \tag{5-74}$$

式中　E——压杆材料的弹性模量；

I——截面的惯性矩；

μ——长度系数；

μl——相当长度。

常用的四种杆端约束压杆的长度系数 μ 取不同值。

（1）两端铰支：$\mu=1$。

（2）一端固定、一端自由：$\mu=2$。

（3）两端固定：$\mu=0.5$。

（4）一端固定、一端铰支：$\mu=0.7$。

【例 5-42】 如图 5-63 所示，起重支架 ABC 由两根具有相同材料、相同截面的细长杆组成，试确定使荷载 F 为最大时的 θ 角（$0<\theta<\pi/2$）。

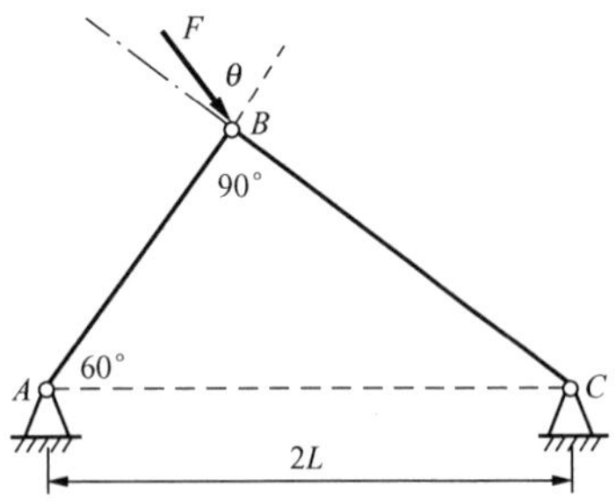

图 5-63 ［例 5-42］图

解：（1）由平衡方程求轴力

$$F_{AB}=F\cos\theta$$

$$F_{BC}=F\sin\theta$$

（2）求临界力

AB 杆：长为 L $\qquad F_{ABcr}=\dfrac{\pi^2 EI}{L^2}$

BC 杆：长为 $\sqrt{3}L$ $\qquad F_{BCcr}=\dfrac{\pi^2 EI}{3L^2}$

（3）确定 θ 值

$F_{ABcr}=F_{AB}$ $\qquad F_{ABcr}=\dfrac{\pi^2 EI}{L^2}=F\cos\theta$

$F_{BCcr}=F_{BC}$ $\qquad F_{BCcr}=\dfrac{\pi^2 EI}{3L^2}=F\sin\theta$

$$\theta=\arctan\frac{1}{3}=18.43°$$

5.9.2 欧拉公式的适用范围及经验公式

1. 临界应力

$$\sigma_{cr}=\frac{\pi^2 Ei^2}{(\mu l)^2}=\frac{\pi^2 E}{\left(\dfrac{\mu l}{i}\right)^2} \tag{5-75}$$

式中，$i=\sqrt{\dfrac{I}{A}}$，为惯性半径或回转半径。

2. 柔度（长细比）

柔度是一个无量纲的量，它反映杆的长度、杆端支承情况及横截面形状、大小对临界应力的综合影响。

$$\lambda=\frac{\mu l}{i} \tag{5-76}$$

3. 临界应力总图

根据压杆的柔度可将压杆分为三类，分别为细长杆、中长杆、短杆，对于 $\lambda\geqslant\lambda_p$ 称为细长杆，其临界应力可用欧拉公式计算，$\lambda_0\leqslant\lambda<\lambda_p$ 称为中长杆，临界应力可用经验公式计算，直线公式为 $\sigma_{cr}=a-b\lambda$，抛物线公式为 $\sigma_{cr}=a_1-b_1\lambda^2$。对于 $\lambda<\lambda_0$ 称为短杆或小柔度杆，应按强度问题计

算，对于塑性材料，$\sigma_{cr}=\sigma_s$ 计算临界应力。图 5-64 全面反映了大、中、小柔度压杆的临界应力，随柔度 λ 变化的情况，我们称为临界应力总图。

4. 欧拉公式的适用范围

当压杆中的应力不超过比例极限 σ_p 时式（5-75）才是正确的。因此该公式的适用范围为

$$\sigma_{cr}=\frac{\pi^2 E}{\lambda^2}\leqslant\sigma_p \tag{5-77}$$

即

$$\lambda\geqslant\lambda_p \tag{5-78}$$

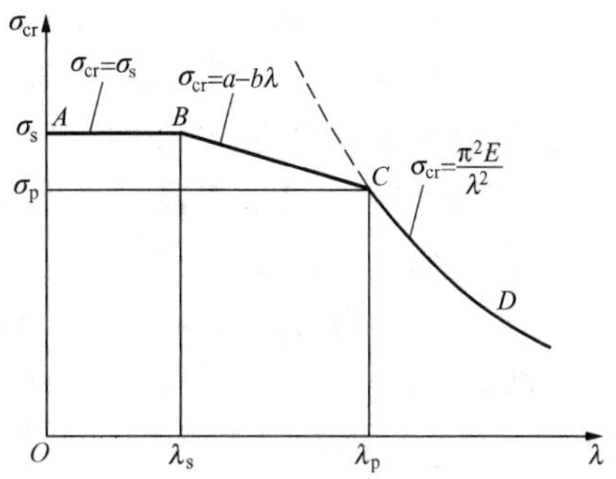

图 5-64　临界应力总图

$$\lambda_p=\sqrt{\frac{\pi^2 E}{\sigma_p}} \tag{5-79}$$

5.9.3　压杆的稳定计算

1. 安全因数法

$$F_{max}\leqslant[F_{st}] \tag{5-80}$$

式中　$[F_{st}]$——稳定许用荷载，$[F_{st}]=F_{cr}/n_{st}$，n_{st}稳定安全因数。

$$\sigma=\frac{F}{A}\leqslant[\sigma_{st}] \tag{5-81}$$

式中　A——杆的横截面面积（不考虑孔、槽等局部削弱，一律用毛面积）。

$$[\sigma_{st}]=\sigma_{cr}/n_{st}$$

注意：若截面有局部削弱时，还应按净面积检查该截面的强度，$F/A_j\leqslant[\sigma]$。

2. 折减系数法

$$\frac{F}{A}\leqslant\varphi[\sigma] \tag{5-82}$$

$$\varphi=\frac{\sigma_{cr}}{n_{st}[\sigma]} \tag{5-83}$$

式中　φ——折减系数，$\varphi<1$，φ 是柔度 λ 的函数。

压杆的稳定条件同样可以解决三类问题，即对杆进行稳定校核，确定许用荷载和设计截面尺寸。需要说明的是临界力的大小是由压杆的整体变形确定的，局部削弱（如沟槽、钉孔等）对杆件整体变形影响很小。所以，无论是用欧拉公式或经验公式计算临界应力时，一律采用为削弱前的横截面面积 A 和惯性矩 I。

5.9.4　提高压杆稳定性的措施

（1）材料方面。

1）对于 $\lambda\geqslant\lambda_p$ 的大柔度杆，应选 E 值较大的材料。

2）对于中柔度杆，其破坏既有失稳现象又有强度不够。临界力和强度有关应选高强度钢。

3）对于短杆破坏与稳定无关，应选高强度钢。

（2）改善支承情况，因为压杆两端固定越牢，μ 越小 σ_{cr}越大。所以应采用μ 值小的支座。

（3）减少杆的长度。

(4) 选择合理的截面形状,由欧拉公式,经验公式可看出,如果不增加截面面积,尽可能地把材料放在离截面形心较远处。比如:采用空心圆截面比实心圆截面更合理。又比如:对于某些构件(曲轴、发动机连杆)在两个相互垂直的平面内约束条件不同,在摆动平面内,两端可简化为铰支($\mu=1$),在垂直摆动的平面内两端可简化为固定($\mu=0.5$)。为了使两个方向上抵抗失稳的能力相等或相近,$\lambda_{xy}=\lambda_{xz}$。

(5) 改变结构,将压杆转换为拉杆,从根本上消除稳定性的问题。

【例 5-43】图 5-65 所示等边角钢制成的两端固定的中心受压直杆,已知压力 $F=5\text{kN}$,杆长 $l=1.2\text{m}$,比例极限 $\sigma_p=200\text{MPa}$,弹性模量 $E=2\times10^5\text{MPa}$,压杆的稳定安全系数 $n_{st}=1.7$,试校核稳定性(已知:$A=1.132\text{cm}^2$,$I_{y0}=0.17\text{cm}^4$,$I_{z0}=0.63\text{cm}^4$,$I_z=0.4\text{cm}^4$)。

解:(1) 求 λ

$$\mu=0.5, I_{min}=I_{y0}, \lambda=\frac{\mu l}{i_{min}}$$

$$i_{min}=\sqrt{\frac{i_{min}}{A}}=\sqrt{\frac{0.17}{1.132}}\text{cm}=0.388\text{cm}$$

$$\lambda=154.64$$

$$\lambda_p=\sqrt{\frac{\pi^2 E}{\sigma_p}}=99.3$$

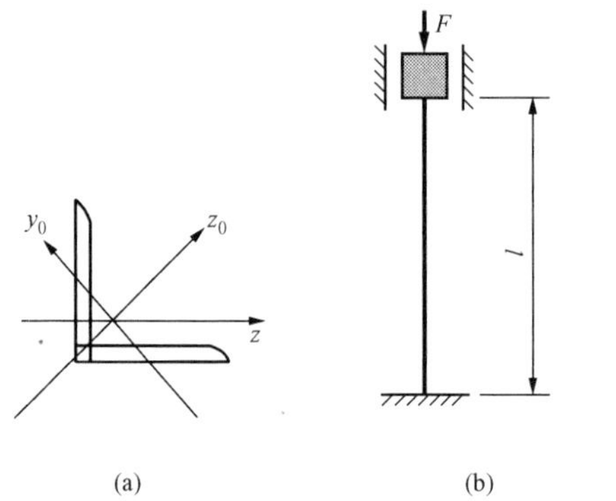

图 5-65 [例 5-43]图

(2) 细长杆可用欧拉公式

$$F_{cr}=\frac{\pi^2 EI}{(\mu l)^2}=9.32\text{kN}$$

(3) 校核

$$[F_{st}]=\frac{F_{cr}}{n_{st}}=5.48\text{kN}$$

$$F<[F_{st}]$$

所以压杆稳定。

【例 5-44】图 5-66 所示三根细长压杆,弯曲刚度均为 EI。三根压杆的临界载荷 F_{cr} 的关系为( )。

A. $F_{cra}>F_{crb}>F_{crc}$

B. $F_{crb}>F_{cra}>F_{crc}$

C. $F_{crc}>F_{cra}>F_{crb}$

D. $F_{crb}>F_{crc}>F_{cra}$

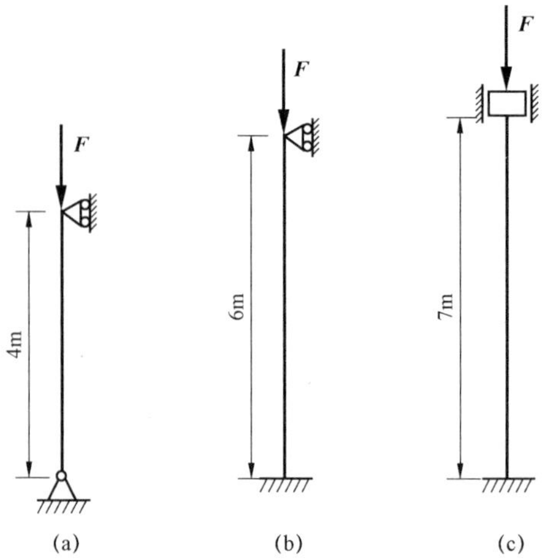

图 5-66 [例 5-44]图

解:压杆临界力的计算公式为 $F_{cr}=\frac{\pi^2 EI}{(\mu l)^2}$。因三杆截面相同,临界力的大小与支座和杆的长度有关,两端铰支,$\mu_a=1$;一端固定、一端铰支,$\mu_b=0.7$;两端固定,$\mu_c=0.5$,$l_a=4$,$l_b=6$,$l_c=7$,代入公式,有 $F_{crc}>F_{cra}>F_{crb}$,故答案应选 C。

【例 5-45】如图 5-67 所示直杆,其材料相同,截面和长度相同,支撑方式不同,在轴向压力作用下,哪个柔度最大,哪个柔度最小?(　　)

A. λ_a最大、λ_c最小　　B. λ_b最大、λ_d最小

C. λ_b最大、λ_c最小　　D. λ_a最大、λ_b最小

解:$\lambda=\dfrac{\mu l}{i}$,λ 与 μ 成正比,所以 λ_b最大、λ_d最小,故答案应选 B。

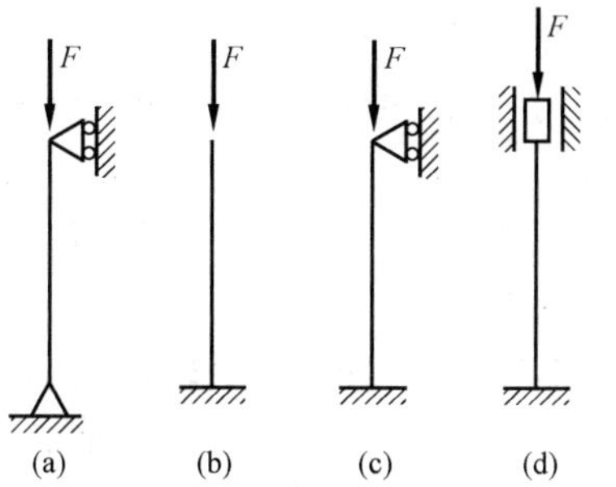

图 5-67　[例 5-45]图

> **注意:**当杆的截面和长度相同时,在相同的轴力作用下,柔度只和支撑方式有关,支撑越牢靠,柔度越小。

【例 5-46】如图 5-68 所示,一端固定一端为球形铰的大柔度压杆,材料的弹性系数为 E,截面为矩形($h<b$),则该杆临界力 F_{cr} 为(　　)。

A. $1.68\dfrac{Ebh^3}{l^2}$　　B. $3.29\dfrac{Ebh^3}{l^2}$

C. $1.68\dfrac{Eb^3h}{l^2}$　　D. $0.82\dfrac{Eb^3h}{l^2}$

解:题目中给出此杆是一端固定一端为球形铰的大柔度压杆,可用欧拉公式求临界力,$F_{cr}=\dfrac{\pi^2EI_{min}}{(\mu l)^2}$,其中 $\mu=0.7$,$I_{min}=\dfrac{bh^3}{12}$,代入以后,临界力 $F_{cr}=1.68\dfrac{Ebh^3}{l^2}$,故答案应选 A。

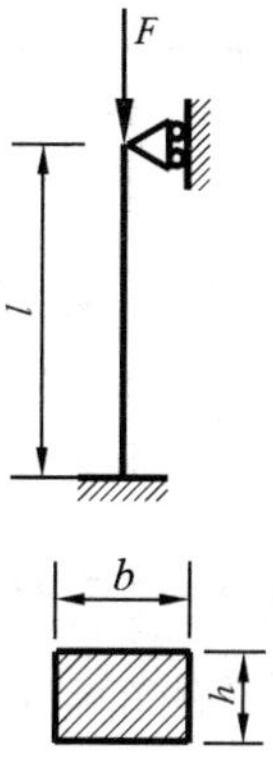

图 5-68　[例 5-46]图

复　习　题

5-1　在低磷钢拉伸试验中,冷作硬化现象发生在(　　)。

A. 弹性阶度　　B. 屈服阶段　　C. 强化阶段　　D. 局部变形阶段

5-2　下面因素中,与静定杆件的截面内力有关的是(　　)。

A. 截面形状　　B. 截面面积　　C. 截面位置　　D. 杆件的材料

5-3　如图 5-69 所示受力杆件的轴力图有以下四种,(　　)是正确的。

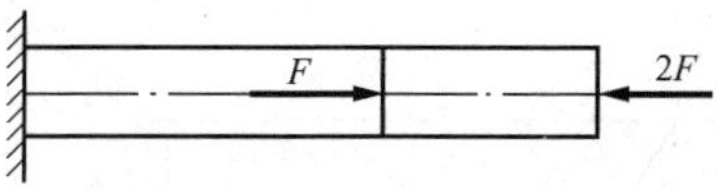

图 5-69　题 5-3 图

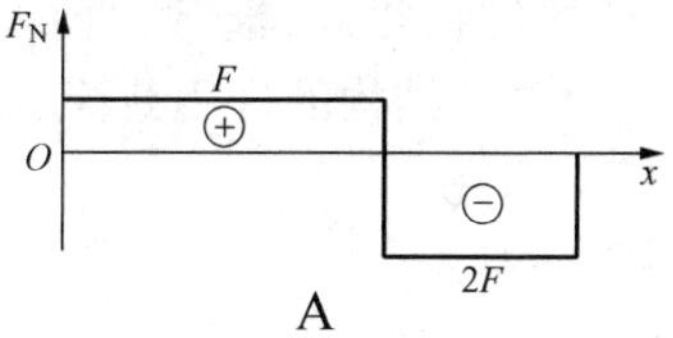

A

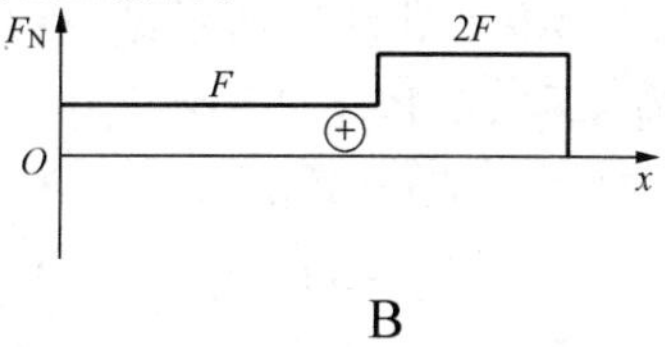

B

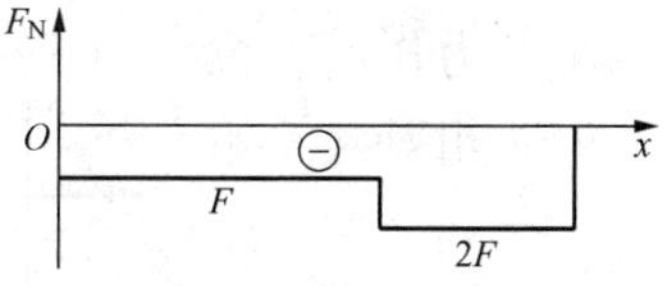

C

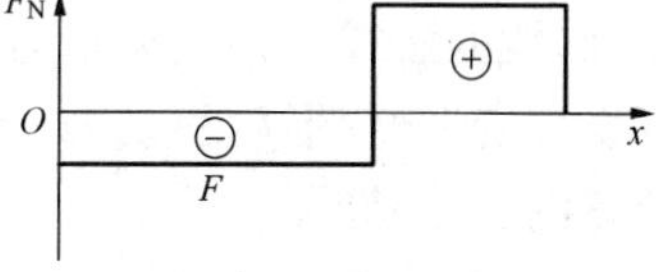

D

5-4　图 5-70 所示等截面直杆，在杆的 B 截面作用有轴向力 F，已知杆的抗拉刚度为 EA，则直杆轴端 C 的轴向位移（　　）。

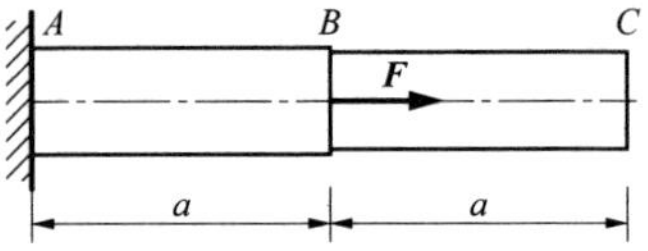

图 5-70　题 5-4 图

A. 0　　　　　　B. $2Fa/EA$

C. Fa/EA　　　　D. $Fa/2EA$

5-5　变截面杆 AC，轴向受力如图 5-71 所示。已知杆的 BC 段面积 $A=2500\text{mm}^2$，AB 段的横截面积为 $4A$。杆的最大拉应力是（　　）。

A. 30MPa　　B. 40MPa　　C. 80MPa　　D. 120MPa

5-6　如图 5-72 所示，一等直拉杆横截面积 $A=100\text{mm}^2$，弹性系数 $E=200\text{GPa}$，横向变形系数 $\nu=0.3$，轴向拉力 $F=20\text{kN}$。拉杆的横向应变 ε' 是（　　）。

A. $\varepsilon'=0.3\times10^{-3}$　　B. $\varepsilon'=-0.3\times10^{-3}$　　C. $\varepsilon'=10^{-3}$　　D. $\varepsilon'=-10^{-3}$

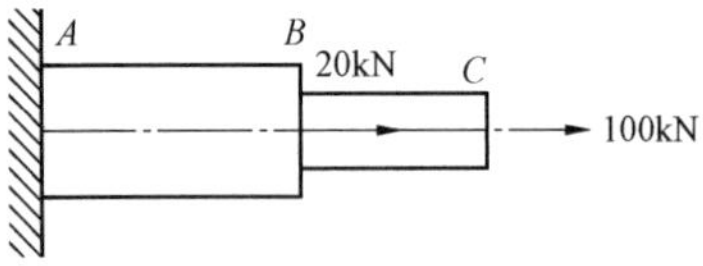

图 5-71　题 5-5 图

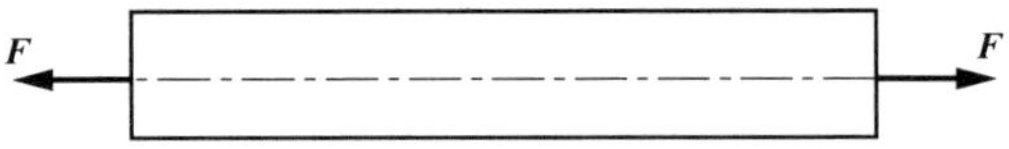

图 5-72　题 5-6 图

5-7　如图 5-73 所示，为拉杆承受轴向拉力 F 的作用，设斜截面 $m—m$ 的面积为 A，则 $\sigma=\dfrac{F}{A}$ 为（　　）。

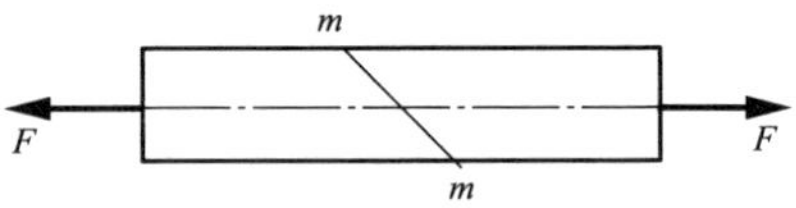

图 5-73　题 5-7 图

A. 横截面上的正应力　　B. 斜截面上的正应力

C. 斜截面上的应力　　D. 斜截面上的切应力

5-8　两根相同脆性材料等截面直杆，其中一根有沿横截面的微小裂纹（图 5-74）。承受如图拉伸载荷时，有微小裂纹的杆件，比没有裂纹的杆件承载能力明显降低，其主要原因是（　　）。

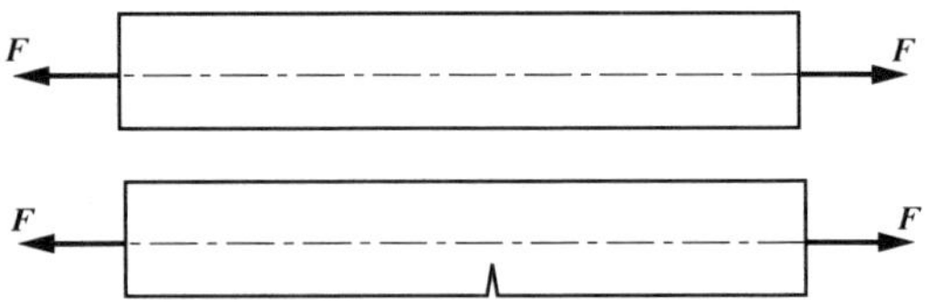

图 5-74　题 5-8 图

A. 横截面积小

B. 偏心拉伸

C. 应力集中

D. 稳定性差

5-9　图 5-75 所示结构中二杆的材料相同，横截面面积分别为 A 和 $2A$，以下四种答案中，（　　）是该结构的许用载荷。

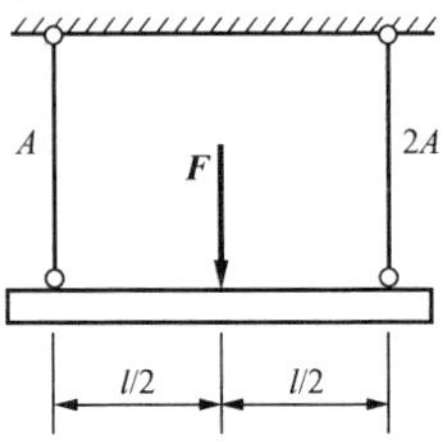

图 5-75　题 5-9 图

A. $[F]=A[\sigma]$　　B. $[F]=2A[\sigma]$

C. $[F]=3A[\sigma]$　　D. $[F]=4A[\sigma]$

5-10　图 5-76 所示拉杆外表面上的斜线 $m-m$ 和 $n-n$ 互相平行，斜线的法线与轴线夹角为 α。在 F 力作用下拉杆发生变形，变形后斜线 $m-m$ 和 $n-n$ 相对其原始位置的变化是（　　）。

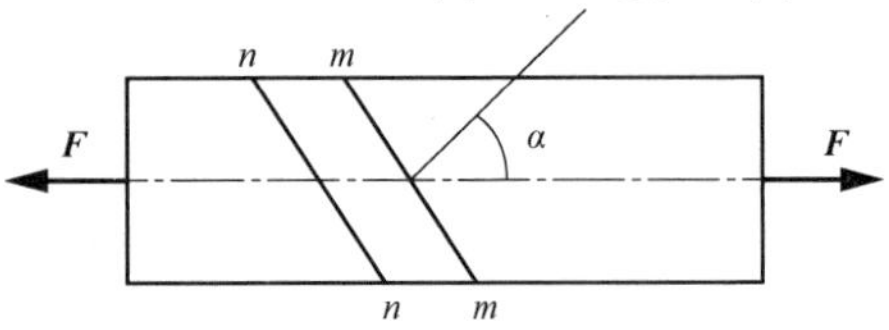

图 5-76　题 5-10 图

A. 两线不再平行

B. 两线仍平行

C. 两线仍平行，角 α 变小

D. 两线仍平行，角 α 变大

5-11　铅直的刚性杆 AB 上铰接着三根材料相同，横截面面积相同，相互平行的水平等直杆，其长度分别为 l、$2l$ 和 $3l$，如图 5-77 所示。今在 B 端作用一水平的集中力 F，若以 F_{N1}，F_{N2}，F_{N3} 和 ε_1，ε_2，ε_3 分别表示杆 1,2,3 的轴力和应变值，给定以下四种情况，正确的是(　　)。

A. $F_{N1}=F_{N2}=F_{N3}$，$\varepsilon_1=\varepsilon_2=\varepsilon_3$　　B. $F_{N1}<F_{N2}<F_{N3}$，$\varepsilon_1<\varepsilon_2<\varepsilon_3$

C. $F_{N1}=F_{N2}=F_{N3}$，$\varepsilon_1<\varepsilon_2<\varepsilon_3$　　D. $F_{N1}<F_{N2}<F_{N3}$，$\varepsilon_1=\varepsilon_2=\varepsilon_3$

5-12　如图 5-78 所示，钢板用钢轴连接在铰支座上，下端受轴向拉力 F，已知钢板和钢轴的许用挤压应力均为 $[\sigma_{bs}]$ 则钢轴的合理直径 d 是(　　)。

A. $d \geqslant \dfrac{F}{t[\sigma_{bs}]}$　　B. $d \geqslant \dfrac{F}{b[\sigma_{bs}]}$　　C. $d \geqslant \dfrac{F}{2t[\sigma_{bs}]}$　　D. $d \geqslant \dfrac{F}{2b[\sigma_{bs}]}$

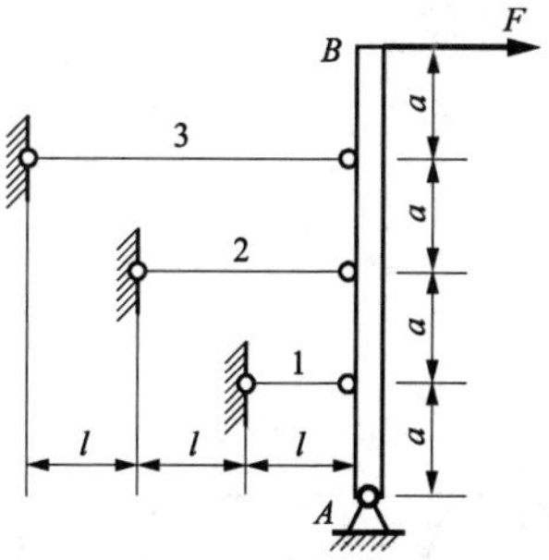

图 5-77　题 5-11 图

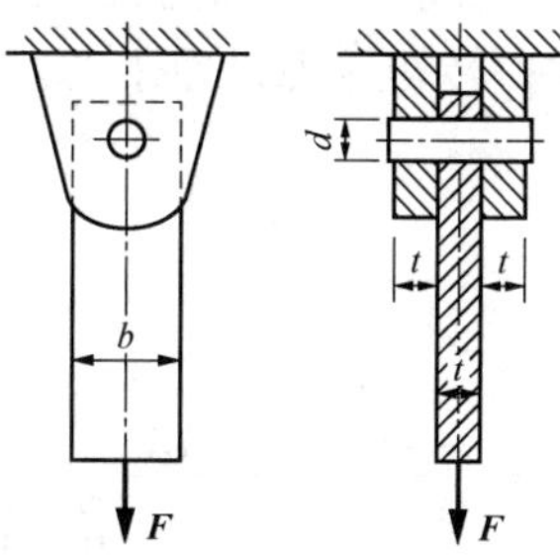

图 5-78　题 5-12 图

5-13　图 5-79 所示铆钉连接，铆钉的挤压应力 $\sigma_{bs}=$(　　)。

A. $\dfrac{2F}{\pi d^2}$　　B. $\dfrac{F}{2d\delta}$

C. $\dfrac{F}{2b\delta}$　　D. $\dfrac{4F}{\pi d^2}$

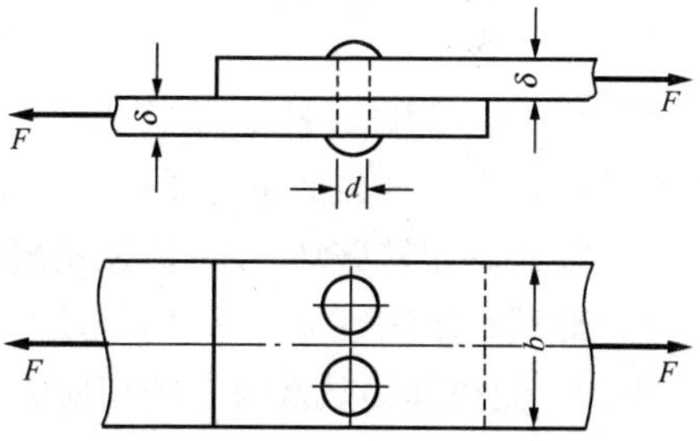

图 5-79　题 5-13 图

5-14　图 5-80 所示连接件，两端受拉力 F 作用，接头的挤压面积为(　　)。

A. hb　　B. cb

C. ab　　D. ac

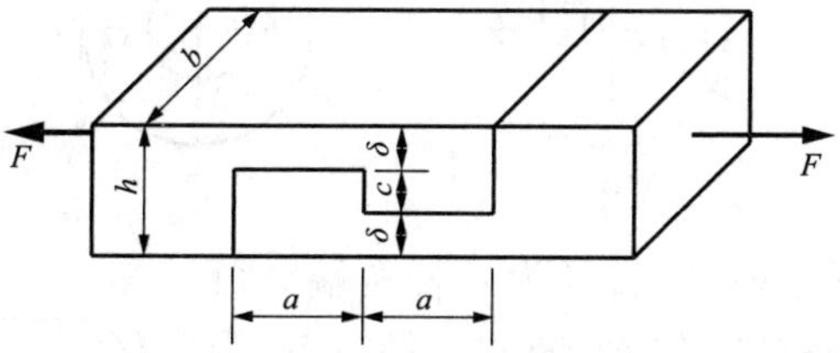

图 5-80　题 5-14 图

5-15　直径 $d=0.5$m 的立柱，固定在 $D=1$m 混凝土基座上，如图 5-81 所示。柱承受轴向压力 $F=1000$kN。设地基对混凝土板的支反力为均匀分布，混凝土许用切应力 $[\tau]=1.5$MPa。为使混凝土基座不被击穿，混凝土的最小厚度 t 应是(　　)。

A. 159mm　　　　　B. 212mm　　　　　C. 318mm　　　　　D. 424mm

5-16　空心圆轴外径 D，内径 d，$D=2d$，其抗扭截面系数为(　　)。

A. $\frac{\pi d^3}{16}$　　　　B. $\frac{\pi d^3}{32}$

C. $\frac{7\pi d^3}{16}$　　　　D. $\frac{15\pi d^3}{32}$

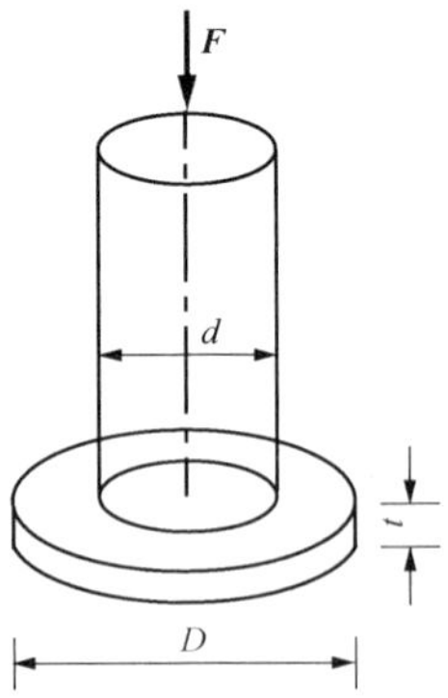

图 5-81　题 5-15 图

5-17　如图 5-82 所示，左端固定的直杆受扭转力偶作用，在截面 1-1 和 2-2 处的扭矩为(　　)。

A. 2.5kN·m，3kN·m　　　　B. −2.5kN·m，−3kN·m

C. −2.5kN·m，3kN·m　　　　D. 2.5kN·m，−3kN·m

5-18　图 5-83 所示等截面圆轴上装有 4 个皮带轮，将 3 轮与 4 轮对调后，圆轴的最大扭转切应力是原来的(　　)。

A. $\frac{1}{4}$　　　　B. $\frac{1}{2}$　　　　C. 不变　　　　D. 2 倍

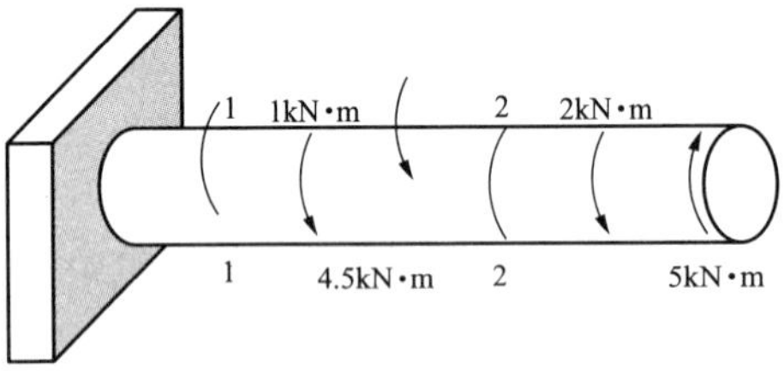

图 5-82　题 5-17 图

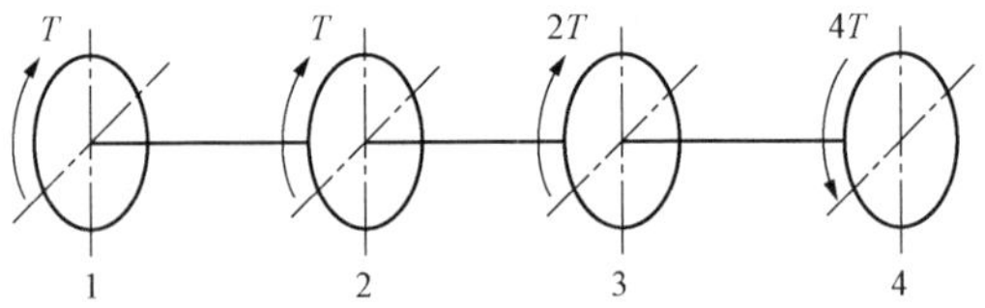

图 5-83　题 5-18 图

5-19　圆截面试件被破坏后的断口如图 5-84 所示的螺旋面，符合该力学现象的可能是(　　)。

A. 低碳钢扭转破坏　B. 铸铁扭转破坏

C. 低碳钢压缩破坏　D. 铸铁压缩破坏

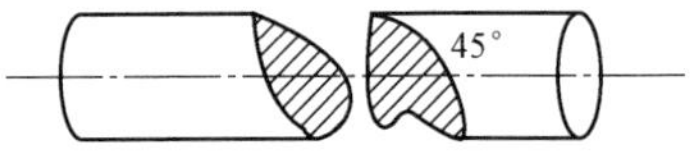

图 5-84　题 5-19 图

5-20　受扭圆轴横截面上的切应力分布图中，正确的切应力分布应是(　　)。

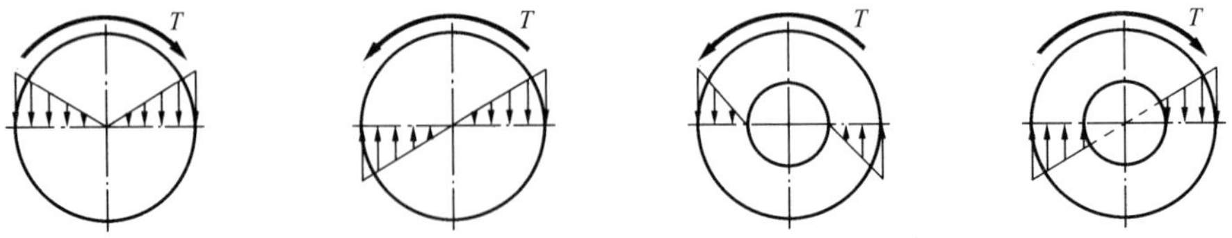

A　　　　B　　　　C　　　　D

5-21　图 5-85 所示圆截面杆，直径为 d 杆两端许可力偶矩为 M_0。若横截面面积增加 1 倍，许可力偶矩 M_0 为(　　)。

A. $M=2M_0$　　　　B. $M=8M_0$

C. $M=\frac{M_0}{8}$　　　　D. $M=16M_0$

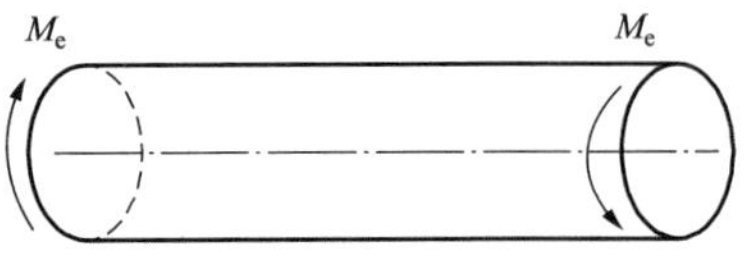

图 5-85　题 5-21 图

5-22　如图 5-86 所示，由惯性矩的平行移轴公式，I_{z2}的答案为(　　)。

A. $I_{z2}=I_{z1}+bh^3/4$　　B. $I_{z2}=I_z+bh^3/4$　　C. $I_{z2}=I_z+bh^3$　　D. $I_{z2}=I_{z1}+bh^3$

5-23　下列图示各圆形平面的面积相等，其中图像关于坐标轴 x、y 的静矩 S_x、S_y 均为正值的是(　　)。

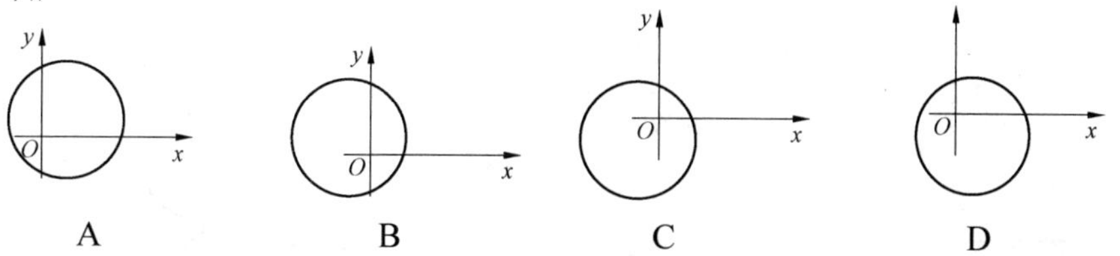

5-24　如图 5-87 所示矩形截面，C 为形心，阴影面积对 z_C 轴的静矩为$(S_{zC})_A$，其余部分面积对 z_C 轴的静矩为$(S_{zC})_B$，$(S_{zC})_A$ 与$(S_{zC})_B$ 之间的关系为(　　)。

A. $(S_{zC})_A>(S_{zC})_B$　　B. $(S_{zC})_A<(S_{zC})_B$　　C. $(S_{zC})_A=(S_{zC})_B$　　D. $(S_{zC})_A=-(S_{zC})_B$

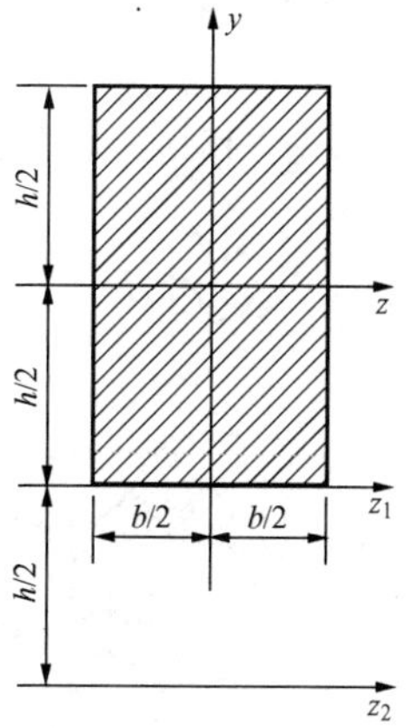

图 5-86　题 5-22 图

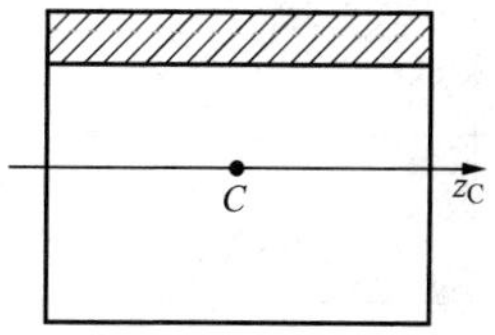

图 5-87　题 5-24 图

5-25　图 5-88 所示，图形对通过某点的惯性矩中对两主惯性轴的惯性矩一定是(　　)。

A. 两个都最大　　B. 两个都最小

C. 一个最大，一个最小　　D. 不能确定

5-26　如图 5-89 所示正方形，图形对形心轴 y_1 和 y 的惯性矩 I_{y1}与 I_y 之间的关系为(　　)。

A. $I_{y1}>I_y$　　B. $I_{y1}=I_y$　　C. $I_{y1}=0.5I_y$　　D. $I_{y1}<0.5I_y$

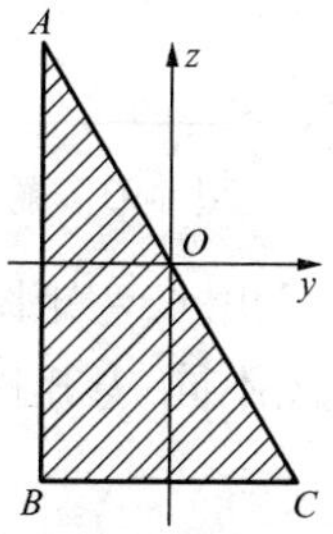

图 5-88　题 5-25 图

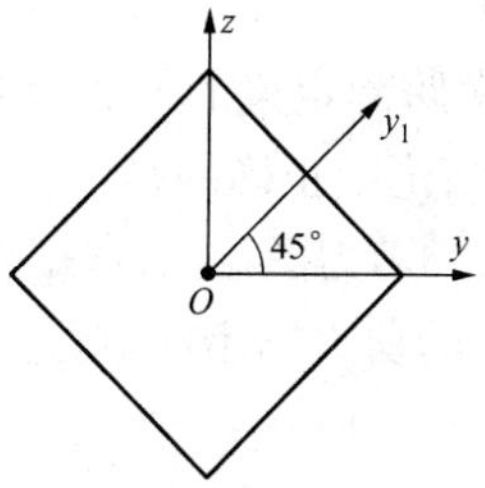

图 5-89　题 5-26 图

5-27　如图 5-90 所示，该截面对 z 轴的惯性矩 I_z为(　　)。

A. $I_z=\dfrac{\pi d^4}{64}-\dfrac{bh^3}{3}$　　B. $I_z=\dfrac{\pi d^4}{64}-\dfrac{bh^3}{12}$　　C. $I_z=\dfrac{\pi d^4}{32}-\dfrac{bh^3}{6}$　　D. $I_z=\dfrac{\pi d^4}{64}-\dfrac{13bh^3}{12}$

5-28　面积相等的两个图形分别如图 5-91(a)(b)所示。它们对对称轴 y、z 轴的惯性矩之间的关系为(　　)。

A. $I_{za}<I_{zb}, I_{ya}=I_{yb}$　　B. $I_{za}>I_{zb}, I_{ya}=I_{yb}$　　C. $I_{za}=I_{zb}, I_{ya}<I_{yb}$　　D. $I_{za}=I_{zb}, I_{ya}>I_{yb}$

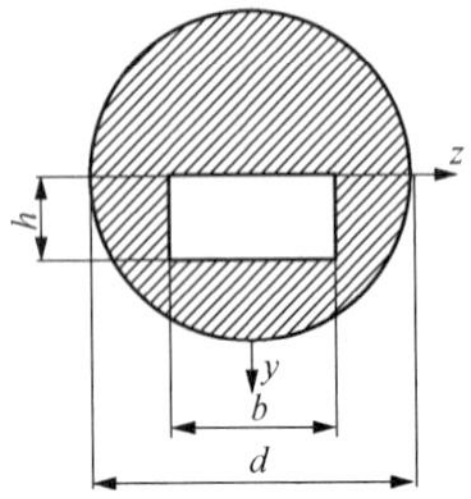

图 5-90　题 5-27 图

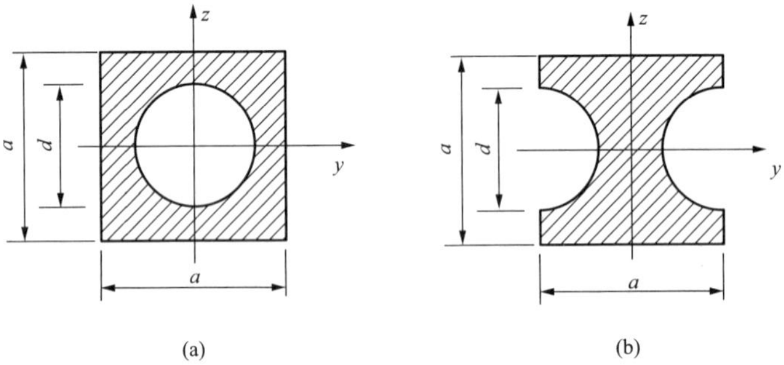

图 5-91　题 5-28 图

5-29　面积相等的三个图形分别如图 5-92(a)(b)(c)所示。它们对各自对称轴 y 轴的惯性矩之间的关系为(　　)。

A. $I_{za}>I_{zb}>I_{zc}$　　B. $I_{ya}<I_{yb}<I_{yc}$　　C. $I_{za}<I_{zb}>I_{zc}$　　D. $I_{ya}=I_{yc}>I_{yb}$

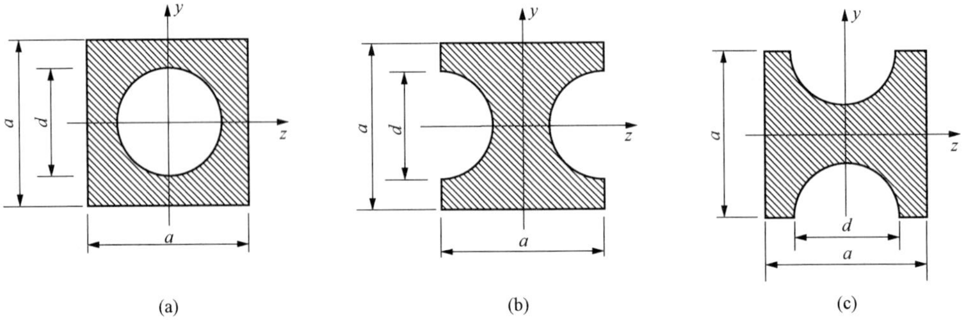

图 5-92　题 5-29 图

5-30　梁的弯矩图如图 5-93 所示，则梁的最大剪力是(　　)。

A. 0.5F　　B. F

C. 1.5F　　D. 2F

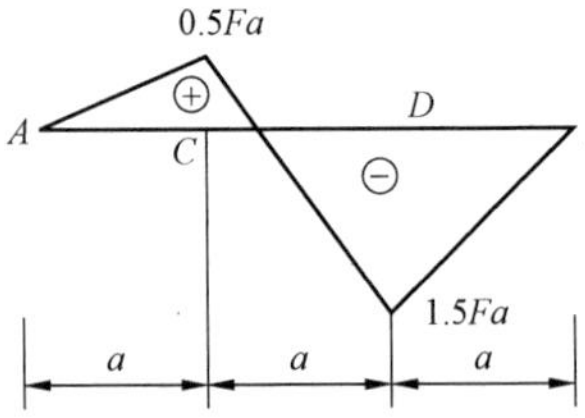

图 5-93　题 5-30 图

5-31　多跨静定梁的两种受载情况如图 5-94(a)(b)所示。下列结论中正确的是(　　)。

A. 两者的剪力图相同，弯矩图也相同　　B. 两者的剪力图相同，弯矩图不同

C. 两者的剪力图不同，弯矩图相同　　D. 两者的剪力图不同，弯矩图也不同

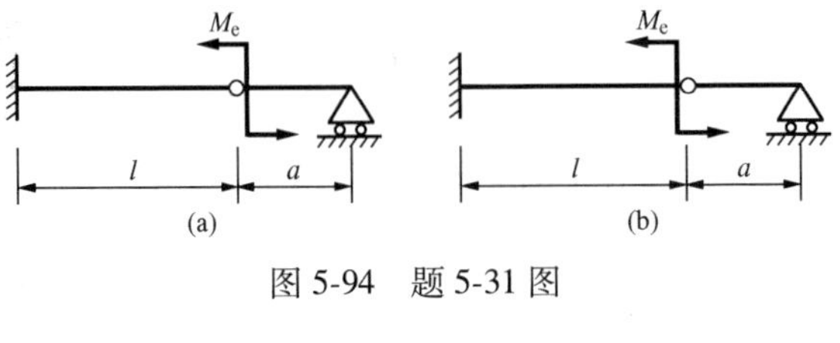

图 5-94　题 5-31 图

5-32　悬臂梁在荷载作用下的剪力图如图 5-95 所示，则梁上的分布荷载 q 和集中力 F 为(　　)。

A. $q=12\text{kN/m}, F=4\text{kN}$

B. $q=12\text{kN/m}, F=6\text{kN}$

C. $q=6\text{kN/m}, F=10\text{kN}$

D. $q=6\text{kN/m}, F=6\text{kN}$

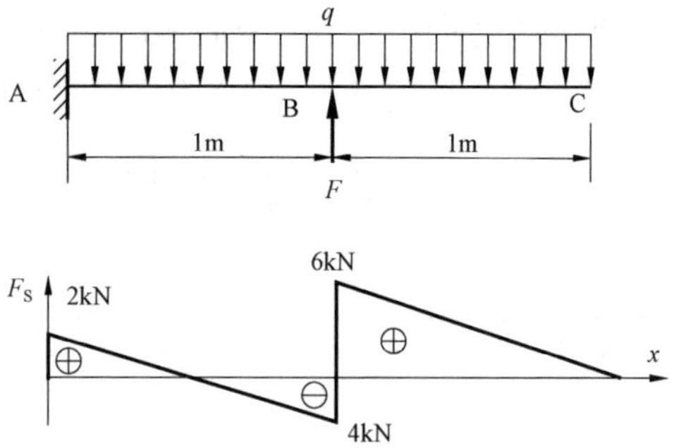

图 5-95　题 5-32 图

5-33　带有中间铰的静定梁受载情况如图 5-96 所示，则(　　)。

A. a 越大，则 M_A 越大

B. l 越大，则 M_A 越大

C. a 越大，则 F_A 越大

D. l 越大，则 F_A 越大

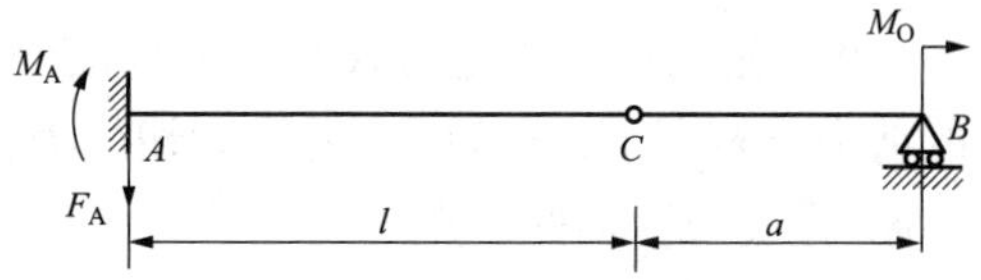

图 5-96　题 5-33 图

5-34　外伸梁 AB 的弯矩图如图 5-97 所示，梁上力 F、和力偶 m 的数值为(　　)。

A. $F=8\text{kN}, m=14\text{kN}\cdot\text{m}$

B. $F=8\text{kN}, m=6\text{kN}\cdot\text{m}$

C. $F=6\text{kN}, m=8\text{kN}\cdot\text{m}$

D. $F=6\text{kN}, m=14\text{kN}\cdot\text{m}$

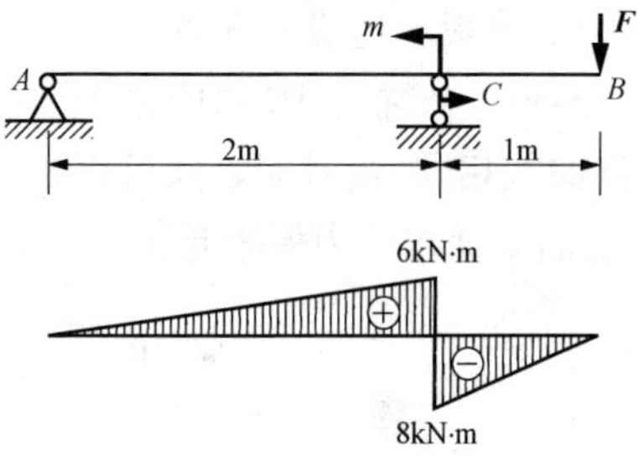

图 5-97　题 5-34 图

5-35　矩形截面悬臂梁(图 5-98)，截面的高度为 h，宽度为 b，且 $h=1.5b$，采用(a)(b)两种放置方式，两种情况下，最大弯曲正应力的比值 $(\sigma_a)_{max}/(\sigma_b)_{max}$ 为(　　)。

A. 9/4　　　　B. 4/9

C. 3/2　　　　D. 2/3

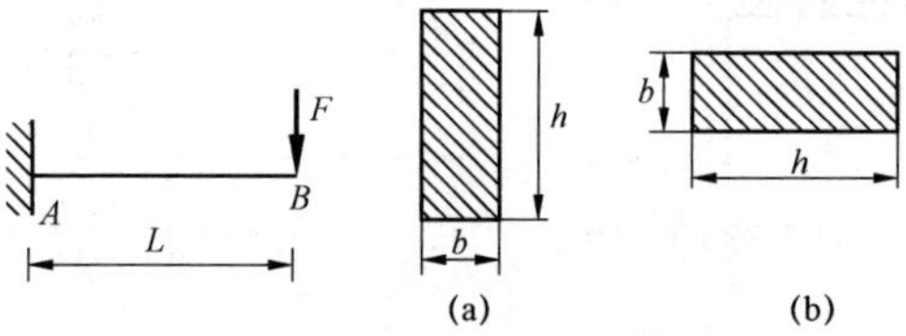

图 5-98　题 5-35 图

5-36　如图 5-99 所示的 T 形截面的梁，两端受力偶矩 M_e 作用，以下结论错误的是(　　)。

A. 梁截面的中性轴通过形心

B. 梁的最大压应力出现在截面的上边缘

C. 梁的最大压应力与最大拉应力数值不等

D. 梁内最大压应力的值(绝对值)小于最大拉应力

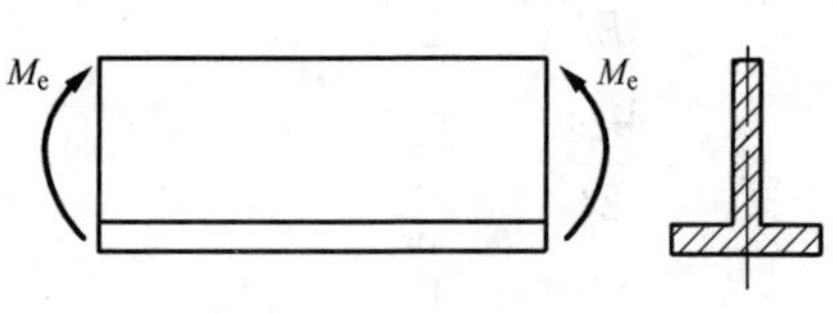

图 5-99　题 5-36 图

5-37　承受竖直向下载荷的等截面悬臂梁，结构分别采用整块材料、两块材料并列、三块材料并列和两块材料叠合(未粘接)四种方案，对应横截面如图 5-100 所示。在这四种横截面

中,发生最大弯曲正应力的截面是(　　)。

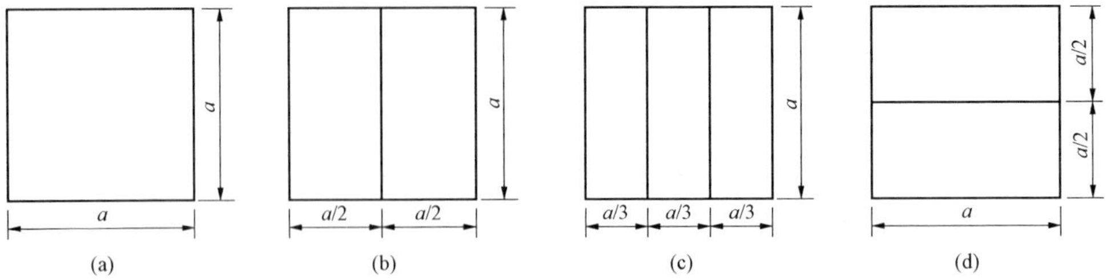

图 5-100　题 5-37 图

A. 图(a)　　B. 图(b)　　C. 图(c)　　D. 图(d)

5-38　梁的横截面是由狭长矩形构成的工字形截面,如图5-101 所示,z 轴为中性轴。截面上的剪力竖直向下,该截面上的最大切应力在(　　)。

A. 腹板中性轴处 4 点

B. 腹板上下缘延长线与两侧翼缘相交处 2 点

C. 左翼缘的上端 1 点

D. 腹板上边缘的 3 点

5-39　悬臂梁 AB 由两根矩形截面直杆叠合而成,如图 5-102 所示。弯曲变形后,两根梁的挠曲线相同,接触面之间可以相对滑动且无摩擦力。设两根梁的自由端共同承担集中力偶 m,上面梁承担的力偶矩是(　　)。

A. $\dfrac{m}{9}$　　B. $\dfrac{m}{5}$　　C. $\dfrac{m}{3}$　　D. $\dfrac{m}{2}$

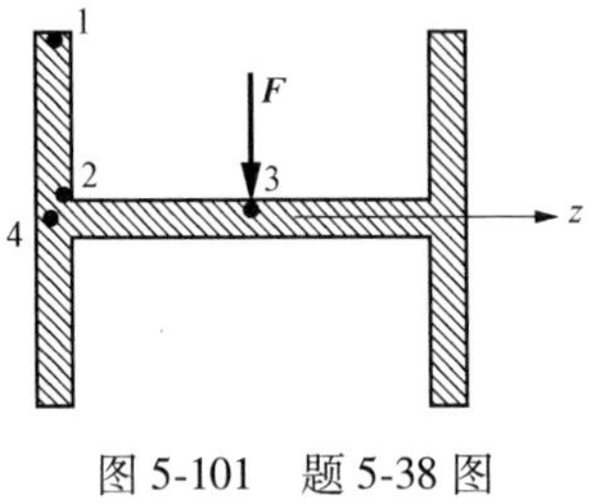

图 5-101　题 5-38 图

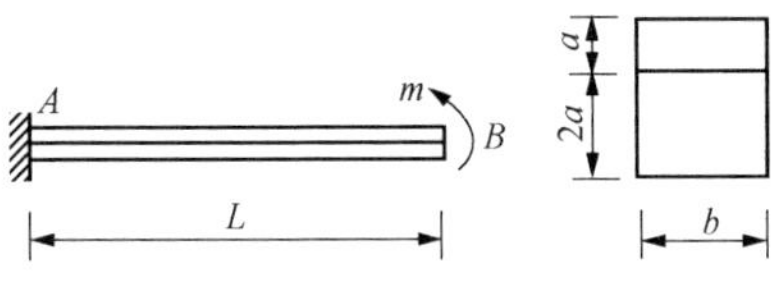

图 5-102　题 5-39 图

5-40　图 5-103 所示梁自由端 B 的挠度为(　　)。

A. $-\dfrac{M_e a}{EI}\left(l-\dfrac{a}{2}\right)$　　B. $-\dfrac{M_e a^3}{EI}\left(l-\dfrac{a}{2}\right)$

C. $-\dfrac{M_e a}{EI}$　　D. $-\dfrac{M_e a^2}{EI}\left(l-\dfrac{a}{2}\right)$

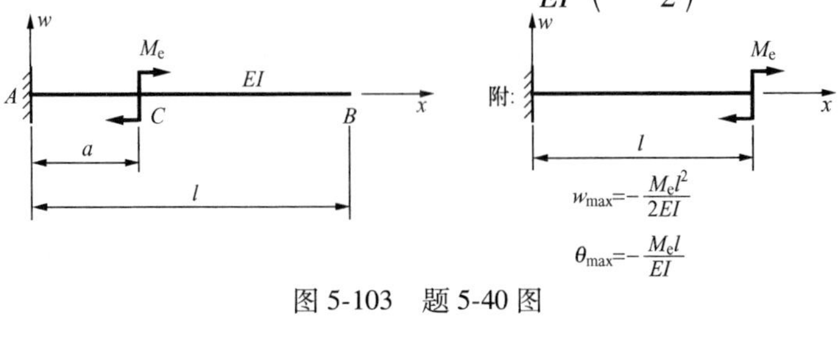

图 5-103　题 5-40 图

5-41　图 5-104 所示两简支梁的材料、截面形状及梁中点承受的集中载荷均相同，而两梁的长度 $l_1/l_2=1/2$，则其最大挠度之比为(　　)。

A. $\frac{w_{1\max}}{w_{2\max}}=\frac{1}{2}$　　B. $\frac{w_{1\max}}{w_{2\max}}=\frac{1}{4}$　　C. $\frac{w_{1\max}}{w_{2\max}}=\frac{1}{6}$　　D. $\frac{w_{1\max}}{w_{2\max}}=\frac{1}{8}$

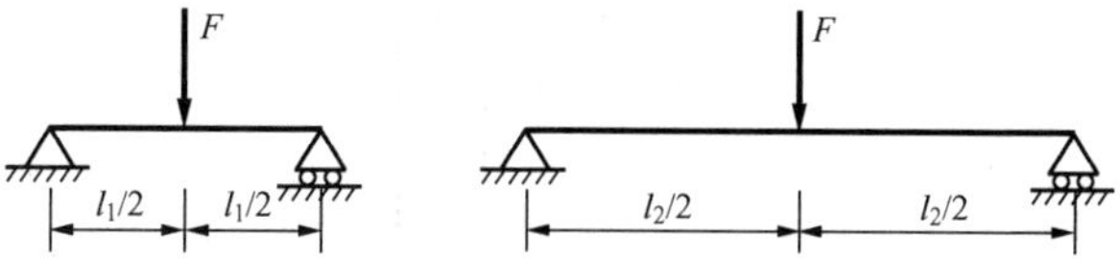

图 5-104　题 5-41 图

5-42　图 5-105 所示梁 ACB 用积分法求变形时，确定积分常数的条件是(式中 y 为梁的挠度，θ 为梁横截面的转角)，ΔL 为杆 DB 的伸长变形(　　)。

A. $y_A=0, y_B=0, y_{C左}=y_{C右}, \theta_C=0$　　B. $y_A=0, y_B=\Delta L, y_{C左}=y_{C右}, \theta_C=0$

C. $y_A=0, y_B=\Delta L, y_{C左}=y_{C右}, \theta_{C左}=\theta_{C右}$　　D. $\theta_A=0, y_B=\Delta L, y_C=0, \theta_{C左}=\theta_{C右}$

5-43　材料相同的悬臂梁 a、b，所受荷载及截面尺寸如图 5-106 所示。则两梁自由端挠度之比 $y_a/y_b=$(　　)。

A. $\frac{1}{2}$　　B. $\frac{1}{4}$　　C. 2　　D. 4

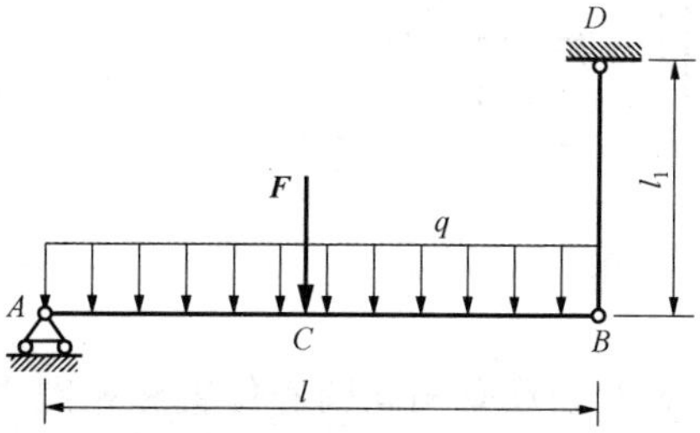

图 5-105　题 5-42 图

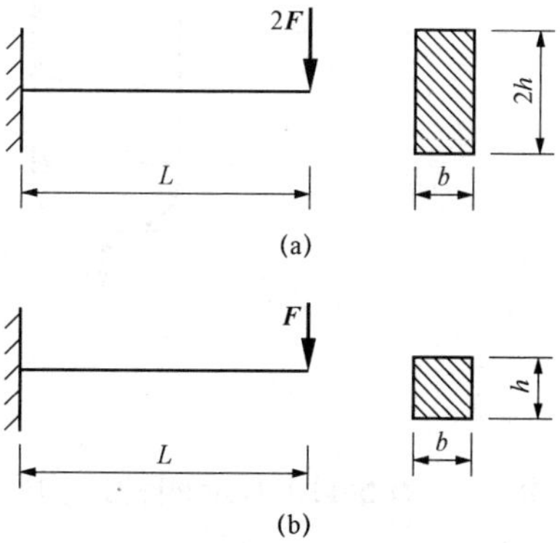

图 5-106　题 5-43 图

5-44　图 5-107 所示单元体处于平面应力状态，则图示应力平面内应力圆半径最小的是(　　)。

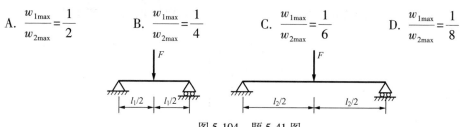

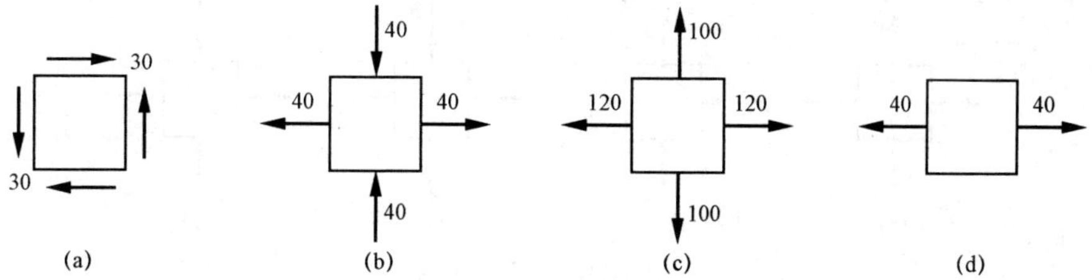

图 5-107　题 5-44 图(单位：MPa)

5-45　分析受力物体内一点处的应力状态，如果可以找到一个平面，在该平面上有最大切应力，则该平面上的正应力(　　)。

A. 是主应力　　B. 一定为零

C. 一定不为零　　D. 不属于前三种情况

5-46　主单元体的应力状态如图 5-108 所示，其最大切应力所在平面是(　　)。

A. 与 x 轴平行，法向与 y 轴成 45°　　B. 与 y 轴平行，法向与 x 轴成 45°

C. 与 z 轴平行，法向与 x 轴成 45°　　D. 法向分别与 x、y、z 轴成 45°

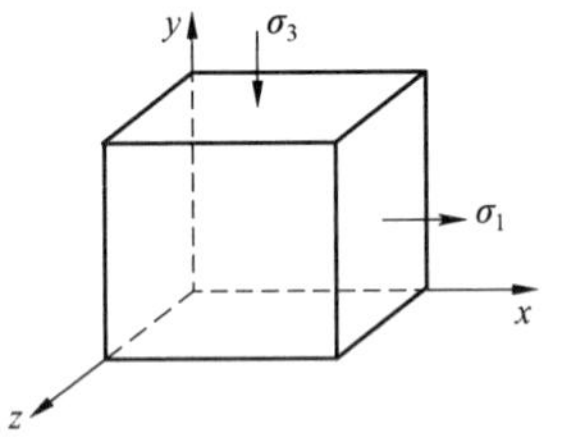

图 5-108　题 5-46 图

5-47　如图 5-109 所示构件上 a 点处的应力状态(单位：MPa)，正确的是(　　)。

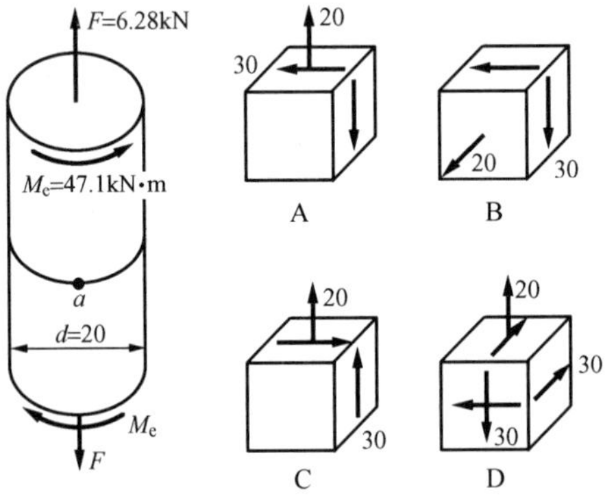

图 5-109　题 5-47 图

5-48　在图 5-110 所示四种应力状态中，关于应力圆具有相同圆心位置和相同半径值的是(　　)。

A. (a)与(d)　　B. (b)与(c)

C. (a)与(d)及(c)与(b)　　D. (a)与(b)及(c)与(d)

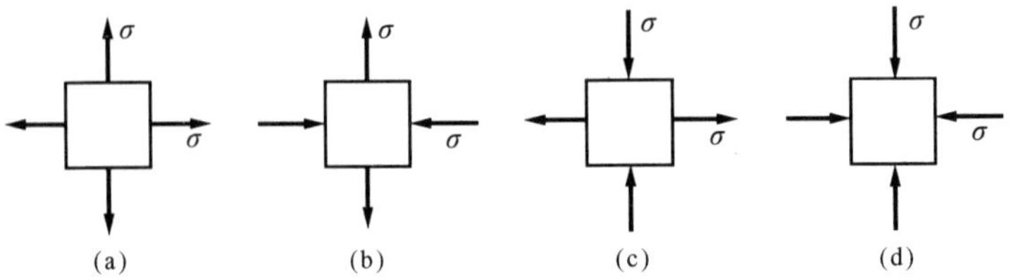

图 5-110　题 5-48 图

5-49　如图 5-111 所示三角形单元体，已知 ab、ca 两斜面上的正应力为 σ，切应力为零。在竖直面 bc 上有(　　)。

A. $\sigma_x=\sigma, \tau_{xy}=0$

B. $\sigma_x=\sigma, \tau_{xy}=\sigma\sin60°-\sigma\sin45°$

C. $\sigma_x=\sigma\sin60°+\sigma\sin45°, \tau=0$

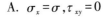

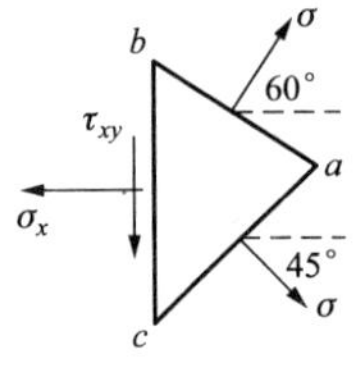

图 5-111　题 5-49 图

D. $\sigma_x=\sigma\sin60°+\sigma\sin45°,\tau_{xy}=\sigma\sin60°-\sigma\sin45°$

5-50　四种应力状态分别如图 5-112 所示，按照第三强度理论，其相当应力最大是（　　）。

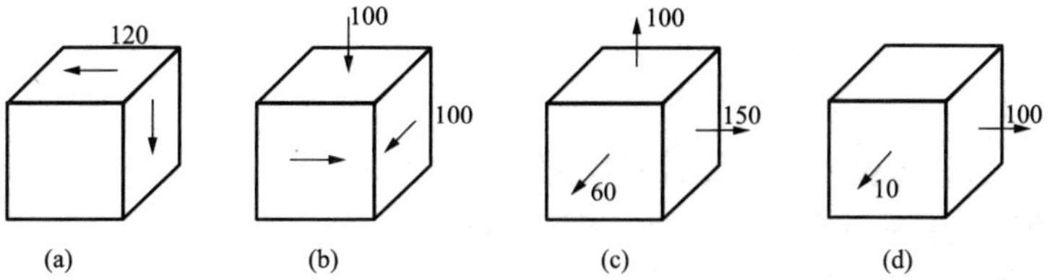

图 5-112　题 5-50 图

A. 状态(a)　　B. 状态(b)　　C. 状态(c)　　D. 状态(d)

5-51　在图 5-113 所示 xy 坐标系下，单元体的最大主应力 σ_1 大致指向（　　）。

A.第一象限，靠近 x 轴　　B.第一象限，靠近 y 轴

C.第二象限，靠近 x 轴　　D.第二象限，靠近 y 轴

5-52　如图 5-114 所示应力状态，用第四强度理论校核时，其相当应力为（　　）。

A. $\sigma_{r_4}=\sqrt{\tau}$　　B. $\sigma_{r_4}=2\tau$　　C. $\sigma_{r_4}=\sqrt{3}\tau$　　D. $\sigma_{r_4}=\sqrt{2}\tau$

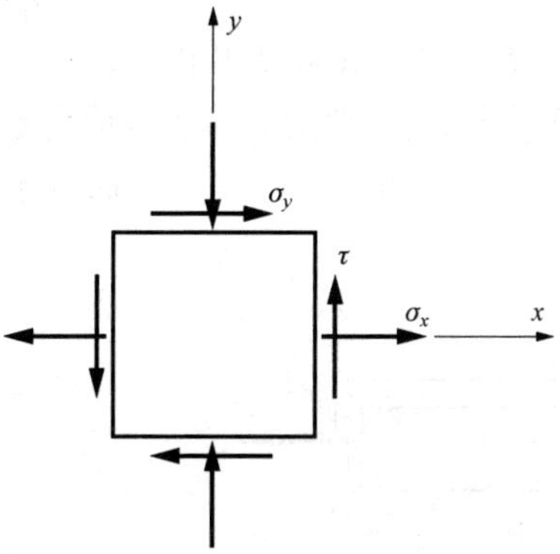

图 5-113　题 5-51 图

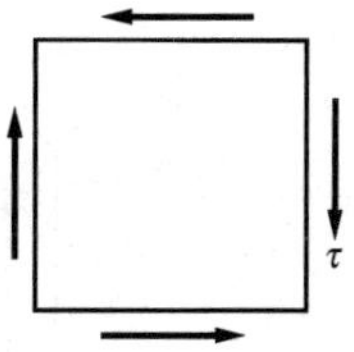

图 5-114　题 5-52 图

5-53　直径为 d 的等直圆杆，在危险截面上同时承受弯矩 M 和扭矩 T，按第三强度理论，其相当应力 σ_{r3} 为（　　）。

A. $\sigma_{r3}=\dfrac{32}{\pi d^3}\sqrt{M^2+T^2}$　　B. $\sigma_{r3}=\dfrac{32}{\pi d^3}\sqrt{M^2+4T^2}$

C. $\sigma_{r3}=\dfrac{16}{\pi d^3}\sqrt{M^2+T^2}$　　D. $\sigma_{r3}=\dfrac{16}{\pi d^3}\sqrt{M^2+0.75T^2}$

5-54　图 5-115 所示钢制圆轴，承受轴向拉力 F 和扭矩 T。按第三强度理论，截面危险点的相当应力 σ_{r3} 为（　　）。

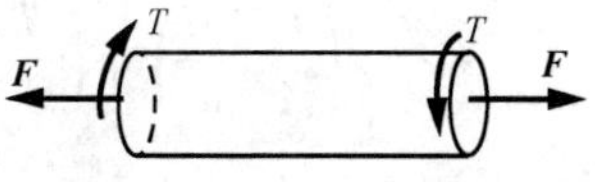

图 5-115　题 5-54 图

A. $\sigma_{r3}=\dfrac{32}{\pi d^3}\sqrt{F^2+T^2}$

B. $\sigma_{r3}=\frac{16}{\pi d^3}\sqrt{F^2+T^2}$

C. $\sigma_{r3}=\sqrt{\left(\frac{4F}{\pi d^2}\right)^2+4\left(\frac{16T}{\pi d^3}\right)^2}$

D. $\sigma_{r3}=\sqrt{\left(\frac{4F}{\pi d^2}\right)^2+4\left(\frac{32T}{\pi d^3}\right)^2}$

5-55　如图 5-116 所示空心立柱，横截面外边界为正方形，内边界为圆形（两图形形心重合）。立柱受沿图示 a—a 线的压力作用，下列正确的是（　　）。

A. 斜弯曲与轴向压缩的组合

B. 平面弯曲与轴向压缩的组合

C. 斜弯曲

D. 平面弯曲

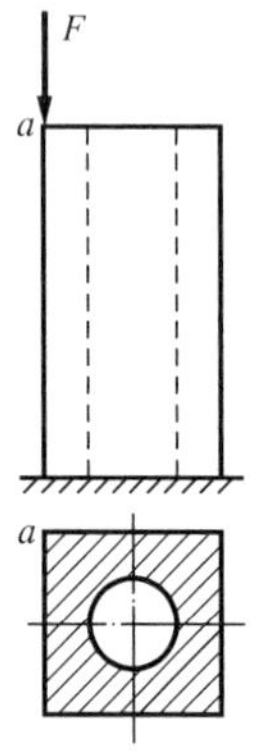

图 5-116　题 5-55 图

5-56　在下面四个表达式中，第一强度理论的强度表达式是（　　）。

A. $\sigma_1\leqslant[\sigma]$

B. $\sigma_1-\nu(\sigma_2+\sigma_3)\leqslant[\sigma]$

C. $\sigma_1-\sigma_3\leqslant[\sigma]$

D. $\sqrt{\frac{1}{2}[(\sigma_1-\sigma_2)^2+(\sigma_2-\sigma_3)^2+(\sigma_3-\sigma_1)^2]}\leqslant[\sigma]$

5-57　如图 5-117 所示，正方形截面悬臂梁 AB，在自由端 B 截面形心作用有轴向力 F，若将轴向力 F 平移到 B 截面下缘中点，则梁的最大正应力是原来的（　　）。

A. 1 倍　　B. 2 倍　　C. 3 倍　　D. 4 倍

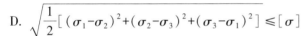

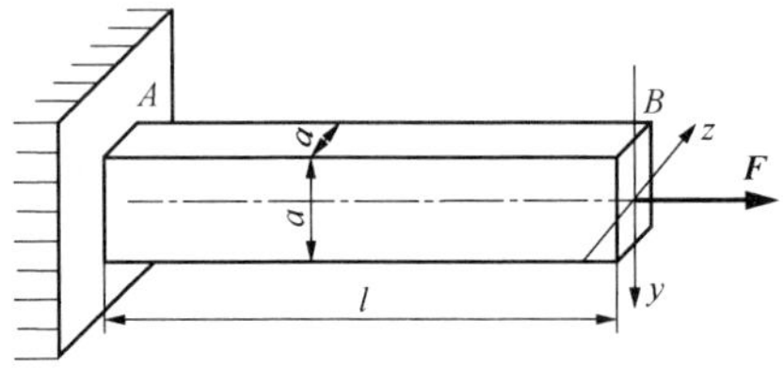

图 5-117　题 5-57 图

5-58　受力如图 5-118 所示，杆 AB 的变形为（　　）。（提示：将力 F 简化到点 B）

A. 偏心拉伸　　B. 纵横弯曲　　C. 弯扭组合　　D. 拉弯扭组合

5-59　如图 5-119 所示杆的强度条件表达式为（　　）。

A. $\frac{F}{A}+\sqrt{\left(\frac{M}{W_z}\right)^2+4\left(\frac{T}{W_p}\right)^2}\leqslant[\sigma]$

B. $\frac{F}{A}+\frac{M}{W_z}+\frac{T}{W_p}\leqslant[\sigma]$

C. $\sqrt{\left(\frac{F}{A}+\frac{M}{W_z}\right)^2+\left(\frac{T}{W_p}\right)^2}\leqslant[\sigma]$

D. $\sqrt{\left(\frac{F}{A}+\frac{M}{W_z}\right)^2+4\left(\frac{T}{W_p}\right)^2}\leqslant[\sigma]$

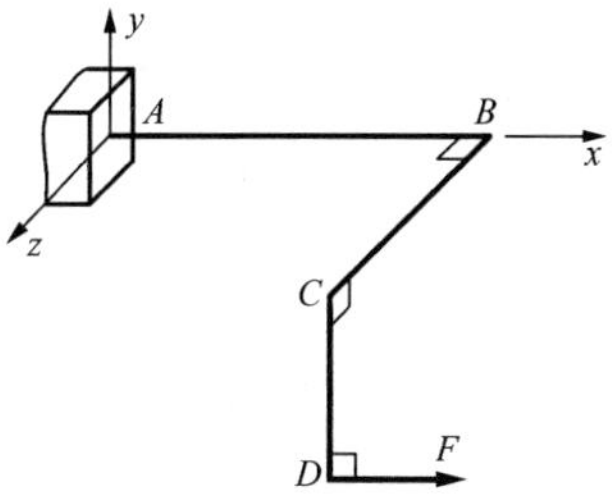

图 5-118　题 5-58 图

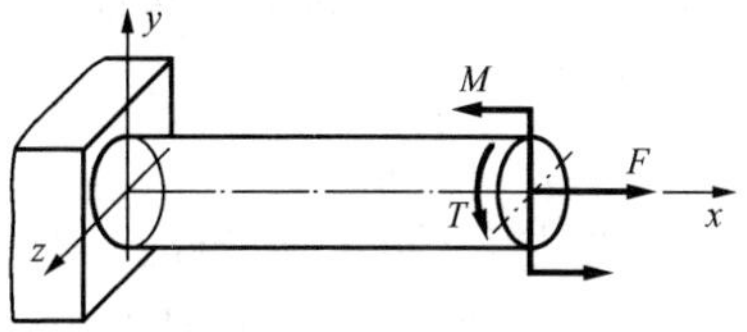

图 5-119　题 5-59 图

5-60　图 5-120 所示变截面短杆，AB 段的压应力 σ_{AB} 与 BC 段压应力 σ_{BC} 的关系是（　　）。

A. $\sigma_{AB}=1.25\sigma_{BC}$　　B. $\sigma_{AB}=0.8\sigma_{BC}$　　C. $\sigma_{AB}=2\sigma_{BC}$　　D. $\sigma_{AB}=0.5\sigma_{BC}$

5-61　假设图 5-121 所示三个受压结构失稳时临界压力分别为 F_{cra}、F_{crb}、F_{crc}，比较三者的大小，则（　　）。

A. F_{cra}最小　　B. F_{crb}最小　　C. F_{crc}最小　　D. $F_{cra}=F_{crb}=F_{crc}$

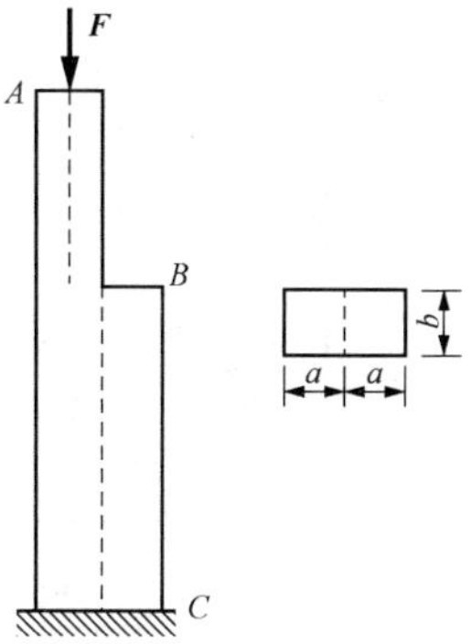

图 5-120　题 5-60 图

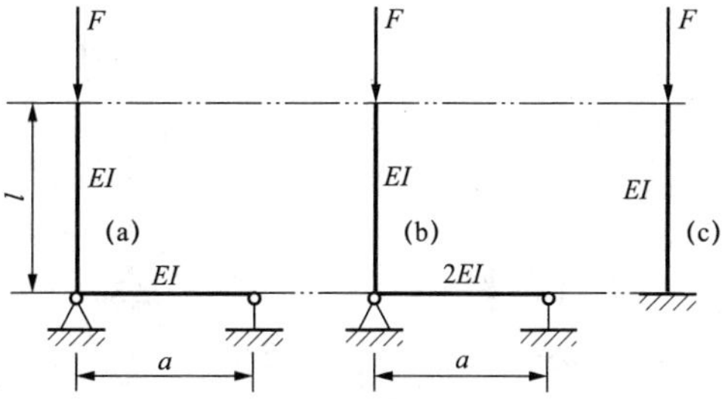

图 5-121　题 5-61 图

5-62　一端固定，一端自由的细长（大柔度）压杆，长为 L［图 5-122（a）］，当杆的长度减小一半时［图 5-122（b）］，其临界载荷 F_{cr} 是原来的（　　）。

A. 4 倍　　B. 3 倍　　C. 2 倍　　D. 1 倍

5-63　一端固定一端自由的细长压杆如图 5-123（a）所示，为提高其稳定性在自由端增加一个活动铰链如图 5-123（b）所示，则图 5-123（b）压杆临界力是图 5-123（a）压杆临界力的（　　）。

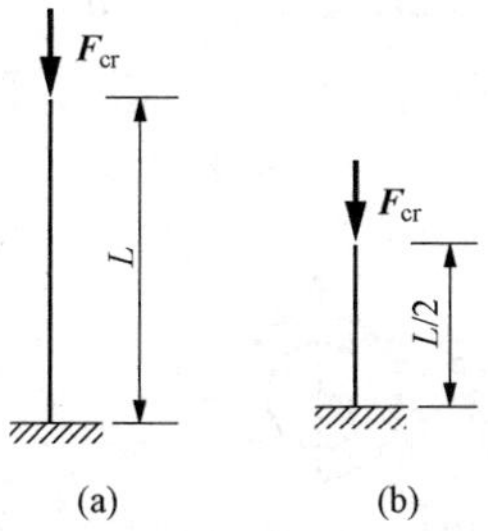

图 5-122　题 5-62 图

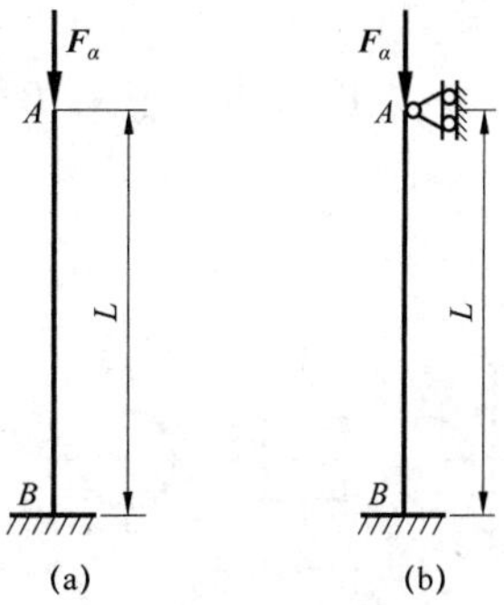

图 5-123　题 5-63 图

A. 2 倍　　　　B. $\frac{2}{0.7}$倍　　　　C. $\left(\frac{2}{0.7}\right)^2$倍　　　　D. $\left(\frac{0.7}{2}\right)^2$倍

5-64　圆截面细长压杆的材料和杆端约束保持不变，若将其直径缩小一半，则压杆的临界压力为原压杆的(　　)。

A. 1/2　　　　B. 1/4　　　　C. 1/8　　　　D. 1/16

5-65　两端铰支大柔度(细长杆)压杆，在下端铰链处增加一个扭簧弹性约束，如图 5-124 所示。该杆的弹性系数 μ 的取值范围是(　　)。

A. $0.7<\mu<1$　　　B. $1<\mu<2$　　　C. $0.5<\mu<0.7$　　　D. $\mu<0.5$

5-66　图 5-125 所示 4 根压杆的材料、截面均相同，它们在纸面内失稳的先后次序为(　　)。

A. (a)(b)(c)(d)　　　　B. (d)(a)(b)(c)

C. (c)(d)(a)(b)　　　　D. (b)(c)(d)(a)

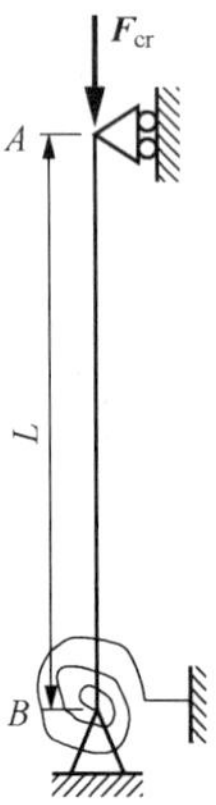

图 5-124　题 5-65 图

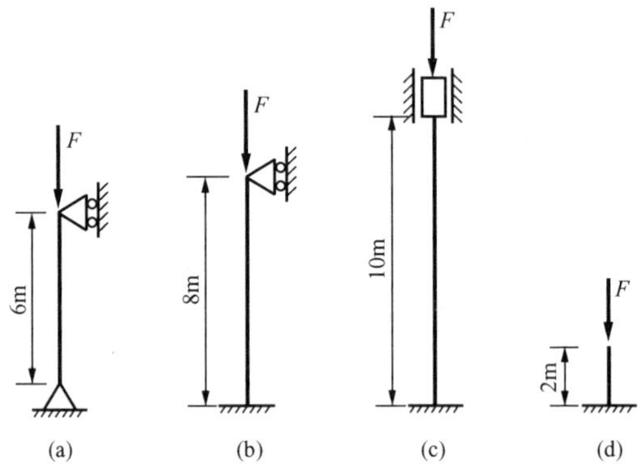

图 5-125　题 5-66 图

5-67　图 5-126 所示，细长压杆两端在 $x—y$、$x—z$ 平面内的约束条件相同，为稳定承载能力，对横截面积相等的同一种材料，合理的截面形式，则正确答案是(　　)。

A. 选(a)组　　　　B. 选(b)组

C. 选(c)组　　　　D. (a)、(b)、(c)各组都一样

5-68　压杆下端固定，上端与水平弹簧相连，如图 5-127 所示，则压杆长度因数 μ 的范围为(　　)。

A. $\mu<0.5$　　　B. $0.5<\mu<0.7$　C. $0.7<\mu<2$　　D. $\mu>2$

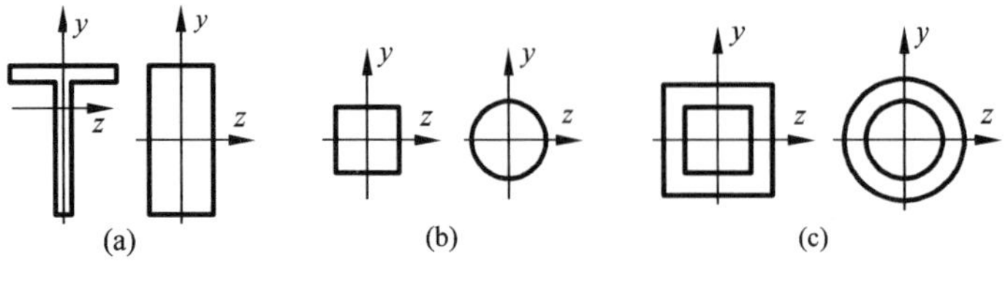

图 5-126　题 5-67 图

图 5-127　题 5-68 图

复习题答案与提示

5-1 C　提示：根据低碳钢拉伸、压缩时的力学性能，在加载到强化阶段后卸载，然后再加载，屈服点明显提高，断裂前变形明显减小，这种现象称为"冷作硬化"。因此冷作硬化现象发生在强化阶段。

5-2 C　提示：由求内力的简易法可知，某截面的内力等于截面一侧所有外力的代数和，所以截面上的内力只与截面所在的位置有关，故答案应选 C。

5-3 C　提示：按简易法分段求轴力 $F_N = \sum F_{i(截面-侧处)}$。

5-4 C　提示：C 端的位移是杆 AC 的长度改变量，$\Delta L_{AC} = \Delta L_{AB} + \Delta L_{BC}$，$\Delta L_{AC} = \frac{Fa}{EA} + 0 = \frac{Fa}{EA}$，故答案应选 C。

5-5 B　提示：由求内力的简易法可知，$F_N = \sum F_i$，截面上的内力等于截面一侧所有外力的代数和。如图 5-128 所示，1—1 截面右侧的外力，有 $F_{AB} = 100\text{kN} + 20\text{kN} = 120\text{kN}$，2—2 截面右侧的外力 $F_{BC} = 100\text{kN}$。由正应力的计算公式，$\sigma = \frac{F_N}{A}$，AB 段正应力 $\sigma_{AB} = \frac{F_{AB}}{A_{AB}} = \frac{120\times10^3}{4\times2500\times10^{-6}}\text{Pa} = 12\text{MPa}$，

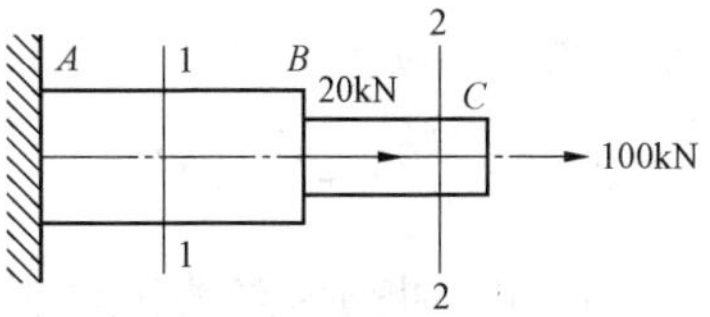

图 5-128　题 5-5 解图

$\sigma_{BC} = \frac{F_{BC}}{A_{BC}} = \frac{100\times10^3}{2500\times10^{-6}}\text{Pa} = 40\text{MPa}$，故答案应选 B。

5-6 B　提示：由横截面应力计算公式 $\sigma = \frac{F_N}{A}$，应力应变关系 $\varepsilon = \frac{\sigma}{E}$，纵向应变和横向应变之间的关系 $\varepsilon' = -\nu\varepsilon$ 可知，$\varepsilon' = -0.3\times10^{-3}$，故答案应选 B。

5-7 C　提示：面积 A 是斜截面面积，σ 在这里是斜截面应力。

5-8 C　提示：因是轴向拉伸杆和杆的稳定性没关系，排除选项 D。又杆为脆性材料且是微小裂纹，有裂纹杆的强度受应力集中的影响而减弱，故答案应选 C。

5-9 B　提示：由较细杆强度确定结构的许用荷载。

5-10 D　提示：在力 F 作用下，杆纵向伸长，n-n 和 m-m 之间的伸长量相同，故 n-n 和 m-m 两线仍然平行，如图 5-129 所示。作杆的垂线 n-f，与 n-n 线夹角也为 α。力 F 作用线，杆的纵向尺寸增加，横向尺寸缩短，则 α 变大，故答案应选 D。

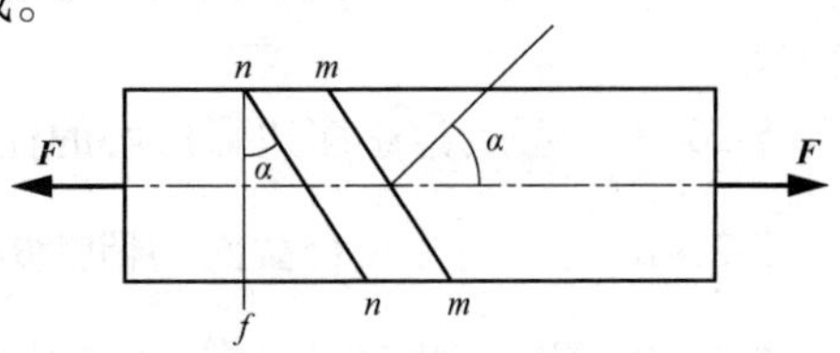

图 5-129　题 5-10 解图

5-11 A　提示：根据 AB 杆是刚性杆的条件得到三连杆的变形关系。

5-12 A　提示：$[\sigma_{bs}] \leqslant \frac{F}{td}$，$d \geqslant \frac{F}{[\sigma_{bs}]t}$。

5-13 B　提示：铆钉的挤压面积等于铆钉直径乘以板的厚度。

5-14 B　提示：木榫连接件，挤压面积是 bc 的面积。

5-15 C　提示：取整体可知，混凝土基座底部的压应力 $\sigma = \frac{F}{A_{基}}$，式中 $A_{基}$ 为混凝土基座的

面积。取立柱可知,立柱下方的压力与立柱侧表面的剪力之和与荷载力 F 平衡,即 $F=\sigma\dfrac{\pi d^2}{4}+[\tau]\pi dt$,则 $t=\dfrac{F\left(1-\dfrac{d^2}{D^2}\right)}{\pi[\tau]d}=318\text{mm}$,故答案应选 C。

5-16 D　提示:空心圆轴的扭转截系数 $W=\dfrac{\pi D^3}{16}\left(1-\dfrac{d^4}{D^4}\right)$,因空心圆轴 $D=2d$,代入有 $W=\dfrac{15\pi d^3}{32}$,故答案应选 D。

5-17 D　提示:画扭矩图找对应截面的扭矩。

5-18 B　提示:如图 5-130 所示,3 轮和 4 轮对调后,圆轴的最大扭矩的绝对值从原来的 $4T$ 减少到 $2T$。其切应力 $\tau_{max1}=\dfrac{4T}{w_p}$,$\tau_{max2}=\dfrac{2T}{w_p}$,$\dfrac{\tau_{max2}}{\tau_{max1}}=\dfrac{1}{2}$,故答案应选 B。

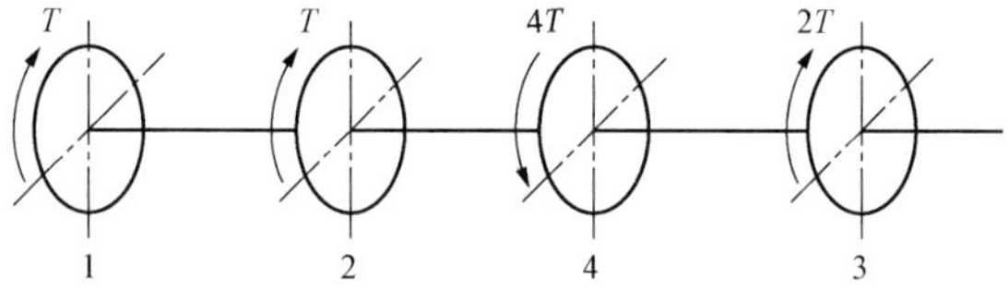

图 5-130　题 5-18 解图

5-19 B　提示:铸铁试件扭转时其横截面是最大切应力所在的截面,与轴线成 45°的斜截面是最大正应力所在截面,由于铸铁的抗拉强度低于它的抗剪强度,铸铁扭转时的破坏是沿最大正应力所在截面断裂,故答案应选 B。

5-20 D　提示:由切应力在横截面的分布规律和扭矩的转向来确定。

5-21 B　提示:由最大切应力的计算公式 $\tau_{max}=\dfrac{M}{W_t}$。

5-22 C　提示:用惯性矩的平移公式计算。

5-23 A　提示:根据静矩的定义,截面对于坐标轴的静矩分别等于截面面积与截面形心到坐标轴垂直距离的乘积的代数和,即 $S_y=A\times x_0$,$S_x=A\times y_0$,选项 A 的形心 x、y 坐标均为正值,故答案应选 A。

5-24 D　提示:对称截面对中性轴的静矩等于零。

5-25 C　提示:由惯性矩的转轴公式可知,两主惯性轴的惯性矩一定是一个最大,一个最小。

5-26 B　提示:过正多边形形心的任何一个坐标轴的惯性矩都是一个常量。

5-27 A　提示:按组合截面的惯性矩的计算,$I_z=\dfrac{\pi d^3}{64}-\left[\dfrac{bh^3}{12}+bh\left(\dfrac{h}{2}\right)^2\right]$,故答案应选择 A。

5-28 B　提示:截面越远离坐标轴惯性矩越大,两截面对 y 轴惯性矩相等,对 z 轴惯性矩不同。

5-29 D　提示:由定义 $I_y=\int z^2\mathrm{d}A$,因三个截面面积相同。根据定义,面积越远离 y 轴,惯性矩越大。由图 5-92 可知,图(a)和图(c)圆孔到 y 轴的距离相等,则,$I_{ya}=I_{yc}$。图(b)与图(a)和图(c)相比,圆孔远离 y 轴,面积更集中于 y 轴,则 I_{yb} 也小一些。

5-30 D　提示:由梁的弯矩图为分段直线可知,梁上没有分布荷载,如图 5-131 所示。弯矩图没有突变,没有集中力偶,只有集中力作用。由 AC 段斜直线,C 端弯矩为 $0.5Fa$ 可知,A 端集中荷载为 $0.5F$(方向向上)。由 D 端弯矩为 $1.5Fa$ 可知,B 端集中荷载为 $1.5F$(方向向下)。C 端有尖角有集中荷载。同理,D 端也有集中荷载。由全梁的静力平衡条件可知,C 端集中荷载为 $2.5F$(方向向下),D 端集中荷载为 $3.5F$(方向向上),荷载图见图 5-131(a)。剪力图见图 5-131(b),可见最大剪力 $F_{max}=2F$,在 CD 段,故答案应选 D。

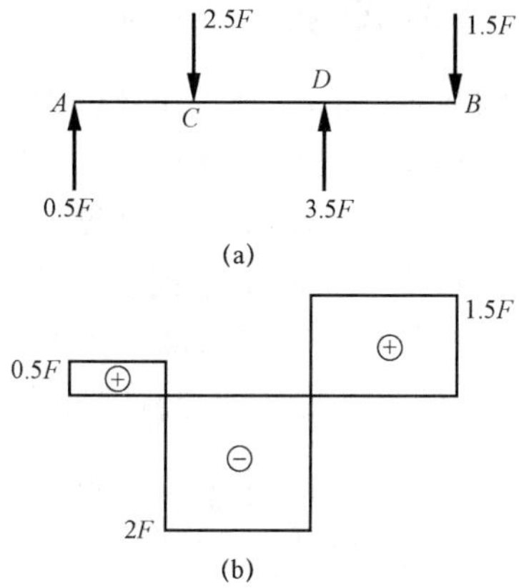

图 5-131　题 5-30 解图

(a)荷载图;(b)剪力图

5-31 D　提示:两种情况可动铰支座的约束反力不同。

5-32 C　提示:截面 B 有集中力作用,剪力图分两段,AB 段和 BC 段。因梁上有分布荷载作用,剪力图为两段斜直线,简易法 C 截面剪力为零,B 截面右侧剪力等于正值的 6kN,故分布荷载的大小 $q=6\text{kN/m}$,B 截面有集中力,B 截面的突变值等于此截面集中力的大小,故集中力的大小 $F=10\text{kN}$,故答案应选 C。

5-33 B　提示:先计算 B 点约束反力,可得到 A 点弯矩。

5-34 A　提示:由弯矩图 AB 梁 C 截面右侧弯矩是 8kN·m,CB 距离 1m,可得到力 $F = 8\text{kN}$。又 C 左右截面弯矩突变值是 14kN·m,可知此截面的集中力偶应为 14kN·m,故答案应选 A。

5-35 C　提示:矩形截面悬臂梁最大正应力的计算公式

$\sigma_{max}=\dfrac{M_{max}}{W}$,$W=\dfrac{BH^2}{6}$,将 b、h 代入公式,则 $(\sigma_a)_{max}/(\sigma_b)_{max}=\dfrac{3}{2}$,故答案应选 D。

5-36 D　提示:考虑中性轴位置。

5-37 D　提示:对于图(a):$\sigma_{max}=\dfrac{M}{w_z}=\dfrac{M}{\dfrac{a^3}{6}}$。

对于图(b):$\sigma_{max}=\dfrac{\dfrac{M}{2}}{w_z}=\dfrac{\dfrac{M}{2}}{\dfrac{a\times a^2}{2\times 6}}=\dfrac{M}{\dfrac{a^3}{6}}$。

对于图(c):$\sigma_{max}=\dfrac{\dfrac{M}{3}}{w_z}=\dfrac{\dfrac{M}{3}}{\dfrac{a\times a^2}{3\times 6}}=\dfrac{M}{\dfrac{a^3}{6}}$。

对于图(d):$\sigma_{max}=\dfrac{\dfrac{M}{2}}{w_z}=\dfrac{\dfrac{M}{2}}{\dfrac{a\times(0.5a)^2}{6}}=\dfrac{2M}{\dfrac{a^3}{6}}$。

5-38 B　提示:由弯曲切应力的分布规律可知,切应力沿截面高度按抛物线规律变化。由切应力计算公式 $\tau=\dfrac{F_sS_z^*}{I_zb}$,每一点的切应力与此点的截面宽度 b 成反比,中性轴处的宽度 b 远远大于翼缘处的截面宽度,所以排除点 3、点 4。点 1 的 $s_z^* = 0$,此点切应力也为零,故答案应选择 B。

5-39 A　提示：梁的曲率公式$\frac{1}{\rho}=\frac{M}{EI}$，惯性矩的计算公式 $I=\frac{bh^3}{12}$，设上、下两梁承担的弯矩分别为 m_1 和 m_2，曲率半径分别为 ρ_1 和 ρ_2，又 $m_1+m_2=m$，$\rho_1=\rho_2$，故答案应选 A。

5-40 A　提示：按叠加法计算。

5-41 D　提示：最大挠度在梁的中点，最大挠度的比值也是两梁惯性矩的比值。

5-42 C　提示：根据小挠度微分方程的边界条件和光滑连续条件，A 处为固定铰链支座，挠度总是等于零，即 $y_A=0$；B 处挠度等于 BD 杆的变形量，即 $y_B=\Delta L$；C 处有集中力 F 作用，但是满足连续光滑的要求，即 $y_{C左}=y_{C右}$，$\theta_{C左}=\theta_{C右}$。

5-43 B　提示：悬臂梁最大挠度在自由端，$y_{max}=\frac{Fl^3}{EI_z}$，则两梁自由端挠度之比$\frac{y_a}{y_b}=\frac{2F\times FI_{zb}}{FI_{za}}=\frac{1}{4}$，故答案应选 B。

5-44 C　提示：根据题图中给出的单元体的四种应力状态，可画出平面内的应力圆如图 5-132 所示，故答案应选 C。

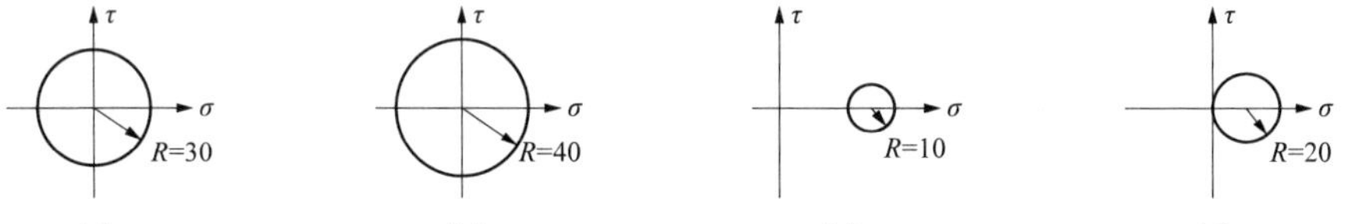

图 5-132　题 5-44 解图（单位：MPa）

5-45 D　提示：如图 5-133 所示，根据解析法主应力和最大切应力不在同一平面，或由应力圆可知，最大切应力处正应力可为零，也可以不为零，但不是主应力。

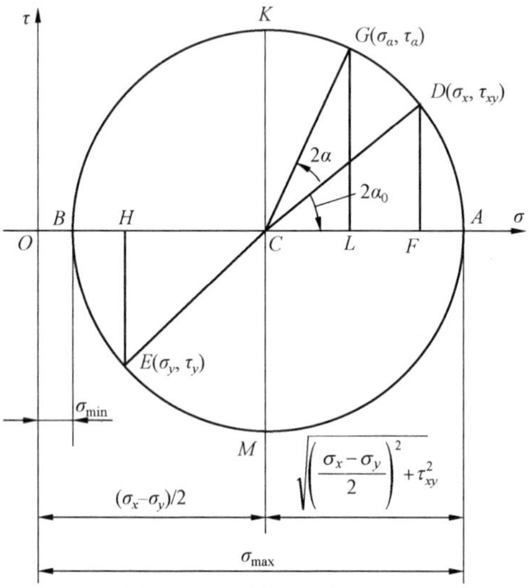

图 5-133　题 5-45 解图

5-46 C　提示：原单元体前后两面没有应力，属于平面应力状态［图 5-134(a)］。σ_1 所在平面的法线与 x 轴的夹角为 α_1，最大切应力所在平面的法线与 x 轴的夹角为 α_τ。由公式得 $\alpha_\tau=\alpha_1\pm45°$，因为 $\alpha_1=0$，所以最大切应力所在平面的法线与 x 轴、y 轴的夹角成 45°［图 5-134(b)］，故答案应选 C。

5-47 C　提示：求出 a 点所在截面的扭矩和轴力。

5-48 B　提示：答案 B 的两个单元体所作出的应力圆的圆心位置和半径均相同。

5-49 A　提示：单元体若两平面上应力相等，则其上任意面上的应力为一常量。

5-50 A　提示：先计算主应力，再用第三强度理论计算相当应力。

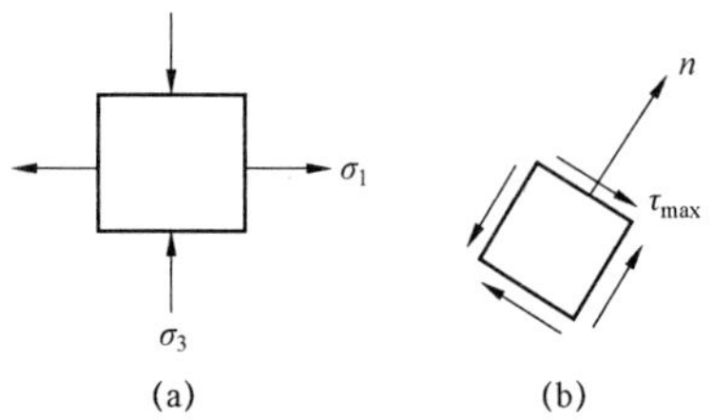

图 5-134　题 5-46 解图

5-51 A　提示：因为 $\sigma_x>\sigma_y$，所以最大主应力 σ_1和 x 轴的夹角 $\alpha_0<45°$角，又因为 $\tau<0$，由应力圆可知，从 x 平面逆时针转到主平面上（即 σ_1所在平面）。第一象限靠近 x 轴。

5-52 C　提示：由第四强度理论 $\sigma_{r4}=\sqrt{\sigma^2+3\tau^2}$，$\sigma=0$。

5-53 A　提示：等直圆杆弯扭组合变形时的第三强度理论的公式为 $\sigma_{r3}=\frac{1}{W}\sqrt{M^2+T^2}$，其中，$M$ 是圆杆承受的弯矩，T 是圆杆承受的扭矩，W 是圆截面杆的弯曲截面系数，即 $W=\frac{\pi d^3}{32}$，故答案应选 A。

5-54 C　提示：由第三强度理论，$\sigma_{r3}=\sqrt{\sigma^2+4\tau^2}$，其中，$\sigma=\frac{F}{A}=\frac{F}{\frac{\pi d^2}{4}}$，$\tau=\frac{T}{W_t}$，$W_t=\frac{\pi d^3}{16}$，代入第三强度理论，故答案应选 C。

5-55 B　提示：将力 F 移到横截面形心，得到一个力和一个力偶，力产生轴向压缩变形。力偶引起弯曲，因为正方形截面过形心的任意轴都是主轴，所以力偶引起平面弯曲。

5-56 A　提示：根据第一强度理论（最大拉应力理论）$\sigma_{r1}=\sigma_1$。

5-57 D　提示：移动前，$\sigma=\frac{F}{a^2}$；移动后，$\sigma=\frac{F}{a^2}+\frac{F\times\frac{a}{2}}{\frac{a^3}{6}}=\frac{4F}{a^2}$。

5-58 A　提示：将力 F 简化到点 B。

5-59 D　提示：先叠加正应力。

5-60 B　提示：AB 段，是轴向压缩，$\sigma_{AB}=\frac{F}{ab}$。BC 段是偏心压缩，将力 F 平移到下段杆的形心，加力偶，$M=F\times\frac{a}{2}$，计算最大压应力，$\sigma_{BCmax}=\frac{F}{2ab}+\frac{M}{W}=\frac{F}{2ab}+\frac{\frac{Fa}{2}}{\frac{b(2a)^2}{6}}=\frac{5F}{4ab}$。

5-61 A　提示：图示（a）（b）（c）三压杆 EI 相同，荷载相同，决定其临界力排序的因素是下端支座的牢靠程度，（a）最不牢靠，所有临界力最小。

5-62 A　提示：由临界力的计算公式 $F_{cr}=\frac{\pi^2EI}{(\mu l)^2}$ 得到，临界力和杆的长度 L 的二次方成反比，杆长减小一半临界力是原来的 4 倍，故答案应选 A。

5-63 C　提示：由细长压杆临界力的欧拉公式 $F_{cr}=\frac{\pi^2EI}{(\mu l)^2}$。一端固定，一端自由的压杆，$\mu=2$，一端固定，一端铰支的压杆，$\mu=0.7$。$\frac{F_{crb}}{F_{cra}}=\left(\frac{2}{0.7}\right)^2$，故答案应选 C。

5-64 D　提示：压杆临界压力与截面的直径四次方成正比。

5-65 A　提示：压杆约束越牢靠，μ 值越小，两端铰支压杆 $\mu=1$。一端铰支、一端固定压杆 $\mu=0.7$。现杆 AB 下端又加一个弹簧，加了弹簧的 B 支座和铰支座相比更牢靠些，但和固定端支座相比还是差一些。故杆的稳定性应介于两端铰支压杆和一端铰支、一端固定压杆之间。

5-66 A　提示：杆失稳与 λ 有关，λ 越大，越容易失稳。

5-67 C　提示：在截面相等的条件下，惯性矩越大临界力越大。

5-68 C　提示：一端固定、一端自由压杆的长度因数 $\mu=2$，一端固定、一端铰支压杆的长度因数 $\mu=0.7$，弹性支座的支撑效果没有铰支座牢靠。

第6章 流体力学

考试大纲

6.1 流体的主要物性与流体静力学 流体的压缩性与膨胀性；流体的黏性与牛顿内摩擦定律；流体静压强及其特性；重力作用下静水压强的分布规律；作用于平面的液体总压力的计算。

6.2 流体动力学基础 以流场为对象描述流动的概念；流体运动的总流分析；恒定总流连续性方程、能量方程和动量方程的运用。

6.3 流动阻力和能量损失 沿程损失和局部损失；实际流体的两种流态——层流和紊流；圆管中层流运动；紊流运动的特征；减小阻力的措施。

6.4 孔口管嘴管道流动 孔口自由出流、孔口淹没出流；管嘴出流；有压管道恒定流；管道的串联和并联。

6.5 明渠恒定流 明渠均匀流特性；产生均匀流的条件；明渠恒定非均匀流的流动状态；明渠恒定均匀流的水力计算。

6.6 渗流、井和集水廊道 土壤的渗流特性；达西定律；井和集水廊道。

6.7 相似原理和量纲分析 力学相似原理；相似准数；量纲分析法。

6.1 流体的主要物性与流体静力学

6.1.1 压缩性和膨胀性

在压强增大时，流体就会被压缩，导致体积减小，密度增大；而受热后温度上升时，流体的体积会增大，密度会减小，流体的这种特性称为**压缩性和膨胀性**。

液体的压缩性大小用压缩系数来衡量

$$k_p = -\frac{dV}{Vdp} = \frac{1}{E} \tag{6-1}$$

式中 k_p——压缩系数(m^2/N)；

$-dV/V$——体积压缩率，无单位；

dp——压强增值(Pa)；

E——液体的体积弹性模量(Pa)。

压缩系数大则体积弹性模量小的液体容易被压缩。

液体的热胀性大小用体积膨胀系数来表示

$$k_T = \frac{dV}{VdT} \tag{6-2}$$

式中 k_T——体积膨胀系数(1/K)；

dV/V——体积膨胀率，无单位；

dT——温度增值(K)。

对于液体而言压缩与膨胀变化都非常小，通常是可以忽略不计的，一般只需定性了解其变

化趋势即可；而对于气体，在温度不过低，压强不过大时，压缩与膨胀这两种变化可以用理想气体状态方程来描述

$$\frac{p}{\rho}=RT \tag{6-3}$$

式中　p——气体的绝对压强(Pa)；

R——气体常数，单位 J/(kg·K)，$R=8314/n$，其中 n 为气体的相对分子质量，例如空气的相对分子质量为 29，则空气的 R 值为 287J/(kg·K)；

T——热力学温度(K)。

定性分析，由式(6-3)可知：在等温状态下 T 为常数，气体密度正比于绝对压强；在等压状态下 p 为常数，气体密度反比于热力学温度；在等密度状态下 ρ 为常数，绝对压强与热力学温度成正比。

6.1.2　流体的黏性与牛顿内摩擦定律

流体在静止状态下不能承受剪切力，但在相对运动的流体质点或流层之间会产生抵抗相对运动的内摩擦力，这种内摩擦力称为**黏滞力**。以流体在管中运动为例，由于流层间存在速度差，而导致流体微团发生剪切变形。如图 6-1 所示。

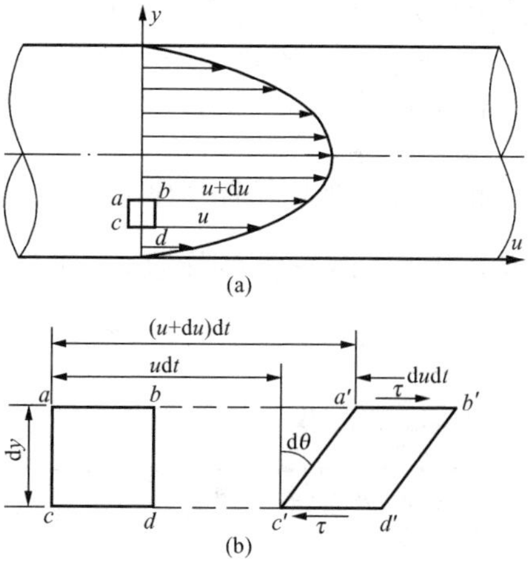

图 6-1　流体微团的剪切变形

黏滞力的大小 T 与两流层之间的速度差 du 成正比，和流层之间的距离 dy 成反比；与流层之间相对运动部分面积 A 成正比；与流体种类有关；与流体所受的压强无关。用数学公式表达为

$$T=\mu A\frac{du}{dy} \tag{6-4}$$

这一规律称为**牛顿内摩擦定律**。有时也用剪切应力表达

$$\tau=\mu\frac{du}{dy} \tag{6-5}$$

式中　$\frac{du}{dy}$——速度梯度，是速度沿垂直于流动方向的变化率(1/s)；

μ——流体的动力黏滞系数，也称动力黏滞系数或动力黏度(Pa·s)。

无论液体还是气体，μ 值均与温度有关，而几乎与压强无关，气体的 μ 值随温度的升高而增大，液体的 μ 值随温度的升高而减小。μ 的单位可以借助式(6-4)记忆。

注意：请思考作为典型液体的炒菜油下热油锅后会有什么改变？气体黏度变化与之相反。

描述流体的黏滞性以及进行有关计算时，还经常使用流体的另外一个物性参数——运动黏度 ν，单位为 m^2/s，运动黏度与动力黏度 μ、流体密度 ρ 之间的关系为

$$\nu=\frac{\mu}{\rho} \tag{6-6}$$

第 7 节会介绍，运动黏度属于运动量，而动力黏度属于动力量，所以分别称为“运动黏度”与“动力黏度”。

在两固体壁面间距离较小时，常将其间流速分布近似地看成是线性的，速度梯度可以用两固体边界之间的流速差 v 除以固体边界之间距离 δ 来代替，即

$$T = \mu A \frac{\mathrm{d}u}{\mathrm{d}y} \approx \mu A \frac{v}{\delta} \tag{6-7}$$

并不是所有的流体都是满足牛顿内摩擦定律的。将满足牛顿内摩擦定律的流体称为牛顿流体，水、空气、酒精等化学构造比较简单的低分子量流体一般都是**牛顿流体**；不满足牛顿内摩擦定律的流体称为**非牛顿流体**，例如油漆、血液、泥浆等具有复杂化学构造的高分子量流体多为非牛顿流体。

在速度梯度较小的流动空间，忽略黏性可以大大简化计算，同时又有与实际情况较好的近似性，这种忽略黏性的处理方法称为“理想流体模型”，理想流体即为无黏性流体。

【例 6-1】 如图 6-2 所示，已知平板面积 $A=1\mathrm{m}^2$，与台面之间的距离为 $\delta=1\mathrm{mm}$，充满黏度为 $\mu=0.1\mathrm{Pa\cdot s}$ 的液体，现平板以 $v=2\mathrm{m/s}$ 的速度平移，拖动平板所需的力为(　　)N。

A. 100　　B. 200　　C. 300　　D. 400

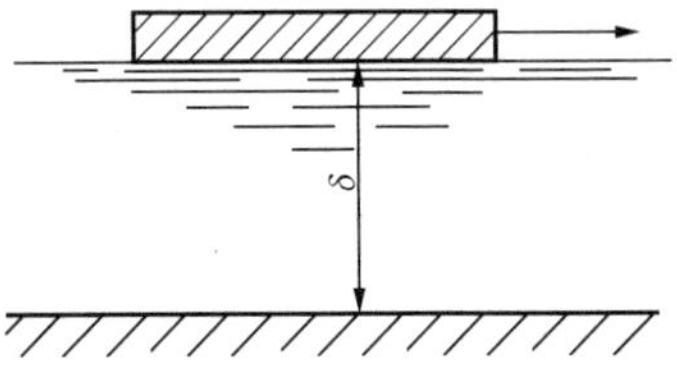

图 6-2　[例 6-1]图

解：根据牛顿内摩擦定律 $T=\mu A \frac{\mathrm{d}u}{\mathrm{d}y}$，设平板与台面之间的速度分布为线性分布，则拖动平板所需的力为

$$T=\mu A \frac{v}{\delta}=0.1\times1\times\frac{2}{0.001}\mathrm{N}=200\mathrm{N}$$

故答案应选 B。

注意：牛顿内摩擦定律及其公式是流体内摩擦问题定性分析和定量计算的关键，应熟练掌握。

6.1.3　流体静压强及其特性

在静止状态下，单位面积上所受的流体静压力称为流体静压强。设受压面积为 ΔA，所受压力为 Δp，则空间某点上的压强为

$$p = \lim_{\Delta A \to 0} \frac{\Delta p}{\Delta A} \tag{6-8}$$

式中　p——流体的压强(Pa)；

Δp——流体静压力(N)；

ΔA——受压面积(m^2)。

压强本身具有与力相似的属性，除大小外还有方向。

流体静压强有两个基本特性：

(1) 垂向性。流体静压强总是指向受压面的内法线方向。例如，受压面为平面时，压强的方向向内，指向平面的垂线方向，而当受压面为球的外表面时，压强则指向球心方向。

(2) 各向等值性。空间一点流体各个方向的压强，其数值都是相等的，即压强的大小是空间位置的函数，而与作用方向没有关系，即 $p=f(x,y,z)$。

6.1.4　重力作用下流体静压强的分布规律及其度量

如图 6-3 所示，容器内液体密度为 ρ，液面压强 p_0，液体中任意两点 1,2，相对基准面 0—0

的位置高度为 z_1,z_2,液面下深度为 h_1,h_2,两点压强为 p_1,p_2,在质量力只有重力的情况下,流体静压强符合下式规律

$$p_2 = p_1 + \rho g(h_2 - h_1) \tag{6-9}$$

上式称为液体静压基本方程,当 1 点处于液面,2 为液面下任意点时,$h_1=0$,$p_1=p_0$,以 p 代替 p_2,以 h 代替 h_2,得到液体静压基本方程的另一表达方式

$$p = p_0 + \rho gh \tag{6-10}$$

此外,液体静压基本方程还有第三种表达方式

$$z_1 + \frac{p_1}{\rho g} = z_2 + \frac{p_2}{\rho g} \tag{6-11}$$

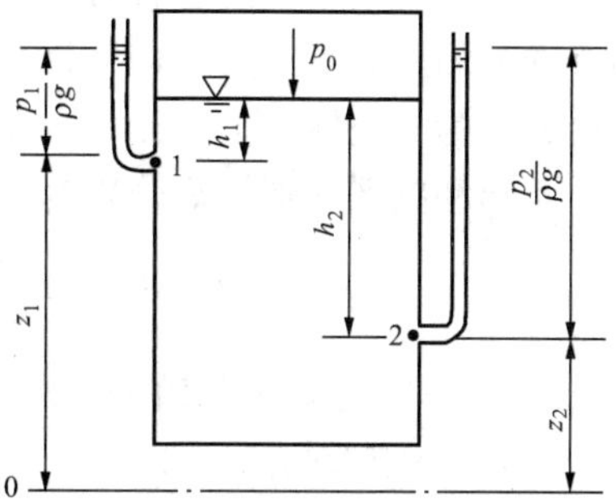

图 6-3 液体静压强的分布规律

或

$$z + \frac{p}{\rho g} = C(\text{常数}) \tag{6-12}$$

式中:z 称为位置水头(m),$\frac{p}{\rho g}$称为压强水头(m),$z+\frac{p}{\rho g}$称为测压管水头(m),分别表示单位重量流体所具有的位置势能、压强势能、总势能,单位都是 m。在基准面选定的前提下,静止流体空间各点的测压管水头为常数。

根据静压基本方程,可以推出以下重要结论:①静止流体中任意一点的压强变化可以等值地传递到流体空间其他各点上,这就是帕斯卡原理;②同种、静止、连续的流体空间内,水平面是等压面。这两个结论在测压管等流体静压问题的分析中有广泛应用。

注意:静压基本方程是流体静力学的基础,也是力学要素测量和计算的重要工具,应重点掌握。

6.1.5 作用于平面的液体总压力计算

(1) 解析法。压力可以从力的三要素,即大小、方向、作用点三方面讨论。

1) 根据静压强的垂向性,作用力的方向即为受压平面的内法线方向。

2) 平面所受压力的大小可按下式计算

$$P = p_C A \tag{6-13}$$

式中 P——流体静压力(N);

p_C——受压平面形心处的压强(Pa);

A——受压平面的面积(m^2),压力大小即为**形心压强乘作用面积**。

3) 对于常见的对称形状受压平面,压力的作用点在其对称轴线上,而其纵向位置(图 6-4)由下式确定

$$y_D = y_C + \frac{I_C}{y_C A} \tag{6-14}$$

$$y_e = y_D - y_C = \frac{I_C}{y_C A} \tag{6-15}$$

式中 y_D——作用点的 y 坐标(m);

I_C——受压面相对过其形心,绕水平方向的轴线的惯性矩(m^4);

y_C——受压面形心坐标(m);

y_e——y_D,y_C 两者的差值,显然 $y_e>0$,说明作用点总是在形心以下的。

受压平面或平面的延伸面与自由液面(相对压强为0的液面)或自由液面延伸面的交线为零点,沿受压面向下为 y 坐标。

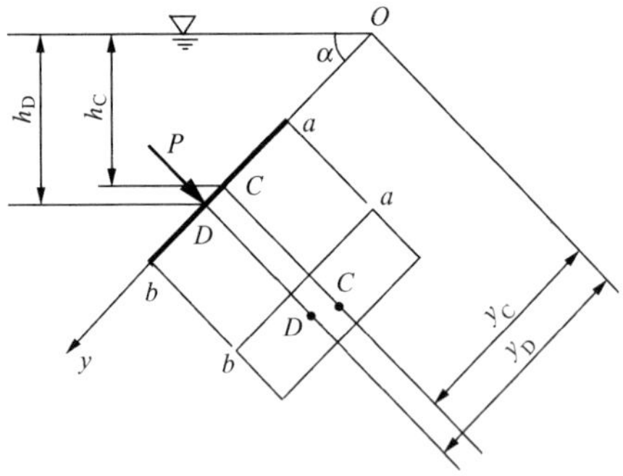

图 6-4　平面上的总压力

矩形和圆形的惯性矩分别为

$$I_C=\frac{1}{12}bh^3 \text{ 和 } I_C=\frac{\pi}{64}d^4 \tag{6-16}$$

式中　b——受压矩形与液面平行方向的宽(m);

h——矩形的高(m);

d——受压圆形的直径(m)。

(2) 图解法。当受压面为矩形平面,并且其一边与水面平行时也可以采用图解法求解总压力问题。图解法的基础是压强分布图:以长度表示压强大小,指向受压面内法线方向的一系列有向线段构成压强分布图。由于压强的垂向性,平面上的压强分布图总是下大上小的直角三角形、直角梯形或其图形的组合。如图 6-5 所示,设受压矩形平面的宽度为 b,则压强分布是以三角形 ABC 为底,b 为高的三棱柱,可以证明,棱柱的体积即为总压力的大小

$$P=S_{ABC}b=\frac{1}{2}\rho gh\,\widehat{AB}b \tag{6-17}$$

压力作用点在三角形重心的位置,即 $y_D=\frac{2}{3}\widehat{AB}$。对于压强梯形分布的问题,采用解析法求压力作用点更简单。

【例 6-2】如图 6-6 所示,矩形平板一侧挡水,与水平面夹角 $\alpha=60°$ 平板上边与水面平齐,水深 $h=3$m。作用在平板上的静水总压力作用点位置以 y_D 表示为(　　)m。

A. 1.5　　B. 2　　C. 2.3　　D. 2.5

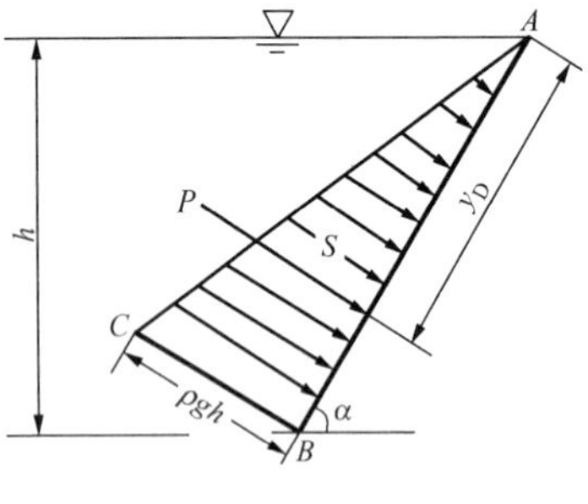

图 6-5　压强分布图

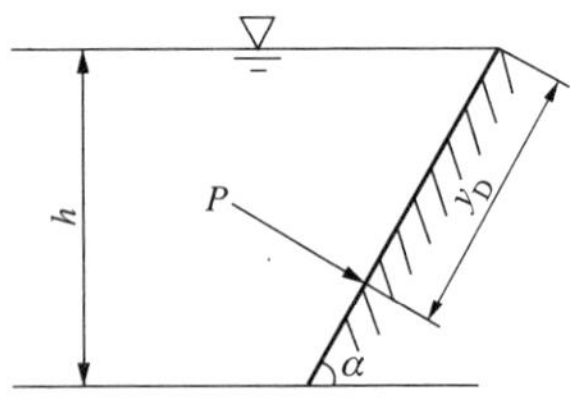

图 6-6　[例 6-2]图

解:按解析法,总压力的作用点

$$y_D=y_C+\frac{I_C}{y_CA}=\frac{l}{2}+\frac{\frac{bl^3}{12}}{\frac{l}{2}\times bl}=\frac{2}{3}l=\frac{2}{3}\times\frac{3}{\sin60°}\text{m}=2.31\text{m}$$

还可以用图解法,压力作用点

$$y_D=\frac{2}{3}l=\frac{2}{3}\times\frac{3}{\sin60°}\text{m}=2.31\text{m}$$

故答案应选 C。

本节复习要点:

(1) 牛顿内摩擦定律,两类黏度及相互关系;黏度与温度、压强之间的关系。

(2) 流体压缩性与热胀性的定性规律,理想气体状态方程。

(3) 静压强特性,静压基本方程,位置水头、压强水头、测压管水头及其相互关系。

(4) 平面上液体的总压力:大小、作用点,解析法,图解法。

6.2 流体动力学基础

6.2.1 以流场为对象描述流动的概念

通常用拉格朗日法和欧拉法来描述流体运动。前者以单个流体质点为研究对象,研究流体运动参数的变化规律,而后者以流场为对象,研究空间固定点,或固定断面上流体运动参数的变化规律。流场是运动流体所充满的空间,关于流场的几个主要概念介绍如下:

(1) 恒定流、非恒定流。流场中流体运动参数不随时间的变化而变化的,称为恒定流场,反之为非恒定流场,流场中的流动分别称为**恒定流**、**非恒定流**。

(2) 迹线、流线。一段时间内,单个流体质点的运动轨迹称为该流体质点的迹线;某一瞬时,由一点出发所作出的速度方向的连接线,流线上各点的切线方向就是该点的速度方向,**在恒定流条件下,流线与迹线是重合的**。流线不能相交,不能是折线,流线密集的地方流速大,稀疏的地方流速小。

(3) 流管、元流、总流。过封闭曲线作出的流线所围成的管状曲面称为**流管**;当封闭曲线无限缩短,流管即成为微元流管,其内部所包围的运动流体称为**元流**;当流管本身即为流动区域的外边界时,边界内形成的流体运动称为**总流**。

(4) 过流断面、流量、断面平均流速。与流线相垂直的断面称为过流断面;单位时间里流过过流断面的流体的体积称为体积流量,常用符号 Q 表示,单位是 m^3/s,定义式为

$$Q=\frac{V}{t} \tag{6-18}$$

式中 V——通过过流断面流体的体积(m^3);

t——过流时间(s)。

(5) 均匀流、非均匀流、渐变流、急变流。流线为平行直线的流动称为**均匀流**;流线为曲线或互成一定角度的流动为**非均匀流**;流线曲率不大,或互成角度不大的非均匀流称为**渐变流**;流线曲率很大或互成角度很大的非均匀流动称为**急变流**。

均匀流过流断面上压强分布符合静压分布规律,渐变流也认为近似符合这一规律。

(6) 三维流动、二维流动、一维流动。流动要素是空间三个坐标的函数,称为**三维流动**,例如空气绕球体的流动;若流动参数只是两个坐标的函数而与第三个坐标无关,则称为**二维流动**,例如空气水平绕长直旗杆的运动;若流动参数只是一个坐标的函数则称为**一维流动**,以平均流速研究管流运动时即可看成是一维流动。

6.2.2 流体运动的总流分析

1. 恒定总流连续性方程

取恒定总流任意两过流断面,其断面面积为 A_1、A_2,断面平均流速分别为 v_1、v_2,断面流体

密度为 ρ_1、ρ_2，则有

$$\rho_1 v_1 A_1 = \rho_2 v_2 A_2 \tag{6-19}$$

这就是恒定总流连续性方程，若流体为不可压缩，ρ = 常数，则上式简化为

$$v_1 A_1 = v_2 A_2 \quad 或 \quad Q_1 = Q_2 \tag{6-20}$$

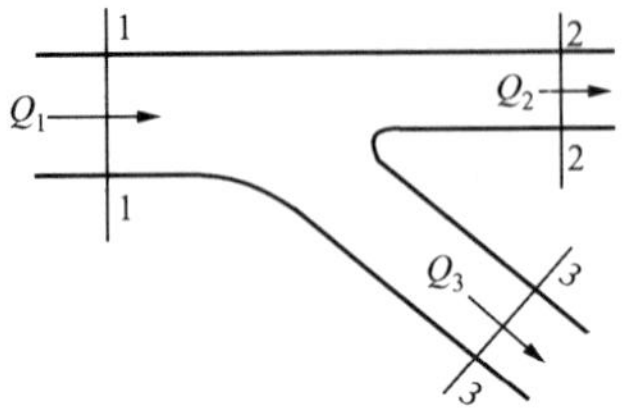

图 6-7　有分流的流动

即为不可压缩恒定总流连续性方程。根据连续方程，在两断面之间没有流量输入输出条件下，流速与过流断面面积是成反比的。断面大的平均流速小，断面小的平均流速大。

当有分流或合流的情况（图 6-7）时，总流的连续方程改写为类似下面的表达

$$Q_1 = Q_2 + Q_3 \tag{6-21}$$

连续方程是质量守恒定律在流体力学中的特定表达形式。

【例 6-3】已知某涵管通过流量 Q = 2.94m^3/s，管内允许的最大断面平均流速 v = 2.6m/s。涵管的最小直径为（　　）m。

A. 0.6　　B. 1.2　　C. 2.4　　D. 4.8

解：根据连续方程：

$$v = \frac{Q}{A} = \frac{4Q}{\pi d^2}, \; v_{max} = \frac{4Q}{\pi d_{min}^2}$$

$$d_{min} = \sqrt{\frac{4Q}{\pi v_{max}}} = \sqrt{\frac{4 \times 2.94}{3.14 \times 2.6}}\text{m} = 1.20\text{m}$$

故答案应选 B。

2. 恒定总流能量方程

如图 6-8 所示，取恒定总流两均匀流或渐变流过流断面，其断面中心位置高度为 z_1、z_2，压强为 p_1、p_2，断面平均流速分别为 v_1、v_2，则有

$$z_1 + \frac{p_1}{\rho g} + \frac{\alpha_1 v_1^2}{2g} = z_2 + \frac{p_2}{\rho g} + \frac{\alpha_2 v_2^2}{2g} + h_{l1-2} \tag{6-22}$$

上式为恒定总流的能量方程，式中 $\alpha v^2/2g$ 是单位重量流体的动能称为速度水头，h_{l1-2} 是两断面间单位重量流体损失的机械能称为水头损失，其余各项的物理意义与上一节相同。测压管水头与速度水头之和称为总水头，能量方程反映两断面间的能量守恒与转换关系。α 称为动能修正系数，是大于 1 但接近 1 的数，一般直接近似取 α = 1。

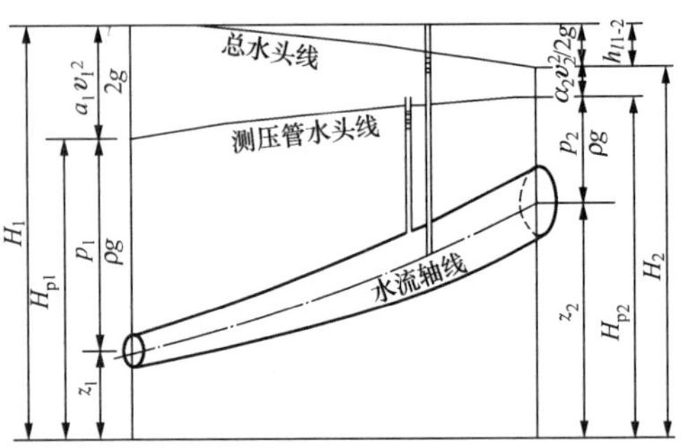

图 6-8　水头线

这里要求所取的计算断面是均匀流或渐变流断面，可以证明"**均匀流或渐变流断面上压强分布符合静压分布规律**"，上一节的结论都适用。

注意：这个结论很重要，是管道压强测量及很多定性分析与定量计算问题的理论基础。

常以图线方式形象地表示总水头和测压管水头沿流程的变化，这样的图线分别称为总水头线和测压管水头线。由于实际流体水头损失的存在，**总水头线总是单调下降的**，而由于动能与势能之间可以互相转化，**测压管水头线可以是沿程下降的，也可能出现上升情况**。总水头线沿流程下降的斜率称为**水力坡度**，用 J 表示

$$J=-\frac{\mathrm{d}H}{\mathrm{d}l}=\frac{h_1}{l} \tag{6-23}$$

和连续方程一样，能量方程是解决流体运动问题的重要工具，很多问题还要通过两者联立来进行求解。

【例 6-4】 如图 6-9 所示，水沿铅直管道流动，在 $L=18\text{m}$ 的两处测得 $p_1=98\text{kPa}$，$p_2=294.98\text{kPa}$，水的密度 $\rho=1000\text{kg/m}^3$。试确定水的流动方向。

A. 向上　　　　　B. 向下

C. 静止　　　　　D. 条件不够，不能确定

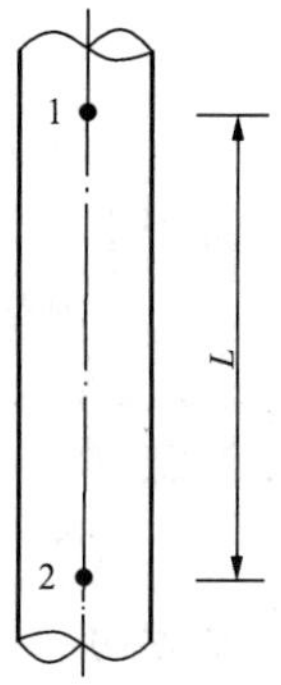

图 6-9 ［例 6-4］图

解：以过 2 点水平面作基准面，根据总流的能量方程：

（1）断面的单位总机械能（总水头）

$$H_1=z_1+\frac{p_1}{\rho g}+\frac{\alpha v^2}{2g}=18+\frac{98}{9.8}+\frac{\alpha v^2}{2g}=28+\frac{\alpha v^2}{2g}$$

（2）断面的单位总机械能（总水头）

$$H_2=z_2+\frac{p_2}{\rho g}+\frac{\alpha v^2}{2g}=0+\frac{294.98}{9.8}+\frac{\alpha v^2}{2g}=30.1+\frac{\alpha v^2}{2g}$$

又因为 $H_2>H_1$，所以水流应从 2 向 1 流。

故答案应选 A。

要点：在考虑损失的情况下，沿流体流动方向单位机械能是减小的。经常出现的错误判断是“水往低处流”“水往压强小的地方流”等。

3. 恒定总流动量方程

在求解流体与固体边界动作用力等问题时，还需要使用动量方程。如图 6-10(a)所示，取不可压缩恒定总流两过流断面 1—1、2—2，其断面面积 A_1、A_2，平均流速分别为 v_1、v_2，过流流量为 Q，则两断面与固体边界所围成的控制体内流体所受合力与流速、流量关系可用下列矢量方程描述

$$\boldsymbol{F}=\rho Q(\beta_2\boldsymbol{v}_2-\beta_1\boldsymbol{v}_1) \tag{6-24}$$

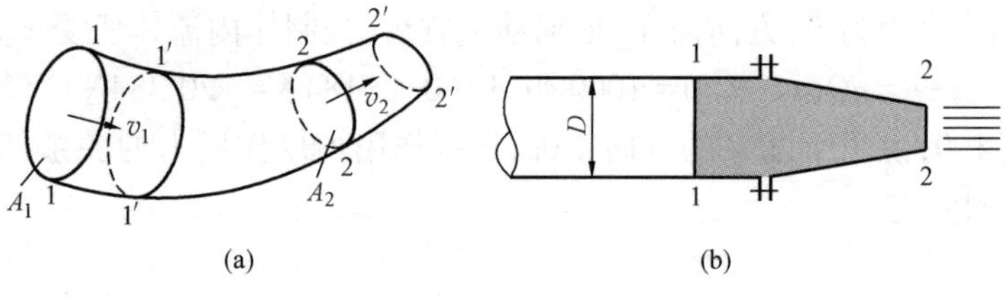

图 6-10　动量方程

这就是恒定总流的动量方程，β 称为动量修正系数，与前述动能修正系数 α 类似，通常近似取 1，同时为计算方便，常采用式(6-25)的标量形式

$$\begin{cases}\sum F_x=\rho Q(v_{2x}-v_{1x})\\ \sum F_y=\rho Q(v_{2y}-v_{1y})\\ \sum F_z=\rho Q(v_{2z}-v_{1z})\end{cases}\tag{6-25}$$

式中，脚标 x,y,z 表示力或速度在三坐标方向的分量；1，2 分别表示流入控制体和流出控制体的速度；$\sum F$ 表示控制体内流体所受的合外力（包括重力）。

图 6-10（b）是典型的动量方程问题，已知几何尺寸 D 和 d 及流量 Q，不计能量损失求固定喷嘴的螺栓拉力。求解这类问题可以先取阴影部分为控制体，分析控制体内流体在水平方向所受的合力为 1 断面压力 P_1 和固体边界的力 R（设与速度方向相反），则动量方程写成

$$\sum F_X=P_1-R=\rho Q(v_2-v_1)\tag{6-26}$$

其中，v_1、v_2 可以用连续方程求出，$P_1=p_1A_1$，而压强 p_1 可以通过列 1、2 两断面能量方式求出。解动量方程求出固体边界的力 R，再根据作用力反作用力关系求出流体对固体边界的力的大小和方向，固定喷嘴的螺栓拉力即为该力。

注意：（1）写动量方程时要注意速度和力在坐标系内的分解关系及正负号。

（2）整个分析过程要明确：所讨论的力是固体与液体之间谁对谁的力？指向什么方向？

（3）动量方程适用于流体的任何运动状态，不论是恒定流还是非恒定流。

【例 6-5】 如图 6-11 所示，水由喷口水平射出，冲击在固定的垂直光滑平板上，喷口直径 $d=0.1\text{m}$，喷射流量 $Q=0.4\text{m}^3/\text{s}$，空气对射流的阻力及射流与平板间的摩擦阻力不计，射流对平板的冲击力为（　　）。

A. 3180N，向左　　B. 3180N，向右

C. 20 384N，向左　　D. 20 384N，向右

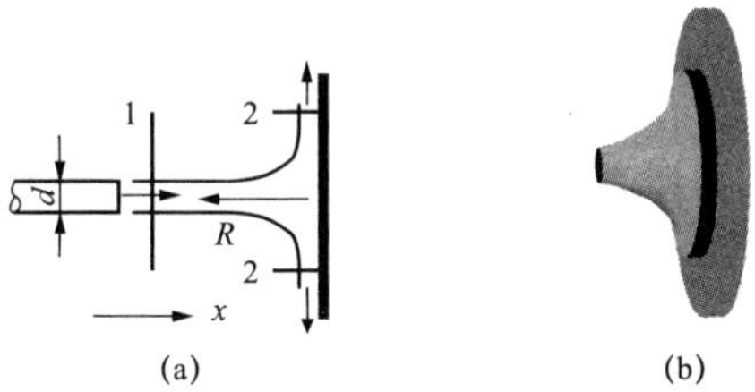

图 6-11　［例 6-5］图

解：根据连续方程可以求出射流流速

$$v=\frac{Q}{A}=\frac{0.4}{\frac{3.14\times0.1^2}{4}}\text{m/s}=50.96\text{m/s}$$

选 1 断面和 2 断面（三维图中深色断面）为控制断面，两深色断面间的喇叭形水流空间为控制体，流入控制体的水流速为 $v_{1x}=50.96\text{m/s}$，流出控制体的流速在水平方向的分速度 $v_{2x}=0\text{m/s}$，设水受板的作用力为 R，方向向左，根据动量方程，控制体内流体所受 x 方向作用力为

$$-R=\rho Q(v_{2x}-v_{1x})=1000\times0.4\times(0-3.18)\text{N}=-20\ 384\text{N}$$

$R=1272\text{N}$ 大于 0，说明所设 R 的方向正确，根据作用力反作用力的关系，射流对平板的冲击力为 1272N，方向向右。

故答案应选 D。

根据力学常识，至少可以判断水对板的冲力是向右的，答案一定是 B 或 D 再进行计算也可以。对于水在空气中喷射在平板上的问题，冲击力的大小就是 ρQv，最好记住。

本节复习要点：

(1) 关于流场和流体运动的六组基本概念。

(2) 不可压缩总流的连续性方程，流速与直径、断面面积等几何参数的关系。

(3) 恒定总流能量方程，总水头、速度水头、水头损失的概念，均匀流过流断面压强分布规律的结论，能量方程的应用。

(4) 恒定总流动量方程的应用，特别是一维简单应用。

6.3 流动阻力和能量损失

由于实际流体具有黏性，流动过程中就会受到阻力作用，产生损失，即恒定总流能量方程式(6-22)中的水头损失。水头损失的大小和流体的流动状态，边界的尺寸形状，边界的粗糙程度等因素有关。水头损失 h_l 可以写成如下公式

$$h_l = h_f + h_m \tag{6-27}$$

其中，h_f 称为沿程损失，发生在均匀流（例如长直管道）中，大小与管长成正比，因此也称“长度损失”；h_m 称为局部损失（一些教材中也用 h_j 表示），与过流断面的尺寸及形状变化有关，单位都是 m。

沿程损失的计算公式（达西-魏斯巴赫公式，简称达西公式）

$$h_f = \lambda \frac{l}{d}\frac{v^2}{2g} \tag{6-28}$$

式中 λ——沿程阻力（损失）系数；

l——管道长度(m)；

d——管道直径(m)；

$v^2/2g$——速度水头(m)。

局部损失按下式计算：

$$h_m = \zeta \frac{v^2}{2g} \tag{6-29}$$

式中 ζ——局部阻力（损失）系数，无单位。

6.3.1 实际流体的两种流态——层流和紊流

实际流体流动中存在两种流态。流体质点运动轨迹规则，呈分层流动，层与层之间流体质点不发生互相混掺，这种流动状态称为**层流**；流体质点运动轨迹不规则，各层质点之间相互混掺，这种流动状态称为**紊流**（也称**湍流**）。以雷诺数 Re 的大小来判断管流中的流态

$$Re = \frac{vd}{\nu} \tag{6-30}$$

式中 v——管流平均流速(m/s)；

d——管道直径(m)；

ν——流体的运动黏度(m^2/s)。

雷诺数是一个没有单位的数（或称无量纲数），$Re>2000$（有的教材规定 2300）时，流动处于紊流流态；$Re<2000$ 时，流动处于层流流态。2000（或 2300）称为临界雷诺数，当用水力半径 R（定义见 6.5）代替 d 来判断流态时，临界雷诺数为 500（或 575）。

6.3.2 圆管中的层流运动、紊流运动的特征

1. 圆管中的层流运动

如图 6-12 所示，圆管层流的断面速度分布是**旋转抛物面分布**，由此可以推出以下结论：

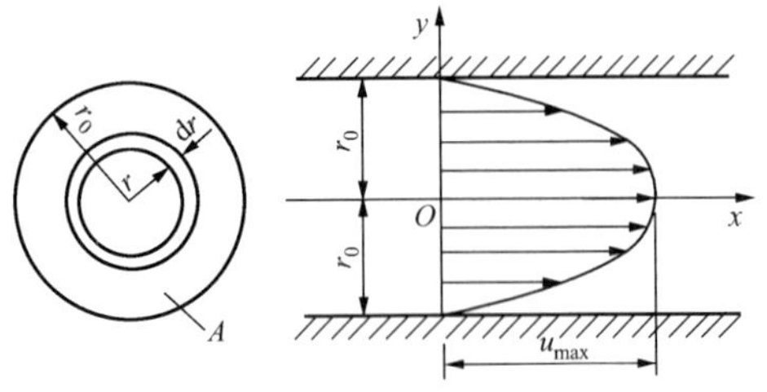

图 6-12　圆管层流运动

(1) 断面平均流速是最大流速的 1/2。

(2) 动能修正系数 $\alpha=2$。

(3) 动量修正系数 $\beta=1.33$。

(4) 沿程损失系数只是 *Re* 数的函数，而与管道粗糙程度无关

$$\lambda=\frac{64}{Re}\tag{6-31}$$

结合沿流程损失计算公式(6-28)可得出层流的沿程损失与断面平均流速的一次方成正比。

2. 紊流(湍流)运动的特征

紊流运动的流体质点不断地相互混掺，空间各点上速度大小与方向也随时间不断发生无规则改变。与之相对应地，各点的压强、浓度等参数也发生随机变化，这种现象称为紊流脉动。质点的混掺与流动参数的随机脉动是紊流运动的基本特征，而时均化是研究紊流运动与阻力规律的主要手段。

时均化，即是在一段时间内，将某运动参数按时间进行平均。获得的平均值称为时均值。例如，某点速度的时均值定义为

$$\bar{u}=\frac{1}{T}\int_{0}^{T}u\mathrm{d}t\tag{6-32}$$

流动参数随时间的变化也可以看成是在时均值的基础上叠加一个脉动值，如图 6-13 所示。

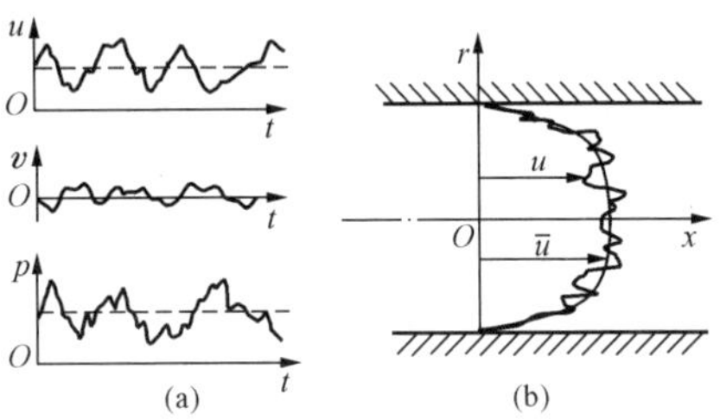

图 6-13　紊流的脉动与时均

严格地说紊流是非恒定的，但在外界条件不随时间发生变化时，运动参数的时均值总是常数。因此，从时均的角度来说，“恒定流”以及其他关于恒定流场的概念对紊流都是适用的。

管道中发生紊流流动时，靠近管壁处一薄层的流体由于流速低，黏滞力占主导地位，依然会维持层流流态，称为黏性底层。黏性底层的厚度很小，且随 *Re* 数的加大而减小，但其中速度梯度很大，对断面速度分布和流动阻力有重要影响。如图 6-14 所示，通过黏性底层厚度 δ_0 与壁面糙粒高度 Δ 的比较，可以归纳出不同的阻力规律。δ 远大于 Δ 时管道称为水力光滑管；δ 远小于 Δ 时的管道称为水力粗糙管；δ 与 Δ 相近时称为过渡粗糙管。

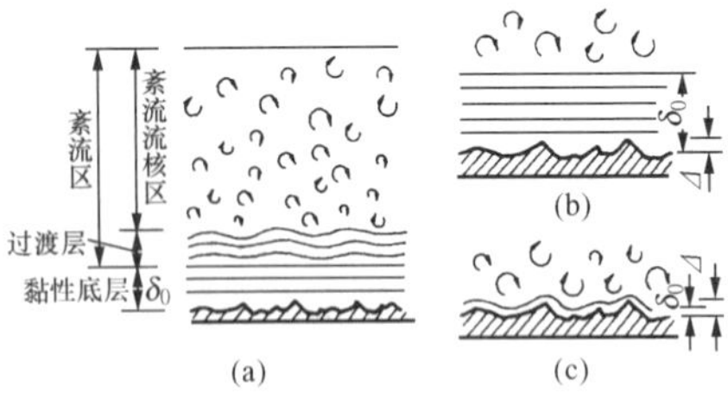

图 6-14　壁面粗糙与黏性底层

无论层流还是紊流，圆管内部剪切应力的大小都与半径成正比呈线性分布。管中心剪切应力为 0，管壁处剪切应力最大。

6.3.3　沿程水头损失和局部水头损失

1. 沿程水头损失

前文已经提及沿程损失的概念及其计算公式——达西公式，式中的几何量 l、d 是可以直接测量的，流速 v 和速度水头可以通过流量 Q 和连续方程间接求出。所以计算沿程损失的关键在于沿程损失系数 λ。λ 是 *Re* 数和壁面相对粗糙度 Δ/d 的函数。图 6-15 是德国物理学家尼古拉兹经实验获得的人工粗糙条件下 λ—*Re* 曲线关系。随 *Re* 数和 Δ/d 值的变化，损失系数分为如下五个区：

（1）层流区（L 线）$Re<2000$，$\lambda=64/Re$ **沿程损失与流速的 1 次方成正比**。

（2）临界过渡区（T 线）$2000<Re<4000$，$\lambda=f(Re)$。

（3）紊流光滑区（S 线）$Re>4000$ 但上限与 Δ/d 值有关，Δ/d 值小，壁面光滑则 Re 数上限值大，$\lambda=0.3164/Re^{0.25}$（布拉休斯公式），沿程损失与断面平均流速的 1.75 次方成正比。

（4）紊流过渡区（SR 区）Re 区域与 Δ/d 值有关，$\lambda=f(Re,\Delta/d)$。

（5）紊流粗糙区（R 区）Re 下限与 Δ/d 值有关，无上限，$\lambda=f(\Delta/d)$，损失系数与 Re 数无关，沿程损失与**断面平均流速的二次方成正比**，因此，此区域也称为阻力平方区。

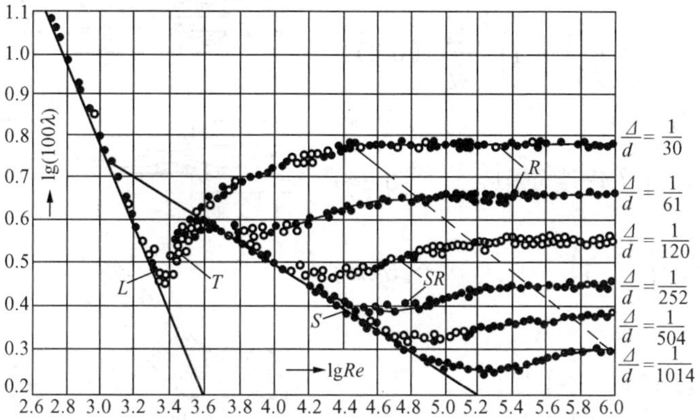

图 6-15　人工粗糙管阻力系数综合曲线

由于工业管道的壁面粗糙不像人工粗糙一样均匀，因此，其阻力曲线也与人工粗糙管的阻力系数曲线有所区别，常通过莫迪图来查出实际工业管道的沿程阻力系数，如图 6-16 所示。

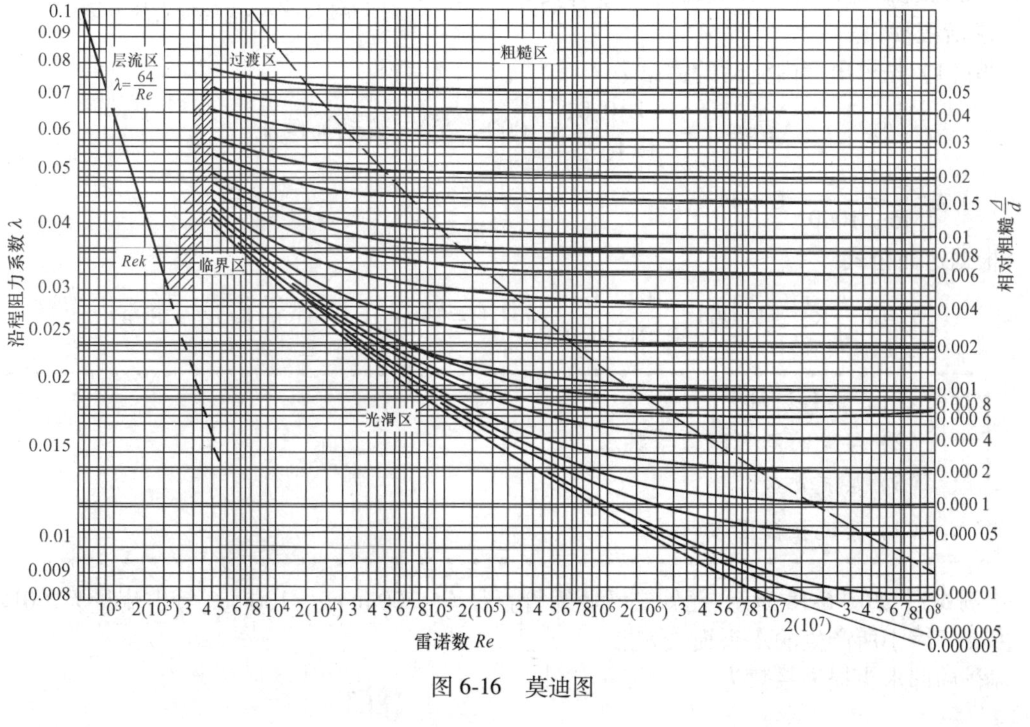

图 6-16　莫迪图

2. 局部水头损失

局部水头损失发生在固体边界的形状、尺寸发生变化的流动区域,在这些区域发生流速分布的重新组合,产生漩涡(图 6-17),会额外地消耗一部分机械能,形成局部集中的水头损失。局部水头损失按式(6-29)计算。和沿程损失一样,局部损失计算的关键是确定局部损失系数 ζ 值。这里仅列出管断面突然扩大和突然缩小[图 6-17(a)、(c)]两种情况下局部损失及局部损失系数 ζ 值的计算公式,定义局部改变前、后的断面面积分别为 A_1、A_2,断面平均流速分别为 v_1、v_2,对应的局部损失系数分别为 ζ_1、ζ_2:

突然扩大

$$h_j = \left(1 - \frac{A_1}{A_2}\right)^2 \frac{v_1^2}{2g} = \left(\frac{A_2}{A_1} - 1\right)^2 \frac{v_2^2}{2g} \quad (6\text{-}33)$$

对照式(6-29)有

$$\zeta_1 = \left(1 - \frac{A_1}{A_2}\right)^2 (\text{建议使用}) \quad (6\text{-}34)$$

$$\zeta_2 = \left(\frac{A_2}{A_1} - 1\right)^2 \quad (6\text{-}35)$$

突然缩小

$$h_j = 0.5\left(1 - \frac{A_2}{A_1}\right)\frac{v_2^2}{2g}$$

$$\zeta = 0.5\left(1 - \frac{A_2}{A_1}\right) \quad (6\text{-}36)$$

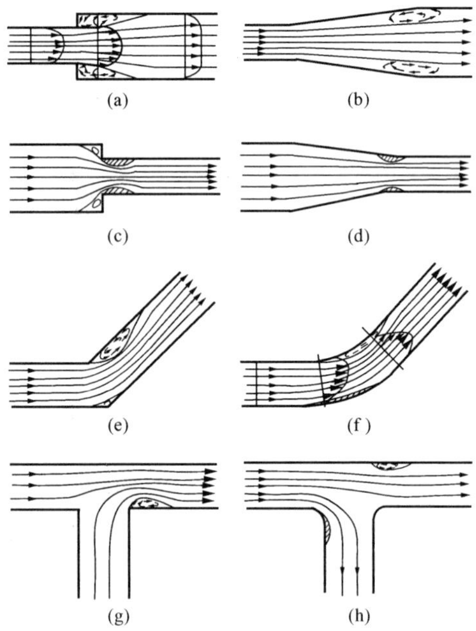

图 6-17 产生局部损失的流场

【例 6-6】一圆管直径为 $d = 10\text{mm}$,其中水流速度 $v = 0.1\text{m/s}$,水的运动黏度为 $\nu = 1\times10^{-6}\text{m}^2/\text{s}$,问:流动处于什么流态?若管长 $l = 10\text{m}$,求沿程损失。

解:(1) 先求出管内流动的雷诺数

$$Re = \frac{vd}{\nu} = \frac{0.1\times0.01}{1\times10^{-6}} = 1000 < 2000,\text{流动为层流}$$

(2) $\lambda = \frac{64}{Re} = \frac{64}{1000} = 0.064$

根据达西公式

$$h_f = \lambda \frac{l}{d}\times\frac{v^2}{2g} = 0.064\times\frac{10}{0.01}\times\frac{0.1^2}{2\times9.8}\text{mH}_2\text{O} = 33\text{mmH}_2\text{O}(1\text{mmH}_2\text{O}\approx9.8\text{Pa})$$

注意:(1) 流态判断。
(2) 层流的沿程阻力系数。
(3) 层流 $h_f \propto v^1$。
(4) 紊流粗糙区 $h_f \propto v^2$。

【例 6-7】如图 6-18 所示,已知突然收缩管直径 $D = 200\text{mm}$,$d = 100\text{mm}$,管内流量为100L/s,求:由突然缩小所产生的水头损失 h_m。

解:局部水头损失系数为

$$\zeta=0.5\left(1-\frac{A_2}{A_1}\right)=0.5\left(1-\frac{d^2}{D^2}\right)=0.5\times\left(1-\frac{100^2}{200^2}\right)=0.375$$

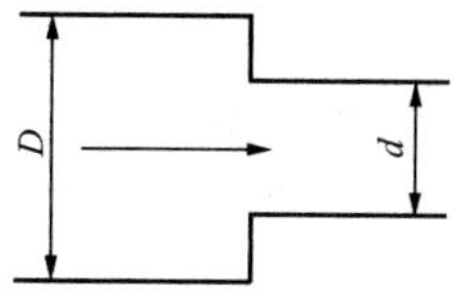

图 6-18 [例 6-7]图

根据连续方程,细管中的流速为

$$v=\frac{Q}{A}=\frac{0.1}{\frac{\pi}{4}\times0.1^2}\text{m/s}=12.74\text{m/s}$$

局部损失为 $$h_m=\zeta\frac{v^2}{2g}=0.375\times\frac{12.74^2}{2\times9.8}\text{mH}_2\text{O}=3.1\text{mH}_2\text{O}$$

注意:(1)突然扩大与突然缩小的阻力系数公式的区别。

(2)所使用的流速,两流速中建议统一使用大的一个,直角锐缘管道进口 $\zeta=0.5$,淹没出口 $\zeta=1$。两特殊系数应记住。

6.3.4 减小阻力的措施

减小阻力的措施主要有:

(1)适当加大管径。由于损失与速度水头成正比,加大管径则速度水头显著减小,阻力随之减小。在紊流粗糙区,沿程损失与管径的 5.25 次方成反比;局部损失与管径的 4 次方成反比。但加大管径要以牺牲材料和空间为代价。

(2)通过优化设计减小局部损失。根据局部损失的定性分析可知,局部损失源于局部速度大小和方向的变化,这种变化越剧烈,损失就越大。所以要减小局部损失,就要在设计上使流动速度的大小和方向平滑过渡,例如:用逐渐扩大、缩小或分级扩大、缩小来代替突然扩大、缩小(图 6-19),可以有效减小局部损失;为减小弯管因二次流产生的损失,可以在弯管处设置导流板(图 6-20);扩大或缩小与转弯在一起时,将转弯设置在粗管段时的损失小[图 6-21(a)];流线形或锥形管道进口的损失要小于直管管道进口(图 6-22)等。设计实践中要根据具体情况进行具体分析,在定量或定性分析局部损失的基础上,对设计进行优化。

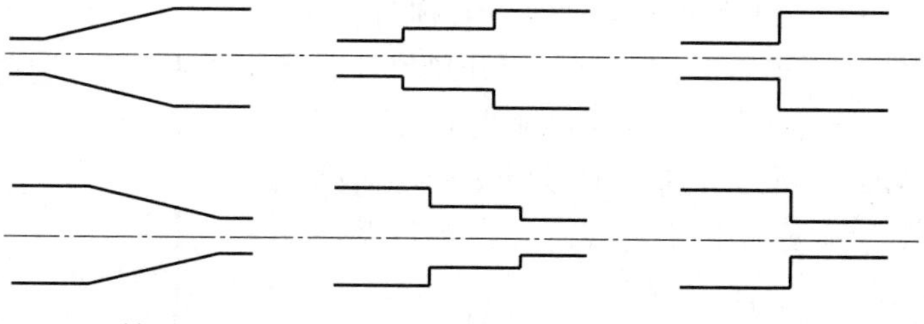

图 6-19 扩大和缩小的形式

(a)尺寸渐变(优);(b)分级扩大缩小(一般);(c)尺寸突变(差)

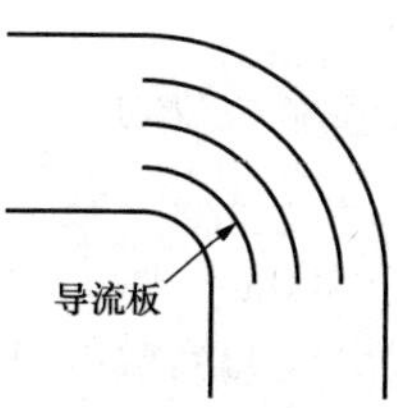

图 6-20 大尺寸矩形弯管中的导流板

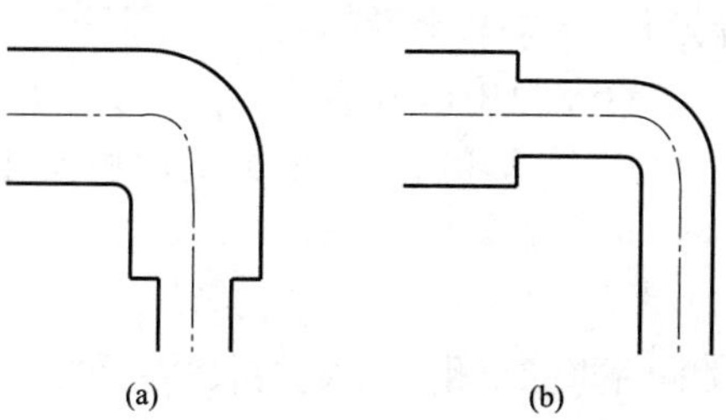

图 6-21 扩大与转弯的组合

(a)先弯后缩(优);(b)先缩后弯(差)

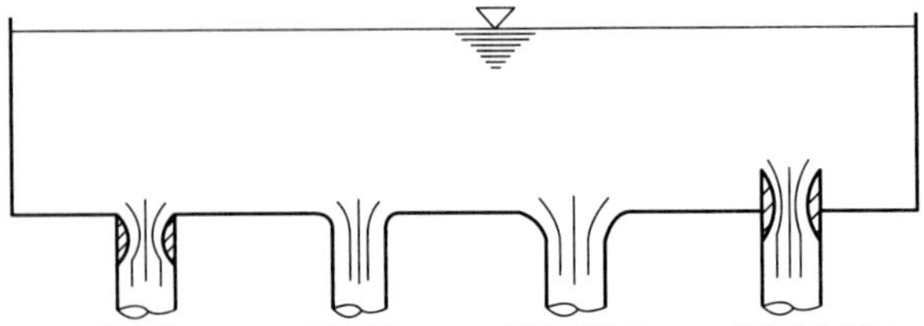

图 6-22　几种管道进口的局部损失

本节复习要点：

(1) 层流和紊流及其判别标准(Re 数)。

(2) 层流运动的断面流速分布,最大流速与平均流速关系。

(3) 沿程水头损失,达西公式;阻力分区,各区损失系数定性规律,损失与流速关系。

(4) 局部损失计算,突然扩大和突然缩小的局部损失系数。

(5) 减小阻力的措施。

6.4　孔口管嘴管道流动

6.4.1　孔口自由出流、孔口淹没出流

流体通过孔口,从一个空间流入另一个空间的流动称为孔口出流。液体由容器出流到大气中的称为孔口自由出流;液体出流到同种液体,或气体出流到同种气体的称为孔口淹没出流。

首先讨论薄壁小孔口自由出流问题。图 6-23 是孔口自由出流示意图,开口尺寸 e 小于水深 H 的 1/10,称为小孔口出流,反之即为大孔口;若开孔处的壁厚远比开口尺寸 e 小,称为薄壁出流。由于流动的惯性,自孔口喷出时,流股会出现收缩,在距开口 $e/2$ 处断面达到最小,此断面称为收缩断面 $c—c$。根据连续方程,$c—c$ 断面的流速 v_c 达到最大。

$$v_c = \phi\sqrt{2gH_0} \tag{6-37}$$

式中:ϕ 称为流速系数,无单位,ϕ 大约为 0.97;H_0 为作用水头,单位是 m,是 $O—O$ 断面的总水头,很多时候容器很大,水面流速很小,忽略上游速度水头,则作用水头近似为上游水位 H,式(6-37)中以 H 替代 H_0 作为流速公式。

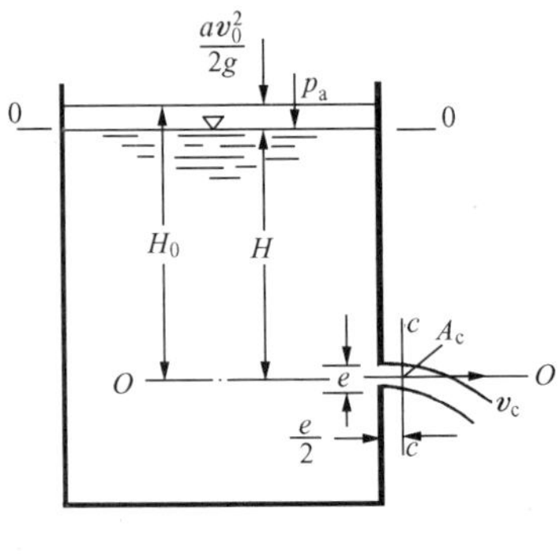

图 6-23　孔口自由出流

由于收缩的影响,$c—c$ 断面的面积 A_c 比开口面积 A 小,定义收缩系数为

$$\varepsilon = \frac{A_c}{A} \tag{6-38}$$

完善收缩的薄壁小孔口出流的收缩系数 ε=0.64,根据连续方程,出流的流量可以写成

$$Q = v_cA_c = \phi\sqrt{2gH_0}\,\varepsilon A = \mu A\sqrt{2gH_0} \tag{6-39}$$

式中,$\mu=\phi\varepsilon$ 称为流量系数,完善收缩的薄壁小孔口出流,μ 值约为 0.62。

再来讨论淹没出流问题，图 6-24 是淹没出流的示意图。作用水头定义为上下游总水头之差，其计算公式及流速、流量系数与自由出流完全相同。实际计算时和自由出流的情况一样，常忽略速度水头，作用水头近似看成是上下游的液面高差 z，则流量为

$$Q = \mu A\sqrt{2gz} \tag{6-40}$$

在开口直径、作用水头相同的前提下，淹没出流与自由出流的出流流速、流量是相同的。

6.4.2 管嘴出流

在容器的开口接一与开口直径相同，长度为 3~4 倍开口直径的短管，此时通过短管的出流称为管嘴出流。如图 6-25 所示，圆柱形外管嘴出流是最常见、最典型的管嘴出流，其出流速度，流量分别为

$$v = \phi\sqrt{2gH_0} \tag{6-41}$$

$$Q = \mu A\sqrt{2gH_0} \tag{6-42}$$

两式中符号的意义与孔口出流的情况完全相同，但出流断面为 $b—b$ 断面，与开口断面相同，收缩系数 $\varepsilon=1$，流速系数 $\phi=0.82$，所以流量系数 $\mu=\phi\varepsilon=0.82$。

> **注意：** 在开口直径、作用水头相同的前提下，孔口出流的流速大于管嘴出流的流速，而孔口出流的流量小于管嘴出流的流量。

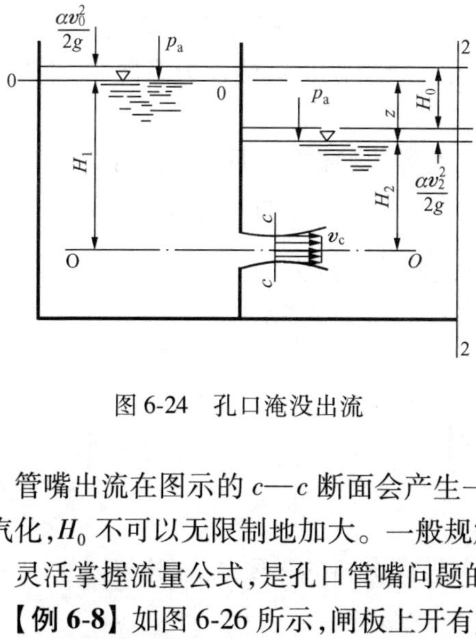

图 6-24　孔口淹没出流

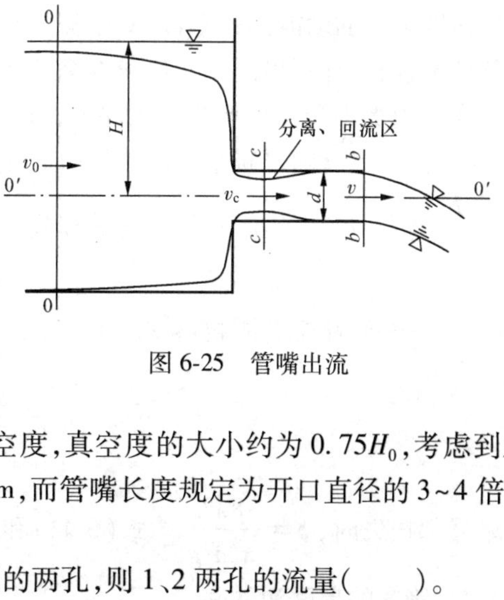

图 6-25　管嘴出流

管嘴出流在图示的 $c—c$ 断面会产生一定的真空度，真空度的大小约为 $0.75H_0$，考虑到水的汽化，H_0 不可以无限制地加大。一般规定 $H_0 \leqslant 9\text{m}$，而管嘴长度规定为开口直径的 3~4 倍。

灵活掌握流量公式，是孔口管嘴问题的关键。

【例 6-8】 如图 6-26 所示，闸板上开有完全相同的两孔，则 1、2 两孔的流量(　　)。

A. 不确定　　B. 1 的大　　C. 2 的大　　D. 一样大

解： 该问题属于淹没孔口出流问题，流量公式为 $Q=\mu A\sqrt{2gH_0}$，其中两孔完全相同则其流量系数及过流面积相同；由于作用水头取决于上下游液面高差，而不取决于淹没深度，所以两者的作用水头也相同。故两者的流量应相等，故答案应选 D。

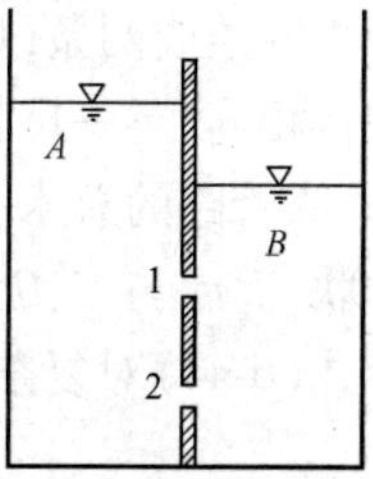

图 6-26　[例 6-8]图

【例 6-9】 在水箱同一高度上有孔口和管嘴各一个，两者的出流流量相同，两者的面积之比为(　　)。

A. 1∶1　　B. 1∶1.27　　C. 1∶1.32　　D. 1∶1.57

解：根据孔口和管嘴的流量公式，流量相等，则

$$\mu_{孔} A_{孔}\sqrt{2gH_0} = \mu_{管} A_{管}\sqrt{2gH_0}$$

$$0.62A_{孔} = 0.82A_{管}, \quad A_{孔} : A_{管} = 0.82 : 0.62 = 1.32$$

故答案应选 C。

6.4.3　有压管道恒定流

流体不与大气相连通的管道内流动称为有压管流，有压管流一般都指满管流，有压管可能是正压，也可能是负压。按局部损失占总损失的比例划分，局部损失所占比例较大，不能忽视的，称为**短管流动**；局部损失速度水头所占比例很小，可以忽略的，称为长管流动。所以所谓"长管"和"短管"并非针对几何尺度而言，长管是实际管道忽略局部损失和速度水头所获得的简化计算模型。

当管路直径和流量沿流程不变时，为简单管路。

短管的水力计算，是将连续方程与能量方程综合运用，求解一段等直径管的水头、管径、压强、流量等参数的过程。与孔口、管嘴的情况相同，流量计算是最基本的计算，简单短管的流量公式也可写成式(6-42)，只是其流量系数变为

$$\mu = \frac{1}{\sqrt{\lambda \dfrac{l}{d} + \Sigma\zeta}} \tag{6-43}$$

式中，$\Sigma\zeta$ 为流动该短管系统所有局部损失系数的和。对于自由出流 $\Sigma\zeta$ 中应多加一个"1"是出流速度水头的动能修正系数，对于淹没出流 $\Sigma\zeta$ 包含一个淹没出口的损失系数"1"，其他相同条件下，两者计算出的流速流量在数值上是一致的。

在作用水头和直径不变的条件下，管长、沿程损失系数、局部损失系数增加都会使流量系数减小，流量也就随之减小。也可以分析出，阀门调节对流量的影响程度还和阀门的阻力系数在 $\lambda \dfrac{l}{d} + \Sigma\zeta$ 中所占比例有关。管路损失 H 与流量 Q 之间的关系为

$$H = SQ^2 \tag{6-44}$$

式中　S——管路综合阻抗(s^2/m^5)。

$$S = \frac{8\left(\lambda \dfrac{l}{d} + \Sigma\zeta\right)}{\pi^2 d^4 g} \tag{6-45}$$

忽略局部损失时，$S = \dfrac{8\lambda l}{\pi^2 d^5 g}$。式(6-44)和式(6-45)是管路分析的重要公式，建议记住。

6.4.4　管道的串联和并联

当两条或两条以上简单管路首尾相连时就构成管路的串联；当两条或两条以上简单管路首—首相连、尾—尾相连时就构成管路的并联。串联管路的总水头损失等于各段水头损失之和；并联管路的总水头损失与各支管损失相等，总流量是各支管流量之和。图 6-27 中 A 与 B 为并联，而后与 C、D 构成串联。含有串、并联的管路称为复杂管路。

式(6-44)对复杂管路也是适用的，当管路串联，节点流量为零，即各管段流量相等时

$$S_{总} = S_1 + S_2 + \cdots + S_n \tag{6-46}$$

当管路并联时，各管段损失相等，有

$$\frac{1}{\sqrt{S_{总}}}=\frac{1}{\sqrt{S_1}}+\frac{1}{\sqrt{S_2}}+\cdots+\frac{1}{\sqrt{S_n}} \tag{6-47}$$

并联各管路中的流量之比等于各管路综合阻抗平方根的倒数之比，即

$$Q_1:Q_2:Q_3=\frac{1}{\sqrt{S_1}}:\frac{1}{\sqrt{S_2}}:\frac{1}{\sqrt{S_3}} \text{或} \frac{Q_1}{Q_2}=\sqrt{\frac{S_2}{S_1}} \tag{6-48}$$

【例 6-10】图 6-27 所示的系统，水箱水位不变，阀门开度减小后 A、B、C、D 各管流量有何变化？

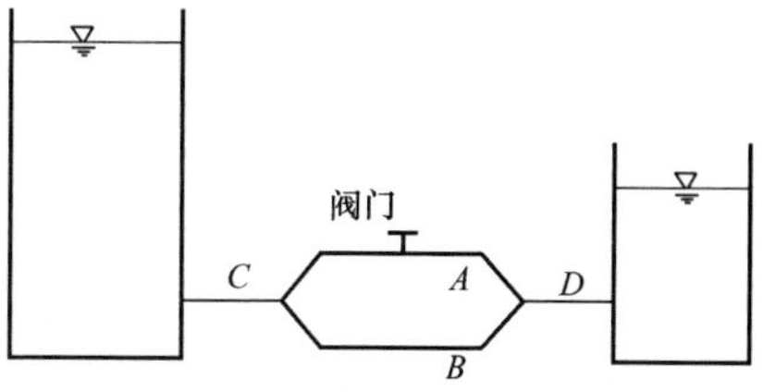

图 6-27 ［例 6-10］图

分析：A 与 B 为并联，而后与 C、D 构成串联，总流量等于 C、D 的流量，等于 A、B 的流量和。在阻力平方区 λ 为常数，A 段的 S 值随开度减小 ζ 值的加大而加大。而使 A、B 并联的 S 值加大，进而使总 S 值加大，而总 H 不变会导致总流量减小。所以 C、D 段的流量是减小的。由于 A、B 与 C、D 是串联关系，总损失为各段损失之和，C、D 的流量减小损失减小意味着作用在 A、B 段两端的压强加大而 B 的阻抗不变，所以 B 的流量加大。总流量减小，B 的流量反而加大所以 A 流量必为减小。

【例 6-11】图 6-28 所示为长管并联管路系统，管路 1,2 在 A、B 两节点间并联，已知两管路沿程损失系数及长度均相同，管内径 $d_2/d_1=2$，则两管内流过水流流量之比 Q_2/Q_1 为(　　)。

A. 8.00　　B. 5.66　　C. 2.83　　D. 2.00

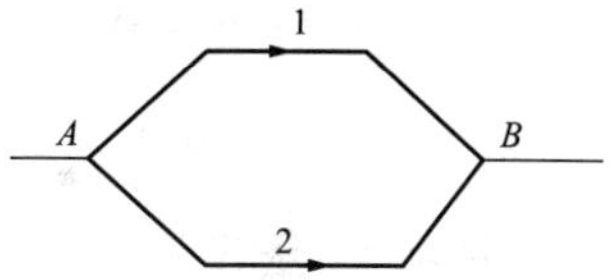

图 6-28 ［例 6-11］图

解：根据 $S=\frac{8\lambda l}{\pi^2 d^5 g}$，得 $\frac{S_1}{S_2}=\frac{\frac{8\lambda l}{\pi^2 d_1^5 g}}{\frac{8\lambda l}{\pi^2 d_2^5 g}}=\frac{d_2^5}{d_1^5}=2^5=32$。

又 $\frac{Q_2}{Q_1}=\frac{\sqrt{S_1}}{\sqrt{S_2}}=\sqrt{32}=5.66$，故答案应选 B。

节点流量为零前提下，串联管流量相等，损失相加，阻抗相加；并联管流量相加，损失相等。

本节复习要点：

(1) 孔口、管嘴、管流的流速、流量计算公式。

(2) 流速系数、流量系数、收缩系数。

(3) 淹没出流与自由出流，作用水头的确定。

(4) 管嘴正常出流条件。

(5) 管路串、并联的水力特征，S 值的确定。

(6) 并联管路的流量分配关系(定性、定量分析)。

6.5 明渠恒定流

明渠流是水流过流断面的上部周界与大气相接触，具有自由表面的流动。由于与大气直接相通，水面相对压强为零，所以又称为**无压流**。人工渠道、天然河道都是明渠流。城市排水

管渠也都是明渠流。

6.5.1 明渠均匀水流特性

明渠均匀流是流线为平行直线的明渠水流。明渠均匀流各断面面积、水深、平均流速、速度分布均相同,是明渠流动最简单形式。

(1) 渠道断面(图 6-29)。天然河道断面多为不规则断面,人工渠道多为规则断面,其中最常见的是梯形断面、矩形断面和圆形断面。

(2) 底坡。明渠渠底与纵剖面的交线称为渠底线。渠底线沿流程方向单位长度的下降值称为渠道的底坡,如图 6-30 所示,以符号 i 表示

$$i = \frac{z_1 - z_2}{L} = \sin\theta \tag{6-49}$$

由于 θ 很小,所以 $\sin\theta \approx \tan\theta$ 以水平距离 L'取代渠底线长度 L,则

$$i = \frac{z_1 - z_2}{L'} = \tan\theta \tag{6-50}$$

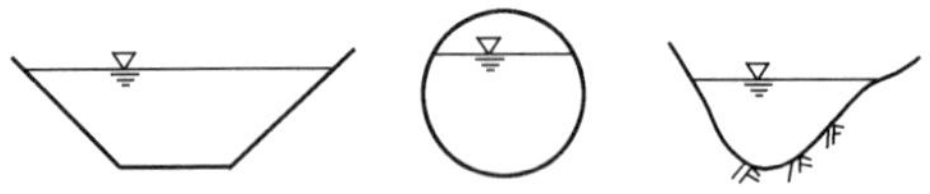

图 6-29 渠道断面

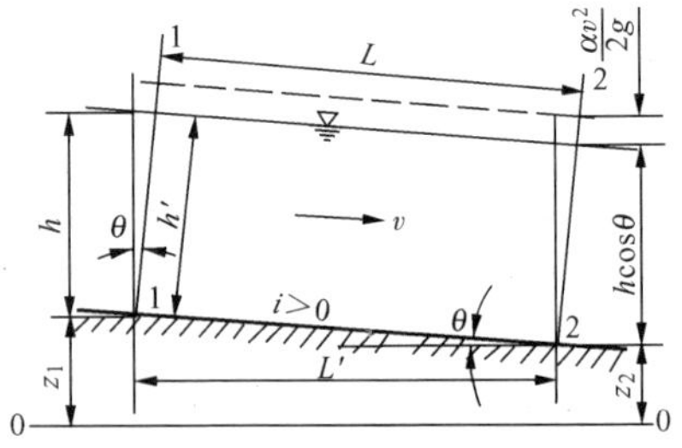

图 6-30 渠道底坡

底坡 $i>0$ 的渠道称为顺坡渠道或正坡渠道;底坡 $i=0$ 的渠道称为平坡渠道;底坡 $i<0$ 的渠道称为逆坡渠道。只有正坡渠道才有可能发生均匀流。

(3) 棱柱渠道与非棱柱渠道。断面形状、尺寸沿程不变的长直渠道是棱柱渠道,只有棱柱渠道才有可能发生明渠均匀流;反之,断面形状、尺寸沿程改变的渠道是非棱柱渠道。明渠均匀流的水力特性:①沿程过流断面的尺寸、形状、水深、流量、断面平均流速均不变;②渠底坡度、水面坡度与水力坡度相等,即

$$J = J_z = i \tag{6-51}$$

式中 J——水力坡度,无单位;

J_z——水面坡度,无单位。

6.5.2 产生均匀流的条件

明渠均匀流的发生条件:①恒定流,流量沿程不变;②长直渠道;③顺坡,坡度沿程不变;④粗糙系数 n 沿程不变;⑤沿程无局部干扰;⑥远离渠道进出口。

6.5.3 明渠恒定非均匀流的流动状态

观察明渠中的水流在遇到障碍物之后的流动现象,可以发现,在平原地区的河段中,若有大块孤石阻水,由于底坡平坦、水流徐缓,孤石对水流的影响向上游传播,使较长一段距离的上游水流受到影响,如图 6-31 所示,称这种障碍物的影响(即干扰波)能够向上游传播的明渠流动形态为缓流。

在底坡陡峻、水流湍急的溪涧中,涧底若有大块孤石阻水,则水流或是跳跃而过,或因跳跃

过高而激起浪花，孤石的存在对上游的水流没有影响，如图 6-32 所示，这种障碍物的影响只能对附近水流引起局部扰动，扰动信息不能向上游传播的明渠水流称为急流。

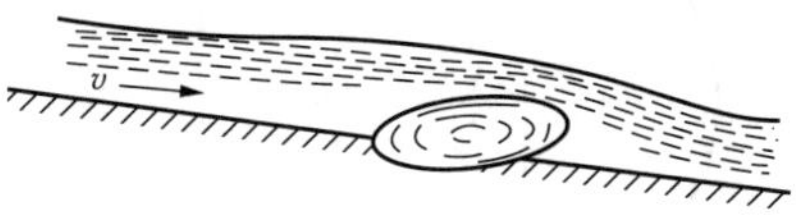

图 6-31　缓流

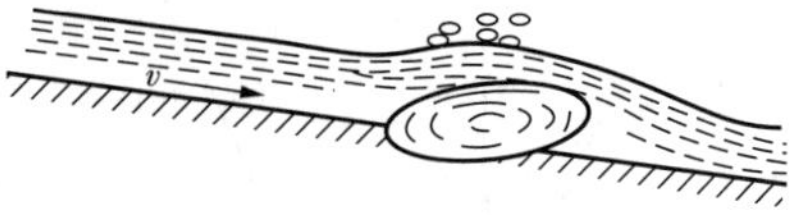

图 6-32　急流

介于急流与缓流之间的流动状态是临界流。由急流到缓流发生的水力现象称为水跃，由缓流到急流发生的水力现象称为跌水。

急流与缓流是明渠的两种流动形态，除上述直观观察外，还可以通过多种形式来判断：

（1）流速与波速。断面水深为 h，则渠道内波速为 $\sqrt{gh}$，设流速为 v，则：

$v>v_{cr}=\sqrt{gh}$ 为急流；

$v<v_{cr}=\sqrt{gh}$ 为缓流；

$v=v_{cr}=\sqrt{gh}$ 为临界流。

（2）弗劳德数。设流速为 v，断面水深为 h，则断面弗劳德数为 $Fr=\dfrac{v}{\sqrt{gh}}$，则：

$Fr>1$ 时为急流；

$Fr<1$ 时为缓流；

$Fr=1$ 时为临界流。

（3）临界水深。水深为 h，临界水深为 h_{cr}，则：

$h>h_{cr}$ 时为缓流；

$h<h_{cr}$ 时为急流；

$h=h_{cr}$ 时为临界流。

（4）临界底坡。水渠渠底坡度为 i，临界底坡为 i_{cr}，则：

$i>i_{cr}$ 时为急流；

$i<i_{cr}$ 时为缓流；

$i=i_{cr}$ 时为临界流。

6.5.4　明渠恒定均匀流的水力计算

1. 过水断面的几何要素

梯形断面的断面几何要素如图 6-33 所示，b 为渠底宽；h 为水深，均匀流的水深沿程不变，称为正常水深用 h_0 表示；$m=\cot\alpha$ 是边坡系数，矩形断面可以看成是边坡系数为 0 的梯形断面。梯形断面各几何要素之间的关系为

$$\left.\begin{aligned}&\text{水面宽} && B=b+2mh\\&\text{过水断面积} && A=(b+mh)h\\&\text{湿周} && \chi=b+2h\sqrt{1+m^2}\\&\text{水力半径} && R=\frac{A}{\chi}\end{aligned}\right\}\tag{6-52}$$

圆形断面几何要素如图 6-34 所示，d 为直径，h 为水深，充满度 $\alpha=h/d$，θ 为充满角，圆形断面各几何要素之间的关系为

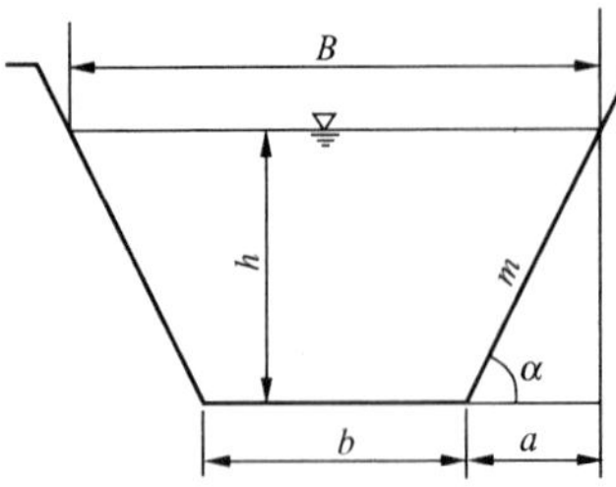

图 6-33　梯形断面渠道

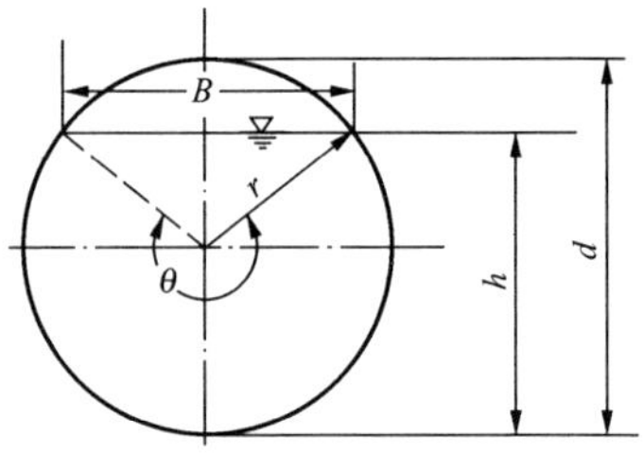

图 6-34　圆形断面渠道

$$\left.\begin{aligned} &\text{充满角} & \alpha &= \sin^2\frac{\theta}{4} \\ &\text{过水断面积} & A &= \frac{d^2}{8}(\theta - \sin\theta) \\ &\text{湿周} & \chi &= \frac{d}{2}\theta \\ &\text{水力半径} & R &= \frac{d}{4}\left(1 - \frac{\sin\theta}{\theta}\right) \end{aligned}\right\} \tag{6-53}$$

注意：由于矩形断面的计算量小，是各类考试出题频度最高的断面形式，而式(6-53)不必记，式(6-52)万一用到可利用几何关系推出。

2. 明渠均匀流基本公式

明渠均匀流基本公式是谢才公式

$$v = C\sqrt{RJ} = C\sqrt{Ri} \tag{6-54}$$

$$Q = Av = AC\sqrt{Ri} \tag{6-55}$$

式中　C——谢才系数，通常用曼宁公式计算。

$$C = \frac{1}{n}R^{1/6} \tag{6-56}$$

根据 $Q=Av=AC\sqrt{Ri}=f(m,b,h,n,i)$，理论上已知 Q、m、b、h、n、i 其中的五个可以求出剩余的一个，这就是明渠均匀流计算的任务。其中容易计算的是 Q、n、i，出题频率最高。在其他参数相同条件下，圆断面流量最大值出现在充满度 0.93，流速最大值出现在 0.85。也就是说**圆断面明渠随着充满度的加大，流速、流量并不是单调增加的。**

本节复习要点：

(1) 明渠基本概念 渠底坡度、水力坡度。

(2) 过流断面几何要素，面积、湿周、水力半径。

(3) 明渠均匀流发生条件、水力特征。

(4) 谢才公式及其应用。

(5) 水力最优断面的基本概念。

注意：谢才公式及其灵活应用是明渠均匀流问题的关键，应熟练掌握。

6.6 渗流、井和集水廊道

6.6.1 土壤的渗流特性

流体在有孔隙介质中的流动称为渗流，最典型的渗流是水在土壤中的流动。本节中认为介质是均匀且各向同性的。

(1) 孔隙率。一定体积的孔隙介质中，空隙体积 V' 与总体积 V 的比值，或者在一个横断面上的孔隙面积 A' 与总断面积 A 的比值

$$n = \frac{V'}{V} = \frac{A'}{A} \tag{6-57}$$

(2) 渗流模型。假想一内部没有固体颗粒填充的流场，其边界条件、流量、压强分布、阻力与实际渗流完全相同，以此流场替代真实的渗流流场来研究，这就是“渗流模型”。

根据渗流模型，过流断面的渗流流速定义为

$$u = \frac{\Delta Q}{\Delta A} = \frac{\Delta Q n}{\Delta A'} = u'n \tag{6-58}$$

式中 ΔQ——过流断面的流量(m^3/s)；

ΔA——断面的面积(m^2)；

$\Delta A'$——ΔA 断面内间隙的实际面积(m^2)；

u'——间隙中的实际流速(m/s)。由于孔隙率 $n<1$，所以 u' 总是大于 u。

由于渗流速度非常小，可以忽略渗流的速度水头，或者说渗流的总水头和测压管水头相等

$$H = H_p = z + \frac{p}{\rho g} \tag{6-59}$$

这是渗流的一个重要特点。工程中地下水渗流多为无压渐变渗流。

6.6.2 达西定律

渗流区为匀质柱形，过流断面面积为 A，两过流断面间距离为 l，其间损失为 h_W，流过过流断面的流量为 Q，则有

$$\begin{cases} Q = kAJ \\ v = kJ \\ u = kJ \end{cases} \tag{6-60}$$

式中 J——水力坡度，$J = \frac{h_W}{l} = \frac{H_1 - H_2}{l}$；

v——断面平均流速(m/s)；

u——断面上的点流速(m/s)；

k——渗透系数(m/s)。

渗透系数是空隙介质的一个重要水力特性指标，显然，其他条件一致时，渗透系数大，则断面过流量大，其数值可以用实验室测定法(图 6-35)、经验法或采用现场测定法确定。

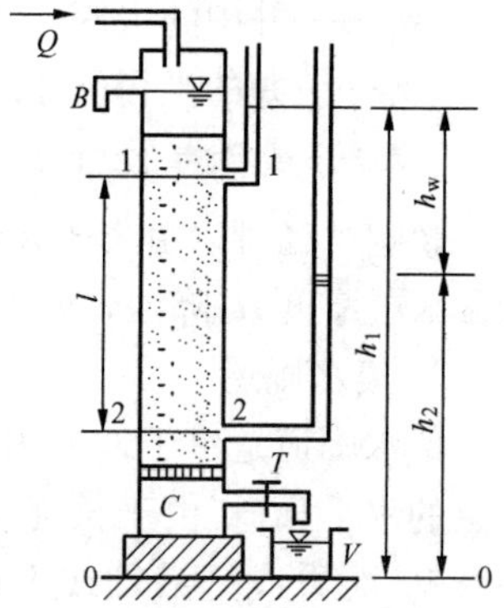

图 6-35 渗流实验装置

达西定律表明，均匀渗流的水头损失与流速的一次方成正比，所以也称为渗流线性定律。对于非均匀渗流或非恒定渗流，达西定律也近似适用，可表示为

$$u = kJ = -k\frac{\mathrm{d}H}{\mathrm{d}s} \tag{6-61}$$

式中　u——点流速(m/s)；

J——该点的水力坡度。

式中各符号的意义如前述。

6.6.3　井和集水廊道

1. 井的渗流

在具有自由水面的潜水含水层中所开的井称为普通井，井底直达不透水层者称为完全井，图6-36是普通完全井的示意图。未抽水前，井中水面与含水层水面平齐，抽水时井内及其四周的水面下降。若周围是各向同性的匀质土壤，抽水量恒定，则形成的水面为以井轴线为轴的轴对称漏斗形曲面，称为浸润曲面。

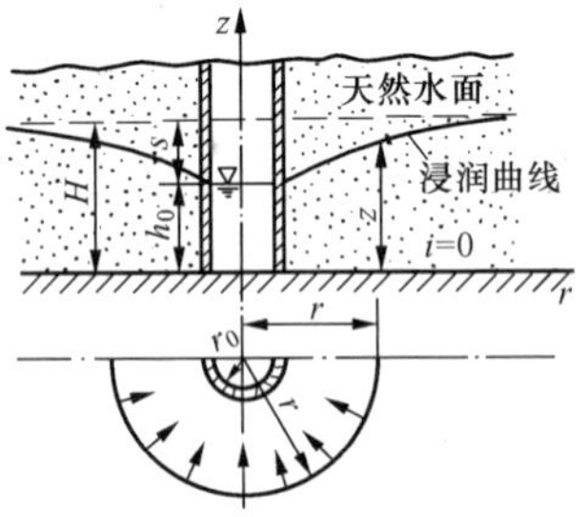

图6-36　普通完全井

若流量为 Q，土壤渗透系数为 k，井中水深为 h_0，则随半径 r 的变化，浸润面的位置高度 z 符合下面的方程

$$z^2 - h_0^2 = \frac{0.73Q}{k}\lg\frac{r}{r_0} \tag{6-62}$$

此方程称为浸润曲线方程，用于确定沿井径向方向的水深分布。

工程上认为存在一个影响半径 R，当 $r=R$ 时 $z=H$，即 $r \geqslant R$ 时水位不受井抽水的影响。设 S 为水面的下降深度，$S=H-h_0$，可写出普通完全井(也称潜水完全井)的出水流量公式

$$Q = 1.36\frac{k(H^2-h_0^2)}{\lg(R/r_0)} \tag{6-63}$$

当 H 接近 h_0 时，由平方差公式得

$$Q = 2.73\frac{kHS}{\lg(R/r_0)} \tag{6-64}$$

式中　Q——井的产水量(m^3/s)；

k——土体渗透系数(m/s)；

H——含水层厚度(m)；

h_0——井中的水深(m)；

r_0——井的半径(m)；

R——影响半径(m)。

影响半径可以由公式 $R=3000S\sqrt{k}$ 计算，上式表明，普通完全井的出水流量 Q 与渗流系数 k，含水层厚度 H，降深 S 分别成正比。

2. 集水廊道

集水廊道是建于地下用来汲水或降低地下水位的水平廊道，由于长度很长，可以忽略两端的影响，而看成是沿轴线方向各断面流动无变化的二维(或称平面)渗流流动。图6-37是集水廊道示意图，与井的问题一样，抽水时廊道两侧

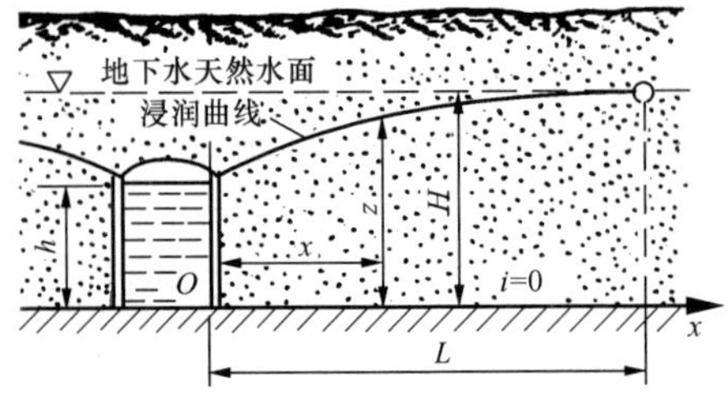

图6-37　集水廊道横断面

的水位会形成对称的下降，设 q 为来自一侧的单位宽度上的流量（或称单宽流量，m^2/s），x 为计算点到廊道侧边的距离，h 为廊道中水深，浸润线方程可以写成

$$z^2 - h^2 = \frac{2q}{k}x \tag{6-65}$$

与井的影响半径 R 类似，设 L 为廊道的影响范围，$x=L$ 处，$z=H$，得到集水廊道单侧单位宽度上的流量公式

$$q = \frac{k(H^2 - h^2)}{2L} \tag{6-66}$$

可见流量与渗透系数成正比，并随含水层的厚度增加而增大，随廊道内水深增加而减小。总流量由下式计算

$$Q = 2ql \tag{6-67}$$

式中　l——集水廊道的长度（m）。

【例 6-12】 用测定达西定律的实验装置（图 6-35）测定土壤的渗透系数，已知圆筒直径 30cm，水头差 80cm，6h 渗透水量 85L，两侧压孔距离为 40cm，土壤的渗透系数为（　　）m/s。

A. 1.79×10^{-4}　　B. 1.79×10^{-5}　　C. 2.79×10^{-4}　　D. 2.79×10^{-5}

解： 先计算渗流流量

$$Q = \frac{V}{t} = \frac{85\times10^{-3}}{6\times3600} m^3/s = 3.94\times10^{-6} m^3/s$$

根据达西定律

$$Q = kAJ, k = \frac{Q}{AJ} = \frac{4Q}{\pi d^2}\cdot\frac{\Delta l}{\Delta H} = \frac{4\times3.94\times10^{-6}\times0.4}{3.14\times0.3^2\times0.8} m/s = 2.79\times10^{-5} m/s$$

故答案应选 D。

【例 6-13】 潜水完全井，抽水量大小与相关物理量的关系是（　　）。

A. 与井半径成正比　　B. 与井的影响半径成正比

C. 与含水层厚度成正比　　D. 与土体渗透系数成正比

解： 根据潜水完全井产水量公式 $Q = 1.36\dfrac{k(H^2 - h_0^2)}{\lg(R/r_0)}$，显然水量与土体渗透系数成正比，故答案应选 D。

本节复习要点：

（1）渗流的基本概念及其特征，渗流模型。

（2）达西定律，渗流问题的重点。

（3）井和集水廊道，利用流量公式分析流量与几何参数及渗流系数的定性、定量关系。

6.7　相似原理和量纲分析

6.7.1　力学相似原理

流体力学相似包括几何相似、运动相似和动力相似三个方面。

（1）几何相似。模型与原型的流场几何形状相似，即对应线段成比例，对应角度相等。以脚标 p 表示原型，以脚标 m 表示模型，l 为对应的线段长度，θ 为对应角度，则

$$\lambda_l = \frac{l_{1p}}{l_{1m}} = \frac{l_{2p}}{l_{2m}}, \quad \theta_p = \theta_m \tag{6-68}$$

式中,λ_l 称为“**长度比尺**”,或“**长度比例常数**”。由此可推出**面积比尺** λ_A 和**体积比尺** λ_V

$$\lambda_A = \frac{l_p^2}{l_m^2} = \lambda_l^2, \lambda_V = \frac{l_p^3}{l_m^3} = \lambda_l^3 \tag{6-69}$$

几何相似是相似的前提,因为只有几何相似,流场才有相应的点和相应的流动参数。

(2) 运动相似。原型与模型流场对应点流速方向相同,大小成比例

$$\lambda_v = \frac{u_{1p}}{u_{1m}} = \frac{u_{2p}}{u_{2m}} = \frac{v_p}{v_m} \tag{6-70}$$

λ_v 称为速度比尺,还可推出时间比尺 λ_t 与速度比尺 λ_v,长度比尺 λ_l 之间的关系

$$\lambda_t = \frac{t_p}{t_m} = \frac{l_p}{l_m}\frac{u_m}{u_p} = \frac{\lambda_l}{\lambda_v} \tag{6-71}$$

运动相似是模型实验研究的目的。

(3) 动力相似。原型与模型流场对应点的同名作用力成比例,分别用 T、G、P、I 表示黏性力、重力、压力、惯性力,有

$$\frac{T_p}{T_m} = \frac{G_p}{G_m} = \frac{P_p}{P_m} = \frac{I_p}{I_m} \tag{6-72}$$

动力相似是运动相似的保证。

6.7.2 相似准则

要实现动力相似,即必须满足式(6-72)分别用黏性力、重力、压力与惯性力相比,得到惯性力与其他各力的比值关系,惯性力与黏性力的比值称为雷诺数,用 Re 表示

$$\frac{T_p}{T_m} = \frac{I_p}{I_m} \Rightarrow \frac{I_m}{T_m} = \frac{I_p}{T_p} \Rightarrow \frac{\rho_m v_m^2 l_m^2}{\rho_m \nu_m l_m^2 \dfrac{v_m}{l_m}} = \frac{\rho_p v_p^2 l_p^2}{\rho_p \nu_p l_p^2 \dfrac{v_p}{l_p}} \Rightarrow \frac{v_m l_m}{\nu_m} = \frac{v_p l_p}{\nu_p}, Re = \frac{vl}{\nu} \Rightarrow Re_m = Re_p \tag{6-73}$$

上式表示:要实现动力相似模型雷诺数与原型雷诺数必须相等,称为**黏性力相似准则**或**雷诺准则**。因为是力的比值,所以它是无量纲数。同理,得到惯性力与重力的比值关系,称为**弗劳德数**,用 Fr 表示,动力相似要求模型弗劳德数与原型弗劳德数必须相等,称为**重力相似准则**或**弗劳德准则**

$$\frac{G_p}{G_m} = \frac{I_p}{I_m} \Rightarrow \frac{I_m}{G_m} = \frac{I_p}{G_p} \Rightarrow \frac{\rho_m v_m^2 l_m^2}{\rho_m g_m l_m^3} = \frac{\rho_p v_p^2 l_p^2}{\rho_p g_p l_p^3}, Fr = \frac{v}{\sqrt{gl}} \Rightarrow Fr_m = Fr_p \tag{6-74}$$

同理,得到压力与惯性力的比值关系,称为欧拉数,用 Eu 表示,动力相似要求模型欧拉数与原型欧拉数必须相等,称为压力相似准则或欧拉准则

$$\frac{P_p}{P_m} = \frac{I_p}{I_m} \Rightarrow \frac{P_m}{I_m} = \frac{P_p}{I_p} \Rightarrow \frac{\Delta p_m l_m^2}{\rho_m v_m^2 l_m^2} = \frac{\Delta p_p l_p^2}{\rho_p v_p^2 l_p^2}, \ Eu = \frac{\Delta p}{\rho v^2} \Rightarrow Eu_m = Eu_p \tag{6-75}$$

显然,要实现动力相似需同时满足三个相似准则,但考虑四个力的平衡关系,只要三个力确定,第四个力就是确定的,所以只要求有两个准则满足,第三个准则就自然满足了。研究管流阻力问题使用雷诺准则,在研究水坝溢流、堰流、船舶航行等问题时,用弗劳德准则;在孔口

出流问题时，用欧拉准则。选定了相似准则即选定了对应的方程式(6-73)、式(6-74)或式(6-75)，即可进行相应的计算，参见[例6-14]。

【例6-14】大坝溢流实验，原型流量 $Q_p=537m^3/s$，模型流量 300L/s，则模型的长度比尺 λ 为(　　)。

A. 4.5　　B. 6　　C. 10　　D. 20

解：大坝溢流是有自由液面的流动，且流动过程中重力起主导作用，应使用弗劳德准则

$$\frac{u_p^2}{g_p l_p}=\frac{u_m^2}{g_m l_m}g_\beta=g_m，则\frac{u_p}{u_m}=\sqrt{\frac{l_p}{l_m}}$$

$$\frac{Q_p}{Q_m}=\frac{u_p l_p^2}{u_m l_m^2}=\left(\frac{l_p}{l_m}\right)^{5/2}，故\frac{l_p}{l_m}=\left(\frac{Q_p}{Q_m}\right)^{2/5}=\left(\frac{537\ 000}{300}\right)^{2/5}=20.005$$

故答案应选 D。

注意：选定了模型率就意味着选定了一个原型与模型相似准数相等的方程，进一步利用这个方程得到模型比尺与速度比尺、流量比尺、作用力比尺等比例关系。

6.7.3　量纲分析法

1. 量纲与单位

将物理量的属性(类别)称为量纲或因次。量纲是客观存在的物理量的本质，分为基本量纲和导出量纲。流体力学中涉及的基本量纲有：长度，用 L 表示；时间，用 T 表示；质量，用 M 表示。其他量纲都是导出量纲，例如速度量纲可以表达为：$\dim v=L^1T^{-1}$，面积的量纲表示为 $\dim A=L^2$。

单位是度量物理量时所采用的人为数值标准。度量同一物理量采用的单位不同，数值也就不同。单位制一定时，单位和量纲具有一一对应关系，有时也用单位分析来代替量纲分析。

流体力学常用到无量纲数，若 χ 满足 $\dim\chi=L^0M^0T^0=1$，则 χ 为无量纲数。无量纲数有两个主要特点：①数值与计算所采用的单位制无关，更能反映物理过程的本质；②可以参与指数、对数、三角函数等运算，而有量纲量不可以。

根据量纲不同，物理量分为几何量、运动量、动力量

$$\dim\chi=L^aM^bT^c$$

若 $b\neq0$，则 χ 为动力量；

若 $b=0$、$c\neq0$，则 χ 为运动量；

若 $b=0$、$c=0$、$a\neq0$，则 χ 为几何量。

2. 量纲和谐原理

凡是正确反映客观规律的物理方程，其各项的量纲必须是一致的，也就是说只有量纲一致的物理量才可以进行加减运算，这就是量纲和谐原理，例如能量方程

$$z_1+\frac{p_1}{\rho g}+\frac{\alpha_1 v_1^2}{2g}=z_2+\frac{p_2}{\rho g}+\frac{\alpha_2 v_2^2}{2g}+h_{l1-2}$$

其中的每一项都具有长度的量纲，表示的是单位重量流体位能、正压能、动能或机械能损失，能量方程可以正确地反映流体机械能的守恒与转换关系。

由于物理过程的复杂性和人类认识的局限性，有些物理过程目前还不能写出量纲和谐的

方程，而是采用通过大量实验总结出来的量纲不和谐的方程，称为**经验公式**。例如计算谢才系数时经常采用的曼宁公式等。使用这些经验公式一定注意公式所规定的单位，不同的单位制下，公式的系数会有差别。

3. 量纲分析

根据量纲和谐原理，分析物理量之间的关系，推导和验证新方程的过程称为量纲分析。基本的分析方法有两种：瑞利法和 π 定理法。由于考试的特殊性，一般不必完整推求一个表达式，但必须熟练掌握各力学量的单位和量纲。

【例 6-15】合力 F、密度 ρ、长度 l、流速 v 组合的无量纲数是（　　）。

A. $\frac{F}{\rho v l}$　　B. $\frac{F}{\rho v^2 l}$　　C. $\frac{F}{\rho v^2 l^2}$　　D. $\frac{F}{\rho v l^2}$

解：各物理量量纲：$\dim F = MLT^{-2}$，$\dim \rho = ML^{-3}$，$\dim l = L$，$\dim v = LT^{-1}$，按照先看 M 指数，再看 T 指数，最后看 L 指数的次序，逐一验算各答案即可得出 C 为正确答案。

【例 6-16】新设计的汽车迎风面积为 $1.5m^2$，最大行驶速度为 108km/h，拟在风洞中进行模型试验。已知风洞试验段的最大风速为 45m/s，则模型的迎风面积为（　　）。

(A) $1m^2$　　B. $2.25m^2$　　C. $3.6m^2$　　D. $0.667m^2$

解：汽车风阻问题应满足雷诺模型率，即原型与模型的雷诺数相等，$\frac{v_p l_p}{\nu_p} = \frac{v_m l_m}{\nu_m}$，实验与原型介质均为空气，黏度相同，则 $v_p l_p = v_m l_m$，$\frac{l_m}{l_p} = \frac{v_p}{v_m}$。又 $\frac{A_m}{A_p} = \left(\frac{l_m}{l_p}\right)^2$，$A_m = A_p\left(\frac{l_m}{l_p}\right)^2$，所以 $A_m = A_p \frac{v_p^2}{v_m^2} = 1.5 \times \frac{(108 \times 1000/3600)^2}{45^2} m^2 = 0.667m^2$，故答案应选 D。

本节复习要点：

(1) 力学相似的概念：几何、运动、动力相似，简单相似计算。

(2) 相似准数：雷诺数、弗劳德数、欧拉数的物理意义及其表达式。

(3) 量纲和谐原理，量纲的分类，无量纲数的判别。

复　习　题

6-1　理想流体的基本特征是（　　）。

A. 黏度是常数　　B. 不可压缩

C. 无黏性　　D. 符合牛顿内摩擦定律

6-2　欧拉法描述流体运动时，表示同一时刻因位置变化而形成的加速度称为（　　）。

A. 当地加速度　　B. 迁移加速度　　C. 液体质点加速度　　D. 加速度

6-3　流体运动黏度 ν 的单位是（　　）。

A. m^2/s　　B. N/m　　C. kg/m　　D. N·s/m

6-4　当水受的压强增加时，水的密度（　　）。

A. 减小　　B. 加大　　C. 不变　　D. 不确定

6-5　气体体积不变，温度从 0℃ 上升到 100℃ 时，气体绝对压强变为原来的（　　）倍。

A. 0.5　　B. 1.56

C. 1.37　　D. 2

6-6　平板与固体壁面间间距为 1mm，如图 6-38 所示，流体的动力黏度为 0.1Pa·s，以 50N 的力拖动，速度为 1m/s，平板的面积是(　　)m^2。

A. 1　　B. 0.5

C. 5　　D. 2

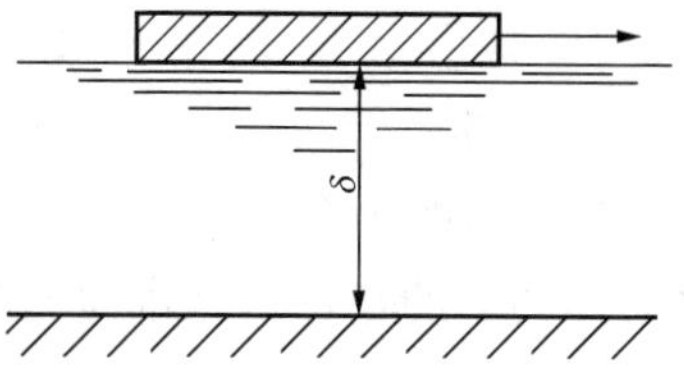

图 6-38　题 6-6 图

6-7　牛顿流体是指(　　)。

A. 可压缩流体　　B. 不可压缩流体

C. 满足牛顿内摩擦定律的流体　　D. 满足牛顿第二定律的流体

6-8　静止液体中存在(　　)。

A. 压应力　　B. 压应力和拉应力

C. 压应力和切应力　　D. 压应力、拉应力和切应力

6-9　根据静水压强的特性，静止液体中同一点各方向的压强(　　)。

A. 数值相等　　B. 数值不等

C. 仅水平方向数值相等　　D. 铅直方向数值最大

6-10　金属压力表的读值是(　　)。

A. 绝对压强　　B. 相对压强

C. 绝对压强加当地大气压　　D. 相对压强加当地大气压

6-11　某点的真空压强为 65 000Pa，当地大气压为 0.1MPa，该点的绝对压强为(　　)Pa。

A. 65 000　　B. 55 000　　C. 35 000　　D. 165 000

6-12　绝对压强 p_{abs} 与相对压强 p、真空度 p_v、当地大气压 p_a 之间的关系是(　　)。

A. $p=p_a-p_{abs}$　　B. $p=p_{abs}+p_a$　　C. $p_v=p_a-p_{abs}$　　D. $p=p_v+p_a$

6-13　如图 6-39 所示，在密闭容器上装有 U 形水银测压计，其中 1、2、3 点位于同一水平面上，2 管中为气体，其压强关系为(　　)。

A. $p_1=p_2=p_3$　　B. $p_1>p_2>p_3$　　C. $p_1<p_2<p_3$　　D. $p_2<p_1<p_3$

6-14　如图 6-40 所示，用 U 形水银压差计测量水管 A、B 两点的压强差，水银面高度差 $\Delta h=10$cm，两侧管内充满水，A、B 压强差为(　　)kPa。

A. 13.33　　B. 12.4　　C. 9.8　　D. 6.4

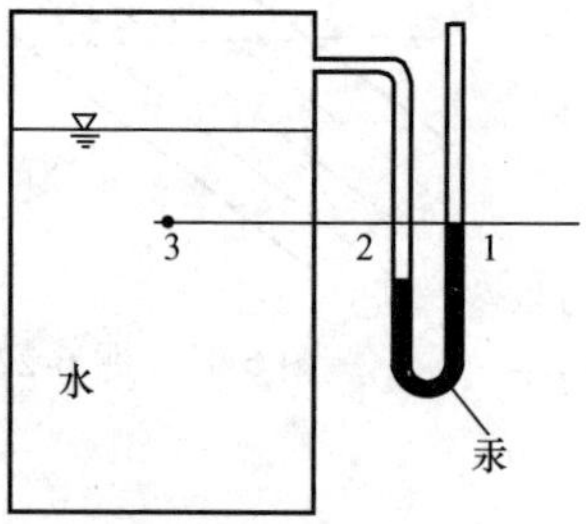

图 6-39　题 6-13 图

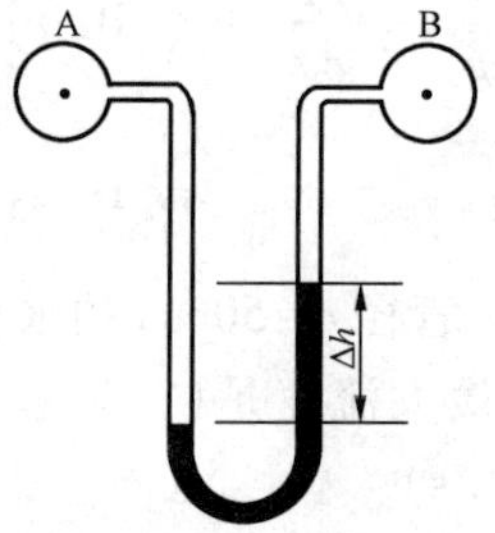

图 6-40　题 6-14 图

6-15　露天水池，水深 5m 处的相对压强约为(　　)kPa。

A. 5　　B. 49

C. 147　　D. 205

6-16　如图 6-41 所示，垂直放置的矩形平板挡水，水深 3m，静水总压力 p 的作用点到水面的距离 y_D 为(　　)m。

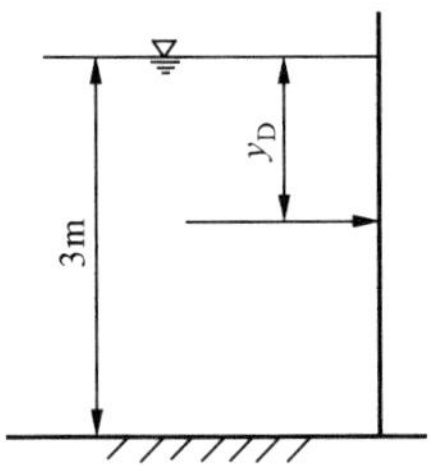

图 6-41　题 6-16 图

A. 1.25　　B. 1.5

C. 2　　D. 2.5

6-17　下游无液体条件下，直立在液体中的矩形平板所受压力的大小(　　)。

A. 与平板的密度成正比　　B. 与液体的密度成正比

C. 与平板前水深度成正比　　D. B、C 都对

6-18　恒定流是(　　)。

A. 流动随时间按一定规律变化的流动

B. 流场中任意空间点的运动要素不随时间变化的流动

C. 各过流断面的速度分布相同的流动

D. 各过流断面的压强相同的流动

6-19　一元流动是指(　　)。

A. 均匀流

B. 速度分布按直线变化的流动

C. 运动参数随一个空间坐标和时间变化的流动

D. 流线为直线的流动

6-20　在恒定流条件下(　　)。

A. 流线和迹线正交　　B. 流线和迹线重合

C. 流线是平行直线　　D. 迹线是平行直线

6-21　描述液体运动有迹线和流线的概念，任何情况下(　　)。

A. 流线上质点不沿迹线运动　　B. 质点的运动轨迹称为流线

C. 流线上质点的速度矢量与流线相切　　D. 质点的迹线与流线重合

6-22　如图 6-42 所示等直径管，考虑损失，A—A 断面为过流断面，B—B 断面为水平面 1、2、3、4 各点的物理量有以下关系(　　)。

A. $z_1+\frac{p_1}{\rho g}=z_2+\frac{p_2}{\rho g}$　　B. $p_3=p_4$

C. $p_1=p_2$　　D. $z_3+\frac{p_3}{\rho g}=z_4+\frac{p_4}{\rho g}$

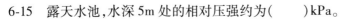

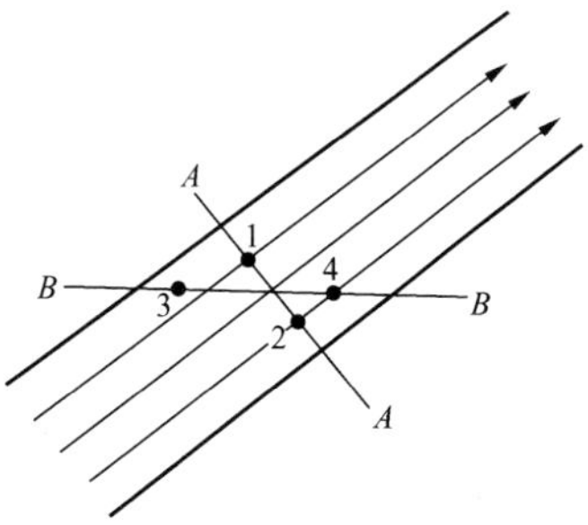

图 6-42　题 6-22 图

6-23　一管径 $d=50$mm 的水管，在水温 $t=10$℃时，管内要保持层流的最大流速是(　　)。(10℃时水的运动黏度 $\nu=1.31\times10^{-6}\mathrm{m^2/s}$)

A. 0.21m/s　　B. 0.115m/s

C. 0.105m/s　　D. 0.052 5m/s

6-24　总流能量方程中 $z+\frac{p}{\rho g}+\frac{v^2}{2g}$ 表示(　　)。

A. 单位重量流体具有的机械能　　B. 单位质量流体具有的机械能

C. 单位体积流体具有的机械能　　D. 通过过流断面流体的总机械能

6-25　水平放置的渐扩管如图 6-43 所示,如忽略水头损失,断面形心点的压强有以下关系(　　)。

A. $p_1>p_2$　　B. $p_1=p_2$

C. $p_1<p_2$　　D. 不定

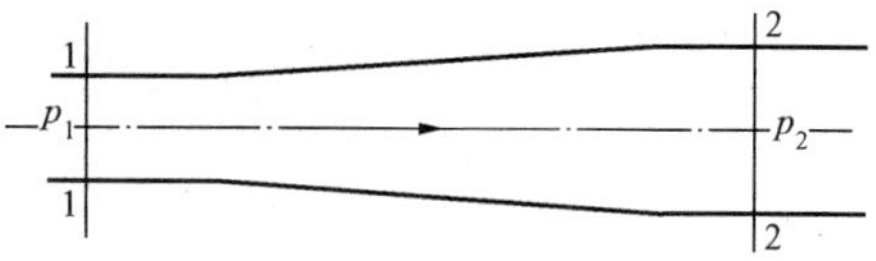

图 6-43　题 6-25 图

6-26　黏性流体总水头线沿程的变化是(　　)。

A. 沿程下降　　B. 沿程上升

C. 保持水平　　D. 前三种情况都有可能

6-27　黏性流体测压管水头线的沿程变化是(　　)。

A. 沿程下降　　B. 沿程上升

C. 保持水平　　D. 前三种情况都有可能

6-28　圆管层流,实测管轴线上流速为 4m/s,则断面平均流速为(　　)m/s。

A. 4　　B. 3.2　　C. 2　　D. 1

6-29　如图 6-44 所示,各管道直径 $d_1=200$mm,$d_2=150$mm,$d_3=100$mm,已知 $v_1=1.2$m/s,则 v_2、v_3 应为(　　)。

A. 1.48m/s、2.40m/s

B. 1.48m/s、4.80m/s

C. 2.13m/s、2.40m/s

D. 2.13m/s、4.80m/s

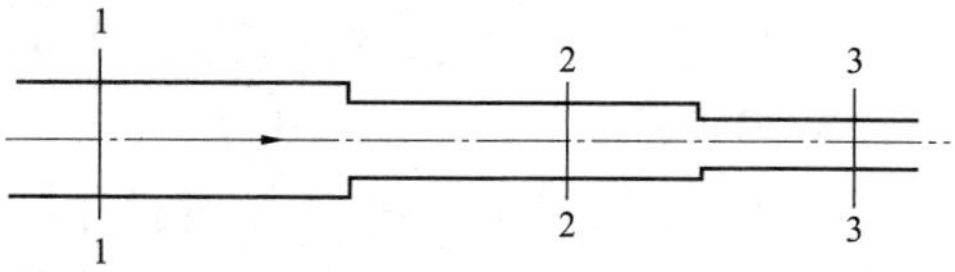

图 6-44　题 6-29 图

6-30　如图 6-45 所示,垂直下泄恒定流水管,出口流速 $v=6$m/s,管径不变,上游断面 1—1 高于出口断面 2—2,高差为 4m,水头损失不计。则上断面 1—1 的压强水头为(　　)mH_2O。

A. 4　　B. 6　　C. 5　　D. −4

6-31　如图 6-46 所示一高压喷嘴,喷嘴出口断面 1—1 的平均流速为 10m/s,喷至 2—2 断面的平均流减少为 1m/s,不计水头损失,则喷射高度 H 为(　　)m。

A. 4.54　　B. 3.25　　C. 5.05　　D. 6.22

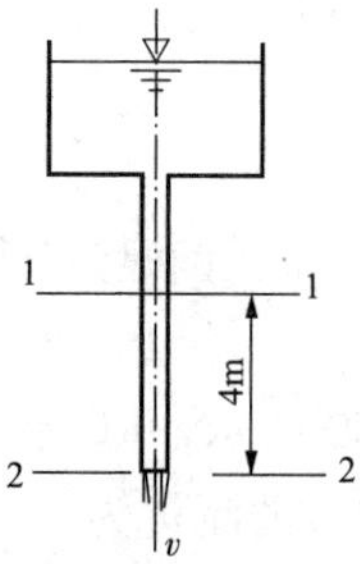

图 6-45　题 6-30 图

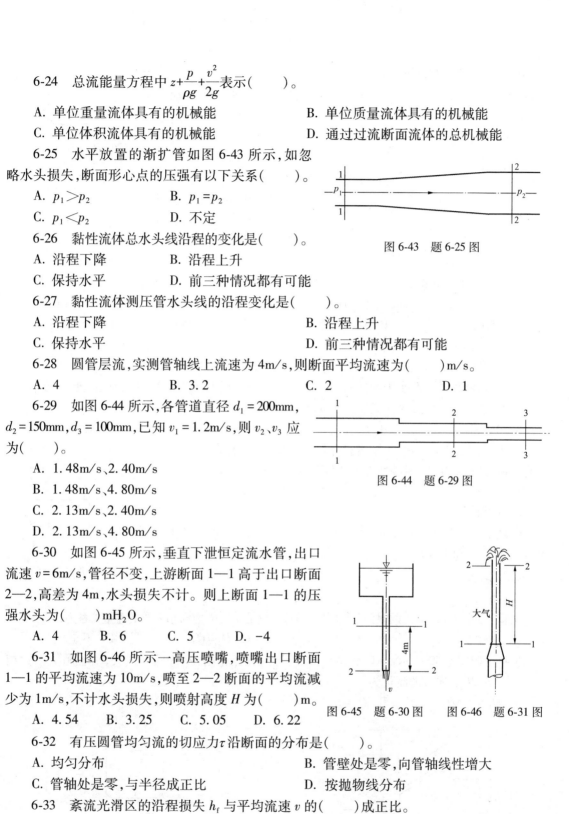

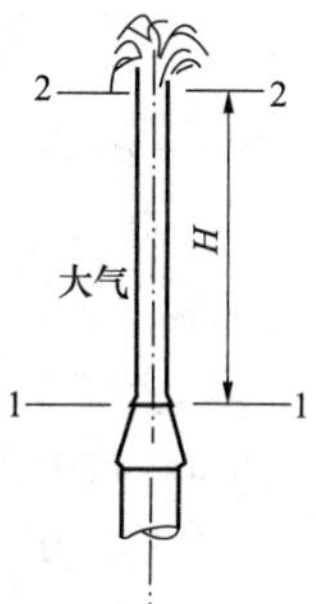

图 6-46　题 6-31 图

6-32　有压圆管均匀流的切应力 τ 沿断面的分布是(　　)。

A. 均匀分布　　B. 管壁处是零,向管轴线性增大

C. 管轴处是零,与半径成正比　　D. 按抛物线分布

6-33　紊流光滑区的沿程损失 h_f 与平均流速 v 的(　　)成正比。

A. 2 次方　　B. 1.75 次方　　C. 1 次方　　D. 1.85 次方

6-34　如图 6-47 所示,半圆形明渠,半径为 $r_0=4$m,其水力半径 R 为(　　)m。

A. 4　　B. 3　　C. 2　　D. 1

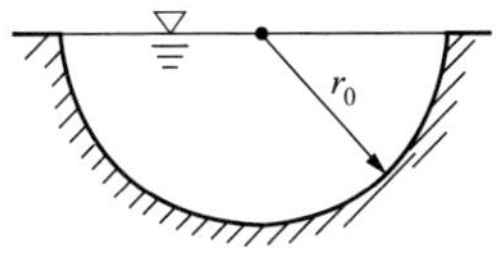

图 6-47　题 6-34 图

6-35　一直径为 50mm 的圆管，运动黏度 $\nu=0.18\text{cm}^2/\text{s}$，密度 $\rho=0.85\text{g/cm}^3$ 的油在管内以 $v=10\text{cm/s}$ 的速度做层流运动，则沿程损失系数是(　　)。

A. 0.18　　B. 0.23

C. 0.20　　D. 0.26

6-36　变直径管流，细断面直径为 d_1，粗断面直径 $d_2=2d_1$，粗细断面雷诺数的关系是(　　)。

A. $Re_{粗}:Re_{细}=2:1$　　B. $Re_{粗}:Re_{细}=1:1$

C. $Re_{粗}:Re_{细}=1:2$　　D. $Re_{粗}:Re_{细}=1:4$

6-37　圆管紊流过渡区的沿程损失系数 λ(　　)。

A. 只与雷诺数 Re 有关　　B. 只与管壁相对粗糙度 Δ/d 有关

C. 与 Re 和 Δ/d 都有关　　D. 与 Re 和管长 l 有关

6-38　水管直径 $d=1\text{cm}$，管中流速 0.1m/s，水的运动黏度为 $1\times10^{-6}\text{m}^2/\text{s}$，其流动处于(　　)。

A. 层流区　　B. 临界过渡区　　C. 紊流光滑区　　D. 阻力平方区

6-39　层流沿程阻力系数 λ(　　)。

A. 只与雷诺数有关　　B. 只与相对粗糙度有关

C. 只与流程长度和水力半径有关　　D. 既与雷诺数有关又与相对粗糙度有关

6-40　突然扩大管，两管直径比为 $d_2=2d_1$，则突然扩大局部损失系数为(　　)。

A. 0.563　　B. 0.5　　C. 0.75　　D. 1.25

6-41　如图 6-48 所示，水从直径相同的喷嘴喷出，打在平板上，流速分别为1m/s、2m/s，两种情况下，对板的冲击力之比为(　　)。

A. 1∶1　　B. 1∶2

C. 1∶4　　D. 1∶8

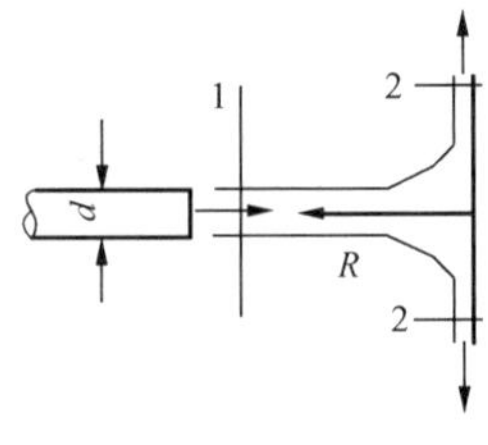

图 6-48　题 6-41 图

6-42　在正常工作条件下，作用水头 H、直径 d 相等时，小孔口出流的流量 Q 和圆柱形外管嘴出流的流量 Q_n(　　)。

A. $Q>Q_n$　　B. $Q=Q_n$

C. $Q<Q_n$　　D. 不定

6-43　如图 6-49 所示，两根完全相同的长管道，只是安装高度不同，两管的流量关系为(　　)。

A. $Q_1<Q_2$　　B. $Q_1>Q_2$　　C. $Q_1=Q_2$　　D. 不定

6-44　如图 6-50 所示，并联管道 1、2，两管的直径相同，不计局部损失，沿程阻力系数相同，长度 $l_2=2l_1$。通过的流量为(　　)。

A. $Q_1=0.5Q_2$　　B. $Q_1=Q_2$　　C. $Q_1=1.4Q_2$　　D. $Q_1=2Q_2$

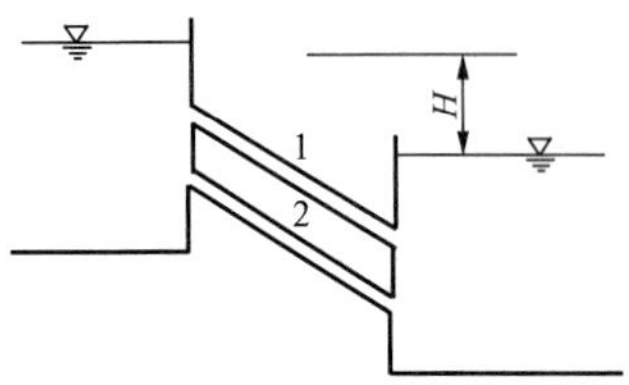

图 6-49　题 6-43 图

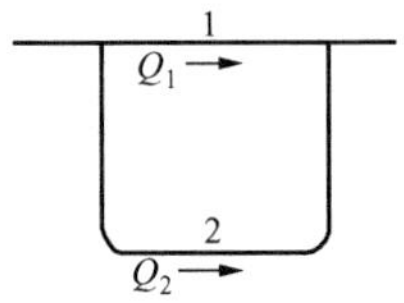

图 6-50　题 6-44、题 6-45 图

6-45　如图 6-50 所示作用水头相同的两管道 1、2，两管的直径 $d_1=2d_2$，沿程阻力系数相

同，长度相同，不计局部损失，则通过的流量关系为(　　)。

A. $Q_1=Q_2$　　B. $Q_1=2.64Q_2$　　C. $Q_1=5.66Q_2$　　D. $Q_1=6.14Q_2$

6-46　在正常工作条件下，作用水头 H、直径 d 相等时，小孔口收缩断面的流速 v 和圆柱形外管嘴出流的流速 v_n 的关系为(　　)。

A. $v>v_n$　　B. $v=v_n$　　C. $v<v_n$　　D. 不定

6-47　长管并联管道各并联管段的(　　)。

A. 水头损失相等　　B. 水力坡度相等

C. 总能量损失相等　　D. 通过的水量相等

6-48　突然扩大管如图 6-51 所示，放大前后管路直径分别为 100mm 和 200mm，放大后断面平均流速为 $v_2=1\text{m/s}$，则局部水头损失 h_m 为(　　)m。

A. 0.613　　B. 0.556　　C. 0.459　　D. 0.343

6-49　图 6-52 所示两水箱水位稳定，水面高差 $H=10\text{m}$，管径 $d=10\text{cm}$，总长 $l=20\text{m}$，沿程阻力系数 $\lambda=0.042$，已知所有的转弯、阀门、进出口的局部损失合计为 $h_j=3.2\text{m}$。则通过管道的平均流速为(　　)m/s。

A. 3.98　　B. 4.83　　C. 2.73　　D. 15.8

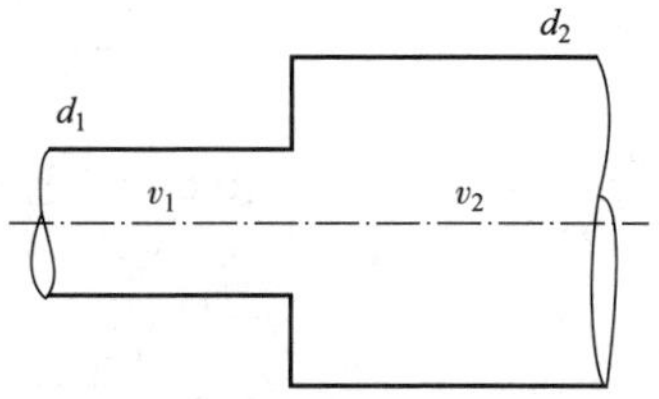

图 6-51　题 6-48 图

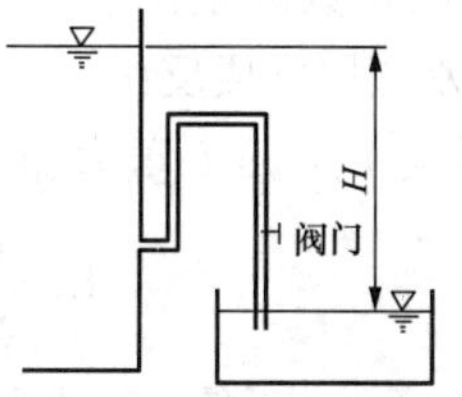

图 6-52　题 6-49 图

6-50　圆柱形管嘴直径为 0.04m，作用水头是 7.5m，则出水流量为(　　)。

A. $0.008\text{m}^3/\text{s}$　　B. $0.023\text{m}^3/\text{s}$　　C. $0.020\text{m}^3/\text{s}$　　D. $0.013\text{m}^3/\text{s}$

6-51　明渠均匀流可能发生在(　　)。

A. 平坡棱柱形渠道　　B. 顺坡棱柱形渠道

C. 逆坡棱柱形渠道　　D. 长直渠道都有可能

6-52　水力最优断面是(　　)。

A. 造价最低的渠道断面　　B. 壁面粗糙系数最小的断面

C. 一定的流量下具有最大断面积的断面　　D. 断面积一定时具有最小湿周的断面

6-53　水力半径 R 是(　　)。

A. 渠道断面的半径　　B. 断面面积与湿周之比

C. 断面面积与断面周长之比　　D. 断面面积与水深之比

6-54　两明渠均匀流，流量相等，且断面形状尺寸、水深都相同，A 的粗糙系数是 B 的 2 倍，渠底坡度 A 是 B 的(　　)倍。

A. 0.5　　B. 1　　C. 2　　D. 4

6-55　一梯形断面明渠，水力半径 $R=1\text{m}$，底坡 $i=0.0008$，粗糙系数 $n=0.02$，则输水流速度为(　　)。

A. 1m/s　　B. 1.4m/s　　C. 2.2m/s　　D. 0.84m/s

6-56　梯形断面明渠均匀流，已知断面面积 $A=5.04\text{m}^2$、湿周 $\chi=6.73\text{m}$，粗糙系数 $n=0.025$，按曼宁公式计算谢才系数 C 为（　　）$\text{m}^{1/2}/\text{s}$。

A. 30.80　　B. 30.12　　C. 38.80　　D. 38.12

6-57　渗流模型流速 u 与实际渗流流速 u' 相比较（　　）。

A. $u>u'$　　B. $u=u'$　　C. $u<u'$　　D. 不确定

6-58　地下水渐变渗流，过流断面上各点的渗流速度按（　　）分布。

A. 线性　　B. 抛物线　　C. 均匀　　D. 对数曲线

6-59　地下水渐变渗流的浸润线，沿程变化为（　　）。

A. 下降　　B. 保持水平

C. 上升　　D. 以上情况都可能

6-60　如图 6-53 所示土样装在直径 0.2m，测量长度 0.8m 的圆桶中，测得水头差 0.2m，流量 $0.01\text{m}^3/\text{d}$，则渗流系数为（　　）m/d。

A. 1.274　　B. 0.256 5

C. 0.318 3　　D. 0.636 5

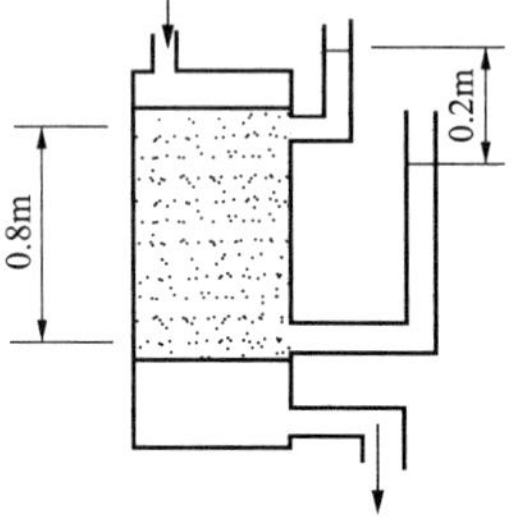

图 6-53　题 6-60 图

6-61　普通完整井的出水量（　　）。

A. 与渗透系数成正比　　B. 与井的半径成正比

C. 与含水层厚度成反比　　D. 与影响半径成正比

6-62　速度 v、长度 l、重力加速度 g 组成的无量纲数可表达为（　　）。

A. $\dfrac{lv}{g}$　　B. $\dfrac{l}{gv}$　　C. $\dfrac{v^2}{gl}$　　D. $\dfrac{g}{lv^2}$

6-63　速度 v、直径 d、动力黏度 μ、密度 ρ 组成的无量纲数可表达为（　　）。

A. $\dfrac{dv}{\rho\mu}$　　B. $\dfrac{d\mu v}{\rho}$　　C. $\dfrac{dv\rho}{\mu}$　　D. $\dfrac{d\mu\rho}{v}$

6-64　进行大坝溢流模型实验，应遵循（　　）设计实验。

A. 雷诺准则　　B. 弗劳德准则　　C. 欧拉准则　　D. 其他准则

6-65　如图 6-54 所示，由大体积水箱供水，且水位恒定，水箱顶部压力表读数为 19 600Pa，水深 $H=2\text{m}$，水平管道长 $L=100\text{m}$，直径 $d=200\text{mm}$，沿程损失系数为 0.02，忽略局部损失，则管道通过流量是（　　）。

A. 83.8L/s　　B. 196.5L/s

C. 59.3L/s　　D. 47.4L/s

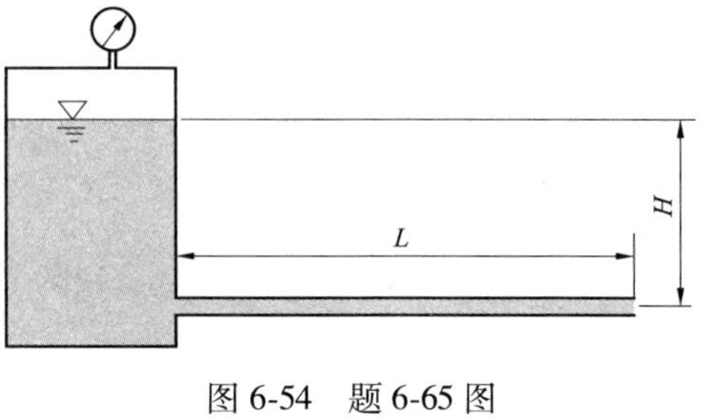

图 6-54　题 6-65 图

6-66　一水堰模型试验，如图 6-55 所示，实际流量 $Q_p=537\text{m}^3/\text{s}$，若在模型上测得流量 $Q_m=300\text{L/s}$，则该模型长度比尺为（　　）。

A. 4.5　　B. 6

C. 10　　D. 20

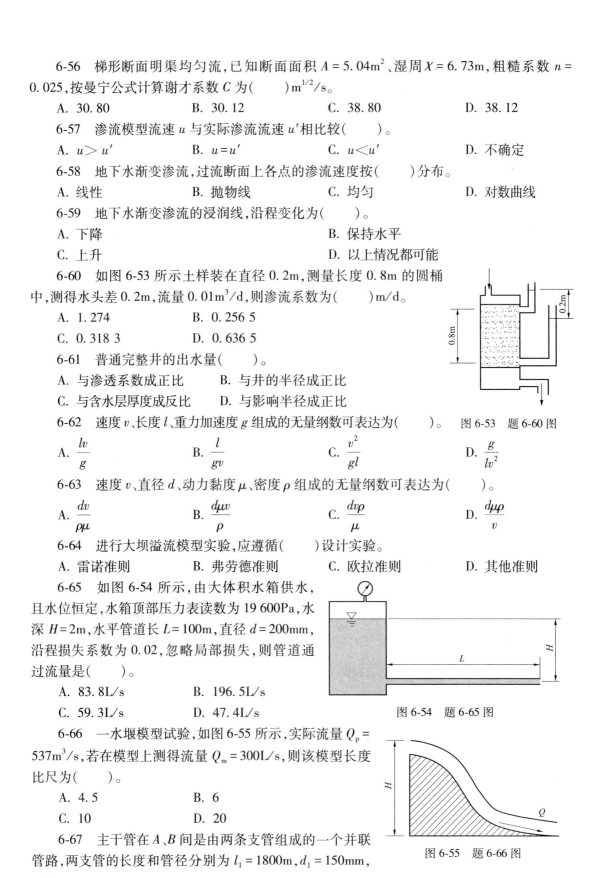

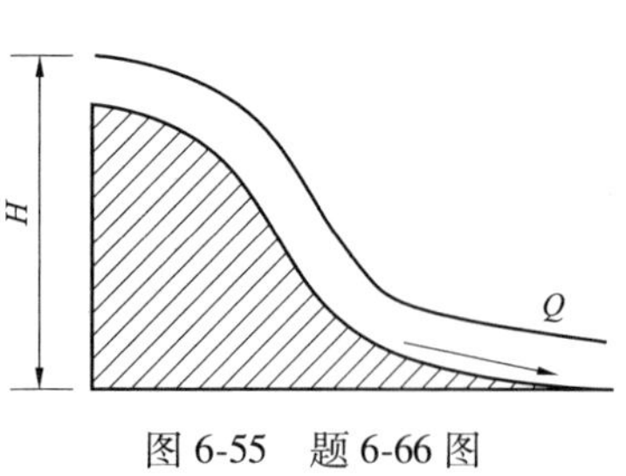

图 6-55　题 6-66 图

6-67　主干管在 A、B 间是由两条支管组成的一个并联管路，两支管的长度和管径分别为 $l_1=1800\text{m}$，$d_1=150\text{mm}$，

$l_2=3000\text{m}$,$d_2=200\text{mm}$,两支管的沿程阻力系数 λ 均为 0.01,若主干管流量 $Q=39\text{L/s}$,则两支管流量分别为(　　)。

A. $Q_1=12\text{L/s}$,$Q_2=27\text{L/s}$　　B. $Q_1=15\text{L/s}$,$Q_2=24\text{L/s}$

C. $Q_1=24\text{L/s}$,$Q_2=15\text{L/s}$　　D. $Q_1=27\text{L/s}$,$Q_2=12\text{L/s}$

6-68　铅直有压圆管如图 6-56 所示,其中流动的流体密度 $\rho=800\text{kg/m}^3$。上、下游两断面压力表读数分别为 $p_1=196\text{kPa}$,$p_2=392\text{kPa}$,管道直径及断面平均流速均不变,不计水头损失,则两断面的高差 H 为(　　)m。

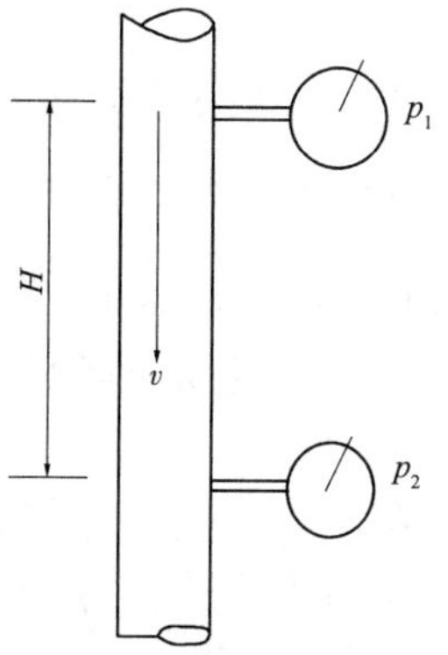

图 6-56　题 6-68 图

A. 10　　B. 1.5

C. 20　　D. 25

6-69　紊流粗糙区,其沿程损失系数与下列哪些因素有关?(　　)

A. 只与管内流速有关

B. 只与管内雷诺数有关

C. 与管内流速和管壁粗糙度都有关

D. 只与管内壁相对粗糙度有关

6-70　几何相似、运动相似和动力相似的关系是(　　)。

A. 运动相似和动力相似是几何相似的前提

B. 运动相似是几何相似和动力相似的表象

C. 只有运动相似才能几何相似

D. 只有动力相似才能几何相似

6-71　油的密度为 $\rho=800\text{kg/m}^3$,运动黏度为 $\nu=1\times10^{-3}\text{m}^2/\text{s}$,则其动力黏度为(　　)。

A. $0.8\text{Pa}\cdot\text{s}$　　B. 0.8Pa

C. $1.25\times10^{-6}\text{Pa}\cdot\text{s}$　　D. $1.25\times10^{-6}\text{Pa}$

6-72　水的重量流量为 2000kN/h,管道直径为 $d=150\text{mm}$,则其中的流速为(　　)m/s。

A. 0.87　　B. 1.61

C. 2.72　　D. 3.21

6-73　如图 6-57 所示,容器中盛满水,下部为水银测压计,读数为 $h=20\text{cm}$,水位高度 H 为(　　)m。

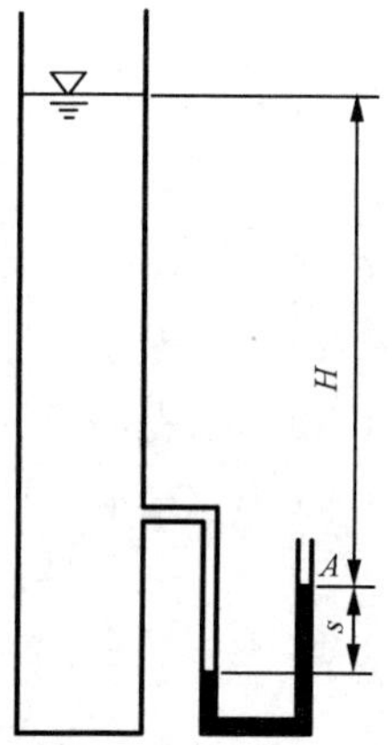

图 6-57　题 6-73 图

A. 2.52　　B. 2.72

C. 2.82　　D. 0.82

复习题答案与提示

6-1 C　提示:理想流体的假设。

6-2 B　提示:迁移加速度的定义:同一时刻因位置变化而形成的加速度称为迁移加速度或位变加速度;与之类似的,同一位置因时间变化而形成的加速度称为当地加速度或时变加速度。

6-3 A　提示：如不记得，可以根据 $T=\mu A\dfrac{\mathrm{d}u}{\mathrm{d}y}$推出 μ 的单位，再根据 $\nu=\dfrac{\mu}{\rho}$推出 ν 的单位。

6-4 B　提示：见流体的压缩性。

6-5 C　提示：根据理想气体方程$\dfrac{p}{\rho}=RT$，气体体积不变意味着密度不变气体绝对压强与开氏温度成正比。温度由 273K 增加到(100+273)K，增加到原来的 1.37 倍。

6-6 B　提示：牛顿内摩擦定律 $T=\mu A\dfrac{\mathrm{d}u}{\mathrm{d}y}$，$A=\dfrac{T\mathrm{d}y}{\mu\mathrm{d}u}=\dfrac{T\delta}{\mu\nu}$。

6-7 C　提示：牛顿流体的定义。

6-8 A　提示：流体不能承受拉力，静止流体不能承受剪切力，所以静止流体中只可能有压应力。

6-9 A　提示：流体静压强的各向等值特性。

6-10 B　提示：金属压力表的读数是空心管内外压强差的反映，而外面是大气，所以测得的里面流体大气的压强，是相对压强。

6-11 C　提示：如图 6-58 所示，绝对压强、相对压强、真空压强之间的关系为 $p_v=p_a-p_{abs}$。

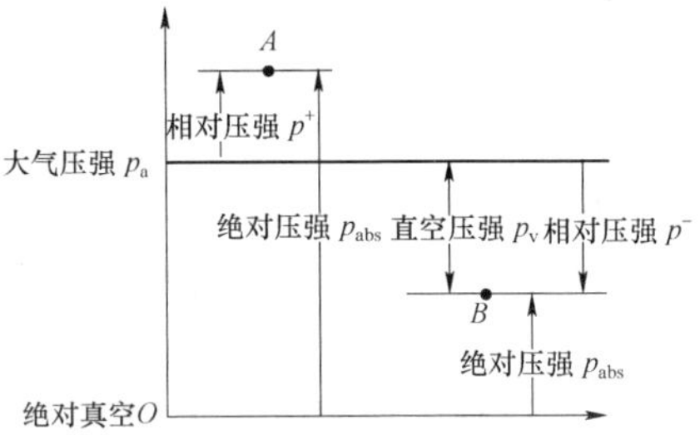

图 6-58　题 6-11 解图

6-12 C　提示：同上题。

6-13 C　提示：1 为大气压，2 与容器液面为等压，压强大于 1 的压强，3 在液面以下其压强大于 2 的压强。

6-14 B　提示：液体静压基本方程，$\Delta p=(\rho_{汞}-\rho_{水})g\Delta h$。

6-15 B　提示：液体静压基本方程，$p=\rho_{水}gh$。

6-16 C　提示：图解法，作用点在总水深的 2/3 水深处。

6-17 B　提示：压力是平均压强乘以作用面积，压强与液体密度成正比，与水深的平方成正比。

6-18 B　提示：恒定流定义。

6-19 C　提示：一元流定义。

6-20 B　提示：流线与迹线在恒定流条件下重合。

6-21 C　提示：根据连续性方程，流速与面积成反比，与直径的平方成反比。

6-22 A　提示：均匀流过流断面上各点的测压管水头为常数。

6-23 D　提示：维持层流要求雷诺数小于 2000，按 2000 计算。

6-24 A　提示：总水头的物理意义。

6-25 C　提示：根据能量方程，不计损失则流速小的地方测压管水头大，在水平管中测压管水头大的断面压强大。

6-26 A　提示：总水头线反映总水头的变化过程，由于损失存在，总水头总是沿程减小的。

6-27 D　提示：由于动能与势能可以互相转换，测压管水头的变化即为不确定的。

6-28 C　提示：层流时管内的平均流速是最大流速的一半。

6-29 D　提示：根据连续方程 $v_1A_1=v_2A_2=v_3A_3$。

6-30 D　提示：列 1—1，2—2 两断面能量方程 $z_1+\frac{p_1}{\rho g}+\frac{\alpha_1 v_1^2}{2g}=z_2+\frac{p_2}{\rho g}+\frac{\alpha_2 v_2^2}{2g}$，而 $v_1=v_2$。

6-31 C　提示：列 1—1，2—2 两断面能量方程 $z_1+\frac{p_1}{\rho g}+\frac{\alpha_1 v_1^2}{2g}=z_2+\frac{p_2}{\rho g}+\frac{\alpha_2 v_2^2}{2g}$，$p_1=p_2=0$。

6-32 C　提示：均匀流基本方程 $\tau_0=\rho g\frac{r_0}{2}J$，而 $\tau=\rho g\frac{r}{2}J$，所以 $\frac{\tau}{\tau_0}=\frac{r}{r_0}$，剪切应力沿半径方向线性分布，轴线上最小为 0，边壁处最大。

6-33 B　提示：紊流光滑区内 $\lambda=0.316\ 4/Re^{0.25}$，而 $Re=\frac{vd}{\nu}$，所以 $h_f=\lambda\frac{l}{d}\cdot\frac{v^2}{2g}$ 正比于 v 的 1.75 次方。

6-34 C　提示：水力半径 $=\frac{\text{断面面积}}{\text{湿周}}=\frac{\pi r_0^2}{2\pi r_0}=\frac{r_0}{2}$。

6-35 B　提示：根据层流沿程损失系数公式 $\lambda=\frac{64}{Re}=\frac{64\nu}{vd}=\frac{64\times0.18\times10^{-4}}{0.1\times0.05}=0.230\ 4$。

6-36 C　提示：$\frac{v_2}{v_1}=\frac{d_1^2}{d_2^2}$　$\frac{Re_2}{Re_1}=\frac{v_2 d_2}{v_1 d_1}=\frac{d_1^2 d_2}{d_2^2 d_1}=\frac{d_1}{d_2}=\frac{1}{2}$。

6-37 C　提示：见阻力系数综合曲线。

6-38 A　提示：$Re=\frac{vd}{\nu}$，$Re<2000$ 时为层流。

6-39 A　提示：层流沿程损失系数 $\lambda=\frac{64}{Re}$，只与雷诺数有关。

6-40 A　提示：$\zeta=\left(1-\frac{A_1}{A_2}\right)^2$。

6-41 C　提示：$R=\rho Q(v_{2x}-y_{1x})=-\rho Av^2$，喷口面积一定时，冲击力与流速的二次方成正比。

6-42 C　提示：管嘴的流量系数 0.82，孔口的流量系数 0.62。

6-43 C　提示：淹没出流的作用水头近似为上下游的液面高差，两管的作用水头相同。

6-44 C　提示：并联管路 $\frac{S_1}{S_2}=\frac{l_1}{l_2}=\frac{1}{2}$，$\frac{Q_1}{Q_2}=\frac{\sqrt{S_2}}{\sqrt{S_1}}=1.414$。

6-45 C　提示：作用水头相同，可以认为是并联管路 $\frac{S_1}{S_2}=\frac{d_2^5}{d_1^5}=\frac{1}{32}$，$\frac{Q_1}{Q_2}=\frac{\sqrt{S_2}}{\sqrt{S_1}}=5.66$。

6-46 A　提示：孔口流速系数为 0.97，管嘴流速系数为 0.82。

6-47 A　提示：并联管路的水力特征。

6-48 C　提示：$\zeta_1=\left(1-\frac{A_1}{A_2}\right)^2$，注意流速要代入与其对应的流速值 $h_m=\zeta\frac{v^2}{2g}$。

6-49 A　提示：$z_1+\frac{p_1}{\rho g}+\frac{\alpha_1 v_1^2}{2g}=z_2+\frac{p_2}{\rho g}+\frac{\alpha_2 v_2^2}{2g}+h_{l1-2}$，而 $v_1=v_2=0$，$p_1=p_2=0$，$z_1-z_2=H=10\text{m}$，所以 $H=h_j+h_f$，$10=3.2+\lambda\frac{l}{d}\cdot\frac{v^2}{2g}$，解出 $v=3.98\text{m/s}$。

6-50 D　提示：根据圆柱形外管嘴流量公式 $Q=\mu A\sqrt{2gH}=0.82\times\frac{3.14}{4}\times0.04^2\times\sqrt{2\times9.81\times7.5}\,m^3/s=0.0125m^3/s$。

6-51 B　提示：明渠均匀流的发生条件。

6-52 D　提示：水力最优断面的定义。

6-53 B　提示：水力半径的定义。

6-54 D　提示：$Q=AC\sqrt{Ri}$，$Q=A\frac{1}{n}R^{\frac{2}{3}}\sqrt{i}$，$\frac{Q_1}{Q_2}=\frac{n_2}{n_1}\sqrt{\frac{i_1}{i_2}}=1$，$\frac{i_1}{i_2}=\left(\frac{n_1}{n_2}\right)^2$。

6-55 B　提示：根据谢才公式 $v=C\sqrt{Ri}=\frac{1}{n}R^{1/6}\sqrt{Ri}=\frac{1}{0.02}\times1^{1/6}\times\sqrt{1\times0.0008}\,m/s=1.41m/s$。

6-56 D　提示：曼宁公式 $C=\frac{1}{n}R^{\frac{1}{6}}=\frac{1}{0.025}\times\left(\frac{5.04}{6.73}\right)^{1/6}=38.12$。

6-57 C　提示：$u=u'n$，$n<1$，所以 $u<u'$。

6-58 C　提示：渗流的水力特性。

6-59 A　提示：浸润线即为总水头线，由于损失的存在，总是沿程下降的。

6-60 A　提示：根据达西定律 $Q=kAJ$，$k=\frac{Q}{AJ}$。

6-61 A　提示：普通完全井的出水流量公式 $Q=2.73\frac{kHS}{\lg(R/r_0)}$。

6-62 C　提示：$[v]^\alpha[g]^\beta[l]^\gamma=1$，对应 M、T、L 的指数均为 0 解出 $\alpha=2$，$\beta=-1$，$\gamma=-1$，更简便的是逐个验算量纲。

6-63 C　提示：逐个验算量纲。

6-64 B　提示：大坝溢流是重力作用下有自由液面的流动，重力起主导作用，所以用弗劳德准则。

6-65 A　提示：水箱水面为 1—1 断面，出口为 2—2 断面，列能量方程 $z_1+\frac{p_1}{\rho g}+\frac{v_1^2}{2g}=z_2+\frac{p_2}{\rho g}+\frac{v_2^2}{2g}+h_f$，$h_f=\lambda\frac{L}{d}\times\frac{v_2^2}{2g}$，得 $2+\frac{19600}{1000\times9.8}+0=0+0+\frac{v_2^2}{2\times9.8}+0.02\times\frac{100}{0.2}\times\frac{v_2^2}{2\times9.8}$，解出：$v_2=2.67m/s$。流量为

$$Q=v\frac{\pi d^2}{4}=2.67\times\frac{3.14\times0.2^2}{4}m^3/s=0.0838m^3/s$$

6-66 D　提示：在研究水坝溢流时，用弗劳德准则，$\frac{v_p^2}{gl_p}=\frac{v_m^2}{gl_m}$，$\frac{Q_p}{Q_m}=\frac{v_pA_p}{v_mA_m}$，代入数据解得 $\lambda_l=20$。

6-67 B　提示：根据并联管路损失相等的水力特征，$h_{w1}=h_{w2}$，$\lambda_1\frac{l_1}{d_1}\times\frac{v_1^2}{2g}=\lambda_2\frac{l_2}{d_2}\times\frac{v_2^2}{2g}$，$\frac{v_1}{v_2}=1.12$，再根据连续性方程 $Q=vA$，$\frac{Q_1}{Q_2}=\frac{63}{100}$，可得 $Q_1=15L/s$，$Q_2=24L/s$。

6-68 D　提示：列两断面间能量方程$z_1+\frac{p_1}{\rho g}+\frac{\alpha_1 v_1^2}{2g}=z_2+\frac{p_2}{\rho g}+\frac{\alpha_2 v_2^2}{2g}$，由于$v_1=v_2$，所以$z_1+\frac{p_1}{\rho g}=z_2+\frac{p_2}{\rho g}$，$H=z_1-z_2=\frac{p_2-p_1}{\rho g}$。

6-69 D　提示：参看尼古拉兹实验-阻力系数综合曲线。

6-70 B　提示：在几何相似和运动相似的前提下（非恒定流还要求初始条件相似），原型与模型可实现运动相似，所以运动相似是几何相似和动力相似的表象。

6-71 A　提示：动力黏度$\mu=\rho\nu$，单位为Pa·s。

6-72 D　提示：先将重量流量换算成m-kg-s制的体积流量$\frac{2000\times1000\mathrm{N/h}}{1000\mathrm{kg/m^3}\times9.81\mathrm{m/s^2}\times3600\mathrm{s/h}}$，而后利用连续方程求出流速。

6-73 A　提示：与A点平齐左半支测压管断面的压强$p=(\rho_{汞}-\rho_{水})h$，对应高度为$H=\frac{(\rho_{汞}-\rho_{水})h}{\rho_{水}}$。

第二篇　现代技术基础

第7章　电 气 与 信 息

考试大纲

7.1　电磁学概念　电荷与电场；库仑定律；高斯定理；电流与磁场；安培环路定律；电磁感应定律；洛伦兹力。

7.2　电路知识　电路组成；电路的基本物理过程；理想电路元件及其约束关系；电路模型；欧姆定律；基尔霍夫定律；支路电流法；等效电流定理；叠加原理；正弦交流电的时间函数描述；阻抗；正弦交流电的相量描述；复数阻抗；交流电路稳态分析的相量法；交流电路功率；功率因数；三相配电电路及用电安全；电路暂态 *RC*、*RL* 电路暂态特性；电路频率特性；*RC*、*RL* 电路频率特性。

7.3　变压器与电动机　理想变压器；变压器的电压变换；电流变换和阻抗变换原理；三相异步电动机接线、起动、反转及调速方法；三相异步电动机运行特性；简单继电—接触控制电路。

7.4　信号与信息　信号；信息；信号的分类；模拟信号与信息；模拟信号描述方法；模拟信号的频谱；模拟信号增强；模拟信号滤波；模拟信号变换；数字信号与信息；数字信号的逻辑编码与逻辑演算；数字信号的数值编码与数值运算。

7.5　模拟电子技术　晶体二极管；极型晶体三极管；共射极放大电路；输入阻抗与输出阻抗；射极跟随器与阻抗变换；运算放大器；反相运算放大电路；同相运算放大电路；基于运算放大器的比较器电路；二极管单相半波整流电路；二极管单相桥式整流电路。

7.6　数字电子技术　与、或、非门的逻辑功能；简单组合逻辑电路；D触发器；JK触发器数字寄存器；脉冲计数器。

7.7　计算机系统　计算机系统组成；计算机的发展；计算机的分类；计算机系统特点；计算机硬件系统组成；CPU；存储器；输入/输出设备及控制系统；总线；数模/模数转换；计算机软件系统组成；系统软件；操作系统；操作系统定义；操作系统特征；操作系统功能；操作系统分类；支撑软件；应用软件；计算机程序设计语言。

7.8　信息表示　信息在计算机内的表示；二进制编码；数据单位；计算机内数值数据的表示；计算机内非数值数据的表示；信息及其主要特征。

7.9　常用操作系统　Windows 发展；进程和处理器管理；存储管理；文件管理；输入/输出管理；设备管理；网络服务。

7.10　计算机网络　计算机与计算机网络；网络概念；网络功能；网络组成；网络分类；局域网；广域网；因特网；网络管理；网络安全；Windows 系统中的网络应用；信息安全；信息保密；工程管理基础。

7.1 电磁学概念

7.1.1 库仑定律

实验表明,如果有两个带电体,它们的几何尺寸比相互间的距离小得多,则它们在真空中的相互作用力 F 与它们所带电荷的电量 q_1 及 q_2 均成正比,而与其间距离 r 的二次方成反比。作用力的方向在两个电荷的连线上,即

$$F=k\frac{q_1q_2}{r^2} \tag{7-1}$$

这称为库仑定律,式中 k 为比例常数。在实用单位制中电量的单位为库仑(C),r 的单位为米(m),力的单位为牛顿(N),这时 k 的数值和单位为

$$k=9\times10^9\mathrm{N\cdot m^2/C^2} \tag{7-2}$$

【例 7-1】 两个点电荷在真空中相距 7cm 时的作用力与它们在煤油中相距 5cm 时的作用力相等,则煤油的相对介电系数是(　　)。

A. 0.51　　B. 1.40　　C. 1.96　　D. 2.00

解: 根据库仑定律

$$F=\frac{1}{4\pi\varepsilon_0}\frac{q_1q_2}{r^2},\varepsilon=\varepsilon_r\varepsilon_0$$

两种情况下作用力相等,可以列出 $\varepsilon_{油}r_{油}^2=\varepsilon_0r_{空}^2$,$\varepsilon_{油}=\varepsilon_0\dfrac{r_{空}^2}{r_{油}^2}=\varepsilon_0\dfrac{7^2}{5^2}=1.96\varepsilon_0$,得 $\varepsilon_{r油}=1.96$,故答案应选 C。

7.1.2 高斯定理

通过电场中某一个面的电力线数叫作通过这个面的电场强度通量,用符号 Φ_e 表示。高斯定理说明,在真空中,通过任意封闭曲面的电场强度通量,等于该面积所包围的所有电荷的代数和除 ε_0,如图 7-1 所示,其数学表达式为

$$\Phi_e=\oint_S E\mathrm{d}S=\frac{1}{\varepsilon_0}\sum_{i=1}^{t}q_i \tag{7-3}$$

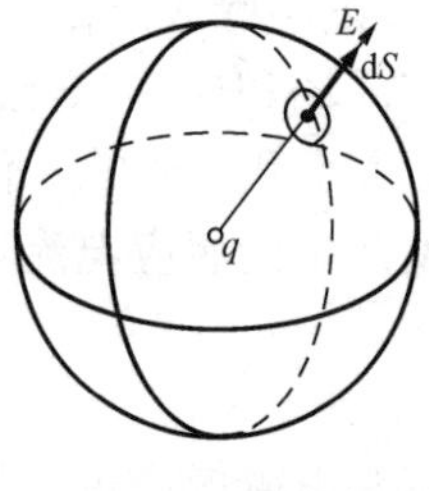

图 7-1　通过包围点电荷 q 的球面的电场强度通量的计算

其中

$$\varepsilon_0=8.85\times10^{12}\frac{\mathrm{F}}{\mathrm{m}}$$

【例 7-2】 如图 7-2 所示,真空中有一个半径为 a 的带电球,其均匀分布电荷密度为 ρ。求带电球内、外的电场强度。

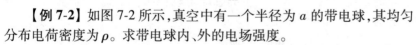

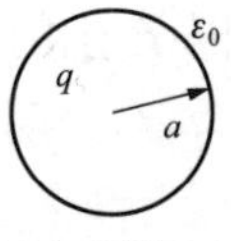

图 7-2　[例 7-2]图

解: 根据高斯定理

$$\oint_S E\mathrm{d}S=\frac{q}{\varepsilon_0}$$

作一半径为 r 的同心球面,球面上各点的电场强度大小相等,方向为径向向外(当 ρ 为正电荷时)。

球内电场:当 $r<a$ 时

$$q=\frac{4\pi r^3}{3}\rho$$

$$E\cdot 4\pi r^2=\frac{q}{\varepsilon_0},E=\frac{q}{4\pi r^2\varepsilon_0}=\frac{\frac{4\pi r^3}{3}\rho}{4\pi r^2\varepsilon_0}=\frac{r\rho}{3\varepsilon_0}$$

球外电场:当 $r>a$ 时

$$q=\frac{4\pi a^3}{3}\rho$$

$$E\cdot 4\pi r^2=\frac{q}{\varepsilon_0},E=\frac{q}{4\pi r^2\varepsilon_0}=\frac{\frac{4\pi a^3}{3}\rho}{4\pi r^2\varepsilon_0}=\frac{a^3\rho}{3r^2\varepsilon_0}$$

注意:电荷分布为球对称,电场强度仅有径向分量;球内、外高斯面包围的电荷量不同。

7.1.3 安培环路定律

通过磁场强度 H 可以确定磁场与电流之间的关系,即

$$\oint H\mathrm{d}l=\sum I \tag{7-4}$$

上式即为安培环路定律的数学表达式。式中,$\oint H\mathrm{d}l$ 是磁场强度矢量沿任意闭合回线的线积分,$\sum I$ 是穿过闭合回线所围面积的电流的代数和。电流的正负是这样规定的:任意选定一个闭合回线的围绕方向,凡是电流方向与闭合回线围绕方向之间符合右螺旋定则的电流作为正,反之为负。

7.1.4 电磁感应定律

当磁场和导体(导线和线圈)发生相对运动时,在导体中就会产生感应电动势。感应电动势 e 的大小和磁通的变化率 $\mathrm{d}\Phi/\mathrm{d}t$ 以及线圈的匝数 N 成正比;感应电动势 e 的方向总是企图使它所产生的感应电流反抗原有磁通的变化。即

$$e=-N\frac{\mathrm{d}\Phi}{\mathrm{d}t} \tag{7-5}$$

上式就是电磁感应定律的数学表达式。

式中:$\mathrm{d}\Phi$ 的单位是韦伯(Wb);$\mathrm{d}t$ 的单位是秒(s);N 的单位是匝;e 的单位是伏(V)。

1. 自感电动势

如果通过线圈的是变化的电流,则在线圈中产生的感应电动势叫作自感电动势。具有 N 匝线圈中产生的自感电动势为

$$e_1=-N\frac{\mathrm{d}\Phi_L}{\mathrm{d}t}=-\frac{\mathrm{d}\psi_L}{\mathrm{d}t} \tag{7-6}$$

式中,$\psi_L=N\phi_L$ 叫作自感磁链,单位也是韦伯(Wb)。

2. 互感电动势

如果穿过 N_2 匝线圈的磁链是由另一线圈中的电流产生的,则产生的电动势叫作互感电动势。互感电动势的大小为

$$e_M=-N_2\frac{\mathrm{d}\Phi_{12}}{\mathrm{d}t}=-\frac{\mathrm{d}\psi_M}{\mathrm{d}t} \tag{7-7}$$

式中，$d\psi_M = N_2 d\Phi_{12}$叫作互感磁链，单位是韦伯(Wb)。

7.2 电路知识

7.2.1 电路基本元件

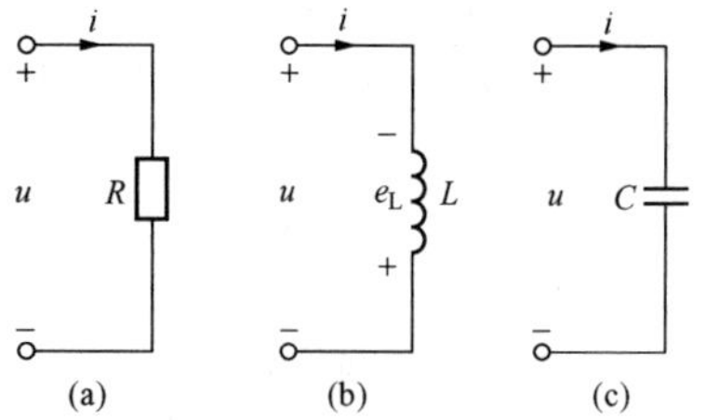

图 7-3 电阻、电感和电容元件

(a)电阻元件；(b)电感元件；(c)电容元件

电路中普遍存在着电能的消耗、磁场能(量)的储存和电场能(量)的储存这三种基本的能(量)转换过程。表征这三种物理性质的电路参数是电阻、电感和电容。图形符号如图 7-3 所示。

1. 电阻元件

电阻分为线性与非线性电阻。电阻上电压和电流之间的关系称为伏安特性。线性电阻两端的电压 u 和通过它的电流 i 之间的关系符合欧姆定律，当 u、i 参考方向如图 7-3(a)所示时

$$u = Ri \tag{7-8}$$

电阻的单位为欧[姆](Ω)，千欧(kΩ)或兆欧(MΩ)。

所谓线性函数关系是指具有以下性质：①比例性；②可加性。

电阻是耗能元件，其吸收的功率为

$$p = ui = Ri^2 = \frac{u^2}{R} \tag{7-9}$$

2. 电感元件

电感分为线性与非线性。当有电流 i 流过电感元件时，其周围将产生磁场，进而产生自感电动势为

$$e_L = -\frac{d\Phi}{Ndt} = -L\frac{di}{dt} \tag{7-10}$$

图 7-3(b)中的电压为

$$u = -e_L = L\frac{di}{dt} \tag{7-11}$$

故电感元件对稳定直流来讲相当于短路。电感的单位为亨[利](H)。

3. 电容元件

电容分为线性与非线性。当电容元件两端加有电压 u 时，它的极板上就会储存电荷(量)，当电压 u 随时间变化时，极板上储存的电荷(量)就随之变化，和极板连接的导线中就有电流 i。若 u、i 参考方向如图 7-3(c)时，则

$$i = \frac{dq}{dt} = C\frac{du}{dt} \tag{7-12}$$

式中，电容单位为法[拉](F)，$1F = 10^6\mu F = 10^{12}pF$。故电容元件对稳定直流来讲相当于开路。

表 7-1 给出两个同性质的元件串联或并联时参数的计算公式。

表 7-1　两个元件串联和并联时参数的计算公式

连接方式	等效电阻	等效电感	等效电容
串联	$R = R_1 + R_2$	$L = L_1 + L_2$	$\frac{1}{C} = \frac{1}{C_1} + \frac{1}{C_2}$
并联	$\frac{1}{R} = \frac{1}{R_1} + \frac{1}{R_2}$	$\frac{1}{L} = \frac{1}{L_1} + \frac{1}{L_2}$	$C = C_1 + C_2$

7.2.2 欧姆定律

通常流过电阻的电流与电阻两端的电压成正比,这就是欧姆定律。对图 7-4 的电路,欧姆定律可用下式表示

$$\frac{U}{I}=R \qquad (7\text{-}13)$$

式中,R 即为该段电路的电阻。

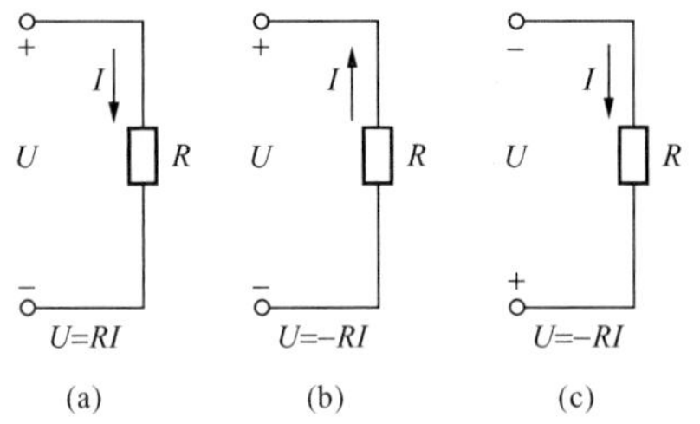

图 7-4 欧姆定律

应注意,一个公式中有两套正负号,上式中的正负号是根据电压和电流的参考方向得出的。此外,电压和电流本身还有正值和负值之分。当电压和电流的参考方向一致时,如图 7-4(a)所示,则 $U=RI$;当两者的参考方向相反时,如图 7-4(b)(c)所示,则 $U=-RI$。

7.2.3 基尔霍夫定律

名词介绍:

节点:三个或三个以上电路元件的连接点,如图 7-5 所示。

支路:连接两个节点之间的电路,图 7-5 中的 adb、bec 等都是支路。

回路:电路中任一闭合路径称为回路,如图 7-5 中的回路 1、2、3。

每一条支路的电流称为支路电流,每两个节点之间的电压称为支路电压。

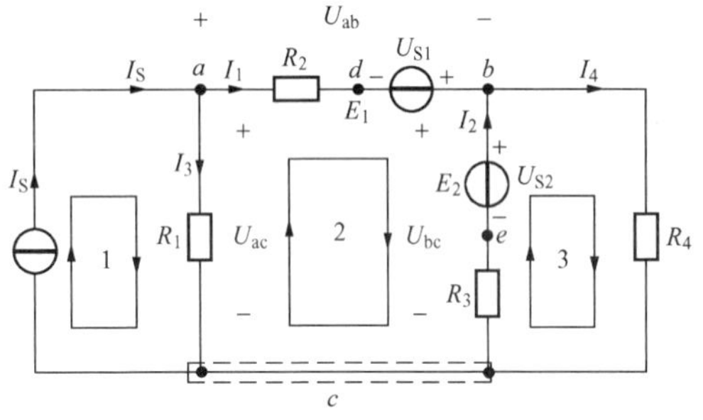

图 7-5 基尔霍夫定律用图

1. 基尔霍夫电流定律(KCL)

KCL 定义:在任何电路中,任何节点上的所有支路电流的代数和在任何时刻都等于零。其数学表达式为

$$\sum i=0 \qquad (7\text{-}14)$$

应用 KCL 时,首先要指定每一支路电流的参考方向。若参考方向离开结点的电流为正,则指向结点的电流为负号,反之亦然。

KCL 定律不仅适用于结点,也适用于任一闭合面。这种闭合面通常称为广义节点。

【例 7-3】 图 7-6 所示电路中,已知 $I_1=11\text{mA}$,$I_4=12\text{mA}$,$I_5=6\text{mA}$。求 I_2、I_3 和 I_6。

解: 由基尔霍夫电流定律可列出

$$-I_1+I_3+I_5=0, I_3=I_1-I_5=11\text{mA}-6\text{mA}=5\text{mA}$$

$$I_2-I_3+I_4=0, I_2=I_3-I_4=5\text{mA}-12\text{mA}=-7\text{mA}$$

$$I_1-I_2-I_6=0, I_6=I_1-I_2=11\text{mA}-(-7)\text{mA}=18\text{mA}$$

由本例可见,式中有两套正负号,I 前的正负号是由基尔霍夫电流定律根据电流的参考方向确定的,括号内数字前的则是表示电流本身数值的正负。

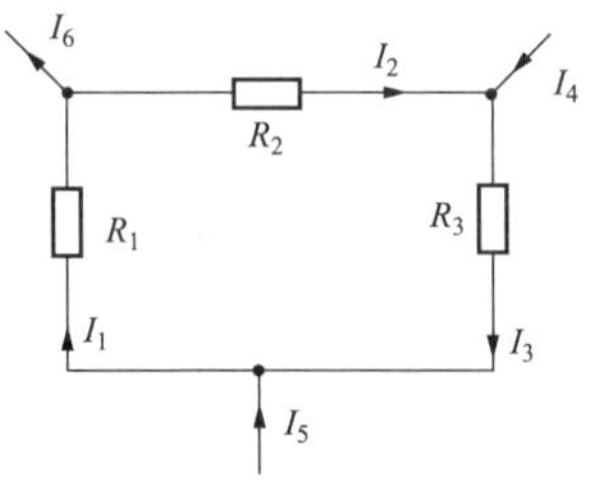

图 7-6 [例 7-3]图

2. 基尔霍夫电压定律(KVL)

KVL 定义:在任何电路中,形成任何一个回路的所有支路沿同一循行方向电压的代数和在任何时刻都等于零,其数学表达式为

$$\sum u=0 \qquad (7\text{-}15)$$

应用 KVL 时，必须指定回路的参考方向。当支路电压的参考方向和回路的参考方向一致时带正号，反之为负号。

当各支路是由电阻和电压源构成，运用欧姆定律时可将 KVL 改写为

$$\sum(RI)=\sum E \tag{7-16}$$

即任一回路内，电阻上压降的代数和等于电动势的代数和。其中电流参考方向与回路方向一致者取正号，反之取负号；电动势参考方向与回路方向一致者取正号，反之取负号。

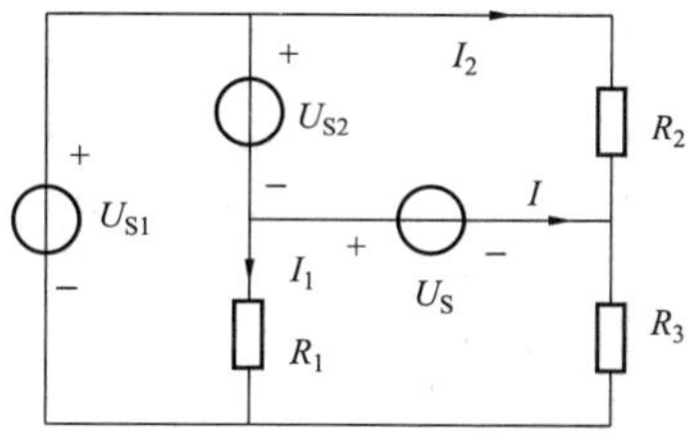

图 7-7 [例 7-4]图

【例 7-4】 如图 7-7 所示电路中，已知 $U_{S1}=18V$，$U_{S2}=8V$，$R_1=2\Omega$，$R_2=4\Omega$，$R_3=1\Omega$，$I=2A$。求电压源 U_S的值。

解：设各支路电流的正方向如图 7-7 所示，则由基尔霍夫定律可得

$$R_3(I_2+I)+R_2I_2=U_{S1}$$

$$I_2+2+4I_2=18$$

$$I_2=3.2A$$

$$U_S=R_2I_2-U_{S2}=4\times3.2V-8V=4.8V$$

> **注意：**运用基尔霍夫定律，列方程前必须先设定电流、电压的参考正方向并设定回路循行方向。

7.2.4 叠加原理

对于含有多个电源的线性电路，任何一条支路中的响应（电压、电流），都可以看成是由电路中各个电源（电压源或电流源）分别单独作用时，在此支路中所产生的响应（电压、电流）的代数和，这就是叠加原理。

所谓电路中只有一个电源单独作用，就是假设电路中只保留一个电源将其余电源中的理想电压源短接，即使其电动势为零而其内阻保留；将实际电流源中的理想电流源开路，即其电流为零，同样保留其电阻。一个电源单独作用计算之后，再将其他电源单独作用，直至所有电源均单独作用后再将各支路响应结果进行代数和。

用叠加原理计算复杂电路，就是把一个多电源的复杂电路化为几个单电源电路来进行计算。

> **注意：**支路电流或电压都可以用叠加原理来求解，但功率的计算就不能用叠加原理，因为电流与功率不成正比，它们之间不是线性关系。

7.2.5 戴维南定理

任何一个有源二端线性网络[图 7-8(a)]都可以用一个电动势为 E 的理想电压源和内阻 R_0 串联的电源[图 7-8(b)]来等效代替。等效电源的电动势 E 就是有源二端网络的开路电压 U_0，即将负载断开后 a、b 两端之间的电压。等效电源的内阻 R_0 等于有源二端网络中所有电源均除去（将各个理想电压源短路，即其电动势为零；将各个理想电流源开路，即其电流为零）后所得到的无源网络 a、b 两端之间的等效电阻。这就是戴维南定理。

图 7-8 (b)的等效电路是一个最简单的电路，其中电流可由式(7-17)计算

$$I=\frac{E}{R_0+R_L} \tag{7-17}$$

【例 7-5】图 7-9 所示电路中，已知：$U_{S1}=20V$，$U_{S2}=U_{S3}=10V$，$R_1=R_2=10\Omega$，$R_3=2.5\Omega$，$R_4=R_5=5\Omega$。用戴维南定理求电流 I。

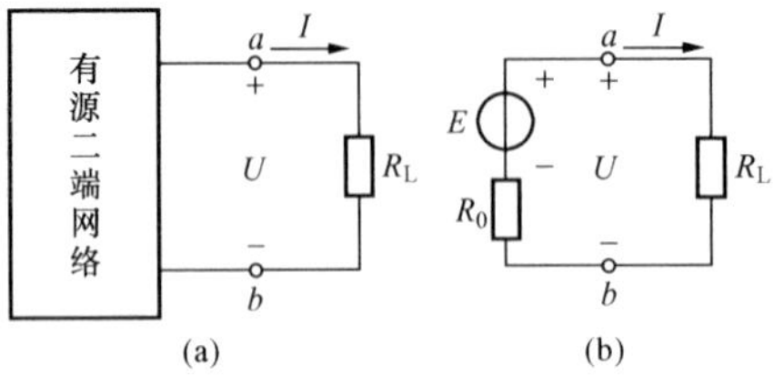

图 7-8　等效电源

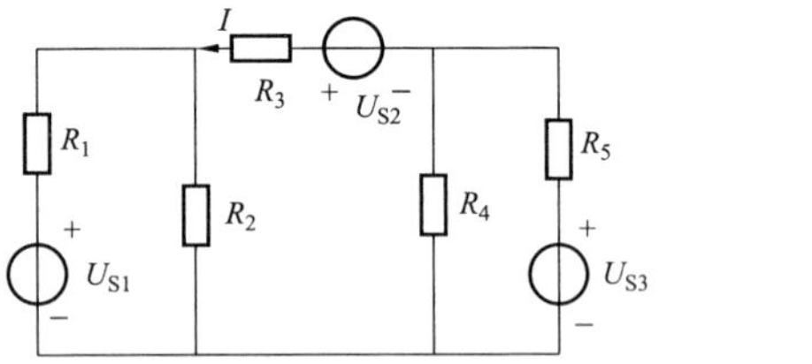

图 7-9　[例 7-5]图

解：将除去 U_{S2}、R_3 支路后的电路其余部分看作二端网络，则其戴维南等效电路（图 7-10）为

$$U_0=-\frac{U_{S1}}{2}+\frac{U_{S3}}{2}=-5V$$

$$R_0=R_1/\!/R_2+R_4/\!/R_5=7.5\Omega$$

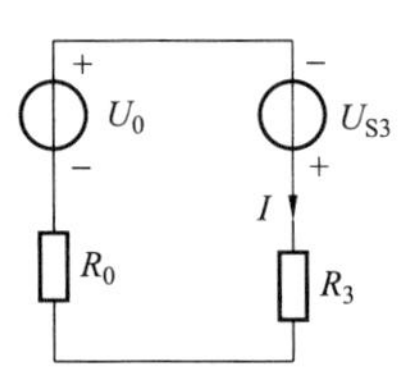

图 7-10　[例 7-5]解图

所以

$$I=\frac{U_0+U_{S2}}{R_0+R_3}=0.5A$$

注意：运用戴维南定理求电路中某支路电流时可先将该支路摘除，剩余的含源电路从摘除支路的端口看作二端网络。解题过程中最好画出分解电路。

7.2.6　正弦交流电路

所谓正弦交流电路，是指含有正弦电源（激励）而且电路各部分所产生的电压和电流（响应）均按正弦规律变化的电路，图 7-11 上所标方向是指参考方向。

正弦量的特征表现在变化的快慢、大小及初始值三个方面，它们分别由频率（或周期）、幅值（或有效值）和初相位来确定。因此称频率、幅值和初相位为正弦量的三要素。

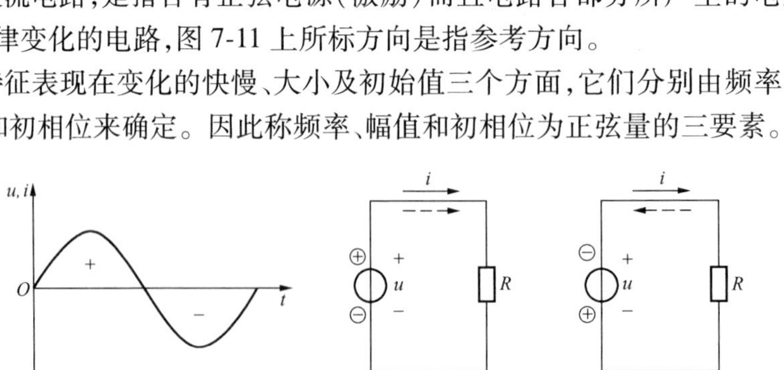

图 7-11　交流电的波形及正负半周等效电路

1. 三要素

（1）频率与周期。正弦量变化一次所需的时间（s）称为周期 T。每秒内变化的次数称为频率 f，其单位是赫（兹）（Hz）。频率与周期互为倒数，即

$$f=\frac{1}{T} \tag{7-18}$$

正弦量变化的快慢除用周期和频率表示外,还可用角频率来表示。因为一周期内经历了 2π 弧度,所以角频率为

$$\omega=\frac{2\pi}{T}=2\pi f \tag{7-19}$$

它的单位是弧度每秒（rad/s）。

上式表示 T、f、ω 三者之间的关系,只要知其一,则其余均可求出。

（2）幅值。正弦量在任一瞬间的值称为瞬时值,用小写字母来表示,如 i、u 及 e。瞬时值中最大的值称为幅值或最大值,用带下标 m 的大写字母来表示,如 I_m、U_m 及 E_m 分别表示电流、电压及电动势的幅值。

正弦电流（初相为 0）的数学表达式为

$$i=I_m\sin\omega t \tag{7-20}$$

（3）初相位。$t=0$ 时的相位称为初相位角或初相位。正弦量是随时间而变化的,当所取计时起点不同时,正弦量的初始值就不同,到达幅值或某一特定值所需的时间也就不同。

当正弦量表示为 $i=I_m\sin\omega t$ 时,它的初始值为零。

当正弦量表示为 $i=I_m\sin(\omega t+\varphi)$,初始值不等于零,而是 $i_0=I_m\sin\varphi$。

上两式中的角度 ωt 和 $(\omega t+\varphi)$ 称为正弦量的相位角或相位,它反映出正弦量变化的进程。当相位角随时间连续变化时,正弦量的瞬时值随之做连续变化。

图 7-12 所表示的 u、i 频率相同,但初相位不同,用下式表示为

$$\begin{cases}u=U_m\sin(\omega t+\varphi_1)\\ i=I_m\sin(\omega t+\varphi_2)\end{cases} \tag{7-21}$$

它们的初相位分别为 φ_1 和 φ_2。

两个同频率正弦量的相位角之差,称为相位差,用 φ 表示。式(7-21)相位差为

$$\varphi=(\omega t+\psi_1)-(\omega t+\psi_2)=\psi_1-\psi_2$$

当两个同频率正弦量的计时起点改变时,它们的相位和初相位即跟着改变,但是两者之间的相位差不变。图 7-12 中 u 超前于 $i\varphi$ 角或说 i 滞后于 $u\varphi$ 角,当相位差为 180°时称反相。

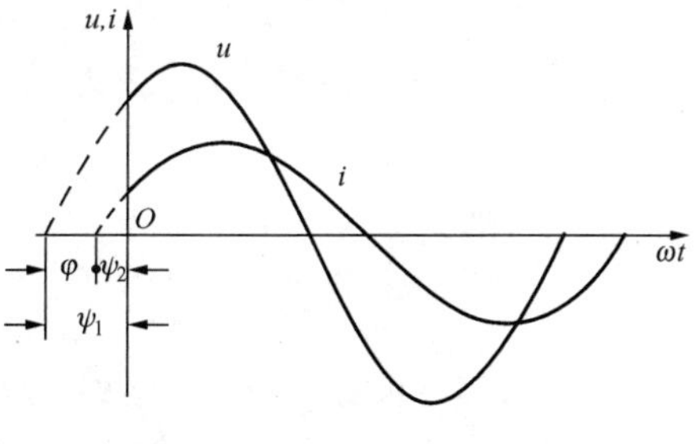

图 7-12　初相位、相位示意图

2. 有效值

正弦电流、电压和电动势的大小常用有效值(均方根值)来计量。

有效值是从电流的热效应来规定的,因为在电工技术中,电流常表现出其热效应。不论是周期性变化的电流还是直流,只要它们在相等的时间内通过同一电阻而两者的热效应相等,就把它们的安(培)值看作是相等的。就是说,某一个周期电流 i 通过电阻 R(如电阻炉)在一个周期内产生的热量,和另一个直流 I 通过同样大小的电阻在相等的时间内产生的热量相等,那么这个周期性变化的电流 i 的有效值在数值上就等于这个直流 I。有效值都用大写字母表示。

根据上述,可得

$$\int_0^T Ri^2 \mathrm{d}t = RI^2 T \tag{7-22}$$

由此可得出周期电流的有效值

$$I = \sqrt{\frac{1}{T}\int_0^T i^2 \mathrm{d}t} \tag{7-23}$$

当周期电流为正弦量时,即 $i=I_{\mathrm{m}}\sin\omega t$,则

$$I = \sqrt{\frac{1}{T}\int_0^T I_{\mathrm{m}}^2 \sin^2\omega t \mathrm{d}t},\ I = \sqrt{\frac{1}{T}I_{\mathrm{m}}^2\frac{T}{2}} = \frac{I_{\mathrm{m}}}{\sqrt{2}} \tag{7-24}$$

当周期电压为正弦量时,即 $u=U_{\mathrm{m}}\sin\omega t$,则

$$U=\frac{U_{\mathrm{m}}}{\sqrt{2}} \tag{7-25}$$

同理

$$E=\frac{E_{\mathrm{m}}}{\sqrt{2}} \tag{7-26}$$

3. 复阻抗

应用 KVL、RLC 串联电路中电压和电流之间的关系

$$u=u_{\mathrm{R}}+u_{\mathrm{L}}+u_{\mathrm{C}} \tag{7-27}$$

其相量形式为

$$\dot{U}=\dot{U}_{\mathrm{R}}+\dot{U}_{\mathrm{L}}+\dot{U}_{\mathrm{C}} \tag{7-28}$$

$$\dot{U}=RI+\mathrm{j}X_{\mathrm{L}}\dot{I}-\mathrm{j}X_{\mathrm{C}}\dot{I}=[R+\mathrm{j}(X_{\mathrm{L}}-X_{\mathrm{C}})]\dot{I}=(R+\mathrm{j}X)\dot{I}=Z\dot{I} \tag{7-29}$$

上式称为欧姆定律的相量形式。

$$Z=R+\mathrm{j}X=R+\mathrm{j}(X_{\mathrm{L}}-X_{\mathrm{C}}) \tag{7-30}$$

式中,Z 称为阻抗(复)阻抗,X 称为电抗,阻抗的单位是欧(Ω)。它是复数,但不表示正弦量,故在 Z 上不打点。阻抗的模 $|Z|$ 称为阻抗模,辐角 φ 称为阻抗角,它们分别为

$$|Z|=\sqrt{R^2+X^2}=\sqrt{R^2+(X_{\mathrm{L}}-X_{\mathrm{C}})^2} \tag{7-31}$$

$$\varphi=\arctan\frac{X}{R}=\arctan\frac{X_{\mathrm{L}}-X_{\mathrm{C}}}{R} \tag{7-32}$$

$$Z=\frac{\dot{U}}{\dot{I}}=\frac{U\angle\varphi_{\mathrm{u}}}{I\angle\varphi_{\mathrm{i}}}=\frac{U}{I}\angle\varphi_{\mathrm{u}}-\varphi_{\mathrm{i}}=|Z|\angle\varphi \tag{7-33}$$

可见,电压与电流的有效值之比等于阻抗模,电压与电流之间的相位差等于阻抗角。

当电压超前于电流,电路为电感性;当电压滞后于电流,电路为电容性;当电压与电流同相时,电路呈电阻性。

当 n 个阻抗相串联时(图 7-13),应用 KVL 得串联电路总电压

$$\dot{U}=\dot{U}_1+\dot{U}_2+\cdots+\dot{U}_{n-1}+\dot{U}_n=Z_1\dot{I}+Z_2\dot{I}+\cdots+Z_{n-1}\dot{I}+Z_n\dot{I}$$

$$=\dot{I}\sum_{i=1}^{n}Z_{\mathrm{i}}=\dot{I}Z \tag{7-34}$$

其中
$$Z=\sum_{i=1}^{n}Z_i=\sum_{i=1}^{n}R_i+\mathrm{j}\sum_{i=1}^{n}X_i \tag{7-35}$$

式中,Z 是串联电路的总阻抗,又称等效阻抗。它的实部是串联电路的各电阻之和,虚部等于串联电路的各电抗之代数和(必须注意感抗为正值,容抗前带有负号)。

当 n 个阻抗相并联时(图 7-14),应用 KCL 得并联电路的总电流

$$\dot{I}=\dot{I}_1+\dot{I}_2+\cdots+\dot{I}_{n-1}+\dot{I}_n=\dot{U}\left(\frac{1}{Z_1}+\frac{1}{Z_2}+\cdots+\frac{1}{Z_{n-1}}+\frac{1}{Z_n}\right)=\frac{\dot{U}}{Z} \tag{7-36}$$

其中
$$\frac{1}{Z}=\frac{1}{Z_1}+\frac{1}{Z_2}+\cdots+\frac{1}{Z_{n-1}}+\frac{1}{Z_n}=\sum_{i=1}^{n}\frac{1}{Z_i} \tag{7-37}$$

式中,Z 称为并联电路的等效阻抗。注意计算时必须按复数运算的方法进行运算。

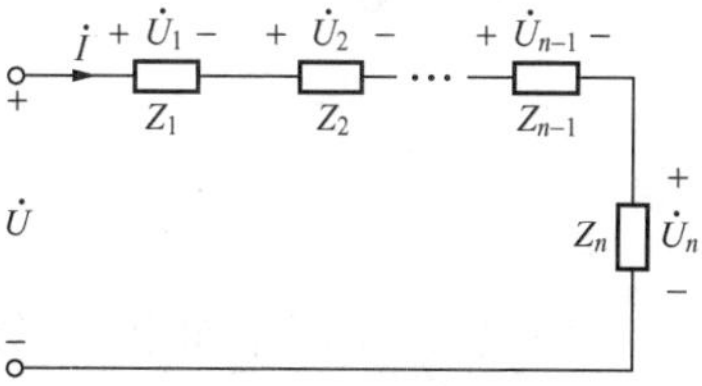

图 7-13　阻抗串联

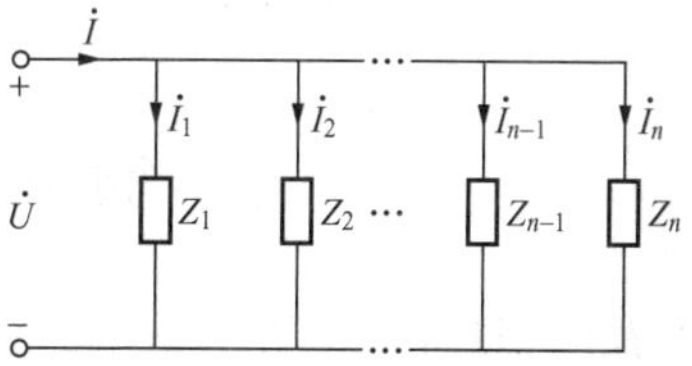

图 7-14　阻抗并联

表 7-2 为几种电路的电压和电流关系。

表 7-2　　**正弦交流电路中电压与电流的关系**

电路	一般关系式	相位关系	大小关系	复数式
R	$u=Ri$	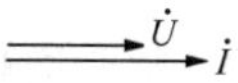 $\varphi=0$	$I=\frac{U}{R}$	$\dot{I}=\frac{\dot{U}}{R}$
L	$u=L\frac{\mathrm{d}i}{\mathrm{d}t}$	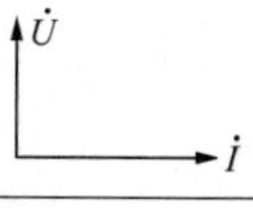 $\varphi=+90°$	$I=\frac{U}{X_{\mathrm{L}}}$	$\dot{I}=\frac{\dot{U}}{\mathrm{j}X_{\mathrm{L}}}$
C	$u=\frac{1}{C}\int i\mathrm{d}t$	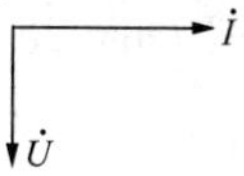 $\varphi=-90°$	$I=\frac{U}{X_{\mathrm{C}}}$	$\dot{I}=\frac{\dot{U}}{-\mathrm{j}X_{\mathrm{C}}}$
R,L 串联	$u=Ri+L\frac{\mathrm{d}i}{\mathrm{d}t}$	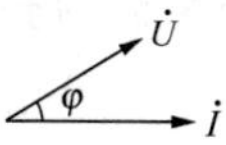 $\varphi>0$	$I=\frac{U}{\sqrt{R^2+X_{\mathrm{L}}}}$	$\dot{I}=\frac{\dot{U}}{R+\mathrm{j}X_{\mathrm{L}}}$
R,C 串联	$u=Ri+\frac{1}{C}\int i\mathrm{d}t$	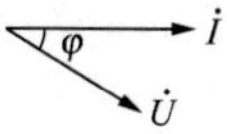 $\varphi<0$	$I=\frac{U}{\sqrt{R^2+X_{\mathrm{B}}}}$	$\dot{I}=\frac{\dot{U}}{R-\mathrm{j}X_{\mathrm{C}}}$
R,L,C 串联	$u=Ri+L\frac{\mathrm{d}i}{\mathrm{d}t}+\frac{1}{C}\int i\mathrm{d}t$	$\varphi>0$ $\varphi=0$ $\varphi<0$	$I=\frac{U}{\sqrt{R^2+(X_{\mathrm{L}}-X_{\mathrm{C}})^2}}$	$\dot{I}=\frac{\dot{U}}{R+\mathrm{j}(X_{\mathrm{L}}-X_{\mathrm{C}})}$

4. 功率及功率因数

（1）交流电路的功率。

1）瞬时功率：电路在某一瞬间吸收或放出的功率，即

$$p=ui \tag{7-38}$$

设图 7-15(a)中的无源二端网络的电流和电压分别为 $i=\sqrt{2}\ I\sin\omega t$ 和 $u=\sqrt{2}\ U\sin(\omega t+\varphi)$，则电路的瞬时输入功率为

$$p=ui=\sqrt{2}U\sin(\omega t+\varphi)\sqrt{2}I\sin\omega t=UI\cos\varphi-UI\cos(2\omega t+\varphi) \tag{7-39}$$

瞬时功率的波形如图 7-15(b)所示。

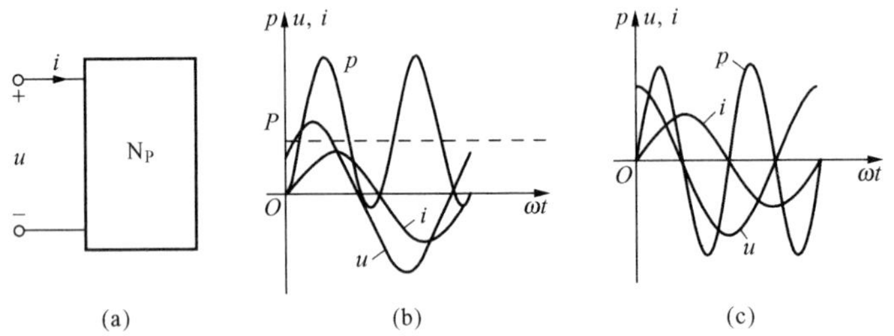

图 7-15　无源二端网络的瞬时功率

可以看出，瞬时功率有正有负，正表示网络从电源吸收功率；负表示网络向电源回馈功率。当电路只含电阻时，$\varphi=0$，$p=UI(1-\cos2\omega t)$，总有 $p\geqslant0$。当电路只含电感时，$\varphi=90°$，瞬时功率 $p=UI\sin2\omega t$，p 的波形如图 7-15(c)所示；当电路只含电容时，$\varphi=-90°$，$p=-UI\sin2\omega t$，p 的波形与图 7-15(c)刚好反相。电路只含电感或电容时，其功率波形在一个周期中的正、负面积相等，表明电感或电容不断地进行能量的吞吐，并不消耗电能，这和 L、C 是储能元件的性质相符。当功率波形的正、负面积不相等，负载吸收功率的时间总是大于释放功率的时间，说明电路消耗功率，则电路中必含有电阻。

2）有功功率、无功功率与视在功率。

电路在电流变化一个周期内瞬时功率的平均值称为平均功率或有功功率，即

$$P=\frac{1}{T}\int_0^T p\mathrm{d}t \tag{7-40}$$

对于正弦电路，其平均功率

$$\begin{aligned}P&=\frac{1}{T}\int_0^T p\mathrm{d}t=\frac{1}{T}\int_0^T[UI\cos\varphi-UI\cos(2\omega t+\varphi)]\mathrm{d}t\\&=UI\cos\varphi\end{aligned} \tag{7-41}$$

平均功率等于电阻所消耗的功率，因此平均功率又称为有功功率。

将式(7-40)分解得

$$\begin{aligned}p&=UI\cos\varphi-(UI\cos\varphi\cos2\omega t-UI\sin\varphi\sin2\omega t)\\&=UI\cos\varphi(1-\cos2\omega t)+UI\sin\varphi\sin2\omega t\\&=P(1-\cos2\omega t)+Q\sin2\omega t\end{aligned} \tag{7-42}$$

其中

$$Q=UI\sin\varphi \tag{7-43}$$

式中，Q 为正弦交流电路中储能元件与电源进行能量交换的瞬时功率最大值，称为无功功率，单位为乏(var)。由于电感元件的电压超前电流 90°，而电容元件的电压滞后电流 90°，因此感

性无功功率与容性无功功率可以相互补偿，故有

$$Q=Q_L-Q_C \tag{7-44}$$

电路的电压有效值与电流有效值的乘积，称为电路的视在功率，视在功率通常用来表示电源设备的容量。用 S 表示，单位为伏·安(V·A)，即

$$S=UI \tag{7-45}$$

有功功率、无功功率和视在功率三者在数量上符合直角三角形的三条边的关系(图 7-15)，即

$$\begin{cases}P=S\cos\varphi\\Q=S\sin\varphi\\S=\sqrt{P^2+Q^2}\end{cases} \tag{7-46}$$

应当注意：功率 P、Q 及 S 都不是正弦量，所以不能用相量表示。图 7-16 所示为功率、电压、阻抗三角形。

(2) 功率因数。将有功功率和视在功率的比值定义为功率因数，即 $\cos\varphi=P/S$(常用 λ 表示)，φ 称为功率因数角。这是由于交流电路中的电压和电流存在相位差中引起的。φ 越大，$\cos\varphi$ 越小；φ 越小，$\cos\varphi$ 越大，对于阻性电路，因 $\varphi=0°$，故 $\cos\varphi=1$，$P=S$。

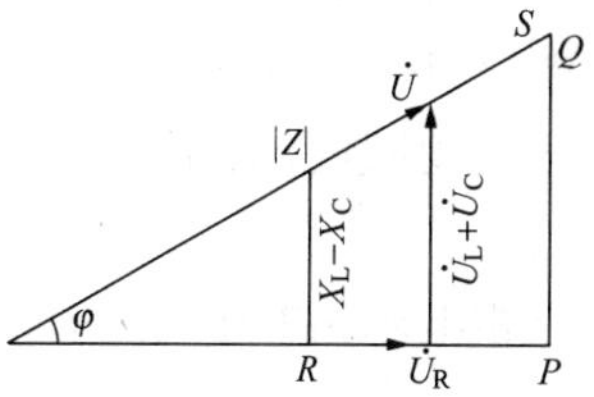

图 7-16　功率、电压、阻抗三角形

5. 串联谐振和并联谐振

谐振是交流电路的一种特殊工作状态。发生谐振时的频率 f_0 只与电路参数 L 和 C 有关，即

$$f_0=\frac{1}{2\pi\sqrt{LC}} \tag{7-47}$$

在 R、L、C 串联电路中，当 $X_L=X_C$ 就会出现串联谐振，串联谐振时电路有以下主要特点：

(1) 阻抗 $Z=R+j(X_L-X_C)=R$，具有最小值。在电压一定时，串联谐振电流有效值最大，为 $I_0=U/R$。

(2) $\dot{U}_L=-\dot{U}_C$，即 U_L 与 U_C 的有效值相等，相位相反，相互抵消，所以串联谐振又称为电压谐振。若 $X_L=X_C\gg R$，则 $U_L=U_C\gg U$。通常把串联谐振时 U_L 或 U_C 与 U 之比称为串联谐振电路的品质因数，也称为 Q 值，即

$$Q=\frac{U_L}{U}=\frac{U_C}{U}=\frac{2\pi f_0L}{R}=\frac{1}{2\pi f_0CR}=\frac{\rho}{R} \tag{7-48}$$

其中，ρ 表示串联谐振时特性阻抗，即

$$\rho=\omega_0L=\frac{1}{\omega_0C}=\frac{\sqrt{LC}}{C}=\sqrt{\frac{L}{C}} \tag{7-49}$$

若 R、L、C 并联电路中出现 $X_L=X_C$，则出现并联谐振，也称电流谐振(特点忽略)。

【例 7-6】 R、L、C 串联电路外加电压 $u=100\sqrt{2}\sin314t$V 时发生串联谐振，电流 $i=\sqrt{2}\sin314t$ A，且 $U_C=180$V。求电路元件的参数 R、L 及 C。

解:电压有效值 $U=\dfrac{100\sqrt{2}}{\sqrt{2}}\mathrm{V}=100\mathrm{V}$,电流有效值 $I=\dfrac{\sqrt{2}}{\sqrt{2}}\mathrm{A}=1\mathrm{A}$,则 $R=\dfrac{U}{I}=\dfrac{100}{1}\Omega=100\Omega$。

电流电压同相位,则 $X_L=X_C=\dfrac{U_C}{I}=\dfrac{180}{1}\Omega=180\Omega$,$L=\dfrac{X_L}{\omega}=5.73\times10^{-1}\mathrm{H}$,$C=\dfrac{1}{\omega X_C}=17.6\mu\mathrm{F}$。

注意:R、L、C 串联电路发生谐振时,电路呈电阻性,感抗等于容抗,电路电压与电流相位相同。

7.2.7 三相电路

1. 三相电源

由三个幅值相等、频率相同、相位互差 120°的单相交流电源所构成的电源,称为三相电源。由三相电源构成的电路,称为三相电路。图 7-17 中的三相电源为星形联结的三相四线制,不引出中性线的供电方式,称为三根三线制。

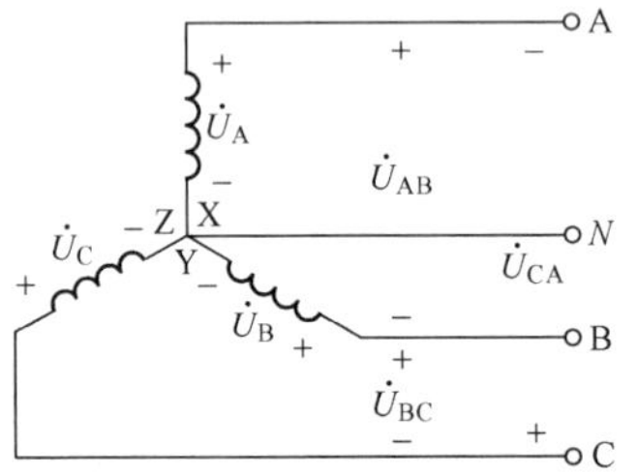

图 7-17　星形联结的三相四线制

三相电源相电压的瞬时值表达式为

$$\begin{cases}u_A=\sqrt{2}U_p\sin\omega t\\ u_B=\sqrt{2}U_p\sin(\omega t-120°)\\ u_C=\sqrt{2}U_p\sin(\omega t-240°)\end{cases}\tag{7-50}$$

三相电源相电压的相量表达式为

$$\begin{cases}\dot U_A=U_p\angle 0°\\ \dot U_B=U_p\angle -120°\\ \dot U_C=U_p\angle -240°\end{cases}\tag{7-51}$$

其波形图和相量图如图 7-18 所示。

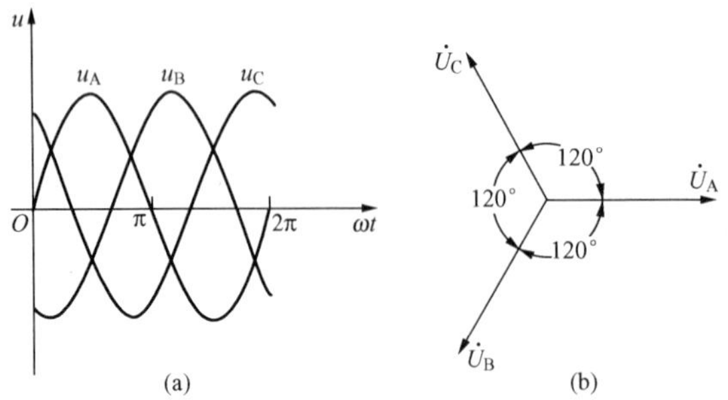

图 7-18　三相电源相电压波形图和相量图

三相电源每相电压出现最大值(或最小值)的先后次序称为相序。相线之间的电压 $\dot U_{AB}$、$\dot U_{BC}$、$\dot U_{CA}$称为线电压,它们的有效值用 U_l 表示。根据 KVL,线电压和相电压之间的关系为

$$\begin{cases}\dot U_{AB}=\dot U_A-\dot U_B\\ \dot U_{BC}=\dot U_B-\dot U_C\\ \dot U_{CA}=\dot U_C-\dot U_A\end{cases}\tag{7-52}$$

其相量图如图 7-19 所示。

2. 三相负载(只讨论对称负载)

三相负载的联结中当 $Z_A=Z_B=Z_C$时,称为对称负载,如三相电动机。

(1) 三相负载的星形(Y)联结。将对称的三相四线制电源加到星形联结的三相负载上,

如图 7-20 所示。

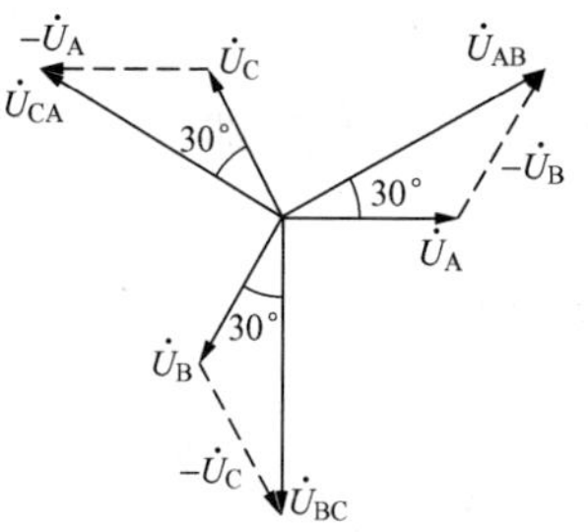

图 7-19　三相电源电压相量图

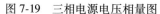

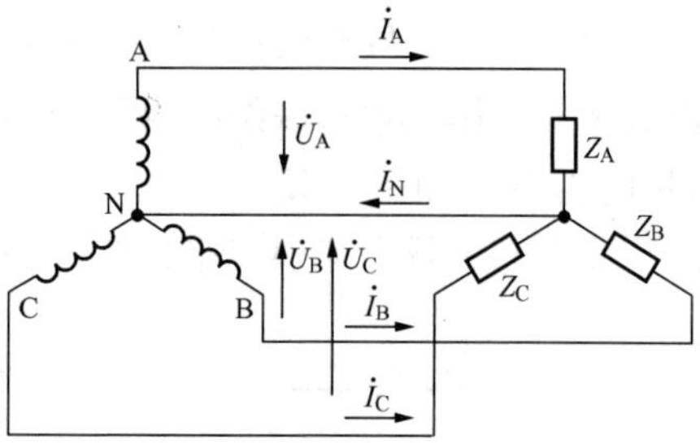

图 7-20　负载星形联结的三相四线制电路

1）若负载对称,负载两端的电压即相电压有效值为电源线电压有效值的 $1/\sqrt{3}$ 倍,即

$$U_p=U_l/\sqrt{3} \tag{7-53}$$

2）流过负载的相电流等于相线上的线电流,即

$$\dot I_p=\dot I_l \tag{7-54}$$

各相电流的有效值为

$$I_A=\frac{U_A}{|Z_A|}\quad I_B=\frac{U_B}{|Z_B|}\quad I_C=\frac{U_C}{|Z_C|} \tag{7-55}$$

式中　$|Z_A|$、$|Z_B|$、$|Z_C|$——各相负载的阻抗的模;

U_A、U_B、U_C——电源相电压的有效值。

各相电流与相电压的相位差为

$$\varphi_A=\arctan\frac{X_A}{R_A},\varphi_B=\arctan\frac{X_B}{R_B},\varphi_C=\arctan\frac{X_C}{R_C} \tag{7-56}$$

式中　R_A、R_B、R_C——各相负载的电阻;

X_A、X_B、X_C——各相负载的电抗。

3）中线电流为三相电流的相量和,即

$$\dot I_N=\dot I_A+\dot I_B+\dot I_C \tag{7-57}$$

4）当三相负载对称时,中线电流为零,可以省去中线。

（2）三相负载的三角形(△)联结。将对称的三相电源加到三角形接法的三相负载上(图 7-21),其中电压与电流有下列关系:

1）无论负载是否对称,负载两端的相电压等于线电压,即

$$\dot U_p=\dot U_{CA} \tag{7-58}$$

2）各负载上的相电流计算和电压、电流间的相位差角计算如下

$$\left.\begin{aligned}&\dot I_{AB}=\frac{\dot U_{AB}}{Z_{AB}},\dot I_{BC}=\frac{U_{BC}}{Z_{BC}},\dot I_{CA}=\frac{U_{CA}}{Z_{CA}}\\&I_{AB}=\frac{U_{AB}}{|Z_{AB}|},I_{BC}=\frac{U_{BC}}{|Z_{BC}|},I_{CA}=\frac{U_{CA}}{|Z_{CA}|}\\&\varphi_{AB}=\arctan\frac{X_{AB}}{R_{AB}},\varphi_{BC}=\arctan\frac{X_{BC}}{R_{BC}},\varphi_{CA}=\arctan\frac{X_{CA}}{R_{CA}}\end{aligned}\right\} \tag{7-59}$$

3）各线电流用下列相量式计算

$$\dot{I}_{\mathrm{A}}=\dot{I}_{\mathrm{AB}}-\dot{I}_{\mathrm{CA}},\dot{I}_{\mathrm{B}}=\dot{I}_{\mathrm{BC}}-\dot{I}_{\mathrm{AB}},\dot{I}_{\mathrm{C}}=\dot{I}_{\mathrm{CA}}-\dot{I}_{\mathrm{BC}} \tag{7-60}$$

4）三相对称负载作三角形联结时，线电流的大小是相电流的$\sqrt{3}$倍，即 $I_{\mathrm{C}}=\sqrt{3}I_{\mathrm{p}}$，相位上各线电流滞后相电流 30°，如图 7-22 所示。

5）三角形接法的负载不能引出中性线，只能用三相三线制供电。

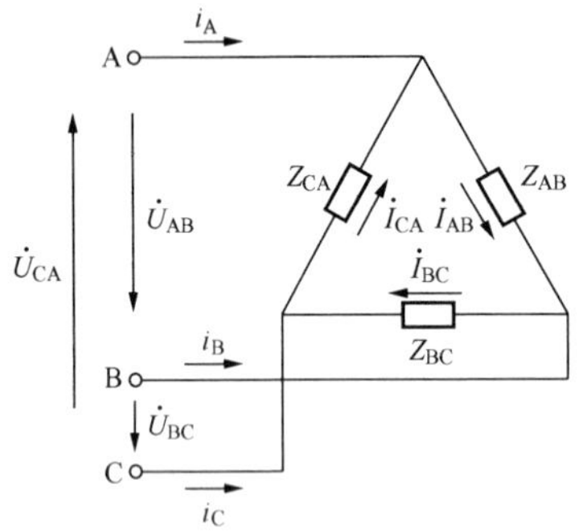

图 7-21　负载三角形联结的三相电路

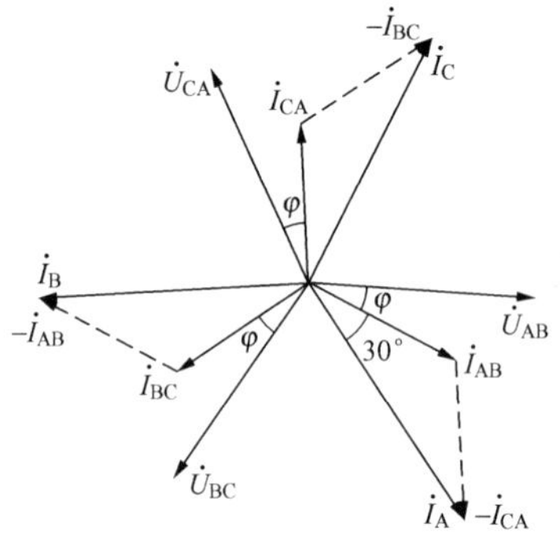

图 7-22　对称负载三角形联结时电压与电流的相量图

7.2.8　安全用电常识

1. 根据发热条件选择导线截面

为了防止绝缘导线材料因过热而遭受损坏引起火灾，对一定型号导线的每一种标准截面规定了最大的容许持续电流，导线中持续通过此电流时不会因过热而损坏，导线截面应该满足发热条件。

2. 接地和接零

（1）接地和接零的概念。

1）接地和接地装置。将电气设备的某部分与土壤作良好的电气连接叫“接地”。与土壤直接接触的金属物体叫作接地体，连接接地体及设备接地部分的导线叫作接地线。接地体和接地线称接地装置。

2）零线和接零。零线就是由变压器和发电机中性点引出的，并接了地的接地中性线。电气设备的金属外壳直接与零线相连接叫作接零。

（2）接地和接零的类型和作用。

1）工作接地。电力系统由于运行和安全的需要，常将中性点直接接地，如图 7-23 所示。这种接地方式称为工作接地。工作接地有以下作用：①降低触电电压。220V 供电系统，当一相接地而人触及另外两相之一时，触电电压降低到等于或接近 220V。②迅速切断故障设备。③降低电气设备对地的绝缘水平。

2）保护接地。保护接地就是将电气设备正常工作时不带电的金属外壳接地，宜用于中性点不接地的低压系统中，如图 7-24 所示。

如果电动机外壳未接地，当电动机发生一相碰壳时，它的外壳就带有相电压，如果人接触外壳，就有电容电流通过人体，这是很危险的。如果电动机外壳装设保护接地，则由于人体的电阻（最小时约为 800Ω）远比接地电阻（规定≤4Ω）大，所以在电动机发生一相碰壳时，人即

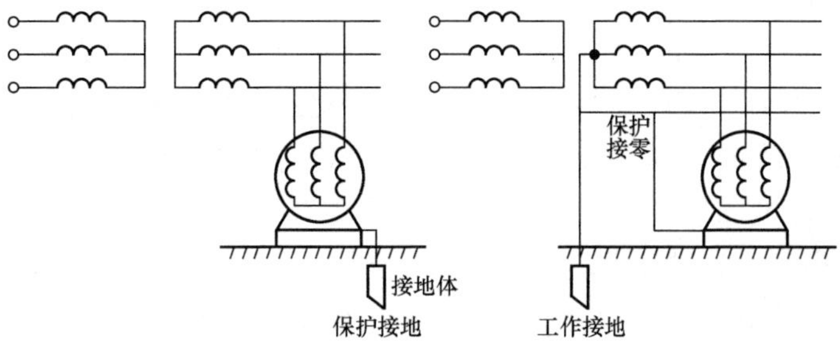

图 7-23　工作接地、保护接地和保护接零

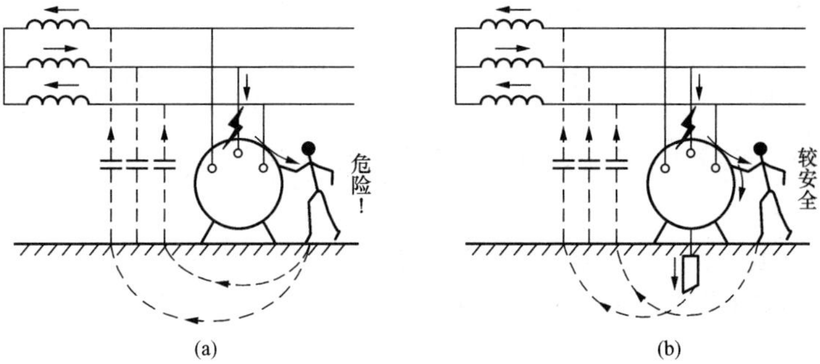

图 7-24　说明保护接地作用的示意图

(a)没有保护接地的电动机一相碰壳时;(b)装有保护接地的电动机一相碰壳时

使接触外壳危险也不大,因为电流主要流往接地装置,流经人体的电流一般在 30mA(安全电流)以下。

3) 保护接零。保护接零就是将电气设备的金属外壳接到零线上,宜用于中性点接地的低压系统中。如图 7-25 所示的是电动机的保护接零。

它的作用是,当电动机一相绕组绝缘损坏碰壳时,就形成单相短路,迅速将这一相中的熔丝熔断,因而外壳便不再带电。

4) 采用更加安全可靠的三相五线制(TN-S)供电系统。在该系统中(图 7-26),电源变压器的中性点接地,可触及的导体部件与普通 PE 导体相连接,较其他供电系统由更好的保护作用。

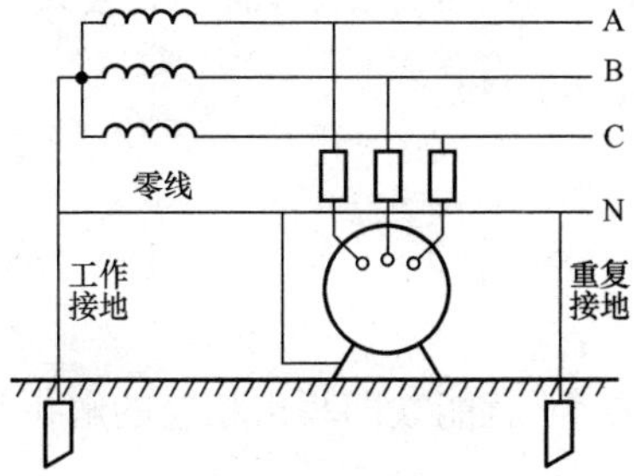

图 7-25　保护接零和重复接地

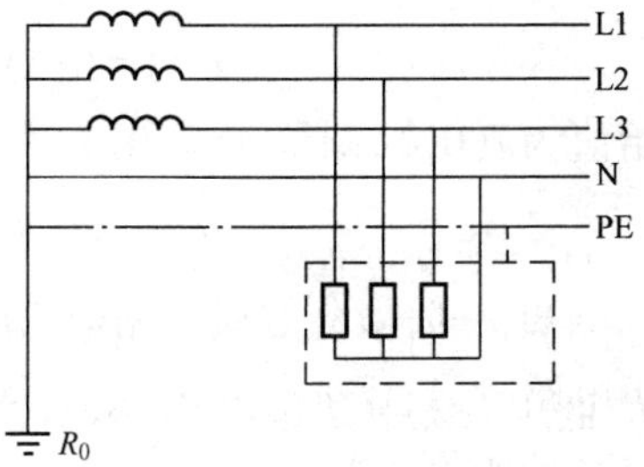

图 7-26　三相五线制供电系统

5）注意事项：①在同一种供电系统中，只能全部采用接地或者全部采用接零，而不应对一部分设备采用接地而对另一部分设备采用接零。否则，当采取接地的设备发生一相碰壳时，零线电位将升高，会使所有接零设备的外壳都带上危险电压。②在采用保护接零的系统中，为了确保零线安全可靠，除了在变压器或发电机中性点处进行工作接地外，还必须在零线的其他地方多处进行重复接地，重复接地不应少于 3 处，如图 7-25 所示。

7.2.9 *RC* 和 *RL* 电路暂态过程

在含有电容（C）或电感（L）元件的电路中，当电路的状态发生变化时，例如开关闭合或断开；电源电压改变，即电路进行换路时电路从原来稳定状态转入新的稳定状态要经历一个过渡过程，因为过程持续的时间很短暂，常称为暂态过程。

电路产生暂态过程的原因是电路中储能元件（电容、电感）在换路瞬间，能量不能突变。

激励：在暂态电路中，使电路工作的电源的电压、电流。

响应：由激励在电路各元件上产生的电压、电流。

含有 RC、RL 元件电路的响应有三种形式，即零输入响应、零状态响应、全响应。

1. 零输入响应

零输入响应：无输入信号，由初始时刻的储能所产生，即电路换路后 $t=(0_+)$ 时，输入激励为零，仅由电容、电感两元件的初始储能引起的响应。

2. 零状态响应

零状态响应：初始时刻无储能，由初始时刻施加于网络的输入信号所产生。

电路中电容电感的初始储能为零，电路换路后，仅由输入激励引起的响应，即 $t=(0_+)$ 时，$u_C(0_+)=0$，$i_L(0_+)=0$，求电源电压接通时电路中的电压、电流随时间的变化规律。

3. 全响应

为电路中的输入激励和初始储能共同引起的响应，即零输入、零状态条件同时存在时，求电路中电压、电流随时间变化的规律。

4. 三要素法

对于只含一个储能元件的线性电路，在暂态过程中，其微分方程都是一阶常系数线性微分方程，其电路称为一阶线性电路，如 R、C 串联电路的方程

$$RC\frac{du_C(t)}{dt}+u_C(t)=u_S(t) \tag{7-61}$$

对于一阶线性电路，其响应是由稳态分量和暂态分量两部分相加而得的，公式表达为

$$f(t)=f_1(t)+f_{11}(t)=f(\infty)+Ae^{-\frac{t}{\tau}} \tag{7-62}$$

若初始值为 $f(0_+)$，则得 $A=f(0_+)-f(\infty)$，于是

$$f(t)=f(\infty)+[f(0_+)-f(\infty)]e^{-\frac{t}{\tau}} \tag{7-63}$$

由上式可知，一阶微分方程的完全响应。

即分析电路时，只要求出 $f(0_+)$、$f(\infty)$ 和 τ“三要素”就能立即写出相应的解析表示。

（1）求初始值 $f(0_+)$。

1）分析换路前电路，求出换路前一瞬间的电容电压 $u_C(0_-)$ 或电感电流 $i_L(0_-)$。

电容电压和电感电流一般不能跃变，由换路定律

$$u_C(0_+)=u_C(0_-),\ i_L(0_+)=i_L(0_-)$$

即求出了 $u_C(0_+)$ 或 $i_L(0_+)$。

2）若求电路中其余电压或电流的初始值，则应画出换路初瞬时的等效电路，应用直流电路分析法求出解答。在此等效电路中，电容相当于电压为 $u_C(0_+)$ 的理想电压源；电感相当于电流为 $i_L(0_+)$ 的理想电流源。若 $u_C(0_+)=0$，则相当于短路；若 $i_L(0_+)=0$，则相当于开路。

（2）求稳态值 $f(\infty)$。画出等效的稳态电路，电容相当开路，电感相当短路。应用直流电路分析方法求出解答。

（3）求时间常数τ。

对于 R、C 串联或并联电路：$\tau=RC$。

对于 R、L 串联或并联电路：$\tau=L/R$。

R 应为戴维南等效电路中的等效电阻。

【例 7-7】如图 7-27 所示电路原已稳定，$t=0$ 时将开关 S 闭合。已知：$U_{S1}=6V$，$U_{S2}=24V$，$R_1=3\Omega$，$R_2=6\Omega$，$C=0.5\mu F$。求 S 闭合后的 $u_C(t)$。

解：

$$u_C(0_+)=u_C(0_-)=U_{S1}=6V$$

$$u_C(\infty)=\frac{U_{S1}R_2}{R_1+R_2}+\frac{U_{S2}R_1}{R_1+R_2}=12V$$

$$\tau=\frac{R_1R_2}{R_1+R_2}C=1\times10^{-6}s$$

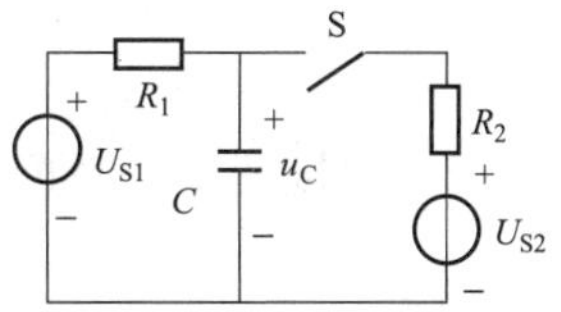

图 7-27 ［例 7-7］图

$$u_C(t)=u_C(\infty)+[u_C(0_+)-u_C(\infty)]e^{-\frac{t}{\tau}}=(12-6e^{-10^6t})V$$

注意：零状态响应和零输入响应的叠加是全响应，所以一阶电路的响应均可用三要素法求解。

7.3 变压器与电动机

7.3.1 变压器

变压器是根据电磁感应原理制成的电磁器件。它通过电—磁—电的转换，将某一种电压的交流电能转换成频率相同的另一种电压的交流电能。它不仅可以用来变换电压，而且可以变换电流和变换阻抗等。

（1）电压变换。变压器空载运行时（图 7-28），一次、二次侧绕组的电压之比等于匝数比，即

$$\frac{U_1}{U_{20}}\approx\frac{N_1}{N_2}=K \tag{7-64}$$

式中，K 为变压器的变比，即一次绕组匝数 N_1 与二次绕组匝数 N_2 之比。

从式(7-64)可见，当电源电压一定时，只要改变匝数比，就可以得到不同的输出电压。这就是变压器的电压变换作用。

（2）电流变换。变压器带负载运行时（图 7-29），一次电流与二次电流的比约与它们的匝

数成反比，即

$$\frac{I_1}{I_2} \approx \frac{N_2}{N_1} = \frac{1}{K} \tag{7-65}$$

式(7-65)说明了变压器的电流变换作用。在带负载运行时，原绕组电流 I_1 将由两部分组成，一部分仍用于建立主磁通 Φ_m，维持其基本不变，这部分电流为励磁电流，其值很小，可忽略；另一主要部分则用于抵消副绕组电流 I_2 所产生的去磁作用。所以此时一次绕组电流 I_1 将随二次绕组电流 I_2 的增减按式(7-65)增减。

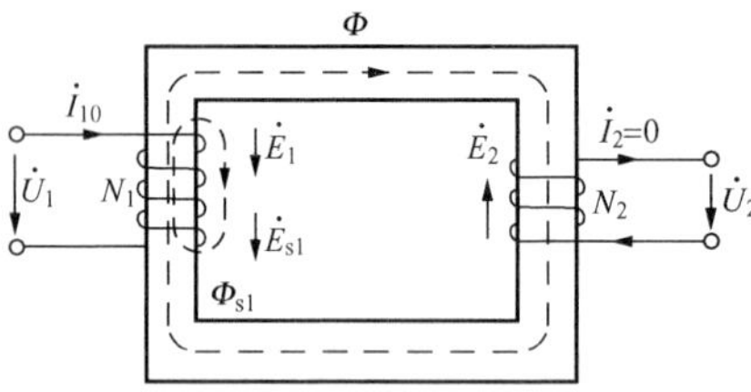

图 7-28　变压器空载运行原理图

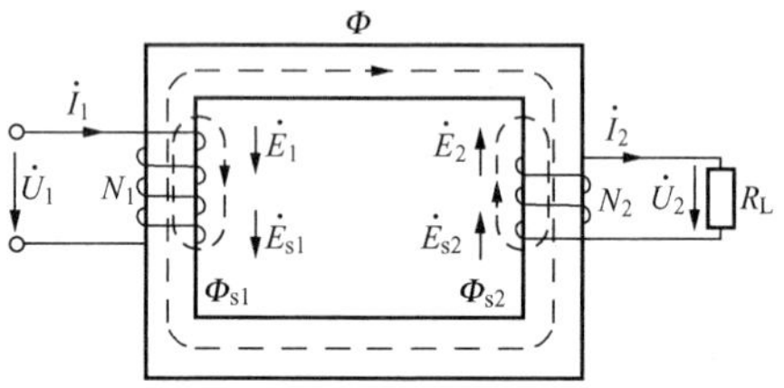

图 7-29　变压器带载运行原理图

(3) 阻抗变换。当把阻抗为 Z_L的负载接到变压器二次侧，则

$$|Z_L| = \frac{U_2}{I_2} \tag{7-66}$$

对电源来说，它所接的负载等效阻抗为

$$|Z'_L| = \frac{U_1}{I_1} = \frac{KU_2}{I_2/K} = K^2 \frac{U_2}{I_2} = K^2 |Z_L| \tag{7-67}$$

式(7-67)说明，当把阻抗为$|Z_L|$的负载接到变压器二次侧，对电源来说，相当于接上一个阻抗为$|Z'_L| = K^2|Z_L|$的负载。这就是变压器的阻抗变换作用，常利用这一作用实现阻抗的“匹配”。

7.3.2　三相异步电动机的使用

1. 额定值

(1) 额定电压和接法。铭牌上所标电压指线电压。有时铭牌标出两种电压 220V/380V，也相应标出两种接法 △/Y，这两项应互相对应，不能接错。

(2) 额定功率。额定功率是指电动机额定运行时输出的机械功率 P_2，并不是输入的电功率 P_1，额定功率与输入功率之比等于电动机的效率。

2. 电动机的使用

(1) 异步电动机的起动。起动的主要问题是起动电流大(为额定电流的 5~7 倍)和起动转矩小。为解决这两个问题，异步电动机可采用不同的起动方式。

1) 直接起动。当电网容量足够大时，应尽量采用；同刀开关或接触器将电动机直接接到具有额定电压的电源上的全压直接起动法。这种方法最为简单经济。

2) 降压起动。如果电动机直接起动所引起线路电压降较大时，必须采用降压起动，即在起动时降低加在电动机定子绕组上的电压，以减小起动电流，等电动机的转速达到一定值后，再将电压提高到额定值，以达到额定转速。降压起动能减小起动电流，但由于电磁转矩将大大下降，故降压起动只适用于轻载或空载起动。常用的方法有：①星形—三角形（Y—△）换接起动；②自耦变压器降压起动。

3）转子串电阻起动。只要在转子电路中接入大小适当的起动电阻 R_{st}，就可以达到减小起动电流的目的，并可同时增大起动转矩，故特别适用于需要重载起动的场合。

（2）异步电动机的反转。改变异步电动机定子绕组三根电源的相序，就改变了旋转磁场的转向，即改变了电动机的旋转方向。在实际应用时，只要将电动机与电源相接的三根导线中的任意两根对调便可以实现反转。

（3）异步电动机的调速。调速就是在同一负载下能得到不同的转速。从转速公式 $n=(1-s)n_0=(1-s)\dfrac{60f_1}{p}$ 可知，调速可通过改变电源频率 f_1，或电动机的磁极对数 p，或转差率 s 来实现。前两者是笼型异步电动机的调速方法，后者是绕线式电动机的调速方法。

（4）异步电动机的制动。用人为的方法，使断电后的电动机迅速停转，或使电动机的转速受到限制，称为制动。常用的方法有能耗制动、反接制动、发电回馈制动等。这些方法都是对电动机施以一个和电动机原旋转方向相反的转矩，以达到制动的目的。

7.3.3 常用电动机的继电-接触器控制

采用继电器、接触器及按钮等控制电器来实现对电动机的自动控制，称为电动机的继电器、接触器控制。

在继电-接触器控制中，常用的控制电器有闸刀开关、按钮、行程开关、交流接触器、热继电器、熔断器、自动空气断路器等。

常用的三相异步电动机的基本控制电路有：

（1）正反转控制电路。控制电路原理图如图 7-30 所示。

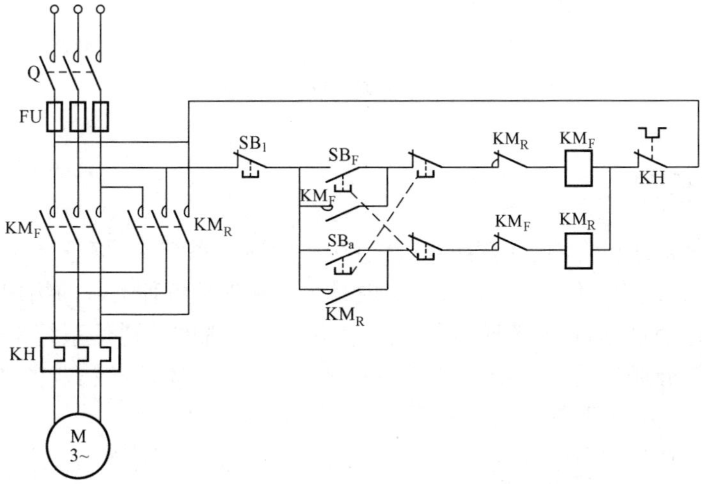

图 7-30 笼型异步电动机正反转的控制线路

（2）行程控制电路。图 7-31 是用行程开关来控制工作台前进后退的示意图和控制电路。

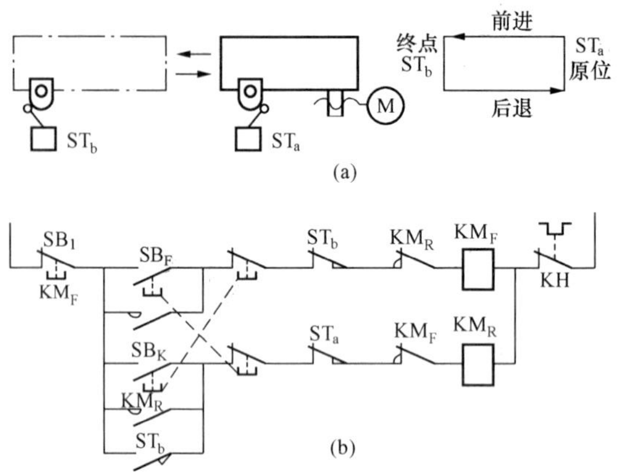

图 7-31　用行程开关控制工作台的前进与后退

(a)示意图;(b)控制电路

(3) 顺序连锁控制电路。图 7-32 是两台电动机按先 M_1 后 M_2 的顺序手动起动的联锁控制电路。

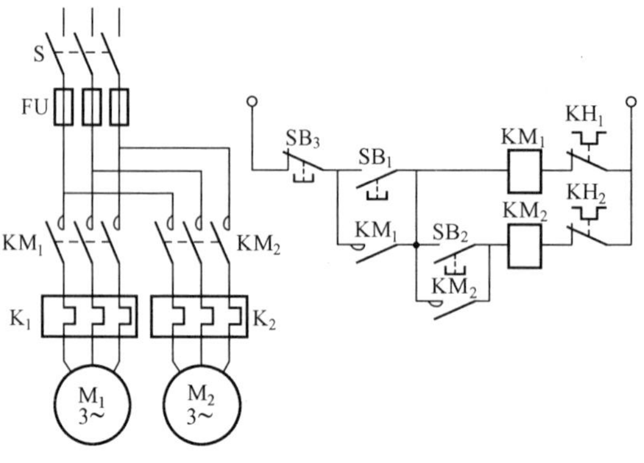

图 7-32　两台电动机顺序联锁起动的控制电路

7.4　信号与信息

通信的目的是传送包含消息内容的信息。在实际通信系统中,信息又常用某种电的或电磁的形式来表达,它们称为信号。因此,通信就是传送和处理各种信号的物理实现。通信是由一地向另一地传递消息,消息的传递是利用通信系统来实现的。通信系统是指完成通信过程的全部设备和传输介质。通信系统有各种各样的形式,其具体设备和业务功能也各不相同。但是,经过抽象和概括,一般都可以用如图 7-33 所示的模型来描述。

信源的作用是产生(形成)消息。消息有多种形式,如符号、文字、语音、音乐、数据、图片、活动图像等。消息带有送给收信者的信息,因此,消息是载荷信息的有次序的符号序列(包括状态、字母、数字等)或连续的时间函数。前者称为离散消息,如书信、电报、数据等,后者称为连续消息,如语音、图片、活动图像等。这里"离散"或"连续"是指时间上的离散或连续。

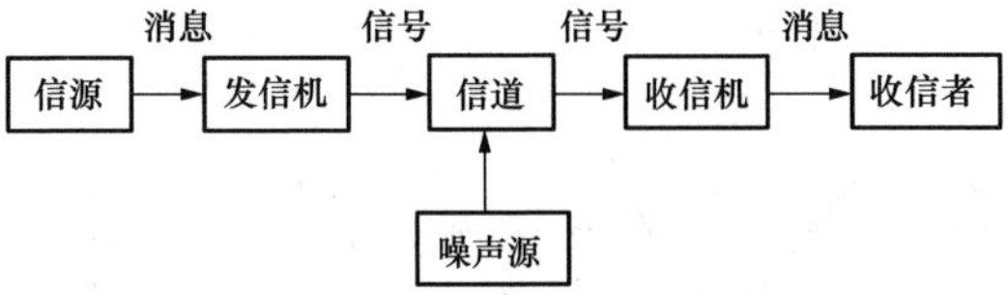

图 7-33　通信系统模型

7.4.1　信息

通信系统中传输的具体对象是消息，但是通信最终目的是传递信息。

人们在实践中发现，信息的含义比从各个角度定义包含的内容广泛得多，一切含有内容的信号都是信息。信息是一种经加工为特定形式的数据，这种数据对接收者来说是有意义的，而且对当前和将来的行动或决策具有实际价值。

从以上定义可见：①信息是一种被加工过的数据；②信息对于决策是有价值的。这是由于信息所引起的决策行为的确定而获得的价值，或者能够影响将来行动的变化、模型构造和背景知识积累等诸方面的信息价值。

7.4.2　数据

随着数字化与计算机的发展，数据这个名词已大量活跃在通信领域中，何谓“数据”？数据就是具有任何一种含义的任何一种表示方式，是人类社会活动中产生出来的数字、字母、符号、代码等表明信息内容的形式。于是，除数字、字母、符号、代码外，话音、图像、报文等一切可视与可听信息表示方式都可用数据来表示。但是，比如你见到一个人或某种事物，却不能说这是数据，而电视屏幕上的人和人的照片，印刷的文字等说成是由数据组成的也未尝不可。一般所指的数据是借助于人工或自动的方法把某种事物、含义和信令等按一定规则和一定结构形式表示出来，以便进行传输、存储、编译与有关处理。

数据包括模拟与数字两种形式。数字数据（如数字计算机的输出，数字仪表的测量结果等）是只取有限个离散值的数字序列。对于通信系统，数据被看作具有某种特定含义的电量单元或取值的信号序列，并能由数据通信系统进行传输，由数字计算机或处理器进行处理的信息表达方式。

一般情况下，数据和信息这两个术语常常被互通使用，但是，它们之间还是有差别的。数据是描述客观事物的数字、字母和符号，以及所有能输入计算机并被计算机程序加工处理的符号集合。在管理领域中，数据是一组表示数量、行动和目标的非随机的可鉴别符号。数据的符号集包括数字、字母或其他符号（如 *、$ 等），也可以是图像和声音等。

7.4.3　信号

根据独立变量取值的连续与离散性，信号可分为两大类。当信号对所有时间而不是按离散时间定义时，称其为连续时间信号，用数学函数表示为 $x(t)$，t 为独立变量，如图 7-34(a)所示。当时间只能取离散值时，称这种信号为离散时间信号，或称为序列。例如每日股票市场的综合指数、国民生产总值 GNP、银行存款利息等，其独立变量只能均是离散的，因而为离散时间信号。再比如，从 CD 机听到的声音是由于扬声器纸盆的振动引起空气压力的变化产生的，由于压力变化是以连续时间定义的，故为连续时间信号，而声音的有关信息却以数字形式存储于 CD 上，该信号只与某些时刻的声音有关，为离散时间信号，如图 7-34(b)所示。

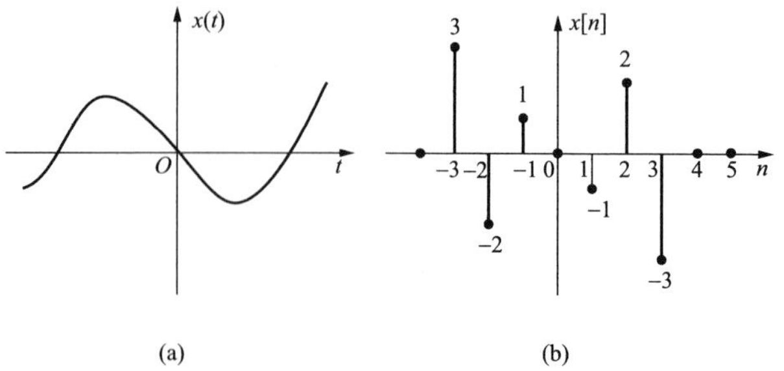

图 7-34　两种类型的信号

（a）连续时间信号；（b）离散时间信号

当离散时间信号的值在信号的变化范围内被量化为有限个离散值时，这类信号又称为数字信号。例如，一个 8 位模数转换器的输出只有 $2^8=256$ 个不同的值，为数字信号。在用计算机处理信号时，由于计算机的字长是有限的，数值的位数不可能是无限的，它也只能对数据作量化处理，严格讲，计算机只能处理数字信号。图 7-35 给出了一种被量化的离散时间信号，其中，连续时间信号 $x(t)$ 经离散化后，对大于零的值取下方格线上的数值，对小于零的值取上方格线上的数值。工程中，“连续时间信号 ”也称为“模拟信号”，而“离散时间信号”与“数字信号”也无须严格区分。“离散时间”多用于理论问题的讨论，而“数字”常与软件和硬件设备有关。“模拟”一词的使用也往往与“数字”相对应。

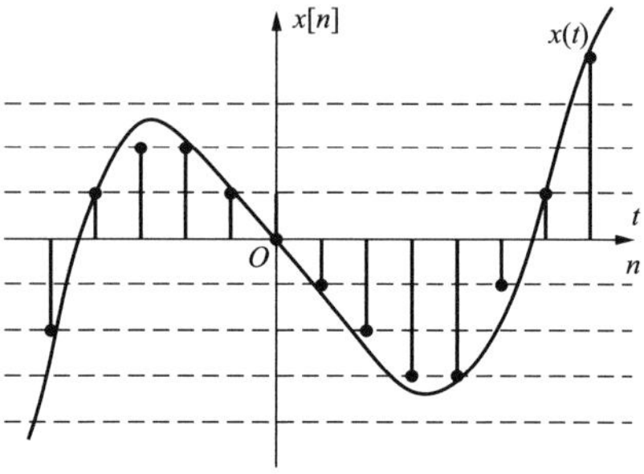

图 7-35　被量化的离散时间信号

根据信号的持续期是有限的还是无限的，信号也分为时限信号（或有始有终信号）和非时限信号（或无始无终信号）。如果信号 $x(t)$ 或 $x[n]$ 在某时刻之前一直为零，称其为右边信号或有始信号，起始时刻大于或等于零时，又称为因果信号；如果信号在某时刻之后一直为零，称其为左边信号或有终信号，终止时刻小于或等于零时，又称为反因果信号，如图 7-36 所示。

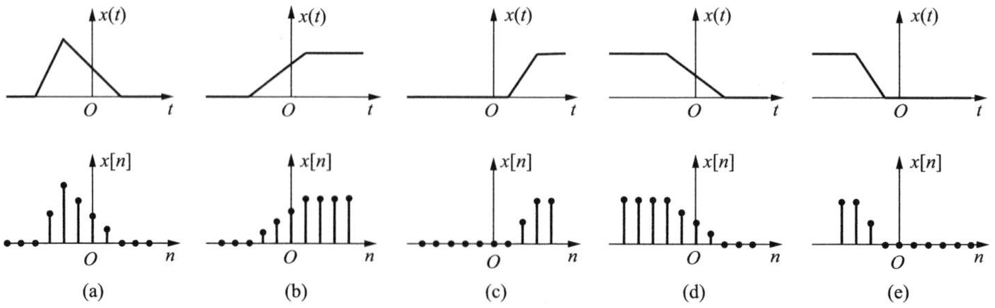

图 7-36　根据持续期分类的信号

（a）时限信号；（b）右边信号；（c）因果信号；（d）左边信号；（e）反因果信号

具有无限持续期的信号，如果它为某一区间信号的不断重复，如图 7-37 所示，则它是周期性的，其最小的重复区间称为信号的（基波）周期，常用 T 或 N 表示，即

$$x(t)=x(t\pm kT)\text{或}x(n)=x(n\pm kN)(k\text{为整数})$$

周期信号在信号分析与处理中占有重要地位，它与非周期信号在一些方面有很大的不同之处。

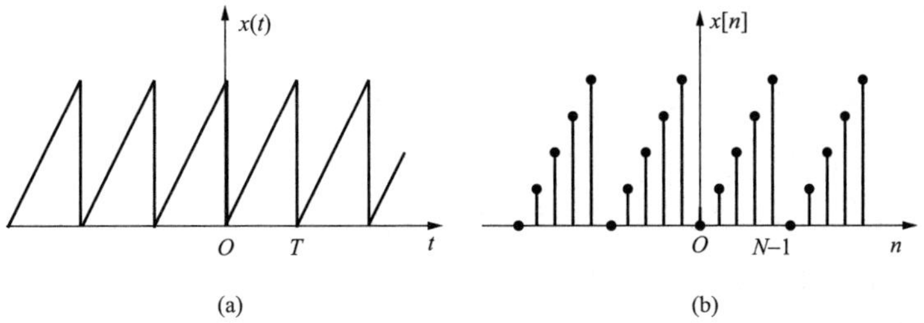

图 7-37　周期信号

在数据通信或在数据处理中，数据信息均是以信号来表示的，信号有两种，即如上所述一种是连续的，称为模拟信号；另一种为分离的，称为数字信号。

模拟信号在其最大值和最小值之间是连续变化的，即它在两个极端值之间有无数个值，如图 7-38(a)所示。人们说话的声音、变化着的温度、变化着的压力等均是模拟信号的例子。数字信号不像模拟信号可视为连续值的集合，而是有限、间断值的集合。每一个信号都具有特定意义，如一个信号值表示的是一个数字或字符。图 7-38(b)绘制出了一个二进制数字信号，二进制数字信号只有两个可能的值，这两个值对应于二进制数字的 0 和 1。

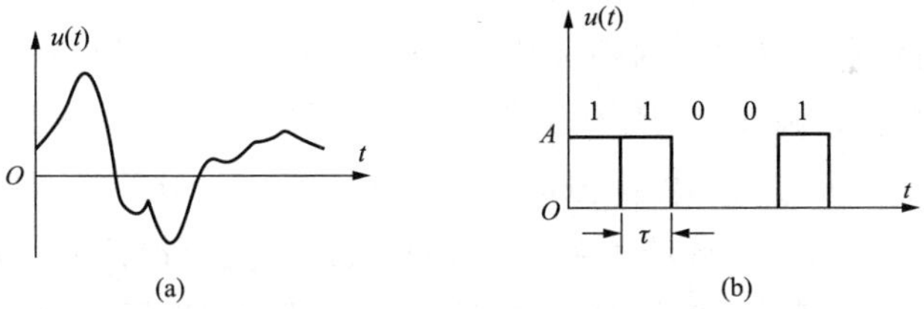

图 7-38　模拟信号和数字信号

(a)模拟信号；(b)数字信号

通信系统本身也可以是模拟的或数字的，或者是这两种方式的组合。这就是说，信息可以用模拟的或数字的方式在通信网络上传输。打电话就是模拟传输的例子，在发话端声音强度的变化转变为变化的电信号传送至接收端，接收端将电信号还原为声音，变化的电信号是模拟信号。在数字传输中，在每个固定的时间间隔内只有有限个分离的、不连续的信号，这些离散信号或者离散信号的序列能被用来传送数字、字符等信息。典型的数字通信包括一串通、断脉冲的传输。

数字信号和模拟信号在一定的条件下，可以实现相互之间的转变，这就是说，模拟的通信系统可传输数字信息，数字的通信系统也可传输模拟信息。

7.4.4　模拟信号与信息

信号是消息的直接反映，与消息一一对应，因此，信号是消息的载荷者。在电信系统里，它可以由电压、电流或电波等物理量来体现。通信系统中传输的信号，当它为时间的连续函数时，称为“连续信号”，也称为“模拟信号”。而随着载荷信息的物理量（如电信号的幅度、频率、相位等）的改变，在时间上是离散的时，则称为离散信号。如果不仅在时间上离散，而且取值也离散，则称之为数字信号。

1. 模拟信号

模拟信号是指用连续变化的物理量表示的信息，其信号的幅度、频率或相位随时间做连续变化，如目前广播的声音信号或图像信号等，主要是与离散的数字信号相对的连续的信号。模拟信号分布于自然界的各个角落，如每天温度的变化，而数字信号是人为的抽象出来的在时间上不连续的信号。电学上的模拟信号主要是指幅度和相位都连续的电信号，此信号可以被模拟电路进行各种运算，如放大、相加、相乘等。

2. 模拟信号与数字信号的区别

（1）模拟信号与数字信号。不同的数据必须转换为相应的信号才能进行传输：模拟数据一般采用模拟信号，例如用一系列连续变化的电磁波（如无线电与电视广播中的电磁波）或电压信号（如电话传输中的音频电压信号）来表示；数字数据则采用数字信号，例如用一系列断续变化的电压脉冲（如我们可用恒定的正电压表示二进制数 1，用恒定的负电压表示二进制数 0）或光脉冲来表示。当模拟信号采用连续变化的电磁波来表示时，电磁波本身既是信号载体，同时作为传输介质；而当模拟信号采用连续变化的信号电压来表示时，它一般通过传统的模拟信号传输线路（例如电话网、有线电视网）来传输。当数字信号采用断续变化的电压或光脉冲来表示时，一般则需要用双绞线、电缆或光纤介质将通信双方连接起来，才能将信号从一个节点传到另一个节点。

（2）模拟信号与数字信号之间的相互转换。模拟信号和数字信号之间可以相互转换：模拟信号一般通过 PCM 脉码调制方法量化为数字信号，即让模拟信号的不同幅度分别对应不同的二进制值，例如采用 8 位编码可将模拟信号量化为 $2^8=256$ 个量级，实际中常采取 24 位或 30 位编码；数字信号一般通过对载波进行移相的方法转换为模拟信号。计算机、计算机局域网与广域网中均使用二进制数字信号，目前在计算机广域网中实际传送的则既有二进制数字信号，也有由数字信号转换而得的模拟信号，但是更具应用发展前景的是数字信号。

模拟信号的处理技术在过去曾是研究的重点，随着计算机和数字信号处理芯片 DSP 的发展，数字信号处理技术在近几十年发展相当迅速，其应用领域已遍及工程的每一分支。VCD、数字电视、雷达、图像处理、虚拟仪器、谐波检测与抑制等许多领域，用数字处理技术要比模拟处理方法优越。

模拟信号的两种处理方式如图 7-39 所示。模拟信号的数字处理中，要用模数转换器（ADC）将模拟信号转换为数字信号，在数字处理后，再用数模转换器（DAC）将数字信号转换为模拟形式。

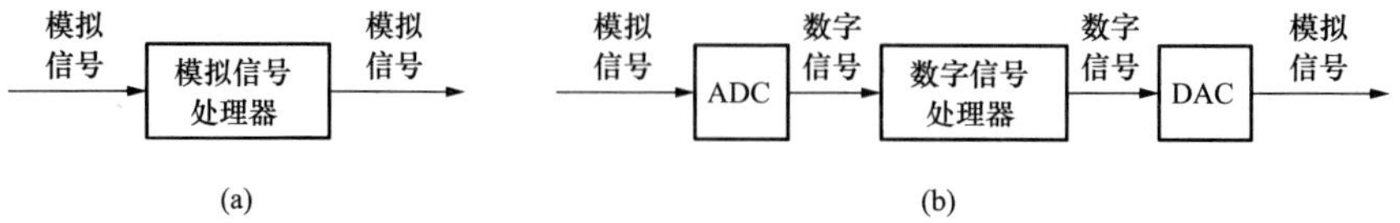

图 7-39　模拟信号处理的两种方式

3. 模拟信号的数字传输

在数字通信系统中模拟信号如要进行传输和交换，首先要让其通过信源编码变成数字信号，也就是对模拟信号进行模/数（A/D）变换，即经抽样、量化、编码使之变成数字信号再进行传播，在接收端要将收到的数字信号进行数/模（D/A）变换，还原成模拟信号。由此可见，在信号传输过程中，编码起了举足轻重的作用。现在，人们常用的编码方式有三种：PCM（Pulse Code Modulation）、DPCM（Differential Pulse Code Modulation）、DM（Delta Modulation）。以语音信号的数字化为例，这三种编码方式不仅具有各自的特点，而且存在区别及联系，这些异同点正是我们学习信号传输知识的重点，只有真正掌握了这三种编码方式，才能更好地运用及发展数字信号处理技术。

（1）PCM。脉冲编码调制，即PCM（Pulse Code Modulation）是目前用得比较广泛的模拟语音信号数字化的方法，主要包括抽样、量化与编码三个过程。抽样是把时间连续的模拟信号转换成时间上离散、幅度连续的抽样信号；量化是把时间离散、幅度连续的抽样信号转成时间离散、幅度离散的数字信号；编码就是把抽样并量化的量化值变换成一组二进制码组的过程，此时信号称为PCM信号。编码后的二进制码组经数字信道传输，在接收端，经过译码和滤波，还原为模拟信号。

模拟信号经抽样和量化后已完成时间和幅度的离散化，得到一系列样值，剩下的最后一步就是实现把离散的样值变换成对应的数字信号代码。目前在我国采用A率13折线的编码方法，这是一种把压缩、量化和编码合为一体的方法。其编码原理如下：在13折线法中，无论输入信号是正还是负，均按8段折线进行编码。以折叠二进制码表示输入信号的抽样量化电平为例，其码位安排为第一位表示量化值的极性，后七位中的前三位的8种可能状态来分别代表个8段落的段落电平，其他四位码的16种可能状态用来分别代表每一段落的16个均匀划分的量化间隔。这样处理的结果是8段落被划分成128个量化间隔。这样，在保证小信号区间量化间隔相同的条件下，7位非线性编码等效于11位线性编码，即减少了码位数，因此简化了设备，所需传输系统带宽也可减少。

脉冲编码调制（PCM）的概念是1937年由法国工程师最早提出来的。随着集成电路技术的飞速发展，超大规模集成电路的PCM编、解码器出现，使它在光纤通信、数字微波通信、卫星通信、信号处理、军事及民用电子技术领域发挥着越来越重要的作用，特别是被广泛应用的数字通信技术已经成为加速世界经济、社会、文化、科技等发展的技术基础。它迅速将世界带入了过去不可想象的，几乎是梦幻般的社会，在几秒钟的时间内，把世界每个角落发生的事情传遍全球。目前广泛应用通信、计算机、数字仪表、遥控遥测等领域，其应用广度和深度也在不断地扩展和深化。随着全球数字化、信息化的不断推进，我们有理由相信脉冲编码调制（PCM）会更加有力地推动社会经济向着健康、可持续的方向发展，也必将在加速全球信息一体化的进程中发挥重要作用。

（2）DPCM。几十年来人们一直致力于在相同质量指标条件下，努力降低数字化语音传码率，提高数字通信系统频带利用率方向的研究。因为现有的PCM系统在采用A律或u律压扩方法后，每路语音的标准传输速率为64kbit/s。倘若在二进制基带传输系统中，则其数字信号的最小频带理论值为32kHz。而模拟单边带多路载波电话占用的频带仅4kHz。由以上可知，在频带宽度严格受限的传输系统中，能传送的话路数要比模拟单边带通信方式传送的电话路数少很多倍。

另外，因为文本、表格、图形、语音、图像等多媒体数据中都存在各种各样的冗余，在进行数字通信时，为了保证通信的有效性，关键是进行压缩处理，而预测是其中常用的手段。由于语音信号的相邻值之间存在幅度的相关性，我们则考虑，在发送端进行编码时，可根据前一时刻的样值来预测当前的样值，只传输样值与预测样值之差，不传输样值本身。

基于以上出发点，我们得到了另一种编码方式，即差分脉冲编码调制 DPCM（Differential Pulse Code Modulation），它与 PCM 的本质区别是，PCM 是对模拟信号的抽样值进行量化、编码，而 DPCM 则是对模拟信号抽样值与信号预测值的差值进行量化、编码。

（3）DM。增量调制简称 DM（Delta Modulation），从 PCM 系统的角度看，它可以看作是一个特例。它只用一位编码，但这一位码不是用来表示抽样值的大小，而是用来表示抽样时刻波形的变化趋势。每个抽样时刻，把信号在该时刻的抽样值 A 与本地译码信号 B 进行比较，若 A>B，则编为“1”码；反之，则编为“0”码。由于在实际系统中，本地译码信号 B 十分趋近于前一段时刻的抽样值 A，因而可以说，这一位码是反映了相邻两抽样值的近似差值，即为增量。再从 DPCM 系统的角度看待增量调制，即当 DPCM 系统的量化电平及预测器的延时单元等达到特定值，该 DPCM 系统被称为增量调制系统。

7.4.5 数字信号与信息

1. 数字信号的概述

数字信号指幅度的取值是离散的，幅值表示被限制在有限个数值之内。二进制码就是一种数字信号。二进制码受噪声的影响小，易于由数字电路进行处理，所以得到了广泛的应用。

2. 数字信号的特点

（1）抗干扰能力强、无噪声积累。在模拟通信中，为了提高信噪比，需要在信号传输过程中及时对衰减的传输信号进行放大，信号在传输过程中不可避免地叠加上的噪声也被同时放大。随着传输距离的增加，噪声累积越来越多，致使传输质量严重恶化。

对于数字通信，由于数字信号的幅值为有限个离散值（通常取两个幅值），在传输过程中虽然也受到噪声的干扰，但当信噪比恶化到一定程度时，即在适当的距离采用判决再生的方法，再生成没有噪声干扰的、和原发送端一样的数字信号，所以可实现长距离、高质量的传输。

（2）便于加密处理。信息传输的安全性和保密性越来越重要，数字通信的加密处理比模拟通信容易得多，以话音信号为例，经过数字变换后的信号可用简单的数字逻辑运算进行加密、解密处理。

（3）便于存储、处理和交换。数字通信的信号形式和计算机所用信号一致，都是二进制代码，因此便于与计算机联网，也便于用计算机对数字信号进行存储、处理和交换，可使通信网的管理、维护实现自动化、智能化。

（4）设备便于集成化、微型化。采用数字通信时分多路复用，不需要体积较大的滤波器。设备中大部分电路是数字电路，可用大规模和超大规模集成电路实现，因此体积小、功耗低。

（5）便于构成综合数字网和综合业务数字网。采用数字传输方式，可以通过程控数字交换设备进行数字交换，以实现传输和交换的综合。另外，电话业务和各种非电话业务都可以实现数字化，构成综合业务数字网。

（6）占用信道频带较宽。一路模拟电话的频带为 4kHz 带宽，一路数字电话约占 64kHz，这是模拟通信目前仍有生命力的主要原因。随着宽频带信道（光缆、数字微波）的大量利用（一对光缆可开通几千路电话）以及数字信号处理技术的发展（可将一路数字电话的数码率由

64kbit/s 压缩到 32kbit/s 甚至更低的数码率)，数字电话的带宽问题已不是主要问题了。

由以上介绍可知，数字通信具有很多优点，所以各国都在积极发展数字通信。近年来，我国数字通信得到迅速发展，正朝着高速化、智能化、宽带化和综合化方向迈进。

3. 数字信号的产生

(1) 模拟信号。信号波形模拟着信息的变化而变化，模拟信号其特点是幅度连续(连续的含义是在某一取值范围内可以取无限多个数值)。模拟信号，其信号波形在时间上也是连续的，因此它又是连续信号。模拟信号按一定的时间间隔 T 抽样后的抽样信号，由于其波形在时间上是离散的，它又叫离散信号。但此信号的幅度仍然是连续的，所以仍然是模拟信号。电话、传真、电视信号都是模拟信号。

(2) 数字信号。数字信号其特点是幅值被限制在有限个数值之内，它不是连续的而是离散的。二进制码，每一个码元只取两个值(0,1)；四进码，每个码元取四(3、1、-1、-3)中的一个。这种幅度是离散的信号称为数字信号。

4. 信号的数字化过程

信号的数字化需要三个步骤：抽样、量化和编码。抽样是指用每隔一定时间的信号样值序列来代替原来在时间上连续的信号，也就是在时间上将模拟信号离散化。量化是用有限个幅度值近似原来连续变化的幅度值，把模拟信号的连续幅度变为有限数量的、有一定间隔的离散值。编码则是按照一定的规律，把量化后的值用二进制数字表示，然后转换成二值或多值的数字信号流。这样得到的数字信号可以通过电缆、微波干线、卫星通道等数字线路传输。在接收端则与上述模拟信号数字化过程相反，再经过后置滤波又恢复成原来的模拟信号。上述数字化的过程又称为脉冲编码调制。

(1) 抽样。话音信号是模拟信号，它不仅在幅度取值上是连续的，而且在时间上也是连续的。要使话音信号数字化并实现时分多路复用，首先要在时间上对话音信号进行离散化处理，这一过程叫抽样。所谓抽样就是每隔一定的时间间隔 T，抽取话音信号的一个瞬时幅度值(抽样值)，抽样后所得出的一系列在时间上离散的抽样值称为样值序列。抽样后的样值序列在时间上是离散的，可进行时分多路复用，也可将各个抽样值经过量化、编码变换成二进制数字信号。理论和实践证明，只要抽样脉冲的间隔 $T \leqslant 1/2f_m$(或 $\geqslant 2f_m$)(f_m 是话音信号的最高频率)，则抽样后的样值序列可不失真地还原成原来的话音信号。

例如，一路电话信号的频带为 300~3400Hz，$f_m = 3400$Hz，则抽样频率 $f_s \geqslant 2 \times 3400\text{Hz} = 6800$Hz。如按 6800Hz 的抽样频率对 300~3400Hz 的电话信号抽样，则抽样后的样值序列可不失真地还原成原来的话音信号，话音信号的抽样频率通常取 8000Hz/s。对于 PAL 制电视信号。视频带宽为 6MHz，按照 CCIR601 建议，亮度信号的抽样频率为 13.5MHz，色度信号为 6.75MHz。

(2) 量化。抽样把模拟信号变成了时间上离散的脉冲信号，但脉冲的幅度仍然是模拟的，还必须进行离散化处理，才能最终用数码来表示。这就要对幅值进行舍零取整的处理，这个过程称为量化。量化有两种方式，第一种量化方式中，取整时只舍不入，例如 0~1V 间的所有输入电压都输出 0V，1~2V 间所有输入电压都输出 1V 等。采用这种量化方式，输入电压总是大于输出电压，因此产生的量化误差总是正的，最大量化误差等于两个相邻量化级的间隔 Δ。第二种量化方式在取整时有舍有入，例如 0~0.5V 间的输入电压都输出 0V，0.5~1.5V 间的输出电压都输出 1V 等。采用这种量化方式，量化误差有正有负，量化误差的绝对值最大为 $\Delta/2$。因此，采用有舍有入法进行量化，误差较小。

实际信号可以看成量化输出信号与量化误差之和，因此只用量化输出信号来代替原信号就会有失真。一般来说，可以把量化误差的幅度概率分布看成在 $-\Delta/2 \sim +\Delta/2$ 之间的均匀分布。可以证明，最小量化间隔越小，用来表示一定幅度的模拟信号时所需要的量化级数就越多，因此处理和传输就越复杂。所以，量化既要尽量减少量化级数，又要使量化失真看不出来。一般都用一个二进制数来表示某一量化级数，经过传输在接收端再按照这个二进制数来恢复原信号的幅值。所谓量化比特数是指要区分所有量化级所需几位二进制数。例如，有 8 个量化级，那么可用三位二进制数来区分，因此，称 8 个量化级的量化为 3 比特量化。

量化误差与噪声是有本质区别的。因为任一时刻的量化误差是可以从输入信号求出，而噪声与信号之间就没有这种关系。可以证明，量化误差是高阶非线性失真的产物。但量化失真在信号中的表现类似于噪声，也有很宽的频谱，所以也被称为量化噪声，并用信噪比来衡量。

上面所述的采用均匀间隔量化级进行量化的方法称为均匀量化或线性量化，这种量化方式会造成大信号时信噪比有余而小信号时信噪比不足的缺点。如果使小信号时量化级间宽度小些，而大信号时量化级间宽度大些，就可以使小信号时和大信号时的信噪比趋于一致。这种非均匀量化级的安排称为非均匀量化或非线性量化。数字电视信号大多采用非均匀量化方式，这是由于模拟视频信号要经过校正，而校正类似于非线性量化特性，可减轻小信号时误差的影响。

对于音频信号的非均匀量化也是采用压缩、扩张的方法，即在发送端对输入的信号进行压缩处理再均匀量化，在接收端再进行相应的扩张处理。

目前国际上普遍采用容易实现的 A 律 13 折线压扩特性和 u 律 15 折线压扩特性。我国规定采用 A 律 13 折线压扩特性。

采用 13 折线压扩特性，小信号时量化信噪比的改善量可达 24dB，而这是靠牺牲大信号量化信噪比（亏损 12dB）换来的。

（3）编码。抽样、量化后的信号还不是数字信号，需要把它转换成数字编码脉冲，这一过程称为编码。最简单的编码方式是二进制编码。具体来说，就是用 n 比特二进制码来表示已经量化了的样值，每个二进制数对应一个量化值，然后把它们排列，得到由二值脉冲组成的数字信息流。编码过程在接收端可以按所收到的信息重新组成原来的样值，再经过低通滤波器恢复原信号。用这样方式组成的脉冲串的频率等于抽样频率与量化比特数的积，称为所传输数字信号的数码率。显然，抽样频率越高，量化比特数越大，数码率就越高，所需要的传输带宽就越宽。

除了上述的自然二进制码，还有其他形式的二进制码，如格雷码和折叠二进制码等。这三种码各有优缺点：①自然二进制码和二进制数一一对应，简单易行，它是权重码，每一位都有确定的大小，从最高位到最低位依次排列，可以直接进行大小比较和算术运算。自然二进制码可以直接由数/模转换器转换成模拟信号，但在某些情况，例如从十进制的 3 转换为 4 时二进制码的每一位都要变，使数字电路产生很大的尖峰电流脉冲。②格雷码则没有这一缺点，它在相邻电平间转换时，只有一位发生变化，格雷码不是权重码，每一位码没有确定的大小，不能直接进行比较大小和算术运算，也不能直接转换成模拟信号，要经过一次码变换，变成自然二进制码。③折叠二进制码沿中心电平上下对称，适于表示正负对称的双极性信号。它的最高位用来区分信号幅值的正负。折叠码的抗误码能力强。

在通信理论中，编码分为信源编码和信道编码两大类。所谓信源编码，是指将信号源中多余的信息除去，形成一个适合用来传输的信号。为了抑制信道噪声对信号的干扰，往往还需要对信号进行再编码，编成在接收端不易为干扰所弄错的形式，这称为信道编码。为了对付干扰，必须花费更多的时间，传送一些多余的重复信号，从而占用了更多频带，这是通信理论中的一条基本原理。

7.5 模拟电子技术

7.5.1 半导体二极管

半导体二极管具有一个PN结，其两端各引出一电极引线。二极管采用图形符号—▷|—表示，箭头所指表示电流流通的方向。

当给二极管外加正向电压时，二极管导通，可近似认为正向压降为零，相当于开关短接；给二极管外加反向电压时，二极管截止，电流为零，相当于开关打开。

7.5.2 整流电路和滤波电路

1. 整流电路

（1）整流。把交流电压转变成直流（单方向的）电压（或电流）称为整流。图7-40是常用的单相桥式整流电路的三种画法。图7-41给出了单相桥式整流电路的波形。

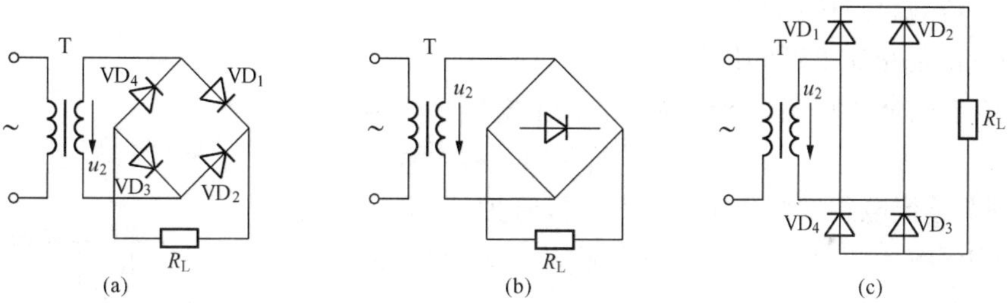

图7-40 单相桥式整流电路

（2）输出电压平均值。图7-40(b)输出电压u_o对时间的积分可得输出电压的平均值U_o，即

$$U_o=\frac{1}{\pi}\int\sqrt{2}U_2\sin\omega t\mathrm{d}(\omega t)=\frac{2\sqrt{2}}{\pi}U_2=0.9U_2$$

而输出电流平均值$I_o=\dfrac{U_o}{R_L}$。

（3）二极管承受反向电压的最大值$U_{RM}=\sqrt{2}U_2$。流经二极管电流的平均值$I_D=\dfrac{1}{2}I_o$，一个周期内半个周期电流流过VD_1、VD_3。另半个周期电流流过VD_2、VD_4。

2. 滤波电路

为了改善整流电路输出电压脉动程度，得到平整的直流电源，常在整流电路输出端加上滤波电路。由于周期性的脉动波形可以分解成恒定分量和多种不同

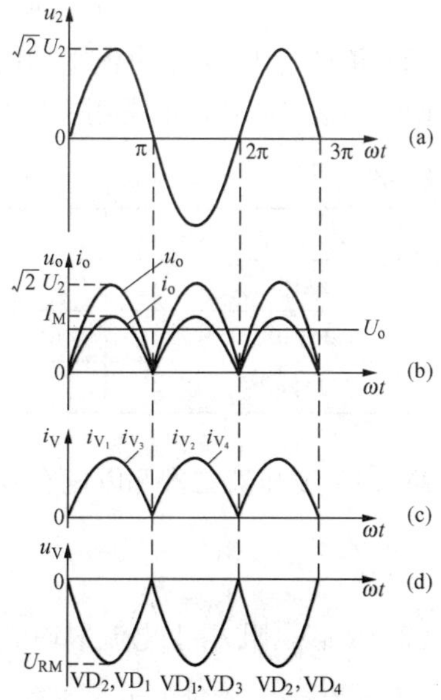

图7-41 单相桥式整流波形

频率的正弦分量的波形，利用电容、电感能够储存能量，放出能量；容抗$\left(X_C=\frac{1}{\omega C}\right)$、感抗（$X_L=\omega L$）随频率改变的特点，将电感线圈和负载串联，电容和负载并联来实现滤波。常用的滤波电路有如图7-42所示的几种形式。

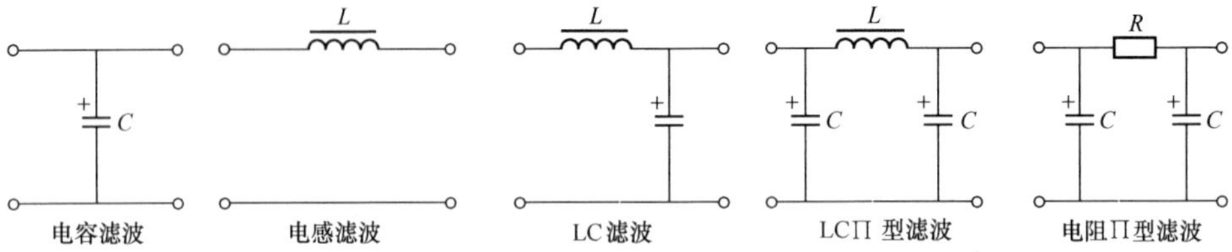

图7-42　常用的几种滤波电路

对于图7-42中的电容滤波电路，可用下式来估算所需电容值。

$$R_L C \geqslant (3\sim5)\frac{T}{2}$$

式中　C——滤波电容的电容量；

R_L——负载电阻值；

T——正弦交流电源的周期。

此时，该单相全波整流电容滤波后的输出电压平均值为

$$U_o=(1\sim1.2)U_2$$

【例7-8】整流电路如图7-43所示，二极管为理想元件，变压器一次侧电压有效值$U_1=220\text{V}$，负载电阻$R_L=750\Omega$。变压器变比$k=\frac{N_1}{N_2}=10$。试求：

（1）变压器二次侧电压有效值U_2。

（2）负载电阻R_L上电流平均值I_0。

（3）在表7-3列出的常用二极管中选出合适型号的二极管。

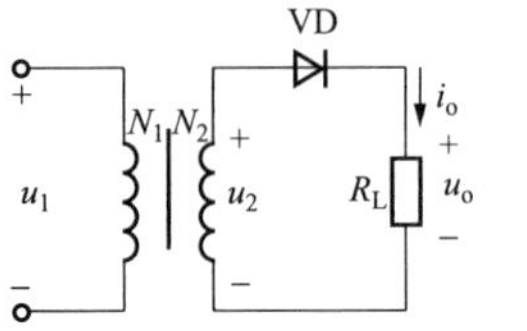

图7-43　［例7-8］图

表7-3　　**待选二极管型号**

类　　型	最大整流电流/mA	最高反向峰值/V
2AP1	16	20
2AP10	100	25
2AP4	16	50

解：（1）变压器二次侧电压有效值

$$U_2=\frac{U_1}{K}=\frac{220}{10}\text{V}=22\text{V}$$

（2）负载电阻R_L上电流平均值

$$I_o=0.45\frac{U_2}{R_L}=0.45\times\frac{22}{750}\text{A}=0.013\text{A}$$

(3) 整流二极管电流

$$I_D = I_o = 0.013\text{A} = 13\text{mA}$$

整流二极管承受的最高反向电压

$$U_{DRM} = \sqrt{2}U_2 = \sqrt{2}\times 22\text{V} = 31\text{V}$$

所以,应选用表中二极管型号为 2AP4。

注意:半波整流电路中负载电阻上的平均电流即是整流二极管的平均电流,承受的最高电压是变压器二次侧电压的峰值。

7.5.3 稳压电路

1. 稳压二极管

稳压管是面接触型的特殊二极管。它允许通过较大的反向电流,经特殊工艺使其反向击穿电压比普通二极管低得多(几伏到几十伏)。稳压管在反向击穿状态下工作,只要在电路中采取措施,使通过稳压管的电流小于某一定值,使 PN 结的温度不过高,这样反向击穿就不会使 PN 结损坏。去掉反向电压,稳压管恢复正常。稳压管的符号和特性曲线如图 7-44 所示,文字符号用 VD_Z表示。

稳压管的主要参数:

(1) 稳定电压 U_Z 是反向击穿状态下,管子两端的稳定工作电压。

(2) 最大稳定电流 I_{ZM}超过此电流,可能使稳压管过热损坏。

(3) 稳定电流 I_Z是指小于此电流,稳压性能变差。稳压管工作电流的范围是 $I_Z \sim I_{ZM}$。

(4) 散功率 $P_{ZM} = U_Z I_{ZM}$。超过此值可能使管子损坏。

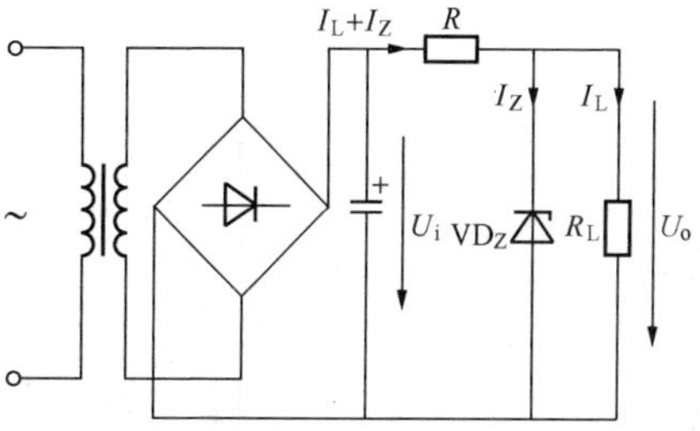

图 7-44 稳压管组成的稳压电路

2. 用稳压管组成的稳压电路

由稳压管特性可知,稳压管反向击穿后在 $I_Z \sim I_{ZM}$范围内,其端电压仅发生微小变化,或者说,稳压管端电压的微小变化会引起其电流显著变化。利用这种特性,把 VD_Z 和负载 R_L 并联,再串联限流电阻 R,组成图 7-44 稳压电路。其稳压原理是:当电源电压 U_i 升高时,负载电压 U_o 升高,由图 7-45 的伏安特性,I_Z 将显著增大,在限流电阻 R 上的压降$(I_L + I_Z)R$也增大,从而抵偿 U_i 的升高。稳压管尽管电流增大显著,但其端电压仅微小增大,与其并联的负载电压 U_o 可认为几乎不变。

若电源电压 U_i 不变,负载电流改变,如 I_L增大,由于电源内阻和 R 上的压降增大,使 U_o 下降,继而使 I_Z 较显著地减小,从而使得流过 R 上的电流$(I_R = I_L + I_Z)$及其压降近乎不变,故输出电压近乎不变。

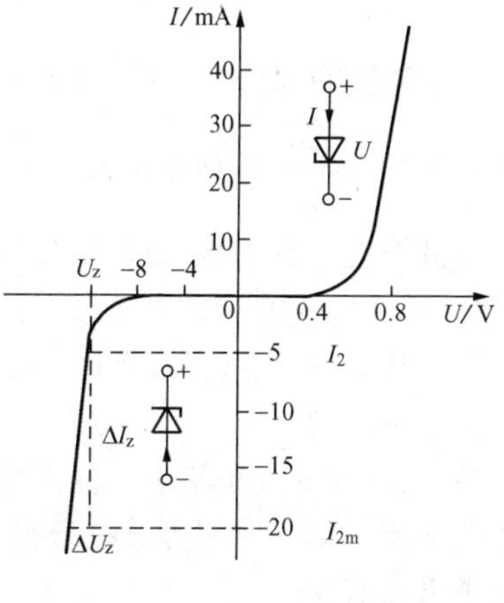

图 7-45 稳压管的伏安特性曲线

7.5.4 三极管和单管放大电路

1. 三极管的结构及工作状态

(1) 三极管。PN 结具有单向导电性能。三极管由两个 PN 结构成,有三个电极。按 PN 结的不同组合,三极管有两种类型,一种是 NPN 型,[图 7-46(a)],另一种是 PNP 型[图 7-46(b)]。两种类型三极管工作原理相似,仅使用时外加电源极性的连接不同。

(2) 三极管的工作状态。图 7-47 是三极管输出端 $I_C(U_{CE})$ 的特性曲线。对于不同的 I_B 值,有不同的 $I_C(U_{CE})$ 关系。输出特性曲线分为三个区,对应于三极管的三种工作状态。

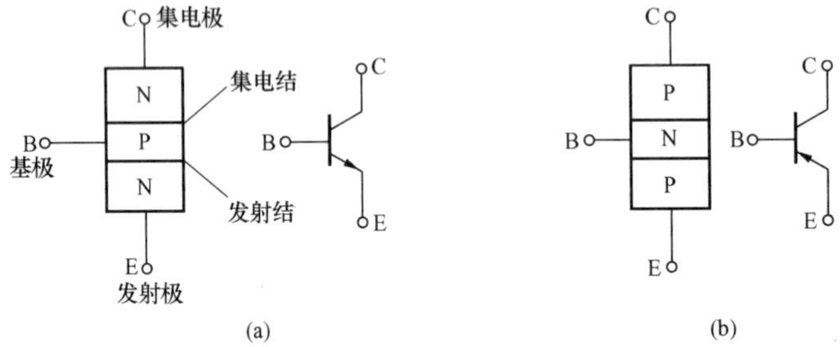

图 7-46 三极管结构及符号

(a) NPN; (b) PNP

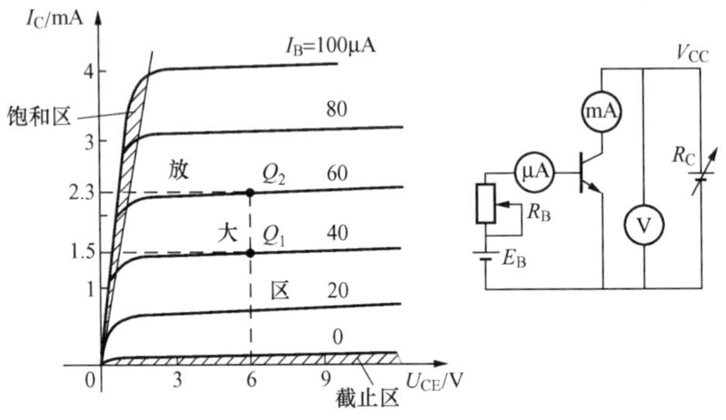

图 7-47 三极管的输出特性曲线

1) 三极管的放大状态。输出特性曲线中与横轴近于平行的部分为放大区。在放大区,电流放大系数 $\beta=\dfrac{\Delta I_C}{\Delta I_B}$ 近似于常数。

三极管处于放大状态时,I_B 对 I_C 能起电流控制作用,此时发射结加正向电压。

2) 三极管的饱和导通状态。输出特性的左边,直线上升和弯曲部分为饱和区。当三极管处于饱和状态时 $U_{CE} \leqslant 0.7V$ 且 I_C 值较大(I_{CS} 为饱和电流)。故集—射间等效电阻很小,可近似看作开关接通。

3) 三极管的截止状态。输出特性 $I_B=0$ 对应的曲线以下的区域为截止区,此时发射区不发送电子流。集—射间等效电阻很大,可近似看作开关打开。有时在发射结加上反向电压,以使管子可靠截止。

表 7-4 列出了三极管三种工作状态时的特点和条件。

表 7-4　　三极管的三种工作状态

工作状态	特　点	外加电压		等效电路	应　用
		发射结	集电结		
放大状态	$\frac{\Delta I_C}{\Delta I_B}=\beta$ β 近于常数	正向电压 硅管 0.6~0.7V 锗管 0.2~0.3V	反向电压	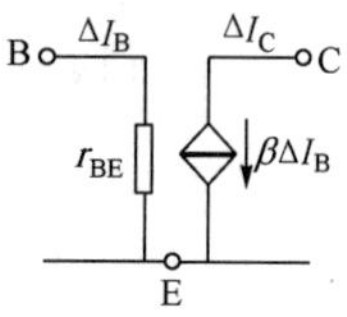	对信号进行放大，管耗大
饱和状态	$U_{AE}\leqslant U_{BE}$ $\beta Z_B\geqslant I_{CS}$	正向电压 硅管 0.7V 锗管 0.3V	正向电压 （反压小于 0.1~0.3V 已开始饱和）		开关电路，脉冲数字电路，管耗小
截止状态	$I_B=0$ $I_C=I_{CEO}\approx0$	硅管 $U_{BE}<0.5V$ 锗管 $U_{BE}<0.2V$ 可能加反向电压	反向电压		

2. 单管放大电路

（1）基本交流放大电路。图 7-48 是由 NPN 型三极管组成的交流放大电路。其直流电源的作用是驱使电子在管中流动，建立静态工作点，当输入交流信号 u_i 时。经放大后输出交流信号 u_o。分析放大电路时要区分直流和交流信号；分清输入回路，输出回路。

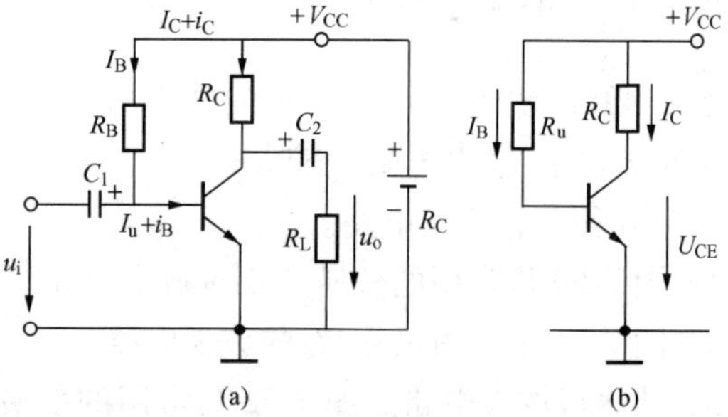

图 7-48　直流等效电路
（a）电路图；（b）直流等效电路

1）放大电路的静态分析。所谓静态放大电路是指输入信号为零，仅有直流时。目的是确定静态时的 I_B、I_C 和 U_{CE} 值。图 7-48（b）为直流等效电路，其中

$$I_B=\frac{V_{CC}-U_{BE}}{R_B}=\frac{V_{CC}-0.7}{R_B}\approx\frac{V_{CC}}{R_B}$$

$$I_C=\beta I_B+I_{CEO}\approx\beta I_B$$

$$U_{CE}=V_{CC}-I_CR_C$$

2）放大电路的动态分析。有效的分析方法是画出交流等效电路。画交流等效电路时要考虑到以下两点：①V_{CC} 直流电源两端电压恒定，内阻等于零，对交流信号相当于短路；②电容量较大，信号频率较高时，认为容抗 $X_C\approx0$。

画出的交流通路如图 7-49 所示，可计算（推导省略）电压放大倍数 A_u、输入电阻 r_i 和输出电阻 r_o。

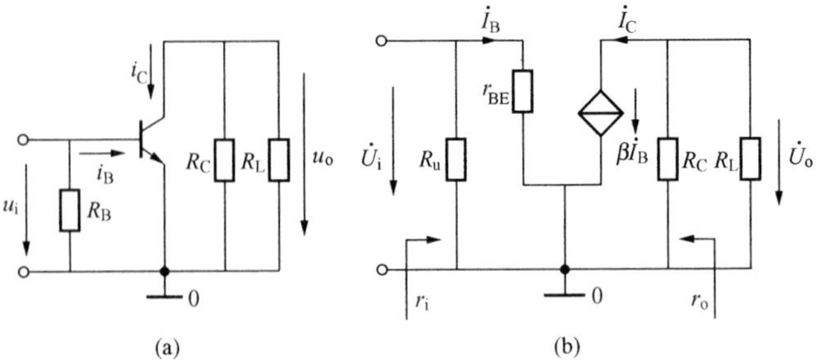

图 7-49　放大电路的交流通路和小信号等效电路

电压放大倍数 $A_u=\dfrac{\dot{U}_o}{\dot{U}_i}=-\beta\dfrac{R_C /\!/ R_L}{r_{BE}}$，当负载开路时 $A_u=-\beta\dfrac{R_C}{r_{BE}}$。

其中

$$r_{BE}=300\Omega+(1+\beta)\frac{26\text{mV}}{I_E(\text{mA})}$$

输入电阻 r_i 是从其输入端口看进去的交流等效电阻，$r_i=R_B /\!/ r_{BE}$。通常 $R_B \gg r_{BE}$，故 $r_i \approx r_{BE}$。

输出电阻 r_o 是从放大电路输出端口（不含负载 R_L）看进去的等效电源的内阻。求解时，把信号电压源短路，输出端口外加电压 $\dot{U}$，求电流 $\dot{I}$，取其比值即为输出电阻 $r_o=\dfrac{\dot{U}}{\dot{I}}$。

图 7-49(a) 输入 u_i 和输出 u_o 的公共端是三极管的发射极，故称共射极放大电路。该电路输入电阻 r_i 较小，输出电阻 r_o 较大。

（2）几种单管放大电路。

1）图 7-50 是常用的分压式偏置放大电路。

2）图 7-51 是发射极有 R_F 的放大电路。

3）共集极放大电路。图 7-52 为常用的射极输出电路，它具有高输入电阻、低输出电阻。其输出信号 u_o 近似等于 u_i，随 u_i 变化，即 $u_o=u_i$，俗称射极跟随器。

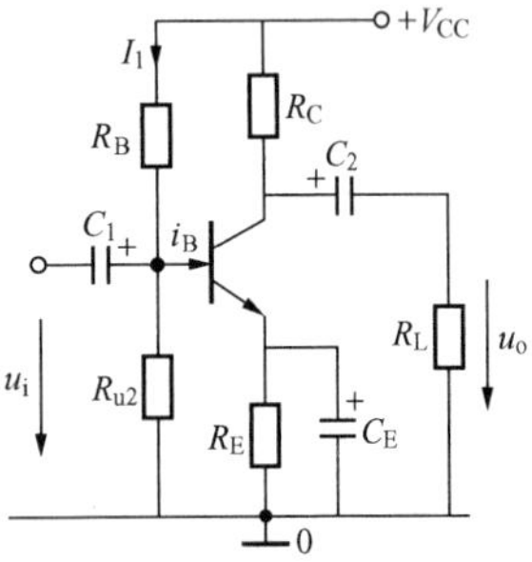

图 7-50　分压式偏置放大电路

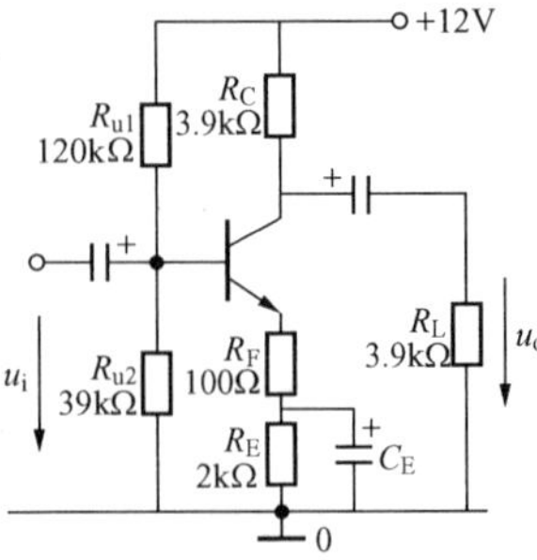

图 7-51　发射极有 R_F 的放大电路

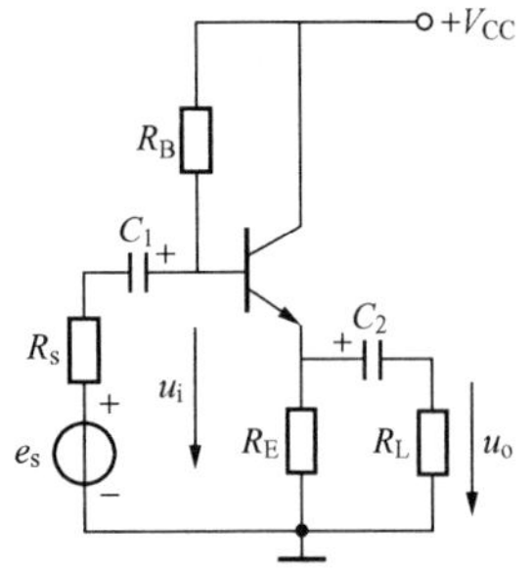

图 7-52　射极输出电路

【例 7-9】已知图 7-53 所示放大电路中晶体管 $\beta=120$，$U_{BEQ}=0.7V$，$U_{CES}=0.3V$。

（1）估算晶体管各极对地静态电压 U_E、U_B、U_C。

（2）当 C_C 发生短路故障，重新估算 U_E、U_B、U_C 的值。

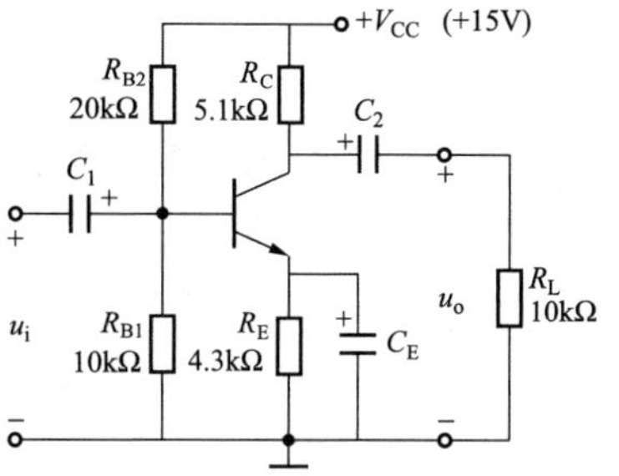

图 7-53 ［例 7-9］图

解：（1）$U_B \approx V_{CC}\dfrac{R_{B1}}{R_{B1}+R_{B2}}=5V$

$$U_E=U_B-U_{BEQ}\approx 4.3V$$

$$U_C=V_{CC}-I_{CQ}R_C\approx V_{CC}-\frac{U_E}{R_E}R_C\approx 9.9V$$

（2）$U_E=0V$，$U_B=U_E+U_{BEQ}=0.7V$，晶体管饱和。

$$U_C=U_{CES}=0.3V$$

注意：C_E 发生短路故障，发射极电阻 R_E 被短路，基极电压 U_B 值远高于 0.7V，晶体管饱和。

7.5.5 运算放大器

1. 组成与特点

运算放大器是具有高放大倍数的集成电路，可以放大交流和直流信号。图形符号如图 7-54 所示。其输入和输出电压关系是 $u_o=A_0(u_+-u_-)$。

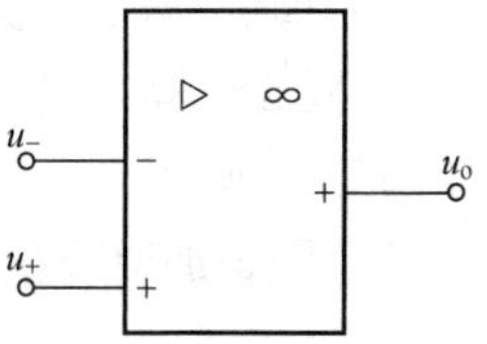

图 7-54 运算放大器的图形符号

运算放大器的特点：

（1）开环电压放大倍数 A_0 很大，一般 $A_0=10^4\sim10^7$，一般需要接正电源和负电源，可以输出正信号和负信号。

（2）输入电阻很高，可达 $10^9\Omega$。

（3）输出电阻很小，一般几十欧到几百欧。

近似分析常把运放器看成是“理想运放器”，其含义是：

（1）放大倍数 $A_0\to\infty$。由于，在电压线性放大范围内，输出电压 u_o 是一个有限值，故有 $(u_+-u_-)=\dfrac{u_o}{A_0}\approx 0$，即同相输入端 u_+ 和反相输入端 u_-，认为是等电位的，$u_+\approx u_-$（输入的+端、−端好像是“短接”的“虚短”的概念）。

（2）输入电阻 $r_{id}\to\infty$。且 $(u_+-u_-)\approx 0$，所以输入端的输入电流均为零。

（3）输出电阻为零。输出端是理想的电压源。

2. 运算放大器的应用

（1）比例运算。

1）反相输入。图 7-55 为反相比例运算电路，根据理想运放的条件，则有：

电流 $$i_1\approx i_f$$

输入回路 $$u_i=i_1R_1$$

输出回路 $$u_o=-i_fR_F$$

注意到 $$i_1=\frac{u_1}{R_1}\approx i_f$$

则有 $$u_o=-\frac{R_F}{R_1}u_i$$

闭环电压放大倍数 $$A_{uf}=\frac{u_o}{u_i}=-\frac{R_F}{R_1}$$

上式表明：输出电压 u_o 和输入电压 u_i 的比例运算的关系，且 A_{uf} 只与电阻 R_F、R_1 的比值有关而和运放器本身的参数无关。式中负号表示电压 u_o 和 u_i 相位相反。当 $R_F=R_1$ 时，$A_{uf}=-1$，此时该电路为反相器。

2）同相输入。电路如图 7-56 所示，信号是从同相端输入，而反相输入端经电阻 R_1 接地，且从输出端通过 R_F 引进负反馈（分析省略）。

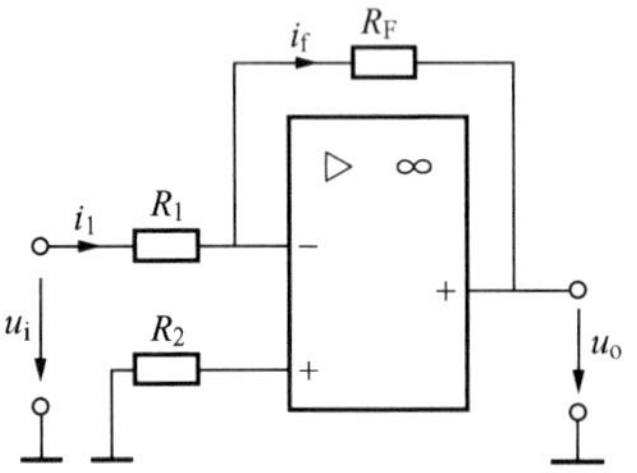

图 7-55 反相比例运算电路

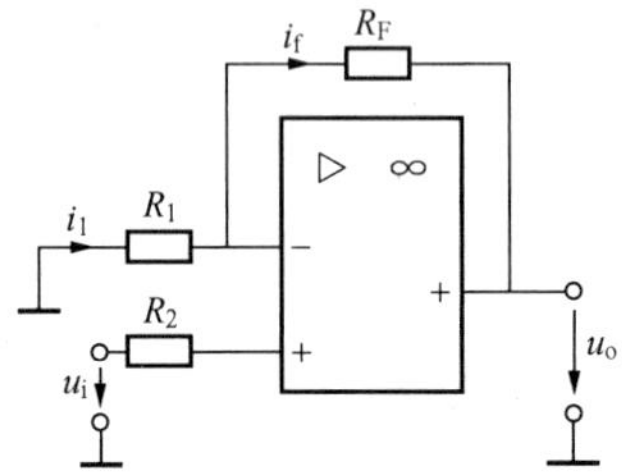

图 7-56 同相比例运算电路

（2）加法、减法运算。

1）减法运算。对于上述比例运算电路，若两个输入端都有信号输入，则为差动输入。电路如图 7-57 所示。

可应用叠加原理把图 7-55 和图 7-56 的结论相加，直接得到

$$u_o=\left(1+\frac{R_F}{R_1}\right)u_+-\frac{R_F}{R_1}u_{i1}$$

当 $R_F=R_1=R_2=R_3$ 时，$u_o=u_{i2}-u_{i1}$。

上式表明，输出电压 u_o 与两个输入端电压之差值成比例，用此电路可以实现减法运算。

2）加法运算。如果在反相输入端增加若干输入电路，则构成及相加法运算电路，如图 7-58 所示。

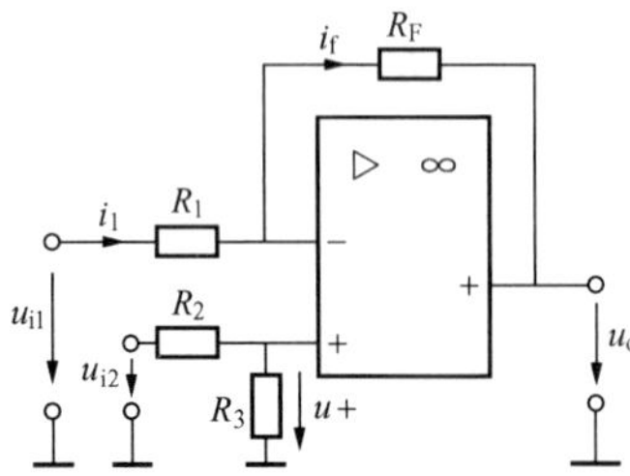

图 7-57 差动输入减法运算电路

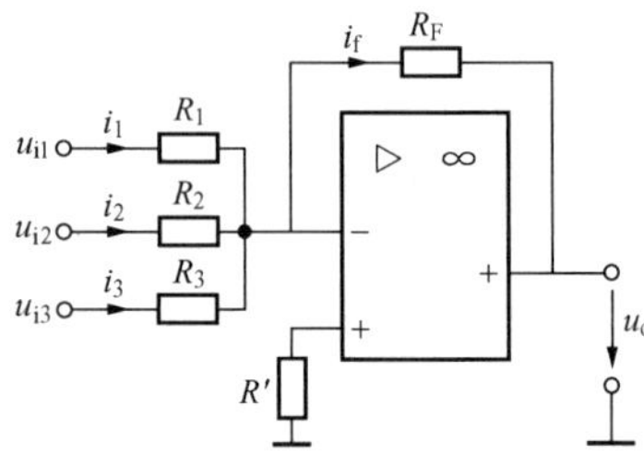

图 7-58 反相加法运算电路

理想运放 $u \approx u_+ = 0$

$$i_1=\frac{u_{i1}}{R_1}$$

$$i_2=\frac{u_{i2}}{R_2}$$

输入回路 $$i_3=\frac{u_{i3}}{R_3}$$

输出回路 $$u_o=-i_fR_F$$

注意到 $$i_1+i_2+i_3=i_f=-\frac{u_o}{R_F}$$

可得出 $$u_o=-\left(\frac{R_F}{R_1}u_{i1}+\frac{R_F}{R_2}u_{i2}+\frac{R_F}{R_3}u_{i3}\right)$$

上式表明:这种电路输出电压是输入电压之和,所以可用来实现加法运算。

平衡电阻 $$R'=R_1/\!/R_2/\!/R_3/\!/R_F$$

如果某一输入电压极性反接,则可实现减法运算。

(3) 积分运算。

与反相比例运算电路比较,用电容 C_f代替电阻 R_f作为反馈元件,如图 7-59 所示,则构成反相输入的积分运算电路。

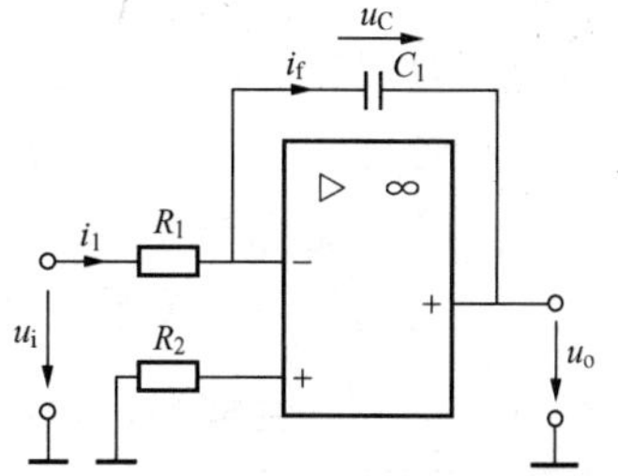

图 7-59 反相输入积分运算电路

输入回路 $u_i=i_1R_1$

输出回路 $u_o=-u_C=-\frac{1}{C_F}\int i_f\mathrm{d}t=-\frac{1}{R_1C_F}\int u_i\mathrm{d}t$

上式表明,该电路的输出电压正比于输入电压 u_i对时间的积分,具有积分运算的功能。当 u_i为恒定电压 U_i时,$u_o=-\frac{U_i}{R_1C_F}t$。

【例 7-10】反馈放大电路如图 7-60 所示,设 A 为理想集成运放。若使电路有如下功能应如何更改?

(1) 欲使该放大电路的闭环电压放大倍数 $A_{uuf}=\frac{u_o}{u_i}=-\frac{R_4}{R_1}$。

(2) 欲使该电路的 $A_{uuf}=\frac{u_o}{u_i}=-\frac{R_2}{R_1}$。

(3) 欲使该电路的 $A_{uuf}=\frac{u_o}{u_i}=-\frac{R_2+R_4}{R_1}$。

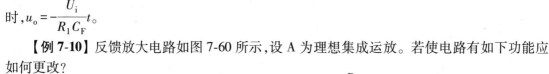

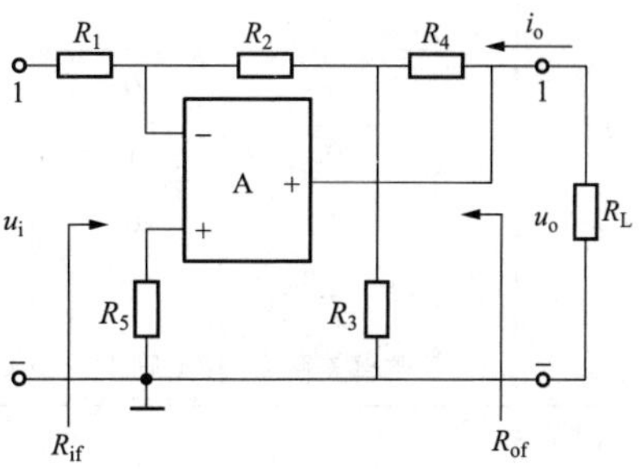

图 7-60 [例 7-10]图

解:(1) 应将原电路的 R_2 电阻元件短路,即得 $A_{uuf}=\frac{u_o}{u_i}=-\frac{R_4}{R_1}$。

(2) 应将原电路中的 R_4 电阻元件短路,即得 $A_{uuf}=\frac{u_o}{u_i}=-\frac{R_2}{R_1}$。

(3) 应将原电路中的 R_3 电阻元件开路,即得 $A_{uuf}=\frac{u_o}{u_i}=-\frac{R_2+R_4}{R_1}$。

注意：均变换为反向比例运算电路；R_2 短路时 R_3 不起作用，R_4 短路时 R_3 变为负载电阻。

7.6 数字电子技术

7.6.1 基本门电路

1. 脉冲信号

在数字电路中，电信号是不连续变化的脉冲信号，脉冲是一种跃变信号，且持续时间是以微秒或纳秒来计算的，图 7-61 是最常见的矩形波脉冲信号。

2. 门电路

门电路又称逻辑门电路。门即开关，在一定条件下它才允许信号通过。因此，门电路的输入信号与输出信号之间存在着一定的逻辑关系。基本门电路有“与门”“或门”和“非门”，由它们还可以组合成“与非门”“或非门”和“异或门”等组合门电路。

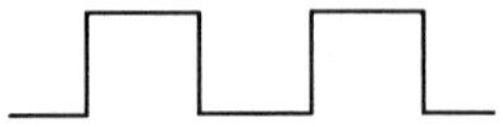

图 7-61　矩形波脉冲信号

在分析各种门电路的工作过程时，只用两种相反的工作状态，并用“1”和“0”来代表电位（电平）的高低。通常规定，高电位为“1”，低电位为“0”（正逻辑）。表 7-5 表示三种基本门电路输入输出之间的逻辑关系、逻辑符号和逻辑表达式。

表 7-5　三种基门电路输入输出之间的逻辑关系、逻辑符号和逻辑表达式

分类	逻辑关系	逻辑符号及表达式
与门	A B F 0 0 0 0 1 0 1 0 0 1 1 1 其逻辑关系为“全 1 则 1，任 0 则 0”	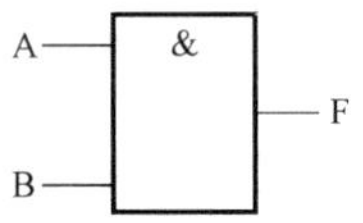 F=A·B
或门	A B F 0 0 0 0 1 1 1 0 1 1 1 1 其逻辑关系为“任 1 则 1，全 0 则 0”	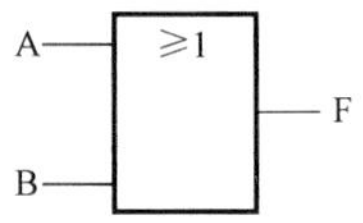 F=A+B
非门	A F 0 1 1 0 其逻辑关系为“入 1 则 0，入 0 则 1”	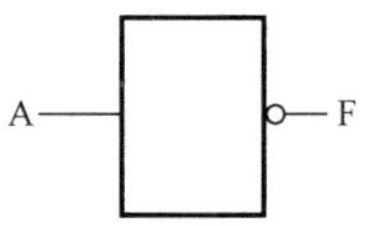 $F=\overline{A}$

与非门、或非门、异或门输入、输出间的逻辑关系、逻辑符号和逻辑表达式见表 7-6。

表 7-6　　与非门、或非门、异或门输入、输出间的逻辑关系、逻辑符号和逻辑表达式

分类	逻辑关系	逻辑符号及表达式
与非门	A　B　F 0　0　1 0　1　1 1　0　1 1　1　0 其逻辑关系为“任 0 则 1,全 1 则 0”	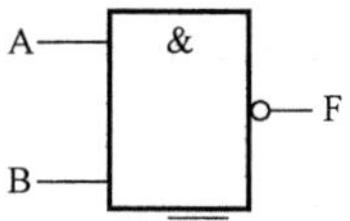 $F=\overline{A\cdot B}$
或非门	A　B　F 0　0　1 0　1　0 1　0　0 1　1　0 其逻辑关系为“任 1 则 0,全 0 则 1”	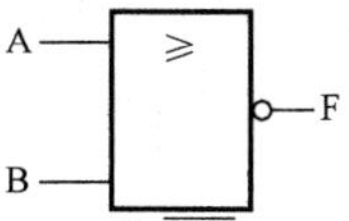 $F=\overline{A+B}$
异或门	A　B　F 0　0　0 0　1　1 1　0　1 1　1　0 其逻辑关系为“任 0 则 1,全 0 全 1 则 0”	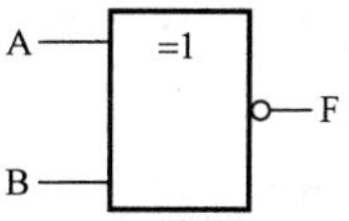 $F=A\overline{B}+\overline{A}B$

【例 7-11】图 7-62 所示为密码锁控制电路,开锁条件是:①将钥匙插入锁眼将开关 S 闭合;②从 A、B、C、D 端输入正确密码,当两个条件同时满足时,开锁信号为“1”,将锁打开,否则报警信号为“1”,接通警铃,密码 A、B、C、D 是(　　)。

A. 1100　　B. 1010　　C. 1001　　D. 0011

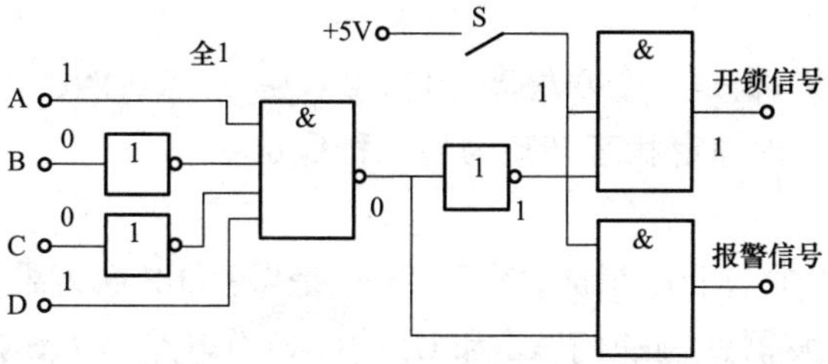

图 7-62　[例 7-11]图

解:根据表 7-5、表 7-6 中与门、非门、与非门的逻辑关系由右端开锁信号应为 1 开始,逐级向左推，依次得到各点的逻辑值如图 7-62 所示，最左边的 A、B、C、D 值即为答案，故答案为 C。

【**例 7-12**】写出图 7-63 所示电路中 F_1、F_2 及 F_3 的最简与或表达式，分析其逻辑功能。

解：因为 $P=A\oplus B$，所以 $\begin{cases}F_1=A\cdot P=A\overline{B}\\F_2=\overline{P}=AB+\overline{AB}\\F_3=B\cdot P=\overline{B}A\end{cases}$。

功能是 1 位比较器，则 $\begin{cases}A>B,\ F_1=1\\A=B,\ F_2=1\\A<B,\ F_3=1\end{cases}$。

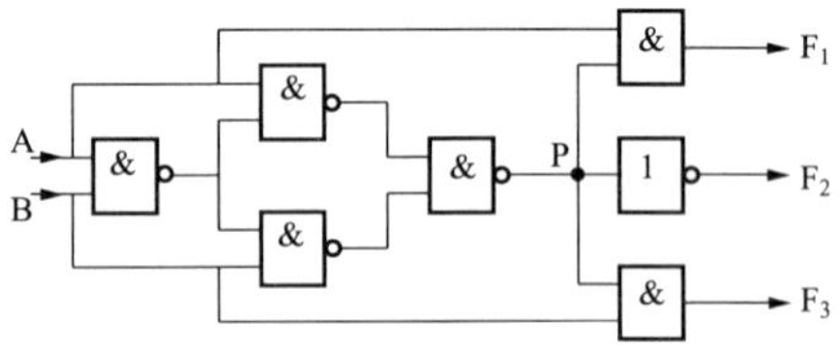

图 7-63 ［例 7-12］图

注意：该电路可对两个一位二进制数进行数值大小的比较，三种比较结果分别由三个输出端对应输出高电平来表示。

7.6.2 触发器

触发器是存放二进制数字脉冲信号的基本单元，它具有记忆功能。触发器最基本功能有：①有两个稳定状态——“0”状态和“1”状态，即双稳态；②能接收、保持和输出送来的信号。常用的双稳态触发器有基本 RS 触发器、D 触发器和 JK 触发器。

1. 基本 RS 触发器

图 7-64 是基本 RS 触发器的逻辑电路图与图形符号。

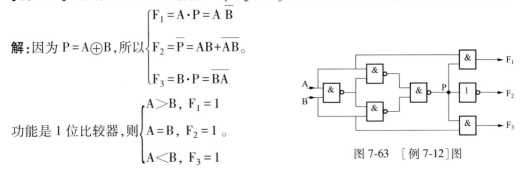

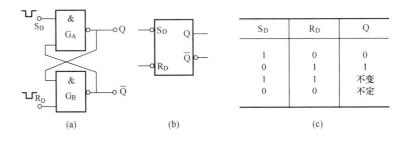

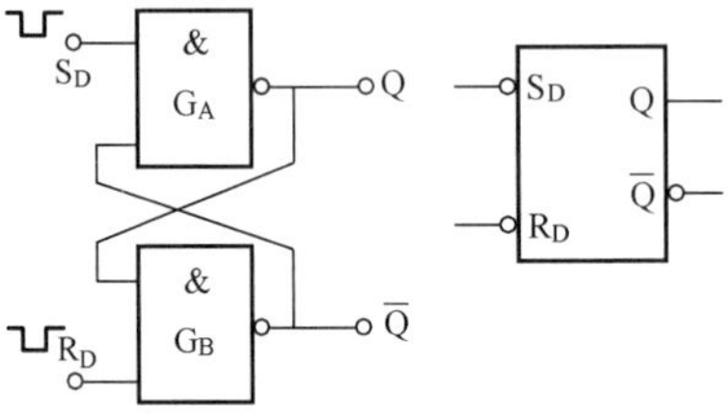

(a) (b)

S_D	R_D	Q
1	0	0
0	1	1
1	1	不变
0	0	不定

(c)

图 7-64 基本 RS 触发器

(a) 逻辑电路；(b) 图形符号；(c) 状态表

该电路有如下特点：①它是一个双稳态器件；②具有记忆功能；③可以通过适当的控制端输入负脉冲使触发器由一种稳定状态翻转为另一种稳定状态。

2. 可控 RS 触发器

可控 RS 触发器由四个与非门组成，图 7-65(a) 是可控 RS 触发器的逻辑图。其中，“与非门”G_A 和 G_B 构成基本触发器，“与非门”G_C 和 G_D 构成导引电路。R、S 是置“0”和置“1”的信号输入端，C 是时钟脉冲输入端。通过导引电路来实现时钟脉冲对输入端 R 和 S 的控制。故称为可控 RS 触发器。

可控 RS 触发器的图形符号、状态表如图 7-65(b)(c) 所示。

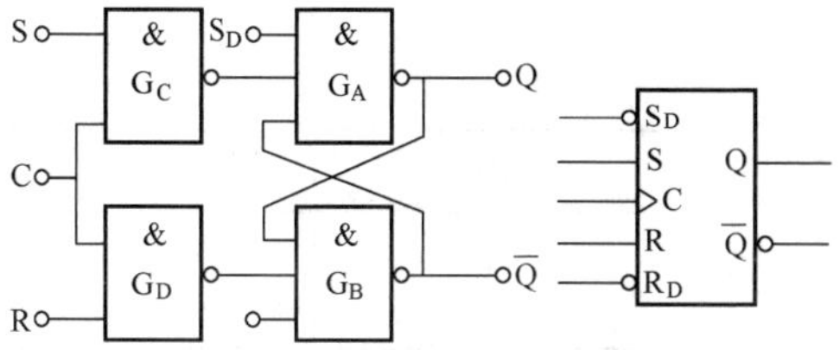

(a)　(b)

S	R	Q^{n+1}
0	0	Q^n
0	1	0
1	0	1
1	1	不定

(c)

图 7-65　可控 RS 触发器

(a)逻辑图;(b)图形符号;(c)状态表

3. JK 触发器

JK 触发器是逻辑功能最完善的一种触发器,由两个“与非”门构成的可控 RS 触发器组成,分别称为主触发器和从触发器。此外,还通过一个非门将两个触发器联系起来,时钟脉冲 C 先使主触发器翻转,而后使从触发器翻转。图 7-66 是 JK 触发器的逻辑图、图形符号和状态表。JK 触发器特性方程为 $Q^{n+1}=J\overline{Q^n}+\overline{K}Q^n$。

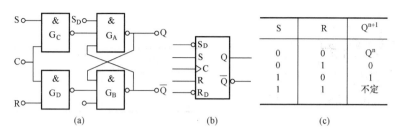

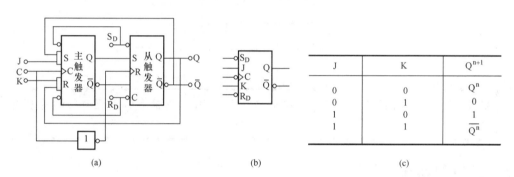

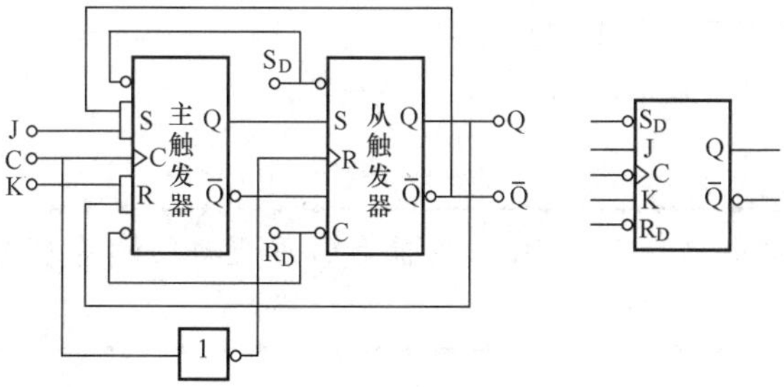

(a)　(b)

J	K	Q^{n+1}
0	0	Q^n
0	1	0
1	0	1
1	1	$\overline{Q^n}$

(c)

图 7-66　主从型 JK 触发器

(a)逻辑图;(b)图形符号;(c)状态表

4. D 触发器

图 7-67(a)为四个与非门构成的 D 触发器的逻辑电路图,G_A、G_B为基本 RS 触发器,G_C、G_D为导引电路。它只有一个输入端 D,C 为时钟控制端,Q、$\overline{Q}$ 为输出端。其图形符号如图 7-67(b)所示。

D 触发器有个突出的特点,在时钟脉冲 C=“1”期间。触发器的输出状态跟随 D 输入信号变化,其状态表如图 7-67(c)所示。D 触发器特性方程为 $Q^{n+1}=D$。

【例 7-13】图 7-68 所示为 JK 触发器和逻辑门组成的信号发生器电路,触发器的初态为 0,当第一个 CP 脉冲作用后,输出 Y_1Y_2=(　　)。

A. 11　　B. 10　　C. 01　　D. 00

解:该触发器是下跳沿触发,已知第一个脉冲触发前 JK 触发器 Q 端为 0,则 K 端为 0,J 端为 1。由图 7-67(c)逻辑表知,在 JK 端为 10 时,第一个时钟下跳沿将使 JK 触发器翻转,Q 端变为 1,这时 CP 脉冲已下跳为 0。右上边与门的输入为 10,输出 Y_1 为 0;右下边与非门的输入为 00,输出 Y_2 为 1。因此答案为 C。

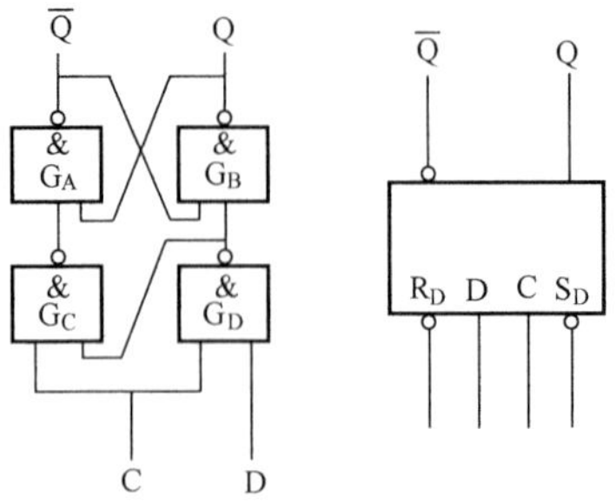

(a) (b)

(c)

D	Q^{n+1}
0	0
1	1

图 7-67 可控 RS 触发器

(a)逻辑图;(b)图形符号;(c)状态表

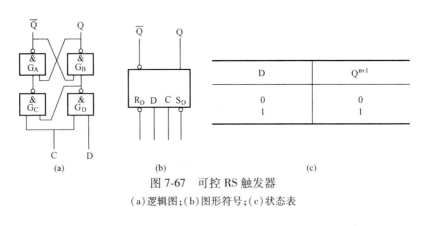

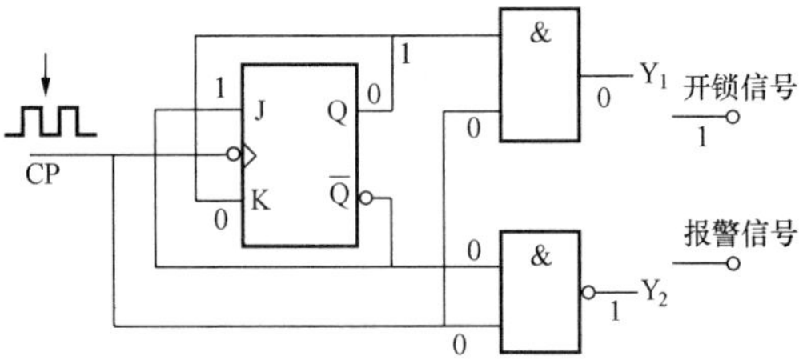

图 7-68 [例 7-13]图

注意:触发器为计数状态。分析这种电路应熟记 JK 触发器和常用逻辑门的基本逻辑功能。

7.7 计算机系统

7.7.1 计算机系统概述

1. 计算机系统组成

计算机系统由硬件系统和软件系统组成,如图 7-69 所示。前者的核心是中央处理单元 CPU,后者的核心是操作系统。

2. 计算机的发展

世界上第一台名为 ENIAC 的数字电子计算机于 1946 年诞生在美国宾夕法尼亚大学, 在半个世纪的飞速发展过程中经历了 4 个时代。

第一代(1946—1958 年)计算机采用电子管作为计算机的逻辑元件,运算速度每秒仅几千次,内存容量仅几 KB,仅限于军事和科研中的科学计算,用机器语言或汇编语言编写程序。

第二代(1958—1964 年)计算机采用晶体管作为计算机的逻辑元件,运算速度每秒达几十万次,内存容量扩大到几十 KB,已由科学计算扩展到数据处理和自动控制,出现了 FORTRAN 等高级语言。

第三代(1964—1970 年)计算机采用集成电路作为计算机的逻辑元件,运算速度每秒达几十万次至几百万次,开始广泛应用于各个领域,高级语言有了很大发展,并出现了操作系统和会话式语言。

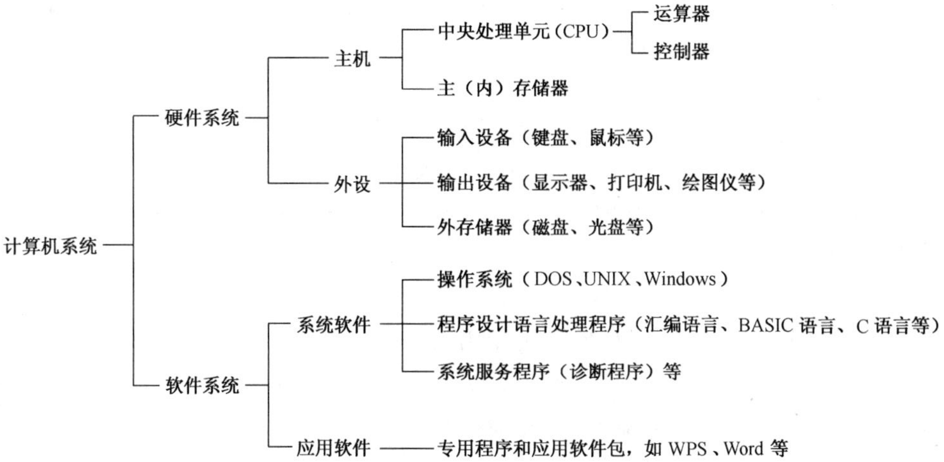

图 7-69　计算机系统的基本组成

第四代(1971 年至今)计算机采用大规模和超大规模集成电路作为计算机的逻辑元件,运算速度每秒达几千万次至十万亿次,应用范围已渗透到各行各业,并进入了以网络为特征的时代;操作系统不断完善,应用软件已成为现代工业的一部分。

3. 计算机的分类

计算机的分类很多。按计算机信息的表示形式和对信息的处理方式不同分为数字计算机、模拟计算机和混合计算机;按计算机的用途不同分为通用计算机和专用计算机;按计算机运算速度快慢、存储数据量的大小、功能的强弱,以及软硬件的配套规模等不同又分为巨型机、大中型机、小型机、微型机、工作站与服务器等。

4. 计算机的特点

运算速度快,精度高;存储能力强;具有逻辑判断能力;可按程序自动工作。计算机主要应用有科学计算(或数值计算)、数据处理(或信息处理)、辅助技术(或计算机辅助设计与制造)、过程控制(或实时控制)、人工智能(或智能模拟)、网络应用等。

7.7.2　计算机硬件的组成及功能

计算机的硬件一般由运算器、控制器、存储器、输入设备和输出设备五大部分组成,如图 7-70所示。

1. 控制器

控制器主要由指令寄存器、译码器、程序计数器、操作控制器等组成,其功能是从存储器取出指令、分析解释指令,按照指令要求依次向其他各部件发出控制信号,并保证各部件协调一致的工作。它是计算机的指挥中心。

2. 运算器

运算器是对信息进行加工和处理的主要部件,其功能是完成算术与逻辑运算。

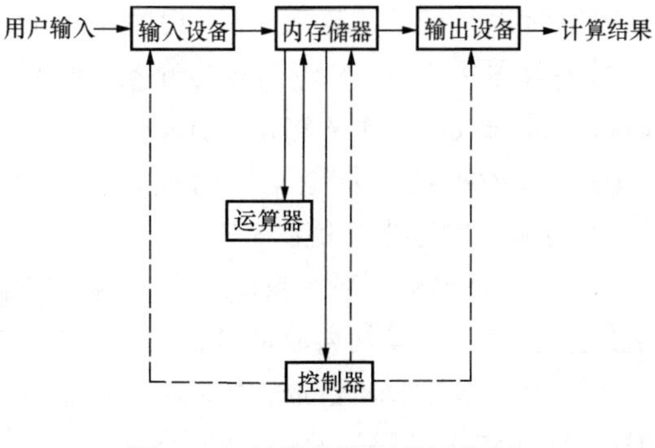

图 7-70　计算机的硬件结构图

通常运算器、控制器和一些寄存器集成在一个芯片中，称中央处理器，俗称 CPU（Central Processing Unit）。它是计算机的核心部件。

3. 存储器

存储器是用来存储程序和数据的。存储器分为内存储器和外存储器。内存储器又称主存储器，它的特点是：容量相对于外存储器容量小，存取速度快，CPU 可直接对它进行访问。内存储器可分为两类：一种是随机存取存储器 RAM（Random Access Memory）；另一种是只读存储器 ROM（Read Only Memory）。RAM 的特点是：CPU 可以向 RAM 中写入或读出信息；断电后，RAM 中的信息将全部丢失。ROM 的特点是：信息只能从中读出不能写入；断电后，ROM 中的信息不会丢失。ROM 一般用于存放系统专用的程序和数据。外存储器用来扩充存储器容量和存放“暂时不用”的程序和数据。其特点是：容量大，存取信息的速度要比内存慢，CPU 不可对它直接访问。常用的外存储器有磁带、磁盘和光盘。

4. 输入设备

输入设备的功能是把程序和数据信息转换成计算机中的电信号，存入计算机中。常用的输入设备有键盘、鼠标和光笔等。

5. 输出设备

输出设备的功能是将计算机内部需要输出的信息以文字、数据、图形、声音等人们能够识别的方式输出。常用的输出设备有显示器和打印机等。

6. 总线

总线是一种内部结构，它是 CPU、内存、输入、输出设备传递信息的公用通道。在计算机系统中，各个部件之间传送信息的公共通路叫总线。按照功能划分，大体上可以分为地址总线（AB）、数据总线（DB）和控制总线（CB）。由于地址只能从 CPU 传向存储器或 I/O 端口，所以地址总线总是单向的，数据总线一般是双向的。

7. 数/模和模/数转换

能把数字信号转换成模拟信号的电路称为数/模转换器（简称 D/A 转换器），而能将模拟信号转换成数字信号的电路，称为模/数转换器（简称 A/D 转换器）；A/D 转换器和 D/A 转换器已经成为计算机系统中不可缺少的接口器件。

（1）数/模转换的基本原理。数字量是用代码按数位组合起来表示的，对于有权码，每位代码都有一定的权。为了将数字量转换成模拟量，必须将每一位的代码按其权的大小转换成相应的模拟量，然后将这些模拟量相加，即可得到与数字量成正比的总模拟量，从而实现了数字—模拟转换。这就是构成 D/A 转换器的基本思路。

图 7-71 所示是 D/A 转换器的输入、输出关系框图，$D_0 \sim D_{n-1}$是输入的 n 位二进制数，u_o是与输入二进制数成比例的输出电压。

图 7-72 所示是一个输入为 3 位二进制数时 D/A 转换器的转换特性，它具体而形象地反映了 D/A 转换器的基本功能。

（2）模/数转换的基本原理。在模/数转换中，因为输入的模拟信号在时间上是连续量，而输出的数字信号代码是离散量，所以进行转换时必须在一系列选定的瞬间（即时间坐标轴上的一些规定点上）对输入的模拟信号取样，然后再把这些取样值转换为输出的数字量。因此，一般的 A/D 转换过程是通过取样、保持、量化和编码这四个步骤完成的，如图 7-73 所示。

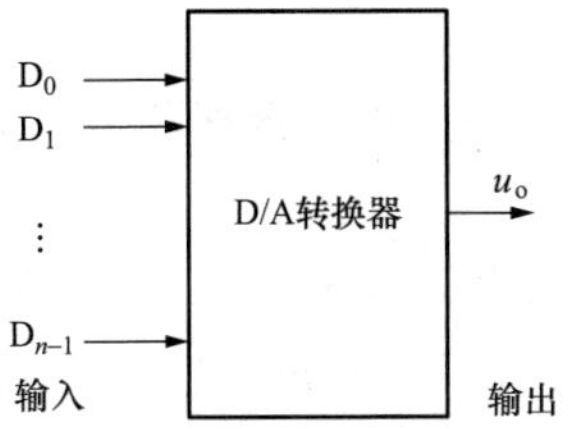

图 7-71　D/A 转换器的输入、输出关系框图

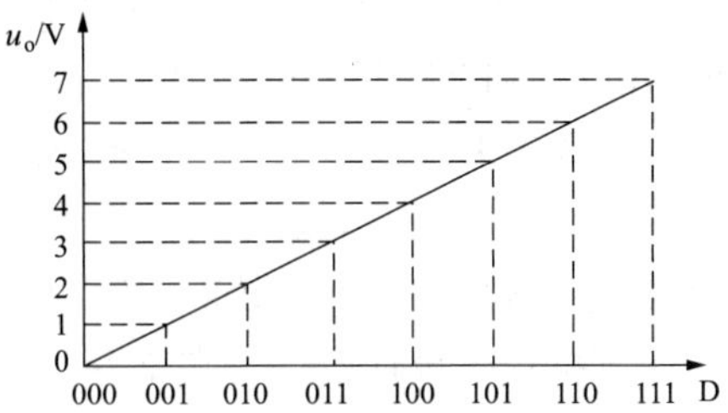

图 7-72　3 位 D/A 转换器的转换特性

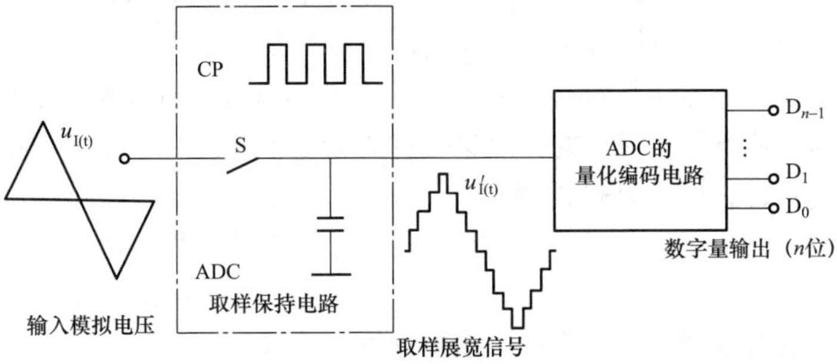

图 7-73　模拟量到数字量的转换过程

7.7.3　计算机软件的组成及功能

计算机软件系统是指计算机运行时所需的各种程序、数据以及有关的文档。软件是计算机的灵魂,包括指挥、控制计算机各部分协调工作并完成各种功能的程序和数据。

软件分为系统软件和应用软件两大类。系统软件一般是用来管理、维护计算机及协调计算机内部更有效地工作的软件,主要包括操作系统、语言处理程序和一些服务性程序。应用软件一般是为某个具体应用开发的软件,如文字处理软件、杀毒软件、财会软件、人事管理软件等。

1. 系统软件

系统软件一般是由计算机开发商提供的,为了管理和充分利用计算机资源,帮助用户使用、维护和操作计算机,发挥和扩展计算机功能,提高计算机使用效率的一种公共通用软件。

系统软件大致包括以下几种类型:

(1) 操作系统。操作系统(Operating System,OS)是管理电脑硬件与软件资源的程序,同时也是计算机系统的内核与基石。操作系统是一个庞大的管理控制程序,主要功能是进行 5 个方面的管理:进程与处理机管理、作业管理、存储管理、设备管理、文件管理。

操作系统具有并发性、共享性、虚拟性和异步性四个基本特征。

目前的操作系统种类繁多,很难用单一标准统一分类。

按应用领域来划分,可分为桌面操作系统、服务器操作系统、主机操作系统、嵌入式操作系统;按所支持的用户数目划分,可分为单用户(MSDOS、OS/2)系统、多用户系统(UNIX、MVS、Windows);按源码开放程度划分,可分为开源操作系统(Linux、Chrome OS)和不开源操作系统(Windows、Mac OS);按硬件结构划分,可分为网络操作系统(Netware、Windows NT、OS/2 warp)、分布式系统(Amoeba)、多媒体系统(Amiga);按照操作系统的使用环境和对作业处理方式来考虑,可分为批处理系统(MVX、DOS/VSE)、分时系统(Linux、UNIX、XENIX、Mac OS)、实时系统(iEMX、VRTX、RTOS,RT Windows)。

操作系统的主要功能是 CPU 管理、作业管理、存储管理、文件管理和设备管理。Windows 是微型机上使用的操作系统之一。

目前微机上常见的操作系统有 DOS、OS/2、UNIX、XENIX、Linux、Windows、Netware 等。

(2) 计算机程序设计语言。它是专门用来为人与计算机之间进行信息交流而设计的一套语法、语义的代码系统。人们以一种计算机能够识别的语言形式告诉计算机。一般把接近机器代码的语言称为低级语言,如机器语言和汇编语言;而把比较接近人类的自然语言,能被计算机翻译接受的且与计算机硬件无关的语言称为高级语言,如 FORTRAN 语言。

1) 机器指令:指挥计算机执行某种操作的命令称为指令。

指令的作用是规定机器运行时必须完成的一次基本操作。如从哪个存储单元取操作数,得到的结果存到哪个地方等。所有的指令集合称为指令系统。每条指令由操作码和操作数两部分组成,其命令格式为:操作码+操作数。

操作码表示要执行的操作,如加、减、乘、除、移位、传送等。操作数指定参加操作的数本身或操作数的地址。由机器指令组成的程序称为目标程序,用各种计算机语言编制的程序称为源程序。源程序只有被翻译成目标程序才能被计算机接收和执行。

2) 机器语言:直接用二进制代码表示指令系统的语言称为机器语言。

机器语言是早期的计算机语言。在机器语言中,每一条指令的地址、操作码及操作数都是用二进制数表示的。机器语言是计算机能够唯一识别的、可直接执行的语言,不需“翻译”,是各种计算机语言中运行最快的一种语言。但用机器语言编写程序很麻烦,不容易记忆、掌握和交流。不同类型的计算机其机器语言是不同的,而且不可移植。

3) 汇编语言:汇编语言是将指令的操作码和操作数改为助记符的形式书写的一种语言。

用汇编语言编写程序,可将人们容易记忆和理解的英文缩写作为助记符,用标号和符号来代替地址、常量和变量,如 MOV 表示传送指令、ADD 表示加法指令等。汇编语言不能直接执行,必须将汇编语言程序翻译成机器语言,然后再执行。用汇编语言编写的程序称为汇编语言源程序,翻译生成的机器语言称为目标程序。翻译的过程称为汇编,完成翻译的系统软件称汇编程序。

4) 高级语言:高级语言不针对某个具体计算机,通用性强。其特点是接近于人类的自然语言和数学语言。FORTRAN 语言中的 GOTO 语句,表示转移;READ 表示读(输入);用符号+、-、×、/ 表示加、减、乘和除等。高级语言与计算机硬件无关,不需要熟悉计算机的指令系统,只需考虑解决问题的算法即可。计算机高级语言的种类很多,常用的有 BASIC、FORTRAN、C 及 FoxPro 等。

用高级语言编写的源程序在计算机中不能直接执行,必须翻译成机器语言才可执行。翻译的方式一般有两种,一种是编译方式,另一种是解释方式。

在编译方式中,将高级语言源程序翻译成目标程序的软件称为编译程序,这种翻译过程称为编译。在翻译过程中,编译程序要对源程序(如 FORTRAN 语言源程序)进行语法检查,如果有错误,将给出相关的错误信息,如果无错,才翻译成目标程序。翻译程序生成的目标程序也不能直接执行,还需要经过连接和定位后生成可执行文件。用来进行连接和定位的软件称为连接程序。经编译方式编译的程序执行速度快、效率高。图 7-74 给出了编译过程。

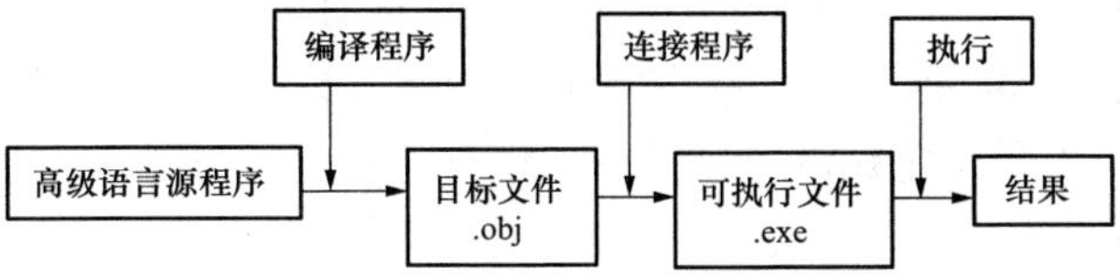

图 7-74　编译过程

在解释方式中，将高级语言源程序翻译和执行的软件称为解释程序。解释程序不是对整个源程序进行翻译，也不生成目标程序，而是将源程序（如 BASIC 语言源程序）逐句解释，边解释边执行。如果发现错误，给出错误信息，并停止解释和执行，如果没有错误，解释执行到最后一条语句。解释方式对初学者较有利，便于查找错误，但效率较低。图 7-75 给出了解释过程。

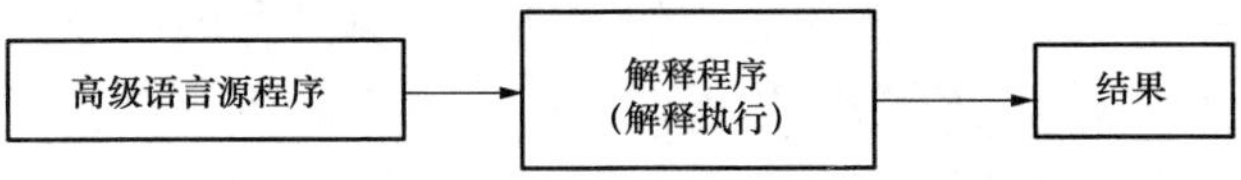

图 7-75　解释过程

以上两种翻译方式都起着将高级语言编写的源程序翻译成计算机可以识别和运行的二进制代码的作用。但两种方式是有区别的，编译方式将源程序经编译、连接得到可执行程序文件后，就可以脱离源程序和编译程序，单独执行，所以编译方式的效率高，执行速度快。解释方式是在执行时，源程序和解释程序必须同时参与才能运行，并且不产生目标文件及可执行程序文件，所以效率低，执行速度慢，但是便于人机对话。

（3）系统服务软件。系统服务软件是开发和研制各种软件的工具。

常见的工具软件有诊断程序、调试程序、编辑程序等。这些工具软件为用户编制计算机程序及使用计算机提供了方便。

1）诊断程序：有时也称为查错程序，它的功能是诊断计算机各部件能否正常工作，因此，它是面向计算机维护的一种软件。例如，对微型机加电后，一般都首先运行 ROM 中的一段自检程序，以检查计算机系统是否能正常工作。这段自检程序就是一种最简单的诊断程序。

2）调试程序：它可对程序进行调试。它是程序开发者的重要工具，特别是对于调试大型程序显得更为重要。例如 DEBUG 就是一般 PC 机系统中常用的一种调试程序。

3）编辑程序：它是计算机系统中不可缺少的一种工具软件，主要用于输入、修改、编辑程序或数据。

系统软件是计算机系统的必备软件。用户在购置计算机时，一般都要根据需要以及可能配备相应的系统软件。

2. 应用软件

应用软件是指为了解决各种计算机应用中的实际问题而编制的程序。它包括商品化的通用软件和专用软件，也包括用户自己编制的各种应用程序，如文字处理软件、表格处理软件、图形处理软件等。

（1）文字处理软件。文字处理软件主要用于将文字输入到计算机，可以对文字进行修改、排版等操作，可以将其保存到软盘、硬盘或其他存储设备中。目前常用的文字处理软件有 Microsoft Word 和金山 WPS 等。

（2）表格处理软件。表格处理软件主要用于对表格中的数据进行排序、筛选及各种计算，并可用数据制作各种图表等。目前常用的表格处理软件有 Microsoft Excel 等。

（3）辅助设计软件。辅助设计软件主要用于绘制、修改、输出工程图纸，如集成电路、汽车、飞机等的设计图纸。目前常用的辅助设计软件有 AutoCAD 等。

（4）数据库管理软件。

（5）专用软件。企事业常用的管理软件，如财会软件和统计软件、控制系统中的控制软件等。

7.8 信息表示

7.8.1 信息在计算机内的表示

1. 数值信息

计算机中的数值信息都是用二进制表示的。这些数值信息可以分为整数和实数两大类。这里的实数是既有整数又有小数的数。以下以计算机字长 $n=8$ 为例。

（1）不带符号的整数（正整数）。我们知道，11111111 是最大的 8 位二进制数，相当于十进制的 255。因此，如果用二进制的 8 位数来表示，不带符号的整数的取值范围是 $0\sim(255)_{10}$ 用二进制表示，则为 $(00000000)_2\sim(11111111)_2[(2^8-1)_{10}]$。

（2）带符号的整数（整数）。最高位为符号位，“0”表示“+”，“1”表示“-”。计算机常用原码、反码、补码表示机器数。

1）原码。最高位为符号位，其他位按照一般的方法来表示数的绝对值。用这样的表示方法得到的就是数的原码。

例如，当机器字长为 8 位二进制数时：

$[9]_{原}=00001001$；$[-9]_{原}=10001001$

原码表示的整数范围是 $-(2^{n-1}-1)\sim+(2^{n-1}-1)$，其中 n 为机器字长。8 位二进制原码表示的整数范围是 $-127\sim+127$。

2）反码。对于一个带符号的数来说，正数的反码与其原码相同，负数的反码为其原码除符号位以外的各位按位取反。例如，当机器字长为 8 位二进制数时：

$[+91]_{原}=01011011=[X]_{反}$；$[-91]_{原}=11011011$；$[Y]_{反}=10100100$

（3）补码。正数的补码与其原码相同，负数的补码为其反码在最低位加 1（对负数的原码从最右边位向左扫描，遇第一个“1”以后逐位取反）。例如，当机器字长为 8 位二进制数时：

$[+91]_{原}=01011011=[+91]_{反}=[+91]_{补}$

$[-91]_{原}=11011011$；$[-91]_{反}=10100100$；$[-91]_{补}=10100101$

$[0]_{补}=00000000$；$[+127]_{补}=01111111$；$[-128]_{补}=10000000$

补码表示的整数范围是 $-2^{n-1}\sim+(2^{n-1}-1)$，其中 n 为机器字长。8 位二进制补码表示的整数范围是 $-128\sim+127$。

2. 西文信息

西文是由拉丁字母、数字、标点符号和一些特殊符号组成的，统称为“字符”（character），所有字符的集合叫“字符集”。字符集中每一个字符都由一个二进制代码来表示。一个字符集的所有代码构成的表就称为该字符集的“代码表”，简称为“码表”。常用的西文码表是 ASCII 表，全称是美国标准信息交换码（American Standard Code for Information Interchange）。

3. 中文信息

中文的基本组成单位是汉字。中国汉字总数在 7 万左右，不可能给每个汉字都一一进行编码，只能从常用汉字入手。汉字在计算机内的表示方法有国标码（GB 2312）、区位码、机内码、汉字扩充编码。

4. 图形信息

图画在计算机中有两种表示方法：图像（image）表示法和图形（graphics）表示法。

5. BCD 码

用 4 位二进制数来表示 1 位十进制数中的 0~9 这 10 个数码，称 BCD 码或二-十进制代码（Binary-Coded Decimal，BCD），也有称 8421 码，也称二进码十进数。BCD 码是一种二进制的数字编码形式，用二进制编码的十进制代码。十进制数与 BCD 码对照见表 7-7。

表 7-7　十进制数与 BCD 码对照表

十进制数	BCD 码	十进制数	BCD 码
0	0000	5	0101
1	0001	6	0110
2	0010	7	0111
3	0011	8	1000
4	0100	9	1001

BCD 码有压缩 BCD 码和非压缩型 BCD 码两种形式。

（1）压缩型 BCD 码。每一位 BCD 码用 4 位二进制数表示，一个字节（8 位二进制数）表示两位十进制数。例如：01101001B 表示 69。

（2）非压缩型 BCD 码。每一位 BCD 码用一个字节表示一位十进制数，高 4 位总是 0000，低 4 位的 0000~1001 表示 0~9。例如，一个字节（8 位二进制数）表示一位十进制数。例如：00001001B 表示 9。

7.8.2　数制转换

计算机中使用二进制表示数据，为方便人机交互，有时也使用八进制和十六进制（以下讨论的数为整数）。

1. 十进制数的特点

（1）十进制数用十个数表示：0，1，2，…，9。

（2）逢十进一。

（3）相同的数字所在的位置不同，表示的数值不同。

（4）数的后缀为 D（Decimal）或省略。

十进制数的基数是 10，各位的权值整数部分从右至左分别是 10^0，10^1，10^2，10^3，…分别表示 1，10，100，1000，…。一个十进制的数字符号可以用 a_0，a_1，a_2，…表示，例如数字符号 23571 用字母表示为 $a_0=1$，$a_1=7$，$a_2=5$，$a_3=3$，$a_4=2$。利用权值和数字符号可以将十进制数用通用公式表示为

$$a_n\times10^n+a_{n-1}\times10^{n-1}+a_{n-2}\times10^{n-2}+\cdots+a_1\times10^1+a_0\times10^0$$

例如：数值 23 571 用公式表示为

$$2\times10^4+3\times10^3+5\times10^2+7\times10^1+1\times10^0=20\ 000+3000+500+70+1=23\ 571$$

2. 二进制数的特点

(1) 二进制数用两个数表示:0,1。

(2) 逢二进一。

(3) 相同的数字所在的位置不同,表示的数值不同。

(4) 数的后缀为 B(Binary)。

二进制数的基数是 2,各位的权值整数部分从右至左分别是 $2^0,2^1,2^2,2^3,\cdots$ 分别表示为 1,2,4,8,…。一个二进制的数字符号可以用 $a_0,a_1,a_2,\cdots$ 表示,例如数字符号 11001B 用字母表示为 $a_0=1,a_1=0,a_2=0,a_3=1,a_4=1$。利用权值和数字符号可以将二进制数用通用公式表示为

$$a_n\times2^n+a_{n-1}\times2^{n-1}+a_{n-2}\times2^{n-2}+\cdots+a_1\times2^1+a_0\times2^0$$

例如:二进制数 11001B 用公式表示的十进制数为

$$1\times2^4+1\times2^3+0\times2^2+0\times2^1+1\times2^0=16+8+0+0+1=25$$

3. 八进制数的特点

(1) 八进制数用八个数表示:0,1,2,…,7。

(2) 逢八进一。

(3) 相同的数字所在的位置不同,表示的数值也不同。

(4) 数的后缀为 O 或 Q(Octal)。

八进制数的基数是 8,各位的权值整数部分从右至左分别是 $8^0,8^1,8^2,8^3,\cdots$ 分别表示为 1,8,64,512,…。一个八进制的数字符号可以用 $a_0,a_1,a_2,\cdots$ 表示,例如数字符号 23725Q 用字母表示为 $a_0=5,a_1=2,a_2=7,a_3=3,a_4=2$。利用权值和数字符号可以将八进制数用通用公式表示为

$$a_n\times8^n+a_{n-1}\times8^{n-1}+a_{n-2}\times8^{n-2}+\cdots+a_1\times8^1+a_0\times8^0$$

例如:八进制数 23725Q 用公式表示的十进制数为

$$2\times8^4+3\times8^3+7\times8^2+2\times8^1+5\times8^0=8192+1536+448+16+5=10\ 197$$

4. 十六进制数的特点

(1) 十六进制数用十六个数表示:0,1,2,…,9,A,B,C,D,E,F;A~F 分别与十进制 10~15 相等。

(2) 逢十六进一。

(3) 相同的数字所在的位置不同,表示的数值不同。

(4) 数的后缀为 H(Hexadecimal)。

十六进制数的基数是 16,各位的权值整数部分从右至左分别是 $16^0,16^1,16^2,16^3,\cdots$ 分别表示 1,16,256,4096,…。一个十六进制的数字符号可以用 $a_0,a_1,a_2,\cdots$ 表示,例如数字符号 23A0CH 用字母表示为 $a_0=C,a_1=0,a_2=A,a_3=3,a_4=2$。利用权值和数字符号可以将十六进制数用通用公式表示为

$$a_n\times16^n+a_{n-1}\times16^{n-1}+a_{n-2}\times16^{n-2}+\cdots+a_1\times16^1+a_0\times16^0$$

例如:十六进制数 23A0CH 用公式表示的十进制数为

$$2\times16^4+3\times16^3+A\times16^2+0\times16^1+C\times16^0=131\ 072+12\ 288+2560+0+12=145\ 932$$

5. 十进制数转换为二、八、十六进制数

方法:除 R 取余。将十进制数逐次除以二、八或十六进制基数 R,直到商等于 0 为止,将所

得的余数组合在一起,就是二进制数、八进制数或十六进制数(最后一次得到的余数为最高位,第一个得到的余数为最低位)。

例如：19=10011B；30=36Q；59=3BH。

6. 二、八、十六进制数转换为十进制数

方法:使用公式法。将各进制数按其通用公式展开,各项乘积相加后得到十进制数。

例如:$1110B=1\times2^3+1\times2^2+1\times2^1+0\times2^0=14$;

$2A4H=2\times16^2+10\times16^1+4\times16^0=512+160+4=676$。

7. 二进制数转换八、十六进制数

方法:使用分组法。将二进制数从最低位开始,每 3 位(转八进制)或 4 位(转十六进制)分为一组,将各组的转换结果位组合在一起,就是八进制数或十六进制数。

例如：10101001B=251Q=A9H。

8. 常用进制之间的简单对应关系

表 7-8 给出了常用的几种进制数的关系对照表。

表 7-8　　常用的几种进制数的关系对照表

数制				数制			
十	二	八	十六	十	二	八	十六
0	0	0	0	8	1000	10	8
1	1	1	1	9	1001	11	9
2	10	2	2	10	1010	12	A
3	11	3	3	11	1011	13	B
4	100	4	4	12	1100	14	C
5	101	5	5	13	1101	15	D
6	110	6	6	14	1110	16	E
7	111	7	7	15	1111	17	F

7.8.3 典型考题举例及解析

【例 7-14】计算机硬件由哪几部分组成?(　　)

A. 主机和计算机软件　　B. CPU 存储器和输入输出设备

C. 操作系统和应用程序　　D. CPU 和显示器

解:根据计算机的硬件组成,可以知道它是由中央处理单元,即 CPU(包含运算器、控制器及一些寄存器)、存储器(指内存)、输入设备(如键盘)输出设备(如显示器)组成,故答案应选 B。

【例 7-15】微型计算机中,运算器、控制器和内存储器的总称是(　　)。

A. 主机　　B. MPU　　C. CPU　　D. ALU

解:主机含 CPU 和存储器。MPU(Micro Processor Unit)是指微处理机;CPU (Central Processing Unit)是指中央处理单元;ALU(Arithmetic Logical Unit)是指 CPU 中的算术与逻辑单元,故答案应选 A。

【例 7-16】下列数据中,最大的是(　　)。

A. $(5A)_H$　　B. 96　　C. $(01100010)_B$　　D. $(56)_Q$

解:比较不同数制的数据大小时,可以先将所比较数据转换成统一数制(例如十进制),然后比较。本题中 $(5A)_H=5\times16+10=90$;$(01100010)_B=(62)_H=6\times16+2=98$;$(76)_Q=7\times8+6=62$,故答案应选 C。

【例 7-17】由高级语言编写的源程序要转换成计算机能直接执行的目标代码程序,必须经过(　　)。

A. 编辑　　B. 编译　　C. 汇编　　D. 解释

解:高级语言源程序(例如 FORTRAN)通过编译程序编译产生目标代码程序;解释程序对高级语言(例如 BASIC)解释时不产生目标代码程序。汇编程序是用于汇编语言程序的汇编,不用于高级语言程序,故答案应选 B。

7.9 常用操作系统

操作系统的主要功能是资源管理、程序控制和人机交互等。计算机系统的资源可分为设备资源和信息资源两大类。设备资源指的是组成计算机的硬件设备,如中央处理器、主存储器、磁盘存储器、打印机、磁带存储器、显示器、键盘输入设备和鼠标等。信息资源指的是存放于计算机内的各种数据,如文件、程序库、知识库、系统软件和应用软件等。

常用的操作系统有 DOS 操作系统,属于单用户单任务操作系统;Windows 操作系统,属于单用户多任务操作系统;UNIX 操作系统具有多用户、多任务的特点。

7.9.1 Windows 操作系统的发展

Windows 操作系统是微软(Microsoft)公司开发的"视窗"操作系统,目前是世界上用户最多,并且兼容性最强的操作系统。最早的 Windows 操作系统于 1985 年就推出了,改进了微软以往的命令、代码系统 Microsoft Dos。Microsoft Windows 是彩色界面的操作系统。支持键鼠功能。默认的平台是由任务栏和桌面图标组成的。任务栏由显示正在运行的程序、"开始"菜单、时间、快速启动栏、输入法以及右下角的托盘图标组成。而桌面图标是进入程序的途径。默认的系统图标有"我的电脑""我的文档""回收站",另外,还会显示出系统的自带的"IE 浏览器"图标。运行 Windows 的程序主要操作都是由鼠标和键盘控制的。鼠标的左键单击默认是选定命令,鼠标左键双击是运行命令。鼠标右键单击是弹出菜单。Windows 系统是"有声有色"的操作系统。除了有颜色以外,声音也必不可少的。最重要的还是 Windows 的硬件必须要驱动程序引导。USB、声卡、显卡、网卡、光驱、主板、CPU 等都需要驱动程序。安装了驱动程序就可以正常使用 Windows 的硬件了。有了主板的驱动,系统才可以正常使用、运行。有声卡才会发声、有显卡才有图像。这一切都是驱动程序的引导才可以执行。Windows 是由资源管理器和注册表这两个程序控制的。注册表是控制着脚本、命令、启动项目的工具,也是 Windows 的核心部分。

7.9.2 操作系统的管理功能

1. 进程

进程是一个具有一定独立功能的程序在一个数据集合上的一次动态执行过程。进程与处理器、存储器和外设等资源的分配和回收相对应,进程是计算机系统资源的使用主体。在操作系统中引入进程的并发执行,是指多个进程在同一计算机操作系统中的并发执行。引入进程并发执行可提高对硬件资源的利用率,但又带来额外的空间和时间开销,增加了操作系统的复杂性。作为描述程序执行过程的概念,进程具有动态性、独立性、并发性和结构化等特征。动态性是指进程具有动态的地址空间,地址空间的大小和内容都是动态变化的。地址空间的内容包括代码(指令执行和处理器状态的改变)、数据(变量的生成和赋值)和系统控制信息(进程控制块的生成和删除)。独立性是指各进程的地址空间相互独立,除非采用进程间通信手段,否则不能相互影响。并发性也称为异步性,是指从宏观上看,各进程是同时独立运行的。结构化是指进程地址空间的结构划分,如代码段、数据段和核心段划分。

进程与程序密切相关但概念不同,主要区别在于:

(1) 进程是动态的,程序是静态的。程序是有序代码的集合;进程是程序的执行。进程通常不可以在计算机之间迁移;而程序通常对应着文件、静态和可以复制。

(2) 进程是暂时的,程序是永久的。进程是一个状态变化的过程;程序可长久保存。

(3) 进程与程序的组成不同:进程的组成包括程序、数据和进程控制块(即进程状态信息)。

(4) 进程与程序是密切相关的。通过多次执行,一个程序可对应多个进程;通过调用关系,一个进程可包括多个程序。进程可创建其他进程,而程序并不能形成新的程序。

(5) 进程是程序代码的执行过程,但并不是所有代码执行过程都从属于某个进程。

2. 处理器管理

处理器管理或称处理器调度是操作系统资源管理功能的另一个重要内容。在一个允许多道程序同时执行的系统里,操作系统会根据一定的策略将处理器交替地分配给系统内等待运行的程序。一道等待运行的程序只有在获得了处理器后才能运行。一道程序在运行中若遇到某个事件,例如启动外部设备而暂时不能继续运行下去,或一个外部事件的发生等,操作系统就要来处理相应的事件,然后将处理器重新分配。

3. 存储器管理

操作系统的存储管理就负责把内存单元分配给需要内存的程序以便让它执行,在程序执行结束后将它占用的内存单元收回以便再使用。对于提供虚拟存储的计算机系统,操作系统还要与硬件配合做好页面调度工作,根据执行程序的要求分配页面,在执行中将页面调入和调出内存以及回收页面等。

4. 文件管理

主要是向用户提供一个文件系统。一般来说,一个文件系统向用户提供创建文件、撤销文件、读写文件、打开和关闭文件等功能。有了文件系统后,用户可按文件名存取数据而无须知道这些数据存放在哪里。这种做法不仅便于用户使用,而且还有利于用户共享公共数据。此外,由于文件建立时允许创建者规定使用权限,这就可以保证数据的安全性。

5. 设备管理

操作系统的设备管理指除 CPU 和内存以外的 I/O 设备管理,其功能主要是分配和回收外部设备以及控制外部设备按用户程序的要求进行操作等。对于非存储型外部设备,如打印机、显示器等,它们可以直接作为一个设备分配给一个用户程序,在使用完毕后回收以便给另一个需求的用户使用。对于存储型的外部设备,如磁盘、磁带等,则是提供存储空间给用户,用来存放文件和数据。存储性外部设备的管理与信息管理是密切结合的。

6. 程序控制

一个用户程序的执行自始至终是在操作系统控制下进行的。一个用户将他要解决的问题用某一种程序设计语言编写了一个程序后就将该程序连同对它执行的要求输入到计算机内，操作系统就根据要求控制这个用户程序的执行直到结束。操作系统控制用户的执行主要有以下一些内容：调入相应的编译程序，将用某种程序设计语言编写的源程序编译成计算机可执行的目标程序，分配内存储等资源将程序调入内存并启动，按用户指定的要求处理执行中出现的各种事件以及与操作员联系请示有关意外事件的处理等。

7. 人机交互

操作系统的人机交互功能是决定计算机系统"友善性"的一个重要因素。人机交互功能主要靠可输入输出的外部设备和相应的软件来完成。可供人机交互使用的设备主要有键盘显示、鼠标、各种模式识别设备等。与这些设备相应的软件就是操作系统提供人机交互功能的部分。人机交互部分的主要作用是控制有关设备的运行和理解并执行通过人机交互设备传来的有关的各种命令和要求。随着计算机技术的发展，操作命令也越来越多，功能也越来越强。模式识别，如语音识别、汉字识别等输入设备的应用，操作人员和计算机在类似于自然语言或受限制的自然语言这一级上进行交互成为可能。

【例 7-18】 在下列的操作系统中，属于多用户操作系统的是（　　）。

A. DOS　　B. Windows XP　　C. Windows 2000　　D. UNIX

正确答案：D。

【例 7-19】 现代操作系统的四个基本特征是（　　）。

A. 并发性，虚拟性，实时性，随机性　　B. 并发性，虚拟性，实时性，共享性

C. 并发性，虚拟性，共享性，随机性　　D. 实时性，虚拟性，共享性，随机性

正确答案：C。

【例 7-20】 操作系统的基本功能是（　　）。

A. 控制和管理系统内的各种资源，有效地组织多道程序的运行

B. 提供用户界面，方便用户使用

C. 提供方便的可视化编辑程序

D. 提供功能强大的网络管理工具

正确答案：A。

7.10　计算机网络

计算机网络技术是通信技术与计算机技术相结合的产物。计算机网络是按照网络协议，将地球上分散的、独立的计算机相互连接的集合。连接介质可以是电缆、双绞线、光纤、微波、载波或通信卫星。计算机网络具有共享硬件、软件和数据资源的功能，具有对共享数据资源集中处理及管理和维护的能力。

7.10.1　什么是计算机网络

计算机网络是指将地理位置不同的具有独立功能的多台计算机及其外部设备，通过通信线路连接起来，在网络操作系统、网络管理软件及网络通信协议的管理和协调下，实现资源共享和信息传递的计算机系统。

简单地说，计算机网络就是通过电缆、电话线或无线通信将两台以上的计算机互连起来的集合。

一个计算机系统联入网络以后，具有以下几个优点：

（1）共享资源。包括硬件、软件、数据等。

（2）提高可靠性。当一个资源出现故障时，可以使用另一个资源。

（3）分担负荷。当作业任务繁重时，可以让其他计算机系统分担一部分任务。

（4）实现实时管理。

7.10.2 计算机网络的特点

（1）开放式的网络体系结构，使不同软硬件环境、不同网络协议的网可以互联，真正达到资源共享、数据通信和分布处理的目标。

（2）向高性能发展。追求高速、高可靠和高安全性，采用多媒体技术，提供文本、声音、图像等综合性服务。

（3）计算机网络的智能化，多方面提高网络的性能和综合的多功能服务，并更加合理地进行网络各种业务的管理，真正以分布和开放的形式向用户提供服务。

7.10.3 计算机网络的基本组成

（1）主机。它是一个主要用于科学计算与数据处理的计算机系统。

（2）结点。它是一个在通信线路和主机之间设置的通信线路控制处理机，主要是分担数据通信、数据处理的控制处理功能。

（3）通信线路。它主要包括连接各个结点的高速通信线路、电缆、双绞线或通信卫星等。

（4）调制解调器。它主要用来将发送的数字信号（直流）变为交流信号，接收时，将交流信号变成数字信号。

7.10.4 计算机网络的主要功能与应用

一般来说，计算机网络可以提供以下主要功能：

（1）资源共享。

（2）信息传输与集中处理。

（3）均衡负荷与分布处理。

（4）综合信息服务。

计算机网络具有以下几个主要方面的应用：

1）远程登录。远程登录是指允许一个地点的用户与另一个地点的计算机上运行的应用程序进行交互对话。

2）传送电子邮件。计算机网络可以作为通信媒介，用户可以在自己的计算机上把电子邮件（E-mail）发送到世界各地，这些邮件中可以包括文字、声音、图形、图像等信息。

3）电子数据交换。电子数据交换是计算机网络在商业中的一种重要的应用形式。它以共同认可的数据格式，在贸易伙伴的计算机之间传输数据，代替了传统的贸易单据，从而节省了大量的人力和财力，提高了效率。

4）联机会议。利用计算机网络，人们可以通过个人计算机参加会议讨论。联机会议除了可以使用文字外，还可以传送声音和图像。

7.10.5 网络的拓扑结构

网络的拓扑结构是指网络连线及工作站点的分布形式。常见的网络拓扑结构有星形结构、环形结构、总线结构、树形结构和网状结构五种，如图 7-76 所示。

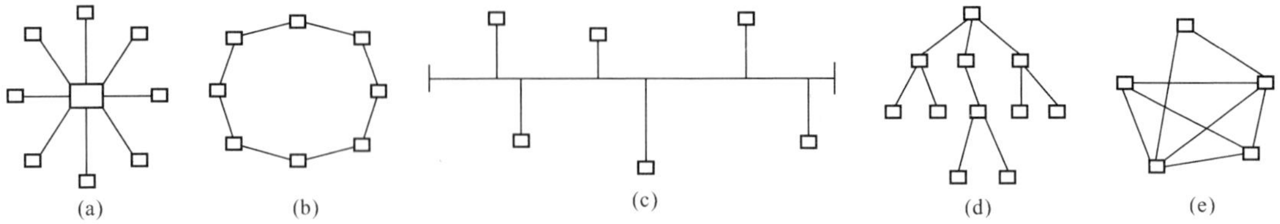

图 7-76　网络的结构

(a)星形结构；(b)环形结构；(c)总线结构；(d)树形结构；(e)网状结构

(1) 星形结构。每个工作站都通过连接线(电缆)与主控机相连，相邻工作站之间的通信都通过主控机进行，它是一种集中控制方式。

(2) 环形结构。在这种结构中，各工作站的地位相同，互相顺序连接成一个闭合的环形，数据可以单向或双向进行传送。

(3) 总线结构。在这种结构中，各个工作站均与一根总线相连。

(4) 树形结构。这种结构是一种分层次的宝塔形结构，控制线路简单，管理也易于实现，它是一种集中分层的管理形式，但各工作站之间很少有信息流通，共享资源的能力较差。

(5) 网状结构。在这种结构中，各工作站互联成一个网状结构，没有主控机来主管，也不分层次，通信功能分散在组成网络的各个工作站中，是一种分布式的控制结构。它具有较高的可靠性，资源共享方便，但线路复杂，网络的管理也较困难。

7.10.6　网络的传输介质

传输介质是网络中发送方与接受方之间的物理通路，它对网络数据通信的质量有很大的影响。常用的网络传输介质有以下四种：

(1) 双绞线。双绞线分可屏蔽和非屏蔽两种。常用的普通电话线是一种非屏蔽双绞线，它具有一定的传输频率和抗干扰能力，线路简单，价格低廉，传输率低于 100Mbit/s，通信距离为几百米。

(2) 同轴电缆。同轴电缆由于其导线外面包有屏蔽层，抗干扰能力强，连接较简单，信息传输率可达几百 Mbit/s，因此，被中、高档局域网广泛采用。

(3) 光缆(光导纤维)。光缆不受外界电磁场的影响，几乎具有无限制的带宽，尺寸小，重量轻。传输率可以在距离 2~5km 范围内达到几点 Mbit/s 到几百 Mbit/s，是一种十分理想的传输介质。

(4) 无线通信。它主要用于广域网的通信，包括微波通信和卫星通信。微波通信中使用的微波是指频率高于 300MHz 的电磁波，由于它只能直线传播，因此，在长距离传送时，需要在中途设立一些中继站，构成微波中继系统。卫星通信是微波通信的一种特定通信形式，中继站设在地球赤道上面的同步卫星上。在赤道上空每隔 120°设置一个同步通信卫星就可以进行全球的卫星通信，成为实现远程通信的有力手段。

7.10.7　计算机网络的分类

计算机网络可按网络拓扑结构、网络涉辖范围和互联距离、网络数据传输和网络系统的拥有者、不同的服务对象等不同标准进行种类划分。一般按网络范围划分为局域网(Local Area Network，LAN)和广域网(Wide Area Network，WAN)。

1. 局域网

局域网是在一个局部的地理范围内(如一个学校、工厂和机关内),将各种计算机。外部设备和数据库等互相连接起来组成的计算机通信网。它可以通过数据通信网或专用数据电路,与远方的局域网、数据库或处理中心相连接,构成一个大范围的信息处理系统。LAN 是指在某一区域内由多台计算机互联成的计算机组。“某一区域”指的是同一办公室、同一建筑物、同一公司和同一学校等,一般是方圆几十米到 10km 以内。局域网可以实现文件管理、应用软件共享、打印机共享、扫描仪共享、工作组内的日程安排、电子邮件和传真通信服务等功能。局域网是封闭型的,可以由办公室内的两台计算机组成,也可以由一个公司内的上千台计算机组成。其传输特征是:高速传输率(0.1~100Mbit/s);短距离(0.1~25km)。

2. 广域网

网络服务地区不仅局限于某一个地区,而是一个相当广阔的地区(例如各省市之间,全国甚至全球范围)的网络称为广域网。其覆盖范围是几百千米到几千千米。广域网的物理网络本身包含了一组复杂的通信网和用户接口设备。因此为实现远程通信,一般的计算机局域网可以连接到公共远程通信设备上,例如电报电话网、微波通信站或卫星通信站。在这种情况下,要求局域网应是开放式的,并具有与这些公共通信设备的接口。

通常广域网的数据传输速率比局域网低,而信号的传播延迟却比局域网要大得多。广域网的典型速率是从 56kbit/s 到 155Mbit/s,现在已有 622Mbit/s、2.4Gbit/s,甚至更高速率的广域网;传播延迟可从几毫秒到几百毫秒(使用卫星信道时)。

广域网与局域网的区别:

(1) 广域网就是因特网,是一个遍及全世界的网络。局域网相对于广域网而言,主要是指在小范围内的计算机互联网络。

(2) 广域网上的每一台电脑(或其他网络设备)都有一个或多个广域网 IP 地址,广域网 IP 地址不能重复;局域网上的每一台电脑(或其他网络设备)都有一个或多个局域网 IP 地址,局域网 IP 地址是局域网内部分配的,不同局域网的 IP 地址可以重复,不会相互影响。

(3) 广域网与局域网电脑交换数据要通过路由器或网关的 NAT(网络地址转换)进行。一般来说,局域网内电脑发起的对外连接请求,路由器或网关都不会加以阻拦,但来自广域网对局域网内电脑的连接请求,路由器或网关在绝大多数情况下都会进行拦截。

3. 因特网

因特网(Internet)是国际计算机互联网的英文称谓。其准确的描述是:因特网是一个网络的网络(a network of network)。它以 TCP/IP 网络协议将各种不同类型、不同规模、位于不同地理位置的物理网络连接成一个整体。它把分布在世界各地、各部门的电子计算机存储在信息总库里的信息资源通过电信网络连接起来,从而进行通信和信息交换,实现资源共享。“Internet”在中国称为“中国公用计算机互联网”,英语称谓 Chinanet,Chinanet 是全球 Internet 的一部分。中国公用计算机互联网(Chinanet)在全国各城市都有接入点。

4. IP 地址

所谓 IP 地址就是给每个连接在 Internet 上的主机分配的一个 32bit 地址。按照 TCP/IP 协议规定,IP 地址用二进制来表示,每个 IP 地址长 32 位,即 4 个字节。例如一个采用二进制形式的 IP 地址是“00001010000000000000000000000001”,这么长的地址,人们处理起来也太费劲了。为了方便人们的使用,32 位 IP 地址经常被分为 4 段,每段 8 位,用十进制数字表示,每段数字范围为 0~255,段与段之间用句点隔开。例如 159. 226. 1. 1。IP 地址的这种表示法叫作“点分十进制表示法”,这显然比 1 和 0 容易记忆得多。

5. IP 地址分类

每个 IP 地址包括两个标识码(ID),即网络 ID 和主机 ID。同一个物理网络上的所有主机都使用同一个网络 ID,网络上的一个主机(包括网络上工作站,服务器和路由器等)有一个主机 ID 与其对应。Internet 委员会定义了 5 种 IP 地址类型(图 7-77)以适合不同容量的网络,即 A 类~E 类。

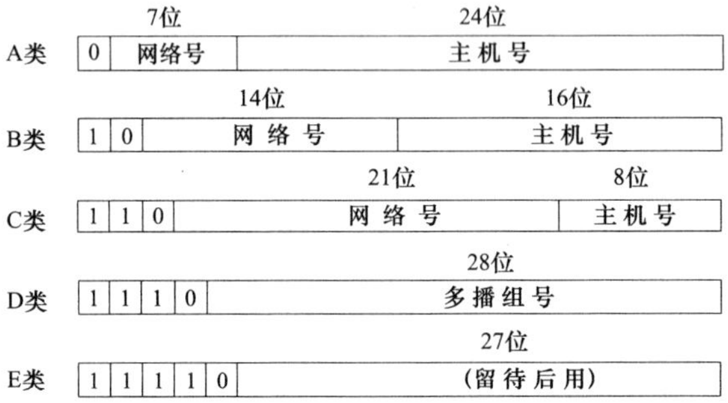

图 7-77　五种(A 类~E 类)互联网 IP 地址

其中 A、B、C 三类(表 7-9)由 Internet NIC 在全球范围内统一分配,D、E 类为特殊地址。

表 7-9　　A、B、C 三类 IP 地址范围

网络类别	最大网络数	第一个可用的网络号	最后一个可用的网络号	每个网络中的最大主机数
A	126	1	126	16 777 214
B	16 382	128. 0	191. 255	65 534
C	2 097 150	192. 0. 0	223. 255. 255	254

A 类 IP 地址

一个 A 类 IP 地址是指在 IP 地址的四段号码中,第一段号码为网络号码,剩下的三段号码为本地计算机的号码。如果用二进制表示 IP 地址的话,A 类 IP 地址就由 1 字节的网络地址和 3 字节主机地址组成,网络地址的最高位必须是“0”。A 类 IP 地址中网络的标识长度为 7 位(其中全 0 和全 1 保留做其他用途),主机标识的长度为 24 位,A 类 IP 地址的地址范围 1. 0. 0. 1-126. 255. 255. 254(二进制表示为 00000001 00000000 00000000 00000001-01111110 11111111 11111111 11111110)。这类地址适用于具有大量主机的大型网络。

B 类 IP 地址

一个 B 类 IP 地址是指在 IP 地址的四段号码中,前两段号码为网络号码,如果用二进制表示 IP 地址的话,B 类 IP 地址就由 2 字节的网络地址和 2 字节主机地址组成,网络地址的最高位必须是“10”。B 类 IP 地址中网络的标识长度为 14 位,主机标识的长度为 16 位,B 类网络地址适用于中等规模的网络,每个网络所能容纳的计算机数为 6 万多台。B 类 IP 地址范围

128.1.0.1－191.254.255.254（二进制表示为 10000000 00000001 00000000 00000001－10111111 11111110 11111111 11111110）。这类地址适用于中等规模主机数的网络。

C 类 IP 地址

一个 C 类 IP 地址是指在 IP 地址的四段号码中，前三段号码为网络号码，剩下的一段号码为本地计算机的号码。如果用二进制表示 IP 地址的话，C 类 IP 地址就由 3 字节的网络地址和 1 字节主机地址组成，网络地址的最高位必须是“110”。C 类 IP 地址中网络的标识长度为 21 位，主机标识的长度为 8 位，C 类网络地址数量较多，适用于小规模的局域网络，每个网络最多只能包含 254 台计算机。C 类 IP 地址范围 192.0.1.1－223.255.254.254（二进制表示为 11000000 00000000 00000001 00000001－11011111 11111111 11111110 11111110）。这类地址适用于小型局域网。

D 类 IP 地址

D 类 IP 地址的第一个字节的前四位总是二进制数 1110，它的 IP 地址范围为 224.0.0.0～239.255.255.255。D 类 IP 地址是多播地址，主要是留给 Internet 体系结构委员会（Internet Architecture Board，IAB）使用。

E 类 IP 地址

E 类 IP 地址的第一个字节的前五位总是二进制数 11110，它的 IP 地址范围为 240.0.0.0～255.255.255.255。E 类 IP 地址主要用于某些试验和将来使用。

在使用点分十进制表示法，很容易识别 IP 地址的类别，如 IP 地址“98.7.18.219”是 A 类地址；“168.242.0.1”是 B 类地址；“210.113.0.140”是 C 类地址。

【例 7-21】下面的四个 IP 地址，属于 A 类地址的是（　　）。

A. 10.10.15.168　　B. 168.10.1.1　　C. 224.1.0.2　　D. 202.118.130.80

正确答案：A。

复　习　题

7-1　真空中有三个带电质点，其电荷分别为 q_1、q_2 和 q_3，其中电荷为 q_1 和 q_3 的质点位置固定，电荷为 q_2 的质点可以自由移动，当三个质点的空间分布如图 7-78 所示，电荷为 q_2 的质点静止不动，此时如下关系成立的是（　　）。

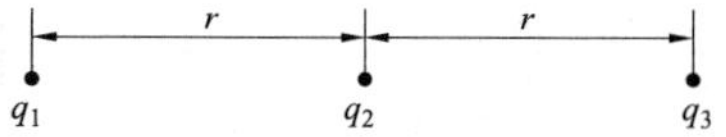

图 7-78　题 7-1 图

A. $q_1=q_2=2q_3$　　B. $q_1=q_3=|q_2|$

C. $q_1=q_2=-q_3$　　D. $q_2=q_3=-q_1$

7-2　（2023）通过外力使某导体在磁场中运动时，会在导体内部产生电动势，那么，在不改变运动速度和磁场强弱的前提下，若使该电动势达到最大值应使导体的运动方向与磁场方向（　　）。

A. 相同　　B. 相互垂直

C. 相反　　D. 呈 45°夹角

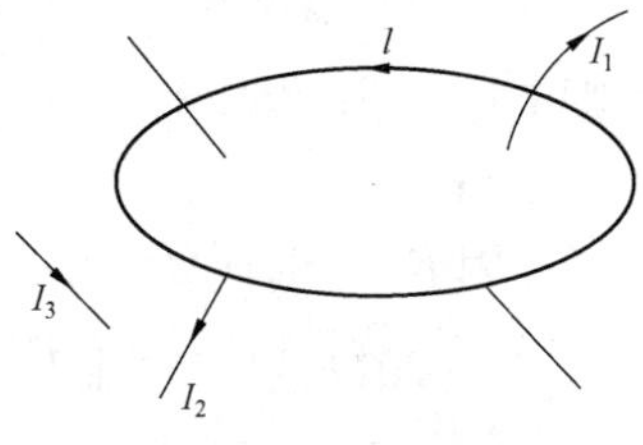

图 7-79　题 7-3 图

7-3　（2024）如图 7-79 所示，真空中，沿环路 l 的闭合线积分 $\oint \boldsymbol{B}\cdot \mathrm{d}\boldsymbol{l}$ 为（　　）。

A. $\mu_0(I_1+I_3-I_2)$　　B. $\mu_0(I_1-I_2)$　　C. $\mu_0(I_2-I_1-I_3)$　　D. $\mu_0(I_2-I_1)$

7-4　(2023)将一导体置于变化的磁场中，该导体中会有电动势产生，则该电动势与磁场的关系由(　　)。

A. 安培环路定律确定　　B. 电磁感应定律确定

C. 高斯定律确定　　D. 库仑定律确定

7-5　(2024)对图 7-80 所示电路，列出了关系式(1)、(2)和(3)，其中，正确的关系式是(　　)。

(1) $I=-(I_{s1}+I_{s2})$；(2) $U_{R2}=(I_{s1}+I_{s2})R_2$；(3) $U_{R2}+U_{S3}+I_{s1}R_1=0$

A. (1)和(2)　　B. (1)、(2)和(3)

C. (2)　　D. (2)和(3)

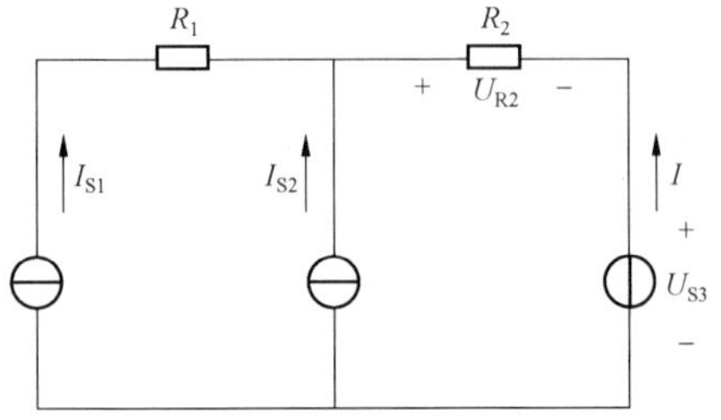

图 7-80　题 7-5 图

7-6　图 7-81 所示电路中，电压 U_{ab} 为(　　)。

A. 5V　　B. −4V

C. 3V　　D. −3V

7-7　(2023)图 7-82 所示电路的等效电流源模型为(　　)。

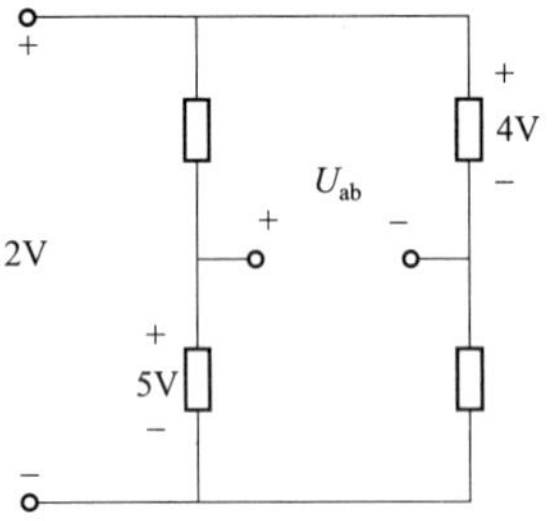

图 7-81　题 7-6 图

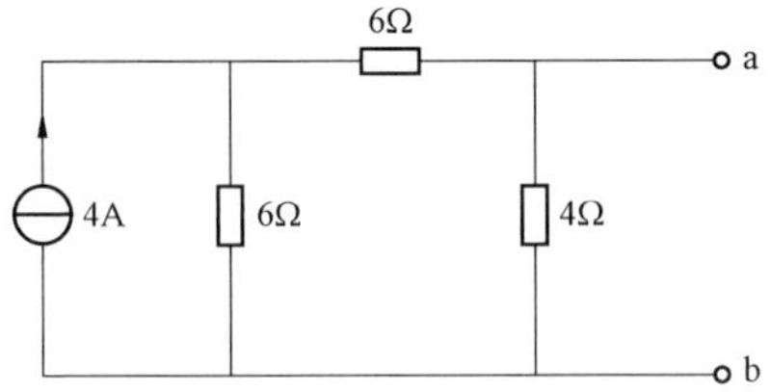

图 7-82　题 7-7 图

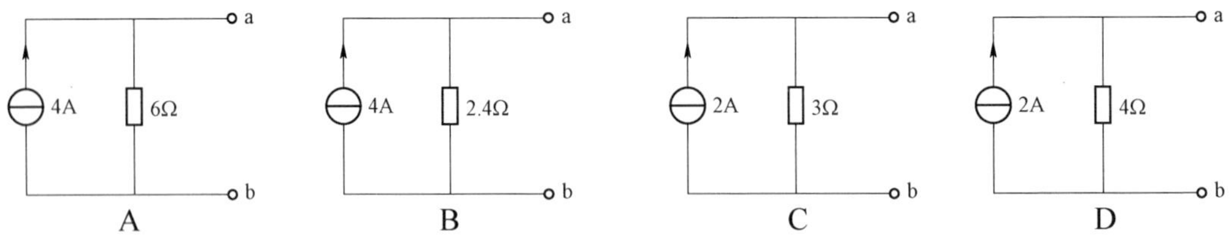

7-8　(2024)图 7-83 电路中，若仅考虑理想电压源的单独作用，则电压 U 为(　　)。

A. 5V　　B. −5V

C. 因 R 未知，而无法求出　　D. 0

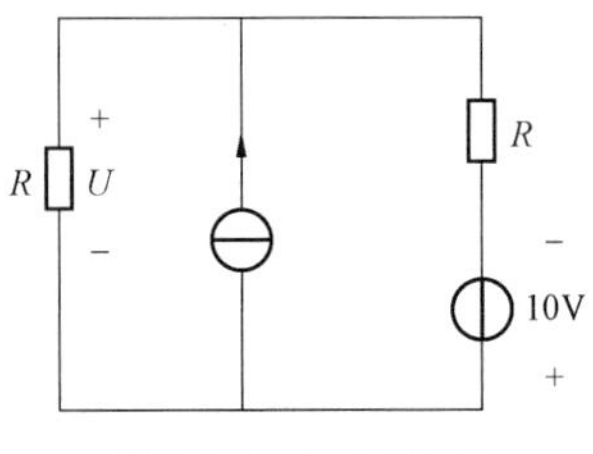

图 7-83　题 7-8 图

7-9　(2024)已知电流 $\dot{I}_1=8+j6A$，$\dot{I}_2=8\angle 90^\circ A$，则 $-\dot{I}_1+\dot{I}_2$ 为(　　)。

A. −8+j2A　　B. −8+j14A

C. −j6A　　D. j6A

7-10　(2023)在图 7-84 所示电路中,当 $u_1=U_1=5V$ 时,$i=I=0.2A$,那么(　　)。

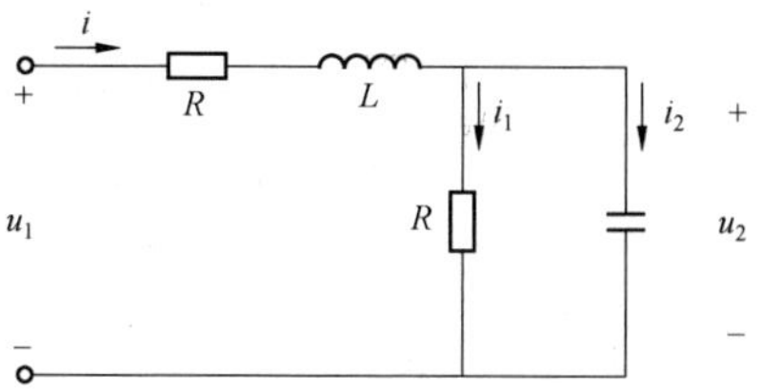

图 7-84　题 7-10 图

A. 电压 u_2 和电流 i_1 分别为 2.5V、0.2A

B. 电压 u_2 小于 2.5V,电流 i_1 为 0.2A

C. 电压 u_2 为 2.5V,电流 i_1 小于 0.2A

D. 因 L、C 未知,不能确定电压 u_2 和电流 i_1

7-11　图 7-85 所示电路中,$Z_1=6+j8\Omega$,$Z_2=-jx_C\Omega$,$\dot{U}_S=150\angle 0°$ V,为使 $\dot{I}$ 取得最大值,x_C 应为(　　)。

A. 6Ω　　B. 8Ω　　C. −8Ω　　D. 0Ω

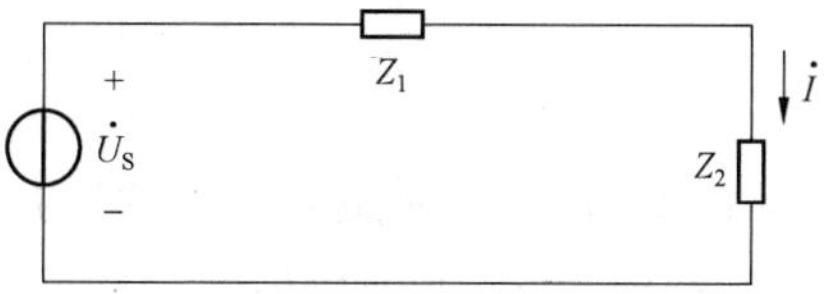

图 7-85　题 7-11 图

7-12　(2023)已知正弦交流电流 $i(t)=0.1\sin(1000t+30°)$ A,则该电流的有效值和周期分别为(　　)。

A. 70.7mA,0.1s　　B. 70.7mA,6.28ms

C. 0.1A,6.28ms　　D. 0.1A,0.1s

7-13　(2023)图 7-86 所示电路中,$R=X_L=X_C$,此时,4 块电流表读数的关系为(　　)。

A. $A=A_1+A_2+A_3$　　B. $A=A_1+(A_2-A_3)$

C. $A=A_1$,$A_2=A_3$　　D. $A=3A_1$,$A_2=A_3>A_1$

7-14　(2024)对于图 7-87 所示三相电路来讲,如下说法正确的是(　　)。

A. $Z_1\neq Z_2\neq Z_3$,会出现中点位移

B. 若将负载改为三角形接法,因不需要接入中线,所以要求负载必须是对称的

C. 若将负载改为三角形接法,则线电流有效值 I_l 与相电流有效值 I_p 间的关系式 $I_l=\sqrt{3}I_p$ 一定成立

D. 若维持负载星形接法不变,即便 $Z_1\neq Z_2\neq Z_3$,线电压有效值 U_l 与相电压有效值 U_p 间的关系式 $U_l=\sqrt{3}U_p$ 依然成立

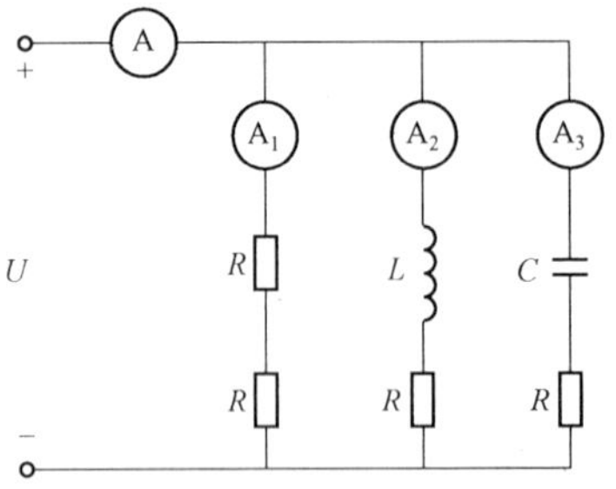

图 7-86　题 7-13 图

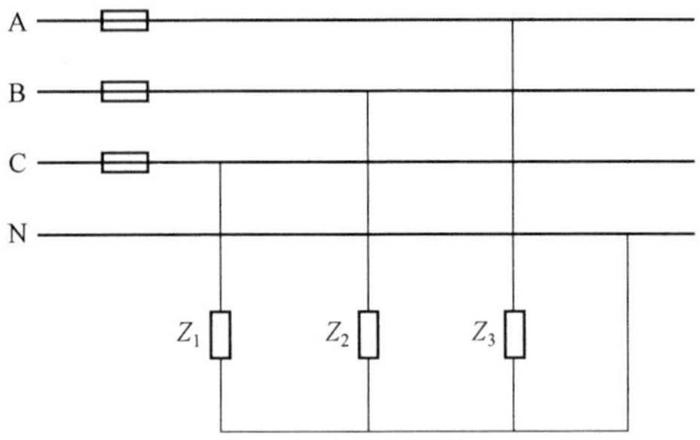

图 7-87　题 7-14 图

7-15　(2024)图 7-88 所示电路的 $H(\mathrm{j}\omega)=\dfrac{\dot{U}_o}{\dot{U}_i}$,则 $H(\mathrm{j}\omega)$ 的相频特性为(　　)。

A. $\arctan \dfrac{R_2}{R_1+R_2+\mathrm{j}\omega L}$

B. $\arctan \dfrac{R_2}{R_1+R_2+\omega L}$

C. $\arctan \dfrac{\omega L}{R_1+R_2}$

D. $-\arctan \dfrac{\omega L}{R_1+R_2}$

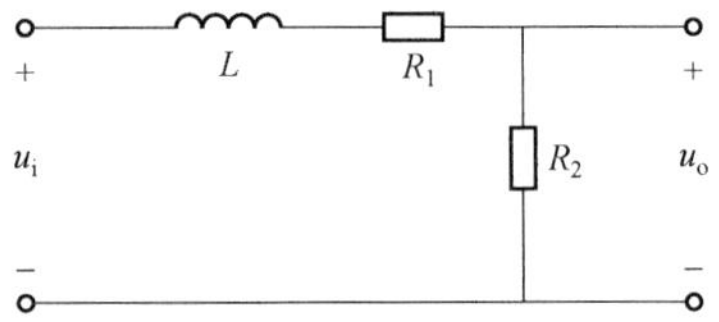

图 7-88　题 7-15 图

7-16　(2023)设图 7-89 所示变压器为理想器变压器,且 $R_L=4\Omega$,$R_1=100\Omega$,$N_1=200$ 匝,若希望在 R_L 上获得最大功率,应使 N_2 为(　　)。

A. 8 匝　　B. 2 匝

C. 40 匝　　D. 1000 匝

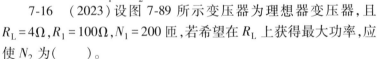

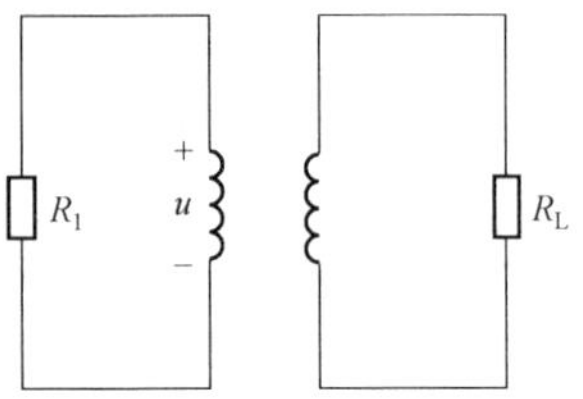

图 7-89　题 7-16 图

7-17　(2023)某三相异步发电机的额定负载 $T_{CN}=40\mathrm{N\cdot m}$,当三相发电机带动 30N · m 的负载工作时,获得 70% 的工作效率,那么,为使该电动机的工作效率高于 70%,所带动的负载应为(　　)。

A. 低于 30N · m　　B. 高于 40N · m　　C. 30~40N · m　　D. 25~35N · m

7-18　(2024)设图 7-90 所示变压器为理想器件,且 u 为正弦电压,$R_{L1}=R_{L2}$,开关闭合后,电路中的(　　)。

A. I_2 增大,I_1 也增大　　B. I_2 变小,I_1 也变小

C. $I_2=kI_1$ 不再成立　　D. I_2 和 I_1 均不变

7-19　(2024)设电动机 $\mathrm{M_1}$ 和 $\mathrm{M_2}$ 协同工作,其中,电动机 $\mathrm{M_1}$ 通过接触器 1KM 控制,电动机 $\mathrm{M_2}$ 通过接触器 2KM 控制,如果采用图 7-91 所示控制电路方案,则使 M2 投入工作的正确操作是(　　)。

A. 按下起动按钮 $1\mathrm{SB_{st}}$

B. 按下起动按钮 $2\mathrm{SB_{st}}$

C. 按下起动按钮 $1\mathrm{SB_{st}}$,再按下启动按钮 $2\mathrm{SB_{st}}$

D. 按下起动按钮 $2\mathrm{SB_{st}}$,再按下启动按钮 $1\mathrm{SB_{st}}$

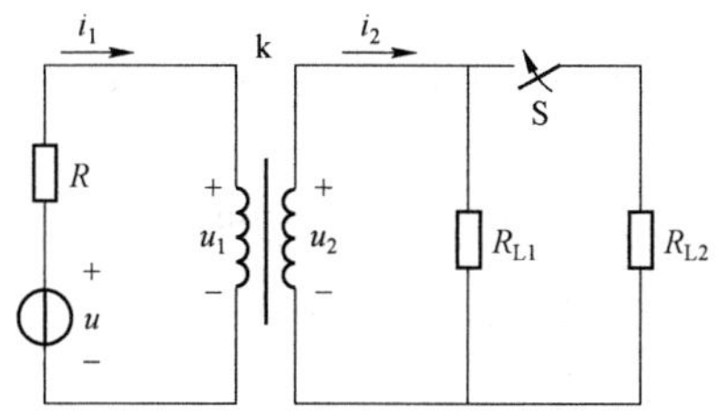

图 7-90　题 7-18 图

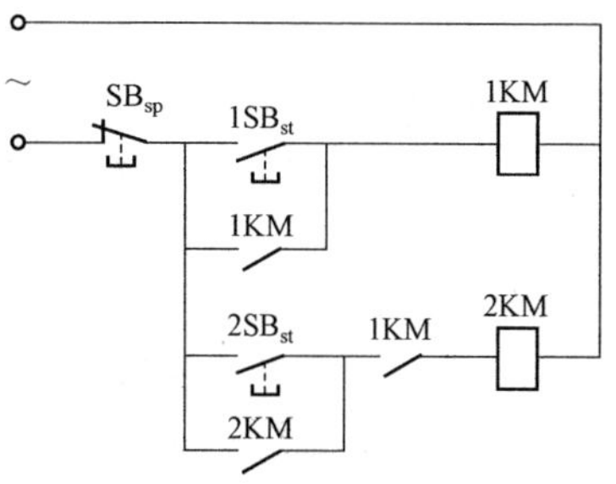

图 7-91　题 7-19 图

7-20　电路如图 7-92 所示，开关 S 闭合前电路已达稳态，$t=0$ 时 S 闭合，电路的时间常数 $\tau=$(　　)。

A. L/R_3　　　　B. $\dfrac{L}{R_2+R_3}$

C. $\left(\dfrac{R_1R_2}{R_1+R_2}+R_3\right)L$　　　　D. $\dfrac{R_2+R_3}{R_2R_3}L$

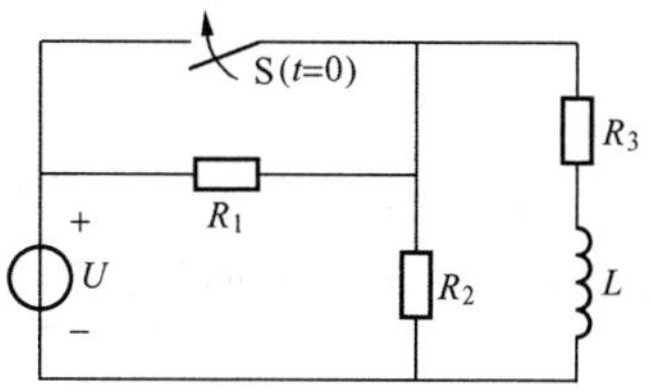

图 7-92　题 7-20 图

7-21　(2023)图 7-93 所示电路中，电感及电容元件上没有初始储能，开关 S 在 $t=0$ 时刻闭合，那么在开关闭合瞬间，电路中取值为 10V 的电压是(　　)。

A. U_L　　　　B. U_C　　　　C. $U_{R1}+U_{R2}$　　　　D. U_{R2}

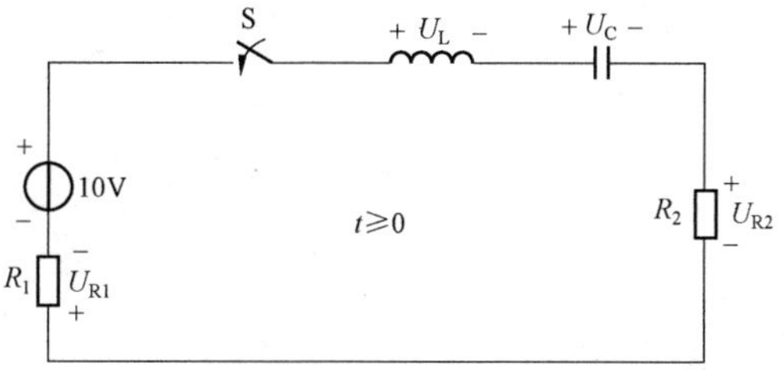

图 7-93　题 7-21 图

7-22　(2024)在如下关于采样信号和采样保持信号的说法中正确的是(　　)。

A. 采样信号是离散时间信号，采样保持信号是连续时间信号

B. 采样信号数值上离散，采样保持信号时间上离散

C. 采样信号时间上和数值上均离散

D. 采样保持信号时间上和数值上均离散

7-23　(2024)已知 16 进制数 $X=(11)_{16}$、10 进制数 $Y=(11)_{10}$ 和 2 进制数 $Z=(11)_2$，若用三个数字信号来表示这三个数，则它们所具有的二进制代码的位数 N_X、N_Y 和 N_Z (　　)。

A. 相同　　　　B. $N_X<N_Y<N_Z$

C. $N_X<N_Y>N_Z$　　　　D. $N_X>N_Y>N_Z$

7-24　(2024)已知 x_1 是一模拟信号，x_2 是 x_1 的采样信号，x_3 是 x_2 的采样保持信号，那么，若希望得到 x_1 的数字信号，应该对(　　)。

A. x_1进行 A/D 转换　　B. x_2进行 A/D 转换

C. x_3进行 A/D 转换　　D. x_1进行 D/A 转换

7-25　(2024)某信号 $u(t)$ 的幅度频谱如图 7-94 所示,可以断定,信号 $u(t)$ 是一个(　　)。

A. 离散时间信号　　B. 均值为 5V 的周期性连续时间信号

C. 指数衰减连续时间信号　　D. 频率不定的连续时间信号

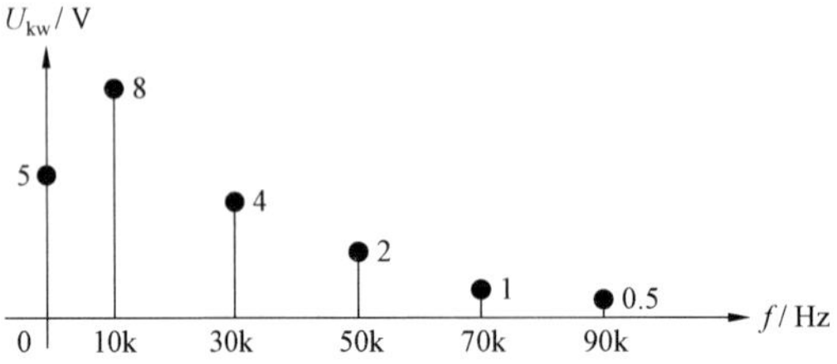

图 7-94　题 7-25 图

7-26　(2024)二极管应用电路如图 7-95 所示,设二极管 VD 为理想器件, $u_i = 10\sin\omega t\text{V}$,则输出电压 u_o的波形为(　　)。

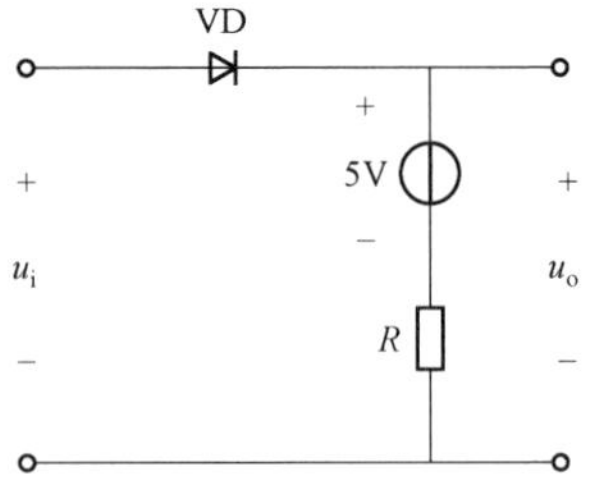

图 7-95　题 7-26 图

A.
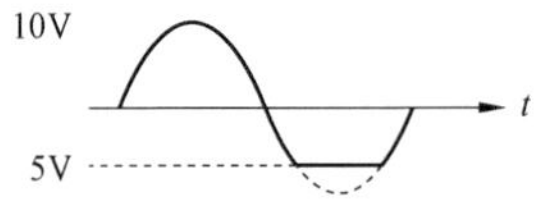

B.
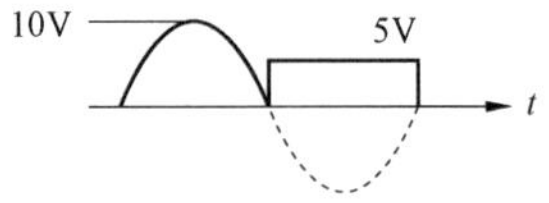

C.
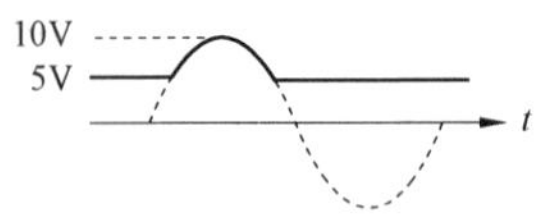

D.
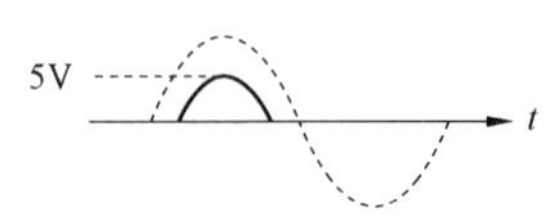

7-27　某一放大电路在负载开路时的输出电压为 6V,当接入 2kΩ 的负载后,输出电压为 4V,该放大电路的输出电阻是(　　)kΩ。

A. 0.5　　B. 1.5　　C. 3　　D. 1

7-28　(2023)晶体三极管应用电路如图 7-96 所示,晶体管 $\beta = 50$,若希望输出电压 $U_0 \leqslant 0.3\text{V}$,则电阻 R_B应(　　)。

A. 大于 20kΩ　　B. 等于 40kΩ　　C. 小于 20kΩ　　D. 大于 40kΩ

7-29　(2024)晶体三极管放大电路如图 7-97 所示,其输出电阻 r_o为(　　)。

A. $R_C // R_L$　　B. R_C　　C. R_L　　D. $R_C + R_E$

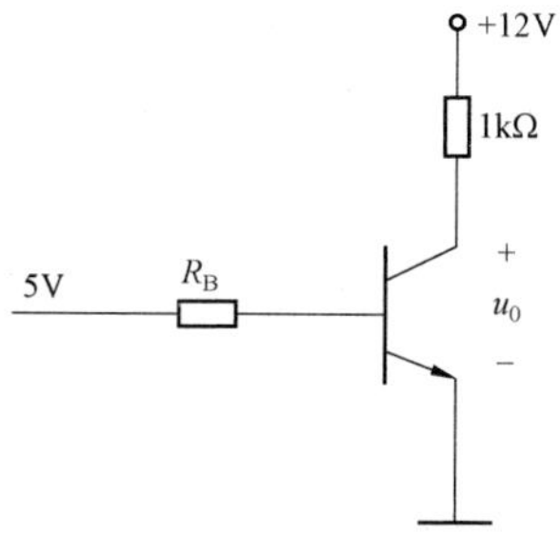

图 7-96　题 7-28 图

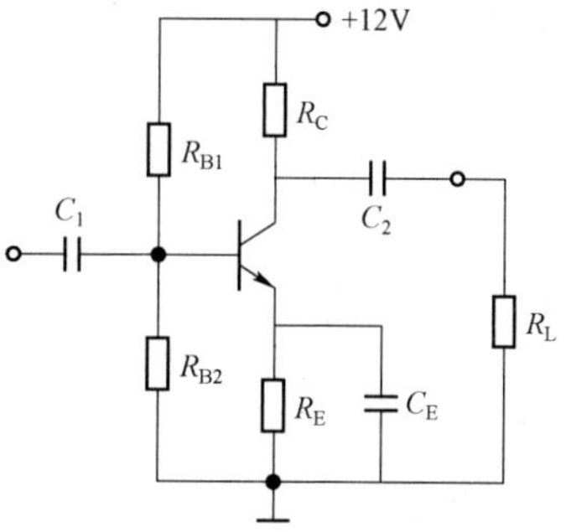

图 7-97　题 7-29 图

7-30　(2023)二极管应用电路及输入、输出波形如图 7-98 所示,若错将图中二极管 VD_3 反接,则(　　)。

A. 会出现对电源的短路事故　　　　B. 电路成为半波整流电路

C. VD_1-VD_4均无法导通　　　　D. 输出电压将反相

7-31　(2023)晶体三极管放大电路如图 7-99 所示,该电路的小信号模型为(　　)。

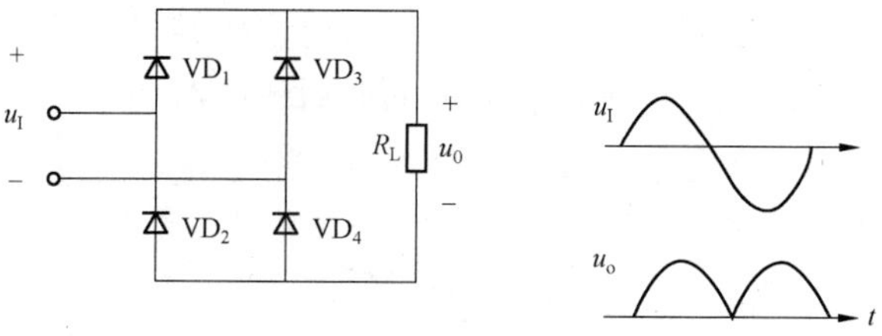

图 7-98　题 7-30 图

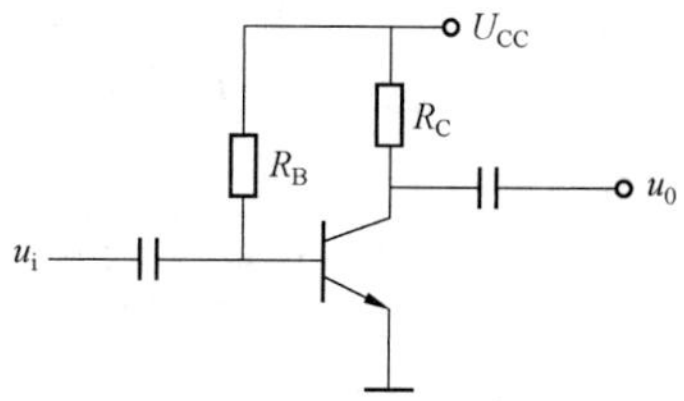

图 7-99　题 7-31 图

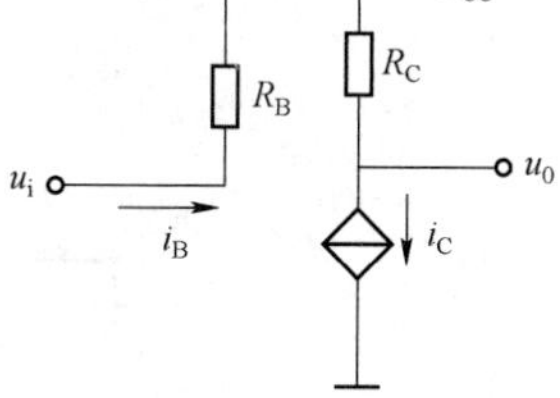

A

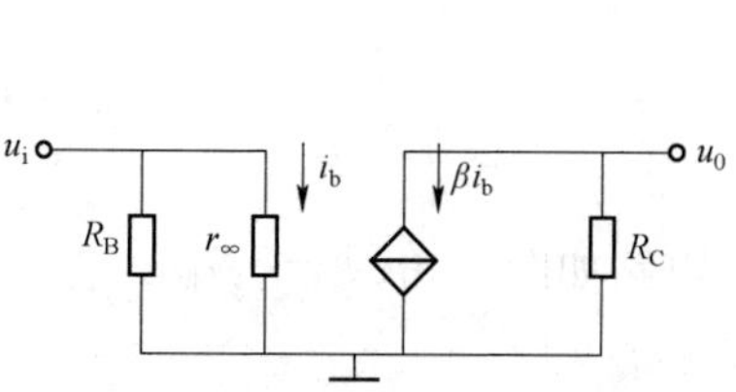

B

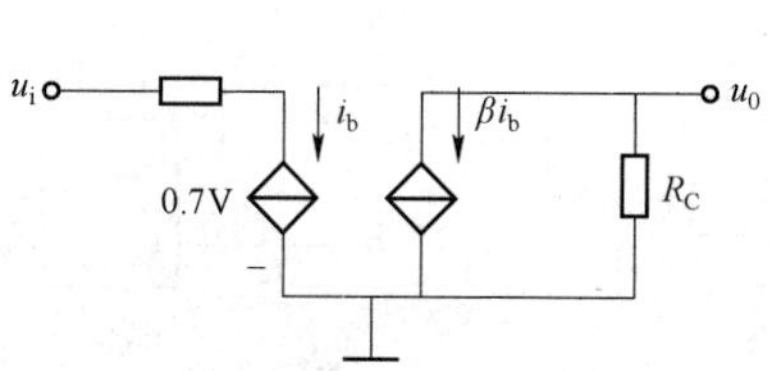

C

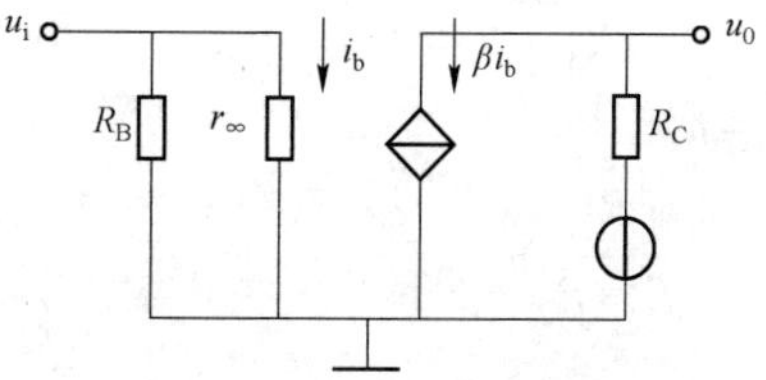

D

7-32 （2023）图 7-100（a）所示运算放大器的传输特性如图 7-100（b）所示，如果希望 $U_0=10^5U_i$，输入信号 U_i 应为（　　）。

A. 大于 0. 1mV　　B. 小于−0. 1mV

C. 等于 10mV　　D. 小于 0. 1mV 且大于−0. 1mV

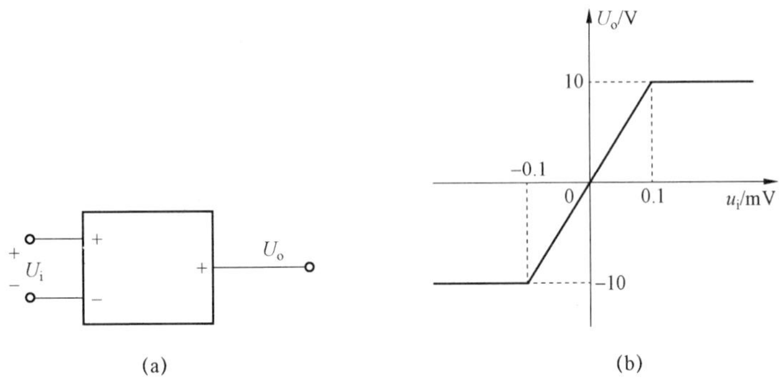

图 7-100　题 7-32 图

7-33 （2024）根据 u_1 和 u_2 的波形可知，图 7-101 所示信号处理器是（　　）。

A. 截止频率小于 $1/T$ 的高通滤波器　　B. 截止频率大于 $1/T$ 的高通滤波器

C. 截止频率小于 $1/T$ 的低通滤波器　　D. 截止频率大于 $1/T$ 的低通滤波器

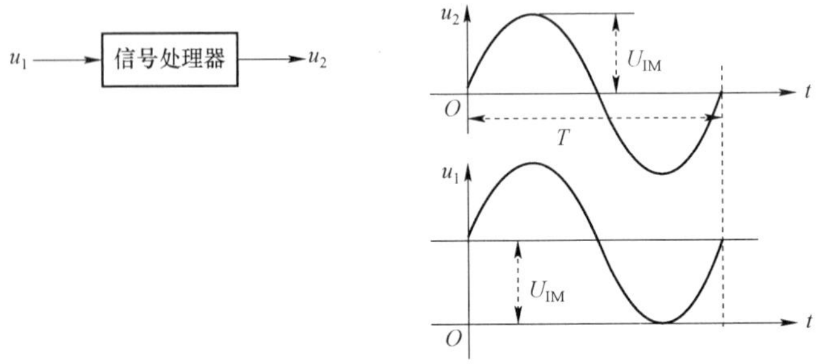

图 7-101　题 7-33 图

7-34 电路如图 7-102 所示，输出电压 u_o 与输入电压 u_i 的运算关系为（　　）。

A. $u_o=\dfrac{R_1+R_2+R_3}{R_3}u_i$

B. $u_o=u_i$

C. $u_o=-\dfrac{R_3}{R_1+R_2}u_i$

D. $u_o=\left(1-\dfrac{R_1+R_2}{R_3}\right)u_i$

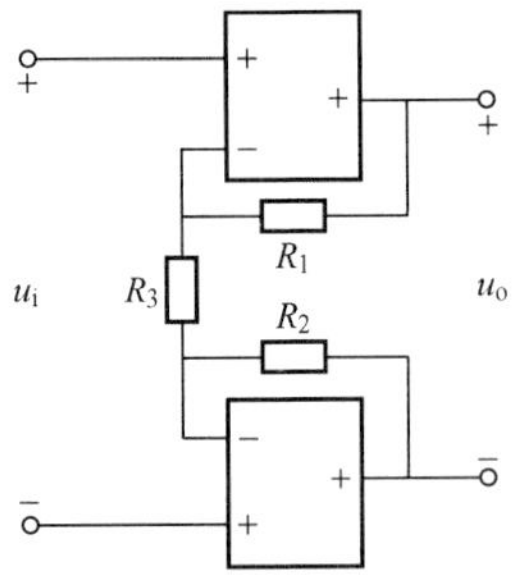

图 7-102　题 7-34 图

7-35 （2023）图 7-103 所示逻辑门的输出 F_1 和 F_2 分别为(　　)。

A. A+B 和 A · B　　B. $\overline{A}\cdot\overline{B}$ 和 $A\cdot\overline{B}$

C. $\overline{A}+\overline{B}$ 和 $\overline{A}\cdot B$　　D. A · B 和 $\overline{A}\cdot\overline{B}$

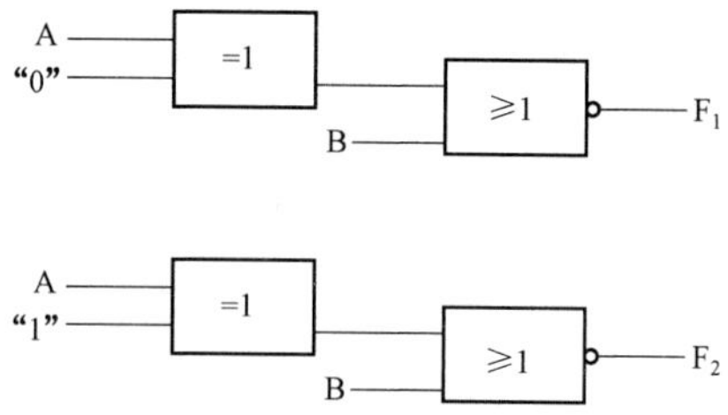

图 7-103　题 7-35 图

7-36 （2024）逻辑函数 $F=(A+\overline{A})(B+\overline{B}C)$ 的化简结果是(　　)。

A. $F=\overline{B}C$　　B. $F=B+C$

C. $F=B$　　D. $F=1$

7-37 逻辑函数 F=*f*(A,B,C)的真值表见表 7-10，由此可知(　　)。

表 7-10　　**真 值 表**

A	B	C	F
0	0	0	0
0	0	1	0
0	1	0	0
0	1	1	1
1	0	0	0
1	0	1	0
1	1	0	1
1	1	1	1

A. $F=BC+AB+\overline{\overline{A}BC}+B\overline{C}$　　B. $F=\overline{ABC}+AB\overline{C}+AC+ABC$

C. $F=AB+BC+AC$　　D. $F=\overline{A}BC+AB\overline{C}+ABC$

7-38 （2023）电路如图 7-104(a)所示，则 t_1 时刻 Q_{JK} 和 Q_D 的值为(　　)。

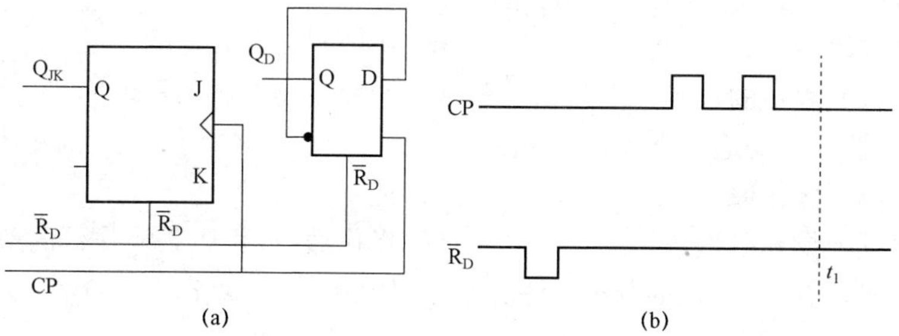

图 7-104

A. 00　　B. 01　　C. 10　　D. 11

7-39 图 7-105 所示时序逻辑电路是一个(　　)。

A. 三位二进制同步计数器　　B. 三位循环移位寄存器

C. 三位左移寄存器　　　　　　　　　　D. 三位右移寄存器

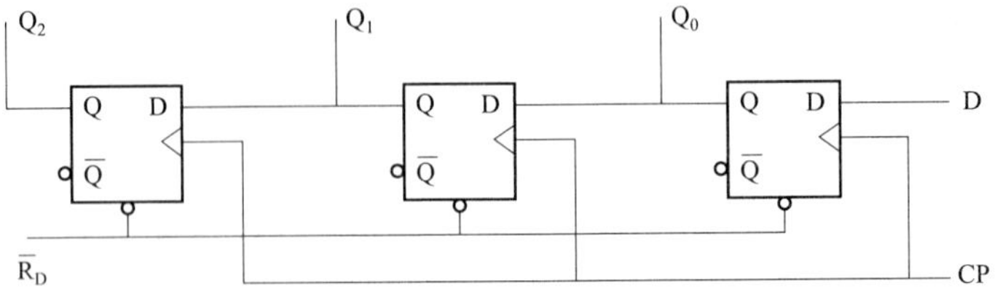

图 7-105　题 7-39 图

7-40　(2023)图 7-106 所示逻辑门的输出 F_1 和 F_2 分别为(　　)。

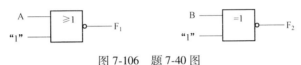

图 7-106　题 7-40 图

A. 0 和 B　　B. $\overline{A}$ 和 $\overline{B}$　　C. A 和 $\overline{B}$　　D. A 和 B

7-41　中央处理器简称 CPU,它是由(　　)。

A. 运算器和寄存器两部分组成　　B. 运算器和控制器两部分组成

C. 运算器和内存两部分组成　　D. 运算器和主机两部分组成

7-42　操作系统是计算机系统软件中(　　)。

A. 核心系统软件　　B. 关键性的硬件部件

C. 不可替代的应用软件　　D. 外部设备的接口软件

7-43　在计算机内,为有条不紊地进行信息传输操作,要用总线将硬件系统中的各个部件(　　)。

A. 连接起来　　B. 串接起来　　C. 集合起来　　D. 耦合起来

7-44　微机的内存储器容量是指在微机内存储器内所能保存的(　　)。

A. 以二进制数为单位的信息总数　　B. 以字为单位的信息总数

C. 以字节为单位的信息总数　　D. 以硬盘上的分区为单位的信息总数

7-45　在计算机内,所有的信息都是用(　　)。

A. 二进制数码表示的　　B. 八进制数码表示的

C. 十进制数码表示的　　D. 十六进制数码表示的

7-46　寄存器组中的地址寄存器,被用来存放(　　)。

A. 操作数或被操作数　　B. 指令操作码

C. 指令地址或操作数地址　　D. 操作数、也可以是操作数的地址

7-47　按照目前的计算机的分类方法,现在使用的 PC 机属于(　　)。

A. 专用、中小型计算机　　B. 大型计算机

C. 微型、通用计算机　　D. 单片机计算机

7-48　微处理器与存储器以及外围设备之间的数据传送操作通过(　　)。

A. 显示器和键盘进行　　B. 总线进行

C. 输入/输出设备进行　　D. 控制命令进行

7-49　下面所列的四条中,不属于信息主要特征的一条是(　　)。

A. 信息的战略地位性、信息的不可表示性

B. 信息的可识别性、信息的可变性

C. 信息的可流动性、信息的可处理性

D. 信息的可再生性、信息的有效性和无效性

7-50 总线中的地址总线传输的是(　　)。

A. 程序和数据　　B. 主存储器的地址码或外围设备码

C. 控制信息　　D. 计算机的系统命令

7-51 表示计算机信息数量比较大的单位要用 PB、EB、ZB、YB 等表示,数量级最小单位是(　　)。

A. YB　　B. ZB　　C. PB　　D. EB

7-52 允许多个用户以交互方式使用计算机的操作系统是(　　)。

A. 批处理单道系统　　B. 分时系统

C. 实时操作系统　　D. 批处理多道系统

7-53 操作系统中的文件管理,是对计算机系统中的(　　)。

A. 永久程序文件的管理　　B. 记录数据文件的管理

C. 用户临时文件的管理　　D. 系统软件资源的管理

7-54 若干台计算机相互协作完成同一任务的操作系统属于(　　)。

A. 分时操作系统　　B. 嵌入式操作系统

C. 分布式操作系统　　D. 批处理操作系统

7-55 在下列选项中,不属于 Windows 特点的是(　　)。

A. 友好的图形用户界面　　B. 使用方便

C. 多用户单任务　　D. 系统稳定可靠

7-56 在 256 色的图像中,每个像素有 256 种颜色,那么,每个像素则要用(　　)。

A. 6 位二进制数表示颜色的数据信息

B. 8 位二进制数表示颜色的数据信息

C. 10 位二进制数表示颜色的数据信息

D. 16 位二进制数表示颜色的数据信息

7-57 下面四条描述操作系统与其他软件明显不同的特征中,正确的一条是(　　)。

A. 并发性、共享性、随机性　　B. 共享性、随机性、动态性

C. 静态性、共享性、同步性　　D. 动态性、并发性、异步性

7-58 下面列出有关操作系统的 4 条描述中错误的是(　　)。

A. 具有文件处理的功能　　B. 使计算机系统用起来更方便

C. 具有对计算机资源管理的功能　　D. 具有处理硬件故障的功能

7-59 编译程序有两种执行方式,其中编译方式执行的过程是(　　)。

A. 先执行源程序,再对源程序实施转换、翻译

B. 先扫描源程序,然后进行解释、翻译,再执行

C. 边扫描源程序边进行翻译,一个语句一个语句地解释执行

D. 将源程序经过编译程序处理后,产生一个与源程序等价的目标程序再执行

7-60 按照数据交换方法的不同,可将网络分为(　　)。

A. 广播式网络、点到点式网络　　B. 双绞线网、同轴电缆网、光纤网、无线网

C. 基带网和宽带网　　D. 电路交换、报文交换、分组交换

7-61　网络协议主要组成的三要素是(　　)。

A. 资源共享、数据通信和增强系统处理功能

B. 硬件共享、软件共享和提高可靠性

C. 语法、语义和同步(定时)

D. 电路交换、报文交换和分组交换

7-62　未来计算机的发展趋势是人性化,下列四条是有关人性化的描述,其中不正确的一条是(　　)。

A. 计算机的功能更简洁、实用　　B. 存储容量大,处理信息的能力强

C. 易学、易用、实用"傻瓜化"　　D. 对处理视频、音频的要求低能化

7-63　计算机网络的主要功能包括(　　)。

A. 资源共享,数据通信、提高可靠性,增强系统处理功能

B. 提高可靠性,增强系统处理功能,修复系统软件功能

C. 计算功能,通信功能和网络功能,信息查询功能

D. 信息查询,通信功能,修复系统软件功能

7-64　局域网与广域网有完全不同的运行环境,在局域网中(　　)。

A. 跨越长距离,且可以将两个或多个局域网和/或主机连接在一起的网络

B. 所有的设备和网络的带宽都是由用户自己掌握,可以任意使用、维护和升级

C. 用户无法拥有广域连接所需要的技术设备和通信设施,只能由第三方提供

D. 2Mbit/s 的速率就已经是相当可观的了

7-65　下面所列的四条存储容量单位之间换算表达式中,其中不正确的一条是(　　)。

A. 1PB＝1024MB　　B. 1EB＝1024PB　　C. 1ZB＝1024EB　　D. 1TB＝1024GB

7-66　一幅图像的分辨率为 640×480 像素,这表示该图像中(　　)。

A. 至少由 480 个像素组成　　B. 总共由 480 个像素组成

C. 每行由 640×480 个像素组成　　D. 每列由 480 个像素组成

7-67　已知 16 进制数 $X=(11)_{16}$,10 进制数 $Y=(11)_{10}$,2 进制数 $Z(11)_2$,若用三个数字信号来表示这三个数,则它们所具有的二进制代码的位数 Nx、Ny 和 Nz(　　)。

A. 相同　　B. Nx＜Ny＜Nz　　C. Nx＜Ny＞Nz　　D. Nx＞Ny＞Nz

7-68　二进制数 01111001B 转换为十进制数是(　　)。

A. 79　　B. 151　　C. 277　　D. 121

7-69　下面 4 个二进制数中,与十六进制数 AE 等值的一个是(　　)。

A. 10100111　　B. 10101110

C. 10010111　　D. 11101010

7-70　如果计算机字长是 8 位,那么用补码表示最大有符号定点整数的范围是(　　)。

A. −128～+128　　B. −127～+128

C. −127～+127　　D. −128～+127

7-71　如果计算机字长是 8 位,那么−25 的补码表示为(　　)。

A. 00011001　　B. 11100111

C. 10100101　　D. 00100101

7-72　如果计算机字长是 8 位,那么-128 的补码表示为(　　)。

A. 00000000　　B. 11111111　　C. 10000000　　D. 01111111

7-73　计算机病毒的诸多特征中不包括(　　)。

A. 传染性　　B. 危害性　　C. 潜伏性　　D. 移植性

7-74　在下面存储介质中,存放的程序不会再次感染上病毒的是(　　)。

A. 软盘中的程序　　B. 硬盘中的程序

C. U 盘中的程序　　D. 只读光盘中的程序

7-75　为有效地防范网络中的冒充、非法访问等威胁,应采用的网络安全技术是(　　)。

A. 数据加密技术　　B. 防火墙技术

C. 身份验证与鉴别技术　　D. 访问控制与目录管理技术

7-76　在计算机网络中,常将负责全网络信息处理的设备和软件称为(　　)。

A. 资源子网　　B. 通信子网　　C. 局域网　　D. 广域网

7-77　计算机与信息化社会的关系是(　　)。

A. 没有信息化社会就不会有计算机

B. 没有计算机在数值上的快速计算,就没有信息化社会

C. 没有计算机及其与通信、网络等的综合利用,就没有信息化社会

D. 没有网络电话就没有信息化社会

7-78　实现计算机网络化后的最大好处是(　　)。

A. 存储容量被增加　　B. 计算机运行速度加快

C. 节省大量人力资源　　D. 实现了资源共享

7-79　服务器是局域网的核心,在局域网中对服务器的要求是(　　)。

A. 处理能力强,操作速度快,大容量内存和硬盘

B. 大量的输入/输出设备和资源

C. 大、中、小各种计算机系统

D. 用双绞线、同轴电缆、光纤服务器连接

7-80　下列选项中,不属于局域网拓扑结构的是(　　)。

A. 星形　　B. 互联型　　C. 环形　　D. 总线型

复习题答案与提示

7-1 B　提示:根据库仑定律,当 $q_1=q_3=|q_2|$ 时,q_1 和 q_3 对 q_2 的作用力保持平衡,三带电质点可处于图示位置状态。其他不符。

7-2 B　提示:基本概念,$E=vBl$,$B=B_{\mathrm{M}}\sin\theta$($\theta$ 为导体的运动方向与磁场方向的夹角)。

7-3 B　提示:基本概念,根据安培环路定律,$\oint \boldsymbol{B}\cdot \mathrm{d}\boldsymbol{l}=\mu_0(I_1-I_2)$。

7-4 B　提示:安培环路定律:描述磁场中磁感应强度 B 和电流 I 的关系,反映了稳恒磁场的磁感线和载流导线相互套连的性质。电磁感应定律:描述变化的磁通产生感应电动势。高斯定律:描述在闭合曲面内的电荷分布与产生的电场之间的关系。库仑定律:描述静止点电荷相互作用力。

7-5 A　提示：如题解图 7-107 所示，运用基尔霍夫电流定律列节点 a 的 KCL 方程为 $I=-(I_{s1}+I_{s2})$，流过电阻 R_2 的电流为$(I_{s1}+I_{s2})$，根据欧姆定律可得 $U_{R2}=(I_{s1}+I_{s2})R_2$；(3)的电压方程式中因缺少电流源 I_{s1}的端电压所以错误。

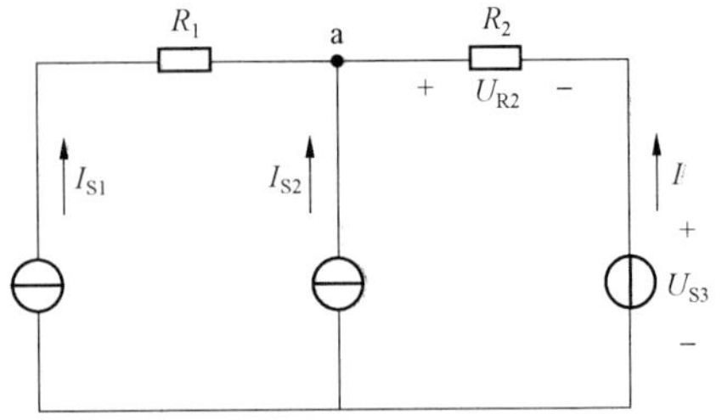

图 7-107　题 7-5 解图

7-6 D　提示：以 12V 电源负极端为电位参考点，U_{ab}正极点端电位为+5V，U_{ab}负极点端电位为+8V，所以 $U_{ab}=5V-8V=-3V$。

7-7 C　提示：等效电流源模型如图 7-108 所示。

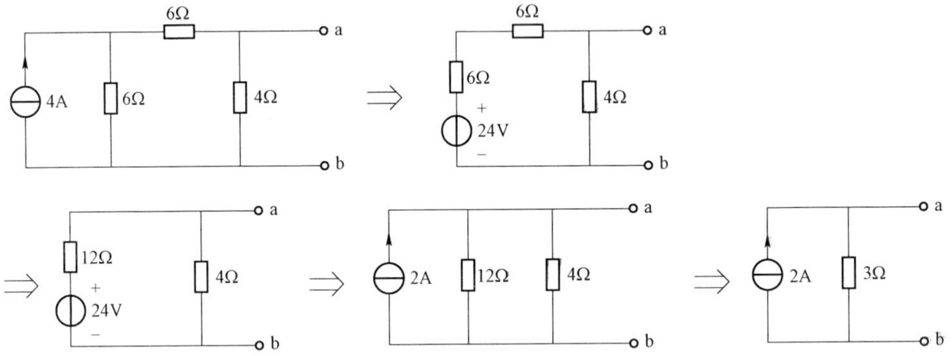

图 7-108　题 7-7 解图

7-8 B　提示：电压源单独作用，电流源做短路处理，两个相同阻值的电阻对 10V 电压源分压，根据电压极性，得 $U=-5V$。

7-9 A　提示：$-\dot{I}_1+\dot{I}_2=-(8+j6)+8\angle 90°=-8-j6+j8=-8+j2(A)$。

7-10 A　提示：此时电路为直流状态，电感和电容分别当作短路和开路处理，则两个相同阻值电阻平均分压，所以，$u_2=2.5V$，$i=i_1=0.2A$。

7-11 B　提示：根据谐振的概念，$Z_1+Z_2=6+j8-jx_C=6+j(8-x_C)$，阻抗虚部位 0 时电流最大，所以答案选 B。

7-12 B　提示：有效值为 $I=\dfrac{0.1}{\sqrt{2}}A=70.7mA$，周期为 $T=\dfrac{2\pi}{1000}s=6.28ms$。

7-13 D　提示：三个支路的有效值分别为：$I_1=\dfrac{U}{2R}$，$I_2=\dfrac{U}{\sqrt{R^2+X_L^2}}=\dfrac{U}{\sqrt{2}R}$，$I_3=\dfrac{U}{\sqrt{R^2+X_C^2}}=\dfrac{U}{\sqrt{2}R}$。设端口电压 $\dot{U}$ 的初相位为 0°，且由阻抗角 $\varphi=\arctan\dfrac{X}{R}$ 得，电压 $\dot{U}$ 相位超前 $\dot{I}_2$ 相位 45°，电压 $\dot{U}$ 相位滞后 $\dot{I}_3$ 相位 45°，相量图如图 7-109 所示。

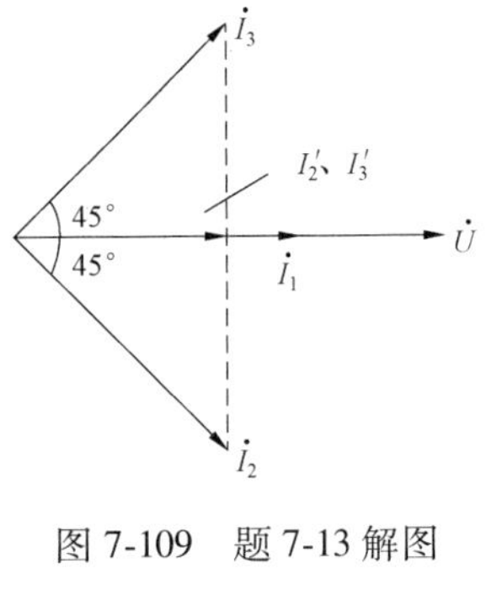

图 7-109　题 7-13 解图

则电流 I 的有效值为 $I=I_1+I'_2+I'_3=\dfrac{U}{2R}+\dfrac{U}{\sqrt{2}R}\cos 45°+$

$\dfrac{U}{\sqrt{2}R}\cos45° = \dfrac{3U}{2R}$，即为 3 倍的 I_1，故选项 D 正确。

7-14 D　提示：此为三相四线制电路，负载星形联结，在 $Z_1 \neq Z_2 \neq Z_3$ 的情况下不会出现中点位移的现象；不对称三相负载也可以改为三角形联结；三相负载星形联结时无论负载是否对称，都有 $U_l = \sqrt{3}U_p$，若改为角形接法，则负载相电压等于电源线电压，只有负载对称时才有 $I_l = \sqrt{3}I_p$，故答案应选 D。

7-15 D　提示：如题解图 7-110 所示，设 $\dot{I} = I\angle 0°$，则电路输入端总阻抗

$$Z = R_1 + R_2 + j\omega L = \sqrt{(R_1 + R_2)^2 + (\omega L)^2}\angle \arctan\frac{\omega L}{R_1 + R_2}$$

$$\dot{U}_i = Z \cdot \dot{I} = \sqrt{(R_1 + R_2)^2 + (\omega L)^2}\angle \arctan\frac{\omega L}{R_1 + R_2} \cdot I\angle 0°$$

而 $\dot{U}_O = I\angle 0° \cdot R_2$，由此

$$\frac{\dot{U}_O}{\dot{U}_i} = \frac{I\angle 0° \cdot R_2}{\sqrt{(R_1 + R_2)^2 + (\omega L)^2}\angle \arctan\frac{\omega L}{R_1 + R_2} \cdot I\angle 0°} = \frac{I \cdot R_2}{\sqrt{(R_1 + R_2)^2 + (\omega L)^2} \cdot I}\angle -\arctan\frac{\omega L}{R_1 + R_2}$$

故答案应选 D。

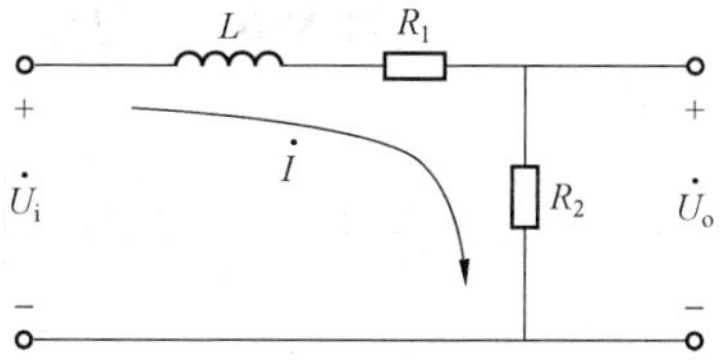

图 7-110　题 7-16 解图

7-16 C　提示：当 $R_1 = n^2 R_L$ 时，R_L 上获得最大功率，由此得变比 $n = \sqrt{\dfrac{R_1}{R_L}} = 5$，$\dfrac{N_1}{N_2} = 5$，因此，$N_2 = \dfrac{200}{5}$ 匝 $= 40$ 匝。

7-17 C　提示：额定负载时效率达到最大，负载和效率的关系曲线如图 7-111 所示，可知电动机的工作效率高于 70%，所带动的负载应在 30~40N·m 之间。

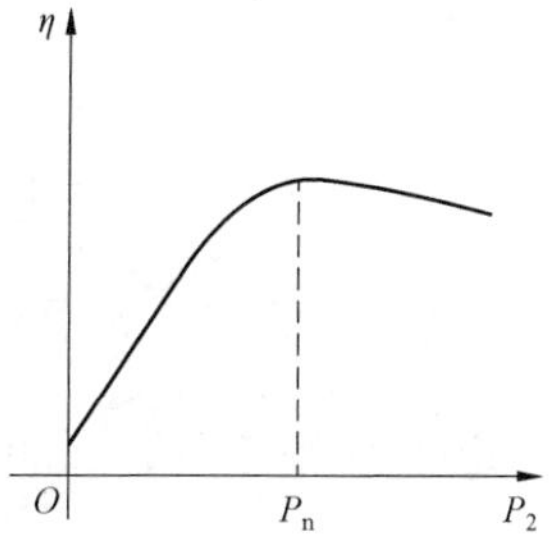

图 7-111　题 7-17 解图

7-18 A　提示：开关闭合后，R_{L1}，R_{L2} 两电阻并联，变压器二次侧负载电阻变小，由此可使得一次侧等效电阻［$k^2 \cdot (R_{L1}//R_{L2})$］也减小，因而 u_1 变小，I_1 增大，$I_2 = k \cdot I_1$ 也增大，所以故答案应选 A。

7-19 C　提示：若让电动机 M2 工作，需使控制电动机 M2 的接触器 2KM 线圈得电，而前提是接触器 1KM 的常开触点闭合，所以应先按下起动按钮 1SBst，使接触器 1KM 的线圈得电，1KM 的常开触点闭合，再按下启动按钮 2SBst，从而使控制电动机 M2 的接触器 2KM 线圈得电，M2 投入工作。

7-20 A　提示：按三要素法，并利用戴维南定理求等效电阻。

7-21 A　提示：根据换路定则，电容的电压不能突变，$U_C(0_+)=U_C(0_-)=0$，电感的电流不能突变，$i(0_+)=i_L(0_+)=i_L(0_-)=0$，换路瞬间电阻 R_1、R_2 上没有电流，因此 U_{R1} 和 U_{R2} 为 0V，根据 KVL 定律，$U_L=10V$，所以答案 A 正确。

7-22 A　提示：采用等时间间隔的采样周期读取连续信号的瞬时值，通过这种方法所获取的信号为采样信号。采样信号是连续信号的离散化形式。将采样得到的每一个瞬时值在其采样周期内保持不变所形成的信号被称为采样保持信号。

7-23 D　提示：$X=(11)_{16}=(10001)_2$，$Y=(11)_{10}=(1011)_2$，$Z=(11)_2$，故选项 D 正确。

7-24 B　提示：模-数转换（A/D）是将对模拟信号 x_1 采样后得到的采样信号 x_2 转换为数字信号的过程，所以选项 B 是正确的。

7-25 B　提示：由 $u(t)$ 的离散频谱可知该信号为周期性连续时间信号。

7-26 C　提示：输入电压 $u_i = 10\sin\omega t$V 为正弦波，二极管 VD 为理想器件，由电路结构可知，二极管阳极接输入电压正极，二极管阴极连接 5V 直流电压源正极，同时也是输出电压正极端。根据理想二极管特性，只有当阳极电位高于阴极电位时二极管导通，即只有当输入电压值高于 5V 时，二极管导通，此时输出电压等于输入电压，其余时间二极管均截止，电路断开，含电阻支路电流为零，输出电压 u_o 等于直流电源电压 5V。所以选项 C 波形正确。

7-27 D　提示：设该放大电路等效为一内阻为 R、电动势为 E 的电压源，根据题意列方程解出 R，即为该放大电路的输出电阻。

7-28 C　提示：$i_C=\dfrac{12-0.3}{1\text{k}\Omega}=11.7\text{mA}$，$i_C=\beta i_B$，要求 $U_0\leqslant 0.3\text{V}$，则应有 $i_C\geqslant 11.7\text{mA}$。而 $i_B=\dfrac{5}{R_B}$，$11.7\leqslant 50\times\dfrac{5}{R_B}$，所以 $R_B\leqslant 50\times\dfrac{5}{11.7}$，即 $R_B\leqslant 20\text{k}\Omega$。

7-29 B　提示：电路有发射极旁路电容，做出此放大电路的小信号等效模型如图 7-112 所示。

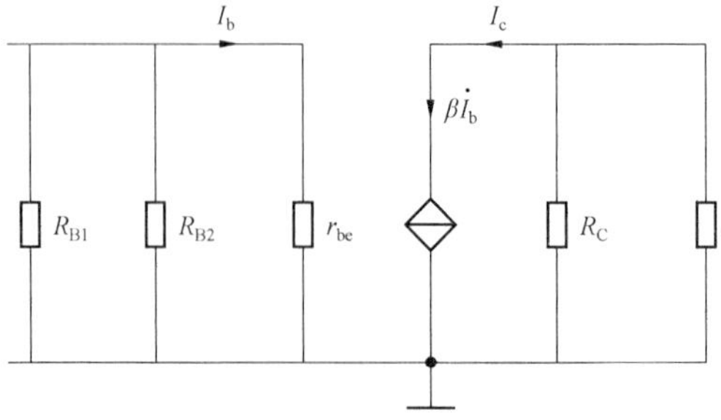

图 7-112　题 7-29 解图

根据求解输出电阻的规则，将小信号等效电路左边输入端短路，输出端负载开路。输入端短路使 $\dot{I}_b=0$，从而受控电流源 $\beta\dot{I}_b$ 相当于开路，所以从输出端看进去的输出电阻 $r_o=R_C$。

7-30 A　提示：若 D_3 接反，在电源正半周期间 VD_1、VD_3 均承受正向电压而导通，则对电源形成短路。

7-31 B　提示：选项 A、C、D 图结构均有错误。

7-32 D　提示：当 $U_o=10^5U_i$ 时，运放处于线性区，U_i 小于 0.1mV 且大于 -0.1mV。

7-33 B　提示：由输入输出波形可知，周期为 T 的信号通过信号处理器无衰减传输，$f=\dfrac{1}{T}$。

7-34 A　提示：根据运放输入电流为零，可列 R_3 上的电流为 $I_{R3}=\dfrac{u_{-上}-u_{-下}}{R_3}=\dfrac{U_o}{R_1+R_2+R_3}$，又根据 $u_+=u_-$，$u_{-上}-u_{-下}=u_{+上}-u_{+下}=u_i$，整理后即得答案 A。

7-35 B　提示：$A\oplus 0=A$，$F_1=\overline{A+B}=\overline{A}\cdot\overline{B}$；$A\oplus 1=\overline{A}$，$F_2=\overline{\overline{A}+B}=A\cdot\overline{B}$。

7-36 B　提示：$F=(A+\overline{A})(B+\overline{B}C)=B+\overline{B}C=B+C$。

7-37 D　提示：根据真值表写出 $F=\overline{A}BC+AB\overline{C}+ABC$。

7-38 A　提示：由 JK 触发器特性方程得：$Q_{JK}^{n+1}=J\overline{Q^n}+\overline{K}Q^n=\overline{Q_{JK}^n}$（$J=K=1$，CP 下降沿触发，处于计数状态）；根据电路结构及 D 触发器特性方程，得：$Q_D^{n+1}=D=\overline{Q_D^n}$（CP 上升沿触发，也处于计数状态）。由图（b）波形可知，$\overline{R_D}$ 有一个清零脉冲，Q_{JK} 和 Q_D 被置零，而到 t_1 时刻时，D 触发器已经过两次 CP 上升沿，发生两次翻转，$Q_D=0$，JK 触发器经过两次 CP 下降沿，也发生两次翻转，即 $Q_{JK}=0$，故答案应选 A。

7-39 C　提示：根据题中已知图，三个 D 触发器为串行连接，CP 信号是同时输入的，为同步电路，数据从电路右面的 D 端接入，随着 CP 脉冲向左移位，没有循环也没有计数功能。

7-40 A　提示：两图的逻辑关系分别为或非和同或，则 $F_1=\overline{A+1}=\overline{1}=0$，$F_2=\overline{B\oplus 1}=B\cdot 1+\overline{B}\cdot\overline{1}=B+0=B$。

7-41 B　提示：根据 CPU 的定义。

7-42 A　提示：根据操作系统的性质和功能。

7-43 A　提示：计算机的硬件是由地址总线、数据总线和控制总线连接起来的，以便信息准确、按序、高效传送数据。一般来说，地址总线给出信息传送的位置，数据总线给出传送的信息，控制总线控制信息的传送时间、方向等。

7-44 C　提示：一个存储器包含许多存储单元，每个存储单元可存放一个字节（微机按字节编址）。每个存储单元的位置都有一个编号，即存储地址。一个存储器中所有存储单元可存放数据的总和称为它的存储容量，故答案应选 C。

7-45 A　提示：计算机内信息都是用二进制数码表示的，故答案应选 A。

7-46 C　提示：地址寄存器是内存储器地址总线上地址信息的发源地。无论是要执行的指令的地址，还是指令中所涉及的操作数的地址，都必须先送到地址寄存器，然后才能送至内存储器，故答案应选 C。

7-47 C

7-48 B 提示:计算机的硬件系统的几个组成,如存储器,外设是通过三总线连接的,即控制总线 CB、地址总线 AB 和数据总线 DB。

7-49 A

7-50 B 提示:计算机与存储器和外设接口是通过地址总线(AB),数据总线(DB)和控制总线(CB)连接的。CPU 通过 AB 得到存储器或外设的地址,通过 DB 与存储器或外设数据交换,通过 CB 对存储器或外设数进行控制。

7-51 C 提示:计算机的存储单位是 bit、Byte、KB、MB、GB、TB、PB、EB、ZB、YB、BB。它们的换算关系是 1B = 8bit, 1KB = 1024B, 1MB = 1024KB, 1GB = 1024MB, 1TB = 1024GB, 1PB = 1024TB, 1EB = 1024PB, 1ZB = 1024EB, 1YB = 1024ZB, 1BB = 1024YB。

7-52 B 提示:分时操作系统的"分时"含义是指多个用户分享使用同一台计算机。多个程序分时共享硬件和软件资源。分时操作系统是一个多用户交互式操作系统。允许多个用户以交互方式使用计算机操作系统。

7-53 D 提示:选项 A、选项 B、选项 C 欠妥或不全面。

7-54 C 提示:分布式操作系统的网络中每台计算机无主次之分,任意两台计算机可进行信息交换和资源共享。这点与网络操作系统差别不大,本质区别是:分布式操作系统能使网络系统中若干个计算机相互协作完成一个共同任务,可使多台计算机组成一个完整的,功能强大的计算机系统。

7-55 C 提示:Windows 是单用户多任务操作系统。

7-56 B 提示:8 位二进制数有 $2^8 = 256$ 种不同组合,故答案应选 B。

7-57 A 提示:操作系统具有并发性、共享性和随机性特征。

7-58 B 提示:操作系统不具备处理硬件功能,包括硬件故障。

7-59 D 提示:编译程序是将用高级语言编写的程序(源程序)翻译成机器语言程序(目标程序),这一翻译过程称为编译;解释程序是边扫描边翻译边执行的翻译程序,故答案应选 D。

7-60 D 提示:计算机网络三种交换方式。

7-61 C 提示:网络协议的三要素:①语法是用户数据与控制信息的结构与格式,以及数据出现的顺序;②语义是解释控制信息每个部分的意义;③时序是对事件发生顺序的详细说明。

7-62 D 提示:未来的计算机将向高性能、人性化、网络化等几个方向发展。当前计算机的发展趋势为高性能、人性化、网络化、多极化、多媒体和智能化,故答案应选 D。

7-63 A 提示:计算机网络的主要功能:数据通信、资源共享、提高计算机系统的可靠性统的处理功能,故答案应选 A。

7-64 B 提示:根据局域网的定义和性质。

7-65 A 提示:1GB = 1024MB, 1TB = 1024GB, 1PB = 1024TB, 1EB = 1024PB, 1ZB = 1024EF, 1YB = 1024ZB,故答案应选 A。

7-66 D

7-67 D 提示:由题意可知, $X = (11)_{16} = (10001)_2$, $Y = (11)_{10} = (1011)_2$, $Z = (11)_2$,故答案应选 D。

7-68 D　提示：可以按每一位二进制数的乘幂项分别展开，也可以先转化为 16 进制数 79H，然后按 16 进制数的乘幂展开，即 $7\times16^1+9\times16^0=121$，后者更快捷。

7-69 B　提示：按照 4 位一组法转换，1010B = AH，1110B = EH，因此 10101110 = AEH。

7-70 D　提示：根据补码的描述得到。

7-71 B　提示：根据真值与补码的转换得到。

7-72 C　提示：字长是 n 时，最小真值的补码是 2^{n-1}。

7-73 D　提示：计算机病毒特征有非授权执行性、传染性、寄生性、潜伏性、破坏性、可触发，故答案应选 D。

7-74 D　提示：选项 A、B、C 这些存储介质是可以写入信息的，存放程序时写入可能会写入病毒，只读光盘一次写入后，成为只读存储器，不会再写入信息，包括病毒。

7-75 B　提示：防火墙作为一种边界安全的手段，在网络安全保护中起着重要作用。其主要功能是控制对网络的非法访问。

7-76 B　提示：从计算机网络各组成部件的功能来看，各部件主要完成两种功能，即网络通信和资源共享。把计算机网络中实现网络通信功能的设备及其软件的集合称为网络的通信子网，而把网络中实现资源共享功能的设备及其软件的集合称为资源子网。通信设备、网络通信协议、通信控制软件等属于通信子网，是网络的内层，负责信息的传输。其主要功能是为用户提供数据的传输、转接、加工、变换等。

7-77 C　提示：信息化社会必须具备计算机、通信技术和网络技术等，综合利用促进其发展的。

7-78 D

7-79 A　提示：服务器是局域网的核心设备，用于存储和处理数据。服务器的选购应根需求而定，包括存储容量、计算能力、可靠性等因素，故答案应选 A。

7-80 B

第三篇　工程管理基础

第8章　法律法规

考试大纲

8.1　中华人民共和国建筑法　建筑许可;建筑工程发包与承包;建筑工程监理;建筑安全生产管理;建筑工程质量管理。

8.2　中华人民共和国安全生产法　生产经营单位的安全生产保障;从业人员的权利和义务;安全生产的监督管理;生产安全事故的应急救援与调查处理。

8.3　中华人民共和国招标投标法　招标;投标;开标;评标和中标;法律责任。

8.4　《中华人民共和国民法典》之合同编　合同的订立;合同的效力;合同的履行;合同的保全;合同的变更和转让;合同的权利义务终止;违约责任;其他规定。

8.5　中华人民共和国行政许可法　行政许可的设定;行政许可的实施机关;行政许可的实施程序;行政许可的费用。

8.6　中华人民共和国节约能源法　节能管理;合理使用与节约能源;节能技术进步;激励措施;法律责任。

8.7　中华人民共和国环境保护法　环境监督管理;保护和改善环境;防治环境污染和其他公害;法律责任。

8.8　建设工程勘察设计管理条例　资质资格管理;建设工程勘察设计发包与承包;建设工程勘察设计文件的编制与实施;监督管理。

8.9　建设工程质量管理条例　建设单位的质量责任和义务;勘察设计单位的质量责任和义务;施工单位的质量责任和义务;工程监理单位的质量责任和义务;工程质量保修。

8.10　建设工程安全生产管理条例　建设单位的安全责任;勘察、设计、工程监理及其他有关单位的安全责任;施工单位的安全责任,监督管理;生产安全事故的应急救援和调查处理。

8.1　中华人民共和国建筑法

8.1.1　建筑法概述

广义的建筑法是国家为加强对建筑活动监督管理,维护建筑市场秩序,调整国家、建设单位、建筑设计、施工、监理等市场主体之间在建筑领域关系的法律法规的总称。狭义的建筑法就是指《中华人民共和国建筑法》(简称《建筑法》)。

建筑法调整的对象是在我国境内从事的建筑活动,所谓建筑活动是指各类房屋建筑及其附属设施的建造和与其配套的线路、管道、设备的安装活动。

8.1.2 建筑许可

1. 建筑许可的概念

建筑许可是指建设行政主管部门根据建设单位和从事建筑活动的单位、个人的申请，依法准许建设单位开工或确认单位、个人具备从事建筑活动资格的行政行为。需要指出的是，申请是许可的必要条件，没有申请，就没有许可。

《建筑法》第7条规定，建筑工程开工前，建设单位应当按照国家有关规定向工程所在地县级以上建设行政主管部门申请领取施工许可证；但是，国务院建设行政主管部门确定的限额以下的小型工程除外。

2. 建筑施工许可证

建设工程施工许可证又称建设工程开工证，是建筑施工单位符合各种施工条件、允许开工的批准文件，是建设单位进行工程施工的法律凭证，也是房屋权属登记的主要依据之一。当各种施工条件完备时，建设单位应当按照计划批准的开工项目向工程所在地县级以上建设行政主管部门办理施工许可手续，领取施工许可证。未取得施工许可证的不得擅自开工。

《建筑法》第8条规定：申请领取施工许可证，应当具备下列条件：①已经办理该建筑工程用地批准手续；②依法应当办理建设工程规划许可证的，已经取得建设工程规划许可证；③需要拆迁的，其拆迁进度符合施工要求；④已经确定建筑施工企业；⑤有满足施工需要的资金安排、施工图纸及技术资料；⑥有保证工程质量和安全的具体措施。建设行政主管部门应当自收到申请之日起7日内，对符合条件的申请颁发施工许可证。

3. 建筑从业资格

（1）单位资格。建筑活动主体按照其拥有的注册资本、专业技术人员、技术装备和已完成的建筑工程业绩等资质条件，划分为不同的资质等级，经资质审查合格，取得相应等级的资质证书后，方可在其资质等级许可的范围内从事建筑活动。需要说明的是，2014年《建筑业企业资质标准》将注册资本调整为净资产。

《建筑业企业资质标准》将建筑业企业资质分为施工总承包、专业承包和施工劳务三个序列。《工程勘察资质标准》将工程勘察资质分为综合资质、专业资质和劳务资质三个类别。《工程设计资质标准》将工程设计资质分为综合、行业、专业和专项四个序列。《工程监理企业资质标准》将工程监理企业资质分为综合资质、专业资质和事务所三个序列。

（2）从业人员资格。从事建筑活动的专业技术人员，应当依法取得相应的执业资格证书，并在执业资格证书许可的范围内从事建筑活动。如注册建筑师、注册结构师和注册监理师等专业技术人员必须具有法定的执业资格，即经过国家统一考试合格并被依法批准注册。

4. 开工延期及施工中断和恢复

建设单位应当自领取施工许可证之日起3个月内开工。因故不能按期开工的，应当向发证机关申请延期；延期以2次为限，每次不超过3个月。既不开工又不申请延期或者超过延期时限的，施工许可证自行废止。

在建的建筑工程因故中止施工的，建设单位应当自中止施工之日起1个月内，向发证机关报告。恢复施工时，也应当向发证机关报告。中止施工满一年的工程恢复施工前，建设单位应当报发证机关核验施工许可证。

8.1.3 建筑工程发包与承包

1. 工程合同

建筑工程合同是指一方依约定完成建设工程,另一方按约定验收工程并支付酬金的合同。前者称承包人,后者称为发包人。《建筑法》第 15 条、《民法典》第 789 条均规定,建筑工程的发包单位与承包单位应当依法订立书面合同,明确双方的权利和义务。

建筑工程合同包括工程勘察、设计、施工合同。建筑工程实行监理的,发包人应当与监理人订立书面委托监理合同。

2. 发包与承包

(1) 概念。建筑工程的发包是指建筑工程的建设单位(或总承包单位)将建筑工程任务的全部或一部分通过招标或其他方式,交付给具有从事建筑活动的法定从业资质的单位完成,并按约定支付报酬的行为。建筑工程的承包,即建筑工程发包的对称,是指具有从事建筑活动的法定从业资质的单位,通过投标或其他方式,承揽建筑工程任务,并按约定取得报酬的行为。

(2) 工程发包方式。

1) 招标发包。建筑工程依法实行招标发包,发包单位应当依照法定程序和方式,发布招标公告,开标应当在招标文件规定的时间、地点公开进行。开标后应当按照招标文件规定的评标标准和程序择优选定中标者。

2) 直接发包。对不适于招标发包的建筑工程可以直接发包。发包单位应当将建筑工程发包给具有相应资质条件的承包单位。

(3) 工程承包方式。

1) 施工总承包。建筑工程的总承包,采用较多的有建筑工程全部工作任务的总承包和施工总承包。建筑工程全部工作任务的总承包,又称为"交钥匙承包",是指发包方将建筑工程的勘察、设计、土建施工、设备的采购及安装调试等工程建设的全部任务一并发包给一个具备相应总承包资质条件的承包单位,由该总承包单位对工程建设的全过程向建设单位负责,直至工程竣工,向建设单位交付经验收合格并符合发包方要求的建筑工程的承发包方式。

禁止将建筑工程肢解发包,建筑工程的发包单位不得将应当由一个承包单位完成的建筑工程肢解成若干部分发包给几个承包单位;发包单位不得指定承包单位购入用于工程的建筑材料、建筑构配件和设备或者指定生产厂、供应商。

2) 共同承包。大型建筑工程或者结构复杂的建筑工程,可以由两个以上的承包单位联合共同承包。共同承包的各方对承包合同的履行承担连带责任。但两个以上不同资质等级的单位实行联合共同承包的,应当按照资质等级低的单位的业务许可范围承揽工程。

3) 工程转包和分包。禁止承包单位将其承包的全部建筑工程转包给他人,禁止承包单位将其承包的全部建筑工程肢解以后以分包的名义分别转包给他人。

建筑工程总承包单位可以将承包工程中的部分工程发包给具有相应资质条件的分包单位分包必须在总承包合同中约定,或经建设单位认可。施工总承包的,建筑工程主体结构的施工必须由总承包单位自行完成,但钢结构除外。

建筑工程总承包单位按照总承包合同的约定对建设单位负责;分包单位按照分包合同的约定对总承包单位负责。总承包单位和分包单位就分包工程对建设单位承担连带责任。

禁止总承包单位将工程分包给不具备相应资质条件的单位。禁止分包单位将其承包的工程再分包。

8.1.4 建筑工程监理

1. 概念和特征

建筑工程监理是指针对工程项目建设,社会化、专业化的工程建设监理单位接受建设单位的委托和授权,根据国家批准的工程项目建设文件、有关工程建设的法律法规和工程建设监理合同以及其他工程建设合同所进行的旨在实现项目投资目的的微观监督管理活动。

2. 监理依据

(1) 法律和行政法规中对工程建设的有关规定。

(2) 与建筑工程有关的国家标准、行业标准、设计图纸、工程说明书等文件。

(3) 建设单位与承包单位之间签订的建筑工程承包合同,内容一般包括投标书、合同条件、设计图纸、工程说明书、技术规范及标准、工程量清单及单价表等。

3. 监理人员权利

工程监理人员对其所发现的工程问题,有权要求责任者予以改正或者提请建设单位要求责任者改正,具体内容如下:

(1) 认为工程施工不符合工程设计要求、施工技术标准和合同约定的,有权要求建筑施工企业改正。

(2) 发现工程设计不符合建筑工程质量标准或者合同约定的质量要求的,应当报告建设单位要求设计单位改正。

4. 监理单位与建设单位、承包商的关系

(1) 建设单位与监理单位是委托与被委托的关系,工程监理单位应当根据建设单位的委托,客观、公正地执行监理任务。不按照委托监理合同的约定履行监理义务,对应当监督检查的项目不检查或者不按照规定检查,给建设单位造成损失的,应当承担相应的赔偿责任。

(2) 监理单位与承包商之间是监理与被监理的关系,二者必须是独立的,工程监理单位与被监理工程的承包单位以及建筑材料、建筑构配件和设备供应单位不得有隶属关系或者其他利害关系。

(3) 实施建筑工程监理前,建设单位应当将委托的工程监理单位、监理的内容及监理权限,书面通知被监理的建筑施工企业。

8.1.5 建筑安全生产管理

《安全生产法》《建筑法》和《建设工程安全生产管理条例》确立了建筑工程安全生产管理必须坚持安全第一、预防为主的方针,建立健全了安全生产的责任制度和群防群治制度。

1. 设计安全责任

(1) 建筑工程设计应当符合国家规定的建筑安全规程和技术规范,保证工程的安全性能。

(2) 建筑施工企业在编制施工组织设计时,应当根据建筑工程的特点制定相应的安全技术措施;对专业性较强的工程项目,应当编制专项安全施工组织设计,并采取安全技术措施。

(3) 涉及建筑主体和承重结构变动的装修工程,建设单位应当在施工前委托原设计单位或者具有相应资质条件的设计单位提出设计方案;没有设计方案的,不得施工。

2. 现场管理

施工现场安全由建筑施工企业负责。实行施工总承包的,由总承包单位负责。分包单位向总承包单位负责,服从总承包单位对施工现场的安全生产管理。

(1) 建筑施工企业应当在施工现场采取维护安全、防范危险、预防火灾等措施;有条件的,应当对施工现场实行封闭管理。

(2) 施工现场对毗邻的建筑物、构筑物和特殊作业环境可能造成损害的,建筑施工企业应当采取安全防护措施。

(3) 建设单位应当向建筑施工企业提供与施工现场相关的地下管线资料,建筑施工企业应当采取措施加以保护。

(4) 建筑施工企业应当采取控制和处理施工现场的各种粉尘、废气、废水、固体废物以及噪声、振动对环境的污染和危害的措施。

3. 施工过程中的特殊事项审批

有下列情形之一的,建设单位应当按照国家有关规定办理申请批准手续:

(1) 需要临时占用规划批准范围以外场地的。

(2) 可能损坏道路、管线、电力、邮电通信等公共设施的。

(3) 需要临时停水、停电、中断道路交通的。

(4) 需要进行爆破作业的。

(5) 法律、法规规定需要办理报批手续的其他情形。

4. 作业人员的安全生产权利义务

(1) 建筑施工企业应当建立健全劳动安全生产教育培训制度,加强对职工安全生产的教育培训;未经安全生产教育培训的人员,不得上岗作业。

(2) 建筑施工企业和作业人员在施工过程中,应当遵守有关安全生产的法律、法规和建筑行业安全规章、规程,不得违章指挥或者违章作业。

(3) 作业人员有权对影响人身健康的作业程序和作业条件提出改进意见,有权获得安全生产所需的防护用品。作业人员对危及生命安全和人身健康的行为有权提出批评、检举和控告。

(4) 建筑施工企业应当依法为职工参加工伤保险缴纳工伤保险费。

8.1.6 建设工程质量管理

1. 建筑工程合同当事人的质量责任

(1) 发包单位的质量责任。

1) 应当将工程发包给具有相应资质的单位。

2) 必须依法实行招标投标制度。

3) 应当将施工图纸设计文件报主管部门或有关部门审查,未经批准不得使用。

4) 对于国家重点建设工程、大型公共事业工程和成片开发的住宅小区等应当委托具有相应资质等级的工程监理单位。

5) 不得明示或暗示设计单位、施工单位违反强制性标准、降低工程质量。

6) 涉及建筑主体和承重结构变动的装修工程,应当在施工前委托原设计单位或者具有相应资质等级的设计单位提出设计方案;没有设计方案的,不得施工。

7) 收到建设工程竣工报告后,应当组织设计、施工、工程监理等有关单位进行竣工验收。

8) 应当严格按照国家有关档案管理的规定,及时收集、整理、移交建设项目档案。

(2) 勘察、设计、施工单位的质量责任。

1) 工程勘察、设计、施工单位应当依法取得相应等级的资质证书,并在其资质等级许可的范围内承揽工程。

2) 勘察、设计单位必须按照工程建设强制性标准进行勘察、设计,并对其勘察、设计的质量负责。

3) 勘察单位提供的地质、测量、水文等勘察成果必须真实、准确。

4) 设计单位应当根据勘察成果文件进行建设工程设计。

5) 设计单位在设计文件中选用的建筑材料、建筑构配件和设备,应当注明规格、型号、性能等技术指标,其质量要求必须符合国家规定的标准。

6) 设计单位应当参与建设工程质量事故分析,并对因设计造成的质量事故,提出相应的技术处理方案。

7) 施工单位应当建立质量责任制,确定工程项目的项目经理、技术负责人和施工管理负责人。

8) 实行总承包的,工程质量由工程总承包单位负责,总承包单位将建筑工程分包给其他单位的,应当对分包工程的质量与分包单位承担连带责任。

9) 交付竣工验收的建筑工程,必须符合规定的建筑工程质量标准,有完整的工程技术经济资料和经签署的工程保修书,并具备国家规定的其他竣工条件。

2. 建筑工程质量保修制度

(1) 保修范围应当包括地基基础工程、主体结构工程、屋面防水工程和其他工程,以及电气管线、上下水管线的安装工程,供热、供冷系统工程等项目。

(2) 保修的期限应当按照保证建筑物合理寿命年限内正常使用,维护使用者合法权益的原则确定。

8.2 中华人民共和国安全生产法

8.2.1 安全生产法概述

1. 安全生产法

安全生产是指在生产经营活动中,为避免发生造成人员伤害和财产损失的事故而采取相应的事故预防和控制措施,以保证从业人员的人身安全,保证生产经营活动得以顺利进行的相关活动。

2.《安全生产法》的适用范围

适用于一切从事生产经营活动的企业、事业单位和个体经济组织的安全生产及其监督管理。对于消防安全和道路交通安全、铁路交通安全、水上交通安全、民用航空安全、特种设备安全等领域已有专门的法律、行政法规进行了规范,这些领域的安全生产适用具体规范。但是在这些法律、行政法规没有做出规范的,仍然适用《安全生产法》。

3. 生产经营单位安全生产基本义务

(1) 生产经营单位必须遵守安全生产法律、法规。

(2) 生产经营单位必须建立健全安全生产责任制度和安全生产规章制度。安全生产责任制度是指由企业主要负责人应负的安全生产责任,其他各级管理人员、技术人员和各职能部门应负的安全生产责任,直到各岗位操作人员应负的本岗位安全生产责任所构成的企业全员安全生产制度，是企业安全生产规章制度中的重要组成部分。

4. 从业人员安全生产基本职责

（1）生产经营单位的主要负责人是本单位安全生产第一责任人，对本单位的安全生产工作全面负责，其他责任人在对职责范围内安全生产工作负责。

（2）生产经营单位的从业人员有依法获得安全生产保障的权利，并应当依法履行安全生产方面的义务。

5. 政府安全生产管理

国务院和县级以上地方各级人民政府制定安全生产规划应当与国土空间规划等相关规划相衔接。县级以上各级人民政府应当组织负有安全生产监督管理职责的部门依法编制安全生产权力和责任清单，公开并接受社会监督。国务院应急管理部门对全国安全生产工作实施综合监督管理；县级以上地方各级人民政府应急管理部门对本行政区域内安全生产工作实施综合监督管理。应急管理部门和对有关行业、领域的安全生产工作实施监督管理的部门，统称负有安全生产监督管理职责的部门。

6. 安全生产标准

国务院有关部门依法制定的有关国家标准或者行业标准，生产经营单位必须执行。国务院有关部门按照职责分工负责安全生产强制性国家标准的项目提出、组织起草、征求意见、技术审查。国务院应急管理部门统筹提出安全生产强制性国家标准的立项计划。国务院标准化行政主管部门负责安全生产强制性国家标准的立项、编号、对外通报和授权批准发布工作。国务院标准化行政主管部门、有关部门依据法定职责对安全生产强制性国家标准的实施进行监督检查。

8.2.2 生产经营单位的安全生产保障

1. 生产经营单位的生产条件要求

生产经营单位应当具备下列安全生产条件：

（1）有完备的安全生产责任制和落实机制建设。

（2）应当具备的安全生产条件所必需的资金投入，并对由于安全生产所必需的资金投入不足导致的后果承担责任。

（3）有关生产经营单位应当按照规定提取和使用安全生产费用，专门用于改善安全生产条件。安全生产费用在成本中据实列支。

（4）矿山、金属冶炼、建筑施工、道路运输单位和危险物品的生产、经营、储存单位，应当设置安全生产管理机构或者配备专职安全生产管理人员。其他生产经营单位从业人员超过 100 人的，应当设置安全生产管理机构或者配备专职安全生产管理人员；从业人员在 100 人以下的，应当配备专职或者兼职的安全生产管理人员。

2. 生产经营单位的主要负责人的职责

（1）建立、健全本单位安全生产责任制，加强安全生产标准建设。

（2）组织制定本单位安全生产规章制度和操作规程。

（3）组织制定并实施本单位安全生产教育和培训计划。

（4）保证本单位安全生产投入的有效实施。

（5）组织建立并落实安全风险等级管控和隐患排查治理双重预防机制，督促、检查本单位的安全生产工作，及时消除生产安全事故隐患。

（6）组织制定并实施本单位的生产安全事故应急救援预案。

（7）及时、如实报告生产安全事故。

3. 生产经营单位的安全生产管理机构以及安全生产管理人员及主要职责

生产经营单位的主要负责人和安全生产管理人员必须具备与本单位所从事的生产经营活动相应的安全生产知识和管理能力。危险物品的生产、经营、储存单位以及矿山、金属冶炼、建筑施工、道路运输单位的主要负责人和安全生产管理人员，应当由主管的负有安全生产监督管理职责的部门对其安全生产知识和管理能力考核合格。危险物品的生产、储存单位以及矿山、金属冶炼单位应当有注册安全工程师从事安全生产管理工作。他们履行下列职责：

（1）组织或者参与拟订本单位安全生产规章制度、操作规程和生产安全事故应急救援预案。

（2）组织或者参与本单位安全生产教育和培训，如实记录安全生产教育和培训情况。

（3）督促落实本单位重大危险源的安全管理措施。

（4）组织或者参与本单位应急救援演练。

（5）检查本单位的安全生产状况，及时排查生产安全事故隐患，提出改进安全生产管理的建议。

（6）制止和纠正违章指挥、强令冒险作业、违反操作规程的行为。

（7）督促落实本单位安全生产整改措施。

生产经营单位做出涉及安全生产的经营决策，应当听取安全生产管理机构以及安全生产管理人员的意见。不得因安全生产管理人员依法履行职责而降低其工资、福利等待遇或者解除与其订立的劳动合同。危险物品的生产、储存单位以及矿山、金属冶炼单位的安全生产管理人员的任免，应当告知主管的负有安全生产监督管理职责的部门。

4. 安全生产培训

（1）生产经营单位应当对从业人员进行安全生产教育和培训，保证从业人员具备必要的安全生产知识，熟悉有关的安全生产规章制度和安全操作规程，掌握本岗位的安全操作技能，了解事故应急处理措施，知悉自身在安全生产方面的权利和义务。未经安全生产教育和培训合格的从业人员，不得上岗作业。

（2）生产经营单位使用被派遣劳动者的，应当将被派遣劳动者纳入本单位从业人员统一管理，对被派遣劳动者进行岗位安全操作规程和安全操作技能的教育和培训。劳务派遣单位应当对被派遣劳动者进行必要的安全生产教育和培训。

（3）生产经营单位接收中等职业学校、高等学校学生实习的，应当对实习学生进行相应的安全生产教育和培训，提供必要的劳动防护用品。学校应当协助生产经营单位对实习学生进行安全生产教育和培训。

（4）生产经营单位应当建立安全生产教育和培训档案，如实记录安全生产教育和培训的时间、内容、参加人员以及考核结果等情况。

（5）生产经营单位采用新工艺、新技术、新材料或者使用新设备，必须了解、掌握其安全技术特性，采取有效的安全防护措施，并对从业人员进行专门的安全生产教育和培训。

（6）生产经营单位的特种作业人员必须按照国家有关规定经专门的安全作业培训，取得相应资格，方可上岗作业。

5. 安全生产“三同时”制度

“三同时”制度是我国安全生产领域长期坚持的一项基本制度。主要内容是生产经营单位新建、改建、扩建工程项目的安全设施，必须与主体工程同时设计、同时施工、同时投入生产和使用。安全设施投资应当纳入建设项目概算。

6. 安全生产中的设计、施工、评价与验收

（1）矿山、金属冶炼建设项目和用于生产、储存、装卸危险物品的建设项目，应当按照国家有关规定由具有相应资质的安全评价机构进行安全评价。

（2）建设项目安全设施的设计人、设计单位应当对安全设施设计负责。矿山建设项目和用于生产、储存危险物品的建设项目的安全设施设计应当按照国家有关规定报经有关部门审查，审查部门及其负责审查的人员对审查结果负责。

（3）矿山、金属冶炼建设项目和用于生产、储存、装卸危险物品的建设项目的施工单位必须按照批准的安全设施设计施工，并对安全设施的工程质量负责。矿山、金属冶炼建设项目和用于生产、储存危险物品的建设项目竣工投入生产或者使用前，应当由建设单位负责组织对安全设施进行验收；验收合格后，方可投入生产和使用。

7. 安全生产设备与设施

（1）生产经营单位应当在有较大危险因素的生产经营场所和有关设施、设备上，设置明显的安全警示标志。

（2）安全设备的设计、制造、安装、使用、检测、维修、改造和报废，应当符合国家标准或者行业标准。生产经营单位必须对安全设备进行经常性维护、保养，并定期检测，保证正常运转。维护、保养、检测应当做好记录，并由有关人员签字。

（3）生产经营单位使用的危险物品的容器、运输工具，以及涉及人身安全、危险性较大的海洋石油开采特种设备和矿山井下特种设备，必须按照国家有关规定，由专业生产单位生产，并经具有专业资质的检测、检验机构检测、检验合格，取得安全使用证或者安全标志，方可投入使用。检测、检验机构对检测、检验结果负责。

（4）国家对严重危及生产安全的工艺、设备实行淘汰制度。生产经营单位不得使用应当淘汰的危及生产安全的工艺、设备。

8. 劳动卫生保障

（1）生产经营单位对重大危险源应当登记建档，进行定期检测、评估、监控，并制定应急预案，告知从业人员和相关人员在紧急情况下应当采取的应急措施。生产经营单位应当按照国家有关规定将本单位重大危险源及有关安全措施、应急措施报有关地方人民政府负责安全生产监督管理的部门和有关部门备案。

（2）生产、经营、储存、使用危险物品的车间、商店、仓库不得与员工宿舍在同一座建筑物内，并应当与员工宿舍保持安全距离。

（3）生产经营场所和员工宿舍应当设有符合紧急疏散要求、标志明显、保持畅通的出口。禁止锁闭、封堵生产经营场所或者员工宿舍的出口。

（4）生产经营单位应当教育和督促从业人员严格执行本单位的安全生产规章制度和安全操作规程；并向从业人员如实告知作业场所和工作岗位存在的危险因素、防范措施以及事故应急措施。

（5）生产经营单位必须为从业人员提供符合国家标准或者行业标准的劳动防护用品，并

监督、教育从业人员按照使用规则佩戴、使用。

(6) 生产经营单位应当安排用于配备劳动防护用品、进行安全生产培训的经费。

(7) 生产经营单位必须依法参加工伤保险,为从业人员缴纳保险费。国家鼓励生产经营单位投保安全生产责任保险。

9. 安全生产协作

(1) 两个以上生产经营单位在同一作业区域内进行生产经营活动,可能危及对方生产安全的,应当签订安全生产管理协议,明确各自的安全生产管理职责和应当采取的安全措施,并指定专职安全生产管理人员进行安全检查与协调。

(2) 生产经营单位不得将生产经营项目、场所、设备发包或者出租给不具备安全生产条件或者相应资质的单位或者个人。

(3) 生产经营项目、场所发包或者出租给其他单位的,生产经营单位应当与承包单位、承租单位签订专门的安全生产管理协议,或者在承包合同、租赁合同中约定各自的安全生产管理职责;生产经营单位对承包单位、承租单位的安全生产工作统一协调、管理,定期进行安全检查,发现安全问题的,应当及时督促整改。

(4) 生产经营单位发生生产安全事故时,单位的主要负责人应当立即组织抢救,并不得在事故调查处理期间擅离职守。

8.2.3 从业人员的权利和义务

1. 从业人员的安全生产权利

(1) 知情权,即有权了解其作业场所和工作岗位存在的危险因素、防范措施和事故应急措施。

(2) 建议权,即有权对本单位的安全生产工作提出建议。

(3) 批评权和检举、控告权,即有权对本单位安全生产管理工作中存在的问题提出批评、检举、控告。

(4) 拒绝权,即有权拒绝违章作业指挥和强令冒险作业。

(5) 紧急避险权,即发现直接危及人身安全的紧急情况时,有权停止作业或者在采取可能的应急措施后撤离作业场所。

(6) 获得赔偿权,即依法向本单位提出要求赔偿的权利。

(7) 获得符合国家标准或者行业标准劳动防护用品的权利。

(8) 受教育权,即获得安全生产教育和培训的权利。

(9) 公平订立劳动合同的权利。生产经营单位与劳动从业人员订立合同应当有保障从业人员劳动安全防止职业危害的责任,以及依法为从业人员办理工伤保险的责任。且不得以任何形式和理由免除对从业人员因安全生产事故伤亡应依法承担的责任。

(10) 受关爱权,生产经营单位应当关注从业人员的身体、心理状况和行为习惯,加强对从业人员的心理疏导、精神慰藉,严格落实岗位安全生产责任,防范从业人员行为异常导致事故发生。

2. 从业人员的安全生产义务

(1) 自律遵规的义务,从业人员在作业过程中,应当遵守本单位的安全生产规章制度和操作规程,服从管理,正确佩戴和使用劳动防护用品。

(2) 接受安全生产教育和培训,自觉学习安全生产知识的义务,掌握本职工作所需的安全生产知识,提高安全生产技能,增强事故预防和应急处理能力。

(3) 危险报告义务,即发现事故隐患或者其他不安全因素时,应当立即向现场安全生产管理人员或者本单位负责人报告。

8.2.4 安全生产监督管理

1. 四种监督方式

《安全生产法》以法定的方式,明确规定了我国安全生产的四种监督方式。

(1) 工会民主监督。工会有权对建设项目的安全设施与主体工程同时设计、同时施工、同时投入生产和使用的情况进行监督,提出意见。工会有权依法参加安全生产事故调查,提出处理意见,并享有追究有关人员的责任。

(2) 社会舆论监督。新闻、出版、广播、电影、电视等单位有对违反安全生产法律、法规的行为进行舆论监督的权利。

(3) 公众举报监督。任何单位或者个人对事故隐患或者安全生产违法行为,均有权向负有安全生产监督管理职责的部门报告或者举报。

(4) 社区报告监督。居民委员会、村民委员会发现其所在区域内的生产经营单位存在事故隐患或者安全生产违法行为时,有权向当地人民政府或者有关部门报告。

2. 安全生产监督部门的职权

安全生产监督管理部门和其他负有安全生产监督管理职责的部门依法开展安全生产行政执法工作,对生产经营单位执行有关安全生产的法律、法规和国家标准或者行业标准的情况进行监督检查,行使以下职权:

(1) 进入生产经营单位进行检查,调阅有关资料,向有关单位和人员了解情况。

(2) 对检查中发现的安全生产违法行为,当场予以纠正或者要求限期改正;对依法应当给予行政处罚的行为,依照本法和其他有关法律、行政法规的规定做出行政处罚决定。

(3) 对检查中发现的事故隐患,应当责令立即排除;重大事故隐患排除前或者排除过程中无法保证安全的,应当责令从危险区域内撤出作业人员,责令暂时停产停业或者停止使用相关设施、设备;重大事故隐患排除后,经审查同意,方可恢复生产经营和使用。

(4) 对有根据认为不符合保障安全生产的国家标准或者行业标准的设施、设备、器材以及违法生产、储存、使用、经营、运输的危险物品予以查封或者扣押,对违法生产、储存、使用、经营危险物品的作业场所予以查封,并依法做出处理决定。

3. 安全生产监管部门的五项义务

(1) 审查、验收禁止收取费用。

(2) 禁止要求被审查、验收的单位购买指定产品。

(3) 必须遵循忠于职守、坚持原则、秉公执法的执法原则。

(4) 监督检查时须出示有效的监督执法证件。

(5) 对检查单位的技术秘密、业务秘密尽到保密之义务。

8.2.5 生产安全事故的应急救援与调查处理

1. 安全事故应急准备

(1) 政府应急准备。县级以上地方各级人民政府应当组织有关部门制定本行政区域内特大生产安全事故应急救援预案,建立应急救援体系。

(2) 生产经营单位应急准备。

1）生产经营单位应当制定生产安全事故应急救援预案，与所在地方的政府的预案相衔接，并定期组织演练。

2）生产经营单位应当建立应急救援组织；生产经营规模较小，可不建立，但应当指定兼职的应急救援人员。

3）生产经营单位应当配备必要的应急救援器材、设备，并进行经常性维护、保养，保证正常运转。

2. 生产安全事故报告及应急抢救

（1）生产经营单位报告及抢救职责。

1）事故现场有关人员应当在事故发生后立即报告本单位负责人。

2）单位负责人接到事故报告后，应当迅速采取有效应急抢救措施，并按照国家有关规定立即如实报告当地负有安全生产监督管理职责的部门，不得故意破坏事故现场、毁灭有关证据。

（2）安全生产监督管理部门报告及抢救职责。

1）接到事故报告后，应当立即按照国家有关规定上报事故情况。

2）地方人民政府和负有安全生产监督管理职责的部门的负责人接到重大生产安全事故报告后，应当立即赶到事故现场，组织事故抢救。

（3）相关单位、人员的配合义务。

任何单位和个人都应当支持、配合事故抢救，并提供一切便利条件。

3. 生产安全事故的调查及公布

（1）调查。

1）事故调查的内容包括查明事故原因、性质和责任，评估应急处置工作，提出整改措施，并对事故责任者提出处理建议。

2）责任事故的责任范围包括事故单位的责任、行政部门的责任以及相关人员责任。

（2）公布。应急管理部门应当定期统计分析本行政区域内发生生产安全事故的情况，并定期向社会公布。

（3）整改评估。负责事故调查处理的国务院有关部门和地方人民政府应当在批复事故调查报告一年内，组织对事故整改和防范措施落实情况进行评估，并及时向社会公开评估结果，对不履行职责导致没有落实事故的整改措施的有关单位和个人，应当按照有关规定追究责任。

8.3 中华人民共和国招标投标法

8.3.1 招标投标概述

1. 招标投标法概述

（1）招标投标法的概念。招标与投标是相互对应的一对概念，招标是指招标人对货物、工程和服务事先公布采购的条件和要求，以一定的方式邀请不特定对象或者一定数量的自然人、法人或其他组织投标按照公开规定的程序和条件确定中标人的行为。投标是指投标人响应招标人的要求参加投标竞争的行为。

（2）招标投标的基本特征。

1）招标投标具有公开性。

2）招标投标具有严密的组织性和程序的规范性。

3）投标的一次性，即在招标投标活动中，投标人进行一次性报价，以合理的价格定标，标书在投标后一般不得随意撤回或修改。

4）招标投标的公平性，即为投标的参与竞争提供了公开的机会。

（3）招标投标法。招标投标法是国家用来规范招标投标活动、调整在招标投标过程中产生的各种关系的法律规范的总称，包括《招标投标法》《招标投标法实施条例》以及其他与招标投标有关的行政法规、地方性法规、规章等，另外招标投标主管部门出台的规范性文件，对招标投标活动也有约束作用。

2. 招标投标法的基本原则

（1）招标投标活动应当遵循公开、公平、公正和诚实信用的原则。

（2）招标投标活动独立的原则，即依法必须进行招标的项目，其招标投标活动不受地区或者部门的限制。

（3）招标投标活动接受依法监督的原则，即招标投标活动及其当事人应当接受依法实施的监督。

8.3.2 招标

1. 招标事项范围

下列工程建设项目包括项目的勘察、设计、施工、监理以及与工程建设有关的重要设备、材料等的采购，必须进行招标：

（1）大型基础设施、公用事业等关系社会公共利益、公众安全的项目。

（2）全部或者部分使用国有资金投资或者国家融资的项目。

（3）使用国际组织或者外国政府贷款、援助资金的项目。

任何单位和个人不得将依法必须进行招标的项目化整为零或者以其他任何方式规避招标。

2. 招标代理

（1）招标代理选择。

1）招标人有权自行选择招标代理机构，委托其办理招标事宜。

2）任何单位和个人不得以任何方式为招标人指定招标代理机构。

3）招标人具有编制招标文件和组织评标能力的，可以自行办理招标事宜。

4）任何单位和个人不得强制其委托招标代理机构办理招标事宜。

（2）招标代理机构的条件。

招标代理机构是依法设立、从事招标代理业务并提供相关服务的社会中介组织。招标代理机构应当具备下列条件：

1）有从事招标代理业务的营业场所和相应资金。

2）有能够编制招标文件和组织评标的相应专业力量。

（3）招标代理机构的地位。

1）独立于政府部门，招标代理机构与行政机关不得存在隶属关系或者其他利益关系。

2）招标代理机构应当在招标人委托的范围内办理招标事宜，并遵守法律关于招标人的规定。

3. 招标方式

（1）公开招标。公开招标指招标人以招标公告的方式邀请不特定的法人或者其他组织投标。采用公开招标方式的，应当发布招标公告，依法必须进行招标的项目的招标公告，应当通过国家指定的报刊、信息网络或者其他媒介发布。

（2）邀请招标。邀请招标是指招标人以投标邀请书的方式邀请特定的法人或者其他组织投标。采用邀请招标方式的，应当向3个以上具备承担招标项目的能力、资信良好的特定的法人或者其他组织发出投标邀请书。

4. 招标文件

（1）概念。招标文件是招标人向投标人提供的为进行投标工作所必需的文件。招标文件的作用在于阐明需要采购货物或工程的性质，通报招标程序将依据的规则和程序，告知订立合同的条件，既是投标人编制投标文件的依据，又是采购人与中标人订立合同的基础。

（2）招标文件内容。

1）招标项目的技术要求。

2）对投标人资格审查的标准。

3）投标报价要求和评标标准方法。

4）拟签订合同的主要条款。

5）国家对招标项目的技术、标准有规定的，招标人应当按照其规定在招标文件中提出相应要求。

6）招标项目需要划分标段、确定工期的，招标人应当合理划分标段、确定工期并在招标文件中载明。

（3）招标文件的澄清或者修改。招标人对已发出的招标文件进行必要的澄清或者修改的，应当在招标文件要求提交投标文件截止时间至少15日前，以书面形式通知所有招标文件收受人。该澄清或者修改的内容为招标文件的组成部分。

（4）投标截止日期。招标人应当确定投标人编制投标文件所需要的合理时间；但是，依法必须进行招标的项目，自招标文件开始发出之日起至投标人提交投标文件截止之日止最短不得少于20日。

8.3.3 投标

1. 投标人

（1）概念。投标人是响应招标、参加投标竞争的法人或者其他组织。依法招标的科研项目允许个人参加投标的，投标的个人适用《招标投标法》有关投标人的规定。

（2）资格要求。国家有关规定对投标人资格条件或者招标文件对投标人资格条件有规定的，投标人应当具备规定的资格条件。

2. 投标文件

（1）概念。投标文件指具备承担招标项目能力的投标人，按照招标文件的要求编制的、对招标文件提出的实质性要求和条件做出响应的文件。

（2）使用要求。

1）投标人应当在招标文件要求提交投标文件的截止时间前，将投标文件送达投标地点。招标人收到投标文件后，应当签收保存，不得开启。

2）在招标文件要求提交投标文件的截止时间后送达的投标文件，招标人应当拒收。

3）投标人根据招标文件载明的项目实际情况，拟将中标项目的部分非主体、非关键性工作进行分包的应当在投标文件中载明。

3. 联合共同体投标

两个以上法人或者其他组织可以组成一个联合体，以一个投标人的身份共同投标，具有以下特征：

（1）联合体的各组成单位通过签订共同投标协议来约束彼此的行为，就中标项目承担连带责任。

（2）联合体是为了进行投标及中标后履行合同而组织起来的一个临时性非法人组织。

（3）该联合体以一个投标人的身份共同投标。

（4）联合体各方均应当具备承担招标项目的相应能力，由同一专业的单位组成联合体，按照资质等级较低的单位确定资质等级。

4. 投标人的禁止行为

（1）投标人不能相互串通投标或与招标人串通投标。《招标投标法》第 32 条，"投标人不得相互串通投标报价，不得排挤其他投标人的公平竞争，损害招标人或者其他投标人的合法权益"。"投标人不得与招标人串通投标，损害国家利益、社会公共利益或者他人的合法权益"。

（2）投标人不得以行贿的手段中标。

（3）投标人不得以低于成本的标价竞标和骗取中标。

8.3.4 开标

1. 开标的时间、地点

《招标投标法》第 34 条，"开标应当在招标文件确定的提交投标文件截止时间的同一时间公开进行；开标地点应当为招标文件中预先确定的地点"。

2. 开标程序

开标由招标人主持，邀请所有投标人参加。开标除了招标人、投标人参加，还有评标委员会成员和其他有关单位的代表参加。开标时，应当当众检查投标文件的密封情况，当众拆封，并宣读投标人名称、投标价格和投标文件的其他主要内容。

8.3.5 评标与中标

1. 评标

（1）概念。评标是对投标单位报送的投标资料进行审查、评比和分析，以便最终确定中标人的过程。

（2）评标委员会。依法必须进行招标的项目，其评标委员会由招标人的代表和有关技术、经济等方面的专家组成，成员人数为 5 人以上单数，其中技术、经济等方面的专家不得少于成员总数的 2/3。

专家应当从事相关领域工作满 8 年并具有高级职称或者具有同等专业水平，由招标人从国务院有关部门或者省级人民政府有关部门提供的专家名册或者招标代理机构的专家库内的相关专业的专家名单中确定；一般招标项目可以采取随机抽取方式，特殊招标项目可以由招标人直接确定。

（3）保密性和独立性。招标人应当采取必要的措施，保证评标在严格保密的情况下进行。

任何单位和个人不得非法干预、影响评标的过程和结果。

2. 中标

（1）中标条件。《招标投标法》第 41 条，“中标人的投标应当符合下列条件之一：能够最大限度地满足招标文件中规定的各项综合评价标准；能够满足招标文件的实质性要求，并且经评审的投标价格最低；但是投标价格低于成本的除外”。

（2）中标通知书。中标人确定后，招标人应当向中标人发出中标通知书，并同时将中标结果通知所有未中标的投标人。中标通知书对招标人和中标人具有法律效力。任何一方变更中标结果的，都应当依法承担法律责任。招标人和中标人应当自中标通知书发出之日起 30 日内，按照招标文件和中标人的投标文件订立书面合同。依法必须进行招标的项目，招标人应当自确定中标人之日起 15 日内，向有关行政监督部门提交招标投标情况的书面报告。中标人应当按照合同约定履行义务完成中标项目，不得向他人转让中标项目，也不得将中标项目肢解后分别向他人转让。

8.3.6 法律责任

1. 民事法律责任

违反招标投标法的民事责任，分为中标无效；转让、分包无效；履约保证金不予退还；承担赔偿责任等。

（1）在下列情况下，中标无效或者转包、分包无效；如果给他人造成损失的，依法承担赔偿责任：

1）招标代理机构泄密或者与招标人、投标人串通影响中标结果的。

2）招标人向他人泄密影响中标结果的。

3）投标人相互串通或者投标人与招标人串通投标，以及投标人用行贿手段谋取中标的。

4）投标人弄虚作假、骗取中标的。

5）招标人就投标的实质性内容与投标人进行谈判影响中标结果的。

6）招标人自行确定中标人的。

7）中标人转让中标项目，或者中标人非法分包的。

（2）履约保证金的处理。中标人不履行合同的，履约保证金不予退还，给招标人造成损失超过履约保证金数额的，赔偿超过部分；没有提交履约保证金的，承担赔偿损失责任。因不可抗力不能履行合同的除外。

2. 行政法律责任

违反招标投标法的行政责任，分为责令改正、警告、罚款、暂停项目执行或者暂停资金拨付、对主管人员和其他直接责任人员给予行政处分或者纪律处分；没收违法所得，吊销营业执照等。

（1）招标人的违法行为及其行政法律责任。

1）招标人对必须招标的项目规避招标的，责令限期改正；可并处罚款；对使用国有资金的项目，暂停项目执行或者暂停资金拨付；对单位直接负责的主管人员和其他直接责任人员给予行政处分或者纪律处分。

2）招标代理机构违法泄密或者与招标人、投标人串通的，处以罚款；没收违法所得；对单位直接负责的主管人员和其他直接责任人员处以罚款；情节严重的，暂停直至取消招标代理资格。

3）招标人以不合理的条件限制或者排斥潜在投标人的，责令改正，可处罚款。

4）招标人向他人泄密的，给予警告；可以并处罚款；对单位直接负责的主管人员和其他直接责任人员依法给予处分。

5）招标人与投标人违法进行实质性内容谈判的，给予警告；对单位直接负责的主管人员和其他直接责任人员依法给予处分。

6）招标人违法确定中标人的，责令改正；可以并处罚金；对单位直接负责的主管人员和其他直接责任人员依法给予处分。

（2）投标人的违法行为及其行政法律责任。

1）投标人、招标人串通投标以及用行贿手段谋取中标的，对单位处以罚款；对单位直接负责的主管人员和其他直接责任人员处以罚款；有违法所得的，并处没收违法所得；情节严重的，取消投标资格直至吊销营业执照。

2）投标人弄虚作假、骗取中标的，处以罚款；没收违法所得；情节严重的，取消投标资格直至吊销营业执照。

（3）中标人的违法行为及其行政法律责任。

1）中标人转包或者违法分包中标项目的，处以罚款；有违法所得的，并处没收违法所得；可以责令停业整顿；情节严重的，吊销营业执照。

2）中标人和招标人背离投标规则，不订立合同或者违反规定订立其他协议的，责令改正；可处罚款。

3）中标人不履行合同情节严重的，取消其2～5年参加依法必须进行招标的项目的投标资格并予以公告，直至吊销营业执照。

（4）其他违法行为及其行政法律责任。

1）任何单位和个人违法限制和排斥正常投标竞争或者妨碍招标人招标的，责令改正；对单位直接负责的主管人员和其他直接责任人员依法给予行政处分。

2）有关国家机关工作人员徇私舞弊、滥用职权或者玩忽职守，不构成犯罪的，依法给予行政处分。

3）评标委员会成员收受投标人好处的，评标委员会成员或者有关工作人员泄密的，处以警告、没收财物、罚款、取消资格。

（5）行政罚款的双罚制与罚款幅度。行政罚款的双罚制是指当违法人是一个单位时，招标投标法规定不仅对该单位可以进行罚款，同时还要追究直接负责的主管人员及直接责任人员的经济责任，即对个人进行罚款。招标投标法规定的罚款，一般以比例数额表示，其罚款幅度为招标或者中标项目金额的0.5%以上1%以下；个人罚款数额为单位罚款数额的5%以上10%以下。另外，在下列三种情况下，罚款以绝对数额表示，一是招标代理机构违反招标投标法，可处5万元以上25万元以下的罚款；二是招标人对投标人实行歧视待遇或者强制投标人联合投标的，可处1万元以上5万元以下的罚款；三是评标委员会成员收受投标人的好处或者有其他违法行为的，可处3000元以上5万元以下的罚款。

3. 刑事责任

根据招标投标法的规定，违反招标投标法的刑事责任主要涉及招标投标活动中严重的违法行为。

8.4 《中华人民共和国民法典》之合同编

8.4.1 合同法概述

1. 合同法的概念和适用范围

(1) 概念。合同法是调整平等民事主体利用合同进行财产流转或交易而产生的社会关系的法律规范的总和。狭义的合同法指《中华人民共和国民法典》(简称《民法典》)之合同编(简称合同编)。

(2) 适用范围。合同法的适用范围为各类由平等主体的自然人、法人和其他组织之间设立、变更和终止民事权利义务关系的协议,简单地说,合同法应适用于各类民事合同。但是,根据"合同编"第464条规定:"婚姻、收养、监护等有关身份关系的协议,适用其他法律的规定;没有规定的,可以根据其性质参照适用本编规定。"

2. 合同法的基本原则

合同法的基本原则,是指合同立法的指导思想以及调整合同主体间合同关系所必须遵循的基本方针、准则,其贯通于合同法律规范之中。合同法的基本原则也是制定、解释、执行和研究合同法的基本依据和出发点。

(1) 平等和公平原则。平等原则是指民法赋予民事主体平等的民事权利能力,并要求所有民事主体共同受法律的约束。公平原则要求民事主体本着公正的观念从事活动,正当行使权利和履行义务,在民事活动中兼顾他人利益和社会公共利益。

(2) 自愿原则(意思自治原则)。《民法典》第5条规定:"民事主体从事民事活动,应当遵循自愿原则,按照自己的意思设定、变更、终止民事法律行为。"

(3) 诚实信用原则。诚实信用原则是指当事人在从事民事活动时,应当遵循诚信原则,秉持诚实,恪守承诺。

(4) 合法及公序良俗原则。《民法典》第8条规定:"民事主体从事民事活动时,不得违反法律,不得违背公序良俗。"

(5) 情势变更原则。情势变更原则是指在合同成立后至其被履行完毕前这段时间内,因不可归责于双方当事人的原因而发生情势变更,致使继续维持该合同之原有效力对受情势变更影响的一方当事人显失公平,则允许该当事人单方变更或解除合同。

3. 合同的概念

合同又称契约,即平等主体(自然人、法人、其他组织)设立、变更、终止民事权利义务关系的协议。"合同编"共规定了19种典型合同:买卖、供用电水气热力、赠予、借款、保证、租赁、融资租赁、保理、承揽、建设工程、运输、技术、保管、仓储、委托、物业服务、行纪、中介和合伙合同。另外还规定了无因管理和不当得利两种准合同。

8.4.2 合同的订立

1. 合同当事人的主体资格

当事人应具有相应的民事权利能力和行为能力,可以依法委托代理人订立合同。

2. 合同的形式和内容

(1) 书面形式(合同书、信件、电子邮件、传真、电报等)、口头及其他形式。法律法规规定的或当事人约定书面形式的,应当采用书面形式。如未采用,但一方已履行主要义务,对方接受，该合同成立。

（2）内容。

1）当事人的名称或姓名和住所。

2）标的（当事人双方权利、义务共同指向的对象），标的是合同的“核心”，如不明确或没有，会引起纠纷，甚至诉讼。

3）数量。

4）质量（符合国家或行业地方标准）。

5）价款或报酬。

6）履行期限（起止日期）、地点（包括标的交付、提取；工程建设项目地；劳务的地点；报酬、价款结算地关系到当事人实现权利和承担义务的发生地，法院受理案件的管辖地）和履行方式。

7）违约责任（支付违约金、偿付赔偿金以及意外事故的处理等），法律规定责任范围的，按法律规定；没有的规定，双方协议。

8）解决争议的方法。

3. 格式条款合同

格式条款是当事人为了重复使用而预先拟定，并在订立合同时未与对方协商的条款。采用格式条款订立合同的，提供格式条款的一方应当遵循公平原则确定当事人之间的权利和义务，并采取合理的方式提示对方注意免除或者减轻其责任等与对方有重大利害关系的条款，按照对方的要求，对该条款予以说明。提供格式条款的一方未履行提示或说明义务，致使对方没有注意或者理解与其有重大利害关系的条款的，对方可以主张该条款不成为合同的内容。

4. 要约与承诺

要约与承诺是订立合同的必经程序，一方要约一方承诺，经签字、盖章，合同成立。双方一旦做出相应的意思表示，就要受到法律的约束，否则必须承担法律责任。

（1）要约：指一方向另一方提出订立合同的要求，并列明合同条款，限一定期限承诺的意思表示，内容具体确定；表明经受要约人承诺，要约人即受约束。

1）要约可以撤回，撤回要约的通知应当在要约到达受要约人之前或者与要约同时到达受要约人。

2）要约可以撤销，撤销要约的通知应当在受要约人发出承诺通知之前到达受要约人，但是要约人确定了承诺期限或者以其他形式明示要约不可撤销或者受要约人有理由认为要约是不可撤销的，并已经为履行合同做了准备工作的不能撤销。

（2）承诺：在有效期内，“完全”同意要约条款的意思表示。

1）承诺生效：①须由受要约人向要约人做出；②承诺内容与要约内容完全一致；③在要约有效期内做出。

2）受要约人对要约人内容的实质性变更和承诺的非实质性变更：①实质性：合同的标的、数量、价款或报酬、履行期限、履行地点和方式、违约责任和解决争议方法等。②非实质：实质性以外的，如增加建设性、说明性条款。

（3）要约邀请：指希望他人向自己发出要约的意思表示。如寄送价目表、拍卖公告、招标公告、商业广告等。

5. 缔约过失

在订立合同中，一方因未履行依诚实信用而应承担的义务，导致另一方当事人受到损失，应承担的民事责任，具有 3 种情形：

（1）恶意磋商。

（2）隐瞒事实、提供虚假情况。

（3）其他违反诚信的情形。

8.4.3 合同的效力

1. 合同生效

（1）概念。所谓合同生效，是指已经成立的合同在当事人之间产生了一定的法律拘束力，也就是通常所说的法律效力。

（2）内容。合同对当事人的拘束力体现为权利和义务两方面。

1）从权利方面来说，合同当事人依据法律和合同的规定所享有的权利依法受到法律保护。

2）从义务方面来说，合同对当事人的拘束力表现在两个方面：一方面，当事人根据合同所承担的义务具有法律的强制性。根据《民法典》第 509 条的规定："当事人应当按照约定全面履行自己的义务"。另一方面，如果当事人违反合同义务则应当承担违约责任。

2. 合同的生效要件

合同生效要件是判断合同是否具有法律效力的标准。《民法典》第 143 条规定，"具备下列条件的民事法律行为有效：①行为人具有相应的民事行为能力；②意思表示真实；③不违反法律、行政法规的强制性规定，不违背公序良俗。"另外，法律法规对合同的形式作了特殊规定的，当事人必须遵守法律规定。比如，《民法典》规定，建筑工程合同必须采用书面形式，房屋买卖合同还必须办理登记等。

3. 无效合同

（1）概念。无效合同是指合同虽然已经成立，但因其在内容上和形式违反法律、行政法规的强制性规定和社会公共利益，因此应确认为无效。

（2）无效合同的范围。

1）无民事行为能力人订立的合同无效。

2）行为人与相对人以虚假的意思表示订立的合同无效。

3）违反法律、行政法规的强制性规定的合同无效。但是，该强制性规定不导致该合同无效的除外。

4）违背公序良俗的合同无效。

5）行为人与相对人恶意串通，损害他人合法权益的合同无效。

4. 效力待定的合同

（1）概念。效力待定的合同是指合同虽然已经成立，但因其不完全符合有关生效要件的规定，因此其效力能否发生，尚未确定，一般须经有权人表示承认才能生效。

（2）范围。限制民事行为能力人订立的纯获利益的合同或者与其年龄、智力、精神健康状况相适应的合同有效；订立的其他合同经法定代理人同意或者追认后有效。相对人可以催告法定代理人自收到通知之日起 30 日内予以追认。法定代理人未做表示的，视为拒绝追认。合同被追认前，善意相对人有撤销的权利。撤销应当以通知的方式做出。

5. 可撤销的合同

（1）概念。可撤销的合同是指当事人在订立合同时，因意思表示不真实，法律允许撤销权人通过行使撤销权而使已经生效的合同归于无效。

（2）范围。

1）基于重大误解订立的合同。

2）一方以欺诈手段，使对方在违背真实意思的情况下订立的合同。

3）第三人实施欺诈行为，使一方在违背真实意思的情况下订立的合同，对方知道或者应当知道该欺诈行为的。

4）一方或者第三人以胁迫手段，使对方在违背真实意思的情况下订立的合同。

5）一方利用对方处于危困状态、缺乏判断能力等情形，致使合同成立时显失公平的，受损害方有权请求人民法院或者仲裁机构予以撤销。

（3）撤销权的行使。撤销权人通过人民法院或仲裁机构行使撤销权。有下列情形之一的，撤销权消灭：

1）当事人自知道或者应当知道撤销事由之日起1年内、重大误解的当事人自知道或者应当知道撤销事由之日起90日内没有行使撤销权。

2）当事人受胁迫，自胁迫行为终止之日起1年内没有行使撤销权。

3）当事人知道撤销事由后明确表示或者以自己的行为表明放弃撤销权。

4）当事人自合同订立之日起5年内没有行使的，撤销权消灭。

6. 合同被确认无效或被撤销的后果

无效的或者被撤销的合同自始没有法律约束力。合同部分无效，不影响其他部分效力的，其他部分仍然有效。合同无效、被撤销或者确定不发生效力后，行为人因该行为取得的财产，应当予以返还；不能返还或者没有必要返还的，应当折价补偿。有过错的一方应当赔偿对方由此所受到的损失；各方都有过错的，应当各自承担相应的责任。

8.4.4 合同的履行

合同的履行是指合同债务人全面地、正确地履行合同所约定或者法律规定的义务，使合同债权人的权利得到完全的实现。

1. 合同的履行原则

（1）实际履行原则，指当事人应严格按照合同的规定的标的履行。这一原则要求：合同当事人须严格按照约定的标的履行，不能以其他标的代替。合同当事人一方不履行合同时，他方可以要求继续实际履行。

（2）协作履行原则，指合同的当事人在合同的履行中应相互协作，讲求诚实信用。

（3）经济合理原则，要求当事人履行债务时，要讲求经济效益，要从整体和国家的利益出发。

（4）适当履行原则，是指当事人应按照法律的规定或合同的约定全面、正确的履行债务，故又称全面履行或正确履行原则。

（5）情势变更原则，是指合同成立后至履行前、发生当事人在订约当时所预料不及的客观情况，致使按原合同履行显失公平时，当事人得不依原合同履行、而变更或解除合同。

2. 合同的履行规则

（1）履行主体。在一般情况下，债都是由债务人向债权人履行义务，但是，在某些情况下，第三人也可以成为履行主体。

（2）履行标的。履行标的是指债务人向债权人履行义务应交付的对象，又称给付标的。

合同当事人须严格按照合同约定的标的履行义务，是实际履行原则的要求。只有在法律规定或者合同约定允许以其他标的代替履行时，债务人才可经债权人同意后以其他标的履行。

如果合同中对标的物的质量规定不明确，按照国家质量标准履行；没有国家质量标准的，按部门标准或者专业标准履行；没有部门标准或者专业标准的，按经过批准的企业标准履行；没有经过批准的企业标准的，按标的物产地同行业其他企业经过批准的同类品质量标准履行。在标的物需要包装的场合，货物的包装须符合合同的约定。当事人没有具体规定包装要求的，应按照货物性能的要求予以包装。

以完成一定工作或劳务履行义务的，债务人应当严格按合同和法律规定的质量、数量完成工作或提供劳务，否则，应承担相应的民事责任。

以货币履行义务的，除法律另有规定的以外，必须用人民币计算和支付。在支付标的价金或酬金时，当事人应按照合同约定的标准和计算方法确定的价款来履行。合同中约定价款不明确的，按照国家规定的价格履行；国家没有规定价格的，参照市场价格或者同类物品的价格或者同类劳务的报酬标准履行。如果当事人订立的合同是执行国家定价的，则在合同规定的交付期限内国家价格调整时，按交付时的价格计价。逾期交货的，遇价格上涨时，按原价格执行；价格下降时，按新价格执行。逾期提货或逾期付款的，遇价格上涨时，按新价格执行；价格下降时，按原价格执行。

（3）履行期限。可以是具体的某一期日，也可以是某一期间。合同当事人必须严格按合同中约定的履行期限履行合同。如果合同中约定的期限不明确，当事人又协商不成的，则合同债务人可以随时向债权人履行义务，债权人也可以随时要求债务人履行义务，但应当给对方必要的准备时间。

（4）履行地点。履行地点是指债务人履行义务和债权人接受履行的地方。当事人应当在法定或约定的履行地点履行。如果履行地点不明确时，按照法律规定："给付货币的，在接受给付一方的所在地履行，其他标的在履行义务一方的所在地履行。"但标的为工程项目和建筑物的，应在标的所在地履行。凡符合上述规定的履行地点的履行，为适当履行。否则，债务人的履行为不适当的、应改在履行地点履行并承担相应的费用。

（5）履行方法。履行方法是指债务人履行义务的方式。履行方法是由法律规定或合同约定的，债的性质和内容不同，其履行方法也不同。

（6）电子合同履行。通过互联网等信息网络订立的电子合同的标的为交付商品并采用快递物流方式交付的，收货人的签收时间为交付时间。电子合同的标的为提供服务的，生成的电子凭证或者实物凭证中载明的时间为提供服务时间；前述凭证没有载明时间或者载明时间与实际提供服务时间不一致的，以实际提供服务的时间为准。电子合同的标的物为采用在线传输方式交付的，合同标的物进入对方当事人指定的特定系统且能够检索识别的时间为交付时间。当事人可以对履行方式和时间另行约定。

（7）可选择履行。标的有多项而债务人只需履行其中一项的，债务人享有选择权；享有选择权的当事人在约定期限内或者履行期限届满未做选择，经催告后在合理期限内仍未选择的，选择权转移至对方。当事人行使选择权应当及时通知对方，通知到达对方时，标的确定。标的确定后不得变更，但是经对方同意的除外。

(8) 按份债权、按份债务。债权人为 2 人以上，标的可分，按照份额各自享有债权的，为按份债权；债务人为 2 人以上，标的可分，按照份额各自负担债务的，为按份债务。按份债权人或者按份债务人的份额难以确定的，视为份额相同。

(9) 连带债权、连带履行。债权人为 2 人以上，部分或者全部债权人均可以请求债务人履行债务的，为连带债权；债务人为 2 人以上，债权人可以请求部分或者全部债务人履行全部债务的，为连带债务。连带债权或者连带债务，由法律规定或者当事人约定。连带债务人之间的份额难以确定的，视为份额相同。实际承担债务超过自己份额的连带债务人，有权就超出部分在其他连带债务人未履行的份额范围内向其追偿，并相应地享有债权人的权利，但是不得损害债权人的利益。其他连带债务人对债权人的抗辩，可以向该债务人主张。被追偿的连带债务人不能履行其应分担份额的，其他连带债务人应当在相应范围内按比例分担。部分连带债务人履行、抵销债务或者提存标的物的，其他债务人对债权人的债务在相应范围内消灭；该债务人可以向其他债务人追偿。部分连带债务人的债务被债权人免除的，在该连带债务人应当承担的份额范围内，其他债务人对债权人的债务消灭。部分连带债务人的债务与债权人的债权同归于一人的，在扣除该债务人应当承担的份额后，债权人对其他债务人的债权继续存在。债权人对部分连带债务人的给付受领迟延的，对其他连带债务人发生效力。连带债权人之间的份额难以确定的，视为份额相同。实际受领债权的连带债权人，应当按比例向其他连带债权人返还。

(10) 第三人履行。

1) 向第三人履行，当事人约定由债务人向第三人履行债务，债务人未向第三人履行债务或者履行债务不符合约定的，应当向债权人承担违约责任。法律规定或者当事人约定第三人可以直接请求债务人向其履行债务，第三人未在合理期限内明确拒绝，债务人未向第三人履行债务或者履行债务不符合约定的，第三人可以请求债务人承担违约责任；债务人对债权人的抗辩，可以向第三人主张。

2) 由第三人履行，当事人约定由第三人向债权人履行债务，第三人不履行债务或者履行债务不符合约定的，债务人应当向债权人承担违约责任。债务人不履行债务，第三人对履行该债务具有合法利益的，第三人有权向债权人代为履行；但是，根据债务性质、按照当事人约定或者依照法律规定只能由债务人履行的除外。债权人接受第三人履行后，其对债务人的债权转让给第三人，但是债务人和第三人另有约定的除外。

(11) 履行顺序。债务人在履行主债务外还应当支付利息和实现债权的有关费用，其给付不足以清偿全部债务的，除当事人另有约定外，应当按照下列顺序履行：实现债权的有关费用、利息、主债务。

3. 合同履行抗辩权

合同履行的抗辩权，是在符合法定条件时，当事人一方对抗对方当事人的履行请求权，暂时拒绝履行其债务的权利。

(1) 同时履行抗辩权。同时履行抗辩权是指双务合同的当事人在无先后履行顺序时，一方在对方未给付以前，可拒绝履行自己的债务之权。其构成要件：

1) 须由同一双务合同互负债务。

2) 须双方互负的债务均已届清偿期。

3）须对方未履行债务或未提出履行债务。

4）须对方的给付是可能履行的。

（2）先履行抗辩权。先履行抗辩权是指当事人互负债务，有先后履行顺序的，先履行一方未履行之前，后履行一方有权拒绝其履行请求。先履行一方履行债务不符合债的本旨的，后履行一方有权拒绝其相应的履行请求。该权利的成立并行使，产生后履行一方可一时中止履行自己债务的效力。其构成要件：

1）须双方当事人互负债务。

2）两个债务须有先后履行顺序。

3）先履行一方未履行或其履行不符合债的本旨。

（3）不安抗辩权。不安抗辩权是指先给付义务人在有证据证明后给付义务人的经营状况严重恶化，或者转移财产、抽逃资金以逃避债务，或者谎称有履行能力的欺诈行为，以及其他丧失或者可能丧失履行债务能力的情况时，可中止自己的履行；后给付义务人接收到中止履行的通知后，在合理的期限内未恢复履行能力或者未提供适当担保的，先给付义务人可以解除合同。当事人没有确切证据中止履行的，应承担违约责任。其构成要件：

1）双方当事人因同一双务合同而互负债务。

2）后给付义务人的履行能力明显降低，有不能为对待给付的现实危险。

8.4.5 合同的保全

1. 合同保全的概念

合同保全制度，是指法律为防止因债务人财产的不当减少致使债权人债权的实现受到危害，而设置的保全债务人责任财产的法律制度。具体包括债权人代位权制度和债权人撤销权制度。

2. 代位权制度

（1）概念。债权人的代位权是指当债务人有权利行使而不行使，以致影响债权人权利的实现时，法律允许债权人代债务人之位，以自己的名义向第三人行使债务人的权利。

（2）条件。债务人怠于行使其债权或者与该债权有关的从权利，影响债权人的到期债权实现。在债权人的债权到期前，债务人的债权或者与该债权有关的从权利存在诉讼时效期间即将届满或者未及时申报破产债权等情形，影响债权人的债权实现。但是该权利专属于债务人自身的除外。

（3）费用。代位权的行使范围以债权人的到期债权为限。债权人行使代位权的必要费用由债务人负担。

（4）抗辩。相对人对债务人的抗辩，可以向债权人主张。

（5）效力。人民法院认定代位权成立的，由债务人的相对人向债权人履行义务，债权人接受履行后，债权人与债务人、债务人与相对人之间相应的权利义务终止。

3. 债权人撤销权制度

（1）概念。债权人的撤销权是指当债务人在不履行其债务的情况下，实施减少其财产而损害债权人债权实现的行为时，法律赋予债权人有诉请法院撤销债务人所为的行为的权利。

（2）条件。债务人以放弃其债权、放弃债权担保、无偿转让财产等方式无偿处分财产权益，或者恶意延长其到期债权的履行期限，影响债权人的债权实现。债务人以明显不合理的低价转让财产、以明显不合理的高价受让他人财产或者为他人的债务提供担保，影响债权人的债权实现,债务人的相对人知道或者应当知道该情形。

(3) 限制。撤销权的行使范围以债权人的债权为限。撤销权自债权人知道或者应当知道撤销事由之日起1年内行使。自债务人的行为发生之日起5年内没有行使撤销权的,该撤销权消灭。

(4) 费用。债权人行使撤销权的必要费用,由债务人负担。

8.4.6 合同的变更和转让

1. 合同变更

(1) 概念。合同的变更是指合同内容的变更,即合同成立后尚未履行或者尚未完全履行之前,基于当事人的意思或者法律的直接规定,不改变合同当事人、仅就合同关系的内容所做的变更。

(2) 变更条件。当事人在合同成立后尚未履行或者尚未完全履行之前,可以协商或根据法律的直接规定变更合同。

(3) 变更的标准。当事人对合同变更的内容约定不明确的,推定为未变更。

2. 合同的转让

(1) 概念。合同的转让是指合同成立后,尚未履行或者尚未完全履行之前,合同当事人对合同债权债务所做的转让,包括债权转让、债务转让和债权债务概括转让。

(2) 债权转让。债权人转让权利的,应当通知债务人。未经通知,该转让对债务人不发生效力。债权人转让权利的通知不得撤销,但经受让人同意的除外。债权人转让权利的,受让人取得与债权有关的从权利,但该从权利专属于债权人自身的除外。债务人接到债权转让通知后,债务人对让与人的抗辩,可以向受让人主张。债务人接到债权转让通知时,债务人对让与人享有债权,并且债务人的债权先于转让的债权到期或者同时到期的,债务人可以向受让人主张抵销。

(3) 债务转让。债务人将合同的义务全部或者部分转移给第三人的,应当经债权人同意。不经债权人同意,转让合同无效。债务人转移义务的,新债务人可以主张原债务人对债权人的抗辩。债务人转移义务的,新债务人应当承担与主债务有关的从债务,但该从债务专属于原债务人自身的除外。

(4) 债权债务概括转让。当事人一方经对方同意,可以将自己在合同中的权利和义务一并转让给第三人。当事人订立合后合并的,由合并后的法人或者其他组织行使合同权利,履行合同义务。当事人订立合同后分立的,除债权人和债务人另有约定的以外,由分立的法人或者其他组织对合同的权利和义务享有连带债权,承担连带债务。

(5) 债务抵销。下列情形,债务人可以向受让人主张抵销:债务人接到债权转让通知时,债务人对让与人享有债权,且债务人的债权先于转让的债权到期或者同时到期;债务人的债权与转让的债权是基于同一合同产生。债务人转移债务的,新债务人可以主张原债务人对债权人的抗辩;原债务人对债权人享有债权的,新债务人不得向债权人主张抵销。

8.4.7 合同权利义务的终止

1. 合同权利义务终止的概念、情形及效力

(1) 概念。合同的权利义务终止,也叫合同的终止,是指当事人双方终止合同关系,权利义务关系消灭。

(2) 合同权利义务终止的情形。《民法典》第570条规定:“有下列情形之一的,合同的权

利义务终止：①债务已经按照约定履行；②合同解除；③债务相互抵销；④债务人依法将标的物提存；⑤债权人免除债务；⑥债权债务同归于一人；⑦法律规定或者当事人约定终止的其他情形。”

（3）合同权利义务终止的影响。

1）合同的附随关系，如担保关系等随之消灭。

2）基于诚实信用原则而产生的当事人的法定义务通知、协助、保密，尤其是保密义务并不因合同终止而消灭。

3）合同的权利义务终止，不影响合同中结算和清理条款的效力。

2. 合同的解除

（1）协议解除，是指当事人双方通过协商同意将合同解除的行为。它不以解除权的存在为必要，解除行为也不是解除权的行使。

（2）法定解除，指合同成立后，在没有履行或没有完全履行之前，当事人一方行使法定解除权而使合同权利义务终止的行为。法定解除，是法律赋予当事人一种选择权，即当守约的一方当事人认为解除合同对他有利时，即可通过行使解除权而终止合同关系。《合同法》第94条规定："有下列情形之一的，当事人可以解除合同：①因不可抗力致使不能实现合同目的；②在履行期限届满之前，当事人一方明确表示或者以自己的行为表明不履行主要债务；③当事人一方迟延履行主要债务，经催告后在合理期限内仍未履行（'主要债务'应考虑时间对合同的重要性，如季节性商品）；④当事人一方迟延履行债务或者有其他违约行为，致使不能实现合同目的（其他违约行为如经修理、更换后货物仍不能符合要求）；⑤法律规定的其他情形。”可见，只有在发生不可抗力或者一方当事人严重违约、根本违约，导致不能实现合同目的的情形下，另一方当事人才享有合同解除权。如果只是一般违约，另一方当事人并不享有合同解除权，而只能要求承担违约责任。

3. 合同解除的效力

合同解除的法律后果：未履行的，终止履行；已履行的，恢复原状，要求赔偿，或采取其他补救措施。

8.4.8 违约责任

1. 概念

违约责任是指合同当事人不履行合同义务或者履行合同义务不符合约定时，依法产生的法律责任。

2. 违约责任的承担方式

（1）继续履行。当事人一方未支付价款、报酬、租金、利息，或者不履行其他金钱债务的，对方可以请求其支付。当事人一方不履行非金钱债务或者履行非金钱债务不符合约定的，对方可以请求履行，但是有下列情形之一的除外：法律上或者事实上不能履行，债务的标的不适于强制履行或者履行费用过高，债权人在合理期限内未请求履行。

（2）采取补救措施。履行不符合约定的，应当按照当事人的约定承担违约责任。对违约责任没有约定或者约定不明确，受损害方根据标的的性质以及损失的大小，可以合理选择请求对方承担修理、重做、更换、退货、减少价款或者报酬等违约责任。

（3）赔偿损失。当事人一方不履行合同义务或者履行合同义务不符合约定的，在履行义务或者采取补救措施后，对方还有其他损失的，应当赔偿损失。损失赔偿额应当相当于因违约所造成的损失,包括合同履行后可以获得的利益;但是,不得超过违约一方订立合同时预见到或者应当预见到的因违约可能造成的损失。

(4) 违约金责任。当事人可以约定一方违约时应当根据违约情况向对方支付一定数额的违约金,也可以约定因违约产生的损失赔偿额的计算方法。约定的违约金低于造成的损失的,人民法院或者仲裁机构可以根据当事人的请求予以增加;约定的违约金过分高于造成的损失的,人民法院或者仲裁机构可以根据当事人的请求予以适当减少。当事人就迟延履行约定违约金的,违约方支付违约金后,还应当履行债务。

(5) 定金罚则。当事人可以约定一方向对方给付定金作为债权的担保。定金合同自实际交付定金时成立。定金的数额由当事人约定;但是,不得超过主合同标的额的20%,超过部分不产生定金的效力。实际交付的定金数额多于或者少于约定数额的,视为变更约定的定金数额。债务人履行债务的,定金应当抵作价款或者收回。给付定金的一方不履行债务或者履行债务不符合约定,致使不能实现合同目的的,无权请求返还定金;收受定金的一方不履行债务或者履行债务不符合约定,致使不能实现合同目的的,应当双倍返还定金。当事人既约定违约金,又约定定金的,一方违约时,对方可以选择适用违约金或者定金条款。定金不足以弥补一方违约造成的损失的,对方可以请求赔偿超过定金数额的损失。

3. 免责事由

(1) 概念:免责事由又称免责条件,是指法律明文规定的当事人对其不履行合同不承担违约责任的条件。

(2) 我国法律规定的免责条件主要有:

1) 不可抗力:《民法典》第590条规定,因不可抗力不能履行合同的,根据不可抗力的影响,部分或者全部免除责任,但法律另有规定的除外。需要强调的是政府有关行为,根据我国行政诉讼、行政复议的有关规定,政府制定行政法规、行政规章不可诉、不可复议,因此属于不可抗力范围;但其他抽象行政行为和具体行政行为,因为可诉或可复议,不属于不可抗力范围。当事人迟延履行后发生不可抗力的,不能免除责任。

2) 货物本身的自然性质、货物的合理损耗。

3) 受害人的过错:指受害人对于违约行为或者违约损害后果的发生或扩大存在过错。受害人的过错可以成为违约方全部或者部分免除责任的依据。

4) 免责条款:就是当事人以协议排除或限制其未来可能发生违约责任的合同条款。合同中的免除造成对方人身伤害、因故意或者重大过失造成对方财产损失的违约责任的免除条款无效,当事人对此类损害仍应当承担违约责任。

8.5 中华人民共和国行政许可法

8.5.1 行政许可法概述

1. 行政许可的概念

行政许可即通常所指的行政审批,它的立法定位是事前控制手段,是行政机关根据公民、法人或其他组织的申请,经依法审查,是否准予其从事特定活动的一种具体行政行为。

2. 行政许可的原则

(1) 合法性原则,无论是许可的设定和实施都要遵循法定的权限、范围、条件和程序。

(2) 公开、公平、公正、非歧视原则,有关行政许可的规定应当公布;未经公布的,不得作为实施行政许可的依据。行政许可的实施和结果,除涉及国家秘密、商业秘密或者个人隐私的外,应当公开。在公开时,应当保护申请人的权利,未经申请人同意,行政机关及其工作人员、参与评审的人员等不得披露申请人提交的商业秘密、未披露的信息或保密商务信息,如行政机关依法公开申请人相关信息,应允许申请人在合理期限内提出异议。符合法定条件标准的,申请人有依法取得行政许可的平等权利,行政机关不得歧视任何人。

(3) 便民原则,实施行政许可,应当遵循便民的原则,提高办事效率,提供优质服务。《行政许可法》从行政许可实施的各环节都规定了一系列便民措施。

(4) 权利保障原则;《行政许可法》第 7 条规定:"公民、法人或者其他组织对行政机关实施行政许可,享有陈述权、申辩权;有权依法申请行政复议或者提起行政诉讼;其合法权益因行政机关违法实施行政许可受到损害的,有权依法要求赔偿。"

(5) 信赖保护原则:是许可机关应保护依法获得许可的被许可人在观念层面对许可行为的信任与信赖;在物质利益层面,许可机关应对合法的撤回与变更行政许可对被许可人造成的损失予以补偿。《行政许可法》第 8 规定:"公民、法人或者其他组织依法取得的行政许可受法律保护,行政机关不得擅自改变已经生效的行政许可。行政许可所依据的法律、法规、规章修改或者废止,或者准予行政许可所依据的客观情况发生重大变化的,为了公共利益的需要,行政机关可以依法变更或者撤回已经生效的行政许可。由此给公民、法人或者其他组织造成财产损失的,行政机关应当依法给予补偿。"

8.5.2 行政许可的设定

1. 设定许可的原则

(1) 遵循经济和社会发展规律。

(2) 有利于发挥相对人的积极性、主动性。

(3) 维护公共利益和社会秩序。

(4) 促进经济、社会和生态环境协调发展。

2. 行政许可的设定事项范围

(1) 安全事项。直接涉及国家安全、公共安全、经济宏观调控、生态环境保护以及直接关系人身健康、生命财产安全等特定活动,需要按照法定条件予以批准的事项。

(2) 特许事项。有限自然资源开发利用、公共资源配置以及直接关系公共利益的特定行业的市场准入等,需要赋予特定权利的事项。

(3) 认可事项。提供公众服务并且直接关系公共利益的职业、行业,需要确定具备特殊信誉、特殊条件或者特殊技能等资格、资质的事项。

(4) 核准事项。直接关系公共安全、人身健康、生命财产安全的重要设备、设施、产品、物品,需要按照技术标准、技术规范,通过检验、检测、检疫等方式进行审定的事项。

(5) 登记事项。企业或者其他组织的设立等,需要确定主体资格的事项。

(6) 其他法律、法规设定的事项。

3. 行政许可的排除设定事项情形

行政许可设定事项可以通过下列方式能够予以规范的,可以不设行政许可:

(1) 公民、法人或者其他组织能够自主决定的。

(2) 市场竞争机制能够有效调节的。

(3) 行业组织或者中介机构能够自律管理的。

（4）行政机关采用事后监督等其他行政管理方式能够解决的。

4. 行政许可的设定权限划分

（1）法律可以设定行政许可。

（2）法律没有设定的，行政法规可以设定。

（3）必要时，国务院决定可以设定，但应当及时提请全国人大制定法律或自行制定行政法规。

（4）没有法律、行政法规的，地方性法规可以设定行政许可。

（5）没有法律、行政法规、地方性法规，省级人民政府规章可以设定临时性许可，实施满一年的，应当提请本级人大及常委会制定地方性法规。

（6）地方性法规和省级人民政府规章不得设定应当由国家统一确定的公民、法人或者其他组织的资格、资质的行政许可；不得设定企业或者其他组织的设立登记及其前置性行政许可。其设定的行政许可，不得限制其他地区的个人或者企业到本地区从事生产经营和提供服务，不得限制其他地区的商品进入本地区市场。

5. 行政许可的具体规定权限划分

（1）省级人民政府规章、地方性法规、行政法规等可以在上位法设定的行政许可范围内作出具体规定。

（2）法规、省级人民政府规章在做出具体规定时，不得增设行政许可，不得违反上位法。

（3）部门规章和较大市的政府规章不得规定行政许可。

6. 行政许可设定听证与实施评价

（1）拟设定行政许可的，起草单位应当采取听证会、论证会等形式听取意见。

（2）行政许可的设定机关应当定期对其设定的行政许可进行评价，以及时予以修改或者废止。

8.5.3 行政许可的实施机关

1. 行政许可实施的三类主体

（1）具有行政许可权的行政机关在其法定职权范围内实施行政许可。

（2）具有管理公共事务职能授权主体在法定授权范围内，以自己的名义实施行政许可。

（3）行政机关在其法定职权范围内，可以依法委托其他行政机关实施行政许可，受委托行政机关不得再委托其他组织或者个人实施行政许可，委托行政机关对该行为的后果承担法律责任。

2. 统一许可和集中许可

（1）经国务院批准，省级人民政府根据可以决定一个行政机关行使有关行政机关的行政许可权。

（2）行政许可需要行政机关内设的多个机构办理的，该行政机关应当确定一个机构统一办理行政许可。

（3）行政许可依法由地方人民政府两个以上部门分别实施的，本级人民政府可以确定一个部门受理行政许可申请并转告有关部门分别提出意见后统一办理，或者组织有关部门联合办理、集中办理。

3. 实施机关的禁止性规定

行政机关实施行政许可，不得向申请人提出购买指定商品、接受有偿服务等不正当要求。

工作人员办理行政许可,不得索取或者收受申请人的财物,不得谋取其他利益。

8.5.4 行政许可的实施程序

1. 申请

(1) 申请方式。公民、法人或者其他组织需要取得行政许可的,可以直接向实施机关申请,也可以委托代理人提出行政许可申请。行政许可申请可以通过信函、电报、电传、传真、电子数据交换和电子邮件等方式提出。

(2) 申请要求。申请人申请行政许可,应当如实向行政机关提交有关材料和反映真实情况,并对其申请材料实质内容的真实性负责。

(3) 申请人权利保护。行政机关不得要求申请人提交与其申请的行政许可事项无关的技术资料和其他材料。行政机关及其工作人员不得以技术转让作为取得行政许可的条件,不得在实施行政许可的过程中直接或间接要求转让技术。

2. 受理

行政机关对申请人提出的行政许可申请,应当根据下列情况分别做出处理:

(1) 申请事项依法不需要取得行政许可的,应当即时告知申请人不受理。

(2) 申请事项依法不属于本行政机关职权范围的,应当即时做出不予受理的决定,并告知申请人向有关行政机关申请。

(3) 申请材料存在可以当场更正的错误的,应当允许申请人当场更正。

(4) 申请材料不齐全或者不符合法定形式的,应当当场或者在 5 日内一次告知申请人需要补正的全部内容,逾期不告知的,自收到申请材料之日起即为受理。

(5) 申请事项属于本行政机关职权范围,申请材料齐全、符合法定形式,或者申请人按照本行政机关的要求提交全部补正申请材料的,应当受理行政许可申请。

行政机关受理或者不予受理行政许可申请,应当出具加盖本行政机关专用印章和注明日期的书面凭证。

3. 审查规则

(1) 需要对申请材料的实质内容进行核实的,行政机关应当指派两名以上工作人员进行核查。

(2) 依法应当先经下级行政机关审查后报上级行政机关决定的行政许可,下级行政机关应当在法定期限内将初步审查意见和全部申请材料直接报送上级行政机关。

(3) 行政机关对行政许可申请进行审查时,应当听取申请人、利害关系人的意见。

4. 行政许可决定

(1) 行政机关能够当场做出决定的,应当场做出书面决定。不能当场决定的,应当在法定期限内按照规定程序做出。

(2) 申请人的申请符合法定条件、标准的,行政机关应当依法做出准予行政许可的书面决定。

(3) 不予行政许可的书面决定的,应当说明理由,并告知申请人享有依法申请行政复议或者提起行政诉讼的权利。

8.5.5 行政许可期限

1. 期限及延长

(1) 除可以当场做出行政许可决定的外,行政机关应当自受理行政许可申请之日起 20 日内做出行政许可决定,经本行政机关负责人批准,可以延长 10 日。

(2) 采取统一办理或者联合办理、集中办理的,办理的时间不得超过 45 日;经本级人民政府负责人批准,可以延长 15 日。

(3) 依法应当先经下级行政机关审查后报上级行政机关决定的行政许可,下级行政机关应当自其受理行政许可申请之日起 20 日内审查完毕。

(4) 延长期限的,应当将理由告知申请人。

2. 送达

行政机关做出准予行政许可的决定,应当自做出决定之日起 10 日内向申请人颁发、送达。

8.5.6 行政许可听证

1. 听证范围

(1) 应当听证的事项。

1) 法律、法规、规章规定实施行政许可应当听证的事项。

2) 行政机关认为需要听证的其他涉及公共利益的重大行政许可事项。

(2) 申请听证的事项。行政许可直接涉及申请人与他人之间重大利益关系的,行政机关在作出行政许可决定前,应当告知申请人、利害关系人享有要求听证的权利;申请人、利害关系人在被告知听证权利之日起 5 日内提出听证申请的,行政机关应当在 20 日内组织听证。

2. 听证程序

(1) 行政机关应当于举行听证的 7 日前通知申请人、利害关系人。

(2) 听证应当公开举行。

(3) 审查该行政许可申请的工作人员以外的人员为听证主持人,申请人、利害关系人有权申请回避。

(4) 举行听证时,审查该行政许可申请的工作人员应当提供审查意见的证据、理由,申请人、利害关系人可以提出证据,并进行申辩和质证。

(5) 听证应当制作笔录,听证笔录应当交听证参加人确认无误后签字或者盖章。

8.5.7 行政许可费用

1. 禁止收费情况

(1) 行政机关实施行政许可和对行政许可事项进行监督检查,不得收取任何费用。

(2) 行政机关提供行政许可申请书格式文本,不得收费。

2. 收费准则

行政机关实施行政许可应当遵循收费公开原则,按照公布的法定项目和标准收费。

8.6 中华人民共和国节约能源法

8.6.1 节约能源法概述

1. 基本概念

(1) 能源。能源指煤炭、石油、天然气、生物质能和电力、热力以及其他直接或者通过加工、转换而取得有用能的各种资源。

(2) 节约能源。节约能源指加强用能管理,采取技术上可行、经济上合理以及环境和社会可以承受的措施,从能源生产到消费的各个环节,降低消耗、减少损失和污染物排放、制止浪费,有效、合理地利用能源。

2. 节能政策

（1）节约资源是我国的基本国策，国家实施节约与开发并举、把节约放在首位的能源发展战略。

（2）各级人民政府应当将节能工作纳入国民经济和社会发展规划、年度计划，并组织编制和实施节能中长期专项规划、年度节能计划，每年向本级人大或其常委会报告节能工作。

8.6.2 节能管理

1. 节能标准

（1）国家标准与行业标准。国务院标准化主管部门等制定国家标准、行业标准，包括强制性用能产品、设备能源效率标准和生产过程中耗能高的产品的单位产品能耗限额标准。

（2）地方标准。人民政府制定严于强制性国家标准、行业标准的地方节能标准，应当报经国务院批准。

（3）企业标准。国家鼓励企业制定严于国家标准、行业标准的企业节能标准。

2. 节能评估和审查

国家实行固定资产投资项目节能评估和审查制度。不符合强制性节能标准的项目，建设单位不得开工建设；已经建成的，不得投入生产、使用。政府投资项目不符合强制性节能标准的，依法负责审批的机关不得批准建设。

3. 节能淘汰与禁止

（1）国家对落后的耗能过高的用能产品、设备和生产工艺实行淘汰制度。

（2）禁止生产、进口、销售国家明令淘汰或者不符合强制性能源效率标准的用能产品、设备。

（3）国家对家用电器等使用面广、耗能量大的用能产品，实行能源效率标识管理。

（4）禁止伪造、冒用能源效率标识或者利用能源效率标识进行虚假宣传。

4. 节能认证

用能产品的生产者、销售者，可以根据自愿原则，按照国家有关节能产品认证的规定，向认证的机构提出节能产品认证申请；经认证合格后，取得节能产品认证证书，可以在用能产品或者其包装物上使用节能产品认证标志。

8.6.3 合理使用与节约能源

1. 用能单位基本职责

（1）应当建立节能目标责任制。

（2）应当定期开展节能教育和岗位节能培训。

（3）应当加强能源计量管理，按照规定配备和使用经依法检定合格的能源计量器具。

（4）能源生产经营单位不得向本单位职工无偿提供能源，不得对能源消费实行包费制。

2. 建筑节能

（1）建筑节能责任。

1）国务院建设主管部门负责全国建筑节能的监督管理工作。县级以上地方各级人民政府建设主管部门负责本行政区域内建筑节能的监督管理工作，会同同级管理节能工作的部门编制本行政区域内的建筑节能规划。建筑节能规划应当包括既有建筑节能改造计划。

2）建筑工程的建设、设计、施工和监理单位应当遵守建筑节能标准。不符合建筑节能标准的建筑工程,建设主管部门不得批准开工建设;已经开工建设的,应当责令停止施工、限期改正;已经建成的,不得销售或者使用。建设主管部门应当加强对在建建筑工程执行建筑节能标准情况的监督检查。

3）房地产开发企业在销售房屋时,应当向购买人明示所售房屋的节能措施、保温工程保修期等信息,在房屋买卖合同、质量保证书和使用说明书中载明,并对其真实性、准确性负责。

（2）建筑节能规则。

1）使用空调采暖、制冷的公共建筑应当实行室内温度控制制度。具体办法由国务院建设主管部门制定。

2）国家采取措施,对实行集中供热的建筑分步骤实行供热分户计量、按照用热量收费的制度。新建建筑或者对既有建筑进行节能改造,应当按照规定安装用热计量装置、室内温度调控装置和供热系统调控装置。

3）县级以上地方各级人民政府有关部门应当加强城市节约用电管理,严格控制公用设施和大型建筑物装饰性景观照明的能耗。

4)国家鼓励在新建建筑和既有建筑节能改造中使用新型墙体材料等节能建筑材料和节能设备,安装和使用太阳能等可再生能源利用系统。

8.6.4 节能技术进步

1. 节能大纲、经费、目录

（1）国务院管理节能工作的部门会同国务院科技主管部门发布节能技术政策大纲,指导节能技术研究、开发和推广应用。

（2）各级政府应当把节能技术研究开发作为政府科技投入的重点领域,支持节能技术应用研究,促进节能技术创新与成果转化。

（3）国务院管理节能工作的部门会同国务院有关部门制定并公布节能技术、节能产品的推广目录,引导用能单位和个人使用先进的节能技术、节能产品。

2. 农村节能

（1）各级政府应当加强农业和农村节能工作,增加对节能技术、节能产品推广应用的资金投入。

（2）主管部门应当支持、推广应用节能技术和节能产品,鼓励更新和淘汰高耗能的农业机械和渔业船舶。

（3）国家鼓励、支持在农村大力发展沼气,按照因地制宜、多能互补、综合利用、讲求效益的原则,推广生物质能、太阳能和风能等可再生能源利用技术。

8.6.5 激励措施

1. 财税激励

（1）各级财政安排节能专项资金,支持节能技术研究开发、推广等工作。

（2）国家对列入推广目录的需要支持的节能技术、节能产品,实行税收优惠等扶持政策。

（3）国家通过财政补贴支持节能照明器具等节能产品的推广和使用。

（4）国家实行有利于节约能源资源的税收政策,健全能源矿产资源有偿使用制度。

（5）国家运用税收等政策,鼓励先进节能技术、设备的进口,控制在生产过程中耗能高、污染重的产品的出口。

2. 信贷激励

国家引导金融机构增加对节能项目的信贷支持,为符合条件的节能技术研发、生产及改造。

3. 价格激励

(1) 国家实行有利于节能的价格政策,引导用能单位和个人节能。

(2) 国家实行峰谷分时电价、季节性电价、可中断负荷电价制度,鼓励电力用户合理调整用电负荷;对钢铁、有色金属、建材、化工和其他主要耗能行业的企业,分淘汰、限制、允许和鼓励四类实行差别电价政策。

4. 表彰激励

各级政府对在节能管理、节能科学技术研究和推广应用中有显著成绩以及检举严重浪费能源行为的单位和个人,给予表彰和奖励。

8.6.6 法律责任

1. 行政责任

(1) 行政处分,主要是国家机关及工作人员在节能工作方面违反《节约能源法》的规定而受到的处罚。《节约能源法》第 68 条规定,"负责审批政府投资项目的机关违反本法规定,对不符合强制性节能标准的项目予以批准建设的,对直接负责的主管人员和其他直接责任人员依法给予处分。"

(2) 行政处罚,主要是用能主体在节能方面违反法律规定而受到的处罚,主要有罚款、吊销营业执照、责令停业整顿或者关闭等形式。

2. 民事责任

主要表现为用能主体在节能方面没有按照法律规定的行为从事节能工作,而给第三人造成损失的,通常表现为赔偿责任。《节约能源法》第 78 条规定,"电网企业未按照本法规定安排符合规定的热电联产和利用余热余压发电的机组与电网并网运行,或者未执行国家有关上网电价规定的,由国家电力监管机构责令改正;造成发电企业经济损失的,依法承担赔偿责任。"

3. 刑事责任

国家工作人员在节能管理工作中滥用职权、玩忽职守、徇私舞弊,构成犯罪的,依法追究刑事责任。刑事责任还包括违反《节约能源法》规定,构成犯罪的行为应承担刑事责任。

8.7 中华人民共和国环境保护法

8.7.1 环境保护法概述

1. 基本概念

(1) 环境。环境是指影响人类生存和发展的各种天然的和经过人工改造的自然因素的总体,包括大气、水、海洋、土地、矿藏、森林、草原、野生生物、自然遗迹、人文遗迹、自然保护区、风景名胜区、城市和乡村等。

(2) 环境保护法。广义的环境保护法是以保护和改善环境、警惕和预防人为环境侵害为目的,调整与环境相关的人类行为的法律规范的总称。狭义的环境保护法仅指《中华人民共和国环境保护法》(以下简称《环境保护法》)。

2. 环境保护法的基本原则

(1) 协调发展原则。国家制定的环境保护规划必须纳入国民经济和社会发展计划,国家采取有利于环境保护的经济、技术政策和措施,使环境保护工作同经济建设和社会发展相协调。

(2) 预防为主、防治结合的原则。

(3) 开发者养护、污染者治理原则,即损害担责原则。在对自然资源和能源的开发和利用过程中,对于因开发资源而造成资源的减少和环境的损害以及因利用资源和能源而排放污染物造成环境污染危害等的养护和治理责任,应当由开发者和污染者分别承担,第 64 条规定,"因污染环境和破坏生态造成损害的,应当依照《中华人民共和国侵权责任法》的有关规定承担债权责任。"

(4) 公民参与原则。公民有权通过一定的程序或途径参与一切与环境利益相关的决策活动。《环境保护法》第 6 条规定,"一切单位和个人都有保护环境的义务。"第五章规定了信息公开和公众参与。

8.7.2 环境监督管理

1. 环境和污染物排放标准制度

(1) 国务院环境保护行政主管部门制定国家环境质量标准,并根据此标准和国家经济、技术条件制定国家污染物排放标准。

(2) 省级人民政府对国家环境质量标准中和污染物排放标准中未作规定的项目,可以制定地方环境质量标准和污染物排放标准,并报国务院环境保护行政主管部门备案。

(3) 省级人民政府对国家污染物排放标准中已作规定的项目,可以制定严于国家污染物排放标准的地方污染物排放标准。

(4) 凡是向已有地方污染物排放标准的区域排放污染物的,应当执行地方污染物排放标准。

2. 环境检测和评价制度

(1) 国务院环境保护行政主管部门建立监测制度,制定监测规范,加强对环境监测的管理。

(2) 省级以上人民政府应当组织有关部门或者委托专业机构,对环境状况进行调查、评价,建立环境资源承载能力监测预警机制。

(3) 县级有关开发利用规划,建设对环境有影响的项目,应当依法进行环境影响评价。未依法进行评价的开发利用规划,不得组织实施;未进行评价的建设项目,不得开工建设。

3. 监管协调机制

(1) 国家建立跨行政区域的重点区域、流域环境污染和生态破坏联合防治协调机制,实行统一规划、统一标准、统一监测、统一的防治措施。

(2) 跨行政区域的环境污染和生态破坏的防治,由上级人民政府协调解决,或者由有关地方人民政府协商解决。

4. 环境保护鼓励机制

(1) 国家采取财政、税收、价格、政府采购等方面的政策和措施,鼓励和支持环境保护技术装备、资源综合利用和环境服务等环境保护产业的发展。

(2) 企业事业单位和其他生产经营者,在污染物排放符合法定要求的基础上,进一步减少污染物排放的,人民政府应当依法采取财政、税收、价格、政府采购等方面的政策和措施予以鼓励和支持。

(3) 企业事业单位和其他生产经营者,为改善环境,依照有关规定转产、搬迁、关闭的,人民政府应当予以支持。

5. 环境检查制度

(1) 县级以上人民政府环境保护主管部门及其委托的环境监察机构和其他负有环境保护监督管理职责的部门,有权对排放污染物的企业事业单位和其他生产经营者进行现场检查。被检查者应当如实反映情况,提供必要的资料。实施现场检查的部门、机构及其工作人员应当为被检查者保守商业秘密。

(2) 企业事业单位和其他生产经营者违反法律法规规定排放污染物,造成或者可能造成严重污染的,县级以上人民政府环境保护主管部门和其他负有环境保护监督管理职责的部门,可以查封、扣押造成污染物排放的设施、设备。

6. 目标责任制和考核评价

国家实行环境保护目标责任制和考核评价制度。县级以上人民政府应当将环境保护目标完成情况纳入对本级人民政府负有环境保护监督管理职责的部门及其负责人和下级人民政府及其负责人的考核内容,作为对其考核评价的重要依据。考核结果应当向社会公开。

8.7.3 保护和改善环境

1. 生态保护红线

国家在重点生态功能区、生态环境敏感区和脆弱区等区域划定生态保护红线,实行严格保护。各级人民政府对具有代表性的各种类型的自然生态系统区域,珍稀、濒危的野生动植物自然分布区域,重要的水源涵养区域,具有重大科学文化价值的地质构造、著名溶洞和化石分布区、冰川、火山、温泉等自然遗迹,以及人文遗迹、古树名木,应当采取措施予以保护,严禁破坏。

2. 生态保护补偿制度

国家建立、健全生态保护补偿制度。加大对生态保护地区的财政转移支付力度。有关地方人民政府应当落实生态保护补偿资金,确保其用于生态保护补偿。指导受益地区和生态保护地区人民政府通过协商或者按照市场规则进行生态保护补偿。

3. 环境监测

(1) 国家加强对大气、水、土壤等的保护,建立和完善相应的调查、监测、评估和修复制度。

(2) 国家机关和使用财政资金的其他组织应当优先采购和使用节能、节水、节材等有利于保护环境的产品、设备和设施。

(3) 地方各级人民政府应当采取措施,组织对生活废弃物的分类处置、回收利用。

(4) 国家建立、健全环境与健康监测、调查和风险评估制度;鼓励和组织开展环境质量对公众健康影响的研究,采取措施预防和控制与环境污染有关的疾病。

8.7.4 防治环境污染和其他公害

1. 环境保护责任制

排放污染物的企业事业单位,应当建立环境保护责任制度,明确单位负责人和相关人员的责任。重点排污单位应当按照国家有关规定和监测规范安装使用监测设备,保证监测设备正常运行,保存原始监测记录。严禁通过暗管、渗井、渗坑、灌注或者篡改、伪造监测数据,或者不正常运行防治污染设施等逃避监管的方式违法排放污染物。

2. 排污收费

排放污染物的企业事业单位和其他生产经营者,应当按照国家有关规定缴纳排污费。排污费应当全部专项用于环境污染防治,任何单位和个人不得截留、挤占或者挪作他用。依照法律规定征收环境保护税的,不再征收排污费。

3. 排污总量控制

(1) 国家实行重点污染物排放总量控制制度。重点污染物排放总量控制指标由国务院下达,省、自治区、直辖市人民政府分解落实。企业事业单位在执行国家和地方污染物排放标准的同时,应当遵守分解落实到本单位的重点污染物排放总量控制指标。

(2) 对超过国家重点污染物排放总量控制指标或者未完成国家确定的环境质量目标的地区,省级以上人民政府环境保护主管部门应当暂停审批其新增重点污染物排放总量的建设项目环境影响评价文件。

4. 排污许可

国家依照法律规定实行排污许可管理制度。实行排污许可管理的企业事业单位和其他生产经营者应当按照排污许可证的要求排放污染物;未取得排污许可证的,不得排放污染物。

5. 环境事件应急及处置

(1) 各级人民政府及其有关部门和企业事业单位,应当依照《中华人民共和国突发事件应对法》的规定,做好突发环境事件的风险控制、应急准备、应急处置和事后恢复等工作。

(2) 县级以上人民政府应当建立环境污染公共监测预警机制,组织制定预警方案;环境受到污染,可能影响公众健康和环境安全时,依法及时公布预警信息,启动应急措施。

(3) 企业事业单位应当按照国家有关规定制定突发环境事件应急预案,报环境保护主管部门和有关部门备案。在发生或者可能发生突发环境事件时,企业事业单位应当立即采取措施处理,及时通报可能受到危害的单位和居民,并向环境保护主管部门和有关部门报告。

(4) 突发环境事件应急处置工作结束后,有关人民政府应当立即组织评估事件造成的环境影响和损失,并及时将评估结果向社会公布。

6. 污染物处置

(1) 生产、储存、运输、销售、使用、处置化学物品和含有放射性物质的物品,应当遵守国家有关规定,防止污染环境。

(2) 各级人民政府及其农业等有关部门和机构应当指导农业生产经营者科学种植和养殖,科学合理施用农药、化肥等农业投入品,科学处置农用薄膜、农作物秸秆等农业废弃物,防止农业面源污染。禁止将不符合农用标准和环境保护标准的固体废物、废水施入农田。施用农药、化肥等农业投入品及进行灌溉,应当采取措施,防止重金属和其他有毒有害物质污染环境。从事畜禽养殖和屠宰的单位和个人应当采取措施,对畜禽粪便、尸体和污水等废弃物进行科学处置,防止污染环境。

(3) 各级人民政府应当统筹城乡建设污水处理设施及配套管网,固体废物的收集、运输和处置等环境卫生设施,危险废物集中处置设施、场所以及其他环境保护公共设施,并保障其正常运行。

8.7.5 信息公开和公众参与

1. 政府信息公开义务

(1) 各级人民政府环境保护主管部门和其他负有环境保护监督管理职责的部门,应当依法公开环境信息、完善公众参与程序,为公民、法人和其他组织参与和监督环境保护提供便利。

(2) 国务院环境保护主管部门统一发布国家环境质量、重点污染源监测信息及其他重大环境信息。省级以上人民政府环境保护主管部门定期发布环境状况公报。

(3) 县级以上人民政府环境保护主管部门和其他负有环境保护监督管理职责的部门,应当依法公开环境质量、环境监测、突发环境事件以及环境行政许可、行政处罚、排污费的征收和使用情况等信息。

(4) 县级以上地方人民政府环境保护主管部门和其他负有环境保护监督管理职责的部门,应当将企业事业单位和其他生产经营者的环境违法信息记入社会诚信档案,及时向社会公布违法者名单。

2. 排污单位信息公开义务

(1) 重点排污单位应当如实向社会公开其主要污染物的名称、排放方式、排放浓度和总量、超标排放情况,以及防治污染设施的建设和运行情况,接受社会监督。

(2) 对依法应当编制环境影响报告书的建设项目,建设单位应当在编制时向可能受影响的公众说明情况,充分征求意见。

(3) 负责审批建设项目环境影响评价文件的部门在收到建设项目环境影响报告书后,除涉及国家秘密和商业秘密的事项外,应当全文公开;发现建设项目未充分征求公众意见的,应当责成建设单位征求公众意见。

3. 公众参与权利

(1) 公民、法人和其他组织发现任何单位和个人有污染环境和破坏生态行为的,有权向环境保护主管部门或者其他负有环境保护监督管理职责的部门举报。

(2) 公民、法人和其他组织发现地方各级人民政府、县级以上人民政府环境保护主管部门和其他负有环境保护监督管理职责的部门不依法履行职责的,有权向其上级机关或者监察机关举报。

(3) 依法在设区的市级以上人民政府民政部门登记且专门从事环境保护公益活动连续五年以上且无违法记录的社会组织可以对污染环境、破坏生态,损害社会公共利益的行为,向人民法院提起诉讼。

8.7.6 法律责任

1. 罚款

企业事业单位和其他生产经营者违法排放污染物,受到罚款处罚,被责令改正,拒不改正的,依法做出处罚决定的行政机关可以自责令改正之日的次日起,按照原处罚数额按日连续处罚。罚款处罚,依照有关法律法规按照防治污染设施的运行成本、违法行为造成的直接损失或者违法所得等因素确定的规定执行。

2. 责令改正

(1) 企业事业单位和其他生产经营者超过污染物排放标准或者超过重点污染物排放总量控制指标排放污染物的,可以责令其采取限制生产、停产整治等措施;情节严重的,报经有批准权的人民政府批准,责令停业、关闭。

(2) 建设单位未依法提交建设项目环境影响评价文件或者环境影响评价文件未经批准,擅自开工建设的,由负有环境保护监督管理职责的部门责令停止建设,并可以责令恢复原状。

(3) 重点排污单位不公开或者不如实公开环境信息的,由县级以上地方人民政府环境保护主管部门责令公开,处以罚款,并予以公告。

3. 侵权赔偿责任

（1）因污染环境和破坏生态造成损害的，应当依照《民法典》的有关规定承担侵权责任。

（2）环境影响评价机构、环境监测机构以及从事环境监测设备和防治污染设施维护、运营的机构，在有关环境服务活动中弄虚作假，对造成的环境污染和生态破坏负有责任的，除依照有关法律法规规定予以处罚外，还应当与造成环境污染和生态破坏的其他责任者承担连带责任。

4. 环境损害赔偿诉讼

提起环境损害赔偿诉讼的时效期间为3年，从当事人知道或者应当知道其受到损害时起计算。但依据《民法典》规定，自当事人受到损害之日起超过20年的，人民法院不予保护。

8.8 建设工程勘察设计管理条例

8.8.1 建设工程勘察设计管理条例概述

1. 基本概念

（1）工程勘察。建设工程勘察是指根据建设工程的要求，查明、分析、评价建设场地的地质地理环境特征和岩土工程条件，编制建设工程勘察文件的活动。

（2）工程设计。建设工程设计是指根据建设工程的要求，对建设工程所需的技术、经济、资源、环境等条件进行综合分析、论证，编制建设工程设计文件的活动。

2. 工程勘察、设计的基本原则

（1）效益相统一原则。建设工程勘察、设计应当与社会、经济发展水平相适应，做到经济效益、社会效益和环境效益相统一。

（2）先勘察、后设计、再施工的原则。

（3）合法性原则。工程勘察、设计单位必须依法进行建设工程勘察、设计，严格执行工程建设强制性标准，并对建设工程勘察、设计的质量负责。

8.8.2 资质资格管理

1. 勘察、设计单位资质管理

国家对从事建设工程勘察、设计活动的单位，实行资质管理制度。

建设工程勘察、设计单位应当在其资质等级许可的范围内承揽建设工程勘察、设计业务。禁止勘察、设计单位以其他单位的名义承揽勘察、设计业务。禁止建设工程勘察、设计单位允许其他单位或者个人以本单位的名义承揽勘察、设计业务。勘察设计单位的资质化分参加本章8.1.2有关内容。

2. 专业技术人员资格管理

未经注册的建设工程勘察、设计人员，不得以注册执业人员的名义从事建设工程勘察、设计活动。注册执业人员和其他专业技术人员只能受聘于一个建设工程勘察、设计单位。未受聘于建设工程勘察、设计单位的，不得从事建设工程的勘察、设计活动。

8.8.3 建设工程勘察设计发包与承包

1. 发包方式

（1）招标发包。建设工程勘察、设计应当依照《招标投标法》的规定，实行招标发包。建设工程勘察、设计方案评标，应当进行业绩、信誉、方案以及勘察、设计人员的能力等综合评定。招标人认为评标委员会推荐的候选方案不能最大限度满足招标文件规定要求的，应当依法重新招标。

(2) 直接发包。下列工程的勘察和设计,经主管部门批准,可以直接发包:

1) 采用特定的专利或者专有技术的。

2) 建筑艺术造型有特殊要求的。

3) 国务院规定的其他建设工程的勘察、设计。

2. 分包与转包

(1) 发包方可以将整个建设工程的勘察、设计发包给一个勘察、设计单位,也可以分别发包给几个勘察、设计单位。

(2) 除建设工程主体部分外,经发包方书面同意,承包方可以将其他部分的勘察、设计再分包给其他具有相应资质等级的建设工程勘察、设计单位。

(3) 建设工程勘察、设计单位不得将所承揽的建设工程勘察、设计转包。

3. 发包方与承包方的共同义务

(1) 应当执行国家规定的建设工程勘察、设计程序。

(2) 应当签订建设工程勘察、设计合同。

(3) 当执行国家有关建设工程勘察费、设计费的管理规定。

8.8.4 建设工程勘察设计文件的编制与实施

1. 文件的编制的依据

(1) 项目批准文件。

(2) 城市规划。

(3) 工程建设强制性标准。

(4) 国家规定的建设工程勘察、设计深度要求。

(5) 铁路、交通、水利等专业建设工程,还应当以专业规划的要求为依据。

2. 文件的编制要求

(1) 勘察文件应当真实、准确,满足建设工程规划、选址、设计、岩土治理和施工的需要。

(2) 设计文件应当满足编制初步设计文件和控制概算的需要。编制初步设计文件,应当满足编制施工招标文件、主要设备材料订货和编制施工图设计文件的需要。编制施工图设计文件,应当满足设备材料采购,非标准设备制作和施工的需要,并注明工程合理使用年限。

3. 材料、技术、设备等的选用

(1) 设计文件中选用的材料、构配件、设备,应当注明其规格等技术指标,质量必须符合国家规定的标准,除有特殊要求,不得指定生产厂商、供应商。

(2) 文件中规定采用的新技术、新材料,可能影响建设工程质量和安全,又没有国家技术标准的,应当由国家认可的检测机构进行试验、论证,出具检测报告,相应建设工程技术专家委员会审定后,方可使用。

4. 文件的修改

(1) 建设单位确需修改工程勘察、设计文件的,应当由原建设工程勘察、设计单位修改,或经其书面同意可以委托其他具有相应资质的单位修改。

(2) 施工单位、监理单位发现工程勘察、设计文件不符合工程建设强制性标准、合同约定的质量要求的,应当报告建设单位,建设单位有权要求勘察、设计单进行补充、修改。需要做重大修改的,建设单位应当报经原审批机关批准后,方可修改。

5. 勘察、设计单位的文件说明及协助义务

（1）建设工程勘察、设计单位应当在施工前，向施工单位和监理单位说明建设工程勘察、设计意图，解释建设工程勘察、设计文件。

（2）建设工程勘察、设计单位应当及时解决施工中出现的勘察、设计问题。

8.8.5 监督管理

1. 监督管理体制

工程勘察、设计活动实行建设部门统一监督管理与交通、水利等部门专业监督管理相结合的体制。即各级建设主管部门对各辖区的工程勘察、设计活动实施统一监督管理。铁路、交通、水利等有关部门按职责分工，负责对辖区内的有关专业建设工程勘察、设计活动的监督管理。

2. 跨区、跨部门从业

勘察、设计单位在建设工程勘察、设计资质证书规定的业务范围内跨部门、跨地区承揽勘察、设计业务的，有关地方人民政府及其所属部门不得设置障碍，不得违反国家规定收取任何费用。

3. 施工图特殊制审查

施工图设计文件未经审查批准的，不得使用。施工图设计文件审查机构应当对房屋建筑工程、市政基础设施工程施工图设计文件中涉及公共利益、公众安全、工程建设强制性标准的内容进行审查。县级以上交通运输等有关部门应当按照职责对施工图设计文件中涉及公共利益、公共安全、工程建设强制性标准的内容进行审查。

8.9 建设工程质量管理条例

8.9.1 建设工程质量管理条例概述

1. 基本概念

《建设工程质量管理条例》（简称《质量条例》）是《建筑法》颁布实施后制定的第一部配套的行政法规，也是中华人民共和国成立后第一部建设工程质量条例。《质量条例》的颁布和实施，对于加强建设工程质量管理，深化建设管理体制的改革，保证建设工程质量，具有十分重要的意义。

2. 适用范围

（1）工程范围。《质量条例》所称的建设工程，是指土木工程、建筑工程、线路管道和设备安装工程及装修工程。

（2）主体范围。包括建设单位、勘察单位、设计单位、施工单位、工程监理单位等，这些单位要依法对建设工程质量负责。同时，建设主管部门和有关部门也依据条例负有相应的监管职责。

8.9.2 建设单位的质量责任和义务

1. 发包责任

（1）应当将工程发包给具有相应资质等级的单位，不得将建设工程肢解发包。

（2）应当依法对工程建设项目的勘察、设计、施工、监理以及与工程建设有关的重要设备、材料等的采购进行招标。

（3）必须向有关的勘察、设计、施工、工程监理等单位提供与建设工程有关的原始资料。

(4) 建设工程发包单位不得迫使承包方以低于成本的价格竞标,不得任意压缩合理工期。

(5) 建设单位不得明示或者暗示设计单位或者施工单位违反工程建设强制性标准,降低建设工程质量。

2. 依法接受审查的责任

施工图审查是施工图设计文件审查简称,是指建设主管部门认定的施工图审查机构依法对施工图涉及公共利益、公众安全和工程建设强制性标准的内容进行的审查。

3. 依法委托监理的责任

(1) 依法必须实行监理的工程。

1) 国家重点建设工程。

2) 大中型公用事业工程。

3) 成片开发建设的住宅小区工程。

4) 利用外国政府或者国际组织贷款、援助资金的工程。

5) 国家规定必须实行监理的其他工程。

(2) 监理单位的选择。实行监理的建设工程建设单位应当委托具有相应资质等级的工程监理单位进行监理,也可以委托具有工程监理相应资质等级并与被监理工程的施工承包单位没有隶属关系或者其他利害关系的该工程的设计单位进行监理。

4. 依法接受质量监督的责任

建设单位在开工前,应当按照国家有关规定办理工程质量监督手续,工程质量监督手续可以与施工许可证或者开工报告合并办理。

5. 使用合格建筑材料的责任

(1) 由建设单位采购建筑材料、建筑构配件和设备的,建设单位应当保证建筑材料、建筑构配件和设备符合设计文件和合同要求。

(2) 不得明示或者暗示施工单位使用不合格的建筑材料、建筑构配件和设备。

6. 依法变动工程结构的责任

(1) 涉及建筑主体和承重结构变动的装修工程,建设单位应当在施工前委托原设计单位或者具有相应资质等级的设计单位提出设计方案;没有设计方案的,不得施工。

(2) 房屋建筑使用者在装修过程中,不得擅自变动房屋建筑主体和承重结构。

7. 依法进行竣工验收的责任

建设单位收到建设工程竣工报告后,应当组织设计、施工、监理等有关单位进行竣工验收,经验收合格的,方可交付使用。

建设工程竣工验收应当具备下列条件:

(1) 完成建设工程设计和合同约定的各项内容。

(2) 有完整的技术档案和施工管理资料。

(3) 有工程使用的主要建筑材料、建筑构配件和设备的进场试验报告。

(4) 有勘察、设计、施工、工程监理等单位分别签署的质量合格文件。

(5) 有施工单位签署的工程保修书。

8. 依法建档归档的责任

建设单位应当严格按照规定,及时收集、整理建设项目各环节的文件资料,建立、健全建设项目档案,并在建设工程竣工验收后,及时向建设主管部门或者其他有关部门移交建设项目档案。

8.9.3 勘察、设计单位的质量责任和义务

（1）依法承揽工程的责任。

（2）执行强制性标准的责任。

（3）科学设计的责任。

（4）选择材料设备的责任。

（5）文件说明及协助责任。

（6）参与质量事故分析的责任。

设计单位应当根据勘察成果文件进行建设工程设计。设计文件应当符合国家规定的设计深度要求，注明工程合理使用年限。

设计单位应当参与建设工程质量事故分析，并对因设计造成的质量事故，提出相应的技术处理方案。

以上六种责任在第 8.1.6 节中已进行了相应的解释。

8.9.4 施工单位的质量责任和义务

1. 依法承揽工程的责任

（1）不得超越本单位资质等级许可的业务范围或者以其他施工单位的名义承揽工程。

（2）不得允许其他单位或者个人以本单位的名义承揽工程。

（3）不得转包或者违法分包工程。

2. 建立质量保证体系的责任

（1）施工单位应当建立质量责任制，确定工程项目的项目经理、技术负责人和施工管理负责人。

（2）建设工程实行总承包的，总承包单位应当对全部建设工程质量负责。

3. 分包单位保证工程质量的责任

分包单位应当按照分包合同的约定对其分包工程的质量向总承包单位负责，总承包单位与分包单位对分包工程的质量承担连带责任。

4. 按图施工的责任

施工单位在施工过程中发现设计文件和图纸有差错的，应当及时提出意见和建议。工程设计图纸和施工技术标准都属于合同文件的一部分，如果施工单位没有按照工程设计图纸施工，首先要对建设单位承担违约责任。因此，施工单位在施工的过程中发现施工图中确实存在问题的，应当及时提出。

5. 对建筑材料、构配件和设备进行检验的责任

施工单位必须按照工程设计要求、施工技术标准和合同约定，对建筑材料、建筑构配件、设备和商品混凝土进行检验，检验应当有书面记录和专人签字；未经检验或者检验不合格的，不得使用。

6. 对施工质量进行检验的责任

施工单位必须建立、健全施工质量的检验制度，严格工序管理，做好隐蔽工程的质量检查和记录。隐蔽工程在隐蔽前，施工单位应当通知建设单位和建设工程质量监督机构。

7. 见证取样的责任

施工人员对涉及结构安全的试块、试件以及有关材料，应当在建设单位或者工程监理单位监督下现场取样，并送达具有相应资质等级的质量检测单位进行检测。

8. 保修的责任

（1）在建设工程竣工验收合格前，施工单位应对质量问题履行返修义务；建设工程竣工验收合格后，施工单位应对保修期内出现的质量问题履行保修义务。

（2）因承包人原因致使建设工程质量不符合约定的，发包人有权要求承包人在合理期限内无偿修理或者返工、改建。经过修理或者返工、改建后，造成逾期交付的，承包人应当承担违约责任。

8.9.5 工程监理单位的质量责任和义务

1. 依法承揽业务的责任

（1）工程监理单位应当依法取得相应等级的资质证书，并在其资质等级许可的范围内承担工程监理业务。

（2）禁止工程监理单位超越本单位资质等级许可的范围或者以其他工程监理单位的名义承担工程监理业务。

（3）禁止工程监理单位允许其他单位或者个人以本单位的名义承担工程监理业务。

（4）工程监理单位不得转让工程监理业务。

2. 独立监理的责任

工程监理单位与被监理工程的施工承包单位以及建筑材料、建筑构配件和设备供应单位不得有隶属关系或者其他利害关系的，不得承担该项建设工程的监理业务。

3. 依法监理的责任

（1）工程监理单位应当依照法律、法规以及有关技术标准、设计文件和建设工程承包合同，代表建设单位对施工质量实施监理，并对施工质量承担监理责任。

（2）监理工程师应当按照工程监理规范的要求，采取旁站、巡视和平行检验等形式，对建设工程实施监理。

4. 确认质量的责任

未经监理工程师签字，建筑材料、建筑构配件和设备不得在工程上使用或者安装，施工单位不得进行下一道工序的施工。未经总监理工程师签字，建设单位不拨付工程款，不进行竣工验收。

8.9.6 建设工程质量保修

1. 质量保修书

建设工程承包单位在向建设单位提交工程竣工验收报告时，应当向建设单位出具质量保修书，明确建设工程的保修范围、保修期限和保修责任等。

2. 保修范围及期限

建设工程的保修期，自竣工验收合格之日起计算，建设工程在保修范围和保修期限内发生质量问题的，施工单位应当履行保修义务，并对造成的损失承担赔偿责任。

（1）基础设施工程、房屋建筑的地基基础工程和主体结构工程，为设计文件规定的该工程的合理使用年限。

（2）屋面防水工程、有防水要求的卫生间、房间和外墙面的防渗漏，为 5 年。

（3）供热与供冷系统，为两个采暖期、供冷期。

（4）电气管线、给排水管道、设备安装和装修工程，为 2 年。

(5) 其他项目的保修期限由发包方与承包方约定。

3. 保修期外的工程质量

建设工程在超过合理使用年限后需要继续使用的,产权所有人应当委托具有相应资质等级的勘察、设计单位鉴定,并根据鉴定结果采取加固、维修等措施,重新界定使用期。

8.10 建设工程安全生产管理条例

8.10.1 建设工程安全生产管理条例概述

1. 基本概念

《建设工程安全生产管理条例》(简称《安全条例》)是依据《建筑法》和《安全生产法》而制定的,是《建筑法》第五章建筑安全生产管理有关规定的具体化和《安全生产法》安全生产管理一般规定的专业化。其适用范围为是从事建设工程的新建、扩建、改建和拆除等有关活动及实施对建设工程安全生产的监督管理。

2. 基本原则

(1) 安全第一、预防为主原则。

(2) 遵守安全生产法律、法规原则。

(3) 依法承担建设工程安全生产责任原则。

(4) 推进建设工程安全生产的科学管理原则。

8.10.2 建设单位的安全责任

1. 向施工单位提供建设工程安全生产作业环境的责任

建设单位应当向施工单位提供施工现场及毗邻区域内供水、排水、供电、供气、供热、通信、广播电视等地下管线资料,气象和水文观测资料,相邻建筑物和构筑物、地下工程的有关资料,并保证资料的真实、准确、完整。

2. 不得违反强制性标准的责任

建设单位不得对勘察、设计、施工、工程监理等单位提出不符合建设工程安全生产法律、法规和强制性标准规定的要求,不得压缩合同约定的工期。

3. 承担安全生产费用的责任

建设单位在编制工程概算时,应当确定建设工程安全作业环境及安全施工措施所需费用。

4. 不影响施工单位选用安全设备的责任

建设单位不得明示或者暗示施工单位购买、租赁、使用不符合安全施工要求的安全防护用具、机械设备、施工机具及配件、消防设施和器材。

5. 依法报送安全资料的责任

(1) 在申请领取施工许可证时,应当提供建设工程有关安全施工措施的资料。

(2) 应当自开工报告批准之日起 15 日内,将保证安全施工的措施报送建设行政主管部门或者其他有关部门备案。

6. 将拆除工程依法发包并依法报送备案的责任

应当将拆除工程发包给具有相应资质等级的施工单位。在拆除工程施工 15 日前,将下列资料报送建设主管部门或者有关部门备案:

(1) 施工单位资质等级证明。

(2) 拟拆除建筑物、构筑物及可能危及毗邻建筑的说明。

（3）拆除施工组织方案。

（4）堆放、清除废弃物的措施。

8.10.3 勘察、设计、工程监理及其他有关单位的安全责任

1. 勘察单位的安全责任

（1）按照法律、法规和工程建设强制性标准进行勘察的责任。

（2）如实提供勘察文件的责任。

2. 设计单位的安全责任

（1）按照法律、法规和工程建设强制性标准进行设计的责任。

（2）对涉及施工安全的重点部位和环节在设计文件中注明，并对防范生产安全事故提出指导意见。

（3）对新技术、新材料等，应当在设计中提出保障施工作业人员安全和预防生产安全事故的措施建议。

3. 监理单位的安全责任

（1）审查施工组织设计中的安全技术措施或者专项施工方案是否符合工程建设强制性标准。

（2）依法及时报告的责任，即在实施监理过程中，发现存在安全事故隐患的，应当要求施工单位整改；情况严重的，应当要求施工单位暂时停止施工，并及时报告建设单位。施工单位拒不整改或者不停止施工的，工程监理单位应当及时向有关主管部门报告。

4. 其他单位的安全责任

（1）机械设备和配件供应单位。

1）应当按照安全施工的要求配备齐全有效的保险、限位等安全设施和装置。

2）机械设备和施工机具及配件应当具有生产（制造）许可证、产品合格证。

3）应当对机械设备、机具及配件的安全性能进行检测，出具检测合格证明。

（2）自升式架设设施拆装单位安全责任。

1）须由具有相应资质的单位承担。

2）应当编制拆装方案、制定安全施工措施，并由专业技术人员现场监督。

3）安装完毕后，安装单位应当自检，出具自检合格证明，并向施工单位进行安全使用说明，办理验收手续并签字。

（3）自升式架设设施检测单位的安全责任。

检验检测机构对检测合格的施工起重机械和整体提升脚手架、模板等自升式架设设施，应当出具安全合格证明文件，对检测结果负责。

8.10.4 施工单位的安全责任

1. 依法承揽的责任

施工单位从事工程建设活动，应当具备国家规定的注册资本、专业技术人员、技术装备和安全生产等条件，依法取得相应等级的资质证书，并在其资质等级许可的范围内承揽工程。

2. 建立并实施安全生产责任制的责任

（1）施工单位主要负责人依法对本单位的安全生产工作全面负责。

（2）施工单位的项目负责人应当由取得相应执业资格的人员担任，对建设工程项目的安全施工负责，对所承担的建设工程进行定期和专项安全检查，并做好安全检查记录。

3. 保证安全生产经费专用的责任

对列入建设工程概算的安全作业环境及安全施工措施所需费用，应当用于施工安全防护用具及设施的采购和更新、安全施工措施的落实、安全生产条件的改善，不得挪作他用。

4. 配备安全生产机构及人员的责任

施工单位应当设立安全生产管理机构，配备专职安全生产管理人员。

5. 总承包与分包单位的责任

（1）总承包单位对施工现场的安全生产负总责，并自行完成建设工程主体结构的施工。

（2）总承包单位和分包单位对分包工程的安全生产承担连带责任。

（3）分包单位应当服从总承包单位的安全生产管理，不服从管理导致生产安全事故的，分包单位承担主要责任。

6. 特种作业人员的责任

（1）特种作业人员包括垂直运输机械作业人员、安装拆卸工、爆破作业人员、起重信号工、登高架设作业人员等。

（2）必须按照国家有关规定经过专门的安全作业培训，并取得特种作业操作资格证书后，方可上岗作业。

7. 编制安全技术措施和施工现场临时用电方案的责任

编制安全技术措施和施工现场临时用电方案时，对达到一定规模的危险性较大的分部分项工程编制专项施工方案，并附具安全验算结果，如基坑支护与降水工程、土方开挖工程、模板工程、起重吊装工程、脚手架工程、拆除、爆破工程等。对这些工程中涉及深基坑、地下暗挖工程、高大模板工程的专项施工方案，施工单位还应当组织专家进行论证、审查。

8. 说明安全施工技术要求的责任

建设工程施工前，施工单位负责项目管理的技术人员应当对有关安全施工的技术要求向施工作业班组、作业人员做出详细说明，并由双方签字确认。

9. 安全警示的责任

应当在施工现场入口处、施工起重机械等危险部位，设置明显的安全警示标志，并须符合国家标准。

10. 劳动安全保障责任

（1）应当将施工现场的办公、生活区与作业区分开设置，并保持安全距离。

（2）职工的膳食、饮水、休息场所等应当符合卫生标准。

（3）施工单位不得在尚未竣工的建筑物内设置员工集体宿舍。

（4）现场使用的装配式活动房屋应当具有产品合格证。

11. 保护毗邻建筑设施及周边环境的责任

（1）采取专项防护措施保护可能因施工造成损害的毗邻建筑物、构筑物和地下管线等。

（2）应当遵守有关环境保护法律、法规的规定，在施工现场采取措施，防止或者减少施工对人和环境的危害和污染。

（3）在城市市区内的建设工程，应当对施工现场实行封闭围挡。

12. 建立消防安全责任制的责任

（1）确定消防安全责任人。

（2）制定用火、用电、使用易燃易爆材料等各项消防安全管理制度和操作规程。

(3) 设置消防通道、消防水源,配备消防设施和灭火器材,并在施工现场入口处设置明显标志。

13. 劳动卫生保障责任

(1) 应当向作业人员提供安全防护用具和安全防护服装,并书面告知危险岗位的操作规程和违章操作的危害。

(2) 作业人员有权对施工现场存在的安全问题提出批评、检举和控告,有权拒绝违章指挥和强令冒险作业。

(3) 在遇到紧急情况时,作业人员有权立即停止作业或者在采取必要的应急措施后撤离危险区域。

(4) 安全防护用具、机械设备、施工机具及配件在进入施工现场前进行查验。

(5) 由专人管理施工现场的安全防护用具、机械设备、施工机具及配件,定期进行检查、维修和保养,建立相应的资料档案,并按照国家有关规定及时报废。

(6) 为施工现场从事危险作业的人员办理意外伤害保险。

14. 使用合格的自升式架设设施的责任

(1) 应当组织有关单位进行对自升式架设设施检测、验收。

(2) 使用承租的机械设备和施工机具及配件的,由施工总承包单位、分包单位、出租单位和安装单位共同进行验收。

(3) 应当自验收合格之日起 30 日内,向建设主管部门或者其他有关部门登记。

15. 对安全生产从业人员培训的责任

(1) 施工单位的主要负责人、项目负责人、专职安全生产管理人员应当经建设行政主管部门或者其他有关部门考核合格后方可任职。

(2) 施工单位应当对管理人员和作业人员每年至少进行一次安全生产教育培训。

(3) 作业人员进入新的岗位或者新的施工现场前,应当接受安全生产教育培训。

(4) 施工单位在采用新技术、新工艺、新设备、新材料时,应当对作业人员进行相应的安全生产教育培训。

8.10.5 监督管理

1. 监督管理体制

建设工程安全生产工作实行负责安全生产监督管理的部门综合监督管理、建设主管部门具体进行监督管理与交通、水利等部门专业监督管理相结合的体制。

2. 建设行政主管部门的安全职责

建设行政主管部门在审核发放施工许可证时,应当对建设工程是否有安全施工措施进行审查,对没有安全施工措施的,不得颁发施工许可证,对否有安全施工措施进行审查时,不得收取费用。

3. 建设工程安全生产监管部门的职责

县级以上人民政府负有建设工程安全生产监督管理职责的部门在各自的职责范围内履行安全监督检查职责时,有权要求被检查单位提供有关建设工程安全生产的文件和资料;进入被检查单位施工现场进行检查;纠正施工中违反安全生产要求的行为;对检查中发现的安全事故隐患,责令立即排除;重大安全事故隐患排除前或者排除过程中无法保证安全的,责令从危险区域内撤出作业人员或者暂时停止施工。

8.10.6 生产安全事故的应急救援和调查处理

1. 施工单位的应急准备

(1) 应当制定本单位生产安全事故应急救援预案，建立应急救援组织或者配备应急救援人员，配备必要的应急救援器材、设备，并定期组织演练。

(2) 应当对施工现场易发生重大事故的部位、环节进行监控，制定施工现场生产安全事故应急救援预案。

2. 生产安全事故的报告

(1) 事故发生后，及时、如实地向负责安全生产监督管理的部门、建设行政主管部门或者其他有关部门报告。

(2) 特种设备发生事故的，还应当同时向特种设备安全监督管理部门报告。

(3) 接到报告的部门应当按照国家有关规定，如实上报。

(4) 实行施工总承包的建设工程，由总承包单位负责上报事故。

3. 生产安全事故的处理

(1) 发生生产安全事故后，施工单位应当采取措施防止事故扩大，保护事故现场。

(2) 需要移动现场物品时，应当做出标记和书面记录，妥善保管有关证物。

(3) 依法对建设工程生产安全事故的调查、对事故责任单位和责任人的处罚与处理。

复 习 题

8-1 《建筑法》中，建设单位正确的做法是(　　)。

A. 将设计和施工分别外包给相应部门

B. 将桩基工程和施工工程分别外包给相应部门

C. 将建筑的基础、主体、装饰外包给相应部门

D. 将建筑除主体外的部分外包给相应部门

8-2 建筑工程开工前，建设单位应当按照国家有关规定申请领取施工许可证，颁发施工许可证的单位应该是(　　)。

A. 县级以上人民政府建设行政主管部门

B. 工程所在地县级以上人民政府建设工程监督部门

C. 工程所在地省级以上人民政府建设行政主管部门

D. 工程所在地县级以上人民政府建设行政主管部门

8-3 根据《建筑法》规定，建筑工程监理应当依照法律、行政法规及有关的技术标准、设计文件和建筑工程承包合同，代表建设单位对承包单位实施监督，监理的内容不包括(　　)。

A. 施工质量　　B. 建设工期

C. 建设资金使用　　D. 施工成本

8-4 根据《建筑法》规定，下列关于建设工程分包的描述，正确的是(　　)。

A. 工程分包单位的选择，必须经建设单位指定

B. 总承包单位可以将工程分包给其他的分包单位

C. 总承包单位和分包单位就分包工程对建设单位承担连带责任

D. 其他分包单位可以将其承包的工程再分包

8-5 根据《建筑法》的规定，工程监理单位(　　)转让工程监理业务。

A. 可以　　B. 经建设单位允许可以

C. 不得　　D. 经建设行政主管部门允许可以

8-6 根据《建筑法》的规定，工程监理单位与承包单位串通，为承包单位谋取非法利益，给建设单位造成损失的，法律后果是(　　)。

A. 由工程监理单位承担赔偿责任

B. 由承包单位承担赔偿责任

C. 由建设单位自行承担损失

D. 由工程监理单位和承包单位承担连带赔偿责任

8-7 根据《建筑法》规定，下列关于建设工程分包的描述，正确的是(　　)。

A. 工程分包单位的选择，必须经建设单位指定

B. 总承包单位可以将工程分包给其他的分包单位

C. 总承包单位和分包单位就分包工程对建设单位承担连带责任

D. 其他分包单位可以将其承包的工程再分包

8-8 根据《安全生产法》规定，对未依法取得批准、验收合格的单位擅自从事有关活动的，负责行政审批部门发现后，正确的处理方式是(　　)。

A. 下达整改通知单，责令改正

B. 责令停止活动，并依法予以处理

C. 立即予以取缔，并依法予以处理

D. 吊销资质证书，并依法予以处理

8-9 根据《安全生产法》的规定，生产经营单位主要负责人是安全生产第一责任人，对本单位的安全生产负总责，某生产经营单位的主要负责人对本单位安全生产工作的职责是(　　)。

A. 建立、健全本单位安全生产责任制

B. 保证本单位安全生产投入的有效使用

C. 及时报告生产安全事故

D. 组织落实本单位安全生产规章制度和操作规程

8-10 企业所设置的“专职安全管理人员”是指(　　)。

A. 专门负责安全生产管理工作的人员　　B. 负责设备管理、环境保护工作的人员

C. 负责技术、设计工作的人员　　D. 负责建筑生产质量的质检员

8-11 某施工单位承接了某工程项目的施工任务，下列施工单位现场安全管理的行为中，错误的是(　　)。

A. 向从业人员告知作业场所和工作岗位存在的危险因素、防范措施以及事故应急措施

B. 安排质量检验员兼任安全管理员

C. 安排用于配备安全防护用品、进行安全生产培训的经费

D. 依法参加工伤社会保险，为从业人员缴纳保险费

8-12 《安全生产法》规定，从业人员发现事故隐患或者其他不安全因素，应当(　　)向

现场安全生产管理人员或者本单位负责人报告；接到报告的人员应当及时予以处理。

A. 在 8h 内　　B. 在 4h 内　　C. 在 1h 内　　D. 立即

8-13　某施工单位是一个有职工 185 人的三级施工资质的企业，根据《安全生产法》的规定，该企业下列行为中合法的是(　　)。

A. 只配备兼职的安全生产管理人员

B. 委托具有国家规定的相关专业技术资格的工程技术人员提供安全生产管理服务，由其负责承担保证安全生产的责任

C. 安全生产管理人员经企业考核后即任职

D. 设置安全生产管理机构

8-14　根据《安全生产法》规定，下列有关重大危险源管理的说法正确的是(　　)。

A. 生产经营单位对重大危险源应当登记建档，并制定应急预案

B. 生产经营单位对重大危险源应当经常性检测、评估、处置

C. 安全生产监督管理的部门应当针对该企业的具体情况制定应急预案

D. 生产经营单位应当提醒从业人员和相关人员注意安全

8-15　安全生产监督检查管理部门对施工现场进行安全生产大检查，下列措施中不合法的是(　　)。

A. 进入施工现场进行检查，调阅参与单位的有关资料

B. 对检查中发现的安全生产违法行为，当场予以纠正或者要求限期改正

C. 对检查中发现的重大事故隐患排除前，责令从危险区域内撤出作业人员，责令暂时停产停业或者停止使用

D. 对有根据认为不符合保障安全生产的国家标准的器材，当场予以没收

8-16　某生产经营单位使用危险性较大的特种设备，根据《安全生产法》的规定，该设备投入使用的条件不包括(　　)。

A. 该设备应有专业生产单位生产

B. 该设备应进行安全条件论证和安全评估

C. 该设备须经取得专业资质的检测、检验机构检测、检验合格

D. 该设备须取得安全使用证或者安全标志

8-17　根据《安全生产法》规定，下列有关从业人员的权利和义务的说法，不正确的是(　　)。

A. 从业人员有权对本单位的安全生产工作提出建议

B. 从业人员有权对本单位安全生产工作中存在的问题提出批评

C. 从业人员有权拒绝违章指挥和强令冒险作业

D. 从业人员有权停止作业或者撤离作业现场

8-18　某投标人在招标文件规定的提交投标文件截止前 1 天提交了投标文件，为了稳妥起见，开标前 10min 又提交了一份补充文件，下列关于该投标文件及时补充文件的处理，正确的是(　　)。

A. 该补充文件的内容为投标文件的组成部分

B. 为了不影响按时开标，招标人应当拒收补充文件

C. 该投标人的补充文件涉及报价无效

D. 因为该投标人提交 2 份文件,其投标文件作为废标处理

8-19 根据《招标投标法》的有关规定,评标委员会完成评标后,应当(　　)。

A. 向招标人提出口头评标报告,并推荐合格的中标候选人

B. 向招标人提出书面评标报告,并决定合格的中标候选人

C. 向招标人提出口头评标报告,并决定合格的中标候选人

D. 向招标人提出书面评标报告,并推荐合格的中标候选人

8-20 根据《招标投标法》规定,依法必须进行招标的项目,招标公告应当载明的事项不包括(　　)。

A. 招标人的名称和地址　　B. 招标项目的性质

C. 招标项目的实施地点和时间　　D. 投标报价要求

8-21 某工程项目确定甲乙两个公司组成的联合体中标,下列有关该联合体与招标人签订合同的说法,正确的是(　　)。

A. 甲乙双方应当分别与招标人签订合同

B. 甲乙双方选出代表与招标人签订合同

C. 甲乙双方共同与招标人签订一个合同

D. 甲乙双方根据合同各自承担责任

8-22 依据《招标投标法》,某建设单位就一个办公楼群项目招标,则该项目的评标工作由(　　)来完成。

A. 该建设单位的领导　　B. 该建设单位的上级主管部门

C. 当地的政府部门　　D. 该建设单位依法组建的评标委员会

8-23 评标委员会为(　　)人以上的单数。

A. 3　　B. 7　　C. 5　　D. 9

8-24 《招标投标法》中规定"投标人不得以低于成本的报价竞标。"这里的"成本"指的是(　　)。

A. 根据估算指标算出的成本

B. 根据概算定额算出的成本

C. 根据预算定额算出的成本

D. 根据投标人各自的企业内部定额算出的成本

8-25 招标程序有:①成立招标组织;②发布招标公告或发出招标邀请书;③编制招标文件和标底;④组织投标单位踏勘现场,并对招标文件答疑;⑤对投标单位进行资质审查,并将审查结果通知各申请投标者;⑥发售招标文件。则下列招标程序排序正确的是(　　)。

A. ①②③⑤④⑥　　B. ①③②⑥⑤④　　C. ①③②⑤⑥④　　D. ①⑤⑥②③④

8-26 某施工单位在保修期结束撤离现场时,告知建设单位屋顶防水的某个部位是薄弱环节,日常使用时应当引起注意,从合同履行的原则上讲,施工单位遵循的是(　　)。

A. 全面履行的原则　　B. 适当履行的原则

C. 公平履行的原则　　D. 诚实信用的原则

8-27 根据《民法典》规定,当事人订立合同可以采取要约和承诺的方式。下列关于要约

和承诺的概念，理解错误的是（　　）。

A. 要约是希望和他人订立合同的意思表示

B. 要约内容要求具体确定

C. 要约是吸引他人向自己提出订立合同的意思表示

D. 经受要约人承诺，要约人即受该意思表示约束

8-28　某水泥有限责任公司向若干建筑施工单位发出要约，以400元/t的价格销售水泥，承诺一周内有效。其后，收到了若干建筑施工单位的回复。下列回复中，属于承诺有效的是（　　）。

A. 甲施工单位同意400元/t购买200t

B. 乙施工单位回复不购买该公司的水泥

C. 丙施工单位要求按380元/t购买200t

D. 丁施工单位一周后同意400元/t购买100t

8-29　甲、乙双方互负债务，没有先后履行顺序，一方在对方履行之前有权拒绝其履行要求，另一方在对方履行债务不符合约定时有权拒绝其相应的履行要求。这在我国合同法理论上称作（　　）。

A. 先履行抗辩权　　B. 先诉抗辩权

C. 同时履行抗辩权　　D. 不安抗辩权

8-30　某运输合同，由上海的供货商委托沈阳的运输公司将天津的一批货物运到西安，双方签订的运输合同中约定，送达指定地点付款，但是，支付运费的履行地点没有约定，运输公司根据合同约定按期完成了货物的运输，则支付改运费的履行地应当是（　　）。

A. 上海　　B. 沈阳　　C. 天津　　D. 西安

8-31　债权人依照《民法典》第74条的规定提起撤销权诉讼，请求人民法院撤销债务人放弃债权或转让财产的行为，人民法院应当就债权人主张的部分进行审理，（　　）。

A. 债权人放弃债权或者转让财产的行为，依法被撤销的，该行为自始无效

B. 债务人放弃债权或者转让财产的行为，依法被撤销的，该行为自始无效

C. 债权人放弃债权或者转让财产的行为，依法被撤销的，该行为自被撤销之日起失去效力

D. 债务人放弃债权或者转让财产的行为，依法被撤销的，该行为自被撤销之日起失去效力

8-32　根据《民法典》规定，要约可以撤回和撤销，下列要约，不得撤销的是（　　）。

A. 要约到达受要约人　　B. 要约人确定了承诺期限

C. 受要约人未发出承诺通知　　D. 受要约人即将发出承诺通知

8-33　按照我国《民法典》第491条的规定，当事人采用信件、数据电文等形式订立合同的，若合同要成立，对确认书的要求是（　　）。

A. 可以在合同成立之后要求签订确认书，签订确认书时合同成立

B. 可以在合同成立同时要求签订确认书，签订确认书时合同成立

C. 可以在合同成立之前要求签订确认书，签订确认书时合同成立

D. 可以不要求签订确认书，合同也成立

8-34　合同的变更，仅仅涉及（　　）。

A. 合同的标的变更　　B. 内容的局部变更

C. 合同权利义务所指向的对象变更　　D. 当事人的变更

8-35　经国务院批准,(　　)人民政府根据精简、统一、效能的原则,可以决定一个行政机关行使有关行政机关的行政许可权。

A. 较大的市　　B. 设区的市　　C. 县级以上　　D. 省、自治区、直辖市

8-36　行政许可直接涉及申请人与他人之间的重大利益关系,行政机关应当告知申请人、利害关系人享有要求听证的权利,申请人、利害关系人要求听证的,应当在被告知听证权利之日起(　　)内提出听证申请。

A. 5 日　　B. 10 日　　C. 30 日　　D. 45 日

8-37　行政机关对申请人提出的行政许可申请,做出错误处理的是(　　)。

A. 申请事项依法不属于本行政机关职权范围的,应当即时做出书面的不予受理的决定,并告知申请人向有关行政机关申请

B. 申请材料存在可以当场更正的错误的,应当允许申请人当场更正

C. 申请材料不齐全或者不符合法定形式的,逾期不告知的,自逾期之日起即为受理

D. 申请材料不齐全或者不符合法定形式的,应当当场或者在五日内一次告知申请人需要补正的全部内容

8-38　关于行政许可期限,下列说法正确的是(　　)。

A. 除法律、法规另有规定,行政许可决定最长应当在受理之日起 30 日内做出

B. 延长行政许可期限,应当经上一级行政机关批准

C. 依法应当先经下级行政机关审查后报上级行政机关决定的行政许可,下级行政机关应当自其受理行政许可申请之日起 20 日内审查完毕,法律、行政法规另有规定除外

D. 行政许可采取统一办理或者联合办理、集中办理的,每个行政机关办理的时间均不得超过 45 日

8-39　行政机关实施行政许可,不得向申请人提出(　　)等不正当要求。

A. 违法行政收费、购买指定商品的　　B. 购买指定商品、接受有偿服务

C. 接受有偿服务、超越范围检查的　　D. 索取财物、提供赞助的

8-40　下列情形中,做出行政许可决定的行政机关或其上级行政机关,应当依法办理有关行政许可的注销手续的是(　　)。

A. 取得市场准入行政许可的被许可人擅自停业、歇业

B. 行政机关工作人员对直接关系生命财产安全的设施监督检查时,发现存在安全隐患的

C. 行政许可证依法被吊销的

D. 被许可人未依法履行开发利用自然资源义务的

8-41　国务院和省、自治区、直辖市人民政府应当加强节能工作,合理调整产业结构、企业结构、产品结构和能源消费结构,推动企业(　　),淘汰落后的生产能力,改进能源的开发、加工、转换、输送、储存和供应,提高能源利用效率。

A. 实行节能目标责任制

B. 实行节能考核评价制度

C. 实行能源效率标识管理

D. 降低单位产值能耗和单位产品能耗

8-42 根据《节约能源法》规定，节约能源所采取的措施正确的是(　　)。

A. 采取技术上可行、经济上合理以及环境和社会可以承受的措施

B. 采取技术上先进、经济上保证以及环境和安全可以承受的措施

C. 采取技术上可行、经济上合理以及人身和健康可以承受的措施

D. 采取技术上先进、经济上合理以及功能和环境可以保证的措施

8-43 根据《节约能源法》的规定，下列行为中不违反禁止性规定的是(　　)。

A. 使用国家明令淘汰的用能设备

B. 冒用能源效率标识

C. 企业制定严于国家标准的企业节能标准

D. 销售应当标注而未标注能源效率标识的产品

8-44 国家实行固定资产投资项目(　　)制度。不符合强制性节能标准的项目，依法负责项目审批或者核准的机关不得批准或者核准建设。

A. 用能审查　　B. 用能核准

C. 节能评估和审查　　D. 单位产品耗能限额标准

8-45 国家对(　　)实行淘汰制度。

A. 落后的耗能过高的用能产品

B. 落后的耗能过高的用能产品、设备和生产工艺

C. 落后的耗能过高的用能设备和生产技术

D. 落后的耗能过高的用能产品和生产技术

8-46 用能产品的生产者、销售者，可以根据(　　)，按照国家有关节能产品认证的规定，向经国务院认证认可监督管理部门认可的从事节能产品认证的机构提出节能产品认证申请。

A. 强制原则　　B. 自愿原则　　C. 限制原则　　D. 申请原则

8-47 建筑工程的(　　)应当遵守建筑节能标准。

A. 建设、设计、施工和监理单位　　B. 建设单位

C. 设计单位　　D. 施工和监理单位

8-48 县级以上各级人民政府应当按照(　　)的原则，加强农业和农村节能工作，增加对农业和农村节能技术、节能产品推广应用的资金投入。

A. 因地制宜、多能互补

B. 节约与开发并举

C. 因地制宜、多能互补、综合利用、讲求效益

D. 节约放在首位

8-49 任何单位不得对能源消费实行(　　)。

A. 限制　　B. 配额制　　C. 包费制　　D. 无偿提供

8-50 依据《环境保护法》，国务院环境保护行政主管部门制定国家污染物排放标准的依据是(　　)。

A. 国家经济条件、人口状况和技术水平

B. 国家环境质量标准、技术水平和社会发展状况

C. 国家技术条件、经济条件和污染物治理状况

D. 国家环境质量标准和国家经济、技术条件

8-51 因环境污染损害赔偿提起诉讼的时效期间(　　)年。

A. 2　　B. 1　　C. 3　　D. 5

8-52 《中华人民共和国环境保护法》(2014 年修订)第 41 条规定，建设项目中防止污染的设施(　　)。

A. 应当与主体工程同时设计、同时施工、同时竣工

B. 应当与主体工程同时设计、同时开工、同时投入使用

C. 防止污染的设施应当符合经批准的环境影响评价文件的要求

D. 防止污染的设施应当符合经批准的可行性研究报告的要求

8-53 某城市计划对本地城市建设进行全面规划，根据《环境保护法》的规定，下列城乡建设行为不符合《环境保护法》规定的是(　　)。

A. 加强在自然景观中修建人文景观　　B. 有效保护植被、水域

C. 加强城市园林、绿地园林　　D. 加强风景名胜区的建设

8-54 从事建设工程勘察、设计活动，应当坚持(　　)的原则。

A. 同时勘察、设计及施工“三同时”　　B. 先设计、再勘察、再设计、后施工

C. 先勘察、后设计、再施工　　D. 先勘察、后设计、再勘察、再施工

8-55 建设工程勘察设计发包方与承包方的共同义务不包括(　　)。

A. 应当执行国家规定的建设工程勘察、设计程序

B. 应当签订建设工程勘察、设计合同

C. 当执行国家有关建设工程勘察费、设计费的管理规定

D. 共同选购建筑材料的义务

8-56 某建设工程项目完成施工后，施工单位提出工程竣工验收申请，根据《建设工程质量管理条例》规定，该建设工程竣工验收应当具备的条件不包括(　　)。

A. 有施工单位提交的工程质量保证金

B. 有工程使用的主要建筑材料、建筑构配件和设备的进场实验报告

C. 有勘察、设计、施工、监理等单位分别签署的质量合格文件

D. 有完整的技术档案和施工管理资料

8-57 根据《建设工程质量管理条例》关于质量保修制度的规定，屋面防水工程、有防水要求的卫生间、房间和外墙面防渗漏的最低保修期为(　　)。

A. 6 个月　　B. 1 年　　C. 3 年　　D. 5 年

8-58 某施工单位为了给本单位创造社会效益，未经业主同意，自费将设计图纸中采用的施工材料换成了性能更好的材料，对此，正确的说法是(　　)。

A. 该施工单位的做法是值得表扬的

B. 该施工单位违反了《建设工程质量管理条例》

C. 该施工单位违反了《建设工程安全生产管理条例》

D. 业主应该向承包商支付材料的差价

8-59 在建设工程施工过程中，属于专业监理工程师签字的是(　　)。

A. 样板工程专项施工方案　　B. 建筑材料、建筑构配件和设备进场验收

C. 拨付工程款　　D. 竣工验收

8-60 《建设工程安全生产管理条例》第 14 条第 2 款规定，工程监理单位在实施监理过程中，发现存在安全事故隐患的，应当要求施工单位整改；情况严重的，应当要求施工单位（　　）。

A. 暂时停止施工，并及时报告建设单位

B. 终止施工

C. 与建设单位协商

D. 与建设单位解除承包合同

8-61 （　　）是建筑生产中最基本的安全管理制度，是所有安全规章制度的核心。

A. 质量事故处理制度　　B. 质量事故统计报告制度

C. 安全生产责任制度　　D. 安全生产监督制度

8-62 根据《建设工程安全生产管理条例》，关于安全施工技术交底，下列说法正确的是（　　）。

A. 施工单位负责项目管理的技术人员向施工作业人员交底

B. 专职安全生产管理人员向施工作业人员交底

C. 施工单位负责项目管理的技术人员向专职安全生产管理人员交底

D. 施工作业人员向施工单位负责人交底

8-63 根据《建设工程安全生产管理条例》，以下关于施工安全管理说法正确的是（　　）。

A. 建设单位负责施工现场安全

B. 总承包单位与分包单位对安全生产承担连带责任

C. 工程单位应自行完成建设工程主体结构的施工

D. 分包单位不服从管理导致生产安全事故的，由分包单位承担责任

8-64 下列选项中，（　　）不符合《建设工程安全生产管理条例》关于起重机械和自升式架设设施安全管理的规定。

A. 在施工现场安装、拆卸施工起重机械和整体提升脚手架、模板等自升式架设设施，必须由具有相应资质的单位承担

B. 施工起重机械和整体提升脚手架、模板等自升式架设设施的使用达到国家规定的检验检测期限的，不得继续使用

C. 施工起重机械和整体提升脚手架、模板等自升式架设设施安装完毕后，安装单位应当自检，出具自检合格证明，并向施工单位进行安全使用说明，办理验收手续并签字

D. 安装、拆卸施工起重机械和整体提升脚手架、模板等自升式架设设施，应当编制拆装方案、制定安全施工措施，并由专业技术人员现场监督

8-65 施工单位由于现场空间狭小，将雇用来的农民工的集体宿舍安排在了一栋还没有竣工的楼房里，这种行为（　　）。

A. 如果施工单位同时采取了安全防护措施，就没有违反《建设工程安全生产管理条例》

B. 如果这栋楼房主体工程已经结束，并且有证据证明其质量可靠，就没有违反《建设工程安全生产管理条例》

C. 只要农民工同意,就成为一种合同行为,没有违反《建设工程安全生产管理条例》

D. 违反了《建设工程安全生产管理条例》

复习题答案与提示

8-1 A 提示:根据《建筑法》第 24 条规定,建筑工程的发包单位可以将建筑工程的勘察、设计、施工、设备采购一并发包给一个工程总承包单位,也可以将建筑工程勘察、设计、施工、设备采购的一项或者多项发包给一个工程总承包单位;但是,不得将应当由一个承包单位完成的建筑工程肢解成若干部分发包给几个承包单位。

8-2 D 提示:《建筑法》第 7 条规定,建筑工程开工前,建设单位应当按照国家有关规定向工程所在地县级以上人民政府建设行政主管部门申请领取施工许可证。

8-3 D 提示:参见《建筑法》第 32 条。

8-4 C 提示:参见《建筑法》第 29 条规定。

8-5 C 提示:业主与监理单位是委托与被委托的关系,工程监理单位应当根据建设单位的委托,客观、公正地执行监理任务。

8-6 D 提示:监理单位与承包商之间是监理与被监理的关系,二者必须是独立的,工程监理单位与被监理工程的承包单位以及建筑材料、建筑构配件和设备供应单位不得有隶属关系或者其他利害关系。

8-7 C 提示:参见《建筑法》第 29 条规定。

8-8 C 提示:参见《安全生产法》第 90 条第 1 款第(二)项目规定。

8-9 A

8-10 A

8-11 B 提示:A 选项,根据《安全生产法》第 44 条规定,生产经营单位应当教育和督促从业人员严格执行本单位的安全生产规章制度和安全操作规程;并向从业人员如实告知作业场所和工作岗位存在的危险因素、防范措施以及事故应急措施。B 选项,第 24 条规定,矿山、金属冶炼、建筑施工、运输单位和危险物品的生产、经营、储存、装卸单位,应当设置安全生产管理机构或者配备专职安全生产管理人员。C 选项,第 47 条规定,生产经营单位应当安排用于配备劳动防护用品、进行安全生产培训的经费。D 选项,第 51 条规定,生产经营单位必须依法参加工伤保险,为从业人员缴纳保险费。

8-12 D

8-13 D 提示:B、C 两项明显错误。B 项中的责任仍由施工企业负责,C 项中所指应当经过安全生产教育和培训合格,否则不得上岗作业。《安全生产法》第 21 条第 1 款规定,包括施工企业在内的五类企业应当设置安全生产管理机构或配备专职安全生产管理人员。因此,本题虽有人数的因素,但属于施工企业,不需要考虑人数,属于干扰项,只能选 D。

8-14 A 提示:根据《安全生产法》第 37 条规定,生产经营单位对重大危险源应当登记建档,进行定期检测、评估、监控,并制定应急预案,告知从业人员和相关人员在紧急情况下应当采取的应急措施。

8-15 D　提示：本题四个选项看似都正确，但需要认真甄别。之所以选择 D 项，是因为根据《安全生产法》第 65 条规定，检查发现有不符合“国家标准或行业标准”的，予以“予以查封或者扣押”。

8-16 B　提示：参见《安全生产法》第 34 条。

8-17 D　提示：参见《安全生产法》第 53 条和第 55 条规定。

8-18 A　提示：参见《招标投标法》第 29 条规定。

8-19 D　提示：参见《招标投标法》第 40 条。

8-20 D　提示：根据《招标投标法》第 16 条规定，招标公告应当载明招标人的名称和地址、招标项目的性质、数量、实施地点和时间以及获取招标文件的办法等事项。

8-21 C　提示：本题比较简单，依据是《招标投标法》第 31 条。

8-22 D　提示：评标只能由招标人依法组建的评标委员会进行，任何单位和个人都不得非法干预、影响评标的过程与结果。

8-23 C　提示：《招标投标法》第 37 条规定，评标委员会成员人数为 5 人以上单数。

8-24 D　提示：法律本身并没有明确成本的概念，但本条主要是防止不正当竞争，因此应理解为自己的成本。

8-25 C

8-26 D　提示：《民法典》第 509 条第 2 款规定，当事人应当遵循诚信原则，根据合同的性质、目的和交易习惯履行通知、协助、保密等义务。本题中，是施工单位基于诚信原则履行的告知义务。

8-27 C　提示：根据《民法典》第 472 条规定，要约是希望与他人订立全同的意思表示，该意思表示应当符合下列条件：（一）内容具体确定；（二）表明经受要约人承诺，要约人即受该意思表示约束。第 473 条规定，要约邀请是希望他人向自己发出要约的表示。

8-28 A　提示：根据《民法典》第 479 条规定，承诺是受要约人同意要约的意思表示，因此 B 选项错误。根据《民法典》第 488 条，承诺的内容应当与要约的内容一致。受要约人对要约的内容做出实质性变更的，为新要约，因此 C 选项错误。根据《民法典》第 486 条，受要约人超过承诺期限发出承诺，为新要约，因此 D 选项错误。

8-29 C

8-30 B　提示：根据民法典规定，履行地点约定不明的，如果给付货币的，在接受给付一方所在地履行；其他标的在履行义务一方所在地履行。

8-31 B　提示：撤销权是针对债务人放弃债权或者转让财产的行为，因此选项 A、C 错误，选项 B 正确。根据《民法典》第 542 条规定，债务人影响债权人的债权实现的行为被撤销的，自始没有法律约束力，故选项 D 项错误。

8-32 B　提示：参见《民法典》第 19 条。

8-33 C

8-34 B

8-35 D　提示:经国务院批准,省级人民政府根据可以决定一个行政机关行使有关行政机关的行政许可证。

8-36 A

8-37 C　提示:申请材料不齐全或者不符合法定形式的,应当当场或者在5日内一次告知申请人需要补正的全部内容,逾期不告知的,自收到申请材料之日起即为受理。

8-38 C　提示:行政许可的一般期限是20天,需要延长的部门负责人有10天的决定权,联合办理、集中办理、统一办理的时间一般为45日。

8-39 B　提示:本题只能按法律规定选择。

8-40 C　提示:注销手续的前提是相关许可证已被撤销,停业、歇业、安全隐患的以及未履行相关义务并不一定构成撤销的条件,还需要看违法的程度。

8-41 D

8-42 A　提示:根据《节约能源法》第3条规定,本法所称节约能源,是指加强用能管理,采取技术上可行、经济上合理以及环境和社会可以承受的措施,从能源生产到消费的各个环节,降低消耗、减少损失和污染物排放、制止浪费,有效、合理地利用能源。

8-43 C　提示:A选项,根据《节约能源法》第17条规定,禁止生产、进口、销售国家明令淘汰或者不符合强制性能源效率标准的用能产品、设备;禁止使用国家明令淘汰的用能设备、生产工艺。B、D两项,第19条规定,生产者和进口商应当对其标注的能源效率标识及相关信息的准确性负责。禁止销售应当标注而未标注能源效率标识的产品。禁止伪造、冒用能源效率标识或者利用能源效率标识进行虚假宣传。C选项,第13条规定,国家鼓励企业制定亚于国家标准、行业标准的企业节能标准。

8-44 C

8-45 B

8-46 B

8-47 A

8-48 C　提示:参见《节约能源法》第59条规定。

8-49 C　提示:参见《节约能源法》第28条规定。

8-50 D　提示:参见《环境保护法》第16条规定。

8-51 C

8-52 C　提示:《环境保护法》第41条建设项目中防治污染的设施,应当与主体工程同时设计、同时施工、同时投产使用。防治污染的设施应当符合经批准的环境影响评价文件的要求,不得擅自拆除或者闲置,选项C的描述与本条规定一致。

8-53 A　提示:《环境保护法》第35条规定,城乡建设应当结合当地自然环境的特点,保护植被、水域和自然景观,加强城市园林、绿地和风景名胜区的建设与管理。

8-54 C

8-55 D

8-56 A　提示:参见《建设工程质量管理条例》第16条。

8-57 D

8-58 B

8-59 B 提示:根据《建设工程质量管理条例》第 37 条规定,工程监理单位应当选派具备相应资格的总监理工程师和监理工程师进驻施工现场。未经监理工程师签字,建筑材料、建筑构配件和设备不得在工程上使用或者安装,施工单位不得进行下一道工序的施工。未经总监理工程师签字,建设单位不拨付工程款,不进行竣工验收。

8-60 A

8-61 C

8-62 A 提示:建设工程施工前,施工单位负责项目管理的技术人员应当对有关安全施工的技术要求向施工作业班组、作业人员做出详细说明,并由双方签字确认。

8-63 C 提示:根据《安全生产管理条例》第 24 条,建设工程实行施工总承包的,由总承包单位对施工现场的安全生产负总责,所以选项 A 不对;有分包工程的,只对分包工程承担连带责任,所以选项 B 不对;分包单位不服从管理导致生产安全事故的,由分包单位承担主要责任,所以选项 D 不对。只有选项 C 说法正确。

8-64 B 提示:到期经检验合格仍可使用。

8-65 D

第9章 工程经济

考试大纲

9.1 资金的时间价值 资金时间价值的概念;利息及计算;实际利率和名义利率;现金流量及现金流量图;资金等值计算的常用公式及应用;复利系数表的应用。

9.2 财务效益与费用估算 项目的分类;项目计算期;财务效益与费用;营业收入;补贴收入;建设投资;建设期利息;流动资金;总成本费用;经营成本;项目评价涉及的税费;总投资形成的资产。

9.3 资金来源与融资方案 资金筹措的主要方式;资金成本;债务偿还的主要方式。

9.4 财务分析 财务评价的内容;盈利能力分析(财务净现值、财务内部收益率、项目投资回收期、总投资收益率、项目资本金净利润率);偿债能力分析(利息备付率、偿债备付率、资产负债率);财务生存能力分析;财务分析报表(项目投资现金流量表、项目资本金现金流量表、利润与利润分配表、财务计划现金流量表);基准收益率。

9.5 经济费用效益分析 经济费用和效益;社会折现率;影子价格;影子汇率;影子工资;经济净现值;经济内部收益率;经济效益费用比。

9.6 不确定性分析 盈亏平衡分析(盈亏平衡点、盈亏平衡分析图);敏感性分析(敏感度系数、临界点、敏感性分析图)。

9.7 方案经济比选 方案比选的类型;方案经济比选的方法(效益比选法、费用比选法、最低价格法);计算期不同的互斥方案的比选。

9.8 改扩建项目经济评价特点 改扩建项目经济评价特点。

9.9 价值工程 价值工程原理;实施步骤。

工程经济学是研究工程技术领域经济效果的学科,是研究为实现预定生产经营目标而提出的可行的技术方案、生产过程、产品或服务,在经济上进行计算、分析、比较和论证的方法的科学。

9.1 资金的时间价值

9.1.1 资金时间价值的概念

资金的时间价值是项目经济评价依据的最主要的基本理论。不同时间发生的等额资金在价值上的差别称为资金的时间价值。现在的一笔资金,投入生产或流通领域,即使不考虑通货膨胀因素,也会比将来的同样数额的资金更有价值。资金的时间价值是指资金投入生产或流通领域才能增值。

9.1.2 利息及计算

1. 利息

利息是占用资金所付出的代价或放弃使用资金所得到的补偿。利率是指单位时间的利息与本金的比值。

2. 利息计算

利息的计算分为单利法和复利法两种。

(1) 单利法。单利法是每期均按原始本金计息,即不管计息周期为多少,每经一期按原始本金计息一次,利息不再生利息。单利法利息的计算公式为

$$F_n = P(1+ni) \tag{9-1}$$

式中 i——每一利息期的利率,通常是年利率;

n——计息周期数,通常是年数;

P——资金的现值;

F_n——资金的未来值,或本利和、终值。

(2) 复利法。复利法按本金与累计利息额的和计息,也就是说除本金计息外,利息也生利息,每一计息周期的利息都要并入本金,再计利息。复利法本金利息之和的计算公式为

$$F_n = P(1+i)^n \tag{9-2}$$

复利计息更符合资金在社会再生产过程中运动的实际。因此,工程经济分析中一般采用复利计算。

9.1.3 名义利率与实际(或称有效)利率

在工程项目经济分析中,通常是以年利率表示利率高低,这个年利率称为名义利率,如不做特别说明,通常计算中给的利率是名义年利率。但在实际经济活动中,计息周期中有年、季、月、周、日等多种形式,计算利息时实际采用的利率为实际(或称有效)利率。这就出现不同利率换算的问题。

名义利率与实际(或称有效)利率的换算公式为

$$i = (1+r/m)^m - 1 \tag{9-3}$$

式中 r——名义利率,通常是名义年利率;

m——名义利率的一个时间单位中的计息次数,通常是一年中的计息次数。

当计息周期为一年时,名义利率=有效(实际)利率。

【例 9-1】 年利率为 12%,本金为 1000 元,每季度计息一次,一年后本利和为多少?

解: 年实际利率为

$$i = (1+12\%/4)^4 - 1 = 12.55\%$$

一年后本利和为

$$F = P(1+i) = 1000 \times (1+12.55\%) \text{元} = 1125.5 \text{元}$$

9.1.4 现金流量及现金流量图

1. 现金流量

现金流量是指某一经济系统某一时点上实际发生的资金流入或资金流出。流出系统的资金称为现金流出,流入系统的资金称为现金流入,现金流入与现金流出的差额称为净现金流量。一个项目的建设,其投入的资金、花费的成本、得到的收益,都可以看成是货币形式体现的资金流出或资金流入。构成经济系统现金流量的基本要素主要有投资、成本、营业收入和税金等。

2. 现金流量图

现金流量图是以图的形式表示的在一定时间内发生的现金流量。在现金流量图中横轴表示时间轴,时间轴上的点称为时点,通常表示该年的年末,也是下一年的年初。与横轴相连的垂直线代表系统的现金流量,箭头向下表示现金流出,箭头向上表示现金流入。箭线的长度代表现金流量的大小,一般要注明一年现金流量的金额,如图 9-1 所示。

9.1.5 资金等值计算的常用公式及复利系数表的应用

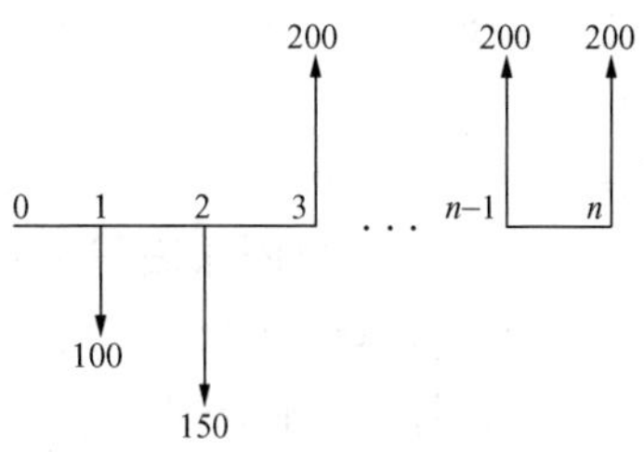

图 9-1　现金流量图的表示法

1. 资金等值计算的概念

资金等值是指在一定的利率下，在不同的时间绝对数额不同而价值相等的若干资金。影响资金等值的因素为资金额大小、资金发生的时间和利率。将一个时点发生的资金金额按一定的利率换算成另一时点等值金额，这一过程叫资金等值计算。

2. 资金等值计算的普通复利公式和复利系数表的应用

以下各图及对应的公式需注意现金流量的时点：现值发生在第一年年初，终值发生在第 n 期末，年值发生在第一年至第 n 年每年年末。

(1) 一次支付终值公式。已知本金(现值)P，当利率为 i 时，在复利计息的条件下，求第 n 期期末的本利和，即已知 P, i, n，求终值 F。

一次支付终值公式为

$$F=P(1+i)^n=P(F/P,i,n) \tag{9-4}$$

式中，$(1+i)^n$ 称为一次支付终值系数，也称一次偿付复利和系数，可以用符号$(F/P,i,n)$表示，其中斜线下 P 以及 i 和 n 为已知条件，而斜线上的 F 是所求的未知量。系数$(F/P,i,n)$可查复利系数表得到。

一次支付终值公式是普通复利计算的基本公式，其他计算公式都可以从此派生出来。

当现值 P 为现金流出，终值 F 为现金流入，其现金流量图如图 9-2 所示。

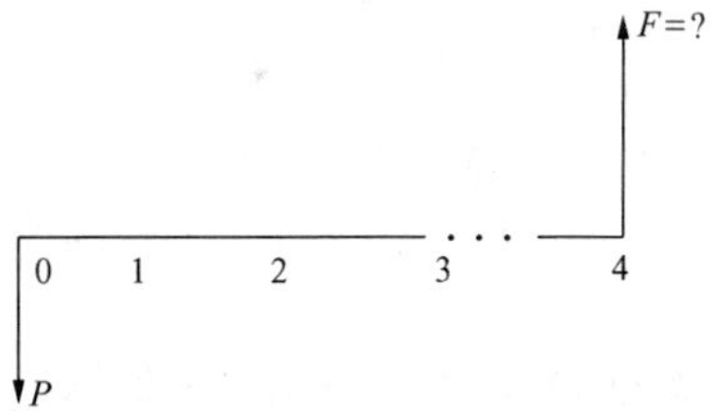

图 9-2　一次支付终值现金流量图

【例 9-2】设贷款 1000 元，年利率为 6%，贷款期五年。如按复利法计息，求到期应还款。

解：本题为已知现值求终值。

方法 1：可按式(9-4)计算得

$F=P(1+i)^n=1000\times(1+6\%)^5$ 元 $=1338$ 元

方法 2：可用查表法。

查本书附录年利率 $i=6\%$ 对应的表，年份为 5 年，一次支付终值系数为 1.338，因此可求得应还款为 1000×1.338 元=1338 元。与直接用式(9-4)结果相同。

(2) 一次支付现值公式。已知第 n 期期末数额为 F 的现金流量，在利率为 i 的复利计息条件下，求现在的本金 P 是多少，即已知 F, i, n，求现值 P。

一次支付现值公式为

$$P=F\frac{1}{(1+i)^n}=F(P/F,i,n) \tag{9-5}$$

式中，$\frac{1}{(1+i)^n}$称为一次支付现值系数，或称贴现系数，可用符号$(P/F,i,n)$表示，其系数值可查复利系数表求得。

式(9-5)与式(9-4)互为倒数。

当现值 P 为现金流出，终值 F 为现金流入，其现金流量图如图 9-3 所示。

【**例 9-3**】如果存款年利率为 12%，假定按复利计息，为在 5 年后得款 10 000 元，现在应存入多少？

解：方法 1：由式(9-5)得：$P=10\ 000\times(1+0.12)^{-5}$ 元 $=10\ 000\times0.567\ 4$ 元 $=5674$ 元

方法 2：先查本书附录表得出一次支付现值系数：$(P/F,12\%,5)=0.567\ 4$

于是 $P=10\ 000\times0.567\ 4$ 元 $=5674$ 元。

（3）等额序列终值公式（等额年金终值公式）。已知连续 n 期期末等额序列的现金流量 A，按利率 i（复利计息），求其第 n 期期末的终值 F，即已知 A,i,n，求 F。

$$F=A+A(1+i)+A(1+i)^2+A(1+i)^3+\cdots+A(1+i)^{(n-1)}$$

$$F(1+i)=[A+A(1+i)+A(1+i)^2+A(1+i)^3+\cdots+A(1+i)^{(n-1)}](1+i)$$

$$F(1+i)-F=A(1+i)^n-A$$

$$F=A\left[\frac{(1+i)^n-1}{i}\right]=A(F/A,i,n) \tag{9-6}$$

式中，$\frac{(1+i)^n-1}{i}$称为等额序列终值系数，也称等额年金终值系数，等额序列复利和系数。可用符号 $(F/A,i,n)$ 表示，其系数值可从复利系数表中查得。

当等额序列现金流量 A 为现金流出，终值 F 为现金流入，其现金流量图如图 9-4 所示。

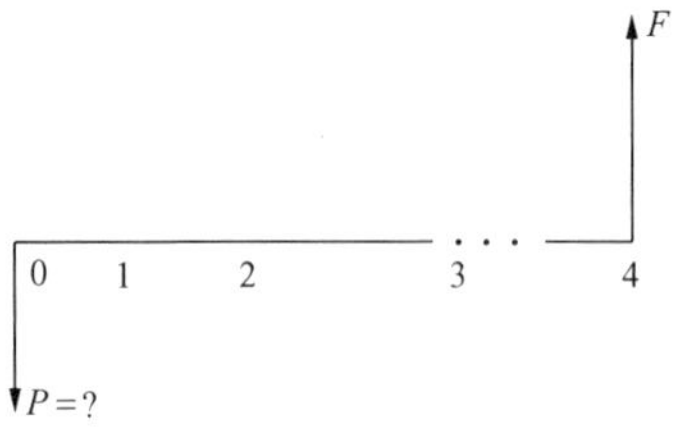

图 9-3　一次支付现值现金流量图

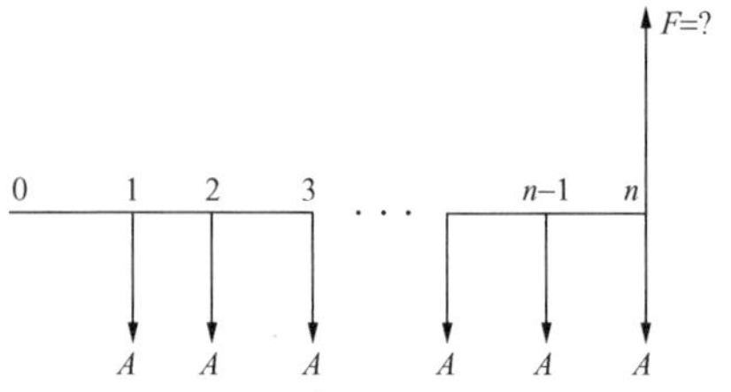

图 9-4　等额序列终值现金流量图

（4）等额序列偿债基金公式。等额序列偿债基金公式是等额序列终值公式的逆运算，即已知未来 n 期末一笔未来值 F，在利率为 i 复利计息条件下，求 n 期每期末等额序列现金流量 A。

等额序列偿债基金公式可由式(9-6)直接导出，等额序列偿债基金公式为

$$A=F\left[\frac{i}{(1+i)^n-1}\right]=F(A/F,i,n) \tag{9-7}$$

式中，$\frac{i}{(1+i)^n-1}$称为等额序列偿债基金系数，也称基金存储系数，可用符号 $(A/F,i,n)$ 表示，其系数值可从复利系数表中查得。

式(9-7)与式(9-6)互为倒数。

当等额序列现金流量 A 为现金流出，终值 F 为现金流入，其现金流量图如图 9-5 所示。

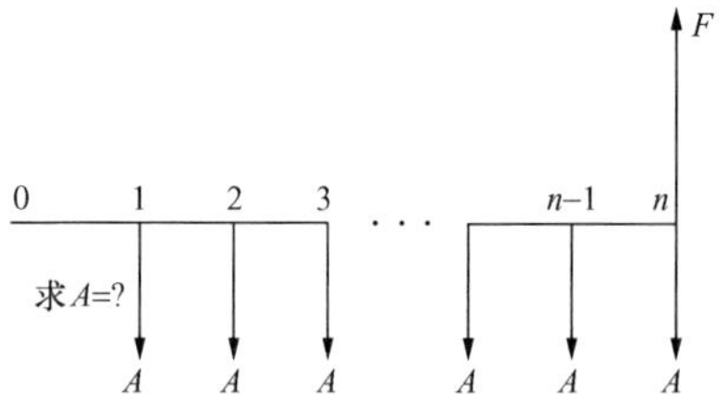

图 9-5　等额序列偿债基金现金流量图

（5）等额序列现值公式。已知在利率为 i 复利计息的条件下，求 n 期内每期期末发生的等额序列值 A 的现值，即已知 A、i、n，求 P。

要求等额分付现值公式，可用式(9-6)代入式(9-5)得到。

因为 $$P=\frac{F}{(1+i)^n} \qquad F=A\left[\frac{(1+i)^n-1}{i}\right]$$

所以 $$P=A\left[\frac{(1+i)^n-1}{i(1+i)^n}\right]$$

即 $$P=A\left[\frac{(1+i)^n-1}{i(1+i)^n}\right]=A(P/A,i,n) \tag{9-8}$$

式中，$\frac{(1+i)^n-1}{i(1+i)^n}$称为等额序列现值系数，也称等额分付现值系数，可用符号$(P/A,i,n)$表示，其系数值可从复利系数表中查得。

当等额序列现金流量A为现金流入，现值P为现金流出，其现金流量图如图9-6所示。

(6) 等额序列资本回收公式。已知现值P，利率i及期数n，求与P等值的n期内每期期末等额序列现金流量A，即已知P、i、n，求A。

可由式(9-8)直接得到

$$A=P\left[\frac{i(1+i)^n}{(1+i)^n-1}\right]=P(A/P,i,n) \tag{9-9}$$

式中，$\frac{i(1+i)^n}{(1+i)^n-1}$称为等额支付资本回收系数，也称资金回收系数，可用符号$(A/P,i,n)$表示，其系数值可从复利系数表中查得。

式(9-9)与式(9-8)互为倒数。

当等额序列现金流量A为现金流入，现值P为现金流出，其现金流量图如图9-7所示。

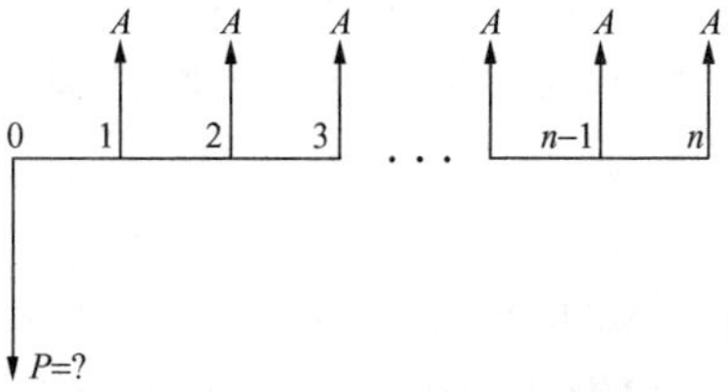

图9-6　等额序列现值现金流量图

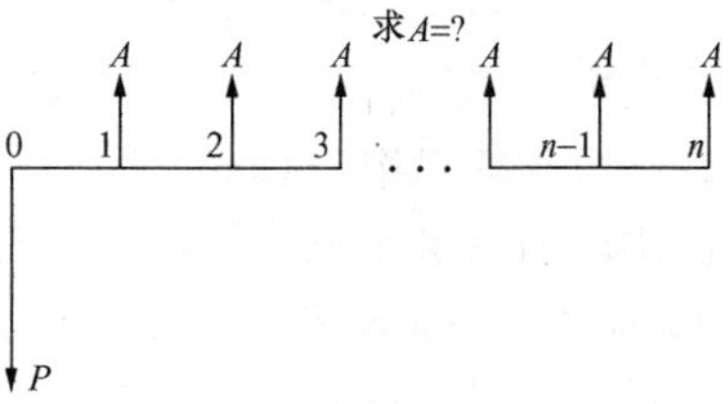

图9-7　等额序列资本回收现金流量图

【例9-4】 某投资项目第一年初贷款200万元，已知贷款利率为10%，约定要5年内每年等额还款，那么项目每年末还款多少万元？

解： 根据题意是已知现值求每期期末等额序列现金流量A的问题。

方法1：应用式(9-9)资金回收公式得

$$A=P\left[\frac{i(1+i)^n}{(1+i)^n-1}\right]=200\times\frac{0.1\times1.1^5}{1.1^5-1}\text{万元}=52.76\text{万元}$$

方法2：查本书附录复利系数表可查到$(A/P,10\%,5)=0.2638$

$$A=200\times0.2638\text{万元}=52.76\text{万元}$$

即项目每年年末还款52.76万元。

需要指出的是，由于复利系数表中i，n都是不连续的，当要求两个数值区间的某一个值时需用线性内插法。

9.2 财务效益与费用估算

9.2.1 项目的分类

建设项目可从不同的角度进行分类。

按项目的目标,分为经营性项目和非经营性项目;按项目的产出属性(产品或服务),分为公共项目和非公共项目;按项目的投资管理形式,分为政府投资项目和企业投资项目;按项目与企业原有资产的关系,分为新建项目和改扩建项目;按项目的融资主体,分为新设法人项目和既有法人项目。

1. 按项目的目标分为经营性项目和非经营性项目

经营性项目是通过投资以实现所有者权益的市场价值最大化为目标,以投资牟利为行为趋向的项目。绝大多数生产或流通领域的投资项目都属于这类项目。

非经营性项目是不以追求营利为目标,其中包括本身就没有经营活动、没有收益的项目,如城市道路、路灯、公共绿化、航道疏浚、水利灌溉渠道等项目,另外有的项目的产出直接为公众提供基本生活服务,本身有生产经营活动,有营业收入,但产品价格不由市场机制形成。

2. 按项目的产品(或服务)属性分为公共项目和非公共项目

公共项目是指为满足社会公众需要,生产或提供公共物品(包括服务)的项目,如上述非经营性项目。

非公共项目是指除公共项目以外的其他项目。其重要特征是:供应商能够向那些想消费这种商品的人收费并因此得到利润。

3. 按项目的投资管理形式分为政府投资项目和企业投资项目

政府投资项目是指使用政府性资金的建设项目以及有关的投资活动。政府性资金包括:财政预算投资资金(含国债资金);利用国际金融组织和外国政府贷款的主权外债资金;纳入预算管理的专项建设资金;法律、法规规定的其他政府性资金。

不使用政府性资金的投资项目统称企业投资项目。

4. 按项目与企业原有资产的关系分为新建项目和改扩建项目

改扩建项目是在原有企业基础上进行建设的,在不同程度上利用了原有企业的资源,以增量带动存量,以较小的新增投入取得较大的新增效益。建设期内项目建设与原有企业的生产同步进行。

5. 按项目的融资主体分为新设法人项目和既有法人项目

新设法人项目由新组建的项目法人为项目进行融资,其特点是:项目投资由新设法人筹集的资本金和债务资金构成;由新设项目法人承担融资责任和风险;从项目投产后的财务效益情况考察偿债能力。

既有法人项目要依托现有法人为项目进行融资,其特点是:拟建项目不组建新的项目法人,由既有法人统一组织融资活动并承担融资责任和风险;拟建项目一般是在既有法人资产和信用的基础上进行的,并形成增量资产;从既有法人的财务整体状况考察融资后的偿债能力。

除上述几种分类外,项目还可以从其他角度进行分类。没有一种分类方法可以涵盖各种属性的项目。

9.2.2 项目计算期

项目计算期是指经济评价中为进行动态分析所设定的期限，包括建设期和运营期。建设期是指项目资金正式投入开始到项目建成投产为止所需要的时间；运营期分为投产期和达产期两个阶段。投产期是指项目投入生产，但生产能力尚未完全达到设计能力时的过渡阶段。达产期是指生产运营达到设计预期水平后的时间。

9.2.3 财务效益与费用

项目的财务效益是指项目实施后所获得的营业收入。对于适用增值税的经营性项目，除营业收入外，其可得到的增值税返还也应作为补贴收入计入财务效益；对于非经营性项目，财务效益应包括可能获得的各种补贴收入。

项目所支出的费用主要包括投资、成本费用和税金等。

财务效益与费用是财务分析的重要基础，其估算的准确性与可靠程度对项目财务分析影响极大。

财务效益和费用估算遵循“有无对比”的原则，正确识别和估算“有项目”和“无项目”状态的财务效益与费用。所谓“有项目”是指实施项目后的将来状况，“无项目”是指不实施项目时的将来状况。

9.2.4 营业收入

营业收入是指销售产品或者提供服务所获得的收入，是现金流量表中现金流入的主体，也是利润表的主要科目。

9.2.5 补贴收入

补贴收入是指按有关规定企业可得到的补贴，包括先征后返的增值税、按销量或工作量等依据国家规定的补助定额计算并按期给予的定额补贴，以及属于财政扶持而给予的其他形式的补贴等。

补贴收入同营业收入一样，应列入利润与利润分配表、财务计划现金流量表和项目投资现金流量表与项目资本金现金流量表。

9.2.6 建设投资

建设投资是项目费用的重要组成，是项目财务分析的基础数据。

建设投资可按概算法或形成资产法分类。

1. 按概算法分类

建设投资由工程费用（建筑工程费、设备购置费、安装工程费）、工程建设其他费用和预备费（基本预备费和涨价预备费）组成。工程建设其他费用内容较多，且随行业和项目的不同而有所区别。预备费包括基本预备费和涨价预备费。

2. 按形成资产法分类

建设投资由形成固定资产的费用、形成无形资产的费用、形成其他资产的费用和预备费四部分组成。

固定资产费用指项目投产时将直接形成固定资产的建设投资，包括工程费用和工程建设其他费用中按规定将形成固定资产的费用，后者被称为固定资产其他费用，主要包括建设单位管理费、可行性研究费、研究试验费、勘察设计费、环境影响评价费、场地准备及临时设施费、引进技术和引进设备其他费、工程保险费、联合试运转费、特殊设备安全监督检验费和市政公用设施建设及绿化费等。

无形资产费用指将直接形成无形资产的建设投资，主要是专利权、非专利技术、商标权、土地使用权和商誉等。

其他资产费用指建设投资中除形成固定资产和无形资产以外的部分，如生产准备及开办费等。

9.2.7 建设期利息

建设期利息指筹措债务资金时在建设期内发生并按规定允许在投产后计入固定资产原值的利息，即资本化利息。

建设期利息包括银行借款和其他债务资金的利息，以及其他融资费用。其他融资费用是指某些债务融资中发生的手续费、承诺费、管理费、信贷保险费等融资费用，一般情况下应将其单独计算并计入建设期利息。

9.2.8 流动资金

流动资金是指运营期内长期占用并周转使用的营运资金，不包括运营中需要的临时性营运资金。

流动资金等于流动资产与流动负债的差额。

9.2.9 总成本费用

总成本费用是指在运营期内为生产产品或提供服务所发生的全部费用，等于经营成本与折旧费、摊销费和财务费用之和。

总成本费用可按下列两种方法估算，项目评价中通常采用生产要素法估算总成本费用。

（1）生产成本加期间费用估算法

$$\text{总成本费用}=\text{生产成本}+\text{期间费用} \tag{9-10}$$

式中：生产成本=直接材料费+直接燃料和动力费+直接工资+其他直接支出+制造费用；期间费用=管理费用+营业费用+财务费用。

1）制造费用指企业为生产产品和提供劳务而发生的各项间接费用，但不包括企业行政管理部门为组织和管理生产经营活动而发生的管理费用。

2）管理费用是指企业为管理和组织生产经营活动所发生的各项费用。

3）营业费用是指企业在销售商品过程中发生的各项费用以及专设销售机构的各项经费。

（2）生产要素估算法

$$\begin{aligned}\text{总成本费用}=&\text{外购原材料、燃料和动力费}+\text{工资及福利费}+\text{折旧费}+\text{摊销费}+\\&\text{修理费}+\text{财务费用}+\text{其他费用}\end{aligned} \tag{9-11}$$

式中，其他费用包括其他制造费用、其他管理费用和其他营业费用这三项费用。其他费用是指从制造费用、管理费用和营业费用中扣除了折旧费、摊销费、修理费、工资及福利费以后的其余部分。

式(9-11)也可表示为

$$\text{总成本费用}=\text{经营成本}+\text{折旧费}+\text{摊销费}+\text{财务费用（利息支出）} \tag{9-12}$$

9.2.10 经营成本

经营成本是项目经济评价中所使用的特定概念，作为项目运营期的主要现金流出，是项目现金流量表中运营期现金流出的主体部分。经营成本与融资方案无关，因此在完成建设投资和营业收入后就可以估算经营成本。

经营成本的构成采用下式表达

经营成本=外购原材料、燃料和动力费+工资及福利费+修理费+其他费用　　(9-13)

式中,其他费用是指从制造费用、管理费用和营业费用中扣除了折旧费、摊销费、修理费、工资及福利费以后的其余部分。

【例 9-5】 某项目投资中有部分资金来源于银行贷款,该贷款在整个项目期间将等额偿还本息,项目预计年经营成本为 5000 万元,年折旧和摊销费为 2000 万元,则该项目年总成本费用应(　　)。

A. 等于 5000 万元　　B. 等于 7000 万元

C. 大于 7000 万元　　D. 在 5000 万元与 7000 万元之间

解: 本题有部分资金来源于银行贷款,因此有财务费用(利息支出),总成本费用=经营成本+折旧费+摊销费+财务费用,大于 7000 万元,故答案应选 C 。

9.2.11　项目评价涉及的税费

项目评价涉及的税费主要包括关税、增值税、消费税、所得税、资源税、城市维护建设税和教育费附加等,有些行业还包括土地增值税。

(1) 关税:以进出口的应税货物为纳税对象的税种。

(2) 增值税:财务分析应按《税法》规定计算增值税。

(3) 消费税:我国对部分货物征收消费税。

(4) 城市维护建设税和教育费附加:以纳税人实际缴纳的增值税和消费税为计税依据。地方也会根据实际情况征收地方教育费附加。

(5) 土地增值税:是按转让房地产取得的增值额征收的税种。房地产开发项目应按规定计算土地增值税。

(6) 资源税:是国家对开采特定矿产品或者生产盐的单位和个人征收的税种。

(7) 企业所得税:是针对企业应纳税所得额征收的税种。

9.2.12　总投资形成的资产

1. 项目评价中总投资

项目评价中总投资是指项目建设和投入运营所需要的全部投资,为建设投资、建设期利息和全部流动资金之和。它区别于目前国家考核建设规模的总投资,即建设投资和 30%的流动资金(又称铺底流动资金)。

建设项目经济评价中按有关规定将建设投资中的各分项分别形成固定资产原值、无形资产原值和其他资产原值。形成的固定资产原值可用于计算折旧费,形成的无形资产和其他资产原值可用于计算摊销费。建设期利息应计入固定资产原值。

2. 固定资产、无形资产和其他资产的划分规定

按照现行财务会计制度的规定:

(1) 固定资产是指同时具有下列特征的有形资产:

1) 为生产商品、提供劳务、出租或经营管理而持有的。

2) 使用寿命超过一个会计年度。

(2) 无形资产,是指企业拥有或者控制的没有实物形态的可辨认非货币性资产。

(3) 其他资产,原称递延资产,是指除流动资产、长期投资、固定资产、无形资产以外的其他资产,如长期待摊费用。按照有关规定,除购置和建造固定资产以外,所有筹建期间发生的

费用,先在长期待摊费用中归集,待企业开始生产经营起计入当期的损益。

3. 项目评价中总投资形成的资产划分

(1) 形成固定资产。构成固定资产原值的费用包括:

1) 工程费用,即建筑工程费、设备购置费和安装工程费。

2) 工程建设其他费用。

3) 预备费,含基本预备费和涨价预备费。

4) 建设期利息。

(2) 形成无形资产。构成无形资产原值的费用主要包括技术转让费或技术使用费(含专利权和非专利技术)、商标权和商誉等。

(3) 形成其他资产。构成其他资产原值的费用主要包括生产准备费、开办费、出国人员费、来华人员费、图纸资料翻译复制费、样品样机购置费等。

(4) 总投资中的流动资金与流动负债共同构成流动资产。流动资产的构成要素一般包括存货、库存现金、应收账款和预付账款;流动负债的构成要素一般只考虑应付账款和预收账款。

9.3 资金来源与融资方案

在投资估算的基础上,资金来源与融资方案要分析建设投资和流动资金的来源渠道及筹措方式,并在明确项目融资主体的基础上,设定初步融资方案。通过对初步融资方案的资金结构、融资成本和融资风险的分析,结合融资后财务分析,比选、确定融资方案,为财务分析提供必需的基础数据。

按照融资主体不同,融资方式分为既有法人融资和新设法人融资两种。

9.3.1 资金筹措的主要方式

1. 项目资本金的筹措方式

按项目融资主体的不同,项目资本金(即项目权益资金)有以下筹措方式:

(1) 既有法人融资项目的新增资本金可通过原有股东增资扩股、吸收新股东投资、发行股票、政府投资等渠道和方式筹措。

(2) 新设法人融资项目的资本金可通过股东直接投资、发行股票、政府投资等渠道和方式筹措。

2. 项目债务资金的筹措方式

项目债务资金筹措方式有商业银行贷款、政策性银行贷款、外国政府贷款、国际金融组织贷款、出口信贷、银团贷款、企业债券、国际债券、融资租赁等。

3. 既有法人内部融资的渠道和方式

既有法人内部融资的渠道和方式包括货币资金、资产变现、资产经营权变现、直接使用非现金资产。

9.3.2 资金成本

资金成本是指项目为筹集和使用资金而支付的费用,包括资金占用费和资金筹集费。资金成本通常用资金成本率表示。资金成本率是指使用资金所负担的费用与筹集资金净额之比,其公式为

$$资金成本率=\frac{资金占用费}{筹集资金总额-资金筹集费}\times 100\% \tag{9-14}$$

由于资金筹集费一般与筹集资金总额成正比，所以一般用筹资费用率表示资金筹集费，因此资金成本率公式也可以表示为

$$资金成本率=\frac{资金占用费}{筹集资金总额(1-资金筹集费率)}\times100\% \tag{9-15}$$

9.3.3 债务偿还的主要方式

债务偿还方式的选择是投资项目财务决策的重要组成部分，还款方式直接影响财务报表的编制和投资者的利益。

项目评价中债务偿还主要选择等额还本付息方式或者等额还本利息照付方式。

1. 等额还本付息的计算公式

$$A=P\frac{i(1+i)^n}{(1+i)^n-1} \tag{9-16}$$

式中 A——每年还本付息额（等额年金）；

P——还款起始年年初的借款本息和（包含未支付的建设期利息）；

i——年利率；

n——预定的还款期。

式(9-16)与式(9-9)相同。

每年还本付息额中

每年支付利息=年初借款余额×年利率

每年偿还本金=A-每年支付利息

2. 等额还本利息照付的计算公式

$$A_t=\frac{P_I}{n}+P_Ii\left(1-\frac{t-1}{n}\right) \tag{9-17}$$

式中 $\frac{P_I}{n}$——每年偿还的本金；

$P_Ii\left(1-\frac{t-1}{n}\right)$——第 t 年支付的利息，即每年支付利息=年初借款余额×年利率；

A_t——第 t 年的还本付息额；

P_I——还款起始年年初的借款本息和（包含未支付的建设期利息）；

i——年利率；

n——预定的还款期。

其中，每年偿还本金=P_I/n。

每年支付利息=年初本金累计×年利率

两种偿还方式的特点：①等额还本付息方式在限定的还款期内每年还本付息的总额相同，随着本金的偿还，每年支付的利息逐年减少，每年偿还的本金逐年增多；②等额还本利息照付方式每年偿还的本金相同，支付的利息逐年减少。

9.4 财务分析

9.4.1 财务评价的内容

建设项目前期研究是在建设项目投资决策前，对项目建设的必要性和项目备选方案的工

艺技术、运行条件、环境与社会等方面进行全面的分析论证和评价工作。

项目前期研究各个阶段是对项目的内部、外部条件由浅入深、由粗到细的逐步细化过程，一般分为规划、机会研究、项目建议书和可行性研究四个阶段。

建设项目经济评价是项目前期工作的重要内容。建设项目经济评价包括财务评价（也称财务分析）和国民经济评价（也称经济分析）。

财务评价是在国家现行财税制度和价格体系的前提下，从项目的角度出发，计算项目范围内的财务效益和费用，分析项目的盈利能力和清偿能力，评价项目在财务上的可行性。

国民经济评价是在合理配置社会资源的前提下，从国家经济整体利益的角度出发，计算项目对国民经济的贡献，分析项目的经济效益、效果和对社会的影响，评价项目在宏观经济上的合理性。

建设项目的经济评价，必须保证客观性、科学性、公正性，通过"有无对比"方法，坚持定量分析和定性分析相结合，以定量分析为主；动态分析（折现现金流量分析）与静态分析（非折现现金流量分析）相结合，以动态分析为主的原则。

对于财务评价结论和国民经济评价结论都可行的建设项目，可予以通过；反之应予否定。对于国民经济评价结论不可行的项目，一般应予否定。

财务分析可分为融资前分析和融资后分析。

一般宜先进行融资前分析，在融资前分析结论满足要求的情况下，初步设定融资方案，再进行融资后分析。在项目建议书阶段，可只进行融资前分析。

1. 融资前分析

融资前分析以动态分析（折现现金流量分析）为主，静态分析（非折现现金流量分析）为辅。

融资前动态分析以营业收入、建设投资、经营成本和流动资金的估算为基础，编制项目投资现金流量表，计算项目投资内部收益率和净现值等指标。融资前分析排除了融资方案变化的影响，从项目投资总获利能力的角度，考察项目方案设计的合理性。

融资前静态分析可计算项目投资回收期指标。

2. 融资后分析

融资后分析以融资前分析和初步的融资方案为基础，考察项目在拟定融资条件下的盈利能力、偿债能力和财务生存能力，判断项目方案在融资条件下的可行性。融资后的盈利能力分析包括动态分析和静态分析两种。

(1) 动态分析包括下列两个层次：①项目资本金现金流量分析是在拟定的融资方案下，从项目资本金出资者整体的角度，确定其现金流入和现金流出，编制项目资本金现金流量表，计算项目资本金财务内部收益率指标，考察项目资本金可获得的收益水平。②投资各方现金流量分析是从投资各方实际收入和支出的角度，确定其现金流入和现金流出，分别编制投资各方现金流量表，计算投资各方的财务内部收益率指标，考察投资各方可能获得的收益水平。

(2) 静态分析指不采取折现方式处理数据，依据利润与利润分配表计算项目资本金净利润率（ROE）和总投资收益率（ROI）指标。

9.4.2 盈利能力分析

盈利能力分析的主要指标包括项目投资财务内部收益率和财务净现值、项目资本金财务内部收益率、投资回收期、总投资收益率、项目资本金净利润率等，可根据项目的特点及财务分析的目的、要求等选用。

1. 财务净现值(FNPV)

财务净现值(FNPV)是指按设定的折现率(一般采用基准收益率),将项目计算期内各年的净现金流量折算到计算期初的现值之和。它是考察项目盈利能力的一个十分重要的动态分析指标。其计算公式为

$$FNPV = \sum_{t=0}^{n} (CI - CO)_t (1 + i_c)^{-t} \tag{9-18}$$

式中 FNPV——财务净现值;

$(CI-CO)_t$——第 t 年的净现金流量;

n——项目计算期;

i_c——折现率,工程经济中将未来的现金流量求其现值所用的利率称为折现率。

对独立项目方案而言,若 FNPV≥0,即按设定的折现率计算的财务净现值大于或等于零时,项目方案在财务上可考虑接受。

对计算期相同的多方案比选时,净现值越大且非负的方案越优(净现值最大准则)。

【例 9-6】某建设项目各年净现金流量见表 9-1,以该项目的行业基准收益率 $i_c=12\%$ 为折现率,则该项目财务净现值(FNPV)为(　　)万元。

表 9-1　　某建设项目各年净现金流量

年　末	第 0 年	第 1 年	第 2 年	第 3 年	第 4 年
净现金流量/万元	−100	40	40	40	50

A. 27.85　　B. 70　　C. 43.2　　D. 35.53

解:方法 1:

$FNPV=-100+40(P/A,12\%,3)+50(P/F,12\%,4)$

$=(-100+40\times2.402+50\times0.6355)$ 万元 $=27.85$ (万元)

方法 2:

$FNPV=-100+40\times(1+i)^{-1}+40\times(1+i)^{-2}+40\times(1+i)^{-3}+50\times(1+i)^{-4}$

$=(-100+40\times0.8929+40\times0.7972+40\times0.7117+40\times0.6355)$ 万元 $=27.85$ 万元

故答案应选 A。

【例 9-7】某项目第一年年初投资 5000 万元,此后在第一年年末开始每年年末有相同的净收益,收益期为 10 年,寿命期结束时的净残值为 100 万元,若基准收益率为 12%,则要使该投资方案的净现值为零,其年净收益应为(　　)万元。[已知:$(P/A,12\%,10)=5.6500$,$(P/F,12\%,10)=0.3220$]

A. 879.26　　B. 884.96　　C. 890.65　　D. 1610

解:本题要求使该投资方案的净现值为零,就要使计算期内各年的净现金流量折算到计算期初的现值之和为零,即

$$A\times5.6500+100\times0.3220-5000=0$$

所以

$$A=(5000-100\times0.3220)/5.6500=879.26$$

故答案应选 A。

2. 财务内部收益率(FIRR)

(1) 财务内部收益率的概念。财务内部收益率是经济评价中重要的动态评价指标之一。财务内部收益率是使项目从开始建设到计算期末各年的净现金流量现值之和(净现值)等于零的折现率。

(2) 财务内部收益率的计算方法。按照财务内部收益率的定义,其表达式为

$$\sum_{t=0}^{n}(CI - CC)_t(1 + FIRR)^{-t} = 0 \tag{9-19}$$

式中　FIRR——财务内部收益率。

其他符号意义同式(9-18)。

通过内插法计算内部收益率的表达式为

$$FIRR = i_1 + \frac{|FNPV(i_1)|}{|FNPV(i_1)| + |FNPV(i_2)|} \times (i_2 - i_1) \tag{9-20}$$

式中　i_1——净现值大于零且接近于零时的试算的折现率;

i_2——净现值小于零且接近于零时的试算的折现率;

$FNPV(i_1)$,$FNPV(i_2)$——折现率等于 i_1,i_2的净现值。

内插法计算内部收益率的示意图如图 9-8 所示。

(3) 财务内部收益率与财务净现值的关系。按照财务内部收益率的定义,在一般情况下,它和财务净现值的关系如图 9-9 所示。

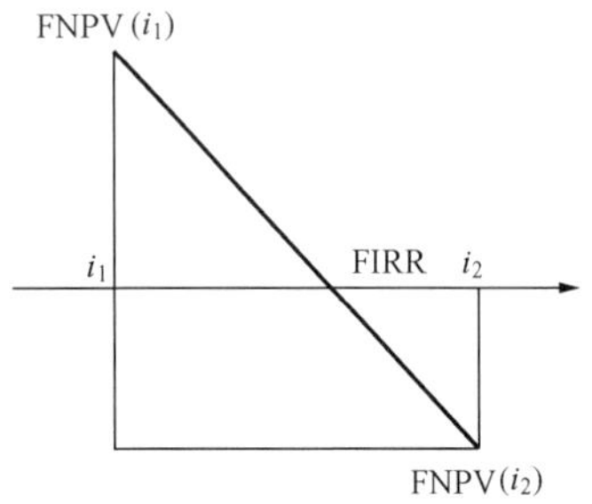

图 9-8　式(9-20)的示意图(通常要求 i_2-i_1 在 2%左右,不超过 5%)

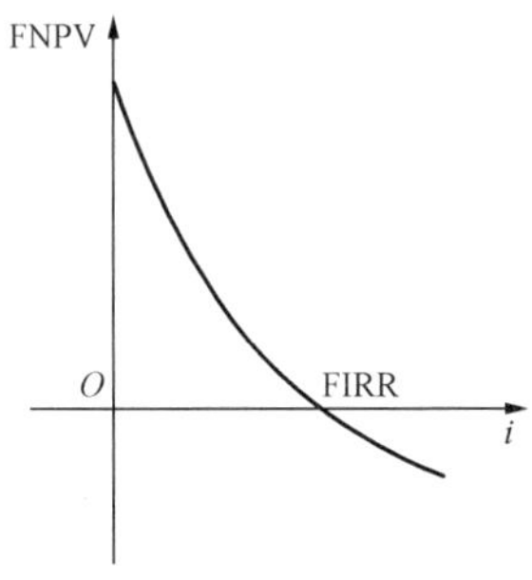

图 9-9　内部收益率与净现值的关系

【例 9-8】某建设项目,取折现率 i_1 = 10%时,财务净现值 $FNPV_1$ = 200 万元,取折现率 i_2 = 15%时,财务净现值 $FNPV_2$ = -100 万元,用内插法(图 9-10)求其财务内部收益率近似等于(　　)。

A. 14%　　　　B. 13.33%

C. 11.67%　　　D. 11%

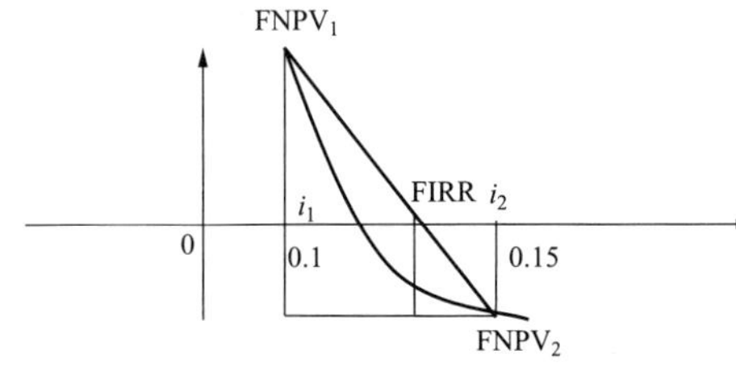

图 9-10　[例 9-8]图

解:按式(9-20)计算

$$FIRR = \frac{FNPV_1}{FNPV_1 + |FNPV_2|} \times (i_2 - i_1) + i_1$$

FIRR = (200/300) × (0.15 - 0.1) + 0.1 = 13.33%,故答案应选 B。

(4) 小结。

1) 一个项目的财务净现值大小与计算时所选的折现率大小有关。当某一项目的各年净现金流量确定之后,财务净现值是折现率的函数。

2) 一个项目的 FIRR 值是该项目所固有的,与其他投资项目毫无关系。因此,FIRR 值只能用来与某个标准(如基准收益率)相比,用以说明项目的可行性,但它不能用来比较各种投资项目的优劣。若当对多方案进行选优时,方案要有相同的计算期,不但要确定每个方案的 FIRR 值,而且需要确定它们的差额现金流量的收益率,即增额投资财务内部收益率(差额投资财务内部收益率)。

3) 对于独立项目,当 FIRR$\geqslant i_0$时,则有 FNPV$\geqslant 0$,项目方案在财务上可考虑接受。其中,i_0 为该项目经济评价所选用的基准折现率。

项目投资财务内部收益率、项目资本金财务内部收益率和投资各方财务内部收益率都依据上式计算,但所用的现金流入和现金流出不同。

项目投资财务内部收益率、项目资本金财务内部收益率和投资各方财务内部收益率可有不同的判别基准。

一般情况下,财务盈利能力分析只计算项目投资财务净现值,可根据需要选择计算所得税前净现值或所得税后净现值。

3. 项目投资回收期(P_t)

项目投资回收期是指以项目的净收益回收项目投资所需要的时间,一般以年为单位。项目投资回收期一般从项目建设开始年算起,若从项目投产开始年计算,应予以特别注明。

项目投资回收期可借助项目投资现金流量表计算。项目投资现金流量表中累计净现金流量由负值变为零的时点,即为项目的投资回收期。投资回收期可按下式计算

$$P_t = T - 1 + \frac{\text{第 } T-1 \text{ 年累计净现金流量的绝对值}}{\text{第 } T \text{ 年的净现金流量}} \tag{9-21}$$

式中 P_t——投资回收期(静态);

T——各年累计净现金流量首次为正值或零的年数。

运用投资回收期判断投资项目是否可行的准则是:只有当项目的投资回收期既未超过项目的计算期(即前者小于后者),又未超过行业的基准投资回收期时,投资项目才是可以接受的。

投资回收期短,表明项目投资回收快,抗风险能力强。

4. 总投资收益率(ROI)

总投资收益率表示总投资的盈利水平,是指项目达到设计能力后正常年份的年息税前利润或运营期内年平均息税前利润(EBIT)与项目总投资(TI)的比率,是分析项目盈利能力的静态指标。总投资收益率计算式如下

$$\text{ROI} = \frac{\text{EBIT}}{\text{TI}} \times 100\% \tag{9-22}$$

式中 EBIT——项目正常年份的年息税前利润或运营期内年平均息税前利润;

TI——项目总投资。

总投资收益率高于同行业的收益率参考值,表明用总投资收益率表示的盈利能力满足要求。

5. 项目资本金净利润率(ROE)

项目资本金净利润率表示项目资本金的盈利水平,是指项目达到设计能力后正常年份的

年净利润或运营期内年平均净利润(NP)与项目资本金(EC)的比率。项目资本金净利润率应按下式计算

$$ROE=\frac{NP}{EC}\times 100\% \tag{9-23}$$

式中 NP——项目正常年份的年净利润或运营期内年平均净利润;

EC——项目资本金。

项目资本金净利润率高于同行业的净利润率参考值,表明用项目资本金净利润率表示的盈利能力满足要求。

9.4.3 偿债能力分析

偿债能力分析是通过计算利息备付率(ICR)、偿债备付率(DSCR)和资产负债率(LOAR)等指标,分析判断财务主体的偿债能力。

1. 利息备付率(ICR)

利息备付率是指在借款偿还期内的息税前利润(EBIT)与应付利息(PI)的比值,它是从付息资金来源的充裕性角度反映项目偿付债务利息的保障程度,计算式如下

$$ICR=\frac{EBIT}{PI} \tag{9-24}$$

式中 EBIT——息税前利润;

PI——计入总成本费用的应付利息。

利息备付率应分年计算。利息备付率高,表明利息偿付的保障程度高。利息备付率应当大于1,并结合债权人的要求确定。

2. 偿债备付率(DSCR)

偿债备付率是指在借款偿还期内,用于计算还本付息的资金(EBITAD-TAX)与应还本付息金额(PD)的比值,它表示可用于还本付息的资金偿还借款本息的保障程度,计算式如下

$$DSCR=\frac{EBITAD-TAX}{PD} \tag{9-25}$$

式中 EBITAD——息税前利润加折旧和摊销;

TAX——企业所得税;

PD——应还本付息金额,包括还本金额和计入总成本费用的全部利息。

偿债备付率应分年计算,偿债备付率高,表明可用于还本付息的资金保障程度高。偿债备付率应大于1,并结合债权人的要求确定。

3. 资产负债率(LOAR)

资产负债率是指各期末负债总额(TL)同期末资产总额(TA)的比率,计算式如下

$$LOAR=\frac{TL}{TA}\times 100\% \tag{9-26}$$

式中 TL——期末负债总额;

TA——期末资产总额。

适度的资产负债率,表明企业经营安全、稳健,具有较强的筹资能力,也表明企业和债权人的风险较小。

9.4.4 财务生存能力分析

财务生存能力分析是在财务分析辅助表和利润与利润分配表的基础上编制财务计划现金流量表,通过考察项目计算期内的投资、融资和经营活动所产生的各项现金流入和流出,计算净现金流量和累计盈余资金,分析项目是否有足够的净现金流量维持正常运营,以实现财务可持续性。

拥有足够的经营净现金流量是财务可持续的基本条件,特别是在运营初期。

各年累计盈余资金不出现负值是财务生存的必要条件。在整个运营期间,允许个别年份的净现金流量出现负值,但不能容许任一年份的累计盈余资金出现负值。

9.4.5 财务分析报表

财务分析报表包括项目投资现金流量表、项目资本金现金流量表、利润与利润分配表、财务计划现金流量表等。

1. 项目投资现金流量表

项目投资现金流量表用于融资前动态分析,计算项目投资内部收益率及净现值等财务分析指标;项目投资现金流量表是以营业收入、建设投资、经营成本和流动资金的估算为基础编制的。融资前分析排除了融资方案变化的影响,从项目投资总获利能力的角度,考察项目方案的合理性。项目投资现金流量表见表 9- 2。

表 9-2　　项目投资现金流量表

序号	项　目	合计	计算期					
			1	2	3	4	…	n
1	现金流入							
1.1	营业收入							
1.2	补贴收入							
1.3	回收固定资产余值							
1.4	回收流动资金							
2	现金流出							
2.1	建设投资							
2.2	流动资金							
2.3	经营成本							
2.4	税金及附加							
2.5	维持运营投资							
3	所得税前净现金流量(1-2)							
4	累计所得税前净现金流量							
5	调整所得税							

续表

序号	项　　目	合计	计　算　期					
			1	2	3	4	…	n
6	所得税后净现金流量(3-5)							
7	累计所得税后净现金流量							

注：计算指标包括项目投资财务内部收益率(%)(所得税前)；项目投资财务内部收益率(%)(所得税后)；项目投资财务净现值(所得税前)；项目投资财务净现值(所得税后)；项目投资回收期(年)(所得税前)；项目投资回收期(年)(所得税后)。

2. 项目资本金现金流量表

项目资本金现金流量表用于计算项目资本金财务内部收益率。

项目资本金现金流量分析是从项目权益投资者整体的角度，考察项目给项目权益投资者带来的收益水平。它是在拟定的融资方案下进行的息税后分析。依据的报表是项目资本金现金流量表，见表9-3。

表9-3　　　　项目资本金现金流量表

序号	项　　目	合计	计　算　期					
			1	2	3	4	…	n
1	现金流入							
1.1	营业收入							
1.2	补贴收入							
1.3	回收固定资产余值							
1.4	回收流动资金							
2	现金流出							
2.1	项目资本金							
2.2	借款本金偿还							
2.3	借款利息支付							
2.4	经营成本							
2.5	税金及附加							
2.6	所得税							
2.7	维持运营投资							
3	净现金流量(1-2)							

注：计算指标包括资本金财务内部收益率(%)。

3. 利润与利润分配表

利润与利润分配表反映项目计算期内各年营业收入、总成本费用、利润总额等情况，以及所得税后利润的分配，用于计算总投资收益率、项目资本金净利润率等指标，见表9-4。

表 9-4　　　　　　　　　　　　　　　　**利润与利润分配表**

序号	项　　目	合计	计　算　期					
			1	2	3	4	…	n
1	营业收入							
2	税金及附加							
3	总成本费用							
4	补贴收入							
5	利润总额(1-2-3+4)							
6	弥补以前年度亏损							
7	应纳税所得额(5-6)							
8	所得税							
9	净利润(5-8)							
10	期初未分配利润							
11	可供分配的利润(9+10)							
12	提取法定盈余公积金							
13	可供投资者分配的利润(11-12)							
14	应付优先股股利							
15	提取任意盈余公积金							
16	应付普通股股利(13-14-15)							
17	各投资方利润分配							
18	未分配利润(13-14-15-16-17)							
19	息税前利润 (利润总额+利息支出)							
20	息税折旧摊前利润 (息税前利润+折旧+摊销)							

4. 财务计划现金流量表

财务计划现金流量表反映项目计算期各年的投资、融资及经营活动的现金流入和流出,用于计算累计盈余资金,分析项目的财务生存能力,见表 9-5。

表 9-5　　　　　　　　　　　　　　　　**财务计划现金流量表**

序号	项　　目	合计	计　算　期					
			1	2	3	4	…	n
1	经营活动净现金流量(1.1-1.2)							
1.1	现金流入							

续表

序号	项　目	合计	计　算　期					
			1	2	3	4	…	n
1.1.1	营业收入							
1.1.2	增值税销项税额							
1.1.3	补贴收入							
1.1.4	其他流入							
1.2	现金流出							
1.2.1	经营成本							
1.2.2	增值税进项税额							
1.2.3	税金及附加							
1.2.4	增值税							
1.2.5	所得税							
1.2.6	其他流出							
2	投资活动净现金流量(2.1-2.2)							
2.1	现金流入							
2.2	现金流出							
2.2.1	建设投资							
2.2.2	维持运营投资							
2.2.3	流动资金							
2.2.4	其他流出							
3	筹资活动净现金流量(3.1-3.2)							
3.1	现金流入							
3.1.1	项目资本金投入							
3.1.2	建设投资借款							
3.1.3	流动资金借款							
3.1.4	债券							
3.1.5	短期借款							
3.1.6	其他流入							
3.2	现金流出							
3.2.1	各种利息支出							
3.2.2	偿还债务本金							
3.2.3	应付利润(股利分配)							
3.2.4	其他流出							
4	净现金流量(1+2+3)							
5	累计盈余资金							

9.4.6 基准收益率

财务基准收益率是建设项目财务评价的重要参数,是建设项目财务评价中对可货币化的项目费用与效益采用折现方法计算财务净现值的基准折现率,是衡量项目财务内部收益率的基准值,是项目财务可行性和方案比选的主要判据。财务基准收益率反映投资者对相应项目占用资金的时间价值的判断,应是投资者在相应项目上最低可接受的财务收益率。

国家行政主管部门统一测定并发布的行业财务基准折现率,在政府投资项目以及按政府要求进行经济评价的建设项目中必须采用。在企业投资等其他各类建设项目的经济评价中可参考选用。

建设项目经济评价参数具有时效性,一般情况下,有效期为 1 年。

9.5 经济费用效益分析

项目的国民经济评价,采用经济费用效益分析方法或者费用效果分析方法。

经济费用效益分析是从资源合理配置的角度,分析项目投资的经济效益和对社会福利所做出的贡献,评价项目的经济合理性。经济费用效益分析强调站在整个社会的角度,分析社会资源占用的经济效益。

经济效益和经济费用可直接识别,也可通过调整财务效益和财务费用得到。经济效益和经济费用应采用影子价格计算。

经济费用效益分析是市场经济体制下政府对公共项目进行分析评价的重要方法,是市场经济国家政府部门干预投资活动的重要手段,是政府审批或核准项目的重要依据。

应做经济费用效益分析的项目类型是:具有垄断特征的项目;产出具有公共产品特征的项目;外部效果显著的项目;资源开发项目;涉及国家经济安全的项目;受过度行政干预的项目。

9.5.1 经济费用和效益

项目经济效益和费用的识别应遵循有无对比的原则。

项目经济效益和费用的识别应对项目所涉及的所有成员及群体的费用和效益做全面分析,包括:分析在项目实体本身的直接费用和效益,以及项目引起的其他组织机构或个人发生的各种外部费用和效益;项目的近期影响以及项目可能带来的中期和远期的影响;与项目主要目标直接联系的直接费用和效益,以及各种间接费用和效益;具有物质载体的有形费用和效益以及各种无形费用和效益。

9.5.2 社会折现率

社会折现率是指建设项目国民经济评价中衡量经济内部收益率的基准值,也是计算项目经济净现值的折现率,是项目经济可行性和方案比选的主要判据。作为项目经济效益要求的最低经济收益率,社会折现率代表着社会投资所要求的最低收益率水平。项目投资产生的社会收益率如果达不到这一最低水平,项目不应当被接受。结合我国当前的实际情况,测定社会折现率为 8%;对于受益期长的建设项目,如果远期效益较大,效益实现的风险较小,社会折现率可适当降低,但不应低于 6%。

通常将经济净现值计算中的折现率和经济内部收益率判据的基准收益率统一起来,规定为社会折现率。社会折现率在项目国民经济评价中的这种使用,使得它具有双重职能,即作为项目费用效益的不同时间价值之间的折算率,同时作为项目经济效益要求的最低经济收益率。

国家行政主管部门统一测定并发布的社会折现率和影子汇率换算系数等，在各类建设项目的国民经济评价中必须采用。影子工资换算系数和土地影子价格等在各类建设项目的国民经济评价中可参考选用。

9.5.3 影子价格

1. 影子价格的概念

经济费用效益分析中投入物或产出物使用的计算价格称为“影子价格”。影子价格是投资项目经济评价的重要参数，它是指社会处于某种最优状态下，能够反映社会劳动消耗、资源稀缺程度和最终产品需求状况的价格。影子价格是社会对货物真实价值的度量，是反映项目投入物和产出物真实经济价值的计算价格，只有在完全的市场条件下才会出现。因此，一定意义上可以将影子价格理解为是资源和产品在完全自由竞争市场中的供求均衡价格。

若某货物或服务处于完善的竞争性市场环境中，市场价格能反映支付意愿或机会成本，则可采用市场价格作为计算项目投入物或产出物影子价格的依据。然而这种完全的市场条件是不存在的，因此现成的影子价格也是不存在的，只有通过对现行价格的调整，才能求得它的近似值。同种产品或资源在不同经济条件下有不同的影子价格。

影子价格的测算在建设项目的经济费用效益分析中占有重要地位。

土地影子价格系指建设项目使用土地资源而使社会付出的代价。在建设项目国民经济评价中以土地影子价格计算土地费用。

2. 可外贸货物投入或产出的影子价格计算公式

（1）出口产出的影子价格（出厂价）= 离岸价（FOB）×影子汇率-出口费用 （9-27）

（2）进口投入的影子价格（到厂价）= 到岸价（CIF）×影子汇率+进口费用 （9-28）

式中 离岸价（FOB）——出口货物运抵我国出口口岸交货的价格；

到岸价（CIF）——进口货物运抵我国进口口岸交货的价格。

进口或出口费用是指货物进出口环节在国内所发生的相关费用。

9.5.4 影子汇率

影子汇率是指用于对外贸货物和服务进行经济费用效益分析的外币的经济价格，反映外汇的经济价值，应按式（9-29）计算

影子汇率 = 外汇牌价×影子汇率换算系数 （9-29）

影子汇率是指单位外汇的经济价值，不同于外汇的财务价格和市场价格。在项目国民经济评价中使用影子汇率，是为了正确计算外汇的真实经济价值，影子汇率代表着外汇的影子价格。

影子汇率是项目国民经济评价的重要参数，由国家统一测定发布，并且定期调整。目前我国影子汇率换算系数取值为 1.08。

9.5.5 影子工资

影子工资指建设项目使用劳动力资源而使社会付出的代价。建设项目国民经济评价中以影子工资计算劳动力费用。

（1）影子工资表达式

影子工资 = 劳动力机会成本+新增资源消耗 （9-30）

式中，劳动力机会成本是指劳动力在本项目被使用，而不能在其他项目中使用而被迫放弃的劳

动收益；新增资源消耗指劳动力在本项目新就业或由其他就业岗位转移来本项目而发生的社会资源消耗，这些资源的消耗并没有提高劳动力的生活水平。

（2）影子工资。可通过影子工资换算系数得到。影子工资换算系数是指影子工资与项目财务分析中的劳动力工资之间的比值，计算式为

$$影子工资=财务工资\times影子工资换算系数 \tag{9-31}$$

（3）技术劳动力的工资报酬一般可由市场供求决定，即影子工资一般可以财务实际支付工资计算。对于非技术劳动力，根据我国非技术劳动力就业状况，其影子工资换算系数一般取为0.25~0.8。

9.5.6 经济净现值

经济净现值（ENPV）指项目按照社会折现率将计算期内各年的经济净效益流量折现到建设期初的现值之和，计算式如下

$$\mathrm{ENPV} = \sum_{t=0}^{n} (B - C)_t (1 + i_s)^t \tag{9-32}$$

式中 B——经济效益流量；

C——经济费用流量；

$(B-C)_t$——第 t 期的经济净效益流量；

i_s——社会折现率；

n——项目计算期。

在经济费用效益分析中，如果经济净现值等于或大于0，表明项目可以达到符合社会折现率的效率水平，认为该项目从经济资源配置的角度可以被接受。

9.5.7 经济内部收益率

经济内部收益率（EIRR）是指项目在计算期内经济净效益流量的现值累计等于0时的折现率，计算式如下

$$\sum_{t=0}^{n} (B - C)_t (1 + \mathrm{EIRR})^t = 0 \tag{9-33}$$

式中 B——经济效益流量；

C——经济费用流量；

$(B-C)_t$——第 t 期的经济净效益流量；

EIRR——经济内部收益率；

n——项目计算期。

如果经济内部收益率等于或大于社会折现率，表明项目资源配置的经济效益达到了可以被接受的水平。

9.5.8 经济效益费用比

经济效益费用比（R_{BC}）是指项目在计算期内效益流量的现值与费用流量的现值之比，计算式如下

$$R_{BC} = \left[\sum_{t=0}^{n} B_t (1 + i_s)^{-t} \right] \Big/ \left[\sum_{t=0}^{n} C_t (1 + i_s)^{-t} \right] \tag{9-34}$$

式中 B_t——第 t 期的经济效益；

C_t——第 t 期的经济费用。

如果经济效益费用比大于 1,表明项目资源配置的经济效益达到了可以被接受的水平。

9.6 不确定性分析

项目经济评价所采用的数据大部分来自预测和估算,具有一定程度的不确定性,为分析不确定性因素变化对评价指标的影响,估计项目可能承担的风险,应进行不确定性分析与经济风险分析,提出项目风险的预警、预报和相应的对策,为投资决策服务。

不确定性分析主要包括盈亏平衡分析和敏感性分析。

9.6.1 盈亏平衡分析

1. 盈亏平衡分析的概念

盈亏平衡分析只用于项目经济评价的财务分析。

盈亏平衡分析是指通过计算项目达产年的盈亏平衡点(BEP),分析项目成本与收入的平衡关系,判断项目对产出品数量变化抗风险能力。盈亏平衡分析是根据建设项目正常生产年份的产品产量(销售量)、固定成本、可变成本、税金等,研究建设项目产量、成本、利润之间变化与平衡关系的方法。当项目的收益与成本相等时,即盈利与亏损的转折点,称为盈亏平衡点(BEP)。盈亏平衡分析就是要找出项目的盈亏平衡点。盈亏平衡点越低,说明项目盈利的可能性越大,亏损的可能性越小,因而项目有较大抗风险能力。

盈亏平衡点一般采用公式计算,也可利用盈亏平衡图求取。盈亏平衡点可采用生产能力利用率或产量表示。

根据生产成本、营业收入与产量(销售量)之间是否是线性关系,盈亏平衡分析可分为线性盈亏平衡分析和非线性盈亏平衡分析。

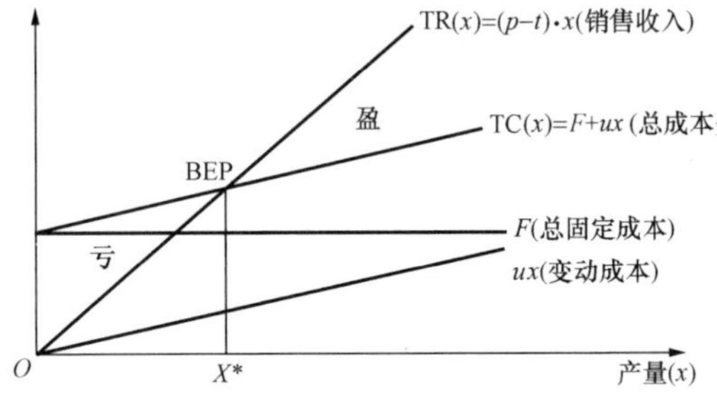

图 9-11 线性盈亏平衡分析图

2. 线性盈亏平衡分析的计算

线性盈亏平衡分析,是将方案的总成本费用、销售收入设为产量的线性函数(图 9-11),具体地说下面的假设:

(1) 营业收入是产量的线性函数

$$TR(x)=(p-t)x \tag{9-35}$$

式中 TR——营业收入;

p——单位产品售价;

t——单位产品营业税金及附加;

x——产量。

(2) 总成本费用是产量的线性函数

$$TC(x)=F+ux \tag{9-36}$$

式中 TC——总成本费用;

u——单位产品变动成本;

F——总固定成本。

(3) 产量等于销量。令 $TR(x)=TC(x)$ 得

$$(p-t)x=F+ux$$

$$X^*=\frac{F}{p-t-u} \tag{9-37}$$

用中文表示就是

$BEP_{产量}$=年固定成本/(单位产品价格-单位产品可变成本-单位产品营业税金及附加)

(9-38)

营业收入线与总成本费用线的交点称为盈亏平衡点,也就是项目盈利与亏损的临界点,对应的产量为 X^*。式中 X^* 就是盈亏平衡点所对应的产量,可记为 $BEP_{产量}$。

当采用含增值税价格时,式中分母还应扣除增值税。

式(9-36)等式两边同除以年设计生产能力,可得

($BEP_{产量}$/年设计生产能力)= 年固定成本/(年营业收入-年可变成本-年营业税金及附加)

即

$BEP_{生产能力利用率}$=年固定成本/(年营业收入-年可变成本-年营业税金及附加) (9-39)

【例 9-9】某投资项目预计建成后的年固定成本为 46 万元,每件产品估计售价为 56 元,单位产品变动成本为 25 元,销售税率为 10%。则该项目盈亏平衡点的产量为( )件。

A. 14 839 B. 18 110 C. 18 400 D. 22 050

解:当营业收入=总成本费用的产量,就是盈亏平衡点的产量 X^*(即 $BEP_{产量}$),而

$$营业收入=X^*\times56\times(1-10\%)$$

$$总成本费用=460\ 000+X^*\times25$$

于是 $X^*\times56\times(1-10\%)=460\ 000+X^*\times25$

解得 $X^*=460\ 000/(56\times0.9-25)=18\ 110$

故答案应选 B。

3. 固定成本和可变成本

项目投产后,在生产和销售产品的总成本费用中,按照其是否随产量变动而变动可分为固定成本和可变成本。

固定成本是指在一定技术水平与生产规模限度内不随产量变动而变动的成本。例如固定资产折旧费、管理人员工资、无形资产及其他资产摊销费、修理费和其他费用等。变动成本是指在一定技术水平和生产规模限度内随产量变动而变动的成本,如原材料费、燃料费、生产工人的计件工资等。

【例 9-10】某企业设计生产能力为年产某产品 40 000t,在满负荷生产状态下总成本为 30 000 万元,其中固定成本为 10 000 万元,若产品价格为 10 000 元/t。则以生产能力利用率表示的盈亏平衡点为( )。

A. 25% B. 35% C. 40% D. 50%

解:(1)每一吨产品可变成本=(30 000 万元-10 000 万元)/40 000t=0.5 万元/t

(2)设盈亏平衡点产量为 X^*

$$营业收入=1\ 万元/t\times X^*$$

$$总成本费用=10\ 000\ 万元+0.5\ 万元/t\times X^*$$

(3)营业收入与总成本费用相等称为盈亏平衡点。

$$1\ 万元/t\times X^*=10\ 000\ 万元+0.5\ 万元/t\times X^*$$

$$X^* = 10\,000/(1-0.5)\,t = 20\,000t$$

（4）以生产能力利用率表示的盈亏平衡点为 20 000t/40 000t＝50%。故答案应选 D。

9.6.2 敏感性分析

敏感性分析用于财务评价和国民经济评价。

敏感性分析是通过分析建设项目的不确定性因素（如建设期、建设投资、产出物售价、产量、主要投入物价格或可变成本、生产负荷、折现率、汇率、物价上涨指数等）发生变化时，项目经济效益评价指标（内部收益率、净现值等指标）的预期值发生变化的影响，并计算敏感度系数和临界点，找出项目的敏感因素。

敏感性分析可选定其中一个或几个主要指标进行分析，最基本的分析指标是内部收益率。

敏感性分析根据每次变动的因素不同分为单因素敏感性分析和多因素敏感性分析。通常只进行单因素敏感性分析。在单因素敏感性分析中，设定每次只一个因素变化，而其他因素保持不变，这样每次就可以分析出这个因素的变化对指标的影响大小。如果一个因素在较大的范围内变化时，引起指标的变化幅度并不大，则称其为非敏感性因素；如果某因素在很小范围变化时就引起指标很大的变化，则称为敏感性因素。

1. 敏感性分析的基本步骤

（1）确定分析指标。建设工程经济评价有一整套指标体系，敏感性分析可选定其中一个或几个主要指标进行分析，最基本的分析指标是内部收益率，也可选净现值或投资回收期作为分析指标，必要时可同时对两个或两个以上指标进行敏感性分析。

（2）选择需要分析的不确定因素。项目敏感性分析中的不确定性因素通常从以下几方面选定：①项目投资；②项目寿命期；③产品价格；④产销量；⑤主要原材料价格；⑥折现率等。

（3）计算不确定性因素变动对指标的影响程度。单因素敏感性分析时，在固定其他因素的条件下，变动其中某一个不确定性因素，计算分析指标相应的变动结果，这样逐一得到每个因素对指标的影响程度。

（4）确定敏感性因素，对方案的风险情况做出判断。在单因素敏感性分析时，要确定敏感性因素。在第（3）步计算中，可以规定每个因素变化同一个百分比（递增或递减），并观察因素变化导致分析指标的变化。使指标变化最多的就称为最敏感性因素，次之的称为次敏感性因素……变化最小的称为不敏感性因素。

2. 敏感度系数（S_{AF}）

敏感度系数是指项目评价指标变化率与不确定性因素变化率之比，可按下式计算

$$S_{AF} = (\Delta A/A)/(\Delta F/F) \tag{9-40}$$

式中 $\Delta F/F$——不确定性因素 F 的变化率；

$\Delta A/A$——不确定性因素 F 发生 ΔF 变化时，评价指标 A 的相应变化率。

当 $S_{AF}>0$，表示评价指标与不确定性因素同方向变化；$S_{AF}<0$，表示评价指标与不确定性因素反方向变化；$|S_{AF}|$ 较大者敏感性系数高。

3. 临界点（转换值）

临界点（转换值）是指不确定性因素的变化使项目由可行变为不可行的临界数值，一般采用不确定性因素相对基本方案的变化率或其对应的具体数值表示。临界点可通过敏感性分析

图得到近似值，也可采用试算法求解。

临界点的高低与计算临界点的指标的初始值有关。如选取基准收益率为计算临界点的指标，对于同一个项目，随着设定基准收益率的提高，临界点就会变低；而在一定的基准收益率下，临界点越低，说明该因素对项目评价指标影响越大，项目对该因素就越敏感。

【例 9-11】 敏感性分析中，某项目在基准收益率为 10%的情况下，销售价格的临界点为 -11.3%，当基准收益率提高到 12%时，其临界点更接近于（　　）。

A. -13%　　B. -14%　　C. -15%　　D. -10%

解： 对于同一个项目，随着设定基准收益率的提高，临界点就会变低。故答案应选 D。

【例 9-12】 如果某项目产品销售价格从 1000 元上升到 1100 元，财务净现值从 2000 万元增加到 2560 万元，则产品销售价格的敏感度系数应为（　　）。

A. 2.19　　B. 2.40　　C. 2.60　　D. 2.80

解： $S_{AF}=(\Delta A/A)/(\Delta F/F)=[(2560-2000)/2000]/[(1100-1000)/1000]=2.8$

故答案应选 D。

9.7 方案经济比选

方案经济比选是寻求合理的经济和技术方案的必要手段，也是项目评价的重要内容。

参与比选的备选方案应满足如下条件：备选方案的整体功能应达到目标要求；备选方案的经济效率应达到可以被接受的水平；备选方案包含的范围和时间应一致，效益和费用计算口径应一致。

9.7.1 方案比选的类型

方案之间存在三种关系：互斥关系、独立关系和相关关系。独立关系是指在经济上互不相关的项目，即接受或放弃某个项目并不影响其他项目的取舍。互斥方案是指同一项目的各个方案彼此可以相互代替。因此，方案具有排他性，采纳方案组中的某一方案，就会自动排斥这组方案中的其他方案。方案之间有时会出现经济上互补的相关关系。

建设项目经济评价中是对互斥方案或可转化为互斥型方案的方案进行比选。

9.7.2 方案经济比选方法

方案经济比选可采用效益比选法、费用比选法和最低价格法。

1. 效益比选方法

效益比选方法包括净现值比较法、净年值比较法、差额投资内部收益率比较法。

（1）净现值比较法：比较备选方案的财务净现值或经济净现值，以净现值大的方案为优。比较净现值时应采用相同的折现率。

（2）净年值比较法：比较备选方案的净年值，以净年值大的方案为优。比较净年值时应采用相同的折现率。

（3）差额投资内部收益率法（ΔIRR）：差额投资内部收益率（ΔIRR）分为差额投资财务内部收益率（ΔFIRR）和差额投资经济内部收益率（ΔEIRR），两种差额投资内部收益率比较方法原理及公式相同，只是后者要用经济净现金流量代入式中计算比选。

差额投资内部收益率（也称增量内部收益率）是两方案各年现金流量差额现值之和（增量净现值）等于零时的折现率。计算表达式为

$$\Delta NPV(\Delta IRR)=\sum_{t=0}^{n}(\Delta CI_t-\Delta CO_t)(1+\Delta IRR)^{-t}=0 \tag{9-41}$$

式中 ΔNPV——增量净现值；

ΔIRR——差额投资内部收益率；

ΔCI_t——方案 A（投资大的方案）与方案 B（投资小的方案）第 t 年的增量现金流入，即 $\Delta CI_t=CI_{tA}-CI_{tB}$；

ΔCO_t——方案 A 与方案 B 第 t 年的增量现金流出，即 $\Delta CO_t=\Delta CO_{tA}-\Delta CO_{tB}$。

将式（9-41）变换，可得

$$\sum_{t=0}^{n}(CI_{tA}-CO_{tA})(1+\Delta IRR)^{-t}=\sum_{t=0}^{n}(CI_{tB}-CO_{tB})(1+\Delta IRR)^{-t} \tag{9-42}$$

即

$$NPV_A(\Delta IRR)=NPV_B(\Delta IRR) \tag{9-43}$$

式中 NPV_A——方案 A 的净现值；

NPV_B——方案 B 的净现值。

（注意：$\Delta IRR\neq IRR_A-IRR_B$）

因此，差额内部收益率的另一种解释是：使两个方案净现值（或净年值）相等时的折现率。

差额内部收益率法的判别准则：采用差额内部收益率法比较和评选方案时，相比较的方案必须寿命期相等或具有相同的计算期；相比较的方案自身应先经财务评价可行；计算求得的差额内部收益率 ΔIRR 与基准收益率 i_0 相比较，当 $\Delta IRR>i_0$ 时，则投资大的方案为优；反之，当 $\Delta IRR<i_0$ 时，则投资小的方案为优。

【例 9-13】某建设项目有 A、B、C 三个方案，计算期均为 10 年，按投资额由小到大排序为 C<B<A，方案 B 对于 C 的差额投资财务内部收益率为 14.5%，方案 A 对于 B 的差额投资财务内部收益率为 9.5%，基准收益率为 10%，则最佳方案应为（　　）。

A. A 方案　　B. B 方案　　C. C 方案　　D. 无法确定

解：本题为计算期相同的互斥方案选优，用 NPV，NAV，ΔFIRR 均可，但据本题已知条件应该用 ΔFIRR。

方案 B 对于方案 C 的差额投资内部收益率为 14.5%，大于基准收益率 10%，应保留投资大的方案，即 B 方案。

方案 A 对于方案 B 的差额投资内部收益率为 9.5%，小于基准收益率 10%，应保留投资小的方案，即 B 方案。

故 B 方案为最佳方案，答案应选 B。

【例 9-14】已知甲乙为两个寿命期相同的互斥项目，通过测算得出，甲乙两项目的内部收益率分别为 18%和 14%。甲乙两项目的净现值分别为 240 万元和 320 万元，假如基准收益率为 12%，则以下说法正确的是（　　）。

A. 应选甲项目　　B. 应选乙项目

C. 应同时选甲乙项目　　D. 甲乙项目均不选择

解：首先，两个方案自身的净现值都大于零，项目方案在财务上可行，可以进入比选。对计算期相同的多方案比选时，净现值越大且非负的方案越优（净现值最大准则）。本题甲乙为两个寿命期相同的互斥项目，且乙项目净现值大于甲项目，因此选乙项目。

本题给出了甲乙两个项目的内部收益率,但一个项目的内部收益率是该项目所固有的,与其他投资项目毫无关系。因此,内部收益率只能用来与某个标准(如基准收益率)相比,用以说明该项目自身的可行性,它不能用来比较互斥项目的优劣,故答案应选 B。

2. 费用比选方法

包括费用现值比较法、费用年值比较法

(1) 费用现值比较法。计算备选方案的费用现值并进行对比,以费用现值较低的方案为优。费用现值是指按给定的折现率,将方案计算期内各个不同时点的现金流出折算到计算期初的累计值。

费用现值的计算公式为

$$PC = \sum_{t=0}^{n} CO_t(P/F, i_0, t) \tag{9-44}$$

(2) 费用年值比较法。计算备选方案的费用年值并进行对比,以费用年值较低的方案为优。费用年值是指按给定的折现率,通过等值换算,将方案计算期内各个不同时点的现金流出分摊到计算期内各年的等额年值。

费用年值的计算公式为

$$\begin{aligned} AC &= \left[\sum_{t=0}^{n} CO_t(P/F, i_0, t)\right](A/P, i_0, n) \\ &= PC(A/P, i_0, n) \end{aligned} \tag{9-45}$$

式中 AC——费用年值;

PC——费用现值;

CO_t——第 t 年的费用(包括投资和经营成本等)。

费用现值和费用年值指标只能用于多个方案的比选,费用现值或费用年值最小的方案为优。

费用年值计算见[例 9-16]。

(3) 最低价格(服务收费标准)比较法。在相同产品方案比选中,以净现值为零推算备选方案的产品最低价格(P_{min}),应以最低产品价格较低的方案为优。

9.7.3 计算期不同的互斥方案的比选

备选方案的计算期不同时,宜采用净年值法和费用年值法。如果采用差额投资内部收益率法,可将各方案计算期的最小公倍数作为比较方案的计算期,或者以各方案中最短的计算期作为比较方案的计算期。在某些情况下还可采用研究期法。

当各方案的寿命不等时,应采用合理的评价指标或办法,使之具有时间上的可比性。以下介绍几种处理方法:

1. 最小公倍数法(方案重复法)

最小公倍数法是以不同方案使用寿命的最小公倍数作为共同的计算期,并假定每一方案在这一期间内反复实施,以满足不变的需求,据此算出计算期内各方案的净现值(或费用现值),净现值较大(或费用现值最小)的为最佳方案。

【例 9-15】 A、B 两个互斥方案各年的现金流量见表 9-6,基准收益率 $i_0 = 10\%$,试比选方案。表中投资时点为建设期初。

表 9-6　　　　【例 9-15】表　　　　（单位：万元）

方案	投资	年净现金流量	残值	寿命/年
A	-10	3	1.5	6
B	-15	4	2	9

解： 以 A 与 B 方案寿命的最小公倍数 18 年为计算期，A 方案重复实施 3 次，B 方案 2 次，如图 9-12 和图 9-13 所示，则各方案在计算期内的净现值为：

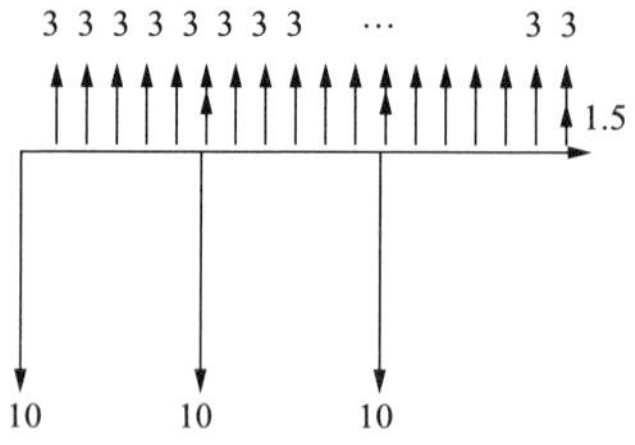

图 9-12　方案 A 最小公倍数法的现金流量图

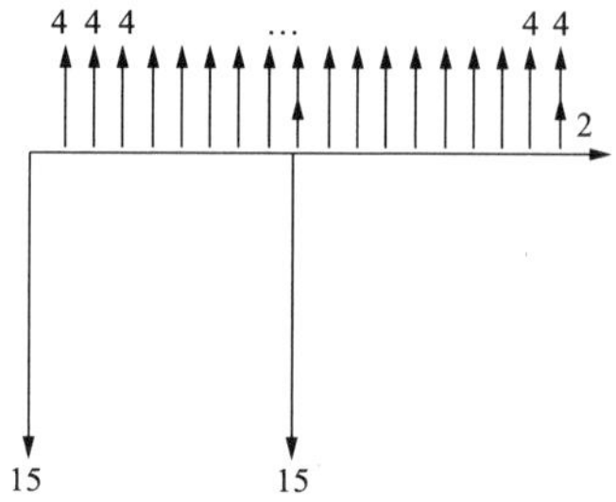

图 9-13　方案 B 最小公倍数法的现金流量图

$$
\begin{aligned}
NPV_A &= -10[1+(P/F,10\%,6)+(P/F,10\%,12)]+3(P/A,10\%,18) \\
&\quad +1.5[(P/F,10\%,6)+(P/F,10\%,12)+(P/F,10\%,18)] \\
&= 7.37 \text{ 万元}
\end{aligned}
$$

$$
\begin{aligned}
NPV_B &= -15[1+(P/F,10\%,9)]+4(P/A,10\%,18)+2[(P/F,10\%,9) \\
&\quad +(P/F,10\%,18)] \\
&= 12.65 \text{ 万元}
\end{aligned}
$$

因为 $NPV_B > NPV_A > 0$，故 B 方案较优（A、B 两方案 NPV>0 说明两方案均可行）。

这种方法适合于被比较方案寿命的最小公倍数较小，且各方案在重复过程中现金流量不会发生太大变化的情况，否则就可能得出不正确的结论。

2. 年值法

在对寿命不同的互斥方案进行比选时，年值法是最为简便的方法，当参加比选的方案数目众多时，尤其是这样。用年值法进行寿命不同的互斥方案比选，实际上隐含着这样一种假定：各备选方案在其寿命结束时均可按原方案重复实施无限次。因为一个方案无论重复实施多少次，其年值是不变的，在这一假定前提下，年值法以“年”为时间单位比较各方案的经济效果，从而使寿命不同的互斥方案间具有可比性。当被比较方案投资在先，且以后各年现金流相同时，采用年值法最为简便。年值法使用的指标有净年值与费用年值。

对[例 9-15]，用净年值法进行比选。

A、B 两方案的净年值分别是

$$NAV_A = -10(A/P,10\%,6)+3+1.5(A/F,10\%,6) = 0.898 \text{ 万元}$$

$$NAV_B = -15(A/P,10\%,9)+4+2(A/F,10\%,9) = 1.542 \text{ 万元}$$

因为 $NAV_B > NAV_A$，故 B 方案较优，同最小公倍数法所得结论一致。

【例 9-16】 互斥方案 A、B 具有相同的产出，方案 A 寿命期 $n_A = 10$ 年，方案 B 寿命期 $n_B = 15$ 年。两方案的费用现金流见表 9-7，试选优（$i_0 = 10\%$）（当表中现金流量发生时点未做说明则为年末）。

表 9-7　　　　　　　　　　**方案 A、B 的费用现金流**　　　　　　　　　　（单位：万元）

方案	投资		经营费用	
	0	1	2~10	11~15
A	100	100	60	—
B	100	140	40	40

解：本题为寿命不同的互斥方案的选优，且具有相同的产出，采用费用年值的方法，如图 9-14和图 9-15 所示。

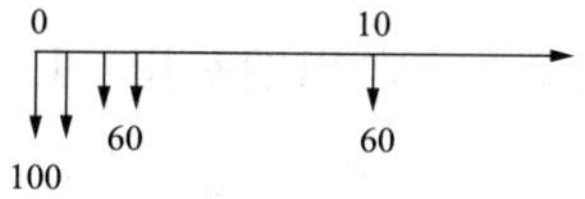

图 9-14　方案 A 的费用现金流

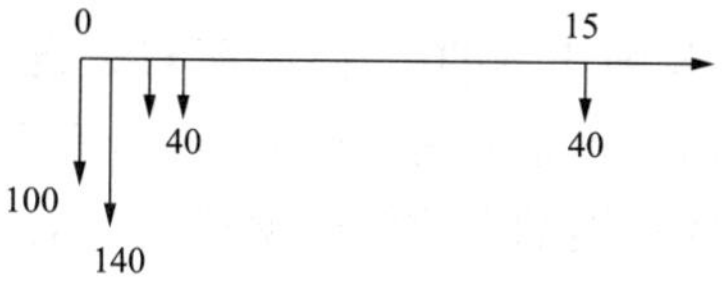

图 9-15　方案 B 的费用现金流

$AC_A = [100+100(P/F,10\%,1)+60(P/A,10\%,9)(P/F,10\%,1)](A/P,10\%,10)$
≈ 82.2 万元

$AC_B = [100+140(P/F,10\%,1)+40(P/A,10\%,14)(P/F,10\%,1)](A/P,10\%,15)$
≈ 65.1 万元

由于 $AC_B < AC_A$，故 B 方案优于 A 方案。

9.8　改扩建项目经济评价特点

改扩建项目是指既有企业利用原有资产与资源，投资形成新的生产（服务）设施，扩大或完善原有生产（服务）系统的活动，包括改建、扩建、迁建和停产复建等，目的在于增加产品供给，开发新型产品，调整产品结构，提高技术水平，降低资源消耗，节省运行费用，提高产品质量，改善劳动条件，治理生产环境等。

9.8.1　改扩建项目的特点

（1）项目是既有企业的有机组成部分，同时项目的活动与企业的活动在一定程度上是有区别的。

（2）项目的融资主体是既有企业，项目的还款主体是既有企业。

（3）项目一般要利用既有企业的部分或全部资产与资源，且不发生资产与资源的产权转移。

（4）建设期内既有企业生产（运营）与项目建设一般同时进行。

9.8.2　改扩建项目经济评价中效益费用识别与估算原则

改扩建项目经济评价要正确识别与估算"无项目""有项目""现状""新增""增量"等五种状态下的资产、资源、效益与费用。"无项目"与"有项目"的口径与范围应当保持一致。避免费用与效益误算、漏算或重复计算。对于难于计量的费用和效益，可做定性描述。

9.8.3　改扩建项目财务分析的两个层次

改扩建项目财务分析采用一般建设项目财务分析的基本原理和分析指标。由于项目与既有企业既有联系又有区别，一般可进行下列两个层次的分析：

（1）项目层次。盈利能力分析，遵循"有无对比"的原则，利用"有项目"与"无项目"的效益与费用计算增量效益与增量费用，用于分析项目的增量盈利能力；清偿能力分析，分析"有项目"的偿债能力；财务生存能力分析，分析"有项目"的财务生存能力。

(2) 企业层次。分析既有企业以往的财务状况与今后可能的财务状况。

9.8.4 改扩建项目的经济费用效益分析

改扩建项目的经济费用效益分析采用一般建设项目的经济费用效益分析原理，其分析指标为增量经济净现值和经济内部收益率。关键是正确识别"有项目"与"无项目"的经济效益和经济费用。

9.9 价值工程

9.9.1 价值工程的概念、内容与实施步骤

价值工程也称为价值分析，是着重功能分析，力求以最低的寿命周期费用，可靠地实现对象的必要功能的有组织的创造性活动。

价值工程中的"价值"是指对象(产品、工作或服务)的功能与获得该功能所花费的全部费用之比，表达式为

$$V=\frac{F}{C} \tag{9-46}$$

式中 V——价值(价值系数)；

F——功能评价值；

C——总成本(寿命周期成本)。

价值工程的工作程序和步骤是：选择价值工程对象→收集信息→进行功能分析→进行功能评价→确定价值工程改进对象→提出改进方案→分析与评价方案→实施方案→评价活动成果。

上述程序也可以归结为准备、分析、创新、实施与评价四个阶段：

准备阶段：主要任务是对象的选择，组成价值工程工作小组。

分析阶段：主要任务是收集整理信息资料，进行功能分析和功能评价。

创新阶段：主要任务是进行方案的创新、评价和编写。

实施与评价阶段：主要任务是对方案进行审批、实施与检查以及成果的鉴定。

价值工程对象选择常用的方法有经验分析法、ABC 分析法、强制确定法、百分比法。

(1) 经验分析法：凭经验对研究对象在设计、加工、制造、销售等方面存在的问题进行综合分析，找出关键因素，并把存在这些关键问题的产品或零部件作为研究对象。

(2) ABC 分析法：零部件数量百分数为 10%左右，而成本占用百分数为 70 左右，为 A 类；部件数量百分数为 20%左右，而成本占用百分数也为 20%左右，为 B 类；C 类情况正和 A 类相反，部件数量百分数为 70%左右，而成本占用百分数为 10%左右。A 类是价值工程的重点分析对象。

(3) 强制确定法(又称价值系数法)：先计算各部件的功能重要性系数、现实成本系数，然后求出各部件价值系数，根据各部件价值系数大小选择价值工程研究对象。

确定功能重要性系数的方法是对各部件功能打分，常用的功能打分法有 01 评分法和 04 评分法。其中 01 评分法是通过对每个部件与其他各部件的功能重要程度进行逐一对比打分，相对重要的得 1 分，不重要的得 0 分，把得分求和，并求其与全部零部件总分的比值，就是该部件的功能重要性系数。

提高价值的五种基本途径是：

（1）通过改进设计，保证功能不变，而使实现功能的成本有所下降，即

$$\frac{F\rightarrow}{C\downarrow}=V\uparrow$$

（2）通过改进设计，保持成本不变，而使功能有所提高，如提高产品的性能、可靠性、寿命、维修性等，以及在产品中增加某些用户希望的功能，即

$$\frac{F\uparrow}{C\rightarrow}=V\uparrow$$

（3）通过改进设计，虽然成本有所上升，但换来功能大幅度的提高，即

$$\frac{F\uparrow\uparrow}{C\uparrow}=V\uparrow$$

（4）对于某些消费品，在不严重影响使用要求的情况下，适当降低产品功能的某些非主要方面的指标，以换取成本较大幅度的降低，即

$$\frac{F\downarrow}{C\downarrow\downarrow}=V\uparrow$$

（5）通过改进设计，既提高功能，又降低成本从而使价值大幅度提高，即

$$\frac{F\uparrow}{C\downarrow}=V\uparrow\uparrow$$

9.9.2 功能分析

功能分析是价值工程的核心，依靠功能分析来达到降低成本、提高价值的目的。

功能分析包括功能分类、功能定义、功能整理三部分内容。

【例 9-17】价值工程的核心是（　　）。

A. 功能分析　　B. 功能定义　　C. 提高功能　　D. 降低成本

故答案应选 A。

1. 功能分类

所谓功能是指某个产品（作业）或零件（工序）在整体中所担负的职能或所起的作用。任何产品都具备相应的功能，不同的产品有不同的功能。

（1）按重要程度分为基本功能和辅助功能。基本功能是要达到这种产品的目的所不可缺少的功能，如果其作用发生变化则相应的工艺和零件也一定会随之而变，产品的性质也发生了变化。辅助功能是相对基本功能而言的。

（2）按满足要求的性质分为使用功能和外观功能。使用功能是指提供的使用价值或实际用途，是每个产品都具有的，最容易为用户了解，并通过产品的基本功能和辅助功能表现出来。

外观功能也称为美学功能，主要提供欣赏价值。

2. 功能定义

所谓功能定义就是把价值工程对象各个组成部分所具有的功能一个一个地加以区分和限定，然后把它们的效用一一弄清楚。

3. 功能整理

功能整理是按一定的逻辑关系，将价值工程对象各个组成部分的功能相互连接起来，形成一个有机整体——功能系统图，以便从局部功能与整体功能的相互关系中分析研究问题。

9.9.3 功能评价

功能评价就是对功能进行评价，评价实现功能的现行手段的成本和价值。功能评价方法有功能成本法与功能指数法。

（1）功能成本法，又称绝对值法。通过计算功能评价值 F（目标成本）与当前现实成本，求研究对象的价值系数，其表达式为

$$价值系数(V)=\frac{功能评价值(目标成本)(F)}{现实成本(C)} \tag{9-47}$$

功能成本法的特点是以功能的目标成本（最低成本，也称必要成本）来计量功能，其步骤如下：

1）确定一个产品（或部件）的全部零件的现实成本。

2）将零件成本核算成功能现实成本。

在实际产品中，常常有下列情况，即实现一个功能要由几个零件来完成，或者一个零件有几个功能。因此，零件的成本不等于功能的成本，要把零件成本换算成功能成本。换算的方法是：一个零件有一个功能，则零件的成本就是功能的成本；一个零件有两个或两个以上功能，就把零件成本按功能的重要程度分摊给各个功能。

3）确定功能的目标成本（最低成本，也称必要成本）。

4）求该功能的价值系数。

【例 9-18】某产品的实际成本是 2000 元，目标成本是 1800 元，其各个部件的功能指数及成本指数见表 9-8，部件 A、B、C 的成本改进期望值应分别为（　　）元。

表 9-8　　某各个部件的功能指数及成本指数

部　　件	功能指数	实际成本/元	成本指数
A	0.3	740	0.37
B	0.3	560	0.28
C	0.4	700	0.35

A. 60，60，80　　B. 74，56，70

C. 200，20，−20　　D. 140，−40，−100

解：按功能指数分配目标成本：

部件 A 目标成本：0.3×1800 元＝540 元。

部件 A 实际成本与目标成本之差为成本改进期望值，即 740 元−540 元＝200 元。

部件 B 目标成本：0.3×1800 元＝540 元。

部件 B 实际成本与目标成本之差为成本改进期望值，即 560 元−540 元＝20 元。

部件 C 目标成本：0.4×1800 元＝720 元。

部件 C 实际成本与目标成本之差为成本改进期望值，即 700 元−720 元＝−20 元。

故答案应选 C。

（2）功能指数法，又称相对法，是将用来表示对象功能重要程度的功能重要度系数与该对象的成本系数相比，得出该对象的价值系数，从而确定改进对象，并确定该对象的成本改进期望值。

功能重要度系数是评价对象在整体功能中所占比率的系数，又称功能评价指数、功能指数等。

成本系数是指评价对象目前在全部成本中所占比例的系数。

$$价值系数(V)=\frac{功能重要性系数(F_i)}{成本系数(C_i)} \tag{9-48}$$

9.9.4 价值评价

(1) 当价值系数 $V\approx1$ 时，即 $F\approx C$，这意味着功能系数与成本系数相当，功能的重要程度与其成本比例匹配，现实成本接近或等于目标成本，达到理想状态，这样的功能无须再进行改进。

(2) 当价值系数 $V>1$ 时，即 $F>C$，这可能是由于使用了先进技术或价格低廉的原材料，用较低的费用实现了较重要的功能，这样的功能无须再进行改进。另外也有可能是存在过剩功能，超过了用户的要求。或者，由于目标成本定得太高，现实成本比目标成本还要低，这样的功能应当通过价值工程活动进行改进，使功能水平降至合适的程度。

(3) 价值系数 $V<1$ 时，即 $F<C$，这说明功能系数的大小与成本系数的大小不相当，也就是现实成本太高，降低了成本潜力。这样的功能是价值工程的重点改进对象。要注意的是：价值系数相同的对象由于各自的成本与功能绝对值不同，因而对产品实际影响程度不同。在价值系数相近的条件下，应选择功能和成本数值都较大的部分为价值工程对象。

9.9.5 改进方案创新和评价

在功能评价中确定了价值工程的改进对象后，应该进行改进方案创新，方案创新的主要方法有头脑风暴法、哥顿法和德尔菲法。

创新的方案需经技术评价、经济评价、社会评价和综合评价。

通过综合评价的优选方案，经审批后即可实施。实施后的成果经评定写出总结报告。

至此完成了价值工程的全部活动内容。

对于大型产品，应用价值工程的重点是产品的研究设计阶段。

附录　复利系数表

$i=6\%$

年份 n	一次支付		等额序列			
	终值系数 $(1+i)^n$ $(F/P,i,n)$	现值系数 $\frac{1}{(1+i)^n}$ $(P/F,i,n)$	终值系数 $\frac{(1+i)^n-1}{i}$ $(F/A,i,n)$	偿债基金系数 $\frac{i}{(1+i)^n-1}$ $(A/F,i,n)$	资金回收系数 $\frac{i(1+i)^n}{(1+i)^n-1}$ $(A/P,i,n)$	现值系数 $\frac{(1+i)^n-1}{i(1+i)^n}$ $(P/A,i,n)$
1	1. 060	0. 943 4	1. 000	1. 000 00	1. 060 00	0. 943
2	1. 124	0. 890 0	2. 060	0. 485 44	0. 545 44	1. 833
3	1. 191	0. 839 6	3. 184	0. 314 11	0. 374 11	2. 673
4	1. 262	0. 792 1	4. 375	0. 228 59	0. 288 59	3. 465
5	1. 338	0. 747 3	5. 637	0. 177 40	0. 237 40	4. 212
6	1. 419	0. 705 0	6. 975	0. 143 36	0. 203 36	4. 917
7	1. 504	0. 665 1	8. 394	0. 119 14	0. 179 14	5. 582
8	1. 594	0. 627 4	9. 897	0. 101 04	0. 161 04	6. 210
9	1. 689	0. 591 9	11. 491	0. 087 02	0. 147 02	6. 802
10	1. 791	0. 558 4	13. 181	0. 075 87	0. 135 87	7. 360
11	1. 898	0. 526 8	14. 972	0. 066 79	0. 126 79	7. 887
12	2. 012	0. 497 0	16. 870	0. 059 28	0. 119 28	8. 384
13	2. 133	0. 468 8	18. 882	0. 052 96	0. 112 96	8. 853
14	2. 261	0. 442 3	21. 015	0. 047 58	0. 107 58	9. 295
15	2. 397	0. 417 3	23. 276	0. 042 96	0. 102 96	9. 712
16	2. 540	0. 393 6	25. 673	0. 038 95	0. 098 95	10. 106
17	2. 693	0. 371 4	28. 213	0. 035 44	0. 095 44	10. 477
18	2. 854	0. 350 3	30. 906	0. 032 36	0. 092 36	10. 828
19	3. 026	0. 330 5	33. 760	0. 029 62	0. 089 62	11. 158
20	3. 207	0. 311 8	36. 786	0. 027 18	0. 087 18	11. 470
21	3. 400	0. 294 2	39. 993	0. 025 00	0. 085 00	11. 764
22	3. 604	0. 277 5	43. 392	0. 023 05	0. 083 05	12. 042
23	3. 820	0. 261 8	46. 996	0. 021 28	0. 081 28	12. 303
24	4. 049	0. 247 0	50. 816	0. 019 68	0. 079 68	12. 550
25	4. 292	0. 233 0	54. 865	0. 018 23	0. 078 23	12. 783
26	4. 549	0. 219 8	59. 156	0. 016 90	0. 076 90	13. 003
27	4. 822	0. 207 4	63. 706	0. 015 70	0. 075 70	13. 211
28	5. 112	0. 195 6	68. 528	0. 014 59	0. 074 59	13. 406
29	5. 418	0. 184 6	73. 640	0. 013 58	0. 073 58	13. 591
30	5. 743	0. 174 1	79. 058	0. 012 65	0. 072 65	13. 765
31	6. 088	0. 164 3	84. 802	0. 011 79	0. 071 79	13. 929
32	6. 453	0. 155 0	90. 890	0. 011 00	0. 071 00	14. 084
33	6. 841	0. 146 2	97. 343	0. 010 27	0. 070 27	14. 230
34	7. 251	0. 137 9	104. 184	0. 009 60	0. 069 60	14. 368
35	7. 686	0. 130 1	111. 435	0. 008 97	0. 068 97	14. 498
36	8. 147	0. 122 7	119. 121	0. 008 39	0. 068 39	14. 621
37	8. 636	0. 115 8	127. 268	0. 007 86	0. 067 86	14. 737
38	9. 154	0. 109 2	135. 904	0. 007 36	0. 067 36	14. 846
39	9. 704	0. 103 1	145. 058	0. 006 89	0. 066 89	14. 949
40	10. 286	0. 097 2	154. 762	0. 006 46	0. 066 46	15. 046

$i=10\%$ 续表

年份 n	一次支付		等额序列			
	终值系数 $(1+i)^n$ $(F/P,i,n)$	现值系数 $\frac{1}{(1+i)^n}$ $(P/F,i,n)$	终值系数 $\frac{(1+i)^n-1}{i}$ $(F/A,i,n)$	偿债基金系数 $\frac{i}{(1+i)^n-1}$ $(A/F,i,n)$	资金回收系数 $\frac{i(1+i)^n}{(1+i)^n-1}$ $(A/P,i,n)$	现值系数 $\frac{(1+i)^n-1}{i(1+i)^n}$ $(P/A,i,n)$
1	1. 100	0. 909 1	1. 000	1. 000 00	1. 000 00	0. 909
2	1. 210	0. 826 4	2. 100	0. 476 19	0. 576 19	1. 736
3	1. 331	0. 751 3	3. 310	0. 302 11	0. 402 11	2. 487
4	1. 464	0. 683 0	4. 641	0. 215 47	0. 315 47	3. 170
5	1. 611	0. 620 9	6. 105	0. 163 80	0. 263 80	3. 791
6	1. 772	0. 564 5	7. 716	0. 129 61	0. 229 61	4. 355
7	1. 949	0. 513 2	9. 487	0. 105 41	0. 205 41	4. 868
8	2. 144	0. 466 5	11. 436	0. 087 44	0. 187 44	5. 335
9	2. 358	0. 424 1	13. 579	0. 073 64	0. 173 64	5. 759
10	2. 594	0. 385 5	15. 937	0. 062 75	0. 162 75	6. 145
11	2. 853	0. 350 5	18. 531	0. 053 96	0. 153 96	6. 495
12	3. 138	0. 318 6	21. 384	0. 046 76	0. 146 76	6. 814
13	3. 452	0. 289 7	24. 523	0. 040 78	0. 140 78	7. 103
14	3. 797	0. 263 3	27. 975	0. 035 75	0. 135 75	7. 367
15	4. 177	0. 239 4	31. 772	0. 031 47	0. 131 47	7. 606
16	4. 595	0. 217 6	35. 950	0. 027 82	0. 127 82	7. 824
17	5. 054	0. 192 8	40. 545	0. 024 66	0. 124 66	8. 022
18	5. 560	0. 179 9	45. 599	0. 021 93	0. 121 93	8. 201
19	6. 116	0. 163 5	51. 159	0. 019 55	0. 119 55	8. 365
20	6. 727	0. 148 6	57. 275	0. 017 46	0. 117 46	8. 514
21	7. 400	0. 135 1	64. 002	0. 015 62	0. 115 62	8. 649
22	8. 140	0. 122 8	71. 403	0. 014 01	0. 114 01	8. 772
23	8. 954	0. 111 7	79. 543	0. 012 57	0. 112 57	8. 883
24	9. 850	0. 101 5	88. 497	0. 011 30	0. 111 30	8. 985
25	10. 835	0. 092 3	98. 347	0. 010 17	0. 110 17	9. 077
26	11. 918	0. 083 9	109. 182	0. 009 16	0. 109 16	9. 161
27	13. 110	0. 076 3	121. 100	0. 008 26	0. 108 26	9. 237
28	14. 421	0. 069 3	134. 210	0. 007 45	0. 107 45	9. 307
29	15. 863	0. 063 0	148. 631	0. 006 73	0. 106 73	9. 370
30	17. 449	0. 057 3	164. 494	0. 006 08	0. 106 08	9. 427
31	19. 194	0. 052 1	181. 943	0. 005 50	0. 105 50	9. 479
32	21. 114	0. 047 4	201. 138	0. 004 97	0. 104 97	9. 526
33	23. 225	0. 043 1	222. 252	0. 004 50	0. 104 50	9. 569
34	25. 548	0. 039 1	245. 477	0. 004 07	0. 104 07	9. 609
35	28. 102	0. 035 6	271. 024	0. 003 69	0. 103 69	9. 644
36	30. 913	0. 032 3	299. 127	0. 003 34	0. 103 34	9. 677
37	34. 004	0. 029 4	330. 039	0. 003 03	0. 103 03	9. 706
38	37. 404	0. 026 7	364. 043	0. 002 75	0. 102 75	9. 733
39	41. 145	0. 024 3	401. 448	0. 002 49	0. 102 49	9. 757
40	45. 259	0. 022 1	442. 593	0. 002 26	0. 102 26	9. 779

$i=12\%$

年份 n	一次支付		等额序列			
	终值系数 $(1+i)^n$ $(F/P,i,n)$	现值系数 $\frac{1}{(1+i)^n}$ $(P/F,i,n)$	终值系数 $\frac{(1+i)^n-1}{i}$ $(F/A,i,n)$	偿债基金系数 $\frac{i}{(1+i)^n-1}$ $(A/F,i,n)$	资金回收系数 $\frac{i(1+i)^n}{(1+i)^n-1}$ $(A/P,i,n)$	现值系数 $\frac{(1+i)^n-1}{i(1+i)^n}$ $(P/A,i,n)$
1	1. 120	0. 892 9	1. 000	1. 000 00	1. 120 00	0. 893
2	1. 254	0. 797 2	2. 120	0. 471 70	0. 591 70	1. 690
3	1. 405	0. 711 8	3. 374	0. 296 35	0. 416 35	2. 402
4	1. 574	0. 635 5	4. 779	0. 209 23	0. 329 23	3. 037
5	1. 762	0. 567 4	6. 353	0. 157 41	0. 277 41	3. 605
6	1. 974	0. 506 6	8. 115	0. 123 23	0. 243 23	4. 111
7	2. 211	0. 452 3	10. 089	0. 099 12	0. 219 12	4. 564
8	2. 476	0. 403 9	12. 300	0. 081 30	0. 201 30	4. 968
9	2. 773	0. 360 6	14. 776	0. 067 68	0. 187 68	5. 328
10	3. 106	0. 322 0	17. 549	0. 056 98	0. 176 98	5. 650
11	3. 479	0. 287 5	20. 655	0. 048 42	0. 168 42	5. 938
12	3. 896	0. 256 7	24. 133	0. 041 44	0. 161 44	6. 194
13	4. 363	0. 229 2	28. 029	0. 035 68	0. 155 68	6. 424
14	4. 887	0. 204 6	32. 393	0. 030 87	0. 150 87	6. 628
15	5. 474	0. 182 7	37. 280	0. 026 82	0. 146 82	6. 811
16	6. 130	0. 163 1	42. 753	0. 023 39	0. 143 39	6. 974
17	6. 866	0. 145 6	48. 884	0. 020 46	0. 140 46	7. 120
18	7. 690	0. 130 0	55. 750	0. 017 94	0. 137 94	7. 250
19	8. 613	0. 116 1	63. 440	0. 015 76	0. 135 76	7. 366
20	9. 646	0. 103 7	72. 052	0. 013 88	0. 133 88	7. 469
21	10. 804	0. 092 6	81. 699	0. 012 24	0. 132 24	7. 562
22	12. 100	0. 082 6	92. 503	0. 010 81	0. 130 81	7. 645
23	13. 552	0. 073 8	104. 603	0. 009 56	0. 129 56	7. 718
24	15. 179	0. 065 9	118. 155	0. 008 46	0. 128 46	7. 784
25	17. 000	0. 058 8	133. 334	0. 007 50	0. 127 50	7. 843
26	19. 040	0. 052 5	150. 334	0. 006 65	0. 126 65	7. 896
27	21. 325	0. 046 9	169. 374	0. 005 90	0. 125 90	7. 943
28	23. 884	0. 041 9	190. 699	0. 005 24	0. 125 24	7. 984
29	26. 750	0. 037 4	214. 583	0. 004 66	0. 124 66	8. 022
30	29. 960	0. 033 4	241. 333	0. 004 14	0. 124 14	8. 055
31	33. 555	0. 029 8	271. 293	0. 003 69	0. 123 69	8. 085
32	37. 582	0. 026 6	304. 848	0. 003 28	0. 123 28	8. 112
33	42. 092	0. 023 8	342. 429	0. 002 92	0. 122 92	8. 135
34	47. 143	0. 021 2	384. 521	0. 002 60	0. 122 60	8. 157
35	52. 800	0. 018 9	431. 663	0. 002 32	0. 122 32	8. 176
36	59. 136	0. 016 9	484. 463	0. 002 06	0. 122 06	8. 192
37	66. 232	0. 015 1	543. 599	0. 001 84	0. 121 84	8. 208
38	74. 180	0. 013 5	609. 831	0. 001 64	0. 121 64	8. 221
39	83. 081	0. 012 0	684. 010	0. 001 46	0. 121 46	8. 233
40	93. 051	0. 010 7	767. 091	0. 001 30	0. 121 30	8. 244

复 习 题

9-1 某人预计 5 年后需要一笔 50 万元的资金,现市场上正发售期限为 5 年的电力债券,年利率为 5.06%,按年复利计息,5 年末一次还本付息,若想 5 年后拿到 50 万元的本利和,他现在应该购买电力债券(　　)。

A. 30.52 万元　　B. 38.18 万元　　C. 39.06 万元　　D. 44.19 万元

9-2 某建设项目的建设期为两年,第一年贷款额为 1000 万元,第二年贷款额为 2000 万元,贷款的实际利率为 4%,则建设期利息应为(　　)。

A. 100.8 万元　　B. 120 万元　　C. 161.6 万元　　D. 240 万元

9-3 某项目向银行借款,按半年复利计息,年实际利率为 8.6%,则年名义利率为(　　)。

A. 8%　　B. 8.16%　　C. 8.24%　　D. 8.42%

9-4 一外贸商品,到岸价格 100 美元,影子汇率为 1 美元等于 6 元人民币,进口费用 100 美元,求影子价格为(　　)。

A. 500　　B. 600　　C. 700　　D. 1200

9-5 某公司欲偿还 30 年后到期的票面为 200 万元的债券,若年利率为 6%,则从现在起每年年末应存(　　)万元。已知:$(A/F,6\%,30)=0.0127$。

A. 2.54　　B. 3.42　　C. 2.86　　D. 3.05

9-6 某项目的银行贷款 2000 万元,期限为 3 年,按年复利计息,到期需还本付息 2700 万元,已知$(F/P,9\%,3)=1.295$,$(F/P,10\%,3)=1.331$,$(F/P,11\%,3)=1.368$,则银行贷款利率应(　　)。

A. 小于 9%　　B. 在 9%~10%之间

C. 在 10%~11%之间　　D. 大于 11%

9-7 某工程项目建设期初贷款 2000 万元,建设期 2 年,贷款利率为 10%,在运营期前 5 年还清贷款。已经计算出按照等额还本付息的方式所需偿还的利息总额为 772 万元,如按照等额还本利息照付的方式所需偿还的利息总额为(　　)万元。

A. 772　　B. 820　　C. 520　　D. 726

9-8 对国家鼓励发展的缴纳增值税的经营性项目,可以获得增值税的优惠,在财务评价中,先征后返的增值税应记作项目的(　　)。

A. 补贴收入　　B. 营业收入

C. 经营成本　　D. 发行债券

9-9 一公司年初投资 1000 万元,从第一年年末开始,每年都有相同的净收益。现要求运营期 10 年,寿命期结束时净残值为 50 万元,基准收益率为 12%,则每年的净收益至少为(　　)可以实现。[已知$(P/A,12\%,10)=5.650$,$(P/F,12\%,10)=0.322$]

A. 168.14 万元　　B. 174.14 万元　　C. 176.99 万元　　D. 185.84 万元

9-10 某投资方案寿命五年,每年净现金流量见表 9-9,折现率 10%,到第五年恰好投资全部收回,则该公司的内部收益率为(　　)。

A. <10%　　B. 10%　　C. >10%　　D. 无法确定

表 9-9 每年净现金流量

年份	0	1	2	3	4	5
净现金流量/万元	-11.84	2.4	2.8	3.2	3.6	4

9-11 在计算某投资项目的财务内部收益率时得到以下结果，当用 $i=18\%$ 试算时，净现值为-499 元，当 $i=16\%$ 试算时，净现值为 9 元，则该项目的财务内部收益率为（　　）。

A. 17.80%　　B. 17.96%　　C. 16.04%　　D. 16.20%

9-12 在项目财务评价指标中，属于动态评价指标的是（　　）。

A. 借款偿还期　　B. 总投资收益率

C. 财务净现值　　D. 资本金净利润率

9-13 一个项目的财务净现值大于零，则其财务内部收益率（　　）基准收益率。

A. 可能大于也可能小于　　B. 一定小于

C. 一定大于　　D. 等于

9-14 某项目有关数据见表 9-10，设基准收益率为 10%，基准投资回收期为 5 年，寿命期为 6 年。计算中保留两位小数，则该项目净现值和投资回收期分别为（　　）。

A. 33.87 万元，4.33 年　　B. 33.87 万元，5.26 年

C. 24.96 万元，4.33 年　　D. 24.96 万元，5.26 年

表 9-10 某项目有关数据

年末	1	2	3	4	5	6
净现金流量/万元	-200	60	60	60	60	60

9-15 某建设项目各年的偿债备付率小于 1，其含义是（　　）。

A. 该项目利息偿付的保障程度高

B. 该资金来源不足以偿付到期债务，需要通过短期借款偿付已到期债务

C. 用于还本付息的资金保障程度较高

D. 表示付息能力保障程度不足

9-16 现有 A、B 两个互斥并可行的方案，寿命期相同，A 方案的投资额小于 B 方案的投资额，则 A 方案优于 B 方案的条件是（　　）。

A. $\Delta IRR_{B-A}>i_c$　　B. $\Delta IRR_{B-A}<i_c$　　C. $\Delta IRR_{B-A}>0$　　D. $\Delta IRR_{B-A}<0$

9-17 某建设项目建设投资和建设期利息为 3176.39 万元，流动资金为 436.56 万元，项目投产期年利润总额为 845.84 万元，达到设计能力的正常年份（生产期）的年息税前利润为 1171.89 万元，则该项目总投资收益率为（　　）。

A. 26.63%　　B. 31.68%　　C. 32.44%　　D. 36.89%

9-18 某项目有甲、乙两个建设方案，基准收益率 $i_0=10\%$，两方案的净现值等有关指标见表 9-11，则两方案可采用（　　）。［已知 $(P/A,10\%,6)=4.355$，$(P/A,10\%,10)=6.145$］

表 9-11 有关指标

方案	寿命期/年	净现值/万元	内部收益率(%)
甲	6	100	14.2
乙	10	130	13.2

A. 净现值法进行比选,且乙方案更值

B. 内部收益率法进行比选,且甲方案更佳

C. 研究期法进行比选,且乙方案更佳

D. 年值法进行比选,且甲方案更佳

9-19 影子价格是商品或生产要素的任何边际变化对国家的基本社会经济目标所做贡献的价值,因而影子价格是(　　)。

A. 目标价格

B. 反映市场供求状况和资源稀缺程度的价格

C. 计划价格

D. 理论价格

9-20 某项目单因素敏感性分析图如图 9-16 所示。

三个不确定性因素Ⅰ、Ⅱ、Ⅲ,按敏感性由大到小的顺序排列为(　　)。

A. Ⅰ-Ⅱ-Ⅲ

B. Ⅱ-Ⅲ-Ⅰ

C. Ⅲ-Ⅱ-Ⅰ

D. Ⅲ-Ⅰ-Ⅱ

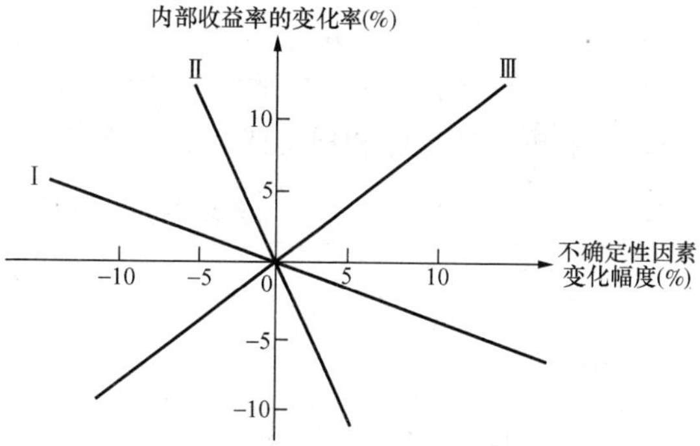

图 9-16　单因素敏感性分析图

9-21 对某项目进行单因素敏感性分析。当单位产品价格为 1500 元时,财务内部收益率为 23%;当单位产品价格为 1080 元时,财务内部收益率为 18%;当单位产品价格为 950 元时,财务内部收益率为 10%;当单位产品价格为 700 元时,财务内部收益率为-8%。若基准收益率为 10%,则单位产品价格变化的临界点为(　　)元。

A. 1500　　B. 1080　　C. 950　　D. 700

9-22 在对项目进行盈亏平衡分析时,各方案的盈亏平衡点生产能力利用率如下,则抗风险能力较强的是(　　)。

A. 30%　　B. 60%　　C. 80%　　D. 90%

9-23 某项目不确定因素为建设投资、运营负荷、销售价格和原材料价格,如果这四个因素分别向不利方向变化 20%、15%、7%和 10%,项目的财务内部收益率均等于财务基准收益率,该项目最敏感的因素是(　　)。

A. 建设投资　　B. 销售价格　　C. 运营负荷　　D. 原材料价格

9-24 某工程有两个建设方案,投资分别为 500 万元和 1000 万元。项目期均为 10 年,甲项目年收益为 140 万元,乙项目年收益为 250 万元,假设基准收益率为 10%,则两项目差额净现值为(　　)。[已知(P/A,10%,10)= 6.144 6]

A. 175.9 万元　　B. 360.24 万元　　C. 536.14 万元　　D. 896.38 万元

9-25 相对于债务融资方式,普通股融资方式的特点(　　)。

A. 融资风险较高

B. 资金成本较低

C. 增发普通股会增加新股东，使原有股东的控制权降低

D. 普通股的股息和红利有抵税的作用

9-26 现金流量表中现金流入中有一项是流动资金回收，该项现金流入发生在（　　）。

A. 计算期每一年　　B. 计算期最后一年

C. 生产期每一年　　D. 投产期第一年

9-27 某常规投资方案，FNPV($i_1=14\%$) = 160，FNPV($i_2=16\%$) = −90，则 FIRR 的取值范围为（　　）。

A. $<14\%$　　B. 14%~15%　　C. 15%~16%　　D. $>16\%$

9-28 某企业拟对四个分工厂进行技术改造，每个分厂都提出了三个备选的技改方案，各分厂之间是独立的，而各分厂内部的技术方案是互斥的，则该企业面临的技改方案比选类型是（　　）。

A. 互斥型　　B. 独立型　　C. 层混型　　D. 矩阵型

9-29 某产品的功能现实成本为 5000 元，目标成本为 4500 元，该产品分为三个功能区，各功能区的重要性系数和现实成本见表 9-12。

表 9-12　　各功能区的重要性系数和现实成本

功能区	功能重要性系数	功能现实成本/元
F1	0.34	2000
F2	0.42	1900
F3	0.24	1100

则应用价值工程时，优先选择的改进对象为（　　）。

A. F1　　B. F2　　C. F3　　D. F1、F2 和 F3

9-30 在价值工程的一般工作程序中，创新阶段要做的工作包括（　　）。

A. 制订工作计划　　B. 功能评价

C. 功能系统分析　　D. 方案评价

复习题答案与提示

9-1 C

9-2 A　提示：各年应计算利息=（年初借款本息累计+本年借款额/2）×年利率

9-3 D　提示：名义利率与实际（或称有效）利率的换算公式为 $i=(1+r/m)^m-1$［即本书中公式（9-3）］。

9-4 C　提示：进口投入的影子价格（到厂价）= 到岸价（CIF）×影子汇率+进口费用

9-5 A　提示：用查表法 $A=F(A/F,6\%,30)=200\times0.0127=2.54$，也可用公式做。

9-6 C　提示：本题是已知现值（P），终值（F）计息周期数（n），求利率（i）的范围。

9-7 D　提示：（1）采用等额还本付息的方式偿还，是已知 P 求 A 的问题。

建设期贷款的本息和=$2000\times(1+10\%)^2$ 万元=2420 万元。

用查表法查得 $(A/P,10\%,5)=0.2638$。

运营期前 5 年每年偿还的资金：$A=2420\times0.2638$ 万元=638.40 万元。

所以，按照等额还本付息的方式偿还贷款，每年需要偿还 638.40 万元。

（2）采用等额还本利息照付的方式偿还。

运营期内每年偿还的本金＝2420/5 万元＝484 万元

运营期第 1 年年初的借款累计＝2420 万元

第 1 年偿还的利息＝2420 万元×10%＝242 万元

以此类推可求出运营期第 2 年到第 5 年偿还的利息依次为 193. 6 万元、145. 2 万元、96. 8 万元、48. 4 万元。

（3）两种偿还方式所偿还利息的比较。

按照等额还本付息的方式，偿还的利息总额＝638. 40×5 万元−2420 万元＝772 万元。

按照等额还本利息照付的方式，偿还的利息总额＝242 万元＋193. 6 万元＋145. 2 万元＋96. 8 万元+48. 4 万元＝726 万元。

可以得出按照等额还本利息照付的方式所偿还的利息较少。

9-8 A　提示：补贴收入是指按有关规定企业可得到的补贴，包括先征后返的增值税、按销量或工作量等依据国家规定的补助定额计算并按期给予的定额补贴，以及属于财政扶持而给予的其他形式的补贴等。

9-9 B　提示：每年净收益的数值＝期初投资的等值年值 A_1－净残值的等值年值 A_2＝174. 14 万元，则每年的净收益至少为 174. 14 万元可以实现。

9-10 B

9-11 C

9-12 C

9-13 C

9-14 C　提示：按已知条件计算出表 9-13 数值。

投资回收期（静态）＝4+20/60＝4. 33

表 9-13　　题 9-14 答 案 表

年　末	1	2	3	4	5	6
各年净现金流量折现值/万元	−200/1. 1	60/1. 21	60/1. 331	60/1. 464	60/1. 610	60/1. 772
累计净现金流量折现值/万元	−181. 82	−132. 23	−87. 15	−46. 17	−8. 92	24. 95

9-15 B

9-16 B

9-17 C　提示：总投资收益率＝1171. 89/（3176. 39+436. 56）

9-18 D　提示：是寿命期不同的方案比选。

甲方案：NAV＝100×（A/P，10，6）＝100/4. 355

乙方案：NAV＝130×（A/P，10，10）＝130/6. 145

9- 19 B　提示：影子价格是投资项目经济评价的重要参数，它是指社会处于某种最优状态下，能够反映社会劳动消耗、资源稀缺程度和最终产品需求状况的价格。影子价格是社会对货物真实价值的度量，是反映项目投入物和产出物真实经济价值的计算价格，只有在完全的市场条件下才会出现。因此，一定意义上可以将影子价格理解为是资源和产品在完全自由竞争市场中的供求均衡价格。

9-20 B

9-21 C

9-22 A　提示：盈亏平衡点可采用生产能力利用率或产量表示。盈亏平衡点生产能力利用率越低，说明项目只需生产较少的产品即可达到盈亏平衡，因此项目盈利的可能性较大，亏损的可能性较小，因而项目有较大抗风险能力。

9-23 B

9-24 A　提示：参考本书式（9-41），增量净现值（差额净现值）ΔNPV 是两方案各年现金流量差额现值之和。本题两方案的差额净现值为（1536.15-860.24）万元-（1000-500）万元=175.91 万元。

9-25 C

9-26 B

9-27 C

9-28 C　提示：层混型是项目群里的项目分为两个层次，高层次为一组独立项目，第二层次是每个独立项目内包括的一组互斥方案。

9-29 A　提示：F_1 的成本系数为 2000/5000=0.4，价值系数为 0.34/0.4=0.85。

F_2 的成本系数为 1900/5000=0.38，价值系数为 0.42/0.38=1.11。

F_3 的成本系数为 1100/5000=0.22，价值系数为 0.24/0.22=1.09。

9-30 D　提示：在确定了价值工程的改进对象后，应该进行改进方案创新，创新的方案需经方案评价，包括技术评价、经济评价、社会评价和综合评价。

模拟试卷

1. 已知向量 $\boldsymbol{\alpha}=(-3,-2,1)$，$\boldsymbol{\beta}=(1,-4,-5)$，则 $|\boldsymbol{\alpha}\times\boldsymbol{\beta}|$ 等于（　　）。

A. 0　　B. 6　　C. $14\sqrt{3}$　　D. $14\boldsymbol{i}+16\boldsymbol{j}-10\boldsymbol{k}$

2. 若 $\lim\limits_{x\to1}\dfrac{2x^2+ax+b}{x^2+x-2}=1$，则必有（　　）。

A. $a=-1,b=2$　　B. $a=-1,b=-2$

C. $a=-1,b=-1$　　D. $a=-1,b=1$

3. 已知 $\begin{cases}x=\sin t\\ y=\cos t\end{cases}$，则 $\dfrac{\mathrm{d}y}{\mathrm{d}x}=$（　　）。

A. $-\tan t$　　B. $\tan t$　　C. $-\sin t$　　B. $\cos t$

4. 设 $f(x)$ 有连续的导数，则下列关系中正确的是（　　）。

A. $\int f(x)\mathrm{d}x=f(x)$　　B. $\left[\int f(x)\mathrm{d}x\right]'=f(x)$

C. $\int f'(x)\mathrm{d}x=\mathrm{d}f(x)$　　D. $\left[\int f(x)\mathrm{d}x\right]'=f(x)+C$

5. 已知 $f(x)$ 为连续的偶函数，则 $f(x)$ 的原函数中（　　）。

A. 有奇函数　　B. 都是奇函数

C. 都是偶函数　　D. 没有奇函数，也没有偶函数

6. 设函数 $f(x)=\begin{cases}3x^2, x\leqslant1\\ 4x-1, x>1\end{cases}$，则 $f(x)$ 在 $x=1$ 处（　　）。

A. 不连续　　B. 连续但左、右导数不存在

C. 连续但不可导　　D. 可导

7. 函数 $y=(5-x)x^{\frac{2}{3}}$ 的极值可疑点的个数是（　　）。

A. 0　　B. 1　　C. 2　　D. 3

8. 下列广义积分中发散的是（　　）。

A. $\int_0^{+\infty}\mathrm{e}^{-x}\mathrm{d}x$　　B. $\int_0^{+\infty}\dfrac{1}{1+x^2}\mathrm{d}x$

C. $\int_0^{+\infty}\dfrac{\ln x}{x}\mathrm{d}x$　　D. $\int_0^{1}\dfrac{1}{\sqrt{1-x^2}}\mathrm{d}x$

9. 二次积分 $\int_0^1\mathrm{d}x\int_{x^2}^{x}f(x,y)\mathrm{d}y$ 交换积分次序后的二次积分是（　　）。

A. $\int_{x^2}^{x}\mathrm{d}y\int_0^1 f(x,y)\mathrm{d}x$　　B. $\int_0^1\mathrm{d}y\int_{y^2}^{y}f(x,y)\mathrm{d}x$

C. $\int_{y}^{\sqrt{y}}\mathrm{d}y\int_0^1 f(x,y)\mathrm{d}x$　　D. $\int_0^1\mathrm{d}y\int_{y}^{\sqrt{y}}f(x,y)\mathrm{d}x$

10. 微分方程 $xy'-y\ln y=0$ 的满足 $y(1)=\mathrm{e}$ 的特解是（　　）。

A. $y=ex$　　B. $y=e^x$　　C. $y=e^{2x}$　　D. $y=\ln x$

11. 函数 $z=z(x,y)$ 由方程 $xz-xy+\ln xyz=0$ 所确定，则$\frac{\partial z}{\partial y}$等于(　　)。

A. $\frac{-xz}{xz+1}$　　B. $-x+\frac{1}{2}$　　C. $\frac{z(-xz+y)}{x(xz+1)}$　　D. $\frac{z(xz-1)}{y(xz+1)}$

12. 正项级数 $\sum_{n=1}^{\infty} a_n$ 的部分和数列 $\{S_n\}$（$S_n=a_1+a_2+\cdots+a_n$）有上界是该级数收敛的(　　)。

A. 充分必要条件　　B. 充分条件而非必要条件

C. 必要条件而非充分条件　　D. 即非充分又非必要条件

13. 若 $f(-x)=-f(x)(-\infty,+\infty)$，且在 $(-\infty,0)$ 内有 $f'(x)>0,\ f''(x)<0$，则在 $(0,+\infty)$ 内必有(　　)。

A. $f'(x)>0,\ f''(x)<0$　　B. $f'(x)<0,\ f''(x)>0$

C. $f'(x)>0,\ f''(x)>0$　　D. $f'(x)<0,\ f''(x)<0$

14. 微分方程 $y''-3y+2y=xe^x$ 的待定特解的形式是(　　)。

A. $y=(Ax^2+Bx)e^x$　　B. $y=(Ax+B)e^x$

C. $y=Ax^2e^x$　　D. $y=Axe^x$

15. 已知直线 $L:\frac{x}{3}=\frac{y+1}{-1}=\frac{z-3}{2}$，平面 $\boldsymbol{\pi}:-2x+2y+z-1=0$，则(　　)。

A. L 与 π 垂直相交　　B. L 平行于 π 但 L 不在 π 上

C. L 与 π 非垂直相交　　D. L 在 π 上

16. 设 L 是连接点 $A(1,0)$ 及点 $B(0,-1)$ 的直线段，则对弧长的曲线积分 $\int_L (y-x)\mathrm{d}s$ 等于(　　)。

A. -1　　B. 1　　C. $\sqrt{2}$　　D. $-\sqrt{2}$

17. 下列幂级数中，收敛半径为 $R=3$ 的幂级数是(　　)。

A. $\sum_{n=0}^{\infty} 3x^n$　　B. $\sum_{n=0}^{\infty} 3^n x^n$　　C. $\sum_{n=0}^{\infty} \frac{1}{3^{\frac{n}{2}}}x^n$　　D. $\sum_{n=0}^{\infty} \frac{1}{3^{n+1}}x^n$

18. 若 $z=f(x,y)$ 和 $y=\varphi(x)$ 均可微，则$\frac{\mathrm{d}z}{\mathrm{d}x}$等于(　　)。

A. $\frac{\partial f}{\partial x}+\frac{\partial f}{\partial y}$　　B. $\frac{\partial f}{\partial x}+\frac{\partial f}{\partial y}\cdot\frac{\mathrm{d}\varphi}{\mathrm{d}x}$

C. $\frac{\partial f}{\partial y}\cdot\frac{\mathrm{d}\varphi}{\mathrm{d}x}$　　D. $\frac{\partial f}{\partial x}-\frac{\partial f}{\partial y}\cdot\frac{\mathrm{d}\varphi}{\mathrm{d}x}$

19. 已知向量组 $\boldsymbol{\alpha}_1=(3,2,-5)^{\mathrm{T}}$，$\boldsymbol{\alpha}_2=(3,-1,5)^{\mathrm{T}}$，$\boldsymbol{\alpha}_3=\left(1,-\frac{1}{3},1\right)^{\mathrm{T}}$，$\boldsymbol{\alpha}_4=(6,-2,6)^{\mathrm{T}}$，则该向量组的一个极大无关组是(　　)。

A. $\boldsymbol{\alpha}_2,\boldsymbol{\alpha}_4$　　B. $\boldsymbol{\alpha}_3,\boldsymbol{\alpha}_4$　　C. $\boldsymbol{\alpha}_1,\boldsymbol{\alpha}_2$　　D. $\boldsymbol{\alpha}_2,\boldsymbol{\alpha}_3$

20. 若非齐次线性方程组 $\boldsymbol{Ax}=\boldsymbol{b}$ 中方程个数少于未知量个数，则下列结论中正确的是(　　)。

A. $\boldsymbol{Ax}=\mathbf{0}$ 仅有零散　　B. $\boldsymbol{Ax}=\mathbf{0}$ 必有非零解

C. $\boldsymbol{Ax}=\mathbf{0}$ 一定无解　　D. $\boldsymbol{Ax}=\boldsymbol{b}$ 必有无穷多解

21. 已知矩阵 $A=\begin{pmatrix}1&-1&1\\2&4&-2\\-3&-3&5\end{pmatrix}$ 与 $B=\begin{pmatrix}\lambda&0&0\\0&2&0\\0&0&2\end{pmatrix}$ 相似，则 λ 等于（　　）。

A. 6　　B. 5　　C. 4　　D. 14

22. 设 A,B 是两个相互独立的事件，若 $P(A)=0.4,P(B)=0.5$，则 $P(A\cup B)$ 等于（　　）。

A. 0.9　　B. 0.8　　C. 0.7　　D. 0.6

23. 下列函数中，可以作为连续型随机变量分布函数的是（　　）。

A. $\Phi(x)=\begin{cases}0, & x<0\\1-e^{x}, & x\geqslant 0\end{cases}$　　B. $F(x)=\begin{cases}e^{x}, & x<0\\1, & x\geqslant 0\end{cases}$

C. $G(x)=\begin{cases}e^{-x}, & x<0\\1, & x\geqslant 0\end{cases}$　　D. $H(x)=\begin{cases}0, & x<0\\1+e^{-x}, & x\geqslant 0\end{cases}$

24. 设总体 $X\sim N(0,\sigma^2)$，$X_1,X_2,\cdots,X_n$ 是来自总体的样本，则 σ^2 的矩估计是（　　）。

A. $\dfrac{1}{n}\sum\limits_{i=1}^{n}X_i$　　B. $n\sum\limits_{i=1}^{n}X_i$　　C. $\dfrac{1}{n^2}\sum\limits_{i=1}^{n}X_i^2$　　D. $\dfrac{1}{n}\sum\limits_{i=1}^{n}X_i^2$

25. 温度、压强均相同的氦气和氧气，它们分子的平均动能 $\bar{\varepsilon}$ 和平均平动动能 $\bar{w}$ 有如下关系（　　）。

A. $\bar{\varepsilon}$ 和 $\bar{w}$ 都相等　　B. $\bar{\varepsilon}$ 相等，$\bar{w}$ 不相等

C. $\bar{w}$ 相等，$\bar{\varepsilon}$ 不相等　　D. $\bar{\varepsilon}$ 和 $\bar{w}$ 都不相等

26. 麦克斯韦速率分布曲线如题 26 图所示，图中 A、B 两部分面积相等，则该图表示（　　）。

A. v_0 为最概然速率

B. v_0 为平均速率

C. v_0 为方均根速率

D. 速率大于和小于 v_0 的分子数各占一半

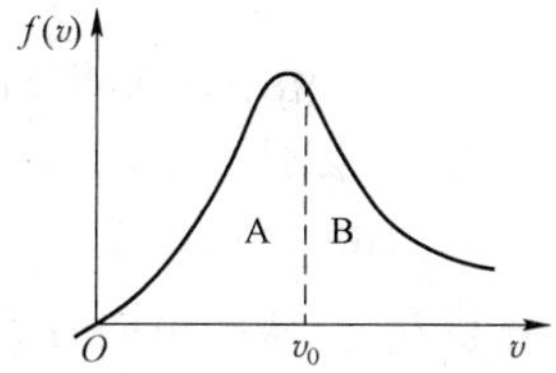

题 26 图

27. 一定量的理想气体，在体积不变的条件下，当温度降低时，分子的平均碰撞频率 $\bar{Z}$ 和平均自由程 $\bar{\lambda}$ 的变化情况是（　　）。

A. $\bar{Z}$ 减小，但 $\bar{\lambda}$ 不变　　B. $\bar{Z}$ 不变，但 $\bar{\lambda}$ 减小

C. $\bar{Z}$ 和 $\bar{\lambda}$ 都减小　　D. $\bar{Z}$ 和 $\bar{\lambda}$ 都不变

28. 一定量的理想气体，其状态在 p—T 图上沿着一条直线从平衡态 a 到平衡态 b，如题 28 图所示，（　　）。

A. 这是一个膨胀过程

B. 这是一个等体过程

C. 这是一个压缩过程

D. 数据不能判断这是哪种过程

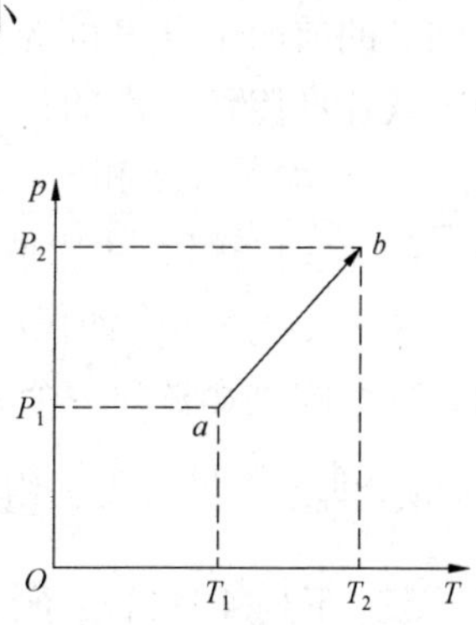

图 28 题

29. 一定量的理想气体，分别进行如题 29 图所示的两个循环 $abcda$ 和 $a'b'c'd'a'$。若在 pV 图上这两个循环曲线所围面积相等，

则可以由此得知这两个循环(　　)。

A. 效率相等

B. 由高温热源处吸收的热量相等

C. 在低温热源放出的热量相等

D. 在每次循环中对外做的净功相等

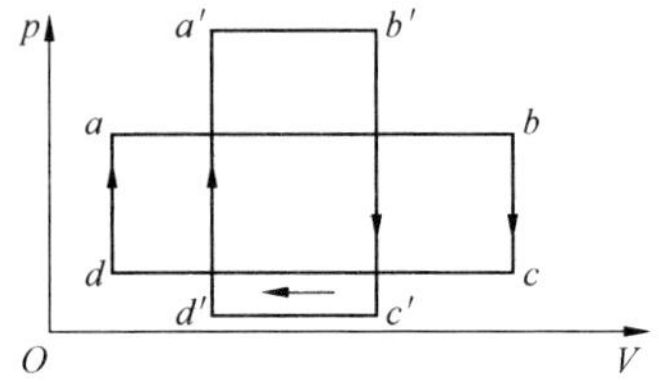

题 29 图

30. 一平面简谐波的表达式为 $y=A\cos2\pi(\nu t-x/\lambda)$,在 $t=1/\nu$ 时刻,$x_1=3\lambda/4$ 与 $x_2=\lambda/4$ 两点处质元速度之比是(　　)。

A. -1　　B. $\frac{1}{3}$　　C. 1　　D. 3

31. 当一平面简谐机械波在弹性媒质中传播时,下述各结论哪个是正确的?

A. 媒质质元的振动动能增大时,其弹性势能减小,总机械能守恒

B. 媒质质元的振动动能和弹性势能都做周期性变化,但二者的相位不相同

C. 媒质质元的振动动能和弹性势能的相位在任意时刻都相同,但二者的数值不相等

D. 媒质质元在平衡位置处弹性势能最大

32. 两相干波源 S_1 和 S_2 相距 $\lambda/4$(λ 为波长),如题 32 图所示,S_1 的相位比 S_2 的相位超前 $\pi/2$,在 S_1、S_2 的连线上,S_1 外侧各点(例如 P 点)两波引起的两谐振动的相位差是(　　)。

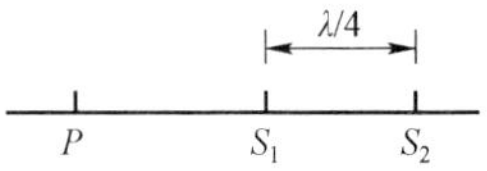

题 32 图

A. 0　　B. $\pi/2$

C. π　　D. $3\pi/2$

33. 两个相同的相干波源 A、B 产生两列相干波,则两波(　　)。

A. 频率相同,振动方向相同　　B. 频率相同,振动方向不同

C. 频率不同,振动方向相同　　D. 频率不同,振动方向不同

34. 如题 34 图所示,用波长 $\lambda=600\text{nm}$ 的单色光垂直照射牛顿环装置时,从中央向外数第四个(不计中央暗斑)暗环对应的空气膜厚度为(　　)。

A. 600nm　　B. 1200nm

C. 1800nm　　D. 2400nm

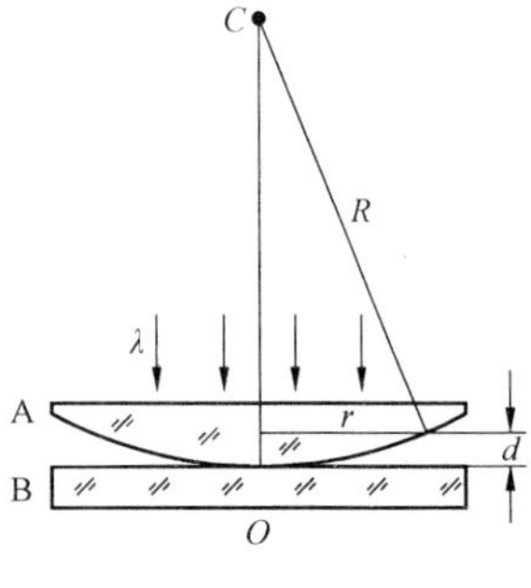

题 34 图

35. 根据惠更斯-菲涅尔原理,若已知光在某时刻的波阵面为 S,则 S 的前面某点 P 的光强度决定于波阵面 S 上所有面积发出的子波各自传到 P 点的(　　)。

A. 振动振幅之和　　B. 光强之和

C. 振动振幅之和的平方　　D. 振动的相干叠加

36. 从迈克尔干涉仪的一只光路中,放入一片折射率为 n 的透明介质薄膜后,测出两束光的光程差的改变量为一个 λ,则薄膜的厚度是(　　)。

A. $\frac{\lambda}{2}$　　B. $\frac{\lambda}{2n}$　　C. $\frac{\lambda}{n}$　　D. $\frac{\lambda}{2(n-1)}$

37. 下列 4 种价电子构型的原子中,电离能最低的是(　　)。

A. ns^2p^3　　B. ns^2p^4　　C. ns^2p^5　　D. ns^2p^6

38. 用来描述核外电子自旋状态的量子数是(　　)。

A. n　　B. l　　C. m　　D. m_s

39. 下列各分子中,为非极性分子的是(　　)。

A. NF_3　　B. BBr_3　　C. NH_3　　D. $CHCl_3$

40. 下列水溶液中,pH 值最大的是(　　)。

($K_{HCN}=4.9\times10^{-10}$;$K_{HAc}=1.8\times10^{-5}$)

A. 0.1mol/dm^3 HCN　　B. 0.1mol/dm^3 NaCN

C. 0.1mol/dm^3 HAc　　D. 0.1mol/dm^3 NaAc

41. 室温下,0.1mol/dm^3 HB 溶液 pH=3,则 0.1mol/dm^3 NaB 溶液 pH 为(　　)。

A. 5　　B. 9　　C. 10　　D. 4

42. 在某温度时氧化铜在密闭的抽空容器中分解,其反应为 $2CuO(s)=Cu(s)+1/2O_2(g)$,测得平衡时氧气的压力为 1000Pa,则该温度下反应的平衡常数 $K^\ominus$ 为(　　)。

A. 10　　B. 1　　C. 0.1　　D. 0.01

43. 已知反应 $Ag(s)+1/2Cl_2(g) \rightleftharpoons AgCl(s)$,$\Delta_r H^\ominus=-127$kJ/mol,在标准条件下,其自发进行的温度条件是(　　)。

A. 高温正向自发,低温正向非自发　　B. 低温正向自发,高温正向非自发

C. 任何温度自发　　D. 任何温度非自发

44. 有原电池(-)Zn|$ZnSO_4(c_1)$||$CuSO_4(c_2)$|Cu(+),如向铜半电池中通入氨水,则原电池的电动势变化趋势为(　　)。

A. 变大　　B. 变小　　C. 不变　　D. 无法判断

45. 有机物 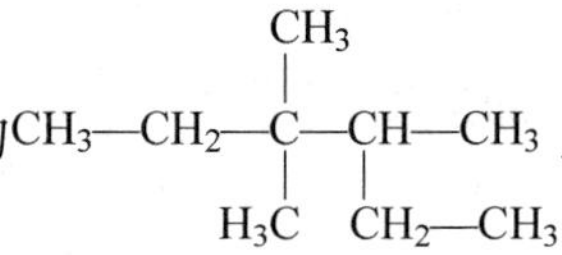 正确的命名是(　　)。

A. 3,4,4-三甲基己烷　　B. 3,3,4-三甲基己烷

C. 3,3-二甲基,4,乙基戊烷　　D. 2,3,3-三甲基己烷

46. 在下列 4 个有机化合物中,不能既发生加成反应,又在不同基团上易于发生氧化反应的是(　　)。

A. 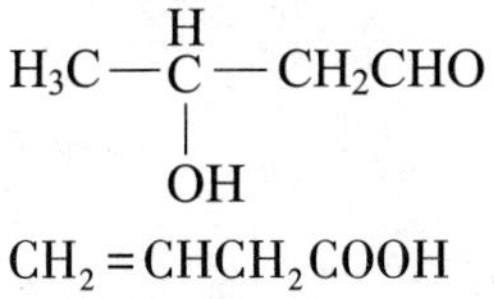　　B. $CH_3CH_2CH_2CH_2OH$

C. $CH_2=CHCH_2COOH$　　D. $CH_2=CHCH_2CH_2OH$

47. 如题图 47 所示构架,G、B、C、D 处为光滑铰链,杆及滑轮自重不计。已知悬挂物体重 F_P,且 $AB=AC$。则 B 处约束力的作用线与 x 轴正向所成的夹角为(　　)。

A. 0°　　B. 90°

C. 60°　　D. 150°

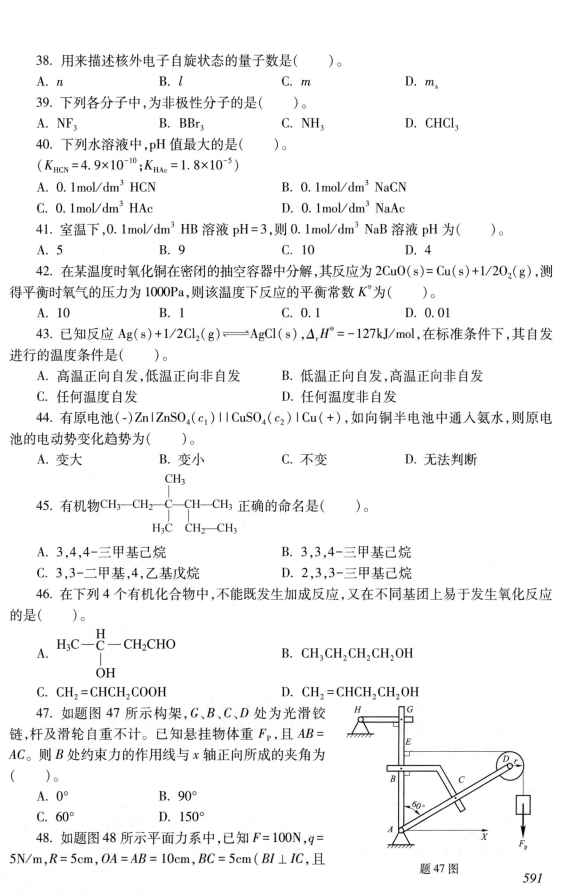

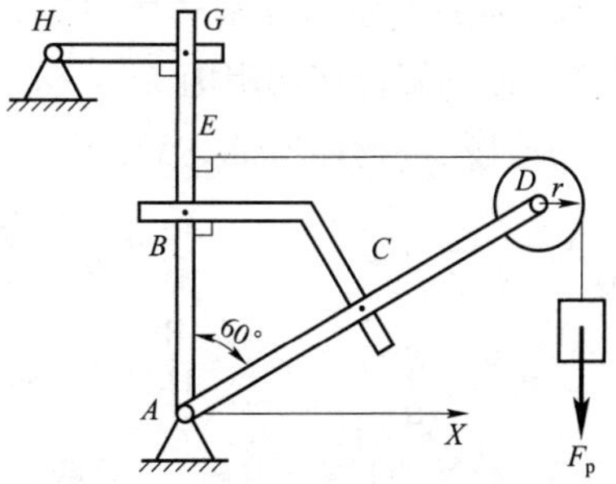

题 47 图

48. 如题图 48 所示平面力系中,已知 $F=100$N,$q=5$N/m,$R=5$cm,$OA=AB=10$cm,$BC=5$cm($BI\perp IC$,且

$BI=IC$)，则该力系对 I 点的合力矩为(　　)。

A. $M_I=1000\text{N}\cdot\text{cm}$(顺时针)

B. $M_I=1000\text{N}\cdot\text{cm}$(逆时针)

C. $M_I=500\text{N}\cdot\text{cm}$(逆时针)

D. $M_I=500\text{N}\cdot\text{cm}$(顺时针)

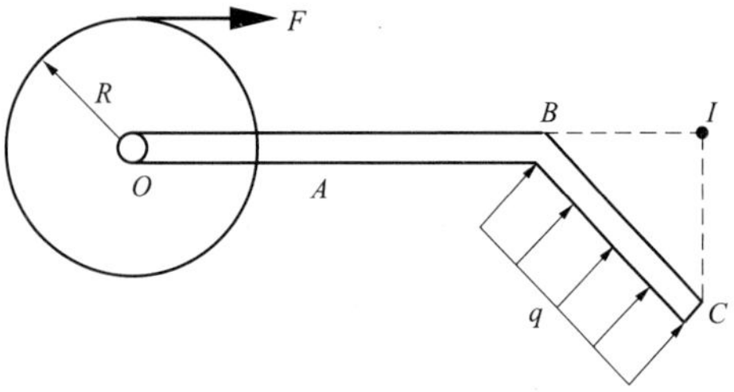

题 48 图

49. 三铰拱上作用有大小相等，转向相反的二力偶，其力偶矩大小为 M，如题图 49 所示。略去自重，则支座 A 的约束力大小为(　　)。

A. $F_{Ax}=0;F_{Ay}=\dfrac{M}{2a}$　B. $F_{Ax}=\dfrac{M}{2a};F_{Ay}=0$

C. $F_{Ax}=\dfrac{M}{a};F_{Ay}=0$　D. $F_{Ax}=\dfrac{M}{2a};F_{Ay}=M$

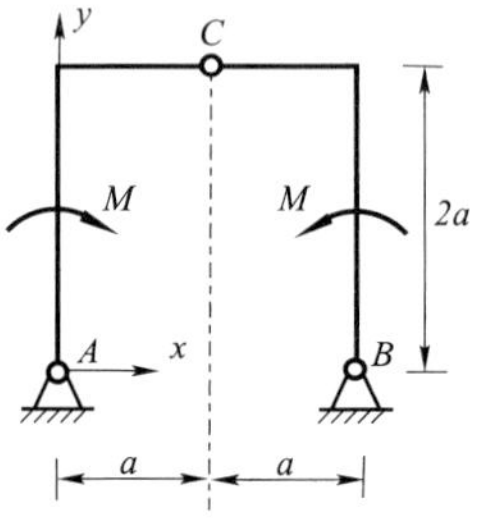

题 49 图

50. 重 $W=60\text{kN}$ 的物块自由地放在倾角为 $\alpha=30°$ 的斜面上，如题图 50 所示。已知摩擦角 $\varphi_m<\alpha$，则物块受到摩擦力的大小是(　　)。

A. $60\tan\varphi_m\cos\alpha$　　B. $60\sin\alpha$

C. $60\cos\alpha$　　D. $60\tan\varphi_m\sin\alpha$

51. 点沿直线运动，其速度 $v=t^2-20$。则 $t=2\text{s}$ 时，点的速度和加速度为(　　)。

A. $-16\text{m/s},4\text{m/s}^2$　B. $-20\text{m/s},4\text{m/s}^2$

C. $4\text{m/s},-4\text{m/s}^2$　D. $-16\text{m/s},2\text{m/s}^2$

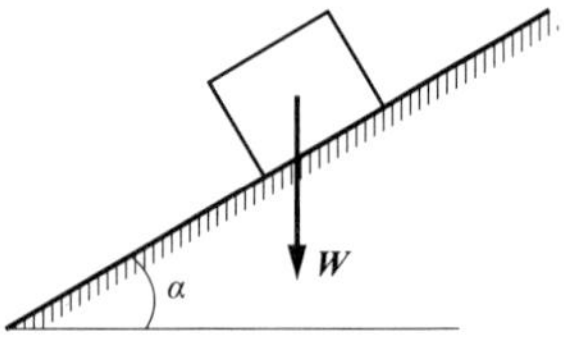

题 50 图

52. 点沿圆周轨迹以 80m/s 的常速度运动，其法向加速度是 120m/s^2，则此圆周轨迹的半径为(　　)。

A. 0.67m　B. 53.3m　C. 1.50m　D. 0.02m

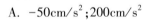

53. 直角刚杆 OAB 可绕固定轴 O 在图示平面内转动，已知 $OA=40\text{cm}$，$AB=30\text{cm}$，$\omega=2\text{rad/s}$，$\varepsilon=1\text{rad/s}^2$。则题图 53 所示瞬时，$B$ 点的加速度在 x 方向的投影及在 y 方向的投影分别为(　　)。

A. $-50\text{cm/s}^2;200\text{cm/s}^2$

B. $50\text{cm/s}^2;200\text{cm/s}^2$

C. $40\text{cm/s}^2;-200\text{cm/s}^2$

D. $50\text{cm/s}^2;-200\text{cm/s}^2$

54. 在均匀的静止液体中，质量为 m 的物体 M 从液面处无初速下沉，假设液体阻力 $F_R=-\mu v$，其中 μ 为阻尼系数，v 为物体的速度，该物体所能达到的最大速度为(　　)。

A. $v_{极限}=mg\mu$　　B. $v_{极限}=\dfrac{mg}{\mu}$

C. $v_{极限}=\dfrac{g}{\mu}$　　D. $v_{极限}=g\mu$

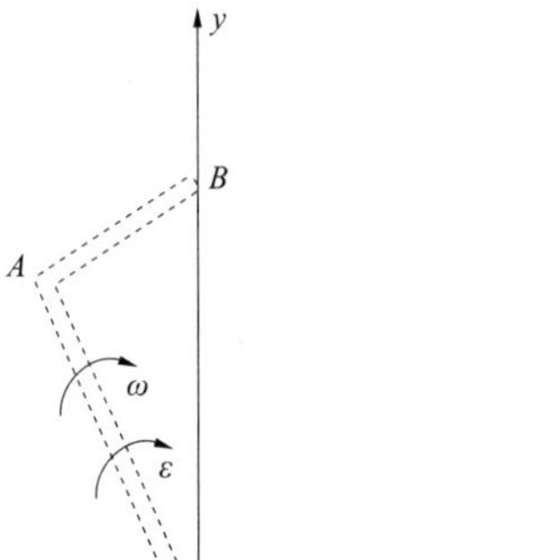

题 53 图

55. 弹簧原长 $l_0=10\text{cm}$。弹簧常量 $k=4.9\text{kN/m}$，一端固定

在 O 点,此点在半径为 $R=10\text{cm}$ 的圆周上,已知 $AC\perp BC$,OA 为直径,如题图 55 所示。当弹簧的另一端由 B 点沿圆弧运动至 A 点时,弹性力所做的功是(　　)。

A. 24. 5N · m　　B. −24. 5N · m

C. −20. 3N · m　　D. 20. 3N · m

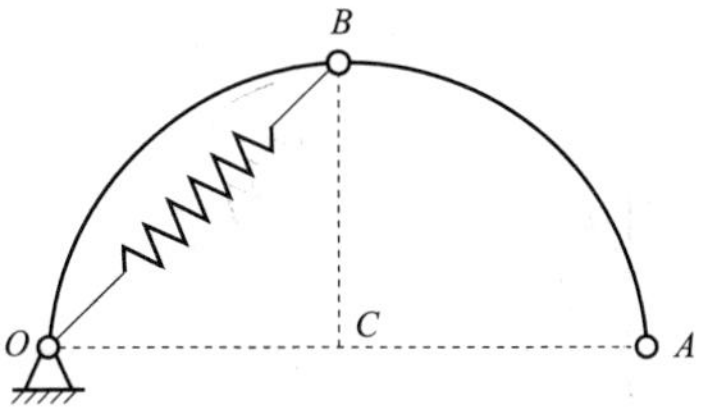

题 55 图

56. 如题 56 图所示,圆环的半径为 R,对转轴的转动惯量为 I,在圆环中的 A 点放一质量为 m 的小球,此时圆环以角速度 ω 绕铅直轴 AC 自由转动,设由于微小的干扰,小球离开 A 点,忽略一切摩擦,则当小球达到 C 点时,圆环的角速度是(　　)。

A. $\dfrac{mR^2\omega}{I+mR^2}$　　B. $\dfrac{I\omega}{I+mR^2}$

C. ω　　D. $\dfrac{2I\omega}{I+mR^2}$

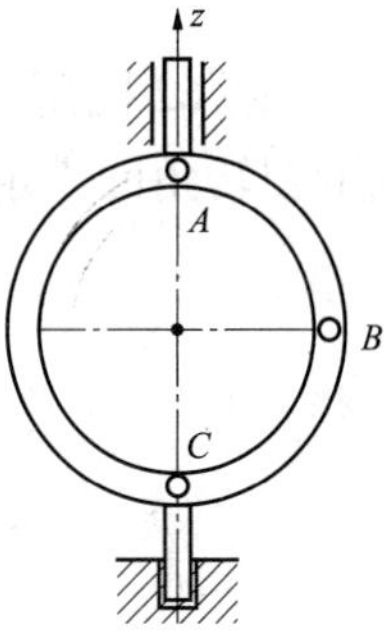

题 56 图

57. 均质细杆 OA,质量为 m,长 l。在如题 57 图所示,水平位置静止释放,当运动到铅直位置时,其角速度为 $\omega=\sqrt{\dfrac{3g}{l}}$,角加速度 $\varepsilon=0$,则轴承 O 施加于杆 OA 的附加动反力为(　　)。

A. $\dfrac{3}{2}$mg(↑)　　B. 6mg(↓)

C. 6mg(↑)　　D. $\dfrac{3}{2}$mg(↓)

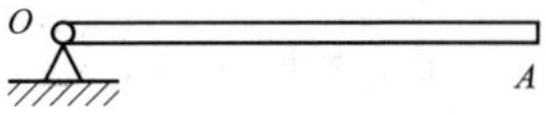

题 57 图

58. 将一刚度系数为 k、长为 L 的弹簧截成等长(均为 $L/2$)的两段,则截断后每根弹簧的刚度系数均为(　　)。

A. k　　B. $2k$　　C. $\dfrac{k}{2}$　　D. $\dfrac{1}{2k}$

59. 关于铸铁力学性能有以下两个结论:① 抗剪能力比抗拉能力差;② 压缩强度比拉伸强度高。关于以上结论下列说法正确的是(　　)。

A. ①正确,②不正确　　B. ②正确,①不正确

C. ①、②都正确　　D. ①、②都不正确

60. 题 60 图所示等截面直杆 DCB,拉压刚度为 EA,在 D 端轴向集中力 F 作用下,杆中间的 C 截面轴向位移为(　　)。

A. $\dfrac{2Fl}{EA}$　　B. $\dfrac{Fl}{EA}$　　C. $\dfrac{Fl}{2EA}$　　D. $\dfrac{Fl}{4EA}$

61. 题 61 图所示冲床在钢板上冲一圆孔,圆孔的最大直径 $d=100\text{mm}$,钢板的厚度 $t=10\text{mm}$,钢板的剪切强度极限 $\tau_b=300\text{MPa}$,需要的冲压力 F 是(　　)。

A. $F=300\pi\text{kN}$　　B. $F=3000\pi\text{kN}$

C. $F=2500\pi\text{kN}$　　D. $F=7500\pi\text{kN}$

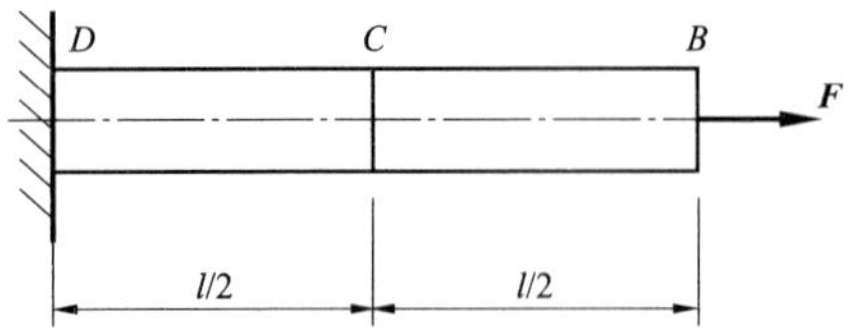

题 60 图

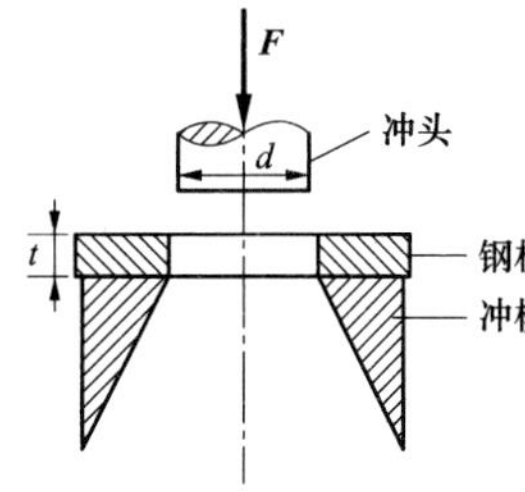

题 61 图

62. 题 62 图所示圆轴在扭转力矩作用下发生扭转变形，该轴 A、B、C 三个截面相对于 D 截面的扭转角间满足(　　)。

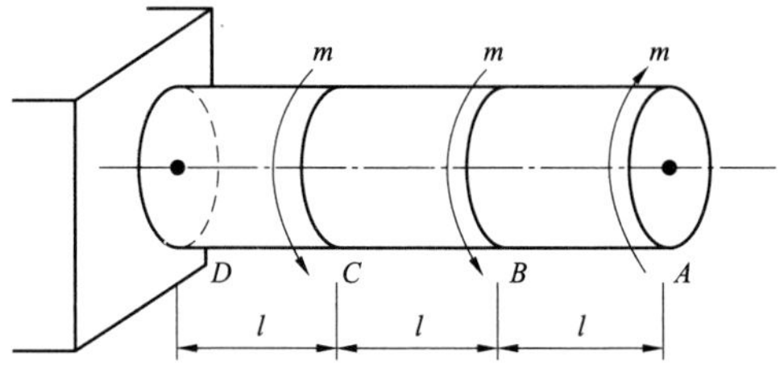

题 62 图

A. $\phi_{DA}=\phi_{DB}=\phi_{DC}$　　B. $\phi_{DA}=0,\phi_{DB}=\phi_{DC}$

C. $\phi_{DA}=\phi_{DB}=2\phi_{DC}$　　D. $\phi_{DA}=\phi_{DC},\phi_{DB}=0$

63. 题 63 图所示截面 z_2 轴过半圆底边，则截面对 z_1、z_2 轴的关系为(　　)。

A. $I_{z_1}=I_{z_2}$　　B. $I_{z_1}>I_{z_2}$

C. $I_{z_1}<I_{z_2}$　　D. 不能确定

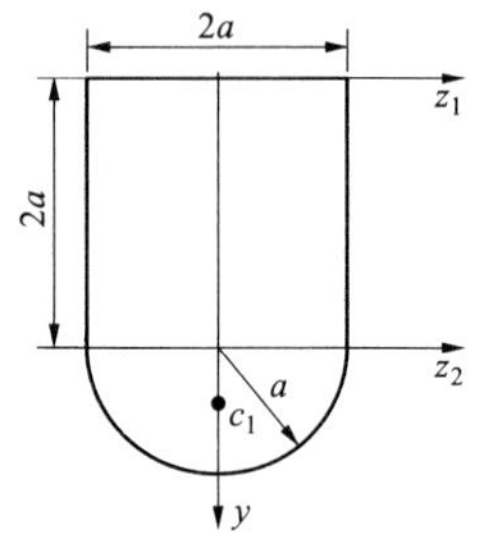

题 63 图

64. 如题图 64 所示，对称结构梁在反对称荷载作用下，梁中间 C 截面的弯曲内力是(　　)。

A. 剪力、弯矩均不为零

B. 剪力为零，弯矩不为零

C. 剪力不为零，弯矩为零

D. 剪力、弯矩均为零

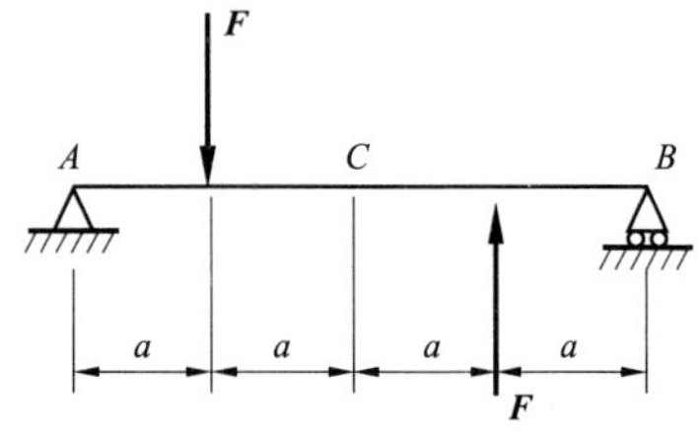

题 64 图

65. 悬臂梁 ABC 的载荷如题 65 图所示，若集中力偶 m 在梁上移动，则梁的内力变化情况是(　　)。

A. 剪力图、弯矩图均不变

B. 剪力图，弯矩图均改变

C. 剪力图不变，弯矩图改变

D. 剪力图改变，弯矩图不变

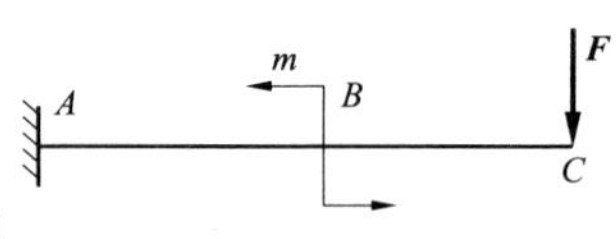

题 65 图

66. 外伸梁受载荷如题 66 图所示，正确挠曲线大致形状是(　　)。

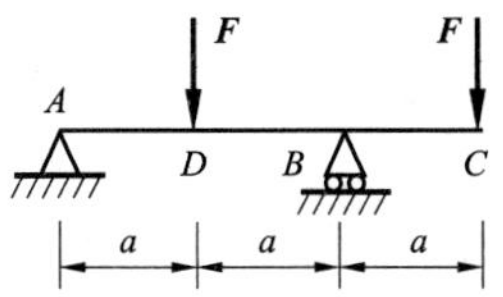

题 66 图

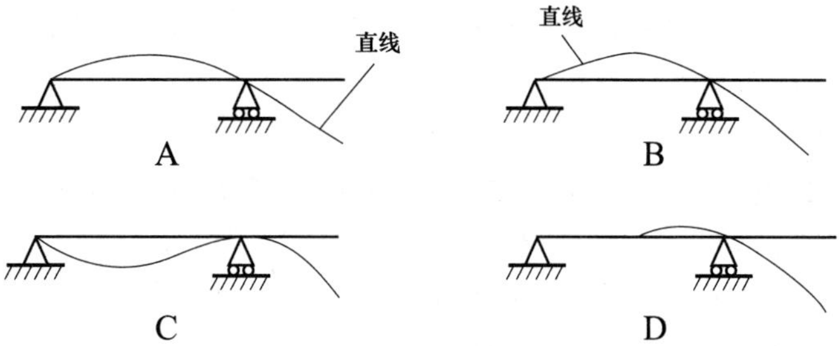

67. 等截面轴向拉伸杆件上 1、2、3 三点的单元体如题 67 图所示，以上三点应力状态的关系是(　　)。

A. 仅 1、2 点相同　　　　B. 仅 2、3 点相同

C. 各点均相同　　　　D. 各点均不相同

68. 按照第三强度理论，题 68 图所示两种应力状态的危险程度是(　　)。

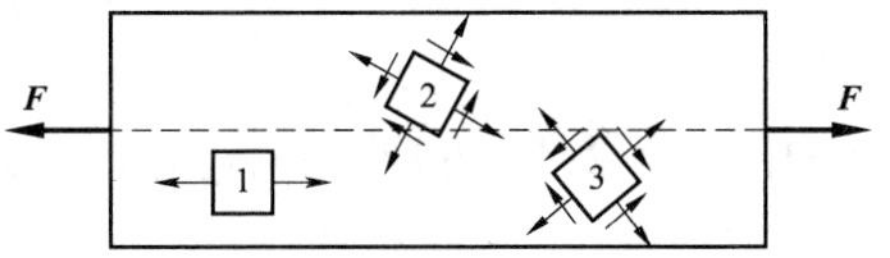

题 67 图

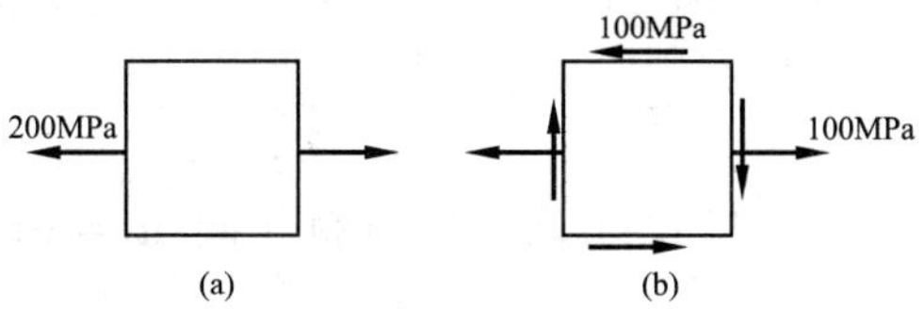

题 68 图

A. 无法判断　　　　B. 两者相同

C. (a)更危险　　　　D. (b)更危险

69. 题 69 图所示正方形截面杆，上端一个角点作用偏心轴向压力 F，该杆的最大压应力是(　　)。

A. 100MPa　　　　B. 150MPa

C. 175MPa　　　　D. 25MPa

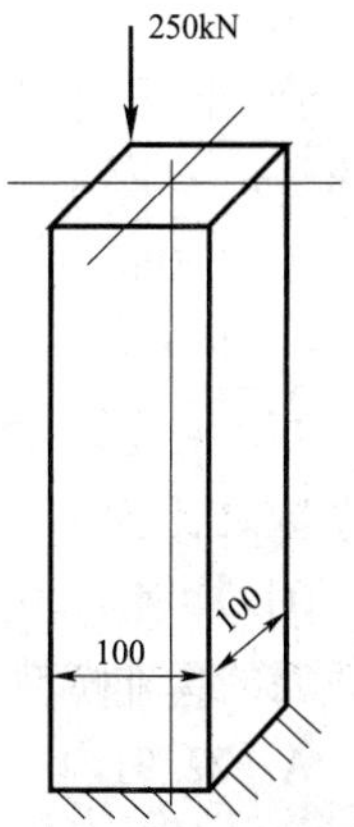

题 69 图

70. 下面图中所示四根细长压杆的抗弯刚度 EI 相同，临界载荷最大的是(　　)。

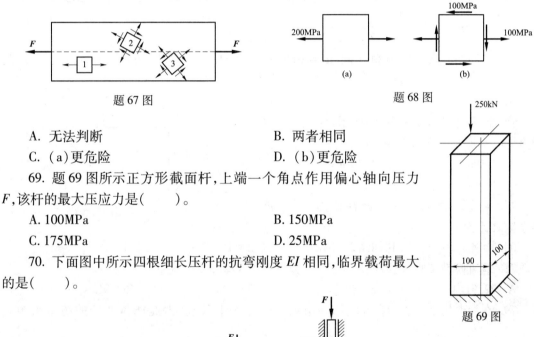

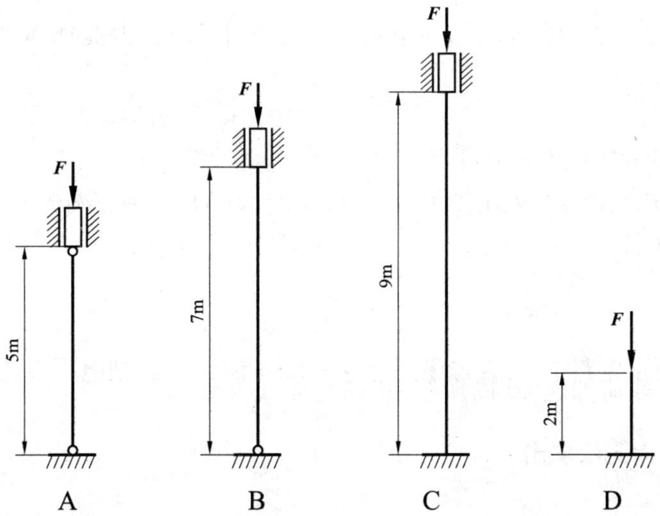

71. 一矩形挡水平板，垂直于水深 3m 的池中，作用于挡板的水平静水总压力作用点所处水深在水面下(　　)处。

A. 1m　　B. 1.5m　　C. 2m　　D. 2.5m

72. 如题 72 图所示文丘里管，两断面直径 $d_1=\sqrt{2}\,d_2$，流速 $v_1=2\text{m/s}$，两测压管读数差值 Δh 为(　　)。

A. 0.41m　　B. 0.51m

C. 0.61m　　D. 0.71m

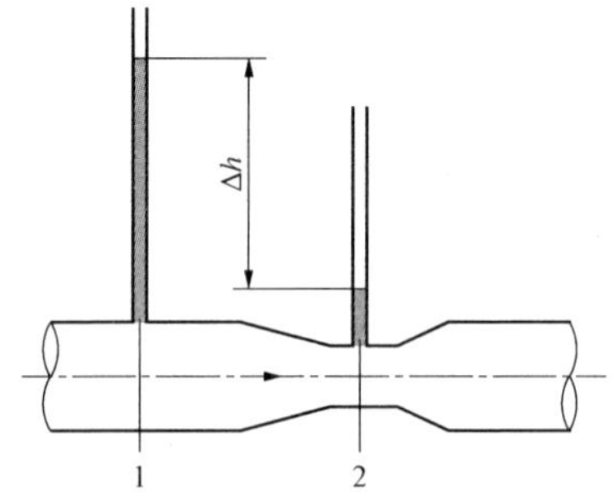

题 72 图

73. 薄壁小孔口自由出流，开口直径为 d，出流量为 Q，若外接一等内径，长 $3.5d$ 的短管，则出流流量变为(　　)。

A. $0.62Q$　　B. $0.82Q$

C. $1.2Q$　　D. $1.3Q$

74. 两圆管内水的层流运动，雷诺数比为 $Re_1:Re_2=1:2$，则两管直径之比 $D_1:D_2$ 为(　　)。

A. 8∶3　　B. 3∶2　　C. 2∶1　　D. 2∶3

75. 已知两并联管路材料相同，$d_1=100\text{mm}$，$Q_1:Q_2=1:2$，则两管的长度比 $L_1:L_2$ 是(　　)。

A. 2∶1　　B. 1∶2　　C. 1∶1　　D. 4∶1

76. 梯形排水沟如题 76 图所示，底宽 2m，水面宽 8m，水深 4m，水力半径为(　　)。

A. 1.0m　　B. 1.11m

C. 1.5m　　D. 1.67m

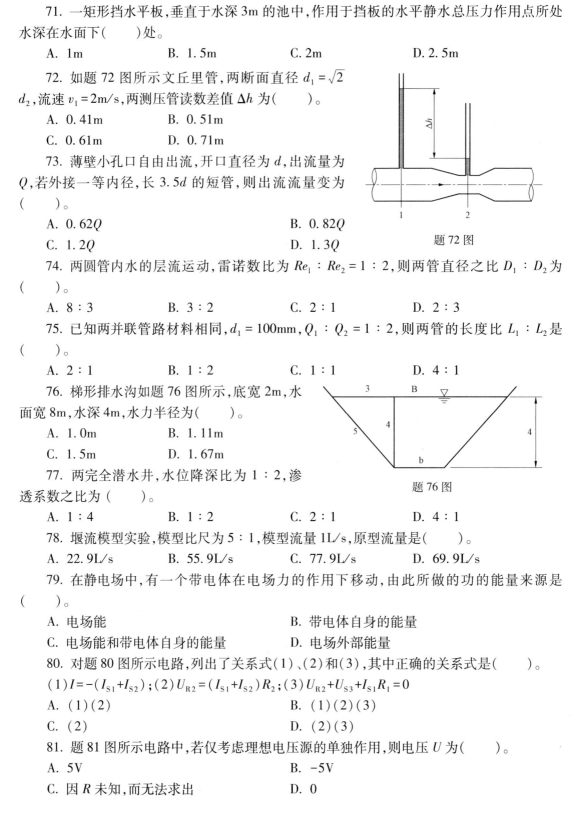

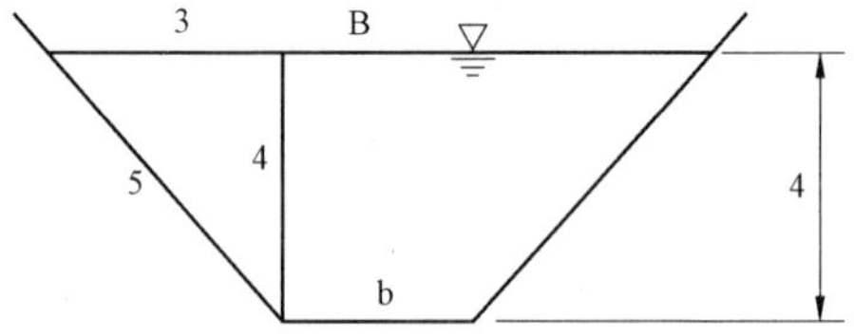

题 76 图

77. 两完全潜水井，水位降深比为 1∶2，渗透系数之比为(　　)。

A. 1∶4　　B. 1∶2　　C. 2∶1　　D. 4∶1

78. 堰流模型实验，模型比尺为 5∶1，模型流量 1L/s，原型流量是(　　)。

A. 22.9L/s　　B. 55.9L/s　　C. 77.9L/s　　D. 69.9L/s

79. 在静电场中，有一个带电体在电场力的作用下移动，由此所做的功的能量来源是(　　)。

A. 电场能　　B. 带电体自身的能量

C. 电场能和带电体自身的能量　　D. 电场外部能量

80. 对题 80 图所示电路，列出了关系式(1)、(2)和(3)，其中正确的关系式是(　　)。

(1) $I=-(I_{S1}+I_{S2})$；(2) $U_{R2}=(I_{S1}+I_{S2})R_2$；(3) $U_{R2}+U_{S3}+I_{S1}R_1=0$

A. (1)(2)　　B. (1)(2)(3)

C. (2)　　D. (2)(3)

81. 题 81 图所示电路中，若仅考虑理想电压源的单独作用，则电压 U 为(　　)。

A. 5V　　B. −5V

C. 因 R 未知，而无法求出　　D. 0

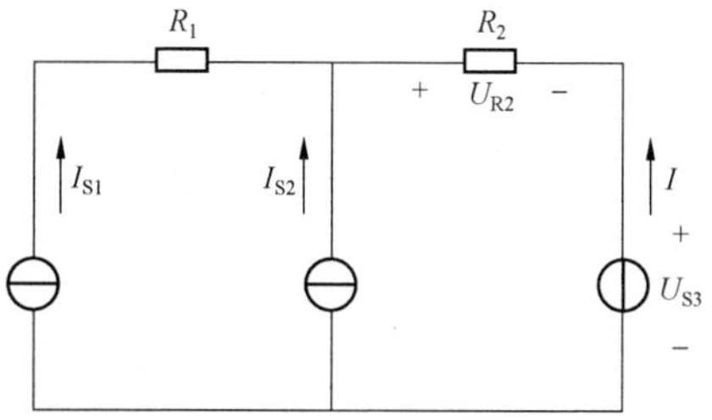

题 80 图

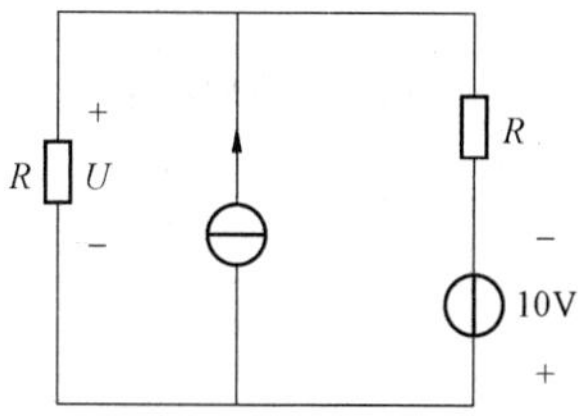

题 81 图

82. 已知电流 $\dot{I}_1=8+\mathrm{j}6\mathrm{A}$，$\dot{I}_2=8\angle 90°$ A，则 $-\dot{I}_1+\dot{I}_2$ 为(　　)。

A. −8+j2A　　B. −8+j14A　　C. −j6A　　D. j6A

83. 一台三相异步电动机，额定功率为 P，效率为 η，△接法，三相定子绕组相电压为 U，相电流为 I，功率因数为(　　)。

A. $\dfrac{P\eta}{3UI}$　　B. $\dfrac{P}{3UI\eta}$　　C. $\dfrac{\sqrt{3}UI}{P\eta}$　　D. $\dfrac{P}{\sqrt{3}UI\eta}$

84. 如题 84 图所示设电动机 M_1 和 M_2 协同工作，其中，电动机 M_1 通过接触器 1KM 控制，电动机 M2 通过接触器 2KM 控制，如果采用图示控制电路方案，则使 M2 投入工作的正确操作是(　　)。

A. 按下起动按钮 $1SB_{st}$

B. 按下起动按钮 $2SB_{st}$

C. 按下起动按钮 $1SB_{st}$，再按下起动按钮 $2SB_{st}$

D. 按下起动按钮 $2SB_{st}$，再按下起动按钮 $1SB_{st}$

85. 稳压管电路如题 85 图所示，已知，$R=3\mathrm{k}\Omega$，$R_L=8\mathrm{k}\Omega$，$U=24\mathrm{V}$，稳压管 VD_{Z1}、VD_{Z2} 的稳压值分别为 12V、9V，通过限流电阻 R 的电流 $I_R=$(　　)。

A. 8mA　　B. 5mA　　C. 3.5mA　　D. 10mA

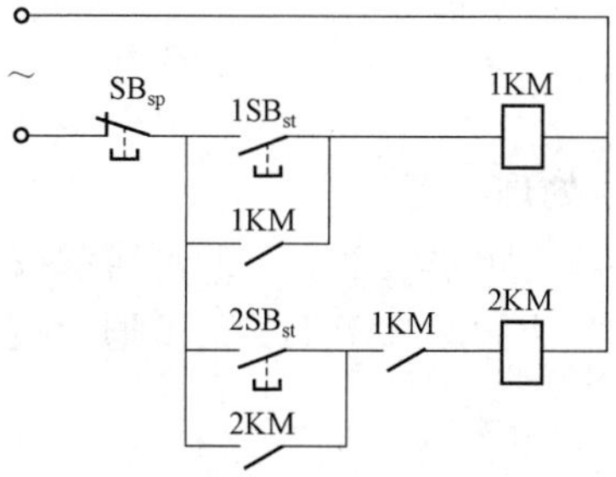

题 84 图

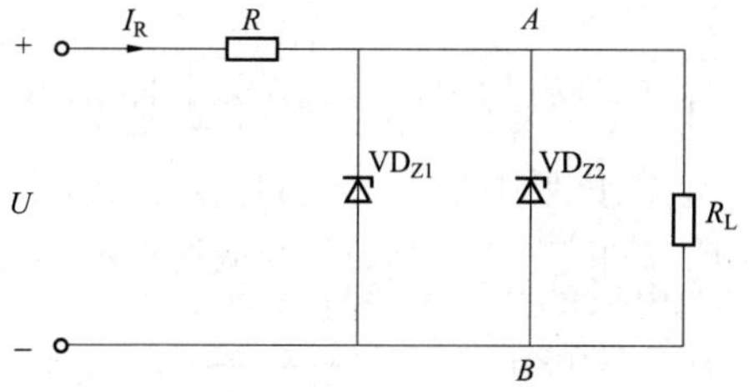

题 85 图

86. 如题 86 图(a)所示的固定偏置放大电路中，已知晶体管的输出特性曲线和电路的直流负载线为题 86 图(b)，可得出该电路的静态值为(　　)。

A. $U_{CE}=3.1\mathrm{V}$，$I_C=2.2\mathrm{mA}$　　B. $U_{CE}=5.5\mathrm{V}$，$I_C=1.5\mathrm{mA}$

C. $U_{CE}=3\mathrm{V}$，$I_C=12\mathrm{mA}$　　D. $U_{CE}=8.8\mathrm{V}$，$I_C=0.8\mathrm{mA}$

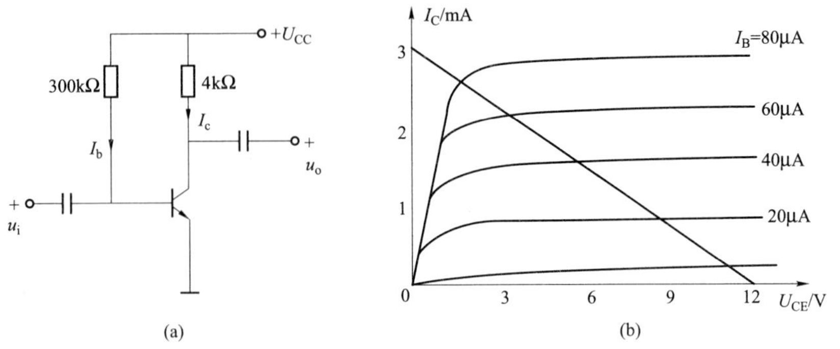

题 86 图

87. 电路如题 87 图所示，已知：$R_1 = R_2 = R_3 = 10k\Omega$，$R_f = 20k\Omega$，$U_i = 10V$，输出电压 $U_o =$（　　）。

A. 10V　　B. 5V

C. −5V　　D. −15V

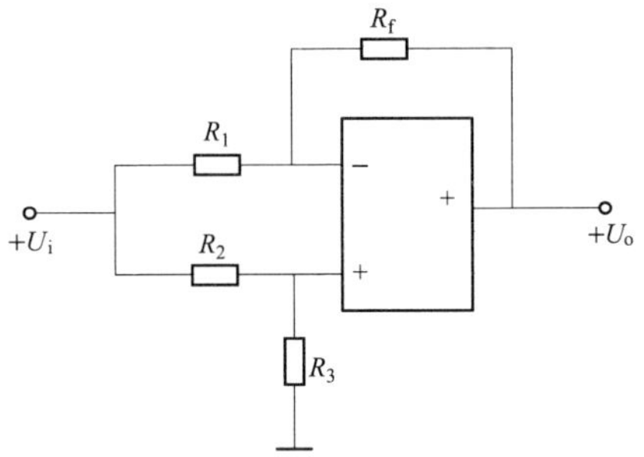

题 87 图

88. 已知 16 进制数 $X=(11)_{16}$、10 进制数 $Y=(11)_{10}$和 2 进制数 $Z=(11)_2$，若用三个数字信号来表示这三个数，则它们所具有的二进制代码的位数 N_X、N_Y 和 N_Z（　　）。

A. 相同　　B. $N_X < N_Y < N_Z$　　C. $N_X < N_Y > N_Z$　　D. $N_X > N_Y > N_Z$

89. 已知 x_1是一模拟信号，x_2是 x_1的采样信号，x_3是 x_2的采样保持信号，那么，若希望得到 x_1的数字信号，应该对（　　）。

A. x_1进行 A/D 转换　　B. x_2进行 A/D 转换

C. x_3进行 A/D 转换　　D. x_1进行 D/A 转换

90. 数字信号如题 90 图所示，如果用其表示数值，那么该数字信号表示的数量是（　　）。

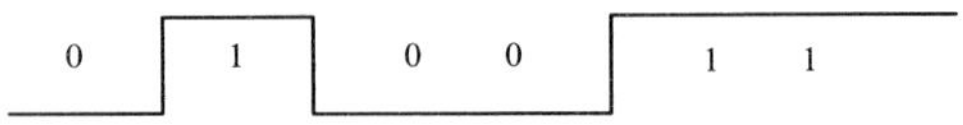

题 90 图

A. 3 个 0 和 3 个 1　　B. 10 011

C. 3　　D. 19

91. 根据 u_1和 u_2的波形可知，题 91 图所示信号处理器是（　　）。

A. 截止频率小于 $1/T$ 的高通滤波器　　B. 截止频率大于 $1/T$ 的高通滤波器

C. 截止频率小于 $1/T$ 的低通滤波器　　D. 截止频率大于 $1/T$ 的低通滤波器

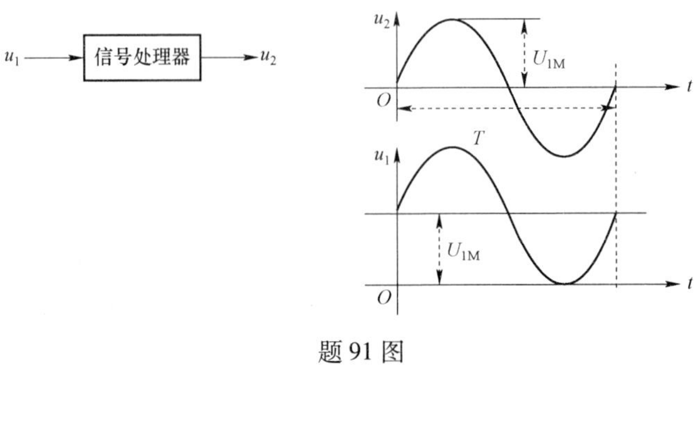

题 91 图

92. 逻辑函数 $F=(A+\overline{A})(B+\overline{B}C)$ 的化简结果是(　　)。

A. $F=\overline{B}C$

B. $F=B+C$

C. $F=B$

D. $F=1$

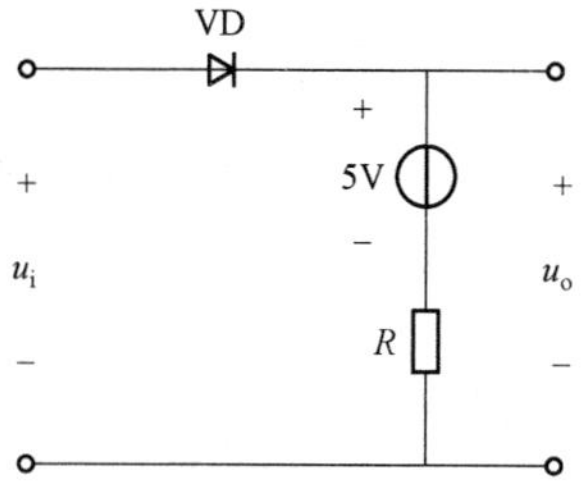

题 93 图

93. 二极管应用电路如题 93 图所示，设二极管 VD 为理想器件，$u_i=10\sin\omega t$V，则输出电压 u_o 的波形为(　　)。

A. 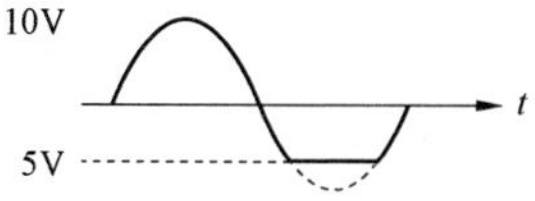

B. 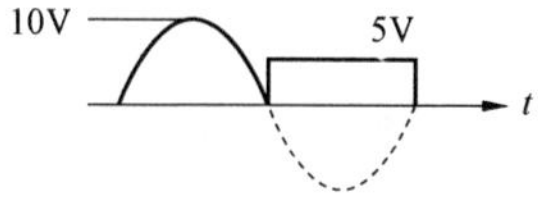

C. 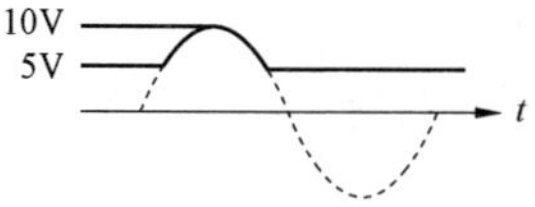

D. 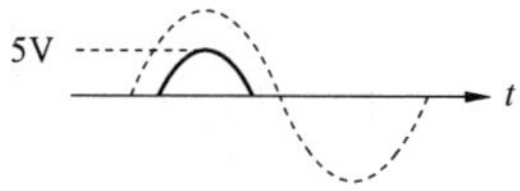

94. 如题图 94 所示电路中，运算放大器输出电压的极限值为 $\pm U_{oM}$，当输入电压 $u_{i1}=1$V，$u_{i2}=2\sin\omega t$V 时，输出电压波形为(　　)。

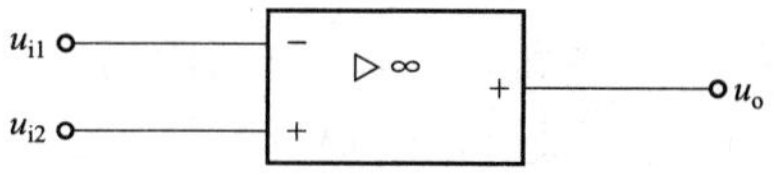

题 94 图

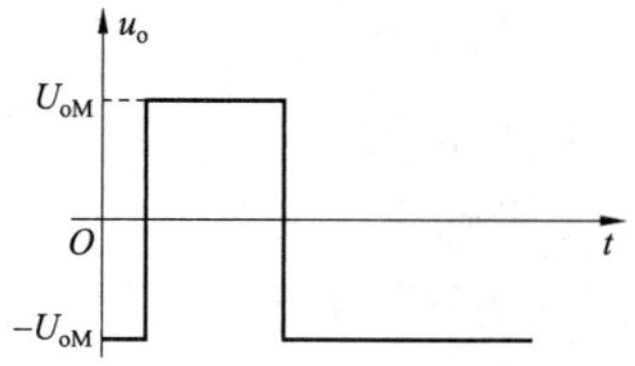

A

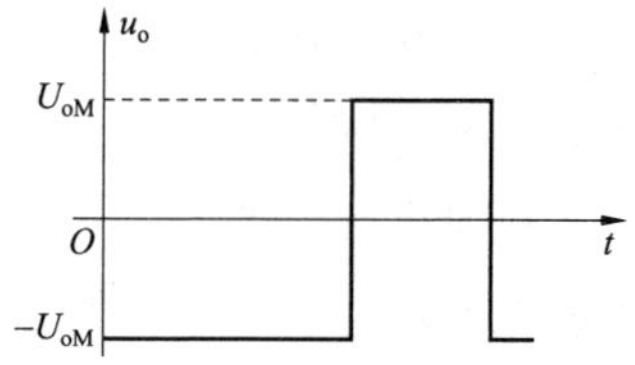

B

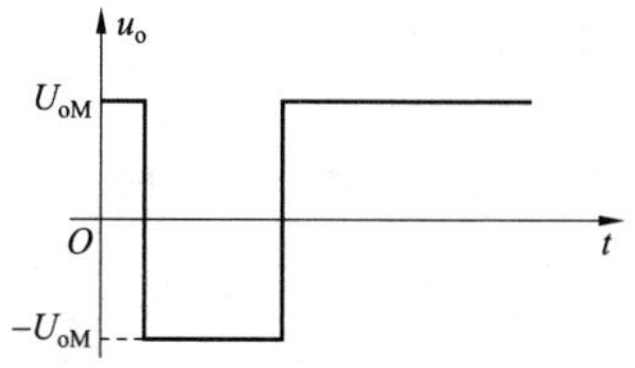

C

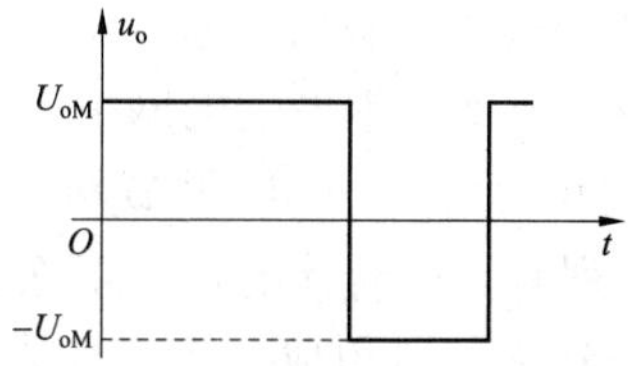

D

95. 模拟信号在其最大值和最小值之间是连续变化的，即它在两个极端值之间有(　　)个值。

A. 若干　　B. 零　　C. 有限　　D. 无数

96. 二进制数字信号只有两个可能的值，这两个值对应于二进制数字的(　　)。

A. 大和小　　B. 0 和 1　　C. 上与下　　D. 10 与 20

97. 十六进制数 0A0CH 转换为二进制数是(　　)。

A. 101001100B　　B. 0101001100B　　C. 101000001100B　　D. 110000001010B

98. 在微机中，访问最快的存储器是(　　)。

A. 硬盘　　B. U 盘　　C. 光盘　　D. 内存

99. 容量为 4GB 的存储空间,最多可以存放的信息为(　　)。

A. 4096MB　　B. 4000KB　　C. 4096KB　　D. 4000MB

100. (　　)合起来叫外部设备。

A. 输入/输出设备和外存储器　　B. 打印机、键盘、显示器和内存

C. 软盘驱动器、打印机和运算器　　D. 驱动器、打印机、键盘、显示器和控制器

101. 计算机系统中,直接操作计算机硬件的那层是(　　)。

A. 高级语言程序　　B. 操作系统

C. 用户低级语言程序　　D. 服务性程序

102. 操作系统是一个庞大的管理系统控制程序,它由(　　)五大管理系统组成。

A. 处理器管理;作业管理;存储器管理;设备管理;文件管理

B. 处理器管理;作业管理;存储器管理;设备管理;电源管理

C. 设备管理;文件管理;中断管理;电源管理;处理器管理

D. 进程管理;存储管理;中断管理;电源管理;处理器管理

103. 计算机网络定义为(　　)。

A. 通过计算机将一个用户的信息传送给另一个用户的系统

B. 由多台计算机,数据传输设备以及若干终端连接起来的多计算机系统

C. 将经过计算机存储、再生,加工处理的信息传输和发送的系统

D. 利用各种通信手段,把地理上分散的计算机系统连在一起,达到相互通信,共享软/硬件和数据等资源的系统

104. 广域网又称远程网,它所覆盖的地理范围一般(　　)。

A. 从几十米到几百米　　B. 从几百米到几千米

C. 从几千米到几百千米　　D. 从几十千米到几千千米

105. 网络软件是实现网络功能不可缺少的软件环境,网络软件主要包括(　　)。

A. 网络协议和网络操作系统　　B. 网络连接设备和网络协议

C. 网络协议和计算机系统　　D. 网络操作系统和传输介质

106. 覆盖地理范围最大的网络一般是(　　)。

A. 局域网　　B. 城域网　　C. 广域网　　D. 校园网

107. 下列有关联合体的描述正确的是(　　)。

A. 两个法人即可组成一个联合体

B. 联合体中有一方具备规定的相应资格条件即可

C. 由同一专业的单位组成的联合体,按照资质等级较高的单位确定资质等级

D. 联合体中标的,联合体各方应当共同与招标人签订合同,就中标项目向招标人承担连带责任

108. 某生产经营单位使用危险性较大的特种设备,根据《安全生产法》的规定,该设备投入使用的条件不包括(　　)。

A. 该设备应有专业生产单位生产

B. 该设备应进行安全条件论证和安全评估

C. 该设备须经取得专业资质的检测、检验机构检测、检验合格

D. 该设备须取得安全使用证或者安全标志

109. 某商店橱窗内展示的衣服上标明“正在出售”，并且标示了价格，则“正在出售”的标示视为(　　)。

A. 要约　　B. 承诺

C. 要约邀请　　D. 既是要约又是承诺

110. 下列情形中，做出行政许可决定的行政机关或其上级行政机关，应当依法办事有关行政许可的注销手续的是(　　)。

A. 取得市场准入行政许可的被许可人擅自停业、歇业

B. 行政机关工作人员对直接关系生命财产安全的设施监督检查时，发现存在安全隐患的

C. 行政许可证依法被吊销的

D. 被许可人未依法履行开发利用自然资源义务的

111. 为了保证某工程在国庆节前竣工，建设单位要求施工单位不惜一切代价保证工程进度，对此，下面说法正确的是(　　)。

A. 因为工程是属于业主的，业主有权这样要求

B. 如果施工单位同意，他们之间就形成了原合同的变更，是合法有效的

C. 建设单位不可以直接这样要求，应该委托监理工程师来下达这样的指令

D. 施工单位有权拒绝建设单位这样的要求

112. 对环境与资源保护法的定义理解错误的是(　　)。

A. 环境与资源保护法的目的是维护生态平衡，协调人类同自然的关系

B. 环境与资源保护法所要调整的是人们在生产、生活或其他活动中所产生的同保护和改善环境、合理开发利用与保护自然资源有关的各种社会关系及人和自然之间的关系

C. 国内目前还没有形成一个公认的环境与资源保护法的定义

D. 环境与资源保护法是由国家制定或认可并由国家强制力保证执行的规范性法律文件

113. 某人以7%的复利借出1500元，10年到期后以9%的单利将本利和再借出5年，则在15年后收到的本利和为(　　)。[$(F/P,7\%,10)=1.967$]

A. 3216.01元　　B. 3983.16元　　C. 4278.23元　　D. 4540.06元

114. 以下关于增值税的说法中正确的是(　　)。

A. 增值税就是营业收入额征收的一种流转税

B. 增值税是价内税，包括在营业收入之中

C. 增值税是以商品生产流通或劳务服务各个环节增值额为征税对象征收的一种流转税

D. 增值税应纳税额为当期销项税额

115. 某项目向银行申请长期贷款8000万元，利率为7%，每年付息一次，到期一次还本，所得税率为25%，忽略发行汇率，则银行借款的资金成本率为(　　)。

A. 5.25%　　B. 5.36%　　C. 7%　　D. 8%

116. 项目的动态投资回收期是使项目(　　)。

A. 净现值为零的年限

B. 净现金流量为零的年限

C. 累计折现净现金流量为零的年限

D. 累计净现金流量为零的年限

117. 某建设项目在进行财务分析时得到如下数据：当 $t_1=12\%$ 时，净现值为460万元；当

$t_2=16\%$时,净现值为 130 万元;当 $t_3=18\%$时,净现值为-90 万元。基准收益率为 10%,该项目的内部收益率约为(　　)。

A. 12.44%　　B. 15.56%　　C. 16.87%　　D. 17.18%

118. 某企业设计生产能力为 40 万件,产品价格为 120 元,固定成本为 280 万元,单位产品的可变成本为 100 元,单位产品和税金及附加为 6 元,则其盈亏平衡产量为(　　)。

A. 14 万件　　B. 20 万件　　C. 24 万件　　D. 40 万件

119. 下列财务评价方法中,适用于寿命期不等的互斥方案评价的是(　　)。

A. 净现值法　　B. 最小公倍数法　　C. 内部收益率法　　D. 增量净现值法

120. 价值工程理论中,产品或作业的功能从用户需求的角度可分为两类,即(　　)。

A. 必要功能和不必要功能　　B. 基本功能和辅助功能

C. 使用功能和美学功能　　D. 上位功能和下位功能

模拟试卷答案与提示

1. C　提示:$\boldsymbol{\alpha}\times\boldsymbol{\beta}=14\boldsymbol{i}-14\boldsymbol{j}+14\boldsymbol{k}$, $|\boldsymbol{\alpha}\times\boldsymbol{\beta}|=\sqrt{3\times14^2}=14\sqrt{3}$,故答案应选 C。

2. C　提示:当 $x\to1$ 时分母的极限为零,又商式的极限存在,故$\lim\limits_{x\to1}(2x^2+ax+b)=0\Rightarrow a+b=-2$,再由洛必达法则,$\lim\limits_{x\to1}\dfrac{2x^2+ax+b}{x^2+x-2}=\lim\limits_{x\to1}\dfrac{4x+a}{2x+1}=\dfrac{4+a}{3}=1$,所以 $a=-1$,$b=-1$,故答案应选 C。

3. A　提示:$\dfrac{dy}{dx}=\dfrac{\frac{dy}{dt}}{\frac{dx}{dt}}=\dfrac{-\sin t}{\cos t}=-\tan t$,故答案应选 A。

4. B　提示:由 $[\int f(x)dx]'=f(x)$,故答案应选 B。

5. A　提示:由于奇函数的导数一定是偶函数,而偶函数的原函数不唯一,故答案应选 A。

6. C　提示:由$\lim\limits_{x\to1}3x^2=\lim\limits_{x\to1}(4x-1)=3$,知 $f(x)$ 在 $x=1$ 连续,再由 $f'_-(1)=\lim\limits_{x\to1}\dfrac{3x^2-3}{x-1}=3\lim\limits_{x\to1}(x+1)=6$, $f'_+(1)=\lim\limits_{x\to1}\dfrac{4x-1-3}{x-1}=4$,知$f(x)$在 $x=1$ 左、右导数存在但不相等,故答案应选 C。

7. C　提示:由 $y'=-x^{\frac{2}{3}}+\dfrac{2}{3}(5-x)x^{-\frac{1}{3}}=\dfrac{5(2-x)}{3\sqrt[3]{x}}=0$,知 $x=2$ 是驻点, $x=0$ 是导数不存在点,故极值可疑点有两个,故答案应选 C。

8. C　提示:因为 $\int_0^{+\infty}\dfrac{\ln x}{x}dx=\int_0^{+\infty}\ln x d\ln x=\dfrac{1}{2}\ln x\Big|_0^{+\infty}=+\infty$,该广义积分发散,故答案应选 C。而$\int_0^{+\infty}e^{-x}dx=-e^{-x}\Big|_0^{+\infty}=1$, $\int_0^{+\infty}\dfrac{1}{1+x^2}dx=\arctan x\Big|_0^{+\infty}=\dfrac{\pi}{4}$, $\int_0^1\dfrac{1}{\sqrt{1-x^2}}dx=\arcsin x\Big|_0^1=\dfrac{\pi}{2}$,故其他三项广义积分都发散。

9. D　提示:积分区域 D 如题 9 图,将积分区域 D 看成 Y-型区域,则 $D:0\leqslant y\leqslant1,y\leqslant x\leqslant\sqrt{y}$,故有 $\int_0^1dx\int_{x^2}^{x}f(x,y)dy=\int_0^1dy\int_y^{\sqrt{y}}f(x,y)dx$,故答案应选 D。

10. B　提示：分离变量得$\frac{1}{y\ln y}dy=\frac{1}{x}dx$，两边积分得 $\ln\ln y=\ln x+\ln C$，整理得 $y=e^{Cx}$，代入初始条件 $y(1)=e$，得 $C=1$，故答案应选 B。

11. D　提示：记 $F(x,y,z)=xz-xy+\ln xyz$，则 $F_y(x,y,z)=-x+\frac{1}{y}$，$F_z(x,y,z)=x+\frac{1}{z}$，$\frac{\partial z}{\partial y}=-\frac{F_y}{F_z}=-\frac{-x+\frac{1}{y}}{x+\frac{1}{z}}=\frac{z(xy-1)}{y(xz+1)}$，故答案应选 D。

12. A　提示：由定义可知，级数收敛的充分必要条件是其部分和数列收敛，而正项级数的部分和数列是单调增数列，单调增数列收敛的充分必要条件是有上界，所以正项级数 $\sum_{n=1}^{\infty}a_n$ 的部分和数列$\{S_n\}$有上界是该级数收敛的充分必要条件，故答案应选 A。

13. C　提示：由于在$(-\infty,0)$内有 $f'(x)>0$，$f''(x)<0$，$f(x)$ 单调增加，其图形为凸的。又函数 $f(x)$ 在$(-\infty,+\infty)$上是奇函数，其图形关于原点对称，故在$(0,+\infty)$内，$f(x)$ 应单调增加，且图形为凹的，所以有 $f'(x)>0$，$f''(x)>0$，故答案应选 C。

14. A　提示：特征方程为 $r^2-3r+2=0$，解得特征根为 $r_1=1$ 和 $r_2=1$。由于方程右端中$\lambda=1$是特征方程的单根，而 $P(x)=x$ 是一次多项式，故所给微分方程的特定特解的形式应为 $x(Ax+B)e^x=(Ax^2+Bx)e^x$，故答案应选 A。

15. C　提示：平面的法向量为$(-2,2,1)$，直线的方向向量为$(3,-1,2)$，而$(-2,2,1)$。$(3,-1,2)\times(-2,2,1)=-5i-7j+4k$，直线与平面非垂直，故答案应选 C。

16. D　提示：连接点 $A(1,0)$ 及点 $B(0,-1)$ 的直线段的方程为 $y=x-1$，使用第一类曲线积分化定积分公式，有 $\int_L(y-x)ds\int_0^1(-1)\sqrt{2}dx=-\sqrt{2}$，故答案应选 D。

17. D　提示：对于幂级数 $\sum_{n=0}^{\infty}\frac{1}{3^{n+1}}x^n$，$R=\lim_{n\to\infty}\frac{a_n}{a_{n+1}}=\lim_{n\to\infty}\frac{\frac{1}{3^n}}{\frac{1}{3^{n+1}}}=3$，故答案应选 D。

18. B　提示：$z=f(x,y)$ 和 $y=\varphi(x)$ 复合后是 z 对 x 的一元函数，即$\frac{dz}{dx}=\frac{\partial f}{\partial x}+\frac{\partial f}{\partial y}\cdot\frac{dy}{dx}=\frac{\partial f}{\partial x}+\frac{\partial f}{\partial y}\frac{d\varphi}{dx}$，故答案应选 B。

19. C　提示：显然 $\boldsymbol{\alpha}_1,\boldsymbol{\alpha}_2$ 对应坐标不成比例，故线性无关。又 $\boldsymbol{\alpha}_3=0\boldsymbol{\alpha}_1+\frac{1}{3}\boldsymbol{\alpha}_2$，$\boldsymbol{\alpha}_4=0\boldsymbol{\alpha}_1+2\boldsymbol{\alpha}_2$，所以 $\boldsymbol{\alpha}_1,\boldsymbol{\alpha}_2$ 是一个极大无关组，故答案应选 C。

20. B　提示：因非齐次线方程组 $\boldsymbol{Ax}=\boldsymbol{b}$ 中方程个数少于未知量个数，则齐次方程组 $\boldsymbol{Ax}=\boldsymbol{0}$ 系数矩阵的秩一定小于未知量的个数，所以齐次方程组 $\boldsymbol{Ax}=\boldsymbol{0}$ 必有非零解，故答案应选 B。

21. A　提示：矩阵 $\boldsymbol{A}$ 和 $\boldsymbol{B}$ 相似，则有相同的特征值，由

$$|\boldsymbol{A}-\lambda\boldsymbol{E}|=\begin{vmatrix}1-\lambda & -1 & 1\\ 2 & 4-\lambda & -2\\ -3 & -3 & 5-\lambda\end{vmatrix}=(\lambda-2)(\lambda^2-8\lambda+12)=0$$

解得矩阵 $\boldsymbol{A}$ 的特征值为 $\lambda_1=\lambda_2=2,\lambda_3=6$，故有 $\lambda=6$，故答案应选 A。

22. C　提示：$P(A\cup B)=P(A)+P(B)-P(A\cap B)$ 时，又 A 和 B 相互独立，$P(A\cap B)=P(A)P(B)$，所以 $P(A\cup B)=0.4+0.5-0.4\times0.5=0.7$，故答案应选 C。

23. B　提示：首先 $F(x)$ 是非负的，又 $\lim\limits_{x\to-\infty}F(x)=0$，$\lim\limits_{x\to+\infty}F(x)=1$，再有 $F(x)$ 处处连续，故是右连续的，满足分布函数的三条性质。而其余三个选项中的函数都不能满足这三条，故答案应选 B。

24. D　提示：因为 $E(X)=\mu=0$，$E(X^2)=D(X)-[E(X)]^2=\sigma^2$，所以 $\hat{\sigma^2}=\frac{1}{n}\sum\limits_{i=1}^{n}X_i^2$，故答案应选 D。

25. C　提示：温度是分子平均平动动能的量度，$\overline{\omega}=\frac{3}{2}kT$，温度相等，两种气体分子的平均平动动能相等。而分子的平均动能 $\overline{\varepsilon}=\frac{i}{2}kT$，氦气和氧气两种气体分子的自由度不同，$i_{氦气}=3$，$i_{氧气}=5$，故 A、B、D 三个选项不正确。

26. D　提示：最概然速率是指 $f(v)$ 曲线极大值处相对应的速率值，选项 A 不正确；平均速率是指一定量气体分子速率的算数平均值，选项 B 不正确；方均根速率是指一定量气体分子速率二次方平均值的平方根，选项 C 不正确；麦克斯韦速率分布曲线下的面积为该速率区间分子数占总分子数的百分比，由归一化条件 $\int_0^{\infty}f(v)\,\mathrm{d}v=1$，等于曲线下总面积，A、B 两部分面积相等各占 50%，故速率大于和小于 v_0 的分子数各占一半。

27. A　提示：$\overline{Z}=\sqrt{2}n\pi d^2\overline{v}$，$\overline{v}=1.6\sqrt{\frac{RT}{M}}$，$\overline{\lambda}=\frac{\overline{v}}{\overline{Z}}=\frac{1}{\sqrt{2}n\pi d^2}$

体积不变，单位体积分子数不变，而温度降低，$\overline{v}$ 减小，$\overline{Z}$ 减小，但 $\overline{\lambda}$ 不变。

28. B　提示：一定量的理想气体由平衡态 a 到平衡态 b，温度升高，压强增大，即不是等温过程也不是等压过程，由理想气体状态方程：$pV=\frac{m}{M}RT$，图中 p—T 呈线性关系，V 为常数，故可判断这是一个等体过程，是等体吸热过程。

29. D　提示：由曲线图不能判断热机效率；净功=曲线所包围面积，面积相等，两循环在每次循环中对外做的净功相等。

30. A　提示：由波动方程的波程差与相位差关系，$\Delta\varphi=\frac{2\pi(\Delta x)}{\lambda}=\frac{2\pi\left(\frac{3\lambda}{4}-\frac{\lambda}{4}\right)}{\lambda}=\pi$，两点质元波程差为 $\frac{\lambda}{2}$，相位差为 π，两质元速度及运动状态相反，正确选项为 A。

31. D　提示：由波动的能量特征，媒质质元的振动动能和弹性势能都作周期性变化，是同相的，同时达到最大、最小，并且数值相等，质元的总机械能不守恒。媒质质元在平衡位置处速率最大，振动动能最大，弹性势能亦最大，正确选项为 D。

32. C　提示：两相干波条件要求其频率相同，振动方向相同，相位差恒定，两相干波表达式分别为 $y_1=A\cos\left[2\pi\left(\nu t-\frac{x_1}{\lambda}\right)+\varphi_{01}\right]$ 和 $y_2=A\cos\left[2\pi\left(\nu t-\frac{x_2}{\lambda}\right)+\varphi_{02}\right]$，$S_1$ 的相位比 S_2 的相位超前

$\pi/2$,两相干波在 P 点叠加相位差 $\Delta\varphi=\varphi_{02}-\varphi_{01}-\frac{2\pi}{\lambda}(r_2-r_1)=-\frac{\pi}{2}-\frac{2\pi}{\lambda}\cdot\frac{\lambda}{4}=-\pi$,$S_1$ 外侧各点两波引起的两谐振动的相位差是 π,正确选项为 C。

33. A　提示:两相干波条件:频率相同,振动方向相同,相位差恒定。

34. B　提示:如题图所示,牛顿环为等厚干涉,球面与下平板玻璃上表面两反射光光程差为 $\delta=2d+\frac{\lambda}{2}=(2k+1)\cdot\frac{\lambda}{2}$(暗纹条件),$k=4$,$d=2\lambda=1200\text{nm}$,正确选项为 B。

35. D　提示:波阵面上每一个面元都可以看成是新的振动中心,它们发出次波,在空间某一点 P 的光振动是所有这些子波在该点的相干叠加,正确选项为 D。

36. D　提示:加入介质薄膜,光程差 $\delta=2nd-2d=2(n-1)d=\lambda$,所以 $d=\frac{\lambda}{2(n-1)}$。

37. A　提示:本题考查电离能。同一周期,从左到右随着核电荷数的增加,原子半径减小,非金属性增强,电离能增大。同一族,从上到下,随着半径增大,金属性增强,电离能减少。

根据价电子结构,A 是ⅤA 元素,B 是ⅥA 元素,C 是ⅦA 元素,D 是 0 族元素,同一周期,从左到右电离能增大。电离能最小的是ⅤA 元素。

38. D　解析:n 主量子数,代表能级及离核的远近;角量子数 l 代表原子轨道的形状;磁量子数 m 代表轨道的伸展方向;m_s 取值+1/2 和-1/2 代表电子自身两种不同的运动状态(习惯以顺、逆自旋两个方向形容这两种不同的运动状态)。

39. B　解析:NF_3 和 NH_3 为三角锥型,$CHCl_3$ 为四面体,这三个分子的分子结构都不对称,分子为极性分子;BBr_3 为平面正三角形,分子结构对称,分子为非极性分子。

40. B　提示:pH 值最大的物质应是碱性最强的物质,由于 $K_{HAc}=1.8\times10^{-5}>K_{HCN}=4.9\times10^{-10}$,因此酸性 HAc>HCN,一个酸的酸性越强其共轭碱的碱性越弱,因此其共轭碱的碱性 NaCN>NaAc,因此 NaCN 碱性最强,pH 最大。

41. B　提示:0.1mol/dm³ HB 溶液 pH=3,$c(H^+)=1.0\times10^{-3}\text{mol/dm}^3$,根据 $c(H^+)=\sqrt{K_a^\ominus\times C}$,$K_a^\ominus=1.0\times10^{-5}$,$K_a^\ominus K_b^\ominus=1.0\times10^{-14}$,其共轭碱 NaB 解离常数 $K_b^\ominus=1.0\times10^{-9}$,$c(OH^{-1})=\sqrt{K_b^\ominus\times0.1}=\sqrt{1.0\times10^{-9}\times0.1}=1.0\times10^{-5}$,$c(OH^-)=1.0\times10^{-5}$,pOH=5,pH=14-5=9。

42. C　提示:$p(O_2)=1000\text{Pa}=1\text{kPa}$。根据平衡常数表达式

$$2CuO(s)\xlongequal{\quad}Cu(s)+1/2O_2(g),K^\ominus=\left(\frac{p(O_2)}{p^\ominus}\right)^{\frac{1}{2}}=\left(\frac{1}{100}\right)^{\frac{1}{2}}=0.1$$

43. B　提示:该反应 $\Delta_rH^\ominus<0$,根据反应物有气态物质,而生成物只有固体,因此 $\Delta_rS^\ominus<0$,根据 $\Delta G=\Delta H-T\Delta S$,反应属于低温正向自发,高温正向非自发,当温度低于临界温度,反应由非自发变成自发。

44. B　解析:对于这个原电池,锌半电池作为原电池负极,铜半电池作为原电池正极。

铜半电池电极反应为:$Cu^{2+}(c)+2e^-=Cu(s)$,其电极电势为

$$\varphi(+)=\varphi^\ominus+\frac{0.0591\,7}{2}\lg c(Cu^{2+}),$$

当铜半电池中加入氨水后,发生反应:$Cu^{2+}+2OH^-\xlongequal{\quad}Cu(OH)_2(s)$。

如果不断通入氨水，还会进一步生成$[Cu(NH_3)_2]^{2+}$，由于Cu^{2+}生成$Cu(OH)_2$沉淀和$[Cu(NH_3)_2]^{2+}$，Cu^{2+}浓度降低，因此正极电极电势减少，根据电动势与正负极电极电势的关系：$E=\varphi_{(+)}-\varphi_{(-)}$，随着正极电极电势的减少，原电池电动势随之减少，因此答案是B。

45. B　提示：该有机物为烷烃，按照系统命名法，首先取一个最长的碳链做主链，该烃为己烷，然后从离取代基最近的一端编号，共三个甲基取代基，按照编号最小的原则，正确应该是3,3,4-三甲基己烷。

46. B　提示：这4种物质中，只有B选项物质分子中不含双键，因此只有B项物质不能发生加成反应，B项物质只有一个羟基能被氧化，而其他物质含有2个官能团，可以在不同基团上发生氧化反应，因此只有选项B符合条件。

47. D　提示：因为BC为二力构件，B、C处的约束力应沿BC连线，且等值反向，而$\triangle ABC$为等边三角形，故B处约束力的作用线与x轴正向所成的夹为150°。

48. A　提示：由于q的合力作用线通过I点，其对该点的力矩为零，故系统对I点的合力矩为$M_{\mathrm{I}}=FR=1000\mathrm{N\cdot cm}$（顺时针）。

49. B　提示：由于物体系统所受主动力为平衡力系，故A、B处的约束力也应自成平衡力系，即满足二力平衡原理，A、B、C处的约束力均为水平方向（题49解图），考虑AC的平衡，采用力偶的平衡方程为$\sum m=0$，$F_{\mathrm{A}}\cdot 2a-M=0$，$F_{\mathrm{A}}=F_{\mathrm{Ax}}=\dfrac{M}{2a}$，且$F_{\mathrm{Ay}}=0$。

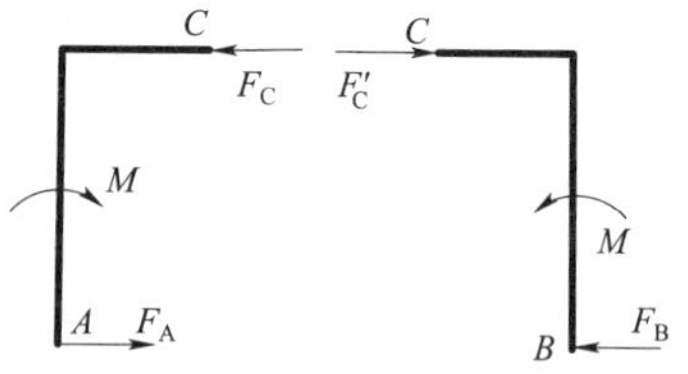

题49解图

50. A　提示：因为摩擦角$\varphi_{\mathrm{m}}<\alpha$，所以物块会向下滑动，其摩擦力应为最大摩擦力，即正压力$W\cos\alpha$乘以摩擦因数$f=\tan\varphi_{\mathrm{m}}$。

51. A　提示：$t=2\mathrm{s}$时，速度$v=2^2\mathrm{m/s}-20\mathrm{m/s}=-16\mathrm{m/s}$；加速度$a=\dfrac{\mathrm{d}v}{\mathrm{d}t}=2t=4\mathrm{m/s^2}$。

52. B　提示：根据法向加速度公式$a_{\mathrm{n}}=\dfrac{v^2}{\rho}$，曲率半径即为圆周轨迹的半径$\rho=R=\dfrac{v^2}{a_{\mathrm{n}}}=\dfrac{80^2}{120}\mathrm{m}=53.3\mathrm{m}$。

53. D　提示：根据定轴转动刚体上一点加速度与转动角速度、角加速度的关系为$a_{\mathrm{B}}^{\mathrm{t}}=OB\cdot\varepsilon=50\times1\mathrm{cm/s^2}=50\mathrm{cm/s^2}$（垂直于$OB$连线，水平向右），$a_{\mathrm{B}}^{\mathrm{n}}=OB\cdot\omega^2=50\times2^2\ \mathrm{cm/s^2}=200\mathrm{cm/s^2}$（由$B$指向$O$）。

54. B　提示：物体的加速度为零时，速度达到最大值，此时阻力与重力相等，即$\mu v=mg$，$v_{极限}=\dfrac{mg}{\mu}$。

55. C　提示：根据弹性力做功的定义，得$W_{BA}=\dfrac{k}{2}[(\sqrt{2}R-l_0)^2-(2R-l_0)^2]=\dfrac{4900}{2}\times0.1^2\times[(\sqrt{2}-1)^2-1^2]\mathrm{N\cdot m}=-20.3\mathrm{N\cdot m}$。

56. C　提示：系统在转动中对转动轴z的动量矩守恒，小球在A点与在C点对z轴的转动惯量均为零，即$I\omega=I\omega_{\mathrm{t}}$（设$\omega_{\mathrm{t}}$为小球达到$C$点时圆环的角速度），则$\omega_{\mathrm{t}}=\omega$。

57. A　提示：如题57解图杆释放至铅垂位置时，其角加速度为零，质心加速度只有指向转动轴O的法向加速度，根据达朗贝尔原理，施加其上的惯性力$F_{\mathrm{I}}=ma_{\mathrm{C}}=m\omega^2\cdot\dfrac{l}{2}=\dfrac{3}{2}mg$，施

加于杆 OA 的附加动反力大小与惯性力相同,方向与其相反。

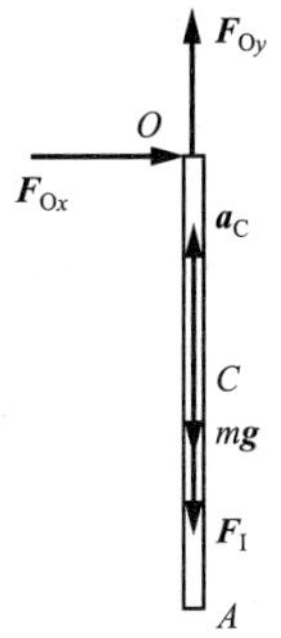

题 57 解图

58. B　提示:截断前的弹簧相当于截断后两个弹簧串联而成,若设截断后的两个弹簧刚度均为 k_1,则有 $\frac{1}{k}=\frac{1}{k_1}+\frac{1}{k_1}$,所以 $k_1=2k$。

59. B　提示:由铸铁试件的拉伸试验可知,铸铁试件破坏时是沿横截面断裂的,此截面为最大正应力所在截面(非最大切应力所在截面),故铸铁的抗剪能力比抗拉能力强。由铸铁试件的拉伸和压缩试验可知,铸铁的压缩强度是拉伸时的 4~5 倍。综合铸铁的强度由高到低排列为:抗压强度、抗剪强度和抗拉强度。故答案应选 B。

60. C　提示:直杆 DCB 的轴力为 F,由拉压杆变形的公式,可知 $\Delta l=\frac{F\frac{l}{2}}{EA}=\frac{Fl}{2EA}$,故答案应选 C。

61. A　提示:冲力大小等于圆孔所受的剪力,由材料的剪切强度条件,$\tau=\frac{F}{\pi dt}=\tau_b$,将圆孔的剪切面积和钢板剪切强度极限 $\tau_b=300\text{MPa}$ 代入,可得 $F=300\pi\text{kN}$,故答案应选 A。

62. B　提示:由 AD 杆的扭矩图(题 62 解图)可知,$T_{BA}=-m$,$T_{CB}=0$,$T_{DC}=m$,扭转角 $\phi_{BA}=\frac{-ml}{GI_P}$,$\phi_{CB}=0$,$\phi_{DC}=\frac{ml}{GI_P}$,$\phi_{DA}=\phi_{BA}+\phi_{CB}+\phi_{DC}$,$=0$,$\phi_{DB}=\phi_{DC}+\phi_{CB}=\frac{ml}{GI_P}+0=\frac{ml}{GI_P}$,故答案应选 B。

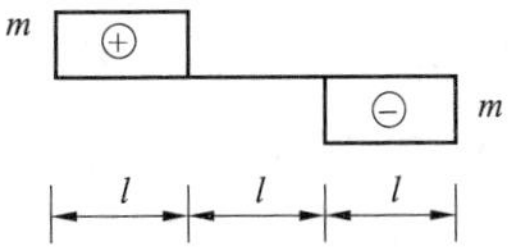

题 62 解图

63. B　提示:在所有平行坐标轴中,截面对过截面形心轴的惯性矩最小。由惯性矩的平行移轴公式可知,此图形截面的形心应在 z_1,z_2 轴之间且形心到 z_2 轴的距离较近,所以截面对 z_2 轴的惯性矩较 z_1 轴的惯性矩小,即 $I_{z1}>I_{z2}$,故答案应选 B。

64. C　提示:AB 梁荷载反对称,则剪力图对称,弯矩图反对称(见题 64 解图)。故答案应选 C。

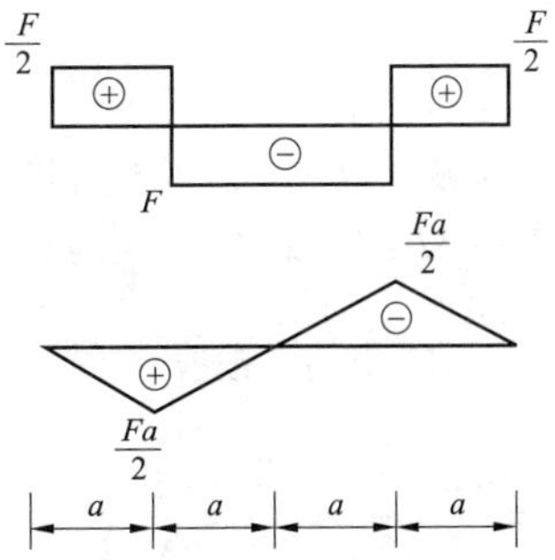

题 64 解图

65. C　提示:悬臂梁 ABC 的剪力图是一条水平线,和集中力偶 m 无关。弯矩图在集中力偶处有突变。所以集中力偶 m 在梁上移动,对剪力图无影响,对弯矩图有影响,故答案应选 C。

66. C　提示:由于 C 端有向下的荷载 F,故 BC 段杆有向下的线位移,D 截面有向下的力 F 作用,AB 段线位移也向下,因为 A、B 都有铰链支座不能产生线位移,故答案应选 C。

67. C　提示:一点处的应力状态,可用一点在三个相互垂直的截面上的应力来描述,通常是用围绕该点取出一个微小正六面体,该单元体的表面就是应力的作用面。由于单元体微小,可以认为单元体各表面上的应力是均匀分布的,而且一对平行表面上的应力的情况是相同的。单元体属于什么应力状态就是要看单元体有几个主应力不等于零。等截面轴向拉伸杆横截面上各点的应力状态都是单向应力状态。故答案应选 C。

68. D　提示:题 68 图(a)是主单元体,$\sigma_1=200\text{MPa}$,$\sigma_2=0\text{MPa}$,$\sigma_3=0\text{MPa}$,$\sigma_{r3}=\sigma_1-\sigma_3=$

200MPa，题 68 图(b)所示的单元体 $\sigma_x=-100\text{MPa}$，$\tau_{xy}=100\text{MPa}$，$\sigma_{r3}=\sqrt{\sigma^2+4\tau_{xy}^2}=100\sqrt{5}\text{ MPa}$。故答案应选 D。

69. C　提示：该杆上的力 F 作用在截面的角点上，将力 F 平移到截面形心，加两个力偶。$M_y=250\times10^3\times50\times10^{-3}$，$M_z=250\times10^3\times50\times10^{-3}$，核杆的最大压应力在截面角点上，它由三部分组成，一是由轴向压力 F 引起的压应力，$\sigma_1=\dfrac{F}{A}=\dfrac{250\times10^3}{100\times100\times10^{-6}}\text{Pa}=25\text{MPa}$，二是由力偶 M_y 引起的弯曲正应力，$\sigma_2=\dfrac{M_y}{W_z}=\dfrac{250\times10^3\times50\times10^{-3}}{\dfrac{100^3}{6}\times10^{-9}}\text{Pa}=75\text{MPa}$，三是由力偶 M_z 引起的弯曲正应力，$\sigma_3=\dfrac{M_z}{W_y}=\dfrac{250\times10^3\times50\times10^{-3}}{\dfrac{100^3}{6}\times10^{-9}}\text{Pa}=75\text{MPa}$，则该杆的最大压应力 $\sigma=\sigma_1+\sigma_2+\sigma_3=175\text{MPa}$，故答案应选 C。

70. D　提示：细长压杆的临界力的计算公式 $F_{cr}=\dfrac{EI}{(\mu l)^2}$，压杆临界力的大小和 μl 成反比。μ 是只和支座有关的系数，其中压杆：两端铰支，$\mu=1$；一端固定，一端铰支，$\mu=0.7$；两端固定，$\mu=0.5$；一端固定，一端自由，$\mu=2$。选项 A，$\mu l=5$；选项 B，$\mu l=4.9$；选项 C，$\mu l=4.5$；选项 D，$\mu l=4$。故答案应选 D。

71. C　提示：根据图解法平板上静水压力的结论，合力作用点在受压平面所处水深的 2/3 处，故答案应选 C。

72. C　提示：列能量方程和连续方程，$z_1+\dfrac{p_1}{\rho g}+\dfrac{v_1^2}{2g}=z_2+\dfrac{p_2}{\rho g}+\dfrac{v_2^2}{2g}$，$v_1d_1^2=v_2d_2^2$，得到 $v_2=2v_1$，$\left(z_1+\dfrac{p_1}{\rho g}\right)-\left(z_2+\dfrac{p_2}{\rho g}\right)=\dfrac{v_2^2-v_1^2}{2g}=\dfrac{3v_1^2}{2g}=\dfrac{3\times4}{2\times9.81}=0.611\text{m}$。

73. D　提示：孔口外接 3-4 倍开口直径的短管成为圆柱形外管嘴，管嘴和孔口出流量公式相同均为 $Q=\mu A\sqrt{2gH_0}$，区别在于二者流量系数分别为 0.82 和 0.62，故二者的流量比为 0.82/0.62=1.32，故答案应选 D。

74. C　提示：根据连续方程 $v_1A_1=v_2A_2$，得 $\dfrac{v_1}{v_2}=\dfrac{A_2}{A_1}=\dfrac{d_2^2}{d_1^2}$，由雷诺数表达式得 $\dfrac{Re_1}{Re_2}=\dfrac{v_1d_1/\upsilon}{v_2d_2/\upsilon}=\dfrac{v_1d_1}{v_2d_2}=\dfrac{d_2}{d_1}=\dfrac{1}{2}$，则 $\dfrac{D_1}{D_2}=\dfrac{2}{1}$。

75. D　提示：这是并联管道流量分配问题，材料与直径相同则管道比阻 S_0 相同，按照流量分配公式 $\dfrac{Q_1}{Q_2}=\sqrt{\dfrac{S_2}{S_1}}=\sqrt{\dfrac{S_0L_2}{S_0L_1}}=\sqrt{\dfrac{L_2}{L_1}}=\dfrac{1}{2}$，得 $\dfrac{L_1}{L_2}=\dfrac{4}{1}$。

76. D　提示：绘制断面图，边坡长度为 $\sqrt{\left(\dfrac{(B-b)}{2}\right)^2+H^2}=5\text{m}$，湿周长为 $\chi=5\text{m}+5\text{m}+2\text{m}=12\text{m}$，面积为 $A=\dfrac{1}{2}(B+b)H=20\text{m}^2$，水力半径 $R=\dfrac{A}{\chi}\text{m}=\dfrac{20}{12}\text{m}=1.67\text{m}$。

77. B　提示：按照流量公式，流量与水位降深 S、渗透系数 k 成正比，即 $Q=1.36\dfrac{k(H^2-h_0^2)}{\lg(R/r_0)}=2.73\dfrac{kHS}{\lg(R/r_0)}$，二者出水量相同，则 k 与 S 成反比关系，降深 S 之比 2∶1 。故渗透系数比为 1∶2。

78. B　提示：模型实验，流量比尺 $\lambda_Q=\dfrac{v_p}{v_m}\left(\dfrac{l_p}{l_m}\right)^2$，堰流满足弗劳德模型率 $\dfrac{v_p}{\sqrt{g_pl_p}}=\dfrac{v_m}{\sqrt{g_ml_m}}$，$\dfrac{v_p}{v_m}=\dfrac{\sqrt{g_pl_p}}{\sqrt{g_ml_m}}=\dfrac{\sqrt{l_p}}{\sqrt{l_m}}$，所以 $\lambda_Q=\left(\dfrac{l_p}{l_m}\right)^{2.5}=5^{2.5}=55.9$，故答案应选 B。

79. C　提示：概念题目。

80. A　提示：如题 80 解图所示，运用基尔霍夫电流定律列节点 a 的 KCL 方程为 $I=-(I_{S1}+I_{S2})$，流过电阻 R_2 的电流为 $(I_{S1}+I_{S2})$，根据欧姆定律可得 $U_{R2}=(I_{S1}+I_{S2})R_2$；(3) 的电压方程式中因缺少电流源 I_{S1} 的端电压所以错误。

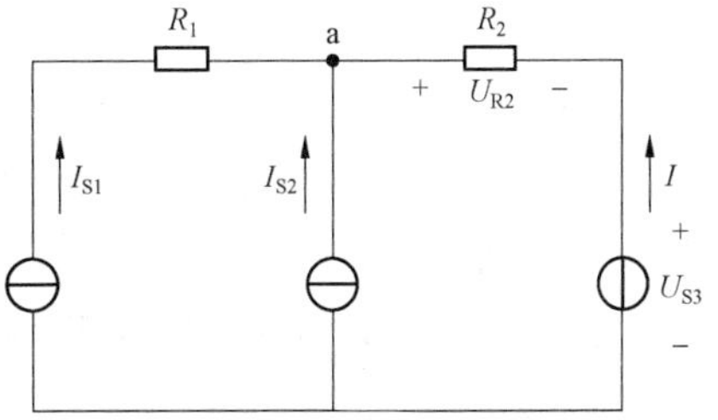

题 80 解图

81. B　提示：电压源单独作用，电流源做短路处理，两个相同阻值的电阻对 10V 电压源分压，根据电压极性，得 $U=-5V$。

82. A　提示：$-\dot{I}_1+\dot{I}_2=-(8+j6)+8\angle 90°=-8-j6+j8=-8+j2(A)$。

83. B　提示：该结论应熟记。若是线电压、线电流则答案为 D，结论与接法无关。

84. C　提示：若让电动机 M2 工作，需使控制电动机 M2 的接触器 2KM 线圈得电，而前提是接触器 1KM 的常开触点闭合，所以应先按下起动按钮 $1SB_{st}$，使接触器 1KM 的线圈得电，1KM 的常开触点闭合，再按下起动按钮 $2SB_{st}$，从而使控制电动机 M2 的接触器 2KM 线圈得电，M2 投入工作。

85. B　提示：两个稳压管并联，稳压值低者击穿导通，$I_R=\dfrac{U-U_{AB}}{R}=\dfrac{24-9}{3}mA=5mA$。

86. B　提示：直流负载线与横坐标轴的交点电压为 U_{CC} 值，求得 $I_b=40\mu A$。由 $I_b=40\mu A$ 的晶体管的输出特性曲线和电路的直流负载线之交点为静态工作点，读取静态工作点坐标值获得答案。

87. C　提示：根据运放的输入电流为零，$u_+=u_-=5V$，$i_1=i_f=\dfrac{10V-5V}{10k\Omega}=0.5mA$，$u_o=5V-20k\Omega\times0.5mA=-5V$。

88. D　提示：$X=(11)_{16}=(10001)_2$，$Y=(11)_{10}=(1011)_2$，$Z=(11)_2$，故选项 D 正确。

89. B　提示：模-数转换（A/D）是将对模拟信号 x_1 采样后得到的采样信号 x_2 转换为数字信号的过程，所以选项 B 是正确的。

90. D　提示：二进制 010011，换成十进制就是 19。

91. B　提示：由输入输出波形可知，周期为 T 的信号通过信号处理器无衰减传输。

92. B　提示：$F=(A+\overline{A})(B+\overline{B}C)=B+\overline{B}C=B+C$。

93. C　提示：输入电压 $u_i=10\sin\omega t$V 为正弦波，二极管 VD 为理想器件，由电路结构可知，二极管阳极接输入电压正极，二极管阴极连接 5V 直流电压源正极，同时也是输出电压正极端。根据理想二极管特性，只有当阳极电位高于阴极电位时二极管导通，即只有当输入电压值高于 5V 时，二极管导通，此时输出电压等于输入电压，其余时间二极管均截止，电路断开，含电阻支路电流为零，输出电压 u_o等于直流电源电压 5V。所以选项 C 波形正确。

94. A　提示：$u_o=A_u(u_{i1}-u_{i2})=A(\sin2\omega t-l)$V，$u_{i2}$是正弦电压，根据理想运放性质，只有$u_{i1}>u_{i2}$时，$u_o=+U_{oM}$，故输出电压波形为选项 A 所示图形。

95. D　提示：模拟信号在其最大值和最小值之间是连续变化的，即它在两个极端值之间有无数个值。

96. B　提示：二进制数字信号两个可能的值对应于二进制数字的 0 和 1。

97. C　提示：十六进制数转化为二进制数的方法是，每一位十六进制数转化为四位二进制数。

98. D　提示：只有内存可与 CPU 直接交换信息，其他还需要通过接口电路。

99. A　提示：计算机的存储容量 1KB＝1024B，1MB＝1024KB，1GB＝1024MB。B 表示 1 个字节，八位二进制数。

100. D　提示：计算机系统由软、硬件系统两部分组成；软件系统由系统软件和应用软件两部分组成。

101. C　提示：最靠近硬件一层都是由汇编语言编写的程序，这些程序直接操作计算机的硬件，如接口芯片等，与计算机的硬件有关。如：个人计算机的 BIOS（基本输入输出系统），开机后首先运行该程序，引导操作系统。

102. A

103. D　提示：计算机网络的最大优点就是实现网络的软硬件资源共享。

104. D　提示：熟悉各种网络的定义。

105. A　提示：可以用排除法判断，选项 B、C、D 中都包含有硬件，不可能属于网络软件。

106. C　提示：局域网覆盖范围是几十米到 10km 之内。城域网覆盖范围是 10～100km，广域网覆盖范围是几百千米到几千千米。校园网属于局域网。

107. D　提示：参见《招标投标法》第 31 条。

108. A　提示：参见《安全生产法》第 30 条。

109. A　提示：参见《民法典》第 472 条，要约只要符合内容具体确定及表明经受要约人承诺，要约人即受该意思表示约束两个条件，就视为要约。

110. C　提示：注销手续的前提是相关许可证已被撤销，停业、歇业、安全隐患的以及未履行相关义务并不一定构成撤销的条件，还需要看违法的程度。

111. D　提示：参见《建设工程质量管理条例》第 10 条。

112. C　提示：参见《环境保护法》第 2 条。

113. C　提示：本题是单利和复利计算。已知期初借出本金 $P=1500$ 元，第一阶段计息方式是复利计息，借出 10 年，第一阶段的本利和：$F_1=P\times(F/P,7\%,10)=1500$ 元$\times1.967=2950.5$ 元。

第二阶段：以 $F_1=2950.5$ 元为本金，继续单利借出 5 年，15 年期末的本利和为

$F_2=P(1+i\times n)=F_1\times(1+9\%\times5)=2950.5\times1.45$ 元$=4278.23$ 元。

114. C　提示:增值税是以商品(含应税劳务)在流转过程中产生的增值额作为计税依据而征收的一种流转税;增值税是价外税,也就是由消费者负担,有增值才征税,没增值不征税。所以选项 A、B 错误,增值税应纳税额=当期销项税额-当期进项税额,所以选项 D 错误。

115. A　提示:债券的利息可以在交企业所得税的税前扣除,所以资金占用费就要乘以(1-所得税率)。

资金成本率=借款利息率×(1-所得税率)= 7%×(1-25%)= 5.25%

116. C　提示:动态投资回收期是项目从投资开始起,到累计折现净现金流量等于 0 元时所需的时间。

117. D　提示:$FIRR = i_1 + (FNPV1 \times (i_2 - i_1)) / (FNPV_1 + |FNPV_2|)$

$= 16\% + (130 \times (18\% - 16\%)) / (130 + |-90|) = 17.18\%$

118. B　提示:盈亏平衡产量=年固定总成本/(单位产品销售价格-单位产品可变成本-单位产品营业税金及附加)= 280/(120-100-6)万件=20 万件。

119. B　提示:适用于对寿命期不同的互斥方案评价的财务评价方法主要包括最小公倍数法、净年值法、研究期法。

120. A　提示:产品或作业的功能从用户需求的角度可分为必要功能和不必要功能。按重要程度可分为基本功能和辅助功能。按满足要求的性质可分为使用功能和美学功能。

参 考 文 献

[1] 同济大学数学系. 高等数学(上、下册)[M].7 版. 北京:高等教育出版社,2014.
[2] 同济大学数学系. 线性代数[M].6 版. 北京:高等教育出版社,2018.
[3] 浙江大学,盛骤,等. 概率论与数理统计[M].5 版. 北京:高等教育出版社,2020.
[4] 程守洙,江之永. 普通物理学[M].7 版. 北京:高等教育出版社,2016.
[5] 东南大学等七所工科院校,马文蔚. 物理学(上、下册)[M].7 版. 北京:高等教育出版社,2020.
[6] 浙江大学普通化学教研室. 普通化学[M].7 版. 北京:高等教育出版社,2020.
[7] 哈尔滨工业大学理论力学教研室. 理论力学[M].8 版. 北京:高等教育出版社,2016.
[8] 孙训方,胡增强,金心全. 材料力学[M].6 版. 北京:高等教育出版社,2019.
[9] 刘鸿文. 材料力学[M].6 版. 北京:高等教育出版社,2017.
[10] 张燕,毛根海. 应用流体力学[M].2 版. 北京:高等教育出版社,2020.
[11] 李玉柱,苑明顺. 流体力学[M].3 版. 北京:高等教育出版社,2020.
[12] 王丽娟,段志东. FORTRAN 语言程序设计——FORTRAN95[M].北京:清华大学出版社,2017.
[13] 秦曾煌. 电工学:上、下册[M].7 版. 北京:高等教育出版社,2009.
[14] 沈国良. 电工电子技术基础[M].北京:机械工业出版社,2011.
[15] 王卫. 电工学[M].2 版. 北京:机械工业出版社,2009.
[16] 吴添祖,虞晓芬,龚建立. 技术经济学概论[M].3 版. 北京:高等教育出版社,2011.
[17] 李南. 工程经济学[M].5 版. 北京:科学出版社,2018.
[18] 邵颖红. 工程经济学概论[M].3 版. 北京:电子工业出版社,2015.
[19] 同济大学. 一级注册结构工程师基础考试精讲精练[M].北京:中国建筑工业出版社,2021.
[20] 注册工程师考试复习用书编委会. 一级注册结构工程师执业资格考试基础考试复习教程[M].北京:人民交通出版社,2021.
[21] 注册工程师考试复习用书编委会. 一级注册结构工程师执业资格考试基础考试复习题集[M].北京:人民交通出版社,2019.
[22] 王晓辉. 2023 注册电气工程师执业资格考试公共基础辅导教程[M].北京:中国电力出版社,2023.
[23] 刘燕. 2023 注册公用设备工程师考试辅导教材公共基础精讲精练(给水排水、暖通空调及动力专业)[M].北京:中国电力出版社,2023.
[24] 陈志新. 2023 注册电气工程师执业资格考试公共基础辅导教程[M].北京:中国电力出版社,2023.
[25] 华彤文,王颖霞,卞江,等. 普通化学原理[M]. 4 版. 北京:北京大学出版社,2013.
[26] 北京大学化学学院普通化学原理教学组. 普通化学原理习题解析[M]. 4 版. 北京:北京大学出版社,2015.